U0751630

中国科学院科学出版基金资助出版

《现代数学基础丛书》编委会

主　编：杨　乐

副主编：姜伯驹　李大潜　马志明

编　委：（以姓氏笔画为序）

王启华　王诗宬　冯克勤　朱熹平

严加安　张伟平　张继平　陈木法

陈志明　陈叔平　洪家兴　袁亚湘

葛力明　程崇庆

现代数学基础丛书·典藏版 134

广义估计方程估计方法

周 勇 著

科学出版社

北 京

内 容 简 介

估计方程方法是统计推断中最为普通但也非常有用的统计推断方法之一，其思想和结果广泛应用于生存分析、生物统计、计量经济及金融计量中. 本书共分 20 章和两个附录，着重讨论参数模型、时间序列模型、非参数模型、半参数及变系数模型等模型中有关估计方程的统计推断方法，并讨论几种现代统计学中通常遇见的数据类型下估计方程方法. 这是目前新的统计推断方法，主要包括最为常见的独立样本、非独立样本(时间序列样本)、纵向数据、缺失数据、缺失数据等下的估计方程方法. 本书总结了一批应用估计方程方法进行统计推断的统计模型，同时也概括了可以应用一般估计方程方法处理的复杂数据. 书中内容除了数理统计的常用统计推断方法外，也包括最新统计方法有关估计方程估计的研究成果.

本书适合大学数理统计专业、数学专业和计量经济学专业等高年级的学生做选修课程，同时也可作为是数理统计、统计学以及计量经济学等专业研究生专业基础课教程. 另外，本书还适合各行各业的应用数理统计科学工作者，主要涉及经济、金融、社会学、心理学、生物医学和工业工程等专业人士.

图书在版编目(CIP)数据

广义估计方程估计方法/周勇著. —北京：科学出版社，2013
(现代数学基础丛书·典藏版；134)
ISBN 978-7-03-038641-0

Ⅰ. ①广… Ⅱ. ①周… Ⅲ. ①数理统计-研究 Ⅳ. ①O21

中国版本图书馆 CIP 数据核字(2013) 第 223510 号

责任编辑：陈玉琢／责任校对：钟 洋
责任印制：赵 博／封面设计：陈 敬

科 学 出 版 社 出版
北京东黄城根北街 16 号
邮政编码：100717
http://www.sciencep.com
北京中石油彩色印刷有限责任公司印刷
科学出版社发行 各地新华书店经销
*
2013 年 8 月第 一 版 开本：720×1000 1/16
2025 年 2 月印 刷 印张：31 1/4
字数：602 000

定价：198.00 元

(如有印装质量问题，我社负责调换)

《现代数学基础丛书》序

对于数学研究与培养青年数学人才而言，书籍与期刊起着特殊重要的作用．许多成就卓越的数学家在青年时代都曾钻研或参考过一些优秀书籍，从中汲取营养，获得教益．

20世纪70年代后期，我国的数学研究与数学书刊的出版由于文化大革命的浩劫已经破坏与中断了 10 余年，而在这期间国际上数学研究却在迅猛地发展着．1978 年以后，我国青年学子重新获得了学习、钻研与深造的机会．当时他们的参考书籍大多还是50年代甚至更早期的著述．据此，科学出版社陆续推出了多套数学丛书，其中《纯粹数学与应用数学专著》丛书与《现代数学基础丛书》更为突出，前者出版约40卷，后者则逾80卷．它们质量甚高，影响颇大，对我国数学研究、交流与人才培养发挥了显著效用．

《现代数学基础丛书》的宗旨是面向大学数学专业的高年级学生、研究生以及青年学者，针对一些重要的数学领域与研究方向，作较系统的介绍．既注意该领域的基础知识，又反映其新发展，力求深入浅出，简明扼要，注重创新．

近年来，数学在各门科学、高新技术、经济、管理等方面取得了更加广泛与深入的应用，还形成了一些交叉学科．我们希望这套丛书的内容由基础数学拓展到应用数学、计算数学以及数学交叉学科的各个领域．

这套丛书得到了许多数学家长期的大力支持，编辑人员也为其付出了艰辛的劳动．它获得了广大读者的喜爱．我们诚挚地希望大家更加关心与支持它的发展，使它越办越好，为我国数学研究与教育水平的进一步提高做出贡献．

杨　乐

2003 年 8 月

前　言

估计方程方法是统计推断中最为普通但同时也是非常有用的统计推断方法之一, 其思想和方法广泛应用于生存分析、生物统计、工程统计、管理统计、计量经济学, 以及金融计量学等学科领域中. 本书着重讨论参数模型、时间序列模型、非参数模型、半参数及变系数模型等模型中有关估计方程的统计推断方法, 并讨论几种现代统计学中经常遇到的数据类型下的估计方程估计方法. 这些是目前较新的统计推断方法, 主要包括最为常见的独立样本、时间序列样本、纵向数据、删失数据、缺失数据等复杂数据下的估计方程估计方法. 一般地, 估计方程的估计可以看作为最大似然估计和矩估计方法等古典概率统计推断方法的推广, 并涉及 GMM 估计、拟似然估计、伪似然估计和广义最小二乘估计、经验似然估计等. 结合各种数据类型和相适应的统计模型, 深入地展示这些统计推断的理论和方法以及它们在实际中的应用. 本书理论与实践相结合, 灵活地运用估计方程方法, 使学习者能够在学习本书的过程中, 发现统计方法的奇妙和无穷魅力. 同时能通过掌握这些方法使学习者能在较短的时间里追上国际前沿, 以及熟练地应用这些方法, 甚至在统计学的方法及理论上进行创新研究.

本书主要涉及概率统计、生存分析、生物医学统计、计量经济学和金融风险管理等常用的统计模型及其方法, 本书总结了一系列应用估计方程估计方法进行统计推断的统计模型, 并概括了可以应用一般估计方程估计方法处理的复杂数据. 书中除了常用的传统统计推断方法外, 也包括最新的有关估计方程估计的研究成果.

本书适合大学数理统计专业、数学专业和计量经济学等专业高年级本科生选修课程, 同时也可作为数理统计、统计学以计量经济学等专业方向的研究生基础课程. 另外, 本书还适合各行各业应用数理统计科学工作者和经济、金融、社会学、心理学、生物医学和工业工程等专业人士.

全书分为 20 章. 第 1 章绪论, 对全书的内容进行了概述, 并给出一些基本结果, 以使读者能很快地了解全书的内容和所涉及的理解和方法. 第 2 章和第 3 章是准备知识, 主要介绍一些估计方程方法的相关基础知识和常用的数据类型, 以及统计大样本的常用极限理论, 涉及大数律、中心极限定理, 以及一致大数律等. 如果读者对理论不感兴趣, 则只需知道结论而跳过理论证明即可. 第 4 章介绍的 Delta 方法是一种常用工具, 在推断参数函数估计的大样本性质时, 特别是渐近方差时, 非常有用和有效.

第 5 章介绍两种经典的统计方法, 即矩估计和极大似然估计方法. 这两种方法在一般的教科书上都有介绍, 但并不十分全面. 本书旨在通过更为全面的介绍, 让读者对统计推断方法有更深入的理解. 同时, 本书的其他章节都是以极大似然估计方法为参照, 应用估计方程的过程与应用极大似然估计方法具有相似性. 首先是参数估计, 其次构造置信区间或进行假设检验, 理论结果也类似. 当然不同数据类型和模型下结论各异, 但是, 掌握了最基础的极大似然估计将有助于理解书中其他复杂的方法. 另外本章还介绍了一些复杂数据下的极大似然估计.

第 6 章的极值目标函数估计方法是估计方程估计方法的一般化, 但它有独立的意义, 因此, 有关极值目标函数估计可自成一章, 让读者能够很容易掌握处理估计方程的一般方法. 在第 9 章将提供一些选择最优估计函数的框架和方法.

第 7 章介绍了经验似然估计方法及其在估计方程中的统计推断问题. 经验似然方法是处理过识别估计方程组最有力的两种工具之一. 本章也介绍了一些较新的复杂数据下的经验似然方法, 感兴趣的读者如果学习完这章, 已足够进入统计的研究前沿, 并能进行相关的研究工作.

第 8 章是极大似然方法的扩展 —— 伪似然方法. 拟似然方法不像极大似然方法需要知道真实的分布函数, 从而避免或减小了模型误判的问题. 拟似然方法是处理估计方程问题的一种重要方法, 其思想具有一般性.

第 9 章介绍了广义估计方程估计方法及这些估计良好的大样本性质, 还讨论了广义估计方程估计的最优方差, 即最优估计方程等问题, 本章总结了最优估计函数的思想及方法, 它是本书的重要基础之一.

第 10 章是估计方程方法的一般思想, 是本书的重点之一, 讨论了如何构造无偏估计函数来获得估计方程, 并通过几个实用的模型来理解利用广义估计方程估计方法建模的问题, 同时也涉及了最优估计方程的一般思想. 本章还重点探讨了生存分析中几类重要模型构造估计方程的思想方法, 并指出估计方程方法在生存分析中具有广泛的应用.

第 11 章讨论了广义线性模型的一般理论和估计方法. 简单介绍了指数分布族及在指数分布族下广义线性模型的极大似然估计, 以及在非指数族分布族下, 给出了广义线性模型中参数的拟极大似然估计, 并讨论了拟极大似然估计与估计方程的关系.

第 12 章讨论了纵向数据下的估计方程方法. 利用估计方程估计方法可以有效处理纵向数据的相关性, 并给出工作方差对估计的影响.

第 13 章介绍了很广泛的一类非参数估计方程, 可以包括半参数模型、变系数模型等, 主要通过局部光滑技术有效地得出参数或非参数的估计方程估计. 这里给出了非参数估计方程的统计推断的一般方法, 并应用于一个重要的实际例子中.

第 14 章首先介绍非参数下的广义线性模型, 并扩展了非参数估计方程的估计方法到半参数估计方程的领域. 构造半参数估计方程有效地处理复杂模型的统计推断问题. 本章较难, 可以跳过.

第 15 章讨论非参数估计方程的方法及其在时间时序列模型中应用. 在前面第 9 章选择最优无偏估计函数的意义下, 讨论时间序列数据下非参数估计方程, 给出了推导出非参数估计方程的系数估计的一般方法.

第 16 章主要讨论删失数据下的估计方程方法, 在此, 我们提供了一种新的估计方程估计方法, 这种方法能有效地处理复杂删失数据的影响. 同时把相关的方法应用到一个医疗费用估计的实际例子, 通过在考虑删失数据特征的情况下构造估计方程, 并分割观察时间区间以便可以获得更多的有用信息, 从而提高估计的效率.

第 17 章讨论两样本带有删失数据的一类估计方程的统计推断问题, 这里涉及半参数模型. 两样本问题在评价治疗影响, 差异分析中具有重要的作用. 构造了带有删失数据下两样本的参数估计方程, 用经验似然方法很容易地给出参数的推断, 并且本章中介绍的方法比通常正态逼近方法更好. 这里也给出了一些实际例子.

第 18 章讨论带有删失数据而目标函数不可微情形下如何寻找估计方程估计问题, 主要涉及分位函数估计和 ROC 曲线估计问题. 利用核光滑的思想对 ROC 曲线关于讨厌参数不连续进行处理, 从而有效地给出两样本下 ROC 曲线的统计推断.

第 19 章讨论缺失数据下一般估计方程估计方法. 与删失数据相似, 缺失数据也是一类非常重要的数据, 在各应用学科中广泛存在. 在本章我们介绍最新的非逆概率权估计方程的估计方法, 即通过回归函数的核光滑估计构造渐近无偏的估计方程, 克服缺失数据的影响, 给出参数的估计.

第 20 章利用估计方程方法对分位数和分位数回归进行了统计推断. 在带有缺失数据的影响下, 构造出一个渐近无偏的分位数估计方程, 和多重插补估计方程, 此构造方法不需要逆概率加权便能够获得分位数和分位数回归在缺失数据下的估计.

最后有两个附录, 分别是生存分析的基础知识和非参数回归技术的补充材料, 这些内容在全书中都有应用.

在本书的写作和修改过程中得到了中国科学院数学与系统科学研究院许多同事和上海财经大学部分老师的帮助, 特别要感谢我的导师安鸿志研究员, 以及美国普林斯顿大学范剑青教授多年以来对我的关心和支持, 并感谢他们引导我在博士和博士后期间学习了许多现代统计学的理论和方法以及统计思想. 还要感谢严加安院士和马志明院士一直以来对我科研工作的支持和帮助. 同时, 本书的形成过程也得到了中科院数学与系统科学研究院汪寿阳研究员、美国佛罗里达大学惠灵顿工商管理学院经济系终身教授艾春荣博士等的帮助和有益讨论, 并对本书的写作提供了许多有建设性意见, 上海财经大学 “千人计划” 入选者黄坚教授、中国科学院孙六全研究员对本书的构架和内容取舍提供了许多非常有益的建议. 在本书的写作过程中还得到许多同行的详细阅读和修改建议, 感谢上海财经大学尤进红博士提供一些有用的参考文献, 还要感谢李元教授、刘力平教授和张忠占教授、王绍立博士、朱利平博士、柏杨博士等对本书进行有益的讨论.

同时感谢中国科学院博士研究生马昀蓓、谢尚宇、刘旭、硕士生栾清淑和上海财经大学硕士生袁媛对本书的校订, 并提出有益的建议. 感谢中国科学院博士生林存洁、刘鹏和上海财经大学博士生张莉多次对本书的校对, 做了辛苦的工作. 另外感谢中国科学院博士研究生赵目、田军、白芳芳和硕士生王晓婧、刘沛欣, 上海财经大学博士生刘晓倩、张飞鹏、陈柏成、李小莉、孟美侠、刘玉涛、王艺馨、邱志平、杨广仁等, 中国科学技术大学研究生姚宏伟和云南大学博士生陈雪蓉等同学为本书部分章节的录入和审校做了很多工作, 以及在 “广义估计方程理论与方法” 讨论班上的所有同学, 他们对本书在讨论班上讨论时提出了修改意见, 在此一并表示感谢.

本书仍有许多不足, 由于本人的能力有限, 相信存在一些地方的表达可能并不很合适, 另外, 由于本人的笨拙, 本书在写作过程肯定还有对其他人相当重要的研究成果未能充分展示出来. 如果本书有什么错误和不妥之处, 本人一律承担, 并希望读者批评指正.

本书的完成也得到中国科学院出版基金资助和国家杰出青年基金、国家自然科学基金、国家自然科学基金委创新研究群体项目支持, 以及上海财经大学 “211 工程” 四期重点学科建设项目和上海市一流学科布局建设项目支持.

最后感谢我的夫人和孩子周于皓长期以来对我科研工作的支持和理解, 特别是在本书写作过程的相当长时间里他们在背后默默的支持让我有足够的时间来完成本书的撰写.

周　勇

于中国科学院数学与系统

科学研究院和上海财经大学

2013 年 4 月

目　　录

第1章　绪　　论

1.1　估计方程估计方法概述

我们知道, 极大似然估计在统计学中具有极其重要的地位, 这主要得益于极大似然估计具有很多很好的统计性质. 在一些正则条件下, 极大似然估计是有效估计(或渐近有效估计), 一致最小方差估计, 通常也是渐近无偏估计. 但是在不同类型数据下, 例如, 对于时间序列数据或删失数据, 与独立的简单样本不同, 极大似然函数不能通过简单的方法获得. 通常, 不能简单表示为边际密度函数的乘积形式, 它们可能具有完全不同的形式. 造成极大似然估计难以应用的主要原因可能包括无法给出所研究模型的似然函数; 或者即使给出了似然函数, 但不存在通常意义下的极大似然估计, 无穷维参数就是这种情形. 例如, 在很多半参数模型中, 由于掺入非参数部分, 即无限维的参数集, 那么如果没有额外的假设, 将导致半参数模型似然函数不存在有限维解, 因此也就不存在极大似然估计. 如生存分析中的 Cox 半参数模型, 在没有其他假设下, 它的 (完全) 似然函数并不存在极大值解, 通常要施加一个额外的假设 (比如, 假设基础风险率函数是分段函数), 或只考虑似然函数的某一部分, 比如, 部分似然函数或条件似然函数等. 幸运的是, 在一些假设下部分似然函数与条件似然函数等价, 并都有很好性质的极大值解, 即存在 (部分) 极大似然估计.

在应用极大似然方法时, 一般假设感兴趣的参数来自于某一个确定的参数模型. 当所假设的模型并不是真正的模型时, 基于极大似然方法的统计推断可能产生很大的估计偏差, 甚至不相合, 因此, 如果没有正确的模型假设, 就会导致错误地使用了极大似然估计. 另外, 当模型发生较大的偏离时, 不仅会导致极大似然估计产生很大的偏差, 甚至无效, 这就是所谓的*模型误判*问题. 针对误判问题人们扩展了极大似然方法, 提出拟似然估计、伪似然估计、广义矩估计和估计方程估计等. 我们知道, 极大似然函数的得分函数在真实参数条件下的期望是 0. 即使不能确定假设模型的分布, 但如果得分函数在真实参数下其均值仍是 0, 我们就可以直接将得分函数的样本类似值设为 0 作为一个估计方程 (组), 并且将这个估计方程的解作为参数的估计. 当解唯一时, 这个估计就称为估计方程估计, 在这种情况下, 也是拟似然估计. 而如果所提出模型的似然函数可导出此得分方程时, 则所获得的估计就是极大似然估计. 例如, 在方差已知的正态假设下, 得分函数具有一个简单的形式, 即与 $\overline{X}-\theta$ 成比例, 且比例值与参数无关, 其中 θ 是总体均值, $\overline{X}$ 是样本均值. 显然, 可以令这个得分函数等于 0 来得到估计方程, 而 $\overline{X}-\theta$ 的期望为 0, 即 $E(\overline{X}-\theta)=0$,

因此得到的是一个无偏估计方程, 并由此获得参数 θ 的一个估计是样本均值. 实际上, 即使此例中的正态假设是错误的, 仍然可以使用样本均值来估计参数 θ. 进一步, 位置参数未知 (其他参数均已知) 的指数分布族中的很多分布, 得分函数都与 $\overline{X}-\theta$ 成比例, 且比例常数与参数 θ 无关, 因此,θ 的估计方程估计就是样本均值. 即使并不能确切地知道样本分布, 但是仍可以用样本均值去估计总体均值. 当然这个估计已不再是极大似然估计了, 也许称其为 "非参数估计" 更合适.

从上面的叙述中可以看出, $E(\overline{X}-\theta)=0$ 成立是一个关键假设. 因此, 构造估计方程最重要的一步是寻找一个估计函数 $h(x,\theta)$, 使

$$E[h(X,\theta)]=0. \tag{1.1}$$

满足条件 (1.1) 的估计函数称为*无偏估计函数*. 由估计函数的样本均值 (也称为方程 (1.1) 的*样本类似*) 可得到估计方程

$$\frac{1}{n}\sum_{i=1}^{n}h(x_i,\theta)=0. \tag{1.2}$$

如果方程 (1.2) 的解存在且唯一, 则通过求解方程 (1.2) 可以得到 θ 的一个估计. 这个估计就称为*估计方程估计*.

另一个与估计方程估计方法有直接联系的是矩估计, 其基本原理是利用样本的矩去估计总体的矩. 当感兴趣的参数是总体中某些矩的光滑函数时, 就能用样本的同阶矩的同一函数去估计, 这就是*矩估计方法*或简称为*矩方法*. 设 $g(\cdot)$ 是一已知函数, 总体的某阶矩可以表示为此函数的期望, 比如, 设 $\mu_k=E(X^k)$ 为总体的 k 阶矩, 且 $g(x)=x^k$, 则总体的 k 阶矩可表示为 $\mu_k=E[g(X)]$. 因此, 对于 $\mu_k=E[g(X)]$ 的估计可以看成基于样本 $X_1,X_2,\cdots,X_n$ 的一个方程 $\sum\limits_{i=1}^{n}[\mu_k-g(X_i)]=0$ 的根, 从而得到估计方程估计 $\widehat{\mu}_k=n^{-1}\sum\limits_{i=1}^{n}g(X_i)$. 对于另一个函数 $h(X,\theta)$ 满足 $E[h(X,\theta)]=0$, $h(\cdot,\cdot)$ 是一个已知函数, θ 是一个未知参数, 则 θ 的一个合理估计就是下面方程的解:

$$\frac{1}{n}\sum_{i=1}^{n}h(x_i,\theta)=0,$$

从这个估计方程可以推出总体的各阶矩估计. 例如, $h(x,\theta)=x^k-\theta$, 如果 $Eh(X,\theta)=0$, 则由样本类似得到

$$\frac{1}{n}\sum_{i=1}^{n}h(x_i,\theta)=\frac{1}{n}\sum_{i=1}^{n}(x_i^k-\theta)=0,$$

从而获得总体的 k 阶矩估计.

对于更一般的矩函数 $g(\mu_1,\mu_2,\cdots,\mu_p,\theta)$, 感兴趣的参数是 θ. 假设这个函数满足 $g(\mu_1,\mu_2,\cdots,\mu_p,\theta)=0$, θ 相应的矩估计 $\widehat{\theta}$ 是 $g(\widehat{\mu}_1,\widehat{\mu}_2,\cdots,\widehat{\mu}_p,\theta)=0$ 关于 θ 的根. 其中 $g(\cdot,\cdots,\cdot)$ 是一个已知光滑函数, 且 $\widehat{\mu}_i$ 是 μ_i 的矩估计. 这仍可以近似地看作估计方程估计. 由泰勒展开可知

$$
\begin{aligned}
g(\widehat{\mu}_1,\widehat{\mu}_2,\cdots,\widehat{\mu}_p,\widehat{\theta})-g(\mu_1,\mu_2,\cdots,\mu_p,\theta)\approx&\sum_{j=1}^{p}g_j'(\mu_1,\mu_2,\cdots,\mu_p,\theta)(\widehat{\mu}_j-\mu_j)\\
&+g_{p+1}'(\mu_1,\mu_2,\cdots,\mu_p,\theta)(\widehat{\theta}-\theta),
\end{aligned}
$$

其中 g_j' 是 g 关于它的第 j 元偏导数, 由 $E(\widehat{\mu}_i-\mu_i)=0$, $i=1,2,\cdots,p$, 可导出 $E\widehat{\theta}\approx\theta$, 即 $\widehat{\theta}$ 是 θ 的渐近无偏估计. 后面章节将证明此估计是相合的且渐近正态的.

在估计方程中, 满足条件 (1.1) 的参数值 θ_0 通常称为*真实参数*, 而满足条件 (1.1) 的性质称为估计函数的无偏性. 无偏性是一个自然要求, 它保证了由估计方程获得的解 θ 应当靠近真实参数 θ_0. 在无偏情况下, 一个直观的理解是, 只要估计函数有不太多的偏离性 (即其均值偏离 0 的程度不大), 就能保证方程的根也落在真值的一个小邻域内. 相反, 估计函数有偏时, 若估计函数方差为 0, 且估计方程有唯一解 θ, 那么 θ 以概率 1 是一个不正确的估计值. 以后我们将不再考虑这种有偏情况. 估计函数的无偏性能够避免由一个有偏估计方程产生 θ 的不正确估计值.

要求估计函数满足无偏性是非常必要的, 这还有一些更深刻的理由. 首先, 在一些正则条件下, 由无偏估计函数产生的估计方程可以得到真实参数的相合估计. 本质上, 由 n 个被观测个体某些形式的均值可以建立起估计方程, 这是实际中最常使用的情况. 大数律能够保证, 一个无偏估计方程以概率 1 收敛到它的期望值 (即通常为 0 值), 当且仅当估计方程的解 θ 以概率 1 收敛于真实参数 θ_0. 这也为蒙特卡罗方法的合理性提供了一个证据. 在有限样本情况下, 由无偏估计方程获得的估计比基于有偏估计方程获得的估计具有更优的性质.

其次, 无偏性标准也与一致最小方差无偏估计的古典理论相一致, 后者是在一族无偏估计中寻找一个具有最小方差的估计. 如果不考虑无偏性, 那么估计族中的估计太多, 以致无法找到一个估计具有“最小”的方差. 类似地, 在估计方程理论中, 人们在一个无偏估计函数族中寻找到一个可能具有最大方差的估计函数. 一个有更大方差的无偏估计方程一般优于一个有偏估计方程或方差较小的无偏估计方程, 因此基于更大方差的无偏估计方程会得到真实参数 θ_0 的一个更好估计. 这将会在后面的第 10 章中进行讨论.

最后, 基于无偏估计方程所获得的估计虽不必是真实参数 θ_0 的无偏估计, 但基于由无偏估计函数构造的估计方程所获得的估计通常是真实参数的渐近无偏估计.

1.2　统计模型与估计方程

估计方程不会离开统计模型而单独存在, 在构造估计方程估计时, 其中最重要的一步就是寻找到一个无偏估计函数 $h(X,\theta)$ 使得条件 (1.1) 成立. 因此, 找到一个无偏估计函数是对估计方程估计进行统计推断的重要基础. 如果能够对产生数据的模型有一定的认识, 那么将有助于寻找合适的无偏估计函数.

当假设样本来自于一个参数分布族时, 我们可以利用得分函数来构造参数的估计方程, 这是产生估计方程估计的最初想法. 尽管我们可能不假定样本来自某分布族, 但仍使用该分布族对应的得分方程来作为参数的估计方程, 这就是拟似然估计的思想. 另外还有上面提到的矩估计方法. 但是, 这些用来构造估计方程的特别方法毕竟是有限的, 很多参数估计问题并非都可以应用这些方法构造无偏估计函数. 即使能构造出无偏估计函数, 但可能并没有充分利用数据所包含的信息, 造成有效信息的损失. 因此, 构造无偏估计方程的原则, 就是要兼顾无偏估计函数的简单性, 以及利用数据信息的充分性这两个方面.

在很多情况下, 很难在满足信息的充分性的同时又使无偏估计函数十分简单. 一个最好的解决方式就是对数据来源总体假设一个统计模型, 因此, 构造无偏估计函数通常离不开统计模型. 当然对于统计模型的假定并不是一个简单的过程, 除了已有的经验和知识, 更要结合所研究问题本身, 以及待分析数据的类型和背景. 这就涉及复杂的统计建模过程, 并非本书的研究范围, 因此我们仅就一些常用模型来讨论估计方程估计及其统计推断的方法.

首先, 我们来考虑一个线性回归模型. 设 $(Y_1,\boldsymbol{X}_1^\tau),(Y_2,\boldsymbol{X}_2^\tau),\cdots,(Y_n,\boldsymbol{X}_n^\tau)$ 是独立同分布随机变量, 其观察值为 $(y_1,\boldsymbol{x}_1^\tau),\cdots,(y_n,\boldsymbol{x}_n^\tau)$ 来自于如下线性回归模型

$$Y_i=\boldsymbol{X}_i^\tau\boldsymbol{\beta}+\varepsilon_i,\quad i=1,2,\cdots,n,$$

其中 $\boldsymbol{X}_i$ 为 p 维列向量, $\boldsymbol{\beta}$ 是一个 p 维未知参数列向量, $\varepsilon_i,i=1,2,\cdots,n$ 是一列独立同分布误差序列, 且满足 $E(\varepsilon_1|\boldsymbol{X})=0$ 和 $E(\varepsilon_1^2|\boldsymbol{X})=\sigma^2<\infty$. 根据这些假设, 可以构造出多个无偏估计函数. 比如,

$$\psi(\boldsymbol{Y},\boldsymbol{X},\boldsymbol{\beta})=\boldsymbol{X}^\tau(\boldsymbol{Y}-\boldsymbol{X}\boldsymbol{\beta}),\tag{1.3}$$

显然有 $E\psi(\boldsymbol{Y},\boldsymbol{X},\boldsymbol{\beta})=0$, 于是, 由样本类似可得到如下估计方程

$$\frac{1}{n}\sum_{i=1}^n\psi(y_i,\boldsymbol{x}_i,\boldsymbol{\beta})=\frac{1}{n}\sum_{i=1}^n(y_i-\boldsymbol{x}_i^\tau\boldsymbol{\beta})\boldsymbol{x}_i=0,$$

求解方程便可得到估计方程估计, 它也就是最小二乘估计

$$\widehat{\boldsymbol{\beta}}=(\boldsymbol{X}^\tau\boldsymbol{X})^{-1}\boldsymbol{X}^\tau\boldsymbol{Y},$$

其中 $\boldsymbol{X}=(\boldsymbol{X}_1,\boldsymbol{X}_2,\cdots,\boldsymbol{X}_n)^\tau$ 和 $\boldsymbol{Y}=(Y_1,Y_2,\cdots,Y_n)^\tau$. 将估计函数 (1.3) 稍加改动, 把估计函数 (1.3) 中前面的 $\boldsymbol{X}$ 改为一个工具变量 $\boldsymbol{Z}$, 要求 $\boldsymbol{Z}$ 与 $\boldsymbol{X}$ 有很大的相关性, 而与 ε_i 无关. 此时估计函数为

$$\psi_1(\boldsymbol{Y},\boldsymbol{X},\boldsymbol{\beta})=\boldsymbol{Z}^\tau(\boldsymbol{Y}-\boldsymbol{X}\boldsymbol{\beta}). \tag{1.4}$$

由工具变量的定义, 可知 $E\psi_1(\boldsymbol{Y},\boldsymbol{X},\boldsymbol{\beta})=0$. 因此估计函数 (1.4) 也是一个无偏估计函数.

在计量经济学中, 通常引入工具变量来克服内生性. 对该线性模型, 如果误差假设不满足 $E(\varepsilon_1|\boldsymbol{X})=0$ 就说明具有内生性, 需要找到一个工具变量 $\boldsymbol{Z}$ 使 $E(\varepsilon|\boldsymbol{Z})=0$, 同时, $\boldsymbol{Z}$ 和 $\boldsymbol{X}$ 具有较大的相依性. 对工具变量的方法本书不再展开讨论.

另一个值得讨论的例子是生存分析中的加性模型. 在生存分析中, Cox 比例风险模型和加性风险模型具有广泛的应用, 例如, 用于研究与某种疾病发生相关的风险因素, 或者计量经济与金融中的信用违约风险. 设某个体失效 (死亡或破产) 时间为 T, 相对应于此个体的风险因素有 $\boldsymbol{Z}(t)$, 它是一个 p 维列向量, 可能依赖于时间. 个体失效的**风险率**(hazard rate) 函数是

$$\lambda(t,\boldsymbol{Z})=\lambda_0(t)+\boldsymbol{\beta}^\tau\boldsymbol{Z}(t), \tag{1.5}$$

此处 $\lambda_0(t)$ 称为**基础风险率函数**, 通常假定为一个非参数函数. 由于生存分析数据观测过程的复杂性, 失效时间 T 通常是左截断或右删失数据 (我们将在第 2 章讨论数据类型). 考虑一个观察数据集, 有 n 个个体, 记 $\{N_i(t);t\geqslant 0\}$ 为一个计数过程, 它表示直到观察时间 t, 第 i 个个体所发生的失效次数, 即当 $N_i(t)=1$ 时, 第 i 个个体在时刻 t 已失效. 根据计数过程理论, 这个计数过程的强度函数是

$$Y_i(t)\mathrm{d}\Lambda(t;\boldsymbol{Z}_i)=Y_i(t)[\mathrm{d}\Lambda_0(t)+\boldsymbol{\beta}^\tau\boldsymbol{Z}_i(t)\mathrm{d}t], \tag{1.6}$$

其中 $Y_i(t)=I(T_i\geqslant t)$, $I(\cdot)$ 是示性函数, 直观上 $Y_i(t)=1$ 表示 t 时刻第 i 个个体仍处于风险当中 (即未失效但面临失效). $\Lambda_0(t)$ 为**累积基础风险函数**, 定义为

$$\Lambda_0(t)=\int_0^t\lambda_0(u)\mathrm{d}u.$$

$\Lambda(t;\boldsymbol{Z}_i)$ 为第 i 个个体的累积风险函数, 也有类似定义, 其中 $\boldsymbol{Z}_i$ 是第 i 个个体的风险因素协变量. 由生存分析理论可知, 对于每个 i 和 t, 计数过程 $\{N_i(t);t\geqslant 0\}$ 可以分解为

$$N_i(t)=M_i(t)+\int_0^t Y_i(u)\mathrm{d}\Lambda(u;\boldsymbol{Z}_i), \tag{1.7}$$

其中 $M_i(t)$ 是一个局部平方可积鞅 (参见 Andersen 和 Gill, 1982), 且 $E[\mathrm{d}M_i(t)] = 0$. 因此, 由式 (1.7) 可以构造出一个无偏估计方程,

$$\begin{aligned}&\frac{1}{n}\sum_{i=1}^{n}\left[\int_0^t \mathrm{d}N_i(u) - \int_0^t Y_i(u)\mathrm{d}\Lambda(u;\boldsymbol{Z}_i)\right]\\ =&\frac{1}{n}\sum_{i=1}^{n}\left\{\int_0^t \mathrm{d}N_i(u) - \int_0^t Y_i(u)[\lambda_0(u) + \boldsymbol{\beta}^{\tau}\boldsymbol{Z}_i(u)]\mathrm{d}u\right\} = 0. \qquad (1.8)\end{aligned}$$

但是 $\lambda_0(t)$ 是一个非参数函数, 不容易估计, 一个可行的办法就是消去 $\lambda_0(t)$ 后再估计 $\boldsymbol{\beta}$. 由方程 (1.8), 如果已得到 $\boldsymbol{\beta}$ 的估计, 便有

$$\widetilde{\Lambda}_0(t) = \int_0^t \frac{\sum_{i=1}^{n}\{\mathrm{d}N_i(u) - Y_i(u)\boldsymbol{\beta}^{\tau}\boldsymbol{Z}_i(u)\mathrm{d}u\}}{\sum_{i=1}^{n} Y_i(u)}.$$

但事实上, 我们还并没有得到 $\boldsymbol{\beta}$ 的估计, 因此可以用迭代算法来求得 $\boldsymbol{\beta}$ 和 $\lambda_0(t)$ 的估计. 当然, 一个更方便的方法是把这个 $\tilde{\lambda}_0(t)$ 代回方程 (1.8), 构造出关于 $\boldsymbol{\beta}$ 的估计方程

$$U(\boldsymbol{\beta}) = \sum_{i=1}^{n}\int_0^{\infty} \boldsymbol{Z}_i(t)\{\mathrm{d}N_i(t) - Y_i(t)\mathrm{d}\widetilde{\Lambda}_0(t) - Y_i(t)\boldsymbol{\beta}^{\tau}\boldsymbol{Z}_i(t)\mathrm{d}t\} = 0, \qquad (1.9)$$

它仍是无偏的, 等价于

$$U(\boldsymbol{\beta}) = \sum_{i=1}^{n}\int_0^{\infty} \{\boldsymbol{Z}_i(t) - \overline{\boldsymbol{Z}}(t)\}\{\mathrm{d}N_i(t) - Y_i(t)\boldsymbol{\beta}^{\tau}\boldsymbol{Z}_i(t)\mathrm{d}t\} = 0, \qquad (1.10)$$

其中

$$\overline{\boldsymbol{Z}}(t) = \frac{\sum_{i=1}^{n} Y_i(t)\boldsymbol{Z}_i(t)}{\sum_{i=1}^{n} Y_i(t)}.$$

从而可获得 $\boldsymbol{\beta}$ 的估计方程, $U(\boldsymbol{\beta}) = 0$. 经简单计算可得 $\boldsymbol{\beta}$ 的估计

$$\widehat{\boldsymbol{\beta}} = \left[\sum_{i=1}^{n}\int_0^{\infty} Y_i(t)\{\boldsymbol{Z}_i(t) - \overline{\boldsymbol{Z}}(t)\}^{\otimes 2}\mathrm{d}t\right]^{-1}\left[\sum_{i=1}^{n}\int_0^{\infty}\{\boldsymbol{Z}_i(t) - \overline{\boldsymbol{Z}}(t)\}\mathrm{d}N_i(t)\right],$$

其中对于任何向量 $\boldsymbol{a}$, 定义 $\boldsymbol{a}^{\otimes 2}=\boldsymbol{a}\boldsymbol{a}^{\tau}$. 进一步可获得 $\Lambda_0(t)$ 的估计 $\widehat{\Lambda}_0(t)$

$$\widehat{\Lambda}_0(t)=\int_0^t \frac{\sum_{i=1}^n\left\{\mathrm{d}N_i(u)-Y_i(u)\widehat{\boldsymbol{\beta}}^{\tau}\boldsymbol{Z}_i(u)\mathrm{d}u\right\}}{\sum_{i=1}^n Y_i(u)}.$$

事实上, 我们可以不考虑 $\Lambda_0(t)$ 的估计, 而直接给出关于 $\boldsymbol{\beta}$ 的无偏估计方程 (1.10). 注意到

$$\mathrm{d}N_i(t)-Y_i(t)\boldsymbol{\beta}^{\tau}\boldsymbol{Z}_i(t)\mathrm{d}t=Y_i(t)\mathrm{d}\Lambda_0(t)+\mathrm{d}M_i(t),$$

其中 $\Lambda_0(t)$ 与 i 无关, 这是很重要的一个特性. 如果我们能找到一个辅助量 $f_i(\boldsymbol{Z}_1, \boldsymbol{Z}_2,\cdots,\boldsymbol{Z}_n)$, 使得

$$E\int_0^{\infty} f_i(\boldsymbol{Z}_1,\boldsymbol{Z}_2,\cdots,\boldsymbol{Z}_n)Y_i(t)\mathrm{d}\Lambda_0(t)=0,\quad i=1,2,\cdots,n.$$

便可获得 $\boldsymbol{\beta}$ 的一个无偏估计方程. 充分利用模型的线性性进行分析可知, 一个合适的辅助量为

$$f_i(\boldsymbol{Z}_1,\boldsymbol{Z}_2,\cdots,\boldsymbol{Z}_n)=\boldsymbol{Z}_i(t)-\bar{\boldsymbol{Z}}(t).$$

利用 Cox 模型的部分似然函数, 也可以类似得到一个无偏估计方程. 而估计方程 (1.8) 主要是根据鞅表示式 (1.7) 来进行构造的, 并且利用了零均值这一重要特性. 这种思想我们在后面章节还会看到.

上面两个例子充分说明了, 对于给定的一个假设的统计模型, 可以根据模型的特性有效地构造无偏估计方程. 在统计应用的各个领域中, 有许多这种具有某些特性的模型. 比如, 计量经济中的工具变量模型, 变系数模型和半变系数模型等. 因此构造无偏估计方程时, 应充分利用所假设模型的性质, 才能构造出一个好的估计方程. 广义线性模型是广泛使用的非线性模型之一, 基于广义线性模型的估计方程方法具有代表意义, 特别是纵向数据下的估计方程问题, 更多内容参见文献 (Hardin 和 Hilbe, 2003; Liang 和 Zeger, 1986).

除此之外, 还需要考虑到数据类型和数据结构, 比如, 右删失、缺失数据等, 否则构造的估计方程可能不再是无偏的, 甚至是不可实现的. 设我们已知一个估计函数 $\phi(T,\theta)$, 满足 $E\phi(T,\theta)=0$, 如果我们所获得的观察数据是简单随机样本, 即数据 $T_1,T_2,\cdots,T_n$ 独立同分布, 则由上面方程的样本类似便可得到一个估计方程

$$\frac{1}{n}\sum_{i=1}^n \phi(T_i,\theta)=0, \tag{1.11}$$

显然, $E\left\{\frac{1}{n}\sum_{i=1}^{n}\phi(T_i,\theta)\right\} = E\phi(T_1,\theta) = 0$, 故估计方程无偏, 但是, 当 T 是右删失数据时, 结论将有所不同. 例如, 假设 T 被另一个随机变量 C 右删失, 即实际观察的数据是 T 和 C 中较小的一个, 并且知道哪一个被观察到. 用数学语言描述, 即观察到的数据是 $X = \min(T, C)$ 及 $\delta = I(T \leqslant C)$. 这类数据在经济学、生物医学和可靠性科学中广泛存在. 例如, 在生存分析中, 可能对某类患者经治疗后的平均生存时间感兴趣. 由于参与试验的人可能中途退出, 或者直到试验结束时仍然活着, 因此, 这些个体的生存时间无法确切获得. 考虑估计方程 (1.11), 并取 $\phi(T,\theta) = T - \theta$, 其中 θ 是感兴趣的平均寿命. 直接用所获得的生存时间数据进行平均得到的估计, 显然低估了真实的平均寿命. 因此, 估计是有偏的.

鉴于以上原因, 我们可以考虑经逆概率加权修改的估计函数

$$\psi(X,\theta) = \frac{\delta}{K(X)}\phi(X,\theta),$$

其中 $1 - K(\cdot)$ 是已知的删失时间 C 的分布函数. 这个公式的直观解释是: 数据对均值的贡献与其未被删失的删失概率成反比, 也就是说未被删失的个体的贡献更多. 利用叠期望公式, 容易证明

$$\begin{aligned} E\psi(X,\theta) &= E\left[\frac{\delta}{K(X)}\phi(X,\theta)\right] \\ &= E\left\{E\left[\frac{\delta}{K(X)}\phi(X,\theta)\middle| T\right]\right\} \\ &= E\left\{E(\delta|T)\frac{1}{K(T)}\phi(T,\theta)\right\} \\ &= E\phi(T,\theta) = 0. \end{aligned} \tag{1.12}$$

因此, $\psi(X,\theta)$ 是 θ 的一个无偏估计函数, 由此可构造出 θ 的无偏估计方程 (当 $K(\cdot)$ 未知时, 需要进一步的分析). 显然这里构造无偏估计函数需要利用数据类型提供的信息. 很多基于复杂数据的无偏估计方程都可应用类似的方法, 比如, 缺失数据、Case-control 数据和分层数据等.

迄今为止我们只讨论了无偏估计方程的存在性, 而并未提及唯一性. 事实上, 对于大多数统计模型和数据, 都存在很多甚至是无穷个无偏估计方程. 那么一个很自然的问题是: 是否存在一个最好的无偏估计方程? 如何寻找最优的估计方程估计? 对于这些问题, 我们将在后面章节进行讨论.

1.3 带有辅助信息的估计方程估计

在实际中, 常常存在有关感兴趣参数 θ 的额外信息, 如果能将其加入到对 θ 的

统计推断中, 将有效地改进估计的有效性. 例如, 我们的目标是估计 Y 的均值, 而同时, 我们知道方差是均值的函数, 或 Y 的分布是对称的, 或 Y 的分布中位数等. 这些信息对 Y 的均值估计可能会提供一些帮助. 下面就讨论几个这种带有辅助信息的例子.

例 1.1 我们获得了 Y 的一阶和二阶矩的信息, 比如, 我们知道方差是均值的函数, 即假设 Y 有均值 θ, 并假定已知 $EY^2 = m(\theta)$, 则对于均值 θ 估计可以取如下的估计函数

$$\psi(y, \theta) = (y - \theta, y^2 - m(\theta))^\tau,$$

其中 $m(\cdot)$ 是已知函数, 则可得

$$E[\psi(Y, \theta)] = 0. \qquad \square$$

例 1.1 是广义线性模型的一个特例 (Godambe and Thompson, 1989; McCullagh and Nelder, 1989). 这时限制条件比参数维数多, 按通常方程组的意义, 参数 θ 似乎无解, 但在统计上这些限制其实是对参数提供的信息. 那么如何通过这个估计方程 (组) 获得参数 θ 的估计呢? 更进一步, 当获得的观察样本并不是简单的样本, 比如, 纵向数据, 如何构造一个无偏估计函数呢? 对于估计函数 $\psi(y, \theta)$, 如果 y 的观察 $y_{ij},\ i = 1, \cdots, n,\ j = 1, \cdots, n_i$ 是纵向数据, 则需要考虑观察 $y_{\cdot j}$ 之间的相关性. 一个合适的无偏估计函数可写为

$$\psi_i(\boldsymbol{y}_i, \theta) = \begin{pmatrix} y_{i1} - \theta & y_{i1}^2 - m(\theta) \\ \vdots & \vdots \\ y_{in_i} - \theta & y_{in_i}^2 - m(\theta) \end{pmatrix}.$$

那么如何对这类方程进行统计推断呢? 后面第 12 章中将展开讨论.

例 1.2 假定我们知道响应变量 Y 和协变量 Z 的某个函数的一阶矩和二阶矩, 我们也能按例 1.1 的方法来获得参数的无偏估计函数. 设 $Y - g(\theta Z)$ 的均值为 0, 且其方差函数满足 $E[Y - g(\theta Z)]^2 = \varrho(\theta)$, 其中 $g(\cdot)$ 和 $\varrho(\cdot)$ 已知. 那么可以得到关于参数 θ 的无偏估计函数

$$\psi(y, x, \theta) = (y - g(\theta z), [y - g(\theta z)]^2 - \varrho(\theta))^\tau. \qquad \square$$

例 1.3 当关于总体 Y 的分布的一些信息, 如某阶矩是已知时, 如何结合这些信息给出总体中位数的统计推断呢? 具体地说, 假设 Y 的中位数为 θ, 且 $E(Y - g(\theta))^2 = \varrho(\theta)$, 其中 $g(\cdot)$ 和 $\varrho(\cdot)$ 已知. 那么关于 θ 的一个无偏估计函数是

$$\psi(y, x, \theta) = (I(y \leqslant \theta) - 1/2, [y - g(\theta)]^2 - \varrho(\theta))^\tau.$$

特别地, 当 Y 服从正态分布时, 其均值即为中位数. 这是完全由辅助信息获得感兴趣参数估计的特殊例子. □

假设无偏估计函数 ψ 满足

$$E[\boldsymbol{\psi}(Y, \boldsymbol{Z}, \boldsymbol{\theta})] = 0, \tag{1.13}$$

其中 $\psi(Y, \boldsymbol{Z}, \boldsymbol{\theta})$ 是 q 维的函数向量, $\boldsymbol{\theta} \in \Theta$ 是 p 维未知参数, Y 是响应变量, $\boldsymbol{Z}$ 是协变量. 在很多情况下, 确认了参数的估计方程便可直接应用矩方法的思想获得参数的估计. 当 $q = p$ 时, 即方程个数等于参数向量的维数, 应用矩方法的思想, 令估计函数的样本矩函数值为 0, 便可获得参数的估计. 这个估计称为**矩估计**(moment-method estimation, MME). 当 $q > p$, 则存在过度识别的条件, 即估计方程的个数大于参数维数, 此时要想应用普通的矩方法来估计参数, 一种简单的处理就是抛弃一些方程, 但这样会损失一些有用的信息参见 (Qin and Lawless, 1994).

对于处理这种过度识别条件的参数估计情况, Hansen (1982) 提出了一种广义矩估计方法, 基本思想是选择某些标准 (主要是距离度量方法) 使估计函数 $\psi(Y, \boldsymbol{Z}, \boldsymbol{\theta})$ 的均值函数尽量地接近 0. 比如, 选择一个对称的正定矩阵, 将估计函数构造为加权形式的二次型, 即选择如下度量方法

$$E[\boldsymbol{\psi}(Y, \boldsymbol{Z}, \boldsymbol{\theta})]^{\tau} W E[\boldsymbol{\psi}(Y, \boldsymbol{Z}, \boldsymbol{\theta})], \tag{1.14}$$

其中 W 是一个 $q \times q$ 的权矩阵, 其选取可以与参数 $\boldsymbol{\theta}$ 无关, 也可以有关. 显然式 (1.14) 表示的距离是非负的. 当 $E\psi(Y, \boldsymbol{Z}, \boldsymbol{\theta}) = 0$ 时, 必使得式 (1.14) 达到最小; 相反, 当式 (1.14) 达到最小值时, 一般能使 $\|E\psi(Y, \boldsymbol{Z}, \boldsymbol{\theta})\|$ 达到最小, 即 $E\psi(Y, \boldsymbol{Z}, \boldsymbol{\theta})$ 尽量接近于 0. 其中 $\|\cdot\|$ 表示欧氏距离. 因此式 (1.14) 定义的距离是合理的. 只需使式 (1.14) 达到最小便能给出参数 θ 的一个合理估计. 用样本均值代替式 (1.14) 中的期望, 于是就得到著名的**广义矩方法**(generalized method of moments, GMM) 估计, 有时也称**广义估计方程**(generalized estimating equations, GEE) 估计, 它是使下式

$$\left[\frac{1}{n}\sum_{i=1}^{n}\boldsymbol{\psi}(y_i, \boldsymbol{z}_i, \boldsymbol{\theta})\right]^{\tau} W \left[\frac{1}{n}\sum_{i=1}^{n}\boldsymbol{\psi}(y_i, \boldsymbol{z}_i, \boldsymbol{\theta})\right] \tag{1.15}$$

达到最小的点.

广义矩方法是处理过度识别方程的流行估计方法, 它也是将要讨论到的极值目标函数估计的一种. 广义矩估计一般是相合估计, 在一些正则条件下也是渐近正态的. 广义估计方程估计跟选择的权重矩阵有关, 适当选取权矩阵, 可以使其达到有效. 对于不同的权重, 获得的估计可能有差别, 但这种差别不会太大. 而另一种过度识别估计方程的估计方法, 就是**经验似然估计方法**, 在很多情况下不需要选择权

矩阵. 经验似然方法充分利用了极大似然方法的思想, 由于与分布无关, 因此它不像极大似然方法那样容易受到模型误判的影响. 同时, 经验似然估计通常与选择了最优权矩阵时的广义矩估计等价, 甚至在很多条件下它可以像极大似然估计一样有效. 经验似然方法另外一个优点就是它可以像广义矩方法估计一样把额外的辅助信息充分加以利用. 本书第 7 章将详述这种方法, 更深入的研究可以参见 Owen (2001).

1.4 估计方程估计的渐近性质概述

下面我们给出估计方程的一般收敛性质, 这里的表述和推导并不严格, 旨在使读者能初步领略估计方程估计的性质及其推导方法, 从而更容易把握其特点.

假设估计函数 $\psi(X,\boldsymbol{\theta})$ 是一个 p 维向量, 且满足

$$E\boldsymbol{\psi}(X,\boldsymbol{\theta})=0,$$

并假定 $\boldsymbol{\theta}_0$ 是 q 维参数 $\boldsymbol{\theta}$ 的唯一真值, 同时 $\psi(X,\boldsymbol{\theta})$ 关于参数 $\boldsymbol{\theta}_0$ 连续可微. 设 $\widehat{\boldsymbol{\theta}}$ 是下面方程的唯一解, 即**估计方程估计**

$$\frac{1}{n}\sum_{i=1}^{n}\boldsymbol{\psi}(x_i,\boldsymbol{\theta})=0.$$

其中 $x_1,\cdots,x_n$ 是独立同分布的观察样本.

在一些较弱的条件下可以证明 $\widehat{\boldsymbol{\theta}}$ 是 $\boldsymbol{\theta}_0$ 的相合估计. 下面给出一个简单情形下的渐近正态性, 更复杂的情况将在后面章节介绍.

定理 1.1 在上述假设下, 并设 $p=q$, 且估计方程估计 $\widehat{\boldsymbol{\theta}}$ 是 $\boldsymbol{\theta}_0\in\Theta$ 的相合估计, Θ 是一个 p 维开集, 同时假设 $E\boldsymbol{\psi}^2(X,\boldsymbol{\theta})$ 存在, 则有

$$\sqrt{n}(\widehat{\boldsymbol{\theta}}-\boldsymbol{\theta})\xrightarrow{\mathscr{D}}N(0,\Sigma),$$

其中 $\Sigma=A^{-1}B(A^{-1})^{\tau}$ 及

$$A=\lim_{n\to\infty}\frac{1}{n}\sum_{i=1}^{n}\nabla_{\boldsymbol{\theta}}\boldsymbol{\psi}(x_i,\boldsymbol{\theta})|_{\boldsymbol{\theta}_0}=E[\nabla_{\boldsymbol{\theta}}\boldsymbol{\psi}(x_i,\boldsymbol{\theta}_0)],\quad B=\mathrm{Cov}(\boldsymbol{\phi}(X_i,\boldsymbol{\theta}_0)).$$

注 定理 1.1 的假设并没有展开写在定理的叙述里, 将在该定理证明之后详细讨论.

通常称估计方程估计 $\widehat{\boldsymbol{\theta}}$ 具有 (渐近) 三明治协方差阵 (sandwich covariance matrix) $\Sigma=A^{-1}B(A^{-1})^{\tau}$. 当估计函数为得分函数时, 定理的结果就是极大似然估计的渐近正态性. 特别地, 此时 $A=B=I(\theta)$, 也就是极大似然估计的信息阵.

定理 1.1 的证明 由假设知 $\widehat{\boldsymbol{\theta}}$ 是估计方程的唯一解, 且 $\widehat{\boldsymbol{\theta}}$ 是 $\boldsymbol{\theta}_0 \in \Theta$ 的相合估计, Θ 是一个 p 维的开集. 因此将 $\boldsymbol{\psi}(x_i, \widehat{\boldsymbol{\theta}})$ 在 $\boldsymbol{\theta}_0$ 处泰勒展开得

$$0 = \sum_{i=1}^{n} \boldsymbol{\psi}(x_i, \widehat{\boldsymbol{\theta}}) = \sum_{i=1}^{n} \boldsymbol{\psi}(x_i, \boldsymbol{\theta}_0) + \sum_{i=1}^{n} \nabla_{\boldsymbol{\theta}} \boldsymbol{\psi}(x_i, \boldsymbol{\theta}_0^*)(\widehat{\boldsymbol{\theta}} - \boldsymbol{\theta}_0),$$

其中 $\boldsymbol{\theta}_0^*$ 落在 $\widehat{\boldsymbol{\theta}}$ 和 $\boldsymbol{\theta}_0$ 之间. 由简单的代数运算得

$$\sqrt{n}(\widehat{\boldsymbol{\theta}} - \boldsymbol{\theta}_0) = -\left[\frac{1}{n} \sum_{i=1}^{n} \nabla_{\boldsymbol{\theta}} \boldsymbol{\psi}(x_i, \boldsymbol{\theta}_0^*)\right]^{-1} \frac{1}{\sqrt{n}} \sum_{i=1}^{n} \boldsymbol{\psi}(x_i, \boldsymbol{\theta}_0), \tag{1.16}$$

注意到 $\widehat{\boldsymbol{\theta}}$ 是 $\boldsymbol{\theta}_0$ 的相合估计, 故由弱大数律及 $\boldsymbol{\psi}(X, \boldsymbol{\theta})$ 关于参数 $\boldsymbol{\theta}_0$ 连续可微的条件知, 依概率有

$$\lim_{n \to \infty} \frac{1}{n} \sum_{i=1}^{n} \nabla_{\boldsymbol{\theta}} \boldsymbol{\psi}(x_i, \boldsymbol{\theta}_0^*) = E[\nabla_{\boldsymbol{\theta}} \boldsymbol{\psi}(x_i, \boldsymbol{\theta}_0)] \equiv A, \tag{1.17}$$

由中心极限定理知

$$-\frac{1}{\sqrt{n}} \sum_{i=1}^{n} \boldsymbol{\psi}(x_i, \boldsymbol{\theta}_0) \xrightarrow{\mathscr{D}} N(0, B), \tag{1.18}$$

其中 $B = \mathrm{Cov}(\boldsymbol{\psi}(X_i, \boldsymbol{\theta}_0))$. 由式 (1.17) 和式 (1.18), 利用 Slutsky 引理立得定理结果. □

定理 1.1 的证明虽然简单, 但是很具有代表性, 是证明隐估计 (即无法给出具体形式的估计) 的一般方法. 有几点需要注意: 第一, 目标函数, 在这里就是估计函数, 需要关于参数连续可微. 在定理 1.1 中, 其实只需要目标函数 $\boldsymbol{\psi}(X_i, \boldsymbol{\theta})$ 在 $\boldsymbol{\theta}_0$ 的一个邻域 $\mathscr{N}$ 内连续可微即可. 第二, 需要先证明所提出的估计是相合的. 相合性是使用泰勒展开所必须的条件. 第三, 应当能够应用大数律和中心极限定理. 在上面的证明中, 由于样本是简单样本 (独立同分布), 除了需要二阶矩存在外, 无需其他条件就能使用大数律和中心极限定理. 最后, 需要式 (1.17) 成立, 此式成立的一个充分条件是

$$\sup_{\boldsymbol{\theta} \in \mathscr{N}} \left\| \frac{1}{n} \sum_{i=1}^{n} \nabla_{\boldsymbol{\theta}} \boldsymbol{\psi}(x_i, \boldsymbol{\theta}) - A(\boldsymbol{\theta}) \right\| \xrightarrow{P} 0.$$

另外一个充分条件是, 存在一个正数 $C_{\boldsymbol{\theta}}$ 和正函数 $h_{\boldsymbol{\theta}_0}(x)$, 对所有的 x, 有

$$\sup_{\|\boldsymbol{\theta} - \boldsymbol{\theta}_0\| \leqslant C_\theta} \|\nabla_{\boldsymbol{\theta}} \boldsymbol{\psi}(x_i, \boldsymbol{\theta})\| \leqslant h_{\boldsymbol{\theta}_0}(x),$$

这是因为

$$\sup_{\boldsymbol{\theta} \in \mathscr{N}} \left\| \frac{1}{n} \sum_{i=1}^{n} \nabla_{\boldsymbol{\theta}} \boldsymbol{\psi}(x_i, \boldsymbol{\theta}) - \frac{1}{n} \sum_{i=1}^{n} \nabla_{\boldsymbol{\theta}} \boldsymbol{\psi}(x_i, \boldsymbol{\theta}_0) \right\| \leqslant 2h_{\boldsymbol{\theta}_0}(x),$$

由控制收敛定理

$$E\max_{\boldsymbol{\theta}\in\mathcal{N}}\left\|\frac{1}{n}\sum_{i=1}^{n}\nabla_{\boldsymbol{\theta}}\boldsymbol{\psi}(x_i,\boldsymbol{\theta})-\frac{1}{n}\sum_{i=1}^{n}\nabla_{\boldsymbol{\theta}}\boldsymbol{\psi}(x_i,\boldsymbol{\theta})\right\|\longrightarrow 0.$$

由普通大数定律, 可得此充分条件成立.

另外, 定理 1.1 的证明中还需要形如方程 (1.18) 的中心极限定理成立. 这一点对时间序列数据或强混合随机变量 (如 α 混合或 β 混合序列) 或鞅差序列等, 需要更多的假设. 对鞅序列, 则可以应用鞅中心极限定理, 参见附录 A. 同时, 式 (1.16) 有时展成二阶 Taylor 公式, 即

$$\begin{aligned}\sum_{i=1}^{n}\boldsymbol{\psi}(x_i,\widehat{\boldsymbol{\theta}})=&\sum_{i=1}^{n}\boldsymbol{\psi}(x_i,\boldsymbol{\theta}_0)+\sum_{i=1}^{n}\nabla_{\boldsymbol{\theta}}\boldsymbol{\psi}(x_i,\boldsymbol{\theta}_0)(\widehat{\boldsymbol{\theta}}-\boldsymbol{\theta}_0)\\&+\frac{1}{2}(\widehat{\boldsymbol{\theta}}-\boldsymbol{\theta}_0)^{\tau}\sum_{i=1}^{n}\nabla_{\boldsymbol{\theta}\boldsymbol{\theta}}\boldsymbol{\psi}(x_i,\boldsymbol{\theta}_0^*)(\widehat{\boldsymbol{\theta}}-\boldsymbol{\theta}_0),\end{aligned}$$

故

$$\begin{aligned}\sqrt{n}(\widehat{\boldsymbol{\theta}}-\boldsymbol{\theta}_0)=&\left[\frac{1}{n}\sum_{i=1}^{n}\nabla_{\boldsymbol{\theta}}\boldsymbol{\psi}(x_i,\widehat{\boldsymbol{\theta}}_0)+\frac{1}{2}(\widehat{\boldsymbol{\theta}}-\boldsymbol{\theta}_0)^{\tau}\frac{1}{n}\sum_{i=1}^{n}\nabla_{\boldsymbol{\theta}\boldsymbol{\theta}}\boldsymbol{\psi}(x_i,\boldsymbol{\theta}_0^*)\right]^{-1}\\&\cdot\left(-\frac{1}{\sqrt{n}}\sum_{i=1}^{n}\boldsymbol{\psi}(x_i,\boldsymbol{\theta}_0)\right),\end{aligned}$$

其中 $-\frac{1}{\sqrt{n}}\sum_{i=1}^{n}\boldsymbol{\psi}(x_i,\boldsymbol{\theta}_0)$ 可由中心极限定理知其为渐近正态分布, 需要证明中括号中的两项依概率收敛于某个常数. 其中第一项可由普通大数律知收敛于 $E[\nabla_{\boldsymbol{\theta}}\boldsymbol{\psi}(\boldsymbol{X},\boldsymbol{\theta})]$, 而第二项需要用到一致收敛, 即一致大数律及 $\widehat{\boldsymbol{\theta}}$ 的相合性.

在定理 1.1 的证明中, 还强调了真实参数的唯一性和方程解的唯一性. 满足模型的真实参数的唯一性是参数 $\boldsymbol{\theta}$ 可识别的重要条件, 而方程解的唯一性, 是使参数可估的必要条件. 试设想如果估计方程有两个以上的解, 那么哪一个解是参数的估计呢? 所以必须考虑其唯一性. 在很多情况下这些假设条件都是满足的. 但是确认这些条件是否满足还是需要对目标函数进行分析. 通常凸函数的导数是可以满足唯一性条件的. 在高等数学中, 隐函数定理是证明估计方程解存在唯一性的最常用定理, 同时, 也常常应用隐函数定理来证明估计方程估计的相合性.

在本书考虑更多的是极小化一个目标函数来获得参数的估计, 例如, 广义矩方法 (GMM) 或广义估计方程 (GEE) 方法. 在此, 我们给出一个比定理 1.1 更一般的结果.

设 $\widehat{\boldsymbol{\theta}}$ 是一极值目标函数估计(这里没有称为极值估计, 是因为极值估计在统计上具有特殊的定义), 也就是, 它使目标函数 $Q_n(\boldsymbol{\theta})$ 达到最小 (有时可能达到最大),

即

$$\widehat{\boldsymbol{\theta}} = \arg\min_{\boldsymbol{\theta}\in\Theta} Q_n(\boldsymbol{\theta}), \tag{1.19}$$

其中 Θ 是所有可能参数值组成的参数空间. 事实上, $\widehat{\boldsymbol{\theta}}$ 依赖于 n, 并通过 $Q_n(\boldsymbol{\theta})$ 依赖于样本.

定理 1.2　假设 $\widehat{\boldsymbol{\theta}}$ 满足式 (1.19), 且 $\widehat{\boldsymbol{\theta}} \xrightarrow{P} \boldsymbol{\theta}_0$, $\theta_0 \in \Theta$, Θ 是一个开集. 并假定

(1) $\boldsymbol{\theta}_0$ 是 Θ 的内点;

(2) $Q_n(\boldsymbol{\theta})$ 在 $\boldsymbol{\theta}_0$ 的一个邻域 $\mathscr{N}$ 内是二阶连续可微的;

(3) $\sqrt{n}\nabla_{\boldsymbol{\theta}} Q_n(\boldsymbol{\theta}_0) \xrightarrow{\mathscr{D}} N(0, B)$;

(4) 存在 $A(\boldsymbol{\theta})$ 关于 $\boldsymbol{\theta}_0$ 是连续函数且可逆, 使得

$$\sup_{\boldsymbol{\theta}\in\mathscr{N}} ||\nabla_{\boldsymbol{\theta\theta}} Q_n(\boldsymbol{\theta}) - A(\boldsymbol{\theta})|| \xrightarrow{P} 0.$$

这里 $\nabla_{\boldsymbol{\theta}}$ 表示梯度, $\nabla_{\boldsymbol{\theta\theta}}$ 表示二阶偏导数, 则

$$\sqrt{n}(\widehat{\boldsymbol{\theta}} - \boldsymbol{\theta}_0) \xrightarrow{\mathscr{D}} N(0, A^{-1}B(A^{-1})^{\tau}).$$

证明　这里仅是证明梗概, 详细的证明将在后面章节给出. 定理的假设条件 (1)~(3) 意味着依概率有 $\nabla_{\boldsymbol{\theta}} Q_n(\widehat{\boldsymbol{\theta}}) = 0$. 将 $\nabla_{\boldsymbol{\theta}} Q_n(\widehat{\boldsymbol{\theta}})$ 在 $\boldsymbol{\theta}_0$ 进行泰勒展开并运算得

$$\sqrt{n}(\widehat{\boldsymbol{\theta}} - \boldsymbol{\theta}_0) = -A_n(\boldsymbol{\theta}^*)^{-1}\sqrt{n}\nabla_{\boldsymbol{\theta}} Q_n(\boldsymbol{\theta}_0),$$

其中 $A_n(\boldsymbol{\theta}) = \nabla_{\boldsymbol{\theta\theta}} Q_n(\boldsymbol{\theta})$, $\boldsymbol{\theta}^*$ 落在 $\widehat{\boldsymbol{\theta}}$ 和 $\boldsymbol{\theta}$ 之间. 由假设 $\widehat{\boldsymbol{\theta}} \xrightarrow{P} \boldsymbol{\theta}_0$ 知 $\boldsymbol{\theta}^* \xrightarrow{P} \boldsymbol{\theta}_0$. 由条件 (4) 知依概率有

$$\begin{aligned}
\|A_n(\boldsymbol{\theta}^*) - A(\boldsymbol{\theta}_0)\| &\leqslant \|A_n(\boldsymbol{\theta}^*) - A(\boldsymbol{\theta}^*)\| + \|A(\boldsymbol{\theta}^*) - A(\boldsymbol{\theta}_0)\| \\
&\leqslant \sup_{\boldsymbol{\theta}\in\mathscr{N}} \|A_n(\boldsymbol{\theta}) - A(\boldsymbol{\theta})\| + \|A(\boldsymbol{\theta}^*) - A(\boldsymbol{\theta}_0)\| \\
&\xrightarrow{P} 0.
\end{aligned}$$

再根据矩阵逆的连续性, $-A_n(\boldsymbol{\theta}^*)^{-1} \xrightarrow{P} -A(\boldsymbol{\theta}_0)^{-1}$. 至此, 应用 Slutsky 定理即可. □

使用定理 1.2 需要验证所给出估计是弱相合的, 目标函数是二次可微, 且目标函数的二阶导数满足一致大数律 (见定理 1.2 的条件 (4)), 以及一阶导数满足中心极限定理 (见定理 1.2 的条件 (3)). 其中最难验证的是中心极限定理, 需要考虑估计方程的中心极限定理成立的一些较特殊的条件 (3), 同时需要目标函数多次可微. 但是, 在一些情况下, 这个条件可以放松.

满足一致大数律的主要困难在于目标函数的二阶导数对于 θ 是一致地成立大数律. 因此, 在这里最为有用的理论是经验过程, 通常 θ 在某一类集合上或者目标函数二阶导数在某一类函数族上成立一致大数律. 根据经验过程理论, 这类集合通常为 VC 族或函数族是欧几里得族, 在这些族上经验过程通常成立一致大数律, 更详细的内容参见 Van der Vaart (2000) 和 Pollard (1986).

1.5 广义估计方程估计相合性

在定理 1.1 和定理 1.2 中都使用到 $\widehat{\theta}$ 是 θ_0 的相合估计. 事实上对相合性的建立有时比建立中心极限定理更为困难. 为了让大家有初步了解, 我们给出两个很一般的定理, 让大家参考.

设 $\widehat{\theta}$ 是使目标函数 $Q_n(\theta)$ 达到最小的最小值点, 即式 (1.19), 那么 $\widehat{\theta}$ 的渐近性质正如前面定理 1.2 一样, 依赖于目标函数 $Q_n(\theta)$ 的性质. 如果 $Q_n(\theta) \xrightarrow{P} Q(\theta)$ 对每个 θ, 那么我们期望 $Q_n(\theta)$ 的最大值点 $\widehat{\theta}_n$ 收敛到 $Q(\theta)$ 的最大值点 θ_0, 这就是我们希望证明的相合性. 我们可以稍为扩展 $Q_n(\theta)$ 的最大值点的定义, 设 $\widehat{\theta}$ 是 $Q_n(\theta)$ 的**近最大值点**, 即 $\widehat{\theta}_n$ 是使下式成立的点.

$$Q_n(\widehat{\theta}) \geqslant \sup_{\theta} Q_n(\theta) - o_P(1).$$

注意到, 如果 $\widehat{\theta}$ 是 $Q_n(\theta)$ 的最大值点, 则上式中的无穷小项可忽略. 这里讨论的估计 $\widehat{\theta}$ 其实是后面第 6 章的极值目标估计, 也称 **M估计**见文献 (Vaart, 2000).

定理 1.3 $Q_n(\theta)$ 是一随机函数, $Q(\theta)$ 是定性函数, $\forall \varepsilon > 0$, 如果

$$\sup_{\theta \in \Theta} |Q_n(\theta) - Q(\theta)| \xrightarrow{P} 0,$$

$$\sup_{\{\theta:\ \|\theta - \theta_0\| \geqslant \varepsilon\}} Q(\theta) < Q(\theta_0),$$

则 $\widehat{\theta} \xrightarrow{P} \theta_0$.

证明 由 $\widehat{\theta}_n$ 的定义知, $Q_n(\widehat{\theta}) \geqslant Q_n(\theta_0) - o_P(1)$. 由定理的假设 $Q_n(\theta)$ 一致收敛到 $Q(\theta)$, 则 $Q_n(\theta_0) \xrightarrow{P} Q(\theta_0)$. 故可得

$$Q_n(\widehat{\theta}) \geqslant Q(\theta_0) - o_P(1).$$

于是, 又由定理假设的一致收敛性, 得

$$\begin{aligned} Q(\theta_0) - Q(\widehat{\theta}) &\leqslant Q_n(\widehat{\theta}) - Q(\widehat{\theta}) + o_P(1) \\ &\leqslant \sup_{\theta} |Q_n(\theta) - Q(\theta)| + o_P(1) \xrightarrow{P} 0. \end{aligned} \tag{1.20}$$

由定理的第二假设知, $\forall\varepsilon>0$, $\exists\delta>0$, 使得 $\|\theta-\theta_0\|\geqslant\varepsilon$, 有

$$Q(\theta)<Q(\theta_0)-\delta.$$

于是 $\{\|\widehat{\theta}-\theta_0\|\geqslant\varepsilon\}\subset\{Q(\widehat{\theta})<Q(\theta_0)-\delta\}$, 然而

$$P\{Q(\widehat{\theta})<Q(\theta_0)-\delta\}=P\{Q(\theta_0)-Q(\widehat{\theta})>\delta\}\to 0,$$

上式最后的概率收敛于 0 是因为式 (1.20) 成立. 于是

$$P\{\|\widehat{\theta}-\theta_0\|\geqslant\varepsilon\}\xrightarrow{P}0,$$

故 $\widehat{\theta}\xrightarrow{P}\theta_0$.

在定理 1.3 中, 最为重要的是验证一致收敛性. 与定理 1.2 中验证二阶导数一致收敛性相似, 通常需要使用现代经验过程理论.

有时我们讨论的是极值目标函数的一阶条件, 这就是估计方程估计. 设 $G_n(\theta)\xrightarrow{P}G(\theta)$, 我们期望 $G_n(\theta)=0$ 的解 (或 $G_n(\theta)=o_P(1)$) 近似零解 $\widehat{\theta}$ 收敛到 $G(\theta)=0$ 的零解 θ_0.

定理 1.4　设 $G_n(\theta)$ 是一随机函数, $G(\theta)$ 是固定的函数. $\forall\epsilon>0$, 如果

$$\sup_{\theta\in\Theta}\|G_n(\theta)-G(\theta)\|\xrightarrow{P}0,$$

$$\inf_{\{\theta:\|\theta-\theta_0\|\geqslant\varepsilon\}}\|G(\theta)\|>0=\|G(\theta_0)\|,$$

则 $\widehat{\theta}\xrightarrow{P}\theta_0$.

定理 1.4 的证明完全类似定理 1.3 的证明, 仅需假设 $Q_n(\theta)=-\|G_n(\theta)\|$ 和 $Q(\theta)=-\|G(\theta)\|$ 即可. 同样最需要验证的条件是一致收敛条件.

在第 3 章准备知识里, 我们将给出一些较重要的更一般情况的极限定理. 同时, 更一般的估计方程估计的相合性及渐近正态性结果也将在后面章节中详述.

第2章　数据类型

统计理论与方法的发展离不开实际应用，而在实际中总需要进行数据收集和数据结构分析. 不同的应用领域产生不同的数据类型，不同的数据类型又决定着不同的统计模型和推断方法. 因此，对数据的分析是应用统计理论和方法必须要先做的一步，也是统计建模重要的一步. 对于不同类型的数据可能需要不同的统计建模方法，甚至即使用相同的模型，但是由于数据类型不同，必须提出新的或使用不同的统计推断方法. 一个简单的例子就是简单随机样本与时序样本的建模，注意到此两类数据分别是独立同分布的和相依的，虽然都可由线性模型来描述和分析这两类数据，可以类似地建立线性模型 (例如，常用的线性回归和自回归模型等)，虽然形式相似，但是其本质已不同. 对普通的简单样本的线性回归，人们关心的是模型的选元和参数的统计推断，特别关注因素的贡献水平及其显著性，以及模型的拟合程度等. 而对于时间序列中的 (线性) 自回归模型，除了要考虑线性回归中的内容外，还必须考虑数据间的相关性，更需要讨论平稳性. 另外，建立线性模型都可以进行预报，但是出发的角度不同. 一个更有趣的例子是，对简单样本和删失数据建立参数模型，即使应用极大似然方法对参数进行估计，但由于数据类型不同导致似然函数也不同. 特别是在删失数据中，不仅需要考虑数据的不完全性，还要尽量利用数据所提供的信息，又比如，在向量数据中当向量中某些分量缺失时，不应当把这些只有一部分的观察数据丢弃，因为这些数据有信息. 而且，在基于似然函数进行统计推断时，虽然方法原理是类似的，但推导的难度却很不相同，后者可能不能直接应用极大似然估计，可能需要更多的模型假设和更复杂的理论方法.

总之，对于不同的数据，需要仔细分析，根据数据特点构造最充分的统计模型，并且运用最有效的统计推断方法进行推断. 常见的数据类型有：简单样本数据、时间序列数据、不完全数据 (包括：删失数据、截断数据、区间删失数据、双重区间删失、缺失数据等)、纵向数据 (或称面板数据)、偏差数据等. 由于本书的统计理论与方法主要涉及以上数据类型，因此对于分层数据、队列数据、有限样本无放回抽样的数据、结果相关抽样数据等其他类型在此不作介绍.

2.1　简单数据

简单数据就是通常意义下的独立同分布数据，在统计上称为*简单样本*. 简单样本是在统计学中应用最广泛，也是最基本的数据类型. 很多试验和抽样中获得的样本通常是简单样本, 例如, 人的身高、体重、物体质量、学生考分等. 不独立的抽样也有很多, 在有限总体中, 无放回抽样是不独立的, 且抽样分布也经常不相同, 但是有放回抽样通常是独立的. 而在无限总体中, 通常认为观察数据是独立同分布的. 例如, 对某一物体的质量进行多次测量时, 可认为总体是无限的, 测得的数据通常可以认为是独立且服从相同的误差分布, 因此, 这样的测量值是简单样本. 但是, 如果认为在测量中受到空气的湿度和温度的影响时, 测量值可能不服从相同分布. 在有些情况下, 虽然并不是严格独立, 但是仍然可以看作简单样本. 例如, 在考虑中国所有人口中男女的平均身高时, 显然这是一个有限总体, 如果无放回地抽样, 其实是不独立的, 但是, 由于总体基数很大, 可以认为抽样是独立进行的. 其实这种情况就是把有限总体当成无限总体进行处理的.

有时有些抽样所得到的样本表面看来是简单样本, 但实质上却可能是有偏的样本, 这在实际中也很常见. 例如, 在显微镜下观察织物纤维时, 纤维越长观察到其可能性越大, 这样获得的样本就是有偏样本, 因为对每一次的观察依赖于其观察概率, 这种抽样称为有偏抽样.

2.2 时间序列数据

时间序列数据是统计学中需要处理的一大类数据, 在现实生活中广泛存在. *时间序列数据*顾名思义就是与时间相关的数据, 其主要特征就是相依而不独立的, 与时间跨度有关, 例如, 每日股票收盘价、股票指数、某河流的流量、降雨量、某地区在一定时间范围内的动植物数目等. 大多数经济数据都是时间序列数据, 主要考察的是随着时间的推移, 某一研究对象的变化规律及其将来发展趋势等.

2.3 删失数据

删失数据是生存分析中最重要的一种数据类型, 也是一类特殊的生存数据, 它的一个重要特点就是在某项研究或试验结束时, 某些个体还没有出现或经历我们关心的事件, 比如, 患者死亡、出现癌症、红细胞减少、病情缓解、公司破产、失业等, 不能具体有效地观察到事件发生的准确时间, 这个持续时间通常称为*生存时间*. 例如, 在恶性致命疾病的研究中, 患者的寿命就是生存时间. 而在金融信用违约研究中, 公司或企业发生违约前的持续时间也称为生存时间. 通常, 在医学临床研究中, 当研究结束时某些患者仍然活着或某种疾病处于缓解状态, 或离开临床试验, 或死于非感兴趣疾病等时, 这些个体的确切生存时间是不知道的, 只知道它们的*删失时间*(censoring time). 又如, 考察人们失业时, 感兴趣的是平均失业时间或将来短时间内找到工作的概率, 在某一特定的观察时间内, 有些个体到观察结束时, 仍处于失业当中或死亡了, 那么这样的观察数据是一类删失数据, 因为试验结束时, 仍处于失业状态的人士其准确失业时间无法获得, 死亡或退出试验的人的准确失业时间也无法观察到. 或者, 在金融风险研究中, 观察公司或企业的违约或破产风险时, 通常需要观察某一特定时间已违约的违约时间或破产时间, 但在观察结束时仍有大部分公司或企业未破产. 因此, 这样的观察数据也是删失数据.

在临床研究中, 某些患者失去跟踪时也会发生这种情况, 所获得的数据也是删失数据. 删失数据通常指生存时间或久期相关的时间数据, 但有时并不一定就是时间数据, 例如, 在汽车保险中, 保险公司可能设定一个赔付额 (不同的汽车这个数额可以不同, 因此可以看成随机的), 如果某一个损失的索赔额超过某一数额, 保险公司最多只赔这个已设定的数额, 这样的数据是删失的, 因为超过这个数额时, 并没有赔付. 在观察或试验中, 由于人力或其他原因未能观察到所感兴趣的事件发生而得到的数据通常称为**删失数据**(censored data). 删失分为右删失和左删失两种.

若在进行观察或调查时, 个体的确切生存时间不知道, 只知道其生存时间大于 L,L 通常为某一随机变量, 称该个体的生存时间在 L 上是右删失的, 并称 L 为**右删失时间** (right-censored time); 若个体的确切生存时间不知道, 只知道其生存时间小于 L, 则称该个体的生存时间在 L 上是左删失的, 并称 L 为**左删失时间**(left-censored time). 也就是说, 研究对象在某个时刻开始观察, 如果已知在此之前感兴趣的事件已发生, 这样的数据就是左删失数据. 例如, 调查吸毒者开始吸毒的时间, 但吸毒者可能已经忘记了准确的开始时间, 只能通过记忆来回答, 并确切地知道在某一确定时间以前开始, 具体时间未知, 这样的数据就是左删失数据.

右删失有三种类型: I 型删失 (type I censoring)、II 型删失 (type II censoring)、III型删失 (type III censoring).

I 型删失: 对所有个体的观察停止在一个固定的时间内, 这种删失就是**I 型删失**, 也称为**定时截尾数据**. 例如, 动物试验研究通常是以有固定数目的动物接受一种或多种处理开始. 由于时间和费用的限制, 研究者常常不能等到所有动物死亡才停止试验. 一种选择是在一个固定时间范围内观察, 在截止时间之后仍可能有些动物活着, 但不继续观察了, 因此这些动物的生存时间是未知的, 但知道其不小于试验结束时间, 此即 I 型删失数据.

II 型删失: 同时对 n 个个体进行观察, 一直进行到有固定数目的个体死亡时停止. 这种删失就是**II 型删失**, 也称为**定数截尾数据**.

III型删失: 所有个体在不同时间进入研究, 某些个体在研究结束之前死亡, 这些个体的确切生存时间是知道的, 其他个体在研究结束之前退出研究而不被跟踪观察, 或在研究结束时仍然活着, 或死于非感兴趣的事件. 对于那些中间退出而失去跟踪的个体, 生存时间至少是从他们进入研究到失去联系这段时间; 对于仍然活着的个体, 其生存时间至少是从进入研究到研究结束这段时间. 而对死于非感兴趣事件的个体, 其生存时间至少是其进入研究到其死亡的时间. 例如, 研究肝癌患者治疗后的生存分布时, 某个体却死于心脏病或车祸, 这个个体的生存时间就是删失数据. 这些观察都是删失观察. 由于进入研究的时间可能不同, 删失时间也可能不同. 这种删失就是Ⅲ**型删失**, 又称为随机删失. 其数学表示如下：设 $T_1, T_2, \cdots, T_n$ 是非负独立同分布表示生存时间的随机变量, $C_1, C_2, \cdots, C_n$ 是非负独立同分布表示删失时间的随机变量, 由于随机删失, 我们不能完全观察到 T_i, 而仅能观察到 (X_i, δ_i), $i = 1, \cdots, n$, 其中 $X_i = \min(T_i, C_i)$ 表示 T_i 和 C_i 中的最小值, $\delta_i = I(T_i \leqslant C_i)$ 表示删失状态的示性函数. (X_i, δ_i) 称为**随机删失数据**(random censored data) 也是随机右删失数据.

还有一类广泛使用的不完全数据是区间删失数据. 若个体的确切生存时间不知道, 只知道其生存时间在两个观察时间 L 和 R 之间 $(L < R)$, 则称该个体的生存时间在 $[L, R]$ 上是区间删失的, 并称 $[L, R]$ 是该个体的**删失区间**(censored interval). 实际工作中凡是不能或不愿作连续监测时就会碰到这种区间删失数据. 区间删失分为两种：第一类区间删失和第二类区间删失. 当对个体只进行一次观察, 且个体的确切生存时间不知道, 只知道其生存时间是否小于或大于观察时间 (即 $L = 0$ 或 $R = \infty$), 这种删失称为**第一类区间删失**, 也称为**现时状况数据**(current status data). 当对个体进行两次观察, 其观察时间 L 和 R 满足 $0 < L < R < \infty$ 时, 这种删失称为**第二类区间删失**, 也称为**一般区间删失**.

在生物和医学特别是艾滋病的研究中, 个体感染某种疾病的时间称为初始时间或感染时间, 疾病发生的时间称为发生时间, 两者之间的时间称为生存时间. 如果初始时间已知, 则发生时间的不完全观察性导致生存时间也是不完全观察的, 此时生存时间就是通常的不完全数据, 包括删失和截断以及区间删失. 当初始时间不能完全观察时, 就导致了生存时间为**双重删失**(double censoring). 如果初始时间和发生时间均为区间删失, 则称生存时间为双重区间删失 (double interval censoring), 观察数据称为**双重区间删失数据** (doubly interval-censored data).

例 2.1 (医疗费用的例子) 该例子是从 Duke 大学医学中心进行的一项心脏病试验中所收集而来的医疗费用的数据. 观察的患者共 2547 名, 观察时间是从 1995 年 11 月到 1997 年 1 月, 患者们随机地进入试验, 并随后被跟踪调查六个月. 在该试验研究中, 患者们所消耗的医疗资源与费用被记录了下来. 在医疗费用报告中, 将医院的收费用特定的因子转换为医疗费用, 医生的收费也做同样的转换. 在观察阶段, 有 271 名患者死亡. 尽管所有的实验对象在规定的六个月内观察, 但之后对没有死亡的个体进行了全程跟踪, 因此数据集是被完全观测的, 并不存在删失数据, 但为了作为删失数据处理, 并比较数据删失是否对统计方法有影响, 可以把观察的结束时间定在不同的时间点便可获得不同程度的删失数据. 如同 Bang 和 Tsiatis(2000) 中所指出的, 尽管所获得的数据是完全费用数据集, 但当较早时刻进行边收集边对数据进行及时分析时, 我们会以带有删失的情形来处理数据. 由于我们知道患者何时进入试验, 知道数据集中何时产生不同的费用, 因此我们可以重新构建在不同的时间段内本应出现的费用数据. 因此, 我们可以将整个时间段按比例划分出来, 看作删失时间, 即把整个观察时间区间分成不同观察结束时间, 这样就获得不同的删失数据, 其中观察时间的长度定为 L, 可以选作 500, 550, 650, 和 670 天, 分别对应于数据集内有 67%, 48%, 11% 和 7% 的医疗费用数据发生了删失.

我们将在第 16 章中以此数据集为基础, 对医疗费用进行估计. 构造不同删失程度的估计方程, 应用经验似然方法进行统计推断. 这里处理的数据与 Bang 和 Tsiatis (2000) 讨论的数据集稍有不同, 方法更是不同. 如果我们想要估计出从处理的初始时间开始直到死亡或六个月内的医疗费用的均值, 无论是哪个先发生, 我们都可以用修正的方法把具有删失的医疗费用估计出来.

例 2.2 (骨髓移植) 本例的数据来源于为治疗白血病而进行的骨髓移植 (BMT) 研究. 此项研究最开始是于 1984 年为一个单一的机构 (俄亥俄州立大学医院, OSU) 研究需要而设计的, 后来为了满足 4 个研究机构的研究需要, 又于 1987 年把不同研究机构的观察数据进行合并研究. 在试验中, 有 137 位 (其中 99AML 患者, 38ALL 患者) 急性髓系白血病 (AML) 和急性淋巴细胞白血病 (ALL) 患者, 从 1984 年 3 月 1 日到 1989 年 6 月 30 日在四个不同的中心接受异体骨髓移植治疗, 但对若干患者的最长跟踪时间达 7 年. 在缓解期内, 共有 42 名患者复发, 41 名患者死亡, 另外有 26 名患者经历了一段 GVHD(急性的或慢性的移植与主体的抗异疾病). 此项研究的更多细节参见 Copelan 等 (1991).

例 2.3 Mantel 等 (1977) 报道了一项关于致癌药物的窝配对研究. 试验中, 从 50 窝老鼠中随机抽样注射药物, 每窝中选出 2 只老鼠进入控制组, 被注射安慰剂, 而其余的选入处理组, 也称治疗组 (实验研究的细节见 Mantel 等 (1977)). 我们关心的问题是比较处理组和控制组的平均生存时间. 也就是说, 经过治疗后是否有显著的改善. 在第 17 章将对此数据进行研究, 比较两种统计方法的好坏, 一种是基于正态逼近给出的置信区间, 而另一种方法是基于经验似似然方法. 这个数据是有删失的, 因此需要处理删失对统计方法的影响.

2.4 缺失数据

数据的缺失在经济生活和科学实验中由于保存方式、度量工具和人为因素等原因经常发生. 因此, 缺失数据是统计分析中相当重要的分析对象之一. 直观上, 对缺失数据质朴的处理方法就是直接删除这些记录单元, 仅利用已有的完全数据构造统计模型, 进行统计推断. 这种方法简单且容易实现, 在少量数据缺失的情况下一般不会对结果造成很大影响. 但是, 简单删除这些不完全记录的单元, 很有可能会导致估计有偏, 从而使估计的有效性大打折扣, 另外, 在某些情况下还会造成估计不具有相合性. 因此需要对缺失数据的类型和产生机制进行全面而深入的研究.

缺失数据的模式和类型可分为以下四类:

(1) 单个变量的缺失模式. 缺失数据只对于单个变量而言.

(2) 单调缺失模式 (monotone missing pattern). 假设数据集是由 n 个观测和 p 个变量组成的 $n \times p$ 矩阵 Y, 对这个矩阵进行行或列的变化后, 使得新的矩阵满足当 Y_{ij} 缺失时, 所有 $Y_{kl}, k \geqslant i, l \geqslant j$ 的元素也都缺失.

(3) 变量数据的无交集缺失模式. 两个变量 Y_1, Y_2 观测具有互斥性, 即两个变量不会同时被观测到, 要么 Y_1 缺失, Y_2 被观测, 要么 Y_2 缺失, Y_1 被观测.

(4) 任意缺失模式 (arbitrary missing pattern). 我们把其他不满足以上三种的缺失模式归为任意缺失模式.

为了建立恰当的数据分析方法, 我们不仅需要了解数据的缺失模式, 而且对其缺失机制的理解也是非常重要的. 很多缺失数据的研究方法都强烈地依赖于其假定缺失机制中的关系和特质, 然而, 由于长期被忽视, 在很多文章中只是对缺失机制进行模糊地假定. Rubin(1978) 作为研究缺失机制方面标杆式的文章, 也是几经周折才得以发表. 它也是第一次使用指示变量方式明确地构造了缺失机制这一概念. Rubin 和 Little (1987) 定义了三种不同的缺失机制.

假定完全数据集由矩阵 $Y = (y_{ij})$ 构成, 缺失数据指示矩阵 $M = (m_{ij}), m_{ij} = 0, 1$, 给定 Y 时 M 的条件分布为 $F(M|Y, \vartheta)$, ϑ 是未知参数, 则可通过 $F(M|Y, \vartheta)$ 来刻画数据的缺失机制.

(1) 完全随机缺失 (missing completely at random). 如果是否缺失不依赖于数据 Y, 即对所有 Y, ϑ 有

$$F(M|Y, \vartheta) = F(M|\vartheta),$$

则该缺失机制称为*完全随机缺失*(MCAR).

(2) 随机缺失 (missing at random). 如果是否缺失不依赖于未观测的数据集, 记为 Y_m, 而只依赖于已观测到数据集, 记为 Y_o, 即 $Y = (Y_m, Y_0)$, 且对所有 Y_m, ϑ 有

$$F(M|Y, \vartheta) = F(M|Y_o, \vartheta),$$

则该缺失机制称为*随机缺失*(MAR), 即给定可观察数据集 Y_o, 是否缺失的变量与缺失变量是独立的.

(3) 非随机缺失 (missing not at random). 除了以上两种缺失, 其他类型缺失都称为*非随机缺失*(MNAR). 特别地, 如果缺失依赖于未观测数据, 则称为*不可忽略的*(non-ignorable), 此时仅仅利用已有数据无法估计缺失概率. 只有已知 Y, M 的联合信息, 才能得出合理的推断. 因此, 不可忽略的缺失机制下的统计推断仍然是一个难题.

随着对缺失数据研究的深入, 各种处理缺失数据的方法也应运而生. 一些常用的方法简要介绍如下:

(1) 完全数据方法 (complete case 或 cc 方法). 将不完全观测的数据全部删除, 从而得到一个完全观测的数据集, 这种方法称为*完全数据方法*. 该方法简单易行, 当缺失数据占整个数据集的比例非常小的情况下比较有效. 但是, 这种方法有很大的局限性, 它丢弃了大量存在不完全数据中的信息, 当不完全数据非完全随机时, 会导致统计推断不再具有无偏和相合等优良性质, 尤其当数据集样本容量小时, 更容易产生背离真值的结果.

(2) 期望值最大化算法 (expectation maximization, EM 算法). 期望值最大化算法在不完全数据情况下, 是计算极大似然估计或者后验分布的迭代算法. 这种方法本质上就是在给定可观察样本下, 求目标函数的条件期望, 然后对取了条件期望的函数求极大值, 因此称为*期望值最大化算法*. 它分为两个步骤: E 步 (expectation step, 期望步), 求对应的似然函数的条件期望; M 步 (maximzation step, 极大化步), 极大化对数似然函数以确定参数的值. 不断进行 E 步和 M 步的迭代直至收敛. 这种方法思想简单, 应用范围非常广泛, 但是该方法可能会陷入局部极值, 收敛速度比较慢, 计算也很复杂.

(3) 热板插补法 (hot deck imputation). 在完整数据中找到一个与它最相似的对象, 然后用这个相似对象的值来进行填充. 该方法称为*热板插补法*, 这种方法思想上十分简单, 且利用了数据之间的关系, 但缺点在于难以定义相似标准, 主观因素较多.

(4) 多重插补法 (multiple imputation). 为每一个不完全数据产生多个可能的插补值, 从而生成若干个完全数据集. 对每一个这样的完全数据集进行统计推断, 最后综合各个结果进行最终的统计推断, 这种方法称为*多重插补法*. 多重插补法弥补了单一的插补数据带来的不确定性, 但是计算复杂度比较大.

(5) 回归插补法 (regression imputation). 基于完全观测数据建立响应的回归模型, 利用估计值来进行填补, 这就是*回归插补法*. 这种方法可能会导致有偏差的估计.

此外, 逆概率加权法 (IPW), K 最近邻法 (K-means)等也很常见, 应用范围也比较广泛. 但是需要指出的是, 处理缺失数据方法不能生搬硬套, 要针对具体的问题. 对于一些新的模型, 有时候需要对现有模型进行改进, 有时候则需要新的思想, 这个问题也是本书的一个主要研究议题.

例 2.4 (Wormy fruits 数据) 下面的例子是 Snedecor 和 Cochran (1980) 中一个著名的蛀虫水果 (wormy fruits) 数据. 令 X_i 是农作物的数量 (以 100 个为单位), 并且 Y_i 是蛀虫水果所在农作物中的百分比. 对于 Y_i 的数据, 18 个观测中最后 6 个是缺失的. Lipsitz 等 (1998) 用这个数据解释他们的半参数多元填入法. 数据详细见表 2.1.

表 2.1　Wormy fruits 数据

序号	1	2	3	4	5	6	7	8	9	10	11	12	13	14	15	16	17	18
X	8	2	11	22	14	17	18	24	19	23	26	40	4	4	5	6	8	10
Y	59	58	56	53	50	45	43	42	39	38	30	27	–	–	–	–	–	–
预报	56.1	58.2	53.1	42.0	50.1	47.0	46.0	39.9	45.0	41.0	37.9	23.7	60.2	60.2	59.2	58.2	56.1	54.1

例 2.5 (Duchenne Muscular Dystrophy 数据)　这个例子的数据来自于 Andrews 和 Herberg (1985, 第 38 章) 对女性杜兴肌营养不良症 (duchenne muscular dystrophy, DMD) 携带者的研究. 杜兴肌营养不良症 (DMD) 是一种遗传性疾病, 通常由母亲遗传给其子女. 确认女性是否是杜兴肌营养不良症 (DMD) 携带者非常重要, 因为大概有三分之一 DMD 病例会传染给子女. 受感染的女性后代通常不会有明显的症状, 因此有可能不知道自身携带这种疾病, 感染此病的男性后代在年轻的时候就会死去. 但是, 也并不是所有感染此病的人都遗传自其母亲. 男性患此病的机率是 1：10000, 女性携带 DMD 的风险是 1:3300. 例如, 一名女性怀疑自己是 DMD 的携带者, 这种怀疑可能是因为这名女性家中发现了一名患 DMD 的男性后代. 尽管 DMD 携带者通常没有身体上的症状, 但他们血清中的某些酶或蛋白质通常处于高水平, 例如, 肌酸激酶 (CK)、血液结合素 (H)、乳酸脱氢酶 (LD) 及丙酮酸激酶 (PK), 这些酶的水平也会依赖于年龄和季节. 一个有兴趣的问题就是进行杜兴肌营养不良症 (DMD) 的检测问题, 其中有较多的风险因素, 但有些风险因素是缺失的. 在 Dr. M. Thompson 的指导下, 东京儿童医院提出了一个有效监测感染 DMD 孩子女性亲属的计划. 此计划的目的在于形成一种基于其血清和家谱, 可以告知一名女性是否为 DMD 携带者的可能性的方法. 在这些酶中, 获取肌酸激酶 (CK), 血液结合素 (H) 是容易的, 而乳酸脱氢酶 (LD) 及丙酮酸激酶 (PK) 则需要从刚采集的血清中获取, 故获取成本非常昂贵, 因此, 通常不能获得所有的这类数据.

在此数据集的 209 个女性中, 有 75 个是杜兴肌营养不良症 (DMD) 携带者, 携带者倾向于有较高的某种血清酶或蛋白水平, 并且这一水平可能与年龄有关. 一个重要但昂贵的指标是乳酸脱氢酶 LD(lactate dehydroginse), 有 7 个观测是缺失的. 这项研究的目的是用女性的家庭血统和血清酶水平建立一个模型去预测她携带杜兴肌营养不良症 (DMD) 的概率. 对于非携带者也有相应情况. 最近 Zhou 等 (2008) 在研究有缺失数据下估计方程估计中提出估计函数核插入法时, 利用此数据进行了实证分析.

数据表 2.2 只有部分数据, 完整的数据可以向作者索要. 同时数据表 2.2 中其他变量的说明：Obs.No：观测个体编号, Hos.ID：采样样本号, Age：采样时个体的年龄, M, Y: 采样时的日期 (月、年).

表 2.2 杜兴肌营养不良症数据

Obs.NO	Hos.ID	Age	M	Y	CK	H	PK	LD	CS
1	1007	22	6	79	52.0	83.5	10.9	176	0
1	786	32	8	78	20.0	77.0	11.0	200	0
1	778	36	7	78	28.0	86.5	13.2	171	0
1	1306	22	11	79	30.0	104.0	22.6	230	0
1	895	23	1	78	40.0	83.0	15.2	205	0
1	987	30	5	79	24.0	78.8	9.6	151	0
1	789	27	8	78	15.0	87.0	13.5	232	0
1	825	30	11	78	22.0	91.0	17.5	198	0
1	1296	25	10	79	42.0	65.5	13.3	216	0
1	906	26	2	79	130.0	80.3	17.1	211	0
2	933	26	3	79	48.0	85.2	22.7	160	0
3	1246	27	7	79	31.0	86.5	6.9	162	0
4	671	25	10	77	41.0	87.3	15.0	.	0
1	818	26	10	78	47.0	53.0	14.6	131	0
⋮	⋮	⋮	⋮	⋮	⋮	⋮	⋮	⋮	⋮
2	1066	43	11	78	73.0	104.0	20.6	201	1
1	1168	29	3	79	69.0	111.0	16.0	175	1

2.5 纵向数据 (面板数据)

纵向数据是对某些感兴趣的个体进行多次观察或重复测量所获得的数据. 这种数据与只有一次观察的横向数据是不同的, 有时也称为**面板数据** (panel data). 它是生物学、医学、生态学、环境科学和经济科学中经常出现的一大类重要的复杂数据. 设 $Y(t)$ 表示在时刻 t 时响应变量的取值, 如果对个体的观察时间为 $t_1,\cdots,t_n$, 则只能获得 $Y(t)$ 在 $t_1,\cdots,t_n$ 的观察值, 此时 $Y(t_1),\cdots,Y(t_n)$ 称为纵向数据. 例如, 在个体的在临床试验中, 为了比较新的治疗方法, 可能会对患者治疗后进行基础测量及其后的跟踪测量, 其测量的指标包括个体的身高、体重、血压和体温等, 这样获得的数据就是纵向数据.

对一些个体进行多次观察, 只知道在每个观察时间前个体所发生的事件总数, 而不知道事件发生的具体时间, 即只知道在观察时间间隔中所发生的事件数目, 而不知道其事件具体发生的时间, 这种数据称为**面板计数数据**, 经常出现在生物医学的临床试验中. 设 $N(t)$ 表示某个体在时间区间 $[0,t]$ 中所发生的事件数目, 观察时间为 $0<t_1<\cdots<t_m$, 且 $n_i=N(t_i)$, 则面板计数数据为 $\{(t_i,n_i),\ i=1,\cdots,m\}$. 现考虑如下一个实例.

例 2.6 这个数据来自于一项艾滋病临床试验研究, 在后面将基于 Cox 模型使用提出的方法对这些数据进行分析, 目的是要研究非核苷类逆转录酶抑制剂药物和蛋白酶抑制剂药物对艾滋病的治疗效果, 即在此艾滋病数据研究中, 通过对 HIV-1 RNA 数据比较单一蛋白酶抑制剂 (PI) 和双重蛋白酶抑制剂 (double-PI) 与非核苷类逆转录酶抑制剂药物对感染 HIV 患者的治疗效果. 对数据的研究更多可参见 Sun 和 Wu (2005).

在此数据中, 有 481 位患者参与了此项研究, 共得到 2623 个观测值. 测量每位患者血液中的 HIV-1 RNA 病毒载量, 可以了解机体内血浆中病毒的水平. 对每个患者进行重复测量, 计划测量时间分别是第 0 周 (即以当前作为基准时间)、第 2 周、第 4 周、第 8 周、第 16 周以及第 24 周. 有些患者在研究开始前就服用了非核苷类逆转录酶抑制剂药物, 这类药物可以通过与逆转录酶结合而抑制 HIV 逆转录酶的活性. 在本例中将它视为艾滋病的一种治疗药物, 其中 $Z_1 = 1$ 表示患者服用了非核苷类逆转录酶抑制剂药物, 而 $Z_1 = 0$ 表示患者没有服用过此类药物. 可以根据患者服用蛋白酶抑制剂药物的情况将患者分为四组: A 组服用了 amprenavir 和 saquinavir 两种药物, B 组服用了 amprenavir 和 indinavir 两种药物, C 组服用了 amprenavir 和 nelfinavir 两种药物, D 组只服用了 amprenavir 一种药物.

我们关心的是服用两种蛋白酶抑制剂药物与只服用一种药物的效果, 因此将 A, B, C 三组合并为一组, 用另一个协变量 $Z_2 = 1$ 表示患者服用了两种蛋白酶抑制剂药物, 而 $Z_2 = 0$ 表示患者只服用了一种药物. 在此例中, 删失不是针对时间的删失, 而是针对测量值 HIV-RNA 病毒载量. 将其作对数变换后记作 T, 只有 $T = \lg$ RNA 的数量大于某个 C 时才能被观测到, 属于左删失, 即 $X = T \vee C$. 为了使用通常右删失数据的模型, 对原来的数据进行变换. 将所有 $T = \lg$ RNA 的最大观测值记为 $T_{\max}$, $\widetilde{X} = T_{\max} - T \vee C = (T_{\max} - T) \wedge (T_{\max} - C) = \widetilde{T} \wedge \widetilde{C}$, 其中 $\widetilde{T} = T_{\max} - T$, $\widetilde{C} = T_{\max} - C$. 取示性函数 $\delta = 1$ 表示数据被观测到, 而 $\delta = 0$ 表示数据出现删失. 因此, 此数据是**纵向删失数据**.

在此实际数据中, 我们考虑非核苷类逆转录酶抑制剂药物和蛋白酶抑制剂药物对艾滋病风险率的影响作用, 在对原始数据处理之后可建立如下模型:

$$\lambda_{ij}(t) = \lambda_{0j}(t) \exp\{\beta_1 Z_{1_{ij}} + \beta_2 Z_{2_{ij}}\},$$

其中 i 表示不同的患者, j 表示同一患者的不同测量值. 此模型表示当 HIV-1 RNA 数量水平太高时, 患者患艾滋病的风险就高. 因此说明用此模型来拟合这个数据是合理的.

第 3 章　准 备 知 识

极限理论是进行统计推断的重要工具, 是考察所提出统计量在大样本情况下优良性不可或缺的技术手段. 统计量的优良性包括渐近无偏性、相合性、渐近正态性及渐近有效性. 由于数据的复杂性给统计建模带来了很大的困难, 而进行统计推断的统计量通常是复杂的, 甚至没有显式表达式, 几乎很难获得统计量的准确分布. 因此, 渐近分布及各种收敛性就是考察统计量性质的重要途径. 这样, 为了获得相应统计量的相合性和渐近正态性, 就需要借助极限理论中的大数定律和中心极限定理. 而针对统计模型和数据的不同情况, 还需要扩展大数律和中心极限定理.

3.1　随机变量序列收敛性

记 X_n, X, Y 为随机变量, b, c 为常数, 设随机变量序列 $\{X_n\}$ 服从于分布序列 $\{F_n(x), n=1,\cdots,n\}$, 即 $X_n \sim F_n(x)$, $X \sim F(x)$, 其中 $F(x)$ 为一分布函数. 当 $n\to\infty$ 时, 随机变量序列的极限性质可由如下几个定义来描述.

定义 3.1　对任意两正常数 ε 和 δ, 存在充分大的 N, 使得当 $n \geqslant N$ 时, 若

$$P\{|X_n - X| \geqslant \varepsilon\} < \delta,$$

则称随机变量序列 $\{X_n\}$ 依概率收敛于 X, 记为 $X_n \xrightarrow{P} X$, 简称为依概率收敛. 它的一个等价定义为, $\forall \varepsilon > 0$, 有 $\lim_{n\to\infty} P(|X_n - X| < \varepsilon) = 1$.

定义 3.2　对任意正常数 ε, 存在充分大的 N, 使得当 $n \geqslant N$ 时, 若

$$E|X_n - X|^r < \varepsilon,$$

则称随机变量序列 $\{X_n\}$ 以 r 阶矩收敛于 X, 记为 $X_n \xrightarrow{r} X$, 简称为 r 阶矩收敛.

定义 3.3　对任意正常数 ε, 若有

$$P\left\{\lim_{n\to\infty} X_n = X\right\} > 1 - \varepsilon,$$

则称随机变量序列 $\{X_n\}$ 几乎处处收敛于 X, 记为 $X_n \xrightarrow{\text{a.s.}} X$ 或 $X_n \to X$, a.s., 简称为几乎处处收敛.

它的一个等价定义为定义 3.4.

定义 3.4　对任意两正常数 ε 和 δ, 存在充分大的 N, 使得当 $n \geqslant N$ 时,

$$P\left(\bigcap_{k=n}^{\infty}[|X_k - X| < \varepsilon]\right) \geqslant 1-\delta \text{ 或 } P\left(\bigcup_{k=n}^{\infty}[|X_k - X| \geqslant \varepsilon]\right) \leqslant \delta;$$

或等价地对任意 $\varepsilon > 0$,

$$P\left(\bigcup_{n=1}^{\infty}\bigcap_{k=n}^{\infty}[|X_k - X| < \varepsilon]\right) = 1 \text{ 或 } P\left(\bigcap_{n=1}^{\infty}\bigcup_{k=n}^{\infty}[|X_k - X| \geqslant \varepsilon]\right) = 0,$$

则称随机变量序列 $\{X_n\}$ 几乎处处收敛于 X.

定义 3.5　对 $F(x)$ 的任意连续点 x, 若有

$$\lim_{n\to\infty} F_n(x) = F(x),$$

则称随机变量序列 $\{X_n\}$ 依分布收敛于 X, 记为 $X_n \xrightarrow{\mathscr{D}} X$, 简称为**依分布收敛**.

当然还有一些其他收敛的定义, 比如, 完全收敛性, 但不在本书的研究范围, 故在此不再展开. 当 n 足够大时, 以上四种收敛有如下关系, 下面不加证明的列出.

命题 3.1　$X_n \xrightarrow{\text{a.s.}} X$ 可推出 $X_n \xrightarrow{P} X$ 可推出 $X_n \xrightarrow{\mathscr{D}} X$, 相反不一定成立. 另外, $X_n \xrightarrow{r} X$ 可推出 $X_n \xrightarrow{P} X$ 可推出 $X_n \xrightarrow{\mathscr{D}} X$, 反之不一定成立.

特别地, 当 $r=2$ 时, 由 $\mathrm{Var}(X_n) \to 0$ 可证得 $X_n - EX_n \xrightarrow{P} 0$. 一个更常用的形式是, 若 $\mathrm{Var}(X_n) \to 0$ 且 $EX_n \to a$, 则有 $X_n \xrightarrow{P} a$, 其中 a 为一常数. 几乎处处收敛与 r 阶矩收敛没有固定的关系. 在一致可积性成立的条件下, 几乎处处收敛可以推出 r 阶矩收敛, 并且几乎处处收敛可以放宽到依分布收敛. 但一致可积条件验证起来较为困难, 在此不再赘述, 可参见 Allan (2005) 定理 5.2.

命题 3.2　随机变量 X_n 依概率收敛于常数 c 的充分必要条件是 X_n 依分布收敛于常数 c, 即 $X_n \xrightarrow{P} c$ 成立的充分必要条件是 $X_n \xrightarrow{\mathscr{D}} c$.

下面给出一个重要的引理, 这是著名的 Borel-Cantelli 引理.

引理 3.1 (Borel-Cantelli 引理)　设 $A_1, A_2, \cdots$ 是概率空间 $(\Omega, \mathfrak{F}, P)$ 上的一事件列, 令 $P(A_k) = p_k$,

(1) 如果 $\sum\limits_{k=1}^{\infty} p_k < \infty$, 则

$$P\left(\bigcap_{n=1}^{\infty}\bigcup_{k\geqslant n} A_k\right) = 0; \tag{3.1}$$

(2) 若 $\sum_{k=1}^{\infty} p_k = \infty$ 且各 A_k 相互独立, 则

$$P\left(\bigcap_{n=1}^{\infty}\bigcup_{k\geqslant n} A_k\right) = 1. \tag{3.2}$$

证明 首先证明式 (3.1). 当 $\sum_{k=1}^{\infty} p_k < \infty$ 时, 则对任意 $\varepsilon > 0$, 有正整数 N 存在, 使得

$$\begin{aligned}0 \leqslant P\left(\bigcap_{n=1}^{\infty}\bigcup_{k\geqslant n} A_k\right) &\leqslant P\left(\bigcup_{k\geqslant N} A_k\right) \leqslant \sum_{k=N}^{\infty} P(A_k)\\ &= \sum_{k=N}^{\infty} p_k < \varepsilon,\end{aligned}$$

故式 (3.1) 得证.

下证式 (3.2). 因为 $\sum_{k=1}^{\infty} p_k = \infty$, 故对任意的 n, 有 $\sum_{k=n}^{\infty} p_k = \infty$. 由 A_k 的相互独立性及不等式 $1 - x < \mathrm{e}^{-x}$, 有

$$\begin{aligned}0 \leqslant P\left(\bigcap_{k\geqslant n} A_k^c\right) &= \prod_{k=n}^{\infty} P(A_k^c) = \prod_{k=n}^{\infty}(1 - P(A_k))\\ &\leqslant \mathrm{e}^{-\sum\limits_{k=n}^{\infty} p_k} = 0,\end{aligned}$$

即对任意 $n = 1, 2, \cdots$ 均有 $P\left(\bigcap_{k\geqslant n} A_k^c\right) = 0$. 因而可得 $P\left(\bigcup_{n=1}^{\infty}\bigcap_{k\geqslant n} A_k^c\right) = 0$. 换句话说, $P\left(\bigcap_{n=1}^{\infty}\bigcup_{k\geqslant n} A_k\right) = 1$. □

定理 3.1 (Slutsky 定理) 当 $n \to \infty$ 时, $X_n \xrightarrow{\mathscr{D}} X, Y_n \xrightarrow{P} c$, c 为常数, 则

(1) $X_n + Y_n \xrightarrow{\mathscr{D}} X + c$;

(2) $X_n Y_n \xrightarrow{\mathscr{D}} cX$;

(3) $Y_n^{-1} X_n \xrightarrow{\mathscr{D}} c^{-1} X$, 如果 $c \neq 0$.

特别地, 若 $Y_n \xrightarrow{P} 0$, 则 $X_n + Y_n \xrightarrow{\mathscr{D}} X$. 另外, 若 $Y_n \xrightarrow{P} 1$, 则 $X_n Y_n \xrightarrow{\mathscr{D}} X$.

定理 3.1 的证明 我们仅证定理 3.1 的第一式, 其余可类似的证明.

现假定 $X_n \sim F_n(x), X \sim F(x)$, 便有 $X + c \sim F(x - c)$. 由假设 $F_n(x) \to F(x)$, 且 $P(|Y_n - c| \geqslant \varepsilon) \to 0, \forall \varepsilon > 0$. 要证 $P(X_n + Y_n \leqslant x) \to F(x - c)$, $x - c$ 为 $F(x)$ 的连续点.

记事件

$$A = \{Y_n\colon\ c-\varepsilon < Y_n < c+\varepsilon\},$$
$$A^c = \{Y_n\colon\ |Y_n - c| \geqslant \varepsilon\}.$$

设 $\delta_n \to 0(\delta_n > 0)$, 对充分大的 n 有

$$P(|Y_n - c| \geqslant \varepsilon) \leqslant \delta_n.$$

因此, 容易有

$$P(A) \geqslant 1-\delta_n, \quad P(A^c) \leqslant \delta_n,$$

而在 $Y_n \in A$ 上, 有

$$X_n + c - \varepsilon \leqslant X_n + Y_n \leqslant X_n + c + \varepsilon,$$

故有

$$\{A \cap (X_n + c - \varepsilon \leqslant x)\} \supset \{A \cap (X_n + Y_n \leqslant x)\} \supset \{A \cap (X_n + c + \varepsilon \leqslant x)\}.$$

因此

$$\begin{aligned} P(X_n + Y_n \leqslant x) &= P(A \cap (X_n + Y_n \leqslant x)) + P(A^c \cap (X_n + Y_n \leqslant x)) \\ &\leqslant P(A \cap (X_n + c - \varepsilon \leqslant x)) + P(A^c) \\ &\leqslant P(X_n + c - \varepsilon \leqslant x) + \delta_n \\ &= F_n(x - c + \varepsilon) + \delta_n. \end{aligned} \tag{3.3}$$

此外

$$\begin{aligned} P(X_n + Y_n \leqslant x) &\geqslant P(A \cap (X_n + Y_n \leqslant x)) \\ &\geqslant P(A \cap (X_n + c + \varepsilon \leqslant x)) \\ &= P(X_n + c + \varepsilon \leqslant x) - P(A^c \cap (X_n + c + \varepsilon \leqslant x)) \\ &\geqslant F_n(x - c - \varepsilon) - P(A^c) \geqslant F_n(x - c - \varepsilon) - \delta_n, \end{aligned} \tag{3.4}$$

综合式 (3.3) 及式 (3.4) 可得

$$P(X_n + Y_n \leqslant x) \to F(x - c),$$

即 $X_n + Y_n \xrightarrow{D} X + c$. □

3.2 大数律与中心极限定理

大数律和中心极限定理是进行统计推断的重要工具, 很多情况下, 是获得估计量的相合性和渐近分布的必要手段. 为了阅读本书方便, 我们列举几个常用的大数律和中心极限定理, 首先介绍古典大数定律和中心极限定理, 然后介绍更一般的结果.

3.2.1 弱大数律和强大数律

首先给出一个一般形式的弱大数律, 虽然在实际应用中并不多见, 但它是其他大数律的基础, 由此一般形式的大数律可以获得其他一些常用的大数律. 虽然这些结果偏理论, 但还是容易理解和容易应用的. 只要大数律的条件满足, 我们就能直接应用, 并不要因为它们过于理论而被吓倒.

定理 3.2 假设 $X_1, \cdots, X_n$ 是一列独立的随机变量, 且记 $S_n = X_1 + \cdots + X_n$, 若

(1) $\sum_{i=1}^{n} P\{|X_i| > n\} \to 0$,

(2) $\frac{1}{n^2}\sum_{i=1}^{n} E\{X_i^2 I(|X_i| \leqslant n)\} \to 0$,

则当 $n \to \infty$ 时, 有

$$\frac{S_n - a_n}{n} \xrightarrow{P} 0,$$

其中 $I(A)$ 是集合 A 的示性函数, 且

$$a_n = \sum_{i=1}^{n} E\{X_i I(|X_i| \leqslant n)\}.$$

定理 3.2 就是 Feller 大数律的一个更具体形式, 通常称为一般弱大数律.

定理 3.2 的证明 设 $X_{nj}^{'} = X_j I(|X_j| \leqslant n)$, 并令 $S_n' = \sum_{j=1}^{n} X_{nj}'$. 由定理的假设条件, 有

$$\sum_{j=1}^{n} P\{X_{nj}^{'} \neq X_j\} = \sum_{j=1}^{n} P\{|X_j| > n\} \to 0.$$

所以

$$S_n - S_n' \xrightarrow{P} 0. \tag{3.5}$$

式 (3.5) 表明序列 S_n 和 S_n' 依概率等价. 由于方差总是可以被二阶原点矩所界住, 即

$$\mathrm{Var}(X) = E(X^2) - \{E(X)\}^2 \leqslant EX^2,$$

则由切比雪夫不等式和定理假设条件 (2) 可得

$$
\begin{aligned}
P\left\{\frac{|S'_n - ES'_n|}{n} \geqslant \varepsilon\right\} &\leqslant \frac{\operatorname{Var}(S'_n)}{n^2\varepsilon^2} \\
&\leqslant \frac{1}{n^2\varepsilon^2}\sum_{j=1}^{n} E(X'_{nj})^2 \\
&= \frac{1}{n^2\varepsilon^2}\sum_{j=1}^{n} E\left\{X_j^2 I(|X_j| \leqslant n)\right\} \to 0.
\end{aligned}
$$

注意到, $a_n = ES'_n = \sum_{j=1}^{n} E\{X_j I(|X_j| \leqslant n)\}$, 于是

$$\frac{S'_n - a_n}{n} \xrightarrow{P} 0. \tag{3.6}$$

所以, 由式 (3.5) 和式 (3.6) 有

$$\frac{S_n - a_n}{n} = \frac{S_n - S'_n}{n} + \frac{S'_n - a_n}{n} \xrightarrow{P} 0. \qquad \square$$

定理 3.2 并不要求一阶和二阶矩存在, 仅需要一些概率条件满足即可. 事实上, 以上这些假设就是控制随机变量列的尾部性质和随机变量二阶矩在尾部的限制. 另外, 定理 3.2 也称为*二级数定理*, 这是因为两个假设条件就是两个收敛级数. 它与极限理论中的*三级数定理*一样, 在极限理论中具有重要的作用. 由此定理立即可得古典的弱大数定律.

推论 3.1　假设 $X_1, \cdots, X_n$ 是一列独立同分布的随机变量, 且 $E(X_1) = \mu$ 和 $E(X_1^2) < \infty$, 则当 $n \to \infty$ 时, 有

$$\frac{S_n}{n} \xrightarrow{P} \mu.$$

这个推论的证明是简单的, 只需验证满足定理 3.2 的条件即可. 事实上, 对于定理 3.2 的条件 (1), 在独立同分布的假设下是满足的, 因为

$$\sum_{j=1}^{n} P\{|X_j| > n\} = nP\{|X_1| > n\} \leqslant \frac{1}{n}E(X_1^2) \to 0,$$

定理 3.2 的条件 (2) 也容易满足,

$$\frac{1}{n^2}\sum_{i=1}^{n} E\{X_i^2 I(|X_i| \leqslant n)\} = \frac{1}{n^2} nE\{X_1^2 I(|X_1| \leqslant n\} \leqslant \frac{1}{n}E(X_1^2) \to 0.$$

最后, 注意到, 当 $n \to \infty$ 时, 有

$$\frac{a_n}{n} = E\{X_1 I(|X_1| \leqslant n)\} \to E(X_1) = \mu.$$

因此, 由定理 3.2 便可获得这个推论成立.

事实上, 可以获得一个更有用的弱大数律, 它并不需要二阶矩存在, 这个结果就是 Khintchin弱大数律.

推论 3.2 假设 $X_1, \cdots, X_n$ 是一列独立同分布的随机变量, 且 $E(X_1) = \mu$ 存在 (即 $E|X_1| < \infty$), 则当 $n \to \infty$ 时有

$$\frac{S_n}{n} \xrightarrow{P} \mu.$$

这个定理的证明需要一点技巧, 而这些技巧是很有用的, 因此我们这里给出这个定理的详细证明, 以供参考.

推论 3.2 的证明 由定理 3.2, 只需证明其假设条件 (1) 和 (2) 成立即可. 注意到 $E(|X_1|) < \infty$, 那么由积分的连续性, 有

$$E\{|X_1| I(|X_1| > n)\} \to 0,$$

故定理 3.2 的条件 (1) 成立, 因为

$$\begin{aligned} nP\{|X_1| > n\} &= E\{nI(|X_1| > n)\} \\ &\leqslant E\{|X_1| I(|X_1| > n)\} \to 0. \end{aligned}$$

下面证明定理 3.2 的条件 (2) 成立, 事实上, 利用截断技术, 对于任意 ε, 当 $n \to \infty$ 时, 有

$$\begin{aligned} \frac{1}{n^2} nE\{X_1^2 I(|X_1| \leqslant n)\} &\leqslant \frac{1}{n}\left(E\{X_1^2 I(|X_1| \leqslant \varepsilon\sqrt{n})\} + E\{X_1^2 I(\varepsilon\sqrt{n} < |X_1| \leqslant n)\}\right) \\ &\leqslant \frac{\varepsilon^2 n}{n} + \frac{1}{n} E\left\{X_1^2 I(\varepsilon\sqrt{n} < |X_1| \leqslant n)\right\} \\ &\leqslant \varepsilon^2 + E\left\{|X_1| I(\varepsilon\sqrt{n} < |X_1| \leqslant n)\right\} \\ &\to \varepsilon^2, \end{aligned}$$

这里也使用了积分连续性. 因此应用定理 3.2 有

$$\frac{S_n - nE\{X_1 I(|X_1| \leqslant n)\}}{n} \xrightarrow{P} 0.$$

又因为

$$|E(X_1) - E\{X_1 I(|X_1| \leqslant n)\}| \leqslant E\{|X_1| I(|X_1| > n) \to 0.$$

因此, 推论 3.2 成立. □

类似定理 3.2, 不需要任何矩条件仍然有大数律的成立, 这是 Feller弱大数律.

定理 3.3 假设 $X_1, \cdots, X_n$ 是一列独立同分布的随机变量, 如果

$$\lim_{x\to\infty} xP\{|X_1| > x\} = 0,$$

则当 $n\to\infty$ 时, 有

$$\frac{S_n}{n} - E\{|X_1|I(|X_1| \leqslant n)\} \xrightarrow{P} 0.$$

证明 我们仍用定理 3.2 来证明此定理. 下面验证定理 3.2 的条件 (1) 和 (2) 成立. 因为随机变量是独立同分布的, 因此, 定理 3.2 的条件 (1) 成立, 因为此定理假设了 $nP(|X_1| > n) \to 0$. 下面来证明定理 3.2 的条件 (2) 成立. 为此, 记

$$\tau(x) = xP(|X_1| > x)$$

和 $F(x) = P(X_1 \leqslant x)$. 由定理的假设, 当 $x \to \infty$ 时, 有 $\tau(x) \to 0$. 因为独立同分布的假设, 那么定理 3.2 的条件 (2) 变为

$$\begin{aligned}
\frac{1}{n}\int_{\Omega} |X_1|^2 I(|X_1| \leqslant n)\mathrm{d}P &= \frac{1}{n}\int_{\{x:\ |x|\leqslant n\}} x^2 F(\mathrm{d}x) \\
&= \frac{1}{n}\int_{|x|\leqslant n}\left(\int_{s=0}^{|x|} 2s\mathrm{d}s\right)F(\mathrm{d}x) \\
&= \frac{1}{n}\int_0^n 2s\left[P(|X_1| > s) - P(|X_1| > n)\right]\mathrm{d}s \\
&= \frac{1}{n}\int_0^n 2\tau(s)\mathrm{d}s - \frac{1}{n}\int_0^n 2s\mathrm{d}sP(|X_1| > n) \\
&= \frac{2}{n}\int_0^n \tau(s)\mathrm{d}s - nP(|X_1| > n) \to 0.
\end{aligned}$$

因此, 定理 3.3 成立. □

另一类重要的大数律是强大数律. 虽然在统计的范畴里, 研究统计量的大样本性质时, 弱大数律基本足够用, 但有些时候, 我们也讨论估计的强相合性, 因此, 这里也列举一些强大数律结果以供参考.

定理 3.4(马尔可夫大数律) 假设 $X_1, \cdots, X_n$ 是一列独立的随机变量, 且满足 $E|X_1|^2 < \infty$. 假定 b_n 是一列单调上升到无穷的数列, 且

$$\sum_{k=1}^{\infty} \mathrm{Var}\left(\frac{X_k}{b_k}\right) < \infty,$$

则当 $n\to\infty$ 时有

$$\frac{S_n - E(S_n)}{b_n} \xrightarrow{\text{a.s.}} 0,$$

其中 a.s. 表示几乎处处收敛.

证明定理 3.4 我们要用到以下两个结论, 分别是 Kronecker引理和 Kolmogorov 柯尔莫哥洛夫不等式. 一般的教科书中都有 Kronecker 引理的证明, 在此给出一个简单证明供参考.

引理 3.2 (Kronecker 引理) 设 $\{a_n\}, \{x_n\}$ 是两实数列, $0 < a_n \uparrow \infty$, 若 $\sum\limits_{n=1}^{\infty} \frac{x_n}{a_n}$ 收敛, 则

$$\frac{1}{a_n}\sum_{i=1}^{n} x_i \to 0.$$

证明 设 $r_n = \sum\limits_{k=n+1}^{\infty} x_k/a_k$, 则由收敛级数的余项可知 $r_n \to 0$, 当 $n \to \infty$. 因此, 对于任意给定的 $\varepsilon > 0$, 存在足够大的 N, 使得 $n \geqslant N_0$, 有 $|r_n| \leqslant \varepsilon$. 注意到

$$\frac{x_n}{a_n} = r_{n-1} - r_n, \quad x_n = a_n(r_{n-1} - r_n), \quad r \geqslant 1,$$

于是

$$\begin{aligned}\sum_{k=1}^{n} x_k &= \sum_{k=1}^{n}(r_{n-1} - r_n)a_n \\ &= \sum_{j=1}^{n-1}(a_{j+1} - a_j)r_j + a_1 r_0 - a_n r_n,\end{aligned}$$

所以

$$\begin{aligned}\left|\frac{1}{a_n}\sum_{k=1}^{n} x_k\right| &\leqslant \sum_{j=1}^{N_0-1} \frac{a_{j+1} - a_j}{a_n}|r_j| + \sum_{j=N_0}^{n-1} \frac{a_{j+1} - a_j}{a_n}|r_j| \\ &\quad + \left|\frac{a_1 r_0}{a_n}\right| + \left|\frac{a_n r_n}{a_n}\right| \\ &\leqslant \frac{C}{a_n} + \frac{\varepsilon}{a_n}\sum_{j=N_0} n-1(a_{j+1} - a_j) + \varepsilon \\ &\leqslant 2\varepsilon + o(1),\end{aligned}$$

其中 C 为某一正常数. 由此可获得证明. □

引理 3.3 (柯尔莫哥洛夫不等式) 设 $\{X_k; 1 \leqslant k \leqslant n\}$ 是独立 r.v., $EX_k = 0, EX_k^2 < \infty$, 记 $S_k = \sum\limits_{j=1}^{k} X_j$, 则对任意 $\varepsilon > 0$, 有

$$P\left\{\max_{1\leqslant k\leqslant n} |S_k| \geqslant \varepsilon\right\} \leqslant \frac{1}{\varepsilon^2}\sum_{k=1}^{n} EX_k^2.$$

定理 3.4 的证明 不妨设 $EX_k = 0, k = 1, 2, \cdots$, 则要证明 $\frac{S_n}{b_n} \to 0$, a.s., 由 Kronecker 引理知, 只需证明 $\sum_{n=1}^{\infty} \frac{X_n}{b_n}$, a.s. 收敛即可. 记 $Y_n = \frac{X_n}{b_n}$, 则有 $EY_n = 0, \sum_{n=1}^{\infty} EY_n^2 < \infty$. 采用子序列方法, 记 $S_n' = \sum_{k=1}^{n} Y_k$, 则由 Markov 不等式知, 对任意的 $\varepsilon > 0$, 当正整数 $m \geqslant n, n \to +\infty$ 时

$$P\{|S_m' - S_n'| \geqslant \varepsilon\} \leqslant \frac{E|S_m' - S_n'|^2}{\varepsilon^2} \leqslant \frac{1}{\varepsilon^2} \sum_{k=n+1}^{m} EY_k^2 \to 0,$$

即 S_n' 是依概率 Cauchy 列, 故存在 r.v.S', 使得 $S_n' \xrightarrow{P} S'$. 进而存在子序列 $\{S_{n_k}'\}$ 使得 $S_{n_k}' \xrightarrow{\text{a.s.}} S'$, 由柯尔莫哥洛夫不等式得

$$\begin{aligned}\sum_{k=1}^{\infty} P\left\{\max_{n_k < j \leqslant n_{k+1}} |S_j' - S_{n_k}'| \geqslant \varepsilon\right\} &\leqslant \frac{1}{\varepsilon^2} \sum_{k=1}^{\infty} \sum_{j=n_k+1}^{n_{k+1}} EY_j^2 \\ &\leqslant \frac{1}{\varepsilon^2} \sum_{j=1}^{\infty} EY_j^2 < \infty,\end{aligned}$$

由 Borel-Cantelli 引理知: $\max_{n_k < j \leqslant n_{k+1}} |S_j' - S_{n_k}'| \xrightarrow{\text{a.s.}} 0, k \to \infty$, 故

$$|S_n' - S'| \leqslant |S_n' - S_{n_k}'| + |S_{n_k}' - S'| \xrightarrow{\text{a.s.}} 0,$$

即 $\sum_{n=1}^{\infty} \frac{X_n}{b_n}$, a.s. 收敛. □

一个更优美的大数律结果是由柯尔莫哥洛夫给出的, 简单样本的强大数律并不需二阶矩存在.

定理 3.5 (柯尔莫哥洛夫大数律) 假设 $X_1, \cdots, X_n$ 是一列独立同分布的随机变量. 当 $n \to \infty$ 时, 存在一常数 μ, 使得

$$\frac{S_n}{n} \xrightarrow{\text{a.s.}} \mu$$

的充分必要条件是 $E|X_1| < \infty$, 且此时 $E(X_1) = \mu$.

注 定理 3.5 的证明很有特点, 称为"截尾法", 该方法在证明统计量的强收敛性时经常使用.

定理 3.5 的证明 首先我们有如下不等式:

$$\sum_{n=1}^{\infty} P(|X_1| \geqslant n) \leqslant E|X| \leqslant 1 + \sum_{n=1}^{\infty} P(|X_1| \geqslant n). \tag{3.7}$$

事实上

$$
\begin{aligned}
\sum_{n=1}^{\infty} P(|X_1| \geqslant n) &= \sum_{n=1}^{\infty}(n-1)P(n-1 \leqslant |X_1| < n) \\
&\leqslant \sum_{n=1}^{\infty} E\Big[|X_1| I(n-1 \leqslant |X_1| < n)\Big] \\
&= E|X_1| \\
&\leqslant \sum_{n=1}^{\infty} nP(n-1 \leqslant |X_1| < n) \\
&= 1 + \sum_{n=1}^{\infty} P(|X_1| \geqslant n).
\end{aligned}
$$

必要性：由 $\frac{1}{n}\sum_{k=1}^{n} X_k \xrightarrow{\text{a.s.}} \mu$ 知

$$
\frac{X_n}{n} = \frac{S_n - S_{n-1}}{n} = \frac{S_n}{n} - \frac{n-1}{n}\frac{S_{n-1}}{n-1} \xrightarrow{\text{a.s}} 0,
$$

即有 $P(\{|X_n| \geqslant n\}, \text{i.o.}) = 0$, 由 $X_1, \cdots, X_n$ 是独立同分布的随机变量和 Borel-Cantelli 引理知

$$
\sum_{n=1}^{\infty} P(|X_n| \geqslant n) < \infty,
$$

再结合 $\{X_n\}$ 同分布及式 (3.7) 知 $E|X_1| < \infty$.

充分性：记 $X_n' = X_n I(|X_n| < n)$, 则由式 (3.7) 及 $\{X_n, n = 1, 2, \cdots\}$ 同分布知

$$
\sum_{n=1}^{\infty} P(X_n \neq X_n') = \sum_{n=1}^{\infty} P(|X_n| \geqslant n) \leqslant E|X_1| < \infty,
$$

再次利用 Borel-Cantelli 引理知 $P(\{X_n \neq X_n'\}, \text{i.o.}) = 0$, 于是有 $\frac{1}{n}\sum_{k=1}^{n} X_k$ 与 $\frac{1}{n}\sum_{k=1}^{n} X_k'$ 同敛散, 并且在收敛时有相同的极限. 显然 $EX_n' = E\{X_n I(|X_n| < n)\} = E\{X_1 I(|X_1| < n)\} \to EX_1$, 于是 $\frac{1}{n}\sum_{k=1}^{n} EX_k' \to EX_1$. 因此我们只需证明

$$
\frac{1}{n}\sum_{k=1}^{n}(X_k' - EX_k') \xrightarrow{\text{a.s.}} 0,
$$

而由 Markov 强大数律知这只需证明 $\sum_{n=1}^{\infty}\mathrm{Var}\left(\frac{X_n'}{n}\right)<\infty$ 即可.

$$\begin{aligned}\sum_{n=1}^{\infty}\frac{\mathrm{Var}(X_n')}{n^2}&\leqslant\sum_{n=1}^{\infty}\frac{E(X_n')^2}{n^2}\\&\leqslant\sum_{n=1}^{\infty}\sum_{k=1}^{n}\frac{k^2}{n^2}P(k-1\leqslant|X_n|<k)\\&=\sum_{k=1}^{\infty}\sum_{n=k}^{\infty}\frac{k^2}{n^2}P(k-1\leqslant|X_n|<k)\\&\leqslant C\sum_{k=1}^{\infty}kP(k-1\leqslant|X_n|<k)\\&=C(1+E|X_1|)<\infty.\end{aligned}$$

□

由定理 3.5, 很容易得到如下结果.

推论 3.3　假设 $X_1,\cdots,X_n$ 是一列独立同分布的随机变量, 则当 $E(|X_1|)<\infty$ 时, 有

$$\bar{X}_n=\frac{S_n}{n}\xrightarrow{\text{a.s.}}\mu;$$

当 $E(X_1^2)<\infty$ 时, 有

$$\widehat{\sigma}^2=\frac{1}{n}\sum_{i=1}^{n}(X_i-\bar{X}_n)^2\xrightarrow{\text{a.s.}}\sigma^2,$$

其中 $\sigma^2=E\{X-E(X)\}^2$.

推论 3.3 的证明直接验证即可.

推论 3.3 说明在简单样本下, 样本均值和样本方差分别是总体均值和方差的强相合估计.

3.2.2　重对数律

记 $S_n=X_1+\cdots+X_n$ 是一列独立同分布的随机变量部分和, 则有如下的重对数律.

定理 3.6　设 $X_i, i=1,2,\cdots,n$ 是一列独立同分布的随机变量, 且 $EX=\mu$, $\mathrm{Var}(X)=\sigma^2<\infty$, 则

$$\limsup_{n\to\infty}\frac{S_n-n\mu}{\sqrt{2\sigma^2 n\log\log n}}=1,\quad \text{a.s.},$$

$$\liminf_{n\to\infty}\frac{S_n-n\mu}{\sqrt{2\sigma^2 n\log\log n}}=-1,\quad \text{a.s.}.$$

定理 3.6 的证明请参见 Shiryaev (1984).

3.2.3 中心极限定理

首先给出古典中心极限定理. 如果 $X_1, \cdots, X_n$ 是一列独立同分布的随机变量, 且 $E(X) = \mu$, $\mathrm{Var}(X) = \sigma^2 < \infty$, 我们将给出如下结果的中心极限定理,

$$\frac{\sum_{i=1}^{n} X_i - n\mu}{\sigma\sqrt{n}} \xrightarrow{\mathscr{D}} N(0,1).$$

正如统计推断中, 渐近的正态分布具有中心的重要作用, 只有统计量的 (渐近) 分布已知, 才能进行统计推断, 比如, 检验、区间估计和估计优良性比较等.

此类型的结果称为中心极限定理. 中心极限定理在推导统计量的渐近分布时具有重要的作用. 下面首先给出一个最简单的中心极限定理.

定理 3.7 (古典中心极限定理) 假设 $X_1, \cdots, X_n$ 是一列独立同分布的随机变量, 且 $E(X_1) = \mu$ 和 $\mathrm{Var}(X_1) = \sigma^2 < \infty$. 记 $S_n = X_1 + \cdots + X_n$, 则当 $n \to \infty$ 时有

$$\frac{S_n - n\mu}{\sigma\sqrt{n}} \xrightarrow{\mathscr{D}} N(0,1).$$

定理 3.7 是下一定理的直接推论.

定理 3.8 (Lindeberg-Feller 中心极限定理) 假设 $X_1, \cdots, X_n$ 是一列独立的随机变量 (不要求同分布), 且 $E(X_i) = \mu_i$ 和 $\mathrm{Var}(X_i) = \sigma_i^2$. 记 $S_n = X_1 + \cdots + X_n$, $s_n^2 = \mathrm{Var}(S_n) = \sigma_1^2 + \cdots + \sigma_n^2$. 如果 Lindeberg 条件成立, 即对任给的 $\varepsilon > 0$,

$$\frac{1}{s_n^2}\sum_{k=1}^{n} E\left\{(X_k - \mu_k)^2 I\Big(|X_k - \mu_k| \geqslant \varepsilon s_n\Big)\right\} \to 0,$$

则当 $n \to \infty$ 时, 有

$$\frac{S_n - E(S_n)}{s_n} \xrightarrow{\mathscr{D}} N(0,1).$$

定理 3.7 的证明很有代表性, 因此给出其详细证明. 证明该定理我们要用到如下几个引理, 前三个引理都是数学中的一些不等式, 容易证明.

引理 3.4 假设 $\{a_n\}, \{b_n\}$ 是实数列, 并且 $|a_i| \leqslant 1, |b_i| \leqslant 1$, 则

$$\left|\prod_{i=1}^{n} a_i - \prod_{i=1}^{n} b_i\right| \leqslant \sum_{i=1}^{n} |a_i - b_i|. \tag{3.8}$$

引理 3.5 设 i 表示虚数单位, 则

$$\left|\mathrm{e}^{\mathrm{i}x} - 1 - \mathrm{i}x\right| \leqslant \frac{x^2}{2}, \tag{3.9}$$

$$\left|\mathrm{e}^{\mathrm{i}x} - 1 - \mathrm{i}x - \frac{(\mathrm{i}x)^2}{2}\right| \leqslant \frac{|x|^3}{3!}, \tag{3.10}$$

$$\left|\mathrm{e}^{\mathrm{i}x} - 1 - \mathrm{i}x - \frac{(\mathrm{i}x)^2}{2}\right| \leqslant x^2. \tag{3.11}$$

引理 3.6 如果对任意的 $\delta > 0, |z| < \frac{\delta}{2}$, 则

$$|e^z - 1 - z| \leqslant \delta|z|. \tag{3.12}$$

引理 3.7(特征函数连续性定理) 设 $\{F_n, n \geqslant 1\}$ 是一列分布函数, 其对应的特征函数为 $\{\varphi_n, n \geqslant 1\}$. 若 $\varphi_n(t) \to \varphi(t)$, 且 $\varphi(t)$ 在 $t = 0$ 处连续, 则 φ 必是某个分布函数 F 对应的特征函数, 且 $F_n \xrightarrow{\mathscr{D}} F$.

此引理是用特征函数证明中心极限定理的关键性引理, 详细证明参见文献 Shiryaev (1984).

定理 3.8 的证明 注意到, 由 Lindeberg 条件可以得出如下结果: 当 $n \to \infty$ 时,

$$\frac{\max_{1\leqslant k\leqslant n} \sigma_k^2}{s_n^2} \to 0. \tag{3.13}$$

事实上, 不妨设 $\mu_i = 0$,

$$\begin{aligned}\sigma_k^2 =& \int_{|x|<\varepsilon s_n} x^2 \mathrm{d}F_k(x) + \int_{|x|\geqslant\varepsilon s_n} x^2 \mathrm{d}F_k(x)\\ \leqslant& \varepsilon^2 s_n^2 + E\Big[|X_k|^2 I(|X_k| \geqslant \varepsilon s_n)\Big]\\ \leqslant& \varepsilon^2 s_n^2 + \sum_{k=1}^n E\Big[|X_k|^2 I(|X_k| \geqslant \varepsilon s_n)\Big],\end{aligned}$$

两边对 k 取最大值, 然后由 Lindeberg 条件及 ε 的任意性知式 (3.13) 成立.

记 $X_{nk} = \frac{X_k}{s_n}, X_{nk}$ 的分布函数和特征函数分别记为 F_{nk} 和 φ_{nk}, $S_n' = \sum_{k=1}^n X_{nk}$ 的特征函数记为 $\varphi_n, \sigma_{nk}^2 = \mathrm{Var}(X_{nk}) = \frac{\sigma_k^2}{s_n^2}$, 并设 $\mu_i = 0$, 则 $\varphi_n = \prod_{k=1}^n \varphi_{nk}, EX_{nk} = 0, \sum_{k=1}^n EX_{nk}^2 = \sum_{k=1}^n \sigma_{nk}^2 = 1$.

注意, 若我们能得到下面两个等式:

$$\sum_{k=1}^n (\varphi_{nk}(t) - 1) \to \frac{-t^2}{2}, \tag{3.14}$$

$$\left|\exp\left\{\sum_{k=1}^n (\varphi_{nk} - 1)\right\} - \prod_{k=1}^n \varphi_{nk}(t)\right| \to 0, \tag{3.15}$$

则由三角不等式可以得到

$$\begin{aligned}\left|\varphi_n(t)-\mathrm{e}^{-t^2/2}\right|\leqslant&\left|\prod_{k=1}^{n}\varphi_{nk}(t)-\exp\left\{\sum_{k=1}^{n}(\varphi_{nk}-1)\right\}\right|\\&+\left|\exp\left\{\sum_{k=1}^{n}(\varphi_{nk}-1)\right\}-\mathrm{e}^{-t^2/2}\right|\to 0,\end{aligned}$$

然后由引理 3.7 特征函数连续性定理可知该定理结论成立.

先证式 (3.15)：对任意的 $\delta>0$, 当 n 充分大时, 由式 (3.10) 和式 (3.13) 得

$$\begin{aligned}\left|\varphi_{nk}(t)-1\right|&=\left|E(\mathrm{e}^{\mathrm{i}tX_{nk}}-1-\mathrm{i}tX_{nk})\right|\\&\leqslant E\left|\mathrm{e}^{\mathrm{i}tX_{nk}}-1-\mathrm{i}tX_{nk}\right|\\&\leqslant E\frac{t^2X_{nk}^2}{2}=\frac{t^2}{2}\frac{\sigma_k^2}{s_n^2}\\&\leqslant\frac{t^2}{2}\max_{1\leqslant k\leqslant n}\frac{\sigma_k^2}{s_n^2}\leqslant\frac{\delta}{2}.\end{aligned}$$

于是由式 (3.8) 和式 (3.12) 知

$$\begin{aligned}\left|\exp\left\{\sum_{k=1}^{n}(\varphi_{nk}(t)-1)\right\}-\prod_{k=1}^{n}\varphi_{nk}(t)\right|&=\left|\prod_{k=1}^{n}\mathrm{e}^{(\varphi_{nk}(t)-1)}-\prod_{k=1}^{n}\varphi_{nk}(t)\right|\\&\leqslant\sum_{k=1}^{n}\left|\mathrm{e}^{(\varphi_{nk}(t)-1)}-\varphi_{nk}(t)\right|\\&=\sum_{k=1}^{n}\left|\mathrm{e}^{(\varphi_{nk}(t)-1)}-1-(\varphi_{nk}(t)-1)\right|\\&\leqslant\delta\sum_{k=1}^{n}\left|\varphi_{nk}(t)-1\right|\\&\leqslant\delta\frac{t^2}{2}\sum_{k=1}^{n}\frac{\sigma_k^2}{s_n^2}=\delta\frac{t^2}{2}.\end{aligned}$$

再由 δ 的任意性知式 (3.15) 成立.

下面证明式 (3.14), 记 $\Delta_{nk}=\mathrm{e}^{\mathrm{i}tX_{nk}}-1-\mathrm{i}tX_{nk}-\dfrac{1}{2}(\mathrm{i}tX_{nk})^2$. 注意到

$$\begin{aligned}\sum_{k=1}^{n}\Big(\varphi_{nk}(t)-1\Big)+t^2/2&=\sum_{k=1}^{n}E\left[\mathrm{e}^{\mathrm{i}tX_{nk}}-1-\mathrm{i}tX_{nk}-\frac{1}{2}(\mathrm{i}tX_{nk})^2\right]\\&=\sum_{k=1}^{n}\left\{E\Big[\Delta_{nk}I(|X_{nk}|\leqslant\varepsilon)\Big]+E\Big[\Delta_{nk}I(|X_{nk}|>\varepsilon)\Big]\right\}\\&\triangleq\mathrm{I}+\mathrm{II}.\end{aligned}$$

由式 (3.10) 可得, 对任意的 $\varepsilon > 0$,

$$\begin{aligned}|\mathrm{I}| &\leqslant \sum_{k=1}^{n} E\left[\left|\mathrm{e}^{\mathrm{i}tX_{nk}} - 1 - \mathrm{i}tX_{nk} - \frac{1}{2}(\mathrm{i}tX_{nk})^2\right| I(|X_{nk}| \leqslant \varepsilon)\right] \\ &\leqslant \sum_{k=1}^{n} E\left[\frac{|t|^3}{6}|X_{nk}|^3 I(|X_{nk}| \leqslant \varepsilon)\right] \\ &\leqslant \frac{|t|^3}{6}\varepsilon \sum_{k=1}^{n} E|X_{nk}|^2 = \frac{|t|^3}{6}\varepsilon.\end{aligned}$$

由式 (3.11) 得

$$\begin{aligned}|\mathrm{II}| &\leqslant t^2 \sum_{k=1}^{n} E\left[|X_{nk}|^2 I(|X_{nk}| > \varepsilon)\right] \\ &= \frac{t^2}{s_n^2} \sum_{k=1}^{n} E\left[|X_k|^2 I(|X_k| > \varepsilon s_n)\right].\end{aligned}$$

故由 Lindeberg 条件得

$$\left|\sum_{k=1}^{n} \varphi_{nk}(t) - 1 + \frac{t^2}{2}\right| \leqslant |\mathrm{I}| + |\mathrm{II}| \to 0.$$ □

定理 3.8 的 Lindeberg 条件也可写成

$$\frac{1}{s_n^2} \sum_{k=1}^{n} \int_{|x-\mu_k|>\varepsilon s_n} (x-\mu_k)^2 \mathrm{d}F_k(x) \to 0,$$

其中 $F_k(x)$ 为随机变量 X_k 的分布函数.

在应用当中, Lindeberg 条件通常不易验证, 有时使用如下的李雅普诺夫 (Lyapunov) 中心极限定理能更方便.

定理 3.9 (Lyapunov 中心极限定理)　假设 $X_1, \cdots, X_n$ 是一列独立的随机变量 (不要求同分布), 且 $E(X_i) = \mu_i$, $\mathrm{Var}(X_i) = \sigma_i^2 < \infty$. 记 $S_n = X_1 + \cdots + X_n$, $s_n^2 = \mathrm{Var}(S_n) = \sigma_1^2 + \cdots + \sigma_n^2$. 如果 Lyapunov 条件成立, 即对某一常数 $\delta > 0$

$$\frac{\sum_{k=1}^{n} E|X_k - \mu_k|^{2+\delta}}{s_n^{2+\delta}} \to 0,$$

则当 $n \to \infty$ 时, 有

$$\frac{S_n - E(S_n)}{s_n} \xrightarrow{\mathscr{D}} N(0,1).$$

证明 验证 Lindeberg 条件成立即可. 同样不妨假设 $\mu_i = 0$, 由 $|X_i| \geqslant \varepsilon s_n$ 可得 $\left|\dfrac{X_i}{\varepsilon s_n}\right|^\delta \geqslant 1$,

$$\begin{aligned}\frac{1}{s_n^2}\sum_{k=1}^n E\left[X_k^2 I(|X_k| \geqslant \varepsilon s_n)\right] &\leqslant \frac{1}{\varepsilon^\delta s_n^{2+\delta}}\sum_{k=1}^n E\left[|X_k|^{2+\delta} I(|X_k| \geqslant \varepsilon s_n)\right] \\ &\leqslant \frac{1}{\varepsilon^\delta s_n^{2+\delta}}\sum_{k=1}^n E|X_k|^{2+\delta} \to 0.\end{aligned}$$

□

3.2.4 估计的大样本性质

统计推断是利用对总体的抽样结果 (通常是样本) 来对总体进行估计与检验, 特别地, 对总体某些特征或参数进行估计与检验, 即统计推断. 在参数估计中, 人们通常用基于样本的统计量对总体的真实参数或其函数进行估计. 当样本量的大小无限增大时, 估计是否逼近真实参数? 以什么样的速度逼近真实参数? 它的极限分布是什么? 这些是进行统计推断的重要问题. 对于这些问题的回答在以后各章中将进行讨论. 另外一个问题是什么样的估计是好的呢? 为了描述统计量或估计的好坏, 需要一些评判标准. 我们首先给出估计性质的一些定义.

定义 3.6 设 $\widehat{\theta}_n$ 是 θ 的一个估计, 如果

$$E\widehat{\theta}_n = \theta,$$

则称 $\widehat{\theta}_n$ 是参数 θ 的*无偏估计*. 如果

$$\lim_{n\to\infty} E\widehat{\theta}_n = \theta,$$

则称 $\widehat{\theta}_n$ 是参数 θ 的*渐近无偏估计*.

无偏性是统计量的一个基本性质. 如果无法获得统计量的其他更好的性质, 那么至少要保证其无偏性或者渐近无偏性. 但是并不是所有统计量都具有这种性质, 有时为了获得估计量其他更好的性质 (比如, 有效性), 或者在实际中不存在无偏估计时, 可能就得牺牲估计的无偏性. 在线性模型中, 岭估计就牺牲了无偏性, 这是由于共线性的存在, 因而岭估计是有偏估计, 但无偏性通常是一个直观且好的性质.

定义 3.7 设 $\widehat{\theta}_n$ 是 θ 的一个估计, 如果对一切 $\theta \in \Theta$ 以及任一正常数 ε, 总有

$$\lim_{n\to\infty} P\{|\widehat{\theta}_n - \theta| \geqslant \varepsilon\} = 0,$$

其中 $|\cdot|$ 表示欧氏距离, Θ 是参数空间, 则称估计 $\widehat{\theta}_n$ 是 θ 的*(弱) 相合估计*, 一般表示为 $\widehat{\theta}_n \xrightarrow{P} \theta$ 或依概率 $\widehat{\theta}_n \to \theta$.

更进一步, 如果假设对一切 $\theta \in \Theta$, 以及任一正常数 ε, 总有

$$P\{\lim_{n\to\infty} |\widehat{\theta}_n - \theta| \geqslant \varepsilon\} = 0, \tag{3.16}$$

则称估计 $\widehat{\theta}_n$ 是 θ 的**强相合估计**, 一般表示为 $\widehat{\theta}_n \xrightarrow{\text{a.s.}} \theta$, 或 $\widehat{\theta}_n \to \theta, \text{a.s.}$.

在上面的定义中, 条件 (3.16) 等价于下面这个条件

$$\lim_{n\to\infty} P\{\cup_{k=n}^{\infty} |\widehat{\theta}_k - \theta| \geqslant \varepsilon\} = 0.$$

不难看出, 若估计 $\widehat{\theta}_n$ 是 θ 的强相合估计, 那么 $\widehat{\theta}_n$ 必是 θ 的 (弱) 相合估计.

定义 3.8　如果对一切 $\theta \in \Theta$, 有

$$\lim_{n\to\infty} E_\theta |\widehat{\theta}_n - \theta|^r = 0,$$

则称估计 $\widehat{\theta}_n$**均 r 方收敛**于 θ.

在实际中, 人们通常更关心均方收敛性, 即 $r = 2$. 同样地, 若估计 $\widehat{\theta}_n$ 均方收敛于 θ, 则估计 $\widehat{\theta}_n$ 是 θ 的相合估计.

定义 3.9　设 $\{\xi_n\}$ 是一随机变量序列, 如果存在 $a_n > 0$ 且 $a_n \to \infty$, 对一切 $\varepsilon > 0$, 有

$$\lim_{n\to\infty} P\{|a_n \xi_n| \geqslant \varepsilon\} = 0,$$

则称随机序列 $\{\xi_n\}$ 比 a_n^{-1} 以更快的速度依概率趋于 0, 记为 $\xi_n = o_p(a_n^{-1})$. 此时称 ξ_n **比 a_n^{-1} 高阶**(无穷小). 如果存在一个常数 L, 使得

$$\lim_{L\to\infty} \limsup_{n\to\infty} P\{|a_n \xi_n| \geqslant L\} = 0,$$

则称随机序列 $\{\xi_n\}$ 以不低于 a_n^{-1} 的速度依概率趋于 0, 记为 $\xi_n = O_p(a_n^{-1})$. 此时称 ξ_n **与 a_n^{-1} 同阶**(无穷小).

ξ_n 比 a_n^{-1} 高阶无穷小可以等价地定义为 $a_n \xi_n = o_p(1)$. 同样也可定义同阶无穷大和高阶无穷大. 下面给出一些高阶或同阶的运算, 如无指明, 一般有

$$\begin{aligned}
o_p(1) + o_p(1) &= o_p(1),\\
o_p(1) \cdot o_p(1) &= o_p(1),\\
O_p(1) + O_p(1) &= O_p(1),\\
O_p(1) + o_p(1) &= O_p(1),\\
O_p(C) &= O_p(1),
\end{aligned}$$

$$
\begin{aligned}
O_p(1)o_p(1) &= o_p(1), \\
(1+o_p(1))^{-1} &= O_p(1), \\
o_p(R_n) &= R_n o_p(1), \\
O_p(R_n) &= R_n O_p(1), \\
O_p(o_p(1)) &= o_p(1), \\
o_p(O_p(1)) &= o_p(1),
\end{aligned}
$$

其中 C 为常数, R_n 是一随机变量列.

定义 3.10 设 $\widehat{\theta}_n$ 是 θ 的一个估计, 如果对一切 $\theta \in \Theta$ 以及任一正常数 ε, 存在充分大的 L_0, 使得当 $L \geqslant L_0$ 时, 有

$$\lim_{n\to\infty} \sup P\{|a_n(\widehat{\theta}_n - \theta)| \geqslant L\} < \varepsilon,$$

则称估计 $\widehat{\theta}_n$ 为 θ 的 a_n^{-1} 阶相合估计. 此处 a_n 为一串非奇异矩阵, 当 $n \to \infty$ 时, $|a_n| \to \infty$.

在参数估计中, 估计的收敛速度通常是 $n^{-1/2}$, 而在非参数核估计中, 收敛速度通常中是 $(nh)^{-1/2}$, 其中 h 是一窗宽函数, 且 $h \to 0$ 和 $nh \to \infty$. 因此, 非参数收敛速度总比参数的慢.

证明估计相合性可由相合性定义直接证明, 但更多的时候应用大数律给出. 下面的连续映射定理是很有用的结果.

定理 3.10 设 $\psi_{in} = \psi_{in}(X_1, \cdots, X_n)$ 是参数 $g_i(\theta), i = 1, 2, \cdots, p$ 的 (强) 相合估计. 函数 $h(\cdot)$ 在 $(g_1(\theta), \cdots, g_p(\theta))$ 处连续, 则 $h(\psi_{1n}, \cdots, \psi_{pn})$ 是 $h(g_1(\theta), \cdots, g_p(\theta))$ 的 (强) 相合估计.

证明 仅证相合性. 因函数 $h(\cdot)$ 在 $(g_1(\theta), \cdots, g_p(\theta))$ 处连续, 则对任意 $\varepsilon > 0$, 存在 $\delta > 0$, 当 $|x_j - g_j(\theta)| < \delta,\ j = 1, 2, \cdots, p$, 有

$$|h(x_1, \cdots, x_p) - h(g_1(\theta), \cdots, g_p(\theta))| < \varepsilon.$$

又因为 $\psi_{in} = \psi_{in}(X_1, \cdots, X_n)$ 是参数 $g_i(\theta)$,$i = 1, 2, \cdots, p$ 的相合估计, 故对任给定的 $\varepsilon > 0$ 和 $\eta > 0$, 存在一个 N_j, 当 $n > N_j$ 时, 有

$$P(|\psi_{jn} - g_j(\theta)| > \eta) < \varepsilon/p,$$

取 $N = \max\{N_1, \cdots, N_p\}$,$\eta = \delta$ 且当 $n > N$ 时,

$$\begin{aligned}
&P(|\psi_{jn}-g_j(\theta)|<\delta, j=1,2,\cdots,p)\\
=&1-P\left(\bigcup_{j=1}^{p}\{|\psi_{jn}-g_j(\theta)|\geqslant\delta\}\right)\\
\geqslant&1-\sum_{j=1}^{p}P(|\psi_{jn}-g_j(\theta)|\geqslant\delta)>1-\varepsilon.
\end{aligned}$$

所以,

$$\begin{aligned}
&P(|h(\psi_{1n},\cdots,\psi_{pn})-h(g_1(\theta),\cdots,g_p(\theta))|<\varepsilon)\\
\geqslant&P(|\psi_{jn}-g_j(\theta)|<\delta, j=1,2,\cdots,p)\\
>&1-\varepsilon.
\end{aligned}$$

□

3.3 一致大数律及经验过程

在很多情况下, 大数律并不够用, 因为当随机函数依赖于某些参数时, 需要在一个空间或邻域内处理随机函数, 比如, 求其和式的数值. 因此, 就需要一致大数律. 与一致大数律相关的理论就是经验过程理论. 本节内容主要参见 Andrews(1987). 首先定义依概率一致收敛, 类似地, 也可以定义几乎处处一致收敛.

定义 3.11 (依概率一致收敛) 如果

$$\sup_{\boldsymbol{\theta}\in\Theta}|Q_n(\boldsymbol{\theta})-Q(\boldsymbol{\theta})|\xrightarrow{P}0,$$

则 $Q_n(\boldsymbol{\theta})$ 在 Θ 上依概率一致收敛于 $Q(\boldsymbol{\theta})$, 简称**依概率一致收敛**, 其中 Θ 为参数空间.

如果将上面定义中的依概率收敛改为几乎处处收敛, 则称 $Q_n(\boldsymbol{\theta})$**几乎处处一致收敛**于 $Q(\boldsymbol{\theta})$.

本书中讨论的目标函数 $Q_n(\boldsymbol{\theta})$ 通常是 n 个随机函数之和, 特别地, 可能是多个独立同分布随机函数之和. 对于 $Q_n(\boldsymbol{\theta})$ 逐点收敛的结果通常可由古典大数定律获得, 然而一致的大数律并不一定成立, 需要更多的假设条件和更多的技术技巧.

设 $Q(x,\boldsymbol{\theta})$ 是定义在观察值变量 X 和参数 $\boldsymbol{\theta}$ 的矩阵函数. 对于任一矩阵 $A=(a_{ij})$, 定义 $||A||=\left(\sum_{i,j=1}^{n}a_{ij}^2\right)^{1/2}$.

定理 3.11 设观察数据 $X_1,\cdots,X_n$ 独立同分布, 参数空间 Θ 是紧的, $Q(X,\boldsymbol{\theta})$ 对每一个 $\boldsymbol{\theta}\in\Theta$ 依概率 1 连续, 存在一个函数 $B(x)$ 使得对一切 $\boldsymbol{\theta}\in\Theta$, 有

$\| Q(X,\boldsymbol{\theta}) \| \leqslant B(X)$, 且 $E(B(X)) < \infty$, 则 $E(Q(X,\boldsymbol{\theta}))$ 是连续的且依概率

$$\sup_{\boldsymbol{\theta}\in\Theta}\left\| n^{-1}\sum_{i=1}^{n} Q(X_i,\boldsymbol{\theta}) - E(Q(X,\boldsymbol{\theta}))\right\| \xrightarrow{P} 0.$$

定理 3.11 的证明参见定理 3.17, 而此定理的条件与 Wald (1949) 证明相合性假设相似, 也可由 Tauchen (1985) 的引理 1 推导出. 定理中假设参数空间 Θ 是紧的, 这个条件通常情况下可以放宽为开集. 该定理的条件是较弱的, 特别是不需要假设 $Q(x,\boldsymbol{\theta})$ 对给定 x 关于 $\boldsymbol{\theta}$ 的所有点连续. 因此, 这个定理能用到目标函数不连续的情况. 另外, 这些结果能够推广到相依样本的情况. 下面我们给出一个更一般的结果 (详细参见 Andrews (1987)).

设 $\{X_i,\ i=1,2,\cdots\}$ 是概率空间 $\{\Omega,\mathscr{F},P\}$上的一列随机变量, 考察目标函数中的被加数 $\{Q_i(X_i,\Theta), i=1,2,\cdots,n\}$, 其中 $Q_i(X_i,\boldsymbol{\theta})$ 是从 $\Omega\times\Theta$ 到 $\mathbf{R}^1$ 上一个函数, 且 Θ 是一赋范空间 (距离为 d). 设 $B(\boldsymbol{\theta}_0,\rho)$ 是以 $\boldsymbol{\theta}_0$ 为中心, 以 ρ 为半径的开球, 即 $B(\boldsymbol{\theta}_0,\rho)=\{\boldsymbol{\theta}\text{: } d(\boldsymbol{\theta}_0,\boldsymbol{\theta})<\rho\}$. 定义

$$Q_i^*(X_i,\boldsymbol{\theta},\rho)=\sup\{Q_i(X_i,\boldsymbol{\theta}^*)\text{: } \boldsymbol{\theta}^*\in B(\boldsymbol{\theta}_0,\rho)\},$$
$$Q_{*i}(X_i,\boldsymbol{\theta},\rho)=\inf\{Q_i(X_i,\boldsymbol{\theta}^*)\text{: } \boldsymbol{\theta}^*\in B(\boldsymbol{\theta}_0,\rho)\}.$$

如果在概率 P 下, 随机变量 Z_i 满足

$$\frac{1}{n}\sum_{i=1}^{n}(Z_i-EZ_i)\to 0,\quad \text{a.s.},$$

则称序列 Z_i 满足逐点强大数律. 如果 Z_i 依赖于参数 $\boldsymbol{\theta}$. 如果 $\sup_{\boldsymbol{\theta}\in\Theta}\left|\frac{1}{n}\sum_{i=1}^{n}(Z_i-EZ_i)\right|\to 0,\text{a.s.}$, 则称在空间 Θ 上一致大数律成立. 同样地, 也可定义一致弱大数律. 下面给出满足一致强大数律的结果. 首先给出一些假设条件.

假设 (A.1) Θ 是一个紧的赋范空间.

假设 (A.2) (a) $Q_i(X_i,\boldsymbol{\theta})$,$Q_i^*(X_i,\boldsymbol{\theta},\rho)$ 和 $Q_{*i}(X_i,\boldsymbol{\theta},\rho)$ 对所有 $\boldsymbol{\theta}\in\Theta$, i 和足够小的 ρ(这里 ρ 可能依赖于 $\boldsymbol{\theta}$) 都是随机变量;

(b) $\{Q_i^*(X_i,\boldsymbol{\theta},\rho)\}$ 和 $\{Q_{*i}(X_i,\boldsymbol{\theta},\rho)\}$ 对所有 $\boldsymbol{\theta}\in\Theta$, i 和足够小的 ρ(这里 ρ 可能依赖于 $\boldsymbol{\theta}$) 都满足逐点 (强) 大数律.

假设 (A.3) 对所有 $\boldsymbol{\theta}\in\Theta$, 有

$$\lim_{\rho\to 0}\sup_{n\geqslant 1}\left|\frac{1}{n}\sum_{i=1}^{n}[EQ_i^*(X_i,\boldsymbol{\theta},\rho)-EQ_i(X_i,\boldsymbol{\theta})]\right|=0.$$

对于 $Q_{*i}(X_i,\boldsymbol{\theta},\rho)$ 有类似的表达.

定理 3.12　如果假设 (A.1)~(A.3) 成立, 且对任一个 i, $EQ_i(X_i,\boldsymbol{\theta})$ 关于 $\boldsymbol{\theta}$ 连续, 则 (a)

$$\frac{1}{n}\sum_{i=1}^{n} EQ_i(X_i,\boldsymbol{\theta})$$

在 Θ 上对所有 $n\geqslant 1$ 是连续的, 且 (b) 当 $n\to\infty$, 以概率 1, 有

$$\sup_{\boldsymbol{\theta}\in\Theta}\left|\frac{1}{n}\sum_{i=1}^{n}[Q_i(X_i,\boldsymbol{\theta})-EQ_i(X_i,\boldsymbol{\theta})]\right|\to 0.$$

证明　(a) 由假设 (A.3) 可以立即得到.

(b) 令 $Q_i(\boldsymbol{\theta})=E(Q_i(X_i,\boldsymbol{\theta}))$, 由假设 (A.3) 知道, 对任给的 $\varepsilon>0,\boldsymbol{\theta}\in\Theta$, 选择充分小的 $\rho(\boldsymbol{\theta})$ 使得: 对所有 $n\geqslant 1$ 有

$$\begin{aligned}\frac{1}{n}\sum_{i=1}^{n}Q_i(\boldsymbol{\theta})-\varepsilon &\leqslant \frac{1}{n}\sum_{i=1}^{n}EQ_{*i}(X_i,\boldsymbol{\theta},\rho(\boldsymbol{\theta}))\\ &\leqslant \frac{1}{n}\sum_{i=1}^{n}EQ_i^*(X_i,\boldsymbol{\theta},\rho(\boldsymbol{\theta}))\\ &\leqslant \frac{1}{n}\sum_{i=1}^{n}Q_i(\boldsymbol{\theta})+\varepsilon.\end{aligned}$$

因为 Θ 是紧的, 所以对 Θ 的开覆盖 $\{B(\boldsymbol{\theta},\rho(\boldsymbol{\theta}))\colon \boldsymbol{\theta}\in\Theta\}$ 存在有限子覆盖: $\{B(\boldsymbol{\theta}_l,\rho(\boldsymbol{\theta}_l))\colon l=1,2,\cdots,L\}$. 对任意的 $\boldsymbol{\theta}\in B(\boldsymbol{\theta}_l,\rho(\boldsymbol{\theta}_l))$ 有

$$\begin{aligned}\frac{1}{n}\sum_{i=1}^{n}[Q_i(X_i,\boldsymbol{\theta})-Q_i(\boldsymbol{\theta})] &\leqslant \frac{1}{n}\sum_{i=1}^{n}[Q_i^*(X_i,\boldsymbol{\theta}_l,\rho(\boldsymbol{\theta}_l))-EQ_{*i}(X_i,\boldsymbol{\theta}_l,\rho(\boldsymbol{\theta}_l))]\\ &=\frac{1}{n}\sum_{i=1}^{n}[Q_i^*(X_i,\boldsymbol{\theta}_l,\rho(\boldsymbol{\theta}_l))-EQ_i^*(X_i,\boldsymbol{\theta}_l,\rho(\boldsymbol{\theta}_l))\\ &\quad+EQ_i^*(X_i,\boldsymbol{\theta}_l,\rho(\boldsymbol{\theta}_l))-Q_i(\boldsymbol{\theta})\\ &\quad+Q_i(\boldsymbol{\theta})-EQ_{*i}(X_i,\boldsymbol{\theta}_l,\rho(\boldsymbol{\theta}_l))]\\ &\leqslant \frac{1}{n}\sum_{i=1}^{n}[Q_i^*(X_i,\boldsymbol{\theta}_l,\rho(\boldsymbol{\theta}_l))-EQ_i^*(X_i,\boldsymbol{\theta}_l,\rho(\boldsymbol{\theta}_l))]+2\varepsilon,\end{aligned}$$

对任意的 $n\geqslant 1$ 成立.

同理有

$$\frac{1}{n}\sum_{i=1}^{n}[Q_i(X_i,\boldsymbol{\theta})-Q_i(\boldsymbol{\theta})]\geqslant \frac{1}{n}\sum_{i=1}^{n}[Q_{*i}(X_i,\boldsymbol{\theta}_l,\rho(\boldsymbol{\theta}_l))-EQ_{*i}(X_i,\boldsymbol{\theta}_l,\rho(\boldsymbol{\theta}_l))]-2\varepsilon.$$

于是容易得到

$$\begin{aligned}&\min_{l\leqslant L}\frac{1}{n}\sum_{i=1}^{n}[Q_{*i}(X_i,\boldsymbol{\theta}_l,\rho(\boldsymbol{\theta}_l))-EQ_{*i}(X_i,\boldsymbol{\theta}_l,\rho(\boldsymbol{\theta}_l))]-2\varepsilon\\ \leqslant&\sup_{\boldsymbol{\theta}\in\Theta}\frac{1}{n}\sum_{i=1}^{n}[Q_i(X_i,\boldsymbol{\theta})-Q_i(\boldsymbol{\theta})]\\ \leqslant&\max_{l\leqslant L}\frac{1}{n}\sum_{i=1}^{n}[Q_i^*(X_i,\boldsymbol{\theta}_l,\rho(\boldsymbol{\theta}_l))-EQ_i^*(X_i,\boldsymbol{\theta}_l,\rho(\boldsymbol{\theta}_l))]+2\varepsilon.\end{aligned}$$

由假设 (A.2)(b) 知：对任意的 $l=1,2,\cdots,L$, 有

$$\frac{1}{n}\sum_{i=1}^{n}[Q_{*i}(X_i,\boldsymbol{\theta}_l,\rho(\boldsymbol{\theta}_l))-EQ_{*i}(X_i,\boldsymbol{\theta}_l,\rho(\boldsymbol{\theta}_l))]\xrightarrow{\text{a.s.}}0,$$

$$\frac{1}{n}\sum_{i=1}^{n}[Q_i^*(X_i,\boldsymbol{\theta}_l,\rho(\boldsymbol{\theta}_l))-EQ_i^*(X_i,\boldsymbol{\theta}_l,\rho(\boldsymbol{\theta}_l))]\xrightarrow{\text{a.s.}}0.$$

再由 ε 的任意性知结论 (b) 成立. □

定理 3.12 给出了一致强大数定律的结果, 在统计的应用中更多关心的是一致弱大数律的结果. 如果定理 3.12 的假设条件 (A.2)(b) 改为以概率成立, 也可获得一致弱大数律.

定理 3.12 在估计方程框架内是非常有用的结果. 特别是证明估计方程估计相合性时具有重要的作用. 这定理的结果很一般, 我们不需要假定 $\frac{1}{n}\sum_{i=1}^{n}EQ_i(X_i,\boldsymbol{\theta})$ 的极限存在, 同时, 估计函数可以依赖于 i. 事实上, 当 Q 不依赖于 i, 那么在同分布的假设下上面这个和就是 $EQ(X,\boldsymbol{\theta})$, 如果 Q 是一个无偏估计函数, 那么就有 $EQ(X,\boldsymbol{\theta})=0$. 上面的条件可以简化.

定理中假设 (A.3) 等价于：对所有 $\boldsymbol{\theta}\in\Theta$, 有

$$\lim_{\rho\to0}\sup_{n\geqslant1}\frac{1}{n}\sum_{i=1}^{n}E\sup_{\boldsymbol{\theta}^*\in B(\boldsymbol{\theta},\rho)}\left|Q_i(X_i,\boldsymbol{\theta}^*)-Q_i(X_i,\boldsymbol{\theta})\right|=0.$$

当 Q 不依赖于 i, 那么在同分布的假设下这个条件变成了 Hansen (1982) 所提出的一阶矩连续条件. 上式成立的一个充分条件是目标函数有一个上界函数控制, 即 $|Q_i(X,\boldsymbol{\theta}^*)|\leqslant H_\theta(X)$, 而 $EH_\theta(X)<\infty$. 在此条件下, 上式成立便可由控制收敛定理得到.

这里的参数空间 $\boldsymbol{\Theta}$ 可以是无穷维的赋范空间. 因此, 定理 3.12 可以应用于非参数情况. 如果假设中的正则因子 b_n 而不是 n, 那么定理的结论仍然成立, 但定理结论中的正则因子也应当改为 b_n. 此外, 此定理的结果可以应用到三角数列的情况, 即在假设和结论中将 i 可改为 in,$i=1,2,\cdots,n$, 定理结论成立.

假设 (A.2) 中 $\{Q_i^*(X_i,\boldsymbol{\theta},\rho)\}$ 和 $\{Q_{*i}(X_i,\boldsymbol{\theta},\rho)\}$ 是 $\{Q_i(X_i,\boldsymbol{\theta})\}$ 在 $\boldsymbol{\theta}$ 的一邻域中的上确界和下确界. 可以用标准的逐点大数律证明其满足假设 (A.2). 人们可以直接应用大数律到两个序列 $\{Q_i^*(X_i,\boldsymbol{\theta},\rho)\}$ 和 $\{Q_{*i}(X_i,\boldsymbol{\theta},\rho)\}$. 事实上, 人们能够假设 $Q_i(X_i)=\sup_{\boldsymbol{\theta}\in\Theta}|Q_i(X_i,\boldsymbol{\theta})|$ 服从大数律. 这样的条件在计量经济文献中广泛使用. 下面讨论非独立的随机变量序列的强大数律.

假设 (B.1)　$\{X_i, i=1,2,\cdots,n\}$ 是一列强混合的随机变量序列, 其混合系数为 $\alpha(\cdot)$, 满足对某个 $\delta>1$, 当 $s\to\infty$, $\alpha(s)=o(s^{-\delta/(\delta-1)})$.

假设 (B.2)　(a) 对所有 $\boldsymbol{\theta}\in\Theta$, i 和足够小的 ρ, $\{Q_i^*(X_i,\boldsymbol{\theta},\rho)\}$,$\{Q_{*i}(X_i,\boldsymbol{\theta},\rho)\}$ 和 $\{Q_i(X_i)\}$ 是随机变量, 且 $\{Q_i^*(\cdot,\boldsymbol{\theta},\rho)\}$ 和 $\{Q_{*i}(\cdot,\boldsymbol{\theta},\rho)\}$ 也是可测的 (这里指是随机变量).

(b) 对某个 $\kappa>\delta$, 有

$$\sup_{i\geqslant 1} E|Q_i(X_i)|^{\kappa}<\infty.$$

推论 3.4　假设 (B.1) 和 (B.2) 可以推出假设 (A.2). 因此, 在假设 (A.1), (B.1), (B.2) 和假设 (A.3) 下, 当 $n\to\infty$, 以概率 1, 有

$$\sup_{\boldsymbol{\theta}\in\Theta}\left|\frac{1}{n}\sum_{i=1}^{n}[Q_i(X_i,\boldsymbol{\theta})-EQ_i(X_i,\boldsymbol{\theta})]\right|\to 0.$$

这个推论可由 McLeish (1975) 的定理 2.10 推得. 前面讨论的定理 3.12 的条件 (A.2) 和 (A.3) 在实际使用中很难验证. 为了定理 3.12 便于应用, 将进一步简化定理的条件.

假设 (A.4)　对每一个 $\boldsymbol{\theta}\in\Theta$, 存在一个 ε, 使得 $d(\boldsymbol{\theta},\boldsymbol{\theta}^*)\leqslant\varepsilon$ 时有

$$|Q_i(X_i,\boldsymbol{\theta})-Q_i(X_i,\boldsymbol{\theta}^*)|\leqslant B_i(X_i)h(d(\boldsymbol{\theta},\boldsymbol{\theta}^*)),$$

对所有 i 几乎处处成立, 其中 $B_i(\cdot)$ 和 $h(\cdot)$ 是非随机函数, 使得 $B_i(X_i)$ 是一随机变量且

$$\limsup_{n\to\infty}\frac{1}{n}\sum_{i=1}^{n}EB_i(X_i)<\infty,$$

$h(y)\downarrow 0$, 当 $y\downarrow 0$. 这里 ε, B_i, h 和零测集可能依赖于参数 $\boldsymbol{\theta}$.

假设 (A.5)　$Q_i(X_i,\boldsymbol{\theta})$ 在 $\boldsymbol{\theta}$ 的一个邻域内几乎处处可微, 且 $\dfrac{\partial Q_i(X_i,\boldsymbol{\theta}^*)}{\partial\boldsymbol{\theta}}$ 和

$$\sup_{\boldsymbol{\theta}^*\in\Theta^*}\left\|\frac{\partial}{\partial\boldsymbol{\theta}}Q_i(X_i,\boldsymbol{\theta}^*)\right\|$$

是随机变量, 同时

$$\limsup_{n\to\infty}\frac{1}{n}\sum_{i=1}^{n}E\sup_{\boldsymbol{\theta}^*\in\Theta^*}\left\|\frac{\partial}{\partial\boldsymbol{\theta}}Q_i(X_i,\boldsymbol{\theta}^*)\right\|<\infty,$$

其中 Θ^* 是包含 Θ 的一个凸集或开集, $\Theta^*\subset\mathbf{R}^p$.

推论 3.5 假设 (A.5) 意味着假设 (A.4), 而假设 (A.4) 可以推出假设 (A.3). 因此, 在假设 (A.1), (A.2), (A.4) 或 (A.5) 下, 定理 3.12 成立.

证明 (1) 首先证明由假设 (A.5) 能推出假设 (A.4).

由多元函数的中值定理及柯西不等式可知

$$\begin{aligned}|Q_i(X_i,\widetilde{\boldsymbol{\theta}})-Q_i(X_i,\boldsymbol{\theta})|&=\left|\frac{\partial Q_i(X_i,\boldsymbol{\theta})}{\partial\boldsymbol{\theta}^\tau}\bigg|_{\boldsymbol{\theta}=\boldsymbol{\theta}^*}\cdot(\widetilde{\boldsymbol{\theta}}-\boldsymbol{\theta})\right|\\&\leqslant\left\|\frac{\partial Q_i(X_i,\boldsymbol{\theta})}{\partial\boldsymbol{\theta}}\right\|_{\boldsymbol{\theta}=\boldsymbol{\theta}^*}\cdot\|\widetilde{\boldsymbol{\theta}}-\boldsymbol{\theta}\|\\&\leqslant\sup_{\boldsymbol{\theta}^*\in\Theta^*}\left\|\frac{\partial Q_i(X_i,\boldsymbol{\theta})}{\partial\boldsymbol{\theta}}\right\|_{\boldsymbol{\theta}=\boldsymbol{\theta}^*}\cdot\|\widetilde{\boldsymbol{\theta}}-\boldsymbol{\theta}\|.\end{aligned}$$

令 $h(y)=y$, 及 $B_i(X_i)=\sup_{\boldsymbol{\theta}^*\in\Theta^*}\left\|\dfrac{\partial Q_i(X_i,\boldsymbol{\theta})}{\partial\boldsymbol{\theta}}\right\|_{\boldsymbol{\theta}=\boldsymbol{\theta}^*}$, 立得推论 (A.4) 成立.

(2) 下面证明推论 (A.4) 可以得出推论 (A.3).

由 $Q_i^*(X_i,\boldsymbol{\theta},\rho)$ 的定义知, 对任意的 $\varepsilon>0$, 存在 $\boldsymbol{\theta}'\in B(\boldsymbol{\theta},\rho)$ 使 $Q_i^*(X_i,\boldsymbol{\theta},\rho)-Q_i(X_i,\boldsymbol{\theta}')\leqslant\varepsilon$, 于是

$$\begin{aligned}|Q_i^*(X_i,\boldsymbol{\theta},\rho)-Q_i(X_i,\boldsymbol{\theta})|&\leqslant|Q_i^*(X_i,\boldsymbol{\theta},\rho)-Q_i(X_i,\boldsymbol{\theta}')|+|Q_i(X_i,\boldsymbol{\theta})-Q_i(X_i,\boldsymbol{\theta}')|\\&\leqslant\varepsilon+B_i(X_i)h(\rho).\end{aligned}$$

由 ε 的任意性知 $|Q_i^*(X_i,\boldsymbol{\theta},\rho)-Q_i(X_i,\boldsymbol{\theta})|\leqslant B_i(X_i)h(\rho)$. 故

$$\begin{aligned}K&\equiv\limsup_{\rho\to0}\sup_{n\geqslant1}\left|\frac{1}{n}\sum_{i=1}^{n}(EQ_i^*(X_i,\boldsymbol{\theta},\rho)-EQ_i(X_i,\boldsymbol{\theta}))\right|\\&\leqslant\limsup_{\rho\to0}\sup_{n\geqslant1}\frac{1}{n}\sum_{i=1}^{n}E|Q_i^*(X_i,\boldsymbol{\theta},\rho)-Q_i(X_i,\boldsymbol{\theta})|\\&\leqslant\limsup_{\rho\to0}\sup_{n\geqslant1}\frac{1}{n}\sum_{i=1}^{n}EB_i(X_i)h(\rho)=0.\end{aligned}$$

同理可知对 $Q_{*i}(X_i,\boldsymbol{\theta},\rho)$ 也有同样的结论成立. □

3.4 一般极限定理

前面第 1 章的第 1.4 节我们考虑了估计方程的中心极限定理成立的一些较特殊的条件, 需要目标函数可微, 但是, 在一些情况下, 并不需要可微这个条件. 下面

给出一些估计方程估计极限定理的更为一般的情况. 在本节将给出估计方程估计的相合性及其渐近正态性, 以便为后面的章节提供参考. 首先介绍一些一般极限定理, 更多详细介绍见 Pakes 和 Pollard(1989).

在估计方程中, $\phi(x,\boldsymbol{\theta})$ 是一个无偏估计函数, 但通常是一个复杂函数, 甚至没有显式解, 例如,

$$\phi(x,\boldsymbol{\theta})=E_F(H(Y,X,\theta)|X=x)$$

是一回归函数, 但是当 $E_F[H(Y,X,\theta)]=0$ 时, $\phi(x,\boldsymbol{\theta})$ 仍是一个无偏估计函数. 为了说明, 我们考虑如下的一个例子, 假定

$$G(\boldsymbol{\theta})=E\phi(X,\boldsymbol{\theta})=\int\phi(x,\boldsymbol{\theta})\mathrm{d}F(x),$$

并假定这个均值在真实值 $\boldsymbol{\theta}_0$ 的值为 0. 在很多情况下此积分并没有显式解, 因此直接使用矩估计是困难的. 但如果容易获得积分显式解, 那么对 θ 应用矩估计是容易的. 例如, 若 X 服从正态分布 $N(\theta,1)$, θ 是均值, 令 $\phi(x,\theta)=x-\theta$ 便可得均值估计是 $\widehat{\theta}=n^{-1}\sum\limits_{i=1}^{n}X_i$. 因此, 对于 $\boldsymbol{\theta}_0$ 的估计可以由上面均值的样本类似

$$g_n(\boldsymbol{\theta})=\frac{1}{n}\sum_{i=1}^{n}\phi(X_i,\boldsymbol{\theta})$$

令其等于 0 来求得. 但是, 可能在很多情况下, 这个方程并没有零解, 这时也可以考虑使 $g_n(\boldsymbol{\theta})$ 的值尽量靠近 0, 即使其范数达到最小的解, 这将在后面章节进行讨论.

对 $g_n(\theta)$ 也可由经验分布来表出, 即

$$g_n(\theta)=\int\phi(x,\theta)\mathrm{d}F_n(x).$$

事实上, 估计函数是经验分布的泛函, 因此, 经验过程理论是估计方程理论的重要基础.

上面的估计方程方法也可以看成模拟计算的一种特殊情况. 事实上, 对 $\phi(x,\theta)$ 在给定 x,θ 的计算就是求条件期望 $E_F[H(Y,X,\theta)|x]$, 因此, 此步骤就是 EM 算法中的重要一步, 即 E 步. 在缺失数据, 删失数据等不完全数据中, 求此期望值也是寻找参数有效估计重要技术. 通过模拟计算估计函数的期望值, 便可获得参数的估计, 这个估计称为**估计函数模拟估计**. 在实际中, 很多模型经常需要计算类似 $g_n(\boldsymbol{\theta})$ 的高维积分问题, 这在计算上是极大负担, 甚至无法进行, 特别是对那些复杂数据下的高维积分问题. 如果能够通过一个模拟试验来获得 $g_n(\boldsymbol{\theta})$ 的一个很好的估计 $G_n(\boldsymbol{\theta})$, 则可以通过使 $G_n(\boldsymbol{\theta})$ 尽量靠近 0 来估计真值 $\boldsymbol{\theta}_0$.

如果直接计算 $\phi(x,\boldsymbol{\theta})$ 很困难, 但其有一个很好处理的条件期望, 即

$$\phi(x,\boldsymbol{\theta}) = \int H(x,z,\boldsymbol{\theta})\mathrm{d}F(z|x),$$

其中 $F(\cdot|x)$ 是一已知的分布函数, 那么估计函数模拟估计是容易获得的. 具体地说, 从分布 $F(\cdot|X_i)$ 产生观察值 $Z_{i1},\cdots,Z_{im}$, 对每个 $\boldsymbol{\theta}$, 计算均值

$$\psi(X_i,\boldsymbol{\theta}) = m^{-1}\sum_{j=1}^{m} H(X_i,Z_{ij},\boldsymbol{\theta}),$$

$\psi(\cdot,\boldsymbol{\theta})$ 可以看成是对 $\phi(\cdot,\boldsymbol{\theta})$ 的估计, 由此可构造出估计函数

$$G_n(\boldsymbol{\theta}) = \frac{1}{n}\sum_{i=1}^{n}\psi(X_i,\boldsymbol{\theta}).$$

假设 $\widehat{\boldsymbol{\theta}}_n$ 是使得随机函数 $G_n(\cdot)$ 的长度 $||G_n(\boldsymbol{\theta})||$ 达最小的极值点, 其中 $G_n(\cdot)$ 是定义在 $\Theta\subset\mathbf{R}^p$ 的函数. 而 $G(\boldsymbol{\theta})$ 是定义在 $\Theta\subset\mathbf{R}^p$ 的定性函数, 通常记为 $G(\theta)=E\psi(X,\theta)$, 真实值 $\boldsymbol{\theta}_0\in\Theta$ 是使 $G(\boldsymbol{\theta})=0$ 的唯一值. 注意到, 以上定义的距离为欧氏距离, 事实上, 欧氏距离可以换成依赖于 $\boldsymbol{\theta}$ 的任意随机范数. 通常取 $||G(\theta)||=G^{\tau}(\theta)AG(\theta)$ 作为一个距离, A 是某一正定矩阵.

极限定理的条件通常要求 $G_n(\boldsymbol{\theta})$ 具有一致性条件, 即要求 $G_n(\boldsymbol{\theta})-G(\boldsymbol{\theta})$ 在参数真值 $\boldsymbol{\theta}_0$ 的一个邻域内一致收敛于 0. 一致性条件需要应用一致极限定理, 而一致极限定理在 3.3 节已作了一些介绍. 下面引入一些估计方程 $G_n(\boldsymbol{\theta})=0$ 或估计函数范数极小解相合性的一般结果. Pakes 和 Pollard (1989) 证明了如下结果.

定理 3.13 假设下面的条件成立,

(1) $||G_n(\widehat{\boldsymbol{\theta}}_n)|| \leqslant o_p(1)+\inf\limits_{\boldsymbol{\theta}\in\Theta}||G_n(\boldsymbol{\theta})||$,

(2) $\sup\limits_{||\boldsymbol{\theta}-\boldsymbol{\theta}_0||>\delta}||G_n(\boldsymbol{\theta})||^{-1}=O_p(1)$, 对于一切 $\delta>0$,

(3) $G_n(\boldsymbol{\theta}_0)=o_p(1)$,

则极小值点 $\widehat{\boldsymbol{\theta}}_n$ 依概率收敛于 $\boldsymbol{\theta}_0$.

定理 3.13 的条件 (1) 是一个全局条件, 估计 $\widehat{\boldsymbol{\theta}}_n$ 是取为任何使 $||G_n(\cdot)||$ 全局足够小值的参数. 更进一步, 因为 $\boldsymbol{\theta}_0$ 包含在参数空间 Θ 中, 因此, $||G_n(\widehat{\boldsymbol{\theta}}_n)||$ 不可能比 $||G_n(\boldsymbol{\theta}_0)||$ 大, 即 $||G_n(\widehat{\boldsymbol{\theta}}_n)||$ 除了一个可忽略项外, 全局最小, 也称 $\widehat{\boldsymbol{\theta}}_n$ 使 $G_n(\boldsymbol{\theta})$ 达最小点的近似. 条件 (2) 意味着, $G_n(\boldsymbol{\theta}_0)$ 足够靠近 0 值, 即靠近 $G(\boldsymbol{\theta}_0)$ 的取值, 这暗含了在 Θ 中 $G_n(\theta)$ 即使在 θ_0 处不是最小, 也是近似最小的, 而 $G_n(\widehat{\boldsymbol{\theta}}_n)$ 必定靠近 0, 这样 $G_n(\theta_0)$ 和 $G(\theta_0)$ 离得并不远了. 条件 (2) 等价于 $\inf\limits_{||\boldsymbol{\theta}-\boldsymbol{\theta}_0||>\delta}||G_n(\boldsymbol{\theta})||>M$, 其中 M 为某一正数. 条件 (3) 意味着, 如果 $||G_n(\boldsymbol{\theta})||$ 的极小值仅仅在靠近于 $\boldsymbol{\theta}_0$ 时达到, 这迫使 $\widehat{\boldsymbol{\theta}}_n$ 靠近 $\boldsymbol{\theta}_0$.

定理 3.13 的证明　对于固定 ε, 和 $\delta > 0$. 条件 (2) 意味着存在一个有限 M, 使得

$$\limsup P\left\{\sup_{||\boldsymbol{\theta}-\boldsymbol{\theta}_0||>\delta} ||G_n(\boldsymbol{\theta})||^{-1} \geqslant M\right\} < \varepsilon.$$

因为 $\boldsymbol{\theta}_0 \in \Theta$, 假设 (1) 在包含 $\boldsymbol{\theta}_0$ 的集合上成立, 由下确界的定义和条件 (3), 有

$$||G_n(\widehat{\boldsymbol{\theta}}_n)|| \leqslant o_p(1) + ||G_n(\boldsymbol{\theta}_0)|| = o_p(1),$$

所以有

$$P\left\{||G_n(\widehat{\boldsymbol{\theta}}_n)||^{-1} > M\right\} \geqslant 1 - \varepsilon. \tag{3.17}$$

于是当 n 足够大, 以概率至少为 $1 - 2\varepsilon$ 成立

$$||G_n(\widehat{\boldsymbol{\theta}}_n)||^{-1} > M > \sup_{||\boldsymbol{\theta}-\boldsymbol{\theta}_0||>\delta} ||G_n(\boldsymbol{\theta})||^{-1}. \tag{3.18}$$

事实上, 由式 (3.17) 有

$$\begin{aligned}
&P\left\{||G_n(\widehat{\boldsymbol{\theta}}_n)||^{-1} > M > \sup_{||\boldsymbol{\theta}-\boldsymbol{\theta}_0||>\delta} ||G_n(\boldsymbol{\theta})||^{-1}\right\}\\
&= P\left\{||G_n(\widehat{\boldsymbol{\theta}}_n)||^{-1} > M\right\} - P\left\{||G_n(\widehat{\boldsymbol{\theta}}_n)||^{-1} > M, \sup_{||\boldsymbol{\theta}-\boldsymbol{\theta}_0||>\delta} ||G_n(\boldsymbol{\theta})||^{-1} \geqslant M\right\}\\
&\geqslant P\left\{||G_n(\widehat{\boldsymbol{\theta}}_n)||^{-1} > M\right\} - P\left\{\sup_{||\boldsymbol{\theta}-\boldsymbol{\theta}_0||>\delta} ||G_n(\boldsymbol{\theta})||^{-1} \geqslant M\right\}\\
&\geqslant 1 - 2\varepsilon.
\end{aligned}$$

由不等式 (3.18) 说明, 使 $||G_n(\boldsymbol{\theta})||$ 达最小值点 $\widehat{\boldsymbol{\theta}}_n$ 必定落在 $\boldsymbol{\theta}_0$ 的一个半径为 δ 的邻域内, 即有

$$\sup P\left\{||\widehat{\boldsymbol{\theta}}_n - \boldsymbol{\theta}_0|| > \delta\right\} \leqslant 2\varepsilon. \tag{3.19}$$

事实上, 假设当 n 充分大时, $P\{||\widehat{\boldsymbol{\theta}}_n - \boldsymbol{\theta}_0|| > \delta\} > 2\varepsilon$, 记 $A_n = \{\sup_{||\boldsymbol{\theta}-\boldsymbol{\theta}_0||>\delta} ||G_n(\boldsymbol{\theta})||^{-1} \geqslant ||G_n(\widehat{\boldsymbol{\theta}}_n)||^{-1}\}$, $B_n = A_n^c = \{\sup_{||\boldsymbol{\theta}-\boldsymbol{\theta}_0||>\delta} ||G_n(\boldsymbol{\theta})||^{-1} < ||G_n(\widehat{\boldsymbol{\theta}}_n)||^{-1}\}$. 因为 $||\widehat{\boldsymbol{\theta}}_n - \boldsymbol{\theta}_0|| > \delta$, 必有 $\sup_{||\widehat{\boldsymbol{\theta}}_n-\boldsymbol{\theta}_0||>\delta} ||G_n(\widehat{\boldsymbol{\theta}}_n)||^{-1} \geqslant ||G_n(\widehat{\boldsymbol{\theta}}_n)||^{-1}$, 故有

$$P\{A_n\} \geqslant P\{||\widehat{\boldsymbol{\theta}}_n - \boldsymbol{\theta}_0|| > \delta\},$$

由 B_n 的定义, 显然有

$$P\{B_n\} \geqslant P\left\{||G_n(\widehat{\boldsymbol{\theta}}_n)||^{-1} > M > \sup_{||\boldsymbol{\theta}-\boldsymbol{\theta}_0||>\delta} ||G_n(\boldsymbol{\theta})||^{-1}\right\},$$

于是

$$\begin{aligned}1 &= P\{A_n \cup B_n\} = P\{A_n\} + P\{B_n\} \\ &\geqslant P\left\{||\widehat{\boldsymbol{\theta}}_n - \boldsymbol{\theta}_0|| > \delta\right\} + P\left\{||G_n(\widehat{\boldsymbol{\theta}}_n)||^{-1} > M > \sup_{||\boldsymbol{\theta}-\boldsymbol{\theta}_0||>\delta} ||G_n(\boldsymbol{\theta})||^{-1}\right\} \\ &> 1 - 2\varepsilon + 2\varepsilon = 1,\end{aligned}$$

这是矛盾的. 由于 ε 和 δ 可以任意选定, 它们可以趋向于 0. □

推论 3.6 假设 $\boldsymbol{\theta}_0$ 是 $G(\boldsymbol{\theta}) = 0$ 在 Θ 的唯一根. 设下面的条件成立,

(1) $||G_n(\widehat{\boldsymbol{\theta}}_n)|| \leqslant o_p(1) + \inf_{\boldsymbol{\theta}\in\Theta} ||G_n(\boldsymbol{\theta})||$,

(2) $\inf_{||\boldsymbol{\theta}-\boldsymbol{\theta}_0||>\delta} ||G(\boldsymbol{\theta})|| > 0$, 对于一切 $\delta > 0$,

(3) $\sup_{\boldsymbol{\theta}\in\Theta} \dfrac{||G_n(\boldsymbol{\theta}) - G(\boldsymbol{\theta})||}{1 + ||G_n(\boldsymbol{\theta})|| + ||G(\boldsymbol{\theta})||} = o_p(1)$,

则 $\widehat{\boldsymbol{\theta}}_n$ 依概率收敛于 $\boldsymbol{\theta}_0$.

这个推论把定理 3.13 的条件 (3) 换成目标函数一致逼近于其极限函数的条件, 即条件 (3), 这个条件在实际中更容易验证.

推论 3.6 的证明 可以应用上面定理 3.3 的证明来获得此推论的结果, 但如果直接应用 Huber (1967) 中的方法证明更加容易. 对任意固定 $\delta > 0$, 记

$$\varepsilon = \inf_{||\boldsymbol{\theta}-\boldsymbol{\theta}_0||>\delta} ||G(\boldsymbol{\theta})||,$$

假设 $\widehat{\boldsymbol{\theta}}_n$ 不在以 $\boldsymbol{\theta}_0$ 为中心 δ 为半径的邻域内, 那么 $\widehat{\boldsymbol{\theta}}_n$ 为 $\{||\boldsymbol{\theta} - \boldsymbol{\theta}_0|| > \delta\}$ 内的一个点, 则

$$\varepsilon = \inf_{||\boldsymbol{\theta}-\boldsymbol{\theta}_0||>\delta} ||G(\boldsymbol{\theta})|| \leqslant ||G(\widehat{\boldsymbol{\theta}}_n)||.$$

因此

$$P\left\{||\widehat{\boldsymbol{\theta}}_n - \boldsymbol{\theta}_0|| > \delta\right\} \leqslant P\left\{||G(\widehat{\boldsymbol{\theta}}_n)|| \geqslant \varepsilon\right\},$$

所以只需证明

$$||G(\widehat{\boldsymbol{\theta}}_n)|| = o_p(1). \tag{3.20}$$

便可完成推论的证明.

下面证明等式 (3.20). 由三角不等式和条件 (3) 可以获得

$$\begin{aligned}||G(\widehat{\boldsymbol{\theta}}_n)|| &\leqslant ||G_n(\widehat{\boldsymbol{\theta}}_n)|| + ||G(\widehat{\boldsymbol{\theta}}_n) - G_n(\widehat{\boldsymbol{\theta}}_n)|| \\ &\leqslant ||G_n(\widehat{\boldsymbol{\theta}}_n)|| + [1 + ||G_n(\widehat{\boldsymbol{\theta}}_n)|| + ||G(\widehat{\boldsymbol{\theta}}_n)||]o_p(1),\end{aligned}$$

经简单计算, 可以得到

$$||G(\widehat{\boldsymbol{\theta}}_n)||[1-o_p(1)] \leqslant o_p(1)+||G_n(\widehat{\boldsymbol{\theta}}_n)||[1+o_p(1)]. \tag{3.21}$$

由推论的假设条件 (1) 和 (3), 并注意到 $G(\boldsymbol{\theta}_0)=0$ 可知

$$\begin{aligned}||G_n(\widehat{\boldsymbol{\theta}}_n)|| &\leqslant o_p(1)+\inf_{\boldsymbol{\theta}\in\Theta}||G_n(\boldsymbol{\theta})|| \\ &\leqslant o_p(1),\end{aligned} \tag{3.22}$$

最后一步应用了 $||G_n(\boldsymbol{\theta}_0)|| \leqslant o_p(1)$, 事实上由条件 (3) 及 $G(\boldsymbol{\theta}_0)=0$ 容易得到: $||G_n(\boldsymbol{\theta}_0)||(1-o_p(1)) \leqslant o_p(1)$, 即 $||G_n(\boldsymbol{\theta}_0)|| \leqslant o_p(1)$. 结合式 (3.21) 和式 (3.22), 便得到

$$||G(\widehat{\boldsymbol{\theta}}_n)|| \leqslant o_p(1)+||G_n(\boldsymbol{\theta}_0)|| = o_p(1).$$

这意味着式 (3.20) 成立. □

虽然推论 3.6 的假设比定理 3.13 的假设稍强, 但有时验证推论 3.6 的假设更加方便. 这个推论的条件比 Hansen (1982) 的定理 2.2 的条件稍弱, 但 Huber (1967) 假设 B 的条件是定理 3.13 和推论 3.6 条件之间的一般化.

一旦知道 $\widehat{\boldsymbol{\theta}}_n$ 是 $\boldsymbol{\theta}_0$ 的相合估计, 进一步的极限性质仅需假设 $G_n(\cdot)$ 和 $G(\cdot)$ 在 $\boldsymbol{\theta}_0$ 邻域内的局部性质. 在满足 $\widehat{\boldsymbol{\theta}}_n$ 是 $\boldsymbol{\theta}_0$ 的相合估计下, 下面的定理给出 $\widehat{\boldsymbol{\theta}}_n$ 的中心极限定理. 证明中心极限定理一般需要分成两步, 第一步, 需要建立 $||G_n(\widehat{\boldsymbol{\theta}}_n)||$ 和 $||G_n(\boldsymbol{\theta}_0)||$ 之间的 $\sqrt{n}$ 相合性. 下面定理正式给出等度连续的假设, 即定理 3.14 条件 (3) 意味着

$$||G(\boldsymbol{\theta})|| \leqslant O_p(||G_n(\boldsymbol{\theta})||)+O_p(||G_n(\boldsymbol{\theta}_0)||)+o_p(n^{-1/2}),$$

在 $\boldsymbol{\theta}_0$ 邻域内一致成立. 因为 $\widehat{\boldsymbol{\theta}}_n$ 是 $||G_n(\cdot)||$ 的极小值点, 且 $\widehat{\boldsymbol{\theta}}_n$ 落在 $\boldsymbol{\theta}_0$ 的邻域内, 因此,$||G_n(\widehat{\boldsymbol{\theta}}_n)||$ 不会比 $||G_n(\boldsymbol{\theta}_0)||$ 大, 而且它们有收敛阶 $O_p(n^{-1/2})$. G 在 $\boldsymbol{\theta}_0$ 的渐近线性性意味着与 $\widehat{\boldsymbol{\theta}}_n-\boldsymbol{\theta}_0$ 有相同的收敛速度 $O_p(n^{-1/2})$, 即第一步就是把 $\widehat{\boldsymbol{\theta}}_n$ 与 $\boldsymbol{\theta}_0$ 的相合性推广到 $\widehat{\boldsymbol{\theta}}_n$ 是 $\boldsymbol{\theta}_0$ 的 $\sqrt{n}$ 相合估计.

第二步, 需要考虑 $\boldsymbol{\theta}_0$ 的 $O_p(n^{-1/2})$ 邻域中的那些 $\boldsymbol{\theta}$ 值. 下面定理的条件 (2) 和 (3) 一起将证明 $G_n(\boldsymbol{\theta})$ 可以一致地由一线性函数 $L_n(\boldsymbol{\theta})$ 来逼近, 其逼近速度的阶为 $o_p(1)$. 设 $\boldsymbol{\theta}_n^*$ 极小化 $||L_n(\boldsymbol{\theta})||$, 通常 $L_n(\boldsymbol{\theta})$ 有清晰的表达式, 从 $L_n(\boldsymbol{\theta})$ 清晰的表达式可以容易地推出 $\sqrt{n}(\boldsymbol{\theta}_n^*-\boldsymbol{\theta}_0)$ 的渐近正态性. 比较 $||G_n(\widehat{\boldsymbol{\theta}}_n)||$ 和 $||G_n(\boldsymbol{\theta}_n^*)||$ 达到逼近阶 $o_p(n^{-1/2})$, 更可证明 $\widehat{\boldsymbol{\theta}}_n$ 必定落在 $\boldsymbol{\theta}_n^*$ 的 $o_p(n^{-1/2})$ 的范围内, 这就意味着估计 $\widehat{\boldsymbol{\theta}}_n$ 的中心极限定理成立. Pakes 和 Pollard (1989) 了如下结果

定理 3.14　假设 $\widehat{\boldsymbol{\theta}}_n$ 是 $\boldsymbol{\theta}_0$ 的相合估计, 若 $\boldsymbol{\theta}_0$ 是 $G(\boldsymbol{\theta})=0$ 的唯一解, 且下面的条件成立:

(1) $||G_n(\widehat{\boldsymbol{\theta}}_n)|| \leqslant o_p(n^{-1/2}) + \inf_{\boldsymbol{\theta}\in\Theta} ||G_n(\boldsymbol{\theta})||$;

(2) $G(\cdot)$ 在 $\boldsymbol{\theta}_0$ 的邻域内是可导的, 且其导数为列满秩的矩阵 Γ;

(3) $\sup\limits_{||\boldsymbol{\theta}-\boldsymbol{\theta}_0||<\delta_n} \dfrac{||G_n(\boldsymbol{\theta}) - G(\boldsymbol{\theta}) - G_n(\boldsymbol{\theta}_0)||}{n^{-1/2} + ||G_n(\boldsymbol{\theta})|| + ||G(\boldsymbol{\theta})||} = o_p(1)$, 对于一切 $\delta_n \to 0$;

(4) $\sqrt{n}G_n(\boldsymbol{\theta}_0) \xrightarrow{\mathscr{D}} N(0, V)$;

(5) $\boldsymbol{\theta}_0$ 是 Θ 的内点,

则

$$\sqrt{n}(\widehat{\boldsymbol{\theta}}_n - \boldsymbol{\theta}_0) \xrightarrow{\mathscr{D}} N(0, (\Gamma^\tau \Gamma)^{-1}\Gamma^\tau V \Gamma(\Gamma^\tau \Gamma)^{-1}).$$

定理 3.14 的证明具有一般性. 在估计没有显式解时, 要证明其渐近正态性一般需要研究目标函数的性质, 把它展成一个近似线性函数或是近似二次函数. 在这个定理的证明中, 我们证明了目标函数 $G(\boldsymbol{\theta})$ 近似地表示为 $\boldsymbol{\theta}$ 的线性函数. 还有, 此定理并不需要假定参数空间 Θ 是紧集, 这在很多情况下是很有用的. 例如, 在分位数估计中很有意义.

定理 3.14 的证明 分三步来证明此定理, 首先证明参数估计有 $\sqrt{n}$ 速度, 然后证明目标函数能够近似地表示为参数的线性函数, 最后, 应用最小二乘估计给出线性函数的渐近正态性, 那么由最后一步便可获得定理的证明.

第一步, 要证明

$$||\widehat{\boldsymbol{\theta}}_n - \boldsymbol{\theta}_0|| = O_p(n^{-1/2}). \tag{3.23}$$

由定理的假设, $\widehat{\boldsymbol{\theta}}_n$ 是 $\boldsymbol{\theta}_0$ 的相合估计, 那么, 当 n 足够大, 对任意正数 ε 和 δ, 使得

$$P\{||\widehat{\boldsymbol{\theta}}_n - \boldsymbol{\theta}_0|| > \delta\} < \varepsilon. \tag{3.24}$$

由定理条件 (3), 由于 $\widehat{\boldsymbol{\theta}}_n$ 落在 $\boldsymbol{\theta}_0$ 为中心 δ 为半径的邻域内, 故有

$$\begin{aligned}&||G_n(\widehat{\boldsymbol{\theta}}_n) - G(\widehat{\boldsymbol{\theta}}_n) - G_n(\boldsymbol{\theta}_0)||\\ \leqslant\, & o_p(n^{-1/2}) + o_p(||G_n(\widehat{\boldsymbol{\theta}}_n)||) + o_p(||G(\widehat{\boldsymbol{\theta}}_n)||).\end{aligned} \tag{3.25}$$

由三角不等式知, 式 (3.25) 的左边大于下面的量

$$||G(\widehat{\boldsymbol{\theta}}_n)|| - ||G_n(\widehat{\boldsymbol{\theta}}_n)|| - ||G_n(\boldsymbol{\theta}_0)||.$$

故结合式 (3.25) 便有

$$||G(\widehat{\boldsymbol{\theta}}_n)||[1 - o_p(1)] \leqslant o_p(n^{-1/2}) + ||G_n(\widehat{\boldsymbol{\theta}}_n)||[1 + o_p(1)] + ||G_n(\boldsymbol{\theta}_0)||. \tag{3.26}$$

由条件 (1) 和 (4), 有

$$\begin{aligned}||G_n(\widehat{\boldsymbol{\theta}}_n)|| &\leqslant o_p(n^{-1/2}) + \inf_{\boldsymbol{\theta}\in\Theta}||G_n(\boldsymbol{\theta})|| \\ &\leqslant o_p(n^{-1/2}) + ||G_n(\boldsymbol{\theta}_0)|| \\ &= O_p(n^{-1/2}). \end{aligned} \tag{3.27}$$

由式 (3.26) 和式 (3.27), 有

$$||G(\widehat{\boldsymbol{\theta}}_n)|| = O_p(n^{-1/2}). \tag{3.28}$$

由定理条件 (2), $G(\boldsymbol{\theta})$ 在 $\boldsymbol{\theta}_0$ 处可微, 那么由中值定理有

$$G(\widehat{\boldsymbol{\theta}}_n) = G(\boldsymbol{\theta}_0) + \Gamma(\widehat{\boldsymbol{\theta}}_n - \boldsymbol{\theta}_0).$$

于是

$$\widehat{\boldsymbol{\theta}}_n - \boldsymbol{\theta}_0 = (\Gamma^\tau \Gamma)^{-1}\Gamma^\tau G(\widehat{\boldsymbol{\theta}}_n).$$

故可获得

$$||\widehat{\boldsymbol{\theta}}_n - \boldsymbol{\theta}_0|| = ||(\Gamma^\tau \Gamma)^{-1}\Gamma^\tau G(\widehat{\boldsymbol{\theta}}_n)|| = O_p(n^{-1/2}),$$

即式 (3.23) 成立.

第二步, 现在考虑目标函数可以近似地表示为参数的线性函数, 即 $G_n(\cdot)$ 可以近似表示为

$$G_n(\boldsymbol{\theta}) = \Gamma(\boldsymbol{\theta} - \boldsymbol{\theta}_0) + G_n(\boldsymbol{\theta}_0) + o_p(n^{-1/2}), \tag{3.29}$$

这里的 $o_p(n^{-1/2})$ 表示是在 $\boldsymbol{\theta}_0$ 的邻域中近似, 也就是上式在 $\boldsymbol{\theta}$ 逼近于 $\boldsymbol{\theta}_0$ 时近似成立. 这是成立的, 因为 $G(\cdot)$ 在 $\boldsymbol{\theta}_0$ 的邻域内可导.

记 $L_n(\boldsymbol{\theta}) = \Gamma(\boldsymbol{\theta} - \boldsymbol{\theta}_0) + G_n(\boldsymbol{\theta}_0)$, 设 $\boldsymbol{\theta}_n^*$ 是使 $||L_n(\boldsymbol{\theta})||$ 达到最小的最小值点.

注意到第一步 $\widehat{\boldsymbol{\theta}}_n$ 是 $\boldsymbol{\theta}_0$ 的 $n^{-1/2}$ 相合估计, 并由定理中的条件 (2) 和 (3), 得

$$\begin{aligned}||G_n(\widehat{\boldsymbol{\theta}}_n) - L_n(\widehat{\boldsymbol{\theta}}_n)|| &\leqslant ||G_n(\widehat{\boldsymbol{\theta}}_n) - G(\widehat{\boldsymbol{\theta}}_n) - G_n(\boldsymbol{\theta}_0)|| \\ &\quad + ||G(\widehat{\boldsymbol{\theta}}_n) - \Gamma(\widehat{\boldsymbol{\theta}}_n - \boldsymbol{\theta}_0)|| \\ &\leqslant o_p(n^{-1/2}) + o_p(||G_n(\widehat{\boldsymbol{\theta}}_n)||) + o_p(||G(\widehat{\boldsymbol{\theta}}_n)||) \\ &\quad + o_p(||\widehat{\boldsymbol{\theta}}_n - \boldsymbol{\theta}_0||) \\ &= o_p(n^{-1/2}). \end{aligned} \tag{3.30}$$

为了求得 $||L_n(\boldsymbol{\theta})||$ 的最小值, 利用最小二乘估计投影的思想, 把 $-G_n(\boldsymbol{\theta}_0)$ 作为响应变量, 而 $L_n(\boldsymbol{\theta})$ 作为误差, 那么 $\boldsymbol{\theta}_n^* - \boldsymbol{\theta}_0$ 的最小二乘估计是

$$\sqrt{n}(\boldsymbol{\theta}_n^* - \boldsymbol{\theta}_0) = -\sqrt{n}(\Gamma^\tau \Gamma)^{-1}\Gamma^\tau G_n(\boldsymbol{\theta}_0). \tag{3.31}$$

(这也就是说若 $\boldsymbol{\theta}_n^*$ 使 $||L_n(\boldsymbol{\theta})||$ 达最小, 那么 $\Gamma(\boldsymbol{\theta}_n^*-\boldsymbol{\theta}_0)$ 必定是 $-G_n(\boldsymbol{\theta})$ 在 Γ 的列向量空间的投影.)

由定理的条件 (4), 可以证明 $\sqrt{n}(\boldsymbol{\theta}_n^*-\boldsymbol{\theta}_0)$ 是渐近正态的, 故 $\boldsymbol{\theta}_n^*=\boldsymbol{\theta}_0+O_p(n^{-1/2})$. 所以, 对于任意的 $\varepsilon>0$ 和 $\delta>0$, 当 n 足够大时, 有

$$P\{||\boldsymbol{\theta}_n^*-\boldsymbol{\theta}_0||>\delta\}<\varepsilon.$$

因为 $\boldsymbol{\theta}_0$ 是 Θ 的内点, 因此, $\boldsymbol{\theta}_n^*$ 会以概率趋于 1 落在 Θ 内. 为了使证明简单, 下面假定 $\boldsymbol{\theta}_n^*$ 总在 Θ 内且 $||\boldsymbol{\theta}_n^*-\boldsymbol{\theta}_0||<\delta$.

由于定理的条件 (2) 中 $G(\boldsymbol{\theta})$ 在 $\boldsymbol{\theta}_0$ 的可微性, 我们有

$$||G(\boldsymbol{\theta}_n^*)||\leqslant||\Gamma(\boldsymbol{\theta}_n^*-\boldsymbol{\theta}_0)||+o(||\boldsymbol{\theta}_n^*-\boldsymbol{\theta}_0||)=O_p(n^{-1/2}).$$

对条件 (3), 有

$$||G_n(\boldsymbol{\theta}_n^*)||-||G(\boldsymbol{\theta}_n^*)||-||G_n(\boldsymbol{\theta}_0)||\leqslant o_p(n^{-1/2})+o_p(||G_n(\boldsymbol{\theta}_n^*)||)+o_p(||G(\boldsymbol{\theta}_n^*)||),$$

通过移项和简化可以获得

$$||G_n(\boldsymbol{\theta}_n^*)||=O_p(n^{-1/2}).$$

因此, 可以推得

$$||G_n(\boldsymbol{\theta}_n^*)-L_n(\boldsymbol{\theta}_n^*)||=o_p(n^{-1/2}). \tag{3.32}$$

事实上, 式 (3.32) 成立是因为

$$\begin{aligned}||G_n(\boldsymbol{\theta}_n^*)-L_n(\boldsymbol{\theta}_n^*)||\leqslant&||G_n(\boldsymbol{\theta}_n^*)-G(\boldsymbol{\theta}_n^*)-G_n(\boldsymbol{\theta}_0)||\\&+||G(\boldsymbol{\theta}_n^*)-\Gamma(\boldsymbol{\theta}_n^*-\boldsymbol{\theta}_0)||\\\leqslant&\, o_p(n^{-1/2})+o_p(||G_n(\boldsymbol{\theta}_n^*)||)+o_p(||G(\boldsymbol{\theta}_n^*)||)+o_p(||\boldsymbol{\theta}_n^*-\boldsymbol{\theta}_0||)\\=&\, o_p(n^{-1/2}).\end{aligned}$$

由式 (3.30) 和式 (3.32) 知, G_n 和 L_n 在两个点 $\widehat{\boldsymbol{\theta}}_n$ 和 $\boldsymbol{\theta}_n^*$ 是非常靠近的. 因此, 这迫使 $\widehat{\boldsymbol{\theta}}_n$ 非常靠近 $||L_n(\boldsymbol{\theta})||$ 的最小值点, 事实上

$$\begin{aligned}||L_n(\widehat{\boldsymbol{\theta}}_n)||\leqslant&||G_n(\widehat{\boldsymbol{\theta}}_n)||+o_p(n^{-1/2})\\\leqslant&||G_n(\boldsymbol{\theta}_n^*)||+o_p(n^{-1/2})\\\leqslant&||L_n(\boldsymbol{\theta}_n^*)||+o_p(n^{-1/2}).\end{aligned}$$

其中第二步用到了条件 (1). 于是

$$||L_n(\widehat{\boldsymbol{\theta}}_n)|| = ||L_n(\boldsymbol{\theta}_n^*)|| + o_p(n^{-1/2}).$$

两边分别平方, 把交叉项吸引到 $o_p(n^{-1})$ 中, 则

$$||L_n(\widehat{\boldsymbol{\theta}}_n)||^2 = ||L_n(\boldsymbol{\theta}_n^*)||^2 + o_p(n^{-1}).$$

根据正交投影和 $\boldsymbol{\theta}_n^*$ 的定义, 平方形式 $||L_n(\boldsymbol{\theta})||$ 在全局极小值点 $\boldsymbol{\theta}_n^*$ 上可以表示为

$$||L_n(\boldsymbol{\theta})||^2 = ||L_n(\boldsymbol{\theta}_n^*)||^2 + ||\Gamma(\boldsymbol{\theta} - \boldsymbol{\theta}_n^*)||^2,$$

这是因为剩余项 $L_n(\boldsymbol{\theta}_n^*)$ 必定与 Γ 的列向量正交, 故交叉项不会出现. 把 $\boldsymbol{\theta}$ 换成 $\widehat{\boldsymbol{\theta}}_n$, 则

$$||\Gamma(\widehat{\boldsymbol{\theta}}_n - \boldsymbol{\theta}_n^*)||^2 = ||L_n(\widehat{\boldsymbol{\theta}}_n)||^2 - ||L_n(\boldsymbol{\theta}_n^*)||^2 = o_p(n^{-1}),$$

因为 Γ 是列满秩的, 上式等价于

$$\sqrt{n}(\widehat{\boldsymbol{\theta}}_n - \boldsymbol{\theta}_0) = \sqrt{n}(\boldsymbol{\theta}_n^* - \boldsymbol{\theta}_0) + o_p(1).$$

由定理的假设条件 (4), 式 (3.31) 及上式可以获得估计的渐近正态性. □

定理 3.14 的渐近分布由 $\sqrt{n}||G_n(\boldsymbol{\theta}_0)||$ 和欧几里得范数 $||\cdot||$ 下极小值解的性质所决定. 如果使用不同的范数, 定理 3.14 中的渐近方差是不同的. 适当选择范数, 估计 $\widehat{\boldsymbol{\theta}}_n$ 的渐近有效性能被改进.

下面给出新的范数定义下的两个引理. 对于非奇异的矩阵 A, 一个新的范数 $||\cdot||_A$ 定义为 $||x||_A = ||Ax||$, 这里极限定理中 A 的选择可能依赖于 $\boldsymbol{\theta}$ 和依赖于构造 $G_n(\cdot)$ 的样本. 这也就是说, 这里的范数中矩阵 A 可以是 $A_n(\boldsymbol{\theta})$, 它的元素是随机的且依赖于 $\boldsymbol{\theta}$. 一个典型的例子就是古典的多重分布模型中极小卡方 (GEE 或 GMM 的一种) 估计 (有点像皮尔逊统计量), 这里观察数单元和期望单元数是通过一个对角矩阵进行加权, 使每一元与每一个单元估计数的平方根成反比.

如果 $A_n(\boldsymbol{\theta})$ 在离 $\boldsymbol{\theta}_0$ 较远时非常靠近于奇异, 那么, $||A_n(\boldsymbol{\theta})G_n(\boldsymbol{\theta})||$ 在 $\boldsymbol{\theta}_0$ 的邻域外也可能非常靠近于 0. 下面推论中的条件 (2) 就是通过对 $\boldsymbol{\theta}_0$ 的逆的矩阵范数假设有一个上界阻止出现这种退化. 而条件 (1) 保证 $A_n(\boldsymbol{\theta})G_n(\boldsymbol{\theta})$ 以概率收敛于 0. Pakes 和 Pollard (1989) 给出了如下一些推论.

推论 3.7 假设 $\{A_n(\boldsymbol{\theta}): \boldsymbol{\theta} \in \Theta\}$ 是一族非奇异的随机矩阵, 且

(1) $||A_n(\boldsymbol{\theta}_0)|| = O_p(1)$,

(2) $\sup\limits_{\boldsymbol{\theta}\in\Theta} ||A_n(\boldsymbol{\theta})^{-1}|| = O_p(1)$.

如果定理 3.13 中的条件 (2) 和 (3) 对 $G_n(\boldsymbol{\theta})$ 成立, 则这些条件对 $A_n(\boldsymbol{\theta})G_n(\boldsymbol{\theta})$ 也成立.

证明 由假设条件 (1) 和定理 3.13 的条件 (3), 有

$$||A_n(\boldsymbol{\theta}_0)G_n(\boldsymbol{\theta}_0)|| \leqslant ||A_n(\boldsymbol{\theta}_0)||||G_n(\boldsymbol{\theta}_0)|| = O_p(1)o_p(1) = o_p(1).$$

注意到, 对一切向量 $\boldsymbol{x}$, 有

$$||A_n(\boldsymbol{\theta})^{-1}\boldsymbol{x}|| \leqslant ||A_n(\boldsymbol{\theta})^{-1}||||\boldsymbol{x}||, \tag{3.33}$$

让

$$\boldsymbol{x} = A_n(\boldsymbol{\theta})G_n(\boldsymbol{\theta}),$$

则整理后得

$$||A_n(\boldsymbol{\theta})G_n(\boldsymbol{\theta})||^{-1} \leqslant ||A_n(\boldsymbol{\theta})^{-1}||||G_n(\boldsymbol{\theta})||^{-1}.$$

于是, 对于每一个 $\delta > 0$,

$$\sup_{||\boldsymbol{\theta}-\boldsymbol{\theta}_0||>\delta} ||A_n(\boldsymbol{\theta})G_n(\boldsymbol{\theta})||^{-1} \leqslant \sup_{\boldsymbol{\theta}\in\Theta} ||A_n(\boldsymbol{\theta})^{-1}|| \sup_{||\boldsymbol{\theta}-\boldsymbol{\theta}_0||>\delta} ||G_n(\boldsymbol{\theta})||^{-1}.$$

而上式的右边的阶数是 $O_p(1)$. □

下面的推论要求 $A_n(\boldsymbol{\theta})$ 在邻域里一致靠近某个非奇异矩阵 A.

推论 3.8 令 $\{A_n(\boldsymbol{\theta})\text{: } \boldsymbol{\theta} \in \Theta\}$ 是一族非奇异的随机矩阵, 并且存在一个非奇异, 非随机的矩阵 A, 使得

$$\sup_{||\boldsymbol{\theta}-\boldsymbol{\theta}_0||<\delta_n} ||A_n(\boldsymbol{\theta}) - A|| = o_p(1),$$

这里 $\{\delta_n\}$ 是一列收敛到 0 的正数. 如果定理 3.14 的条件 (2), (3), (4) 对 $G_n(\cdot)$ 和 $G(\cdot)$ 成立, 则当 $G_n(\boldsymbol{\theta}), G(\boldsymbol{\theta}), V, \Gamma$ 被替换成 $A_n(\boldsymbol{\theta})G_n(\boldsymbol{\theta}), AG(\boldsymbol{\theta}), AVA^\tau, A\Gamma$ 时, 这些条件仍然成立.

证明 由条件知 $A_n(\boldsymbol{\theta}_0) \xrightarrow{P} A$, $\sqrt{n}G_n(\boldsymbol{\theta}_0) \xrightarrow{\mathscr{D}} N(0, V)$, 则有 $(A_n(\boldsymbol{\theta}_0), \sqrt{n}G_n(\boldsymbol{\theta}_0)) \xrightarrow{\mathscr{D}} (A, N(0, V))$ (这个结论可由 Billingsley (1968) 中的定理 4.4 得到). 然后再由 Slutsky 定理知 $\sqrt{n}A_n(\boldsymbol{\theta}_0)G_n(\boldsymbol{\theta}_0) \xrightarrow{\mathscr{D}} N(0, AVA^\tau)$. 由 A 的非奇异性知 $AG(\boldsymbol{\theta})$ 在 $\boldsymbol{\theta}_0$ 处的导数存在.

由一致性条件可知在邻域 $\{||\boldsymbol{\theta} - \boldsymbol{\theta}_0|| < \delta_n\}$ 下一致地有

$$\begin{aligned}
&||A_n(\boldsymbol{\theta})G_n(\boldsymbol{\theta}) - AG(\boldsymbol{\theta}) - A_n(\boldsymbol{\theta}_0)G_n(\boldsymbol{\theta}_0)|| \\
\leqslant &||A_n(\boldsymbol{\theta})||||G_n(\boldsymbol{\theta}) - G(\boldsymbol{\theta}) - G_n(\boldsymbol{\theta}_0)|| + ||A_n(\boldsymbol{\theta}) - A||||G(\boldsymbol{\theta})|| \\
&+||A_n(\boldsymbol{\theta}) - A_n(\boldsymbol{\theta}_0)||||G_n(\boldsymbol{\theta}_0)|| \\
\leqslant &O_p(1)||G_n(\boldsymbol{\theta}) - G(\boldsymbol{\theta}) - G_n(\boldsymbol{\theta}_0)|| + o_p(||G(\boldsymbol{\theta})||) + o_p(1)O_p(n^{-1/2}) \\
= &o_p(n^{-1/2}) + o_p(||G_n(\boldsymbol{\theta})||) + o_p(||G(\boldsymbol{\theta})||),
\end{aligned}$$

而

$$\begin{aligned}
&n^{-1/2}+||A_nG_n(\boldsymbol{\theta})||+||AG(\boldsymbol{\theta})||\\
\geqslant &n^{-1/2}+||AG_n(\boldsymbol{\theta})||-||A_n(\boldsymbol{\theta})-A||||G_n(\boldsymbol{\theta})||+||AG(\boldsymbol{\theta})||\\
\geqslant &n^{-1/2}+[C-o_p(1)]||G_n(\boldsymbol{\theta})||+C||G(\boldsymbol{\theta})||.
\end{aligned}$$

最后一步是由 A 的非奇异性得到的. 事实上将式 (3.33) 中的 A_n 换成 A 然后令 $\boldsymbol{x}=AG(\boldsymbol{\theta})$ 就得到 $||AG(\boldsymbol{\theta})||\geqslant||A^{-1}||^{-1}||G(\boldsymbol{\theta})||$, 取 $C=||A^{-1}||^{-1}$ 即可. 由以上两式便可得出条件 (3) 成立. 其余同理可证. □

3.5　其他一些收敛定理

下面介绍几个常用的定理.

定理 3.15 (凸引理)　设 C 和 D 分别是 $\mathbf{R}^d$ 和 $\mathbf{R}^p$ 上的紧集, 且 $f(x,\boldsymbol{\theta})$ 是关于 $\boldsymbol{\theta}\in C$ 和 $x\in D$ 连续函数. 假设 $\boldsymbol{\theta}_0(x)$ 关于 $x\in D$ 是连续的且是 $f(x,\boldsymbol{\theta})$ 的唯一极大值点. 又设 $\widehat{\boldsymbol{\theta}}_n(x)\in C$ 是 $f_n(x,\boldsymbol{\theta})$ 的唯一极大值点. 如果

$$\sup_{\boldsymbol{\theta}\in C,x\in D}|f_n(x,\boldsymbol{\theta})-f(x,\boldsymbol{\theta})|\to 0,$$

则

$$\sup_{x\in D}|\widehat{\boldsymbol{\theta}}_n(x)-\boldsymbol{\theta}_0(x)|\to 0.$$

定理 3.15 的证明详见 Andersen 和 Gill (1982).

定理 3.16 (Helly-Bray 定理)　设 $\{F,F_n;n\geqslant 1\}$ 是有界不减的函数列, F_n 弱收敛到 F, g 是实值有界连续函数, 则

$$\lim_{n\to\infty}\int_{-\infty}^{\infty}g(x)\mathrm{d}F_n(x)=\int_{-\infty}^{\infty}g(x)\mathrm{d}F(x).$$

定理 3.16 的证明见 Breiman (2005) 定理 8.6.

注意到任何分布函数是有界不减的, 故对分布函数列可以使用定理 3.16.

定理 3.17 (Jennrich,1969)　设 $\mathscr{X}$ 是一个欧氏空间, 如果 Θ 是一紧集, 且 $g(x,\boldsymbol{\theta})$ 是关于 $\boldsymbol{\theta}\in\Theta$ 和 $x\in\mathscr{X}$ 有界和连续函数. 假如果 $F_1,F_2,\cdots,F_n$ 是一列收敛于 F 的分布函数, 则

$$\sup_{\boldsymbol{\theta}\in\Theta}\left|\int g(x,\boldsymbol{\theta})\mathrm{d}F_n(x)-\int g(x,\boldsymbol{\theta})\mathrm{d}F(x)\right|\to 0.$$

定理 3.17 是定理 3.11 的一种特殊情况, 证明此定理之前我们需要如下引理.

引理 3.8 设 g 是 $\mathscr{X}\times\mathscr{Y}$ 上的连续实值函数, 其中 $\mathscr{X},\mathscr{Y}$ 是欧氏空间, 若 $\mathscr{A}$ 是 $\mathscr{Y}$ 的有界子集, 则 $\sup\limits_{y\in\mathscr{A}} g(x,y)$ 是 x 的连续函数.

证明 以 $\bar{\mathscr{A}}$ 表示 $\mathscr{A}$ 的闭包, 由 $\mathscr{A}$ 有界可知 $\bar{\mathscr{A}}$ 是紧集. 再由 g 是 $\mathscr{X}\times\mathscr{Y}$ 上的连续函数知, g 在 $\mathscr{X}\times\mathscr{Y}$ 的任一紧子集上一致连续. 于是, 对任意 $x_0\in\mathscr{X}$, 任给 $\varepsilon>0$, 存在 $\delta>0$, 当 $(x,y)\in\{x\colon |x-x_0|\leqslant\delta\}\times\bar{\mathscr{A}}$ 时, 有

$$g(x_0,y)-\varepsilon<g(x,y)<g(x_0,y)+\varepsilon.$$

这就得到

$$\sup_{y\in\mathscr{A}} g(x_0,y)-\varepsilon<\sup_{y\in\mathscr{A}} g(x,y)<\sup_{y\in\mathscr{A}} g(x_0,y)+\varepsilon.$$

再由 ε 的任意性知 $\sup\limits_{y\in\mathscr{A}} g(x,y)$ 在 x_0 处连续. 而 x_0 是任意的, 故 $\sup\limits_{y\in\mathscr{A}} g(x,y)$ 在 $\mathscr{X}$ 上连续. □

定理 3.17 的证明 令 $h_n(\boldsymbol{\theta})=\int g(x,\boldsymbol{\theta})\mathrm{d}F_n(x)-\int g(x,\boldsymbol{\theta})\mathrm{d}F(x)$, 以 $\mathscr{N}$ 表示 Θ 中点 θ_0 的一个邻域, 则由 Fatou 引理得

$$\sup_{\boldsymbol{\theta}\in\mathscr{N}} h_n(\boldsymbol{\theta})\leqslant\int\sup_{\boldsymbol{\theta}\in\mathscr{N}} g(x,\boldsymbol{\theta})\mathrm{d}F_n(x)-\int\inf_{\boldsymbol{\theta}\in\mathscr{N}} g(x,\boldsymbol{\theta})\mathrm{d}F(x). \tag{3.34}$$

因为 g 是有界连续函数, 所以由上面的引理知 $\sup_{\boldsymbol{\theta}\in\mathscr{N}} g(x,\boldsymbol{\theta})$ 也是有界连续函数, 于是由 Helly-Bray 定理 (即定理 3.16) 知

$$\int\sup_{\boldsymbol{\theta}\in\mathscr{N}} g(x,\boldsymbol{\theta})\mathrm{d}F_n(x)\to\int\sup_{\boldsymbol{\theta}\in\mathscr{N}} g(x,\boldsymbol{\theta})\mathrm{d}F(x).$$

对式 (3.34) 两边取上极限得

$$\limsup_{n\to\infty}\sup_{\boldsymbol{\theta}\in\mathscr{N}} h_n(\boldsymbol{\theta})\leqslant\int[\sup_{\boldsymbol{\theta}\in\mathscr{N}} g(x,\boldsymbol{\theta})-\inf_{\boldsymbol{\theta}\in\mathscr{N}} g(x,\boldsymbol{\theta})]\mathrm{d}F(x).$$

由控制收敛定理知, 当邻域 $\mathscr{N}$ 收敛到点 $\boldsymbol{\theta}_0$ 时, 上式右边也将收敛到 0, 即对任意给定的 $\varepsilon>0$, 存在 $\boldsymbol{\theta}_0$ 的邻域 $\mathscr{N}$, 使得

$$\limsup_{n\to\infty}\sup_{\boldsymbol{\theta}\in\mathscr{N}} h_n(\boldsymbol{\theta})<\varepsilon.$$

于是，Θ 被这样的邻域所覆盖, 而 Θ 是紧的, 由有限覆盖定理知, Θ 可以被有限个这样的邻域所覆盖. 故当 n 充分大时, $h_n(\theta)<2\varepsilon$ 对任意的 $\boldsymbol{\theta}\in\Theta$ 成立, 即

$$\int g(x,\boldsymbol{\theta})\mathrm{d}F_n(x)-\int g(x,\boldsymbol{\theta})\mathrm{d}F(x)<2\varepsilon,$$

对 $-g$ 作同样的讨论可得

$$\int g(x,\boldsymbol{\theta})\mathrm{d}F_n(x)-\int g(x,\boldsymbol{\theta})\mathrm{d}F(x)>-2\varepsilon.$$

故

$$\sup_{\boldsymbol{\theta}\in\Theta}\left|\int g(x,\boldsymbol{\theta})\mathrm{d}F_n(x)-\int g(x,\boldsymbol{\theta})\mathrm{d}F(x)\right|<2\varepsilon$$

成立. □

另外, 测度论中常用的控制收敛定理, 单调收敛定理和 Fatou 引理也经常会使用, 在此不再叙述.

本章前面所介绍的极限理论都是在样本独立的条件下得到的, 但是在很多实际应用中这个条件可能不满足, 这就需要所谓的相依序列的极限理论, 包括 α- 混合相依序列的极限理论, 鞅序列的极限理论等. 有兴趣的读者可以参看林正炎和陆传荣 (1997) 及 Brown (1971) , Helland (1982) 等.

第 4 章　Delta 方法

在很多情况下, 直接求出一个函数形式统计量的精确方差或分布很困难, 因此我们可以应用近似方法. 在求这种函数估计的近似方差或分布时, 一种常用且非常有用的方法就是 Delta**方法**.

4.1　Delta 方法的思想

所谓 Delta 方法就是使用泰勒展开 $g(\theta)+g'(\theta)(T_n-\theta)+\cdots$ 来近似随机向量 $g(T_n)$, 从而获得统计量 $g(T_n)$ 的渐近性质, 特别是渐近方差和渐近分布, 这是简单而有用的逼近方法. 它可由 $T_n-\theta$ 的渐近分布来推导出 $g(T_n)-g(\theta)$ 的渐近分布.

设 T_n 是参数 θ 的估计, 但是我们感兴趣的是参数的泛函 $g(\theta)$, 其中 g 是一已知函数. 那么, 一个感兴趣的问题是如何利用统计量 T_n 的性质来获得 $g(T_n)$ 的统计性质. 由连续映射定理可知, 如果序列 T_n 依概率收敛于 θ 且 g 在 θ 是连续的, 则 $g(T_n)$ 也依概率收敛于 $g(\theta)$.

我们更感兴趣的一个问题是依分布收敛是否具有相似的结果, 且其极限分布是什么. 即如果 $\sqrt{n}(T_n-\theta)$ 依分布收敛于其极限分布, 则 $\sqrt{n}(g(T_n)-g(\theta))$ 也会收敛于相同的分布族吗? 如果 $g(\theta)$ 是可微的, 则回答是肯定的. 注意到

$$\sqrt{n}(g(T_n)-g(\theta))\cong\sqrt{n}g'(\theta)(T_n-\theta).$$

如果 $\sqrt{n}(T_n-\theta)\xrightarrow{\mathscr{D}}Z$, 其中 Z 是某一随机变量, 我们期望 $\sqrt{n}(g(T_n)-g(\theta))\xrightarrow{\mathscr{D}}g'(\theta)Z$. 特别地, 如果 $\sqrt{n}(T_n-\theta)$ 收敛于正态分布 $N(0,\sigma^2)$, 则期望 $\sqrt{n}(g(T_n)-g(\theta))$ 将会收敛于 $N(0,[g'(\theta)]^2\sigma^2)$. 甚至在更一般多元函数的情况下, 可以证明这个结论仍然成立.

设 $T_1,\cdots,T_k$ 是随机变量, 其均值或渐近均值分别为 $\theta_1,\cdots,\theta_k$. 定义估计向量 $\boldsymbol{T}=(T_1,\cdots,T_k)^\tau$ 和参数向量 $\boldsymbol{\theta}=(\theta_1,\cdots,\theta_k)^\tau$. 假设 $g(\boldsymbol{T})$(作为 $g(\boldsymbol{\theta})$ 的估计) 是可微的. 我们将给出其近似方差及其渐近分布. 定义

$$g_i'(\boldsymbol{\theta})=\left.\frac{\partial}{\partial t_i}g(\boldsymbol{t})\right|_{t_1=\theta_1,t_2=\theta_2,\cdots,t_k=\theta_k},$$

则 g 关于 $\boldsymbol{\theta}$ 的一阶泰勒展开有

$$g(\boldsymbol{t})=g(\boldsymbol{\theta})+\sum_{i=1}^k g_i'(\boldsymbol{\theta})(t_i-\theta_i)+\text{余项}.$$

在统计应用中, 可以忽略余项 (因为余项是 $(t_i-\theta_i)$ 的高阶无穷小). 记

$$g(\boldsymbol{t})\approx g(\boldsymbol{\theta})+\sum_{i=1}^{k}g_i'(\boldsymbol{\theta})(t_i-\theta_i),$$

对于随机向量 $\boldsymbol{T}$, 两边取期望得

$$E_\theta g(\boldsymbol{T})\approx g(\boldsymbol{\theta})+\sum_{i=1}^{k}g_i'(\boldsymbol{\theta})E_\theta(T_i-\theta_i)=g(\boldsymbol{\theta}). \tag{4.1}$$

现在可以得到 $g(\boldsymbol{T})$ 的近似方差

$$\begin{aligned}\mathrm{Var}_\theta(g(\boldsymbol{T}))&\approx E_\theta(g(\boldsymbol{T})-g(\boldsymbol{\theta}))^2\\&\approx E_\theta\left[\left(\sum_{i=1}^{k}g_i'(\boldsymbol{\theta})(T_i-\theta_i)\right)^2\right]\\&=\sum_{i=1}^{k}[g_i'(\boldsymbol{\theta})]^2\mathrm{Var}_\theta(T_i)+2\sum_{i<j}g_i'(\boldsymbol{\theta})g_j'(\boldsymbol{\theta})\mathrm{Cov}_\theta(T_i,T_j).\end{aligned} \tag{4.2}$$

这就是用 Delta 方法获得复杂估计量的近似方差公式, 这个公式非常有用. 由此, 我们得到下面的结果.

定理 4.1 (多元 Delta 方法)　设 $T_1(\boldsymbol{X}),T_2(\boldsymbol{X}),\cdots,T_p(\boldsymbol{X})$ 是一个随机样本 $\boldsymbol{X}=(X_1,\cdots,X_n)$ 的函数, 满足 $E(T_i)=\theta_i,\mathrm{Cov}(T_i,T_j)=\sigma_{ij},\ i,j=1,\cdots,p$, 且

$$\sqrt{n}(\boldsymbol{T}(\boldsymbol{X})-\boldsymbol{\theta})\xrightarrow{\mathscr{D}}N(0,\Sigma),$$

其中 $\boldsymbol{T}(\boldsymbol{X})=(T_1(\boldsymbol{X}),T_2(\boldsymbol{X}),\cdots,T_p(\boldsymbol{X}))^\tau$, $\Sigma=(\sigma_{ij})\ i,j=1,2,\cdots,p$. 设 $g(\cdot)$ 在给定的 $\boldsymbol{\theta}=(\theta_1,\cdots,\theta_p)^\tau$ 处是连续可微的函数 (偏导数连续), 且

$$\Sigma_g=\sum_{i=1}^{p}\sum_{j=1}^{p}\sigma_{ij}\frac{\partial g(\boldsymbol{\theta})}{\partial\theta_i}\frac{\partial g(\boldsymbol{\theta})}{\partial\theta_j}=(\nabla_\theta g(\boldsymbol{\theta}))^\tau\Sigma\nabla_\theta g(\boldsymbol{\theta}),$$

则

$$\sqrt{n}[g(T_1(\boldsymbol{X}),\cdots,T_p(\boldsymbol{X}))-g(\theta_1,\cdots,\theta_p)]\xrightarrow{\mathscr{D}}N(0,\Sigma_g).$$

其中 $\nabla_\theta g(\boldsymbol{\theta})=\dfrac{\partial g(\boldsymbol{\theta})}{\partial\boldsymbol{\theta}}$ 是 $g(\cdot)$ 在 $\boldsymbol{\theta}$ 的梯度, 且在 $\boldsymbol{\theta}$ 处取值不为 0.

推论 4.1　假设定理 4.1 的条件成立, 则 $g(T_1(\boldsymbol{X}),\cdots,T_p(\boldsymbol{X}))$ 的渐近均值和渐近方差分别是

$$E[g(T_1(\boldsymbol{X}),\cdots,T_p(\boldsymbol{X}))]\approx g(\theta_1,\cdots,\theta_p), \tag{4.3}$$

$$\mathrm{Var}[g(T_1(\boldsymbol{X}),\cdots,T_p(\boldsymbol{X}))]\approx(\nabla_\theta g(\boldsymbol{\theta}))^\tau\Sigma\nabla_\theta g(\boldsymbol{\theta})/n, \tag{4.4}$$

其中 $\approx$ 表示渐近相等. 这也就是说, 如果 $\boldsymbol{T}(\boldsymbol{X})$ 的渐近方差为 Σ/n, 那么 $\boldsymbol{T}(\boldsymbol{X})$ 的泛函统计量 $g(\boldsymbol{T}(\boldsymbol{X}))$ 的近似方差为 (4.4), 这里需要 g 在 $\boldsymbol{\theta}$ 处可微, 且其导数不为 0.

例 4.1 (均值比估计的矩) 设 X 和 Y 是两个随机变量, 分别具有非零的均值 μ_X 及 μ_Y. 要估计的参数函数是 $g(\mu_X,\mu_Y)=\mu_X/\mu_Y$. 容易计算,

$$\frac{\partial}{\partial\mu_X}g(\mu_X,\mu_Y)=\frac{1}{\mu_Y},\quad \frac{\partial}{\partial\mu_Y}g(\mu_X,\mu_Y)=-\frac{\mu_X}{\mu_Y^2}.$$

由式 (4.3) 及式 (4.4) 有 $E\left(\dfrac{X}{Y}\right)\approx\dfrac{\mu_X}{\mu_Y}$, 且

$$\begin{aligned}\mathrm{Var}\left(\frac{X}{Y}\right)&\approx\frac{1}{\mu_Y^2}\mathrm{Var}(X)+\frac{\mu_X^2}{\mu_Y^4}\mathrm{Var}(Y)-2\frac{\mu_X}{\mu_Y^3}\mathrm{Cov}(X,Y)\\&=\left(\frac{\mu_X}{\mu_Y}\right)^2\left[\frac{\mathrm{Var}(X)}{\mu_X^2}+\frac{\mathrm{Var}(Y)}{\mu_Y^2}-\frac{2\mathrm{Cov}(X,Y)}{\mu_X\mu_Y}\right].\end{aligned}$$ □

这里我们给出了均值比估计的近似均值和近似方差公式. 在以上的近似公式中, 仅需要用到 X 及 Y 的均值、方差和协方差. 这是很有用的公式.

4.2 向量估计函数 Delta 方法

以上讨论了多元函数的 Delta 方法, 实际中还有向量估计函数的情况, 即估计函数是函数向量. 更一般地, 考虑多个估计函数, 而每个函数也是多元函数的情况, 这种情况在估计方程估计中应用更加普遍. 设 $\boldsymbol{T}_n=(T_{n,1},\cdots,T_{n,k})^\tau$ 是一向量值的统计量, 如果 $\boldsymbol{g}\colon \mathbf{R}^k\mapsto\mathbf{R}^m$ 是一个给定的映射, 至少在 $\boldsymbol{\theta}$ 的邻域有定义, 即

$$\boldsymbol{g}(x_1,\cdots,x_k)=(g_1(x_1,\cdots,x_k),\cdots,g_m(x_1,\cdots,x_k))^\tau.$$

g 在 $\boldsymbol{\theta}$ 可微的充分条件是所有偏导数 $\dfrac{\partial g_j(x)}{\partial x_i}$ 存在, 且都在 $\boldsymbol{\theta}=(\theta_1,\cdots,\theta_k)^\tau$ 是连续的 (注意: 仅仅偏导数存在是不够的). 在任何一种情况下, 全导数都可以从偏导数中找到. 如果 $\boldsymbol{g}$ 是可微的, 则导数 $\nabla G=\nabla G(\boldsymbol{\theta})$ 是一个 $m\times k$ 矩阵, 其中

$$\nabla G(\boldsymbol{\theta})=\begin{pmatrix}\dfrac{\partial g_1}{\partial\theta_1}(\boldsymbol{\theta}) & \cdots & \dfrac{\partial g_1}{\partial\theta_k}(\boldsymbol{\theta})\\ \vdots & & \vdots\\ \dfrac{\partial g_m}{\partial\theta_1}(\boldsymbol{\theta}) & \cdots & \dfrac{\partial g_m}{\partial\theta_k}(\boldsymbol{\theta})\end{pmatrix}.$$

如果导数 $\nabla G(\theta)$ 在 $\boldsymbol{\theta}$ 上是连续的, 则称 $\boldsymbol{g}$ 在 $\boldsymbol{\theta}$ 处连续可微.

定理 4.2 设 $\boldsymbol{g}$ 是定义在 $\mathbf{R}^k$ 的一个子集上的函数向量映射, 且在 $\boldsymbol{\theta}$ 是可微的. 又设 $\boldsymbol{T}_n$ 是一列随机向量, 取值在 $\boldsymbol{g}$ 的定义域中. 如果 $n\to\infty$, $\sqrt{n}(\boldsymbol{T}_n-\theta)\xrightarrow{\mathscr{D}}N(0,\varSigma)$, 则

$$\sqrt{n}(\boldsymbol{g}(\boldsymbol{T}_n)-\boldsymbol{g}(\boldsymbol{\theta}))\xrightarrow{\mathscr{D}}N(0,(\nabla G)\varSigma(\nabla G)^\tau).$$

注意到, 定理 4.2 意味着 $\sqrt{n}(g(\boldsymbol{T}_n)-g(\theta))$ 与 $\sqrt{n}\nabla G\cdot(\boldsymbol{T}_n-\theta)$ 具有相同的渐近分布, 如果 $\sqrt{n}(\boldsymbol{T}_n-\theta)\xrightarrow{\mathscr{D}}Z$, 则 $\sqrt{n}(g(\boldsymbol{T}_n)-g(\theta))\xrightarrow{\mathscr{D}}\nabla G\cdot Z$.

例 4.2 有 n 个观察 $X_1,\cdots,X_n$ 且其分布的 4 阶矩存在, 记为 $\alpha_1,\cdots,\alpha_4$, 其中 $\alpha_k=EX_i^k,k=1,\cdots,4$, 则其方差估计为

$$S^2=\frac{1}{n}\sum_{i=1}^n(X_i-\overline{X})^2.$$

S^2 可以记为 $g(\overline{X},X^2)$, 其中 $g(x,y)=y-x^2$. 由中心极限定理可得

$$\sqrt{n}\left(\left(\begin{array}{c}\overline{X}\\ \overline{X^2}\end{array}\right)-\left(\begin{array}{c}\alpha_1\\ \alpha_2\end{array}\right)\right)\xrightarrow{\mathscr{D}}N_2\left(\left(\begin{array}{c}0\\ 0\end{array}\right),\left(\begin{array}{cc}\alpha_2-\alpha_1^2 & \alpha_3-\alpha_1\alpha_2\\ \alpha_3-\alpha_1\alpha_2 & \alpha_4-\alpha_2^2\end{array}\right)\right).$$

注意到, g 在 $\boldsymbol{\theta}=(\alpha_1,\alpha_2)^\tau$ 是可微的, 其导数是 $g'_\theta=(-2\alpha_1,1)$. 设 $(T_1,T_2)^\tau$ 服从上式右边的正态分布, 则

$$\sqrt{n}(g(\overline{X},\overline{X^2})-g(\alpha_1,\alpha_2))\xrightarrow{\mathscr{D}}-2\alpha_1T_1+T_2.$$

上式右边的随机变量服从正态分布, 其均值为 0, 方差可以由 $\alpha_1,\cdots,\alpha_4$ 表示出来, 即 T_1 的方差为 $\alpha_2-\alpha_1^2$, T_2 的方差为 $\alpha_4-\alpha_2^2$, T_1 与 T_2 的协方差为 $\alpha_3-\alpha_1\alpha_2$, 则当 $\alpha_1=0$ 时, $-2\alpha_1T_1+T_2$ 的方差是 $\alpha_4-\alpha_2^2$. 当均值 α_1 不为 0 时, 通过变换 $Y_i=X_i-\alpha_1$ 就可以把一般情况转化为上述特殊情况来处理. 记 $\mu_k=EY_i^k,k=1,\cdots,4$, 注意到 $S^2=g(\overline{Y},\overline{Y^2})$, 且 $g(\mu_1,\mu_2)=\mu_2$ 是原来观察的方差, 我们得到

$$\sqrt{n}(S^2-\mu_2)\xrightarrow{\mathscr{D}}N(0,\mu_4-\mu_2^2).$$

□

现在我们来考虑一个多项分布的例子. 设进行 n 次独立重复试验, 每次试验有 k 种可能的试验结果. 令 p_j 表示出现第 j 个结果的概率, 且 $\sum\limits_{j=1}^k p_j=1$. 设 n_j 表示 n 次试验中结果 j 出现的次数, 则 $(n_1,n_2,\cdots,n_k)^\tau$ 服从多项分布, 此时 $\sum\limits_{j=1}^k n_j=n$. 显然可以用频率 $\dfrac{n_j}{n}$ 估计 p_j. 令 $\boldsymbol{\delta}_i=(0,\cdots,0,1,0,\cdots,0)^\tau$ 是 $k\times1$ 向量, 其第 i 个元取值为 1. 它表示第 i 次试验的结果. 若试验结果为 j, 则 $\boldsymbol{\delta}_j$ 中仅第 j 个元素

为 1, 其余为 0. $\boldsymbol{B}=\frac{1}{n}\sum_{i=1}^{n}\boldsymbol{\delta}_i$ 是独立同分布的随机向量之和. 由中心极限定理知

$$\sqrt{n}\left(\frac{\sum_{i=1}^{n}\boldsymbol{\delta}_i}{n}-\boldsymbol{p}\right)\xrightarrow{\mathscr{D}}N(0,\Sigma), \tag{4.5}$$

其中 $\boldsymbol{p}=(p_1,\cdots,p_k)^\tau$ 和 $\Sigma=(\sigma_{ij})_{k\times k}$,

$$\sigma_{ij}=\begin{cases}p_j(1-p_j), & i=j,\\ -p_ip_j, & i\neq j.\end{cases}$$

我们可以应用 Delta 方法求得有关参数 $(p_1,\cdots,p_k)^\tau$ 的不同参数组合的渐近方差. 注意到, 对于任何一个向量 $\boldsymbol{\alpha}=(\alpha_1,\cdots,\alpha_k)^\tau$, 有

$$\sqrt{n}(\boldsymbol{\alpha}^\tau\boldsymbol{B}-\boldsymbol{\alpha}^\tau\boldsymbol{p})\xrightarrow{\mathscr{D}}N(0,\sigma_\alpha^2),$$

其中 $\sigma_\alpha^2=\sum_{j=1}^{k}p_j\alpha_j^2-\left(\sum_{j=1}^{k}p_j\alpha_j\right)^2$. 选取不同的 $\boldsymbol{\alpha}$, 便可得到有关 $(p_1,\cdots,p_k)^\tau$ 感兴趣组合的参数估计. 比如, 对参数组合 $p_1-(p_2+p_3)$, 可以选取 $\boldsymbol{\alpha}=(1,-1,-1,0,\cdots,0)^\tau$. 如果我们感兴趣的参数 $\boldsymbol{\theta}=(\theta_1,\cdots,\theta_q)^\tau$ 是 $(p_1,\cdots,p_k)^\tau$ 的一个连续函数, 比如, $\boldsymbol{\theta}=\boldsymbol{g}(p_1,\cdots,p_k)$, 其中 $\boldsymbol{g}$ 是一光滑函数, 则由 Delta 方法便可获得估计 $\widehat{\boldsymbol{\theta}}$ 的渐近方差. 下面看一个具体的例子.

例 4.3 假设试验结果有三种可能, 分别记为 1,2,3, 其出现的概率分别为

$$p_1=\theta^2,\quad p_2=2\theta(1-\theta),\quad p_3=(1-\theta)^2,$$

其中 $0<\theta<1$, 这是著名的 Hardy-Weinberg模型. 这里将 θ 表示为 p_1,p_2,p_3 的函数并不唯一, 因此可以构造出参数 θ 的很多估计. 比如,

$$\theta=p_1+p_2/2,\quad \theta=\sqrt{p_1},\quad \theta=1-\sqrt{p_3},\quad \theta=\frac{1}{3}[1+p_1+p_2/2+\sqrt{p_1}-\sqrt{p_3}],$$

等等. 由 p_1 和 p_2 的估计 $\widehat{p}_1$ 和 $\widehat{p}_2$ 便可得到 θ 的估计. 这也是矩限制条件个数多于参数维数的例子. 当然一个最好的估计应当是极大似然估计. 记 n_i 为 n 次试验中结果 i 出现的次数, $i=1,2,3$, 则 $(n_1,n_2,n_3)^\tau$ 服从多项分布 $M(n,p_1,p_2,p_3)$, 此时似然函数是

$$\begin{aligned}L(n_1,n_2,n_3,\theta)&=p_1^{n_1}p_2^{n_2}p_3^{n_3}=\theta^{2n_1}[2\theta(1-\theta)]^{n_2}(1-\theta)^{2n_3}\\&=2^{n_2}\theta^{2n_1+n_2}(1-\theta)^{n_2+2n_3}.\end{aligned} \tag{4.6}$$

容易获得 θ 的极大似然估计为

$$\widehat{\theta}_0 = \frac{2n_1 + n_2}{2n}.$$

除了极大似然估计, 至少还有两个合理的估计, 分别是

$$\widehat{\theta}_1 = \sqrt{\frac{n_1}{n}}, \quad \widehat{\theta}_2 = 1 - \sqrt{\frac{n_3}{n}},$$

(这两个估计是由 p_1 和 p_3 的表达式获得) 注意到, 由中心极限定理及 Delta 方法, 对于 $\theta = g(p_1, p_2, p_3)$, 有

$$\sqrt{n}\left[g\left(\frac{n_1}{n}, \frac{n_2}{n}, \frac{n_3}{n}\right) - \theta\right] \xrightarrow{\mathscr{D}} N(0, \sigma_g^2), \tag{4.7}$$

其中

$$\sigma_g^2 = \sum_{i=1}^{3}\sum_{j=1}^{3}\frac{\partial g}{\partial p_i}\frac{\partial g}{\partial p_j}\sigma_{ij} = \sum_{j=1}^{3} p_j\left(\frac{\partial g}{\partial p_j}\right)^2 - \left(\sum_{j=1}^{3} p_j \frac{\partial g}{\partial p_j}\right)^2.$$

因此, 我们可以容易地获得三个估计的渐近方差, 只需令

$$g_0(x, y, z) = x + y/2, \quad g_1(x, y, z) = \sqrt{x}, \quad g_2(x, y, z) = 1 - \sqrt{z}.$$

就可分别获得 $\widehat{\theta}_0$, $\widehat{\theta}_1$,$\widehat{\theta}_2$ 的渐近方差. 比如, 对极大似然估计 $\widehat{\theta}_0$ 而言, 有

$$\sigma_0^2 = (p_1 + p_2/4) - (p_1 + p_2/2)^2 = \theta^2 + \theta(1-\theta)/2 - \theta^2 = \theta(1-\theta)/2.$$

对其余估计分别有

$$\begin{aligned}
\sigma_1^2 &= p_1(2\sqrt{p_1})^{-2} - (p_1/(2\sqrt{p_1}))^2 = (1 - p_1)/4 = (1-\theta^2)/4, \\
\sigma_2^2 &= p_3(2\sqrt{p_3})^{-2} - (p_3/(2\sqrt{p_3}))^2 = (1 - p_3)/4 = [1 - (1-\theta)^2]/4.
\end{aligned}$$

由式 (4.7), 立得

$$\sqrt{n}(\widehat{\theta}_i - \theta) \xrightarrow{\mathscr{D}} N(0, \sigma_i^2), \quad i = 0, 1, 2.$$

□

例 4.4 (变异系数) 通常称标准差与均值之比为一个总体的变异系数, 即 $V = \sqrt{\sigma^2}/E(X)$, 用来衡量总体的变化程度. 样本 $X_1, \cdots, X_n$ 的变异系数 (即总体变异系数的估计) 是

$$V_n = \frac{\sqrt{n^{-1}\sum_{i=1}^{n}(X_i - \overline{X})^2}}{\left(n^{-1}\sum_{i=1}^{n} X_i\right)}.$$

因为变异系数可记为 $V=(\alpha_2-\alpha_1^2)^{1/2}/\alpha_1$, 故取函数 $g(x,y)=(y-x^2)^{1/2}/x$. 注意到

$$\left.\frac{\partial g(x,y)}{\partial x}\right|_{(\alpha_1,\alpha_2)}=-\frac{1}{(\alpha_2-\alpha_1^2)^{1/2}}-\frac{(\alpha_2-\alpha_1^2)^{1/2}}{\alpha_1^2},$$
$$\left.\frac{\partial g(x,y)}{\partial y}\right|_{(\alpha_1,\alpha_2)}=\frac{1}{2\alpha_1(\alpha_2-\alpha_1^2)^{1/2}}.$$

而由定理 4.1 及例 4.2 中的渐近正态性, 可知

$$\sqrt{n}(V_n-V)\xrightarrow{\mathscr{D}}N(0,\sigma_g^2),$$

其中渐近方差是

$$\sigma_g^2=1+\frac{2(\alpha_2-\alpha_1^2)}{\alpha_1^2}-\frac{\alpha_3-\alpha_1\alpha_2}{(\alpha_2-\alpha_1^2)\alpha_1}+\frac{(\alpha_2-\alpha_1^2)^2}{\alpha_1^4}-\frac{\alpha_3-\alpha_1\alpha_2}{\alpha_1^3}+\frac{\alpha_4-\alpha_2^2}{4\alpha_1^2(\alpha_2-\alpha_1^2)}.$$

当总体是正态分布 $N(\mu,\sigma^2)$ 时, $\sigma_g^2=\sigma^2(\mu^2+2\sigma^2)/(2\mu^4)$. □

4.3 相关研究及扩展

Delta 方法在求已知函数形式的估计 $h(\widehat{\theta})$ 的渐近方差和渐近分布时很有用. 如果 $h(\widehat{\theta})$ 的函数形式复杂, 想直接获得其分布通常情况下是困难的, 当 $h(\cdot)$ 有一定的光滑性时, Delta 方法是一种强有力的方法. 事实上, 在寻找估计方程估计的渐近方差时, 经常使用这种方法. 在通常的教科书里并没有单独地列出 Delta 方法, 以致在实际使用时即便使用了这种方法也只是认为是应用泰勒展开的近似结果. 当然 Delta 方法的本质思想是泰勒展开的结果, 但是, 如果能单独地理解 Delta 方法, 那么对更复杂的估计函数应用 Delta 方法使人更一目了然. Van der Vaart (2000) 书中使用一章单独介绍这种方法, 在一些数理统计和生物统计的书中有一些章节提到, 例如, 陈希孺 (1997), 茆诗松, 王静龙和濮晓龙 (1998) 等也进行了简单的介绍, 但没有对这种方法给出足够的重视. 因此, 在本章对 Delta 方法给出一个较详细的叙述.

事实上, 本书许多地方都应用了 Delta 方法的思想, 估计方程估计或极值目标函数估计等中的三明治方差其实就是 Delta 方法中的多元方法结果 (见定理 4.1), 更多的应用参见后面的章节.

第 5 章　矩估计与极大似然

5.1 矩 估 计

矩估计是一种古老而有活力的统计估计方法. 矩估计像极大似然估计一样, 不但在估计理论中具有重要的作用, 而且, 就是在目前的现代统计方法中仍然占有极重要的地位. 对于简单样本的矩估计, 通常是无偏估计, 比如, 样本均值对总体均值的估计, 这是无偏估计. 但是对于大多数情况, 矩估计通常是有偏的, 而在大样本下是无偏的, 即是渐近无偏估计. 因此, 对矩估计的讨论更多偏向于在大样本情况下进行.

设 $X_1, X_2, \cdots, X_n$ 是来自于某一总体的一个简单随机样本, 记 α_r 为总体的 r 阶**原点矩**(简称为 r 阶矩), $\widehat{\alpha}_r$ 为样本 $X_1, X_2, \cdots, X_n$ 的 r 阶样本原点矩, 即

$$\alpha_r = EX_1^r, \quad \widehat{\alpha}_r = \frac{1}{n}\sum_{i=1}^n X_i^r.$$

同样地, 我们也可定义各阶**中心矩**如下

$$\mu_r = E(X_1 - EX_1)^r, \quad \widehat{\mu}_r = \frac{1}{n}\sum_{i=1}^n (X_i - \overline{X})^r.$$

在独立同分布的情况下, 由期望的可加性知 $\widehat{\alpha}_r$ 是 α_r 的无偏估计, 但 $\widehat{\mu}_r$ 通常不是 μ_r 的无偏估计, 这是因为 $r > 1$ 时, $\widehat{\mu}_r$ 是 $\overline{X}$ 的非线性函数. 由大数定律和连续映射定理可知, $\widehat{\mu}_r$ 是 μ_r 的渐近无偏估计.

在存在更高阶矩的条件下, 独立同分布样本的矩函数是服从正态分布的. 例如, 考虑 $\widehat{\alpha}_i$ 的渐近分布, 根据第 3 章中心极限定理 3.7, 只要 α_{2i} 存在, 此时就有

$$\sqrt{n}(\widehat{\alpha}_i - \alpha_i) \xrightarrow{\mathscr{D}} N(0, \nu^2),$$

其中 $\nu^2 = \alpha_{2i} - \alpha_i^2$. 更一般的结果见下面的定理 5.1.

定理 5.1　假设 $X_1, X_2, \cdots, X_n$ 是一独立同分布样本, $E|X|^{2k} < \infty$. 又设 k 维参数向量 $\boldsymbol{\theta} = (\alpha_1, \alpha_2, \cdots, \alpha_k)^\tau$ 是感兴趣的参数, 则矩估计 $\widehat{\boldsymbol{\theta}} = (\widehat{\alpha}_1, \widehat{\alpha}_2, \cdots, \widehat{\alpha}_k)^\tau$ 是相合的, 且是渐近正态的, 即

$$\sqrt{n}(\widehat{\boldsymbol{\theta}} - \boldsymbol{\theta}) \xrightarrow{\mathscr{D}} N(0, \Sigma),$$

其中 Σ 是一个 $k \times k$ 阶矩阵, 其 (i, j) 元素是 $\alpha_{i+j} - \alpha_i\alpha_j$.

定理 5.1 的证明 由定理的假设 X 有 $2k$ 阶矩存在, 因此, 由第 3 章的推论 3.1 知, $\widehat{\boldsymbol{\theta}}$ 是 $\boldsymbol{\theta}$ 的相合估计. 由定理 3.5 可获证 $\widehat{\boldsymbol{\theta}}$ 是 $\boldsymbol{\theta}$ 的强相合估计. 注意到

$$\begin{aligned}\operatorname{Cov}(\widehat{\alpha}_i,\widehat{\alpha}_j) &= E(\widehat{\alpha}_i\widehat{\alpha}_j) - E(\widehat{\alpha}_i)E(\widehat{\alpha}_j)\\ &= \frac{1}{n^2}[n\alpha_{i+j} + n(n-1)\alpha_i\alpha_j] - \alpha_i\alpha_j\\ &= \frac{1}{n}(\alpha_{i+j} - \alpha_i\alpha_j).\end{aligned} \tag{5.1}$$

因此根据第 3 章中心极限定理 3.7 可获得, 对于任意 k 维向量 ϱ 有

$$\sqrt{n}(\varrho^\tau\widehat{\boldsymbol{\theta}} - \varrho^\tau\boldsymbol{\theta}) \xrightarrow{\mathscr{D}} N(0, \varrho^\tau \Sigma\varrho)$$

成立, 其中 $n^{-1}\Sigma$ 的 (i,j) 元素满足式 (5.1), 即满足定理的要求. □

如果参数 θ 表示为总体前 k 阶矩的函数, 而此函数是已知的, 即

$$\theta = g(\alpha_1, \cdots, \alpha_k),$$

则可以用

$$\widehat{\theta} = g(\widehat{\alpha}_1, \cdots, \widehat{\alpha}_k)$$

来估计参数 θ. 估计 $\widehat{\theta}$ 称为参数 θ 的**矩估计**. 由于参数 θ 是矩的显式函数, 因此, 矩估计 $\widehat{\theta}$ 容易给出. 在这里通常要求已知的函数 g 是连续的. 连续性可以保证矩估计是相合的. 如果还是连续可微的, 则可以保证矩估计是渐近正态的. 但这些条件是非必需的, 比如, 分位数估计. 另外, 寻找矩估计的一个简单方法也由总体矩的表达式通过样本类似获得.

另外一种情况是, 在寻找矩估计时, 不能像上面那样得到显式表达式, 此时需要通过求解方程才能获得矩估计. 例如, 如果某一分布由两个参数 θ_1, θ_2 决定, 我们可以通过均值函数矩估计和二阶矩估计求得这两个参数的估计. 设 $X_1, X_2, \cdots, X_n$ 是独立同分布的简单随机样本, 来自总体 P_θ, 其中参数 $\boldsymbol{\theta} = (\alpha, \sigma^2)$, $\alpha = EX_1$ 和 $\sigma^2 = \operatorname{Var}(X_1) > 0$. 符合这种情况的包含正态分布、双指数分布、logistic 分布族等. 可以通过求解下列方程得到参数 θ_1, θ_2 的矩估计

$$E_\theta(X) = \frac{1}{n}\sum_{i=1}^n X_i = \overline{X}, \quad E_\theta(X^2) = \frac{1}{n}\sum_{i=1}^n X_i^2,$$

这里通常要求 $E_\theta(X)$ 和 $E_\theta(X^2)$ 有显式表达式. 在这里矩估计的思想就是令总体的均值应当等于样本均值, 总体的二阶矩 (方差) 也等于样本的二阶矩 (方差).

例 5.1 设 $X_1, X_2, \cdots, X_n$ 是独立同分布的一个简单随机样本, 来自二项分布总体 $B(k,p)$, 其中未知参数 $k \in \{1, 2, \cdots\}$ 和 $p \in (0,1)$. 求 p 和 k 的矩估计.

解 由二项分布性质知

$$EX_1 = kp,$$

和

$$EX_1^2 = kp(1-p) + k^2p^2,$$

我们得到如下的估计

$$\widehat{p} = (\widehat{\alpha}_1 + \widehat{\alpha}_1^2 - \widehat{\alpha}_2)/\widehat{\alpha}_1 = 1 - \frac{n-1}{n} S^2/\overline{X},$$
$$\widehat{k} = \widehat{\alpha}_1/(\widehat{\alpha}_1 + \widehat{\alpha}_1^2 - \widehat{\alpha}_2) = \overline{X}\Big/\left(1 - \frac{n-1}{n} S^2/\overline{X}\right).$$

其中估计 $\widehat{p}$ 为 $(0,1)$, 但 $\widehat{k}$ 可能不是整数, 可以通过小数进位进行修正.

现在来归纳寻找矩估计的一般方法. 通常, 如果某一总体分布由 r 个参数 $\boldsymbol{\theta} = (\theta_1, \cdots, \theta_r)$ 所决定, 可以解 r 个矩方程获得这些参数的估计. 例如,

$$\alpha_j = h_j(\boldsymbol{\theta}), \quad j = 1, 2, \cdots, r, \tag{5.2}$$

其中 $h = (EX, \cdots, EX^r)^\tau$ 是 r 维已知函数. 用样本矩估计 $\widehat{\alpha}_j$ 代替式 (5.2) 中的 α_j, 我们获得 $\boldsymbol{\theta}$ 的一个矩估计 $\widehat{\boldsymbol{\theta}}$, 它满足以下等式

$$\widehat{\alpha}_j = h_j(\widehat{\boldsymbol{\theta}}), \quad j = 1, 2, \cdots, r.$$

上式称为式 (5.2) 的*样本类似*. 这种方法称为*矩方法*. 统计上一个重要原则就是替代原则, 而矩方法就是应用了此原则. 设 $\widehat{\boldsymbol{\alpha}} = (\widehat{\alpha}_1, \cdots, \widehat{\alpha}_r)$ 和 $\boldsymbol{h} = (h_1, \cdots, h_r)$, 则 $\widehat{\boldsymbol{\alpha}} = \boldsymbol{h}(\widehat{\boldsymbol{\theta}})$. 如果函数 $\boldsymbol{h}$ 存在逆函数 $\boldsymbol{h}^{-1}$, 则 $\boldsymbol{\theta}$ 的唯一矩估计就是 $\widehat{\boldsymbol{\theta}} = \boldsymbol{h}^{-1}(\widehat{\boldsymbol{\alpha}})$.

当逆函数 $\boldsymbol{h}^{-1}$ 不存在时 (即 $\boldsymbol{h}$ 不是一一对应的), 则 $\widehat{\boldsymbol{\theta}} = \boldsymbol{h}^{-1}(\widehat{\boldsymbol{\alpha}})$ 的任何解都是 $\widehat{\boldsymbol{\theta}}$ 的一个矩估计. 如果可能, 我们总是在参数空间 Θ 中选择一个解 $\widehat{\boldsymbol{\theta}}$, 但此时的解 $\widehat{\boldsymbol{\theta}}$ 未必是 $\boldsymbol{\theta}$ 的相合估计, 需要判断. 而在某些情况下可能不存在矩估计. 比如, 柯西分布的参数, 因为其总体矩不存在, 则矩估计方法不能用.

假设对于某个函数 $\boldsymbol{g}$,$\widehat{\boldsymbol{\theta}} = g(\widehat{\boldsymbol{\alpha}})$ 成立, 如果 $\boldsymbol{h}^{-1}$ 存在, 则 $\boldsymbol{g} = \boldsymbol{h}^{-1}$. 如果 $\boldsymbol{h}$ 不存在显式解, 通常需要应用数学分析中的隐函数定理. 如果 $\boldsymbol{g}$ 在 $\boldsymbol{v} = (\alpha_1, \cdots, \alpha_r)$ 是连续的, 则 $\widehat{\boldsymbol{\theta}}$ 是 $\boldsymbol{\theta}$ 的渐近强相合估计. 这是因为由强大数定律, 有 $\widehat{\alpha}_j \xrightarrow{\text{a.s.}} \alpha_j$, 且 $\boldsymbol{g}$ 在 $\boldsymbol{v} = (\alpha_1, \cdots, \alpha_r)$ 是连续的, 则由定理 3.10 可得 $\widehat{\boldsymbol{\theta}}$ 是 $\boldsymbol{\theta}$ 的渐近强相合估计.

如果 $\boldsymbol{g}$ 在 $\boldsymbol{v} = (\alpha_1, \cdots, \alpha_r)$ 是连续可微的, 且 $E|X|^{2r} < \infty$, 则由中心极限定理和 Delta 方法可知, $\widehat{\boldsymbol{\theta}}$ 是渐近正态估计, 且

$$\text{Var}(\widehat{\boldsymbol{\theta}}) = n^{-1} \nabla \boldsymbol{g}(\boldsymbol{v}) V_{\boldsymbol{v}} [\nabla \boldsymbol{g}(\boldsymbol{v})]^\tau,$$

其中 $V_{\boldsymbol{v}}$ 是 $r\times r$ 阶矩阵, 其 (i,j) 元素是 $\alpha_{i+j}-\alpha_i\alpha_j$. 更进一步, $\widehat{\boldsymbol{\theta}}$ 的二阶渐近偏差是

$$(2n)^{-1}\mathrm{tr}(\nabla \boldsymbol{g}(\boldsymbol{v})V_v[\nabla \boldsymbol{g}(\boldsymbol{v})]^\tau).$$

这些结果将在下面两个定理中正式给出.

定理 5.2 设 $X_1,X_2,\cdots,X_n$ 是一独立同分布样本, $E|X|^r<\infty$. 记 $\theta=g(\alpha_1,\alpha_2,\cdots,\alpha_r)$ 是感兴趣的参数, 如果 $g(\cdot)$ 是连续函数, 则矩估计 $\widehat{\theta}=g(\widehat{\alpha}_1,\widehat{\alpha}_2,\cdots,\widehat{\alpha}_r)$ 是 θ 的相合估计.

证明 由样本矩的性质 (其理论基础是大数定律) 知, $\widehat{\alpha}_i$ 是 α_i $(i=1,2,\cdots,r)$ 的相合估计, 因为 $g(\cdot)$ 是连续函数, 由定理 3.10 可得此定理结论. □

例 5.2 设 $X_1,X_2,\cdots,X_n$ 是独立同分布的一个简单随机样本, 来自均匀分布 $U(\theta_1,\theta_2)$, 其中参数 $\boldsymbol{\theta}=(\theta_1,\theta_2)$, $-\infty<\theta_1<\theta_2<\infty$. 求 $\boldsymbol{\theta}$ 的矩估计.

解 注意到,

$$EX_1=(\theta_1+\theta_2)/2,\quad EX_1^2=(\theta_1^2+\theta_2^2+\theta_1\theta_2)/3.$$

故 $\mathrm{Var}(X_1)=\dfrac{(\theta_1-\theta_2)^2}{12}$. 设 $\widehat{\alpha}_1=\overline{X}$, $\widehat{\alpha}_2=\overline{X^2}$, 因此, 有如下方程

$$\begin{aligned}\widehat{\alpha}_1&=(\theta_1+\theta_2)/2,\\ \widehat{\alpha}_2&=(\theta_1^2+\theta_2^2+\theta_1\theta_2)/3.\end{aligned}$$

解此方程得

$$\begin{aligned}\widehat{\theta}_1&=\widehat{\alpha}_1-\sqrt{3(\widehat{\alpha}_2-\widehat{\alpha}_1^2)}=\bar{X}-\sqrt{\frac{3(n-1)}{n}S^2},\\ \widehat{\theta}_2&=\widehat{\alpha}_1+\sqrt{3(\widehat{\alpha}_2-\widehat{\alpha}_1^2)}=\bar{X}+\sqrt{\frac{3(n-1)}{n}S^2},\end{aligned}$$

其中

$$S^2=\frac{1}{n-1}\sum_{i=1}^n(X_i-\overline{X})^2,$$

然而这个估计不是充分统计量 $(X_{(1)},X_{(n)})$ 的函数, 但可证明 $\widehat{\theta}_1\xrightarrow{P}\theta_1$ 和 $\widehat{\theta}_2\xrightarrow{P}\theta_2$, 即它们是相合估计.

定理 5.3 设 $X_1,X_2,\cdots,X_n$ 是一独立同分布样本, $E|X|^{2r}<\infty$. 又设 r 维参数向量 $\boldsymbol{\theta}=\boldsymbol{g}(\alpha_1,\alpha_2,\cdots,\alpha_r)$ 是感兴趣的参数, 其中 $\boldsymbol{g}(\cdot)$ 是一 p 维函数向量且它的每一个函数元关于其变量是连续可导的, 记 $G=\nabla_\alpha \boldsymbol{g}(\boldsymbol{\alpha})=\dfrac{\partial \boldsymbol{g}}{\partial \boldsymbol{\alpha}}=(\partial g_i/\partial\alpha_j)_{p\times r}$, 则矩估计 $\widehat{\theta}=\boldsymbol{g}(\widehat{\alpha}_1,\widehat{\alpha}_2,\cdots,\widehat{\alpha}_r)$ 是渐近正态的, 即

$$\sqrt{n}(\widehat{\boldsymbol{\theta}}-\boldsymbol{\theta})\xrightarrow{\mathscr{D}}N(0,G\Sigma G^\tau),$$

其中 Σ 是一个 $r \times r$ 阶矩阵, 其 (i,j) 元素是 $\alpha_{i+j} - \alpha_i\alpha_j$.

证明　由 Delta 方法中定理 4.2 即可证明此定理. □

事实上, 矩估计也能在非参数问题中应用. 例如, 考虑中心矩估计

$$\mu_j = E(X_1 - \alpha_1)^j, \quad j = 2, 3, \cdots, k.$$

因为

$$\mu_j = \sum_{i=0}^{j} \binom{j}{i} (-\alpha_1)^i \alpha_{j-i},$$

则 μ_j 的矩估计是

$$\widehat{\mu}_j = \sum_{i=0}^{j} \binom{j}{i} (-\overline{X})^i \widehat{\alpha}_{j-i},$$

其中 $\widehat{\alpha}_0 = 1$. 可以证明 (留作练习), 上式就是样本中心矩,

$$\widehat{\mu}_j = \frac{1}{n}\sum_{i=0}^{n}(X_i - \overline{X})^j, \quad j = 2, 3, \cdots, k$$

就是样本中心矩.

由强大数定律可知, $\widehat{\mu}_j$ 是强相合估计. 如果 $E|X_1|^{2k} < \infty$, 则

$$\sqrt{n}(\widehat{\mu}_2 - \mu_2, \cdots, \widehat{\mu}_k - \mu_k) \xrightarrow{\mathscr{D}} N(0, D),$$

其中 D 是 $(k-1) \times (k-1)$ 阶渐近方差阵, 其 (i,j) 元是

$$\mu_{i+j+2} - \mu_{i+1}\mu_{j+1} - (i+1)\mu_i\mu_{j+2} - (j+1)\mu_{i+2}\mu_j + (i+1)(j+1)\mu_i\mu_j\mu_2,$$

其中 $i, j = 1, 2, \cdots, k-1$.

例 5.3 (斜度)　样本 $X_1, \cdots, X_n$ 的斜度(即总体的斜度估计, 为了方便, 这里斜度没有减 3) 是

$$l_n = \frac{n^{-1}\sum_{i=1}^{n}(X_i - \overline{X})^3}{\left(n^{-1}\sum_{i=1}^{n}(X_i - \overline{X})^2\right)^{3/2}}.$$

由大数定律和 Slutsky 定理, 很容易证明这个斜度估计依概率收敛于总体的斜度 $\lambda = \mu_3/\sigma^3$(其中 μ_3 是总体的三阶中心距, σ 是总体标准差). 这里 l_n 可以看成是 λ 的矩估计. 对称分布的斜度是 0, 比如, 正态分布. 因此, 样本的斜度可以用来检验总体分布是否对称. 应用大样本性质, 临界值可以由 (渐近) 正态分布来确定. 因此, 推导出精确的渐近分布是进行检验的关键.

样本斜度可以表示为函数 $g(\overline{X},\overline{X^2},\overline{X^3})$, 其中

$$g(a,b,c)=\frac{c-3ab+2a^3}{(b-a^2)^{3/2}}.$$

不难获得, 如果总体分布的 6 阶矩存在, 即 $EX^6<\infty$, 则序列 $\sqrt{n}(\overline{X}-\alpha_1,\overline{X^2}-\alpha_2,\overline{X^3}-\alpha_3)$ 是渐近正态的, 该极限分布的均值是 0, 方差可以由下面的方法来求得. 函数 g 在点 $(\alpha_1,\alpha_2,\alpha_3)$ 处是可微的, 因而可以应用 Delta 方法. 为了简单, 记 $Y_i=(X_i-\alpha_1)/\sigma$, 则样本的斜度可以变为 $g(\overline{Y},\overline{Y^2},\overline{Y^3})$. 记 $\lambda=\mu_3/\sigma^3$ 表示总体的斜度, 则有

$$\sqrt{n}\begin{pmatrix}\overline{Y}\\ \overline{Y^2}-1\\ \overline{Y^3}-\lambda\end{pmatrix}\xrightarrow{\mathscr{D}}N\left(\mathbf{0},\begin{pmatrix}1&\lambda&\kappa+3\\ \lambda&\kappa+2&\mu_5/\sigma^5-\lambda\\ \kappa+3&\mu_5/\sigma^5-\lambda&\mu_6/\sigma^6-\lambda^2\end{pmatrix}\right),$$

其中 $\kappa=\dfrac{\mu_4}{\sigma^4}-3$ 为总体的峰度. 函数 g 在点 $(0,1,\lambda)$ 处的导数是 $(-3,-3\lambda/2,1)$. 所以, 如果 $\boldsymbol{T}=(T_1,T_2,T_3)^\tau$ 表示上式右端的正态分布, 则 $\sqrt{n}(l_n-\lambda)$ 服从渐近正态分布, 其均值是 0, 方差是 $\mathrm{Var}(-3T_1-3\lambda T_2/2+T_3)$, 可以写出此方差的具体形式, 但有些烦琐. 如果总体分布是正态的, 则有 $\lambda=\alpha_5=0$, $\kappa=0$ 和 $\mu_6/\sigma^6=15$. 在这种情况下, 样本斜度的渐近正态分布为 $N(0,6)$. 对于此正态分布的一个给定置信水平 α, 如果 $\sqrt{n}|l_n|>\sqrt{6}z_{\alpha/2}$($z_\alpha$ 为标准正态分布的临界值), 样本斜度检验可能拒绝原假设 H_0: $\lambda=0$. 表 5.1 给出对应于不同样本容量 n 时这个检验的水平.

表 5.1　在总体是正态分布的原假设下，检验的置信水平

(即 $\sqrt{n}|l_n|$ 超过 0.975 的标准正态分布临界值的概率)

n	置信水平
10	0.02
20	0.03
30	0.03
50	0.05

以上讨论的都是矩估计能够有显式表达时给出的收敛性, 事实上在很多情况下, 矩估计不存在显式解, 那么上面的定理就不能用了. 现在来考虑矩估计没有显式解的情形. 对于一般形式的矩函数 $g(\alpha_1,\alpha_2,\cdots,\alpha_p,\theta)$, 感兴趣的是参数 θ. 假设这个函数满足 $g(\alpha_1,\alpha_2,\cdots,\alpha_p,\theta)=0$, 其相应的矩估计就是求解方程 $g(\widehat{\alpha}_1,\widehat{\alpha}_2,\cdots,\widehat{\alpha}_p,\theta)=0$ 的根 $\widehat{\theta}$, 其中 $g(\cdot,\cdots,\cdot)$ 是一个已知的光滑函数, 且 $\widehat{\alpha}_i$ 是 α_i 的矩估计. 严格地说, 此处的矩估计 $\widehat{\theta}$ 已不是通常意义下的矩估计了, 可以看成*估计方程估计*也称 GMM 估计. 因此可以将其近似地看成估计方程估计的一种特殊情况. 在第 1 章的

绪论中我们已经简单讨论过此种情况, 下面定理是更一般的情况. 这个定理中的方程的变元是基于矩的函数.

定理 5.4 设 $X_1, X_2, \cdots, X_n$ 是一独立同分布样本, $E|X|^{2r} < \infty$. 假设 p 维函数向量 $\boldsymbol{g}(\alpha_1, \alpha_2, \cdots, \alpha_r, \boldsymbol{\theta})$ 是连续的, 且 $\boldsymbol{\theta} = (\theta_1, \theta_2, \cdots, \theta_q)^\tau$ 是感兴趣的 q 维参数 $(p \geqslant q)$, 在唯一的真实参数 $\boldsymbol{\theta}_0$ 处, 此函数值为 0, 即 $\boldsymbol{g}(\alpha_1, \alpha_2, \cdots, \alpha_r, \boldsymbol{\theta}_0) = 0$, 又设 $\boldsymbol{g}(\cdot)$ 中的每一个函数关于其变元是连续可导的. 设矩估计 $\widehat{\boldsymbol{\theta}}$ 是唯一满足方程 $\boldsymbol{g}(\widehat{\alpha}_1, \widehat{\alpha}_2, \cdots, \widehat{\alpha}_r, \widehat{\boldsymbol{\theta}}) = 0$ 的根, 则 $\widehat{\boldsymbol{\theta}}$ 是 $\boldsymbol{\theta}_0$ 的相合估计, 且是渐近正态的, 即

$$\sqrt{n}(\widehat{\boldsymbol{\theta}} - \boldsymbol{\theta}_0) \xrightarrow{\mathscr{D}} N(0, (\Gamma^\tau \Gamma)^{-1} \Gamma^\tau G \Sigma G^\tau \Gamma (\Gamma^\tau \Gamma)^{-1}),$$

其中 $G = G(\boldsymbol{\alpha}, \boldsymbol{\theta}_0) = \nabla_{\boldsymbol{\alpha}} \boldsymbol{g}(\boldsymbol{\alpha}, \boldsymbol{\theta}_0) = \dfrac{\partial \boldsymbol{g}(\boldsymbol{\alpha}, \boldsymbol{\theta}_0)}{\partial \boldsymbol{\alpha}} = (\partial g_i / \partial \alpha_j)_{p \times r}$, $\Gamma = \Gamma(\boldsymbol{\alpha}, \boldsymbol{\theta}_0) = \nabla_{\boldsymbol{\theta}} \boldsymbol{g}(\boldsymbol{\alpha}, \boldsymbol{\theta})|_{\boldsymbol{\theta} = \boldsymbol{\theta}_0} = \left.\dfrac{\partial \boldsymbol{g}(\boldsymbol{\alpha}, \boldsymbol{\theta})}{\partial \boldsymbol{\theta}}\right|_{\boldsymbol{\theta} = \boldsymbol{\theta}_0} = (\partial g_i / \partial \theta_j)_{p \times q}|_{\boldsymbol{\theta} = \boldsymbol{\theta}_0}$ 且是列满秩矩阵, Σ 是一个 $r \times r$ 阶矩阵, 其 (i, j) 元素是 $\alpha_{i+j} - \alpha_i \alpha_j$, $\boldsymbol{\alpha} = (\alpha_1, \alpha_2, \cdots, \alpha_r)^\tau$.

注 5.1 实际上, 当 $p \geqslant q$ 时, 要直接获得方程 $\boldsymbol{g}(\widehat{\alpha}_1, \widehat{\alpha}_2, \cdots, \widehat{\alpha}_r, \widehat{\boldsymbol{\theta}}) = 0$ 的根并不容易, 需要应用其他的方法, 通常是*广义矩方法*或*经验似然方法*. 这将在后面的章节中进行讨论. 当 $p = q$, 即方程的个数与参数的维数相同时, 仍称此方法为*矩方法*(MM). 这主要是区别于当 $p > q$ 时的广义矩方法 (GMM).

定理 5.4 的证明 由定理 5.1 和此定理中假设 $\boldsymbol{g}$ 的连续性, 以及隐函数定理, 立得 $\widehat{\boldsymbol{\theta}}$ 是 $\boldsymbol{\theta}_0$ 的相合估计. 下证 $\widehat{\boldsymbol{\theta}}$ 的渐近正态性. 记 $\widehat{\boldsymbol{\alpha}} = (\widehat{\alpha}_1, \cdots, \widehat{\alpha}_r)^\tau$ 和 $\boldsymbol{\alpha} = (\alpha_1, \alpha_2, \cdots, \alpha_r)^\tau$, 由泰勒展开可得

$$\boldsymbol{g}(\widehat{\boldsymbol{\alpha}}, \widehat{\boldsymbol{\theta}}) - \boldsymbol{g}(\boldsymbol{\alpha}, \boldsymbol{\theta}_0) \cong G(\boldsymbol{\alpha}, \boldsymbol{\theta}_0)(\widehat{\boldsymbol{\alpha}} - \boldsymbol{\alpha}) + \Gamma(\boldsymbol{\alpha}, \boldsymbol{\theta}_0)(\widehat{\boldsymbol{\theta}} - \boldsymbol{\theta}_0),$$

注意到由 $\widehat{\boldsymbol{\theta}}$ 和 $\boldsymbol{\theta}_0$ 的定义, 立知上式左边为 0, 故有

$$\Gamma(\boldsymbol{\alpha}, \boldsymbol{\theta}_0)(\widehat{\boldsymbol{\theta}} - \boldsymbol{\theta}_0) \cong -G(\boldsymbol{\alpha}, \boldsymbol{\theta}_0)(\widehat{\boldsymbol{\alpha}} - \boldsymbol{\alpha}).$$

上式两边左乘矩阵 $\Gamma^\tau(\boldsymbol{\alpha}, \boldsymbol{\theta}_0)$, 得

$$\Gamma^\tau(\boldsymbol{\alpha}, \boldsymbol{\theta}_0)\Gamma(\boldsymbol{\alpha}, \boldsymbol{\theta}_0)(\widehat{\boldsymbol{\theta}} - \boldsymbol{\theta}_0) \cong -\Gamma^\tau(\boldsymbol{\alpha}, \boldsymbol{\theta}_0) G(\boldsymbol{\alpha}, \boldsymbol{\theta}_0)(\widehat{\boldsymbol{\alpha}} - \boldsymbol{\alpha}).$$

因为矩阵 Γ 是列满秩的, 所以 $\Gamma^\tau(\boldsymbol{\alpha}, \boldsymbol{\theta}_0)\Gamma(\boldsymbol{\alpha}, \boldsymbol{\theta}_0)$ 是可逆的, 故

$$\widehat{\boldsymbol{\theta}} - \boldsymbol{\theta}_0 \cong -\left(\Gamma^\tau \Gamma\right)^{-1} \Gamma^\tau(\boldsymbol{\alpha}, \boldsymbol{\theta}_0) G(\boldsymbol{\alpha}, \boldsymbol{\theta}_0)(\widehat{\boldsymbol{\alpha}} - \boldsymbol{\alpha}). \tag{5.3}$$

再由定理 5.1 和 Slutsky 定理立得定理 5.4 结论. □

注意到, 简单的矩估计是无偏估计, 即 $E(\widehat{\alpha}_i - \alpha_i) = 0, i = 1, 2, \cdots, r$, 又因为式 (5.3), 则这意味着 $E\widehat{\boldsymbol{\theta}} \cong \boldsymbol{\theta}_0$. 故 $\widehat{\boldsymbol{\theta}}$ 是 $\boldsymbol{\theta}_0$ 的渐近无偏估计.

5.2 极大似然估计

极大似然估计(也称**最大似然估计**) 是统计学中最为重要的统计方法之一. 它在统计学的各个应用领域都得到了广泛的应用. 在初等数理统计教科书中, 对于极大似然估计有较为详细的描述, 在高等数理统计学的教科书中对于极大似然估计的性质也进行了比较严密的论述. 我们知道, 在统计的应用和研究中, 并不存在一种对各种数据和模型都能直接应用的万能统计方法. 在统计学中, 运用统计知识最基础的首先是分析数据类型和数据结构, 其次是统计模型, 最后才是统计推断方法. 本章后部分首先给出极大似然估计的定义和基本性质, 其次讨论一些极大似然估计的变形, 特别是结合不同数据或不同模型进行一些扩展, 但不再展开讨论. 将主要涉及最为普遍的几种数据类型包括删失数据、缺失数据、时间序列数据等.

设 $X_1,\cdots,X_n$ 是来自分布函数为 $F(x)$ 的一个独立同分布的简单随机样本, 其密度函数是 $f(x,\boldsymbol{\theta})$, 除了参数 $\boldsymbol{\theta}$ 外, f 是一个已知函数. 故在观察样本 $X_1,\cdots,X_n$ 已知条件下的**似然函数**(联合概率) 是

$$L(x_1,\cdots,x_n,\boldsymbol{\theta})=\prod_{i=1}^{n} f(x_i,\boldsymbol{\theta}), \tag{5.4}$$

其**对数似然函数**是

$$\ell(x_1,\cdots,x_n,\boldsymbol{\theta})=\sum_{i=1}^{n}\log f(x_i,\boldsymbol{\theta}). \tag{5.5}$$

定义 5.1 设 $\boldsymbol{\theta}\in\boldsymbol{\Theta}$ 为统计模型 $(X_1,\cdots,X_n)\sim f(x,\boldsymbol{\theta})$ 的参数, 又设 $x_1,x_2,\cdots,x_n$ 为总体的样本观测值, 若存在 $\widehat{\boldsymbol{\theta}}(x_1,\cdots,x_n)$, 使得

$$L(\boldsymbol{x},\widehat{\boldsymbol{\theta}})=\max_{\boldsymbol{\theta}\in\Theta} L(\boldsymbol{x},\boldsymbol{\theta}),$$

则称 $\widehat{\boldsymbol{\theta}}$ 为 $\boldsymbol{\theta}$ 的**极大似然估计** (或称为**最大似然估计**), 简称为 ML**估计**.

由对数函数的单调性 (单调递增) 可知, 极大化似然函数等价于极大化对数似然函数.

极大似然估计的意义就是使观察样本出现的可能性最大时的参数值, 也就是说, $\boldsymbol{\theta}$ 的极大似然估计是

$$\widehat{\boldsymbol{\theta}}_{\mathrm{MLE}}=\arg\max_{\boldsymbol{\theta}}\ell(x_1,\cdots,x_n,\boldsymbol{\theta}) \tag{5.6}$$

对数似然函数 $\ell(x_1,\cdots,x_n,\boldsymbol{\theta})$ 的导数是 $S(x_1,\cdots,x_n,\boldsymbol{\theta})=\ell'(x_1,\cdots,x_n,\boldsymbol{\theta})$, 统计上称此函数为极大似然估计的**得分函数** (score function). 根据高等数学的知识, 得

分函数的根是一个驻点, 也就是极大值点, 但可能不是最大值点, 也可能不唯一. 因此应用时需要检测参数空间的端点和一些不可导点的得分值, 并比较所有这些点, 然后求出最大值点, 这个点就是最大似然估计.

极大似然估计有很多很好的性质, 在一定的正则条件下, 首先, 它一般是相合估计. 其次, 它是渐近正态的, 同时也是渐近有效估计. 另外, 极大似然估计具有不变性. 设 $\widehat{\boldsymbol{\theta}}$ 是 $\boldsymbol{\theta}$ 的极大似然估计, 如果 $g(x)$ 是可测函数, 不一定要求连续, 则 $g(\widehat{\boldsymbol{\theta}})$ 是 $g(\boldsymbol{\theta})$ 的极大似然估计. 这就是极大似然估计的不变性, 参见定理 5.5. 极大似然估计的渐近正态性具体地说, 就是在一定的正则条件下, 极大似然估计 $\widehat{\boldsymbol{\theta}}_{\mathrm{MLE}}$ 满足如下性质

$$\sqrt{n}(\widehat{\boldsymbol{\theta}}_{\mathrm{MLE}}-\boldsymbol{\theta}_0) \xrightarrow{\mathscr{D}} N(0, I^{-1}(\boldsymbol{\theta}_0)),$$

其中 $\boldsymbol{\theta}_0$ 是参数的真值, $I(\boldsymbol{\theta}_0)$ 是 Fisher 信息阵. **Fisher 信息阵**是 (I_{ij}), 其 (i,j) 元素为

$$I_{ij}(\boldsymbol{\theta}) = E_{\boldsymbol{\theta}}\left(\frac{\partial \ell(\boldsymbol{\theta}|X)}{\partial \theta_i}\frac{\partial \ell(\boldsymbol{\theta}|X)}{\partial \theta_j}\right)$$

在似然函数可导的情况下, 称 $S(x_1,\cdots,x_n,\boldsymbol{\theta}) = \ell'(x_1,\cdots,x_n,\boldsymbol{\theta}) = 0$ 为**得分方程**. 在正则函数族 (即在下面介绍的 C-R 族) 下, 似然函数通常是可微的, 得分方程存在唯一解. 在很多情况下, 极大似然估计就是此方程的唯一解. 当然, 似然函数如果不满足正则函数族的条件, 那么极大似然估计可能不存在, 也可能存在不唯一. 下面给出一些求极大似然估计的例子, 首先看一个离散分布的情况.

例 5.4 考虑 Hardy-Weinberg 分布, 这是生物遗传学中重要的概率公式.

$$P(X_i=j) = \begin{cases} \theta^2, & j=1, \\ 2\theta(1-\theta), & j=2, \\ (1-\theta)^2, & j=3, \end{cases}$$

则其似然函数是

$$L(\theta) = \prod_{i=1}^{n} P_\theta\{X_i=j\} = [\theta^2]^{n_1}[2\theta(1-\theta)]^{n_2}[(1-\theta)^2]^{n_3},$$

其中

$$n_j = \sum_{i=1}^{n} I(X_i=j), \quad n = \sum_{j=1}^{3} n_j, \quad j=1,2,3.$$

对数似然函数为

$$\ell(\theta) = (2n_1+n_2)\log\theta + (n_2+2n_3)\log(1-\theta) + n_2\log 2.$$

对其求导, 并令一阶导数等于 0, 即得分方程为

$$\ell'(\theta) = (2n_1 + n_2)/\theta - (n_2 + 2n_3)/(1-\theta) = 0.$$

可获得此方程的解是

$$\widehat{\theta} = \frac{2n_1 + n_2}{2(n_1 + n_2 + n_3)} = \frac{2n_1 + n_2}{2n}.$$

显然, $\ell''(\theta) = -\dfrac{2n_1 + n_2}{\theta^2} - \dfrac{n_2 + 2n_3}{(1-\theta)^2} < 0$. 所以, $\widehat{\theta}$ 是一个最大值点. 因此, $\widehat{\theta}$ 是 θ 的极大似然估计.

上面的例 5.4 中对数似然函数是可微的, 因此便于求解得分方程的根. 下面所讨论的似然函数并不可微, 因此需要直观分析来获得最大值点, 即极大似然估计.

例 5.5 设观察样本 $X_1, \cdots, X_n$ 来自于均匀分布 $U(0, \theta)$, 试求 θ 的极大似然估计.

解 注意到, 似然函数为

$$L(\theta) = \prod_{i=1}^{n}\left[\frac{1}{\theta} I\{X_i \leqslant \theta\}\right] = \theta^{-n} I\{\theta \geqslant \max X_i\},$$

显然, 此似然函数关于 θ 不可导, 但根据极大似然估计的定义可知, θ 的极大似然估计是 $\widehat{\theta} = \max X_i$.

如果这列随机变量服从均匀分布 $U(\theta_1, \theta_2)$, 求 θ_1 及 θ_2 的 MLE. 同样使用上面相似的方法, 由于

$$\begin{aligned} L(\theta) &= \prod_{i=1}^{n}\left[\frac{1}{\theta_2 - \theta_1} I\{\theta_1 \leqslant X_i \leqslant \theta_2\}\right] \\ &= \left(\frac{1}{\theta_2 - \theta_1}\right)^n I\{\theta_1 \leqslant X_{(1)} < X_{(n)} \leqslant \theta_2\}, \end{aligned}$$

要使上式达到最大, 故 θ_1 和 θ_2 的极大似然估计分别为 $\widehat{\theta}_1 = X_{(1)}$, $\widehat{\theta}_2 = X_{(n)}$.

即使在简单的指数型分布族中, 极大似然估计也可能不存在.

例 5.6 设样本 X 分布为

$$P_\theta(X = 1) = 1 - P_\theta(X = 0) = \frac{\mathrm{e}^\theta}{1 + \mathrm{e}^\theta}, \quad -\infty < \theta < +\infty.$$

当 $x = 1$ 时, 似然函数 $\mathrm{e}^\theta/(1 + \mathrm{e}^\theta)$, 在 $-\infty < \theta < +\infty$ 严增. 当 $x = 0$ 时, 似然函数为 $1/(1 + \mathrm{e}^\theta)$, 在 $-\infty < \theta < +\infty$ 严降. 二者在 $-\infty < \theta < +\infty$ 都无极值点.

以下例子说明极大似然估计不唯一.

例 5.7 设 $X_1, \cdots, X_n$ 是来自 $U(\theta, \theta+1)$ 的一个样本,

$$L(\theta; x) = \begin{cases} 1, & X_{(n)} - 1 < \theta < X_{(1)}, \\ 0, & \text{其他}. \end{cases}$$

因此, 任意一个介于 $X_{(n)} - 1$ 与 $X_{(1)}$ 之间的数都是 θ 的一个极大似然估计, 如 $X_{(n)} - 1$, $X_{(1)}$ 等, 即极大似然估计不唯一.

极大似然估计与最小二乘估计有一定的联系.

例 5.8 考虑非线性模型, 设 $Y_i = g(X_i, \beta) + \varepsilon_i$, $\varepsilon_i \sim N(0, \sigma^2)$, 则似然函数为

$$L(\sigma^2, \beta) = \frac{1}{(2\pi)^{\frac{n}{2}} \sigma^n} \exp\left(-\frac{1}{2\sigma^2} \sum_{i=1}^{n} [y_i - g(x_i, \beta)]^2\right),$$

其对数似然函数为

$$\ell(\sigma^2, \beta) = \log\left(\frac{1}{\sqrt{2\pi}\sigma}\right)^n - \frac{1}{2\sigma^2} \sum_{i=1}^{n} [y_i - g(x_i, \beta)]^2 .$$

于是, 求 β 的极大似然估计等价于求下式的极小值

$$\sum_{i=1}^{n} [y_i - g(x_i, \beta)]^2.$$

因此这里的极小值也是最小二乘估计. 也就是说, 在误差项服从正态分布的假设下, 最小二乘估计与极大似然估计等价. 设 β 是真实的极小值点, 定义

$$\mathrm{RSS} = \sum_{i=1}^{n} \left[y_i - g(x_i, \widehat{\beta})\right]^2 .$$

于是

$$\ell(\sigma^2, \widehat{\beta}) = -\frac{n}{2} \log \sigma^2 - \frac{1}{2\sigma^2} \mathrm{RSS},$$

其在 $\widehat{\sigma}^2 = \dfrac{\mathrm{RSS}}{n}$ 处达到极大. 特别地, 如果 $g(X_i, \beta) = \mu$, 则 $\widehat{\mu} = \overline{Y}$ 和 $\mathrm{RSS} = \dfrac{1}{n} \sum_{i=1}^{n} [Y_i - \overline{Y}]^2$. 因此, $\boldsymbol{\theta} = (\mu, \sigma^2)$ 的极大似然估计是

$$\widehat{\mu} = \bar{Y} \quad \text{和} \quad \widehat{\sigma}^2 = \frac{1}{n} \sum_{i=1}^{n} [Y_i - \overline{Y}]^2.$$

这就是正态分布均值和方差的极大似然估计.

5.3 极大似然估计理论

通常, 使用似然函数所获得的极大似然估计 (ML) 比矩估计 (MM) 更有效, 但有时矩估计 (MM) 比极大似然估计 (ML) 更稳健. 极大似然估计具有不变性. 由极大似然估计的定义可立得如下定理, 即极大似然函数不变性.

定理 5.5 设 $g(\boldsymbol{\theta})$ 是参数 $\boldsymbol{\theta}$ 的函数, 如果 $\widehat{\boldsymbol{\theta}}$ 是参数 $\boldsymbol{\theta}$ 的极大似然估计, 则 $g(\widehat{\boldsymbol{\theta}})$ 是 $g(\boldsymbol{\theta})$ 的极大似然估计.

定理 5.5 的证明显然. □

应用极大似然估计最重要和最关心的问题是, 是否所有统计模型都存在极大似然估计? 其实, 能否求解出极大似然估计取决于似然函数是否存在极大值点, 也就是说, 是否能获得一个具有良好性质的似然函数. 在高等数学中极值点存在的一个充分条件是目标函数可导且满足一阶条件, 即似然函数存在一阶导数, 且一阶导数 (得分函数) 在某点的值应为 0. 另外, 在求解极大似然估计时, 需要考虑似然函数在参数区间端点和一些异常点的值, 并进行比较. 为了给出一个一般函数族使其存在极大似然估计, 我们考虑一个正则分布族, 即 C-R分布族, 其定义如下.

定义 5.2 设 $X \sim \mathcal{F} = \{f(x,\boldsymbol{\theta}),\ \boldsymbol{\theta} \in \Theta\}$, 若分布族满足以下的条件, 则称之为正则分布族或 C-R分布族.

(1) 设 $\boldsymbol{\theta} = (\theta_1, \cdots, \theta_k)^\tau \in \Theta$, 参数空间 Θ 为 $\mathbf{R}^k$ 上的开集. 若 $\boldsymbol{\theta} \neq \boldsymbol{\theta}'$, 则必有 $f(x,\boldsymbol{\theta}) \neq f(x,\boldsymbol{\theta}')$(即分布族 $\mathcal{F}$ 是可识别的, 不同 $\boldsymbol{\theta}$ 对应于不同的分布).

(2) 分布族的对数似然函数记为 $\ell(\boldsymbol{\theta}|x) = \log f(x,\boldsymbol{\theta})$,$\ell(\boldsymbol{\theta}|x)$ 关于 $\boldsymbol{\theta}$ 存在三阶导数, 且其三阶导数的均值存在, 其前二阶导数分别记为 $\nabla_\theta \ell(\boldsymbol{\theta}|x)$,$\nabla^2_{\theta\theta}\ell(\boldsymbol{\theta}|x)$.

(3) 记 $S(x,\boldsymbol{\theta}) = (S_1(x,\boldsymbol{\theta}), \cdots, S_k(x,\boldsymbol{\theta}))^\tau = \nabla_\theta \ell(\boldsymbol{\theta}|x)$, $S_i(x,\boldsymbol{\theta}) = \dfrac{\partial \ell(\boldsymbol{\theta}|x)}{\partial \theta_i}$. $S(x,\boldsymbol{\theta})$ 称为得分函数, 假定它在 Θ 上存在前两阶矩.

(4) $\mathcal{F} = \{f(x,\boldsymbol{\theta}),\ \boldsymbol{\theta} \in \Theta\}$ 有共同分布支撑, 即 $\Delta_\theta = \{x\colon f(x,\boldsymbol{\theta}) > 0\}$ 与 $\boldsymbol{\theta}$ 无关.

(5) $f(x,\boldsymbol{\theta})$ 关于 x 求积分和关于 $\boldsymbol{\theta}$ 求导数可交换次序, 即关于 $\boldsymbol{\theta}$ 可在积分号下求导数.

显然, 例 5.5 中的分布不是正则族, 它的支撑依赖于未知参数 θ.

极大似然估计的相合性问题并不像矩估计那么简单, 此问题引起了许多统计学者的兴趣, 但直到现在都没有彻底解决. 关于极大似然估计不相合的反例, 可参阅陈希孺 (2009)77 页中的反例. 但在一定的条件下, 极大似然估计是相合的, 详细叙述见下面的定理.

定理 5.6 设 $X_1, \cdots, X_n$ 独立同分布来自 $f(x,\boldsymbol{\theta})$, 其中 $\boldsymbol{\theta} \in \Theta$, 设 $L(\boldsymbol{\theta}|\boldsymbol{x}) = \prod_{i=1}^n [f(x_i,\boldsymbol{\theta})]$ 是似然函数, $\widehat{\boldsymbol{\theta}}$ 是 $\boldsymbol{\theta}$ 的 MLE, 则 $\widehat{\boldsymbol{\theta}}$ 是 $\boldsymbol{\theta}$ 的相合估计. 又设 $g(\boldsymbol{\theta})$ 是 $\boldsymbol{\theta}$

的连续函数, 如果正则条件定义 5.2 中 (1) 成立, 则 $g(\widehat{\boldsymbol{\theta}})$ 是 $g(\boldsymbol{\theta})$ 的相合估计.

定理 5.6 的证明 由定理 3.10 可知, 仅需证明 $\widehat{\boldsymbol{\theta}}$ 是 $\boldsymbol{\theta}$ 的相合估计即可. $\forall\, \boldsymbol{\theta}' \neq \boldsymbol{\theta}$, $\boldsymbol{\theta}' \in \Theta$, 因为 $f(x,\boldsymbol{\theta})$ 是可识别的, 由 Jensen 不等式有

$$E_{\boldsymbol{\theta}}\left[\log \frac{f(X,\boldsymbol{\theta}')}{f(X,\boldsymbol{\theta})}\right] < \log E_{\boldsymbol{\theta}}\left[\frac{f(X,\boldsymbol{\theta}')}{f(X,\boldsymbol{\theta})}\right] = 0.$$

记真实参数为 $\boldsymbol{\theta}_0$, 对充分小的 $\delta > 0$, 有 $(\boldsymbol{\theta}_0 - \delta, \boldsymbol{\theta}_0 + \delta) \subset \Theta$, 且

$$E_{\boldsymbol{\theta}_0}\left[\log \frac{f(X,\boldsymbol{\theta}_0 - \delta)}{f(X,\boldsymbol{\theta}_0)}\right] < 0,$$

$$E_{\boldsymbol{\theta}_0}\left[\log \frac{f(X,\boldsymbol{\theta}_0 + \delta)}{f(X,\boldsymbol{\theta}_0)}\right] < 0.$$

注意到, 对数似然函数 $\ell(\boldsymbol{\theta}|\boldsymbol{x})$ 是独立同分布随机变量的密度函数对数和, 即 $\ell(\boldsymbol{\theta}|\boldsymbol{x}) = \sum\limits_{i=1}^{n} [\log f(x_i,\boldsymbol{\theta})]$. 由强大数定律知, 当 $n \to \infty$ 时,

$$\frac{1}{n}\left[\ell(\boldsymbol{\theta}_0 - \delta|\boldsymbol{x}) - \ell(\boldsymbol{\theta}_0|\boldsymbol{x})\right] \xrightarrow{\text{a.s.}} E_{\boldsymbol{\theta}_0}\left[\log \frac{f(X,\boldsymbol{\theta}_0 - \delta)}{f(X,\boldsymbol{\theta}_0)}\right] < 0,$$

$$\frac{1}{n}\left[\ell(\boldsymbol{\theta}_0 + \delta|\boldsymbol{x}) - \ell(\boldsymbol{\theta}_0|\boldsymbol{x})\right] \xrightarrow{\text{a.s.}} E_{\boldsymbol{\theta}_0}\left[\log \frac{f(X,\boldsymbol{\theta}_0 + \delta)}{f(X,\boldsymbol{\theta}_0)}\right] < 0.$$

又由于 $\ell(\boldsymbol{\theta}|\boldsymbol{x})$ 在 $(\boldsymbol{\theta}_0 - \delta, \boldsymbol{\theta}_0 + \delta)$ 上连续, 因而必有一局部最大值点, 记其为 $\widehat{\boldsymbol{\theta}}$, 由于 $\ell(\boldsymbol{\theta}|\boldsymbol{x})$ 可微, 故 $\left.\dfrac{\partial \ell(\boldsymbol{\theta}|\boldsymbol{x})}{\partial \boldsymbol{\theta}}\right|_{\boldsymbol{\theta}=\widehat{\boldsymbol{\theta}}} = 0$. 从而, 当 $n \to \infty$ 时, 似然方程以概率 1 有解, 且 $|\widehat{\boldsymbol{\theta}} - \boldsymbol{\theta}_0| < \delta$, 由 δ 的任意性可知, $\widehat{\boldsymbol{\theta}}$ 关于 $\boldsymbol{\theta}_0$ 是相合的.

由正则条件定义 5.2 中的 (1), 可以证明 $\widehat{\boldsymbol{\theta}}$ 是似然函数的唯一极大值点, 故 $\widehat{\boldsymbol{\theta}}$ 是 $\boldsymbol{\theta}_0$ 的相合估计. □

例 5.9 设 $\boldsymbol{X}_i = (X_{i1}, X_{i2})^{\tau}, i = 1, 2, \cdots, n$, 是独立同分布的简单随机样本, 服从二维正态分布, 均值向量是 $\boldsymbol{\mu} = (\mu_1, \mu_2)^{\tau}$, 协方差阵为

$$\Sigma = \begin{pmatrix} \sigma_{11} & \sigma_{12} \\ \sigma_{21} & \sigma_{22} \end{pmatrix},$$

则 $\boldsymbol{X}$ 的联合密度函数是

$$f(\boldsymbol{\mu}, \Sigma) = (2\pi)^{-n}|\Sigma|^{-n/2} \exp\left\{-\frac{1}{2}\sum_{i=1}^{n}\left[(\boldsymbol{X}_i - \boldsymbol{\mu})^{\tau}\Sigma^{-1}(\boldsymbol{X}_i - \boldsymbol{\mu})\right]\right\}.$$

关于参数 $(\boldsymbol{\mu}, \Sigma)$ 的对数似然函数是

$$\ell(\boldsymbol{\mu}, \Sigma|\boldsymbol{X}) = -n\ln(2\pi) - \frac{n}{2}\ln|\Sigma| - \frac{1}{2}\sum_{i=1}^{n}\left[(\boldsymbol{X}_i - \boldsymbol{\mu})^{\tau}\Sigma^{-1}(\boldsymbol{X}_i - \boldsymbol{\mu})\right].$$

经过简单的计算, 得 $(\boldsymbol{\mu}, \Sigma)$ 的极大似然估计为

$$\widehat{\boldsymbol{\mu}} = \overline{\boldsymbol{X}} = (\overline{X}_1, \quad \overline{X}_2)^\tau, \quad \widehat{\Sigma} = (\sigma_{kl})_{2\times 2} = (S_{kl})_{2\times 2},$$

其中

$$\overline{X}_k = \frac{1}{n}\sum_{i=1}^{n} X_{ik}, \quad S_{kl} = \frac{1}{n}\sum_{i=1}^{n}(X_{ik} - \overline{X}_k)(X_{il} - \overline{X}_l), \quad k, l = 1, 2.$$

由二元正态分布的性质可知, 给定 X_{i1} 时 X_{i2} 的分布仍是正态的, 其均值是 $\mu_2 + \theta_{21.1}(X_{i1} - \mu_1)$, 方差是 $\sigma_{22.1}$, 其中

$$\theta_{21.1} = \sigma_{21}/\sigma_{11}, \quad \sigma_{22.1} = \sigma_{22} - \sigma_{12}^2/\sigma_{11}.$$

事实上, 这个条件均值与方差分别是 X_2 对 X_1 进行回归的斜率和剩余误差的方差. 由极大似然估计的不变性, 这些量的极大似然估计是

$$\widehat{\theta}_{21.1} = \widehat{\sigma}_{12}/\widehat{\sigma}_{11},$$

这与所形成的回归的斜率参数的最小二乘估计相同, 均为

$$\widehat{\sigma}_{22.1} = \widehat{\sigma}_{22} - \widehat{\sigma}_{12}^2/\widehat{\sigma}_{11} = RSS/n,$$

其中 $\mathrm{RSS} = \sum_{i=1}^{n}[X_{i2} - \overline{X}_2 - \widehat{\theta}_{21.1}(X_{i1} - \overline{X}_1)]^2$, 即上面所说的回归基于 n 个样本点的剩余平方和. 由于正态分布族是 C-R 正则族, 因此, 由定理 5.6 可知这里所有的极大似然估计都是相合估计. 事实上, 也可由这些极大似然估计的表达式直接应用大数定律获得其相合性. □

尽管我们可以直接基于 X_2 对 X_1 的条件分布来获得 $\theta_{21.1}$ 和 $\sigma_{22.1}$ 的极大似然估计, 但利用极大似然估计的不变性有时可以更方便地获得参数函数的极大似然估计. 从例 5.9 我们还发现一个很有趣的现象, 极大似然估计与最小二乘估计存在一些联系.

5.4 信息阵及 C-R 不等式

到目前为止, 我们已经接触了参数的几种估计, 如果一个参数存在几种估计, 在实际中哪个估计会更好呢? 对于这个问题, 我们在本节给出一个间接的回答. 首先讨论 Fisher 信息阵, 之后讨论极大似然估计的方差下界. 设对数似然函数为

$$\ell(\boldsymbol{\theta}|\boldsymbol{x}) = \sum_{i=1}^{n} \log f(x_i, \boldsymbol{\theta}).$$

现考虑 $n=1$ 时 (对于 $n>1$, 只需带上求和号并除以 n), 得分函数为

$$S(x,\boldsymbol{\theta})=\nabla_{\boldsymbol{\theta}}\ell(\boldsymbol{\theta}|\boldsymbol{X})=\frac{\partial\ell(\boldsymbol{\theta}|x)}{\partial\boldsymbol{\theta}}=\frac{\partial\log f(x,\boldsymbol{\theta})}{\partial\boldsymbol{\theta}}=\frac{1}{f(x,\boldsymbol{\theta})}\frac{\partial f(x,\boldsymbol{\theta})}{\partial\boldsymbol{\theta}}.$$

下面将证明

$$E_{\boldsymbol{\theta}}\left[S(X,\boldsymbol{\theta})\right]=0,$$

$$\mathrm{Var}_{\boldsymbol{\theta}}\left[S(X,\boldsymbol{\theta})\right]=E_{\boldsymbol{\theta}}\left[S(X,\boldsymbol{\theta})S^{\tau}(X,\boldsymbol{\theta})\right]=I(\boldsymbol{\theta}),$$

其中 $I(\boldsymbol{\theta})$ 称为观察样本的 Fisher信息阵, 简称 Fisher信息.

定义 5.3 (Fisher 信息) 若 $X\sim\mathcal{F}=\{f(x,\boldsymbol{\theta}),\ \boldsymbol{\theta}\in\Theta\}$ 为正则分布族, 则

$$I_{ij}(\boldsymbol{\theta})=E_{\boldsymbol{\theta}}\left[\frac{\partial\ell(\boldsymbol{\theta}|x)}{\partial\theta_i}\frac{\partial\ell(\boldsymbol{\theta}|x)}{\partial\theta_j}\right],$$

和 $I(\boldsymbol{\theta})=\left(I_{ij}(\boldsymbol{\theta})\right)_{i,j=1,\cdots,k}$ 分别称为分布族关于 $\boldsymbol{\theta}$ 的 Fisher 信息函数和 Fisher 信息阵.

在正则族的假设下, 有如下定理.

定理 5.7 假设 $X\sim\mathcal{F}=\{f(x,\boldsymbol{\theta}),\ \boldsymbol{\theta}\in\Theta\}$ 为正则分布族, 来自于此分布族的独立同分布观察样本为 $x_1,x_2,\cdots,x_n$, 则 $E_{\boldsymbol{\theta}}\left[\nabla_{\boldsymbol{\theta}}\ell(\boldsymbol{\theta}|\boldsymbol{X})\right]=E_{\boldsymbol{\theta}}\left[S(\boldsymbol{X},\boldsymbol{\theta})\right]=0$.

证明 对于正则分布族, $f(x,\boldsymbol{\theta})$ 关于 x 的积分和关于 $\boldsymbol{\theta}$ 求导可以交换次序, 则有

$$\begin{aligned}E_{\boldsymbol{\theta}}\left[S_i(\boldsymbol{X},\boldsymbol{\theta})\right]&=E_{\boldsymbol{\theta}}\left[\frac{\partial\ell(\boldsymbol{\theta}|\boldsymbol{X})}{\partial\theta_i}\right]=\int\frac{\partial\log f(\boldsymbol{x},\boldsymbol{\theta})}{\partial\theta_i}f(\boldsymbol{x},\boldsymbol{\theta})\mathrm{d}\boldsymbol{x}\\&=\int\frac{1}{f(\boldsymbol{x},\boldsymbol{\theta})}\frac{\partial f(\boldsymbol{x},\boldsymbol{\theta})}{\partial\theta_i}f(\boldsymbol{x},\boldsymbol{\theta})\mathrm{d}\boldsymbol{x}=\frac{\partial}{\partial\theta_i}\int f(\boldsymbol{x},\boldsymbol{\theta})\mathrm{d}\boldsymbol{x}=0,\end{aligned}$$

即得证定理 5.7. □

定理 5.7 说明极大似然估计的得分函数是一个无偏估计函数. 因此, 极大似然估计是广义估计方程估计的特例. 同时, 极大似然估计的得分函数及信息阵满足如下命题.

命题 5.1 假设 $X\sim\mathcal{F}=\{f(x,\boldsymbol{\theta}),\ \boldsymbol{\theta}\in\Theta\}$ 为正则分布族, 来自于此分布族的独立同分布观察样本为 $x_1,x_2,\cdots,x_n$, 则

(1) $I(\boldsymbol{\theta})=\mathrm{Var}_{\boldsymbol{\theta}}\left[S(\boldsymbol{X},\boldsymbol{\theta})\right]=E_{\boldsymbol{\theta}}\left[\left(\nabla_{\boldsymbol{\theta}}\ell(\boldsymbol{\theta}|\boldsymbol{X})\right)\left(\nabla_{\boldsymbol{\theta}}\ell(\boldsymbol{\theta}|\boldsymbol{X})\right)^{\tau}\right]$.

(2) $I(\boldsymbol{\theta})=-E_{\boldsymbol{\theta}}\left[\nabla^2_{\boldsymbol{\theta}\boldsymbol{\theta}}\ell(\boldsymbol{\theta}|\boldsymbol{X})\right]=-E_{\boldsymbol{\theta}}[\nabla_{\boldsymbol{\theta}}S(\boldsymbol{X},\boldsymbol{\theta})]$.

(3) 若 $\boldsymbol{x}=(x_1,\cdots,x_n)$ 为独立 (不同分布) 样本, 则 $I_{\boldsymbol{x}}(\boldsymbol{\theta})=\sum\limits_{i=1}^{n}[I_{x_i}(\boldsymbol{\theta})]$. 特别地, 当 $\boldsymbol{x}$ 为独立同分布样本时, $I_{\boldsymbol{x}}(\boldsymbol{\theta})=nI_{x_1}(\boldsymbol{\theta})$.

由命题 5.1 的 (1) 可以看出, 得分函数的 (渐近) 方差就是 Fisher 信息阵. 由命题 5.1 的 (2) 可知, 在极大似然估计意义下 (即在 C-R 族下), Hessen 矩阵的极限也是 Fisher 信息阵. 因此, 通常意义下, 一般估计方程估计的渐近方差具有三明治形式, 见定理 1.1 及下面的定理 5.8. 在 C-R 正则条件下的极大似然估计方差, 就是 Fisher 信息阵的逆 (见定理 5.8).

命题 5.1 的证明 由 Fisher信息阵的定义有

$$\mathrm{Cov}_{\boldsymbol{\theta}}\left(S_i, S_j\right) = E_{\boldsymbol{\theta}}\left(S_i S_j\right) = E_{\boldsymbol{\theta}}\left[\frac{\partial \ell(\boldsymbol{\theta}|\boldsymbol{X})}{\partial \theta_i}\frac{\partial \ell(\boldsymbol{\theta}|\boldsymbol{X})}{\partial \theta_j}\right] = I_{ij}(\boldsymbol{\theta}).$$

以上公式的矩阵形式为

$$I(\boldsymbol{\theta}) = \mathrm{Var}_{\boldsymbol{\theta}}\left[S(\boldsymbol{X},\boldsymbol{\theta})\right] = E_{\boldsymbol{\theta}}\left[S(\boldsymbol{X},\boldsymbol{\theta})S^{\tau}(\boldsymbol{X},\boldsymbol{\theta})\right] = E_{\boldsymbol{\theta}}\left[\left(\nabla_{\boldsymbol{\theta}}\ell(\boldsymbol{\theta}|\boldsymbol{X})\right)\left(\nabla_{\boldsymbol{\theta}}\ell(\boldsymbol{\theta}|\boldsymbol{X})\right)^{\tau}\right].$$

即得证命题 5.1 的 (1).

下证命题 5.1 的 (2): 对对数似然函数直接求导, 其对应的一阶导数是

$$\nabla_{\boldsymbol{\theta}}\ell(\boldsymbol{\theta}|\boldsymbol{X}) = \frac{\partial \ell(\boldsymbol{\theta}|\boldsymbol{x})}{\partial \boldsymbol{\theta}} = \frac{\partial \log f(\boldsymbol{x},\boldsymbol{\theta})}{\partial \boldsymbol{\theta}} = \frac{1}{f(\boldsymbol{x},\boldsymbol{\theta})}\frac{\partial f(\boldsymbol{x},\boldsymbol{\theta})}{\partial \boldsymbol{\theta}},$$

其对应的二阶导数是

$$\begin{aligned}
\nabla^2_{\boldsymbol{\theta\theta}}\ell(\boldsymbol{\theta}|\boldsymbol{X}) &= \frac{\partial^2 \ell(\boldsymbol{\theta}|\boldsymbol{x})}{\partial \boldsymbol{\theta}\partial \boldsymbol{\theta}^{\tau}} = \frac{\partial^2 \log f(\boldsymbol{x},\boldsymbol{\theta})}{\partial \boldsymbol{\theta}\partial \boldsymbol{\theta}^{\tau}} = \frac{\partial}{\partial \boldsymbol{\theta}^{\tau}}\left[\frac{1}{f(\boldsymbol{x},\boldsymbol{\theta})}\frac{\partial f(\boldsymbol{x},\boldsymbol{\theta})}{\partial \boldsymbol{\theta}}\right] \\
&= -\frac{1}{[f(\boldsymbol{x},\boldsymbol{\theta})]^2}\frac{\partial f(\boldsymbol{x},\boldsymbol{\theta})}{\partial \boldsymbol{\theta}}\frac{\partial f(\boldsymbol{x},\boldsymbol{\theta})}{\partial \boldsymbol{\theta}^{\tau}} + \frac{1}{f(\boldsymbol{x},\boldsymbol{\theta})}\frac{\partial^2 f(\boldsymbol{x},\boldsymbol{\theta})}{\partial \boldsymbol{\theta}\partial \boldsymbol{\theta}^{\tau}} \\
&= -\frac{\partial \ell(\boldsymbol{\theta}|\boldsymbol{x})}{\partial \boldsymbol{\theta}}\frac{\partial \ell(\boldsymbol{\theta}|\boldsymbol{x})}{\partial \boldsymbol{\theta}^{\tau}} + \frac{1}{f(\boldsymbol{x},\boldsymbol{\theta})}\frac{\partial^2 f(\boldsymbol{x},\boldsymbol{\theta})}{\partial \boldsymbol{\theta}\partial \boldsymbol{\theta}^{\tau}}.
\end{aligned}$$

因此, 两边同乘以 -1, 然后取期望, 并由积分与求导可交换得

$$\begin{aligned}
-E_{\boldsymbol{\theta}}\left[\nabla^2_{\boldsymbol{\theta\theta}}\ell(\boldsymbol{\theta}|\boldsymbol{X})\right] &= -E_{\boldsymbol{\theta}}\left[\frac{\partial^2 \ell(\boldsymbol{\theta}|\boldsymbol{X})}{\partial \boldsymbol{\theta}\partial \boldsymbol{\theta}^{\tau}}\right] \\
&= E_{\boldsymbol{\theta}}\left[\frac{\partial \ell(\boldsymbol{\theta}|\boldsymbol{X})}{\partial \boldsymbol{\theta}}\frac{\partial \ell(\boldsymbol{\theta}|\boldsymbol{X})}{\partial \boldsymbol{\theta}^{\tau}}\right] - \int \frac{1}{f(\boldsymbol{x},\boldsymbol{\theta})}\frac{\partial^2 f(\boldsymbol{x},\boldsymbol{\theta})}{\partial \boldsymbol{\theta}\partial \boldsymbol{\theta}^{\tau}} f(\boldsymbol{x},\boldsymbol{\theta})\mathrm{d}\boldsymbol{x} \\
&= I(\boldsymbol{\theta}) - \frac{\partial^2}{\partial \boldsymbol{\theta}\partial \boldsymbol{\theta}^{\tau}}\int f(\boldsymbol{x},\boldsymbol{\theta})\mathrm{d}\boldsymbol{x} \\
&= I(\boldsymbol{\theta}).
\end{aligned}$$

故命题 5.1 的 (2) 得证.

容易由 (2) 证得 (3): 由 $\boldsymbol{X} = (X_1, X_2, \cdots, X_n) \sim f(\boldsymbol{x},\boldsymbol{\theta}) = \prod_{i=1}^{n} f(x_i,\boldsymbol{\theta})$ 可得

$$\ell(\boldsymbol{\theta}|\boldsymbol{x}) = \sum_{i=1}^{n}\ell(\boldsymbol{\theta}|x_i), \quad S(\boldsymbol{x},\boldsymbol{\theta}) = \sum_{i=1}^{n} S(x_i,\boldsymbol{\theta}).$$

因而由独立性及定理 5.7 可得

$$\mathrm{Var}_{\boldsymbol{\theta}}\left[S(\boldsymbol{X},\boldsymbol{\theta})\right]=\sum_{i=1}^{n}\left(\mathrm{Var}_{\boldsymbol{\theta}}\left[S(X_i,\boldsymbol{\theta})\right]\right),$$

即 $I_X(\boldsymbol{\theta})=\sum\limits_{i=1}^{n}I_{X_i}(\boldsymbol{\theta})$. 若 $X_1,X_2,\cdots,X_n$ 独立同分布, 则 $I_{X_1}(\boldsymbol{\theta})=I_{X_2}(\boldsymbol{\theta})=\cdots=I_{X_n}(\boldsymbol{\theta})$, 故此时 $I_X(\boldsymbol{\theta})=nI_{X_1}(\boldsymbol{\theta})$. □

定理 5.8　设 $X_1,\cdots,X_n$ 是来自 $f(x,\boldsymbol{\theta})$ 的独立同分布的简单随机样本, 对参数 $\boldsymbol{\theta}$ 的任意真值 $\boldsymbol{\theta}_0$, 设 $\widehat{\boldsymbol{\theta}}$ 是 $\boldsymbol{\theta}_0$ 的 MLE, 如果正则条件定义 5.2 中 (1)~(5) 成立, 则 $\widehat{\boldsymbol{\theta}}$ 是 $\boldsymbol{\theta}_0$ 的渐近正态估计, 即

$$\sqrt{n}(\widehat{\boldsymbol{\theta}}-\boldsymbol{\theta}_0)\xrightarrow{\mathscr{D}}N\left(0,I^{-1}(\boldsymbol{\theta}_0)\right).$$

证明　仅证 θ 为刻度的情形, 高维时相似可证. 设对数似然函数为 $\ell(\theta|\boldsymbol{x})=\sum\limits_{i=1}^{n}\log f(x_i,\theta)$. 由定理 5.6 可知, $\widehat{\theta}(X_1,X_2,\cdots,X_n)$ (或简写为 $\widehat{\theta}$) 依概率收敛于 θ_0. 在 θ_0 处进行 Taylor 展开, 并适当化简, 有

$$0=\ell'(\widehat{\theta}|\boldsymbol{x})=\ell'(\theta_0|\boldsymbol{x})+(\widehat{\theta}-\theta_0)\ell''(\theta_0|\boldsymbol{x})+\frac{1}{2}(\widehat{\theta}-\theta_0)^2\ell'''(\theta_1|\boldsymbol{x}),$$

这里 θ_1 处于 θ_0 和 $\widehat{\theta}$ 之间, 则

$$\sqrt{n}(\widehat{\theta}-\theta_0)=-\frac{\dfrac{1}{\sqrt{n}}\ell'(\theta_0|\boldsymbol{x})}{\dfrac{1}{n}\left(\ell''(\theta_0|\boldsymbol{x})+\dfrac{\widehat{\theta}-\theta_0}{2}\ell'''(\theta_1|\boldsymbol{x})\right)}.$$

等式两边同乘以 $I(\theta_0)$, 并化简, 有

$$\sqrt{n}(\widehat{\theta}-\theta_0)I(\theta_0)=\frac{1}{\sqrt{n}}\ell'(\theta_0|\boldsymbol{x})-(b_n+1)\frac{1}{\sqrt{n}}\ell'(\theta_0|\boldsymbol{x}),\tag{5.7}$$

其中

$$b_n=\frac{I(\theta_0)}{\dfrac{1}{n}\left(\ell''(\theta_0|\boldsymbol{x})+\dfrac{\widehat{\theta}-\theta_0}{2}\ell'''(\theta_1|\boldsymbol{x})\right)}.\tag{5.8}$$

注意到

$$\frac{1}{\sqrt{n}}\ell'(\theta_0|\boldsymbol{X})=\frac{1}{\sqrt{n}}\left[\sum_{i=1}^{n}\frac{\partial\log f(X_i,\theta)}{\partial\theta}\right]\Bigg|_{\theta=\theta_0}\triangleq\frac{1}{\sqrt{n}}\sum_{i=1}^{n}S(X_i,\theta)=\sqrt{n}(\overline{S}-0),$$

这里 $S(X_i,\theta_0)=\nabla_\theta \log f(X_i,\theta)|_{\theta=\theta_0}$, $S(X_1,\theta_0),S(X_2,\theta_0),\cdots,S(X_n,\theta_0)$ 是独立同分布的随机变量, 且 $E_{\theta_0}\left[S(X_i,\theta_0)\right]=0$, $\mathrm{Var}_{\theta_0}\left[S(X_i,\theta_0)\right]=I(\theta_0)<\infty$(由得分函数的性质获得), $\overline{S}=\sum\limits_{i=1}^n S(X_i,\theta_0)/n$. 故由中心极限定理, 可以得到

$$\frac{1}{\sqrt{n}}\ell'(\theta_0|\boldsymbol{x})=\sqrt{n}(\overline{S}-0)\xrightarrow{\mathscr{D}}N\left(0,I(\theta_0)\right). \tag{5.9}$$

如果我们能够证明

$$\lim_{n\to\infty}(b_n+1)=0 \quad (\text{a.s.}\ P_{\theta_0}), \tag{5.10}$$

则由此及式 (5.9), 应用 Slutsky 定理可知

$$(b_n+1)\frac{1}{\sqrt{n}}\ell'(\theta_0|\boldsymbol{x})\xrightarrow{\mathscr{D}}0 \quad (n\to\infty),$$

因而由式 (5.7) 可知 $\sqrt{n}(\widehat{\theta}-\theta_0)I(\theta_0)$ 与 $\dfrac{1}{\sqrt{n}}\ell'(\theta_0|\boldsymbol{x})$ 有同一极限分布, 即 $N\left(0,I(\theta_0)\right)$, 这将推出

$$\sqrt{n}(\widehat{\theta}-\theta_0)\xrightarrow{\mathscr{D}}N\left(0,I^{-1}(\theta_0)\right).$$

下面证明式 (5.10). 因为

$$E_\theta\left[\nabla^2_{\theta\theta}\ell(\theta|\boldsymbol{X})\right]\Big|_{\theta=\theta_0}=-I(\theta_0),$$

(见命题 5.1 的 (2)) 因此由强大数定律, 我们有

$$\frac{1}{n}\ell''(\theta_0|\boldsymbol{x})=\frac{1}{n}\sum_{i=1}^n\left.\frac{\partial^2\log f(x_i,\theta)}{\partial\theta^2}\right|_{\theta=\theta_0}\xrightarrow{\text{a.s.}}-I(\theta_0). \tag{5.11}$$

又因为由定义 5.2 的条件 (2) 可设 $|\ell'''(\theta|\boldsymbol{X})|\leqslant M(X)$,$\theta_0-c<\theta<\theta_0+c$, 其中 $\theta_0\in\Theta$,c 为任意正数, 且 $E_{\theta_0}|M(X)|<\infty$, 则有

$$\frac{1}{n}\left|\ell'''(\theta_1|\boldsymbol{x})\right|\leqslant\frac{1}{n}\sum_{i=1}^n M(x_i)\xrightarrow{\text{a.s.}}E_\theta(M(X))|_{\theta=\theta_0}<\infty,$$

且由 $\widehat{\theta}$ 的相合性知, $\widehat{\theta}-\theta_0\xrightarrow{\text{a.s.}}0$, 故

$$(\widehat{\theta}-\theta_0)\frac{1}{n}\ell'''(\theta_1|\boldsymbol{x})\xrightarrow{\text{a.s.}}0. \tag{5.12}$$

由式 (5.11) 和式 (5.12), 根据 b_n 的表达式 (5.8), 立即推出式 (5.10) 成立. □

推论 5.1　设 $X_1, \cdots, X_n$ 是来自 $f(x, \boldsymbol{\theta})$ 的独立同分布的简单随机样本, 参数 $\boldsymbol{\theta}$ 的真值是 $\boldsymbol{\theta}_0$, 设 $\widehat{\boldsymbol{\theta}}$ 是 $\boldsymbol{\theta}_0$ 的 MLE, 又设 $g(\boldsymbol{\theta})$ 是 $\boldsymbol{\theta}$ 的连续可微函数. 如果正则条件定义 5.2 中 (1)~(5) 成立, 则 $g(\widehat{\boldsymbol{\theta}})$ 是 $g(\boldsymbol{\theta}_0)$ 的渐近正态估计, 即

$$\sqrt{n}\left(g(\widehat{\boldsymbol{\theta}}) - g(\boldsymbol{\theta}_0)\right) \xrightarrow{\mathscr{D}} N\left(0, [\nabla_{\boldsymbol{\theta}} g(\boldsymbol{\theta}_0)]\, I^{-1}(\boldsymbol{\theta}_0)\, [\nabla_{\boldsymbol{\theta}} g(\boldsymbol{\theta}_0)]^{\tau}\right),$$

其中 $\nabla_{\boldsymbol{\theta}} g(\boldsymbol{\theta}_0) = \nabla_{\boldsymbol{\theta}} g(\boldsymbol{\theta})|_{\boldsymbol{\theta}=\boldsymbol{\theta}_0}$.

注意到, 当参数 θ 是一维参数时, 上面推论的渐近方差为 $[g'(\theta)]^2 I^{-1}(\theta)$. 推论 5.1 的证明与定理 5.3 的证明类似, 可由 Delta 方法推出, 读者可自行证明.

命题 5.2　设 $\{f(x, \boldsymbol{\theta}),\ \boldsymbol{\theta} \in \Theta\}$ 为 C-R 分布族, $\widehat{g}(\boldsymbol{X})$ 及 $\widehat{\theta}(\boldsymbol{X})$ 分别为 $g(\boldsymbol{\theta})$ 和 $\boldsymbol{\theta}$ 的无偏估计, 且导数 $\nabla_{\boldsymbol{\theta}} g(\boldsymbol{\theta})$ 存在, 则有

$$\begin{aligned}
&\mathrm{Cov}_\theta\left[\widehat{g}(\boldsymbol{X}), S(\boldsymbol{X}, \boldsymbol{\theta})\right] = E_\theta\left[\widehat{g}(\boldsymbol{X}) S^{\tau}(\boldsymbol{X}, \boldsymbol{\theta})\right] = \nabla_{\boldsymbol{\theta}} g(\boldsymbol{\theta}),\\
&\mathrm{Cov}_\theta\left[\widehat{\boldsymbol{\theta}}(\boldsymbol{X}), S(\boldsymbol{X}, \boldsymbol{\theta})\right] = I.
\end{aligned}$$

其中 I 为单位矩阵.

证明　仅证第一式. 因为令 $g(\boldsymbol{\theta}) = \boldsymbol{\theta}$ 便可由第一式得第二式. 由得分函数的定义及性质可得 ($\boldsymbol{X}$ 为多维时也成立)

$$\begin{aligned}
\mathrm{Cov}_{\boldsymbol{\theta}}\left[\widehat{g}(\boldsymbol{X}), S(\boldsymbol{X}, \boldsymbol{\theta})\right] &= E_{\boldsymbol{\theta}}\left[(\widehat{g}(\boldsymbol{X}) - E\widehat{g}(\boldsymbol{X}))(S(\boldsymbol{X}, \boldsymbol{\theta}) - ES(\boldsymbol{X}, \boldsymbol{\theta}))^{\tau}\right]\\
&= E_{\boldsymbol{\theta}}\left[\widehat{g}(\boldsymbol{X}) S^{\tau}(\boldsymbol{X}, \boldsymbol{\theta})\right].
\end{aligned}$$

因此, 由积分和求导的可交换性得

$$\begin{aligned}
\mathrm{Cov}_{\boldsymbol{\theta}}\left[\widehat{g}(\boldsymbol{X}), S(\boldsymbol{X}, \boldsymbol{\theta})\right] &= \int \widehat{g}(\boldsymbol{x}) S^{\tau}(\boldsymbol{x}, \boldsymbol{\theta}) f(\boldsymbol{x}, \boldsymbol{\theta}) \mathrm{d}\boldsymbol{x}\\
&= \int \widehat{g}(\boldsymbol{x}) \frac{\partial f(\boldsymbol{x}, \boldsymbol{\theta})}{\partial \boldsymbol{\theta}} \mathrm{d}\boldsymbol{x}\\
&= \frac{\partial}{\partial \theta} \int \widehat{g}(\boldsymbol{x}) f(\boldsymbol{x}, \boldsymbol{\theta}) \mathrm{d}\boldsymbol{x}\\
&= \frac{\partial}{\partial \theta} E_{\boldsymbol{\theta}}[\widehat{g}(\boldsymbol{X})] = \nabla_{\boldsymbol{\theta}} g(\boldsymbol{\theta}).
\end{aligned}$$

最后一步应用了 $\widehat{g}(\boldsymbol{X})$ 的无偏性. □

推论 5.2　若 $\widehat{g}(\boldsymbol{X})$ 和 $\widehat{\boldsymbol{\theta}}(\boldsymbol{X})$ 的偏差分别为 $b_g(\boldsymbol{\theta})$ 和 $b(\boldsymbol{\theta})$, 即 $E_{\boldsymbol{\theta}}[\widehat{g}(\boldsymbol{X})] = g(\boldsymbol{\theta}) + b_g(\boldsymbol{\theta})$, $E_{\boldsymbol{\theta}}[\widehat{\boldsymbol{\theta}}(\boldsymbol{X})] = \boldsymbol{\theta} + b(\boldsymbol{\theta})$, 则有

$$\begin{aligned}
&\mathrm{Cov}_{\boldsymbol{\theta}}\left[\widehat{g}(\boldsymbol{X}), S(\boldsymbol{X}, \boldsymbol{\theta})\right] = \nabla_{\boldsymbol{\theta}} g(\boldsymbol{\theta}) + \nabla_{\boldsymbol{\theta}} b_g(\theta),\\
&\mathrm{Cov}_{\boldsymbol{\theta}}\left[\widehat{\boldsymbol{\theta}}(\boldsymbol{X}), S(\boldsymbol{X}, \boldsymbol{\theta})\right] = 1 + \nabla_{\boldsymbol{\theta}} b_g(\boldsymbol{\theta}).
\end{aligned}$$

信息阵中参数维数为 $k=1$ 和 $k=2$ 是两种最常见的情形. 看下面两个例子.

例 5.10 ($k=1$) 易知泊松分布为 C-R 正则分布族, 其 Fisher 信息阵存在, 易计算

$$S_\lambda(x)=\frac{\partial\log f(x,\lambda)}{\partial\lambda}=x/\lambda-1,$$

故 $I(\lambda)=E_\lambda\left[S_\lambda(X)\right]^2=\mathrm{Var}_\lambda\left[\frac{X}{\lambda}\right]=\frac{1}{\lambda}$.

例 5.11 ($k=2$) 考虑正态分布族 $\{N(\mu,\sigma^2),\ (\mu,\sigma^2)\in\mathbf{R}\times\mathbf{R}^+\}$, 显然此分布族为 C-R 正则族, 其 Fisher 信息阵存在, 记 $\boldsymbol{\theta}=(\theta_1,\theta_2)^\tau=(\mu,\sigma^2)^\tau$, 则

$$S(x,\boldsymbol{\theta})=\left(\frac{x-\mu}{\sigma^2},\frac{(x-\mu)^2}{2\sigma^4}-\frac{1}{2\sigma^2}\right)^\tau,$$

其信息阵为

$$I(\boldsymbol{\theta})=\mathrm{Var}_{\boldsymbol{\theta}}\left[S(X,\boldsymbol{\theta})\right]=E_{\boldsymbol{\theta}}\left[S(X,\boldsymbol{\theta})S^\tau(X,\boldsymbol{\theta})\right]=(I_{ij})_{2\times 2}=\begin{pmatrix}\dfrac{1}{\sigma^2} & 0\\ 0 & \dfrac{1}{2\sigma^4}\end{pmatrix}.$$

同样地, 由命题 5.1 的 (2) 可知, 也可以由似然函数的二阶导数求得, 即

$$\begin{aligned}I(\boldsymbol{\theta})&=-E_{\boldsymbol{\theta}}\left[\frac{\partial^2\ell(\boldsymbol{\theta}|x)}{\partial\boldsymbol{\theta}\partial\boldsymbol{\theta}^\tau}\right]\\&=\begin{pmatrix}-E_{\boldsymbol{\theta}}\dfrac{\partial^2\log f(x,\boldsymbol{\theta})}{\partial\theta_1\partial\theta_1} & -E_{\boldsymbol{\theta}}\dfrac{\partial^2\log f(x,\boldsymbol{\theta})}{\partial\theta_1\partial\theta_2}\\ -E_{\boldsymbol{\theta}}\dfrac{\partial^2\log f(x,\boldsymbol{\theta})}{\partial\theta_2\partial\theta_1} & -E_{\boldsymbol{\theta}}\dfrac{\partial^2\log f(x,\boldsymbol{\theta})}{\partial\theta_2\partial\theta_2}\end{pmatrix}=\begin{pmatrix}\dfrac{1}{\sigma^2} & 0\\ 0 & \dfrac{1}{2\sigma^4}\end{pmatrix}.\end{aligned}$$

命题 5.3 若随机变量 X 和 Y 的二阶矩均存在, 则 Schwarz 不等式可以表示为

$$\begin{aligned}\mathrm{Var}(X)\mathrm{Var}(Y)&=[\mathrm{Cov}(X,Y)]^2+\mathrm{Var}(Y)\mathrm{Var}(X-\lambda Y)\\&\geqslant[\mathrm{Cov}(X,Y)]^2,\end{aligned}\tag{5.13}$$

其中 $\lambda=\mathrm{Cov}(X,Y)\mathrm{Var}^{-1}(Y)$, 且等式成立的充要条件为 $X-\lambda Y=c$(c 为常数).

注意到, 上面不等式等价于

$$\mathrm{Var}(X-\lambda Y)\geqslant 0,\quad \lambda=\mathrm{Cov}(X,Y)\mathrm{Var}^{-1}(Y).\tag{5.14}$$

命题 5.3 的证明是容易的, 只要展开 $\mathrm{Var}(X-\lambda Y)\geqslant 0$ 即可. 另外, 以上结果对 X,Y 为向量的情形也成立. 在向量情形也有相似的结果, 但大于等于号 “$\geqslant$” 表示两边相减之后所得的矩阵是正定或半正定的. 下面给出著名的*克拉美-罗方差下界*(Cramér-Rao*方差下界*, 简称 C-R*方差下界*). 首先讨论参数 θ 是一元的情形.

定理 5.9 设 $\mathcal{F}=\{f(x,\theta),\ \theta\in\Theta\}$ 为 C-R 正则分布族, Θ 是 $\mathbf{R}^1$ 上的开集. $\widehat{g}(\boldsymbol{X})$ 和 $\widehat{\theta}(\boldsymbol{X})$ 分别为 $g(\theta)$ 和 θ 的无偏估计, 且导数 $g'(\theta)$ 存在, 则以下不等式成立

$$\mathrm{Var}_\theta[\widehat{g}(\boldsymbol{X})]\geqslant[g'(\theta)]^2I^{-1}(\theta),\tag{5.15}$$

$$\mathrm{Var}_\theta[\widehat{\theta}(\boldsymbol{X})]\geqslant I^{-1}(\theta),\tag{5.16}$$

以上不等式中等号成立 (即估计方差达到下界) 的充要条件分别为

$$S(\boldsymbol{X},\theta)=a(\theta)[\widehat{g}(\boldsymbol{X})-g(\theta)]\quad(\text{a.s.}),\tag{5.17}$$

$$S(\boldsymbol{X},\theta)=a(\theta)[\widehat{\theta}(\boldsymbol{X})-\theta]\quad(\text{a.s.}).\tag{5.18}$$

首先注意到, 不等式 (5.16) 和 (5.15) 分别是正则条件下 θ 和 $g(\theta)$ 的极大似然估计 $\widehat{\theta}$ 和 $g(\widehat{\theta})$ 的渐近方差, 见定理 5.8 和推论 5.1. 定理 5.9 说明, 在 C-R 正则分布族中, $g(\theta)$ 的所有估计 $\widehat{g}(\boldsymbol{X})$, 无论形式如何, 其方差总是有下界的, 其方差下界就是极大似然估计的渐近方差, 即 Fisher信息阵的逆 (见命题 5.1), 与估计量无关. 这也说明, 极大似然估计为无偏估计时, 一般优于其他无偏估计 (在方差小为优的准则下).

证明 由 Schwarz 不等式 (5.13), 即命题 5.3 中, 以 $\widehat{g}(\boldsymbol{X})$ 代替 X, 以 $S(\boldsymbol{X},\theta)$ 代替 Y, 并应用命题 5.2, 可得

$$[g'(\theta)]^2=\mathrm{Cov}^2_\theta[\widehat{g}(\boldsymbol{X}),S(\boldsymbol{X},\theta)]\leqslant\mathrm{Var}_\theta[\widehat{g}(\boldsymbol{X})]\mathrm{Var}_\theta[S(\boldsymbol{X},\theta)].$$

由于 $\mathrm{Var}_\theta[S(\boldsymbol{X},\theta)]=I(\theta)$, 把它代入上式即可得式 (5.15). 在式 (5.15) 中, 取 $g(\theta)=\theta$, 即得式 (5.16).

以上不等式中等号成立的充要条件为 $X-\lambda Y=C(\theta)(\text{a.s.})$, 其中 $X=\widehat{g}(\boldsymbol{X}),Y=S(\boldsymbol{X},\theta)$. 因此, 由命题 5.2, 有 $\lambda=\mathrm{Cov}_\theta\left[\widehat{g}(X),S(X,\theta)\right]\mathrm{Var}_\theta^{-1}\left[S(X,\theta)\right]=g'(\theta)I^{-1}(\theta)$, 因此有

$$\widehat{g}(\boldsymbol{X})-g'(\theta)I^{-1}(\theta)S(\boldsymbol{X},\theta)=C(\theta)\ (\text{a.s.}).$$

上式两端取期望可得 $E_\theta\left[\widehat{g}(\boldsymbol{X})-\lambda S(\boldsymbol{X},\theta)\right]=E_\theta\left[\widehat{g}(\boldsymbol{X})-g'(\theta)I^{-1}(\theta)S(\boldsymbol{X},\theta)\right]=E_\theta\left[\widehat{g}(\boldsymbol{X})\right]=g(\theta)=C(\theta)$. 所以有

$$\widehat{g}(\boldsymbol{X})-g(\theta)=g'(\theta)I^{-1}(\theta)S(\boldsymbol{X},\theta)\ (\text{a.s.}),$$

由此即得式 (5.17).

在式 (5.17) 中取 $g(\theta)=\theta$ 立得式 (5.18). □

推论 5.3(独立同分布的 C-R 不等式) 如果假设条件与定理 5.9 相同, 且 $X_1,\cdots,X_n$ 为独立同分布的随机变量, 其概率密度函数为 $f(x,\theta)$, 设 $\widehat{g}(\boldsymbol{X})$ 是 $g(\theta)$ 的

无偏估计, 则

$$\mathrm{Var}_\theta[\widehat{g}(\boldsymbol{X})] \geqslant \frac{[g'(\theta)]^2}{nE_\theta\left[\dfrac{\partial}{\partial\theta}\log f(x,\theta)\right]^2}.$$

证明 由命题 5.1 的 (3) 及定理 5.9 立得. □

事实上, 我们可以给出更一般的 C-R 不等式形式, 上面仅仅给出了单参数估计的 C-R 不等式. 现考虑参数 $\boldsymbol{\theta}$ 为 p 维向量的情形, 当 $\widehat{\boldsymbol{g}}(\boldsymbol{X})$ 是参数向量 $\boldsymbol{g}(\boldsymbol{\theta})$ 的估计时, 则有以下定理.

定理 5.10 设 $\mathcal{F}=\{f(x,\boldsymbol{\theta}),\ \boldsymbol{\theta}\in\Theta\}$ 为 C-R 正则分布族, 其中 Θ 为 $\mathbf{R}^p$ 上的开集, $\boldsymbol{\theta}=(\theta_1,\cdots,\theta_p)^\tau$, $\widehat{\boldsymbol{g}}(\boldsymbol{X})=(\widehat{g}_1(\boldsymbol{X}),\cdots,\widehat{g}_k(\boldsymbol{X}))^\tau$ 为 $\boldsymbol{g}(\boldsymbol{\theta})=(g_1(\boldsymbol{\theta}),\cdots,g_k(\boldsymbol{\theta}))^\tau$ 的无偏估计, 且导数 $\nabla_{\boldsymbol{\theta}}\boldsymbol{g}(\boldsymbol{\theta})=\dfrac{\partial \boldsymbol{g}(\boldsymbol{\theta})}{\partial\boldsymbol{\theta}}$ 存在, 则以下不等式成立

$$\mathrm{Var}_{\boldsymbol{\theta}}\left[\widehat{\boldsymbol{g}}(\boldsymbol{X})\right] \geqslant [\nabla_{\boldsymbol{\theta}}\boldsymbol{g}(\boldsymbol{\theta})]I^{-1}(\boldsymbol{\theta})[\nabla_{\boldsymbol{\theta}}\boldsymbol{g}(\boldsymbol{\theta})]^\tau, \tag{5.19}$$

且等式成立的充要条件为

$$\widehat{\boldsymbol{g}}(\boldsymbol{X})-\boldsymbol{g}(\boldsymbol{\theta})=C(\boldsymbol{\theta})\boldsymbol{S}(\boldsymbol{X},\boldsymbol{\theta}), \tag{5.20}$$

其中 $\nabla_{\boldsymbol{\theta}}\boldsymbol{g}(\boldsymbol{\theta})=\partial\boldsymbol{g}(\boldsymbol{\theta})/\partial\boldsymbol{\theta}=\left(g'_{ij}(\boldsymbol{\theta})\right)_{k\times p}=\mathrm{Cov}_{\boldsymbol{\theta}}\left[\widehat{\boldsymbol{g}}(\boldsymbol{X}),\boldsymbol{S}(\boldsymbol{X},\boldsymbol{\theta})\right]=E_{\boldsymbol{\theta}}[\widehat{\boldsymbol{g}}(\boldsymbol{X})\boldsymbol{S}^\tau(\boldsymbol{X},\boldsymbol{\theta})]$, $g'_{ij}(\boldsymbol{\theta})=\mathrm{Cov}_{\boldsymbol{\theta}}\left[\widehat{g}_i(\boldsymbol{X}),S_j(\boldsymbol{X},\boldsymbol{\theta})\right]=E_{\boldsymbol{\theta}}\left[\widehat{g}_i(\boldsymbol{X})S_j(\boldsymbol{X},\boldsymbol{\theta})\right]=\partial g_i(\boldsymbol{\theta})/\partial\theta_j(i=1,\cdots,k;j=1,\cdots,p)$.

证明 首先证明在此定理的条件下, 有

$$\begin{aligned}\mathrm{Cov}_{\boldsymbol{\theta}}[\widehat{\boldsymbol{g}}(\boldsymbol{X}),\boldsymbol{S}(\boldsymbol{X},\boldsymbol{\theta})]&=E_\theta[\widehat{\boldsymbol{g}}(\boldsymbol{X})\boldsymbol{S}^\tau(\boldsymbol{X},\boldsymbol{\theta})]\\&=\partial\boldsymbol{g}(\boldsymbol{\theta})/\partial\boldsymbol{\theta}=\nabla_{\boldsymbol{\theta}}g(\boldsymbol{\theta})=(g'_{ij}(\boldsymbol{\theta}))_{k\times p}\end{aligned} \tag{5.21}$$

成立. 只需对每个分量加以证明即可. 由假设可知

$$\begin{aligned}E_{\boldsymbol{\theta}}[\widehat{g}_i(\boldsymbol{X})S_j(\boldsymbol{X},\boldsymbol{\theta})]&=\int\widehat{g}_i(\boldsymbol{x})\frac{1}{f(\boldsymbol{x},\boldsymbol{\theta})}\frac{\partial f(\boldsymbol{x},\boldsymbol{\theta})}{\partial\theta_j}f(\boldsymbol{x},\boldsymbol{\theta})\mathrm{d}\boldsymbol{x}\\&=\frac{\partial}{\partial\theta_j}\int\widehat{g}_i(\boldsymbol{x})f(\boldsymbol{x},\boldsymbol{\theta})\mathrm{d}\boldsymbol{x}\\&=\frac{\partial}{\partial\theta_j}E_{\boldsymbol{\theta}}\left[\widehat{g}_i(\boldsymbol{X})\right]\\&=g'_{ij}(\boldsymbol{\theta})\end{aligned}$$

得证. 仍应用 Schwarz 不等式的等价形式 (5.14): $\mathrm{Var}(X-\lambda Y)\geqslant 0$, 并以 $\widehat{\boldsymbol{g}}(\boldsymbol{X})$ 代替 X, 以 $\boldsymbol{S}(\boldsymbol{X},\boldsymbol{\theta})$ 代替 Y, 则由式 (5.14) 以及上式有

$$\lambda=\mathrm{Cov}_{\boldsymbol{\theta}}\left[\widehat{\boldsymbol{g}}(\boldsymbol{X}),\boldsymbol{S}(\boldsymbol{X},\boldsymbol{\theta})\right]\mathrm{Var}_\theta^{-1}\left[\boldsymbol{S}(\boldsymbol{X},\boldsymbol{\theta})\right]=\nabla_{\boldsymbol{\theta}}\boldsymbol{g}(\boldsymbol{\theta})I^{-1}(\boldsymbol{\theta}),$$

从而有

$$\mathrm{Var}(\boldsymbol{X}-\lambda\boldsymbol{Y})=\mathrm{Var}_{\boldsymbol{\theta}}[\widehat{\boldsymbol{g}}(\boldsymbol{X})-\nabla_{\boldsymbol{\theta}}\boldsymbol{g}(\boldsymbol{\theta})I^{-1}(\boldsymbol{\theta})\boldsymbol{S}(\boldsymbol{X},\boldsymbol{\theta})]\geqslant 0.$$

由此可得

$$\begin{aligned}&\mathrm{Var}_{\boldsymbol{\theta}}\left[\widehat{\boldsymbol{g}}(\boldsymbol{X})\right]-\mathrm{Cov}_{\boldsymbol{\theta}}\left[\widehat{\boldsymbol{g}}(\boldsymbol{X}),\boldsymbol{S}(\boldsymbol{X},\boldsymbol{\theta})\right]I^{-1}(\boldsymbol{\theta})[\nabla_{\boldsymbol{\theta}}\boldsymbol{g}(\boldsymbol{\theta})]^{\tau}\\&-[\nabla_{\theta}\boldsymbol{g}(\boldsymbol{\theta})]I^{-1}(\boldsymbol{\theta})\mathrm{Cov}_{\boldsymbol{\theta}}\left[\boldsymbol{S}(\boldsymbol{X},\boldsymbol{\theta}),\widehat{\boldsymbol{g}}(\boldsymbol{X})\right]\\&+\left[\nabla_{\boldsymbol{\theta}}\boldsymbol{g}(\boldsymbol{\theta})\right]I^{-1}(\boldsymbol{\theta})\mathrm{Var}_{\boldsymbol{\theta}}\left[\boldsymbol{S}(\boldsymbol{X},\boldsymbol{\theta})\right]I^{-1}(\boldsymbol{\theta})[\nabla_{\boldsymbol{\theta}}\boldsymbol{g}(\boldsymbol{\theta})]^{\tau}\geqslant 0.\end{aligned}$$

由式 (5.21) 可得

$$\mathrm{Var}_{\boldsymbol{\theta}}\left[\widehat{\boldsymbol{g}}(\boldsymbol{X})\right]-2[\nabla_{\boldsymbol{\theta}}\boldsymbol{g}(\boldsymbol{\theta})]I^{-1}(\boldsymbol{\theta})[\nabla_{\boldsymbol{\theta}}\boldsymbol{g}(\boldsymbol{\theta})]^{\tau}+[\nabla_{\boldsymbol{\theta}}\boldsymbol{g}(\boldsymbol{\theta})]I^{-1}(\boldsymbol{\theta})[\nabla_{\boldsymbol{\theta}}\boldsymbol{g}(\boldsymbol{\theta})]^{\tau}\geqslant 0.$$

因而有

$$\mathrm{Var}_{\boldsymbol{\theta}}\left[\widehat{\boldsymbol{g}}(\boldsymbol{X})\right]\geqslant[\nabla_{\boldsymbol{\theta}}\boldsymbol{g}(\boldsymbol{\theta})]I^{-1}(\boldsymbol{\theta})[\nabla_{\boldsymbol{\theta}}\boldsymbol{g}(\boldsymbol{\theta})]^{\tau}.$$

此即式 (5.19). 由命题 5.3, 该不等式等号成立的充要条件为

$$\boldsymbol{X}-\lambda\boldsymbol{Y}=\widehat{\boldsymbol{g}}(\boldsymbol{X})-[\nabla_{\boldsymbol{\theta}}\boldsymbol{g}(\boldsymbol{\theta})]I^{-1}(\boldsymbol{\theta})\boldsymbol{S}(\boldsymbol{X},\boldsymbol{\theta})=a(\boldsymbol{\theta}).$$

等式两边取期望得 $a(\boldsymbol{\theta})=\boldsymbol{g}(\boldsymbol{\theta})$, 代入上式即可得到式 (5.20)

$$\widehat{\boldsymbol{g}}(\boldsymbol{X})-\boldsymbol{g}(\boldsymbol{\theta})=C(\boldsymbol{\theta})\boldsymbol{S}(\boldsymbol{X},\boldsymbol{\theta}),\quad C(\boldsymbol{\theta})=[\nabla_{\boldsymbol{\theta}}\boldsymbol{g}(\boldsymbol{\theta})]I^{-1}(\boldsymbol{\theta}).$$

□

另外, 如果 C-R 分布族的条件遭到破坏, 则不能保证极大似然估计的渐近正态性成立.

例 5.12 (反例)　设 $X_1,\cdots,X_n$ 是来自均匀分布 $U(0,\theta)$,$0<\theta<\infty$ 的独立同分布的简单随机样本, 这个分布显然不是 C-R 正则分布族. 它的支撑依赖于参数 θ, 而且积分与求导不可交换.

考虑 C-R 方差下界. 因为 $f(x,\theta)=1/\theta$,$0<x<\theta$,$\dfrac{\partial\log f(x,\theta)}{\partial\theta}=-\dfrac{1}{\theta}$, 于是有

$$E_{\theta}\left[\left(\frac{\partial}{\partial\theta}\log f(x,\theta)\right)^2\right]=\frac{1}{\theta^2}.$$

C-R 不等式似乎表示 θ 的任何一个无偏估计 $\widehat{\theta}_n$ 都应满足 $\mathrm{Var}_{\theta}\left(\widehat{\theta}_n\right)\geqslant\dfrac{\theta^2}{n}$. 但事实上, 我们能找到一个无偏估计有一个更小的方差.

先考虑一个充分统计量 $Y=\max\limits_i X_i$, 则 Y 的概率密度函数是

$$f_Y(y,\theta)=ny^{n-1}\theta^{-n},\quad 0<y<\theta,$$

经简单计算, 有 $E_\theta Y=\int_0^\theta \frac{ny^n}{\theta^n}\mathrm{d}y=\frac{n}{n+1}\theta.$

因此, $T=\frac{n+1}{n}Y$ 是 θ 的一个无偏估计, 且

$$\begin{aligned}\mathrm{Var}_\theta(T)&=\mathrm{Var}_\theta\left(\frac{n+1}{n}Y\right)=\left(\frac{n+1}{n}\right)^2\mathrm{Var}_\theta(Y)\\&=\left(\frac{n+1}{n}\right)^2\left[E_\theta(Y^2)-(E_\theta(Y))^2\right]\\&=\left(\frac{n+1}{n}\right)^2\left[\frac{n}{n+2}\theta^2-\left(\frac{n}{n+1}\theta\right)^2\right]\\&=\frac{1}{n(n+2)}\theta^2.\end{aligned}$$

这个方差一致地小于 θ^2/n. 这说明 C-R 方差不等式对此分布族不适用. 这是因为这个均匀分布族不是 C-R 分布族, 其支撑依赖于参数 θ, 导致了积分与求导不可交换.

5.5 有关极大似然估计的假设检验

利用极大似然估计或似然函数可以构造出参数 $\boldsymbol{\theta}\in\Theta$ 的一些检验和置信区间 (或域) 估计. 例如, 假设检验问题

$$H_0\colon \boldsymbol{c}'\boldsymbol{\theta}=\boldsymbol{r}\quad \text{v.s.}\quad H_1\colon \boldsymbol{c}'\boldsymbol{\theta}\neq\boldsymbol{r},$$

其中 $\boldsymbol{c}$ 为一常数向量或行数为 p 维的常数矩阵, p 是参数 $\boldsymbol{\theta}$ 的维数. 对于此检验问题的合适统计量有似然比检验、Wald 检验、得分检验 (也称为拉格朗日检验).

在构造这些统计量时, 通常需要求带有限制条件的极大似然估计. 假设 $\boldsymbol{\theta}=(\boldsymbol{\theta}_1^\tau,\boldsymbol{\theta}_2^\tau)^\tau$, 其中 $\boldsymbol{\theta}_1\in\Theta_1$ 是 p_1 维参数, $\boldsymbol{\theta}_2\in\Theta_2$ 是 p_2 维参数, 且 $\Theta=\Theta_1\oplus\Theta_2$ 为 $p=p_1+p_2$ 维参数空间. 上面的一个特殊原假设是 $\boldsymbol{\theta}_1=\boldsymbol{\theta}_{10}$(已知), 那么在原假设成立的条件下, 就需要来求当 $\boldsymbol{\theta}_1$ 给定时的关于 $\boldsymbol{\theta}_2$ 的极大似然估计. 关于求限制条件下的极大似然估计的方法, 我们正式表述如下: 设 $X\sim f(x,\boldsymbol{\theta})$, 其对数似然函数是

$$\ell(\boldsymbol{\theta})=\log f(x,\boldsymbol{\theta}_1,\boldsymbol{\theta}_2),$$

那么在给定 $\boldsymbol{\theta}_1{=}\boldsymbol{\theta}_{10}$ 的条件下, 求未知参数的极大似然估计就是求如下对数似然函数

$$\ell(\boldsymbol{\theta}_{10},\boldsymbol{\theta}_2)=\log f(x,\boldsymbol{\theta}_{10},\boldsymbol{\theta}_2)$$

关于参数 $\boldsymbol{\theta}_2$ 的极大值. 实际上这是**剖面似然**(profile likelihood), 是在有限制情况下求极大似然估计的一个常用方法.

定义 5.4 设 $X \sim f(x, \boldsymbol{\theta}), \boldsymbol{\theta} = (\boldsymbol{\theta}_1^\tau, \boldsymbol{\theta}_2^\tau)^\tau$, 在 $\boldsymbol{\theta}_1$ 被任意固定时, 求对数似然函数 $\ell(\boldsymbol{\theta}_1, \boldsymbol{\theta}_2)$ 的极大值, 得到 $\boldsymbol{\theta}_2$ 的极大似然估计为 $\widehat{\boldsymbol{\theta}}_2(\boldsymbol{\theta}_1)$, 即

$$\widehat{\boldsymbol{\theta}}_2(\boldsymbol{\theta}_1) = \arg\max_{\boldsymbol{\theta}_2 \in \Theta_2} \ell(\boldsymbol{\theta}_1, \boldsymbol{\theta}_2).$$

我们称

$$\ell_p(\boldsymbol{\theta}_1) = \max_{\boldsymbol{\theta}_2 \in \Theta_2} \ell(\boldsymbol{\theta}_1, \boldsymbol{\theta}_2) = \ell\left(\boldsymbol{\theta}_1, \widehat{\boldsymbol{\theta}}_2(\boldsymbol{\theta}_1)\right) \tag{5.22}$$

为参数 $\boldsymbol{\theta}_1$ 的**剖面似然**(profile likelihood). 由剖面似然获得的估计称为剖面极大似然估计, 即 $\widetilde{\boldsymbol{\theta}}_1 = \arg\max_{\boldsymbol{\theta}_1} \ell_p(\boldsymbol{\theta}_1)$, 并且有 $\widetilde{\boldsymbol{\theta}}_2 = \widehat{\boldsymbol{\theta}}_2(\widetilde{\boldsymbol{\theta}}_1)$, 则有如下定理.

定理 5.11 设 $\boldsymbol{\theta} = (\boldsymbol{\theta}_1^\tau, \boldsymbol{\theta}_2^\tau)^\tau$ 在 Θ 上的极大似然估计为 $\widehat{\boldsymbol{\theta}} = (\widehat{\boldsymbol{\theta}}_1^\tau, \widehat{\boldsymbol{\theta}}_2^\tau)^\tau$, 存在且唯一, 剖面似然 $\ell_p(\boldsymbol{\theta}_1)$ 中 $\boldsymbol{\theta}_1$ 的极大似然估计是 $\tilde{\boldsymbol{\theta}}_1$, 即

$$\ell_p(\tilde{\boldsymbol{\theta}}_1) = \max_{\boldsymbol{\theta}_1 \in \Theta_1} \ell_p(\boldsymbol{\theta}_1) = \max_{\boldsymbol{\theta}_1 \in \Theta_1} \ell\left(\boldsymbol{\theta}_1, \widehat{\boldsymbol{\theta}}_2(\boldsymbol{\theta}_1)\right). \tag{5.23}$$

同时记 $\tilde{\boldsymbol{\theta}}_2 = \widehat{\boldsymbol{\theta}}_2(\tilde{\boldsymbol{\theta}}_1), \tilde{\boldsymbol{\theta}} = (\tilde{\boldsymbol{\theta}}_1^\tau, \tilde{\boldsymbol{\theta}}_2^\tau)^\tau$, 则有 $\widehat{\boldsymbol{\theta}} = (\widehat{\boldsymbol{\theta}}_1^\tau, \widehat{\boldsymbol{\theta}}_2^\tau)^\tau = (\tilde{\boldsymbol{\theta}}_1^\tau, \tilde{\boldsymbol{\theta}}_2^\tau)^\tau = \tilde{\boldsymbol{\theta}}$ 和 $\tilde{\boldsymbol{\theta}}_2(\widehat{\boldsymbol{\theta}}_1) = \widehat{\boldsymbol{\theta}}_2(\tilde{\boldsymbol{\theta}}_1)$.

定理 5.11 说明求极大似然估计, 可以分两步走, 首先可以固定一部分参数, 求剩下的那一部分参数的极大似然估计, 那么这部分的极大似然估计肯定与固定的第一部分存在一个函数关系. 然后, 把这个极大似然估计代回似然函数, 那么此时的似然函数仅依赖于刚才固定的第一部分参数, 这时的似然函数称为**剖面似然函数**. 最后, 求剖面似然函数的最大似然估计, 并代掉前面求的第二部分参数的极大似然估计中未知的第一部分参数, 那么这两步获得的极大似然估计与直接求似然函数获得的极大似然估计相同.

定理 5.11 的证明 我们需要证明

$$\ell(\widehat{\boldsymbol{\theta}}) \geqslant \ell(\tilde{\boldsymbol{\theta}}),$$

且

$$\ell(\tilde{\boldsymbol{\theta}}) \geqslant \ell(\widehat{\boldsymbol{\theta}}),$$

则由唯一性可得 $\tilde{\boldsymbol{\theta}} = \widehat{\boldsymbol{\theta}}$. 下面将证明这两个不等式.

由于 $\widehat{\boldsymbol{\theta}}$ 是极大似然估计, 显然有 $\ell(\widehat{\boldsymbol{\theta}}) \geqslant \ell(\tilde{\boldsymbol{\theta}})$, 则只需证其反向不等式关系.

由 $\tilde{\boldsymbol{\theta}}_1$ 的定义式 (5.23) 知

$$\ell_p(\tilde{\boldsymbol{\theta}}_1) \geqslant \ell_p(\boldsymbol{\theta}_1), \quad \forall \boldsymbol{\theta}_1 \in \Theta_1,$$

且再由 $\tilde{\boldsymbol{\theta}}_1$ 的定义有

$$\ell\left(\tilde{\boldsymbol{\theta}}_1,\widehat{\boldsymbol{\theta}}_2(\tilde{\boldsymbol{\theta}}_1)\right)=\ell\left(\tilde{\boldsymbol{\theta}}_1,\tilde{\boldsymbol{\theta}}_2\right)\geqslant\ell\left(\boldsymbol{\theta}_1,\widehat{\boldsymbol{\theta}}_2(\boldsymbol{\theta}_1)\right),\quad\forall\boldsymbol{\theta}_1\in\Theta_1.\tag{5.24}$$

又由定义 5.4 中 $\widehat{\boldsymbol{\theta}}_2(\boldsymbol{\theta}_1)$ 的定义式 (5.22) 知, 对任意固定的 $\boldsymbol{\theta}_1$, 以及任意的 $\boldsymbol{\theta}_2$, 有

$$\ell\left(\boldsymbol{\theta}_1,\widehat{\boldsymbol{\theta}}_2(\boldsymbol{\theta}_1)\right)\geqslant\ell\left(\boldsymbol{\theta}_1,\boldsymbol{\theta}_2\right).$$

代入式 (5.24), 有

$$\ell\left(\tilde{\boldsymbol{\theta}}_1,\tilde{\boldsymbol{\theta}}_2\right)\geqslant\ell\left(\boldsymbol{\theta}_1,\boldsymbol{\theta}_2\right),\quad\forall\boldsymbol{\theta}_1\in\Theta_1,\quad\forall\boldsymbol{\theta}_2\in\Theta_2.$$

上式两边对 $(\boldsymbol{\theta}_1,\boldsymbol{\theta}_2)\in\Theta$ 两边取极大, 因此有 $\ell\left(\tilde{\boldsymbol{\theta}}_1,\tilde{\boldsymbol{\theta}}_2\right)\geqslant\ell\left(\widehat{\boldsymbol{\theta}}_1,\widehat{\boldsymbol{\theta}}_2\right)$. 综上所述, 由极大似然估计的唯一性有 $\tilde{\boldsymbol{\theta}}=\widehat{\boldsymbol{\theta}}$. 由 $\tilde{\boldsymbol{\theta}}=\widehat{\boldsymbol{\theta}}$ 以及 $\widehat{\boldsymbol{\theta}}_2(\boldsymbol{\theta}_1)$ 的定义知, $\widehat{\boldsymbol{\theta}}_2=\tilde{\boldsymbol{\theta}}_2=\widehat{\boldsymbol{\theta}}_2(\tilde{\boldsymbol{\theta}}_1)=\tilde{\boldsymbol{\theta}}_2(\widehat{\boldsymbol{\theta}}_1)$, 则定理 5.10 得证. □

下面我们来讨论本节开始所提出的假设检验问题:

$$H_0\colon\boldsymbol{\theta}_1=\boldsymbol{\theta}_{10}\longleftrightarrow H_1\colon\boldsymbol{\theta}_1\neq\boldsymbol{\theta}_{10}.\tag{5.25}$$

记 $\boldsymbol{\theta}=(\boldsymbol{\theta}_1^\tau,\boldsymbol{\theta}_2^\tau)^\tau$, 其中 $\boldsymbol{\theta}_1\in\Theta_1$ 是 p_1 维参数, $\boldsymbol{\theta}_2\in\Theta_2$ 是 p_2 维参数, 且 $\Theta=\Theta_1\oplus\Theta_2$ 为 $p=p_1+p_2$ 维参数空间. 这里 $\boldsymbol{\theta}_2$ 未知. 这时 $\Theta_0=\{(\boldsymbol{\theta}_{10}^\tau,\boldsymbol{\theta}_2^\tau)^\tau,\forall\boldsymbol{\theta}_2\in\Theta_2\}$, 并记 $\boldsymbol{\theta}_0=(\boldsymbol{\theta}_{10}^\tau,\boldsymbol{\theta}_{20}^\tau)^\tau$, $\widehat{\boldsymbol{\theta}}=(\widehat{\boldsymbol{\theta}}_1^\tau,\widehat{\boldsymbol{\theta}}_2^\tau)^\tau$, $\widehat{\boldsymbol{\theta}}_0=(\boldsymbol{\theta}_{10}^\tau,\tilde{\boldsymbol{\theta}}_2^{\ \tau}(\boldsymbol{\theta}_{10}))^\tau$, 其中 $\tilde{\boldsymbol{\theta}}_2(\boldsymbol{\theta}_{10})=\tilde{\boldsymbol{\theta}}_2$ 为当 $\boldsymbol{\theta}_1=\boldsymbol{\theta}_{10}$ 时 $\boldsymbol{\theta}_2$ 的极大似然估计, 则由定理 5.10 可知, $\widehat{\boldsymbol{\theta}}_2=\tilde{\boldsymbol{\theta}}_2(\widehat{\boldsymbol{\theta}}_1)$, 且可得 $\boldsymbol{\theta}_2$ 的剖面似然函数 $\ell(\widehat{\boldsymbol{\theta}}_0)=\ell(\boldsymbol{\theta}_{10},\tilde{\boldsymbol{\theta}}_2(\boldsymbol{\theta}_{10}))=\ell_p(\boldsymbol{\theta}_{10})$, $\ell(\widehat{\boldsymbol{\theta}})=\ell(\widehat{\boldsymbol{\theta}}_1,\tilde{\boldsymbol{\theta}}_2(\widehat{\boldsymbol{\theta}}_1))=\ell_p(\widehat{\boldsymbol{\theta}}_1)$, 其中 $\ell_p(\boldsymbol{\theta}_1)=\ell(\boldsymbol{\theta}_1,\tilde{\boldsymbol{\theta}}_2(\boldsymbol{\theta}_1))$ 为剖面似然. 因此, (对数) 似然比统计量可以表示为

$$LR(\boldsymbol{\theta}_{10})=2\left\{\ell(\widehat{\boldsymbol{\theta}})-\ell(\widehat{\boldsymbol{\theta}}_0)\right\}=2\left\{\ell_p(\widehat{\boldsymbol{\theta}}_1)-\ell_p(\boldsymbol{\theta}_{10})\right\},\tag{5.26}$$

并且有 $R^+=\{LR(\boldsymbol{\theta}_{10})>c\}$, 是检验问题 (5.25) 的否定域, c 是一适当的常数.

以下将证明, 在一定条件下有 $LR(\boldsymbol{\theta}_{10})\xrightarrow{\mathscr{D}}\chi^2_{p_1}$(当 $n\to\infty$ 时).

假设 $X\sim\mathcal{F}=\{f(x,\boldsymbol{\theta}),\ \boldsymbol{\theta}\in\Theta\}$ 为正则分布族, 其中 $\boldsymbol{\theta}=(\boldsymbol{\theta}_1^\tau,\boldsymbol{\theta}_2^\tau)^\tau$, $\boldsymbol{\theta}_1\in\Theta_1$ 是 p_1 维参数, $\boldsymbol{\theta}_2\in\Theta_2$ 是 p_2 维参数, 且 $\Theta=\Theta_1\oplus\Theta_2$ 为 $p=p_1+p_2$ 维参数空间. 来自于此分布族的独立同分布随机样本为 $X_1,X_2,\cdots,X_n$, 记 X_1 的 Fisher 信息阵为 $I_1(\boldsymbol{\theta})$, $X=(X_1,X_2,\cdots,X_n)^\tau$ 的对数似然函数和 Fisher 信息阵分别记为 $\ell(\boldsymbol{\theta})$ 和 $I(\boldsymbol{\theta})$. 现在把有关的量按 $\boldsymbol{\theta}_1$ 和 $\boldsymbol{\theta}_2$ 分块, 则可应用大数定律和中心极限定理, 由此可以得到与似然函数有关的许多重要性质. 注意到, 得分函数为

$$\ell'(\boldsymbol{\theta})=\nabla_\theta\ell(\boldsymbol{\theta}|\boldsymbol{x})=\frac{\partial\ell(\boldsymbol{\theta}|\boldsymbol{x})}{\partial\boldsymbol{\theta}}=\begin{pmatrix}\dfrac{\partial\ell(\boldsymbol{\theta}|\boldsymbol{x})}{\partial\boldsymbol{\theta}_1}\\\dfrac{\partial\ell(\boldsymbol{\theta}|\boldsymbol{x})}{\partial\boldsymbol{\theta}_2}\end{pmatrix}=\begin{pmatrix}\ell_1'(\boldsymbol{\theta})\\\ell_2'(\boldsymbol{\theta})\end{pmatrix}=O_p(n),$$

同样地, 得分函数的导数为

$$\ell''(\boldsymbol{\theta})=\nabla^2_{\theta\theta}\ell(\boldsymbol{\theta}|\boldsymbol{x})=\frac{\partial^2\ell(\boldsymbol{\theta}|\boldsymbol{x})}{\partial\boldsymbol{\theta}\partial\boldsymbol{\theta}^{\tau}}=\begin{pmatrix}\dfrac{\partial^2\ell(\boldsymbol{\theta}|\boldsymbol{x})}{\partial\boldsymbol{\theta}_1\partial\boldsymbol{\theta}_1^{\tau}} & \dfrac{\partial^2\ell(\boldsymbol{\theta}|\boldsymbol{x})}{\partial\boldsymbol{\theta}_1\partial\boldsymbol{\theta}_2^{\tau}}\\ \dfrac{\partial^2\ell(\boldsymbol{\theta}|\boldsymbol{x})}{\partial\boldsymbol{\theta}_2\partial\boldsymbol{\theta}_1^{\tau}} & \dfrac{\partial^2\ell(\boldsymbol{\theta}|\boldsymbol{x})}{\partial\boldsymbol{\theta}_2\partial\boldsymbol{\theta}_2^{\tau}}\end{pmatrix}=\begin{pmatrix}\ell_{11} & \ell_{12}\\ \ell_{21} & \ell_{22}\end{pmatrix}=O_p(n),$$

因此, 可以获得 Hessen 矩阵的逆为

$$(\ell''(\boldsymbol{\theta}))^{-1}=\begin{pmatrix}\ell_{11} & \ell_{12}\\ \ell_{21} & \ell_{22}\end{pmatrix}^{-1}=\begin{pmatrix}\ell^{11} & \ell^{12}\\ \ell^{21} & \ell^{22}\end{pmatrix}=O_p(n^{-1}),$$

其中 $\ell^{11}=\left(\ell_{11}-\ell_{12}(\ell_{22})^{-1}\ell_{21}\right)^{-1}=O_p(n^{-1})$,

$$E\left[-\ell''(\boldsymbol{\theta})\right]=I(\boldsymbol{\theta})=nI_1(\boldsymbol{\theta})=\begin{pmatrix}I_{11} & I_{12}\\ I_{21} & I_{22}\end{pmatrix}=O_p(n),$$

其中 $I_1(\boldsymbol{\theta})$ 为单个样本 X_i 的信息阵.

$$I^{-1}(\boldsymbol{\theta})=\frac{1}{n}I_1^{-1}(\boldsymbol{\theta})=\begin{pmatrix}I^{11} & I^{12}\\ I^{21} & I^{22}\end{pmatrix}=O_p(n^{-1}).$$

类似地, 也可以定义 $I_1^{-1}(\boldsymbol{\theta})$. 另外, 对于 $\widehat{\boldsymbol{\theta}}=(\widehat{\boldsymbol{\theta}}_1^{\tau},\widehat{\boldsymbol{\theta}}_2^{\tau})^{\tau}$, $\widehat{\boldsymbol{\theta}}_0=(\boldsymbol{\theta}_{10}^{\tau},\tilde{\boldsymbol{\theta}}_2^{\ \tau}(\boldsymbol{\theta}_{10}))^{\tau}$, 记

$$\Delta\widehat{\boldsymbol{\theta}}=\widehat{\boldsymbol{\theta}}-\widehat{\boldsymbol{\theta}}_0=\begin{pmatrix}\widehat{\boldsymbol{\theta}}_1\\ \widehat{\boldsymbol{\theta}}_2\end{pmatrix}-\begin{pmatrix}\boldsymbol{\theta}_{10}\\ \tilde{\boldsymbol{\theta}}_2(\boldsymbol{\theta}_{10})\end{pmatrix}=\begin{pmatrix}\Delta\widehat{\boldsymbol{\theta}}_1\\ \Delta\tilde{\boldsymbol{\theta}}_2\end{pmatrix}=\begin{pmatrix}\Delta\widehat{\theta}_1\\ \vdots\\ \Delta\widehat{\theta}_p\end{pmatrix},$$

则一阶条件有 $\ell_1'(\widehat{\boldsymbol{\theta}})=0$,$\ell_2'(\widehat{\boldsymbol{\theta}})=0$. 又由于 $\widehat{\boldsymbol{\theta}}_0$ 中的 $\tilde{\boldsymbol{\theta}}_2$ 为 $\boldsymbol{\theta}_1=\boldsymbol{\theta}_{10}$ 时, $\boldsymbol{\theta}_2$ 的极大似然估计, 因此有 $\ell_2'(\widehat{\boldsymbol{\theta}}_0)=0$.

命题 5.4　在满足以上假设条件和符号标记下, 有以下两个等式成立:

$$\Delta\widehat{\boldsymbol{\theta}}_1=-\ell^{11}(\widehat{\boldsymbol{\theta}}_0)\ell_1'(\widehat{\boldsymbol{\theta}}_0)+O_p(n^{-1}),\tag{5.27}$$

$$\Delta\tilde{\boldsymbol{\theta}}_2=-\ell_{22}^{-1}(\widehat{\boldsymbol{\theta}}_0)\ell_{21}(\widehat{\boldsymbol{\theta}}_0)\Delta\widehat{\boldsymbol{\theta}}_1+O_p(n^{-1}).\tag{5.28}$$

命题 5.4 给出了极大似然估计渐近表示式, 是证明其渐近正态性的重要表达式.

命题 5.4 的证明　我们首先对等式 $\ell'(\widehat{\boldsymbol{\theta}})=0$ 在 $\widehat{\boldsymbol{\theta}}_0$ 处进行泰勒展开, 有

$$\ell'(\widehat{\boldsymbol{\theta}})=\ell'(\widehat{\boldsymbol{\theta}}_0)+\ell''(\widehat{\boldsymbol{\theta}}_0)(\widehat{\boldsymbol{\theta}}-\widehat{\boldsymbol{\theta}}_0)+R_n=0,\tag{5.29}$$

其中余项 R_n 是一个 p 维向量, 其第 a 个分量可表示为 $\dfrac{1}{2}\displaystyle\sum_{i=1}^{p}\sum_{j=1}^{p}n^{-1}\ell_{aij}'''(\xi)\sqrt{n}\Delta\widehat{\theta}_i$ $\sqrt{n}\Delta\widehat{\theta}_j$, 其中 ξ 为 $\widehat{\boldsymbol{\theta}}$ 和 $\widehat{\boldsymbol{\theta}}_0$ 之间的一点, 由 $\ell_{aij}'''(\xi)=O_p(1)$ 以及极大似然估计的渐

近正态性可知 (见定理 5.8), 余项 $R_n = O_p(1)$. 由于 $\ell_2'(\widehat{\boldsymbol{\theta}}_0) = 0$, 因而式 (5.29) 的分块形式可以表示为

$$\begin{pmatrix} \ell_1'(\widehat{\boldsymbol{\theta}}_0) \\ 0 \end{pmatrix} = -\begin{pmatrix} \ell_{11} & \ell_{12} \\ \ell_{21} & \ell_{22} \end{pmatrix}\begin{pmatrix} \Delta\widehat{\boldsymbol{\theta}}_1 \\ \Delta\tilde{\boldsymbol{\theta}}_2 \end{pmatrix} + O_p(1). \tag{5.30}$$

此处式 (5.30) 及下面的式子都是在 $\widehat{\boldsymbol{\theta}}_0$ 处取值. 因此由式 (5.30) 可得 $0 = \ell_{21}\Delta\widehat{\boldsymbol{\theta}}_1 + \ell_{22}\Delta\tilde{\boldsymbol{\theta}}_2 + O_p(1)$, 由于 $\ell_{22}^{-1} = O_p(n^{-1})$, 所以有 $\Delta\tilde{\boldsymbol{\theta}}_2 = -\ell_{22}^{-1}\ell_{21}\Delta\widehat{\boldsymbol{\theta}}_1 + O_p(n^{-1})$, 此即式 (5.28). 又由于式 (5.30) 可得

$$\begin{pmatrix} \Delta\widehat{\boldsymbol{\theta}}_1 \\ \Delta\tilde{\boldsymbol{\theta}}_2 \end{pmatrix} = -\begin{pmatrix} \ell^{11} & \ell^{12} \\ \ell^{21} & \ell^{22} \end{pmatrix}\begin{pmatrix} \ell_1' \\ 0 \end{pmatrix} + O_p(n^{-1}).$$

由此即可得式 (5.27). □

定理 5.12 在满足以上假设条件和符号标志下, 似然比统计量式 (5.26) 有渐近 χ^2 分布, 即当 $n \to \infty$ 时, $LR(\boldsymbol{\theta}_{10}) \xrightarrow{\mathscr{D}} \chi^2_{p_1}$. 对于假设检验问题

$$H_0\text{: } \boldsymbol{\theta}_1 = \boldsymbol{\theta}_{10} \longleftrightarrow H_1\text{: } \boldsymbol{\theta}_1 \neq \boldsymbol{\theta}_{10},$$

其基于似然比统计量的近似拒绝域为 $R^+ = \{LR(\boldsymbol{\theta}_{10}) > \chi^2_{p_1}(1-\alpha)\}$.

证明 我们把式 (5.26) 的 $LR(\boldsymbol{\theta}_{10})$ 在 $\widehat{\boldsymbol{\theta}}_0$ 处进行泰勒展开, 有

$$\begin{aligned} LR(\boldsymbol{\theta}_{10}) =& 2\left[\ell'(\widehat{\boldsymbol{\theta}}_0)\right]^{\tau}\Delta\widehat{\boldsymbol{\theta}} + \left(\Delta\widehat{\boldsymbol{\theta}}\right)^{\tau}\ell''(\widehat{\boldsymbol{\theta}}_0)\Delta\widehat{\boldsymbol{\theta}} \\ &+ \frac{1}{3}\left(\sqrt{n}\right)^{-1}\sum_{i=1}^{p}\sum_{j=1}^{p}\sum_{k=1}^{p} n^{-1}\ell_{ijk}'''(\xi)\sqrt{n}\Delta\widehat{\theta}_i\sqrt{n}\Delta\widehat{\theta}_j\sqrt{n}\Delta\widehat{\theta}_k. \end{aligned}$$

其中 ξ 为 $\widehat{\boldsymbol{\theta}}$ 和 $\widehat{\boldsymbol{\theta}}_0$ 之间的一点, 由大数律有 $n^{-1}\ell_{ijk}'''(\xi) = O_p(1)$, 以及极大似然估计的渐近正态性可知, $\frac{1}{3}\left(\sqrt{n}\right)^{-1}\sum_{i=1}^{n}\sum_{j=1}^{p}\sum_{k=1}^{p} n^{-1}\ell_{ijk}'''(\xi)\sqrt{n}\Delta\widehat{\theta}_i\sqrt{n}\Delta\widehat{\theta}_j\sqrt{n}\Delta\widehat{\theta}_k = O_p(n^{-1/2})$. 因此 $LR(\boldsymbol{\theta}_{10})$ 的分块形式可以表示为

$$\begin{aligned} LR(\boldsymbol{\theta}_{10}) =& 2\left(\ell_1'\right)^{\tau}\Delta\widehat{\boldsymbol{\theta}}_1 + 2\left(\ell_2'\right)^{\tau}\Delta\tilde{\boldsymbol{\theta}}_2 + \left(\Delta\widehat{\boldsymbol{\theta}}_1\right)^{\tau}\ell_{11}\Delta\widehat{\boldsymbol{\theta}}_1 \\ &+ 2\left(\Delta\widehat{\boldsymbol{\theta}}_1\right)^{\tau}\ell_{12}\Delta\tilde{\boldsymbol{\theta}}_2 + \left(\Delta\tilde{\boldsymbol{\theta}}_2\right)^{\tau}\ell_{22}\Delta\tilde{\boldsymbol{\theta}}_2 + O_p(n^{-1/2}). \end{aligned}$$

把命题 5.4 的结果以及 $\ell_1'\left(\widehat{\boldsymbol{\theta}}_0\right)=-\left(\ell^{11}\right)^{-1}\Delta\widehat{\boldsymbol{\theta}}_1+O_p(1)$, 和 $\ell_2'(\widehat{\boldsymbol{\theta}}_0)=0$, 代入上式可得

$$\begin{aligned}LR(\boldsymbol{\theta}_{10})=&-2\left(\Delta\widehat{\boldsymbol{\theta}}_1\right)^\tau\left(\ell^{11}\right)^{-1}\Delta\widehat{\boldsymbol{\theta}}_1+\left(\Delta\widehat{\boldsymbol{\theta}}_1\right)^\tau\ell_{11}\Delta\widehat{\boldsymbol{\theta}}_1\\&-2\left(\Delta\widehat{\boldsymbol{\theta}}_1\right)^\tau\ell_{12}\left(\ell_{22}\right)^{-1}\ell_{21}\Delta\widehat{\boldsymbol{\theta}}_1+\left(\Delta\widehat{\boldsymbol{\theta}}_1\right)^\tau\ell_{12}\left(\ell_{22}\right)^{-1}\ell_{21}\Delta\widehat{\boldsymbol{\theta}}_1+O_p(n^{-1/2})\\=&-2\left(\Delta\widehat{\boldsymbol{\theta}}_1\right)^\tau\left(\ell^{11}\right)^{-1}\Delta\widehat{\boldsymbol{\theta}}_1+\left(\Delta\widehat{\boldsymbol{\theta}}_1\right)^\tau\left(\ell_{11}-\ell_{12}\left(\ell_{22}\right)^{-1}\ell_{21}\right)\Delta\widehat{\boldsymbol{\theta}}_1+O_p(n^{-1/2})\\=&-\left(\Delta\widehat{\boldsymbol{\theta}}_1\right)^\tau\left(\ell^{11}\right)^{-1}\Delta\widehat{\boldsymbol{\theta}}_1+O_p(n^{-1/2})\\=&\left(\sqrt{n}\Delta\widehat{\boldsymbol{\theta}}_1\right)^\tau\left(-n\ell^{11}\right)^{-1}\sqrt{n}\Delta\widehat{\boldsymbol{\theta}}_1+O_p(n^{-1/2}).\end{aligned}$$

以上 ℓ_{11},ℓ^{11} 等都是在 $\widehat{\boldsymbol{\theta}}_0$ 处取值. 由定理 5.8 和推论 5.1 可知

$$\sqrt{n}\Delta\widehat{\boldsymbol{\theta}}\xrightarrow{\mathscr{D}}N(\mathbf{0},I^{-1}(\boldsymbol{\theta}_0)),\quad\sqrt{n}\Delta\widehat{\boldsymbol{\theta}}_1\xrightarrow{\mathscr{D}}N(\mathbf{0},I_1^{11}(\boldsymbol{\theta}_0)).\tag{5.31}$$

由大数律还可知 $n^{-1}\left[-\ell''(\boldsymbol{\theta}_0)\right]\to I_1(\boldsymbol{\theta}_0)$ 依概率成立. 因而由极大似然估计的相合性就可以得到 $n^{-1}(-\ell'')\to I_1(\boldsymbol{\theta}_0)$, 其中 $-\ell''$ 表示在 $\widehat{\boldsymbol{\theta}}_0$ 处取值. 因此也就有 $-n(\ell'')^{-1}\to I_1^{-1}(\boldsymbol{\theta}_0)$, $-n\ell^{11}\xrightarrow{P}I_1^{11}(\boldsymbol{\theta}_0)$. 因此以上 $LR(\boldsymbol{\theta}_{10})$ 可表示为

$$LR(\boldsymbol{\theta}_{10})=\left(\sqrt{n}\Delta\widehat{\boldsymbol{\theta}}_1\right)^\tau\left(-n\ell^{11}\right)^{-\frac{1}{2}}\left(-n\ell^{11}\right)^{-\frac{1}{2}}\sqrt{n}\Delta\widehat{\boldsymbol{\theta}}_1+O_p(n^{-1/2}).\tag{5.32}$$

由于 $\left(-n\ell^{11}\right)^{-\frac{1}{2}}\to\left(I_1^{11}(\boldsymbol{\theta}_0)\right)^{-\frac{1}{2}}$, 因此由 Slutsky 定理以及式 (5.31) 可知

$$\left(-n\ell^{11}\right)^{-\frac{1}{2}}\left(\sqrt{n}\Delta\widehat{\boldsymbol{\theta}}_1\right)\xrightarrow{\mathscr{D}}N(\mathbf{0},I_{p1}),$$

所以由式 (5.32) 有 $LR(\boldsymbol{\theta}_{10})\xrightarrow{\mathscr{D}}\chi^2_{p_1}\quad(n\to\infty)$. □

推论 5.4　在满足以上假设条件和符号标志下, 有

$$\widehat{\theta}_1\xrightarrow{\mathscr{P}}\theta_{10},\quad\tilde{\theta}_2\xrightarrow{\mathscr{P}}\theta_{20}.$$

证明　由命题 5.4 及得分函数的大样本性质可得结论. □

推论 5.5　在满足以上假设条件和符号标志下, 有下式成立

$$\begin{aligned}\sqrt{n}\Delta\widehat{\boldsymbol{\theta}}_1&\xrightarrow{\mathscr{D}}N(\mathbf{0},I^{11}(\boldsymbol{\theta}_0)),\\\sqrt{n}\Delta\tilde{\boldsymbol{\theta}}_2&\xrightarrow{\mathscr{D}}N(\mathbf{0},D(\boldsymbol{\theta}_0)),\end{aligned}$$

其中 $D(\boldsymbol{\theta}_0)=I_{22}^{-1}(\boldsymbol{\theta}_0)I_{21}(\boldsymbol{\theta}_0)I^{11}(\boldsymbol{\theta}_0)I_{12}(\boldsymbol{\theta}_0)I_{22}^{-1}(\boldsymbol{\theta}_0)$.

证明　由命题 5.4 及定理 5.12 的证明易得结论. □

推论 5.6 在满足以上假设条件和符号标志下, 有

$$\sqrt{n}\begin{pmatrix}\Delta\widehat{\boldsymbol{\theta}}_1\\ \Delta\tilde{\boldsymbol{\theta}}_2\end{pmatrix}\xrightarrow{\mathscr{D}}N(\mathbf{0},B),$$

其中 $B=\begin{pmatrix}I^{11}(\boldsymbol{\theta}_0) & I^{11}(\boldsymbol{\theta}_0)I_{12}(\boldsymbol{\theta}_0)I_{22}^{-1}(\boldsymbol{\theta}_0)\\ I_{22}^{-1}(\boldsymbol{\theta}_0)I_{21}(\boldsymbol{\theta}_0)I^{11}(\boldsymbol{\theta}_0) & D(\boldsymbol{\theta}_0)\end{pmatrix}$.

证明 由命题 5.4 及定理 5.12 的证明易得结论. □

推论 5.7 在满足以上假设条件和符号标志下, 似然比统计量 $LR(\boldsymbol{\theta}_{10})$ 式 (5.26) 可以由得分函数 $\ell_1'(\boldsymbol{\theta})$ 和 Fisher 信息阵 $I(\boldsymbol{\theta})$ 表示为得分检验统计量的形式:

$$LR(\boldsymbol{\theta}_{10})=SC_1(\boldsymbol{\theta}_{10})+O_p(n^{-\frac{1}{2}}),\quad LR(\boldsymbol{\theta}_{10})=SC_2(\boldsymbol{\theta}_{10})+O_p(n^{-\frac{1}{2}}),$$

其中 $SC_1(\boldsymbol{\theta}_{10})$ 和 $SC_2(\boldsymbol{\theta}_{10})$ 均为得分检验统计量, 且

$$SC_1(\boldsymbol{\theta}_{10})=\left[\left(\frac{\partial\ell(\boldsymbol{\theta}|\boldsymbol{x})}{\partial\boldsymbol{\theta}_1}\right)^{\tau}I^{11}\left(\frac{\partial\ell(\boldsymbol{\theta}|\boldsymbol{x})}{\partial\boldsymbol{\theta}_1}\right)\right]\Bigg|_{\boldsymbol{\theta}=\widehat{\boldsymbol{\theta}}_0}\xrightarrow{\mathscr{D}}\chi^2_{p_1}\quad(n\to\infty),$$

$$SC_2(\boldsymbol{\theta}_{10})=\left[\left(\frac{\partial\ell(\boldsymbol{\theta}|\boldsymbol{x})}{\partial\boldsymbol{\theta}_1}\right)^{\tau}(-\ell^{11}(\boldsymbol{\theta}))\left(\frac{\partial\ell(\boldsymbol{\theta}|\boldsymbol{x})}{\partial\boldsymbol{\theta}_1}\right)\right]\Bigg|_{\boldsymbol{\theta}=\widehat{\boldsymbol{\theta}}_0}\xrightarrow{\mathscr{D}}\chi^2_{p_1}\quad(n\to\infty).\quad\square$$

推论 5.8 在满足以上假设条件和符号标志下, 似然比统计量 $LR(\boldsymbol{\theta}_{10})$还可以得到以下等价的 Wald检验统计量形式:

$$WD_1(\boldsymbol{\theta}_{10})=\left(\widehat{\boldsymbol{\theta}}_1-\boldsymbol{\theta}_{10}\right)^{\tau}\left[I^{11}(\widehat{\boldsymbol{\theta}})\right]^{-1}\left(\widehat{\boldsymbol{\theta}}_1-\boldsymbol{\theta}_{10}\right)\xrightarrow{\mathscr{D}}\chi^2_{p_1}\quad(n\to\infty),$$

$$WD_2(\boldsymbol{\theta}_{10})=\left(\widehat{\boldsymbol{\theta}}_1-\boldsymbol{\theta}_{10}\right)^{\tau}\left[-\ell^{11}(\widehat{\boldsymbol{\theta}})\right]^{-1}\left(\widehat{\boldsymbol{\theta}}_1-\boldsymbol{\theta}_{10}\right)\xrightarrow{\mathscr{D}}\chi^2_{p_1}\quad(n\to\infty).$$

这里仅讨论了假设检验问题 (5.25), 对于更一般的假设检验 H_0: $c'\beta=r'$, 本章并未展开, 更多内容可参见陈希孺 (1997).

5.6 删失数据下极大似然估计

在有些情况下, 观察数据并不是完全的, 或非独立的, 而是存在删失数据或是缺失数据, 或者是数据存在相关性等, 对于这样的数据应当进行单独处理, 而不能照搬独立同分布情况下的极大似然估计方法. 在后面的这几节中, 我们仅提出不同数据类型的极大似然函数, 并不打算展开讨论其渐近性质. 如果读者对此有兴趣, 可以参阅相关书籍和文献. 但是在一些简单的数据类型下, 极大似然估计的渐近性质仍可参照前面的讨论, 即简单随机样本下的极大似然估计的渐近性质的证明. 本节首先考虑删失数据下的极大似然估计问题.

现考虑右删失数据, 假设 $X_1, X_2, \cdots, X_n$ 是来自分布 F 的独立同分布随机变量, 通常称为生存时间, 一般都非负, 但对更一般的随机变量也成立, 且存在右删失时间 $Y_1, \cdots, Y_n$, 其分布为 G. 通常假设 X_i 和 Y_i 独立. 设 $Z = X \wedge Y$ 和 $\delta = I(X \leqslant Y)$. 为简单计算, 假定 $X = Y$ 时, 没有删失. 如果 Z 存在结点的情况, 可以引入一个无穷小量, 认为删失时间就是失效时间加上这个无穷小量. 其中 $I(\cdot)$ 是一示性函数. 假设分布 F 的概率密度函数为 $f(x, \theta)$, 其中 θ 是未知参数. 设 $\mathscr{X} = \{X_1, X_2, \cdots, X_n\}$ 和 $\mathscr{Y} = \{Y_1, Y_2, \cdots, Y_n\}$, 实际观察样本为 $(Z_i, \delta_i), i = 1, 2, \cdots, n$, 假定观察样本独立, 则 F 和 G 在存在右删失数据情况下的似然函数是

$$L(F, G; \mathscr{X}, \mathscr{Y}) = L(F, G; \mathscr{Y}) \times L(F, G; \mathscr{X} | \mathscr{Y}), \tag{5.33}$$

其中 $L(F, G; \mathscr{Y}) = G(Y_1, Y_2, \cdots, Y_n)$ 是删失时间边际似然函数, 且

$$\begin{aligned} L(F, G; \mathscr{X} | \mathscr{Y}) &= \prod_{i:\ \delta_i = 1} [F(\{X_i\})] \prod_{i:\ \delta_i = 0} [F((Y_i, \infty))] \\ &= \prod_{i=1}^{n} [F(\{Z_i\})]^{\delta_i} [F((Z_i, \infty))]^{(1-\delta_i)}, \end{aligned} \tag{5.34}$$

这里假设 $0^0 = 1$, $F(\{Z_i\})$ 表示在 Z_i 点的概率, $F((Z_i, \infty))$ 表示在 (Z_i, ∞) 区间内的概率.

显然这个条件似然函数与分布 G 无关. 因此使用全似然式 (5.33) 和条件似然式 (5.34) 对参数 θ 的推断相同, 也就是使用条件似然并没有信息损失. 注意到, 如果假定 F 是参数分布族, 且概率密度函数为 $f(x, \theta)$, 则 $F(\{Z_i\}) = f(Z_i, \theta)$.

由于假定 F 是参数分布, 那么在实际中的观察样本 $(Z_i, \delta_i), i = 1, 2, \cdots, n$ 的条件似然函数是

$$L\left((Z_1, \delta_1), \cdots, (Z_n, \delta_n)\right) = \prod_{i=1}^{n} [f(Z_i, \theta)]^{\delta_i} [1 - F_\theta(Z_i)]^{1-\delta_i}.$$

另外, 删失数据下的似然函数可以转化为

$$L((X_1, \delta_1), \cdots, (X_n, \delta_n)) = \prod_{i=1}^{n} \lambda(X_i, \theta)^{\delta_i} (1 - F_\theta(X_i)),$$

其中

$$\lambda(X_i, \theta) = \frac{f(X_i, \theta)}{1 - F_\theta(X_i)}$$

是生存时间 X 的风险率函数, 也称为强度函数. 有了似然函数, 便可利用通常意义下求极大似然估计的方法, 可以获得参数 θ 的极大似然估计. 同样地, 在一定的正则条件下, 也可获得此极大似然估计的渐近正态性, 详细参见 Owen (2001) 和陈家

鼎 (2005). 在独立删失的假设下, 使式 (5.34) 达最的就是著名 Kaplan-Meier 估计, 许多统计学家获得了其优良的统计性质. Kaplan & Meier(1958) 首先给出此估计, Gill(1983), Gijbels & Veraverbeke(1991) 给出此估计的一些有用的表示. Zhou, Sun & Yip(1999) 获得了 Kaplan-Meier 估计精美的振动模型的结果.

5.7 截断数据极大似然

在左截断数据中, 我们只有在 $X \geqslant Y$ 时才能观察到数据对 (X, Y), 而在 $X < Y$ 时什么都没有观察到. 如果 X 和 Y 独立, 应当能够给出 F 的估计. 但是我们应当注意到如果分布 G 的支撑下端点大于 F 的下端点, 那么在 G 支撑下端点以下的 F 值是无法估计的, 因为没有观察到数据. 这个问题在后面将进一步讨论. 在观察数据集 $\{(X_i, Y_i) | X_i \geqslant Y_i, i = 1, 2, \cdots, n\}$ 中, F 和 G 的似然函数是

$$L(F, G; \mathscr{X}, \mathscr{Y}) = \alpha^{-n} \prod_{i=1}^{n} [F(\{X_i\}) G(\{Y_i\})]^{\delta_i}, \tag{5.35}$$

其中 $\delta_i = I(X_i \geqslant Y_i)$ 和

$$\alpha = \int \int_{x \geqslant y} \mathrm{d}F(x) \mathrm{d}G(y) = \int G(u) \mathrm{d}F(u) = \int (1 - F(u)) \mathrm{d}G(u)$$

是 $X \geqslant Y$ 的概率, 即 $P(\delta = 1)$. 与右删失数据下的情况类似, 这个似然函数能够分解为边际函数和条件似然函数的乘积, 即

$$\begin{aligned} L(F, G; \mathscr{X}, \mathscr{Y}) &= L(F, G; \mathscr{Y}) \times L(F, G; \mathscr{X} | \mathscr{Y}) \\ &= L(F, G; \mathscr{X}) \times L(F, G; \mathscr{Y} | \mathscr{X}), \end{aligned} \tag{5.36}$$

其中

$$\begin{aligned} L(F, G; \mathscr{X}) &= \alpha^{-n} \prod_{i=1}^{n} [G(X_i) F(\{X_i\})]^{\delta_i}, \\ L(F, G; \mathscr{Y} | \mathscr{X}) &= \prod_{i=1}^{n} \left[\frac{G(\{Y_i\})}{G(X_i)} \right]^{\delta_i}, \\ L(F, G; \mathscr{Y}) &= \alpha^{-n} \prod_{i=1}^{n} \left[(1 - F(Y_i)) G(\{Y_i\}) \right]^{\delta_i}, \\ L(F, G; \mathscr{X} | \mathscr{Y})) &= \prod_{i=1}^{n} \left[\frac{F(\{X_i\})}{1 - F(Y_i)} \right]^{\delta_i}. \end{aligned}$$

从上面这些式子可以看出, 在给定 Y 的条件下, X 的条件似然函数与分布 G 没有关系. 因此, 可以通过此条件似然函数求出 F 中参数的极大似然估计. 同理, 在给定 X 的条件下, Y 的条件似然函数仅与分布 G 有关, 而与分布 F 没有关系, 因此, 也可由 Y 的条件似然函数求出 G 的极大似然估计. Lyndell-Bell(1971) 首先给出截断数据的极大似然估计. Chao & Lo(1988) 给出 Lyndell-Bell 估计的渐近表示的结果. Zhou(1997, 2003) 研究了此估计的振动模. Zhou(1996) 给出 Lyndell-Bell 估计的光滑形式, 并研究了其渐近性质. Zhou(1999) 研究截断数据下密度函数估计的渐近性质.

具体地说, 现假定 F 是参数分布族, 且有概率密度函数 (或概率质量函数) $f(x,\theta)$, 则在给定 Y 的条件下, X 的条件似然函数可以用来估计参数 θ. 此时的条件似然函数是

$$L\left((X_1,Y_1),\cdots,(X_n,Y_n);\theta\right)=\prod_{i=1}^{n}\left[\frac{f(X_i,\theta)}{1-F(Y_i,\theta)}\right]^{\delta_i}.$$

事实上, 以上的所有公式中 δ_i 可以不出现, 因为只要是观察到的数据已经暗指满足 $\delta_i=1$. 对于截断数据极大似然估计的更多内容参见 Owen (2001).

5.8 缺失数据极大似然估计

假设 $(X_1,Y_1),\cdots,(X_n,Y_n)$ 是独立同分布的随机向量, 其中 Y_i 是响应变量, X_i 是一个 $p\times 1$ 维的协变量. 我们在一定的条件下, 想要确定 (Y_i,X_i) 的联合分布和 X_i 的边际分布, 不妨分别设为 $f(x,y,\theta)$ 和 $f(x)$. 如果我们观察到的实际数据是

$$(Y_i,X_i,\delta_i),\quad i=1,2,\cdots,n.$$

当 $\delta_i=1$ 时, Y_i 可观察, 否则 Y_i 不可观察. 此时的似然函数是

$$L\left((Y_i,X_i,\delta_i),i=1,\cdots,n;\theta\right)=\prod_{i=1}^{n}\left\{[f(Y_i,X_i,\theta)]^{\delta_i}\left[\int f(y,X_i,\theta)\mathrm{d}y\right]^{1-\delta_i}\right\}.$$

假设 X 的边际分布与参数 θ 无关, 则变换为

$$L\left((Y_i,X_i,\delta_i),i=1,\cdots,n;\theta\right)\propto\prod_{i=1}^{n}\left\{[f(Y_i,X_i,\theta)]^{\delta_i}\left[\int f(y|X_i,\theta)\mathrm{d}y\right]^{1-\delta_i}\right\}.$$

在求丢失数据的极大似然估计时, 最重要的问题就是求上式中的积分. 但事实上, 求这个积分并不容易. 因此, 近二十多年来, 人们应用多重插补法 (multiple imputation)、EM 算法等来求缺失数据的极大似然估计.

事实上, 人们可以把积分部分看作一个除参数未知以外的已知函数, 便可利用普通的极大似然方法来获得参数 θ 的极大似然估计. 但是, 在缺失数据情况下, 由于需要求未知数据的积分, 从而导致了一些复杂的计算. 因此, 在这种情况下, 极大似然估计的渐近方差是很复杂的, 更多的内容请参见 Owen (2001).

5.9 不可忽略缺失机制下的极大似然估计

在一些情况下, 由于完全似然不可获得或者是求解时相当困难, 人们通常退而求其次, 考虑条件似然估计. 假设 $(X_1, Y_1), \cdots, (X_n, Y_n)$ 是独立同分布的随机向量, 其中 Y_i 是 $q \times 1$ 维的响应变量, X_i 是一个 $p \times 1$ 维的协变量. 其中 X_i 是可以完全观察到的, 然而 Y_i 仅当 $i = 1, 2, \cdots, m$ 时是可以观察到的, 而当 $i = m+1, \cdots, n$ 时是完全缺失的. 设 $\delta_i = (\delta_{i1}, \cdots, \delta_{iq})$ 是 Y_i 的响应示性变量, 当 $\delta_i = 1$ 时表示第 i 个个体可以完全观察到. 记 $Y = (Y_{i,\mathrm{obs}}, Y_{i,\mathrm{mis}})$, 其中 $Y_{i,\mathrm{obs}}$ 是 Y_i 可以观察的部分, 而 $Y_{i,\mathrm{mis}}$ 是观察缺失的部分. 一般地, 缺失机制有如下形式

$$P(\delta_i = r | X_i, Y_i, \psi) = w(X_i, Y_i, \psi, r), \tag{5.37}$$

其中 r 是只包含 0 和 1 的 q 维向量. $w(\cdot, \cdot, \psi, r)$ 是取值在 $[0, 1]$ 中的任一函数, 由 r 和未知参数 ψ 所确定.

当缺失事件仅依赖于可观察值时, 即

$$P(\delta_i = r | X_i, Y_i, \psi) = w(X_i, Y_{i,\mathrm{obs}}, \psi, r). \tag{5.38}$$

这就是著名的 MAR 假设. 那么对其用极大似然方法做统计推断时, 这个缺失机制称为可忽略的. 有关此方面的内容可参见 Rubin 和 Little(1987).

我们还可以考虑更复杂的不可忽略的的缺失机制的统计推断. 为简单计算, 在这里, 我们假设 Y 的缺失仅依赖于 Y 而与 X 无关, 即

$$P(\delta_i = r | X_i, Y_i, \psi) = w(Y_i, \psi, r), \tag{5.39}$$

这在有偏响应变量抽样中, Y 是一刻度, 且 (X, Y) 是以依赖于响应变量的抽样概率来抽取的.

设 $p(x, y, \psi)$ 表示 (X, Y) 的联合分布, 其中 ψ 是未知的参数. 假设联合分布可以分解为

$$p(x, y, \psi) = f(x, \alpha) g(y | x, \theta), \tag{5.40}$$

其中 $f(\cdot)$ 和 $g(\cdot)$ 分别是 X 的分布函数和给定 X 条件下 Y 的条件分布函数, 且 α 和 θ 分别是对应分布的未知参数. 我们假设参数 α, θ, ψ 是不同的.

则基于完全似然函数的估计就是求下式的极大解

$$\begin{aligned}L(\alpha,\theta,\psi)=&\prod_{i=1}^{n}\left[f(X_i,\alpha)\int g(Y_i,r_i|X_i,\alpha,\theta,\psi)\mathrm{d}Y_{i,\mathrm{mis}}\right]\\=&L_1(\alpha)\left\{\prod_{r_i=1}[g(Y_i|X_i,\theta)w(Y_i,\psi,r_i=1)]\right\}\\&\times\left\{\prod_{r_i\neq 1}\left[\int g(Y_i|X_i,\theta)w(Y_i,\psi,r_i)\mathrm{d}Y_{i,\mathrm{mis}}\right]\right\},\end{aligned}$$

其中

$$L_1(\alpha)=\prod_{i=1}^{n}[f(X_i,\alpha)].$$

在实际中, 缺失机制是不容易理解和确定的, 一般 $w(\cdot)$ 的形式是未知的. 如果对 $w(\cdot)$ 误判将导致参数 θ 的估计有极大的偏差. 于是, 采用的统计推断方法不需要估计 $w(\cdot)$ 才是最为可行的. 因为在我们讨论的范围内, 完全可观察的数据是来自于 $F(X|Y)$ 的随机样本. 一个自然的方法就是基于完全可观察样本的 $F(X|Y)$ 的似然函数, 即条件似然函数,

$$L_2(\theta,\alpha)=\prod_{r_i=1}[p(X_i|Y_i,\theta,\alpha)]=\prod_{r_i=1}\left[\frac{g(Y_i|X_i,\theta)f(X_i,\alpha)}{\int g(Y_i|x,\theta)f(x,\alpha)\mathrm{d}x}\right].\tag{5.41}$$

在实际中, 可以考虑如下的算法实现参数 θ 的统计推断.

(1) 基于似然函数 $L_1(\alpha)$ 估计 α, 记为 $\widehat{\alpha}$. 如果 X 的分布是非参数的, 可以利用经验分布函数来估计, 即 $\widehat{\alpha}=F_n(x)$, $F_n(x)=n^{-1}\sum_{i=1}^{n}I(X_i\leqslant x)$.

(2) 利用估计的似然函数 $L_2(\theta,\widehat{\alpha})$ 估计参数 θ, 此似然函数就是一个剖面似然函数, 在非参数的情况下也可用剖面似然函数来估计 θ, 此时剖面似然函数是

$$L_2(\theta,F_n(x))=\prod_{r_i=1}\left[\frac{g(Y_i|X_i,\theta)}{\int g(Y_i|x,\theta)\mathrm{d}F_n(x)}\right].$$

可以证明这些估计都是相合估计, 同时也是渐近正态的, 但是有一些效率的损失, 更多内容请参见 Stubbendick 和 Ibrahim (2003).

5.10 条件似然估计

设 $(X_1,Y_1),\cdots,(X_n,Y_n)$ 是独立同分布的随机向量, 仅 $X_1,\cdots,X_n$ 可以观察到, 且它们的分布依赖于不可观察的 Y_i. 这种相依的方式可以表示如下

$$P(X_i=0|Y_i=0)=1,$$

而

$$P(X_i = x_i | Y_i = 1) = p(x_i, \pi),$$

其中 $Y_i, i = 1, \cdots, n$ 是独立同分布的二元随机变量, 即

$$Y_i \sim \text{Binomial}(1 - \theta),$$

π 是未知的参数, $p(x_i, \pi), x_i, i = 0, 1, \cdots, n$ 是一离散型随机变量的概率函数, $p(\cdot, \pi)$ 的值可以是 $(0, 1)$ 上的任一函数.

所以, 如果 Y_i 取值为 0, 则 X_i 取值为 0. 在这种情况下, 观察是确定的. 我们考察一个例子, 我们关心的是鸡窝里的鸡蛋数, 如果 X 表示鸡蛋数, 而 $Y = 0$ 表示的是公鸡, 否则指的是母鸡. 如果知道这个鸡窝是公鸡的, 则鸡蛋数为 0, 即

$$P(X_i = 0 | Y_i = 0) = 1.$$

如果这个窝是母鸡的, 则鸡蛋数是随机变量.

一般地参数 θ 处理为讨厌参数, 而我们感兴趣的参数是 π. 但有时也可以反过来. 当 $\theta = 0$ 时, 参数 π 的统计推断就退化成通常意义下的参数统计推断.

由全概率公式, 有

$$\begin{aligned} P(X_i = 0) &= P(X_i = 0 | Y_i = 0) P(Y_i = 0) + P(X_i = 0 | Y_i = 1) P(Y_i = 1) \\ &= \theta + (1 - \theta) p(0, \pi), \end{aligned}$$

而对于任意 $x_i > 0$,

$$\begin{aligned} P(X_i = x_i) &= P(X_i = x_i | Y_i = 0) P(Y_i = 0) + P(X_i = x_i | Y_i = 1) P(Y_i = 1) \\ &= 0 + (1 - \theta) p(x_i, \pi) = (1 - \theta) p(x_i, \pi). \end{aligned}$$

设 $\boldsymbol{x} = (x_1, \cdots, x_n)$ 和 $\boldsymbol{X} = (X_1, \cdots, X_n)$, 则参数 θ 和 π 的似然函数是

$$L(\boldsymbol{x}, \pi, \theta) = \prod_{i=1}^{n} \left\{ [\theta + (1 - \theta) p(0, \pi)]^{1 - \delta_i} \left[(1 - \theta) p(x_i, \pi) \right]^{\delta_i} \right\}, \tag{5.42}$$

其中

$$\delta_i = \begin{cases} 0, & x_i = 0, \\ 1, & x_i > 0. \end{cases}$$

此时的对数似然函数是

$$\ell(\boldsymbol{x}, \pi, \theta) = \sum_{i=1}^{n} \left\{ (1 - \delta_i) \log[\theta + (1 - \theta) p(0, \pi)] + \delta_i \log[(1 - \theta) p(x_i, \pi)] \right\}.$$

由此函数可获得参数 π 和讨厌参数 θ 的极大似然估计. 下面可构造一个条件似然函数, 其不依赖于讨论参数 θ.

现在我们来考虑条件似然. 设 $\boldsymbol{A}=\{A_1,\cdots,A_k\}$ 表示一随机变量集, 和 $\boldsymbol{a}=\{a_1,\cdots,a_k\}$ 是 $\boldsymbol{A}$ 的现实观察值, 则似然函数有如下分解

$$L(\boldsymbol{x},\pi,\theta)=f(\boldsymbol{x},\pi|\boldsymbol{a})g(\boldsymbol{a},\pi,\theta),$$

其中 $f(\boldsymbol{x},\pi|\boldsymbol{a})$ 是 $\boldsymbol{X}$ 在给定 $\boldsymbol{A}=\boldsymbol{a}$ 条件下的条件密度函数, 即

$$f(\boldsymbol{x},\pi|\boldsymbol{a})=\prod_{i=1}^{k}f(x_i,\pi|a_i),$$

且 $g(\boldsymbol{a},\pi,\theta)$ 是统计量 $\boldsymbol{A}$ 的边际密度函数, 即在上面的例子中, $k=n, a_i=\delta_i$, 且

$$g(\boldsymbol{a},\pi,\theta)=\prod_{i=1}^{k}\left\{[(1-\theta)(1-p(0,\pi)]^{a_i}\left[\theta+(1-\theta)p(0,\pi)\right]^{1-a_i}\right\}.$$

这些函数有一些很好的特征. 给定 $\boldsymbol{A}=\boldsymbol{a}$ 下 $\boldsymbol{X}$ 的条件密度函数, 仅依赖于参数 π. 如果完全似然函数具有如上的这些特征, 我们称 $\boldsymbol{A}$ 是参数 π 的**辅助信息**.

因此, 基于条件似然函数 $f(\boldsymbol{x},\pi|\boldsymbol{a})$ 的估计称为条件极大似然估计. 事实上, 可以考虑如下的条件似然函数对参数 π 进行估计. 对上面提到的例子, 我们应当基于 $X_i, i=1,2,\cdots,n$ 的非 0 观察值的似然函数来估计 π. 在这种情况下, **条件似然函数**是

$$L^*(\boldsymbol{x},\pi)=\prod_{i=1}^{n}\left[P(X_i=x_i,\pi|X_i>0)\right]=\prod_{i=1}^{n}\left[\frac{p(x_i,\pi)}{(1-p(0,\pi))}\right]. \tag{5.43}$$

通过利用此条件似然, 可以看出此似然函数并不依赖参数 θ. 在完全似然函数 (5.42) 中, 我们将 θ 作为**讨厌参数**, 因为不是感兴趣的参数. 而通过条件似然函数, 就可以把这个讨厌参数去掉. 但通常情况下, 仅使用条件似然可能损失数据的一些有用信息, 从而降低了估计的有效性. 正如前面的例子中, 如果我们需要对讨厌参数进行估计, 可以利用有关讨厌参数的边际似然函数来获得其估计. 可以事先选定 π 的一个值 $\tilde{\pi}$ (如果利用条件似然便可获得其一个相合估计, 即条件极大似然估计), 然后用 $\boldsymbol{A}$ 的边际分布来估计 θ, 即解如下的边际得分函数获得 θ 的估计,

$$\sum_{i=1}^{n}\left[\frac{(1-a_i)(1-p(0,\tilde{\pi}))}{\theta+(1-\theta)p(0,\tilde{\pi})}-\frac{a_i}{1-\theta}\right]=0.$$

这里获得讨厌参数θ 的估计依赖于 π 的估计 $\tilde{\pi}$, 因此可使用迭代方法获得其估计值. 上面这个方程可以看成来自于 $\boldsymbol{A}$ 的边际得分方程.

当然, 我们也可以把参数 π 的初始值设为其他值, 而不是条件极大似然估计. 由模型假设, 可以获得感兴趣参数与讨厌参数的一个关系. 因此, 参数 θ 的估计的一个初始值可由矩估计给出. 在此模型中, 因为

$$E(A_i) = (1-\theta)\left[1-p(0,\pi)\right],$$

可以从如下方程获得 θ 的估计

$$E\left(\sum_{i=1}^{n} A_i\right) = \sum_{i=1}^{n} a_i,$$

这里 $(1-p(0,\tilde{\pi}))$ 可以代替 $(1-p(0,\pi))$, 于是由矩估计有

$$\tilde{\theta} = 1 - \frac{\sum\limits_{i=1}^{n} a_i}{\sum\limits_{i=1}^{n}[1-p(0,\tilde{\pi})]}.$$

这里需要假定

$$\sum_{i=1}^{n} a_i < \sum_{i=1}^{n}\left[1-p(0,\tilde{\pi})\right]$$

成立.

有关这些似然函数的性质, 我们将在后面的章节中做进一步的研究.

5.11 相关研究及扩展

矩估计和极大似然估计是两种基本的点估计方法, 另外一种重要方法是最小二乘法, 本书中没有单独介绍. 矩估计方法思想简单直观, 在简单情况下, 通常可以找到无偏估计. 而在大多数情况下, 通常是渐近无偏估计. 极大似然估计方法概率思想明确, 有显著的统计意义.

从大样本的观点看, 极大似然估计一般优于矩估计, 因此, 它受到更大程度的重视. 在很一般的条件下, 矩估计是相合的, 且是渐近正态的. 对极大似然估计而言, 在一些限制条件下仍是相合的、渐近正态的. 另外, 在一些正则条件下, 极大似然估计是有效估计, 而矩估计只有在很特别的条件下才是有效估计.

矩估计法最早由 K.Pearson 在 1894 年提出, 在 1894~1902 年他发表了一系列涉及此方法的文章, 其中最重要的是 1902 年发表在*Biometrika*上的文章. 矩估计法原理简单, 使用方便, 它对样本分布形式要求少, 即使不知道总体的分布也可以使用, 而且具有一定的优良性质 (相合性、渐近正态性等). 但在寻找参数的矩法估计量时, 对总体原点矩不存在的分布如柯西分布等则不能使用, 此外, 它只涉及总体的一些数字特征, 并未用到总体的分布, 因此矩估计量实际上只集中了总体的部分信息, 往往不能很好地体现总体的分布特征, 只有在样本容量较大时, 才能保障它的优良性, 因而从理论上讲, 矩法估计是以大样本为应用对象的.

极大似然估计在统计中具有极其重要的地位, 这主要得益于极大似然估计具有很多很好的统计性质, 在一些正则的条件下, 极大似然估计是有效估计 (渐近有效估计)、一致最小方差估计等, 通常也是渐近无偏估计. 有很多教科书都对极大似然估计进行了较深入的讨论, 例如, 陈希孺 (1997)、韦博成 (2006)、茆诗松, 王静龙和濮晓龙 (1998) 等.

很多统计推断方法都是这两种方法的直接推广, 例如, 广义矩方法 (GMM) 估计 (Hansen, 1982), 广义估计方程估计是矩估计的推广, 而后面将要讨论的经验似然估计, 拟似然估计和伪似然估计可以看成极大似然估计的推广.

在不完全数据, 参数和非参数的极大似然估计在过去的三十个里取得许多优美的研究成果. 在第 5.6~5.8 节中进行简单叙述. 事实上, 左截断和右删失数据在生存分析中具有重要的应用背景. 类似于右删失及左截断数据, Tsai, Jewell 和 Wang(1987) 给出了生存分布 $S(t)=1-F(t)$ 的条件极大似然估计 Gijbels Wang(1993) 给出了此估计的渐近表示, Zhou(1996) 和 Zhou 和 Yip(1999) 扩展了 Gijbels 和 Wang(1993) 的结果, 获得更好的逼近, 达到最优的收敛速度. 基于 TJW 估计, Zhou 和 Yip(1999), Zhou 和 Wu(1999) 分别研究了左截断右删失下分位数密度函数估计. Zhou 和 Li(2003) 获得此分位数密度函数估计的重对数律.

第 6 章　极值目标函数估计

基于参数 $\boldsymbol{\theta} \in \boldsymbol{\Theta}$ 及样本 $(\boldsymbol{Y}, \boldsymbol{X})$, 考虑一个目标函数 $Q_n(\boldsymbol{y}, \boldsymbol{x}, \theta)$, 很多常用的估计均能表示为如下的极值点

$$\widehat{\boldsymbol{\theta}} = \arg\min_{\boldsymbol{\theta}\in\boldsymbol{\Theta}}[Q_n(\boldsymbol{Y}, \boldsymbol{X}, \boldsymbol{\theta})], \tag{6.1}$$

或

$$\widehat{\boldsymbol{\theta}} = \arg\max_{\boldsymbol{\theta}\in\boldsymbol{\Theta}}[Q_n(\boldsymbol{Y}, \boldsymbol{X}, \boldsymbol{\theta})]. \tag{6.2}$$

其中 $(\boldsymbol{Y}, \boldsymbol{X})$ 是一随机向量, 通常 $\boldsymbol{Y}$ 是一响应变量, $\boldsymbol{X}$ 是自变量, 在有些情况下, 并不存在响应变量和自变量, 即 $(\boldsymbol{Y}, \boldsymbol{X})$ 只看成一个多元向量.

在本节为表述清楚, 正式表示极值目标函数如下. 设 $m_{\boldsymbol{\theta}}(\boldsymbol{x}, \boldsymbol{y})$ 是可测函数, 令

$$Q_n(\boldsymbol{Y}, \boldsymbol{X}, \boldsymbol{\theta}) = \frac{1}{n}\sum_{i=1}^{n} m_{\boldsymbol{\theta}}(X_i, Y_i),$$

则称使上式达最大的极值点 $\widehat{\boldsymbol{\theta}}$ 为**极值目标函数估计**, 也称为 M 估计. 如果存在 $\boldsymbol{\theta}_0$, 使得 $Em_{\boldsymbol{\theta}}(X, Y)$ 达到最大, 则称 $\boldsymbol{\theta}_0$ 为 $\boldsymbol{\theta}$ 的真值.

以上两个极值求解实际上是等价的. 因为对于式 (6.2) 中的极大值可以把目标函数乘以 -1 而变成式 (6.1) 中求极小值. 这样获得的点估计称为**极值目标函数估计** (**简称为极值函数估计**), 有些书里称为 M 估计. 由于通常意义下的最小二乘估计和极大似然估计均能够分别表示为式 (6.1) 和式 (6.2) 的形式, 因此它们都是极值目标函数估计的特例. 如果没有明确提出, 我们通过极小化的方式获得极值目标函数估计.

6.1　广义估计方程估计

在这里先考虑广义估计方程估计. 对于要讨论的估计方程估计, 需要假设无偏估计函数,

$$E\psi(\boldsymbol{Y}, \boldsymbol{X}, \boldsymbol{\theta}) = 0, \tag{6.3}$$

其中 $\psi(\boldsymbol{y}, \boldsymbol{x}, \boldsymbol{\theta})$ 是一个 q 维函数向量, 而 $\boldsymbol{\theta} \in \boldsymbol{\Theta}$ 是一个 p 维待估参数向量, $\boldsymbol{\Theta}$ 是参数空间. 假设 $q \geqslant p$, 如何构造参数 θ 的估计是重要的问题. 我们知道, 如果能确定

随机变量的分布, 通常情况下 $\boldsymbol{\psi}(\boldsymbol{y},\boldsymbol{x},\boldsymbol{\theta})$ 是极大似然或条件似然中的得分函数, 此时 $q=p$. 但当 $q>p$ 时, 也就是说对参数 θ 的限制条件多于参数的维数时, 式 (6.3) 的样本类似可以表示为

$$\frac{1}{n}\sum_{i=1}^{n}\boldsymbol{\psi}(Y_i,X_i,\boldsymbol{\theta})=0, \tag{6.4}$$

在数学上通常是无解的, 因为限制的个数多于未知参数的个数. 但从统计的角度看, $p<q$ 说明限制条件 (6.4) 对所要估计的参数提供了更多的信息, 应当能够更好和更有效地估计参数 $\boldsymbol{\theta}$. 例如, 考虑线性回归模型

$$\boldsymbol{Y}=\boldsymbol{\beta}^{\tau}\boldsymbol{X}+\varepsilon, \tag{6.5}$$

其中 $E\varepsilon=0$ 且 $E\varepsilon^2=\sigma^2$. 在非参数情况, 并不需要假设 ε 服从任何分布也可以用最小二乘法获得 $\boldsymbol{\beta}$ 的相合估计. 如果 ε 服从正态分布, 获得的最小二乘估计则也是极大似然估计, 因而是有效估计. 但如果不知道 ε 服从的具体分布, 只知道其分布是一个对称的分布, 那么是否可以给出比最小二乘估计好的估计吗? 或者说是否可以通过加入 ε 服从一个对称分布这个辅助信息来获得 $\boldsymbol{\beta}$ 的更好估计呢? 答案是肯定的. 注意到

$$E\{\boldsymbol{X}(\boldsymbol{Y}-\boldsymbol{\beta}^{\tau}\boldsymbol{X})\}=0, \tag{6.6}$$

$$E\{I(\boldsymbol{Y}-\boldsymbol{\beta}^{\tau}\boldsymbol{X}<0)-1/2\}=0. \tag{6.7}$$

这样得到无偏估计函数

$$\boldsymbol{\psi}(\boldsymbol{Y},\boldsymbol{X},\boldsymbol{\beta})=\begin{pmatrix}\boldsymbol{X}(\boldsymbol{Y}-\boldsymbol{\beta}^{\tau}\boldsymbol{X})\\ I(\boldsymbol{Y}-\boldsymbol{\beta}^{\tau}\boldsymbol{X}<0)-1/2\end{pmatrix}. \tag{6.8}$$

此时 $\psi(\boldsymbol{Y},\boldsymbol{X},\beta)$ 共有 $p+1$ 个方程而参数 $\boldsymbol{\beta}$ 是 p 维的. 最小二乘估计是基于正则方程 (6.6) 获得的. 现在增加了一个无偏估计函数, 应当会使估计有所改善, 因为我们使用了更多的信息, 更详细的内容参见本书后面章节及 Zhou, Wan 和 Yuan (2011).

利用条件 (6.4) 对参数 $\boldsymbol{\theta}$ 的估计有很多种方法, 一种简单直接的方法是抛弃一些方程, 使得剩下的方程数目与参数 $\boldsymbol{\theta}$ 的维数相同, 从而应用矩方法 (MM) 求解方程获得参数的估计. 这种方法的缺点在于可能会丢失一些有用的信息. 为此一种改进办法是, 首先找到一个 $p\times q$ 的矩阵 $A(\boldsymbol{\theta})$, 使得

$$E\{A(\boldsymbol{\theta})\boldsymbol{\psi}(\boldsymbol{Y},\boldsymbol{X},\boldsymbol{\theta})\}=0.$$

此时, 估计方程组的个数与参数的维数相同, 从而可以求解估计方程. 这样, 求解条件 (6.4) 变成了考虑如下的 p 维估计函数族

$$\varPsi=\{\tilde{\boldsymbol{\psi}}(\boldsymbol{y},\boldsymbol{x},\boldsymbol{\theta})|\tilde{\boldsymbol{\psi}}(\boldsymbol{y},\boldsymbol{x},\boldsymbol{\theta})=A(\boldsymbol{\theta})\boldsymbol{\psi}(\boldsymbol{y},\boldsymbol{x},\boldsymbol{\theta})\},$$

其中 $A(\boldsymbol{\theta})$ 是 $p\times q$ 的实函数矩阵. 这种方法的缺点在于矩阵 $A(\boldsymbol{\theta})$ 有无穷多个, 那么如何选取 $A(\boldsymbol{\theta})$? 因为选择 $A(\boldsymbol{\theta})$ 是提高参数 $\boldsymbol{\theta}$ 估计效率的关键. 所以在估计方程理论里, 如果估计函数 $\boldsymbol{\psi}^*(y,x,\boldsymbol{\theta})\in\Psi$, 且使 $E\boldsymbol{\psi}^*(\boldsymbol{y},\boldsymbol{x},\boldsymbol{\theta})=0$ 的估计 $\widehat{\boldsymbol{\theta}}$ 有最小的渐近方差, 则称 $\boldsymbol{\psi}^*(\boldsymbol{y},\boldsymbol{x},\boldsymbol{\theta})$ 在 Ψ 中是最优的 (这是最小方差意义下最优). 详见 Godambe 和 Heyde (1987) 的方法, 选择最优的 $A(\boldsymbol{\theta})$. 这是一个重要的统计推断议题, 已有一些成果, 但仍需要进一步研究.

另一种方法是跳出方程的框架, 这就是广义矩估计方法 (GMM 估计), 也是极值目标函数估计. 极值目标函数估计的渐近性质很大程度上依赖于目标函数, 目标函数通常有距离的意义. 在很多参数的统计推断中, 使用距离的意义有时更容易理解. 设 $W(\boldsymbol{\theta})$ 是一个 $q\times q$ 半正定矩阵, 它可能依赖于未知参数 $\boldsymbol{\theta}$ 也可能不依赖. 考虑如下的目标函数

$$Q_n(\boldsymbol{Y},\boldsymbol{X},\boldsymbol{\theta})=\frac{1}{n}\sum_{i=1}^{n}\boldsymbol{\psi}(Y_i,X_i,\boldsymbol{\theta})^{\tau}W(\boldsymbol{\theta})\frac{1}{n}\sum_{i=1}^{n}\boldsymbol{\psi}(Y_i,X_i,\boldsymbol{\theta}). \tag{6.9}$$

那么从直观上看, $Q_n(\boldsymbol{Y},\boldsymbol{X},\boldsymbol{\theta})$ 是一个距离函数, 并且当式 (6.4) 成立时, $Q_n(\boldsymbol{Y},\boldsymbol{X},\boldsymbol{\theta})$ 达到了最小值 0, 而 $Q_n(\boldsymbol{Y},\boldsymbol{X},\boldsymbol{\theta})$ 达到最小时, 如果 $W(\boldsymbol{\theta})$ 是正定的, 那么式 (6.4) 几乎处处成立. 因此 $\boldsymbol{\theta}$ 的一个合理估计就是

$$\widehat{\boldsymbol{\theta}}=\arg\min_{\boldsymbol{\theta}\in\boldsymbol{\Theta}}Q_n(\boldsymbol{Y},\boldsymbol{X},\boldsymbol{\theta}). \tag{6.10}$$

这就是*广义估计方程估计*(GEE*估计*) 或称为*一般估计方程估计*. 其实广义估计方程估计也是一个极值目标函数估计. 有一些文献称此估计为*极小卡方估计*. 下面给出正式定义, 为简单计, 记 $Q_n(\boldsymbol{\theta})=Q_n(\boldsymbol{Y},\boldsymbol{X},\boldsymbol{\theta}),\boldsymbol{\psi}_n(\boldsymbol{\theta})=\dfrac{1}{n}\sum_{i=1}^{n}\boldsymbol{\psi}(\boldsymbol{Y}_i,\boldsymbol{X}_i,\boldsymbol{\theta})$.

定义 6.1 设 $\widehat{\boldsymbol{\theta}}$ 是一个在 $\boldsymbol{\Theta}$ 内使目标函数 $Q_n(\boldsymbol{\theta})=\boldsymbol{\psi}_n(\boldsymbol{\theta})^{\tau}W\boldsymbol{\psi}_n(\boldsymbol{\theta})$ 达到最小的一个值, 即

$$\widehat{\boldsymbol{\theta}}=\arg\min_{\boldsymbol{\theta}\in\boldsymbol{\Theta}}Q_n(\boldsymbol{\theta}), \tag{6.11}$$

其中 Θ 是所有可能参数值组成的参数空间, 则 $\widehat{\boldsymbol{\theta}}$ 被称为*广义估计方程估计*, 简称 GEE*估计*.

有些书上称此估计为*广义矩估计*, 简称 GMM*估计*. 严格地说, 称为 GMM 估计是不准确的. 6.2 节将给出广义矩估计的严格定义. 显然这也是一个极值目标函数估计. 事实上, 广义估计方程估计就是极小某个距离获得的估计, 因此在一些书中也称此估计为*极小距离估计*. 在定义此估计时, 通常有 $E\boldsymbol{\psi}_n(\boldsymbol{\theta}_0)=E\boldsymbol{\psi}(\boldsymbol{Y},\boldsymbol{X},\boldsymbol{\theta}_0)=0$ 的假设.

当然, 广义估计方程估计 $\widehat{\boldsymbol{\theta}}$ 依赖于权矩阵 $W(\boldsymbol{\theta})$ 的选择, 设 $\nabla_{\boldsymbol{\theta}}\psi(\boldsymbol{Y},\boldsymbol{X},\boldsymbol{\theta}) = \partial\boldsymbol{\psi}(\boldsymbol{Y},\boldsymbol{X},\boldsymbol{\theta})/\partial\boldsymbol{\theta}$, $\nabla_{\boldsymbol{\theta}}P(\boldsymbol{\theta}) = E\partial\boldsymbol{\psi}(\boldsymbol{Y},\boldsymbol{X},\boldsymbol{\theta})/\partial\boldsymbol{\theta}$ 是一个 $q\times p$ 矩阵. 为了方便, 记 $\Gamma = \nabla_{\boldsymbol{\theta}}P(\boldsymbol{\theta})$, 它依赖于参数 $\boldsymbol{\theta}$ 但不显出来. 设 V 是估计函数

$$\frac{1}{n}\sum_{i=1}^{n}\boldsymbol{\psi}(Y_i,X_i,\boldsymbol{\theta})$$

的渐近方差. 对于大多数概率模型, 在一些正则条件下, 可以证明目标函数估计是相合的, 并可证明它是渐近正态的, 即

$$\sqrt{n}(\widehat{\boldsymbol{\theta}}-\boldsymbol{\theta}) \xrightarrow{\mathscr{D}} N(0,\Sigma), \tag{6.12}$$

其中

$$\Sigma = \{\Gamma^{\tau}W\Gamma\}^{-1}\Gamma^{\tau}WVW\Gamma\{\Gamma^{\tau}W\Gamma\}^{-1}. \tag{6.13}$$

假定 V 是非奇异的矩阵, 取 $W=V^{-1}$ 便是最优权. 此时获得的估计是最优估计且具有最小方差 $\{\Gamma^{\tau}V^{-1}\Gamma\}^{-1}$.

极小化 (6.9) 可得到极值一阶条件

$$\frac{1}{n}\sum_{i=1}^{n}[\nabla_{\boldsymbol{\theta}}\boldsymbol{\psi}(Y_i,X_i,\boldsymbol{\theta})]^{\tau}W\frac{1}{n}\sum_{i=1}^{n}\boldsymbol{\psi}(Y_i,X_i,\boldsymbol{\theta})=0, \tag{6.14}$$

这是一个 p 维方程组. 因此, 广义估计方程估计是估计函数向量中的 p 个函数元的加权线性组合, 而这些线性组合是通过一个 $p\times q$ 矩阵 $\nabla_{\boldsymbol{\theta}}\psi(\boldsymbol{\theta})^{\tau}W$ 进行加权的, 其中 $\nabla_{\boldsymbol{\theta}}\psi(\boldsymbol{\theta}) = \dfrac{1}{n}\sum_{i=1}^{n}\nabla_{\boldsymbol{\theta}}\boldsymbol{\psi}(Y_i,X_i,\boldsymbol{\theta})$.

这些结果将稍后给出严格的证明. 下面首先简单介绍极值目标函数估计及其相关渐近结果.

6.2　极值目标函数估计

应用广义估计方程估计时, 选择估计函数没有固定的方法, 很大程度上依赖于模型假设和数据类型. 由于估计函数有很大的选择范围, 因此, 获得广义估计方程估计, 或者说获得一个极值目标函数估计通常都是可行的. 为了更广泛地讨论, 在这里将尽可能就一般化的目标函数进行讨论.

假设观察样本是 $(\boldsymbol{Y},\boldsymbol{X})$, 样本形式 $(\boldsymbol{Y},\boldsymbol{X})$ 也可以写成一个随机向量 $\boldsymbol{Z}$, $\boldsymbol{Z}$ 的第一个元素可以看作为 $\boldsymbol{Y}$, 而其余元可以看作为 $\boldsymbol{X}$. 但为了强调响应变量 $\boldsymbol{Y}$ 和自变量 $\boldsymbol{X}$, 并不把它写成 $\boldsymbol{Z}$ 的形式. 但如果估计函数只出现一个随机向量时, 可以按这里的表达形式来理解.

若极值目标函数估计能清晰地表示为样本 $(\boldsymbol{Y},\boldsymbol{X})$ 的函数形式, 这时通常能通过分析函数的性质来建立它的大样本性质. 比如, 通常意义下的最小二乘估计以及线性模型中关于系数 $\boldsymbol{\beta}$ 和误差方差 σ^2 的极大似然估计等, 都可以表示为样本 $(\boldsymbol{Y},\boldsymbol{X})$ 的一个显式函数形式, 从而这些估计的统计性质能很容易地获得. 但在大多数情况下, 极值目标函数估计不能直接表示为样本 $(\boldsymbol{Y},\boldsymbol{X})$ 的显式函数形式, 因此, 研究这种类型的极值目标函数的大样本性质要复杂得多. 比如, 非线性模型中的广义最小二乘估计; 在生存分析中, 大多数模型的参数估计都属于这种情况; 另外, 还有线性模型中的最小一乘估计也属于这种情况.

下面我们来考虑最小一乘估计的例子. 对于线性模型 $Y=\boldsymbol{\beta}^\tau X+\varepsilon$, **最小一乘估计**是

$$\widehat{\boldsymbol{\beta}}=\arg\min_{\boldsymbol{\beta}}\sum_{i=1}^{n}|Y_i-\boldsymbol{\beta}^\tau X_i|. \tag{6.15}$$

相比最小二乘估计, 最小一乘估计是选择极小化绝对剩余和, 已有许多工作论述此估计是稳健的, 且不容易受离群点的影响. 这类估计在统计上称为**稳健估计**.

最小一乘估计的目标函数可以写成

$$Q_n^L(\boldsymbol{Y},\boldsymbol{X},\boldsymbol{\beta})=\sum_{i=1}^{n}|Y_i-\boldsymbol{\beta}^\tau X_i|=\sum_{i=1}^{n}(Y_i-\boldsymbol{\beta}^\tau X_i)\mathrm{sgn}(Y_i-\boldsymbol{\beta}^\tau X_i), \tag{6.16}$$

其中当 $z<0$, $\mathrm{sgn}(z)=-1$; 当 $z>0$, $\mathrm{sgn}(z)=1$. 注意到 $\mathrm{sgn}(z)=z/|z|$. 因此, 式 (6.16) 可以写成加权最小二乘估计目标函数,

$$Q_n^L(\boldsymbol{Y},\boldsymbol{X},\boldsymbol{\beta})=\sum_{i=1}^{n}\frac{(Y_i-\boldsymbol{\beta}^\tau X_i)^2}{|Y_i-\boldsymbol{\beta}^\tau X_i|}. \tag{6.17}$$

这个简单权是绝对剩余的倒数. 如果取对角阵 $W(\boldsymbol{\beta})=\mathrm{diag}(|Y_i-\boldsymbol{\beta}^\tau X_i|^{-1},i=1,\cdots,n)$, 则式 (6.17) 可以用矩阵形式表示为 $Q_n^{\mathrm{LS}}(\boldsymbol{Y},\boldsymbol{X},\boldsymbol{\beta})=(\boldsymbol{Y}-\boldsymbol{X}\boldsymbol{\beta})^\tau W(\boldsymbol{\beta})(\boldsymbol{Y}-\boldsymbol{X}\boldsymbol{\beta})$.

直接求解这样的目标函数是困难的, 因为 $\boldsymbol{\beta}$ 同时出现在分子和分母中, 但可以通过迭代加权最小二乘的方法方便地求解. 对于某个初始值 $\boldsymbol{\beta}_0$ (可以选择为最小二乘估计), 构造一个 $n\times n$ 权矩阵 W 和 $\widehat{\boldsymbol{\beta}}_1=(\boldsymbol{X}^\tau W\boldsymbol{X})^{-1}\boldsymbol{X}^\tau W\boldsymbol{Y}$, 其中 $W=\mathrm{diag}(|Y_i-\boldsymbol{\beta}_0^\tau X_i|^{-1},i=1,\cdots,n)$. 然后选用已获得的 $\widehat{\boldsymbol{\beta}}_1$, 用此估计替代上一步中的 $\boldsymbol{\beta}_0$, 重复以上步骤, 得到新的 W, 获得 $\widehat{\boldsymbol{\beta}}_2=(\boldsymbol{X}^\tau W\boldsymbol{X})^{-1}\boldsymbol{X}^\tau W\boldsymbol{Y}$; 又把 $\widehat{\boldsymbol{\beta}}_2$ 替代上一步中的 $\widehat{\boldsymbol{\beta}}_1$, 以此类推, 直至迭代过程收敛, 从而获得最小一乘估计 $\widehat{\boldsymbol{\beta}}$. 以上迭代过程获得的估计利用了最小二乘的方法, 但不是最小二乘估计的特例.

广义矩估计 (GMM **估计**)同样可以看作为极值目标函数估计. 设 $X_1,\cdots,X_n$ 为样本, $g_1(X),\cdots,g_r(X)$ 是一列给定的函数. 记

$$\mu_j(\boldsymbol{\theta})=E_\theta(g_j(X)),\quad j=1,\cdots,r,$$

则 θ 的 GMM 估计就是求解下面方程的根

$$\widehat{\mu}_j\equiv n^{-1}\sum_{i=1}^n g_j(X_i)=\mu_j(\boldsymbol{\theta}),\quad j=1,\cdots,r.$$

如果 r 大于参数的个数, 只要求 $\boldsymbol{\theta}$ 使下面目标函数达最小

$$\sum_{j=1}^r(\widehat{\mu}_j-\mu_j(\boldsymbol{\theta}))^2,$$

或更一般地, 记 $\widehat{\mu}=(\widehat{\mu}_1,\cdots,\widehat{\mu}_r)^\tau,\mu(\boldsymbol{\theta})=(\mu_1(\boldsymbol{\theta}),\cdots,\mu_r(\boldsymbol{\theta}))^\tau$, W 为一个 $r\times r$ 矩阵,

$$(\widehat{\mu}-\mu(\boldsymbol{\theta}))^\tau W\ (\widehat{\mu}-\mu(\boldsymbol{\theta})).\tag{6.18}$$

使目标函数 (6.18) 达到最小的解 $\widehat{\boldsymbol{\theta}}$(通常要求是唯一的) 通常称为**广义矩估计**(简称 GMM**估计**).

利用 W 的选择可以找到最优的广义矩估计 (GMM). 这里 W 的选择与广义估计方程估计中的权矩阵 W 的选取方法类似. 因此, 广义矩估计与广义估计方程估计有一些区别, 读者可以从以上的定义中体会出广义估计方程估计与广义矩估计的差别.

例 6.1 对于任意的观察随机样本 $\{(\boldsymbol{X}_i,\boldsymbol{Y}_i),\ i=1,\cdots,n\}$, 则最好线性预报是

$$\boldsymbol{\beta}(p)=\arg\min_{\boldsymbol{\beta}}E_p d(\boldsymbol{Y}-\boldsymbol{\beta}^\tau\boldsymbol{X}),$$

其中 $d(\cdot)$ 是某一距离函数, E_p 表示在 $(\boldsymbol{X},\boldsymbol{Y})$ 的联合分布下求期望. 于是, 用样本均值代替上式的期望值, 可得

$$\widehat{\boldsymbol{\beta}}(p)=\arg\min_{\boldsymbol{\beta}}\frac{1}{n}\sum_{i=1}^n d(\boldsymbol{Y}_i-\boldsymbol{\beta}^\tau\boldsymbol{X}_i).$$

因此, 无论 $\boldsymbol{Y}=\boldsymbol{\beta}^\tau\boldsymbol{X}+\varepsilon$ 是否成立, $\boldsymbol{\beta}(\widehat{p})$ 总是 $\boldsymbol{\beta}(p)$ 的一个相合估计. 令距离函数 $d(x)=x^2$, 在这种观点下, 最小二乘估计就是一个极小目标函数估计.

6.3 极值函数估计量的存在性与可测性

最小化问题 (6.1) 可能无解, 但根据高等数学中的连续函数在闭集中有最大值和最小值点的结论可知, 如果对于任何数据 $(\boldsymbol{Y},\boldsymbol{X})$, $Q_n(\boldsymbol{Y},\boldsymbol{X},\boldsymbol{\theta})$ 是 $\boldsymbol{\theta}$ 的连续函数, 且 $\boldsymbol{\Theta}$ 是紧集, 则对于给定的任何数据 $(\boldsymbol{Y},\boldsymbol{X})$ 的最小化问题 (6.1) 存在解 $\widehat{\boldsymbol{\theta}}$. 当最小化问题存在多重解时选择最优解, 但这里存在复杂的问题, 需要具体问题具体分析. 对于任何数据 $(\boldsymbol{Y},\boldsymbol{X})$, 唯一确定的 $\widehat{\boldsymbol{\theta}}$ 是数据的函数, 但这并不能保证 $\widehat{\boldsymbol{\theta}}$ 具有可测性. 然而, 在一般情况下, 当 $Q_n(\boldsymbol{Y},\boldsymbol{X},\boldsymbol{\theta})$ 是可测函数时, $\widehat{\boldsymbol{\theta}}$ 也是可测的.

定理 6.1 假设对于任何数据 $(\boldsymbol{Y},\boldsymbol{X})$, $Q_n(\boldsymbol{Y},\boldsymbol{X},\boldsymbol{\theta})$ 是 $\boldsymbol{\theta}$ 的连续函数, 参数空间 $\boldsymbol{\Theta}$ 是 $\mathbf{R}^d$ 的紧子集. 另外, 对于任何一个 $\boldsymbol{\theta}\in\boldsymbol{\Theta}$, $Q_n(\boldsymbol{Y},\boldsymbol{X},\boldsymbol{\theta})$ 是数据 $(\boldsymbol{Y},\boldsymbol{X})$ 的可测函数, 则最小化问题 (6.1) 存在关于数据 $(\boldsymbol{Y},\boldsymbol{X})$ 可测的解 $\widehat{\boldsymbol{\theta}}$. 对于最大化问题 (6.2) 有相似结果成立.

定理 6.1 的证明参见 6.8 节. 此定理中的可测性是由 Gouriéroux 和 Monfort (1995) 给出的. 本章例子中的 $Q_n(\boldsymbol{Y},\boldsymbol{X},\boldsymbol{\theta})$ 都是可测的.

例 6.2 (非线性最小二乘估计) 记 $\boldsymbol{X}_i=(X_{i1},\cdots,X_{ip})^\tau$, 设 $(\boldsymbol{X}_i,Y_i)$ 是来自于下面回归模型的独立同分布随机样本,

$$Y_i=g(\boldsymbol{X}_i,\boldsymbol{\beta})+\varepsilon_i\quad(\varepsilon_i\sim N(0,\sigma^2)),$$

一个特别情况是线性模型

$$Y_i=\boldsymbol{X}_i^\tau\boldsymbol{\beta}+\varepsilon_i.$$

于是可得

$$Q_n^{\mathrm{LS}}(Y,\boldsymbol{X},\boldsymbol{\beta})\equiv\sum_{i=1}^n[Y_i-g(\boldsymbol{X}_i,\boldsymbol{\beta})]^2.$$

从而有

$$\begin{aligned}D(\boldsymbol{\beta}_0,\boldsymbol{\beta})&=E_{\boldsymbol{\beta}_0}Q_n^{\mathrm{LS}}(\boldsymbol{X},\boldsymbol{\beta})\\&=nE[Y_1-g(\boldsymbol{X}_1,\boldsymbol{\beta})]^2\\&=nE\{g(\boldsymbol{X}_1,\boldsymbol{\beta}_0)-g(\boldsymbol{X}_1,\boldsymbol{\beta})\}^2+n\sigma^2,\end{aligned}$$

易知它是在 $\boldsymbol{\beta}$ 的真值 $\boldsymbol{\beta}_0$ 处使目标函数达到最小. 因此, 这个极值目标函数估计是

$$\widehat{\boldsymbol{\beta}}=\arg\min_{\boldsymbol{\beta}}\sum_{i=1}^n[Y_i-g(\boldsymbol{X}_i,\boldsymbol{\beta})]^2\quad(\text{即最小二乘估计}),$$

它满足如下估计方程

$$\sum_{i=1}^{n}(Y_i - g(\boldsymbol{X}_i, \widehat{\boldsymbol{\beta}}))\frac{\partial g(\boldsymbol{X}_i, \widehat{\boldsymbol{\beta}})}{\partial \boldsymbol{\beta}_j} = 0, \quad j = 1, \cdots, d.$$

记估计函数 $\boldsymbol{\psi}_j(\boldsymbol{\beta}) = (Y_i - g(\boldsymbol{X}_i, \boldsymbol{\beta}))\frac{\partial g(\boldsymbol{X}_i, \boldsymbol{\beta})}{\partial \boldsymbol{\beta}_j}$, 易见其无偏性:

$$E_{\boldsymbol{\beta}_0}\boldsymbol{\psi}_j(\boldsymbol{\beta}_0) = E\{g(\boldsymbol{X}_i, \boldsymbol{\beta}_0) - g(\boldsymbol{X}_i, \boldsymbol{\beta}_0)\}\frac{\partial g(\boldsymbol{X}_i, \boldsymbol{\beta}_0)}{\partial \boldsymbol{\beta}_j} = 0.$$

现在考察异方差的情况, 即假设 $\mathrm{Var}(\varepsilon_i) = \omega_i\sigma^2$, 为了应用最小二乘, 作如下变换

$$\frac{Y_i}{\sqrt{\omega_i}} = \frac{g(\boldsymbol{X}_i, \boldsymbol{\beta})}{\sqrt{\omega_i}} + \frac{\varepsilon_i}{\sqrt{\omega_i}},$$

或记作

$$\tilde{Y}_i = \tilde{g}(\boldsymbol{X}_i, \boldsymbol{\beta}) + \tilde{\varepsilon}_i, \quad \tilde{\varepsilon}_i \sim N(0, \sigma^2).$$

此时应用普通最小二乘 (OLS) 法

$$\sum_{i=1}^{n}(\tilde{Y}_i - \tilde{g}(\boldsymbol{X}_i, \boldsymbol{\beta}))^2 = \sum_{i=1}^{n}(Y_i - g(\boldsymbol{X}_i, \boldsymbol{\beta}))^2/\omega_i \equiv \tilde{Q}_n^{\mathrm{LS}}(\boldsymbol{X}, \boldsymbol{\beta}).$$

显然,

$$E_{\boldsymbol{\beta}_0}\tilde{Q}_n^{\mathrm{LS}}(\boldsymbol{X}, \boldsymbol{\beta}) = \sum_{i=1}^{n}\omega_i\sigma^2/\omega_i + \sum_{i=1}^{n}\omega_i^{-1}E(g(\boldsymbol{X}_i, \boldsymbol{\beta}) - g(\boldsymbol{X}_i, \boldsymbol{\beta}_0))^2.$$

于是, 加权最小二乘估计是一个极小目标函数估计 (minimum contrast estimator). 因为函数 $Q_n^{\mathrm{LS}}(\boldsymbol{X}, \boldsymbol{\beta})$ 是关于 $(Y, \boldsymbol{X})$ 可测的, 因此由定理 6.1 可知最小二乘估计是可测的, 而且 $\tilde{Q}_n^{\mathrm{LS}}(\boldsymbol{X}, \boldsymbol{\beta})$ 是可测的, 故加权最小二乘估计也是可测的.

例 6.3 (最小一乘估计) 设 $Y = \boldsymbol{X}^\tau\boldsymbol{\beta} + \varepsilon$, 且设 $\boldsymbol{X}$ 与 ε 是独立的. 考虑

$$\rho(\boldsymbol{X}, Y, \boldsymbol{\beta}) = |Y - \boldsymbol{X}^\tau\boldsymbol{\beta}|,$$

则

$$D(\boldsymbol{\beta}_0, \boldsymbol{\beta}) = E_{\boldsymbol{\beta}_0}|Y - \boldsymbol{X}^\tau\boldsymbol{\beta}| = E|\boldsymbol{X}^\tau(\boldsymbol{\beta} - \boldsymbol{\beta}_0) + \varepsilon|,$$

对于任何 a, 定义

$$f(a) = E|\varepsilon + a|.$$

于是

$$\begin{aligned} f'(a) &= E\mathrm{sgn}(\varepsilon + a) \\ &= P(\varepsilon + a > 0) - P(\varepsilon + a < 0) \\ &= 2P(\varepsilon + a > 0) - 1. \end{aligned}$$

如果 $\mathrm{med}(\varepsilon) = 0$, 即 ε 的中位数为 0. 则 $f'(0) = 0$. 换句话说, $f(a)$ 在 $a = 0$ 处达到最小, 因此 $D(\boldsymbol{\beta}_0, \beta)$ 是在 $\boldsymbol{\beta} = \boldsymbol{\beta}_0$ 处达最小! 于是, 如果 $\mathrm{med}(\varepsilon) = 0$, 则 $D(\boldsymbol{\beta}_0, \boldsymbol{\beta})$ 的样本类似为

$$\frac{1}{n}\sum_{i=1}^{n}|Y_i - \boldsymbol{X}_i^{\tau}\boldsymbol{\beta}|.$$

它是一个极小目标函数估计. 因为上式为连续函数, 故最小一乘估计是可测的.

注意: 在很多情况下, 参数空间 $\boldsymbol{\Theta}$ 不一定是紧集. 是否存在其他条件可以代替 $\boldsymbol{\Theta}$ 紧集呢? 我们将在稍后进行研究.

6.4 几类重要的极值函数估计

很多统计量都可以转化为极值估计的形式, 这里简单介绍几类重要的估计. 主要包括稳健估计、GEE 估计、极大似然 (ML) 估计、条件极大似然估计、非线性最小二乘估计等.

(1) 稳健估计. 稳健估计通常是 M 估计的一种, M 估计是稳健估计中最为常用的估计. 如果目标函数是样本函数均值

$$Q_n(\boldsymbol{\theta}) = \frac{1}{n}\sum_{i=1}^{n} m(X_i, \boldsymbol{\theta}),$$

求 θ 的估计 $\widehat{\theta}_{\mathrm{M}}$ 就是求使得 $Q_n(\boldsymbol{\theta})$ 达到最小对应的极小值点, 相应的估计 $\widehat{\theta}_{\mathrm{M}}$ 就称为 M**估计**, 其中 $m(X_i, \boldsymbol{\theta})$ 是观察数据 X_i 和参数 $\boldsymbol{\theta}$ 的实值函数. 通常情况下, 极大似然估计和非线性最小二乘估计都可以看成 M 估计. 在稳健估计中通常对函数 $m(X_i, \boldsymbol{\theta})$ 有一些要求, 比如, 经常要求它是截尾的.

(2) GEE 估计. 前面我们已讨论过 GEE 估计. 对于估计方程 $E\boldsymbol{\psi}(X_i, \boldsymbol{\theta}) = 0$, 其中 $\boldsymbol{\psi}$ 是 q 维函数向量, X_i 可以是高维随机向量, $\boldsymbol{\theta}$ 是 p 维参数向量, $q > p$. 在获得 GEE 估计过程中, 就是考虑目标函数

$$Q_n(\boldsymbol{\theta}) = \boldsymbol{\psi}_n^{\tau} W \boldsymbol{\psi}_n, \quad \boldsymbol{\psi}_n = \frac{1}{n}\sum_{i=1}^{n} \boldsymbol{\psi}(X_i, \boldsymbol{\theta}),$$

其中 W 是 $q \times q$ 正定或半正定矩阵, 则 $Q_n(\boldsymbol{\theta})$ 的极小值点就是 GEE 估计. 对于更一般的估计就是最小距离估计, 其目标函数是 $Q_n(\boldsymbol{\theta}) = \boldsymbol{\psi}_n^{\tau} W \boldsymbol{\psi}_n$, 但此处的 $\boldsymbol{\psi}_n$ 不是 $\boldsymbol{\psi}(X_i, \boldsymbol{\theta})$ 的样本均值, 而可能是 $\boldsymbol{\psi}_n = \boldsymbol{\psi}_n(X_1, \cdots, X_n, \boldsymbol{\theta})$.

(3) 极大似然 (ML) 估计. 在第 5 章已详细讨论过. 设观察数据 $X_i,\ i=1,2,\cdots,n$ 是来自于总体 X 的独立同分布随机变量, 它具有密度函数 $f(X,\boldsymbol{\theta})$, 其中 $\boldsymbol{\theta}\in\boldsymbol{\Theta}$, 函数形式 f 是已知的, 参数 $\boldsymbol{\theta}$ 是有限维的. 对于真实参数 $\boldsymbol{\theta}_0$, 生成观察数据的密度函数是 $f(X,\boldsymbol{\theta}_0)$. 一般地, 如果 $\boldsymbol{\theta}_0\in\boldsymbol{\Theta}$, 称模型设定正确. 因此实际观察数据 $(X_1,\cdots,X_n)$ 的联合密度函数是

$$f(X_1,\cdots,X_n,\boldsymbol{\theta}_0)=\prod_{i=1}^{n}f(X_i,\boldsymbol{\theta}_0).$$

极大似然估计的思想是, 既然 $\boldsymbol{\theta}_0$ 是产生实际观察值的参数, 那么实际观察数据应该是未知参数 $\boldsymbol{\theta}$ 使 $(X_1,\cdots,X_n)$ 最可能发生时的值, 即联合观察值产生于其联合概率达到最大. 因此, $\boldsymbol{\theta}_0$ 的极大似然 (ML) 估计 $\boldsymbol{\theta}$ 就是使

$$f(X_1,\cdots,X_n,\boldsymbol{\theta})=\prod_{i=1}^{n}f(X_i,\boldsymbol{\theta})$$

达到最大. 由于对数变换是单调变换, 似然函数最大化等价于对数似然函数最大化:

$$\log f(X_1,\cdots,X_n,\boldsymbol{\theta})=\sum_{i=1}^{n}\log f(X_i,\boldsymbol{\theta}),$$

记其最大值点为 $\widehat{\boldsymbol{\theta}}$, 称其为**极大似然估计**(maximum likelihood estimator, MLE). 显然, $\boldsymbol{\theta}_0$ 的极大似然 (ML) 估计 $\widehat{\boldsymbol{\theta}}$ 是极值函数估计, 也是 M 估计. 因为

$$Q_n^{\mathrm{M}}(\boldsymbol{\theta})=\frac{1}{n}\sum_{i=1}^{n}\log f(X_i,\boldsymbol{\theta}).$$

(4) 条件极大似然估计. 设实际观察值为 $(Y_i,\boldsymbol{X}_i),\ i=1,2,\cdots,n$, 其来自于总体密度函数 $f(Y_i,\boldsymbol{X}_i,\boldsymbol{\theta},\boldsymbol{\beta})$. 在大多数情况下, 考虑 Y_i 为因变量, $\boldsymbol{X}_i$ 为协变量. 设 $f(Y_i|\boldsymbol{X}_i,\boldsymbol{\theta})$ 是给定 $\boldsymbol{X}_i$ 下 Y_i 的条件分布, $f(\boldsymbol{X}_i,\boldsymbol{\beta})$ 是 $\boldsymbol{X}_i$ 的边际密度. 显然

$$f(Y_i,\boldsymbol{X}_i,\boldsymbol{\theta},\boldsymbol{\beta})=f(Y_i|\boldsymbol{X}_i,\boldsymbol{\theta})f(\boldsymbol{X}_i,\boldsymbol{\beta}).$$

设 $\boldsymbol{\theta}$ 与 $\boldsymbol{\beta}$ 是不相关的, 则观察数据的联合密度函数的对数是

$$\frac{1}{n}\sum_{i=1}^{n}\log f(Y_i,\boldsymbol{X}_i,\boldsymbol{\theta},\boldsymbol{\beta})=\frac{1}{n}\sum_{i=1}^{n}\log f(Y_i|\boldsymbol{X}_i,\boldsymbol{\theta})+\frac{1}{n}\sum_{i=1}^{n}\log f(\boldsymbol{X}_i,\boldsymbol{\beta}).\tag{6.19}$$

如果感兴趣的参数是 $\boldsymbol{\theta}$, 而 $\boldsymbol{\beta}$ 被看作为讨厌参数, 那么, 我们可以仅考虑式 (6.19) 右边的第一项, 因为第二项与 $\boldsymbol{\theta}$ 无关. 事实上, 如果对上式两边对 $\boldsymbol{\theta}$ 求导, 第二项

将消失. 也就是说第二项对于 $\boldsymbol{\theta}$ 的估计不提供任何信息. 这样由第一项来求参数 $\boldsymbol{\theta}$ 的极大似然估计, 也就是条件极大似然估计. 记

$$Q_n^{\mathrm{M}}(\boldsymbol{\theta})=\frac{1}{n}\sum_{i=1}^{n}\log f(Y_i|\boldsymbol{X}_i,\boldsymbol{\theta}).$$

显然条件极大似然估计是极值函数估计, 如果记 $m(Y_i,\boldsymbol{X}_i,\boldsymbol{\theta})=\log f(Y_i|\boldsymbol{X}_i,\boldsymbol{\theta})$, 则它也是 M 估计.

当 $\boldsymbol{\theta}$ 与 $\boldsymbol{\beta}$ 相关时, 例如, $\boldsymbol{\theta}$ 和 $\boldsymbol{\beta}$ 分别是 $\boldsymbol{\theta}=(\boldsymbol{\theta}_1^{\tau},\boldsymbol{\gamma}^{\tau})^{\tau}$ 和 $\boldsymbol{\beta}=(\boldsymbol{\beta}_1^{\tau},\boldsymbol{\gamma}^{\tau})^{\tau}$, 仍然可以使用条件似然, 但此时完全似然估计不再等价于条件似然估计了, 因为完全似然函数 (6.19) 的第二项包含有未知参数 $\boldsymbol{\theta}$ 的部分信息. 在实际中, 无法得到完全似然函数或求解完全似然函数非常麻烦时, 可以应用条件似然.

(5) 非线性最小二乘 (NLS) 估计. 对于非线性回归模型,

$$Y_i=\boldsymbol{g}(\boldsymbol{X}_i,\boldsymbol{\theta})+\varepsilon_i,$$

其中 $\boldsymbol{\theta}\in\boldsymbol{\Theta}$ 是未知参数, $\boldsymbol{\theta}_0$ 是 $\boldsymbol{\theta}$ 的真值, ε_i 是度量误差, 满足 $E(\varepsilon_i|\boldsymbol{X}_i)=0$, 方差存在. 估计 $\boldsymbol{\theta}_0$ 通常使用最小二乘法, 即极小化目标函数

$$Q_n^{\mathrm{LS}}(\boldsymbol{\theta})=\frac{1}{n}\sum_{i=1}^{n}[Y_i-\boldsymbol{g}(\boldsymbol{X}_i,\boldsymbol{\theta})]^2,$$

其极小值点就是非线性最小二乘估计. 显然, 它是极值函数估计, 也是 M 估计. 事实上, 很多估计都可归为极值函数估计, 我们将在后面的章节中学习更多.

6.5 极值函数估计的相合性与渐近正态性

极值函数估计很强地依赖于参数空间的紧性及依概率一致收敛性质. 紧参数空间一般是指有界的闭空间. 设随机函数 $\xi_n(\boldsymbol{\theta})$ 依赖于参数向量 $\boldsymbol{\theta}$ 及观察样本. 在参数空间 $\boldsymbol{\Theta}$ 上, 当 $n\to\infty$ 时, $\xi_n(\boldsymbol{\theta})$ 依概率一致地收敛于 $c(\boldsymbol{\theta})$, 即对于任意 $\varepsilon>0$

$$\lim_{n\to\infty}P\{\sup_{\boldsymbol{\theta}\in\boldsymbol{\Theta}}|\xi_n(\boldsymbol{\theta})-c(\boldsymbol{\theta})|<\varepsilon\}=1.$$

如果极大值存在, 上式中的求上界运算可以被求极大值代替. 请注意, 在本节我们讨论比 GEE 估计的目标函数更一般的极值函数估计, 因此并不给出目标函数的具体形式. 下面讨论极小值的估计, 类似地可以写出极大值的估计形式的结果.

定理 6.2 假设

(1) $Q_n(\boldsymbol{\theta})=Q_n(Y,X,\boldsymbol{\theta})$ 依概率一致地收敛于 $Q_0(\boldsymbol{\theta})$;

(2) $Q_0(\boldsymbol{\theta})$ 是 $\boldsymbol{\theta}$ 的连续函数;

(3) $Q_0(\boldsymbol{\theta})$ 存在唯一的极小值点 $\boldsymbol{\theta}_0$;

(4) $\boldsymbol{\Theta}$ 是紧的,

则极值函数估计 $\widehat{\boldsymbol{\theta}} = \arg\min\limits_{\boldsymbol{\theta}\in\boldsymbol{\Theta}} Q_n(\boldsymbol{\theta})$ 依概率收敛于真值 $\boldsymbol{\theta}_0$.

证明 对于任意给定的 $\varepsilon > 0$, 由极小值的定义及定理的假设条件 (1) 和 (4), 以概率 1 有

$$Q_n(\widehat{\boldsymbol{\theta}}) < Q_n(\boldsymbol{\theta}_0) + \varepsilon/3, \quad Q_0(\widehat{\boldsymbol{\theta}}) < Q_n(\widehat{\boldsymbol{\theta}}) + \varepsilon/3,$$

和

$$Q_n(\boldsymbol{\theta}_0) < Q_0(\boldsymbol{\theta}_0) + \varepsilon/3,$$

所以由上面三个式子, 以概率 1 有

$$Q_0(\widehat{\boldsymbol{\theta}}) < Q_n(\widehat{\boldsymbol{\theta}}) + \varepsilon/3 < Q_n(\boldsymbol{\theta}_0) + 2\varepsilon/3 < Q_0(\boldsymbol{\theta}_0) + \varepsilon.$$

于是, 对于任给的 $\varepsilon > 0$, 以概率 1 有

$$Q_0(\widehat{\boldsymbol{\theta}}) < Q_0(\boldsymbol{\theta}_0) + \varepsilon,$$

设 $\mathscr{N}$ 是 $\boldsymbol{\Theta}$ 中包含 $\boldsymbol{\theta}_0$ 的任意开集. 由于 $\boldsymbol{\Theta}\bigcap\mathscr{N}^c$ 是紧的, 由定理假设 (2) 和 (3) 便有

$$Q_0(\boldsymbol{\theta}^*) \equiv \inf_{\boldsymbol{\theta}\in\boldsymbol{\Theta}\bigcap\mathscr{N}^c} Q_0(\boldsymbol{\theta}) > Q_0(\boldsymbol{\theta}_0),$$

其中 $\boldsymbol{\theta}^*$ 是 $\boldsymbol{\Theta}\bigcap\mathscr{N}^c$ 中某个元素. 所以选择 $\varepsilon = Q_0(\boldsymbol{\theta}^*) - Q_0(\boldsymbol{\theta}_0)$, 于是下式以概率 1 成立

$$Q_0(\widehat{\boldsymbol{\theta}}) < Q_0(\boldsymbol{\theta}^*),$$

所以以概率 1 有 $\widehat{\theta} \in \mathscr{N}$. 由 $\mathscr{N}$ 的任意性, 故

$$\widehat{\boldsymbol{\theta}} \xrightarrow{P} \boldsymbol{\theta}_0.$$

□

注意: 这里真值 $\boldsymbol{\theta}_0$ 含义是指最大可能具有模型 $Q_0(\boldsymbol{\theta})$ 而产生样本 (Y, X). 定理 6.2 中真值唯一性是确保收敛性条件成立的必要条件, 有些书称之为可识别性条件. 而确保真值唯一性的充分条件有很多, 比如, 凸函数存在唯一的最小值点.

另外, 定理的条件 (1) 是较强的, 需要依概率一致收敛. 因此, 普通的大数律在这里并不适用. 如果要放宽此条件, 就需要目标函数有一定凸性. 在此凸条件下, 参数空间紧性可放宽, 并且定理 6.2 的结果仍成立.

定理 6.3 (凸引理) 假设参数空间 $\boldsymbol{\Theta}$ 是凸集, $\boldsymbol{\theta}_0$ 是 $\boldsymbol{\Theta}$ 的内点, $Q_0(\boldsymbol{\theta})$ 具有唯一的极小值点 $\boldsymbol{\theta}_0$. 另外 $Q_n(\boldsymbol{\theta})$ 关于 $\boldsymbol{\theta}$ 是凸函数, 且对每个 $\boldsymbol{\theta} \in \boldsymbol{\Theta}$,$Q_n(\boldsymbol{\theta}) \xrightarrow{P} Q_0(\boldsymbol{\theta})$, 则 $\widehat{\boldsymbol{\theta}}_n$ 以概率 1 存在, 且 $\widehat{\boldsymbol{\theta}}_n = \arg\min\limits_{\boldsymbol{\theta}\in\boldsymbol{\Theta}} Q_n(\boldsymbol{\theta})$ 依概率收敛于真值 $\boldsymbol{\theta}_0$.

证明 记 $B(\boldsymbol{\theta}_0,2\varepsilon)=\{\boldsymbol{\theta}\colon |\boldsymbol{\theta}-\boldsymbol{\theta}_0|\leqslant 2\varepsilon\}\subset\boldsymbol{\Theta}$, $\partial B=\{\boldsymbol{\theta}\colon |\boldsymbol{\theta}-\boldsymbol{\theta}_0|=2\varepsilon\}$ 表示集合 B 的边界. 注意到凸函数的极限函数仍是凸函数, 故 $Q_0(\boldsymbol{\theta})$ 也是凸函数. 从而 $Q_0(\boldsymbol{\theta})$ 在 $B(\boldsymbol{\theta}_0,\varepsilon)$ 上是连续的. 由于凸函数在一个开集的稠密闭子集上的逐点收敛蕴涵着它在该开集的任何紧集上是一致收敛的. 故在 $\boldsymbol{\Theta}$ 的任何紧子集 $B(\boldsymbol{\theta}_0,2\varepsilon)$ 上 $Q_n(\boldsymbol{\theta})$ 依概率一致收敛于 $Q_0(\boldsymbol{\theta})$. 由定理 6.2, $\boldsymbol{\theta}^*\equiv\arg\min\limits_{\boldsymbol{\theta}\in B(\boldsymbol{\theta}_0,2\varepsilon)}Q_n(\boldsymbol{\theta})\xrightarrow{P}\boldsymbol{\theta}_0$, 从而以概率 1 有 $\boldsymbol{\theta}^*\in B(\boldsymbol{\theta}_0,\varepsilon)$, 且 $Q_n(\boldsymbol{\theta}^*)\leqslant\min\limits_{\partial B}Q_n(\boldsymbol{\theta})$. 对 $\forall\boldsymbol{\theta}\notin B(\boldsymbol{\theta}_0,2\varepsilon)$, 存在 $0<\lambda<1$, 使得线性组合 $\lambda\boldsymbol{\theta}^*+(1-\lambda)\boldsymbol{\theta}\in\partial B$. 注意到 $Q_n(\boldsymbol{\theta})$ 关于 $\boldsymbol{\theta}$ 是凸函数, 因此, $Q_n(\boldsymbol{\theta}^*)\leqslant Q_n(\lambda\boldsymbol{\theta}^*+(1-\lambda)\boldsymbol{\theta})\leqslant\lambda Q_n(\boldsymbol{\theta}^*)+(1-\lambda)Q_n(\boldsymbol{\theta})$. 整理有 $(1-\lambda)Q_n(\boldsymbol{\theta}^*)\leqslant(1-\lambda)Q_n(\boldsymbol{\theta})$, 故 $\boldsymbol{\theta}^*=\widehat{\boldsymbol{\theta}}_n$. 这就蕴涵了 $\widehat{\boldsymbol{\theta}}_n$ 是 $\boldsymbol{\Theta}$ 上的最小值点. □

同样地,$\boldsymbol{\theta}_0$ 是 $Q_0(\boldsymbol{\theta})$ 的唯一极值点这一条件, 保证了 $Q(Y,X,\boldsymbol{\theta})$ 的极小值点收敛到 $Q_0(\boldsymbol{\theta})$ 的极小值点. 如果唯一性受到破坏, 将导致 $Q(Y,X,\boldsymbol{\theta})$ 的极值点收敛的不确定性, 因此相合性不能保证.

下面研究极值函数估计的渐近正态性.

定理 6.4 假设 $\widehat{\boldsymbol{\theta}}\xrightarrow{P}\boldsymbol{\theta}_0$, 其中 $\boldsymbol{\theta}_0$ 是 $\boldsymbol{\theta}$ 的真实值. 若以下条件成立

(1) $\boldsymbol{\theta}_0$ 是参数空间 $\boldsymbol{\Theta}$ 的内点;

(2) $Q_n(\boldsymbol{\theta})$ 关于 $\boldsymbol{\theta}$ 在 $\boldsymbol{\theta}_0$ 的一个邻域 $\mathscr{N}(\boldsymbol{\theta}_0)$ 内二阶可微;

(3) $n^{1/2}\nabla_{\boldsymbol{\theta}}Q_n(\boldsymbol{\theta}_0)\xrightarrow{\mathscr{D}}N(0,\Sigma)$;

(4) 存在一个在 $\boldsymbol{\theta}_0$ 处连续且非奇异的矩阵 $H(\boldsymbol{\theta})$, 使得对于任意 $\varepsilon>0$, 有

$$\lim_{n\to\infty}P\left(\sup_{\boldsymbol{\theta}\in\mathscr{N}(\boldsymbol{\theta}_0)}\|\nabla^2_{\boldsymbol{\theta}\boldsymbol{\theta}}Q_n(\boldsymbol{\theta})-H(\boldsymbol{\theta})\|<\varepsilon\right)=1,$$

则

$$n^{1/2}(\widehat{\boldsymbol{\theta}}-\boldsymbol{\theta}_0)\xrightarrow{\mathscr{D}}N(0,H^{-1}\Sigma(H^{-1})^{\tau}),$$

其中 $H=H(\boldsymbol{\theta}_0)$, $\nabla_{\boldsymbol{\theta}}Q_n(\boldsymbol{\theta})$ 及 $\nabla^2_{\boldsymbol{\theta}\boldsymbol{\theta}}Q_n(\boldsymbol{\theta})$ 分别是 $Q_n(\boldsymbol{\theta})$ 关于 $\boldsymbol{\theta}$ 的一阶和二阶偏导数, $\|\cdot\|$ 表示欧几里得模.

这是第 1 章的定理 1.2. 更详细的证明如下.

定理 6.4 的证明 不失一般性, 假设 $\mathscr{N}(\boldsymbol{\theta}_0)$ 是 $\boldsymbol{\Theta}$ 的凸的开子集. 设 $\widehat{I}$ 是事件 $\widehat{\boldsymbol{\theta}}\in\mathscr{N}(\boldsymbol{\theta}_0)$ 的示性函数. 注意到 $\widehat{\boldsymbol{\theta}}\xrightarrow{P}\boldsymbol{\theta}_0$, 这意味着 $\widehat{I}\xrightarrow{P}1$. 由条件 (2) 和极值一阶条件有 $\widehat{I}\nabla_{\boldsymbol{\theta}}Q_n(\widehat{\boldsymbol{\theta}})=0$. 由中值定理

$$\widehat{I}\nabla_{\boldsymbol{\theta}}Q_n(\boldsymbol{\theta}_0)_j+\widehat{I}\nabla^2_{\boldsymbol{\theta}\boldsymbol{\theta}}Q_n(\boldsymbol{\theta}^*)^{\tau}_j(\widehat{\boldsymbol{\theta}}-\boldsymbol{\theta}_0)=0,$$

其中 $\boldsymbol{\theta}^*$ 是一随机变量, 当 $\widehat{I}=1$ 时, 它等于中值, 否则它等于 $\boldsymbol{\theta}_0$. 于是, $\boldsymbol{\theta}^*\xrightarrow{P}\boldsymbol{\theta}_0$. 设矩阵 $\bar{H}$ 表示第 j 行为 $\nabla^2_{\boldsymbol{\theta}\boldsymbol{\theta}}Q_n(\boldsymbol{\theta}^*)^{\tau}_j$ 的矩阵. $\bar{H}$ 非奇异. 由条件 (4) 知,$\bar{H}\xrightarrow{P}H$.

设 $\bar{I}$ 是 $\boldsymbol{\theta}^* \in \mathscr{N}(\boldsymbol{\theta}_0)$ 的示性函数, 则由条件 (4), 有 $\bar{I} \xrightarrow{P} 1$, 且

$$\bar{I}\nabla_{\boldsymbol{\theta}} Q_n(\boldsymbol{\theta}_0) + \bar{I}\bar{H}(\widehat{\boldsymbol{\theta}} - \boldsymbol{\theta}_0) = 0.$$

故

$$\bar{I}\sqrt{n}(\widehat{\boldsymbol{\theta}} - \boldsymbol{\theta}_0) = -\bar{I}\bar{H}^{-1}\sqrt{n}(\nabla_{\boldsymbol{\theta}} Q_n(\boldsymbol{\theta}_0)).$$

注意到条件 (4), 有 $\bar{I}\bar{H}^{-1} \xrightarrow{P} H^{-1}$, 由条件 (3),

$$\sqrt{n}(\nabla_{\boldsymbol{\theta}} Q_n(\boldsymbol{\theta}_0)) \xrightarrow{\mathscr{D}} N(0, \Sigma),$$

又由于 $\bar{I} \xrightarrow{P} 1$, 由 Slutsky 定理便得结论. □

注意到 $\|c\|$ 表示 c 到 0 点的欧几里得距离, 即 $\|c\| = [\mathrm{Vec}(c)^\tau \mathrm{Vec}(c)]^{1/2}$, 其中 $\mathrm{Vec}(c)$ 表示对矩阵进行拉直 (这里要注意矩阵转置).

定理 6.4 的条件 (4) 通常是较难验证的, 但通过现代经验过程理论可以在一些常用的情况下获得证明, 以下定理 6.5 也存在相似的情况.

现考虑**极小距离估计**, 也属于 GEE 估计. 在这里我们并没有直接假定 $E\psi_n(\boldsymbol{\theta}_0) = 0$, 而是通过其渐近性来定义其均值 $\sqrt{n}E\psi_n(\boldsymbol{\theta}_0)$ 趋向于 0 (见定理 6.5 的假设条件 (3)). 因此, 从严格意义上来说, 通过式 (6.11) 来定义的估计不是 GMM 估计, 称此估计为极小距离估计更恰当.

定理 6.5 设 $\widehat{\boldsymbol{\theta}}$ 满足 (6.11), 其中 $Q_n(\boldsymbol{\theta}) = \psi_n(\boldsymbol{\theta})^\tau W \psi_n(\boldsymbol{\theta})$, W 是半正定矩阵, 且 $\widehat{\boldsymbol{\theta}} \xrightarrow{P} \boldsymbol{\theta}_0$. 设

(1) $\boldsymbol{\theta}_0$ 是 $\boldsymbol{\Theta}$ 的内点;

(2) $\psi_n(\boldsymbol{\theta})$ 在 $\boldsymbol{\theta}_0$ 的一个邻域 $\mathscr{N}$ 是连续可微;

(3) $\sqrt{n}\psi_n(\boldsymbol{\theta}_0) \xrightarrow{\mathscr{D}} N(0, \Sigma)$;

(4) 存在 $G(\boldsymbol{\theta})$, 在 $\boldsymbol{\theta}_0$ 连续, 且

$$\sup_{\boldsymbol{\theta} \in \mathscr{N}} \|\nabla_{\boldsymbol{\theta}} \psi_n(\boldsymbol{\theta}) - G(\boldsymbol{\theta})\| \xrightarrow{P} 0.$$

令 $G \equiv G(\boldsymbol{\theta}_0)$, $G^\tau W G$ 是非奇异的, 则

$$\sqrt{n}(\widehat{\boldsymbol{\theta}} - \boldsymbol{\theta}_0) \xrightarrow{\mathscr{D}} N(0, (G^\tau W G)^{-1} G^\tau W \Sigma W G (G^\tau W G)^{-1}).$$

证明 这个定理的证明与定理 6.4 的证明类似. 由条件 (1) 和 (2), 以概率 1 有 $Q_n(\boldsymbol{\theta})$ 的一阶条件满足 $G_n(\widehat{\boldsymbol{\theta}})^\tau W \psi_n(\widehat{\boldsymbol{\theta}}) = 0$, 其中 $G_n(\boldsymbol{\theta}) = \nabla_{\boldsymbol{\theta}} \psi_n(\boldsymbol{\theta})$. 在 $\boldsymbol{\theta}_0$ 处展开 $\psi_n(\widehat{\boldsymbol{\theta}})$, 并利用上面的一阶条件, 得到

$$\sqrt{n}(\widehat{\boldsymbol{\theta}} - \boldsymbol{\theta}_0) = -\sqrt{n}[G_n(\widehat{\boldsymbol{\theta}})^\tau W G_n(\boldsymbol{\theta}^*)]^{-1} G_n(\widehat{\boldsymbol{\theta}})^\tau W \psi_n(\theta_0),$$

其中 $\boldsymbol{\theta}^*$ 是介于 $\widehat{\boldsymbol{\theta}}$ 和 $\boldsymbol{\theta}_0$ 之间的值. 由 (4) 及与定理 6.4 的类似推理, 有 $G_n(\widehat{\boldsymbol{\theta}}) \xrightarrow{P} G(\boldsymbol{\theta}_0) = G$ 和 $G_n(\boldsymbol{\theta}^*) \xrightarrow{P} G(\boldsymbol{\theta}_0)$. 因此

$$-[G_n(\widehat{\boldsymbol{\theta}})^\tau W G_n(\boldsymbol{\theta}^*)]^{-1} G_n(\widehat{\boldsymbol{\theta}})^\tau W \xrightarrow{P} -[G^\tau W G]^{-1} G^\tau W.$$

由条件 (3) 及 Slutsky 定理便得结论. □

特别地, 当 $W = \Sigma^{-1}$ 时, GEE 估计的渐近方差便是 $n^{-1}(G^\tau \Sigma^{-1} G)^{-1}$. 如前所述, 此时对应于一个有效的加权矩阵. 正如极大似然估计是有效的, 此时 GEE 估计也是有效估计.

定理 6.5 的假设条件并不是最简洁 (primary) 的条件, 而仅表明要证极小距离估计的渐近正态性, 通常需要检验定理 6.5 中的条件. 在很多情况下, $\psi_n(\theta)$ 不是 θ 的连续函数, 即不满足条件 (2), 例如, 分位数回归模型或最小一乘估计等.

6.6 渐近方差估计

极值函数估计的渐近方差是 $n^{-1}H^{-1}\Sigma(H^{-1})^\tau$, 其中 H 是 $\nabla^2_{\boldsymbol{\theta\theta}} Q_n(\boldsymbol{\theta}_0)$ 的极限, Σ 是 $\sqrt{n}\nabla_{\boldsymbol{\theta}} Q_n(\boldsymbol{\theta}_0)$ 的渐近方差. 如果能分别找到 H 和 Σ 的相合估计 $\widehat{H}$ 和 $\widehat{\Sigma}$, 那么便可给出极值函数估计的渐近方差估计. 事实上, 通过其极限过程知 H 一个合适的相合估计就是

$$\widehat{H} = \nabla^2_{\boldsymbol{\theta\theta}} Q_n(\widehat{\boldsymbol{\theta}}).$$

然而, 对于一般情形要获得 Σ 的相合估计是相当困难的. 但如果极值函数是某个随机变量函数的和, 且观察样本独立同分布, 那么构造 Σ 的一个相合估计是容易的. 下面来看两个例子.

首先, 对于极大似然估计, 其目标函数是

$$Q_n^{\mathrm{M}}(\boldsymbol{\theta}) = \sum_{i=1}^n \log f(X_i|\boldsymbol{\theta}),$$

并由中心极限定理知

$$\Sigma = E[\nabla_{\boldsymbol{\theta}} \log f(X|\boldsymbol{\theta}_0)\{\nabla_{\boldsymbol{\theta}} \log f(X|\boldsymbol{\theta}_0)\}^\tau].$$

那么 Σ 的一个相合估计便可对上式应用样本类似, 并用 $\boldsymbol{\theta}_0$ 的一个相合估计 $\widehat{\boldsymbol{\theta}}$ 来代替 $\boldsymbol{\theta}_0$, 即

$$\widehat{\Sigma} = n^{-1}\sum_{i=1}^n \nabla_{\boldsymbol{\theta}} \log f(X_i|\widehat{\boldsymbol{\theta}})\{\nabla_{\boldsymbol{\theta}} \log f(X_i|\widehat{\boldsymbol{\theta}})\}^\tau.$$

根据极大似然估计理论知, Σ 便是其 Fisher 信息阵 I, 而极大似然估计的渐近方差是 I^{-1}. 对于其渐近方差的估计有三种方式. 第一种是 Fisher 信息阵估计的逆

$\widehat{\Sigma}^{-1}=\widehat{I}^{-1}$; 第二种方法, 可以用 Hessian 矩阵即得分函数的二阶矩的逆来估计. 第三种就是用稳健方差 $\widehat{H}^{-1}\widehat{\Sigma}(\widehat{H}^{-1})^{\tau}$ 来估计. 到底哪一种方法更好, 应当以计算简单为首要准则. 在这个准则下, 一般不去求高阶矩. 而当模型有误判的情况下, 就用三明治方差来估计. 虽然有模型误判, 但 $\widehat{\boldsymbol{\theta}}$ 仍是 $\boldsymbol{\theta}_0$ 的相合估计时, 三明治方差是更好的估计. 也正是因此, 称之为**稳健方差估计**. 对于这个问题的研究可以进一步参考第 8 章有关伪似然估计和线性指数族, 或指数族下极大似然估计问题.

另外, 考虑非线性模型

$$Y=\boldsymbol{g}(\boldsymbol{X},\boldsymbol{\theta})+\varepsilon.$$

其目标函数是

$$Q_n^{\mathrm{LS}}(\boldsymbol{\theta})=n^{-1}\sum_{i=1}^{n}[Y_i-\boldsymbol{g}(X_i,\boldsymbol{\theta})]^2\equiv n^{-1}\sum_{i=1}^{n}q(Y_i,X_i,\boldsymbol{\theta}),$$

则 $\sqrt{n}\nabla_{\boldsymbol{\theta}}Q_n(\boldsymbol{\theta}_0)=n^{-1/2}\sum\limits_{i=1}^{n}\nabla_{\boldsymbol{\theta}}q(Y_i,X_i,\boldsymbol{\theta}_0)$. 因此, 由中心极限定理知

$$\Sigma=E[\nabla_{\boldsymbol{\theta}}q(Y,\boldsymbol{X},\boldsymbol{\theta}_0)\{\nabla_{\boldsymbol{\theta}}q(Y,\boldsymbol{X},\boldsymbol{\theta}_0)\}^{\tau}],$$

故得到一个相合估计是

$$\widehat{\Sigma}=n^{-1}\sum_{i=1}^{n}\nabla_{\boldsymbol{\theta}}q(Y_i,X_i,\widehat{\boldsymbol{\theta}})\{\nabla_{\boldsymbol{\theta}}q(Y_i,X_i,\widehat{\boldsymbol{\theta}})\}^{\tau}.$$

而对于极小距离估计的渐近方差估计与极值目标函数估计相类似. 在渐近方差 $(G^{\tau}WG)^{-1}G^{\tau}W\Sigma WG(G^{\tau}WG)^{-1}$ 中 $G=G(\boldsymbol{\theta}_0)$ 是 $\nabla_{\boldsymbol{\theta}}\psi_n(\boldsymbol{\theta}_0)$ 的极限. 因此, 使用样本类似便获得 $G(\boldsymbol{\theta}_0)$ 的估计. 而 Σ 的估计依赖于 $\psi_n(\boldsymbol{\theta}_0)$ 的构造. 对于它的处理跟极值目标函数类似. 通常情况下, W 也依赖于未知的参数 $\boldsymbol{\theta}_0$. 因此, 需要参数 $\boldsymbol{\theta}_0$ 的一个相合估计 $\widehat{\boldsymbol{\theta}}$ 代替 W 中未知的参数.

6.7 极值函数估计统计推断: 拉格朗日检验及置信区间

拉格朗日检验一般是基于带约束条件下的拉格朗日乘子的统计行为来构造统计量. 对于检验问题, H_0: $\boldsymbol{c\theta}=\boldsymbol{r}$, 为了获得带有如此约束条件的极值函数估计, 考虑如下的拉格朗日乘子公式

$$L(\boldsymbol{\theta},\boldsymbol{\gamma})=Q_n(\boldsymbol{\theta})-\boldsymbol{\gamma}^{\tau}(\boldsymbol{c\theta}-\boldsymbol{r}),\tag{6.20}$$

其中 $\boldsymbol{\gamma}$ 是 $q\times 1$ 向量, 对应于 q 个约束. 对于式 (6.20) 的一阶导数为

$$\frac{\partial L}{\partial\boldsymbol{\theta}}=\nabla_{\boldsymbol{\theta}}Q_n(\boldsymbol{\theta})-\boldsymbol{c}^{\tau}\boldsymbol{\gamma}=0,$$

和

$$\frac{\partial L}{\partial \gamma} = \boldsymbol{r} - \boldsymbol{c}\boldsymbol{\theta} = 0.$$

设 $\widehat{\boldsymbol{\theta}}_r$ 及 $\widehat{\gamma}$ 为以上约束问题的解. 在 $\boldsymbol{\theta}_0$ 点处, 应用泰勒展开

$$\nabla_{\boldsymbol{\theta}} Q_n(\boldsymbol{\theta}_0) + \nabla^2_{\boldsymbol{\theta\theta}} Q_n(\boldsymbol{\theta}^*)(\widehat{\boldsymbol{\theta}}_r - \boldsymbol{\theta}_0) - \boldsymbol{c}^\tau \widehat{\boldsymbol{\gamma}} = 0,$$

和

$$\boldsymbol{c}(\widehat{\boldsymbol{\theta}}_r - \boldsymbol{\theta}_0) = 0,$$

其中 $\boldsymbol{\theta}^*$ 落在 $\widehat{\boldsymbol{\theta}}$ 和 $\boldsymbol{\theta}_0$ 之间. 写为矩阵形式:

$$\begin{pmatrix} \nabla^2_{\boldsymbol{\theta\theta}} Q_n(\boldsymbol{\theta}^*) & \mathbf{c}^\tau \\ \boldsymbol{c} & 0 \end{pmatrix} \begin{pmatrix} -n^{1/2}(\widehat{\boldsymbol{\theta}}_r - \boldsymbol{\theta}_0) \\ n^{1/2}\widehat{\boldsymbol{\gamma}} \end{pmatrix} = \begin{pmatrix} n^{1/2}\nabla_{\boldsymbol{\theta}} Q_n(\boldsymbol{\theta}_0) \\ 0 \end{pmatrix}. \tag{6.21}$$

由中心极限定理, 可以保证 $n^{1/2}\nabla_{\boldsymbol{\theta}} Q_n(\boldsymbol{\theta}_0) \xrightarrow{\mathscr{D}} N(0, \Sigma)$, 且在定理 6.4 的条件下, 可以保证极值目标函数估计的相合性及渐近正态性. 注意到 $\boldsymbol{\theta}^*$ 是 $\widehat{\boldsymbol{\theta}}$ 及 $\boldsymbol{\theta}_0$ 的凸组合, 在原假设 H_0 下, $\widehat{\boldsymbol{\theta}}_r \xrightarrow{P} \boldsymbol{\theta}_0$, 且 $\nabla^2_{\boldsymbol{\theta\theta}} Q_n(\boldsymbol{\theta}^*) \xrightarrow{P} D(\boldsymbol{\theta}_0)$, 由 Slutsky 定理, 矩阵 (6.21) 可以写成

$$\begin{pmatrix} D(\boldsymbol{\theta}_0) & \mathbf{c}^\tau \\ \mathbf{c} & 0 \end{pmatrix} \begin{pmatrix} -n^{1/2}(\widehat{\boldsymbol{\theta}}_r - \boldsymbol{\theta}_0) \\ n^{1/2}\widehat{\boldsymbol{\gamma}} \end{pmatrix} = \begin{pmatrix} \boldsymbol{Z} \\ 0 \end{pmatrix}, \tag{6.22}$$

其中 $\boldsymbol{Z} \sim N(0, \Sigma)$. 由矩阵的分块逆公式, 可得

$$n^{1/2}\widehat{\boldsymbol{\gamma}} \simeq (\boldsymbol{c}D^{-1}(\boldsymbol{\theta}_0)\boldsymbol{c}^\tau)^{-1}\boldsymbol{c}D^{-1}(\boldsymbol{\theta}_0)\boldsymbol{Z},$$

其中 $\simeq$ 表示同分布. 对于某些目标函数, 特别地, 当 $\Sigma = D(\boldsymbol{\theta}_0)$ 上式可以简化为

$$n^{1/2}\widehat{\boldsymbol{\gamma}} \xrightarrow{\mathscr{D}} N(0, (\boldsymbol{c}D^{-1}(\boldsymbol{\theta}_0)\boldsymbol{c}^\tau)^{-1}). \tag{6.23}$$

易知, 对于极大似然估计及最小二乘估计 (6.23) 均成立.

不难从矩阵 (6.22) 中看出

$$n\widehat{\boldsymbol{\gamma}}^\tau(\boldsymbol{c}D^{-1}(\boldsymbol{\theta}_0)\boldsymbol{c}^\tau)[\boldsymbol{c}D^{-1}(\boldsymbol{\theta}_0)\Sigma D^{-1}(\boldsymbol{\theta}_0)\boldsymbol{c}^\tau]^{-1}\boldsymbol{c}D^{-1}(\boldsymbol{\theta}_0)\boldsymbol{c}^\tau\widehat{\boldsymbol{\gamma}} \xrightarrow{\mathscr{D}} \chi^2_{(q)}.$$

对于特殊情况 (6.23) 有

$$n\widehat{\boldsymbol{\gamma}}^\tau(\boldsymbol{c}D^{-1}(\boldsymbol{\theta}_0)\boldsymbol{c}^\tau)\widehat{\boldsymbol{\gamma}} \xrightarrow{\mathscr{D}} \chi^2_{(q)},$$

其中 $\chi^2_{(q)}$ 表示自由度为 q 的卡方分布. 为了构造 H_0: $\boldsymbol{c}\boldsymbol{\theta} = \boldsymbol{r}$ 的检验统计量, 对于未知矩阵 Σ 和 $D(\boldsymbol{\theta}_0)$ 可以分别由它们的相合估计 $\widehat{\Sigma}$ 和 $\widehat{D}(\boldsymbol{\theta}_0)$ 代替, 从而获得**拉格朗日检验统计量**

$$\mathrm{LM} = n\widehat{\boldsymbol{\gamma}}^\tau(\boldsymbol{c}\widehat{D}^{-1}\boldsymbol{c}^\tau)[\boldsymbol{c}\widehat{D}^{-1}\widehat{\Sigma}\widehat{D}^{-1}\boldsymbol{c}^\tau]^{-1}\boldsymbol{c}\widehat{D}^{-1}\boldsymbol{c}^\tau\widehat{\boldsymbol{\gamma}}, \tag{6.24}$$

或特殊情况 (即 $\Sigma = D$)

$$\mathrm{LM} = n\hat{\gamma}^{\tau}(\boldsymbol{c}\hat{D}^{-1}\boldsymbol{c}^{\tau})\hat{\gamma}.$$

当 $\mathrm{LM} \geqslant \chi^2_{(q)}(1-\alpha)$ 时, 其中 $\chi^2_{(q)}(1-\alpha)$ 表示卡方分布 $\chi^2_{(q)}$ 的 $100(1-\alpha)\%$ 分位数, 则在置信水平 α 下, 拒绝原假设, 反之则接受原假设.

使用拉格朗日乘子检验, 还可以检验 Pitman 近邻性. 设对立假设为 H_1: $\boldsymbol{c\theta} = \boldsymbol{r} + n^{-1/2}\boldsymbol{\delta}$. 由上面相似的论证可知, 拉格朗日乘子检验在 Pitman 近邻性条件下, 有

$$\mathrm{LM} \xrightarrow{\mathscr{D}} \chi^2_{(q)}(\lambda), \tag{6.25}$$

其中 $\lambda = \dfrac{1}{2}\boldsymbol{\delta}^{\tau}(cD^{-1}c^{\tau})[cD^{-1}\Sigma D^{-1}c^{\tau}]^{-1}cD^{-1}c^{\tau}\boldsymbol{\delta}$, $\chi^2_{(q)}(\lambda)$ 表示自由度为 q 的非中心卡方分布, 非中心参数为 λ. 因此拉格朗日乘子检验的功效函数依赖于 $\boldsymbol{\delta}$. 功效函数的估计可以通过未知矩阵 Σ 及 $D(\theta_0)$ 的估计来获得.

当 $\Sigma = D(\theta_0)$ 时, 式 (6.25) 中的 λ 可以本质地简化. 可以证明 LM 检验是渐近无偏和相合的. 对于检验 H_0, LM 检验也是渐近局部 UMP 不变的, 这里局部性是指对于 Pitman 漂移形式的一列对立假设; 不变性是指当 $c\theta$ 是刻度时, 关于回归模型正交变换是渐近 UMP 无偏的 (参见 Van der Vaart (2000), H.Bunke 和 O.Bunke (1986)).

关于 LM 统计量, 可以构造出原假设的拒绝域或参数估计的置信区间, 但是基于 LM 统计量的置信区间计算是困难的. 因为拉格朗日乘子 $\hat{\gamma}$ 一般是 $\boldsymbol{\gamma}$ 的隐函数, 而在给定水平 α 时, 则关于 $\boldsymbol{c\theta}$ 的 $100(1-\alpha)\%$ 的置信域是 LM 拒绝 $\boldsymbol{c\theta} = \boldsymbol{r}$ 假设时所有 $\boldsymbol{r}$ 组成的域. 在一些情况下, 重新定义 LM 检验统计量使之清晰地依赖于 $\boldsymbol{r}$, 比如, 在最小二乘框架下, 求置信区间是容易的. 无论计算是否容易, 基于 LM 置信区间是渐近局部 UMP 不变的, 这是因为 LM 检验是渐近局部 UMP 不变的.

类似地对前面的检验问题也可构造 Wald 检验统计量.

6.8　主要结果证明

定理 6.1 的证明可参见 Jennrich (1969) 这里给出证明梗概.

定理 6.1 的证明　不失一般性, 我们对最小化问题情形给出证明. 设 Θ_n 是参数空间 Θ 中一列单调增加的子集, 且其极限在 Θ 中稠密. 对每个 n, 存在一个从 $\mathscr{Y} \times \mathscr{X}$ 到 Θ_n 可测函数 $\bar{\boldsymbol{\theta}}_n$, 使得对所有 $Z \in \mathscr{Y} \times \mathscr{X}$

$$Q_n(Z, \bar{\boldsymbol{\theta}}_n(Z)) = \inf_{\boldsymbol{\theta} \in \Theta_n} Q_n(Z, \boldsymbol{\theta}),$$

其中 $Z=(Y,X)$. 设 $\bar{\theta}_{n1}$ 是 $\bar{\boldsymbol{\theta}}_n$ 的第一级一个元, 且设 $\widehat{\theta}_1=\liminf_{n\to\infty}\bar{\boldsymbol{\theta}}_{n1}$. 注意到 $\widehat{\theta}_1$ 是可测的. 对于每个 $Z\in\mathscr{Y}\times\mathscr{X}$, 存在 $\bar{\boldsymbol{\theta}}_n(Z)$ 的一个子列 $\{\bar{\theta}_{n_k}(Z)\}$, 使得其收敛到 Θ 一个点 $\bar{\boldsymbol{\theta}}$, 具有形式 $(\widehat{\theta}_1(Z),\theta_2,\cdots,\theta_d)$. 因此, 有

$$\begin{aligned}\inf_{(\theta_1,\cdots,\theta_d)\in\Theta}Q_n(Z,(\widehat{\theta}_1(Z),\theta_2,\cdots,\theta_d))\leqslant Q_n(Z,\bar{\boldsymbol{\theta}})&=\lim_{k\to\infty}Q_n(Z,\bar{\boldsymbol{\theta}}_{n_k}(Z))\\&=\lim_{k\to\infty}\inf_{\boldsymbol{\theta}\in\Theta_{n_k}}Q_n(Z,\boldsymbol{\theta})=\inf_{\boldsymbol{\theta}}Q_n(Z,\boldsymbol{\theta}).\end{aligned}$$

最后一个等式成立是由于 $\lim_{n\to\infty}\Theta_n$ 是在 Θ 中稠密. 于是对所有 $Z\in\mathscr{Y}\times\mathscr{X}$，有

$$\inf_{(\theta_1,\cdots,\theta_d)\in\Theta}Q_n(Z,(\widehat{\theta}_1(Z),\theta_2,\cdots,\theta_d))=\inf_{\boldsymbol{\theta}}Q_n(Z,\boldsymbol{\theta}),$$

设 $Q_n^*(Z,(\theta_1,\cdots,\theta_d))=Q_n(Z,(\widehat{\theta}(Z),\theta_2,\cdots,\theta_d))$, 则 $Q_n^*(Z,(\theta_1,\cdots,\theta_d))$ 对所有 $Z\in\mathscr{Y}\times\mathscr{X}$ 是 θ 的连续函数和是关于 Z 对所有 $\theta\in\Theta$ 的可测函数. 类似上面的论证, 则存在一个可测的实值函数 $\widehat{\theta}_2$, 使得对所有 $Z\in\mathscr{Y}\times\mathscr{X}$ 有

$$\inf_{(\theta_1,\cdots,\theta_d)\in\Theta}Q_n^*(Z,(\widehat{\theta}_1(Z),\widehat{\theta}_2(Z),\cdots,\theta_d))=\inf_{\boldsymbol{\theta}}Q_n(Z,\boldsymbol{\theta}),$$

连续重复这个步骤, 产生实值可测函数 $\widehat{\theta}_1,\widehat{\theta}_2,\cdots,\widehat{\theta}_d$ 使得对所有 $Z\in\mathscr{Y}\times\mathscr{X}$ 有

$$Q_n(Z,(\widehat{\theta}_1(Z),\cdots,\widehat{\theta}_d(Z)))=\inf_{\boldsymbol{\theta}}Q_n(Z,\boldsymbol{\theta}).$$

于是 $\widehat{\boldsymbol{\theta}}=(\widehat{\theta}_1(Z),\cdots,\widehat{\theta}_d(Z))$ 是 $\mathscr{Y}\times\mathscr{X}$ 到 Θ_n 可测函数且具有要证的性质. □

6.9 补充材料

关于极值目标函数估计, Wald (1949)、Huber (1967)、Jennrich (1969) 以及 Malinvaud (1970) 等先后对很多特殊形式的极值目标函数估计进行过研究, 并证明出相应的相合性和渐近正态性. 而 Amemiya (1973, 1985) 建立了一般形式的极值目标函数估计, 并得到一些很有用的结果.

Gouriéroux 和 Monfort (1995) 在紧的参数空间中给出了极值目标函数估计的存在性与可测性. 定理 6.2 一般称为极值函数估计的基本相合性定理, 它与 Amemiya (1973) 的引理 3 完全类似. 而定理 6.3 是去掉紧性条件下的相合性定理, 它与 Andersen 和 Gill (1982) 的推论 2, 以及 Newey 和 Powell (1987) 的引理 A 完全类似.

定理 6.4 和定理 6.5 分别给出了极值目标函数估计和极小距离估计的渐近正态性. 实际上, 此时我们可以把后者看作前者的一个特殊形式. 而关于极值目标函数估计的渐近方差估计的更多内容可以参见 Newey 和 McFadden (1994).

对非光滑的目标函数也可以建立对应的相容性和渐近正态性, 参见 Daniels (1961), Huber (1967), Pakes 和 Pollard (1989) 等的工作.

第 7 章　经验似然及估计方程

7.1　经验似然的基本思想及概念

经验似然可以看作为非参数极大似然估计的一种情况, 也是统计理论中重要的推断方法之一. 非参数似然方法与参数似然方法的统计思想是一致的, 它们都是使目标的似然函数达最大. 一个简单的非参数似然估计的例子是经验分布, 它是分布函数的非参数极大似然估计. 事实上, 经验似然是带限制条件的非参数似然的一种. 虽然 Kaplan 和 Meier (1958) 应用非参数似然方法来处理删失数据的分布估计, Vardi (1985) 将其应用到带偏差数据的分布估计, 但其本质上就是经验似然方法的应用. Owen (1988, 1990, 1991) 一系列文章研究了经验似然估计及其在一些常用模型中的应用, 而 Owen (2001) 总结了以前的一些非参数似然方法, 并系统地总结了经验似然理论. 这种经验似然方法是被推广到包括普通似然在内的参数、半参数及非参数的一种更为强有力的似然方法, 许多相关的工作表明经验似然方法有着广泛的应用. 之后又有很多统计学家把这些方法应用到带辅助信息的统计推断, 并在很多场合下证明了经验似然有很多很好的统计性质. 因此, 经验似然方法可以看成平行于参数估计的似然方法. 它们具有许多相似的性质. 已经有很多统计学家讨论了不同数据下各种模型的非参数似然, 从而获得分布函数的非参数极大似然估计. 事实上, 经验似然方法对获得参数估计的置信区间具有更多的优势. 为了叙述清楚经验似然的思想, 我们参考并引用 Owen (2001) 和 Qin 和 Lawless (1994) 的一些表述和方法进行介绍. 首先介绍经验似然方法, 并构造一维和多维均值的置信域; 其次将其扩展到估计方程当中; 再次介绍经验似然方法在有偏抽样, 右删失数据和左截断数据情况下的应用; 最后是相关研究和拓展.

现在我们先介绍一些经验似然的基本概念.

设 $X_1, \cdots, X_n \in \mathbf{R}$ 是服从分布 F_0 的独立同分布的观察, 则经验分布函数F_n 定义为

$$F_n(x) = \frac{1}{n}\sum_{i=1}^{n} I(X_i \leqslant x),$$

其中 $I(A)$ 表示集合 A 的示性函数, 同时定义 $F(x-)$ 表示 $P(X < x)$ 且 $P(X = x) = F(x) - F(x-)$. 众所周知,$F_n(x)$ 是 F_0 的非参数极大似然估计.

定义非参数似然函数(经验似然函数) 如下:

$$L(F)=\prod_{i=1}^{n}\{F(X_i)-F(X_i-)\}. \tag{7.1}$$

事实上, $F_n(x)$ 使得上式在所有分布函数 F 中达到最大. $L(F)$ 的值是恰好获得到观察值 $X_1,\cdots,X_n$ 的联合概率. 易知当 F 是连续的分布函数时, $L(F)$ 的值为 0. 为了使其出现正概率, 以便于用于统计推断, 必须使分布 F 在每一个出现的观察点上均有一个正的概率. 故我们均给且只给观测样本 $X_1,\cdots,X_n$ 的每一点处赋予一个正概率, 即除样本观测点外概率均为零. 这里更深刻的理论参见 Li (1995).

在简单样本下, 经验分布函数 $F_n(x)$ 就是分布函数的极大似然估计. 本定理由 Owen (2001) 给出.

定理 7.1 设 $X_1,\cdots,X_n\in\mathbf{R}$ 是服从分布 F_0 的独立同分布的观察, 设 $F_n(x)$ 是对应的经验分布, 且设 F 是 X 的任一分布函数, 如果 $F\neq F_n$, 则 $L(F)<L(F_n)$.

证明 我们仅需考虑一个分布函数 F 使得 $L(F)>0$. 设 $c\in(0,1]$, 我们只需考虑一族分布 F 满足 $p_i=P_F(\{X_i\})>0,\ i=1,2,\cdots,n$ 和 $\sum_{i=1}^{n}p_i=c$ (为什么?). 因此, 应用拉格朗日乘子法, 可得

$$L(p_1,\cdots,p_n,\lambda)=\prod_{i=1}^{n}p_i+\lambda\left(\sum_{i=1}^{n}p_i-c\right),$$

其中 λ 是一个拉格朗日乘子. 求导得

$$\frac{\partial L}{\partial\lambda}=\sum_{i=1}^{n}p_i-c=0,\quad \frac{\partial L}{\partial p_i}=p_i^{-1}\prod_{i=1}^{n}p_i+\lambda=0,\quad i=1,2,\cdots,n.$$

容易解得 $p_i=\dfrac{c}{n},i=1,2,\cdots,n,\ \lambda=-\left(\dfrac{c}{n}\right)^{n-1}$. 容易证明这个解是使 $L(p_1,\cdots,p_n,\lambda)$ 在限制 $p_i>0,i=1,2,\cdots,n,\ \sum_{i=1}^{n}p_i=c$ 上的最大解, 并且这个极值函数在最大解上的值是

$$\max L(p_1,\cdots,p_n,\lambda)=(c/n)^n,$$

对于固定的 n, 使这个值达最大的 c 显然是 $c=1$. 这就说明了经验分布函数是使 $L(F)$ 达到最大的解. □

在参数推断中, 可以根据似然比 $L(\theta)/L(\widehat{\theta})$ 对假设检验和置信区间进行推断. 如果 $L(\theta_0)$ 比 $L(\widehat{\theta})$ 小很多, 则我们拒绝原假设 $\theta=\theta_0$, 在 θ_0 的置信区间中排除 θ. 直观理解是, 如果似然比值太小, 相当于有限制下的似然和无限制下的似然差异较大, 并说明有限制下的似然比无限制的似然小很多, 即有限制下样本发生的概率更小, 因此, 暗指限制条件可能并不成立. 那么在多小时, 就应该拒绝原假设呢? 在

参数情况下, Wilks 定理能够告诉人们什么时候该拒绝原假设. 在一些正则条件下, Wilks (1938) 指出 $-2\log(L(\theta_0)/L(\widehat{\theta}))$ 趋于标准卡方分布, 其自由度是 θ 的维数. 如果要获得 θ 的一个置信区间, 也可以利用 Wilks 定理来构造, 即

$$\{\theta : L(\theta) \geqslant rL(\widehat{\theta})\},$$

其中 r 是某一临界值, 由置信区间的置信水平和对数似然比统计量的极限分布 (即卡方分布) 决定. 利用参数似然比统计量对感兴趣参数进行统计推断已有完善的理论体系, 在实际中可直接应用. 然而, 在很多情况下, 使用参数似然比来构造函数的置信区间仍存在一些不足. 事实上, 在实际中, 我们确实已知的只有样本观察而已, 所谓的参数模型也是人为假设出来的. 在带有讨厌参数的情况或当我们所假设的分布不正确时, 利用参数似然比统计量对感兴趣参数进行统计推断, 就存在相当大的误差. 为了弥补参数似然比的不足, 下面我们介绍非参数情形下的似然比.

与参数情况类似, 我们也可以利用非参数似然函数构造似然比统计量来进行假设检验和构造置信区间. 对于一个分布 F, 定义**经验似然比统计量**为

$$R(F) = \frac{L(F)}{L(F_n)}, \tag{7.2}$$

其中 $L(F)$ 为似然函数, $L(F_n)$ 就是基于样本观测值的经验分布 F_n 的经验似然函数, 也就是无限制下的非参数极大似然.

如果我们感兴趣的是对 $\theta = T(F_0)$ 进行推断, 其中 $T(\cdot)$ 是统计泛函. 则 $\theta = T(F_0)$ 的非参数极大似然估计就是 $\widehat{\theta} = T(F_n)$, 这其实与参数情形下极大似然估计的不变性相似. 事实上, 在非参数情形下, 经验似然也具有估计变换不变性 (有兴趣的读者可以参阅 Owen (2001)). 下面利用与参数似然比统计量相同的思想来构造 $\theta = T(F_0)$ 的置信域, 由似然比的思想, 我们可以得到如下的似然比函数

$$R(H_0) = \frac{\max_{H_0} L(F)}{\max L(F)},$$

其中 H_0 表示所要求的分布函数满足限制条件 $T(F) = \theta$, 即满足原假设 H_0. 因此, 似然比函数 $R(H_0)$ 是关于 θ 的函数, 那么所获得的置信区域应是

$$\{T(F) : R(F) \geqslant r_0, F \in \mathcal{F}\}, \tag{7.3}$$

其中 r_0 为某一临界值, $\mathcal{F}$ 为满足某些限制条件的分布函数的集合. 值得注意的是在非参数情形下, 仅有样本观测值是已知的, 分布 F_0 并不知道, 要利用似然比统计量对分布的泛函 θ 进行统计推断, 需要用到前面章节中介绍过的剖面似然的思想, 即先将 θ 看成是固定的, 在 θ 固定的限制下, 求得分布 F_0 的非参数极大似然估计 (即有限制的极大似然估计), 此时导出的有限制极大似然函数是一个关于 θ 的函数.

再对限制极大似然函数关于 θ 极大化, 这样即可求出 θ 的极大经验似然估计 (即带限制条件的估计). 这就是用经验似然方法进行参数估计的思想, 读者可在后面各节中慢慢体会.

定义**剖面似然比函数**为

$$\mathcal{R}(\theta) = \sup\{L(F) : T(F) = \theta, F \in \mathcal{F}\}/L(F_n), \tag{7.4}$$

其中 $\mathcal{F} = \{F : F \ll F_n\}$, 这里 $F \ll F_n$ 表示 F 可由 F_n 控制, 即对任意可测集 A, $F_n = 0$ 必有 $F = 0$. 式 (7.4) 中的分子就是剖面似然. 类似于参数情况, 当 $\mathcal{R}(\theta_0) < r_0$, 其中 r_0 为某一个临界值, 则拒绝假设 $H_0 : T(F_0) = \theta_0$. 这就称为**经验似然比检验**. 对应的**经验似然置信域**是

$$\{\theta : \mathcal{R}(\theta) \geqslant r_0\}. \tag{7.5}$$

值得注意的是 $F \ll F_n$ 等价于 F 的支撑集为 $[X_{(1)}, X_{(n)}]$, 其中 $X_{(1)}, X_{(2)}, \cdots, X_{(n)}$ 是 $X_1, X_2, \cdots, X_n$ 的顺序统计量. 接下来我们看看为什么要对分布函数的支撑这样进行限制.

为了简单直观, 我们考虑感兴趣参数是均值 μ_0 的情况. 利用剖面似然比构造均值的置信域应形如式 (7.5) 所示, 即要考虑剖面似然比大于临界值 r_0 的情况. 如果对 F 的支撑不加限制, 则对于任意的 $r_0 < 1$ 及足够小的 ε, 考虑分布 $F = (1-\varepsilon)F_n + \varepsilon\delta_x$, 其中 δ_x 为在 x 处的退化分布. 通过简单的计算可知 $R(F) \geqslant r_0$, 此时若 x 的取值趋向 $\pm\infty$, 则以此构造出的均值 μ_0 的置信域就应该是整条实直线. 所以必须对分布的支撑进行限制, 否则构造出来的均值的置信域是没有意义的. 很自然就会想将其支撑限制在一个有界集上, 然而这个有界集的选择又是一大问题. 但是, 就算我们不知道这个有界集应该怎么选择, 可以肯定的是它一定包含了集合 $[X_{(1)}, X_{(n)}]$, 这样才能保证能观测到样本 $X_1, X_2, \cdots, X_n$. 所以就将其支撑限制在 $[X_{(1)}, X_{(n)}]$ 上.

还有一个值得注意的地方是, 无论观测样本是否存在结点, 都可以用同样的方法处理和计算经验似然比统计量, 进而计算剖面似然比统计量. 下面就通过权分配的思想来说明样本观察是否存在结点均不会对剖面似然比函数的计算形成影响.

先看没有结点时, 若分布 F 赋予样本点 $X_i \in \mathbf{R}, i = 1, 2, \cdots, n$ 的概率分别为 $p_i, p_i \geqslant 0, i = 1, 2, \cdots, n$, 则 $\sum_{i=1}^{n} p_i \leqslant 1$, 且 $L(F) = \prod_{i=1}^{n} p_i$, 故

$$R(F) = \frac{L(F)}{L(F_n)} = \prod_{i=1}^{n} np_i. \tag{7.6}$$

当数据存在结点时, 假设数据存在 k 个不同的值 z_j, 即 $z_1 < z_2 < \cdots < z_k$ 表示 $X_1, \cdots, X_n$ 中不同的值, 且 z_j 出现 n_j 次, 即样本在 z_j 处有 n_j 个结点, 注意到

$\sum_{j=1}^{k} n_j = n$. 假设分布 F 在 z_j 处赋予概率 p_j, 即 $p_j = F(z_j) - F(z_j-)$, 且 $\widehat{p}_j = n_j/n$, 则此时有

$$L(F) = \prod_{j=1}^{k} p_j^{n_j}. \tag{7.7}$$

故此时式 (7.6) 变为

$$R(F) = \frac{L(F)}{L(F_n)} = \prod_{i=1}^{k} \left(\frac{p_j}{\widehat{p}_j}\right)^{n_j} = \prod_{i=1}^{k} \left(\frac{np_j}{n_j}\right)^{n_j}. \tag{7.8}$$

事实上, 我们仍可以使用式 (7.6) 而不使用式 (7.8) 来定义经验似然比仍可获得相同的剖面似然比函数 $\mathcal{R}(\theta)$. 下面来介绍权分配的思想. 若样本顺序统计量为 $X_{(1)} \leqslant X_{(2)} \leqslant \cdots \leqslant X_{(n)}$, 则易知前 n_1 个的值均为 z_1, 接下来 n_2 个的值均为 z_2, 依次类推, 最后 n_k 个的值均为 z_k. 将概率 p_1 分割为权 $w_i, i = 1, 2, \cdots, n_1$ 分别赋予顺序统计量的前 n_1 个, 则此时 p_1 等于前 n_1 个值的权的累加, 重复此过程, 直至把概率 $p_j, j = 1, 2, \cdots, k$ 分割为权 w_i $(i = 1, 2, \cdots, n)$, 则根据上述在每个样本点处的赋权可重新产生分布 F, 也同样产生 $T(F)$. 此时, 我们定义 F 的似然函数为 $\prod_{i=1}^{n} w_i$. 当然, 当存在结点时, 这个似然函数不唯一, 因为权 w_i 的分割方法可以不一样.

但是, 我们求剖面似然比函数式 (7.4) 时我们需要极大化 $\prod_{i=1}^{n} w_i$. 易知, 此极大值当 $w_i = p_{j(i)}/n_{j(i)}$ 出现, 即权平均分配给对应的样本点. 其中 $j(i)$ 由 $X_i = z_{j(i)}$ 决定.

注意到 $n_1 + n_2 + \cdots + n_k = n$, 对于一个给定 F, $\prod_{i=1}^{n} nw_i$ 的极大值是

$$\prod_{i=1}^{n} n\frac{p_{j(i)}}{n_{j(i)}} = \prod_{j=1}^{k} \left(\frac{np_j}{n_j}\right)^{n_j} = \prod_{i=1}^{n} np_i \times \prod_{j=1}^{k} n_j^{-n_j}.$$

注意到上式中第二项在求剖面似然函数时并不影响, 故只需极大化第一项即可, 即因子 $\prod_{i=1}^{k} n_j^{-n_j}$ 可以舍去, 于是, 在理论和计算上, 无论是否存在结点均可像数据没有结点时一样进行似然推断. 记

$$R(F) = \prod_{i=1}^{n} nw_i, \tag{7.9}$$

其中 $w_i \geqslant 0, \sum_{i=1}^{n} w_i = 1$, 且 F 在 X_i 上有概率为 $\sum_{j:X_i=X_j} w_j$. 所以, 式 (7.6) 与式 (7.9) 等价.

7.2 一维均值经验似然

下面利用分配权的思想构造一维均值函数经验似然置信域.

记

$$\mathcal{R}(\mu) = \sup\left\{R(F): \int \nu \mathrm{d}F(\nu) = \mu,\, F \ll F_n\right\}. \tag{7.10}$$

设 X 有分布 F, 假定

$$\omega_i \geqslant 0, \quad \sum_{j:x_j=x_i} \omega_j = F(x_i) - F(x_i-). \tag{7.11}$$

如此假定只是为了简单考虑, 当 x_i, x_j 有相同的情况, 则对每一个观察点发生的概率是 ω_i, 记

$$\widetilde{L}(F, \omega) = \prod_{i=1}^{n} \omega_i,$$

其中 $\omega = (\omega_1, \cdots, \omega_n)^\tau$ 满足式 (7.11), 则 $\widetilde{L}(F, \omega)$ 的极大值在 $F = F_n$ 时达到, 即 $\omega_1 = \omega_2 = \cdots = \omega_n = \dfrac{1}{n}$. 因此有

$$\widetilde{R}(F, \omega) = \prod_{i=1}^{n} n\omega_i,$$

其中 $\widetilde{L}(F, \omega)$ 及 $\widetilde{R}(F, \omega)$ 分别是观察样本的似然及似然比函数.

引理 7.1 对于任意 $0 \leqslant r_0 \leqslant 1$, 则

$$\{F: R(F) \geqslant r_0\} = \{F: \widetilde{R}(F, \omega) \geqslant r_0, \omega \text{ 满足式 (7.11)}\},$$

其中 F 是一分布函数.

证明 假设 $R(F) \geqslant r_0$. 记 $\bar{\omega}_i = \{F(x_i) - F(x_i-)\}/n_i$, 其中 $1 \leqslant n_i = \sharp\{x_j : x_j = x_i\}$, 于是 $\bar{\omega}_i$ 满足式 (7.11), 且

$$\widetilde{R}(F, \bar{\omega}) = \prod_{i=1}^{n} n\bar{\omega}_i = \prod_{i=1}^{n} n_i\bar{\omega}_i \Big/ \prod_{i=1}^{n}(n_i/n) = R(F) \geqslant r_0.$$

相反, 假设 $\widetilde{R}(F, \omega) \geqslant r_0$, 其中 $\omega = (\omega_1, \cdots, \omega_n)$ 满足式 (7.11), 于是

$$R(F)=\widetilde{R}(F,\bar{\omega})\geqslant r_0\widetilde{R}(F,\bar{\omega})/\widetilde{R}(F,\omega)=r_0\prod_{i=1}^{n}\bar{\omega}_i/\prod_{i=1}^{n}\omega_i\geqslant r_0.$$

最后不等式成立是因为在有结点的观测集里, $\bar{\omega}_i$ 与 ω_i 有相等的和, 而且由于 $\bar{\omega}_i$ 在这个集相等, 则它们的积一定不小于 ω_i 的积 $\left(\text{注意到}\left(\dfrac{a_1+\cdots+a_k}{k}\right)^k\geqslant a_1\cdots a_k\right)$. □

利用先前的赋权方式, 所获得均值的剖面经验似然比函数是

$$\mathcal{R}(\mu)=\max\left\{\prod_{i=1}^{n}nw_i:\sum_{i=1}^{n}w_iX_i=\mu,w_i\geqslant 0,\sum_{i=1}^{n}w_i=1\right\},$$

由此导出的均值经验似然置信域是

$$\{\mu:\mathcal{R}(\mu)\geqslant r_0\}=\left\{\sum_{i=1}^{n}w_iX_i:\prod_{i=1}^{n}nw_i\geqslant r_0,w_i\geqslant 0,\sum_{i=1}^{n}w_i=1\right\}.$$

为了说明上面计算的经验似然置信域是合理的, 必须证明经验似然比的极限分布. 本节仅考虑一维均值的情况. 下面定理的证明可参阅 7.3 节多维均值的情况或 Owen (2001).

定理 7.2 设 $X_1,X_2,\cdots,X_n$ 来自分布 F_0 的独立同分布样本. 令 $\mu_0=E(X_i)$, 且 $0<\mathrm{Var}(X_i)<\infty$, 则 $-2\log(\mathcal{R}(\mu_0))$ 以分布收敛到自由度为 1 的卡方分布 $\chi^2_{(1)}$.

这个定理值得注意的几点是, 首先, 易证一维均值的经验似然置信域是一个区间, 且经验似然比的极限分布与参数情况下的相同, 都收敛到卡方分布 $\chi^2_{(1)}$. 其次, 并不需要假定 X_i 是有界随机变量, 而仅仅需要有限的方差. 有界方差控制了当 n 趋于无穷时, 样本极大值和极小值的增长速度. 定理 7.2 提供了对假设检验 $H_0:E(X)=\mu_0$ 的渐近判断, 即, 当 $-2\log(\mathcal{R}(\mu_0))>c_\alpha$, 拒绝原假设, 其中 c_α 是自由度为 1 的卡方分布 $\chi^2_{(1)}$ 的上 α 分位数. 那么, 置信水平为 $1-\alpha$ 的置信区间就是 $I(\mu)=\{\mu:-2\log(\mathcal{R}(\mu))\leqslant c_\alpha\}$. 这也就是说当 $n\to\infty$, μ_0 落在区间 $I(\mu)$ 的名义水平为 $1-\alpha$. 因此, 当 $n\to\infty$ 时其覆盖率的误差是

$$P(-2\log(\mathcal{R}(\mu_0))\leqslant c_\alpha)-(1-\alpha)\to 0.$$

事实上, 在一定的条件下, 覆盖率的误差以速度 $O(n^{-1})$ 收敛于 0. 这个速度与参数情况下置信区间覆盖率误差, 刀切法或自助法的收敛速度一样. 正如参数情况一样, 通过 Bartlett 纠偏性, 可以把置信区间覆盖率误差的收敛速度提高到 $O(n^{-2})$, 但是刀切法或自助法构造的置信区间是没有 Bartlett 修正的, 参见 Diciccio, Hall 和 Romano (1991).

7.3 多维均值经验似然

在给出多维均值置信区域的构造之前, 先给出一些概念和记号, 多维均值经验似然构造与一维的情况完全类似.

设 $\delta_{\boldsymbol{x}}$ 表示一单点分布, 它在 $\boldsymbol{X}=\boldsymbol{x}$ 时概率为 1, $F(A)$ 表示 $P(\boldsymbol{X}\in A)$, 其中 $\boldsymbol{X}\sim F$, 且 $A\in\mathcal{B}(\mathbf{R}^d)$ $(d>1)$ 为波雷尔可测集. 我们定义多元经验分布函数. 设 $\boldsymbol{X}_1,\cdots,\boldsymbol{X}_n\in\mathbf{R}^d$, 则 $\boldsymbol{X}_1,\cdots,\boldsymbol{X}_n$ 的**经验分布函数**是

$$F_n=\frac{1}{n}\sum_{i=1}^n\delta_{\boldsymbol{X}_i}.$$

给定 $\boldsymbol{X}_1,\cdots,\boldsymbol{X}_n\in\mathbf{R}^d$, 假设其分布函数为 F, 则分布函数 F 的**非参数似然函数**是

$$L(F)=\prod_{i=1}^n F(\{\boldsymbol{X}_i\}).$$

其中 $F(\{\boldsymbol{X}_i\})=F(\boldsymbol{X}_i)-F(\boldsymbol{X}_i-)=p_i$ 是从分布 F 中获得样本 $\boldsymbol{X}_i$ 的概率. 类似一维的情形, **经验似然比**定义为

$$R(F)=\frac{L(F)}{L(F_n)},$$

即由 F_n 的定义有

$$R(F)=\prod_{i=1}^n(np_i).$$

类似一维的情况, 有如下定理.

定理 7.3 设 $\boldsymbol{X}_1,\cdots,\boldsymbol{X}_n\in\mathbf{R}^d$ 是服从分布 F_0 的独立同分布的观察, 设 $F_n(\boldsymbol{x})$ 是对应的经验分布, 且设 F 是 $\boldsymbol{X}$ 的任一分布函数, 如果 $F\neq F_n$, 则 $L(F)<L(F_n)$.

定理 7.3 证明类似于定理 7.1 的证明故略.

假如我们想估计 $\theta=T(F)$, 为简单起见, 我们考虑 F 的均值 $\boldsymbol{\mu}$. 为了获得 $\boldsymbol{\mu}$ 的置信区域, 我们定义如下的**剖面经验似然比函数**

$$\mathcal{R}(\boldsymbol{\mu})=\sup\left\{\prod_{i=1}^n np_i : p_i\geqslant 0,\ \sum_{i=1}^n p_i=1,\ \sum_{i=1}^n p_i\boldsymbol{X}_i=\boldsymbol{\mu}\right\}. \tag{7.12}$$

如果 $\boldsymbol{\mu}$ 在点 $\boldsymbol{X}_1,\cdots,\boldsymbol{X}_n\in\mathbf{R}^d$ 的凸包内, 则式 (7.12) 的唯一解存在. Lagrange 乘子法求 $\prod_{i=1}^n np_i$ 在限制 $p_i\geqslant 0$, $\sum_{i=1}^n p_i=1$ 和 $\sum_{i=1}^n p_i\boldsymbol{X}_i=\boldsymbol{\mu}$ 上的极大值, 得

$$p_i=p_i(\boldsymbol{\mu})=n^{-1}\{1+\boldsymbol{\lambda}^\tau(\boldsymbol{X}_i-\boldsymbol{\mu})\}^{-1}, \tag{7.13}$$

其中 $\boldsymbol{\lambda}=\boldsymbol{\lambda}(\boldsymbol{\mu})$ 是 $d\times 1$ 向量且是方程

$$\sum_{i=1}^{n}\frac{\boldsymbol{X}_i-\boldsymbol{\mu}}{1+\boldsymbol{\lambda}^{\tau}(\boldsymbol{X}_i-\boldsymbol{\mu})}=0 \tag{7.14}$$

的解. 此时式 (7.12) 化为

$$\mathcal{R}(\boldsymbol{\mu})=\prod_{i=1}^{n}\frac{1}{1+\boldsymbol{\lambda}^{\tau}(\boldsymbol{X}_i-\boldsymbol{\mu})}.$$

则对应的对数似然比统计量是 $W_E(\boldsymbol{\mu})=-2\log\mathcal{R}(\boldsymbol{\mu})$, 即

$$W_E(\boldsymbol{\mu})=2\sum_{i=1}^{n}\log(1+\boldsymbol{\lambda}^{\tau}(\boldsymbol{X}_i-\boldsymbol{\mu})). \tag{7.15}$$

Owen (2001) 证明了在很少的条件下, 即有下面的定理 7.4 成立. 如果 $\boldsymbol{\mu}=\boldsymbol{\mu}_0$, 则

$$W_E(\boldsymbol{\mu})\xrightarrow{\mathscr{D}}\chi^2_{(q)}.$$

因此, $\boldsymbol{\mu}$ 的 $1-\alpha$ 水平的近似置信区间可由 $W_E(\boldsymbol{\mu})\leqslant C_\alpha$ 求得, 其中 $P(\chi^2_{(q)}\leqslant C_\alpha)=1-\alpha$.

考虑多元均值, 定义**剖面经验似然比函数**是

$$\mathcal{R}(\boldsymbol{\mu})=\max\left\{\prod_{i=1}^{n}nw_i:\sum_{i=1}^{n}w_i\boldsymbol{X}_i=\boldsymbol{\mu},w_i\geqslant 0,\sum_{i=1}^{n}w_i=1\right\},$$

由此导出的均值**经验似然置信域**是

$$C_{r_0,n}=\left\{\sum_{i=1}^{n}w_i\boldsymbol{X}_i:\prod_{i=1}^{n}nw_i\geqslant r_0,w_i\geqslant 0,\sum_{i=1}^{n}w_i=1\right\}.$$

类似于一维均值的情况, Owen (2001) 证明了如下定理.

定理 7.4　设 $\boldsymbol{X}_1,\cdots,\boldsymbol{X}_n\in\mathbf{R}^d$ 是服从分布 F_0 的独立同分布的观察, 且其均值为 $\boldsymbol{\mu}_0=E(\boldsymbol{X}_i)$, 同时具有秩为 q 的有限 d 维协方差阵 V_0, 则 $C_{r_0,n}$ 是 R^d 中的一个凸集, 且当 $n\to\infty$, $-2\log(\mathcal{R}(\boldsymbol{\mu}_0))$ 依分布收敛到一个自由度为 q 的卡方分布 $\chi^2_{(q)}$.

这个定理的证明具有代表性, 因此在此给出较详细的证明. 更多细节参见 Owen (2001).

在证明定理之前, 先给出几个引理. 这些引理也具有独立的意义.

引理 7.2　设 F_0 是 $\mathbf{R}^d$ 中一均值为 $\boldsymbol{\mu}_0$ 且有有限满秩的协方差阵 Σ 的分布. 令 $\Theta=\{\boldsymbol{\theta}:\|\boldsymbol{\theta}\|=1,\boldsymbol{\theta}\in\mathbf{R}^d\}$, 则对于 $\boldsymbol{X}\sim F_0$,

$$\inf_{\theta\in\Theta}P((\boldsymbol{X}-\boldsymbol{\mu}_0)^{\tau}\boldsymbol{\theta}>0)>0.$$

引理 7.2 说样本与均值差的向量对其分量的任何投影有正概率, 故其分量的空间包含原点.

引理 7.2 的证明 不失一般性, 设 $\boldsymbol{\mu}_0 = 0$. 反证法. 设存在一列 $\boldsymbol{\theta}_n$ 使得 $P(\boldsymbol{X}^\tau\boldsymbol{\theta}_n > 0) < n^{-1}$, 则由 Θ 的紧性, 存在 $\boldsymbol{\theta}_n$ 的一个子序列 $\boldsymbol{\theta}_n^* \to \boldsymbol{\theta}_0 \in \Theta$. 记 $B = \{\boldsymbol{X} : \boldsymbol{X}^\tau\boldsymbol{\theta}_0 > 0\}$, 则由 $X^\tau\boldsymbol{\theta}$ 关于 $\boldsymbol{\theta}$ 的连续性知, 在 B 内逐点有

$$I_{\{\boldsymbol{X}^\tau\boldsymbol{\theta}_n^*>0\}} \to I_{\{\boldsymbol{X}^\tau\boldsymbol{\theta}_0>0\}},$$

其中 I_A 表示集合 A 的示性函数. 又由控制收敛定理有

$$\begin{aligned}P(\boldsymbol{X}^\tau\boldsymbol{\theta}_0 > 0) &= \int_B I_{\{\boldsymbol{X}^\tau\boldsymbol{\theta}_0>0\}}\mathrm{d}F_0(\boldsymbol{X})\\ &\leqslant \lim_{n\to\infty}\int_B I_{\{\boldsymbol{X}^\tau\boldsymbol{\theta}_n^*>0\}}\mathrm{d}F_0(\boldsymbol{X})\\ &= \lim_{n\to\infty} P(\boldsymbol{X}^\tau\boldsymbol{\theta}_n^* > 0)\\ &= 0.\end{aligned}$$

由于 $\boldsymbol{X}^\tau\boldsymbol{\theta}_0$ 均值为零, 故 $P(\boldsymbol{X}^\tau\boldsymbol{\theta}_0 < 0) = 0$, 所以 $\boldsymbol{X}^\tau\boldsymbol{\theta}_0 = 0, \text{a.s.}$. 但这和 Σ 满秩的假设矛盾. □

引理 7.3 设 $Y_i \geqslant 0, i = 1, 2, \cdots, n$ 为独立同分布的随机变量, 且 $Z_n = \max_{1\leqslant i\leqslant n} Y_i$. 若 $E(Y_1^2) < \infty$, 则当 $n \to \infty$ 时, 有

$$Z_n = o(n^{1/2}), \quad \text{a.s.} \quad 和 \quad \frac{1}{n}\sum_{i=1}^n Y_i^3 = o(n^{1/2}), \quad \text{a.s.}.$$

引理 7.3 说明二阶矩存在的独立同分布的随机变量极大值的收敛速度为 $o(n^{1/2})$.

引理 7.3 的证明 由于 $E(Y_1^2) < \infty$, 则可得 $\sum_{n=1}^\infty P(Y_n > n^{1/2}) < \infty$, 由 Borel-Cantelli 引理知 $Y_n > n^{1/2}$ 以概率 1 有限次发生. 从而可知 $Z_n > n^{1/2}$ 以概率 1 有限次发生. 同理可得, 对任意的 $A > 0$, $Z_n > An^{1/2}$ 以概率 1 有限次发生. 因此

$$\limsup Z_n/n^{1/2} \leqslant A, \quad \text{a.s.}$$

且以上不等式对于任意的 A 的值所组成的可数集同时以概率 1 都成立, 故可得 $Z_n = o(n^{1/2})$, a.s..

又由 $Z_n = o(n^{1/2})$, a.s. 及强大数律

$$\frac{1}{n}\sum_{i=1}^n Y_i^3 \leqslant \frac{Z_n}{n}\sum_{i=1}^n Y_i^2 = o(n^{1/2}), \quad \text{a.s.}.$$ □

下面给出定理 7.4 的证明.

定理 7.4 的证明　若 $q < d$, 则可以用 $\boldsymbol{X}_i$ 中有满秩的 q 个分量代替 $\boldsymbol{X}_i$, 从而转化成满秩的情况. 不失一般性, 假设 $q = d$. 现证明 $C_{r_0,n}$ 的凸性, 即欲证对任意的 $\boldsymbol{\mu}_1 = \sum_{i=1}^n \omega_{i1}\boldsymbol{X}_i, \boldsymbol{\mu}_2 = \sum_{i=1}^n \omega_{i2}\boldsymbol{X}_i \in C_{r_0,n}$, 以及任意的常数 $\alpha \in [0,1]$, 均有 $\alpha\boldsymbol{\mu}_1 + (1-\alpha)\boldsymbol{\mu}_2 \in C_{r_0,n}$.

令 $\omega_{i0} = \alpha\omega_{i1} + (1-\alpha)\omega_{i2}, i = 1,2,\cdots,n$, 则易知 $\omega_{i0} \geqslant 0, \sum_{i=1}^n \omega_{i0} = 1$, 且由 $\prod_{i=1}^n n\omega_{ij} \geqslant r_0, j = 1,2$, 可得 $\sum_{i=1}^n \log(n\omega_{ij}) \geqslant \log r_0$, 则

$$\begin{aligned}\sum_{i=1}^n \log(n\omega_{i0}) &= \sum_{i=1}^n \log\{n[\alpha\omega_{i1} + (1-\alpha)\omega_{i2}]\}\\ &\geqslant \alpha\sum_{i=1}^n \log(n\omega_{i1}) + (1-\alpha)\sum_{i=1}^n \log(n\omega_{i2})\\ &\geqslant \log r_0.\end{aligned}$$

故可得 $\prod_{i=1}^n n\omega_{i0} \geqslant r_0$, 于是, $\alpha\boldsymbol{\mu}_1 + (1-\alpha)\boldsymbol{\mu}_2 = \sum_{i=1}^n \omega_{i0}\boldsymbol{X}_i \in C_{r_0,n}$. 故 $C_{r_0,n}$ 是一个凸集.

下面, 我们首先来证明剖面似然比函数存在且唯一, 并求出剖面似然比函数. 同引理 7.2, 令 Θ 为 $\mathbf{R}^d$ 空间中单位向量的集合. 由引理 7.2, 有

$$\inf_{\theta\in\Theta} F_0(\{\boldsymbol{\theta}^\tau(\boldsymbol{X} - \boldsymbol{\mu}_0) > 0\}) > 0.$$

由 Glivenko-Cantelli 定理可得, 当 $n \to \infty$ 时, 以概率 1 有下式成立

$$\sup_{\theta\in\Theta} |F_0(\{\boldsymbol{\theta}^\tau(\boldsymbol{X} - \boldsymbol{\mu}_0) > 0\}) - F_n(\{\boldsymbol{\theta}^\tau(\boldsymbol{X} - \boldsymbol{\mu}_0) > 0\})| \to 0.$$

由此可知均值 $\boldsymbol{\mu}_0$ 以趋于 1 的概率在由 $\{\boldsymbol{X}_1,\cdots,\boldsymbol{X}_n\}$ 构成的凸包的内部.

当均值 $\boldsymbol{\mu}_0$ 在 $\{\boldsymbol{X}_1,\cdots,\boldsymbol{X}_n\}$ 构成的凸包内部时, 存在唯一的一组权重 $\omega_i, i = 1,2,\cdots,n$ 极大化 $\prod_{i=1}^n \omega_i$, 其中 ω_i 满足 $\omega_i > 0, \sum_{i=1}^n \omega_i = 1, \sum_{i=1}^n \omega_i(\boldsymbol{X}_i - \boldsymbol{\mu}_0) = 0$.

由拉格朗日乘子法可得上述极大问题的唯一解

$$\omega_i = \frac{1}{n(1 + \boldsymbol{\lambda}^\tau(\boldsymbol{X}_i - \boldsymbol{\mu}_0))}, \quad i = 1,2,\cdots,n,$$

其中拉格朗日乘子 $\boldsymbol{\lambda} \in \mathbf{R}^d$ 满足以下等式

$$g(\boldsymbol{\lambda}) \equiv \frac{1}{n}\sum_{i=1}^{n}\frac{\boldsymbol{X}_i - \boldsymbol{\mu}_0}{1+\boldsymbol{\lambda}^\tau(\boldsymbol{X}_i - \boldsymbol{\mu}_0)} = 0. \tag{7.16}$$

由此可知, 剖面似然比函数存在且唯一, 且其具体表达式为

$$\mathcal{R}(\mu_0) = \prod_{i=1}^{n}(1+\boldsymbol{\lambda}^\tau(\boldsymbol{X}_i - \boldsymbol{\mu}_0))^{-1}.$$

此似然比统计量虽然形式简单, 其对数也为一个随机变量和的形式, 但由于其中因子 $\boldsymbol{\lambda}$ 依赖于全体观察样本, 因而此和式并非独立随机变量和. 下面确定 $\boldsymbol{\lambda}$ 的阶. 令 $\boldsymbol{\lambda} = \|\boldsymbol{\lambda}\|\boldsymbol{\theta}$, 其中 $\boldsymbol{\theta} \in \Theta$ 是一个单位向量. 记

$$Y_i = \boldsymbol{\lambda}^\tau(\boldsymbol{X}_i - \boldsymbol{\mu}_0), \quad \tilde{Z}_n = \max_{1\leqslant i\leqslant n}\|\boldsymbol{X}_i - \boldsymbol{\mu}_0\|.$$

将 $1/(1+Y_i) = 1 - Y_i/(1+Y_i)$ 代入 $\boldsymbol{\theta}^\tau g(\boldsymbol{\lambda}) = 0$ 并进行化简, 可得

$$\|\boldsymbol{\lambda}\|\boldsymbol{\theta}^\tau\tilde{S}\boldsymbol{\theta} = \boldsymbol{\theta}^\tau(\bar{\boldsymbol{X}} - \boldsymbol{\mu}_0), \tag{7.17}$$

其中

$$\tilde{S} = \frac{1}{n}\sum_{i=1}^{n}\frac{(\boldsymbol{X}_i - \mu_0)(\boldsymbol{X}_i - \boldsymbol{\mu}_0)^\tau}{1+Y_i}. \tag{7.18}$$

令

$$S = \frac{1}{n}\sum_{i=1}^{n}(\boldsymbol{X}_i - \boldsymbol{\mu}_0)(\boldsymbol{X}_i - \boldsymbol{\mu}_0)^\tau.$$

由于 $\omega_i > 0$, 所以 $1+Y_i > 0$, 因此

$$\begin{aligned}\|\boldsymbol{\lambda}\|\boldsymbol{\theta}^\tau S\boldsymbol{\theta} &\leqslant \|\boldsymbol{\lambda}\|\boldsymbol{\theta}^\tau\tilde{S}\boldsymbol{\theta}\left(1+\max_{1\leqslant i\leqslant n}Y_i\right)\\ &\leqslant \|\boldsymbol{\lambda}\|\boldsymbol{\theta}^\tau\tilde{S}\boldsymbol{\theta}(1+\|\boldsymbol{\lambda}\|\tilde{Z}_n)\\ &= \boldsymbol{\theta}^\tau(\bar{\boldsymbol{X}} - \boldsymbol{\mu}_0)(1+\|\boldsymbol{\lambda}\|\tilde{Z}_n),\end{aligned}$$

由式 (7.17) 可得

$$\|\boldsymbol{\lambda}\|(\boldsymbol{\theta}^\tau S\boldsymbol{\theta} - \tilde{Z}_n\boldsymbol{\theta}^\tau(\bar{\boldsymbol{X}} - \boldsymbol{\mu}_0)) \leqslant \boldsymbol{\theta}^\tau(\bar{\boldsymbol{X}} - \boldsymbol{\mu}_0).$$

而 $\sigma_1 + o_p(1) \geqslant \boldsymbol{\theta}^\tau S\boldsymbol{\theta} \geqslant \sigma_p + o_p(1)$, 其中 $\sigma_1 \geqslant \sigma_p > 0$ 分别是 $\mathrm{Var}(X_i)$ 最大和最小的特征根. 根据引理 7.3, $\tilde{Z}_n = o(n^{1/2})$, a.s., 由中心极限定理可知 $\boldsymbol{\theta}^\tau(\bar{\boldsymbol{X}} - \boldsymbol{\mu}_0) = O_p(n^{-1/2})$. 于是有 $\|\boldsymbol{\lambda}\|(\boldsymbol{\theta}^\tau S\boldsymbol{\theta} + o_p(1)) = O_p(n^{-1/2})$, 即可知

$$\|\boldsymbol{\lambda}\| = O_p(n^{-1/2}).$$

确定好 $\|\boldsymbol{\lambda}\|$ 的阶之后, 利用 (7.16) 将 $\boldsymbol{\lambda}$ 的近似表达式求出来. 由引理 7.3,

$$\max_{1\leqslant i\leqslant n}|Y_i| = O_p(n^{-1/2})o(n^{1/2}) = o_p(1). \tag{7.19}$$

根据式 (7.19), 可将式 (7.16) 进行泰勒展开

$$\begin{aligned}0 &= \frac{1}{n}\sum_{i=1}^{n}(\boldsymbol{X}_i-\boldsymbol{\mu}_0)(1-Y_i+Y_i^2+o(Y_i^2))\\ &= \bar{\boldsymbol{X}}-\boldsymbol{\mu}_0-S\boldsymbol{\lambda}+\frac{1}{n}\sum_{i=1}^{n}(\boldsymbol{X}_i-\boldsymbol{\mu}_0)Y_i^2(1+o_p(1)).\end{aligned} \tag{7.20}$$

式 (7.20) 中第四项的界为

$$\frac{1}{n}\sum_{i=1}^{n}\|\boldsymbol{X}_i-\boldsymbol{\mu}_0\|^3\|\boldsymbol{\lambda}\|^2 = o(n^{1/2})O_p(n^{-1}) = o_p(n^{-1/2}),$$

由式 (7.20) 可知

$$\boldsymbol{\lambda} = S^{-1}(\bar{\boldsymbol{X}}-\boldsymbol{\mu}_0)+\boldsymbol{R},$$

其中 $\boldsymbol{R} = o_p(n^{-1/2})$.

根据式 (7.19), 将 $-2\log\mathcal{R}(\boldsymbol{\mu}_0)$ 进行泰勒展开, 于是,

$$\begin{aligned}-2\log\mathcal{R}(\boldsymbol{\mu}_0) &= -2\sum_{i=1}^{n}\log(n\omega_i)\\ &= 2\sum_{i=1}^{n}\log(1+\boldsymbol{Y}_i)\\ &= 2\sum_{i=1}^{n}\boldsymbol{Y}_i-\sum_{i=1}^{n}\boldsymbol{Y}_i^2+2\sum_{i=1}^{n}\xi_i\\ &= 2n\boldsymbol{\lambda}^{\tau}(\bar{\boldsymbol{X}}-\boldsymbol{\mu}_0)-n\boldsymbol{\lambda}^{\tau}S\boldsymbol{\lambda}+2\sum_{i=1}^{n}\xi_i\\ &= n(\bar{\boldsymbol{X}}-\boldsymbol{\mu}_0)^{\tau}S^{-1}(\bar{\boldsymbol{X}}-\boldsymbol{\mu}_0)-n\boldsymbol{R}^{\tau}S\boldsymbol{R}+2\sum_{i=1}^{n}\xi_i,\end{aligned}$$

其中 $\xi_i = O_p(Y_i^3)$.

当 $n\to\infty$ 时,

$$n(\bar{\boldsymbol{X}}-\boldsymbol{\mu}_0)^{\tau}S^{-1}(\bar{\boldsymbol{X}}-\boldsymbol{\mu}_0) \xrightarrow{\mathscr{D}} \chi^2_{(q)},$$

$$n\boldsymbol{R}^{\tau}S\boldsymbol{R} = no_p(n^{-1/2})O_p(1)o_p(n^{-1/2}) = o_p(1)$$

且

$$\left|\sum_{i=1}^{n}\xi_i\right| = O_p\left(\|\boldsymbol{\lambda}\|^3\sum_{i=1}^{n}\|\boldsymbol{X}_i-\boldsymbol{\mu}_0\|^3\right) = O_p(n^{-3/2})o_p(n^{3/2}) = o_p(1).$$

因此 $-2\log\mathcal{R}(\boldsymbol{\mu}_0)\xrightarrow{\mathscr{D}}\chi^2_{(q)}$. □

虽然定理 7.4 给出了经验似然比统计量具有渐近卡方分布 $\chi^2_{(q)}$, 但是置信区域并没有显式形式. 甚至经验似然比统计量没有一个较容易处理的统一的形式. 因此, 在此给出经验似然比的一个近似的独立和的形式, 此独立和的形式易于应用大数律及中心极限定理, 从而可以容易处理经验似然函数和经验似然估计. 在定理 7.4 的证明中, 我们证明了一个相当重要的结论, 即如下命题给出经验似然函数中拉格朗日乘子的渐近表达式.

命题 7.3.1 设 $X_1,\cdots,X_n$ 为独立同分布的随机变量, 若 $EX_1^2<\infty$, 则

$$\boldsymbol{\lambda} = S^{-1}(\bar{\boldsymbol{X}}-\boldsymbol{\mu}_0)+o_p\left(n^{-1/2}\right) = \varSigma^{-1}(\bar{\boldsymbol{X}}-\boldsymbol{\mu}_0)+o_p\left(n^{-1/2}\right).$$

更进一步, 如果 $EX_1^4<\infty$, 则

$$\boldsymbol{\lambda} = S^{-1}(\bar{\boldsymbol{X}}-\boldsymbol{\mu})+O_p\left(n^{-1}\right) = \varSigma^{-1}(\bar{\boldsymbol{X}}-\boldsymbol{\mu})+O_p\left(n^{-1}\right),$$

其中 $\varSigma$ 为向量 $\boldsymbol{X}$ 的协方差阵.

事实上, 在一些带有辅助信息的经验似然估计中, 需要计算均值及方差, 从而需要更进一步的结果.

命题 7.3.2 假设 $E\sup_{1<i<n}|X_i|^{2\alpha}<\infty$, 则

$$\boldsymbol{\lambda} = S^{-1}(\bar{\boldsymbol{X}}-\boldsymbol{\mu}_0)+R_n,$$

其中 $E|R_n|=O(n^{-\alpha/2})$,α 为一任一正常数满足 $1\leqslant\alpha\leqslant 2$.

更一般地, 我们可以类似地讨论估计方程的情形. 很多带有辅助信息的参数估计都可转化为估计方程的情形. 设 $\boldsymbol{X}_1,\cdots,\boldsymbol{X}_n$ 是 d 维的 i.i.d. 随机向量, 服从分布 F, 且 F 依赖于一个 p 维的未知参数 $\boldsymbol{\theta}\in\Theta\subset\mathbf{R}^p$. 假定关于 F 和 $\boldsymbol{\theta}$ 的信息有 $r(\geqslant p)$ 个独立的无偏估计函数 $\boldsymbol{\psi}(\boldsymbol{x},\boldsymbol{\theta})=(\psi_1(\boldsymbol{x},\boldsymbol{\theta}),\cdots,\psi_r(\boldsymbol{x},\boldsymbol{\theta}))^\tau$ 使得 $E_F\psi_j(\boldsymbol{X},\boldsymbol{\theta})=0$, 即

$$E_F\boldsymbol{\psi}(\boldsymbol{X},\boldsymbol{\theta})=0. \tag{7.21}$$

当 $r=p$ 时, 可以直接应用 MM 方法进行讨论, 即参数 $\boldsymbol{\theta}$ 的估计 $\widehat{\boldsymbol{\theta}}$ 可以由对应 $E\boldsymbol{\psi}(\boldsymbol{x},\boldsymbol{\theta})=0$ 的样本类似方程组来求得.

而当 $r>p$ 时, 表明限制方程多于未知参数维数. 一个有效的办法是 GEE 方法, 在前面我们已讨论过, 在应用 GEE 方法时需要选择加权矩阵, 这直接影响到

得出的参数估计的效率, 因此选取加权矩阵显得尤为重要, 然而最优加权矩阵的选取并不容易. Godambe 和 Heyde (1987) 也提出了一种解决方法, 其选择最优矩阵 $A(\boldsymbol{\theta})$ 的方法过于复杂且不容易获得 (参见第 6.1 节).

经验似然方法既可以充分利用辅助信息, 也不用面临选择最优的加权矩阵或最优变换矩阵. 在 7.4 节将看到, 对于估计函数 $\boldsymbol{\psi}(\boldsymbol{x},\boldsymbol{\theta})$, 只要它对参数 $\boldsymbol{\theta}$ 足够光滑, 则 $\boldsymbol{\theta}$ 的经验似然估计 $\widehat{\boldsymbol{\theta}}_E$ 的渐近方差比直接忽略多余方程的方法更为有效, 且与基于最优变换矩阵得到的 GEE 估计的渐近方差相同. 在构造限制参数的置信区间时也不需要任何权矩阵. 另外还有更多的优点, 例如, 用经验似然比方法构造出的置信区间除具有域保持性、变换不变性及置信域的形状由数据自行决定等诸多优点外, 还有 Bartlett 纠偏性及无需构造枢轴统计量等优点.

对于估计方程的经验似然估计方法由 Qin 和 Lawless (1994) 首先给出优美的讨论. 下面我们来看估计方程的经验似然推断. 所有的结果证明放在本章的后面.

7.4 估计方程经验似然推断

设 $\boldsymbol{X}_1,\cdots,\boldsymbol{X}_n$ 是独立同分布的随机变量 (为了区分随机变量和现实值, 记其真实观察样本的现实值为 $\boldsymbol{x}_1,\cdots,\boldsymbol{x}_n$), 具有分布函数 F, 且 F 依赖于未知的 p 维参数 $\boldsymbol{\theta}$. 假定有关 $\boldsymbol{\theta}$ 及 F 的信息可以由满足式 (7.21) 的 $r(r\geqslant p)$ 个独立的无偏估计函数 $\psi_j(\boldsymbol{X},\boldsymbol{\theta}),j=1,2,\cdots,r$ 给出. 应用经验似然框架, 即极大化如下目标函数

$$L(F)=\prod_{i=1}^{n}\mathrm{d}F(\boldsymbol{x}_i)=\prod_{i=1}^{n}p_i, \tag{7.22}$$

其中 $p_i=\mathrm{d}F(\boldsymbol{x}_i)=P(\boldsymbol{X}=\boldsymbol{x}_i)$,$p_i$ 满足如下的限制条件

$$p_i\geqslant 0,\quad \sum_{i=1}^{n}p_i=1,\quad \sum_{i=1}^{n}p_i\boldsymbol{\psi}(\boldsymbol{x}_i,\boldsymbol{\theta})=0. \tag{7.23}$$

因此, $\boldsymbol{\theta}$ 的**极大经验似然估计**可以定义为 $\widehat{\boldsymbol{\theta}}_E=\arg\max_{\theta}L(\boldsymbol{\theta})$, 其中

$$L(\boldsymbol{\theta})=\max\left\{\prod_{i=1}^{n}p_i\ :\sum_{i=1}^{n}p_i\boldsymbol{\psi}(\boldsymbol{X}_i,\boldsymbol{\theta})=0,p_i\geqslant 0,\sum_{i=1}^{n}p_i=1\right\}.$$

$\widehat{\boldsymbol{\theta}}_E$ 简称为 MELE. 其实 $L(\boldsymbol{\theta})$ 是经验似然函数, 事实上在无限制的情况下每个观察值点 $\boldsymbol{x}_i,i=1,2,\cdots,n$ 上使式 (7.22) 达最大时的概率为 $p_i=n^{-1}$. 而原假设 $H_0:E\boldsymbol{\psi}(\boldsymbol{X},\boldsymbol{\theta})=0$ 对无限制假设的经验似然比统计量是

$$\mathcal{R}(\boldsymbol{\theta})=\max\left\{\prod_{i=1}^{n}np_i\ :\sum_{i=1}^{n}p_i\boldsymbol{\psi}(\boldsymbol{X}_i,\boldsymbol{\theta})=0,p_i\geqslant 0,\sum_{i=1}^{n}p_i=1\right\}.$$

由于 n 不依赖于任何参数 $\boldsymbol{\theta}$, 故极大化 $\mathcal{R}(\boldsymbol{\theta})$ 就是使 $L(\boldsymbol{\theta})$ 达到最大值的经验似然估计. 前面讨论的多元均值情况是估计方程经验似然的特例, 只需取 $\psi(\boldsymbol{X}_i, \boldsymbol{\mu}) = \boldsymbol{X}_i - \boldsymbol{\mu}$.

对于给定的 $\boldsymbol{\theta}$, 如果 0 在点 $\boldsymbol{\psi}(\boldsymbol{x}_1, \boldsymbol{\theta}), \cdots, \boldsymbol{\psi}(\boldsymbol{x}_n, \boldsymbol{\theta})$ 构成的凸包里, 上述的极大值存在且唯一. 由拉格朗日乘子法, 考虑如下表达式

$$H = \sum_{i=1}^n \log p_i + \rho\left(1 - \sum_{i=1}^n p_i\right) - n\boldsymbol{\lambda}^\tau \sum_{i=1}^n p_i \boldsymbol{\psi}(\boldsymbol{x}_i, \boldsymbol{\theta}),$$

其中 $\boldsymbol{\lambda}$ 及 ρ 是拉格朗日乘子, 求解此函数的极值得

$$p_i = \frac{1}{n(1 + \boldsymbol{\lambda}^\tau \boldsymbol{\psi}(\boldsymbol{x}_i, \boldsymbol{\theta}))}, \quad i = 1, 2, \cdots, n, \tag{7.24}$$

且 $\boldsymbol{\lambda}$ 满足方程

$$0 = \sum_{i=1}^n p_i \boldsymbol{\psi}(\boldsymbol{x}_i, \boldsymbol{\theta}) = \frac{1}{n}\sum_{i=1}^n \frac{\boldsymbol{\psi}(\boldsymbol{x}_i, \boldsymbol{\theta})}{1 + \boldsymbol{\lambda}^\tau \boldsymbol{\psi}(\boldsymbol{x}_i, \boldsymbol{\theta})}. \tag{7.25}$$

因此, $\boldsymbol{\lambda}$ 也是由 $\boldsymbol{\theta}$ 来决定的.

注意到, $0 \leqslant p_i \leqslant 1$, 这意味着 $\boldsymbol{\lambda}$ 和 $\boldsymbol{\theta}$ 必满足: 对于任意 i, $1 + \boldsymbol{\lambda}^\tau \boldsymbol{\psi}(\boldsymbol{x}_i, \boldsymbol{\theta}) \geqslant \dfrac{1}{n}$. 对于固定的 $\boldsymbol{\theta}$, 记 $D_{\boldsymbol{\theta}} = \left\{\boldsymbol{\lambda} : 1 + \boldsymbol{\lambda}^\tau \boldsymbol{\psi}(\boldsymbol{x}_i, \boldsymbol{\theta}) \geqslant \dfrac{1}{n}\right\}$, D_θ 是闭凸集, 且如果 0 在 $\boldsymbol{\psi}(\boldsymbol{x}_i, \boldsymbol{\theta})$, $i = 1, 2, \cdots, n$ 组成的凸包里, $D_{\boldsymbol{\theta}}$ 还是有界的. 同时, 对于 $\boldsymbol{\lambda} \in D_{\boldsymbol{\theta}}$, 容易有

$$\frac{\partial}{\partial \boldsymbol{\lambda}}\left\{\frac{1}{n}\sum_{i=1}^n \frac{\boldsymbol{\psi}(\boldsymbol{x}_i, \boldsymbol{\theta})}{1 + \boldsymbol{\lambda}^\tau \boldsymbol{\psi}(\boldsymbol{x}_i, \boldsymbol{\theta})}\right\} = -\frac{1}{n}\sum_{i=1}^n \frac{\boldsymbol{\psi}(\boldsymbol{x}_i, \boldsymbol{\theta})\boldsymbol{\psi}^\tau(\boldsymbol{x}_i, \boldsymbol{\theta})}{(1 + \boldsymbol{\lambda}^\tau \boldsymbol{\psi}(\boldsymbol{x}_i, \boldsymbol{\theta}))^2}$$

是 r 阶负定矩阵, 如果假定了 $\sum\limits_{i=1}^n \boldsymbol{\psi}(\boldsymbol{x}_i, \boldsymbol{\theta})\boldsymbol{\psi}^\tau(\boldsymbol{x}_i, \boldsymbol{\theta})$ 是正定的. 由反函数定理, $\boldsymbol{\lambda} = \boldsymbol{\lambda}(\boldsymbol{\theta})$ 是 $\boldsymbol{\theta}$ 的连续可微函数. 从而可得关于 $\boldsymbol{\theta}$ 的经验似然函数为

$$L_E(\boldsymbol{\theta}) = \prod_{i=1}^n \left\{\frac{1}{n(1 + \boldsymbol{\lambda}^\tau \boldsymbol{\psi}(\boldsymbol{x}_i, \boldsymbol{\theta}))}\right\}.$$

因为 $\prod\limits_{i=1}^n p_i$ 在没有多余限制 (除 $p_i \geqslant 0$, $\sum\limits_{i=1}^n p_i = 1$ 之外) 时, 在 $p_i = \dfrac{1}{n}$ 时达到最大值. 于是可得对数经验似然比函数为

$$\ell_E(\boldsymbol{\theta}) = \sum_{i=1}^n \log\left[1 + \boldsymbol{\lambda}^\tau \boldsymbol{\psi}(\boldsymbol{x}_i, \boldsymbol{\theta})\right]. \tag{7.26}$$

这个函数也可以看成是似然函数 $L_E(\boldsymbol{\theta})$ 去掉不依赖于参数 θ 的项的对数经验似然. 当 $\boldsymbol{\psi}(\boldsymbol{x}) = \boldsymbol{x} - \boldsymbol{\mu}$ 时, 就是先前我们所考虑的均值的情况.

我们可以极小化 $\ell_E(\boldsymbol{\theta})$ 来获得 $\boldsymbol{\theta}$ 的一个估计 $\tilde{\boldsymbol{\theta}}$, 即

$$\tilde{\boldsymbol{\theta}} = \arg\min_{\theta}\{\ell_E(\boldsymbol{\theta})\} = \arg\min_{\theta}\left\{\sum_{i=1}^{n}\log\left[1 + \boldsymbol{\lambda}^{\tau}\boldsymbol{\psi}(\boldsymbol{x}_i, \boldsymbol{\theta})\right]\right\}.$$

显然, $\widehat{\boldsymbol{\theta}}_E$ 与 $\tilde{\boldsymbol{\theta}}$ 是相同的, 为符号简单, 记为 $\tilde{\boldsymbol{\theta}}$. 这个估计称为**极大经验似然估计**(MELE). 由式 (7.24) 可产生 p_i 的一个估计 $\tilde{p}_i$,

$$\tilde{p}_i = \frac{1}{n(1 + \boldsymbol{\lambda}^{\tau}\boldsymbol{\psi}(\boldsymbol{x}_i, \tilde{\boldsymbol{\theta}}))}.$$

于是可以获得 F 的一个估计

$$\tilde{F}_n(\boldsymbol{x}) = \sum_{i=1}^{n}\tilde{p}_i I(\boldsymbol{X}_i < \boldsymbol{x}). \tag{7.27}$$

称 $\tilde{F}_n(\boldsymbol{x})$ 为经验似然分布估计, 比较通常意义下经验分布函数, 此处的经验似然分布估计在每个观察值点赋的权不再是相等的权 (n^{-1}), 而是 $\widetilde{p}_i$, 这依赖于估计函数, 也就是依赖辅助信息, 对于分布 F 的估计, 假设式 (7.21) 就是辅助信息.

当 $r = p$ 时, 容易知, $\tilde{\boldsymbol{\theta}} = \widehat{\boldsymbol{\theta}}_{\mu}$, 其中 $\widehat{\boldsymbol{\theta}}_{\mu}$ 是估计方程 $\sum\limits_{i=1}^{n}\boldsymbol{\psi}(\boldsymbol{x}_i, \boldsymbol{\theta}) = 0$ 的根, 当 $\tilde{p}_i = n^{-1}$, 估计 (7.27) 是普通经验分布函数.

当 $r > p$ 时, 对于剖面对数经验似然 $\ell_E(\boldsymbol{\theta})$ 的极小值求解, 在实际应用中就存在计算问题. 为了对 $\boldsymbol{\theta}$ 及 F 进行研究, 需要给出它们的渐近结果. 下面这些结果由 Qin 和 Lawless (1994) 给出, 是估计方程经验似然重要结果.

引理 7.4 假定 $E\boldsymbol{\psi}(\boldsymbol{x}, \boldsymbol{\theta}_0)\boldsymbol{\psi}(\boldsymbol{x}, \boldsymbol{\theta}_0)^{\tau}$ 正定, 在真值 $\boldsymbol{\theta}_0$ 的邻域里, $\nabla_{\theta}\boldsymbol{\psi}(\boldsymbol{x}, \boldsymbol{\theta})$ 是连续函数, 在 $\boldsymbol{\theta}_0$ 的上述邻域中, $\|\nabla_{\theta}\boldsymbol{\psi}(\boldsymbol{x}, \boldsymbol{\theta})\|$ 和 $\|\boldsymbol{\psi}(\boldsymbol{x}, \boldsymbol{\theta})\|^3$ 被某个可积函数 $G(x)$ 所控制, 且 $E\left[\nabla_{\theta}\boldsymbol{\psi}(\boldsymbol{x}, \boldsymbol{\theta})\right]$ 的秩是 p, 则当 $n \to \infty$ 时, 以概率 1 有 $\ell_E(\boldsymbol{\theta})$ 在点 $\tilde{\boldsymbol{\theta}}$ 处达最小值, 其中 $\tilde{\boldsymbol{\theta}}$ 落在球形邻域 $\|\boldsymbol{\theta} - \boldsymbol{\theta}_0\| \leqslant n^{-1/3}$ 内, 并且 $\tilde{\boldsymbol{\theta}}$ 及 $\tilde{\boldsymbol{\lambda}}(\tilde{\boldsymbol{\theta}})$ 满足

$$Q_{1n}(\tilde{\boldsymbol{\theta}}, \tilde{\boldsymbol{\lambda}}) = 0, \quad Q_{2n}(\tilde{\boldsymbol{\theta}}, \tilde{\boldsymbol{\lambda}}) = 0,$$

其中

$$Q_{1n}(\boldsymbol{\theta}, \boldsymbol{\lambda}) = \frac{1}{n}\sum_{i=1}^{n}\frac{\boldsymbol{\psi}(\boldsymbol{x}_i, \boldsymbol{\theta})}{1 + \boldsymbol{\lambda}^{\tau}\boldsymbol{\psi}(\boldsymbol{x}_i, \boldsymbol{\theta})},$$

$$Q_{2n}(\boldsymbol{\theta}, \boldsymbol{\lambda}) = \frac{1}{n}\sum_{i=1}^{n}\frac{1}{1 + \boldsymbol{\lambda}^{\tau}\boldsymbol{\psi}(\boldsymbol{x}_i, \boldsymbol{\theta})}(\nabla_{\theta}\boldsymbol{\psi}(\boldsymbol{x}_i, \boldsymbol{\theta}))^{\tau}\boldsymbol{\lambda}.$$

引理 7.4 给出了 $\tilde{\boldsymbol{\theta}}$ 存在的充分条件, 并说明 $\tilde{\boldsymbol{\theta}}$ 渐近收敛于真值 $\boldsymbol{\theta}_0$ 的速度为 $n^{-1/3}$ (a.s.), 这也意味着 $\tilde{\boldsymbol{\theta}}$ 是相合估计. 更深入的证明可获得 $\tilde{\boldsymbol{\theta}}$ 收敛 $\boldsymbol{\theta}_0$ 的速度可达 $O(n^{-1/2})$ a.s.. 下面的定理给出了极大经验似然估计 $\tilde{\boldsymbol{\theta}}$ 的渐近正态性.

定理 7.5 假定引理 7.4 的条件满足, 同时假定在 $\boldsymbol{\theta}_0$ 的邻域 $I_n(\boldsymbol{\theta}_0)=\{\boldsymbol{\theta}|\,\|\boldsymbol{\theta}-\boldsymbol{\theta}_0\|<\delta\}$ 内 $(\delta>0)$, $\nabla^2_{\theta\theta}\boldsymbol{\psi}(\boldsymbol{x},\boldsymbol{\theta})$ 关于 $\boldsymbol{\theta}$ 是连续的. 如果 $\|\nabla^2_{\theta\theta}\boldsymbol{\psi}(\boldsymbol{x},\boldsymbol{\theta})\|$ 在邻域 $I_n(\boldsymbol{\theta}_0)$ 内被一个可积函数 $G(\boldsymbol{x})$ 所控制, 则

$$\sqrt{n}(\tilde{\boldsymbol{\theta}}-\boldsymbol{\theta}_0)\xrightarrow{\mathscr{D}}N(0,V),$$

其中

$$V=\left[E(\nabla_\theta\boldsymbol{\psi})^\tau(E\boldsymbol{\psi}\boldsymbol{\psi}^\tau)^{-1}E(\nabla_\theta\boldsymbol{\psi})\right]^{-1}.$$

更进一步,

$$-2\log\{L(\boldsymbol{\theta}_0)/L(\tilde{\boldsymbol{\theta}})\}=-2\log\{\mathcal{R}(\boldsymbol{\theta}_0)/\mathcal{R}(\tilde{\boldsymbol{\theta}})\}\xrightarrow{\mathscr{D}}\chi^2_{(p)},$$

且

$$-2\log\{\mathcal{R}(\tilde{\boldsymbol{\theta}})\}\xrightarrow{\mathscr{D}}\chi^2_{(r-p)}.$$

定理 7.5 说明了极大经验似然估计是渐近正态的, 同时具有渐近三明治方差 V. 而且对于无限制条件对有限制条件 (7.23) 的对数经验似然比统计量像通常参数模型中的似然比一样, 渐近分布为卡方分布. 在有辅助信息 (7.21) 的情况下, 我们可以获得经验分布函数更好的估计, 即

$$\tilde{F}_n(\boldsymbol{x})=\sum_{i=1}^n\tilde{p}_iI(\boldsymbol{X}_i\leqslant\boldsymbol{x}),$$

其中

$$\tilde{p}_i=\frac{1}{n(1+\tilde{\boldsymbol{\lambda}}^\tau\boldsymbol{\psi}(\boldsymbol{x}_i,\tilde{\boldsymbol{\theta}}))}.$$

在与定理 7.5 的相同条件下, 可以证明此经验分布函数估计有更小的渐近方差. 同时, 也可证明经验似然中拉格朗日乘子也服从渐近正态分布.

定理 7.6 在定理 7.5 的假设下, 则有

$$\sqrt{n}(\tilde{F}_n(\boldsymbol{x})-F(\boldsymbol{x}))\xrightarrow{\mathscr{D}}N(0,W(\boldsymbol{x})),\quad \sqrt{n}(\tilde{\boldsymbol{\lambda}}-0)\xrightarrow{\mathscr{D}}N(0,U),$$

其中

$$\begin{aligned}
&W(\boldsymbol{x})=F(\boldsymbol{x})(1-F(\boldsymbol{x}))-B(\boldsymbol{x})UB^\tau(\boldsymbol{x}),\\
&B(\boldsymbol{x})=E\{\boldsymbol{\psi}(\boldsymbol{X}_i,\boldsymbol{\theta})I(\boldsymbol{X}_i\leqslant\boldsymbol{x})\},\\
&U=[E(\boldsymbol{\psi}\boldsymbol{\psi}^\tau)]^{-1}\left\{I-E(\nabla_\theta\boldsymbol{\psi})VE(\nabla_\theta\boldsymbol{\psi})^\tau\left[E(\boldsymbol{\psi}\boldsymbol{\psi}^\tau)\right]^{-1}\right\}.
\end{aligned}$$

V 与定理 7.5 的相同, 且 $\tilde{\boldsymbol{\theta}}$ 与 $\tilde{\boldsymbol{\lambda}}$ 是渐近无关的.

由定理 7.5 和定理 7.6 的结果, 可以很容易地给出 $\boldsymbol{\theta}$ 及 $F(\boldsymbol{x})$ 的渐近置信区间, 例如,

$$\{\boldsymbol{\theta}: -2\log\{\mathcal{R}(\boldsymbol{\theta})/\mathcal{R}(\tilde{\boldsymbol{\theta}})\} \leqslant c_\alpha\}$$

是 $\boldsymbol{\theta}_0$ 的一个水平为 $1-\alpha$ 置信区间, 其中 c_α 是自由度为 p 的卡方分布的上分位数. 另外 $\sqrt{n}(\tilde{\boldsymbol{\theta}}-\boldsymbol{\theta})$ 的渐近方差可由下式来估计

$$\tilde{V} = \left[\left\{\sum_{i=1}^n \tilde{p}_i \nabla_\theta \boldsymbol{\psi}(\boldsymbol{x}_i, \tilde{\boldsymbol{\theta}})\right\}^\tau \left\{\sum_{i=1}^n \tilde{p}_i \boldsymbol{\psi}(\boldsymbol{x}_i, \tilde{\boldsymbol{\theta}})\boldsymbol{\psi}^\tau(\boldsymbol{x}_i, \tilde{\boldsymbol{\theta}})\right\}^{-1} \left\{\sum_{i=1}^n \tilde{p}_i \nabla_\theta \boldsymbol{\psi}(\boldsymbol{x}_i, \tilde{\boldsymbol{\theta}})\right\}\right]^{-1},$$

其中 $\tilde{p}_i$ 也可由 n^{-1} 来代替.

由定理 7.5 和定理 7.6 可以得到经验似然估计的一系列性质. 在下面的推论中, 总是假定定理 7.5 的条件成立.

推论 7.1　当 $r>p$ 时, 如果去掉一个估计方程, $\sqrt{n}(\tilde{\boldsymbol{\theta}}-\boldsymbol{\theta})$ 的渐近方差 V 不会减少.

这说明, 当 $r > p$ 时, 即当无偏估计函数个数多于未知参数个数时, 极大经验似然估计 (MELE)$\tilde{\boldsymbol{\theta}}$ 比直接丢掉一些限制再利用 MM 方法求出的参数 $\boldsymbol{\theta}$ 的估计更有效.

定义 7.1 (线性有效)　未知参数 $\boldsymbol{\theta} \in \mathbf{R}^p$, 设 $\widehat{\boldsymbol{\theta}}^*$ 是基于无偏估计函数 $\psi_1(\boldsymbol{x},\boldsymbol{\theta}), \cdots, \psi_r(\boldsymbol{x},\boldsymbol{\theta})$ 得到的估计, 若对基于这 r 个无偏估计函数的任意的线性组合构成的 p 个估计方程所得到的估计 $\widehat{\boldsymbol{\theta}}$, 都有

$$\mathrm{Cov}(\widehat{\boldsymbol{\theta}}^*) \leqslant \mathrm{Cov}(\widehat{\boldsymbol{\theta}}),$$

则称 $\widehat{\boldsymbol{\theta}}^*$ 是*线性有效*的. 其中 $\mathrm{Cov}(\widehat{\boldsymbol{\theta}})$ 表示估计 $\widehat{\boldsymbol{\theta}}$ 渐近协方差 (对于对称矩阵 A 和 B, 如果 $A-B$ 是非负定的, 则记为 $A \geqslant B$).

推论 7.2　基于 $\psi_1(\boldsymbol{x},\boldsymbol{\theta}),\cdots,\psi_r(\boldsymbol{x},\boldsymbol{\theta})$ 的 MELE 估计是线性有效估计, 即, MELE 的渐近方差与基于由估计函数 $\psi_1(\boldsymbol{x},\boldsymbol{\theta}),\cdots,\psi_r(\boldsymbol{x},\boldsymbol{\theta})$ 线性组合构成的 p 个估计方程得到的最优估计的渐近方差相同.

推论 7.2 说明, 当 $r>p$ 时, 若将这 r 个限制变成 p 个限制, 基于变换后的 p 个限制求得的最优估计的渐近方差与极大经验似然估计 (MELE)$\tilde{\boldsymbol{\theta}}$ 的渐近方差相同. 此推论可以直接比较渐近方差 V 来证明.

在估计方程理论中, 当 $r=p$, 即估计方程个数与参数维数相同时, 得分方程是最优的 (Godambe and Heyde, 1987). 下面推论将证明, 如果 r 个估计函数 $\psi_1(\boldsymbol{x},\boldsymbol{\theta}),\cdots,\psi_r(\boldsymbol{x},\boldsymbol{\theta})$ 中有 p 个实际上就是得分函数, 则 $\sqrt{n}(\tilde{\boldsymbol{\theta}}-\boldsymbol{\theta})$ 的渐近协方差 V_r 与极大似然 $\sqrt{n}(\widehat{\boldsymbol{\theta}}-\boldsymbol{\theta})$ 的相同. 这也说明了极大似然估计的得分包含了所有的信息, 尽管可能有其他信息, 比如, r 个无偏函数中除了 p 个得分方程就是额外的信息. 但此时对参数的估计并没有提供额外的有用信息. 从这一点可以说极大似然估

计是最有效的估计. 然而, $\tilde{F}_n(\boldsymbol{x})$ 总是比普通的经验分布 $F_n(\boldsymbol{x})$ 更有效, 这是因为 $\tilde{F}_n(\boldsymbol{x})$ 利用了额外的信息 $E\psi(\boldsymbol{x},\boldsymbol{\theta}_0)=0$, 而后者却没有.

推论 7.3 若 $\boldsymbol{X}$ 的分布已知, 设 $\boldsymbol{\psi}=(\boldsymbol{h}_1^\tau,\boldsymbol{h}_2^\tau)^\tau$, 其中

$$\boldsymbol{h}_1=(\psi_1(\boldsymbol{x},\boldsymbol{\theta}),\cdots,\psi_p(\boldsymbol{x},\boldsymbol{\theta}))^\tau=\left(\frac{\partial\log f(\boldsymbol{x},\boldsymbol{\theta})}{\partial\theta_1},\cdots,\frac{\partial\log f(\boldsymbol{x},\boldsymbol{\theta})}{\partial\theta_p}\right)^\tau,$$
$$\boldsymbol{h}_2=(\psi_{p+1}(\boldsymbol{x},\boldsymbol{\theta}),\cdots,\psi_r(\boldsymbol{x},\boldsymbol{\theta}))^\tau,$$

且 $f(\boldsymbol{x},\boldsymbol{\theta})$ 是 $\boldsymbol{X}$ 的密度函数, 即 $\boldsymbol{h}_1$ 是得分函数, 则

$$V_r=V_p,\quad W_r\geqslant E(\boldsymbol{h}_1(\boldsymbol{x},\boldsymbol{\theta})I(\boldsymbol{X}\leqslant\boldsymbol{x}))^\tau V_pE(\boldsymbol{h}_1(\boldsymbol{x},\boldsymbol{\theta})I(\boldsymbol{X}\leqslant\boldsymbol{x})),$$

其中 V_p 及 V_r 是分别基于 $\boldsymbol{h}_1$ 和 $(\boldsymbol{h}_1,\boldsymbol{h}_2)$ 的 MELE $\widehat{\boldsymbol{\theta}}_1$ 及 $\tilde{\boldsymbol{\theta}}$ 的渐近协方差.

经验似然提供了一种在半参数模型中寻找有效估计的方法, 即有 r 个估计函数却仅有 p 个参数时 $(r>p)$, 利用经验似然方法求未知参数的估计更为直接和简单, 且在一定意义下是有效的. 同时, 经验似然有很多平行于参数情形极大似然的性质, 比如, 经验似然比统计量与极大似然比统计量的性质类似.

事实上, 由定理 7.5, 可获得假设检验问题 $H_0:\boldsymbol{\theta}=\boldsymbol{\theta}_0$ 的经验似然比统计量是

$$W_E(\boldsymbol{\theta}_0)=2\ell_E(\boldsymbol{\theta}_0)-2\ell_E(\tilde{\boldsymbol{\theta}}),$$

其中 $\ell_E(\boldsymbol{\theta})$ 由式 (7.26) 给出. 在定理 7.5 的假设下, 当 $n\to\infty$ 时, 有

$$W_E(\boldsymbol{\theta}_0)\xrightarrow{\mathscr{D}}\chi^2_{(p)}.$$

如果 $W_E(\boldsymbol{\theta}_0)>c_\alpha$, 其中 c_α 是自由度为 p 的卡方分布的 $(1-\alpha)$ 分位数, 则拒绝原假设, 否则不能拒绝原假设 H_0.

同样地, 由定理 7.5 可容易获得如下的结论. 如果想检验 $H_0:E_F\boldsymbol{\psi}(\boldsymbol{x},\boldsymbol{\theta})=0$, 我们考虑如下的经验似然比统计量

$$W_1=2\sum_{i=1}^n\log\left[1+\tilde{\boldsymbol{\lambda}}^\tau\boldsymbol{\psi}(\boldsymbol{x}_i,\tilde{\boldsymbol{\theta}})\right].$$

假定定理 7.5 的条件成立, 在原假设下, 有 $W_1\xrightarrow{\mathscr{D}}\chi^2_{(r-p)}$. 如果 $W_1>c_\alpha$, 其中 c_α 是自由度为 $r-p$ 的卡方分布的 $(1-\alpha)$ 分位数, 则拒绝原假设, 否则不能拒绝原假设 H_0.

推论 7.4 设 $\boldsymbol{\theta}^\tau=(\boldsymbol{\theta}_1,\boldsymbol{\theta}_2)^\tau$, 其中 $\boldsymbol{\theta}_1$ 及 $\boldsymbol{\theta}_2$ 分别是 $q\times1$ 及 $(p-q)\times1$ 的向量, 对于假设 $H_0:\boldsymbol{\theta}_1=\boldsymbol{\theta}_1^0$, 则剖面 (profile) 经验似然比统计量是

$$W_2=2\ell_E(\boldsymbol{\theta}_1^0,\tilde{\boldsymbol{\theta}}_2^0)-2\ell_E(\tilde{\boldsymbol{\theta}}_1,\tilde{\boldsymbol{\theta}}_2),$$

其中 $\tilde{\boldsymbol{\theta}}_2^0$ 是 $\ell_E(\boldsymbol{\theta}_1^0, \boldsymbol{\theta}_2)$ 关于 $\boldsymbol{\theta}_2$ 极小化获得的估计, 则在 H_0 下, 当 $n \to \infty$ 时, 有

$$W_2 \xrightarrow{\mathscr{D}} \chi^2_{(q)}.$$

定理 7.5 及推论 7.4 说明, 经验似然比统计量可以像参数模型的似然比统计量一样方便地使用. 对应于参数模型里的得分统计量及 Wald 统计量, 在经验似然的框架下, 利用经验似然方法也可类似构造出相应的得分统计量及 Wald 统计量, 并且也能得到类似的渐近性质. 当然与参数情形极大似然方法相比, 经验似然的计算更加复杂. 由于篇幅有限, 这里就不再赘述.

7.5　有偏抽样经验似然

下面给出有偏样本的经验似然方法. 首先介绍有偏抽样.

假设随机变量 $\boldsymbol{Y} \in \mathbf{R}^d \sim F_0, \boldsymbol{X} \in \mathbf{R}^d \sim G_0$, 函数 $u(\cdot) \in (0,1)$. 用以下方法来产生 $\boldsymbol{X}$ 的样本观察. 首先从分布 F_0 抽出样本 $\boldsymbol{Y}$, 以概率 $u(\boldsymbol{y})$ 的概率接受 $\boldsymbol{Y}$, 而以 $1-u(\boldsymbol{y})$ 的概率抛弃 $\boldsymbol{Y}$, 直到第一次获得 $\boldsymbol{Y}$ 为止. 此时获得的 $\boldsymbol{Y}$ 就记作为 $\boldsymbol{X}$ 的观察值. 显然, 分布函数 F_0, G_0 之间有如下关系

$$G_0(A) = \frac{\displaystyle\int_{y\in A} u(\boldsymbol{y})\mathrm{d}F_0(\boldsymbol{y})}{\displaystyle\int u(\boldsymbol{y})\mathrm{d}F_0(\boldsymbol{y})}, \quad A \in \mathbf{R}^d.$$

为了方便读者理解, 对 $u(\cdot)$ 的取值范围限制在 (0, 1) 中, 事实上, $u(\cdot)$ 只需要满足 $u(\boldsymbol{y}) \geqslant 0$ 且 $0 < \displaystyle\int u(\boldsymbol{y})\mathrm{d}F_0(\boldsymbol{y}) < \infty$ 即可.

在实际情况中, 虽然欲对分布函数 F 的统计泛函进行统计推断, 但是往往由于各种原因, 仅能得到有偏样本 $\boldsymbol{X}_i, i=1,2,\cdots,n$. 这是著名有偏抽样接下来要介绍的经验似然方法可以直接对有偏样本进行处理, 从而实现对分布函数 F 的统计泛函进行统计推断.

利用非参数极大似然估计思想, 非参数分布仅在每一样本点赋予非负的概率权. 因为 $\boldsymbol{X}$ 服从分布 G_0, 则其经验似然函数为

$$L(F) = \prod_{i=1}^n \frac{\mathrm{d}F(\boldsymbol{X}_i)u(\boldsymbol{X}_i)}{\displaystyle\int u(\boldsymbol{x})\mathrm{d}F(\boldsymbol{x})}.$$

假设对于所有 $\boldsymbol{X}$, 有 $u(\boldsymbol{x}) > 0$, 且记 $u_i = u(\boldsymbol{X}_i)$, 则容易看出 F 的非参数极大似然估计是

$$\widehat{F} = C\sum_{i=1}^n \frac{\delta_{X_i}}{u_i}, \quad C^{-1} = \sum_{i=1}^n \frac{1}{u_i}.$$

从直观上看, 由于要观测到有偏样本 $\boldsymbol{X}_i$, 则一共需要在原分布 F_0 中抽 $1/u_i$ 次 $\boldsymbol{Y}_i$, $\boldsymbol{Y}_i = \boldsymbol{X}_i$, 故要获得有偏样本 $\boldsymbol{X}_1, \cdots, \boldsymbol{X}_n$ 共需在原分布中抽样的次数为 $\sum_{i=1}^{n} \dfrac{1}{u_i}$. 即, 在原分布中共抽 $\sum_{i=1}^{n} \dfrac{1}{u_i}$ 次样, 抽到样本 $\boldsymbol{Y}_i$ 的次数为 $1/u_i$, 故在样本 $\boldsymbol{Y}_i$ 处的概率用其频率来估计.

此时, 自然可得到 F 的均值的非参数极大似然估计是

$$\widehat{\mu} = \frac{\sum_{i=1}^{n} u_i^{-1} \boldsymbol{X}_i}{\sum_{i=1}^{n} u_i^{-1}} = \left(\frac{1}{n} \sum_{i=1}^{n} \boldsymbol{X}_i^{-1} \right)^{-1}.$$

值得注意的是若 $u(\boldsymbol{x}) = 0$, 则上面的非参数极大似然估计不唯一. 任何的混合分布 $\alpha H + (1-\alpha)\widehat{F}$ 是 F 的一个极大似然估计, 其中 H 是概率全部在集合 $\{\boldsymbol{X} : u(\boldsymbol{X}) = 0\}$ 中的分布, $0 \leqslant \alpha < 1$. 因此, 为了避免出现不唯一性, 我们将分布函数族限制在集合 $\{\boldsymbol{X} : u(\boldsymbol{X}) > 0\}$ 上.

假设有 r 维估计函数 $\boldsymbol{\psi}(\boldsymbol{x}, \boldsymbol{\theta})$, 满足 $E_F[\boldsymbol{\psi}(\boldsymbol{x}, \boldsymbol{\theta})] = 0$, 则也能够像 7.4 节那样对参数 $\boldsymbol{\theta}$ 进行统计推断. 注意到

$$\int \boldsymbol{\psi}(\boldsymbol{x}, \boldsymbol{\theta}) \mathrm{d}F(\boldsymbol{x}) = 0 \Leftrightarrow \int \frac{\boldsymbol{\psi}(\boldsymbol{x}, \boldsymbol{\theta})}{u(\boldsymbol{x})} \mathrm{d}G(\boldsymbol{x}) = 0,$$

由上式, 求 $\boldsymbol{\theta}$ 的极大经验似然估计可以直接在有偏样本上进行. 记 $\boldsymbol{h}(\boldsymbol{x}, \boldsymbol{\theta}) = \boldsymbol{\psi}(\boldsymbol{x}, \boldsymbol{\theta})/u(\boldsymbol{x})$, 则以上问题转化成给定以下限制

$$E_G \boldsymbol{h}(\boldsymbol{x}, \boldsymbol{\theta}) = 0 \tag{7.28}$$

时, 对 $\boldsymbol{\theta}$ 进行统计推断, 则关于 $\boldsymbol{\theta}$ 剖面经验似然比函数是

$$\mathcal{R}(\boldsymbol{\theta}) = \max \left\{ \prod_{i=1}^{n} n w_i : \sum_{i=1}^{n} w_i \boldsymbol{h}(\boldsymbol{X}_i, \boldsymbol{\theta}) = 0, \sum_{i=1}^{n} w_i = 1, w_i \geqslant 0 \right\}.$$

利用前面的结果便可获得 $\boldsymbol{\theta}$ 的估计和检验. 设 $\tilde{\boldsymbol{\theta}}$ 是满足条件 (7.28) 的经验似然估计, 即是使经验似然函数 $\ell_E(\boldsymbol{\theta})$ 达到最小的参数值,

$$\ell_E(\boldsymbol{\theta}) = \sum_{i=1}^{n} \log \left[1 + \boldsymbol{\lambda}^{\tau} \boldsymbol{h}(\boldsymbol{X}_i, \boldsymbol{\theta}) \right].$$

对这个极大的经验似然估计也可看作为估计方程下的经验似然估计. 因此, 利用本章 7.4 节的结果, 可得下面定理.

定理 7.7　假定引理 7.4 的条件满足, 同时假定 $\nabla^2_{\theta\theta}\boldsymbol{h}(\boldsymbol{x},\boldsymbol{\theta})$ 关于 $\boldsymbol{\theta}$ 在 $\boldsymbol{\theta}_0$ 的邻域 $I_n(\boldsymbol{\theta}_0)=\{\boldsymbol{\theta}|\,\|\boldsymbol{\theta}-\boldsymbol{\theta}_0\|<\delta\}$ 内 $(\delta>0)$ 是连续的. 如果 $\|\nabla^2_{\theta\theta}\boldsymbol{h}(\boldsymbol{x},\boldsymbol{\theta})\|$ 在邻域 $I_n(\boldsymbol{\theta}_0)$ 内由一个可积函数 $M(\boldsymbol{x})$ 所控制, 则

$$\sqrt{n}(\tilde{\boldsymbol{\theta}}-\boldsymbol{\theta}_0)\longrightarrow N(0,V),$$

其中

$$V=\left[E(\nabla_\theta\boldsymbol{h})^\tau(E\boldsymbol{h}\boldsymbol{h}^\tau)^{-1}E(\nabla_\theta\boldsymbol{h})\right]^{-1}.$$

更进一步,

$$-2\log\{\mathcal{R}(\boldsymbol{\theta}_0)/\mathcal{R}(\tilde{\boldsymbol{\theta}})\}\xrightarrow{\mathscr{D}}\chi^2_{(p)},$$

且

$$-2\log\{\mathcal{R}(\tilde{\boldsymbol{\theta}})\}\xrightarrow{\mathscr{D}}\chi^2_{(r-p)}.$$

7.6　相关研究及拓展

经验似然方法由于其自身的诸多优点, 受到了统计界的广泛关注. Owen (1991), Chen (1993, 1994) 将其应用到了线性回归模型, 构造出回归系数的置信域. Kolaczyk (1994) 研究了广义线性模型的经验似然. Qin (1993) 用经验似然方法研究了有偏样本问题, 给出了均值的置信区间. Qin (1999) 给出了混合分布混合比例的置信区间. 在样本弱相依的情况下, 经验似然方法不能直接应用, Yuichi (1997) 提出了观测样本块的经验似然方法来研究相依样本的估计方程. 这种样本块经验似然方法既允许样本弱相依, 且其似然比统计量也可用于构造置信区间.

在半参回归模型下, Shen, Shi 和 Wong (1999) 将经验似然方法进一步扩展至 "随机滤子似然 (random sieve likelihood)". 考虑半参回归模型 $Y=f(\theta,X,\varepsilon)$, 其中 f 为已知函数, θ 为未知向量, ε 为随机误差, (ε,X) 的分布 $F(\cdot)$ 未知. 随机滤子似然方法构造了定义在随机滤子上的剖面似然, 即可得到参数 θ 及分布 $F(\cdot)$ 的估计. 事实上, 当在给定 θ 及协变量 X 的情况下, f 作为 Y 与 ε 之间的函数关系可逆时, 经验似然方法和随机滤子似然方法用于估计参数及分布时会得到相同的结果, 即二者等价. 当 f 不可逆时, 经验似然方法在上述模型下无定义, 此时仍可以应用随机滤子似然方法. 然而这种方法依然存在一定的局限性, 并不能直接应用于非参数函数的估计. Zhang 和 Gijbels (2003) 将局部建模思想与经验似然框架相结合, 进一步将经验似然方法推广至 "滤子经验似然 (sieve empirical likelihood)", 此方法可有效处理非参数函数的估计.

经验似然方法成功应用至各种类型的数据研究. 例如, 缺失数据下, Zhou, Wan 和 Wang (2008), Chen 和 Wang (2009), 也可参阅本书第 19 章. 删失数据下估计方

程的经验似然方法, 见本书第 16 章 ~ 第 18 章. Qin 和 Jing (2001) 用经验似然方法研究了数据被随机删失情况下的线性回归模型, 并且通过构造剖面经验似然比统计量导出了回归系数的极限分布. 截断数据下参阅 Li, Qin 和 Tiwari (1997).

不过值得注意的是, 现有的用经验似然方法处理的问题大多都要求光滑, 特别在处理估计方程过识别问题时, 往往要求估计函数两阶导数连续 (Qin and Lawless, 1994), 在估计函数非光滑时, 也有一些文献进行了研究, 如 Chen 和 Hall (1993) 利用非参数核光滑方法对分位数的经验似然进行光滑处理后构造出分位数的置信区间, Zhou, Wan 和 Yuan (2011) 讨论了非光滑估计函数的经验似然估计方法, 可参见第 10 章也可参阅本书第 18 章. 但是在估计函数非光滑时利用经验似然来估计参数的方法仍然有待进一步研究.

7.7 主要定理的证明

本章的定理证明很有代表性, 是证明经验似然比统计量极限定理的重要方法, 希望读者能够领略证明的技巧和方法. 在均值估计中的证明, 大多参考了 Owen (1990,1991,2001) 中的定理证明, 并做了修改. 在估计方程的情况下, 定理的证明方法是由 Qin 和 Lawless (1994) 给出的, 这里仅做了一些小的改动.

引理 7.4 的证明 设 $\boldsymbol{\theta}=\boldsymbol{\theta}_0+un^{-\frac{1}{3}}$, 对于 $\boldsymbol{\theta}\in\{\boldsymbol{\theta}|\|\boldsymbol{\theta}-\boldsymbol{\theta}_0\|=n^{-\frac{1}{3}}\}$, 其中 $\|u\|=1$. 首先, 我们给出 $\ell_E(\theta)$ 在这个球面上的下界, 类似于前面的证明, 当 $E\|\psi(\boldsymbol{x})\|^3<\infty$ 以及 $\|\boldsymbol{\theta}-\boldsymbol{\theta}_0\|\leqslant n^{-\frac{1}{3}}$ 时, 有

$$\begin{aligned}\lambda(\boldsymbol{\theta})&=\left[\frac{1}{n}\sum_{i=1}^n\boldsymbol{\psi}(\boldsymbol{x}_i,\boldsymbol{\theta})\boldsymbol{\psi}^\tau(\boldsymbol{x}_i,\boldsymbol{\theta})\right]^{-1}\left[\frac{1}{n}\sum_{i=1}^n\boldsymbol{\psi}(\boldsymbol{x}_i,\boldsymbol{\theta})\right]+o(n^{-\frac{1}{3}})\ \text{(a.s.)}\\&=O(n^{-\frac{1}{3}})\ \text{(a.s.)},\end{aligned}$$

对于 $\boldsymbol{\theta}\in\{\boldsymbol{\theta}|\|\boldsymbol{\theta}-\boldsymbol{\theta}_0\|\leqslant n^{-\frac{1}{3}}\}$ 一致成立.

由泰勒展开, 将 $\lambda(\boldsymbol{\theta})$ 的表达式代入, 对 u 一致地有

$$\begin{aligned}\ell_E(\boldsymbol{\theta})&=\sum_{i=1}^n\boldsymbol{\lambda}^\tau(\boldsymbol{\theta})\boldsymbol{\psi}(\boldsymbol{x}_i,\boldsymbol{\theta})-\frac{1}{2}\sum_{i=1}^n[\boldsymbol{\lambda}^\tau(\boldsymbol{\theta})\boldsymbol{\psi}(\boldsymbol{x}_i,\boldsymbol{\theta})]^2+o(n^{\frac{1}{3}})\quad\text{(a.s.)}\\&=\frac{n}{2}\left[\frac{1}{n}\sum_{i=1}^n\boldsymbol{\psi}(\boldsymbol{x}_i,\boldsymbol{\theta})\right]^\tau\left[\frac{1}{n}\sum_{i=1}^n\boldsymbol{\psi}(\boldsymbol{x}_i,\boldsymbol{\theta})\boldsymbol{\psi}^\tau(\boldsymbol{x}_i,\boldsymbol{\theta})\right]^{-1}\left[\frac{1}{n}\sum_{i=1}^n\boldsymbol{\psi}(\boldsymbol{x}_i,\boldsymbol{\theta})\right]\\&\quad+o(n^{\frac{1}{3}}),\quad\text{a.s.},\end{aligned}$$

由独立同分布的随机和的重对数律可得

$$\ell_E(\boldsymbol{\theta})=\frac{n}{2}\left[\frac{1}{n}\sum_{i=1}^n\boldsymbol{\psi}(\boldsymbol{x}_i,\boldsymbol{\theta}_0)+\frac{1}{n}\sum_{i=1}^n\nabla_\theta\boldsymbol{\psi}(\boldsymbol{x}_i,\boldsymbol{\theta}_0)un^{-\frac{1}{3}}\right]^\tau\left[\frac{1}{n}\sum_{i=1}^n\boldsymbol{\psi}(\boldsymbol{x}_i,\boldsymbol{\theta})\boldsymbol{\psi}^\tau(\boldsymbol{x}_i,\boldsymbol{\theta})\right]^{-1}$$

$$
\begin{aligned}
&\times\left[\frac{1}{n}\sum_{i=1}^{n}\boldsymbol{\psi}(\boldsymbol{x}_i,\boldsymbol{\theta}_0)+\frac{1}{n}\sum_{i=1}^{n}\nabla_\theta\boldsymbol{\psi}(\boldsymbol{x}_i,\boldsymbol{\theta}_0)un^{-\frac{1}{3}}\right]+o(n^{\frac{1}{3}})\ \ \text{(a.s.)}\\
&=\frac{n}{2}\left[E\left(\nabla_\theta\boldsymbol{\psi}(\boldsymbol{x},\boldsymbol{\theta}_0)\right)un^{-\frac{1}{3}}+O(n^{-\frac{1}{2}}(\log\log n)^{\frac{1}{2}})\right]^\tau\\
&\quad\times[E\boldsymbol{\psi}(\boldsymbol{x},\boldsymbol{\theta}_0)\boldsymbol{\psi}^\tau(\boldsymbol{x},\boldsymbol{\theta}_0)]^{-1}\\
&\quad\times\left[E\left(\nabla_\theta\boldsymbol{\psi}(\boldsymbol{x},\boldsymbol{\theta}_0)\right)un^{-\frac{1}{3}}+O(n^{-\frac{1}{2}}(\log\log n)^{\frac{1}{2}})\right]+o(n^{\frac{1}{3}})\ \text{(a.s.)}\\
&\geqslant(c-\varepsilon)n^{\frac{1}{3}},
\end{aligned}
$$

其中 $c-\varepsilon>0$, 且 c 是下列矩阵的最小特征根

$$
E\left(\nabla_\theta\boldsymbol{\psi}(\boldsymbol{x},\boldsymbol{\theta}_0)\right)^\tau\left[E(\boldsymbol{\psi}(\boldsymbol{x},\boldsymbol{\theta}_0)\boldsymbol{\psi}^\tau(\boldsymbol{x},\boldsymbol{\theta}_0))\right]^{-1}E\left(\nabla_\theta\boldsymbol{\psi}(\boldsymbol{x},\boldsymbol{\theta}_0)\right).
$$

类似地, 由泰勒展开, 对 u 一致地并由重对数律有

$$
\begin{aligned}
\ell_E(\boldsymbol{\theta}_0)=&\frac{n}{2}\left[\frac{1}{n}\sum_{i=1}^{n}\boldsymbol{\psi}(\boldsymbol{x}_i,\boldsymbol{\theta}_0)\right]^\tau\left[\frac{1}{n}\sum_{i=1}^{n}\boldsymbol{\psi}(\boldsymbol{x}_i,\boldsymbol{\theta}_0)\boldsymbol{\psi}^\tau(\boldsymbol{x}_i,\boldsymbol{\theta}_0)\right]^{-1}\left[\frac{1}{n}\sum_{i=1}^{n}\boldsymbol{\psi}(\boldsymbol{x}_i,\boldsymbol{\theta}_0)\right]\\
&+o(1)\ \text{(a.s.)}\\
=&O(\log\log n),\quad \text{a.s.},
\end{aligned}
$$

因为 $\ell_E(\boldsymbol{\theta})$ 在 $\boldsymbol{\theta}\in\{\boldsymbol{\theta}|\|\boldsymbol{\theta}-\boldsymbol{\theta}_0\|\leqslant n^{-\frac{1}{3}}\}$ 上是连续的. 因此 $\ell_E(\boldsymbol{\theta})$ 在这个邻域内存在极小值, 且极小值点 $\tilde{\boldsymbol{\theta}}$ 满足

$$
\begin{aligned}
\nabla_\theta\ell_E(\boldsymbol{\theta})|_{\theta=\tilde{\theta}}&=\sum_{i=1}^{n}\left.\frac{(\nabla_\theta\lambda)^\tau(\boldsymbol{\theta})\boldsymbol{\psi}(\boldsymbol{x}_i,\boldsymbol{\theta})+(\nabla_\theta\boldsymbol{\psi}(\boldsymbol{x}_i,\boldsymbol{\theta}))^\tau\lambda(\boldsymbol{\theta})}{1+\boldsymbol{\lambda}^\tau(\boldsymbol{\theta})\boldsymbol{\psi}(\boldsymbol{x}_i,\boldsymbol{\theta})}\right|_{\theta=\tilde{\theta}}\\
&=\sum_{i=1}^{n}\left.\frac{1}{1+\boldsymbol{\lambda}^\tau(\boldsymbol{\theta})\boldsymbol{\psi}(\boldsymbol{x}_i,\boldsymbol{\theta})}(\nabla_\theta\boldsymbol{\psi}(\boldsymbol{x}_i,\boldsymbol{\theta}))^\tau\lambda(\boldsymbol{\theta})\right|_{\theta=\tilde{\theta}}\\
&=0.
\end{aligned}
$$

□

定理 7.5 的证明 对于 Q_{1n} 及 Q_{2n} 对 $\boldsymbol{\theta}$ 及 $\boldsymbol{\lambda}^\tau$ 分别求导得

$$
\nabla_\theta Q_{1n}(\boldsymbol{\theta},0)=\frac{1}{n}\sum_{i=1}^{n}\nabla_\theta\boldsymbol{\psi}(\boldsymbol{x}_i,\boldsymbol{\theta}),\quad \nabla_\lambda Q_{1n}(\boldsymbol{\theta},0)=-\frac{1}{n}\sum_{i=1}^{n}\boldsymbol{\psi}(\boldsymbol{x}_i,\boldsymbol{\theta})\boldsymbol{\psi}^\tau(\boldsymbol{x}_i,\boldsymbol{\theta}),
$$

$$
\nabla_\theta Q_{2n}(\boldsymbol{\theta},0)=0,\quad \nabla_\lambda Q_{2n}(\boldsymbol{\theta},0)=\frac{1}{n}\sum_{i=1}^{n}(\nabla_\theta\boldsymbol{\psi}(\boldsymbol{x}_i,\boldsymbol{\theta}))^\tau,
$$

由定理的假设及引理 7.2, 对 $Q_{1n}(\tilde{\boldsymbol{\theta}},\tilde{\boldsymbol{\lambda}})$ 及 $Q_{2n}(\tilde{\boldsymbol{\theta}},\tilde{\boldsymbol{\lambda}})$ 在 $(\boldsymbol{\theta}_0,0)$ 进行泰勒展开得

$$
\begin{aligned}
0=Q_{1n}(\tilde{\boldsymbol{\theta}},\tilde{\boldsymbol{\lambda}})=Q_{1n}(\boldsymbol{\theta}_0,0)+\nabla_\theta Q_{1n}(\boldsymbol{\theta}_0,0)(\tilde{\boldsymbol{\theta}}-\boldsymbol{\theta}_0)+\nabla_\lambda Q_{1n}(\boldsymbol{\theta}_0,0)(\tilde{\boldsymbol{\lambda}}-0)+o_p(\delta_n),\\
0=Q_{2n}(\tilde{\boldsymbol{\theta}},\tilde{\boldsymbol{\lambda}})=Q_{2n}(\boldsymbol{\theta}_0,0)+\nabla_\theta Q_{2n}(\boldsymbol{\theta}_0,0)(\tilde{\boldsymbol{\theta}}-\boldsymbol{\theta}_0)+\nabla_\lambda Q_{2n}(\boldsymbol{\theta}_0,0)(\tilde{\boldsymbol{\lambda}}-0)+o_p(\delta_n),
\end{aligned}
$$

其中 $\delta_n = \|\tilde{\boldsymbol{\theta}} - \boldsymbol{\theta}_0\| + \|\tilde{\boldsymbol{\lambda}}\|$, 于是

$$\begin{pmatrix} \tilde{\boldsymbol{\lambda}} \\ \tilde{\boldsymbol{\theta}} - \boldsymbol{\theta}_0 \end{pmatrix} = S_n^{-1} \begin{pmatrix} -Q_{1n}(\boldsymbol{\theta}_0, 0) + o_p(\delta_n) \\ o_p(\delta_n) \end{pmatrix}, \tag{7.29}$$

这里

$$S_n = \begin{pmatrix} \nabla_\lambda Q_{1n} & \nabla_\theta Q_{1n} \\ \nabla_\lambda Q_{2n} & 0 \end{pmatrix}_{(\theta_0,0)} \to \begin{pmatrix} S_{11} & S_{12} \\ S_{21} & 0 \end{pmatrix} \begin{pmatrix} -E\boldsymbol{\psi}\boldsymbol{\psi}^\tau & E(\nabla_\theta \boldsymbol{\psi}) \\ E(\nabla_\theta \boldsymbol{\psi})^\tau & 0 \end{pmatrix},$$

由此结果及 $Q_{1n}(\boldsymbol{\theta}_0, 0) = \dfrac{1}{n}\sum_{i=1}^{n} \boldsymbol{\psi}(x_i, \boldsymbol{\theta}_0) = O_p(n^{-1/2})$, 可得 $\delta_n = O_p(n^{-1/2})$.

容易得

$$\sqrt{n}(\tilde{\boldsymbol{\theta}} - \boldsymbol{\theta}_0) = S_{22.1}^{-1} S_{21} S_{11}^{-1} \sqrt{n} Q_{1n}(\boldsymbol{\theta}_0, 0) + o_p(1) \xrightarrow{\mathscr{D}} N(0, V), \tag{7.30}$$

其中

$$V = S_{22.1}^{-1} = \left\{E(\nabla_\theta \boldsymbol{\psi})^\tau (E\boldsymbol{\psi}\boldsymbol{\psi}^\tau)^{-1} E(\nabla_\theta \boldsymbol{\psi})\right\}^{-1}.$$

下证似然比统计量的极限分布.

对数经验似然比检验统计量是

$$W_E(\boldsymbol{\theta}_0) = 2\left\{\sum_{i=1}^{n} \log[1 + \boldsymbol{\lambda}_0^\tau \boldsymbol{\psi}(\boldsymbol{x}_i, \boldsymbol{\theta}_0)] - \sum_{i=1}^{n} \log\left[1 + \tilde{\boldsymbol{\lambda}}^\tau \boldsymbol{\psi}(\boldsymbol{x}_i, \tilde{\boldsymbol{\theta}})\right]\right\}.$$

将上式在 $(\boldsymbol{\theta}_0, 0)$ 处展开, 且 $\tilde{\boldsymbol{\lambda}} = -AQ_{1n}(\boldsymbol{\theta}_0, 0) + o_p(n^{\frac{1}{2}})$ 及式 (7.30) 中 $(\tilde{\boldsymbol{\theta}} - \boldsymbol{\theta}_0)$ 的表达式代入化简知

$$\ell_E(\tilde{\boldsymbol{\theta}}, \tilde{\boldsymbol{\lambda}}) = \sum_{i=1}^{n} \log[1 + \tilde{\boldsymbol{\lambda}}^\tau \boldsymbol{\psi}(\boldsymbol{x}_i, \tilde{\boldsymbol{\theta}})] = -\frac{n}{2} Q_{1n}^\tau(\boldsymbol{\theta}_0, 0) A Q_{1n}(\boldsymbol{\theta}_0, 0) + o_p(1),$$

其中 $A = S_{11}^{-1}\{I + S_{12} S_{22.1}^{-1} S_{21} S_{11}^{-1}\}$.

在 H_0 下,

$$\frac{1}{n}\sum_{i=1}^{n} \frac{\boldsymbol{\psi}(\boldsymbol{x}_i, \boldsymbol{\theta}_0)}{1 + \boldsymbol{\lambda}_0^\tau \boldsymbol{\psi}(\boldsymbol{x}_i, \boldsymbol{\theta}_0)} = 0 \implies \boldsymbol{\lambda}_0 = -S_{11}^{-1} Q_{1n}(\boldsymbol{\theta}_0, 0) + o_p(n^{\frac{1}{2}}),$$

且

$$\sum_{i=1}^{n} \log[1 + \boldsymbol{\lambda}_0^\tau \boldsymbol{\psi}(\boldsymbol{x}_i, \boldsymbol{\theta}_0)] = -\frac{n}{2} Q_{1n}^\tau(\boldsymbol{\theta}_0, 0) S_{11}^{-1} Q_{1n}(\boldsymbol{\theta}_0, 0) + o_p(1),$$

注意这里仅应用了泰勒展开, 且 $|\boldsymbol{\lambda}_0^\tau \boldsymbol{\psi}(\boldsymbol{x}_i, \boldsymbol{\theta})| = o_p(1)$ 及 $|\tilde{\boldsymbol{\lambda}}^\tau \boldsymbol{\psi}(\boldsymbol{x}_i, \tilde{\boldsymbol{\theta}})| = o_p(1)$, 对 $\boldsymbol{\theta}$ 和所有的 i 一致成立. 于是

$$\begin{aligned}W_E(\theta_0) &= nQ_{1n}^\tau(\boldsymbol{\theta}_0,0)(A-S_{11}^{-1})Q_{1n}(\boldsymbol{\theta}_0,0)+o_p(1)\\&= nQ_{1n}^\tau(\boldsymbol{\theta}_0,0)S_{11}^{-1}S_{12}S_{22.1}^{-1}S_{11}Q_{1n}(\boldsymbol{\theta}_0,0)+o_p(1)\\&= \left[(-S_{11})^{-\frac{1}{2}}\sqrt{n}Q_{1n}(\boldsymbol{\theta}_0,0)\right]^\tau\left[(-S_{11})^{\frac{1}{2}}S_{12}S_{22.1}^{-1}S_{21}(-S_{11})^{\frac{1}{2}}\right]\\&\quad\times\left[(-S_{11})^{-\frac{1}{2}}\sqrt{n}Q_{1n}(\boldsymbol{\theta}_0,0)\right]+o_p(1).\end{aligned}$$

易知,

$$(-S_{11})^{-\frac{1}{2}}\sqrt{n}Q_{1n}(\boldsymbol{\theta}_0,0)\xrightarrow{\mathscr{D}}N(0,I_r),$$

其中 I_r 为 r 阶单位阵且矩阵

$$(-S_{11})^{-\frac{1}{2}}S_{12}S_{22.1}^{-1}S_{21}(-S_{11})^{-\frac{1}{2}}$$

对称且幂等, 秩为 p, 则

$$W_E(\theta_0)\xrightarrow{\mathscr{D}}\chi_{(p)}^2.$$ □

定理 7.6 的证明 类似定理 7.4 中 $\tilde{\boldsymbol{\theta}}$ 渐近正态性的证明, 易知

$$\sqrt{n}(\tilde{\boldsymbol{\lambda}}-0)=-\sqrt{n}AQ_{1n}(\boldsymbol{\theta}_0,0)+o_p(1)\xrightarrow{\mathscr{D}}N(0,U).$$

下面证明如下结论成立.

$$\sqrt{n}(\tilde{F}_n(\boldsymbol{x})-F(\boldsymbol{x}))\xrightarrow{\mathscr{D}}N(0,W(\boldsymbol{x})).$$

事实上, 由泰勒展开式可得

$$\begin{aligned}\sqrt{n}(\tilde{F}_n(\boldsymbol{x})-F(\boldsymbol{x}))&=\sqrt{n}\left[\sum_{i=1}^n\tilde{p}_iI(\boldsymbol{x}_i<\boldsymbol{x})-F(\boldsymbol{x})\right]\\&=\frac{1}{\sqrt{n}}\sum_{i=1}^n\frac{I(\boldsymbol{x}_i<\boldsymbol{x})-F(\boldsymbol{x})}{1+\tilde{\boldsymbol{\lambda}}^\tau(\tilde{\theta})\boldsymbol{\psi}(\boldsymbol{x}_i,\tilde{\boldsymbol{\theta}})}\\&=\frac{1}{\sqrt{n}}\left[\sum_{i=1}^nI(\boldsymbol{x}_i<\boldsymbol{x})-F(\boldsymbol{x})\right]-\frac{1}{\sqrt{n}}\sum_{i=1}^n\tilde{\boldsymbol{\lambda}}(\tilde{\boldsymbol{\theta}})^\tau\boldsymbol{\psi}(\boldsymbol{x}_i,\tilde{\boldsymbol{\theta}})I(\boldsymbol{x}_i<\boldsymbol{x})\\&\quad+O_p(\sqrt{n}\|\tilde{\boldsymbol{\lambda}}^\tau(\tilde{\theta})\boldsymbol{\psi}(\boldsymbol{x}_i,\tilde{\boldsymbol{\theta}})\|^2).\end{aligned}$$

易知 $\sqrt{n}\|\tilde{\boldsymbol{\lambda}}^\tau(\tilde{\boldsymbol{\theta}})\psi(\boldsymbol{x}_i,\tilde{\boldsymbol{\theta}})\|^2=o_p(1)$, 对 $\psi(\boldsymbol{x}_i,\tilde{\boldsymbol{\theta}})$ 在参数 $\boldsymbol{\theta}_0$ 进行泰勒展开, 则上式转化为

$$\begin{aligned}\sqrt{n}(\tilde{F}_n(\boldsymbol{x})-F(\boldsymbol{x}))&=\frac{1}{\sqrt{n}}\sum_{i=1}^n[I(\boldsymbol{x}_i<\boldsymbol{x})-F(\boldsymbol{x})]-\frac{1}{\sqrt{n}}\sum_{i=1}^n\tilde{\boldsymbol{\lambda}}^\tau\boldsymbol{\psi}(\boldsymbol{x}_i,\boldsymbol{\theta}_0)I(\boldsymbol{x}_i<\boldsymbol{x})\\&\quad-\frac{1}{\sqrt{n}}\sum_{i=1}^n\tilde{\boldsymbol{\lambda}}^\tau\nabla_\theta\boldsymbol{\psi}(\boldsymbol{x}_i,\boldsymbol{\theta}_0)I(\boldsymbol{x}_i<\boldsymbol{x})(\tilde{\boldsymbol{\theta}}-\boldsymbol{\theta}_0)\end{aligned}$$

$$
\begin{aligned}
&+O_p(\sqrt{n}\|\tilde{\boldsymbol{\theta}}-\boldsymbol{\theta}_0\|^2)+O_p(\sqrt{n}\|\tilde{\boldsymbol{\lambda}}^\tau\boldsymbol{\psi}(\boldsymbol{x}_i,\tilde{\boldsymbol{\theta}})\|^2)\\
=&\frac{1}{\sqrt{n}}\sum_{i=1}^n[I(\boldsymbol{x}_i<\boldsymbol{x})-F(\boldsymbol{x})]-\frac{1}{\sqrt{n}}\sum_{i=1}^n\boldsymbol{\lambda}^\tau\boldsymbol{\psi}(\boldsymbol{x}_i,\theta_0)I(\boldsymbol{x}_i<\boldsymbol{x})\\
&-\frac{1}{\sqrt{n}}\sum_{i=1}^n\tilde{\boldsymbol{\lambda}}^\tau\nabla_\theta\boldsymbol{\psi}(\boldsymbol{x}_i,\boldsymbol{\theta}_0)I(\boldsymbol{x}_i<\boldsymbol{x})(\tilde{\boldsymbol{\theta}}-\boldsymbol{\theta}_0)+o_p(1).
\end{aligned}
$$

因此, 由式 (7.29) 中关于 $\tilde{\boldsymbol{\lambda}}$ 的表达式及式 (7.30) 可得

$$
\begin{aligned}
&\frac{1}{\sqrt{n}}\sum_{i=1}^n[I(\boldsymbol{x}_i<\boldsymbol{x})-F(\boldsymbol{x})]+(AQ_{1n}(\boldsymbol{\theta}_0,0))^\tau\frac{1}{\sqrt{n}}\sum_{i=1}^n\boldsymbol{\psi}(\boldsymbol{x}_i,\boldsymbol{\theta}_0)I(\boldsymbol{x}_i<\boldsymbol{x})\\
&+(AQ_{1n}(\boldsymbol{\theta}_0,0))^\tau\frac{1}{n}\sum_{i=1}^n\nabla_\theta\boldsymbol{\psi}(\boldsymbol{x}_i,\boldsymbol{\theta}_0)I(\boldsymbol{x}_i<\boldsymbol{x})\sqrt{n}(\tilde{\boldsymbol{\theta}}-\boldsymbol{\theta}_0)+o_p(1)\\
=&\frac{1}{\sqrt{n}}\sum_{i=1}^n[I(\boldsymbol{x}_i<\boldsymbol{x})-F(\boldsymbol{x})]+Q_{1n}^\tau(\boldsymbol{\theta}_0,0)A\frac{1}{\sqrt{n}}\sum_{i=1}^n\boldsymbol{\psi}(\boldsymbol{x}_i,\boldsymbol{\theta}_0)I(\boldsymbol{x}_i<\boldsymbol{x})\\
&+Q_{1n}^\tau(\boldsymbol{\theta}_0,0)A\frac{1}{n}\sum_{i=1}^n\nabla_\theta\boldsymbol{\psi}(\boldsymbol{x}_i,\boldsymbol{\theta}_0)I(\boldsymbol{x}_i<\boldsymbol{x})S_{22.1}^{-1}S_{21}S_{11}^{-1}\sqrt{n}Q_{1n}(\boldsymbol{\theta}_0,0)+o_p(1),
\end{aligned}
$$

整理化简得

$$
\begin{aligned}
\sqrt{n}(\tilde{F}_n(\boldsymbol{x})-F(\boldsymbol{x}))=&\frac{1}{\sqrt{n}}\sum_{i=1}^n[I(\boldsymbol{x}_i<\boldsymbol{x})-F(\boldsymbol{x})]+\sqrt{n}Q_{1n}^\tau(\boldsymbol{\theta}_0,0)AB(\boldsymbol{x})+o_p(1)\\
=&\frac{1}{\sqrt{n}}\sum_{i=1}^n[I(\boldsymbol{x}_i<\boldsymbol{x})-F(\boldsymbol{x})]+B^\tau(\boldsymbol{x})A\sqrt{n}Q_{1n}(\boldsymbol{\theta}_0,0)+o_p(1).
\end{aligned}
$$

注意到, 上式右边的前两项的协方差阵是

$$
\begin{aligned}
&F(\boldsymbol{x})(1-F(\boldsymbol{x}))+B^\tau(\boldsymbol{x})A(E\boldsymbol{\psi}\boldsymbol{\psi}^\tau)AB(\boldsymbol{x})+2B^\tau(\boldsymbol{x})AB(\boldsymbol{x})\\
=&F(\boldsymbol{x})(1-F(\boldsymbol{x}))-B^\tau(\boldsymbol{x})UB(\boldsymbol{x}),\\
U=&[E(\boldsymbol{\psi}\boldsymbol{\psi}^\tau)]^{-1}\left\{I-E(\nabla_\theta\boldsymbol{\psi})VE(\nabla_\theta\boldsymbol{\psi})^\tau[E(\boldsymbol{\psi}\boldsymbol{\psi}^\tau)]^{-1}\right\}.
\end{aligned}
$$

通过简单的计算就可知道 $\tilde{\boldsymbol{\theta}}$ 与 $\tilde{\boldsymbol{\lambda}}$ 的渐近协方差为零, 故它们是渐近无关的. □

推论 7.1 的证明 记

$$
\begin{aligned}
D_r(\boldsymbol{\theta})&=E\left((\nabla_\theta\psi_1)^\tau,\cdots,(\nabla_\theta\psi_r)^\tau\right)^\tau=\left(D_{r-1}^\tau,E(\nabla_\theta\psi_r)^\tau\right)^\tau,\\
C_r(\boldsymbol{\theta})&=E(\boldsymbol{\psi}\boldsymbol{\psi}^\tau)=\begin{pmatrix}C_{11}(\boldsymbol{\theta}) & C_{12}(\boldsymbol{\theta})\\ C_{21}(\boldsymbol{\theta}) & C_{22}(\boldsymbol{\theta})\end{pmatrix},
\end{aligned}
$$

其中 $C_{11}(\boldsymbol{\theta})$ 是 $(r-1)\times(r-1)$ 矩阵.

对于任意相同阶方阵 A 与 B, 如果 $A-B$ 是半正定的, 则称 $A \geqslant B$.

$$\begin{aligned} V_r^{-1} &= E(\nabla_\theta \boldsymbol{\psi})^\tau E(\boldsymbol{\psi}\boldsymbol{\psi}^\tau)^{-1} E(\nabla_\theta \boldsymbol{\psi}) \\ &= D_r(\boldsymbol{\theta})^\tau C_r(\boldsymbol{\theta})^{-1} D_r(\boldsymbol{\theta}) \\ &\geqslant \left(D_{r-1}^\tau(\boldsymbol{\theta}), E(\nabla_\theta \psi_r)^\tau\right) \begin{pmatrix} C_{11}^{-1}(\boldsymbol{\theta}) & 0 \\ 0 & 0 \end{pmatrix} \begin{pmatrix} D_{r-1}(\boldsymbol{\theta}) \\ E(\nabla_\theta \psi_r) \end{pmatrix} \\ &= V_{r-1}^{-1}. \end{aligned}$$

□

推论 7.3 的证明　注意到

$$\begin{aligned} V_r^{-1} &= (E(\nabla_\theta \boldsymbol{h}_1)^\tau,\ E(\nabla_\theta \boldsymbol{h}_2)^\tau) \begin{pmatrix} E\boldsymbol{h}_1\boldsymbol{h}_1^\tau & E\boldsymbol{h}_1\boldsymbol{h}_2^\tau \\ E\boldsymbol{h}_2\boldsymbol{h}_1^\tau & E\boldsymbol{h}_2\boldsymbol{h}_2^\tau \end{pmatrix}^{-1} \begin{pmatrix} E(\nabla_\theta \boldsymbol{h}_1) \\ E(\nabla_\theta \boldsymbol{h}_2) \end{pmatrix} \\ &= \left(E(\nabla_\theta \boldsymbol{h}_1)^\tau,\ -E(\nabla_\theta \boldsymbol{h}_1)^\tau (E\boldsymbol{h}_1\boldsymbol{h}_1^\tau)^{-1}(E\boldsymbol{h}_1\boldsymbol{h}_2^\tau) + E(\nabla_\theta \boldsymbol{h}_2)^\tau\right) \\ &\quad \times \begin{pmatrix} (E\boldsymbol{h}_1\boldsymbol{h}_1^\tau)^{-1} & 0 \\ 0 & A_{22}^{-1} \end{pmatrix} \begin{pmatrix} E(\nabla_\theta \boldsymbol{h}_1) \\ -(E\boldsymbol{h}_2\boldsymbol{h}_1^\tau)(E\boldsymbol{h}_1\boldsymbol{h}_1^\tau)^{-1} E(\nabla_\theta \boldsymbol{h}_1) + E(\nabla_\theta \boldsymbol{h}_2) \end{pmatrix}, \end{aligned}$$

其中 $A_{22} = E(\boldsymbol{h}_2\boldsymbol{h}_2^\tau) - E(\boldsymbol{h}_2\boldsymbol{h}_1^\tau)(E\boldsymbol{h}_1\boldsymbol{h}_1^\tau)^{-1}E(\boldsymbol{h}_1\boldsymbol{h}_2^\tau)$. 这里我们使用了如下的分块矩阵求逆公式:

$$\begin{pmatrix} A_{11} & A_{12} \\ A_{21} & A_{22} \end{pmatrix}^{-1} = \begin{pmatrix} A_{11}^{-1} + A_{11}^{-1}A_{12}B^{-1}A_{21}A_{11}^{-1} & -A_{11}^{-1}A_{12}B^{-1} \\ -B^{-1}A_{21}A_{11}^{-1} & B^{-1} \end{pmatrix},$$

或者

$$\begin{pmatrix} A_{11} & A_{12} \\ A_{21} & A_{22} \end{pmatrix}^{-1} = \begin{pmatrix} D^{-1} & -D^{-1}A_{12}A_{22}^{-1} \\ -A_{22}^{-1}A_{21}D^{-1} & A_{22}^{-1} + A_{22}^{-1}A_{21}D^{-1}A_{12}A_{22}^{-1} \end{pmatrix},$$

其中 $B = A_{22} - A_{21}A_{11}^{-1}A_{12}$, $D = A_{11} - A_{12}A_{22}^{-1}A_{21}$.

因 $\boldsymbol{h}_1$ 是得分函数, 故 $E\boldsymbol{h}_1\boldsymbol{h}_1^\tau = -E(\nabla_\theta \boldsymbol{h}_1)$. 对方程 $E\boldsymbol{h}_2 = 0$ 关于 $\boldsymbol{\theta}$ 两边取微分, 得

$$\int (\nabla_\theta \boldsymbol{h}_2) f(\boldsymbol{x}, \boldsymbol{\theta})\mathrm{d}\boldsymbol{x} + \int \boldsymbol{h}_2 \nabla_\theta f(\boldsymbol{x}, \boldsymbol{\theta})\mathrm{d}\boldsymbol{x} = 0 \quad [\nabla_\theta f \text{ 即为 } h_1 f],$$

即

$$E(\nabla_\theta \boldsymbol{h}_2) + E(\boldsymbol{h}_2\boldsymbol{h}_1^\tau) = 0.$$

于是

$$\begin{aligned} V_r^{-1} &= (E(\nabla_\theta \boldsymbol{h}_1)^\tau, 0) \begin{pmatrix} E(\boldsymbol{h}_1\boldsymbol{h}_1^\tau)^{-1} & 0 \\ 0 & A_{22}^{-1} \end{pmatrix} \begin{pmatrix} E(\nabla_\theta \boldsymbol{h}_1) \\ 0 \end{pmatrix} \\ &= E(\nabla_\theta \boldsymbol{h}_1)^\tau (E\boldsymbol{h}_1\boldsymbol{h}_1^\tau)^{-1} E(\nabla_\theta \boldsymbol{h}_1) = E\boldsymbol{h}_1\boldsymbol{h}_1^\tau = V_p^{-1}. \end{aligned}$$

如果 $\tilde{\boldsymbol{\theta}}$ 是 $\boldsymbol{\theta}$ 的极大似然估计, 则 $F(\boldsymbol{x},\tilde{\boldsymbol{\theta}})$ 也是 $F(\boldsymbol{x},\boldsymbol{\theta})$ 的极大似然估计. 由此知, $\sqrt{n}(\tilde{F}_n(\boldsymbol{x})-F(\boldsymbol{x}))$ 的渐近方差 W_r 不小于 $\sqrt{n}(F(\boldsymbol{x},\tilde{\boldsymbol{\theta}})-F(\boldsymbol{x}))$ 的渐近方差. 不难算得 $\sqrt{n}(F(\boldsymbol{x},\tilde{\boldsymbol{\theta}})-F(\boldsymbol{x}))$ 的渐近方差是

$$E\{\boldsymbol{h}_1(\boldsymbol{x},\boldsymbol{\theta})I(\boldsymbol{X}<\boldsymbol{x})\}^\tau V_p E\{\boldsymbol{h}_1(\boldsymbol{x},\boldsymbol{\theta})I(\boldsymbol{X}<\boldsymbol{x})\},$$

即

$$W_r \geqslant E\{\boldsymbol{h}_1(\boldsymbol{x},\boldsymbol{\theta})I(\boldsymbol{X}<\boldsymbol{x})\}^\tau V_p E\{\boldsymbol{h}_1(\boldsymbol{x},\boldsymbol{\theta})I(\boldsymbol{X}<\boldsymbol{x})\}. \qquad \square$$

推论 7.4 的证明 由泰勒展开得

$$\begin{aligned}
W_2 =& 2\ell_E(\boldsymbol{\theta}_1^0,\tilde{\boldsymbol{\theta}}_2^0)-2\ell_E(\tilde{\boldsymbol{\theta}}_1^0,\tilde{\boldsymbol{\theta}}_2^0)\\
=& \left[(-S_{11})^{-\frac{1}{2}}\sqrt{n}Q_{1n}(\boldsymbol{\theta}_0,0)\right]^\tau (E\boldsymbol{\psi}\boldsymbol{\psi}^\tau)^{-\frac{1}{2}}\\
&\times\Big\{(E\nabla_\theta\boldsymbol{\psi})\left[(E\nabla_\theta\boldsymbol{\psi})^\tau(E\boldsymbol{\psi}\boldsymbol{\psi}^\tau)^{-1}(E\nabla_\theta\boldsymbol{\psi})\right]^{-1}(E\nabla_\theta\boldsymbol{\psi})^\tau\\
&-(E\nabla_{\theta_1}\boldsymbol{\psi})\left[(E\nabla_{\theta_1}\boldsymbol{\psi})^\tau(E\boldsymbol{\psi}\boldsymbol{\psi}^\tau)^{-1}(E\nabla_{\theta_1}\boldsymbol{\psi})\right]^{-1}(E\nabla_{\theta_1}\boldsymbol{\psi})^\tau\Big\}\\
&\times(E\boldsymbol{\psi}\boldsymbol{\psi}^\tau)^{-\frac{1}{2}}\left[(-S_{11})^{-\frac{1}{2}}\sqrt{n}Q_{1n}(\boldsymbol{\theta}_0,0)\right]^\tau+o_p(1).
\end{aligned}$$

显然上式 { } 内的矩阵是对称的, 因此为证明该推论成立, 仅需证明

$$\begin{aligned}
\Delta =& (E\nabla_\theta\boldsymbol{\psi})\left[(E\nabla_\theta\boldsymbol{\psi})^\tau(E\boldsymbol{\psi}\boldsymbol{\psi}^\tau)^{-1}(E\nabla_\theta\boldsymbol{\psi})\right]^{-1}(E\nabla_\theta\boldsymbol{\psi})^\tau\\
\geqslant& (E\nabla_{\theta_1}\boldsymbol{\psi})\left[(E\nabla_{\theta_1}\boldsymbol{\psi})^\tau(E\boldsymbol{\psi}\boldsymbol{\psi}^\tau)^{-1}(E\nabla_{\theta_1}\boldsymbol{\psi})\right]^{-1}(E\nabla_{\theta_1}\boldsymbol{\psi})^\tau.
\end{aligned}$$

事实上,

$$\begin{aligned}
\Delta =& (E\nabla_\theta\boldsymbol{\psi})\left[(E\nabla_\theta\boldsymbol{\psi})^\tau(E\boldsymbol{\psi}\boldsymbol{\psi}^\tau)^{-1}(E\nabla_\theta\boldsymbol{\psi})\right]^{-1}(E\nabla_\theta\boldsymbol{\psi})^\tau\\
\geqslant& (E\nabla_{\theta_1}\boldsymbol{\psi},E\nabla_{\theta_2}\boldsymbol{\psi})\begin{pmatrix}\left[(E\nabla_{\theta_1}\boldsymbol{\psi})^\tau(E\boldsymbol{\psi}\boldsymbol{\psi}^\tau)^{-1}\left(E\dfrac{\partial\psi}{\partial\theta_1}\right)\right]^{-1} & 0\\ 0 & 0\end{pmatrix}\begin{pmatrix}(E\nabla_{\theta_1}\boldsymbol{\psi})^\tau\\(E\nabla_{\theta_2}\boldsymbol{\psi})^\tau\end{pmatrix}\\
=& (E\nabla_{\theta_1}\boldsymbol{\psi})\left[(E\nabla_{\theta_1}\boldsymbol{\psi})^\tau(E\boldsymbol{\psi}\boldsymbol{\psi}^\tau)^{-1}(E\nabla_{\theta_1}\boldsymbol{\psi})\right]^{-1}(E\nabla_{\theta_1}\boldsymbol{\psi})^\tau.
\end{aligned}$$

于是由 Rao (1973) 的结果, 我们有

$$W_2 \longrightarrow \chi^2_{[r-(p-q)-(r-p)]}=\chi^2_{(q)}. \qquad \square$$

第 8 章　伪极大似然

极大似然估计具有很多重要的统计性质, 概率意义明确. 因此, 很多统计方法都是试图靠近极大似然估计方法, 或者尽量保持极大似然估计方法的优良性. 本书所讨论的广义估计方程方法就是极大似然估计的扩展, 而另外一种与极大似然方法非常相近的就是伪极大似然估计方法 (pseudo maximum likelihood method).

伪似然方法及其应用在统计中得到较深入的研究, 主要有两方面的原因. 一方面伪似然方法可被看作应用极大似然方法进行统计推断但似然函数被误判的一种稳健方法; 另一方面, 伪似然方法可以减弱对概率分布的假设. 极大似然方法需要对分布进行假定, 而伪似然估计仅需假定模型的部分特征, 例如, 条件均值、条件方差或两者, 也可看作为矩估计的一种推广.

还有最重要的一点就是伪似然估计与极大似然估计一样具有很多好的统计特征和样本性质. 即使模型发生误判, 伪似然估计也有较好的估计性质.

估计方程方法的最一般形式, 可以看作为当前参数估计和非参数估计所有的方法的总和. 有关估计方程一个最优美的有限样本性质理论已得到较大的发展. 也就是说, 估计方程中的最优估计方程可以通过权矩阵选取获得 (参见 Heyde (1997)). 这在第 6 章已进行了一些讨论. 在正确地确定概率分布后, 基于得分函数的估计方程估计就是最优的估计. 参见推论 7.3, 也就是说, 在确认总体的分布为其真实的分布后, 这个最优性质就是极大似然估计的最优性质. 而当分布函数并不知道时, 估计方程方法将得到伪似然方法的最优性质. 进一步的研究参见 Godambe 和 Heyde (1987), Heyde (1994a, 1994b), Gouriéroux, Monfort 和 Trognon (1984a, 1984b), 和 Mittelhammer 等 (2000).

8.1　伪极大似然估计及推断

伪极大似然方法是一种在真实分布未知, 或者基于误判分布的极大似然方法, 准确地说, 并不知道总体的分布类型, 但使用似然函数的方法进行统计推断, 通常称为*伪似然方法*, 所获得的估计称为*伪似然估计*. 所谓*分布误判*指的是似然函数中使用的分布函数并不是观测样本的真实分布函数, 但在参数的估计中却使用这个似然函数来进行统计推断.

伪似然估计是相合估计并不是无条件成立的, 要保证其相合性需要假设一些条件, 以确保似然函数与伪似然函数之间有一定联系. 常用的假设条件就是矩条件.

从这方面来说, 伪似然估计与广义矩估计有一定的联系. 伪似然方法只需要正确确定总体 (条件) 均值, (条件) 方差或两者, 就可以有很好的大样本性质. 更具体地说, 无论是否其似然函数中的分布误判或模型误判, 对模型仅需正确地假定某些 (条件) 矩, 使用伪似然方法就可以得到模型参数的相合估计和估计的渐近正态性; 并且在似然函数没有误判时, 伪似然估计是渐近最好估计, 即极大似然估计.

设 $L_p(\boldsymbol{\theta}; Y, \boldsymbol{X})$ 表示基于假设 $Y, \boldsymbol{X}$ 联合概率分布 (或 $Y|\boldsymbol{X}$ 联合条件分布) 的伪似然函数, $f_p(Y, \boldsymbol{X}; \boldsymbol{\theta})$ 表示基于 $Y, \boldsymbol{X}$ 联合 (或 $Y|\boldsymbol{X}$ 联合条件) 假设的伪概率密度函数, 下标 p 表示使用的分布为假设的伪似然分布, 从而有 $L_p(\boldsymbol{\theta}; Y, \boldsymbol{X}) = \prod_{i=1}^{n} f_p(Y_i, \boldsymbol{X}_i; \boldsymbol{\theta})$, 其中 $(Y_i, \boldsymbol{X}_i), i = 1, 2, \cdots, n$ 是观测的独立同分布样本. 注意此处假设的伪似然联合分布或联合的条件分布可以不同于真实的分布, 那么**伪极大似然估计** (pseudo maximum likelihood estimator, PMLE) 就是一种极值估计, 定义如下

$$\widehat{\boldsymbol{\theta}} = \arg\max_{\boldsymbol{\theta} \in \Theta} \{n^{-1} \log L_p(\boldsymbol{\theta}; Y, \boldsymbol{X})\}. \tag{8.1}$$

那么, 由定理 6.2, 便可获得伪似然估计的相合性. 利用定理 6.2 需要假设参数空间是紧集, 而更一般的结果可以参考定理 6.3, 只需参数空间是凸集即可.

利用定理 6.4, 还可以证明伪似然估计是渐近正态的.

定理 8.1 假设如下条件成立

(a) $\widehat{\boldsymbol{\theta}}$ 是 $\boldsymbol{\theta}_0$ 的相合估计, 这里 $\boldsymbol{\theta}_0$ 是参数 $\boldsymbol{\theta}$ 的真值;

(b) $\boldsymbol{\theta}_0$ 是参数空间 $\boldsymbol{\theta}$ 的内点;

(c) $n^{-1} \log L_p(\boldsymbol{\theta}; Y, \boldsymbol{X})$ 在 $\boldsymbol{\theta}_0$ 的一个邻域 $\mathscr{N}(\boldsymbol{\theta}_0)$ 内关于参数 $\boldsymbol{\theta}$ 是二次连续可微的;

(d) $n^{-1} \nabla_{\boldsymbol{\theta}} \log L_p(\boldsymbol{\theta}; Y, \boldsymbol{X})|_{\boldsymbol{\theta}_0}$ 以分布收敛于正态分布 $N(0, \Sigma(\boldsymbol{\theta}_0))$;

(e) $-n^{-1} \nabla^2_{\boldsymbol{\theta}\boldsymbol{\theta}} \log L_p(\boldsymbol{\theta}; Y, \boldsymbol{X})$ 在 $\boldsymbol{\theta}_0$ 的一个邻域 $\mathscr{N}(\boldsymbol{\theta}_0)$ 内以概率一致收敛于矩阵函数 $A(\boldsymbol{\theta}_0)$, 且 $A(\boldsymbol{\theta})$ 在 $\boldsymbol{\theta}_0$ 连续和非奇异,

则伪似然估计 $\widehat{\boldsymbol{\theta}}$ 是渐近正态的, 即

$$\sqrt{n}(\widehat{\boldsymbol{\theta}} - \boldsymbol{\theta}_0) \xrightarrow{\mathscr{D}} N(0, A(\boldsymbol{\theta}_0)^{-1} \Sigma(\boldsymbol{\theta}_0) A(\boldsymbol{\theta}_0)^{-1}).$$

证明 此定理是定理 6.3 的另一种表达形式, 其证明可有定理 6.3 类似获得, 也可参见 Mittelhammer 等 (2000).

注 定理 8.1的条件是一般性条件, 但不是最原始的条件(即最简洁的条件), 例如, 通常还可以有更加初始条件来推出估计 $\widehat{\theta}$ 是 θ_0 的相合估计, 但为了定理的表述简单, 假设定理 8.1 的条件成立. 在证明定理时一般取最原始条件为好. 另外, 此定理的其他条件可能与估计相合的假设条件有交集. 又例如, 定理条件 (d) 也不是

最原始的条件, 它的成立也需要一些更初始条件, 甚至与本定理的其他条件相重合. 虽然定理 8.1 的条件并不是最简洁的初始条件, 但在实际中的应用是非常方便的. 正如前面所述, 要证明估计的渐近正态性, 最需要验证的条件是定理 8.1 的 (a), (d) 和 (e). 要验证这些条件可以使用凸引理, 大数定律, 中心极限定理及一致大数律.

(1) 当没有协变量 $\boldsymbol{X}$ 时此结果仍然成立.

(2) 此处仅考虑 Y 为一维的情形, 实际上, 当 Y 为高维随机向量时定理也是成立的.

(3) 如果假设的伪似然概率分布函数是其真正的概率分布函数, 则式 (8.1) 定义的伪似然估计 $\widehat{\theta}$ 将退化为 MLE.

考虑一个特殊情况, 假设伪似然函数是没有模型误判时的似然函数, 即观测数据来自于构造的伪似然分布. 在一般正则条件下, 由定理 5.8 可得伪似然估计是渐近正态的, 且 $\Sigma(\boldsymbol{\theta}_0)=A(\boldsymbol{\theta}_0)=I(\boldsymbol{\theta}_0)$, 即

$$\sqrt{n}(\widehat{\boldsymbol{\theta}}-\boldsymbol{\theta}_0)\xrightarrow{\mathscr{D}}N(0,I(\boldsymbol{\theta}_0)^{-1}). \tag{8.2}$$

这就是说伪似然估计 $\widehat{\boldsymbol{\theta}}$ 退化为 MLE. 从这个结果还可以看出, 除非伪似然为观测数据的真实似然, 一般情形下 $\Sigma(\boldsymbol{\theta}_0)\neq A(\boldsymbol{\theta}_0)$, 从而所得的估计的方差也不等于极大似然估计的方差 $I(\boldsymbol{\theta}_0)^{-1}$.

伪似然估计 $\widehat{\boldsymbol{\theta}}$ 的渐近方差是一个三明治方差, 在统计推断时需要对其进行估计. 首先 $A(\boldsymbol{\theta})$ 和 $\Sigma(\boldsymbol{\theta})$ 的一个相合估计分别是

$$\widehat{A}=-\frac{1}{n}\frac{\partial^2\log L_p(\boldsymbol{\theta};Y,\boldsymbol{X})}{\partial\boldsymbol{\theta}\partial\boldsymbol{\theta}^\tau}\Big|_{\widehat{\boldsymbol{\theta}}}=-\frac{1}{n}\sum_{i=1}^n\frac{\partial^2\log f_p(Y_i,\boldsymbol{X}_i;\boldsymbol{\theta})}{\partial\boldsymbol{\theta}\partial\boldsymbol{\theta}^\tau}\Big|_{\widehat{\boldsymbol{\theta}}},$$

$$\widehat{\Sigma}=\frac{1}{n}\sum_{i=1}^n\left\{\frac{\partial\log f_p(Y_i,\boldsymbol{X}_i;\boldsymbol{\theta})}{\partial\boldsymbol{\theta}}\Big|_{\widehat{\boldsymbol{\theta}}}\frac{\partial\log f_p(Y_i,\boldsymbol{X}_i;\boldsymbol{\theta})}{\partial\boldsymbol{\theta}^\tau}\Big|_{\widehat{\boldsymbol{\theta}}}\right\},$$

则伪似然估计 $\widehat{\boldsymbol{\theta}}$ 的渐近方差的一个相合估计是 $\widehat{A}^{-1}\widehat{\Sigma}\widehat{A}^{-1}$.

8.2 分布误判及伪似然估计

如果伪似然函数没有被正确确定 (即 (条件) 矩条件都没有被正确识别), 得到的伪似然估计并不是相合的, 那么这个估计有什么样的性质呢? 从中又可以得到什么样的信息呢? 这是人们很关心的一个问题. 为了理解伪似然估计在伪似然函数误判时的情形, 首先我们来介绍 Kullback-Leibler 信息量, 它是一个概率分布对另一个概率分布的度量. 设 $p(y)$ 和 $q(y)$ 分别为随机变量 Y 的两个概率分布函数, Kullback-Leibler 信息量(简称 KL 信息量) 定义为

$$\mathrm{KL}(p,q)=E_p\{\log[p(y)/q(y)]\}, \tag{8.3}$$

其中 E_p 表示对随机变量 Y 服从分布 $p(y)$ 下取期望值. 为了使信息量具有有限值, 必须使 $p(y)$ 的支撑是 $q(y)$ 支撑的子集, 即如果 $q(y)=0$ 成立的某些 y 必定使 $p(y)=0$. Kullback-Leibler 信息量有几个有用的性质, 详见 Kullback 和 Leibler (1951), Kullback (1959). 例如, 具有非负性 $\mathrm{KL}(p,q)\geqslant 0$, $\mathrm{KL}(p,q)=0$ 当且仅当对任意 y 有 $p(y)=q(y)$, 即 $\mathrm{KL}(p,q)$ 越靠近于 0, 就表明分布 $p(y)$ 越靠近于 $q(y)$; 仅当两个分布一致时, $\mathrm{KL}(p,q)=0$.

假设真实的概率分布为 $p(y)$, 而分析者基于概率分布 $q(y,\boldsymbol{\theta})$, $\boldsymbol{\theta}\in\Theta$ 构造伪似然. 现考察伪似然估计的性质. 定义 $\boldsymbol{\theta}^*$ 是使得概率分布 $p(y)$ 对应于概率分布 $q(y,\boldsymbol{\theta})$ 的 $\mathrm{KL}(p,q)$ 信息量达最小的一个 $\boldsymbol{\theta}$ 值, 即

$$\boldsymbol{\theta}^*=\arg\min_{\boldsymbol{\theta}\in\Theta}\{\mathrm{KL}(p,q;\boldsymbol{\theta})\}=\arg\min_{\boldsymbol{\theta}\in\Theta}E_p[\log(p(y)/q(y,\boldsymbol{\theta}))]. \tag{8.4}$$

从定义可看出 $\boldsymbol{\theta}^*$ 是与伪似然相关的参数, 并使产生数据的真实分布 $p(y)$ 与构造伪似然所使用的候选分布 $q(y,\boldsymbol{\theta})$ 的 KL 信息量达到最小. 因此, $q(y,\boldsymbol{\theta}^*)$ 是在构造伪似然函数的所有候选分布 $q(y,\boldsymbol{\theta})$ 中, 对真实分布 $p(y)$ 最好逼近的一个.

由于

$$E_p[\log(p(y)/q(y,\boldsymbol{\theta}))]=\int\log p(y)p(y)\mathrm{d}y-\int\log q(y,\boldsymbol{\theta})p(y)\mathrm{d}y,$$

可得到

$$\begin{aligned}\boldsymbol{\theta}^*&=\arg\min_{\boldsymbol{\theta}\in\Theta}E_p[\log(p(y)/q(y,\boldsymbol{\theta}))]\\&=\arg\max_{\boldsymbol{\theta}\in\Theta}\int\log q(y,\boldsymbol{\theta})p(y)\mathrm{d}y.\end{aligned} \tag{8.5}$$

建立相应的样本类似, 就可以得到 $\boldsymbol{\theta}$ 的估计值 $\widehat{\boldsymbol{\theta}}$, 即

$$\widehat{\boldsymbol{\theta}}=\arg\max_{\boldsymbol{\theta}\in\Theta}\frac{1}{n}\sum_{i=1}^{n}\log q(y_i,\boldsymbol{\theta}).$$

根据定义知, $\widehat{\boldsymbol{\theta}}$ 是基于假设分布 $q(y,\boldsymbol{\theta})$ 的伪似然估计.

在与定理 8.1 的条件相似的一般正则条件下 (参见 White (1982,1984)), 可以证明

$$\widehat{\boldsymbol{\theta}}\xrightarrow{p}\boldsymbol{\theta}^*. \tag{8.6}$$

这说明伪似然估计 $\widehat{\boldsymbol{\theta}}$ 是 $\boldsymbol{\theta}^*$ 的相合估计. 换句话说, 伪似然估计 $\widehat{\boldsymbol{\theta}}$ 相合于在 KL 信息量准则的意义下分布参数的真实值 "$\boldsymbol{\theta}^*$". 这里参数的真实值之所以加上引号意思是说这个值 $\boldsymbol{\theta}^*$ 并不是真正的真实值, 而仅仅是伪似然函数的分布族中在 KL 意义下最靠近于真实分布的那个参数值.

如果概率分布族 $q(y,\boldsymbol{\theta}), \boldsymbol{\theta}\in\Theta$ 包含概率分布 $p(y)$, 即 $\exists\boldsymbol{\theta}_0\in\Theta$, 使得 $q(y,\boldsymbol{\theta}_0)=p(y)$, 则 $\boldsymbol{\theta}^*=\boldsymbol{\theta}_0$. 这表明如果构造伪似然函数候选分布函数族包含真实分布, 那么 $\boldsymbol{\theta}^*$ 就为真值. 此时伪似然估计 $\widehat{\boldsymbol{\theta}}$ 是参数的真实值 $\boldsymbol{\theta}_0$ 的相合估计.

上面仅讨论了 Y 为一维的情形, 其实当 Y 为高维随机向量时上述结论仍成立. 这就意味着对于数据包含协变量 $\boldsymbol{X}$ 的情形, 上述论证仍成立. 下边给出含有协变量 $\boldsymbol{X}$, 且分布误判时伪似然估计的渐近性质的定理.

在给定与定理 8.1 的相似条件和假设情况下, 使用与定理 6.4 类似的方法, 可以证明

定理 8.2 假设真实的概率分布为 $f(Y,\boldsymbol{X})$, 而基于概率分布 $f_p(Y,\boldsymbol{X};\boldsymbol{\theta}), \boldsymbol{\theta}\in\Theta$ 构造伪似然进行统计推断, 相应的伪似然函数为 $L_p(\boldsymbol{\theta};Y,\boldsymbol{X})$, 又假设如下条件成立

(a) $\widehat{\boldsymbol{\theta}}$ 是 $\boldsymbol{\theta}^*$ 的相合估计, 这里 $\boldsymbol{\theta}^*$ 是参数 $\boldsymbol{\theta}$ 的 "真实值"(其意义见上面);

(b) $\boldsymbol{\theta}^*$ 是参数空间 $\boldsymbol{\theta}$ 的内点;

(c) $n^{-1}\log L_p(\boldsymbol{\theta};Y,\boldsymbol{X})$ 在 $\boldsymbol{\theta}^*$ 的一个邻域 $\mathscr{N}(\boldsymbol{\theta}^*)$ 内关于参数 $\boldsymbol{\theta}$ 是二次连续可微的;

(d) $n^{-1}\nabla_{\boldsymbol{\theta}}\log L_p(\boldsymbol{\theta};Y,\boldsymbol{X})|_{\boldsymbol{\theta}^*}$ 以分布收敛于正态分布 $N(0,\Sigma(\boldsymbol{\theta}^*))$;

(e) $-n^{-1}\nabla^2_{\boldsymbol{\theta}\boldsymbol{\theta}}\log L_p(\boldsymbol{\theta};Y,\boldsymbol{X})$ 以概率在 $\boldsymbol{\theta}^*$ 的邻域 $\mathscr{N}(\boldsymbol{\theta}^*)$ 内一致收敛于矩阵函数 $A(\boldsymbol{\theta}^*)$; 且 $A(\boldsymbol{\theta}^*)$ 在 $\boldsymbol{\theta}^*$ 连续和非奇异,

则伪似然估计 $\widehat{\boldsymbol{\theta}}$ 是渐近正态的, 即

$$\sqrt{n}(\widehat{\boldsymbol{\theta}}-\boldsymbol{\theta}^*)\xrightarrow{\mathscr{D}}N(0,A(\boldsymbol{\theta}^*)^{-1}\Sigma(\boldsymbol{\theta}^*)A(\boldsymbol{\theta}^*)^{-1}). \tag{8.7}$$

证明 由定理 6.4 的相似证明即得. □

8.3 伪似然估计相合性的充要条件

只要正确确定伪似然函数, 附加一些条件下, 伪似然估计就是相合估计和渐近正态的. 但是怎样才能正确确定呢? 例如, 如果知道正确的一阶 (条件) 矩, 那么似然函数应当是什么样的分布族呢? 类似地, 能够正确确认前二阶 (条件) 矩时, 又是什么样的分布族呢? 回答了这两个问题, 应当能够对伪似然估计有更深入的认识. Gouriéroux, Monfort 和 Trognon (1984a) 讨论了两类重要情况, 即分别在确认条件均值函数和条件方差函数时, 伪似然估计的相合性和渐近正态结果, 并给出正确识别一阶矩和二阶矩的伪似然分布族. 考虑确认的条件均值函数为

$$E(Y_i|\boldsymbol{X}_i=\boldsymbol{x}_i)=g(\boldsymbol{x}_i,\theta),$$

条件方差函数为

$$\mathrm{Var}(Y_i|\boldsymbol{X}_i=\boldsymbol{x}_i)=\sigma^2(\boldsymbol{x}_i,\theta).$$

这里只考虑 $Y_i, i=1,2,\cdots,n$ 是相互独立的随机变量, 但很容易推广到向量情形.

对于仅假设条件均值情形下的伪似然估计定义为

$$\widehat{\theta}=\arg\max_{\theta\in\Theta}\log L_p(\theta;Y,\boldsymbol{X})=\arg\max_{\theta\in\Theta}\left[\sum_{i=1}^{n}\log f_p(Y_i,g(\boldsymbol{X}_i,\theta))\right],\tag{8.8}$$

其中下标 p 表示是在假设的 Y_i 的概率分布 (即伪似然分布) 下. 当然假设的分布族不一定包含 Y_i 的真实分布, 因此有可能对真实分布误判. L_p 称为伪似然.

而对既假设条件均值又假设条件方差的情形, 伪似然估计定义为

$$\widehat{\theta}=\arg\max_{\theta\in\Theta}\log L_p(\theta;Y,\boldsymbol{X})=\arg\max_{\theta\in\Theta}\left[\sum_{i=1}^{n}\log f_p(Y_i,g(\boldsymbol{X}_i,\theta),\sigma^2(\boldsymbol{X}_i,\theta))\right].\tag{8.9}$$

下面给出以上两种情况下伪似然估计相合的充要条件. 首先探讨能够正确识别一阶条件矩的情形.

定理 8.3 在一些正则条件下 (见 8.6 节补充材料), 假设对一切 $i=1,2,\cdots,n$, $E(Y_i|\boldsymbol{X}_i=\boldsymbol{x}_i)=g(\boldsymbol{x}_i,\theta_0)$, 且 θ 是一阶矩可识别的 (i.e. 若 $f(x,\theta_1)=f(x,\theta_2)$, a.s., 则 $\theta_1=\theta_2$), 则在式 (8.8) 中定义的伪似然估计 $\widehat{\theta}$ 是相合的充分必要条件是构造伪似然的概率分布函数族是线性指数族

$$f_p(y;g)=\exp\{c(g)y+d(g)+z(y)\},\tag{8.10}$$

其中 $c(\cdot)$, $d(\cdot)$ 和 $z(\cdot)$ 都是实值函数.

满足 (8.10) 的分布族称为*线性指数分布族*. 显然线性指数分布族与统计推断中常用的指数分布族有密切的关系.

定理 8.3 的证明 下面分两步来证明.

(1) 充分性, 即构造伪似然的概率分布函数族为线性指数族时, 得到的伪似然估计 (PMLE) 为相合的. 令

$$\phi(\theta)=\frac{1}{n}\sum_{i=1}^{n}\log f_p(Y_i,g(X_i,\theta)),$$

$$h(\theta)=E[\log f_p(Y,g(X,\theta))].$$

由正则条件知 $\phi(\theta)$ 以概率一致收敛于 $h(\theta)$, 而

$$\begin{aligned}E[\log f_p(Y;g(X,\theta))]&=E[c(g(X,\theta))Y+d(g(X,\theta))+z(Y)]\\&=E[c(g(X,\theta))g(X,\theta_0)+d(g(X,\theta))]+E[z(Y)].\end{aligned}$$

由 KL 信息量的性质知: $E_{f_p(y,g(x,\theta_0))}\left\{\log\left[\dfrac{f_p(y,g(x,\theta_0))}{f_p(y,g(x,\theta))}\right]\right\}\geqslant 0$, 经化简可得到

$$c(g(X,\theta))g(X,\theta_0)+d(g(X,\theta))\leqslant c(g(X,\theta_0))g(X,\theta_0)+d(g(X,\theta_0))$$

且等号成立当且仅当 $\theta=\theta_0$. 所以说 $E[\log f_p(Y;g(X,\theta))]$ 在 $\theta=\theta_0$ 时达到最大值. 再由正则条件可知 $PMLE$ 估计 $\widehat{\theta}$ 是相合的.

(2) 必要性, 即 PMLE $\widehat{\theta}$ 估计为相合的, 则使用的伪似然函数族为线性指数族. 在此仅考虑 $EY=\theta_0$ 的情形, 由正则条件中 $h(\theta)=E[\log f_p(Y;g(X,\theta))]<\infty$, 得到 θ 是可以识别的, 即 $h(\theta)$ 存在一个唯一的极大值点. 另外由 Θ 为紧集, $\phi(\theta)$ 为连续的, 则 PMLE $\widehat{\theta}$ 是存在的, 而 $\widehat{\theta}$ 为 θ_0 的相合估计, $E(\phi(\theta))\to h(\theta)$ 一致的, 所以 θ_0 为 $h(\theta)$ 的极大值点, 所以有

$$\frac{\mathrm{d}h(\theta_0)}{\mathrm{d}\theta}=E_0[\nabla_\theta\log f_p(y,\theta)|_{\theta=\theta_0}]=0.$$

为了符号简单, 记

$$\nabla_\theta\log f_p(y,\theta_0)=\nabla_\theta\log f_p(y,\theta)|_{\theta=\theta_0}.$$

我们已知 $EY=\theta_0$, 可证在特殊情形下, $f_p(y,\theta_0)$ 属于线性指数族. 假设其真实分布为 λ_0, 其支撑有两点 y_1 和 y_2, 满足 $y_1<\theta_0<y_2$, 所以有

$$\begin{cases}p_1+p_2=1,\\ p_1y_1+p_2y_2=\theta_0,\\ p_1\nabla_\theta\log f_p(y_1,\theta_0),+p_2\nabla_\theta\log f_p(y_2,\theta_0)=0,\end{cases}$$

由此可以得到

$$(y_2-\theta_0)\nabla_\theta\log f_p(y_1,\theta_0)+(\theta_0-y_1)\nabla_\theta\log f_p(y_2,\theta_0)=0,$$

即

$$\frac{\nabla_\theta\log f_p(y_1,\theta_0)}{y_1-\theta_0}=\frac{\nabla_\theta\log f_p(y_2,\theta_0)}{y_2-\theta_0}.$$

因此存在一个 $a(\theta_0)$, 使得

$$\nabla_\theta\log f_p(y,\theta_0)=a(\theta_0)(y-\theta_0).$$

两边关于 θ_0 积分, 再由 Θ 空间的紧性和函数的连续性可证 $f_p(y,\theta)$ 属于线性指数族. 事实上由

$$\left\{\forall\lambda_0:\int(y-\theta_0)\mathrm{d}\lambda_0(y)=0\Longrightarrow\int\nabla_\theta\log f_p(y,\theta_0)\mathrm{d}\lambda_0(y)=0\right\},$$

得到

$$\nabla_\theta \log f_p(y, \theta_0) = a(\theta_0)[y - \theta_0].$$

□

当均值结构被正确确定, 只要构造拟似然函数的概率分布族是线性指数分布族, 那么拟似然估计就是相合的. 线性指数族是一个很大的分布族, 它包括实际中经常使用的分布族, 比如, 贝努利分布, 二项分布, 负二项分布, 泊松分布和方差已知的正态分布. 使定理 8.3 成立的主要条件是, 存在唯一的一个 $\theta_0 \in \Theta$, 使得 $g(\boldsymbol{x}_i, \theta_0)$ 是 Y_i 给 $\boldsymbol{x}_i$ 的真实条件均值. 于是, 尽管似然函数可能被误判, 但条件均值必须要正确地确定. 此时 θ_0 可以说是 θ 的真实值, 它是在条件均值函数被确定的意义下的真实值.

对于正确确定条件均值和条件方差的情况下有如下定理.

定理 8.4 在正则条件下 (见 8.6 节补充材料), 假设对一切 $i = 1, 2, \cdots, n$, 有 $E(Y_i|\boldsymbol{X}_i = \boldsymbol{x}_i) = g(\boldsymbol{x}_i, \theta_0)$ 和 $\mathrm{Var}(Y_i|\boldsymbol{X}_i = \boldsymbol{x}_i) = \sigma^2(\boldsymbol{x}_i, \theta_0)$, 且 θ 是二阶矩可识别的, 则在式 (8.9) 中定义的伪似然估计 $\widehat{\theta}$ 是相合的充分必要条件是构造伪似然的概率分布函数族是二次指数族

$$f_p(y; g, \sigma^2) = \exp\{c(g, \sigma^2)y + d(g, \sigma^2) + z(y) + h(g, \sigma^2)y^2\}, \tag{8.11}$$

其中 $c(\cdot)$, $d(\cdot,\cdot)$, $z(\cdot,\cdot)$ 和 $h(\cdot,\cdot)$ 都是实值函数.

满足 (8.11) 的分布族称为*二次指数分布族*. 显然二次指数分布族也与统计推断中常用的指数分布族有密切的关系.

注 此处只给出一维的情形, 对于高维的随机向量此定理仍成立 (详见 Gouriéroux, Monfort 和 Trognon (1984a)).

定理 8.4 的证明 此定理的证明分充分性和必要性二步来证明.

(1) 充分性, 即构造拟似然的分布族为二次指数族时, 得到的 PMLE 为相合估计. 令:

$$\phi(\theta) = \frac{1}{n}\sum_{i=1}^{n} \log f_p(Y_i; g(X_i, \theta), \sigma^2(X_i, \theta)),$$

$$h(\theta) = E[\log f_p(Y; g(X, \theta), \sigma^2(X, \theta))].$$

由已知的正则条件知我们只需证 $h(\theta)$ 在 θ_0 处达到最大值. 此时可用与定理 8.3 相合性证明中类似的方法得到.

(2) 必要性, 即证当 PMLE 为相合估计时, 使用的分布族为二次指数族.

为简单起见记 $g(x, \theta_0) = m_0$, $\sigma^2(x, \theta_0) = \sigma_0^2$, 类似于定理 8.3 的证明, 当 $E[Y|X = x] = g(x, \theta)$, $\mathrm{Var}(Y|X = x) = \sigma^2(x, \theta)$ 时, 有

$$E[\nabla_m \log f_p(y; g(x, \theta_0), \sigma^2(x, \theta_0))] = 0,$$

$$E[\nabla_{\sigma^2}\log f_p(y;g(x,\theta_0),\sigma^2(x,\theta_0))]=0.$$

特别地, 当 λ_0 支撑由三个点构成, $y_1<y_2=m_0<y_3$, 则 $\forall p_1,p_2,p_3$ 有

$$\begin{cases} p_1+p_2+p_3=1, \\ p_1y_1+p_2m_0+p_3y_3=m_0, \\ p_1y_1^2+p_2m_0^2+p_3y_3^2=m_0^2+\sigma_0^2. \end{cases} \tag{8.12}$$

从而可获得

$$\begin{cases} p_1\nabla_m\log f_p(y_1;m_0,\sigma_0^2)+p_2\nabla_m\log f_p(m_0;m_0,\sigma_0^2)+p_3\nabla_m\log f_p(y_3;m_0,\sigma_0^2)=0, \\ p_1\nabla_{\sigma^2}\log f_p(y_1;m_0,\sigma_0^2)+p_2\nabla_{\sigma^2}\log f_p(y_2;m_0,\sigma_0^2)+p_3\nabla_{\sigma^2}\log f_p(y_3;m_0,\sigma_0^2)=0. \end{cases}$$

令 $y_j^*=\dfrac{y_j-m_0}{\sigma_0^2}$, 则式 (8.12) 变为

$$\begin{cases} p_1+p_2+p_3=1, \\ p_1y_1^*+p_3y_3^*=0, \\ p_1y_1^{*2}+p_3y_3^{*2}=1, \end{cases}$$

其中 $y_1^*<0<y_3^*$. 可解得

$$p_1=-\frac{1}{y_1^*(y_3^*-y_1^*)},\quad p_2=\frac{y_1^*y_3^*+1}{y_1^*y_3^*},\quad p_3=-\frac{1}{y_3^*(y_1^*-y_3^*)}.$$

当 $y_1^*y_3^*\leqslant -1$ 时, 解为一个概率分布, 且有

$$\begin{cases} p_1y_1^*+p_3y_3^*=0, \\ p_1(y_1^{*2}-1)-p_2+p_3(y_3^{*2}-1)=0, \\ p_1\nabla_m\log f_p(y_1;m_0,\sigma_0^2)+p_2\nabla_m\log f_p(m_0;m_0,\sigma_0^2)+p_3\nabla_m\log f_p(y_3;m_0,\sigma_0^2)=0. \end{cases}$$

此方程组有非零解 p_1,p_2,p_3, 所以

$$\begin{vmatrix} y_1^* & 0 & y_3^* \\ y_1^{*2}-1 & -1 & y_3^{*2}-1 \\ \nabla_m\log f_p(y_1;m_0,\sigma_0^2) & \nabla_m\log f_p(m_0;m_0,\sigma_0^2) & \nabla_m\log f_p(y_3;m_0,\sigma_0^2) \end{vmatrix}=0.$$

这就意味着

$$\begin{cases} \nabla_m\log f_p(y_3;m_0,\sigma_0^2)=\alpha(y_1^*)+\beta(y_1^*)y_3^*-\alpha(y_1^*)y_3^{*2}, \\ \nabla_m\log f_p(y_1;m_0,\sigma_0^2)=\tilde{\alpha}(y_3^*)+\tilde{\beta}(y_3^*)y_1^*-\tilde{\alpha}(y_3^*)y_1^{*2}. \end{cases}$$

在上边第一个等式中 y_3 为一个变量, 上边第二个等式中 y_1 为一个变量, 所以说系数 $\alpha, \beta, \tilde{\alpha}, \tilde{\beta}$ 为常数, 所以有

$$\begin{cases} \nabla_m \log f_p(y_3; m_0, \sigma_0^2) = \alpha + \beta y_3^* - \alpha y_3^{*2}, & \forall y_3^* > 0, \\ \nabla_m \log f_p(y_1; m_0, \sigma_0^2) = \tilde{\alpha} + \tilde{\beta} y_1^* - \tilde{\alpha} y_1^{*2}, & \forall y_1^* < 0, \end{cases} \tag{8.13}$$

把式 (8.13) 代入上面的行列式可得到 $\nabla_m \log f_p(y_2; m_0, \sigma_0^2) = \alpha = \tilde{\alpha},\ \ \beta = \tilde{\beta}$. 因此,

$$\nabla_m \log f_p(y; m_0, \sigma_0^2) = \alpha(m, \sigma^2) + \beta(m, \sigma^2) y^* - \alpha(m, \sigma^2) y^{*2}, \quad \forall m, \sigma^2, y^*,$$

$$\nabla_m \log f_p(y; m_0, \sigma_0^2) = a(m, \sigma^2) + b(m, \sigma^2) y - d(m, \sigma^2) y^2, \quad \forall m, \sigma^2, y.$$

两边关于 m 积分, 就得到

$$\log f_p(y; m, \sigma^2) = d(m, \sigma^2) + z(y, \sigma^2) + c(m, \sigma^2) y + h(m, \sigma^2) y^2.$$

对 σ^2 用类似的方法可得到

$$\log f_p(y; m, \sigma^2) = d^*(m, \sigma^2) + z^*(y, \sigma^2) + c^*(m, \sigma^2) y + h^*(m, \sigma^2) y^2.$$

所以其使用的伪似然分布族为

$$f_p(y; g, \sigma^2) = \exp\{c(g, \sigma^2) y + d(g, \sigma^2) + z(y) + h(g, \sigma^2) y^2\}.$$

□

当均值结构、方差结构被正确确定时只要构造伪似然函数的概率分布族是二次指数分布族, 那么伪似然估计就是相合的. 最重要的二次指数分布族例子就是均值和方差均未知的正态分布族. 使定理 8.4 成立的主要条件是, 存在唯一的一个 $\theta_0 \in \Theta$, 使得 $g(\boldsymbol{x}_i, \theta_0)$ 和 $\sigma^2(\boldsymbol{x}_i, \theta_0)$ 分别是 Y_i 在给定 $\boldsymbol{X}_i$ 的真实条件均值和条件方差. 于是, 尽管似然函数可能被误判, 但条件均值和条件方差必须要正确地确定. 此时 θ_0 可以说是 θ 的条件均值函数和条件方差函数被确定的意义下的真实值.

定理 8.5 (Gouriéroux 等 (1984a)) 在定理 8.1 的正则条件下, 假设定理 8.3 或定理 8.4 的条件成立, 则式 (8.8) 或式 (8.9) 定义的伪似然估计 $\widehat{\boldsymbol{\theta}}$ 是渐近正态的, 即

$$\sqrt{n}(\widehat{\boldsymbol{\theta}} - \boldsymbol{\theta}_0) \xrightarrow{\mathscr{D}} N(0, A(\boldsymbol{\theta}_0)^{-1} \Sigma(\boldsymbol{\theta}_0) A(\boldsymbol{\theta}_0)^{-1}), \tag{8.14}$$

其中

$$A(\boldsymbol{\theta}) = -E\left\{\frac{\partial^2 \log f_p(Y, \boldsymbol{X}; \boldsymbol{\theta})}{\partial \boldsymbol{\theta} \partial \boldsymbol{\theta}^\tau}\right\},$$

$$\Sigma(\boldsymbol{\theta}) = E\left\{\frac{\partial \log f_p(Y_i, \boldsymbol{X}_i, \boldsymbol{\theta})}{\partial \boldsymbol{\theta}} \frac{\partial \log f_p(Y_i, \boldsymbol{X}_i, \boldsymbol{\theta})}{\partial \boldsymbol{\theta}^\tau}\right\}.$$

证明　在正则条件下, 由定理 8.3 或定理 8.4 的条件下得到的伪似然估计 $\widehat{\boldsymbol{\theta}}$ 是相合的. 我们知道

$$\widehat{\boldsymbol{\theta}} = \arg\max_{\boldsymbol{\theta}\in\Theta} \log L_p(\boldsymbol{\theta}; Y, \boldsymbol{X}),$$

$\widehat{\boldsymbol{\theta}}$ 为上式的解, 所以有

$$\begin{aligned} 0 &= \sum_{i=1}^{n} \frac{\partial \log L_p(\widehat{\boldsymbol{\theta}}; Y_i, \boldsymbol{X}_i)}{\partial \boldsymbol{\theta}} \\ &= \sum_{i=1}^{n} \frac{\partial \log f_p(Y_i, \boldsymbol{X}_i; \boldsymbol{\theta}_0)}{\partial \boldsymbol{\theta}} + \sum_{i=1}^{n} \frac{\partial^2 \log f_p(Y_i, \boldsymbol{X}_i; \tilde{\boldsymbol{\theta}})}{\partial \boldsymbol{\theta} \partial \boldsymbol{\theta}^{\tau}} (\widehat{\boldsymbol{\theta}} - \boldsymbol{\theta}_0), \end{aligned}$$

其中 $\tilde{\boldsymbol{\theta}}$ 是介于 $\widehat{\boldsymbol{\theta}}$ 和 $\boldsymbol{\theta}_0$ 之间的值. 整理可得到

$$\sqrt{n}(\widehat{\boldsymbol{\theta}} - \boldsymbol{\theta}_0) = \Big(-\frac{1}{n} \sum_{i=1}^{n} \frac{\partial^2 \log f_p(Y_i, \boldsymbol{X}_i; \tilde{\boldsymbol{\theta}})}{\partial \boldsymbol{\theta} \partial \boldsymbol{\theta}^{\tau}} \Big)^{-1} \frac{1}{\sqrt{n}} \sum_{i=1}^{n} \frac{\partial \log f_p(Y_i, \boldsymbol{X}_i; \boldsymbol{\theta}_0)}{\partial \boldsymbol{\theta}}.$$

令

$$\widetilde{A}(\boldsymbol{\theta}) = -\frac{1}{n} \sum_{i=1}^{n} \frac{\partial^2 \log f_p(Y_i, \boldsymbol{X}_i; \boldsymbol{\theta})}{\partial \boldsymbol{\theta} \partial \boldsymbol{\theta}^{\tau}},$$

$$A(\boldsymbol{\theta}) = -E\left(\frac{\partial^2 \log f_p(Y, \boldsymbol{X}; \boldsymbol{\theta})}{\partial \boldsymbol{\theta} \partial \boldsymbol{\theta}^{\tau}} \right),$$

所以由 $\sup_{\boldsymbol{\theta}\in\Theta} |\widetilde{A}(\boldsymbol{\theta}) - A(\boldsymbol{\theta})| \xrightarrow{P} 0$, 且 $A(\boldsymbol{\theta})$ 为连续的, 得到

$$||\widetilde{A}(\tilde{\boldsymbol{\theta}}) - A(\boldsymbol{\theta})|| \leqslant ||\widetilde{A}(\tilde{\boldsymbol{\theta}}) - A(\tilde{\boldsymbol{\theta}})|| + ||A(\tilde{\boldsymbol{\theta}}) - A(\boldsymbol{\theta})|| \xrightarrow{P} 0.$$

即 $-\frac{1}{n} \sum_{i=1}^{n} \frac{\partial^2 \log f_p(Y_i, \boldsymbol{x}_i; \tilde{\boldsymbol{\theta}})}{\partial \boldsymbol{\theta} \partial \boldsymbol{\theta}^{\tau}}$ 在 $\boldsymbol{\theta}_0$ 的一个邻域内收敛到矩阵 $A(\boldsymbol{\theta})$, 且 $A(\boldsymbol{\theta})$ 在 $\boldsymbol{\theta}_0$ 连续和非奇异: $\frac{1}{\sqrt{n}} \sum_{i=1}^{n} \frac{\partial \log f_p(\boldsymbol{\theta}_0; Y_i, x_i)}{\partial \boldsymbol{\theta}} \Big|_{\boldsymbol{\theta}_0}$ 以分布收敛于正态分布 $N(0, \Sigma(\boldsymbol{\theta}_0))$, 由 Slutsky 定理可得到

$$\sqrt{n}(\widehat{\boldsymbol{\theta}} - \boldsymbol{\theta}_0) \xrightarrow{\mathscr{D}} N(0, A(\boldsymbol{\theta}_0)^{-1} \Sigma(\boldsymbol{\theta}_0) A(\boldsymbol{\theta}_0)^{-1}). \tag{8.15}$$

□

上面介绍了伪似然方法并证明了其相合性和渐近正态性. 下面给出伪似然方法在广义线性模型中的应用, 广义线性模型将在后面的第 11 章中进一步研究.

假设数据为 $(\boldsymbol{X}_i, Y_i), i = 1, \cdots, n$. 我们并不知道 Y 的具体分布, 只知道其均值和方差, 即

$$E[Y_i|\boldsymbol{X}_i] = \mu = h(X_i'\boldsymbol{\beta}),$$

$$\mathrm{Var}(Y_i|\boldsymbol{X}_i) = \nu(\mu) = \sigma_i^2(\boldsymbol{\beta}).$$

此处只有均值结构是正确的, 而 $\sigma_i^2(\boldsymbol{\beta})$ 被称为 "工作方差函数", 是我们假定的, 它与真实方差往往有差别. 若真实的方差结构为: $\mathrm{Var}(Y_i|\boldsymbol{X}_i) = \sigma_{i0}^2(\boldsymbol{\beta})$, 一般情形下 $\sigma_i^2(\boldsymbol{\beta}) \neq \sigma_{i0}^2(\boldsymbol{\beta})$.

由于 Y 的分布我们并不知道, 所以考虑使用 PMLE. 我们将看到使用 PMLE 方法得到的估计具有渐近正态性.

为了保证估计在真值处的相合性和渐近正态性, 由前面的定理知我们需要正确确定伪似然函数. 此处只有均值结构是正确的, 所以假设 Y 服从线性指数族, 其密度函数 $f(y,\mu) = \exp(A(\mu) + B(y) + c(\mu)y)$. 把它写成标准形式: $f(y,\mu) = \exp\{y\boldsymbol{\theta} - b(\boldsymbol{\theta})\}\xi(y)$, 此时有

$$\mu = E[Y|\boldsymbol{X}] = b'(\boldsymbol{\theta}); \quad \mathrm{Var}(Y|\boldsymbol{X}) = b''(\boldsymbol{\theta}),$$

则似然函数为: $L = \prod_{i=1}^n \xi(Y_i)\exp\{Y_i\boldsymbol{\theta} - b(\boldsymbol{\theta})\}$, 对数似然函数为: $\log L = \sum_{i=1}^n \log\xi(Y_i) + \sum_{i=1}^n \{Y_i\boldsymbol{\theta} - b(\boldsymbol{\theta})\}$, 由于第一部分与参数 $\boldsymbol{\beta}$ 的估计无关, 所以取对数似然函数为

$$l(\boldsymbol{\beta}) = \sum_{i=1}^n \{Y_i\boldsymbol{\theta} - b(\boldsymbol{\theta})\},$$

从而得分函数为

$$\begin{aligned}
\boldsymbol{S}(\boldsymbol{\beta}) &= \frac{\partial l(\boldsymbol{\beta})}{\partial \boldsymbol{\beta}} \\
&= \sum_{i=1}^n (Y_i - b'(\boldsymbol{\theta}))\frac{\partial \boldsymbol{\theta}}{\partial \boldsymbol{\beta}} \\
&= \sum_{i=1}^n (Y_i - \mu_i(\boldsymbol{\theta}))\frac{\partial \boldsymbol{\theta}}{\partial \boldsymbol{\beta}} \\
&= \sum_{i=1}^n D_i(\boldsymbol{\beta})\sigma_i^{-2}(\boldsymbol{\beta})(Y_i - \mu_i(\boldsymbol{\beta}))\boldsymbol{x}_i,
\end{aligned}$$

其中 $D_i(\boldsymbol{\beta}) = \dfrac{\mathrm{d}h(\boldsymbol{x}_i^\tau\boldsymbol{\beta})}{\mathrm{d}\eta}$, 且 $\eta = \boldsymbol{x}^\tau\boldsymbol{\beta}$.

得分函数 $\boldsymbol{S}(\boldsymbol{\beta})$ 显然满足 $E\boldsymbol{S}(\boldsymbol{\beta}) = 0$. 从得分函数可以看出只需正确识别分布函数的条件均值函数, 就能保证得分函数是一个合理的估计函数, 即无偏估计函数. 令 $\boldsymbol{S}(\boldsymbol{\beta}) = 0$, 得到一个估计方程, 解方程可得到估计 $\widehat{\boldsymbol{\beta}}$.

事实上利用 $E\boldsymbol{S}(\boldsymbol{\beta})=0$, $E((Y_i-\mu_i(\boldsymbol{\beta}))^2|\boldsymbol{X}_i)=\mathrm{Var}(Y_i|\boldsymbol{X}_i)$ 以及独立观测的假设, 我们有

$$V(\boldsymbol{\beta})=\mathrm{Cov}(\boldsymbol{S}(\boldsymbol{\beta}))=\sum_{i=1}^n D_i^2(\boldsymbol{\beta})\sigma_i^{-4}(\boldsymbol{\beta})\sigma_{i0}^{-2}(\boldsymbol{\beta})\boldsymbol{x}_i\boldsymbol{x}_i^{\tau}.$$

由于 $\boldsymbol{S}(\boldsymbol{\beta})$ 为独立和, 由中心极限定理, 有

$$\boldsymbol{S}(\boldsymbol{\beta})\xrightarrow{\mathscr{D}}N(0,V(\boldsymbol{\beta})).$$

注意到 $\widehat{\boldsymbol{\beta}}$ 为 $\boldsymbol{S}(\boldsymbol{\beta})=0$ 的根, 在一些正则条件下, 这个根存在且唯一. 使用 Taylor 展开,

$$0=\boldsymbol{S}(\widehat{\boldsymbol{\beta}})\approx\boldsymbol{S}(\boldsymbol{\beta})+\nabla_{\boldsymbol{\beta}}\boldsymbol{S}(\boldsymbol{\beta})(\widehat{\boldsymbol{\beta}}-\boldsymbol{\beta}),$$

所以

$$\widehat{\boldsymbol{\beta}}-\boldsymbol{\beta}\approx(-\nabla_{\boldsymbol{\beta}}\boldsymbol{S}(\boldsymbol{\beta}))^{-1}\boldsymbol{S}(\boldsymbol{\beta}).$$

易证当 $n\to\infty$ 时, $(-\nabla_{\boldsymbol{\beta}}\boldsymbol{S}(\boldsymbol{\beta}))\xrightarrow{P}\Gamma(\boldsymbol{\beta})$, 其中

$$\Gamma(\boldsymbol{\beta})=E(-\nabla_{\boldsymbol{\beta}}\boldsymbol{S}(\boldsymbol{\beta}))=\sum_{i=1}^n D_i^2(\boldsymbol{\beta})\sigma_2^{-2}(\boldsymbol{\beta})\boldsymbol{x}_i\boldsymbol{x}_i^{\tau}.$$

因此可得到

$$\widehat{\boldsymbol{\beta}}-\boldsymbol{\beta}\xrightarrow{\mathscr{D}}N(0,\Gamma^{-1}(\boldsymbol{\beta})V(\boldsymbol{\beta})\Gamma^{-1}(\boldsymbol{\beta})).$$

另外一般情形下 $V(\boldsymbol{\beta})\neq\Gamma(\boldsymbol{\beta})$, 但当方差结构被正确给定时, 即 $\sigma_{i0}^2(\boldsymbol{\beta})=\sigma_i^2(\boldsymbol{\beta})$, 便有 $V(\boldsymbol{\beta})=\Gamma(\boldsymbol{\beta})$. 此时有

$$\widehat{\boldsymbol{\beta}}-\boldsymbol{\beta}\xrightarrow{\mathscr{D}}N(0,\Gamma^{-1}(\boldsymbol{\beta})),$$

我们可以看到 $\Gamma(\boldsymbol{\beta})=-E[\nabla^2_{\boldsymbol{\beta}\boldsymbol{\beta}}\log L(Y;\boldsymbol{\beta})]$ 为 Fisher 信息阵, 此时估计方差达到 C-R 下界, 是一个有效估计.

8.4 关于伪似然估计的假设检验

类似于极大似然估计, 基于伪极大似然估计 (PMLE) 也可得到参数 $\boldsymbol{\theta}\in\Theta$ 的假设检验和置信区间.

假设检验问题通常为

$$H_0\ :\ c^{\tau}\boldsymbol{\theta}=r\quad\longleftrightarrow\quad H_1\ :\ c^{\tau}\boldsymbol{\theta}\neq r,$$

使用伪极大似然也可分别构造相应的 Wald 统计量, 伪似然比统计量及拉格朗日统计量. 假设 $\boldsymbol{\theta}=(\boldsymbol{\theta}_1^{\tau},\boldsymbol{\theta}_2^{\tau})^{\tau}$, 其中 $\boldsymbol{\theta}\in\Theta$, $\Theta=\Theta_1\times\Theta_2$, Θ 为 p 维参数空间, Θ_1 为 q 维参数空间.

此处仅考虑上述假设检验问题的特例:

$$H_0 : \boldsymbol{\theta}_1 = \boldsymbol{\theta}_{10} \longleftrightarrow H_1 : \boldsymbol{\theta}_1 \neq \boldsymbol{\theta}_{10}.$$

记 $\widehat{\boldsymbol{\theta}_0} = (\boldsymbol{\theta}_{10}^{\tau}, \widetilde{\boldsymbol{\theta}}_{20}^{\tau})^{\tau}$, 其中 $\widetilde{\boldsymbol{\theta}}_{20}^{\tau}$ 是在 $\boldsymbol{\theta}_1 = \boldsymbol{\theta}_{10}$ 的限制下的伪似然估计, 即 $\widetilde{\boldsymbol{\theta}}_{20}^{\tau} = \arg\max\limits_{\boldsymbol{\theta}_2 \in \Theta_2} \log L_p(\boldsymbol{\theta}_{10}, \boldsymbol{\theta}_2)$; $\widehat{\boldsymbol{\theta}} = (\widehat{\boldsymbol{\theta}}_1^{\tau}, \widehat{\boldsymbol{\theta}}_2^{\tau})^{\tau}$ 为无限制下的伪极大似然估计, 即 $\widehat{\boldsymbol{\theta}} = \arg\max\limits_{\boldsymbol{\theta} \in \Theta} \log L_p(\boldsymbol{\theta}_1, \boldsymbol{\theta}_2)$; 令

$$\Delta\widehat{\boldsymbol{\theta}} = \widehat{\boldsymbol{\theta}} - \widehat{\boldsymbol{\theta}}_0 = \begin{pmatrix} \widehat{\boldsymbol{\theta}}_1 - \boldsymbol{\theta}_{10} \\ \widehat{\boldsymbol{\theta}}_2 - \widetilde{\boldsymbol{\theta}}_{20} \end{pmatrix} = \begin{pmatrix} \Delta\widehat{\boldsymbol{\theta}}_1 \\ \Delta\widetilde{\boldsymbol{\theta}}_2 \end{pmatrix},$$

相应的似然比统计量为

$$R_p(\widehat{\boldsymbol{\theta}}) = \frac{\sup\limits_{\{\boldsymbol{\theta} \in \Theta: \boldsymbol{\theta}_1 = \Theta_{10}\}} L_p(\boldsymbol{\theta})}{\sup\limits_{\{\boldsymbol{\theta} \in \Theta\}} L_p(\boldsymbol{\theta})} = \frac{L_p(\widetilde{\boldsymbol{\theta}})}{L_p(\widehat{\boldsymbol{\theta}})}.$$

定理 8.6 在定理 8.5 的假设下, $\boldsymbol{\theta} = (\boldsymbol{\theta}_1^{\tau}, \boldsymbol{\theta}_2^{\tau})^{\tau}$ 如上定义, 对于假设检验问题 $H_0 : \boldsymbol{\theta}_1 = \boldsymbol{\theta}_{10}$, 则通过式 (8.8) 和 (8.9) 的伪似然方法可得到似然比统计量 $R_p(\boldsymbol{\theta})$ 的渐近分布为加权的卡方分布, 即

$$-2\log R_p(\widehat{\boldsymbol{\theta}}) = 2[\log L_p(\widehat{\boldsymbol{\theta}}) - \log L_p(\widehat{\boldsymbol{\theta}}_0)] \xrightarrow{\mathscr{D}} \rho_1\chi_{(1),1}^2 + \rho_2\chi_{(1),2}^2 + \cdots + \rho_q\chi_{(1),q}^2,$$

其中 $\rho_1, \rho_2, \cdots, \rho_q$ 为 $D(\boldsymbol{\theta}_0)$ 的 q 个特征根, $\chi_{(1),j}, 1 \leqslant j \leqslant q$ 为相互独立的自由度为 1 的卡方变量, $D(\boldsymbol{\theta}) = \Gamma(\boldsymbol{\theta})^{\frac{1}{2}}(BA(\boldsymbol{\theta})^{-1}B^{\tau})^{-1}\Gamma(\boldsymbol{\theta})^{\frac{1}{2}}$, $B = (0, 1), \Gamma(\boldsymbol{\theta}) = BA(\boldsymbol{\theta})^{-1}\Sigma(\boldsymbol{\theta})A(\boldsymbol{\theta})^{-1}B^{\tau}$.

定理 8.6 的证明 类似于定理 5.11 的证明, 可得到

$$-2\log R_p(\widehat{\boldsymbol{\theta}}) = (\sqrt{n}\Delta\widehat{\boldsymbol{\theta}}_1)^{\tau}(-nl_p^{11})^{-1}\sqrt{n}\Delta\widehat{\boldsymbol{\theta}}_1 + O_p(n^{-\frac{1}{2}}),$$

其中 $l_p^{11} = B\left(\dfrac{\partial^2 \log L_p(\widehat{\boldsymbol{\theta}}_0)}{\partial\boldsymbol{\theta}\partial\boldsymbol{\theta}^{\tau}}\right)^{-1} B^{\tau}$. 由伪似然估计的相合性和大数律得到

$$-\frac{1}{n}\left(\frac{\partial^2 \log L_p(\widehat{\boldsymbol{\theta}}_0)}{\partial\boldsymbol{\theta}\partial\boldsymbol{\theta}^{\tau}}\right) \xrightarrow{P} A(\boldsymbol{\theta}_0),$$

所以 $-n\left(\dfrac{\partial^2 \log L_p(\widehat{\boldsymbol{\theta}}_0)}{\partial\boldsymbol{\theta}\partial\boldsymbol{\theta}^{\tau}}\right)^{-1} \xrightarrow{P} A(\boldsymbol{\theta}_0)^{-1}$, 因此 $-nl_p^{11} \xrightarrow{P} BA(\boldsymbol{\theta}_0)^{-1}B^{\tau}$. 根据定理 8.5 知

$$\sqrt{n}\Delta\widehat{\boldsymbol{\theta}} \xrightarrow{\mathscr{D}} N(0, A(\boldsymbol{\theta}_0)^{-1}\Sigma(\boldsymbol{\theta}_0)A(\boldsymbol{\theta}_0)^{-1}).$$

从而有

$$\sqrt{n}\Delta\widehat{\boldsymbol{\theta}}_1 \xrightarrow{\mathscr{D}} N(0,\Gamma(\boldsymbol{\theta}_0)),$$

其中 $\Gamma(\boldsymbol{\theta}_0)$ 如定理中定义. 这就意味着

$$\sqrt{n}\Gamma(\boldsymbol{\theta}_0)^{-\frac{1}{2}}\Delta\widehat{\boldsymbol{\theta}}_1 \xrightarrow{\mathscr{D}} N(0,I_q),$$

I_q 表示 q 维单位阵, 则

$$\begin{aligned}&-2\log R_p(\widehat{\boldsymbol{\theta}})\\=&(\sqrt{n}\Gamma(\boldsymbol{\theta}_0)^{-\frac{1}{2}}\Delta\widehat{\boldsymbol{\theta}}_1)^\tau\Gamma(\boldsymbol{\theta}_0)^{-\frac{1}{2}}(-nl_p^{11})^{-1}\Gamma(\boldsymbol{\theta}_0)^{-\frac{1}{2}}(\Gamma(\boldsymbol{\theta}_0)^{-\frac{1}{2}}\sqrt{n}\Delta\widehat{\boldsymbol{\theta}}_1)+o_p(1),\end{aligned}$$

且

$$\begin{aligned}&-2\log R_p(\widehat{\boldsymbol{\theta}})\\&\xrightarrow{P}(\sqrt{n}\Gamma(\boldsymbol{\theta}_0)^{-\frac{1}{2}}\Delta\widehat{\boldsymbol{\theta}}_1)^\tau\Gamma(\boldsymbol{\theta}_0)^{-\frac{1}{2}}(BA(\boldsymbol{\theta}_0)^{-1}B^\tau)^{-1}\Gamma(\boldsymbol{\theta}_0)^{-\frac{1}{2}}\Gamma(\boldsymbol{\theta}_0)^{-\frac{1}{2}}(\sqrt{n}\Delta\widehat{\boldsymbol{\theta}}_1).\end{aligned}\tag{8.16}$$

令 $D(\boldsymbol{\theta}_0)=\Gamma(\boldsymbol{\theta}_0)^{-\frac{1}{2}}(BA(\boldsymbol{\theta}_0)^{-1}B^\tau)^{-1}\Gamma(\boldsymbol{\theta}_0)^{-\frac{1}{2}}$, 设 $\rho_1,\rho_2,\cdots,\rho_q$ 为 $D(\boldsymbol{\theta}_0)$ 的 q 个特征根, 则有 $-2\log R_p(\boldsymbol{\theta})\xrightarrow{\mathscr{D}}\rho_1\chi^2_{(1),1}+\rho_2\chi^2_{(1),2}+\cdots+\rho_q\chi^2_{(1),q}$. □

注　如果假设的伪似然概率分布为真实的概率分布, 便有 $\Sigma(\boldsymbol{\theta}_0)=A(\boldsymbol{\theta}_0)^{-1}$, 此时得到 $\sqrt{n}\Delta\widehat{\boldsymbol{\theta}}_1\xrightarrow{\mathscr{D}}N(0,BA(\boldsymbol{\theta}_0)^{-1}B^\tau)$, 即 $\Gamma(\boldsymbol{\theta}_0)=BA(\boldsymbol{\theta}_0)^{-1}B^\tau$, 代入式 (8.16) 得到

$$-2\log R_p(\widehat{\boldsymbol{\theta}})\xrightarrow{P}(\sqrt{n}\Delta\widehat{\boldsymbol{\theta}}_1)^\tau(BA(\boldsymbol{\theta}_0)^{-1}B^\tau)^{-1}(\sqrt{n}\Delta\widehat{\boldsymbol{\theta}}_1)\xrightarrow{\mathscr{D}}\chi^2_{(q)},$$

此即定理 5.11 的结论, 再一次说明了如果伪似然分布没有误判, 便退化为极大似然估计相应的结果.

定理 8.7　在定理 8.5 的假设下, $\boldsymbol{\theta}=(\boldsymbol{\theta}_1^\tau,\boldsymbol{\theta}_2^\tau)^\tau$ 如上定义, 对于假设检验问题 $H_0:\ \boldsymbol{\theta}_1=\boldsymbol{\theta}_{10}$, 则通过式 (8.8) 和 (8.9) 的伪似然方法可建立相应的 Wald 统计量, 其渐近分布为自由度为 q 的卡方分布, 即

$$\sqrt{n}\Delta\widehat{\boldsymbol{\theta}}_1^\tau\Gamma(\widehat{\boldsymbol{\theta}}_0)^{-1}\Delta\widehat{\boldsymbol{\theta}}_1\xrightarrow{\mathscr{D}}\chi^2_{(q)},$$

其中 $\Gamma(\boldsymbol{\theta}_0)$ 如定理 8.6 中的形式.

证明　在定理 8.6 的证明中, 可看出

$$\sqrt{n}\Delta\widehat{\boldsymbol{\theta}}_1 \xrightarrow{\mathscr{D}} N(0,\Gamma(\boldsymbol{\theta}_0)),$$

从而有

$$\sqrt{n}\Delta\widehat{\boldsymbol{\theta}}_1^\tau\Gamma(\boldsymbol{\theta}_0)^{-1}\Delta\widehat{\boldsymbol{\theta}}_1\xrightarrow{\mathscr{D}}\chi^2_{(q)},$$

再用 $\widehat{\boldsymbol{\theta}}_0$ 代替 $\boldsymbol{\theta}_0$ (相合性及 Slutsky 定理). □

8.5 小结及讨论

在获得一些矩条件,而当数据的真实分布未知时,就可以使用伪似然方法估计参数,在一定的条件下,所得到估计有很好的大样本性质,如相合性和渐近正态性,并可以做相应的假设检验.它可以看成极大似然估计的稳健方法,有着很广泛的应用.

本章介绍的方法,文献中经常会有两种措辞.一种是 Pseudo-maximum likelihood(伪似然),另一种是 Quasi-maximum likelihood(拟似然).前者主要是假设其伪似然分布族,然后求其伪似然得分函数然后再求得参数值.后者则是从估计方程的角度来讨论的,是在最优估计方程的标准下求得参数的解参见第 9 章.在正确确定伪似然函数时,在一定的条件下这两种方法是等价的.如参数是一阶矩可识别的,且其正确的一阶矩和二阶矩均已知,当正确确定伪似然函数时它们是等价的.假设参数 $\boldsymbol{\theta}$ 是一阶矩可识别的,$E[\boldsymbol{Y}|\boldsymbol{X}]=g(\boldsymbol{X},\boldsymbol{\theta}_0),\mathrm{Var}[\boldsymbol{Y}|\boldsymbol{X}]=\Sigma(\boldsymbol{X},\boldsymbol{\theta}_0)$,则由定理 8.3 知伪得分函数为

$$(Y-g(x,\boldsymbol{\theta}))^{\tau}\Sigma^{-1}(x,\boldsymbol{\theta})\frac{\partial g(x,\boldsymbol{\theta})}{\partial\boldsymbol{\theta}},$$

假设无偏估计方程类为 $\mathcal{H}=\{A(Y-g(x,\boldsymbol{\theta})):A\text{为任意矩阵}\}$,可得最优得分估计函数为

$$\left\{\frac{\partial g(x,\boldsymbol{\theta})}{\partial\boldsymbol{\theta}}\right\}^{\tau}\Sigma^{-1}(x,\boldsymbol{\theta})(Y-g(x,\boldsymbol{\theta})),$$

可见此时它们是等价的.前者得到的估计通常称伪似然估计,而后者称为拟似然估计.

8.6 补充材料

定理 8.3 和定理 8.4 中的正则条件,见 Gouriéroux, Monfort 和 Trognon (1984a).令 $\varphi(y,x,\theta)=\log f_p(y,g(x,\theta))$ (在定理 8.3 中),或 $\varphi(y,x,\theta)=\log f_p(y,g(x,\theta),\sigma^2(x,\theta))$ (在定理 8.4 中),$e_i=y_i-g(x_i,\theta)$.在定理证明中所需正则条件为

(1) g,φ 和 σ^2 均为每个分量的连续函数,且关于 θ 二阶连续可微;

(2) (e_i,x_i) 的每一次的样本实现值为测度 $\nu(A)$ 和控制函数 $b(e,x)$ 的 Cesaro sum 的产生算子,其中 $\nu(A)=\iint I_A(e,x)\mathrm{d}\mathscr{L}(e|x)\mathrm{d}\mu(x)$;

(3) $\{x_i\}$ 序列为测度 μ 和 $b(x)=\int b(e,x)\mathrm{d}\mathscr{L}(e|X)$ 的 Cesaro sum 的产生算子;

(4) $\forall x$,都存在一个邻域 N_x 使得 $\int\sup_{N_x}b(e,x)\mathrm{d}\mathscr{L}(e|x)<\infty$;

(5) $\varphi(x,y,\theta),\nabla_\theta\varphi(x,y,\theta),\nabla_{\theta\theta}\varphi(x,y,\theta)$ 都被 $b(e,x)$ 控制.

第 9 章　估计方程估计的渐近理论

9.1　广义估计方程估计

广义估计方程估计和广义矩估计在统计学和计量经济学中的定义并非完全一样, 但其含义基本相同. 统计学中定义估计方程估计或广义矩估计通常假定的模型是一般模型或一些矩条件, 而计量经济学中通常定义在一般线性模型的框架下. 在第 6 章我们已经对广义矩估计和广义估计方程估计进行了定义. 现在, 进一步讨论广义估计方程的估计思想, 以了解这些估计的起源. 假设有无偏估计函数满足

$$E[\boldsymbol{\psi}(X_i,\boldsymbol{\theta}_0)]=0, \tag{9.1}$$

其中 $\boldsymbol{\psi}(\cdot,\cdot)$ 是一个 q 维向量函数, 而 $\boldsymbol{\theta}$ 是 p 维未知参数, $\boldsymbol{\theta}_0$ 是感兴趣参数 $\boldsymbol{\theta}$ 的真值. 正如前面所述, 我们能够模仿最小二乘估计极小化一个距离, 即残差平方和, 来获得估计. 那么要获得一个广义估计方程估计, 就是寻找到一个基于目标函数的距离度量. 如果 $\boldsymbol{\psi}(\cdot,\cdot)$ 满足式 (9.1), 一个很自然的度量距离就是欧氏距离, 例如,

$$\|E[\boldsymbol{\psi}(X_i,\boldsymbol{\theta})]\|^2=E[\boldsymbol{\psi}(X_i,\boldsymbol{\theta})]^\tau E[\boldsymbol{\psi}(X_i,\boldsymbol{\theta})]. \tag{9.2}$$

显然, 距离达到其最小值为 0 当且仅当式 (9.1) 成立. 因此, 式 (9.1) 的样本类似所获得的参数 $\boldsymbol{\theta}$ 的估计应当等价于函数 (9.2) 的样本类似的最小值

$$Q_n(\boldsymbol{\theta})=\frac{1}{n}\sum_{i=1}^n[\boldsymbol{\psi}(X_i,\boldsymbol{\theta})]^\tau\frac{1}{n}\sum_{i=1}^n[\boldsymbol{\psi}(X_i,\boldsymbol{\theta})]. \tag{9.3}$$

由于距离 (9.3) 过于简单, 有时并不能获得很好的估计. 于是, 扩展成为一种加权的欧氏距离就是很自然的方式. 因此, 通常意义下的广义估计方程估计就是如下目标函数的极小值点

$$Q_n(\boldsymbol{\theta})=\frac{1}{n}\sum_{i=1}^n\boldsymbol{\psi}(X_i,\boldsymbol{\theta})^\tau W\frac{1}{n}\sum_{i=1}^n\boldsymbol{\psi}(X_i,\boldsymbol{\theta}), \tag{9.4}$$

其中 W 是一个可逆的对称矩阵. 在第 6 章, 我们知道使函数 $Q_n(\boldsymbol{\theta})$ 达到最小值的点就是广义估计方程估计 $\widehat{\boldsymbol{\theta}}_{\mathrm{GEE}}$, 更一般的*广义估计方程估计*定义是: 如果

$$E\boldsymbol{\psi}(X_1,\cdots,X_n,\boldsymbol{\theta})=0, \tag{9.5}$$

则广义估计方程估计 $\widehat{\boldsymbol{\theta}}_{\mathrm{GEE}}$ 是使如下目标函数达到最小值的点

$$Q(\boldsymbol{\theta})=[\boldsymbol{\psi}(X_1,\cdots,X_n,\boldsymbol{\theta})]^{\tau}\ W[\boldsymbol{\psi}(X_1,\cdots,X_n,\boldsymbol{\theta})]. \tag{9.6}$$

后者的定义更一般, 因为估计函数是所有观察样本的函数, 而不像式 (9.4) 那样的样本类似, 即均值函数. 而之所以仍称这两个估计为广义估计方程估计, 一个最重要的原因就是应用了矩条件 (9.1) 和 (9.5), 并没有指定特定的模型. 在 9.2 节, 我们将讨论广义估计方程估计的存在性及其相关性质. 事实上, 第 6 章在定义 GEE 估计或 GMM 估计时, 并不要求权矩阵可逆, 仅需要 W 是半正定矩阵. 定义如下距离

$$Q_n(\boldsymbol{\theta})=\frac{1}{n}\sum_{i=1}^{n}\boldsymbol{\psi}(X_i,\boldsymbol{\theta})^{\tau}W\frac{1}{n}\sum_{i=1}^{n}\boldsymbol{\psi}(X_i,\boldsymbol{\theta}). \tag{9.7}$$

那么满足式 (9.2) 的估计函数的*广义估计方程估计* (GEE *估计*)就是使式 (9.7) 达到最小值的解, 记为 $\widehat{\boldsymbol{\theta}}_{\mathrm{GEE}}$.

达到函数 $Q(\boldsymbol{\theta})$ 的最小值点就是参数向量的广义估计方程估计 $\widehat{\boldsymbol{\theta}}_{\mathrm{GEE}}$. 可以证明, 在一些条件下, 广义估计方程估计 $\widehat{\boldsymbol{\theta}}_{\mathrm{GEE}}$ 是渐近相合估计. 一般地, 取 W 为估计方程向量的协方差矩阵或单位矩阵. 如果取 W 为单位矩阵, 在纵向数据 (或面板数据) 中称为工作独立估计, 即目标函数 (9.3). 当 W 为无偏估计函数向量的协方差矩阵的逆时, 广义估计方程估计 $\widehat{\boldsymbol{\theta}}_{\mathrm{GEE}}$ 是渐近有效的.

9.2 广义估计方程估计的存在性

如前所述, GEE 估计是一个极值函数估计, 可认为是极小距离估计的一种特殊情况, 因为有假设 $E\boldsymbol{\psi}_n(\boldsymbol{\theta}_0)=E\boldsymbol{\psi}(X_1,\cdots,X_n,\boldsymbol{\theta}_0)=0$. 所以使式 (9.6) 达最小的广义估计方程估计具有更一般的形式.

加权矩阵 W 只需是半正定的即可. 首先, 只要半正定权矩阵就可以给出拟距离 (即当两点在拟距离为 0 时, 两点并不完全相等), 那么当式 (9.1) 成立时, 如果无偏估计函数 $\boldsymbol{\psi}(\cdot,\cdot)$ 的一个线性组合为 0, 即函数向量中存在线性相关的元则使半正定权矩阵就是合理的. 事实上, 剔除相关的元, 便可以得到式 (9.4) 所定义的估计. 由于被剔除的函数元可由其余元素表出, 并不会造成很大的信息损失, 因此, 在线性相关的情况下, 使用非满秩的权矩阵是合理的. 其次, 只要权矩阵是半正定的, 那么广义估计方程估计便可识别. Newey 和 McFadden (1994) 给出最初的识别条件.

定理 9.1 如果 W 是半正定矩阵, 记 $\boldsymbol{\psi}_0(\boldsymbol{\theta})=E[\boldsymbol{\psi}(X,\boldsymbol{\theta})]$, 假设 $\boldsymbol{\psi}_0(\boldsymbol{\theta}_0)=0$ 且对于 $\boldsymbol{\theta}\neq\boldsymbol{\theta}_0$ 有 $W\boldsymbol{\psi}_0(\boldsymbol{\theta})\neq 0$, 则 $Q_0(\boldsymbol{\theta})=\boldsymbol{\psi}_0(\boldsymbol{\theta})^{\tau}W\boldsymbol{\psi}_0(\boldsymbol{\theta})$ 在 $\boldsymbol{\theta}=\boldsymbol{\theta}_0$ 处存在唯一的极小值.

证明　由半正定矩阵的性质知, 存在一个矩阵 R 使得 $R^\tau R = W$. 如果 $\boldsymbol{\theta} \neq \boldsymbol{\theta}_0$, 则 $0 \neq W\boldsymbol{\psi}_0(\boldsymbol{\theta}) = R^\tau R\boldsymbol{\psi}_0(\boldsymbol{\theta})$, 这意味着对 $\boldsymbol{\theta} \neq \boldsymbol{\theta}_0$, $R\boldsymbol{\psi}_0(\boldsymbol{\theta}) \neq 0$. 于是对 $\boldsymbol{\theta} \neq \boldsymbol{\theta}_0$, 有 $Q_0(\boldsymbol{\theta}) = [R\boldsymbol{\psi}_0(\boldsymbol{\theta})]^\tau [R\boldsymbol{\psi}_0(\boldsymbol{\theta})] > Q_0(\boldsymbol{\theta}_0)$. □

估计方程估计的识别条件是指, 当 $\boldsymbol{\theta} \neq \boldsymbol{\theta}_0$ 时, $\boldsymbol{\psi}_0(\boldsymbol{\theta})$ 不会落在 W 的零空间里. 这就是说, 当 $\boldsymbol{\theta} \neq \boldsymbol{\theta}_0$ 时, 非奇异的 W 可推出 $\boldsymbol{\psi}_0(\boldsymbol{\theta})$ 是非零的. 广义估计方程估计可识别的必要条件是, 至少存在与参数一样多的估计函数. 如果估计函数个数比参数维少, 则 $\boldsymbol{\psi}_0(\boldsymbol{\theta}) = 0$ 可能存在无穷多解.

考虑一种不同情况, 假定每一个观察值对于目标函数或估计函数的贡献并不是通过简单累加的形式, 而是每一项的贡献都与所有观察样本有关, 即在构造估计的目标函数不是简单线性累加. 例如, 如果 $E\psi(X_1, \cdots, X_n, \boldsymbol{\theta}) = 0$, 容易看出估计目标函数是 (9.6) 的形式

$$Q(\boldsymbol{\theta}) = [\boldsymbol{\psi}(X_1, \cdots, X_n, \boldsymbol{\theta})]^\tau \; W[\boldsymbol{\psi}(X_1, \cdots, X_n, \boldsymbol{\theta})]. \tag{9.8}$$

而对目标函数 (9.7), 目标函数的估计其实是无偏估计函数的简单线性相加.

这种情况在无偏估计函数包含全部样本时出现. 例如, 在第 1 章讨论的生存分析的加性风险模型 (1.5) 中, 其无偏估计函数是 $U(X_1, \cdots, X_n, \boldsymbol{\beta})$, 见式 (1.10), 满足 $EU(X_1, \cdots, X_n, \boldsymbol{\beta}) = 0$. 那么由样本类似给出的估计方程便是: $U(X_1, \cdots, X_n, \boldsymbol{\beta}) = 0$. 因此, 直接求估计方程 $U(X_1, \cdots, X_n, \boldsymbol{\beta}) = 0$ 便可获得参数 $\boldsymbol{\beta}$ 的估计. 这种情况在生存分析或生物统计中常见, 虽然有时具有的形式也是 n 个随机函数的和, 但是, 每个和中的随机函数都包含所有观察值, 从而目标函数中的估计函数不是独立的变量和. 尽管此类目标函数下的估计方程估计的证明不能直接应用简单独立同分布的极限定理, 但这种估计方程获得的估计大多数情况下仍是相合和渐近正态的, 然而处理起来并不是那么容易. 具体地说, 在加性风险模型 (1.5) 中, 我们通常也可以使用如下目标函数获得参数 $\boldsymbol{\beta}$ 的广义估计方程估计 $\widehat{\boldsymbol{\beta}}_{\mathrm{GEE}}$, 其目标函数是

$$Q(\boldsymbol{\beta}) = U(X_1, \cdots, X_n, \boldsymbol{\beta})^\tau \; VU(X_1, \cdots, X_n, \boldsymbol{\beta}),$$

其中 V 是 $U(X_1, \cdots, X_n, \boldsymbol{\beta})$ 的渐近方差, 此时估计是有效估计. 事实上,

$$\begin{aligned} Q(\boldsymbol{\beta}) = & \left[\frac{1}{n}\sum_{i=1}^n \int_0^\infty \{\boldsymbol{Z}_i(t) - \bar{\boldsymbol{Z}}(t)\}\{\mathrm{d}N_i(t) - Y_i(t)\boldsymbol{\beta}^\tau \boldsymbol{Z}_i(t)\}\mathrm{d}t\right]^\tau V^{-1} \\ & \times \left[\frac{1}{n}\sum_{i=1}^n \int_0^\infty \{\boldsymbol{Z}_i(t) - \bar{\boldsymbol{Z}}(t)\}\{\mathrm{d}N_i(t) - Y_i(t)\boldsymbol{\beta}^\tau \boldsymbol{Z}_i(t)\}\mathrm{d}t\right]. \end{aligned}$$

假设矩阵 V 不依赖于 $\boldsymbol{\beta}$ (应用两步法求 GEE 估计时, 可认为权矩阵是不依赖于参数的), 则

$$\frac{\partial Q(\boldsymbol{\beta})}{\partial \boldsymbol{\beta}}=2\left[\frac{1}{n}\sum_{i=1}^{n}\int_{0}^{\infty}\{\boldsymbol{Z}_i(t)-\bar{\boldsymbol{Z}}(t)\}Y_i(t)\boldsymbol{Z}_i^{\tau}(t)\}\mathrm{d}t\right]^{\tau}V^{-1}$$
$$\times\left[\frac{1}{n}\sum_{i=1}^{n}\int_{0}^{\infty}\{\boldsymbol{Z}_i(t)-\bar{\boldsymbol{Z}}(t)\}\{\mathrm{d}N_i(t)-Y_i(t)\boldsymbol{\beta}^{\tau}\boldsymbol{Z}_i(t)\}\mathrm{d}t\right].$$

因此, 可获得 $\boldsymbol{\beta}$ 的 GEE 估计为

$$\widehat{\boldsymbol{\beta}}=\left\{\left[\frac{1}{n}\sum_{i=1}^{n}\int_{0}^{\infty}\{\boldsymbol{Z}_i(t)-\bar{\boldsymbol{Z}}(t)\}^{\otimes 2}\mathrm{d}t\right]^{\tau}V^{-1}\times\frac{1}{n}\sum_{i=1}^{n}\int_{0}^{\infty}\{\boldsymbol{Z}_i(t)-\bar{\boldsymbol{Z}}(t)\}^{\otimes 2}\mathrm{d}t\right\}^{-1}$$
$$\times\left[\sum_{i=1}^{n}\int_{0}^{\infty}\{\boldsymbol{Z}_i(t)-\bar{\boldsymbol{Z}}(t)\}\mathrm{d}N_i(t)\right]. \tag{9.9}$$

如果此时 V 取为如下矩阵

$$\frac{1}{n}\sum_{i=1}^{n}\int_{0}^{\infty}\{\boldsymbol{Z}_i(t)-\bar{\boldsymbol{Z}}(t)\}^{\otimes 2}\mathrm{d}t,$$

则 $\boldsymbol{\beta}$ 的 GEE 估计与由估计函数 (1.10) 获得的估计是一样的. 因为

$$U(X_1,\cdots,X_n,\boldsymbol{\beta})=\frac{1}{n}\sum_{i=1}^{n}\int_{0}^{\infty}\{\boldsymbol{Z}_i(t)-\bar{\boldsymbol{Z}}(t)\}\mathrm{d}M_i(t)$$

是一个鞅积分. 不难获得其渐近方差 B 的估计为

$$\widehat{B}=\frac{1}{n}\sum_{i=1}^{n}\int_{0}^{\infty}\{\boldsymbol{Z}_i(t)-\bar{\boldsymbol{Z}}(t)\}^{\otimes 2}\mathrm{d}t.$$

所以, 如果估计 (9.9) 中的 V 取为 $\widehat{B}$, 则所获得的估计与由估计函数 (1.10) 获得的估计相同. 证明此类估计的渐近性质时, 通常需要使用计数过程和鞅理论 (见附录材料 A).

显然, GMM 或 GEE 估计比通常的极大似然估计和非线性最小二乘估计要复杂得多, 但是还是容易利用迭代方法获得其数值解的.

从上面的叙述可以发现, 要寻找一个合适的无偏估计函数, 并没有一般规律可寻. 因此, 寻找一个合适的估计方程估计并不是那么容易. 但是利用通常的估计方法, 还是可以获得一些估计方程. 例如, 极大似然估计、矩估计和拟似然估计等方法, 而且除了这些方法, 还可以利用统计模型来寻找估计方程估计, 这将在第 10 章展开讨论.

9.3 估计方程估计的相合性

在 9.2 节里, 我们已讨论了 GEE 估计的存在性. 本节关心的问题是, 在什么样的条件下, GEE 估计是相合的. 这样的条件很多, 但更重要的是要知道 GEE 估计

相合性的原始条件 (primary condition). 设 $\widehat{\boldsymbol{\theta}}$ 是使式 (9.4) 达到最小的 GEE 估计. Newey 和 McFadden (1994) 给出如下定理

定理 9.2 假设观察数据 $\{X_i, i=1,2,\cdots,n\}$ 是独立同分布的随机变量. 又设

(1) 当且仅当 $\boldsymbol{\theta}=\boldsymbol{\theta}_0$ 时, $WE\psi(X,\boldsymbol{\theta})=0$, 其中权矩阵 W 是半正定矩阵;

(2) $\boldsymbol{\theta}_0\in\Theta$ 且 Θ 是紧的;

(3) 以概率 1 有 $\psi(X,\boldsymbol{\theta})$ 关于 $\boldsymbol{\theta}\in\Theta$ 是连续的;

(4) $E\sup\limits_{\boldsymbol{\theta}\in\Theta}\|\psi(X,\boldsymbol{\theta})\|<\infty$,

则

$$\widehat{\boldsymbol{\theta}}\xrightarrow{P}\boldsymbol{\theta}_0.$$

虽然这里仅讨论 X 是随机变量, 但是对于任意有限维的随机向量 $\boldsymbol{X}$, 这个定理的结果也成立 (定理 9.2 中的假设条件 (4) 通常用来获得一致大数律, 而条件 (2) 的紧空间也可放松). 定理 9.2 的条件是较强的, 但放宽条件涉及很多技术细节, 感兴趣的读者可参见 Pollard (1986, 1990), 也可参见 Newey 和 McFadden (1994).

定理 9.2 的证明 我们利用定理 6.2 的结果来证明. 首先验证定理 6.2 的条件成立. 由假设条件 (1) 和定理 9.1 可知, 定理 6.2 的条件 (3) 成立. 假设条件 (2) 便得定理 6.2 的条件 (4) 成立. 记 $\psi(\boldsymbol{\theta})=\psi(X,\boldsymbol{\theta})$, $\boldsymbol{\psi}_0(\boldsymbol{\theta})=E\psi(X,\boldsymbol{\theta})$, 且 $\boldsymbol{\psi}_n(\boldsymbol{\theta})=\dfrac{1}{n}\sum\limits_{i=1}^{n}\psi(X_i,\boldsymbol{\theta})$, $Q_0(\boldsymbol{\theta})=\boldsymbol{\psi}_0(\boldsymbol{\theta})^{\tau}W\boldsymbol{\psi}_0(\boldsymbol{\theta})$, 和 $Q_n(\boldsymbol{\theta})=\boldsymbol{\psi}_n(\boldsymbol{\theta})^{\tau}W\boldsymbol{\psi}_n(\boldsymbol{\theta})$. 注意到定理的假设, 易知满足定理 3.11 的条件. 因此, 由定理 3.11, 可以得到 $Q_0(\boldsymbol{\theta})$ 是连续的, 且有

$$\sup_{\boldsymbol{\theta}\in\Theta}\|\boldsymbol{\psi}_n(\boldsymbol{\theta})-\boldsymbol{\psi}_0(\boldsymbol{\theta})\|\xrightarrow{P}0.$$

于是定理 6.2 的条件 (2) 成立. 由 Θ 是紧的及 $\psi_0(\boldsymbol{\theta})$ 的连续性知其是有界的.

由三角不等式和 Cauchy-Schwartz 不等式有

$$\begin{aligned}&|Q_n(\boldsymbol{\theta})-Q_0(\boldsymbol{\theta})|\\ \leqslant&\left|\{\boldsymbol{\psi}_n(\boldsymbol{\theta})-\boldsymbol{\psi}_0(\boldsymbol{\theta})\}^{\tau}W\{\boldsymbol{\psi}_n(\boldsymbol{\theta})-\boldsymbol{\psi}_0(\boldsymbol{\theta})\}\right|+\left|\boldsymbol{\psi}_0(\boldsymbol{\theta})^{\tau}[W+W^{\tau}]\{\boldsymbol{\psi}_n(\boldsymbol{\theta})-\boldsymbol{\psi}_0(\boldsymbol{\theta})\}\right|\\ \leqslant&||\boldsymbol{\psi}_n(\boldsymbol{\theta})-\boldsymbol{\psi}_0(\boldsymbol{\theta})||^2\ ||W||+2||\boldsymbol{\psi}_0(\boldsymbol{\theta})||\ ||\boldsymbol{\psi}_n(\boldsymbol{\theta})-\boldsymbol{\psi}_0(\boldsymbol{\theta})||\ ||W||,\end{aligned}$$

故 $\sup\limits_{\boldsymbol{\theta}\in\Theta}|Q_n(\boldsymbol{\theta})-Q_0(\boldsymbol{\theta})|\xrightarrow{P}0$, 定理 6.2 的 (1) 成立. 因此由定理 6.2, 便得

$$\widehat{\boldsymbol{\theta}}\xrightarrow{P}\boldsymbol{\theta}_0.$$ □

在实际中, 选择的权矩阵 W 经常包含未知的参数, 特别是依赖于参数 $\boldsymbol{\theta}$. 因此, 需要先估计这些参数, 一般用相合估计 $\widehat{W}$ 来代替 W. 此时的目标函数为 $\widehat{Q}_n(\boldsymbol{\theta})=$

$\boldsymbol{\psi}_n(\boldsymbol{\theta})^\tau \widehat{W} \boldsymbol{\psi}_n(\boldsymbol{\theta})$, 我们仍记 $\widehat{\boldsymbol{\theta}}$ 作为 $\widehat{Q}_n(\boldsymbol{\theta})$ 的极小值点. 当 $\widehat{W} \xrightarrow{P} W$ 时, 那么上面的结论仍然成立. 事实上,

$$\begin{aligned}
&|\widehat{Q}_n(\boldsymbol{\theta}) - Q_0(\boldsymbol{\theta})| \\
\leqslant &|\{\boldsymbol{\psi}_n(\boldsymbol{\theta}) - \boldsymbol{\psi}_0(\boldsymbol{\theta})\}^\tau \widehat{W} \{\boldsymbol{\psi}_n(\boldsymbol{\theta}) - \boldsymbol{\psi}_0(\boldsymbol{\theta})\}| + |\boldsymbol{\psi}_0(\boldsymbol{\theta})^\tau [\widehat{W} + \widehat{W}^\tau] \{\boldsymbol{\psi}_n(\boldsymbol{\theta}) - \boldsymbol{\psi}_0(\boldsymbol{\theta})\}| \\
&+ |\boldsymbol{\psi}_0(\boldsymbol{\theta})^\tau (\widehat{W} - W) \boldsymbol{\psi}_0(\boldsymbol{\theta})| \\
\leqslant &||\boldsymbol{\psi}_n(\boldsymbol{\theta}) - \boldsymbol{\psi}_0(\boldsymbol{\theta})||^2 \ \ ||\widehat{W}|| + 2||\boldsymbol{\psi}_0(\boldsymbol{\theta})|| \ ||\boldsymbol{\psi}_n(\boldsymbol{\theta}) - \boldsymbol{\psi}_0(\boldsymbol{\theta})|| \ ||\widehat{W}|| \\
&+ ||\boldsymbol{\psi}_0(\boldsymbol{\theta})||^2 \ \ ||\widehat{W} - W|| \xrightarrow{P} 0.
\end{aligned}$$

在后面的章节中, 只要假设 $\widehat{W} \xrightarrow{P} W$, 那么由 $\widehat{Q}_n(\boldsymbol{\theta})$ 或 $Q_n(\boldsymbol{\theta})$ 得到的极限理论结果是不加区分的. 为方便计, 我们记 $\widetilde{\boldsymbol{\theta}}$ 就是式 (9.6) 定义的 GEE 估计. 同样地, 在极小距离估计中, 当用已估计出的 $\widehat{W}$ 代替包含未知参数的权矩阵 W 时, 此时的估计 $\widetilde{\boldsymbol{\theta}}$ 仍称为极小距离估计. 但对此估计的相合性证明, 虽然仍能应用定理 6.2, 但不能直接应用定理 3.11. 这是因为, 尽管假设是独立同分布变量, 但是构造 GEE 估计的无偏估计函数不再是独立同分布的随机变量 (或函数) 的和, 因此, 不能保证定理 3.11 的条件都成立. 但是如果假定下式成立

$$\sup_{\boldsymbol{\theta} \in \Theta} ||\boldsymbol{\psi}_n(\boldsymbol{\theta}) - \boldsymbol{\psi}(\boldsymbol{\theta})|| \xrightarrow{P} 0, \tag{9.10}$$

其中

$$\boldsymbol{\psi}_n(\boldsymbol{\theta}) = \boldsymbol{\psi}(X_1, \cdots, X_n, \boldsymbol{\theta}), \quad \boldsymbol{\psi}(\boldsymbol{\theta}) = E[\boldsymbol{\psi}(X_1, \cdots, X_n, \boldsymbol{\theta})],$$

则此时相合性仍成立. 也就是说, 定理 9.2 的假设条件 (4) 换成一个更强的条件 (9.10), 那么对于由 (9.6) 定义的更一般的 GEE 估计仍然有相合性. 设 $\widetilde{\boldsymbol{\theta}}$ 是 $\widetilde{Q}(\boldsymbol{\theta}) = \psi_n(\boldsymbol{\theta})^\tau W \psi_n(\boldsymbol{\theta})$ 的最小值点, 而 $\boldsymbol{\theta}_0$ 是 $E\psi(\boldsymbol{\theta})^\tau W E\psi(\boldsymbol{\theta})$ 的最小值点, 有如下结论.

推论 9.1 假设观察数据 $\{X_i, i = 1, 2, \cdots, n\}$ 是独立同分布的随机变量. 又设

(1) 当且仅当 $\boldsymbol{\theta} = \boldsymbol{\theta}_0$ 时,$WE\boldsymbol{\psi}(X_1, \cdots, X_n, \boldsymbol{\theta}) = 0$, 其中权矩阵 W 是半正定矩阵;

(2) $\boldsymbol{\theta}_0 \in \Theta$ 且 Θ 是紧的;

(3) 以概率 1 有 $\boldsymbol{\psi}(X_1, \cdots, X_n, \boldsymbol{\theta})$ 关于 $\boldsymbol{\theta} \in \Theta$ 是连续的;

(4) 式 (9.10) 成立,

则

$$\widetilde{\boldsymbol{\theta}} \xrightarrow{P} \boldsymbol{\theta}_0. \qquad \square$$

因此, 要应用推论 9.1 来证明 GEE 估计 $\widetilde{\boldsymbol{\theta}}$ 的相合性, 最关键就是要证明式 (9.10) 成立. 在生存分析中通常需要应用鞅收敛定理来证明, 而在独立同分布的情况下, 近年来更多的应用经验过程理论.

在求解 GEE 估计时, 由于涉及权矩阵 $W = W(\theta)$, 通常使用一步或二步方法来获得 GEE 估计. 所谓一步估计就是把目标函数 $\psi^\tau(\theta)W(\theta)\psi(\theta)$ 看成一个关于 θ 的函数整体进行极小化. 所谓二步法就是首先给出 θ 的一个相合估计 $\widehat{\theta}$, 然后来极小化目标函数 $\psi^\tau(\theta)W(\widehat{\theta})\psi(\theta)$, 这样获得的估计就是二步法 GEE 估计. 一般地, 二步法比一步法更容易计算也稳定一些. 在二步法中, 可以先取 $W = I$(单位矩阵) 来获得 θ 的一个估计, 由定理 9.2 知这个估计是相合的.

9.4 估计方程估计的渐近正态性

在 9.3 节中讨论了 GEE 估计的存在性, 唯一性及其相合性. 为了进一步对参数进行统计推断, 需要获得 GEE 估计的渐近正态性.

定理 9.3 设 $\widehat{\boldsymbol{\theta}}$ 是使 $Q_n(\boldsymbol{\theta}) = \boldsymbol{\psi}_n(\boldsymbol{\theta})^\tau W \boldsymbol{\psi}_n(\boldsymbol{\theta})$ 达最小的参数值, 其中 W 是半正定矩阵, 且 $\widehat{\boldsymbol{\theta}} \xrightarrow{P} \boldsymbol{\theta}_0$. 又设

(1) $\boldsymbol{\theta}_0$ 是 Θ 的内点;

(2) $\boldsymbol{\psi}_n(\boldsymbol{\theta})$ 在 $\boldsymbol{\theta}_0$ 的一个邻域 $\mathscr{N}$ 内连续可微;

(3)$E\boldsymbol{\psi}_n(\boldsymbol{\theta}_0) = 0$; $E[||\boldsymbol{\psi}_n(\boldsymbol{\theta}_0)||^2] < \infty$;

(4) $E\left[\sup\limits_{\boldsymbol{\theta}\in\mathscr{N}} ||\nabla_{\boldsymbol{\theta}}\boldsymbol{\psi}_n(\boldsymbol{\theta})||\right] < \infty$;

(5) $G(\boldsymbol{\theta}) = E[\nabla_{\boldsymbol{\theta}}\boldsymbol{\psi}_n(\boldsymbol{\theta})]$ 存在, 且 $G \equiv G(\boldsymbol{\theta}_0)$ 使 $G'WG$ 是非奇异的矩阵,

则

$$\sqrt{n}(\widehat{\boldsymbol{\theta}} - \boldsymbol{\theta}_0) \xrightarrow{\mathscr{D}} N(0, (G^\tau WG)^{-1}G^\tau W\Sigma WG(G^\tau WG)^{-1}),$$

其中 $\Sigma = E[\boldsymbol{\psi}_n(\boldsymbol{\theta})\boldsymbol{\psi}_n(\boldsymbol{\theta})^\tau]$.

证明 此定理的证明与定理 6.5 的证明类似. 由假设 (1) 和 (2), 得极值一阶条件

$$2G_n(\widehat{\boldsymbol{\theta}})^\tau W\boldsymbol{\psi}_n(\widehat{\boldsymbol{\theta}}) = 0,$$

以概率接近于 1 成立, 其中 $G_n(\boldsymbol{\theta}) = \nabla_{\boldsymbol{\theta}}\boldsymbol{\psi}_n(\boldsymbol{\theta})$. 在 $\boldsymbol{\theta}_0$ 处展开 $\boldsymbol{\psi}_n(\widehat{\boldsymbol{\theta}})$, 并经简单运算得

$$\sqrt{n}(\widehat{\boldsymbol{\theta}} - \boldsymbol{\theta}_0) = -\sqrt{n}[G_n(\widehat{\boldsymbol{\theta}})^\tau WG_n(\boldsymbol{\theta}^*)]^{-1}G_n(\widehat{\boldsymbol{\theta}})^\tau W\boldsymbol{\psi}_n(\boldsymbol{\theta}_0),$$

其中 $\boldsymbol{\theta}^*$ 落在 $\boldsymbol{\theta}_0$ 和 $\widehat{\boldsymbol{\theta}}$ 之间. 由假设 (4) 及定理 9.2 的类似证明, 一致大数律成立, 则

$$G_n(\widehat{\boldsymbol{\theta}}) \xrightarrow{P} G \quad 和 G_n(\boldsymbol{\theta}^*) \xrightarrow{P} G.$$

因此, 由定理假设条件 (5), 有

$$-[G_n(\widehat{\boldsymbol{\theta}})^\tau WG_n(\boldsymbol{\theta}^*)]^{-1}G_n(\widehat{\boldsymbol{\theta}})W \xrightarrow{P} -(G^\tau WG)^{-1}G^\tau W.$$

所以, 可由条件 (3) 和 Slutsky 定理便证得定理 9.3 结论. □

上面定理的条件 (1)~(4) 与定理 1.2 的假设条件相似, 在本书的大部分都是对应于极小距离的情况. 对于 $\boldsymbol{\psi}_n(\boldsymbol{\theta})$ 可微条件在后面的一些章节中将进行减弱. 对更一般的广义估计方程估计的渐近正态性见定理 6.5. 如果读者有兴趣更多的细节和应用可参见 Newey 和 McFadden (1994).

9.5 渐近方差估计

根据 GEE 估计 $\widehat{\boldsymbol{\theta}}$ 的渐近正态性, 我们知道其渐近方差为

$$(G^\tau WG)^{-1}G^\tau W\Sigma WG(G^\tau WG)^{-1},$$

其中 $\Sigma = E[\boldsymbol{\psi}_n(\boldsymbol{\theta})\boldsymbol{\psi}_n(\boldsymbol{\theta})^\tau]$. 因此只要直接给出渐近方差每一项的估计便可获得渐近方差估计. 在 GEE 估计中, 我们假设了 $E\{\boldsymbol{\psi}(X,\boldsymbol{\theta}_0)\}=0$, 同时, 在证明 GEE 估计的渐近正态性时, 对独立同分布的随机函数和

$$\sqrt{n}\boldsymbol{\psi}_n(\boldsymbol{\theta}_0) = n^{-1/2}\sum_{i=1}^n \boldsymbol{\psi}(X_i,\boldsymbol{\theta}_0),$$

应用了中心极限定理, 其渐近方差是 $\Sigma = E[\boldsymbol{\psi}(X,\boldsymbol{\theta}_0)\boldsymbol{\psi}(X,\boldsymbol{\theta}_0)^\tau]$. 因此, Σ 的一个合适的估计就是

$$\widehat{\Sigma} = \frac{1}{n}\sum_{i=1}^n \boldsymbol{\psi}(X_i,\widehat{\boldsymbol{\theta}})\boldsymbol{\psi}(X_i,\widehat{\boldsymbol{\theta}})^\tau.$$

而对 $G=G(\boldsymbol{\theta}_0)$ 的估计, 可用完全类似于极小距离估计中的方法进行估计. 由于 G 是 $\nabla_{\boldsymbol{\theta}} g(\boldsymbol{\theta}_0) = \dfrac{1}{n}\sum\limits_{i=1}^n \nabla_{\boldsymbol{\theta}}\psi(\boldsymbol{X}_i,\boldsymbol{\theta})$ 的极限, 因此, 使用样本类似便可获得估计 $\widehat{G}_n(\widehat{\boldsymbol{\theta}})$. 同样, W 一般也依赖于未知参数 $\boldsymbol{\theta}$. 因此, 需要用其相合估计来代替未知参数, 从而获得 W 的估计 $\widehat{W}=W(\widehat{\boldsymbol{\theta}})$.

如果取权矩阵 $W=\Sigma^{-1}$, 这样渐近方差可以简化为 $(G^\tau\Sigma^{-1}G)^{-1}$, 且其对应的估计为 $(\widehat{G}^\tau\widehat{W}\widehat{G})^{-1}$, 其中 $\widehat{W}$ 是 Σ^{-1} 的相合估计.

9.6 渐近有效性

为了叙述方便, 我们给出一个估计最优性准则. 往后对于两个对称矩阵 A 和 B, 用 $A-B>0$ 表示 $A-B$ 是正定矩阵; $A-B\geqslant 0$ 表示 $A-B$ 为非负定矩阵.

定义 9.1 设 $T_n(\boldsymbol{x})$ 是参数 $\boldsymbol{\theta}$ 的一个无偏估计, 如果对 $\boldsymbol{\theta}$ 的任一无偏估计 $g_n(\boldsymbol{x})$, 都有 $\mathrm{Var}\{T_n(\boldsymbol{X})\}\leqslant \mathrm{Var}\{g_n(\boldsymbol{X})\}$, 则称 $T_n(\boldsymbol{x})$ 是 $\boldsymbol{\theta}$ 的*最小方差无偏估计*. 如

果估计 $T_n(\boldsymbol{x})$ 和 $g_n(\boldsymbol{x})$ 是高维估计向量, 而且协方差阵满足不等式 $\mathrm{Cov}\{T_n(\boldsymbol{X})\} \leqslant \mathrm{Cov}\{g_n(\boldsymbol{X})\}$, 则仍称 $T_n(\boldsymbol{x})$ 是 $\boldsymbol{\theta}$ 的*最小方差无偏估计*.

当然, 在很多情况下, 估计并没有无偏性, 但可能是渐近无偏的. 所以我们扩展定义 9.1 如下.

定义 9.2　设 $T_n(\boldsymbol{x})$ 是参数 $\boldsymbol{\theta}$ 的一个渐近无偏估计, 如果对 $\boldsymbol{\theta}$ 的任一渐近无偏估计 $g_n(\boldsymbol{x})$, 都有 $\mathrm{Var}\{T_n(\boldsymbol{X})\} \leqslant \mathrm{Var}\{g_n(\boldsymbol{X})\}$, 则称 $T_n(\boldsymbol{x})$ 是 $\boldsymbol{\theta}$ 的*最小方差渐近无偏估计*. 如果估计 $T_n(\boldsymbol{x})$ 和 $g_n(\boldsymbol{x})$ 是高维估计向量, 而且协方差阵满足不等式 $\mathrm{Cov}\{T_n(\boldsymbol{X})\} \leqslant \mathrm{Cov}\{g_n(\boldsymbol{X})\}$, 则仍称 $T_n(\boldsymbol{x})$ 是 $\boldsymbol{\theta}$ 的*最小方差渐近无偏估计*.

在不产生混淆的情况下, 最小方差渐近无偏估计也称为*最优估计*.

在满足一些正则条件下, 极大似然估计的渐近方差达到 C-R 方差下界. 因此, 极大似然估计是有效估计. 下面, 我们来比较极大似然估计与 GEE 估计的渐近方差. 事实上, 在 GEE 估计的框架下, 极大似然估计也是 GEE 估计族中有效估计. 注意到极大似然估计的渐近方差是

$$[E\boldsymbol{S}(\boldsymbol{\theta}_0)\boldsymbol{S}^{\tau}(\boldsymbol{\theta}_0)\}]^{-1},$$

其中 $\boldsymbol{S}(\boldsymbol{\theta}_0) = \nabla_{\boldsymbol{\theta}} \log f(X|\boldsymbol{\theta}_0)$ 是得分函数. 而 GEE 估计的渐近方差是

$$(E[\boldsymbol{h}_{\boldsymbol{\theta}}])^{-1}E[\boldsymbol{h}\boldsymbol{h}^{\tau}](E[\boldsymbol{h}_{\boldsymbol{\theta}}^{\tau}])^{-1},$$

其中

$$\begin{aligned}\boldsymbol{h}_{\boldsymbol{\theta}} &= (E[\nabla_{\boldsymbol{\theta}}\boldsymbol{\psi}(X,\boldsymbol{\theta})])^{\tau} W \nabla_{\boldsymbol{\theta}}\boldsymbol{\psi}(X,\boldsymbol{\theta}_0),\\ \boldsymbol{h} &= (E[\nabla_{\boldsymbol{\theta}}\boldsymbol{\psi}(X,\boldsymbol{\theta})])^{\tau} W \boldsymbol{\psi}(X,\boldsymbol{\theta}_0).\end{aligned}$$

由命题 5.2, 知道 $E[\boldsymbol{h}_{\theta}]$ 是 $\boldsymbol{h}$ 与得分 $\boldsymbol{S}$ 的协方差的相反数. 事实上, 我们可以给出其简单的推导. 为简单计, 在没有混淆时, 虽然估计函数 $\boldsymbol{h}$ 与得分 $\boldsymbol{S}$ 依赖参数 $\boldsymbol{\theta}$ 和随机变量, 但为简单都忽略不写出来. 由 GEE 估计的假设 $E\boldsymbol{\psi}(X,\boldsymbol{\theta}_0) = 0$, 即

$$\int \boldsymbol{\psi}(z,\boldsymbol{\theta}) f(z|\boldsymbol{\theta})\mathrm{d}z\Big|_{\boldsymbol{\theta}_0} = 0.$$

那么, 两边对 $\boldsymbol{\theta}$ 在 $\boldsymbol{\theta} = \boldsymbol{\theta}_0$ 处求导得 (注　此处需要求导及积分可交换)

$$\begin{aligned}0 &= \nabla_{\boldsymbol{\theta}} \int \boldsymbol{\psi}(z,\boldsymbol{\theta}) f(z|\boldsymbol{\theta})\mathrm{d}z\Big|_{\boldsymbol{\theta}_0}\\ &= \left\{\int \nabla_{\boldsymbol{\theta}}\boldsymbol{\psi}(z,\boldsymbol{\theta}) f(z|\boldsymbol{\theta})\mathrm{d}z + \int \boldsymbol{\psi}(z,\boldsymbol{\theta}) \nabla_{\boldsymbol{\theta}} f(z|\boldsymbol{\theta})^{\tau}\mathrm{d}z\right\}_{\boldsymbol{\theta}=\boldsymbol{\theta}_0}\\ &= E[\nabla_{\boldsymbol{\theta}}\boldsymbol{\psi}(X,\boldsymbol{\theta}_0)] + E[\boldsymbol{\psi}(X,\boldsymbol{\theta}_0)\{\nabla_{\boldsymbol{\theta}} \log f(X|\boldsymbol{\theta}_0)\}^{\tau}],\end{aligned} \tag{9.11}$$

上面最后的等式成立是因为对第二项的被积函数除 $f(z|\boldsymbol{\theta}_0)$ 再乘上 $f(z|\boldsymbol{\theta}_0)$, 然后利用均值定义得其成立. 注意到在上面的运算中, 两边左乘以矩阵 $(E[\nabla_{\boldsymbol{\theta}}\boldsymbol{\psi}(X,\boldsymbol{\theta})])^{\tau}W$ 仍然成立, 于是有

$$E[\boldsymbol{h}_{\boldsymbol{\theta}}]+E[\boldsymbol{h}\boldsymbol{S}^{\tau}]=0,$$

故有

$$-E[\boldsymbol{h}_{\boldsymbol{\theta}}]=E[\boldsymbol{h}\boldsymbol{S}^{\tau}]=\mathrm{Cov}[\boldsymbol{h}(\boldsymbol{\theta}_0),\boldsymbol{S}(\boldsymbol{\theta}_0)].$$

所以, GEE 估计与极大似然估计的渐近方差的差可以写成

$$\begin{aligned}
&E[\boldsymbol{h}_{\boldsymbol{\theta}}]^{-1}E[\boldsymbol{h}\boldsymbol{h}^{\tau}](E[\boldsymbol{h}_{\boldsymbol{\theta}}^{\tau}])^{-1}-(E[\boldsymbol{S}\boldsymbol{S}^{\tau}])^{-1}\\
=&(E[\boldsymbol{h}\boldsymbol{S}^{\tau}])^{-1}E[\boldsymbol{h}\boldsymbol{h}^{\tau}](E[\boldsymbol{S}\boldsymbol{h}^{\tau}])^{-1}-(E[\boldsymbol{S}\boldsymbol{S}^{\tau}])^{-1}\\
=&(E[\boldsymbol{h}\boldsymbol{S}^{\tau}])^{-1}\{E[\boldsymbol{h}\boldsymbol{h}^{\tau}]-E[\boldsymbol{h}\boldsymbol{S}^{\tau}](E[\boldsymbol{S}\boldsymbol{S}^{\tau}])^{-1}E[\boldsymbol{S}\boldsymbol{h}^{\tau}]\}(E[\boldsymbol{S}\boldsymbol{h}^{\tau}])^{-1}\\
=&(E[\boldsymbol{h}\boldsymbol{S}^{\tau}])^{-1}E[\boldsymbol{U}\boldsymbol{U}^{\tau}](E[\boldsymbol{S}\boldsymbol{h}^{\tau}])^{-1},
\end{aligned}\tag{9.12}$$

其中 $\boldsymbol{U}=\boldsymbol{h}-E[\boldsymbol{h}\boldsymbol{S}^{\tau}](E[\boldsymbol{S}\boldsymbol{S}^{\tau}])^{-1}\boldsymbol{S}$, 而 $E[\boldsymbol{U}\boldsymbol{U}^{\tau}]$ 是一半正定矩阵. 从而 GEE 估计与极大似然估计的渐近方差之差也是半正定矩阵. 故在 GEE 估计族中, 极大似然估计比 GEE 估计更有效.

在上面的推导中, 我们都使用了一些什么条件呢? 首先我们需要保证 GEE 估计是渐近正态的, 那么就需要定理 9.3 的条件. 同时, 我们还需要保证极大似然估计的正态性. 因此, 也要满足分布的正则条件. 事实上, 在公式 (9.11) 的推导中所需要的条件与极大似然估计的正态性的条件有一些重合. 比如, 直接对 $f(z|\boldsymbol{\theta})^{1/2}$ 加条件, 与 Lecam (1956) 和 Hajek (1970) 极大似然估计有效性的正则条件相似. 现总结如下.

定理 9.4 假设定理 9.3 的条件满足, 且 $E\boldsymbol{\psi}(X,\boldsymbol{\theta}_0)=0$, 其中 X 有密度函数 $f(x|\boldsymbol{\theta}_0)$. 同时 $f(z|\boldsymbol{\theta})^{1/2}$ 在 $\boldsymbol{\theta}_0$ 处连续可微, Fisher 信息阵 I 非奇异, 且在 Θ 中 $\boldsymbol{\theta}_0$ 的一个邻域 $\mathscr{N}$ 内, 对所有 $\boldsymbol{\theta}\in\mathscr{N}$, 存在一个正数 M, 使得

$$E\left[\sup_{\boldsymbol{\theta}\in\mathscr{N}}\|\boldsymbol{\psi}(x,\boldsymbol{\theta})\|^2\right]<M,\quad E\left[\sup_{\boldsymbol{\theta}\in\mathscr{N}}\|\nabla_{\boldsymbol{\theta}}\log f(x|\boldsymbol{\theta})^{1/2}\|^2\right]<M,$$

则

$$(G^{\tau}WG)^{-1}G^{\tau}W\Sigma WG(G^{\tau}WG)^{-1}-I^{-1}$$

是半正定矩阵, 即在 GEE 估计族中, 极大似然估计比 GEE 估计有效, 其中上面的期望是在密度函数 $f(x|\boldsymbol{\theta})$ 下取期望.

注 定理 9.4 中的积分条件可以简化为一个更强的简单条件, 例如, 假设存在一函数 $K(x)$ 使得

$$||\psi(z,\boldsymbol{\theta})||\leqslant K(z),\quad ||\nabla_{\boldsymbol{\theta}}f(z|\boldsymbol{\theta})^{\frac{1}{2}}||\leqslant K(z)$$

且 $EK^2(Z) < \infty$.

下面我们来考虑在一族 GEE 估计中, 选择什么样的权所对应的 GEE 估计是最有效的呢? 在前面我们已多次讲到, 在一族 GEE 估计中, 如果取 W 为估计函数 $\boldsymbol{\psi}(X,\boldsymbol{\theta})$ 的协方差阵的逆, 那么所获得的估计就是 GEE 估计族中最有效的估计, 即在无偏估计函数的所有线性组合估计中, 由渐近协方差阵的逆所获得的 GEE 估计是最优估计. 下面我们来给出严格的证明.

设 $\boldsymbol{\psi}(X,\boldsymbol{\theta})$ 是一个无偏估计函数, 记 $\Sigma = E[\boldsymbol{\psi}(X,\boldsymbol{\theta}_0)\boldsymbol{\psi}(X,\boldsymbol{\theta}_0)^\tau]$, 且记 $\boldsymbol{h} = G^\tau W\boldsymbol{\psi}(X,\boldsymbol{\theta}_0)$, $\bar{\boldsymbol{h}} = G^\tau \Sigma^{-1}\boldsymbol{\psi}(X,\boldsymbol{\theta}_0)$, 其中 $G = E[\nabla_{\boldsymbol{\theta}}\boldsymbol{\psi}(X,\boldsymbol{\theta})]_{\boldsymbol{\theta}=\boldsymbol{\theta}_0}$. 所以

$$G^\tau WG = E[\boldsymbol{h}\bar{\boldsymbol{h}}^\tau], \quad G^\tau \Sigma^{-1}G = E[\bar{\boldsymbol{h}}\bar{\boldsymbol{h}}^\tau],$$

于是经一些矩阵的运算便有

$$\begin{aligned}&(G^\tau WG)^{-1}G^\tau W\Sigma WG(G^\tau WG)^{-1} - (G^\tau \Sigma^{-1}G)^{-1}\\ =&(G^\tau WG)^{-1}E[\boldsymbol{U}\boldsymbol{U}^\tau](G^\tau WG)^{-1},\end{aligned} \tag{9.13}$$

其中 $\boldsymbol{U} = \boldsymbol{h} - E[\boldsymbol{h}\bar{\boldsymbol{h}}^\tau](E[\bar{\boldsymbol{h}}\bar{\boldsymbol{h}}^\tau])^{-1}\bar{\boldsymbol{h}}$. 因为 $E[\boldsymbol{U}\boldsymbol{U}^\tau]$ 是半正定矩阵, 故 GEE 估计族中, 任一 GEE 估计与权矩阵为 Σ^{-1} 的特定的 GEE 估计的渐近方差之差也是半正定的, 这就说明了, 权矩阵为 Σ^{-1} 的 GEE 估计在 GEE 估计族中是最有效的估计.

定理 9.5　假设定理 9.3 的条件满足, 且 $E[\boldsymbol{\psi}(X,\boldsymbol{\theta}_0)] = 0$, 如果 $\Sigma = E[\boldsymbol{\psi}(X,\boldsymbol{\theta}_0)\boldsymbol{\psi}^\tau(X,\boldsymbol{\theta}_0)]$ 是非奇异矩阵, 则对任意的权矩阵 W, 有

$$(G^\tau WG)^{-1}G^\tau W\Sigma WG(G^\tau WG)^{-1} \geqslant (G^\tau \Sigma^{-1}G)^{-1},$$

即在所有 GEE 估计族中, 权矩阵取为估计函数 $\boldsymbol{\psi}(X,\boldsymbol{\theta})$ 的协方差阵的逆所获得的 GEE 估计是最有效的估计.

另外一个感兴趣的问题是, 如果 GEE 估计中的无偏估计函数向量有 q 个函数, 而未知参数的维数为 p, 且 $q > p$, 那么当我们抛弃了 r 个估计函数后, 由剩下的 $s = q - r > p$ 个的无偏估计函数来构造参数的估计会有效率损失吗?

先考察一个特殊情况, 设无偏估计函数向量是

$$\boldsymbol{\psi}(\boldsymbol{\theta}) = (\psi_1(X,\boldsymbol{\theta}), \cdots, \psi_s(X,\boldsymbol{\theta}), \phi_1(X), \cdots, \phi_r(X))^\tau,$$

其中 $\boldsymbol{\phi}(X) = (\phi_1(X), \cdots, \phi_r(X))^\tau$ 是与参数 $\boldsymbol{\theta}$ 无关的函数, 但满足 $E\boldsymbol{\phi}(X) = 0$. 因此, $\boldsymbol{\phi}(X)$ 可以看成为对参数 $\boldsymbol{\theta}$ 估计的辅助信息. 此时 $\boldsymbol{\psi}_n(\boldsymbol{\theta})$ 的渐近协方差阵可以写成

$$\Sigma(\boldsymbol{\theta}) = \begin{pmatrix} D & B^\tau \\ B & C \end{pmatrix},$$

这里 D 是 $(\psi_1(X,\boldsymbol{\theta}),\cdots,\psi_s(X,\boldsymbol{\theta}))^\tau$ 的渐近协方差阵, B 是 $(\psi_1(X,\boldsymbol{\theta}),\cdots,\psi_s(X,\boldsymbol{\theta}))^\tau$ 和 $\boldsymbol{\phi}(X)$ 的渐近协方差阵, C 是 $(\phi_1(X),\cdots,\phi_r(X))^\tau$ 的渐近协方差阵. 由 $E[\nabla_{\boldsymbol{\theta}}\boldsymbol{\psi}(X,\boldsymbol{\theta})]_{\boldsymbol{\theta}=\boldsymbol{\theta}_0}=(H^\tau,\mathbf{0}^\tau)^\tau$ 和 $H=(E[\nabla_{\boldsymbol{\theta}}\psi_1(X,\boldsymbol{\theta})]^\tau,\cdots,E[\nabla_{\boldsymbol{\theta}}\psi_s(X,\boldsymbol{\theta})]^\tau)^\tau_{\boldsymbol{\theta}=\boldsymbol{\theta}_0}$. 因此, 当 $W=\Sigma^{-1}(\boldsymbol{\theta}_0)$ 时, 由定理 9.3 和定理 9.5 可知

$$
\begin{aligned}
\Sigma_g &= \{E[\nabla_{\boldsymbol{\theta}}\boldsymbol{\psi}(\boldsymbol{\theta})]^\tau\Sigma^{-1}E[\nabla_{\boldsymbol{\theta}}\boldsymbol{\psi}(\boldsymbol{\theta})]\}^{-1}\\
&= \{H^\tau D^{-1}H+H^\tau D^{-1}B^\tau(C-BD^{-1}B^\tau)^{-1}BD^{-1}H\}^{-1}\\
&= (H^\tau D^{-1}H)^{-1}\{H^\tau D^{-1}H-\Delta\}(H^\tau D^{-1}H)^{-1},
\end{aligned}
$$

这里 $\Delta=H^\tau D^{-1}B^\tau[C-BD^{-1}B^\tau+BD^{-1}H(H^\tau D^{-1}H)^{-1}H^\tau D^{-1}B^\tau]^{-1}BD^{-1}H$. 很明显, $\Sigma_g\leqslant(H^\tau D^{-1}H)^{-1}$, 即基于 $\boldsymbol{\psi}(\boldsymbol{\theta})$ 的估计 $\widehat{\boldsymbol{\theta}}_g$ 比只基于前 $s=q-r$ 个 $\boldsymbol{\psi}(X_1,\boldsymbol{\theta}),\cdots,\boldsymbol{\psi}(X_s,\boldsymbol{\theta})$ 函数的估计更有效. 也就是说, 在最优 GEE 估计中, 如果舍弃一些估计方程, 即使它们与参数无关, 也会产生信息损失. 我们猜测, 对于广义估计方程估计 (而不是最优估计方程估计), 在舍弃一些估计方程后, 也会产生信息损失, 从而协方差矩阵不会变小.

9.7 最优估计函数

前面我们讨论了在一族无偏估计函数中, 什么样的估计函数会产生最优估计方程估计. 特别地, 如果这个无偏估计函数族包含了得分函数, 那么极大似然估计就是最优的. 如果考虑这个函数族的所有线性组合, 而不假定分布族, 那么, 当权矩阵取为无偏估计函数的方差阵的逆时, 得到的 GEE 估计是最优的. 此时, 最优估计方差从一个复杂的三明治方差退化为一个简单的三明治方差, 这正如极大似然估计从一个三明治方差形式, 由得分函数的性质简化为 Fisher 信息阵的逆. 因此, 适当地正则化估计方程后, 经过加权处理的估计函数与得分函数应当一样具有某些好的性质. 下面将对此进行讨论.

9.7.1 估计函数与高斯–马尔可夫定理

先考虑简单情况. 设 $X_1,X_2,\cdots,X_n$ 是独立同分布的随机变量, 且 $EX_i=\boldsymbol{\theta}$, $\mathrm{Var}(X_i)=\sigma^2$. 在给出高斯–马尔可夫定理之前, 首先给出线性最小方差无偏估计.

定义 9.3 设 $\mathscr{H}$ 是一随机向量的线性函数族, 设 $T_n(\boldsymbol{x})$ 是 $\mathscr{H}$ 中的元, 且是参数 $\boldsymbol{\theta}$ 的一个无偏估计, 如果对 $\boldsymbol{\theta}$ 的任一线性无偏估计 $g_n(\boldsymbol{x})\in\mathscr{H}$, 都有 $\mathrm{Var}\{T_n(\boldsymbol{X})\}\leqslant\mathrm{Var}\{g_n(\boldsymbol{X})\}$, 则称 $T_n(\boldsymbol{x})$ 是 $\boldsymbol{\theta}$ 的*线性最小方差无偏估计*.

定理 9.6 (高斯–马尔可夫 (Gauss-Markov) 定理) 设 $S_n=\sum_{i=1}^n a_iX_i$ 是 $\boldsymbol{\theta}$ 的无

偏估计, 其中 $a_i, i=1,2,\cdots,n$ 是常数, 且 $\sum\limits_{i=1}^{n} a_i = 1$, 则方差 $\mathrm{Var}(S_n)$ 在 $a_i = \dfrac{1}{n}, i = 1,2,\cdots,n$ 时达最小, 即 $\bar{X} = n^{-1}\sum\limits_{i=1}^{n} X_i$ 是 $\boldsymbol{\theta}$ 的线性最小方差无偏估计.

证明 注意到

$$\mathrm{Var}(S_n) = \sigma^2 \sum_{i=1}^{n} a_i^2.$$

因此我们求出 $\mathrm{Var}(S_n)$ 在限制 $\sum\limits_{i=1}^{n} a_i = 1$ 下的极小值即求出 $\boldsymbol{\theta}$ 的线性最小方差无偏估计.

$$\begin{aligned}\mathrm{Var}(S_n) &= \sigma^2 \sum_{i=1}^{n} \left(a_i^2 - \frac{2a_i}{n} + \frac{1}{n^2} \right) + \frac{\sigma^2}{n} \\ &= \sigma^2 \sum_{i=1}^{n} \left(a_i - \frac{1}{n} \right)^2 + \frac{\sigma^2}{n} \\ &\geqslant \frac{\sigma^2}{n}.\end{aligned}$$

等号成立当且仅当 $a_i = \dfrac{1}{n}, i = 1,2,\cdots,n$. □

设 $\mathcal{G}_0$ 是形如 $G(\theta) = \sum\limits_{i=1}^{n} b_i(X_i - \boldsymbol{\theta})$ 的无偏估计函数 $G(X_1,\cdots,X_n,\boldsymbol{\theta})$ 族. 注意到 kG 与 G 产生相同的估计, k 为某个常数, 比如, 取 $k = \sum\limits_{i=1}^{n} b_i / \sum\limits_{i=1}^{n} b_i^2$. 此时, 比较基于估计函数 kG 与 G 产生的估计方差是合理的. 但是直接比较估计函数的方差却是不合理的, 因为不同的因子 k 就会有不同的方差. 因此, 需要正则化估计函数, 使得估计函数的方差具有可比性. 当然这种正则化并不是通常意义下的变量正则化 (即具有单位方差).

在极大似然估计中, 得分函数具有很好的统计性质, 一个直观想法是, 通过对无偏估计函数正则化后使其具有与得分函数相近的性质, 比如, 命题 5.1 的性质 (1) 和 (2).

设 $X_1,\cdots,X_n$ 是来自于均值为 $\boldsymbol{\theta}$, 方差为 σ^2 的简单样本. 因为 $G(\theta) = \sum\limits_{i=1}^{n} b_i(X_i - \boldsymbol{\theta})$ 是 $\boldsymbol{\theta}$ 的一个无偏估计函数, 且

$$G(\widehat{\boldsymbol{\theta}}) - G(\boldsymbol{\theta}) = (\boldsymbol{\theta} - \widehat{\boldsymbol{\theta}}) \sum_{i=1}^{n} b_i,$$

注意到 $G(\widehat{\boldsymbol{\theta}})=0$, 故

$$\widehat{\boldsymbol{\theta}}-\boldsymbol{\theta}=\left(\sum_{i=1}^n b_i\right)^{-1} G(\boldsymbol{\theta}).$$

因此, 比较估计 $\widehat{\boldsymbol{\theta}}$ 的方差就需要比较 $\left(\sum_{i=1}^n b_i\right)^{-1} G(\boldsymbol{\theta})$ 的方差, 而 $\left(\sum_{i=1}^n b_i\right)^{-1} G(\boldsymbol{\theta})$ 的方差是

$$\left(\sum_{i=1}^n b_i\right)^{-2} \operatorname{Var}\{G(\boldsymbol{\theta})\}=\sigma^2\left(\sum_{i=1}^n b_i\right)^{-2} \sum_{i=1}^n b_i^2.$$

此处 $\operatorname{Var}(G(\boldsymbol{\theta}))=\sigma^2 \sum_{i=1}^n b_i$, 因此, 按通常意义下的正则化, 正则化的估计函数为

$$G^*(\boldsymbol{\theta})=G(\boldsymbol{\theta})\left(\sigma^2 \sum_{i=1}^n b_i^2\right)^{-1/2},$$

加上一个调整因子后, 一个似乎更加合理的正则化估计函数是

$$G^*(\boldsymbol{\theta})=\sum_{j=1}^n b_j \sum_{i=1}^n b_i(X_i-\boldsymbol{\theta})\left(\sigma^2 \sum_{j=1}^n b_j^2\right)^{-1/2}.$$

但这个估计函数不满足命题 5.1 的任何性质, 特别是 $\operatorname{Var}(G^*) \neq -E(\nabla_{\boldsymbol{\theta}} G^*)$. 因此, 此正则化并不合理.

对其作适当修改, 定义

$$G^{(s)}(\theta)=\sum_{j=1}^n b_j \sum_{i=1}^n b_i(X_i-\boldsymbol{\theta})\left(\sigma^2 \sum_{j=1}^n b_j^2\right)^{-1}.$$

此时 $\boldsymbol{\theta}$ 基于 $G^{(s)}$ 的估计不发生改变, 与最初的估计函数 $G(\theta)$ 获得的估计相同. 下面说明此正则化的估计函数是合理的, 更多细节参见 Heyde (1997). 从前面的讨论知, 在最优的 GEE 估计中, 如果估计函数的方差越大, 说明 GEE 估计的方差就越小, 因此要寻找最优的估计函数, 直观上就是找方差最大的估计函数. 例如, 因为 G 作为 $\boldsymbol{\theta}$ 的估计函数, 当 $\boldsymbol{\theta}$ 是真值时, G 的值尽量靠近于 0, 而方差 $\operatorname{Var}(G)=\sigma^2 \sum_{i=1}^n b_i^2$ 应尽量大. 另外, 当 $\boldsymbol{\theta}$ 是真值时, $G(\boldsymbol{\theta}_0+\delta\boldsymbol{\theta}_0)$, $\delta>0$ 应尽量不同于 $G(\boldsymbol{\theta}_0)$. 这就是说, 我们希望 $[E\nabla_\theta G(\boldsymbol{\theta}_0)]^2=\left(\sum_{i=1}^n b_i\right)^2$ 尽可能大 (导数代表变

化率, 它越大表示 $G(\boldsymbol{\theta})$ 在 $\boldsymbol{\theta}$ 处的变化就越大. 以上这些要求促使我们极大化方差 $\mathrm{Var}(G^{(s)}) = (E\nabla_\theta G)^2/EG^2$.

如果当 $n \to \infty$ 时, $\max_{1\leqslant i\leqslant n} b_i/\sum\limits_{i=1}^{n} b_i \to 0$, 则

$$\left[\sum_{i=1}^{n} b_i(X_i - \boldsymbol{\theta})\right] \Big/ \left[\left(\sigma^2 \sum_{i=1}^{n} b_i^2\right)^{\frac{1}{2}}\right] \xrightarrow{\mathscr{D}} N(0,1),$$

这可由定理 3.8 的 Lindeberg-Feller 中心极限定理获得. 注意到此时我们的估计是

$$\widehat{\boldsymbol{\theta}}_n = \left(\sum_{i=1}^{n} b_i X_i\right) \Big/ \left(\sum_{i=1}^{n} b_i\right),$$

因此, 由上面的中心极限定理, 有

$$\left(\mathrm{Var}(G^{(s)})\right)^{\frac{1}{2}} (\widehat{\boldsymbol{\theta}_n} - \boldsymbol{\theta}) \xrightarrow{\mathscr{D}} N(0,1),$$

即有

$$\widehat{\boldsymbol{\theta}}_n - \boldsymbol{\theta} \simeq N(0, \mathrm{Var}(G^{(s)})^{-1}), \tag{9.14}$$

其中 $\simeq$ 表示两边的变量有相同的渐近分布. 由此, 我们想获得 $\boldsymbol{\theta}$ 的最小渐近置信区间, 就必须极大化 $\mathrm{Var}(G^{(s)})$.

对于 G 的标准化的形式 $G^{(s)}$, 有

$$\mathrm{Var}(G^{(s)}) = \left(\sum_{i=1}^{n} b_i\right)^2 \Big/ \left(\sigma^2 \sum_{i=1}^{n} b_i^2\right) = -E(\nabla_{\boldsymbol{\theta}} G^{(s)}),$$

即 $G^{(s)}$ 具有标准得分函数的性质 (参见命题 5.1).

因此通过正则化, 我们能说: 当 $\mathrm{Var}(G^{*(s)}) \geqslant \mathrm{Var}(G^{(s)})$ 时, G^* 是估计函数族内的最优估计函数. 这也就是说, 基于最优估计函数构造出的估计方程估计是最好的估计, 即方差最小.

注意到以上的讨论, 其中的思想可以直接应用到标准化 (或称正则化, 因为这些估计函数都是无偏的, 正则化与标准化等价) 的估计函数, 即标准化估计函数是

$$G^{(s)} = -E(\nabla_\theta G)(EG^2)^{-1}G,$$

其中 $G = G(X_1, X_2, \cdots, X_n, \boldsymbol{\theta})$ 是定义在一个估计函数族 $\mathcal{H}$ 中. 现对于无偏估计函数族 $\mathcal{H}$ 定义如下一个**最优估计函数**, 此最优估计函数的定义由 Heyde (1997) 总结给出.

定义 9.4 如果 $G^{*(s)} \in \mathcal{H}$ 且

$$\mathrm{Var}(G^{*(s)}) \geqslant \mathrm{Var}(G^{(s)}), \quad \forall G \in \mathcal{H},$$

则 $G^{*(s)}$ 是最优估计函数.

前面的高斯–马尔可夫定理可表述为下面的定理.

定理 9.7 估计函数 $G^* = \sum_{i=1}^{n}(X_i - \boldsymbol{\theta})$ 是 $\mathcal{G}_0$ 中的最优的, 即估计函数 G^* 给出的样本均值估计是最优的.

由 Cauchy-Schwarz 不等式,

$$\mathrm{Var}(G^{(s)}) = \left(\sum_{i=1}^{n} b_i\right)^2 \Bigg/ \left(\sigma^2 \sum_{i=1}^{n} b_i^2\right) \leqslant \frac{n}{\sigma^2} = \mathrm{Var}(G^{*(s)}).$$

现在考虑一个有代表性的例子.

例 9.1 设 $X_i, i=1,2,\cdots,n$ 是独立的随机变量, 且 $EX_i = \alpha_i(\boldsymbol{\theta}), \mathrm{Var}(X_i) = \sigma_i^2(\boldsymbol{\theta}),\ i=1,2,\cdots,n$. 同时设 $\alpha(\cdot)$ 与 $\sigma^2(\cdot)$ 是函数, 则我们可以构造一族无偏估计函数如下:

$$\mathcal{H} = \left\{ H : H = \sum_{i=1}^{n} b_i(\boldsymbol{\theta})(X_i - \alpha_i(\boldsymbol{\theta})) \right\},$$

则标准化的估计方程是

$$H^{(s)} = \frac{\sum_{i=1}^{n} b_i(\boldsymbol{\theta}) \nabla_{\boldsymbol{\theta}} \alpha_i(\boldsymbol{\theta})}{\sum_{i=1}^{n} b_i^2(\boldsymbol{\theta}) \sigma_i^2(\boldsymbol{\theta})} \sum_{i=1}^{n} b_i(\boldsymbol{\theta})(X_i - \alpha_i(\boldsymbol{\theta})).$$

不难证明

$$\mathrm{Var}(H^{(s)}) = \left[\sum_{i=1}^{n} b_i(\boldsymbol{\theta}) \nabla_{\boldsymbol{\theta}} \alpha_i(\boldsymbol{\theta})\right]^2 \Bigg/ \left[\sum_{i=1}^{n} b_i^2(\boldsymbol{\theta}) \sigma_i^2(\boldsymbol{\theta})\right].$$

如果

$$b_i(\boldsymbol{\theta}) = k(\boldsymbol{\theta}) \nabla_{\boldsymbol{\theta}} \alpha_i(\boldsymbol{\theta}) \sigma_i^{-2}(\boldsymbol{\theta}), \quad i=1,2,\cdots,n,$$

其中 $k(\boldsymbol{\theta})$ 是未确定的因子, 则 $\mathrm{Var}(H^{(s)})$ 是最大的 (可由 Cauchy-Schwarz 不等式推出), 故最优的估计函数是

$$H^* = \sum_{i=1}^{n} \nabla_{\boldsymbol{\theta}} \alpha_i(\boldsymbol{\theta}) \sigma_i^{-2}(\boldsymbol{\theta})(X_i - \alpha_i(\boldsymbol{\theta})).$$

这个结果并不能由普通的最小二乘估计得到, 其实上面的估计函数就是第 11 章讨论的拟得分函数. 如果我们考虑加权最小二乘估计, 极小化下式:

$$\sum_{i=1}^{n}(X_i - \alpha_i(\boldsymbol{\theta}))^2\sigma_i^{-2}(\boldsymbol{\theta}),$$

可导出如下的估计方程

$$\sum_{i=1}^{n}\nabla_{\boldsymbol{\theta}}\alpha_i(\boldsymbol{\theta})\sigma_i^{-2}(\boldsymbol{\theta})(X_i - \alpha_i(\boldsymbol{\theta})) + \sum_{i=1}^{n}(X_i - \alpha_i(\boldsymbol{\theta}))^2\sigma_i^{-3}(\boldsymbol{\theta})\nabla_{\boldsymbol{\theta}}\sigma_i(\boldsymbol{\theta}) = 0.$$

该估计方程一般不是无偏的, 它依赖函数 σ_i, 因此所得的估计一般是有偏的.

9.7.2 得分函数

前面我们已讨论当得分函数存在时, 它是 GEE 估计族中最优的. 为了讨论无偏估计函数的最优性, 我们进一步讨论得分函数的最优性.

设 $X_i, i = 1, 2, \cdots, n$ 是独立但不一定同分布的随机变量, 且 X_i 有分布密度 $f_i(x, \boldsymbol{\theta})$, 则有似然函数

$$L = \prod_{i=1}^{n} f_i(X_i, \boldsymbol{\theta}).$$

其得分函数是

$$\boldsymbol{S} = \nabla_{\boldsymbol{\theta}} \log L = \sum_{i=1}^{n} \nabla_{\boldsymbol{\theta}} \log f_i(X_i, \boldsymbol{\theta}),$$

且 $E\boldsymbol{S} = 0$. 记 $EX_i = \alpha_i(\boldsymbol{\theta})$, 若考虑一族无偏估计函数族 $\mathcal{H}$, 其中元为 $H = \sum_{i=1}^{n}\boldsymbol{b}_i(\boldsymbol{\theta})(X_i - \alpha_i(\boldsymbol{\theta}))$, 有

$$E(\boldsymbol{UH}) = \sum_{i=1}^{n}\boldsymbol{b}_i(\boldsymbol{\theta})E\left[\nabla_{\boldsymbol{\theta}} \log f_i(X_i, \boldsymbol{\theta})\{X_i - \alpha_i(\boldsymbol{\theta})\}\right].$$

假定积分与微分可交换, 可得

$$E(\nabla_{\boldsymbol{\theta}} \log f_i(X_i, \boldsymbol{\theta})X_i) = \nabla_{\boldsymbol{\theta}} EX_i = \nabla_{\boldsymbol{\theta}}\alpha_i(\boldsymbol{\theta}),$$

从而

$$E(\boldsymbol{SH}) = \sum_{i=1}^{n}\boldsymbol{b}_i(\boldsymbol{\theta})\nabla_{\boldsymbol{\theta}}\alpha_i(\boldsymbol{\theta}) = -E\nabla_{\boldsymbol{\theta}}\boldsymbol{H}.$$

因此 $\boldsymbol{S}$ 与 $\boldsymbol{H}$ 相关系数的平方是

$$\mathrm{Corr}^2(\boldsymbol{H}, \boldsymbol{S}) = \frac{E^2(\boldsymbol{SH})}{E\boldsymbol{S}^2 E\boldsymbol{H}^2} = \frac{\mathrm{Var}(\boldsymbol{H}^{(s)})}{E\boldsymbol{S}^2}.$$

如果 $\mathrm{Var}(\boldsymbol{H}^{(s)})$ 极大化, 则相关系数也极大化, 因此在 $\mathcal{H}$ 中选择一个最优的估计函数 $\boldsymbol{H}^*$, 使它与得分函数有最大的相关系数. 对于得分函数 $\boldsymbol{S}$ 与 $H \in \mathcal{H}$, 则

$$\begin{aligned}E(\boldsymbol{H}^{(s)} - \boldsymbol{S}^{(s)})^2 &= \mathrm{Var}(\boldsymbol{H}^{(s)}) + \mathrm{Var}(\boldsymbol{S}^{(s)}) - 2E(\boldsymbol{H}^{(s)}\boldsymbol{S}^{(s)})\\ &= E\boldsymbol{S}^2 - \mathrm{Var}(\boldsymbol{H}^{(s)}).\end{aligned}$$

因为 $\boldsymbol{S}^{(s)} = \boldsymbol{S}$, 且 $E[\boldsymbol{H}^{(s)}\boldsymbol{S}^{(s)}] = \mathrm{Var}(\boldsymbol{H}^{(s)})$. 因此当 $H^* \in \mathcal{H}$ 是最优函数时, $E(\boldsymbol{H}^{(s)} - \boldsymbol{S}^{(s)})^2$ 最小, 这就给出一个最优函数的意义, 它与得分函数的均方距离最小.

注意到

$$\mathrm{Var}(\boldsymbol{H}^{(s)}) \leqslant E\boldsymbol{S}^2.$$

这就是 Crámer-Rao 不等式. 当然, 如果得分函数 $\boldsymbol{S} \in \mathcal{H}$, 以上的方法就可以选出 $\boldsymbol{S}$ 是最优的估计函数. 在此情况下, $\boldsymbol{S} \in \mathcal{H}$ 的充分必要条件为 S 具有如下的形状:

$$\boldsymbol{S} = \sum_{i=1}^{n} \boldsymbol{b}_i(\boldsymbol{\theta})(X_i - \alpha_i(\boldsymbol{\theta})),$$

即有

$$\nabla_{\boldsymbol{\theta}} \log f_i(X_i, \boldsymbol{\theta}) = \boldsymbol{b}_i(\boldsymbol{\theta})(X_i - \alpha_i(\boldsymbol{\theta})).$$

这就要求 X_i 是来自指数族.

假定 $EX_i = \alpha_i(\boldsymbol{\theta}), \mathrm{Var}(X_i) = \sigma_i^2(\boldsymbol{\theta})$, 则函数

$$\boldsymbol{H}^{(p)} = k(\boldsymbol{\theta}) \sum_{i=1}^{n} \frac{\nabla_{\boldsymbol{\theta}}\alpha_i(\boldsymbol{\theta})}{\sigma_i^2(\boldsymbol{\theta})}(X_i - \alpha_i(\boldsymbol{\theta})),$$

称为拟似然得分函数. 可以证明 $\boldsymbol{H}^{(p)} \in \mathcal{H}$ 最优且与得分函数最近 (练习). 本书后面章节将讨论更一般的拟似然估计.

9.8 最优估计方程的一般框架

在前面我们证明了广义估计方程估计的相合性和渐近正态性, 同时也讨论了最优的广义估计方程估计. 在这里, 我们将讨论一般框架下的最优估计方程估计. 而在寻找最优估计方程估计时, 相当于寻找一个最优估计方程. 所以在本章的余下部分, 我们将着重讨论如何寻找最优的估计方程. 在 Heyde (1997) 书中把最优估计方程进行了大量扩展, 特别是扩展到鞅过程及分枝过程中, 为了不使本书过于发散, 仅简单介绍一些基本概念.

事实上, 在统计的应用中, 由于数据或模型的复杂性, 找到一个最优的估计方程 (组) 是非常困难的, 但寻找到一个合适的估计方程是可能的. 在实际中, 应尽量使合适的估计方程最大可能地靠近最优估计方程. 因此, 熟悉最优估计方程的一般方法仍有借鉴意义. 在 Bickel 等 (1993) 中, 对半参数有效估计进行了详细的描述, 本质上也是构造估计方程为最优估计方程.

设 $\{\boldsymbol{X}_i, i=1,2,\cdots,n\}$ 是离散或连续的 r 维随机向量, $\boldsymbol{X}_i$ 的分布依赖于未知参数 $\boldsymbol{\theta}\in\Theta\subset\mathbf{R}^p$, 我们的目的是估计参数 $\boldsymbol{\theta}$. 假定 $\boldsymbol{X}_i$ 的可能概率测度是参数模型族的, 分布由 $\boldsymbol{\theta}$ 决定, 并且对每一个 $\boldsymbol{\theta}$, 概率空间 $(\Omega,\mathcal{F},\boldsymbol{P}_\theta)$ 是完备的.

考虑估计函数族

$$\begin{aligned}\mathcal{G}=\Big\{&\boldsymbol{G}_n=\boldsymbol{G}_n(x_1,x_2,\cdots,x_n;\boldsymbol{\theta})\in\mathbf{R}^p: E\boldsymbol{G}_n=0,\\ &\text{且矩阵 } E(\nabla_\theta\boldsymbol{G}_n)=E\left[\frac{\partial G_{n,i}(\boldsymbol{\theta})}{\partial\boldsymbol{\theta}_j}\right]_{p\times p}\ \text{及} E(\boldsymbol{G}_n\boldsymbol{G}_n^\tau)\ \text{是非奇异的}\ \Big\}.\end{aligned}$$

在很多情况下, $\boldsymbol{P}_\theta$ 关于某个 σ 有限测度 λ_n 是绝对连续的, 具有密度为 $p_n(\boldsymbol{\theta})$, 以下约定 $\boldsymbol{S}_n(\boldsymbol{\theta})=p_n^{-1}(\boldsymbol{\theta})\nabla_{\boldsymbol{\theta}}p_n(\boldsymbol{\theta})$ 为得分函数, 并假定 $p_n(\boldsymbol{\theta})$ 关于 $\boldsymbol{\theta}$ 连续可微, 同时假定 $\forall\,\boldsymbol{G}_n\in\mathcal{G}$, $E(\boldsymbol{G}_n\boldsymbol{S}_n^\tau)$ 与 $E(\boldsymbol{S}_n\boldsymbol{G}_n^\tau)$ 中微分与积分可交换.

通常情况下, 估计函数向量的维数大于参数的维数. 但我们可以通过标准化产生新的无偏估计函数, 使得其个数与参数的维数一样. 基于正则化后的估计函数讨论最优的估计方程才是合理的.

另外, 如果有得分函数, 求解得分方程 $S_n(\boldsymbol{\theta})=0$ 的根作为 $\boldsymbol{\theta}$ 的估计一般来说是最好的, 但是在大多数情况下, 无法获得真正的得分方程. 因此, 我们对一般的估计方程进行研究.

9.8.1 小样本情形下的最优准则

取 $\mathcal{H}$ 是 $\mathcal{G}$ 的一个子集. 由 9.7 节, $\mathcal{H}$ 中的最优估计函数是通过正则化后估计函数的协方差进行极大化来获得的. 特别地, 如果得分函数 $S_n(\boldsymbol{\theta})$ 存在, 在 $\mathcal{H}$ 中的一个最优估计函数就是与 $S_n(\boldsymbol{\theta})$ 均方距离最短的估计函数. 为此, 我们需要引入估计函数的正则化

$$\boldsymbol{G}_n^{(s)}\equiv-(E\nabla_{\boldsymbol{\theta}}\boldsymbol{G}_n)^\tau\left(E(\boldsymbol{G}_n\boldsymbol{G}_n^\tau)\right)^{-1}\boldsymbol{G}_n,\quad \boldsymbol{G}_n\in\mathcal{H}.$$

信息阵

$$I(\boldsymbol{G}_n)\equiv E(\boldsymbol{G}_n^{(s)}\boldsymbol{G}_n^{(s)^\tau})=(E\nabla_{\boldsymbol{\theta}}\boldsymbol{G}_n)^\tau\left(E(\boldsymbol{G}_n\boldsymbol{G}_n^\tau)\right)^{-1}(E\nabla_{\boldsymbol{\theta}}\boldsymbol{G}_n).$$

特别地, 如果得分函数存在, 由

$$I(\boldsymbol{S}_n)=(E\nabla_{\boldsymbol{\theta}}\boldsymbol{S}_n)^\tau\left[E(\boldsymbol{S}_n\boldsymbol{S}_n^\tau)\right]^{-1}(E\nabla_{\boldsymbol{\theta}}\boldsymbol{S}_n)=E(\boldsymbol{S}_n\boldsymbol{S}_n^\tau),$$

可知, 信息矩阵是 Fisher 信息矩阵的自然推广.

基于以上想法, 我们需要极大化矩阵 $I(\boldsymbol{G}_n)$. 而对矩阵的极大化需借助非负定矩阵的偏序关系.

定义 9.5 如果对于任意的 $\boldsymbol{G}_n \in \mathcal{H}$, $\boldsymbol{\theta} \in \Theta$ 及 $\boldsymbol{P}_\theta$, $I(\boldsymbol{G}_n^*) - I(\boldsymbol{G}_n)$ 是非负定的, 则称 $\boldsymbol{G}_n^* \in \mathcal{H}$ 是得分最优或称为信息极大化估计函数.

注意: 在信息极大化的情形下, 表明估计函数最优, Heyde (1997) 也称为 O_F 最优. 在这里以及后面的大样本下的最优准则, 最优的估计函数都称为拟得分函数 (quasi-score function). 解拟得分估计方程 (设对应的拟得分函数值为 0), 其解称为拟似然估计 (quasi-likelihood estimators).

值得指出的是, 定义 9.5 在实际中都难以实现, 因此需要如下的结果.

定理 9.8 (i) 如果

$$E(\boldsymbol{G}_n^{*(s)}\boldsymbol{G}_n^{(s)\tau}) = E(\boldsymbol{G}_n^{(s)}\boldsymbol{G}_n^{*(s)\tau}) = E(\boldsymbol{G}_n^{(s)}\boldsymbol{G}_n^{(s)\tau}), \tag{9.15}$$

或等价地 $(E\nabla_{\boldsymbol{\theta}}\boldsymbol{G}_n)^{-1}E(\boldsymbol{G}_n\boldsymbol{G}_n^{*\tau})$, 对于所有的 $\boldsymbol{G}_n \in \mathcal{H}$ 是一常数矩阵, 则 $\boldsymbol{G}_n^* \in \mathcal{H}$ 是得分最优 (或信息极大化) 的估计函数.

(ii) 如果 $\mathcal{H}$ 是凸的, 且 $\boldsymbol{G}_n^* \in \mathcal{H}$ 是得分最优的 (或信息极大化), 则式 (9.15) 成立.

定理 9.8 说明, 找到的最优估计函数与极大似然估计中的得分函数具有相似的性质和表现. 它的证明可参见 Heyde (1988).

下面一个例子 (参见 Heyde (1997) 和 Feigin (1977)) 非常有意思, 而且在流行病学中有重要应用.

例 9.2 在流行病学中通常考虑传染过程为分枝过程. 对于分枝过程中的参数估计是重要的. 考虑 Offspring 分布的 Galton-Waston 过程 $\{Z_i\}$, $\theta = E(Z_1|Z_0 = 1)$, 且 $E(Z_i|\mathcal{F}_{i-1}) = \theta Z_{i-1}$, 其中 $\mathcal{F}_i = \sigma\{Z_0, Z_1, \cdots, Z_i\}$. 其直观意义是, 假设 Z_i 表示第 i 代被传染某种疾病的人数, 在已知前 $i-1$ 代被传染的人数后, 那么第 i 代被传染的人数与前一代的被传染的人数成正比. 设所获得样本是 $\{Z_0, Z_1, \cdots, Z_n\}$. 注意到

$$Z_i - E[Z_i|\mathcal{F}_{i-1}] = Z_i - \theta Z_{i-1}$$

是鞅. 设估计函数族

$$\mathcal{H} = \left\{ h_n : h_n = \sum_{i=1}^n a_i(\theta)(Z_i - \theta Z_{i-1}),\ a_i(\theta) \text{ 是 } \mathcal{F}_{i-1} \text{ 可测的} \right\},$$

则由例 9.1, 可找到得分最优的估计函数的权是

$$a_i^*(\theta) = -\frac{1}{\sigma^2},$$

其中, $\sigma^2 = \mathrm{Var}(Z_1|Z_0=1)$, 且 θ 的得分最优估计是

$$\widehat{\theta} = (Z_1 + \cdots + Z_n)/(Z_0 + \cdots + Z_{n-1}).$$

可以称 $\widehat{\theta}$ 为 $\mathcal{H}$ 中的拟似然估计.

特别地, 如果我们考虑 Offspring 分布是幂函数族, 即

$$P(Z_1 = j|Z_0 = 1) = A(j)\frac{(a(\theta))^j}{F(\theta)}, \quad j = 0, 1, \cdots,$$

其中

$$F(\theta) = \sum_{j=0}^{\infty} A(j)(a(\theta))^j.$$

在这一族分布下, $\widehat{\theta}$ 其实就是极大似然估计. 注意到

$$\begin{aligned}
&P(Z_0 = z_0, \cdots, Z_n = z_n)\\
=&P(Z_0 = z_0)\prod_{k=1}^{n} P(Z_k = z_k|Z_{k-1} = z_{k-1})\\
=&P(Z_0 = z_0)\prod_{k=1}^{n}\left[\sum_{j_1+\cdots+j_{z_{k-1}}=z_k} A(j_1)\cdots A(j_{z_{k-1}})\right]\frac{(a(\theta))^{z_k}}{(F(\theta))^{z_{k-1}}}\\
=&P(Z_0 = z_0)\frac{(a(\theta))^{z_1+\cdots+z_n}}{(F(\theta))^{z_0+\cdots+z_{n-1}}} \times C,
\end{aligned}$$

其中 C 与 θ 无关. 则得分函数是

$$S_n(\theta) = \frac{\partial \log L(\theta)}{\partial \theta} = (Z_1 + \cdots + Z_n)\frac{\nabla_\theta a(\theta)}{a(\theta)} - (Z_0 + \cdots + Z_{n-1})\frac{\nabla_\theta F(\theta)}{F(\theta)}.$$

由该过程的定义及分布的定义得

$$\begin{aligned}
\theta &= \sum_{j=1}^{\infty} jA(j)\frac{(a(\theta))^j}{F(\theta)},\\
1 &= \sum_{j=0}^{\infty} A(j)\frac{(a(\theta))^j}{F(\theta)}.
\end{aligned}$$

对上式求导得

$$0 = \sum_{j=0}^{\infty} jA(j)\nabla_\theta a(\theta)\frac{(a(\theta))^{j-1}}{F(\theta)} - \frac{\nabla_\theta F(\theta)}{F^2(\theta)}\sum_{j=0}^{\infty} A(j)(a(\theta))^j.$$

从而

$$\theta\frac{\nabla_\theta a(\theta)}{a(\theta)}=\frac{\nabla_\theta F(\theta)}{F(\theta)}.$$

因此, 此时的得分函数是

$$S_n(\theta)=\frac{\nabla_\theta a(\theta)}{a(\theta)}\left[(Z_1+\cdots+Z_n)-(Z_0+\cdots+Z_{n-1})\theta\right].\qquad\square$$

例 9.2 说明了寻找最优估计函数的一般技巧, 一般依赖于无偏估计函数族的形式, 例如, 例 9.2 中的估计函数 $\mathcal{H}$. 特别地, 对于线性形式的函数族, 具体步骤为: 先寻找一个基本分布 (比如, 指数族分布) 的得分函数, $\nabla_{\boldsymbol{\theta}}\log L(\boldsymbol{\theta})$, 然后使用鞅的性质, 形成鞅差 $h_i(\boldsymbol{\theta})$, 最后在函数族 $\mathcal{H}=\left\{H:H=\sum_{i=1}^{n}a_ih_i\right\}$ 中寻找最优估计的估计函数, 且一般通过有关准则求得 a_i 使其对应的估计函数是最优得分函数. 需要强调一下, 这里寻找的得分函数可能并不是真正的得分函数, 通常称为拟得分函数. 甚至可以是某些矩条件, 比如, 第 8 章所讨论的一些模型.

另外, 寻找最优的估计函数时, 通常有一个暗含的估计函数族. 因此, 如何选取估计函数族也是很关键的一步. 我们下面再看一个简单例子 (Berlinerk, 1991; Lele, 1994).

例 9.3 考虑模型

$$Y_i=X_i+\varepsilon_i,\tag{9.16}$$

其中过程 $\{X_i\}$ 由下面定性的 logistic 图给出

$$X_{i+1}=\theta X_i(1-X_i),\quad i=0,1,2,\cdots,\tag{9.17}$$

且 ε_i 是独立同分布随机变量, 其均值为 0 且方差 σ^2(假设已知). 基于模型 (9.16), 人们可以考虑如下的估计函数族,

$$\mathscr{H}=\left\{\sum_{i=1}^{T}c_i(Y_i-X_i),\ c_i\ \text{是常数}\right\},\tag{9.18}$$

因为 X_i 是不能被观察的, 为了避免讨厌参数, 必须作一些调整. 对上面函数族 (9.18), 其拟得分函数是

$$Q_n(\theta)=\sum_{i=1}^{T}\frac{\mathrm{d}X_i}{\mathrm{d}\theta}(Y_i-\theta X_{i-1}(1-X_{i-1}).$$

这里 $\mathrm{d}X_i/\mathrm{d}\theta$ 在实际中是不能应用的. 注意到, 系统 $\{X_i\}$ 是由 X_0 和 θ 唯一决定的, 且 X_i 可以写成 θ 的 2^i-1 阶和 X_0 的 2^i 的多项式. 虽然估计函数族 $\mathscr{H}$ 很简单, 但是却并不是一个好的无偏估计函数族, 人们应当更多关注数据结构来获得估计函数族, 这种函数族更有用.

为了应用这种思想, 注意到

$$Y_i(1-Y_i)+\sigma^2-X_i(1-X_i)=\varepsilon_i(1-2X_i)+(\sigma^2-\varepsilon_i^2),$$

故 $Y_i(1-Y_i)+\sigma^2$ 是 $X_i(1-X_i)$ 的一个无偏估计. 所以人们可以考虑如下估计函数族

$$\mathscr{K}=\left\{\sum_{i=1}^{T}c_i[Y_i-\theta\{Y_{i-1}(1-Y_{i-1})+\sigma^2\}],\quad c_i \text{ 是常数}\right\}. \tag{9.19}$$

对所有 i, 当 $c_i=1$ 时, Lele (1994) 研究了此函数族, 并给出了 θ 的强相合估计及其渐近正态性. 当然, 拟似然方法尽管可以改进 θ 估计的有效性, 却也增加了估计方法的复杂性.

在统计学上, 人们可能更关心是否能找到一个合适的无偏估计函数, 其次才是追求估计函数的最优性, 因此在下一章将讨论如何寻找无偏估计函数.

9.9 补充材料

本章给出了 GEE 估计的渐近性质: 相合性、渐近正态性以及渐近有效性以及如何寻找最优的估计方程. 更多内容可参见 Newey 和 McFadden (1994) 及 Heyde (1997). 但是要找到一个最优估计方程本质是困难的, 特别依赖于所假设的模型.

关于最优估计函数, 以及最优估计方程的一般框架, 我们参考和借鉴了 Heyde (1997) 的部分内容. 特别地, 得分最优也可称为信息阵最优, 因为它的定义就是使相似的 Fisher 阵最大. 这里相似的最优性 (loewner optimality) 可见 Pukeslieim (2006, Chapter 4). 另外, Hotelling (1936) 定义了两个随机向量的相关系数.

设 $G_n=(G_{n1},\cdots,G_{np})^\tau$ 和 $S_n=(S_{n1},\cdots,S_{np})^\tau$, 则相关系数 (的平方) 是

$$\rho^2=\frac{[\det(EG_nS_n^\tau)]^2}{\det(EG_nG_n^\tau)\det(ES_nS_n^\tau)},$$

其中 $\det(\cdot)$ 表示矩阵行列式. 在适当的条件下, 由定理 9.8 类似证明可得

$$E\nabla_{\boldsymbol{\theta}}G_n=-E(G_nS_n^\tau).$$

所以极大化相关系数就是极大化

$$[\det(E\nabla_{\boldsymbol{\theta}}G_n)]^2/\det(EG_nG_n^{\tau}).$$

显然, 这个值能在非负定矩阵的意义下, 由极大化 $I(G_n)$ 所获得. 所以, 这个相关系数的标准实际对应于定义 9.5.

在随机过程模型中, 可能要找一个最优估计方程相当复杂, 很多时候需要应用鞅理论及其估计方法. 更多关于鞅的理论可参见 Rogers 和 Williams (2000).

第10章　估计方程的一般思想

Durbin (1960) 最早在统计学和计量经济学中使用现代词语 "估计方程", 他的处理方式是非常有趣的. 在那时, 人们对估计方程一无所知, 也不知其渐近性质, 更不知在预报中带有滞后变量下最小二乘估计的抽样分布. 因为在这种情况下的高斯 - 马尔可夫定理是不可以应用的. 然而 Durbin 观察到, 通过求解估计方程的根而获得的估计, 可以保留 (渐近) 无偏性. 因此, 猜想估计方程估计具有与最小二乘估计类似的某些最优性是一个很自然的想法. 最基本的性质就是估计的无偏性和相合性, 从而一个基本的要求就是估计方程是无偏的, 即 $Eh(\boldsymbol{X},\theta)=0$, 即 $h(\boldsymbol{X},\theta)$ 为无偏估计函数.

在第 1 章我们叙述了构造估计方程估计的一些原则, 且论证了获得估计方程估计关键在于构造一个无偏估计函数 $h(\boldsymbol{X},\boldsymbol{\theta})$, 使得 $Eh(\boldsymbol{X},\boldsymbol{\theta})=0$.

为了说明无偏性, 我们考虑 $AR(1)$ 模型

$$y_t=\theta y_{t-1}+u_t,\quad u_t\sim \text{i.i.d.}(0,\sigma^2),\quad t=1,2,\cdots,n,$$

经简单的计算知, θ 的最小二乘估计是 $\widehat{\theta}=\sum\limits_{t=2}^{n}y_ty_{t-1}/\sum\limits_{t=2}^{n}y_{t-1}^2$, 它是以下方程的根

$$g(y,\theta)\equiv\sum_{t=2}^{n}y_ty_{t-1}-\theta\sum_{t=2}^{n}y_{t-1}^2=0,$$

这里 $y_1,y_2,\cdots,y_n$ 是观察样本. 我们知道最小二乘估计是无偏的, 注意到上面方程的估计函数 $g(y,\theta)$ 关于参数 θ 是线性的, 且 $Eg(y,\theta)=0$. Durbin 就称 $g(y,\theta)=0$ 是一个无偏估计方程. 在此简单情况下, 估计方程的无偏性可以保证估计方程估计是无偏的. 而对于 $AR(1)$ 模型, 其无偏估计函数具有线性性质, 并且这样的估计函数可以表示为

$$g(y,\theta)=T_1(y)+\theta T_2(y),$$

其中 $T_1(y)$ 和 $T_2(y)$ 是观察数据的函数, 这是最简单形式的估计函数.

因此, 通常情况下, 要对数据产生的总体施加条件, 或者需要对统计模型进行一些合理假设, 否则很难获得好的估计方程估计. 这里要强调的是, 有时对总体的某些假设可能是暗含的, 并没有明显给出. 例如, 在给出总体均值估计时, 通常用样本的均值进行估计, 其实这里暗指总体是均匀存在, 即把每一个样本点看作具有相

同作用的点. 在正常情况下, 无需对总体进行假设. 比如, 设 $X_1, X_2, \cdots, X_n$ 来自于分布为 F 的总体, 那么对于 F 的估计, 就可应用估计方程方法得到. 显然, 对于 F 支撑上的每一个点 x, $E[h(X_1, F)] = E[I(X_1 \leqslant x) - F(x)] = 0$, 由样本类似可得

$$\frac{1}{n}\sum_{i=1}^{n} h(X_i, F) = \frac{1}{n}\sum_{i}^{n}[I(X_i \leqslant x) - F(x)] = 0,$$

容易获得 F 的一个估计是

$$F_n(x) = \frac{1}{n}\sum_{i=1}^{n} I(X_i \leqslant x).$$

这是著名的经验分布函数, 且容易证明, $F_n(x)$ 是 $F(x)$ 的无偏估计, 且是渐近正态的. 由第 7 章的讨论我们也知道经验分布函数是分布 F 在无条件限制下的非参数极大似然估计. 有些情况下得到一个无偏估计函数是容易的, 但是在一些复杂数据下却很困难. 寻找无偏估计函数并没有统一的方法, 通常需要应用数理统计知识, 如矩方法, 拟似然方法等, 而更多的是要根据数据类型和假设的统计模型特征来获得. 有关估计方程的一个最基本的要求是参数必须是可估的, 然后才能进一步追求最优性.

10.1 估计函数寻找方法

由于寻找无偏估计函数并没有统一的方法, 本节讨论广义估计方程方法中寻找无偏估计函数的一般原则和方法. 寻求估计方程是进行参数估计或进行统计推断的前提, 正如前面所述, 估计方程的构造与统计模型的假设或数据类型有极其重要的联系. 寻找估计方程其目的是给出未知参数的一个合理估计, 那么, 如果能直接给出估计, 那就是最简单的寻找估计方程的方法了, 例如, 在简单样本情形下, 如果除了未知参数外, 其分布函数已知, 那么一个合理的估计就是极大似然估计, 或者如果能找到一些简单的矩条件, 那么就能应用矩估计. 但是大多数情况下, 并不能很容易地找到极大似然估计或矩估计, 但可能带有参数信息的某些条件, 而这些条件很大程度依赖于统计模型, 因此可以通过这些相依的条件给出合理的估计函数. 但是寻找估计函数并没有统一的形式, 很大程度地依赖于模型的构造. 因此统计模型构造与估计函数存在着必然的联系. 好的统计模型就容易获得好的估计方程, 如果很难获得参数的估计, 再好的模型在实际中应用都是困难的, 因此, 进行参数估计很困难的模型在某种程度上说就不是好模型.

下面我们仅通过一些具体的例子进行叙述寻找无偏估计函数的方法.

10.2 单估计方程

首先考虑单方程的情况. 此时, 参数的维数也必须是一维的, 否则方程的解可能不唯一, 而对于估计方程, 有唯一解是确保参数可识别的重要条件, 进而才能保证给出的估计是相合或是渐近无偏的. 设总体 X 和参数 θ 满足如下方程

$$E\psi(X,\theta_0)=0, \tag{10.1}$$

其中 θ_0 是 θ 的唯一真值. 如果有一组观察样本 $X_1,\cdots,X_n$(注意这里并不要求样本观察值是独立的), 则可以由样本类似自然得到如下的估计方程

$$\frac{1}{n}\sum_{i=1}^{n}\psi(X_i,\theta)=0, \tag{10.2}$$

如果方程 (10.2) 存在解, 那么求解方程 (10.2) 可以得到参数 θ 的估计值 $\widehat{\theta}$. 通常也要求方程 (10.2) 的解唯一. 可以证明在一些条件下, $\widehat{\theta}$ 是 θ_0 的相合估计, 且具有渐近正态性.

例如, 设 X 是均值为 μ 和方差为 σ^2 的随机变量, 其观察样本是 $X_1,\cdots,X_n$, 记估计函数为

$$\psi(X,\mu)=X-\mu,$$

显然有 $E(\psi(X,\mu))=0$, 因此可以得到估计方程为

$$\frac{1}{n}\sum_{i=1}^{n}\psi(X_i,\mu)=\frac{1}{n}\sum_{i=1}^{n}(X_i-\mu)=0,$$

于是得到 μ 的估计为

$$\widehat{\mu}=\frac{1}{n}\sum_{i=1}^{n}X_i,$$

这是通常意义下的均值估计. 同样地, 为了估计方差, 注意到

$$E(X-\widehat{\mu})^2=\frac{n-1}{n}\sigma^2.$$

因此, 可设估计函数为

$$\psi(X,\sigma)=(X-\widehat{\mu})^2-\frac{n-1}{n}\sigma^2.$$

于是得到估计方程为

$$\sum_{i=1}^{n}\left((X_i-\widehat{\mu})^2-\frac{n-1}{n}\sigma^2\right)=0.$$

从而得到 σ^2 的估计为

$$\widehat{\sigma}^2 = \frac{1}{n-1}\sum_{i=1}^{n}(X_i - \widehat{\mu})^2 = \frac{1}{n-1}\sum_{i=1}^{n}(X_i - \bar{X})^2.$$

它也是普通意义下的方差估计. 同时, 在独立观察样本下, 以上这两个估计是正态假设下的极大似然估计. 我们还可以看到更多的例子. 比如, ROC 曲线估计是生物统计和质量控制中广泛使用的函数, 它的定义如下：假设两样本 $X_1, \cdots X_n$ 和 $Y_1, \cdots, Y_m$ 是分别来自于分布为 F 和 G 的总体, 那么, ROC 曲线就是

$$\mathrm{ROC}(p) = 1 - F(G^{-1}(1-p)),$$

其中 $0 \leqslant p \leqslant 1$. 当两总体分布是相同的, 它在坐标 $(p, \mathrm{ROC}(p))$ 中就是斜率为 1 的直线. 考虑半参数情况, 设 F 是完全未知的分布函数, 而 G 分布是一个参数分布, 即 $G_\theta(x)$, 如何给出参数 ROC 曲线的估计呢？当然, 容易想到对于 F 可以使用其经验分布函数 $F_n(x)$, 而对于参数 θ 可用其极大似然估计, 从而获得 ROC 曲线的一个估计. 如果假设两样本之间是独立的, 可以证明此估计具有很好的性质：相合性和渐近正态性. 另外, 这个估计也可用估计方程来获得. 比如, 记 $\varDelta_p = 1 - F(G^{-1}(1-p))$, 则一个简单的估计函数就是

$$\psi(Y, \varDelta_p, \theta) = \varDelta_p - [1 - I(X \leqslant G_\theta^{-1}(1-p))],$$

不难证明, 对于任意给定 θ, 有 $E\psi(Y, \varDelta_p, \theta) = 0$. 由样本类似便可得

$$\widehat{\varDelta}_p = 1 - \frac{1}{n}\sum_{i=1}^{n} I(X_i \leqslant G_\theta^{-1}(1-p)).$$

对上式 θ 用其极大似然估计 $\widehat{\theta}$ 来代替, 便可得到 ROC 曲线的估计方程估计是

$$\widehat{\varDelta}_p = 1 - \frac{1}{n}\sum_{i=1}^{n} I(X_i \leqslant G_{\widehat{\theta}}^{-1}(1-p)).$$

可以证明, 若两样本的观察分别是独立同分布的随机变量, 且两样本间是独立, 这个估计是相合的, 也是渐近正态的. ROC 曲线估计还将在后面的章节进一步讨论.

当然这种方法已不是严格意义上的估计方程估计了, 但一般也称为估计方程估计, 它仍然有许多与估计方程估计相类似的性质. 这类方法的基本思想是, 先应用估计方程给出一个合理的估计, 而它可能依赖某些讨厌参数, 所以再用讨厌参数的相合估计代入便得感兴趣的估计方程估计.

10.3 多元估计方程

如果矩条件 (10.1) 中的函数不是一维的函数, 而是多个函数组成的函数向量, 而参数 θ 也可能是多维参数. 记 $\boldsymbol{\psi}$ 为 $r\times 1$ 维函数向量, $\boldsymbol{\theta}$ 是 $p\times 1$ 参数向量, 满足如下的方程

$$E\boldsymbol{\psi}(\boldsymbol{X},\boldsymbol{\theta}_0)=0, \tag{10.3}$$

其中 $\boldsymbol{\theta}_0$ 是 $\boldsymbol{\theta}$ 的真值. 此时 $\boldsymbol{\theta}$ 的估计方程估计并不像一维情况那么简单, 甚至可能存在不可识别的情况.

一般地, 当 $r=p$ 时称为恰好识别, 而当 $r>p$ 时称为过度识别. 恰好识别时, 可以通过求解方程组的方法来获得参数的估计, 比如, 在极大似然函数估计中, 得分方程的维数与参数的维数是相同的, 因此可以直接求解得分方程组获得极大似然估计, 这也是估计方程估计的一个特例. 恰好识别情况获得的估计就是通常意义的矩方法, 简称 MM 估计. 但过度识别情形下需要应用第 6 章的方法, 即构造极值目标函数. 因此, 在这种情况下需要应用广义估计方程方法 (GEE). 下面利用总体分布的特性给出一个无偏估计函数.

如果知道总体的分布, 那么矩方法是寻找一个无偏估计函数的很好方法. 在这种情况下, 通常需要采用灵活的方法来求解总体的各阶矩. 例如, 设随机变量 X 来自于某总体, 其分布的密度函数为

$$f(x)=\frac{a}{\sqrt{2\pi}\Phi(x)x^2}\exp\left\{-\frac{1}{2}\left(\frac{a}{x}-b\right)^2\right\},$$

其中 a 和 b 为参数, $\Phi(x)$ 是标准正态分布函数. 可以证明

$$E\left(\frac{1}{X}-\frac{b}{a}-\frac{1}{a\sqrt{2\pi}\Phi(b)}\exp\left\{-\frac{1}{2}b^2\right\}\right)=0,$$

$$E\left(\frac{1}{X^2}-\frac{b^2+1}{a}-\frac{b}{a^2\sqrt{2\pi}\Phi(b)}\exp\left\{-\frac{1}{2}b^2\right\}\right)=0.$$

因此, 我们可以获得如下的无偏估计函数

$$\boldsymbol{\psi}(X,(a,b))=\begin{pmatrix}\dfrac{1}{X}-\dfrac{b}{a}-\dfrac{1}{a\sqrt{2\pi}\Phi(b)}\exp\left\{-\dfrac{1}{2}b^2\right\}\\[2ex] \dfrac{1}{X^2}-\dfrac{b^2+1}{a}-\dfrac{b}{a^2\sqrt{2\pi}\Phi(b)}\exp\left\{-\dfrac{1}{2}b^2\right\}\end{pmatrix}.$$

如果 $X_1,\cdots,X_n$ 是独立同分布的观察值, 则可以得到估计方程

$$\frac{1}{n}\sum_{i=1}^{n}\left(\frac{1}{X_i}-\frac{b}{a}-\frac{1}{a\sqrt{2\pi}\varPhi(b)}\exp\left\{-\frac{1}{2}b^2\right\}\right)=0,$$

$$\frac{1}{n}\sum_{i=1}^{n}\left(\frac{1}{X_i^2}-\frac{b^2+1}{a}-\frac{b}{a^2\sqrt{2\pi}\varPhi(b)}\exp\left\{-\frac{1}{2}b^2\right\}\right)=0,$$

整理得

$$\frac{1}{n}\sum_{i=1}^{n}\frac{1}{X_i}=\frac{b}{a}+\frac{1}{a\sqrt{2\pi}\varPhi(b)}\exp\left\{-\frac{1}{2}b^2\right\},$$

$$\frac{1}{n}\sum_{i=1}^{n}\frac{1}{X_i^2}=\frac{b^2+1}{a}+\frac{b}{a^2\sqrt{2\pi}\varPhi(b)}\exp\left\{-\frac{1}{2}b^2\right\}.$$

从而得到参数向量 $(a,b)^\tau$ 的估计方程组, 求解便可获得参数向量的估计 $(\widehat{a},\widehat{b})^\tau$.

但在很多实际问题中, 经常不知道总体分布. 因此, 矩方法并不可行. 为此, 需要进一步研究如何寻找无偏估计函数.

10.4 辅助信息线性模型

同样的思想可以应用到线性模型. 考虑如下线性回归模型

$$Y=\boldsymbol{Z\theta}+\varepsilon,$$

其中随机误差项 ε 来自于一个对称的分布, $E\varepsilon=0$, $E\varepsilon^2=\sigma^2$, $\boldsymbol{\theta}$ 是 p 维的未知参数向量. 在很多应用当中, 通常假设误差分布是正态的, 但是, 正态的假设条件太强, 很多实际问题并不满足正态性假设. 众所周知, 并不需要假设误差分布是正态的, 最小二乘估计便是相合估计, 无偏的, 同时也满足渐近正态性.

在大多数计量经济模型中, 人们通常假定误差项服从正态分布, 虽然这个假设使用起来很方便, 但并不一定是合理的. 在研究线性回归模型时, 人们通常去掉误差项服从正态分布的假设, 以便模型能够具有更广泛的应用背景. 现实生活中, 我们经常得到的实际数据的残差项有正有负, 虽然它们一般关于 0 可能是对称的, 但由此就假定它服从正态分布往往未能通过假设检验, 数据未必真正服从正态分布. 事实上, 不需要假定误差项服从正态分布仍然可以获得估计的许多很好的性质. 例如, 只要满足一些一般的条件, $E\varepsilon=0$ 且方差存在, 最小二乘估计便具有无偏性, 也是最好线性无偏估计 (BLUE).

另外, 假设误差项具有正态分布, 甚至假设其他任何参数分布, 通常会带来模型误判. 然而, 尽管误差项不服从正态分布, 但在很多情况下, 由于误差项的值经常会有正有负, 假设误差项服从一个对称分布似乎更为合理, 即关于均值对称的分布. 因此, 误差项服从对称分布也是一个有用的信息. 即使误差分布不一定是对称的, 只需知道其某一个分位数, 也同样可以给模型提供有用的辅助信息. 对于参数估计, 知道残差项关于 0 对称或者知道误差分布的某一个分位数等, 都是一些有用的辅助信息,

这些辅助信息通常很有价值, 可以给参数估计与统计推断提供更多的有用信息. 但如果我们采用通常的最小二乘方法来进行参数估计的话, 并没有利用到上述辅助信息. 而在进行参数的统计推断中, 如果能有效地使用上述有价值的辅助信息, 肯定能够大大改善估计的效率. 在本节中可以看到, 使用提出的方法可以大大提高估计的精度, 减小估计的标准差和缩短置信区间的长度. 更多的论证见 Zhou, Wan 和 Yuan (2011).

那么如何利用这些辅助信息呢? 本节的目的是提出两种新的方法将这些辅助信息加以利用, 来改善对未知参数 $\boldsymbol{\theta}$ 的估计, 实际上, 对于这个问题的研究就相当于把最小二乘估计与分位数回归估计有机地结合在一起. 众所周知, θ 的最小二乘估计中的正则方程为

$$\sum_{i=1}^{n} \boldsymbol{Z}_i^{\tau}(Y_i - \boldsymbol{Z}_i\theta) = 0, \tag{10.4}$$

其中上面的方程组数与参数 θ 的维数相同. 同时, 如果误差分布是对称的, 我们也可以得到中位数回归估计方程如下:

$$\sum_{i=1}^{n} \boldsymbol{Z}_i^{\tau}[1/2 - I(Y_i - \boldsymbol{Z}_i\theta \leqslant 0)] = 0, \tag{10.5}$$

此方程可以视为关于未知参数 θ 的辅助信息. 当然, 我们也可以把式 (10.4) 视为式 (10.5) 的辅助信息. 将辅助信息考虑进来, 便可以得到如下无偏估计函数:

$$\psi(Y, \boldsymbol{Z}, \theta) = \begin{pmatrix} \boldsymbol{Z}^{\tau}(Y - \boldsymbol{Z}\boldsymbol{\theta}) \\ \boldsymbol{Z}^{\tau}(1/2 - I(Y - \boldsymbol{Z}\boldsymbol{\theta} \leqslant 0)) \end{pmatrix}. \tag{10.6}$$

注意, 这个估计函数是 $q = 2p$ 维的函数向量. 显然在此处 $q > p$, 此为过度识别方程组, 即估计方程的个数多于未知参数的个数. 过度识别方程组能够使我们在对感兴趣的未知参数进行估计及推断时, 将辅助信息有效地加以利用, 这有助于大大提高参数估计的效率. 从直观上来说, 信息越多, 那么对参数的估计就越准确. 此时, 使用通常的方法可能找不到 $\boldsymbol{\theta}$ 的一个 p 维估计同时满足 q 个估计方程. 对于处理带有辅助信息的参数估计的方法有几种, 但我们仅限于应用广义矩估计或估计方程方法和经验似然方法. 正如将要看到的, 广义矩估计方法 (GMM)(Hansen, 1982) 和经验似然 (EL) 方法 (Owen, 1988) 能够很好地处理过度识别估计方程组参数估计问题, 并能有效地利用辅助信息提高估计的精度, 参见第 7 章和第 9 章相关部分.

正如前面所述, 由 $\boldsymbol{\theta}$ 的最小二乘估计中的正则方程可以推出一个无偏估计函数 ψ_1, 满足

$$E\psi_1(Y_i,\boldsymbol{Z}_i,\theta)=E[\boldsymbol{Z}_i^\tau(Y_i-\boldsymbol{Z}_i\theta)]=0, \tag{10.7}$$

其中上面的无偏估计函数向量 ψ_1 与参数 θ 的维数相同. 同时, 如果知道误差分布的均值为 0 且是对称的, 也可以由中位数回归估计方程得到无偏估计函数 ψ_2, 使得

$$E\psi_2(Y_i,\boldsymbol{Z}_i,\boldsymbol{\theta})=E\{\boldsymbol{Z}_i^\tau[1/2-I(Y_i-\boldsymbol{Z}_i\boldsymbol{\theta}\leqslant 0)]\}=0, \tag{10.8}$$

综合以上信息, 可以得到如下的无偏估计函数

$$\psi(Y,\boldsymbol{Z},\boldsymbol{\theta})=\begin{pmatrix}\boldsymbol{Z}^\tau(Y-\boldsymbol{Z}\boldsymbol{\theta})\\ \boldsymbol{Z}^\tau(1/2-I(Y-\boldsymbol{Z}\boldsymbol{\theta}\leqslant 0))\end{pmatrix}. \tag{10.9}$$

显然 ψ_2 关于参数是不连续的, 因此, 这是非光滑的估计函数. 在此将利用这些辅助信息(无偏估计函数) 来构造无偏的估计方程, 然后光滑化非光滑的估计函数, 利用经验似然估计和广义矩估计, 来改善对未知参数 $\boldsymbol{\theta}$ 的估计. 处理非光滑估计函数的一个可行的办法是利用核函数对非光滑的估计函数进行光滑化. 为了说明方法, 现假设 θ 的维数 $p=1$, $p>1$ 的情况类似可得. 令 ξ 为一个独立于响应变量 Y 和协变量 $\boldsymbol{Z}$ 的随机变量, ξ 具有已知的光滑分布 $L(x)$. 则目标函数 $\psi(y,\boldsymbol{z},\theta)$ 可以通过一个扰动项 ξ 在不连续点处进行光滑, 即

$$\phi(y,\boldsymbol{z},\theta)=E_L\psi(y,\boldsymbol{z},\theta-b\xi)=\int\psi(y,\boldsymbol{z},\theta-b\xi)\mathrm{d}L(\xi),$$

其中 $b=b_n$ 为一个正常数序列, 它满足条件 $b_n\to 0$, 且当 $n\to\infty$ 时, $nb_n\to\infty$. 更进一步, 如果假定 $Q(\theta)=E_F\psi(y,\boldsymbol{z},\theta)$ 在真值 θ_0 附近连续可微 (这个假定通常成立), 易证

$$\begin{aligned}E_F\phi(Y,\boldsymbol{Z},\theta_0)&=E_F\{E_L\psi(Y,\boldsymbol{Z},\theta_0-b\xi)\}\\&=\iint\psi(y,\boldsymbol{z},\theta_0-b\xi)\mathrm{d}F(y,\boldsymbol{z})\mathrm{d}L(\xi)\\&=\iint\psi(y,\boldsymbol{z},x)\mathrm{d}F(y,\boldsymbol{z})\mathrm{d}L\left(\frac{\theta_0-x}{b}\right)\\&=\int Q(x)\mathrm{d}L\left(\frac{\theta_0-x}{b}\right)\\&\longrightarrow E_F\psi(Y,\boldsymbol{Z},\theta_0)=0,\end{aligned}$$

因为 $Q(\theta)=E_F\psi(y,\boldsymbol{z},\theta)$ 在真值 θ_0 附近连续, 那么上式最后的极限过程就成立. 因此, $\phi(Y,\boldsymbol{Z},\theta_0)$ 是 $E_F\psi(Y,\boldsymbol{Z},\theta_0)$ 的一个渐近无偏估计. 注意到

$$\begin{aligned}\phi(y,\boldsymbol{z},\theta) &= E_L(\psi(y,\boldsymbol{z},\theta-b\xi)) \\ &= \int \psi(y,\boldsymbol{z},\theta-b\xi)\mathrm{d}L(\xi) \\ &= \int \psi(y,\boldsymbol{z},x)\mathrm{d}L\left(\frac{\theta-x}{b}\right).\end{aligned}$$

因此, 存在一个光滑函数 $L(x)$ 使得在一些条件下, $\phi(y,\boldsymbol{z},\theta)$ 是关于未知参数 θ 的光滑函数. 例如,$L(x)$ 具有有限支撑和光滑导数.

更一般地, 假设 $\psi(Y,g(\boldsymbol{Z},\boldsymbol{\theta}))$ 对 $g(\cdot)$ 不连续 (因此对 $\boldsymbol{\theta}$ 也不连续), 且满足

$$E\{\psi(Y,g(\boldsymbol{Z},\boldsymbol{\theta}_0))\}=0,$$

其中 $g(\boldsymbol{Z},\boldsymbol{\theta})$ 已知, 且是对 $\boldsymbol{\theta}$ 的光滑函数, $\boldsymbol{\theta}_0$ 是参数 $\boldsymbol{\theta}$ 的真值. 与上述相同的思想, 令

$$\phi(Y,\boldsymbol{Z},\boldsymbol{\theta})=E_{Y,\boldsymbol{z}}\{\psi(Y,g(\boldsymbol{Z},\boldsymbol{\theta})+b\xi)\}=\int\psi(Y,g(\boldsymbol{Z},\boldsymbol{\theta})+b\xi)\mathrm{d}L(\xi),$$

其中 $E_{Y,\boldsymbol{Z}}$ 表示在给定 Y 和 $\boldsymbol{Z}$ 下取条件期望. 令 $Q_{\boldsymbol{Z}}(x)=E_{\boldsymbol{Z}}\{\psi(Y,x)\}$, 易知下式成立

$$\begin{aligned}E\{\phi(Y,\boldsymbol{Z},\theta_0)\} &= E[E_{\boldsymbol{Z}}\{\psi(Y,g(\boldsymbol{Z},\theta_0)+b\xi)\}] \\ &= E\left\{\iint \psi(y,g(\boldsymbol{Z},\theta_0)+b\xi)\mathrm{d}F(y|\boldsymbol{Z})\mathrm{d}L(\xi)\right\} \\ &= E\left\{\int Q_{\boldsymbol{Z}}(x)\mathrm{d}L\left(\frac{x-g(\boldsymbol{Z},\theta_0)}{b}\right)\right\} \\ &\longrightarrow E\{Q_{\boldsymbol{Z}}(g(\boldsymbol{Z},\theta_0))\}=E\{\psi(Y,g(\boldsymbol{Z},\theta_0))\}=0.\end{aligned}$$

相应于估计函数 (10.8), 我们只需取 $g(\boldsymbol{Z},\boldsymbol{\theta})=\boldsymbol{Z\theta}$. 注意无需对 $\psi(\cdot)$ 中其他光滑的估计函数进行光滑, 只需对函数 (10.6) 的最后一个函数进行光滑可以得到

$$\begin{aligned}\phi(y,\boldsymbol{z},\boldsymbol{\theta}) &= E_L\left\{\boldsymbol{Z}^\tau(1/2-I(Y-\boldsymbol{Z\theta}+b\xi\leqslant 0))\right\} \\ &= \int\frac{1}{2}\boldsymbol{Z}^\tau\mathrm{d}L(\xi)-\int\boldsymbol{Z}^\tau I(Y-\boldsymbol{Z\theta}+b\xi\leqslant 0)\mathrm{d}L(\xi) \\ &= \boldsymbol{Z}^\tau\left\{1/2-L\left(\frac{\boldsymbol{Z\theta}-Y}{b}\right)\right\},\end{aligned}$$

其中 $L(\cdot)$ 可以是任意连续可微的分布函数.

将非光滑的估计函数 $\psi(y,\boldsymbol{z},\boldsymbol{\theta})$ 光滑为 $\phi(y,\boldsymbol{z},\boldsymbol{\theta})$ 后, 针对光滑后的估计函数 $\phi(y,\boldsymbol{z},\boldsymbol{\theta})$, 7.4 节提出的方法继续适用, 只要选择适当的核函数和窗宽即可.

例如, 假定 $L(\cdot)$ 是满足以下条件的 r 阶核函数:

$$\int u^j l(u)\mathrm{d}u = \begin{cases} 1, & j=0, \\ 0, & 1 \leqslant j \leqslant r-1, \\ c_r \neq 0, & j=r. \end{cases}$$

对某个整数 $r \geqslant 2$ 成立. 因此, $L(\cdot)$ 是 r 阶核函数, 其中 $l(x)$ 是相应于核函数 $L(x)$ 的密度函数.

注意到

$$E_F\phi(y,\boldsymbol{z},\boldsymbol{\theta}) = E_F\{E_L[\psi(y,\boldsymbol{z},\boldsymbol{\theta}-b\xi)]\} \approx 0. \tag{10.10}$$

因此, 我们便可以基于式 (10.9) 通过使用广义矩估计方法或经验似然方法构造估计量.

10.4.1 广义矩估计

正如前面所述, 矩方法 (MM)可以被用于恰好识别方程组的情况下, 即无偏估计方程的个数等于未知参数个数. 但如同之前已经提到的那样, 这里考虑的是过度识别估计方程组, 即 $q > p$. 在这种情况下, 不可能使用矩方法找到解. Hansen (1982) 提出广义矩方法 (GMM), 原理是选择参数使矩函数尽量靠近 0, 靠近程度通过加权欧几里得距离加以度量, 因此第 9 章的方法可以用来处理这里的过识别的估计方程问题.

通过估计方程便可以得到广义矩估计量, 即 θ 的估计是 $\min_\theta \widetilde{M}_w(\theta)$ 的根, 其中

$$\widetilde{M}_w(\theta) = \left[\frac{1}{n}\sum_{i=1}^n \phi(Y_i,\boldsymbol{Z}_i,\theta)\right]^\tau W \left[\frac{1}{n}\sum_{i=1}^n \phi(Y_i,\boldsymbol{Z}_i,\theta)\right],$$

矩阵 W 为某个选定的半正定矩阵.

如第 9 章所述, 可以通过极小化 $\widetilde{M}_{\widehat{w}}(\theta)$ 而得到两步广义矩估计 $\widetilde{\theta}$, 其中 $\widehat{W} = \Delta(\widehat{\theta})$, $\Delta(\theta)$ 是一个半正定权矩阵, $\widehat{\theta}$ 是 θ 的一个相合估计. 那么两步广义矩估计是

$$\widetilde{\theta} = \mathrm{argmin}_\theta \widetilde{M}_{\widehat{w}}(\theta).$$

为了获得两步广义矩估计, 首先需获得 θ 的一个相合估计. 一个简单方法就是把权矩阵 W 取为单位矩阵 I, 那么可以获得 θ 的相合估计, 即

$$\widehat{\theta} = \mathrm{argmin}_\theta \widetilde{M}_I(\theta)$$

注意到, 在权矩阵为单位矩阵时 GMM 目标函数就是一个关于无偏估计函数的二次型. 在一些较弱的条件下, 可以证明, $\tilde{\theta}$ 是 θ 的相合估计.

定理 10.1 在满足本章附录中 (1)~(5) 的条件下, 假定 $Q(\theta) = E_F\psi(Y,\boldsymbol{Z},\theta)$ 在 θ_0 的附近是 r 阶连续可微的. 同时假定 (10.9) 被正确识别, 即存在唯一的真值 θ_0 满足 $E_F\{\psi(Y,\boldsymbol{Z},\theta_0)\} = 0$, 如果 $nb^{2r} \to 0$, 则有

$$\sqrt{n}(\widetilde{\theta}-\theta_0) \xrightarrow{\mathcal{D}} N(0, \Sigma_g), \tag{10.11}$$

其中 $\Sigma_g = \Sigma_1 A^\tau W^{-1} B W^{-1} A \Sigma_1$, $\Sigma_1 = \{A^\tau(\theta_0) W^{-1} A(\theta_0)\}^{-1}$, 同时,

$$A(\theta_0) = \left.\frac{\partial E_F \psi(Y, \boldsymbol{Z}, \theta)}{\partial \theta}\right|_{\theta_0}, \quad B(\theta) = E_F[\psi(Y, \boldsymbol{Z}, \theta)\psi^\tau(Y, \boldsymbol{Z}, \theta)].$$

注 识别性条件在线性模型下是简单的, 只需假定误差的均值为 0 即可.

权矩阵 W 通常依赖于未知参数 θ, 有两种方法可以得到广义矩估计, 即一步法和两步法. 具体地说, 一步广义矩估计是将目标函数, 特别是权矩阵, 看作未知参数 θ 的函数, 从而有

$$\widetilde{M}_w(\theta) = \left[\frac{1}{n}\sum_{i=1}^n \phi(Y_i, \boldsymbol{Z}_i, \theta)\right]^\tau W(\theta) \left[\frac{1}{n}\sum_{i=1}^n \phi(Y_i, \boldsymbol{Z}_i, \theta)\right].$$

一步广义矩估计就是使上述式子达到最小值的量. 也就是说, 一步广义矩估计是

$$\widetilde{\theta}_1 = \mathrm{argmin}_\theta \widetilde{M}_w(\theta)$$

类似之前的定理, 一步广义矩估计 $\widetilde{\theta}_1$ 也是相合的, 并且在一些假设条件下它也是渐近正态的.

由于一步广义矩估计的计算要复杂很多, 因为要涉及权矩阵 $W(\theta)$ 的导数等. 有别于一步广义矩估计的两步广义矩估计在应用上更加方便, 在构造两步广义矩估计时, 通常分两步进行, 第一步, 寻找到 θ 的一个相合估计, 将权矩阵 $W(\theta)$ 中的未知参数 θ 替换为它的这个相合估计量, 从而得到权矩阵 W 的估计, 第二步, 针对已知的权矩阵, 通过最小化相应的目标函数便可得到两步广义矩估计. 通常情况下, 计算一步广义矩估计量要远远比计算两步广义矩估计量困难得多.

进一步, 若采用渐近方差矩阵 B 来作为权矩阵 W, 我们便可以得到广义矩估计量的最优渐近方差, 此方差也是经验似然估计量的渐近方差. 由广义矩估计的性质知, 当权矩阵取为无偏估计函数的协方差阵时, 即取 $W = B$, 广义矩估计在无偏估计函数的所有线性组合估计中方差是最小的, 在这种意义下广义矩估计是最优的. 此时, 最优广义矩估计的渐近方差是

$$\Sigma_g = \Sigma_1 = \{A^\tau(\theta_0) W^{-1} A(\theta_0)\}^{-1}.$$

下面将看到, 在方差最小的意义下, 经验似然估计就是最优的估计. 它的渐近方差就是 Σ_1.

10.4.2 经验似然估计

在第 7 章中, 我们介绍了经验似然方法 (Owen, 2001), 经验似然方法是另一种用来解决过度识别方程组中未知参数估计问题的有效方法. 它是一种与分布无关

的方法, 仍然采用了似然的思想, 在渐近意义上等价于广义矩估计族中的有效估计. 在实际操作中, 广义矩估计是通过两步方法得到的, 第一步是估计最优权矩阵, 而经验似然方法只需要一步便可得到此结果, 这会使得经验似然估计的有限样本性质得到改善 (Bera and Bilias, 2002). 现在, 将经验似然方法引入这里的框架中. 注意到 $\phi(Y,\boldsymbol{Z},\boldsymbol{\theta})$ 的函数形式已知, 而仅参数 $\boldsymbol{\theta}$ 未知, 且在上面已讨论了 $\phi(Y,\boldsymbol{Z},\boldsymbol{\theta})$ 是渐近无偏估计函数. 因此, 可以利用经验似然方法来获得参数 $\boldsymbol{\theta}$ 的估计. 令 F_p 为分布函数, 它给每个点 $\phi(Y_i,\boldsymbol{Z}_i,\boldsymbol{\theta})$ 分别分配一个非负的概率 p_i, 则 $\boldsymbol{p}=(p_1,p_2,\cdots,p_n)$ 为一个概率向量, 它满足条件 $\sum\limits_{i=1}^n p_i=1,\ p_i\geqslant 0,\ i=1,2,\cdots,n$. 可以通过以下无偏估计方程来得到 $\boldsymbol{\theta}$ 的经验似然估计量:

$$\sum_{i=1}^n p_i\phi(Y_i,\boldsymbol{Z}_i,\boldsymbol{\theta})=0, \tag{10.12}$$

则在真值 θ_0 处的经验似然估计为

$$\widehat{L}_n(\theta_0)=\max\prod_{i=1}^n p_i,$$

满足条件 $\sum\limits_{i=1}^n p_i=1,\ p_i\geqslant 0,\ \sum\limits_{i=1}^n p_i\phi(Y_i,\boldsymbol{Z}_i,\boldsymbol{\theta}_0)=0$. 对任一给定的点 $\boldsymbol{\theta}$, 令集合 $\Omega_{\boldsymbol{\theta}}=\{\lambda:1+\lambda^\tau\phi(Y_i,\boldsymbol{Z}_i,\boldsymbol{\theta})\geqslant 1/n\}$ 是凸的有界闭集, 如果 0 是 $\phi(Y_i,\boldsymbol{Z}_i,\boldsymbol{\theta})$ 凸壳的内点, 则可以证明 $\widehat{L}_n(\boldsymbol{\theta})$ 在点 $\widehat{p_i}$ 处达到最大值, 其中

$$\widehat{p_i}=\frac{1}{n}\frac{1}{1+\lambda_n^\tau\phi(Y_i,\boldsymbol{Z}_i,\boldsymbol{\theta}_0)}, \tag{10.13}$$

并且 λ_n 是下列方程组 (唯一的) 根:

$$\frac{1}{n}\sum_{i=1}^n\frac{\phi(Y_i,\boldsymbol{Z}_i,\boldsymbol{\theta}_0)}{1+\lambda_n^\tau\phi(Y_i,\boldsymbol{Z}_i,\boldsymbol{\theta}_0)}=0. \tag{10.14}$$

因此, 在真值 $\boldsymbol{\theta}_0$ 处估计的经验似然比 (ELR) 为

$$\widehat{R}(\boldsymbol{\theta}_0)=\prod_{i=1}^n(n\widehat{p_i})=\prod_{i=1}^n\{1+\lambda_n^\tau\phi(Y_i,\boldsymbol{Z}_i,\boldsymbol{\theta}_0)\}^{-1},$$

其相应的对数经验似然比 (ELLR) 为

$$\widehat{\ell}(\boldsymbol{\theta}_0)=-2\log\left\{\prod_{i=1}^n(n\widehat{p_i})\right\}=2\sum_{i=1}^n\log\{1+\lambda_n^\tau\phi(Y_i,\boldsymbol{Z}_i,\boldsymbol{\theta}_0)\}. \tag{10.15}$$

目前, 一个有趣的问题为是否存在一个根 $\boldsymbol{\theta}$ 可以最小化式 (10.15) 的 $\widehat{\ell}(\boldsymbol{\theta})$. 事实上, 我们可以证明: 在满足充分条件 $\phi(y,\boldsymbol{z},\boldsymbol{\theta})$ 关于 $\boldsymbol{\theta}$ 连续可微的情况下, 便保证

了式 (10.15) 极大值的存在性. 显然, 非光滑的估计函数并不满足此条件. 一个很好的例子是 $\psi(x,\boldsymbol{\theta})=I(x\leqslant\boldsymbol{\theta})-\dfrac{1}{2}$, 估计中位数时常用到此条件. 在光滑的无偏方程, 并且参数真值 $\boldsymbol{\theta}_0$ 唯一时, 利用 Newton-Raphson 算法, 使式 (10.15) 达最小值的点 $\widehat{\boldsymbol{\theta}}$ 为真值 $\boldsymbol{\theta}_0$ 的相合估计.

现在考虑最小化 $\widehat{\ell}(\boldsymbol{\theta})$ 来得到未知参数 $\boldsymbol{\theta}$ 的估计 $\widehat{\boldsymbol{\theta}}$, 我们将得到的估计称为最大经验似然估计 (MELE). 注意, $\boldsymbol{\theta}_0$ 为方程 $E\psi(Y,\boldsymbol{Z},\boldsymbol{\theta})=0$ 的唯一解.

定理 10.2 在满足附录中 (1)~(5) 的条件下, 假定 $Q(\boldsymbol{\theta})=E\psi(Y,\boldsymbol{Z},\boldsymbol{\theta})$ 在 $\boldsymbol{\theta}_0$ 的附近是 r 阶连续可微的. 同时假设 (10.9) 被正确识别, 即存在唯一的真值 $\boldsymbol{\theta}_0$ 满足 $E\{\psi(Y,\boldsymbol{Z},\boldsymbol{\theta}_0)\}=0$, 如果 $nb^{2r}\to 0$, 则

$$\sqrt{n}(\widehat{\boldsymbol{\theta}}-\boldsymbol{\theta}_0)\xrightarrow{\mathcal{D}}N(0,V),$$

其中 $\xrightarrow{\mathcal{D}}$ 表示依分布收敛, 且

$$V=[A(\boldsymbol{\theta}_0)^{\tau}B^{-1}(\boldsymbol{\theta}_0)A(\boldsymbol{\theta}_0)]^{-1},$$

同时,

$$A(\boldsymbol{\theta}_0)=\left.\frac{\partial E\phi(Y,\boldsymbol{Z},\boldsymbol{\theta})}{\partial\boldsymbol{\theta}}\right|_{\boldsymbol{\theta}_0},\quad B(\boldsymbol{\theta})=E[\phi(Y,\boldsymbol{Z},\boldsymbol{\theta})\phi^{\tau}(Y,\boldsymbol{Z},\boldsymbol{\theta})].$$

更进一步, 在真值 $\boldsymbol{\theta}_0$ 处估计的光滑的经验对数似然比依分布收敛于自由度为 q 的卡方分布, 即

$$\widehat{\ell}(\boldsymbol{\theta})\xrightarrow{\mathcal{D}}\chi^2_{(q)},$$

其中 $\chi^2_{(q)}$ 为自由度为 q 的卡方分布随机变量.

此定理证明见本章附录, 更多内容见 Zhou, Wan 和 Yuan (2011). □

在定理 10.2 中可以看到, 用经验似然方法所获得的估计是估计函数所有线性组合中的最优估计, 其最小方差与最优广义矩估计的方差相同. 这也说明, 经验似然方法象参数极大似然估计一样, 在一些正则条件下, 经验似然估计是渐近最优估计.

另外, 我们需要对不连续或不可微的估计函数进行低光滑或称光滑不足 (undersmooth). 当 $Q(x)$ 在真值 θ_0 的邻域是 r 阶连续可微时, 相应于 r 阶的核函数, 最优窗宽应该是 $O(n^{-1/(r+1)})$ 阶. 经验似然方法可以被用来构造一些检验统计量. 比如, 相应于零假设 $H_0:\theta=\theta_0$ 的经验似然比统计量为

$$R(\theta_0)=2\widehat{\ell}(\theta_0)-2\widehat{\ell}(\widehat{\theta}).$$

定理 10.3 假设附录中条件 (1)~(5) 都成立, 则在零假设 H_0 下, 可以得到

$$R(\theta_0)\xrightarrow{\mathcal{D}}\chi^2_{(p)},$$

其中 $\chi^2_{(p)}$ 为自由度为 p 的卡方分布随机变量.

由定理 10.3 可以直接构造出参数 θ 的置信区间. 此定理证明见本章附录. □

10.5 带有辅助信息分布估计

在总体性质的分析中, 对分布的估计是最重要的问题之一. 基于分布的估计, 可以考察参数及参数的某个函数的统计推断. 经验分布是一个我们所熟知的分布函数的估计, 它是相合的并且渐近正态的. 一些更强的结果证明经验分布一致收敛于真实分布, 并且经验过程逼近于一个 Wiener 过程. 经验分布可以用于建立一个 Kolmogorov-Smirnov 检验, 其中零假设为 $H_0: F = F_0$. 在没有辅助信息的情况下, 这里的经验分布是未知分布的非参数极大似然估计. 然而, 在实际中, 经常会获得一些辅助信息, 例如, 未知分布关于 0 点是对称的, 或者总体的方差是均值的一个已知函数. 因此将辅助信息考虑进来, 由此可以提高分布估计的精度 (Qin and Lawless, 1994). 而当知道未知分布是对称的、均值为零的或者方差是均值的函数时, 如何提高分布估计的有效性, 则是一个有趣的问题, 其中, 当 Y 的未知分布关于均值 μ 对称时, 该分布的估计可以被视为估计方程估计. 对于无偏估计函数 $\psi(Y,\mu)$, 它的估计方程可以被写成下式

$$E[\boldsymbol{\psi}(Y,\mu)] = 0,$$

其中

$$\boldsymbol{\psi}(Y,\mu) = \begin{pmatrix} Y-\mu \\ (Y-\mu)^3 \end{pmatrix}, \tag{10.16}$$

或

$$\boldsymbol{\psi}(Y,\mu) = \begin{pmatrix} Y-\mu \\ 1/2 - I(Y \leqslant \mu) \end{pmatrix}, \tag{10.17}$$

这里最关心的参数是 Y 的分布 F, 而均值 μ 则被看作为讨厌参数. 注意式 (10.17) 中的第二个函数是不连续的. 类似地, 当方差是均值的函数时, 估计方程为

$$\boldsymbol{\psi}(Y,\mu) = \begin{pmatrix} Y-\mu \\ (Y-\mu)^2 - g(\mu) \end{pmatrix}, \tag{10.18}$$

这里 $\mathrm{Var}(Y) = g(\mu)$, 并且 g 是一个已知函数.

在缺失数据情况下, Liu, Liu 和 Zhou (2011) 研究了带有辅助信息下的分布函数估计, 并讨论带有辅助信息的分位数估计. 更多的内容可参见他们的文章.

10.6 传染模型

传染模型在公共卫生、生物统计中应用广泛, 具有直观和容易解释等特点. 谢尚宇和周勇 (2009) 把它应用到金融风险传染的研究当中. 但在这里, 我们的重点在于寻找无偏估计函数.

考虑一个公司 (或金融机构) 违约的传染模型: 假设有 K 个行业, 在传染开始的 $t=0$ 时刻, K 个不同行业的个体数分别是 $n_1, n_2, \cdots, n_K$, 且 $n=\sum_{j=1}^{K} n_j$, 且此时有 a 家公司违约; 又假设在时刻 t, 对不同的行业 $j(j=1,2,\cdots,K)$ 有 $S_j(t)$ 个可能发生违约的公司 (即处于被传染的风险中), 有 $I_j(t)$ 个已发生违约的公司和 $R_j(t)$ 家被政府或社会机构保护起来的公司, 这些被保护的公司既不会发生违约, 同时也不会导致其他公司违约, $N_j(t)$ 为行业 j 到时刻 t 受到其他公司违约导致的新增违约公司的计数过程 (相对于已有 a 家违约公司而言), 在到时刻 t 前, 可能观测到的信息记为 $\mathcal{F}_t=\sigma\{S_j(s), I_j(s), R_j(s): 0 \leqslant s \leqslant t, j=1,2,\cdots,K\}$. 现考虑的模型如下:

$$E(\mathrm{d}N_j(t)|\mathcal{F}_{t-})=n^{-1}\beta_j S_j(t) I(t)\mathrm{d}t+o(\mathrm{d}t), \tag{10.19}$$

$$E(\mathrm{d}R_j(t))|\mathcal{F}_{t-})=n^{-1}\gamma I(t)\mathrm{d}t+o(\mathrm{d}t), \quad j=1,2,\cdots,K, \tag{10.20}$$

其中 $I(t)=\sum_{j=1}^{K} I_j(t)$, $I(0)=a$. β_j 表示行业发生违约的公司与处于违约风险的公司之间的转移比例. 模型 (10.19) 表明: 在时刻 t, 行业 j 新增的违约公司的强度与该时刻所有行业的违约公司总数和行业 j 处于违约风险公司总数的乘积是成正比的; 类似地, 模型 (10.20) 表示在时刻 t, 第 j 类行业被保护的公司与到时刻 t 累积发生违约的公司也成正比; $o(dt)$ 表示在 t 时刻行业 j 发生违约的公司数在瞬间发生多于或等于两个的概率, 由计数过程定义, 该项是可忽略的.

在这个模型中, 行业 j 在时刻 t 的违约强度为 $n^{-1}\beta_j S_j(t) I(t)$, 该假设隐含了不同行业 j 和公司个体之间是完全联系和均匀混合的, 但是不同行业的传染强度是不同的. 由于参数 β_j 依赖于行业 j, 即公司违约的机会依赖于不同的行业. 在这里假设新增的违约存在一个潜伏周期, 在潜伏期内, 它不会立即对其他公司违约造成影响, 但过了这个周期后, 这个新增的违约将可能导致其他公司违约; 而如果在潜伏期内这个新增的违约被保护起来将不会导致其他公司的违约. 这个潜伏期的大小 (久期) 可以被看成一个随机变量, 但其分布可以是任意的, 因为假设潜伏期的违约公司不会对违约传播带来任何影响, 所以并不需要对潜伏期的大小作任何假设. 我们假设不同个体的传染时长 (即传染久期) 为独立的指数分布, 其平均时长为 $1/\gamma$. 关于流行病学中的传染模型可参见 Anderson 和 Watson (1980), Yip (1989), Yip 和 Watson (1991), Yip 和 Chen (1998).

为了确保不发生重大的金融事件或金融危机, 控制违约传染发生的强度是重要的手段. 因此, 主要感兴趣的参数有

$$\phi_{ij} = \beta_i/\beta_j, \quad \theta_j = \beta_j/\gamma \quad 和 \quad \mu = n^{-1}\sum_{j=1}^{K}\theta_j n_j, \tag{10.21}$$

其中参数 ϕ_{ij} 表示第 i 个行业和第 j 个行业发生违约的相对传染比率, θ_j 表示行业 j 的转移速度与违约传染的平均时长的乘积, 所以, θ_j 可以被看成一个违约导致行业 j 中的公司发生违约的潜在可能性, 而门限参数 μ 决定是否发生金融危机 (违约或破产风潮) 的最重要的参数, 当 $\mu > 1$ 时表明发生金融危机是不可避免的, 而当 $\mu \leqslant 1$ 时, 则不可能发生. 因此, 采取一些经济与金融手段和策略控制门限参数 μ 小于 1, 就能有效地控制违约风潮的发生, 参阅 Yip (1989), Becker (1976), Bailey (1975). 因此, 利用数据对以上的三个参数进行有效的估计是政府采取政策或策略有效控制危机发生的重要基础. 如果整个传染过程能被完全观察 (即获得传染过程的所有数据), 最有效的方法便是极大似然估计, 但是违约传染的过程通常是部分观察的. 因此, 不得不另寻方法, 其中, 构造基于计数过程的估计方程是可行的.

记 σ-域流 $\mathcal{F}_t = \sigma\{S_j(u), I_j(u), R_j(u), j = 1, 2, \cdots, K, 0 \leqslant u \leqslant t\}$ 是到时刻 t 的所有信息, 且记初始的信息为 $\mathcal{F}_0 = \sigma\{S_j(0) = n_j, I(0) = a, R(0) = 0, j = 1, 2, \cdots, K\}$. 假设 τ 为任意一个观测停止的时刻, 它是 $\mathcal{F}_t$ 的一个停时. 例如可以定义 $\tau = \inf\{t : I(t) = 0, t \geqslant 0\}$ 表示经济环境中不再存在违约, 即违约传染停止的时刻, 因此它是关于 $\mathcal{F}_t$ 的停时. 当在任意时刻 τ 处检测是否发生危机, 就可设观察的停止时间为 τ, 此时以下的结果都成立. 由模型 (1) 的假设, 很容易获得

$$M_j(t) = N_j(t) - \int_0^{\tau} n^{-1}\beta_j S_j(x) I(x)\mathrm{d}x$$

和

$$Q_j(t) = R_j(t) - \int_0^{\tau} \gamma I_j(x)\mathrm{d}x.$$

这两个量均是关于 σ- 域流 $\mathcal{F}_t$ 的零均值连续鞅, 即

$$EM_j(t) = 0, \quad EQ_j(t) = 0.$$

因此, 函数 $M_j(t)$ 和 $Q_j(t)$ 可看成两个无偏的估计函数. 这种思想在生存分析, 生物统计和计量经济学中经常使用. 由此获得 β_j 估计为

$$\widehat{\beta}_j = \frac{N_j(\tau)}{\displaystyle\int_0^\tau n^{-1}S_j(x)I(x)\mathrm{d}x}.$$

Becker(1976) 证明了 $\widehat{\beta}_j$ 是 β_j 的极大似然估计. 类似地, 基于无偏估计函数 $Q_j(t)$ 也可以获得 γ 的估计为

$$\widehat{\gamma} = \frac{\displaystyle\sum_{j=1}^K R_j(\tau)}{\displaystyle\sum_{j=1}^K I_j(\tau)},$$

于是可以获得参数 θ_j 的估计为

$$\widehat{\theta}_j = \frac{\widehat{\beta}_j}{\widehat{\gamma}}.$$

并且由 Delta 方法, 容易由 $\widehat{\beta}_j$ 和 $\widehat{\gamma}$ 的方差获得的近似方差. 门限参数的估计为

$$\widehat{\mu} = n^{-1}\sum_{j=1}^K \widehat{\theta}_j n_j.$$

如果我们能找到一个可料过程 $H(x)$, 则能使得 $\int_0^\tau H_j(x)\mathrm{d}M_j(x)$ 是一个连续零均值鞅 (参见附录 A), 则可以改进上述参数估计. 因为

$$\int_0^\tau H_i(x)\mathrm{d}M_i(x) - \int_0^\tau H_j(x)\mathrm{d}M_j(x)$$

是一个连续零均值鞅, 从而

$$\int_0^\tau H_i(x)\mathrm{d}N_i(x) - \phi_{ij}\int_0^\tau H_j(x)\mathrm{d}N_j(x)$$

也是一个连续零均值鞅. 因此, 由样本类似便可得到 ϕ_{ij} 的一个估计

$$\widehat{\phi}_{ij} = \int_0^\tau H_i(x)\mathrm{d}N_i(x)\Big/\int_0^\tau H_j(x)\mathrm{d}N_j(x).$$

显然 $H_j(x)$ 不是唯一的. 如何选取最好的 $H_j(x)$ 不展开讨论. 一个合理的原则就是选择 $H_j(x)$ 使得估计 $\widehat{\phi}_{ij}$ 的方差最小.

以上利用了零均值鞅来构造无偏估计函数. 下面讨论在对产生样本的模型有一定认识的前提下, 构造无偏估计函数也是方便可行的.

10.7 非线性回归模型

在计量经济学中, 经常讨论非线性回归模型, 假设如下模型

$$Y_i = h(\boldsymbol{X}_i, \boldsymbol{\beta}) + \varepsilon_i, \quad i = 1, 2, \cdots, n, \tag{10.22}$$

其中 $\boldsymbol{\beta}$ 是要估计的 p 维参数向量, 并假设误差项满足如下条件

$$E\boldsymbol{\varepsilon} = 0; \quad E\boldsymbol{\varepsilon}\boldsymbol{\varepsilon}^\tau = \Omega, \tag{10.23}$$

其中 Ω 是 $n \times n$ 半正定矩阵, $\boldsymbol{\varepsilon} = (\varepsilon_1, \cdots, \varepsilon_n)^\tau$. 应当注意, 可能存在随机解释变量, 异方差, 序列相关等违背基本假设的情况. 假设随机变量 $(Y_i, \boldsymbol{X}_i)$ 的观察值为 $(y_i, \boldsymbol{x}_i)$, $i = 1, 2, \cdots, n$.

10.7.1 无偏估计函数构造方法

如果式 (10.22) 中解释变量 $\boldsymbol{X}_i = (X_{i1}, \cdots, X_{ip})^\tau$ 与随机误差项 ε_i 不相关, 且随机误差项不存在异方差和序列相关, 那么就有 $E[X_{ij}\varepsilon_i] = 0$ $(j = 1, 2, \cdots, p)$, 因此, 可得到如下方程

$$\sum_{i=1}^n x_{ij}\varepsilon_i = 0, \quad j = 1, 2, \cdots, p,$$

即

$$\sum_{i=1}^n x_{ij}(y_i - h(\boldsymbol{x}_i, \boldsymbol{\beta})) = 0, \quad j = 1, 2, \cdots, p. \tag{10.24}$$

这是一组矩条件, 获得一个估计方程. 由样本的估计方程 (10.24), 可以估计模型参数 $\boldsymbol{\beta}$. 实际上方程 (10.24) 正是最小二乘估计的正规方程. 因此, 我们已获得如下的无偏估计函数

$$\boldsymbol{\psi}(Y_i, \boldsymbol{X}_i, \boldsymbol{\beta}) = (Y_i - h(\boldsymbol{X}_i, \boldsymbol{\beta}))\boldsymbol{X}_i.$$

当然, 也可以引入工具变量方法来构造无偏估计方程. 由于当模型假设正确时, 存在一些为 0 的条件矩. 不妨设由这些为 0 的矩条件可找到一个 $J(J \geqslant p)$ 维向量 $\boldsymbol{Z}_i$, 使得 $\boldsymbol{Z}_i$ 和 ε_i 无关, 即

$$\mathrm{Cov}(\boldsymbol{Z}_i, \varepsilon_i) = 0, \tag{10.25}$$

此条件也称为矩条件. 这里把 $\boldsymbol{Z}$ 看作为工具变量. 定义

$$e(y_i, \boldsymbol{x}_i, \boldsymbol{\beta}) = y_i - h(\boldsymbol{x}_i, \boldsymbol{\beta}), \quad i = 1, 2, \cdots, n,$$

由此可获得一个无偏估计函数

$$\boldsymbol{\psi}(Y, \boldsymbol{Z}, X, \boldsymbol{\beta}) = \boldsymbol{Z}e(Y, \boldsymbol{X}, \boldsymbol{\beta}) \tag{10.26}$$

称 $\boldsymbol{\psi}(\boldsymbol{\beta}) = \boldsymbol{\psi}(Y, \boldsymbol{Z}, \boldsymbol{X}, \boldsymbol{\beta})$ 为对应 (10.25) 的样本矩或样本估计函数. $\psi(\beta)$ 为 J 维函数向量. 显然 $E[\psi(\beta)] = 0$, 因此 $\boldsymbol{\psi}(\boldsymbol{\beta})$ 是无偏估计函数, 即

$$\boldsymbol{\psi}(Y_i, \boldsymbol{Z}_i, \boldsymbol{X}_i, \boldsymbol{\beta}) = \begin{pmatrix} \psi_1(\boldsymbol{\beta}) \\ \psi_2(\boldsymbol{\beta}) \\ \vdots \\ \psi_J(\boldsymbol{\beta}) \end{pmatrix} = \begin{pmatrix} Z_{1i}(y_i - h(\boldsymbol{x}_i, \boldsymbol{\beta})) \\ Z_{2i}(y_i - h(\boldsymbol{x}_i, \boldsymbol{\beta})) \\ \vdots \\ Z_{Ji}(y_i - h(\boldsymbol{x}_i, \boldsymbol{\beta})) \end{pmatrix}.$$

由于 $\boldsymbol{Z}_i, (i = 1, 2, \cdots, n)$ 与 ε_i 不相关, 则通过样本类似获得如下的估计方程 (组)

$$\boldsymbol{\psi}_n(\boldsymbol{\beta}) \equiv \frac{1}{n}\sum_{i=1}^{n} \boldsymbol{\psi}(Y_i, \boldsymbol{Z}_i, \boldsymbol{X}_i, \boldsymbol{\beta}) = 0,$$

当 $J = p$ 时, 求解此方程可以得到参数 $\boldsymbol{\beta}$ 的估计, 这就是熟知的工具变量法. 但是当 $J > p$ 时, 无法直接求方程 $\psi_n(\boldsymbol{\beta}) = 0$ 的解, 此时应转化为极值目标函数估计, 即广义估计方程估计, 参见第 9 章的方法.

10.7.2 GEE 估计方法的定义

根据第 9 章已讨论过的广义估计方程估计, GEE 的**估计方法**就是极小化

$$\boldsymbol{Q}(\boldsymbol{\beta}) = \boldsymbol{\psi}_n(\boldsymbol{\beta})^{\tau} V^{-1} \boldsymbol{\psi}_n(\boldsymbol{\beta}), \tag{10.27}$$

其中权矩阵 $\boldsymbol{V}$ 是一正定矩阵. GEE 估计就是使式 (10.27) 极小化时的参数, 即

$$\widehat{\boldsymbol{\beta}}_{\text{GEE}} = \arg\min_{\boldsymbol{\beta}} \boldsymbol{Q}(\boldsymbol{\beta}) = \arg\min_{\boldsymbol{\beta}} \boldsymbol{\psi}_n(\boldsymbol{\beta})^{\tau} \boldsymbol{V}^{-1} \boldsymbol{\psi}_n(\boldsymbol{\beta}). \tag{10.28}$$

这是基于工具变量的广义估计方程估计.

10.7.3 权矩阵的选择

关于权矩阵的选择在第 9 章已进行了研究, 这里仅就本节模型做简单说明, 最佳的权矩阵是式 (10.29) 的极限结果 (也参见 Hansen (1982)),

$$\begin{aligned} \operatorname{Var}(\psi_n(\boldsymbol{\beta})) &= \frac{1}{n^2}\sum_{i=1}^{n}\sum_{j=1}^{n} \operatorname{Cov}(\boldsymbol{Z}_i\varepsilon_i, \boldsymbol{Z}_j\varepsilon_j) \\ &= \frac{1}{n^2}\sum_{i=1}^{n}\sum_{j=1}^{n} \omega_{ij}\boldsymbol{Z}_i\boldsymbol{Z}_j^{\tau} = \frac{1}{n^2}\boldsymbol{Z}^{\tau}\Omega\boldsymbol{Z}, \end{aligned} \tag{10.29}$$

其中 $\Omega = (\omega_{ij})_{i,j=1,2,\cdots,n}$. 记此极限为 V, 因此, 取权矩阵 W 为 V^{-1}, 则广义估计方程估计是最优的估计.

若随机误差项不存在异方差且没有序列相关, 则此时 Ω 是一个对角阵. 可获得最优的权矩阵 V 的估计量 (White, 1980) 为

$$\widehat{V} = \frac{1}{n} S_0, \tag{10.30}$$

其中 $S_0 = \dfrac{1}{n}\sum\limits_{i=1}^{n} \tilde{e}_i \tilde{e}_i \boldsymbol{z}_i \boldsymbol{z}_i^{\tau}$ 且 $\tilde{e}_i$ 是 $e(y_i, \boldsymbol{x}_i, \boldsymbol{\beta})$ 的估计, 即 $\tilde{e}_i = y_i - h(\boldsymbol{x}_i, \widehat{\boldsymbol{\beta}})$, 其中 $\widehat{\boldsymbol{\beta}}$ 可以取为 $\boldsymbol{\beta}$ 的任何一个相合估计.

若随机误差存在序列相关, Newey和West (1987) 提出了权矩阵 V 的估计量为

$$\widehat{V} = \frac{1}{n} S = \frac{1}{n}\left(S_0 + \sum_{l=1}^{L} w(l)(S_l + S_l^{\tau})\right), \tag{10.31}$$

其中

$$w(l) = 1 - \frac{1}{L+1}, \quad S_l = \frac{1}{n}\sum_{i=l+1}^{n} \tilde{e}_i \tilde{e}_{i-l} \boldsymbol{z}_i \boldsymbol{z}_{i-l}^{\tau}, \quad l = 1, 2, \cdots, L,$$
$$\tilde{e}_i = e(y_i, \boldsymbol{x}_i, \tilde{\boldsymbol{\beta}}) = y_i - h(\boldsymbol{x}_i, \tilde{\boldsymbol{\beta}}), \quad i = 1, 2, \cdots, n.$$

L 的选取标准是: 使得随机误差项滞后大于 L 的序列相关性小到可以忽略不计. $\tilde{\boldsymbol{\beta}}$ 为式 (10.27) 中令 $V = I$ 得到的相合估计, 或其他任何一个相合估计.

10.7.4 估计的渐近性质

GEE 估计 $\widehat{\boldsymbol{\beta}}_{\mathrm{GEE}}$ 的渐近方差矩阵是

$$\Sigma = \frac{1}{n}(D^{\tau} V^{-1} D)^{-1}, \tag{10.32}$$

其中 $D = \dfrac{\partial \boldsymbol{\psi}_n(\boldsymbol{\beta})}{\boldsymbol{\beta}}$. 由 Greene (1997) 知

$$\sqrt{n}(\widehat{\boldsymbol{\beta}}_{\mathrm{GEE}} - \boldsymbol{\beta}) \xrightarrow{\mathscr{D}} N(0, \Sigma).$$

10.7.5 GEE 方法的步骤

在这里求非线性模型的 GEE 估计时, 也可用两步法. 因此根据两步法原理, 可以把非线性回归模型的 GEE 估计方法步骤归纳如下:

(1) 采用 OLS 估计 (10.22), 求得 $\tilde{\boldsymbol{\beta}}$. 目的就是获得权矩阵的估计.

(2) 利用式 (10.30) 或式 (10.31) 计算权矩阵. 若序列相关就首先要确定相依的长度 L, 可采用差分法. 如果不相关, 取 $L = 0$.

(3) 可将已获得的权矩阵估计 $\widehat{\boldsymbol{V}}$ 代入式 (10.28) 从而获得 $\boldsymbol{\beta}$ 的 GEE 估计.

10.8　生存分析中的 Cox 模型

在生物统计与生存分析中, Cox 模型是一种广泛应用的模型. 这里介绍通过部分似然的方法获得估计方程, 表面上此方法不同于第 1 章绪论介绍的加性模型使用的方法, 但实际上两种方法具有一致性.

考虑有容量为 n 的随机样本, 设 T 是一失效时间, C 是可能的删失时间, 由于观察机制原因, 所获得的观察数据是 $X_i = \min(T_i, C_i)$, 表示对第 i 个个体观察到的时间, δ_i 是观察状态的示性函数, 当 X_i 是个体的失效时间时, $\delta_i = 1$, 否则其值为 0. 为简单计, 假设给定协变量 $\boldsymbol{Z}_i$ 下, T_i 和 C_i 是相互独立的. 因此, 观察数据便是如下的删失数据

$$\{X_i, \delta_i, \boldsymbol{Z}_i,\}, \quad \text{对 } i = 1, \cdots, n,$$

其中 $\boldsymbol{Z}_i = (Z_{i1}, \cdots, Z_{ip})^\tau$ 是 p 维的协变量.

此类删失数据在生存分析中应用相当广泛. 而对其拟合使用最为广泛的则是著名的 Cox 比例风险模型. 它对协变量的风险因素影响假定如下形式

$$\lambda(t) = \lambda_0(t)\exp\{g(\boldsymbol{Z})\},$$

其中 $\lambda_0(\cdot)$ 是基础风险率函数和 $g(\boldsymbol{Z})$ 反映风险因素对于风险率函数的影响. 在参数模型中, 一个最普通的假设为

$$g(\boldsymbol{Z}) = \boldsymbol{\beta}^\tau \boldsymbol{Z},$$

其中 $\boldsymbol{\beta}$ 为 p 维参数. 这一模型就称为 Cox 模型. 更一般地, 可以假设协变量 $\boldsymbol{Z} = \boldsymbol{Z}(t)$ 依赖于时间 t, 则在观察样本 $\{X_i, \delta_i, \boldsymbol{Z}_i(t), i = 1, 2, \cdots, n\}$ 下, Cox 模型可以写成

$$\lambda_i(t) = \lambda_0(t)\exp\{\boldsymbol{\beta}^\tau \boldsymbol{Z}_i(t))\}. \tag{10.33}$$

这是 Cox 模型在观察样本下的表达式, 由此可以得到参数 $\boldsymbol{\beta}$ 的估计.

记

$$\Lambda_0(t) = \int_0^t \lambda_0(u)\mathrm{d}u, \quad \Lambda_i(t, \boldsymbol{\beta}) = \int_0^t \lambda_i(u)\mathrm{d}u.$$

利用部分似然方法 (参见 Andersen 和 Gill (1982)), 模型 (10.33) 的部分似然函数是

$$L(\boldsymbol{\beta}|\boldsymbol{X}, \delta, \boldsymbol{Z}) = \prod_{i=1}^n \left\{ \frac{\exp\{\boldsymbol{\beta}^\tau \boldsymbol{Z}_i(t)\}}{\sum\limits_{j\in\mathcal{R}(t)} \exp\{\boldsymbol{\beta}^\tau \boldsymbol{Z}_j(t)\}} \right\}^{\delta_i}, \tag{10.34}$$

其中 $\mathcal{R}(t)=\{i:X_i\geqslant t\}$ 表示在时刻 t 仍然存活的个体 (即风险集), $(\boldsymbol{X},\delta,\boldsymbol{Z})$ 表示所有观察样本. 对应的对数部分似然函数是

$$\ell(\boldsymbol{\beta}|\boldsymbol{X},\delta,\boldsymbol{Z})=\sum_{i=1}^n\delta_i\left\{\boldsymbol{\beta}^\tau\boldsymbol{Z}_i(t)-\log\sum_{j\in\mathcal{R}(t)}\exp\{\boldsymbol{\beta}^\tau\boldsymbol{Z}_j(t)\}\right\}. \tag{10.35}$$

设 $N_i(t)=I(X_i\leqslant t,\delta_i=1)$ 来表示失效的计数过程, $Y_i(t)=I(X_i\geqslant t)$. 类似地, $N_i^c(t)=I(X_i\leqslant t,\delta_i=0)$ 表示删失的计数过程. 此时, 式 (10.35) 可以改写成

$$\ell(\boldsymbol{\beta}|\boldsymbol{X},\delta,\boldsymbol{Z})=\sum_{i=1}^n\int_0^\infty\left\{\boldsymbol{\beta}^\tau\boldsymbol{Z}_i(u)-\log\sum_{i=1}^n Y_i(u)\exp\{\boldsymbol{\beta}^\tau\boldsymbol{Z}_i(u)\}\right\}\mathrm{d}N_i(u), \tag{10.36}$$

由式 (10.36) 可以直接给出部分得分函数:

$$U(\boldsymbol{\beta})=\sum_{i=1}^n\int_0^\infty\left\{\boldsymbol{Z}_i(u)-\frac{\sum\limits_{i=1}Y_i(u)\exp\{\boldsymbol{\beta}^\tau\boldsymbol{Z}_i(u)\}\boldsymbol{Z}_i(u)}{\sum\limits_{i=1}^n Y_i(u)\exp\{\boldsymbol{\beta}^\tau\boldsymbol{Z}_i(u)\}}\right\}\mathrm{d}N_i(u). \tag{10.37}$$

但我们在这里并不打算直接从式 (10.37) 来获得参数 $\boldsymbol{\beta}$ 的估计, 而是构造关于参数 $\boldsymbol{\beta}$ 的估计方程. 对计数过程 $N_i(t)$, 根据附录 A 可知, 对于任何 t 和 i

$$N_i(t)=M_i(t)+\int_0^t Y_i(u)\mathrm{d}\Lambda_i(u,\beta), \tag{10.38}$$

其中 $M_i(t)$ 关于域流 $\mathcal{F}_t=\sigma\{N_i(u),N_i^c(u),Z_i(u),0\leqslant u\leqslant t,i=1,2,\cdots,n\}$ 是一个平方可积鞅, 易见 $\mathcal{F}_t$ 是右连续的 $\sigma-$ 域流.

由式 (10.38) 和模型 (10.33) 可以给出基础风险率的一个 "估计"

$$\widetilde{\Lambda}_0(t,\boldsymbol{\beta})=\int_0^t\frac{\sum\limits_{i=1}^n\mathrm{d}N_i(u)}{\sum\limits_{i=1}^n Y_i(u)\exp\{\boldsymbol{\beta}^\tau\boldsymbol{Z}_i(u)\}}. \tag{10.39}$$

如果我们已获得参数 $\boldsymbol{\beta}$ 的估计 $\widehat{\boldsymbol{\beta}}$, 那么 $\widetilde{\Lambda}_0(t,\widehat{\boldsymbol{\beta}})$ 就是 $\widetilde{\Lambda}_0(t)$ 的一个真正估计. 这一估计称为 Breslow **估计** (参见 Breslow (1972)). 注意到 $M_i(t)$ 关于域流 $\mathcal{F}_t$ 是一零均值鞅, 因此, 可以利用此性质来构造一个无偏的估计函数. 因为由附录 A 中定理 A.2, 知

$$E\{\mathrm{d}M_i(t)|\mathcal{F}_{t-}\}=0,\quad E\{\boldsymbol{Z}_i(t)\mathrm{d}M_i(t)|\mathcal{F}_{t-}\}=0,$$

由均值类似可得

$$U(\boldsymbol{\beta})=\sum_{i=1}^{n}\int_{0}^{\infty}\boldsymbol{Z}_i(u)\left\{dN_i(u)-Y_i(u)\exp[\boldsymbol{\beta}^\tau\boldsymbol{Z}_i(u)]\mathrm{d}\tilde{\Lambda}_0(u,\boldsymbol{\beta})\right\}. \tag{10.40}$$

可以证明式 (10.37) 和式 (10.40) 是等价的. 由方程 (10.40) 的解 $\widehat{\boldsymbol{\beta}}$ 便可获得参数 $\boldsymbol{\beta}$ 的估计. 这个估计正是部分似然估计. 这说明利用估计方程的思想也可以构造出 $\boldsymbol{\beta}$ 的估计, 而且具有优良的统计性质. 在一些条件下, 可以证明 $\widehat{\boldsymbol{\beta}}$ 是相合估计, 且是渐近正态的, 并具有与极大似然估计相似的性质. 更多的详细内容可以参见 Andersen 和 Gill(1982).

10.8.1 变系数 Cox 模型

以上思想可以推广到变系数 Cox 模型(参见 Fan, Lin 和 Zhou (2007)):

$$\lambda(t)=\lambda_0(t)\exp\{\boldsymbol{\beta}(W(t))^\tau\boldsymbol{Z}(t)+g(W(t))\}, \tag{10.41}$$

其中 $\boldsymbol{Z}=(Z_1,\cdots,Z_p)^\tau$ 是 p 维的协变量, W 是另外一种协变量, $\boldsymbol{\beta}(\cdot)$ 和 $g(\cdot)$ 是两个未知的系数函数, 给出风险暴露因素 W 水平的影响. 此模型可以描述协变量的交互影响, 如果 $W(t)=t$ 也可以动态地刻画协变量的影响. 此时对样本容量为 n 的观察样本是

$$\{X_i,\delta_i,\boldsymbol{Z}_i,W_i;\ i=1,\cdots,n\},$$

其中变量定义同前. 当所有观察数据是独立的, 则其部分似然函数是

$$L(\boldsymbol{\beta}(\cdot),g(\cdot))=\prod_{i=1}^{n}\left\{\frac{\exp\{\boldsymbol{\beta}(W_i)^\tau\boldsymbol{Z}_i+g(W_i)\}}{\sum\limits_{j\in\mathcal{R}(t)}\exp\{\boldsymbol{\beta}(W_j)^\tau\boldsymbol{Z}_j+g(W_j)\}}\right\}^{\delta_i}, \tag{10.42}$$

类似地, 可以得到其对应的对数部分似然函数是

$$\ell(\boldsymbol{\beta}|\boldsymbol{X},\delta,\boldsymbol{Z})=\sum_{i=1}^{n}\delta_i\left\{\boldsymbol{\beta}(W_j)^\tau\boldsymbol{Z}_j+g(W_j)-\log\sum_{j\in\mathcal{R}(t)}\exp\{\boldsymbol{\beta}(W_j)^\tau\boldsymbol{Z}_j+g(W_j)\}\right\}.$$

此时似然函数中的 $\boldsymbol{\beta}(\cdot)$ 和 $g(\cdot)$ 是非参数函数, 相当于无穷维. 因此, 通常的参数方法并不能直接应用.

但通过对模型 (10.41) 进行重新刻画, 仍可以应用古典 Cox 模型的思想获得参数的渐近无偏估计函数. 假设 $\boldsymbol{\beta}(\cdot)$ 和 $g(\cdot)$ 都是光滑函数, 可以进行泰勒展开. 对给定的 W_0, 当 W 在 W_0 的一个小邻域中, 有

$$\begin{aligned}\boldsymbol{\beta}(W)&\approx\boldsymbol{\beta}(W_0)+\boldsymbol{\beta}'(W_0)(W-W_0)\equiv\boldsymbol{\delta}+\boldsymbol{\eta}(W-W_0),\\ g(W)&\approx g(W_0)+g'(W_0)(W-W_0)\equiv\alpha+\boldsymbol{\gamma}(W-W_0).\end{aligned} \tag{10.43}$$

把这些公式代入式 (10.41) 便有

$$\begin{aligned}\lambda_i(t) &\approx \lambda_0(t)\exp\{(\boldsymbol{\delta}+\boldsymbol{\eta}(W_i-W_0))^\tau \boldsymbol{Z}_i(t)+\alpha+\gamma(W_i-W_0)\}\\ &=\lambda_0^*(t)\exp\{(\boldsymbol{\delta}+\boldsymbol{\eta}(W_i-W_0))^\tau \boldsymbol{Z}_i(t)+\gamma(W_i-W_0)\},\end{aligned} \tag{10.44}$$

其中 $\lambda_0^*(t)=\lambda_0(t)\mathrm{e}^\alpha$. 注意到此时模型中的 α 不可识别, 因为它与 $\lambda_0(t)$ 可以合并. 因此对 g 函数不能直接估计, 而只能估计其导数.

为了给出参数 $(\boldsymbol{\delta},\boldsymbol{\eta},\gamma)$ 的一个近似无偏估计方程, 记

$$\boldsymbol{\xi}=(\boldsymbol{\delta}^\tau,\boldsymbol{\eta}^\tau,\gamma)^\tau \quad 和 \quad \boldsymbol{X}_i^*=(\boldsymbol{Z}_i^\tau,\boldsymbol{Z}_i^\tau(W_i-W_0),W_i-W_0)^\tau.$$

注意到式 (10.44) 仅对那些落在 W_0 附近的样本才成立. 因此, 可以把式 (10.44) 改写为

$$\lambda_i(t)K_h(W_i-W_0)\approx\lambda_0^*(t)\exp\{\boldsymbol{\xi}^\tau\boldsymbol{X}_i^*(t)\}K_h(W_i-W_0). \tag{10.45}$$

其中 $K_h(\cdot)=K(\cdot/h)$, K 是一个核函数, 可取为一个具有有限支撑的概率密度函数, h 是窗宽参数, 满足 $h\to0$ 且 $nh\to\infty$. 因此, 此时计数过程应当有

$$\begin{aligned}E\{\mathrm{d}N_i(t)K_h(W_i-W_0)|\mathcal{F}_{t}-\} &= Y_i(t)\lambda_i(t)K_h(W_i-W_0)\mathrm{d}t\\ &\approx Y_i(t)\lambda_0^*(t)\exp\{\boldsymbol{\xi}^\tau\boldsymbol{X}_i^*(t)\}K_h(W_i-W_0)\mathrm{d}t.\end{aligned}$$

其中 $\mathcal{F}_t$ 是

$$\mathcal{F}_t=\sigma\{N_i(u),N_i^c(u),\boldsymbol{Z}_i(u),W_i,0\leqslant u\leqslant t,i=1,2,\cdots,n\}.$$

由此, 可以得到如下鞅表示

$$N_i(t)K_h(W_i-W_0)=M_i(t)K_h(W_i-W_0)+\int_0^t Y_i(u)\lambda_i(u,\boldsymbol{\xi})K_h(W_i-W_0)\mathrm{d}u, \tag{10.46}$$

故 $M_i(t)$ 关于域流 $\mathcal{F}_t$ 是一个零均值鞅.

由 (10.45) 和模型 (10.46) 可以给出基础风险率的一个 "估计"

$$\widetilde{\Lambda}_0^*(t,\boldsymbol{\xi}) == \int_0^t \frac{\sum_{i=1}^n K_h(W_i-W_0)\mathrm{d}N_i(u)}{\sum_{j=1}^n Y_j(u)\exp(\boldsymbol{\xi}^\tau\boldsymbol{X}_j^*)K_h(W_j-W_0)}, \tag{10.47}$$

则基于近似风险函数 (10.45), 得到

$$U(\boldsymbol{\xi})=n^{-1}\sum_{i=1}^n\int_0^\infty K_h(W_i-W_0)\boldsymbol{X}_i^*\Big\{\mathrm{d}N_i(u)-Y_i(u)\exp[\boldsymbol{\xi}^\tau\boldsymbol{X}_j^*(u)]\mathrm{d}\widetilde{\Lambda}^*(u,\boldsymbol{\xi})\Big\}. \tag{10.48}$$

经简单计算得到渐近无偏的估计函数:

$$U(\boldsymbol{\xi})=\sum_{i=1}^{n}\int_{0}^{\infty}K_h(W_i-W_0)\left\{\boldsymbol{X}_i^*(u)-\frac{\sum_{i=1}^{n}K_h(W_i-W_0)Y_i(u)\exp\{\boldsymbol{\xi}^\tau\boldsymbol{X}_i^*(u)\}\boldsymbol{X}_i^*(u)}{\sum_{i=1}^{n}K_h(W_i-W_0)Y_i(u)\exp\{\boldsymbol{\xi}^\tau\boldsymbol{X}_i^*(u)\}}\right\}\mathrm{d}N_i(u). \tag{10.49}$$

另外, Fan, Lin 和 Zhou (2007) 得到了如下的局部对数部分似然函数

$$\ell_n(\boldsymbol{\xi})=n^{-1}\sum_{i=1}^{n}\int_{0}^{\tau}K_h(W_i-W_0)\left\{\boldsymbol{\xi}^\tau\boldsymbol{X}_i^*-\log\left\{\sum_{j=1}^{n}Y_j(u)\exp(\boldsymbol{\xi}^\tau\boldsymbol{X}_j^*)K_h(W_j-W_0)\right\}\right\}\mathrm{d}N_i(u),$$

并由此可得到与得分方程 (10.49) 相同的估计方程. 在一些条件下, 此估计方程的解是参数的相合估计, 也是渐近正态的, 更详细的内容可参见 Fan, Lin 和 Zhou (2007).

10.9 均值剩余寿命模型

假设 T 是非负随机变量, 通常表示寿命. 在保险精算、风险管理和生物统计中一个重要的量是**平均剩余寿命**, 表示为 $m(t)=E(T-t|T>t)$. 当考察带有协变量的平均剩余寿命时, 需要发展出半参数模型. 由于 $m(t)$ 是一非负函数, 正如 Cox 模型对风险率函数建模一样, 我们也可以建立类似的模型,

$$m(t|\boldsymbol{Z})=m_0(t)\exp\{\boldsymbol{\beta}^\tau\boldsymbol{Z}\}, \tag{10.50}$$

其中 $\boldsymbol{Z}$ 是一 p 维的协变量, $\boldsymbol{\beta}$ 是因素贡献率参数, m_0 是一个未知当 $\boldsymbol{Z}=0$ 时基础平均寿命函数. 此模型称为**均值剩余寿命乘积模型**, 是由 Oakes 和 Dasu (1990) 首先提出的平均剩余寿命模型. 然后, 在无删失数据下, Oakes 和 Dasu (2003) 研究了模型统计推断方法. 为了便于一般性研究此模型, 在此仍然考虑删失数据下的平均剩余寿命模型. Chen 和 Cheng (2005) 讨论了删失数据下此模型的平均寿命函数的估计方法.

设 T 是一失效时间, C 是可能的删失时间, 由于观察机制的原因, 所获得的观察数据是 $X_i=\min(T_i,C_i)$, 表示对第 i 个个体观察到的时间, δ_i 是观察状态的示性函数, 当 X_i 是个体的失效时间时, $\delta_i=1$, 否则其值为 0. 为简单计, 假设给定协变

量 $\boldsymbol{Z}_i$ 下, T_i 和 C_i 是相互独立的. 同时, 假设 $0<\varsigma=\inf\{t:P(X>t)=0\}<\infty$. 因此, 观察数据是

$$\{X_i,\delta_i,\boldsymbol{Z}_i\},\quad 对\ i=1,\cdots,n,$$

其中 $\boldsymbol{Z}_i=(Z_{i1},\cdots,Z_{ip})^\tau$ 是 p 维的协变量. 记 $N_i(t)=I(X_i\leqslant t,\delta_i=1)$ 和 $Y_i(t)=I(X_i\geqslant t)$, 并设 $\Lambda_i(t)$ 是 T_i 的累积风险函数. 由定义 $m(t)=E(T-t|T>t)$ 可推得

$$S(t|Z)=P(T\geqslant t|Z)=\frac{m(0|Z)}{m(t|Z)}\exp\left\{-\int_0^{\varsigma}\frac{1}{m(u|Z)}\mathrm{d}u\right\}.$$

由此, 从模型 (10.50) 可推出如下结果

$$m_0(t)\mathrm{d}\Lambda_i(t)=\exp\{-\boldsymbol{\beta}^\tau Z_i\}\mathrm{d}t+\mathrm{d}m_0(t).$$

由于给定协变量下, 生存时间有一个具体的分布形式, 一种方法是给出参数 $\boldsymbol{\beta}$ 极大似然估计, 但是这种方法卷入了未知的参数 $m_0(\cdot)$. 因此极大似然估计方法在此种情况下并不是可行的推断方法. 然而可以利用模型隐含的性质给出一些合理的估计方程, 从而通过估计方程的方法给出参数 $\boldsymbol{\beta}$ 和非参数函数 $m_0(t)$ 的估计.

由计数过程理论, 可知

$$E\{\mathrm{d}N_i(t)|\mathcal{F}_{t-};\boldsymbol{\beta}_0,m_0(\cdot))\}=Y_i(t)\mathrm{d}\Lambda_i(t;\boldsymbol{\beta}_0,m_0),$$

其中 $\boldsymbol{\beta}_0$ 和 $m_0(t)$ 分别是 $\boldsymbol{\beta}$ 和 $m(t)$ 的真实参数. 这一结论可由 Fleming 和 Harrington(1991) 的推论 1.4.1 获得 (参见附录 A). 记

$$M_i(t,\boldsymbol{\beta}_0,m_0)=N_i(t)-\int_0^t Y_i(s)\mathrm{d}\Lambda_i(s,\boldsymbol{\beta},m_0),\quad i=1,2,\cdots,n,$$

则 $\{M_i(t,\boldsymbol{\beta}_0,m_0)\}$ 关于 $\mathcal{F}_t$ 是一零均值鞅. 所以 $\boldsymbol{\beta}_0$ 和 $m_0(\cdot)$ 的自然估计可以由下面的方程组求解获得

$$\sum_{i=1}^n\{\mathrm{d}N_i(t)-Y_i(t)\mathrm{d}\Lambda_i(t;\boldsymbol{\beta},m_0)\}=0\quad(0\leqslant t\leqslant\varsigma),\tag{10.51}$$

$$\sum_{i=1}^n\int_0^{\varsigma}\boldsymbol{Z}_i\{\mathrm{d}N_i(t)-Y_i(t)\mathrm{d}\Lambda_i(t;\boldsymbol{\beta},m_0)\}=0,\tag{10.52}$$

在平均剩余寿命模型的假设下, 可以进一步展开上面的模型 (10.51) 和模型 (10.52) 获得 $\boldsymbol{\beta}_0$ 和 $m_0(\cdot)$ 估计,

$$\sum_{i=1}^n m_0(t)[\mathrm{d}N_i(t)-Y_i(t)\mathrm{d}\Lambda_i(t;\boldsymbol{\beta},m_0)]=0\quad(0\leqslant t\leqslant\varsigma),\tag{10.53}$$

$$\sum_{i=1}^n\int_0^{\varsigma}\boldsymbol{Z}_i\{m_0(t)[\mathrm{d}N_i(t)-Y_i(t)(\exp(-\boldsymbol{\beta}^\tau\boldsymbol{Z}_i)\mathrm{d}t+\mathrm{d}m_0(t))]\}=0.\tag{10.54}$$

这两个估计方程组是由 Chen 和 Cheng (2005) 首先给出的. 从式 (10.53) 对求 $m_0(t)$ 求其一阶条件即求导可以获得

$$\frac{\sum_{i=1}^{n}\mathrm{d}N_i(t)}{\sum_{i=1}^{n}Y_i(t)}m_0(t)-\mathrm{d}m_0(t)=Q(t,\boldsymbol{\beta})\mathrm{d}t\quad(0\leqslant t\leqslant\varsigma),\tag{10.55}$$

其中 $Q(t;\boldsymbol{\beta})=\sum_{i=1}^{n}Y_i(t)\exp\{-\boldsymbol{\beta}^{\tau}\boldsymbol{Z}_i\}/\sum_{i=1}^{n}Y_i(t)$. 因此, $m_0(t)$ 有如下的显式解

$$\widehat{m}_0(t,\boldsymbol{\beta})=\widehat{S}_n^{-1}\int_t^{\varsigma}\widehat{S}_n(u)Q(u,\boldsymbol{\beta})\mathrm{d}u,\tag{10.56}$$

其中 $\widehat{S}_n(t)=\exp\left\{-\int_0^t\sum_{i=1}^{n}\mathrm{d}N_i(u)\Big/\sum_{i=1}^{n}Y_i(u)\right\}$, 这是生存分析中著名的 Nelson-Aalen 估计. 为了获得 $\boldsymbol{\beta}_0$ 的估计, 将方程 (10.53) 和 (10.54) 求解, 可获得如下估计方程 (组)

$$U(\boldsymbol{\beta})=\frac{1}{n}\sum_{i=1}^{n}\int_0^{\varsigma}\{\boldsymbol{Z}_i-\bar{\boldsymbol{Z}}(t)\}[\widehat{m}_0(t)\mathrm{d}N_i(t)-Y_i(t)\exp(-\boldsymbol{\beta}^{\tau}\boldsymbol{Z}_i)\mathrm{d}t]=0,\tag{10.57}$$

其中 $\bar{\boldsymbol{Z}}(t)=\sum_{i=1}^{n}Y_i(t)\boldsymbol{Z}_i/\sum_{i=1}^{n}Y_i(t)$. 假设 $\widehat{\boldsymbol{\beta}}$ 是方程 (10.57) 中的解, Chen 和 Cheng (2005) 在一般的条件下可以证明 $\sqrt{n}(\widehat{\boldsymbol{\beta}}-\boldsymbol{\beta}_0)$ 渐近收敛于一个 p 维的均值为 0 和方差为 $A^{-1}VA^{-1}$ 正态分布, 其中 A 和 V 可分别由下面的两个统计进行估计,

$$\widehat{A}=\frac{1}{n}\sum_{i=1}^{\varsigma}\{\boldsymbol{Z}_i-\bar{\boldsymbol{Z}}(t)^{\otimes 2}\}Y_i(t)\exp\{-\widehat{\boldsymbol{\beta}}^{\tau}\boldsymbol{Z}_i\}\mathrm{d}t,$$

$$\widehat{V}=\frac{1}{n}\sum_{i=1}^{\varsigma}\{\boldsymbol{Z}_i-\bar{\boldsymbol{Z}}(t)^{\otimes 2}\}Y_i(t)\widehat{m}_*(t;\widehat{\boldsymbol{\beta}})[\exp\{-\widehat{\boldsymbol{\beta}}^{\tau}\boldsymbol{Z}_i\}\mathrm{d}t+\mathrm{d}\widehat{m}_*(t;\widehat{\boldsymbol{\beta}})],$$

其中 $a^{\otimes 2}=aa^{\tau}$.

在剩余寿命的乘积模型中, 可以比较不同协变量 Z 之间的相对剩余均值寿命. 例如, 令 $Z=1$ 表示男性, $Z=0$ 表示女性, 显然 $\dfrac{m(t|Z=1)}{m(t|Z=0)}=e^{\beta}$, 因此 β 是相对剩余均值寿命比率, 直观意义明显, 然而如果想比较剩余均值寿命的绝对差, 乘积模型的解释能力并不强. 为了克服模型 (10.50) 中的这个缺点, Chen 和 Cheng (2006) 提出了加性平均剩余寿命模型, 即

$$m(t|\boldsymbol{Z})=m_0(t)+\boldsymbol{\beta}^{\tau}\boldsymbol{Z},\tag{10.58}$$

此模型中的 $\boldsymbol{\beta}$ 系数可以看作为绝对剩余均值寿命差. 此模型称为**均值剩余寿命加性模型**. 这里的解释对 Cox 模型和加性模型意义类似. 应用乘积形式的平均剩余寿命模型的类似方法可以获得参数 β 和 $m_0(t)$ 的估计方程估计. 首先可由下面方程获得 $m_0(\cdot)$ 估计

$$\sum_{i=1}^{n}\{m_0(t)+\boldsymbol{\beta}_0^{\tau}\boldsymbol{Z}_i\}\mathrm{d}N_i(t)-\sum_{i=1}^{n}Y_i(t)\mathrm{d}\{t+m_0(t)\}=0. \tag{10.59}$$

由此可得

$$\widehat{m}(t;\boldsymbol{\beta})=\widehat{S}(t)^{-1}\int_t^{\varsigma}\widehat{S}(u)\frac{\sum_{i=1}^{n}\{Y_i(u)\mathrm{d}u-\boldsymbol{\beta}_0^{\tau}\boldsymbol{Z}_i\mathrm{d}N_i(u)\}}{\sum_{i=1}^{n}Y_i(u)}, \tag{10.60}$$

其中 $\widehat{S}(t)=\exp\left\{-\int_0^t\sum_{i=1}^{n}\mathrm{d}N_i(u)/\sum_{i=1}^{n}Y_i(u)\right\}$. 对于 $\boldsymbol{\beta}$ 的估计稍微复杂一些. 注意到在加性平均剩余寿命模型下, 累积强度函数满足

$$\{m_0(t)+\boldsymbol{\beta}_0^{\tau}\boldsymbol{Z}\}\mathrm{d}\Lambda(t|\boldsymbol{Z},\boldsymbol{\beta}_0,m_0)=\mathrm{d}\{t+m_0(t)\},$$

可获得 $\boldsymbol{\beta}$ 的无偏估计方程为

$$U(\boldsymbol{\beta}_0,m_0)=\frac{1}{n}\sum_{i=1}^{n}\int_0^{\varsigma}\boldsymbol{Z}_i[\{m_0(t)+\boldsymbol{\beta}_0^{\tau}\boldsymbol{Z}_i]\mathrm{d}N_i(t)-Y_i(t)\mathrm{d}\{t+m_0(t)\}=0. \tag{10.61}$$

把式 (10.60) 代入式 (10.61) 获得 $\boldsymbol{\beta}$ 的可行无偏估计方程为

$$\frac{1}{n}\sum_{i=1}^{n}\int_0^{\varsigma}\{\boldsymbol{Z}_i-\bar{\boldsymbol{Z}}(t)\}\{\widehat{m}(t;\boldsymbol{\beta})+\boldsymbol{\beta}^{\tau}\boldsymbol{Z}_i\}\mathrm{d}N_i(t)=0, \tag{10.62}$$

其中 $\bar{\boldsymbol{Z}}=\sum_{i=1}^{n}Y_i(t)\boldsymbol{Z}_i/\sum_{i=1}^{n}Y_i(t)$. 因而解方程 (10.62) 可获得 β 的估计 $\widehat{\beta}$. 同样可以获得 $\sqrt{n}(\widehat{\boldsymbol{\beta}}-\boldsymbol{\beta}_0)$ 渐近收敛于均值为 0 和方差为 $B^{-1}DB^{-1}$ 的正态分布. 而 D 和 B 可由下面两个统计量进行估计

$$\begin{aligned}\widehat{B}&=n^{-1}\sum_{i=1}^{n}\int_0^{\varsigma}\{\boldsymbol{Z}_i-\bar{\boldsymbol{Z}}(t)\}^{\otimes 2}\mathrm{d}N_i(t),\\ \widehat{D}&=n^{-1}\sum_{i=1}^{n}Y_i(t)\int_0^{\varsigma}\{\boldsymbol{Z}_i-\bar{\boldsymbol{Z}}(t)-\tilde{\boldsymbol{Z}}(t)\}^{\otimes 2}\{\widehat{m}(t)+\widehat{\boldsymbol{\beta}}^{\tau}\}\{\mathrm{d}t+\mathrm{d}\widehat{m}_*(t)\},\end{aligned}$$

其中 $\tilde{\boldsymbol{Z}}(t) = \widehat{S}(t)\int_0^t \widehat{S}^{-1}(u)\sum_{j=1}^n\{\boldsymbol{Z}_j - \bar{\boldsymbol{Z}}(u)\}\mathrm{d}N_j(u)/\sum_{j=1}^n Y_j(t)$. 更详细的内容请参见 Chen 和 Cheng (2006).

最近, Sun 和 Zhang (2009) 扩展了以上的模型到转移平均剩余寿命模型, 即

$$m(t|\boldsymbol{Z}) = g\{m_0(t) + \boldsymbol{\beta}^\tau \boldsymbol{Z}\},$$

其中 $g: \mathbf{R} \to \mathbf{R}^+$ 是变换函数, $\boldsymbol{\beta}$ 是 $p\times 1$ 是我们感兴趣的未知的参数向量, 利用连续鞅的一些类似性质, 可构造出相应的估计方程. 更多内容参见他们的文章.

10.10 复发数据模型

复发事件数据是医学临床上出现最多的一类数据, 在金融违约风险管理中也经常出现, 例如, 医学临床上癌症复发, 恶性肿瘤再生, 和公司违约多次发生等都是复发事件. 很多复发研究都关心风险因素对复发事件的影响. 在复发事件数据中, 通常直接对复发事件计数过程建模. 设 $N^*(t)$ 是到时间 t 时事件发生的个数, $\boldsymbol{Z}$ 是 p 维协变量向量. 一个容易从 Cox 模型启发得到的复发事件的均值模型是

$$m_z(t) = m_0(t)\exp\{\boldsymbol{\beta}^\tau \boldsymbol{Z}\}, \tag{10.63}$$

其中 $m_z(t) = E[N^*(t)|\boldsymbol{Z} = 0)$, $m_0(t) = E(N^*(t)|\boldsymbol{Z} = 0) = \int_0^t \lambda_0(t)\mathrm{d}(t)$, 称为基础均值函数, $\lambda_0(t)$ 是基础风险率函数, $\boldsymbol{\beta}$ 是 p 维参数向量, 此模型称为复发事件的乘积模型. 模型 (10.63) 已得到许多专家的研究, 包括 Pepe 和 Cai (1993), Lawless 和 Nadeau (1995), 和 Lin, Wei, Yang 和 Ying (2000) 等深入研究. 模型 (10.63) 比古典 Cox 模型有上优点. 这主要是均值模型比强度模型更加直观, 而且模型 (10.63) 可以应用到任何计数过程, 而 Cox 模型需要泊松结构, 最后模型 (10.63) 可以用来刻画任意跳度的点过程. Lin 和 Ying (2001) 讨论了**一般转移模型**

$$m_z(t) = g\left\{\mu_0(t)\exp(\boldsymbol{\beta}^\tau \boldsymbol{Z})\right\}, \tag{10.64}$$

其中 $g(\cdot)$ 是两次连续可微且递增函数, 而 $\mu_0(t)$ 是一增函数. 注意到 $g(0) = \mu_0(0) = 0$. 从此模型可知, 基础均值函数 $m_0(t)$ 为 $g(\mu_0(t))$, 从模型 (10.64) 可得, 对任何 $\boldsymbol{Z}$,

$$\exp\{\boldsymbol{\beta}^\tau \boldsymbol{Z}\} = \lim_{t\downarrow 0}\frac{m_z(t)}{m_0(t)},$$

这里需假定 $g'(0) \neq 0$. 模型 (10.64) 包含很多模型族, g 可取为 Box-Cox 变换.

注意到 $N^*(t)$ 对复发事件发生个数计数, 称为复发 (事件) 计数过程, 可能存在删失造成 $N^*(t)$ 到时间 t 不能被完全观察. 事实上, 可观察的是计数过程$N(t) =$

$N^*(t\wedge C)$, 其中 C 是跟踪时间或删失时间, $a\wedge b=\min(a,b)$. 假设给定 $\boldsymbol{Z}(\cdot)$ 的条件下, C 与 $N^*(\cdot)$ 独立. 对于样本容量为 n 的样本其观察数据是 $\{N_i(t),C_i,\boldsymbol{Z}_i(t),t\leqslant C_i\}$, $i=1,2,\cdots,n$.

对模型 (10.64) 进行统计推断较可行的方法就是使用估计方程方法. 通常的极大似然方法, 矩估计方法和最小二乘法等在此模型中都无法应用.

定义

$$M_i(t)=Y_i(t)\left[N_i(t)-g\{\mu_0(t)\mathrm{e}^{\boldsymbol{\beta}^\tau \boldsymbol{Z}_i(t)}\}\right],\quad i=1,2,\cdots,n, \tag{10.65}$$

在模型 (10.64) 的假设下, $M_i(t)$ 是一个零均值过程. 于是给定 $\boldsymbol{\beta}$, 对未知的参数 $\mu_0(t)$ 的一合理的估计是如下方程的根

$$\sum_{i=1}^n M_i(t)=\sum_{i=1}^n Y_i(t)\left[N_i(t)-g\{\mu_0(t)\mathrm{e}^{\boldsymbol{\beta}^\tau \boldsymbol{Z}_i(t)}\}\right]=0,\quad 0\leqslant t\leqslant t_0, \tag{10.66}$$

其中 t_0 是一个事先指定的常数使各 $P(C>t_0)>0$. 定义上面方程的根为 $\widehat{\mu}_0(t,\boldsymbol{\beta})$, 则我们得到 $\boldsymbol{\beta}$ 的一个无偏估计方程是

$$\sum_{i=1}^n\int_0^{t_0}\boldsymbol{Z}_i(t)M_i(t)\mathrm{d}H(t)=0, \tag{10.67}$$

即

$$\sum_{i=1}^n\int_0^{t_0}Y_i(t)\left[N_i(t)-g\{\mu_0(t)\mathrm{e}^{\boldsymbol{\beta}^\tau \boldsymbol{Z}_i(t)}\}\right]\boldsymbol{Z}_i(t)\mathrm{d}H(t)=0, \tag{10.68}$$

其中 H 是一个在 $[0,t_0]$ 增加的权函数. 记方程 (10.68) 的解为 $\widehat{\boldsymbol{\beta}}$, 这样对应于 $\mu_0(t)$ 的估计是 $\widehat{\mu}_0(t)=\widehat{\mu}_0(t,\widehat{\boldsymbol{\beta}})$. 在一些条件下, 可以证明估计 $\widehat{\boldsymbol{\beta}}$ 是真值 $\boldsymbol{\beta}_0(t)$ 的相合估计同时具有渐近正态性, $\widehat{\mu}_0(t)$ 是 $\mu_0(t)$ 的一致相合估计并且弱收敛. 更详细的内容请参见 Lin 和 Ying (2001).

10.11 长度偏差数据模型

长度偏差数据是广泛存在的一类数据, 由于技术、经济费用和时间的限制, 在观测研究或抽样调查中经常会采用或被迫采用长度偏差抽样, 例如, 在经济调查中, 调查失业率时, 可能失业时间越长的人越容易被调查到, 而短期失业可能并未调查到, 又例如, 在生物医学中对细胞纤维观察, 在同等技术水平下, 纤维越长的细胞越容易观察到, 而越短的越难于观察到, 由此观测到或收集到的数据就是长度偏差数据. 长度偏差数据其本质是被观察或抽到样本的概率与样本的长度或体积等因素成正比. 因此不再是简单样本, 即不再同分布.

设 $\widetilde{T}$ 是感兴趣总体的真实失效时间, 即从开始到失效的时间, A 指从开始时间到医疗检查 (有时称注册时间) 时间, V 是从注册时间到失效的时间, $T = A + V$ 是观察到的失效时间, C 是从注册时间到删失的时间. 注意到, T 为仅当 $\widetilde{T} \geqslant A$ 时才能被观察到的失效时间. 假定 $\boldsymbol{X}$ 是一个 p 维协变量向量. 假设在给定 $\boldsymbol{X}$ 下, AV 和 C 独立.

记 $Y = \min\{T, A + C\}$, 和 $\delta = I\{A + V \leqslant A + C\}$, 则观察数据 $\{(Y_i, \delta_i, X_i, A_i), i = 1, \cdots, n\}$ 就是长度偏差数据. 其中 $I(\cdot)$ 是示性函数. 考虑如下均值寿命模型,

$$m(t|\boldsymbol{Z}) = m_0(t)\exp\{\boldsymbol{\beta}^{\tau}\boldsymbol{Z}\}, \tag{10.69}$$

其中 $\boldsymbol{Z}$ 是一 p 维的协变量, $\boldsymbol{\beta}$ 是因素贡献参数, m_0 是一个未知当 $\boldsymbol{Z} = 0$ 时基础平均寿命函数. 假设 $f(\cdot|\boldsymbol{x})$ 是给定协变量 $\boldsymbol{X} = \boldsymbol{x}$ 下 $\widetilde{T}$ 的密度函数, 则在长度偏差数据下, T 的条件密度函数是 $g(\cdot|\boldsymbol{x})$, 可由下面给出

$$g(t|\boldsymbol{x}) = \frac{tf(t|\boldsymbol{x})}{\mu(\boldsymbol{x})},$$

其中 $\mu(\boldsymbol{x}) = \displaystyle\int tf(t|\boldsymbol{x})\mathrm{d}t$.

在平稳条件假设下, 给定 $\boldsymbol{X}$ 下 $(Y = y, \delta = 1, A = a)$ 的密度函数是

$$\begin{aligned}
P(A=a, Y=y, \delta=1|\boldsymbol{X}=\boldsymbol{x}) &= P(A=a, V=y-a, C \geqslant y-a|\boldsymbol{X}=\boldsymbol{x}) \\
&= P(A=a, V=y-a|\boldsymbol{X}=\boldsymbol{x}) \times P(C \geqslant y-a|\boldsymbol{X}=\boldsymbol{x}) \\
&= f(y|\boldsymbol{X}=\boldsymbol{x})S_C(y-a)/\mu(\boldsymbol{x}),
\end{aligned}$$

其中 $S_C(\cdot)$ 是删失时间 C 的生存分布. 为简单假设 C 独立于 $\boldsymbol{X}$.

记

$$\begin{aligned}
M_i(t) &= \frac{\delta_i I(Y_i > t)}{Y_i S_C(Y_i - A_i)}\Big[(Y_i - t) - m(t|\boldsymbol{X})\Big] \\
&= \frac{\delta_i I(Y_i > t)}{Y_i S_C(Y_i - A_i)}\Big[(Y_i - t) - m_0(t)\exp(\boldsymbol{\beta}^{\mathrm{T}}\boldsymbol{X})\Big],
\end{aligned} \tag{10.70}$$

则给定观察数据 $\{Y_i, \delta_i, X_i, A_i, i = 1, \cdots, n\}$ 下, $\{M_i(t), 0 \leqslant t \leqslant \tau\}$ 是一个 0 均值过程. 所以, 可以构造包含参数 $\boldsymbol{\beta}$ 和讨厌参数 $m_0(t)$ 的估计方程

$$\sum_{i=1}^{n}\frac{\delta_i I(Y_i > t)}{Y_i S_C(Y_i - A_i)}\Big[(Y_i - t) - m_0(t)\exp(\boldsymbol{\beta}^{\tau}X_i)\Big] = 0, \tag{10.71}$$

$$\sum_{i=1}^{n}\int_0^{\tau}\frac{\delta_i I(Y_i > t)X_i}{Y_i S_C(Y_i - A_i)}\Big[(Y_i - t) - m_0(t)\exp(\boldsymbol{\beta}^{\tau}X_i)\Big]\mathrm{d}H(t) = 0. \tag{10.72}$$

由上面的估计方程便可获得参数 $\boldsymbol{\beta}$ 和非参数函数 $m_0(t)$ 的在某一因定点 t 上估计, 即 $\widehat{\boldsymbol{\beta}}$ 和 $\widehat{\mu}_0(t)$. Bai, Chen 和 Zhou(2011) 在一些条件下证明了估计 $\widehat{\boldsymbol{\beta}}$ 是真值 $\boldsymbol{\beta}_0$ 的相合估计同时具有渐近正态性; $\widehat{\mu}_0(t)$ 是 $\mu_0(t)$ 的一致相合估计并且弱收敛. 更详细的内容请参见他们的文章.

10.12 相关研究与扩展

多元情形下的边际 Cox 模型和变系数模型 Cox 模型的研究是目前统计学中研究的热点模型, 在生存分析、生物统计和金融风险管理中都有广泛的应用.

多元边际 Cox 模型首先由 Wei, Lin 和 Weissfeld (1989) 给出

$$\lambda_{ij}(t) = \lambda_{0j}(t)\exp\{\boldsymbol{\alpha}^\tau V_{ij}(t)\}, \quad t \geqslant 0, \quad j = 1, 2, \cdots, J, \tag{10.73}$$

其中 $\lambda_{0j}(t)$ 是基础风险率函数, $V_{ij}(t)$ 是一多元的协变量, α 是感兴趣的风险因素的影响参数. 模型 (10.73) 非常类似于古典 Cox 模型, 只是对于组内而言基础风险函数是不同的. 对此的研究已有许多文献, 参见 Liang, Self 和 Chang (1993), Cai 和 Prentice (1997), Prentice 和 Hsu (1997), Spiekerman 和 Lin (1998).

最近, Cai, Fan, Zhou 和 Zhou (2007) 建立了带暴露风险的边际变系数 Cox 模型.

$$\lambda_{ij}(t) = \lambda_{0j}(t)\exp\{\beta(W_{ij}(t))^\tau Z_{ij}(t) + g(W_{ij}(t))\}, \quad t \geqslant 0, \tag{10.74}$$

其中 $Z_{ij}(t)$ 是与主要风险暴露因素 $W_{ij}(t)$ 有交互影响的协变量, $\beta(\cdot)$ 是关于 $W_{ij}(t)$ 的未知系数函数. 这些模型有效地解释了复杂环境下的风险因素 (动态性、非线性和交互影响). 在多元生命数据中, 对边际变系数 Cox 模型建立了一类加权最优估计. 所使用的统计推断方法分别是基于局部部分似然方法和局部边际部分似然方法, 从而获得一个非参数模型的估计方程, 即局部得分方程和局部边际得分方程. 当考虑模型 (10.74) 中包含参数部分时, 即 Cai, Fan, Jiang 和 Zhou (2008) 讨论的半参数变系数模型

$$\lambda_{ij}(t) = \lambda_{0j}(t)\exp\{\alpha^\tau V_{ij}(t) + \beta(W_{ij}(t))^\tau Z_{ij}(t)\}, \quad t \geqslant 0, \tag{10.75}$$

并给出了参数和非参数的估计. 注意这个模型并没有考虑截距项, 由于技术的原因, 加入了截距项后, 估计问题变得有本质的困难. 由于许多实际问题中, 截距项都是显著存在的, 为此, Ma, Wan, Chen 和 Zhou (2009) 考虑了更一般的模型, 把截距加入到模型, 获得如下的半参数变系数 Cox 模型

$$\lambda_{ij}(t) = \lambda_{0j}(t)\exp\{\alpha^\tau V_{ij}(t) + \beta(W_{ij}(t))^\tau Z_{ij}(t) + g(W_{ij}(t))\}, \quad t \geqslant 0, \tag{10.76}$$

模型 (10.76) 是目前所有研究过的 Cox 模型中最为一般的形式. 书中提出了一种剖面局部部分似然的方法, 给出了所有参数的统计推断结果. 在变系数 Cox 模型或半参数变系数 Cox 模型中最难处理的是截距项 $g(\cdot)$, 因此把此模型推广到带有截距项的情形存在本质的困难.

对于风险加性模型 (1.5) 也可以推广到变系数加性模型, 如 Li, Yin 和 Zhou (2007),

$$\lambda(t|\boldsymbol{X}_i, W_i) = \lambda_0(t) + \boldsymbol{\beta}^\tau(W_i(t))\boldsymbol{X}_i(t), \tag{10.77}$$

设 $\boldsymbol{\xi} = \{(\boldsymbol{\beta}(w_0))^\tau, (\boldsymbol{\beta}'(w_0))^\tau\}^\tau$, $\boldsymbol{X}_i^*(t) = (\boldsymbol{X}_i^\tau(t), \boldsymbol{X}_i^\tau(t)(W_i - w_0))^\tau$, 和

$$\overline{\boldsymbol{X}}(t) = \frac{\sum\limits_{i=1}^{n} K_h(W_i - w_0)Y_i(t)\boldsymbol{X}_i^*(t)}{\sum\limits_{j=1}^{n} K_h(W_j - w_0)Y_j(t)},$$

其中 $K(\cdot)$ 是一核密度函数, h 是一窗宽序列且 $K_h(\cdot) = K(\cdot/h)/h$. 类似于式 (10.49), 可以获得如下的渐近无偏估计函数

$$\boldsymbol{U}_n(\boldsymbol{\xi}, w_0) = \sum_{i=1}^{n}\int_0^\tau K_h(W_i - w_0)\{\boldsymbol{X}_i^*(t) - \overline{\boldsymbol{X}}(t)\}\{\mathrm{d}N_i(t) - Y_i(t)\boldsymbol{\xi}^\tau\boldsymbol{X}_i^*(t)\mathrm{d}t\}. \tag{10.78}$$

对于 $W(t)$ 支撑中的某一固定点 w_0, 设 $\widehat{\boldsymbol{\xi}}(w_0)$ 表示 $\boldsymbol{U}_n(\boldsymbol{\xi}, w_0) = \mathbf{0}$ 的解. 估计量 $\widehat{\boldsymbol{\xi}}$ 的前 p 个元就是变系数 $\boldsymbol{\beta}(w_0)$ 在固定点 w_0 的估计量. 在一些条件下, 可以证明 $\sqrt{nh}[\widehat{\boldsymbol{\beta}}(w_0) - \boldsymbol{\beta}(w_0)]$ 是渐近正态的.

Yin, Li, Zeng 和 Zhou (2008) 讨论了更一般的风险加性模型

$$\lambda(t|Z, V, W) = \lambda_0(t) + \boldsymbol{\beta}^\tau(W(t))Z(t) + \boldsymbol{\alpha}^\tau V(t) + g(W(t)), \tag{10.79}$$

其中 $V(t)$ 是对风险函数 $\lambda(t)$ 的有一个线性影响的协变量, $W(t)$ 是对风险函数 $\lambda(t)$ 有主要影响的风险暴露因素, $Z(\cdot) = (Z_1(\cdot), \cdots, Z_p(\cdot))^\tau$ 是一个与主要风险暴露因素 $W(\cdot)$ 有交互作用的协变量, $\lambda_0(\cdot)$ 是基础风险函数, $g(\cdot)$ 是一个光滑的非参数函数. 为了保证模型可识别, 通常假定 $g(0) = 0$. Ma, Zhou 和 Liang (2009) 研究了此模型的变量选择问题.

另外, 估计方程方法也是研究生存分析中复杂数据的非参数或者半参数模型的有力工具. 比如, 说在纵向数据分析中, 设 $Y(t)$ 是感兴趣的纵向响应变量, $\boldsymbol{Z}$ 是 $p \times 1$ 的协变量, C 是删失时刻, 并记 $N(t)$ 是在 t 时刻之前观察次数的计数过程. 所以纵向过程 $Y(t)$ 能被观察到, 当且仅当 $N(t)$ 在 $t \leqslant C$ 有跳跃. 记 V 是满足 $E(V|Z) = 1$ 的非负潜变量, 给定 V, $\boldsymbol{Z}$, 考虑边际模型

$$E(Y(t)|\boldsymbol{Z}, V) = \mu_0(t) + \beta^\tau\boldsymbol{Z} + V, \tag{10.80}$$

其中 $\mu_0(t)$ 是 t 的光滑函数, β 是待定的未知参数. 而对观察过程, 我们假定在给定 $\boldsymbol{Z}, V$ 的条件下, $N(t)$ 是非平稳的 Poisson 过程, 强度函数为

$$\lambda(t|\boldsymbol{Z}, V) = V\lambda_0(t)\exp(\boldsymbol{\gamma}^\tau \boldsymbol{Z}), \tag{10.81}$$

其中 $\boldsymbol{\gamma}$ 是未知的回归参数向量, 函数 $\lambda_0(t)$ 是未知但连续的基础强度函数.

注意到在模型 (10.80) 和函数 (10.81) 下, V 和 C 的分布, 以及基础函数 $\mu_0(t)$, $\lambda_0(t)$ 都是看作非参数的. 运用估计方程方法, Sun, Sun 和 Liu (2007) 给出了 β 的估计, 并证明了它们的相合性与渐近正态性.

进一步, 对平均剩余寿命函数

$$m(t) = E(T - t|T > t), \quad \forall t \geqslant 0.$$

Sun 和 Zhang (2009) 考虑了一般意义下的平均剩余寿命函数回归模型

$$m(t|\boldsymbol{Z}) = g\{m_0(t) + \boldsymbol{\beta}^\tau \boldsymbol{Z}\}, \tag{10.82}$$

其中 $g: \mathbf{R} \to \mathbf{R}^+$ 是变换函数, $\boldsymbol{\beta}$ 是 $p \times 1$ 是我们感兴趣的未知参数向量, $\boldsymbol{Z}$ 是 $p \times 1$ 的协变量, $m_0(t)$ 未知函数 (注意: 此时 $m_0(t)$ 不必一定是基础的平均生存函数). Sun 和 Zhang (2009) 通过构造一个估计函数并建立估计方程, 在一定正则条件下, 找到 $\boldsymbol{\beta}$ 的相合估计, 并证明了它的渐近正态性. Bai 和 Zhou (2011) 把此类平均剩余寿命模型扩展到长度偏差删失数据情形, 获得了许多有意义的结果. Bai, Chen 和 Zhou (2011) 研究了长度偏差删失数据下的剩余寿命分位数模型, 更多的内容请参见他们的文章.

10.13 附　　录

对于定理 10.1∼ 定理 10.3, 我们给出更一般情况下的证明, 即当 $\phi(Y, \boldsymbol{Z}, \boldsymbol{\theta}) = E_{Y,\boldsymbol{z}}\{\psi(Y, g(\boldsymbol{Z}, \boldsymbol{\theta}) + b\xi)\}$ 情况下的证明. 需要如下记号和若干假设条件及引理. 令 $|\boldsymbol{a}| = \max_{1\leqslant i\leqslant q}|a_i|$, 对任意向量 $\boldsymbol{a} = (a_1, \cdots, a_q)^\tau$, 其中 $||\boldsymbol{A}||$ 是 $\boldsymbol{A}$ 的的欧几里得范数, $a = O(b_n)$ 如果所有元素 $a_i^{'}s$ 满足 $a_i = o(b_n)$ 且 $a^{\otimes 2} = aa^\tau$. 令 $O_P(\cdot)$ 表示概率边界, 则如果 C 是一个常数或随机变量, 有 $a_n/b_n \to C$ (依概率) 等价于 $a_n = O_P(b_n)$, 这里当 n 趋于无穷时, a_n 和 b_n 以相同的阶数收敛到 0. 类似的, $a_n = o_P(b_n)$ 表示当 n 趋于无穷时, a_n 以比 b_n 慢的速度趋于无穷. 假设 $\boldsymbol{\theta}_0 \in \Theta$, 其中 Θ 是一个紧参数空间, 并且以下条件成立.

假设:

(1) 宽度 b 满足条件当 $n \to \infty$ 时, $b \to 0$, 且 $nb \to \infty$.

(2) $L(x)$ 是 r 阶核分布函数, 即 $\int |x|^r \mathrm{d}L(x) < \infty$.

(3) $Q_{\boldsymbol{Z}}(x) r$ 阶连续可微, 并且 $E[\psi(Y, g(\boldsymbol{Z}, \boldsymbol{\theta}_0))]$ 在 $\boldsymbol{\theta}_0$ 的邻域内 r 阶连续可微.

(4) $0 < E|\psi(Y, g(\boldsymbol{Z}, \boldsymbol{\theta}_0))|^2 < \infty$ 且 $E[\psi(Y, g(\boldsymbol{Z}, \boldsymbol{\theta}_0))\psi^\tau(Y, g(\boldsymbol{Z}, \boldsymbol{\theta}_0))]$ 是正定的; $||\psi(\cdot, \cdot, \boldsymbol{\theta})||^3$ 受可积函数 $G(x)$ 的约束.

(5) $\partial E[\psi\{Y, g(\boldsymbol{Z}\boldsymbol{\theta})\}]/\partial\boldsymbol{\theta}$ 的秩等于 $\boldsymbol{\theta}$ 的维数.

(6) $Q_{\boldsymbol{Z}}(x)$ 满足 Lipschitz 条件, 即

$$||E_{\boldsymbol{Z}}[\psi\{Y, g(\boldsymbol{Z}, \boldsymbol{\theta})\} - \psi\{Y, g(\boldsymbol{Z}, \boldsymbol{\theta}_0)\}]^{\otimes 2}|| = O(||g(\boldsymbol{Z}\boldsymbol{\theta}) - g(\boldsymbol{Z}\boldsymbol{\theta}_0)||).$$

假设 (1) 和 (2) 在非参数研究中非常常见, 假设 (6) 常用于非线性模型和分位数回归的研究. 倘若我们假设给定 $\boldsymbol{Z}$ 下 Y 的条件分布是连续的, 则易证假设同样适用于线性与非线性模型. 类似于假设 (3)~(5) 的假设被 Qin 和 Lawless (1994) 使用过.

引理 10.1　假定满足假设 (1), (2), (3) 和 (6), 则

$$\frac{1}{\sqrt{n}}\sum_{i=1}^n \phi(Y_i, \boldsymbol{Z}_i, \boldsymbol{\theta}_0) \longrightarrow N(0, B(\boldsymbol{\theta}_0)),$$

其中 $B(\boldsymbol{\theta}_0) = E\{\psi(Y, g(\boldsymbol{Z}, \boldsymbol{\theta}_0))\psi^\tau(Y, g(\boldsymbol{Z}, \boldsymbol{\theta}_0))\}$.

证明　注意到

$$\frac{1}{\sqrt{n}}\sum_{i=1}^n \phi(Y_i, g(\boldsymbol{Z}_i, \boldsymbol{\theta}_0)) = \frac{1}{\sqrt{n}}\sum_{i=1}^n \psi(Y_i, g(\boldsymbol{Z}_i, \boldsymbol{\theta}_0)) + R_1 + R_2, \tag{10.83}$$

其中

$$R_1 = \frac{1}{\sqrt{n}}\sum_{i=1}^n [E\phi(Y_j, \boldsymbol{Z}_j, \boldsymbol{\theta}_0) - E\psi(Y_j, g(\boldsymbol{Z}_j, \boldsymbol{\theta}_0))],$$

$$R_2 = \frac{1}{\sqrt{n}}\sum_{i=1}^n \Delta(Y_i, \boldsymbol{Z}_i, \boldsymbol{\theta}_0),$$

并且

$$\Delta(Y_i, \boldsymbol{Z}_i, \boldsymbol{\theta}_0) = [\phi(Y_j, \boldsymbol{Z}_j, \boldsymbol{\theta}_0) - \psi(Y_j, g(\boldsymbol{Z}_j, \boldsymbol{\theta}_0))] - [E\phi(Y_j, \boldsymbol{Z}_j, \boldsymbol{\theta}_0) - E\psi(Y_j, g(\boldsymbol{Z}_j, \boldsymbol{\theta}_0))].$$

由假设 (6) 和关于 $L(\cdot)$ 的假设, 对 $j = 1, 2, \cdots, n$, 有

$$\frac{1}{\sqrt{n}}\sum_{i=1}^n \Delta(Y_j, \boldsymbol{Z}_j, \boldsymbol{\theta}_0) = O_p(b^{1/2}).$$

因此式 (10.83) 中的 R_2 是可忽略的. 考虑式 (10.83) 中的 R_1. 根据定理 10.1 的假设, $Q(x) = E_{\boldsymbol{Z}}\{\psi(Y, x)\}$ 是 r- 阶连续可微的, 我们得到

$$E\{\phi(Y_i, \boldsymbol{Z}_i, \boldsymbol{\theta}_0)\} - E\{\psi(Y_i, g(\boldsymbol{Z}_i, \boldsymbol{\theta}_0))\} = O(b^r),$$

这是可忽略的, 因为 $nb^{2r} \to 0$. 因此 R_1 可忽略. 所以,

$$\frac{1}{\sqrt{n}}\sum_{i=1}^{n}\phi(Y_i,\boldsymbol{\theta}_0)=\frac{1}{\sqrt{n}}\sum_{i=1}^{n}\psi(Y_i,g(\boldsymbol{Z}_i,\boldsymbol{\theta}_0))+o_p(1). \tag{10.84}$$

注意到 $\psi(Y_i,g(\boldsymbol{Z}_i,\boldsymbol{\theta}_0)),i=1,2,\cdots,n$, 都是均值为 0, 有限方差的随机变量. 引理 10.1 遵循中心极限定理. □

引理 10.2 假定满足假设 (1), (2), (3) 和 (6), 则

$$\frac{1}{n}\sum_{i=1}^{n}\phi(Y_i,\boldsymbol{Z}_i,\boldsymbol{\theta}_0)\phi^{\tau}(Y_i,\boldsymbol{Z}_i,\boldsymbol{\theta}_0)\xrightarrow{p}B(\boldsymbol{\theta}_0), \tag{10.85}$$

$$\frac{1}{n}\sum_{i=1}^{n}\phi'(Y_i,\boldsymbol{Z}_i,\boldsymbol{\theta}_0)\xrightarrow{p}(E\psi(Y,g(\boldsymbol{Z},\boldsymbol{\theta}_0)))'. \tag{10.86}$$

证明 对任意常数向量 α, 根据假设 5,

$$E\{\alpha^{\tau}[\phi(Y_i,\boldsymbol{Z}_i,\boldsymbol{\theta}_0)-\psi(Y_i,g(\boldsymbol{Z}_i,\boldsymbol{\theta}_0))]\}^2=o(b). \tag{10.87}$$

根据大数定律易证, 对 $\boldsymbol{\theta}_0$ 邻域内的任意 $\boldsymbol{\theta}$,

$$\begin{aligned}&\frac{1}{n}\sum_{i=1}^{n}\{\alpha^{\tau}[\phi(Y_i,\boldsymbol{Z}_i,\boldsymbol{\theta}_0)-\psi(Y_i,\boldsymbol{Z}_i,\boldsymbol{\theta}_0)\}^2\\&=E\{\alpha^{\tau}[\phi(Y,\boldsymbol{Z},\boldsymbol{\theta}_0)-\psi(Y,g(\boldsymbol{Z},\boldsymbol{\theta}_0))\}^2+o_P(1).\end{aligned} \tag{10.88}$$

把式 (10.87) 的结果运用到式 (10.88) 上, 我们可以得到

$$\frac{1}{n}\sum_{i=1}^{n}\{\alpha^{\tau}[\phi(Y_i,\boldsymbol{Z}_i,\boldsymbol{\theta}_0)-\psi(Y_i,g(\boldsymbol{Z}_i,\boldsymbol{\theta}_0))\}^2=o_P(1).$$

根据大数定律, 此处证明了式 (10.85). 为了证明式 (10.86), 注意到

$$\begin{aligned}\frac{1}{n}\sum_{i=1}^{n}\phi'(Y_i,\boldsymbol{Z}_i,\boldsymbol{\theta}_0)=&\frac{1}{n}\sum_{i=1}^{n}E\phi'(Y_i,\boldsymbol{Z}_i,\boldsymbol{\theta}_0)\\&+\frac{1}{n}\sum_{i=1}^{n}[\phi'(Y_i,\boldsymbol{Z}_i,\boldsymbol{\theta}_0)-E\phi'(Y_i,\boldsymbol{Z}_i,\boldsymbol{\theta}_0)].\end{aligned} \tag{10.89}$$

类似于引理 10.1 的论证过程, 根据大数定律, 我们可以证明等式 (10.89) 右边的第二项是可忽略的. 又注意到,

$$\begin{aligned}E\{\phi'(Y,\boldsymbol{Z},\boldsymbol{\theta}_0)\}=&\{E\phi(Y,\boldsymbol{Z},\boldsymbol{\theta}_0)\}'=E\left\{\int Q_{\boldsymbol{Z}}(g(\boldsymbol{Z}^{\tau}\boldsymbol{\theta}_0)+b\xi)\mathrm{d}L(\xi)\right\}'\\=&E\int Q'_{\boldsymbol{Z}}(g(\boldsymbol{Z}^{\tau}\boldsymbol{\theta}_0)+b\xi)\mathrm{d}L(\xi)=E\int Q'_{\boldsymbol{Z}}(g(\boldsymbol{Z}^{\tau}\boldsymbol{\theta}_0)\mathrm{d}L(\xi)+o_p(1)\\=&\{E\psi(Y,g(\boldsymbol{Z},\boldsymbol{\theta}_0))\}'+o_p(1).\end{aligned}$$

□

引理 10.3 假设假设 (1)~(6) 均成立, 则 $\widehat{\ell}(\boldsymbol{\theta})$ 在 $||\boldsymbol{\theta}-\boldsymbol{\theta}_0||\leqslant n^{-1/3}$ 内的某点 $\widehat{\boldsymbol{\theta}}$ 达到最大值, $\widehat{\boldsymbol{\theta}}$ 和 $\widehat{\lambda}=\lambda(\widehat{\boldsymbol{\theta}})$ 满足

$$Q_{1n}(\widehat{\boldsymbol{\theta}},\widehat{\lambda})=0,\quad Q_{2n}(\widehat{\boldsymbol{\theta}},\widehat{\lambda})=0, \tag{10.90}$$

其中

$$Q_{1n}(\boldsymbol{\theta},\lambda)=\frac{1}{n}\sum_{i=1}^{n}\frac{\phi(Y_i,\boldsymbol{Z}_i,\boldsymbol{\theta})}{1+\lambda^{\tau}\phi(Y_i,\boldsymbol{Z}_i,\boldsymbol{\theta})}, \tag{10.91}$$

$$Q_{2n}(\boldsymbol{\theta},\lambda)=\frac{1}{n}\sum_{i=1}^{n}\frac{1}{1+\lambda^{\tau}\phi(Y_i,\boldsymbol{Z}_i,\boldsymbol{\theta})}\left(\frac{\partial\phi(Y_i,\boldsymbol{Z}_i,\boldsymbol{\theta})}{\partial\boldsymbol{\theta}}\right)^{\tau}\lambda. \tag{10.92}$$

证明 可由假设 4,5 并沿用 Qin 和 Lawless (1994) 的论证得到. □

定理 10.1 的证明 易证 $\widehat{\boldsymbol{\theta}}$ 是 $\boldsymbol{\theta}_0$ 的一个相合估计量. 由最大化 $M_{\widehat{w}}(\boldsymbol{\theta})$ 的一阶条件, 有

$$2\left[\frac{1}{n}\sum_{i=1}^{n}\frac{\partial\phi(Y_i,\boldsymbol{Z}_i,\boldsymbol{\theta})}{\partial\boldsymbol{\theta}}\right]\widehat{W}\left[\frac{1}{n}\sum_{i=1}^{n}\phi(Y_i,\boldsymbol{Z}_i,\boldsymbol{\theta})\right]=0.$$

利用泰勒展开式和简单计算, 我们得到

$$\sqrt{n}(\widehat{\boldsymbol{\theta}}_g-\boldsymbol{\theta}_0)=-[A_n(\widehat{\boldsymbol{\theta}})\widehat{W}A_n(\boldsymbol{\theta}^*)]^{-1}A_n(\widehat{\boldsymbol{\theta}})\widehat{W}\sqrt{n}\left[\frac{1}{n}\sum_{i=1}^{n}\phi(Y_i,\boldsymbol{Z}_i,\boldsymbol{\theta})\right],$$

其中 $\boldsymbol{\theta}^*$ 介于 $\widehat{\boldsymbol{\theta}}_g$ 和 $\boldsymbol{\theta}_0$ 之间, 且

$$A_n(\boldsymbol{\theta})=\frac{1}{n}\sum_{i=1}^{n}\frac{\partial\phi(Y_i,\boldsymbol{Z}_i,\boldsymbol{\theta})}{\partial\boldsymbol{\theta}}.$$

由定理 10.3 的假设, 我们得到

$$A_n(\widehat{\boldsymbol{\theta}})\to A(\boldsymbol{\theta}_0)\quad 和\quad A_n(\boldsymbol{\theta}^*)\to A(\boldsymbol{\theta}_0)$$

(依概率收敛). 注意到 $\widehat{W}$ 收敛到 W. 因此我们有

$$[A_n(\widehat{\boldsymbol{\theta}})\widehat{W}A_n(\boldsymbol{\theta}^*)]^{-1}A_n(\widehat{\boldsymbol{\theta}})\widehat{W}\to[A^{\tau}(\boldsymbol{\theta}_0)WA(\boldsymbol{\theta}_0)]^{-1}A(\boldsymbol{\theta}_0)W,$$

(依概率) 由引理 10.1

$$\sqrt{n}(\widehat{\boldsymbol{\theta}}_g-\boldsymbol{\theta}_0)\xrightarrow{\mathscr{D}}N(0,\Sigma_g),$$

其中 $\Sigma_g=\Sigma A^TW^{-1}BW^{-1}A\Sigma$ 和 $\Sigma=\{A^{\tau}(\boldsymbol{\theta}_0)W^{-1}A(\boldsymbol{\theta}_0)\}^{-1}$. □

定理 10.2 的证明 由引理 10.1～ 引理 10.3, 我们可以通过利用式 (10.90) 和式 (10.90) 在 $(\boldsymbol{\theta}_0, \widehat{\lambda})$ 的泰勒展式, 沿用类似于 Qin 和 Lawless (1994) 的证法来证明定理 1. 这里给出主要的证明过程.

易证

$$\begin{pmatrix} \widehat{\lambda} \\ \widehat{\boldsymbol{\theta}} - \boldsymbol{\theta}_0 \end{pmatrix} = S_n^{-1} \begin{pmatrix} -Q_{1n}(\boldsymbol{\theta}_0, 0) \\ 0 \end{pmatrix} + o_p(\delta_n), \tag{10.93}$$

其中 $\delta_n = ||\widehat{\boldsymbol{\theta}} - \boldsymbol{\theta}_0|| + ||\widehat{\lambda}||$ 且

$$S_n = \begin{pmatrix} \dfrac{\partial Q_{1n}(\boldsymbol{\theta}, 0)}{\partial \lambda} & \dfrac{\partial Q_{1n}(\boldsymbol{\theta}, 0)}{\partial \boldsymbol{\theta}} \\ \dfrac{\partial Q_{2n}(\boldsymbol{\theta}, 0)}{\partial \lambda} & 0 \end{pmatrix} \to \begin{pmatrix} S_{11} & S_{12} \\ S_{21} & 0 \end{pmatrix}, \tag{10.94}$$

由引理 10.2 可得

$$\begin{pmatrix} S_{11} & S_{12} \\ S_{21} & 0 \end{pmatrix} = \begin{pmatrix} -E\{\psi(Y, g(\boldsymbol{Z}, \boldsymbol{\theta}_0))^{\otimes 2}\} & E\left(\dfrac{\partial \psi}{\partial \boldsymbol{\theta}}\right) \\ E\left(\dfrac{\partial \psi}{\partial \boldsymbol{\theta}}\right)^{\tau} & 0 \end{pmatrix}.$$

根据引理 10.1, 我们有

$$Q_{1n}(\boldsymbol{\theta}_0, 0) = \frac{1}{n}\sum_{i=1}^{n} \phi(Y_i, \boldsymbol{Z}_i, \boldsymbol{\theta}_0) = O_p(n^{-1/2}).$$

类似于 Owen (1990) 在定理 1 中的证明, 我们有

$$\widehat{\lambda}_n = O_p(n^{-1/2}) \tag{10.95}$$

再由式 (10.95), 有 $\delta_n = O_p(n^{-1/2})$. 由引理 10.1 易证

$$\sqrt{n}(\widehat{\boldsymbol{\theta}} - \boldsymbol{\theta}_0) = S_{22.1}^{-1} S_{21} S_{11}^{-1} \sqrt{n} Q_{1n}(\boldsymbol{\theta}_0, 0) + o_p(1) \xrightarrow{\mathcal{D}} N(0, \varSigma), \tag{10.96}$$

其中 $S_{22.1} = S_{21} S_{11}^{-1} S_{12}$, 且

$$\varSigma = \left\{ \frac{\partial E\{\psi(Y, g(\boldsymbol{Z}, \boldsymbol{\theta}))\}}{\partial \boldsymbol{\theta}}\Big|_{\boldsymbol{\theta}_0}^{\tau} [E\{\psi(Y, g(\boldsymbol{Z}, \boldsymbol{\theta}_0))^{\otimes 2}\}]^{-1} \frac{\partial E\{\psi(Y, g(\boldsymbol{Z}, \boldsymbol{\theta}))\}}{\partial \boldsymbol{\theta}}\Big|_{\boldsymbol{\theta}_0} \right\}^{-1}.$$

至此, 定理 10.2 的第一个结论证完.

继续证明定理 10.2 的第二个结论. 根据假设 (3) 和类似于 Owen (1990) 定理 1 的论证方法, 易证

$$\lambda_n = n^{-1} B_n^{-1} \sum_{i=1}^{n} \phi(Y_i, \boldsymbol{Z}_i, \boldsymbol{\theta}_0) + o_P(n^{-1/2}). \tag{10.97}$$

因此,

$$\widehat{\mathcal{R}}(\boldsymbol{\theta}_0)=\left(\frac{1}{\sqrt{n}}\sum_{i=1}^{n}\phi(Y_i,\boldsymbol{Z}_i,\boldsymbol{\theta}_0)\right)^{\tau}B_n^{-1}\left(\frac{1}{\sqrt{n}}\sum_{i=1}^{n}\phi(Y_i,\boldsymbol{Z}_i,\boldsymbol{\theta}_0)\right)+o_P(1),$$

其中

$$B_n(\boldsymbol{\theta}_0)=\frac{1}{n}\sum_{i=1}^{n}\phi(Y_i,\boldsymbol{Z}_i,\boldsymbol{\theta}_0)^{\otimes 2}.$$

利用引理 10.1 和引理 10.2, 定理 10.2 得证. □

定理 10.3 的证明 这里的证明类似于 Qin 和 Lawless (1994) 关于定理 2 的证明. 注意到

$$\begin{aligned}R(\boldsymbol{\theta}_0)&=2\left(\sum_{i=1}^{n}\log\{1+\lambda_0\phi(Y_i,\boldsymbol{Z}_i,\boldsymbol{\theta}_0)\}-\sum_{i=1}^{n}\log\{1+\widehat{\lambda}\phi(Y_i,\boldsymbol{Z}_i,\widehat{\boldsymbol{\theta}})\}\right)\\&:=2R(\boldsymbol{\theta}_0,\lambda_0)-2R(\widehat{\boldsymbol{\theta}_0},\widehat{\lambda}),\end{aligned}$$

其中 $\widehat{\lambda}=\lambda(\widehat{\boldsymbol{\theta}})$. 因此, 得到

$$R(\widehat{\boldsymbol{\theta}},\widehat{\lambda})=\frac{n}{2}Q_{1n}[-S_{11}^{-1}+S_{11}^{-1}S_{12}S_{22.1}^{-1}S_{21}S_{11}^{-1}]Q_{1n}(\boldsymbol{\theta}_0,0)+o_P(1),\tag{10.98}$$

根据定理 10.2 的证明

$$2R(\boldsymbol{\theta}_0,\lambda_0)=\widehat{\mathcal{R}}(\boldsymbol{\theta}_0)=-\sqrt{n}Q_{1n}(\boldsymbol{\theta}_0,0)^{\tau}S_{11}^{-1}\sqrt{n}Q_{1n}(\boldsymbol{\theta}_0,0)+o_P(1).$$

所以

$$\begin{aligned}R(\boldsymbol{\theta}_0)&=2R(\boldsymbol{\theta}_0,\lambda_0)-2R(\widehat{\boldsymbol{\theta}},\widehat{\lambda})\\&=-\sqrt{n}Q_{1n}(\boldsymbol{\theta}_0,0)^{\tau}S_{11}^{-1}S_{12}S_{22.1}^{-1}S_{21}S_{11}^{-1}\sqrt{n}Q_{1n}(\boldsymbol{\theta}_0,0)+o_P(1).\end{aligned}\tag{10.99}$$

注意到 $\sqrt{n}S_{11}^{-1/2}Q_{1n}(\boldsymbol{\theta}_0,0)$ 依分布收敛到一个标准多元正态分布, 并且对称幂等矩阵 $S_{11}^{-1/2}S_{12}S_{22.1}^{-1}S_{21}S_{11}^{-1/2}$ 的迹等于 p. 因此, 根据引理 10.1 和式 (10.99), 经验似然比统计量 $\mathcal{R}$ 收敛到一个自由度为 p 的卡方分布. □

第 11 章　指数族及广义线性模型

11.1　指　数　族

在统计学中定义了一类分布族称为指数分布族, 在实际中具有广泛的应用. 指数分布族有许多优良的统计性质, 例如, 在指数分布族下, 参数估计通常可由极大似然估计获得, 指数族中的参数通常存在完备充分统计量. 在进行假设检验时, 也可以获得各种复杂检验问题的一致最优检验. 而在非指数族下, 一般很难获得检验问题的一致最优检验, 通常不存在一致最优检验. 许多常见的分布, 如正态分布、泊松分布和二项分布等都属于指数族.

11.1.1　简单指数族

设 $\boldsymbol{Y}$ 是 q 维的随机变量, 服从如下的概率密度函数

$$f(\boldsymbol{y};\boldsymbol{\theta},\phi)=\exp\{[\boldsymbol{y}^{\tau}\boldsymbol{\theta}-b(\boldsymbol{\theta})]/a(\phi)+c(\boldsymbol{y},\phi)\},\tag{11.1}$$

其中 $c(\boldsymbol{y},\phi)>0$ 且可测, 则称 $\boldsymbol{Y}$ 属于指数分布族, (11.1) 称为指数扩散模型. q 维参数 $\boldsymbol{\theta}\in\Theta\subset\mathbf{R}^q$ 是分布族的自然参数, $\phi>0$ 是扩散参数或称为讨厌参数. 对于给定参数 ϕ, 一般称 Θ 为自然参数空间, 即所有满足如下条件的参数 $\boldsymbol{\theta}$ 的集合:

$$0<\int\exp\{\boldsymbol{y}^{\tau}\boldsymbol{\theta}/a(\phi)+c(\boldsymbol{y},\phi)\}\mathrm{d}\boldsymbol{y}<\infty,$$

此时 Θ 是凸的.

假定在参数空间 Θ 的内部 Θ^0, $b(\boldsymbol{\theta})$ 的所有导数存在且 $\boldsymbol{y}$ 的所有矩存在. 可以证明

$$E_{\theta}(\boldsymbol{Y})=\boldsymbol{\mu}(\boldsymbol{\theta})=\frac{\partial b(\boldsymbol{\theta})}{\partial\boldsymbol{\theta}},\tag{11.2}$$

$$\mathrm{Cov}_{\theta}(\boldsymbol{Y})=\Sigma(\boldsymbol{\theta})=a(\phi)\frac{\partial^2 b(\boldsymbol{\theta})}{\partial\boldsymbol{\theta}\partial\boldsymbol{\theta}^{\tau}}.\tag{11.3}$$

假定协方差阵 $\Sigma(\boldsymbol{\theta})$ 在 Θ^0 内是正定的, 此时映射 $\boldsymbol{\mu}:\Theta^0\to M$ 是单射, 其中 M 是 $\boldsymbol{Y}$ 的均值的取值空间. 将其逆映射 $\boldsymbol{\theta}(\boldsymbol{\mu})$ 代入式 (11.3) 右边, 可得方差函数为

$$v(\boldsymbol{\mu})=\frac{\partial^2 b(\boldsymbol{\theta}(\boldsymbol{\mu}))}{\partial\boldsymbol{\theta}\partial\boldsymbol{\theta}^{\tau}},$$

和协方差为

$$\mathrm{Cov}(\boldsymbol{Y}) = a(\phi)v(\boldsymbol{\mu}).$$

他们实际上就是均值 $\boldsymbol{\mu}$ 和扩散参数ϕ 的函数.

例 11.1　二项分布属于指数族, 设二项分布随机变量 X 的密度函数是

$$f(y;\pi) = (1-\pi)^n \exp\left\{y \ln \frac{\pi}{1-\pi}\right\} \begin{pmatrix} n \\ y \end{pmatrix}, \quad y = 0, 1, \cdots, n,$$

其中 $\pi \in (0, 1)$. 若设

$$\theta = \ln \frac{\pi}{1-\pi},$$

可得

$$\pi = \frac{\exp\{\theta\}}{1 + \exp\{\theta\}}.$$

所以二项分布族的标准形式是

$$f(y;\theta) = (1 + \exp\{\theta\})^{-n} \exp\{\theta y\} \begin{pmatrix} n \\ y \end{pmatrix},$$

其自然参数空间为 $\Theta = (-\infty, \infty)$.

下面由指数族直接给出方差, 由于

$$f(y, \theta) = \exp(\theta y - n \ln(1 + \mathrm{e}^\theta)) \begin{pmatrix} n \\ y \end{pmatrix},$$

因此, $b(\theta) = n \ln(1 + \mathrm{e}^\theta)$, 从而

$$\frac{\partial b(\theta)}{\partial \theta} = \frac{n\mathrm{e}^\theta}{1 + \mathrm{e}^\theta} = n\pi,$$

$$\frac{\partial^2 b(\theta)}{\partial \theta^2} = \frac{n[(1 + \mathrm{e}^\theta)\mathrm{e}^\theta - \mathrm{e}^{2\theta}]}{(1 + \mathrm{e}^\theta)^2} = \frac{n\mathrm{e}^\theta}{(1 + \mathrm{e}^\theta)^2} = n\pi(1 - \pi),$$

故 $EX = n\pi$, $\mathrm{Var}(X) = n\pi(1 - \pi)$. □

例 11.2　正态分布族属于指数分布族, 设随机变量 Y 的密度函数是

$$f(y;\mu,\sigma) = \frac{1}{\sqrt{2\pi}\sigma} \exp\left\{\frac{-\mu^2}{2\sigma^2}\right\} \exp\left\{\frac{\mu}{\sigma^2}y - \frac{1}{2\sigma^2}y^2\right\},$$

其中 $(\mu, \sigma^2) \in \mathbf{R} \times \mathbf{R}^+$, 设

$$\theta_1 = \frac{\mu}{\sigma^2}, \quad \theta_2 = \frac{1}{2\sigma^2}.$$

可解得

$$\mu = \frac{\theta_1}{2\theta_2}, \quad \sigma = \sqrt{\frac{1}{2\theta_2}}.$$

所以正态分布的标准形式是

$$f(y;\boldsymbol{\theta}) = \sqrt{\frac{\theta_2}{\pi}} \exp\left\{-\frac{\theta_1^2}{4\theta_2}\right\} \exp\{\theta_1 y - \theta_2 y^2\},$$

自然参数空间为 $\Theta = \mathbf{R} \times \mathbf{R}^+$.

下面由指数族直接给出方差. 由于

$$f(y,\theta) = \exp\left\{-\theta_2 y^2 + \theta_1 y - \left(\frac{\theta_1^2}{4\theta_2} - \frac{1}{2}\ln\theta_2\right) - \frac{1}{2}\ln\pi\right\},$$

因此, $b(\theta_1,\theta_2) = \dfrac{\theta_1^2}{4\theta_2} - \dfrac{1}{2}\ln\theta_2$. 从而

$$\begin{aligned} \frac{\partial b(\theta_1,\theta_2)}{\partial\theta_1} &= \frac{\theta_1}{2\theta_2} = \frac{\mu/\sigma^2}{1/\sigma^2} = \mu, \\ \frac{\partial b(\theta_1,\theta_2)}{\partial\theta_2} &= -\frac{\theta_1^2}{4\theta_2^2} - \frac{1}{2\theta_2} = -\mu^2 - \sigma^2. \end{aligned}$$

令

$$X = \begin{pmatrix} Y \\ -Y^2 \end{pmatrix}, \quad \text{故 } EX = \begin{pmatrix} EY \\ -EY^2 \end{pmatrix} = \begin{pmatrix} \mu \\ -\mu^2 - \sigma^2 \end{pmatrix},$$

故 $EY = \mu$, $\mathrm{Var}(Y) = EY^2 - (EY)^2 = \mu^2 + \sigma^2 - \mu^2 = \sigma^2$. □

11.1.2 带有协变量的指数族

假定 q 维随机变量 $\boldsymbol{Y}$ 在给定协变量 X 的条件下服从指数族分布, 其中协变量 X 通过一个 q 维线性预报影响着 $\boldsymbol{Y}$, 这个线性预报为

$$\boldsymbol{\eta} = Z\boldsymbol{\beta}, \tag{11.4}$$

其中 $\boldsymbol{\beta}$ 是一个 p 维参数, $Z = Z(x)$ 是一个 $q \times p$ 的设计矩阵, 即 Z 是协变量 X 观察值的函数, 通常取 $Z = (1, X)$. 线性预报 $\boldsymbol{\eta}$ 通过一个函数与 $\boldsymbol{Y}$ 的均值 $\boldsymbol{\mu} = \boldsymbol{\mu}(\boldsymbol{\theta})$($\theta$ 为自然参数) 取得联系,

$$\boldsymbol{\mu} = \boldsymbol{h}(\boldsymbol{\eta}) = \boldsymbol{h}(Z\boldsymbol{\beta}), \tag{11.5}$$

其中函数 $\boldsymbol{h}: \mathbf{R}^q \to \mathcal{H}$ 称为响应函数. 如果 $\boldsymbol{h}$ 的逆函数 $\boldsymbol{g} = \boldsymbol{h}^{-1}: \mathcal{H} \to \mathbf{R}^q$ 存在, 则

$$\boldsymbol{g}(\boldsymbol{\mu}) = \boldsymbol{\eta} = Z\boldsymbol{\beta}, \tag{11.6}$$

g 称为连结函数.

当协变量 X 是随机的时候, 各定义同上. 这时得到的是随机协变量情形下的指数族. 具体地说, $\boldsymbol{\mu} = E[\boldsymbol{Y}|X] = h(\boldsymbol{\eta}) = h(Z\beta)$ 和 $g\{E[\boldsymbol{Y}|X]\} = g(\boldsymbol{\mu}) = Z\beta$.

11.2 广义线性模型

广义线性模型可以定义为带有参数的指数族, 即假定对 n 个独立 q 维随机变量 $\boldsymbol{Y}_1, \cdots, \boldsymbol{Y}_n$, 和协变量 $\boldsymbol{X}_1, \cdots, \boldsymbol{X}_n$ 具有如下的条件概率密度函数

$$f(\boldsymbol{y}_i|\boldsymbol{x}_i; \boldsymbol{\theta}_i, \phi),$$

其中 $\boldsymbol{y}_i$ 为 $\boldsymbol{Y}_i$ 的实际观察值, $\boldsymbol{Y}_i$ 与协变量 $\boldsymbol{X}_i$ 的关系满足带有协变量的指数族的定义. 一般地, 不需要假设 $\boldsymbol{Y}_i$ 有相同的分布, 而假设 $a_i(\phi)$ 依赖于 i, 且 $a_i(\phi) = \phi/w_i$, 这里的 w_i 是已知的权, ϕ 是未知的讨厌参数, 对于不同的观察都是相同的. 这里线性预报为

$$\boldsymbol{\eta}_i = Z_i\boldsymbol{\beta}, \tag{11.7}$$

其中 $\boldsymbol{\beta}$ 是一个 p 维参数, $Z_i = Z(\boldsymbol{x}_i)$ 是一个 $q \times p$ 的设计矩阵, 即 Z_i 是协变量 $\boldsymbol{X}_i$ 观察值 $\boldsymbol{x}_i$ 的函数. 线性预报 $\boldsymbol{\eta}$ 通过响应函数 $\boldsymbol{h}$ 与均值 $\boldsymbol{\mu} = \boldsymbol{\mu}(\boldsymbol{\theta})$ 取得联系, 即

$$\boldsymbol{\mu}_i = \boldsymbol{h}(\boldsymbol{\eta}_i) = h(Z_i\boldsymbol{\beta}), \tag{11.8}$$

如果 $\boldsymbol{h}$ 的逆函数 $\boldsymbol{g}$ 存在, 则连结函数是

$$\boldsymbol{g}(\boldsymbol{\mu}_i) = \boldsymbol{\eta}_i = Z_i\boldsymbol{\beta}. \tag{11.9}$$

有时出于理论需要, 将线性预报 $\boldsymbol{\eta}_i$ 与自然参数 $\boldsymbol{\theta}_i$ 联系起来会便利许多, 即

$$\boldsymbol{\theta}_i = \boldsymbol{\xi}(\boldsymbol{\eta}_i) = \boldsymbol{\mu}^{-1}(\boldsymbol{h}(\boldsymbol{\eta}_i)), \tag{11.10}$$

其中 $\boldsymbol{\xi} = (\boldsymbol{g} \circ \boldsymbol{\mu})^{-1} = \boldsymbol{\mu}^{-1} \circ \boldsymbol{h}$. 注意到, 此时自然参数 θ_i 通过复合函数 $\boldsymbol{\xi}$ 联系感兴趣的参数 β, 即 $\theta_i = \boldsymbol{\xi}(Z_i\beta)$.

一个特别重要的特殊情况是 $\boldsymbol{g} = \boldsymbol{\mu}^{-1}$, 此时称 $\boldsymbol{g}$ 为典则连结函数或自然连结函数, $\boldsymbol{\xi}$ 是简单映射. 这时我们获得线性模型 $\boldsymbol{\theta}_i = Z_i\boldsymbol{\beta}$ 作为自然参数. 如果 Y 是二项分布, 则自然连结函数是 logit 函数 $\log(\mu/(1-\mu))$; 对于泊松分布, 其自然连结函数是 $\log\mu$.

对于协变量是随机的情况, 以上所有定义都可以理解为是在给定协变量的意义下进行定义的, 则所有结论都成立.

为了强调 Y 的均值和协方差依赖于参数 $\boldsymbol{\beta}$, 一般记

$$E_{\beta}\boldsymbol{Y}_i=\boldsymbol{\mu}_i(\boldsymbol{\beta}),\quad \mathrm{Cov}_{\beta}(\boldsymbol{Y}_i)=\Sigma_i(\boldsymbol{\beta}).$$

广义线性模型在经济学、生存分析、生物统计和可靠性统计中具有广泛的应用. 对于如何建立广义线性模型, 最初的出发点应当是如何拟合数据. 比如, 如果响应变量的观察值是连续型数据, 同时又比较对称, 这时可以假定随机变量来自于正态总体. 如果选择正态总体而连结函数是自然连结函数, 这就成了普通的线性回归. 如果响应变量的观察值是非负的连续型数据, 则可应用 Γ 分布来构造广义线性回归模型. 如果数据是非对称的生命数据, 就可以应用逆高斯分布来构造广义线性回归模型.

如果数据是离散的, 且仅取 0 和 1 两个值 (事实上可以是任意两个值, 也可以是描述性的, 比如, "成功"和"失败"), 则此时能应用两点分布来构造广义线性模型. 例如, 设响应变量 Y 是二值变量, 其协变量是 $\boldsymbol{X}$, 那么, 响应变量 Y 的模型完全可以由其响应概率 π 所决定,

$$E(Y|\boldsymbol{X}=\boldsymbol{x})=p(Y=1|\boldsymbol{X}=\boldsymbol{x})=\pi=\pi(\boldsymbol{z}^{\tau}\boldsymbol{\beta}),$$

其中 $\boldsymbol{z}=(1,\boldsymbol{x}^{\tau})^{\tau}$, 且容易获得

$$\mathrm{Var}(Y|\boldsymbol{X}=\boldsymbol{x})=\pi(1-\pi).$$

由于 π 是一概率, 通常是非负且小于或等于 1 的, 因此可取 $\pi=F(\eta)$, $\eta=\boldsymbol{z}^{\tau}\boldsymbol{\beta}$, 这里 F 是一个支撑为实直线的严格单调增的分布函数. 这样在建立模型时, 不需对参数 $\boldsymbol{\beta}$ 和线性预报 η 进行假设. 对于这种情况两个最有用的模型就是 Probit 模型和 Logit 模型. 如果分布函数 F 取为标准正态分布, 就是通常意义下的 Probit 模型, 如果取自然连结函数如下

$$g(\pi)=\log\left(\frac{\pi}{1-\pi}\right)=\eta,$$

对应的响应函数为 logistic 分布函数

$$\pi=h(\eta)=\frac{\exp(\eta)}{1+\exp(\eta)}.$$

广义线性模型另外一个重要的应用就是拟合计数数据. 比如, 在某一个固定时间内, 发生某种事件 (如保险索赔, 交通事故, 顾客, 死亡等) 的个数. 也可以是发生事件的频率, 这在列联表中具有很重要的应用. 此时用泊松分布来构造广义线性模型就非常合适. 此时联系 μ 和 η 的自然连结函数为

$$\log(\mu)=\eta=\boldsymbol{z}^{\tau}\boldsymbol{\beta}.$$

事实上我们知道泊松分布的均值和方差是相同的, 即

$$\mathrm{Var}(Y|\boldsymbol{X}=\boldsymbol{x})=\mu=E(Y|\boldsymbol{X}=\boldsymbol{x}),$$

这样在实际应用中通常受到限制, 因此人们考虑引入一个讨厌参数ϕ 到方差公式中, 这样得到的就不是严格的泊松分布了, 因为

$$\mathrm{Var}(Y|\boldsymbol{X}=\boldsymbol{x})=\sigma(\mu)=\phi\mu.$$

11.3 极大似然估计

如果假设广义线性模型是建立在指数族分布的框架下的, 则人们可以利用极大似然方法对未知参数进行估计. 为了方便, 我们假设如下一些条件

(i) 可容许的参数空间 B 是开的,

(ii) 对于所有参数 $\boldsymbol{\beta}\in B$, $\boldsymbol{h}(Z_i\boldsymbol{\beta})\in y$, 其中 $i=1,2,\cdots$, Z_i 为 $q\times p$ 的设计矩阵, y 为 $\boldsymbol{Y}$ 的均值的取值空间,

(iii) $\boldsymbol{h},\boldsymbol{g}$ 和 $\boldsymbol{\xi}$ 是二阶连续可微的, 且 $\det(\partial\boldsymbol{g}/\partial\boldsymbol{\eta})\neq 0$,

(iv) 对于足够大的 n, $\sum\limits_{i=1}^{n}Z_iZ_i^{\tau}$ 是满秩的.

可容许的参数空间是在不同模型假设中, 对应参数 β 可能的取值范围. 例如, 假设 Y 服从正态分布 $N(\mu,\sigma^2)$, 此时 $\boldsymbol{\beta}=(\mu,\sigma^2)^{\tau}$, 则参数 $\boldsymbol{\beta}$ 的可容许参数空间为 $B=\mathbf{R}\times\mathbf{R}^{+}$. 这些条件是普通极大似然估计常用的条件. 为了对所有 $\boldsymbol{\beta}$ 均能很好地定义广义线性模型, 条件 (ii) 是必须的. 条件 (i) 和 (iii) 保证对数似然函数的二阶导数是连续的. 秩条件 (iv) 和 $\det(\partial\boldsymbol{g}/\partial\boldsymbol{\eta})\neq 0$ 是保证当 n 足够大时, $\boldsymbol{\beta}$ 的信息阵是正定的.

11.3.1 估计方程

设 q 维观察数据 $\boldsymbol{y}_1,\cdots,\boldsymbol{y}_n$ 属于指数族且独立同分布, 则其联合分布密度函数是

$$f(\boldsymbol{y}_1,\cdots,\boldsymbol{y}_n;\boldsymbol{\theta},\phi)=\prod_{i=1}^{n}\exp\left\{\frac{\boldsymbol{y}_i^{\tau}\boldsymbol{\theta}-b(\boldsymbol{\theta})}{a(\phi)}+c(\boldsymbol{y}_i,\phi)\right\}. \tag{11.11}$$

因此, 其对应的似然函数是

$$L(\boldsymbol{\theta},\phi;\boldsymbol{y}_1,\cdots,\boldsymbol{y}_n)=\prod_{i=1}^{n}\exp\left\{\frac{\boldsymbol{y}_i^{\tau}\boldsymbol{\theta}-b(\boldsymbol{\theta})}{a(\phi)}+c(\boldsymbol{y}_i,\phi)\right\}, \tag{11.12}$$

而其对数似然函数是

$$\ell(\boldsymbol{\theta},\phi;\boldsymbol{y}_1,\cdots,\boldsymbol{y}_n)=\sum_{i=1}^{n}\left\{\frac{\boldsymbol{y}_i^{\tau}\boldsymbol{\theta}-b(\boldsymbol{\theta})}{a(\phi)}+c(\boldsymbol{y}_i,\phi)\right\}. \tag{11.13}$$

其对 $\boldsymbol{\theta}$ 的一阶导数为 $\boldsymbol{\theta}$ 的得分函数, 可表示为

$$\boldsymbol{S}(\boldsymbol{\theta})=\frac{\partial \ell}{\partial \boldsymbol{\theta}}=\sum_{i=1}^{n}\boldsymbol{S}_i(\boldsymbol{\theta}). \tag{11.14}$$

我们的目标是给出参数 $\boldsymbol{\theta}$ 的估计, 因此 $a(\phi)$ 可看作讨厌参数. $\boldsymbol{\theta}$ 的得分函数满足

$$E\left(\boldsymbol{S}(\boldsymbol{\theta})\right)=0. \tag{11.15}$$

因此, 对应的估计方程就是

$$\frac{\partial \ell}{\partial \boldsymbol{\theta}}=\sum_{i=1}^{n}\frac{\boldsymbol{y}_i-\nabla_{\theta}b(\boldsymbol{\theta})}{a(\phi)}=0. \tag{11.16}$$

由于在指数族中有 $\nabla_{\theta}b(\boldsymbol{\theta})=\boldsymbol{\mu}$, 故估计方程是

$$\frac{\partial \ell}{\partial \boldsymbol{\theta}}=\sum_{i=1}^{n}\frac{\boldsymbol{y}_i-\boldsymbol{\mu}}{a(\phi)}=0. \tag{11.17}$$

回到广义线性模型, 我们感兴趣的未知参数是 $\boldsymbol{\beta}$, 除去不依赖于 $\boldsymbol{\beta}$ 的常数外, 每个观察值 $\boldsymbol{y}_i$ 对 $\boldsymbol{\beta}$ 的对数似然的贡献为

$$\ell_i(\boldsymbol{\beta})=[\boldsymbol{y}_i^{\tau}\boldsymbol{\theta}_i-b(\boldsymbol{\theta}_i)]/a_i(\phi),$$

每个个体关于 $\boldsymbol{\beta}$ 的得分函数是 $\boldsymbol{S}_i=\partial\ell_i/\partial\boldsymbol{\beta}$, 可以通过式 (11.2), 式 (11.4) 和式 (11.5) 求得

$$\begin{aligned}\boldsymbol{S}_i(\boldsymbol{\beta})&=\frac{\partial \boldsymbol{h}(Z_i\boldsymbol{\beta})}{\partial\boldsymbol{\beta}}\Sigma_i^{-1}(\boldsymbol{\beta})(\boldsymbol{y}_i-\boldsymbol{\mu}_i(\boldsymbol{\beta}))\\&=Z_i^{\tau}D_i(\boldsymbol{\beta})\Sigma_i^{-1}(\boldsymbol{\beta})(\boldsymbol{y}_i-\boldsymbol{\mu}_i(\boldsymbol{\beta})),\end{aligned} \tag{11.18}$$

其中 $D_i(\boldsymbol{\beta})=\dfrac{\partial\boldsymbol{h}(\boldsymbol{\eta})}{\partial\boldsymbol{\eta}}$, 是 $\boldsymbol{h}(\boldsymbol{\eta})$ 的雅可比阵在 $\boldsymbol{\eta}_i=Z_i\boldsymbol{\beta}$ 的值, $\Sigma_i(\boldsymbol{\beta})=v(\boldsymbol{h}(Z_i\boldsymbol{\beta}))a_i(\phi)$. 式 (11.18) 的一个等价形式是

$$\boldsymbol{S}_i(\boldsymbol{\beta})=Z_i^{\tau}W_i(\boldsymbol{\beta})\frac{\partial\boldsymbol{g}(\boldsymbol{\mu}_i)}{\partial\boldsymbol{\mu}^{\tau}}(\boldsymbol{y}_i-\boldsymbol{\mu}_i(\boldsymbol{\beta})), \tag{11.19}$$

其中 W_i 是一个权矩阵

$$W_i(\boldsymbol{\beta})=\left[\frac{\partial\boldsymbol{g}(\boldsymbol{\mu}_i)}{\partial\boldsymbol{\mu}^{\tau}}\Sigma_i(\boldsymbol{\beta})\frac{\partial\boldsymbol{g}(\boldsymbol{\mu}_i)}{\partial\boldsymbol{\mu}}\right]^{-1}=D_i(\boldsymbol{\beta})\Sigma_i^{-1}(\boldsymbol{\beta})D_i^{\tau}(\boldsymbol{\beta}).$$

从式 (11.18) 和式 (11.19), 容易证明如下的估计函数方程

$$E_\beta \boldsymbol{S}_i(\boldsymbol{\beta}) = 0.$$

这跟通常意义下的极大似然估计是相同的.

该统计结构的 Fisher 信息阵或期望信息阵是

$$\begin{aligned} F_i(\boldsymbol{\beta}) &= \mathrm{Cov}_\beta(\boldsymbol{S}_i(\boldsymbol{\beta})) = E_\beta(\boldsymbol{S}_i(\boldsymbol{\beta})\boldsymbol{S}_i^\tau(\boldsymbol{\beta})) \\ &= Z_i^\tau D_i(\boldsymbol{\beta})\Sigma_i^{-1}(\boldsymbol{\beta})D_i^\tau(\boldsymbol{\beta})Z_i \\ &= Z_i^\tau W_i(\boldsymbol{\beta})Z_i. \end{aligned} \tag{11.20}$$

进一步, 其观察信息阵是

$$F_{i,\mathrm{obs}}(\boldsymbol{\beta}) = -\frac{\partial^2 \ell_i(\boldsymbol{\beta})}{\partial\boldsymbol{\beta}\partial\boldsymbol{\beta}^\tau} = F_i(\boldsymbol{\beta}) - R_i(\boldsymbol{\beta}),$$

其中

$$R_i(\boldsymbol{\beta}) = \sum_{r=1}^q Z_i^\tau U_{ir}(\boldsymbol{\beta})Z_i(y_{ir} - \mu_{ir}(\boldsymbol{\beta})), \tag{11.21}$$

其中 $U_{ir}(\boldsymbol{\beta}) = \dfrac{\partial^2\xi_r(Z_i\boldsymbol{\beta})}{\partial\boldsymbol{\eta}\partial\boldsymbol{\eta}^\tau}$, 为 $q\times q$ 矩阵, 这里 $\xi_r(\boldsymbol{\eta})$, y_{ir} 和 $\mu_{ir}(\boldsymbol{\beta})$ 分别是 $\boldsymbol{\xi}(\boldsymbol{\eta})$, $\boldsymbol{y}_i$ 和 $\boldsymbol{\mu}_i(\beta)$ 的第 r 个元素. 可以证明

$$E_\beta(F_{i,\mathrm{obs}}(\boldsymbol{\beta})) = F_i(\boldsymbol{\beta}), \quad E_\beta(R_i(\boldsymbol{\beta})) = 0.$$

由于观察值 $\boldsymbol{y}_1, \cdots, \boldsymbol{y}_n$ 是独立的, 所以它的得分方程是

$$\boldsymbol{S}(\boldsymbol{\beta}) = \frac{\partial\ell}{\partial\boldsymbol{\beta}} = \sum_{i=1}^n \frac{\partial\ell_i}{\partial\boldsymbol{\beta}} = \sum_{i=1}^n \boldsymbol{S}_i(\boldsymbol{\beta}) = 0. \tag{11.22}$$

这是一个很好的估计方程, $\boldsymbol{\beta}$ 的极大似然估计 $\widehat{\boldsymbol{\beta}}_n$ 就是估计方程 (11.22) 的根. 由估计方程理论知 $\widehat{\boldsymbol{\beta}}_n$ 是相合估计, 且具有渐近正态分布, 即

定理 11.1　假设条件 (i)~(iv) 条件成立, 则

$$\widehat{\boldsymbol{\beta}}_n \xrightarrow{P} \boldsymbol{\beta},$$

且

$$\sqrt{n}(\widehat{\boldsymbol{\beta}}_n - \boldsymbol{\beta}) \xrightarrow{\mathscr{D}} N(0, \Sigma^{-1}(\boldsymbol{\beta})),$$

其中 $\Sigma(\boldsymbol{\beta}) = \lim_{n\to\infty} n^{-1}\sum\limits_{i=1}^n Z_i^\tau W_i(\boldsymbol{\beta})Z_i$.

证明 首先证明相合性. 对于参数的真实值 $\boldsymbol{\beta}$, 因为 $E_\beta \boldsymbol{y}_i = \boldsymbol{\mu}_i(\boldsymbol{\beta})$, 则有

$$E_\beta \boldsymbol{S}(\boldsymbol{\beta}) = \sum_{i=1}^{n} Z_i^\tau D_i(\boldsymbol{\beta}) \Sigma_i^{-1}(\boldsymbol{\beta})(E_\beta \boldsymbol{y}_i - \boldsymbol{\mu}_i(\boldsymbol{\beta})) = 0.$$

事实上, 参数的真实值 β 是期望得分函数 $E_\beta \boldsymbol{S}(\boldsymbol{\beta}) = 0$ 的根, 而极大似然估计 $\widehat{\boldsymbol{\beta}}$ 则是观察样本的得分函数

$$\boldsymbol{S}(\boldsymbol{\beta}) = \sum_{i=1}^{n} Z_i^\tau D_i(\boldsymbol{\beta}) \Sigma_i^{-1}(\boldsymbol{\beta})(\boldsymbol{y}_i - \boldsymbol{\mu}_i(\boldsymbol{\beta})) = 0$$

的根. 由大数律可知,

$$\frac{1}{n} |\boldsymbol{S}(\boldsymbol{\beta}) - E_\beta \boldsymbol{S}(\boldsymbol{\beta})| \xrightarrow{P} 0.$$

对任意固定的 ϕ, 由指数族的定义和假设条件 (iv) 可知, 若 $\boldsymbol{\beta} \neq \boldsymbol{\beta}'$, 则必有

$$f(\boldsymbol{y}; \boldsymbol{\beta}, \phi) \neq f(\boldsymbol{y}; \boldsymbol{\beta}', \phi).$$

再用类似于定理 5.6 的方法, 容易证明 $\widehat{\boldsymbol{\beta}}_n \xrightarrow{P} \boldsymbol{\beta}$.

再证明渐近正态性. 利用中值定理,

$$0 = \boldsymbol{S}(\widehat{\boldsymbol{\beta}}_n) = \boldsymbol{S}(\boldsymbol{\beta}) + \left.\frac{\partial^2 \ell}{\partial \boldsymbol{\beta} \partial \boldsymbol{\beta}^\tau}\right|_{\beta = \tilde{\beta}} (\widehat{\boldsymbol{\beta}}_n - \boldsymbol{\beta}),$$

其中 $\tilde{\boldsymbol{\beta}}$ 落在 $\widehat{\boldsymbol{\beta}}_n$ 和 $\boldsymbol{\beta}$ 之间. 因为

$$\left.\frac{\partial^2 \ell}{\partial \boldsymbol{\beta} \partial \boldsymbol{\beta}^\tau}\right|_{\beta = \tilde{\beta}} = \sum_{i=1}^{n} \widehat{F}_{i,\text{obs}}(\tilde{\boldsymbol{\beta}}),$$

及 $E_\beta(F_{i,\text{obs}}(\boldsymbol{\beta})) = F_i(\boldsymbol{\beta})$, 则由 $\widehat{\boldsymbol{\beta}}_n$ 的相合性以及条件 (iii) 可知,

$$-E_\beta \left.\frac{\partial^2 \ell}{\partial \boldsymbol{\beta} \partial \boldsymbol{\beta}^\tau}\right|_{\beta = \tilde{\beta}} = \sum_{i=1}^{n} F_i(\beta) + o_p(n).$$

由此可得

$$-\frac{1}{n} \left.\frac{\partial^2 \ell}{\partial \boldsymbol{\beta} \partial \boldsymbol{\beta}^\tau}\right|_{\beta = \tilde{\beta}} \xrightarrow{P} \Sigma(\boldsymbol{\beta}).$$

另外由式 (11.18)~ 式 (11.22) 的讨论和中心极限定理可知,

$$n^{-1/2} \boldsymbol{S}(\boldsymbol{\beta}) \xrightarrow{\mathscr{D}} N(0, \Sigma(\boldsymbol{\beta})).$$

因此, 由 Slutsky 定理, 有

$$\begin{aligned}\sqrt{n}(\widehat{\boldsymbol{\beta}}_n-\boldsymbol{\beta}) &= \Sigma_1^{-1}(\boldsymbol{\beta})(n^{-1/2}\boldsymbol{S}(\boldsymbol{\beta}))+o_p(1)\\ &\xrightarrow{\mathscr{D}} N(0,\Sigma^{-1}(\boldsymbol{\beta})).\end{aligned}$$

□

对于自然连结函数, 注意到 $\boldsymbol{\theta}_i=\boldsymbol{\eta}_i=Z_i\boldsymbol{\beta}$, 此时 $\boldsymbol{S}_i(\boldsymbol{\beta})$ 和 $F_i(\boldsymbol{\beta})$ 变得简单, 此时

$$D_i(\boldsymbol{\beta})=\frac{\partial^2 b(\boldsymbol{\theta})}{\partial\boldsymbol{\theta}\partial\boldsymbol{\theta}^\tau}=\frac{\Sigma_i(\boldsymbol{\beta})}{a(\phi)}=v\big(\boldsymbol{h}(Z_i\boldsymbol{\beta})\big).$$

因此, 期望信息阵与观察信息阵是相同的 (仅在设计矩阵是非随机的情况).

如果没有线性预报 (11.4) 的结构, 类似地我们也可以推出相同的结果. 注意到当有线性预报 (11.4) 的结构时, $\partial\boldsymbol{\mu}/\partial\boldsymbol{\beta}=Z^\tau D(\boldsymbol{\beta})$; 如果没有线性预报 (11.4) 的结构, 记 $M(\boldsymbol{\beta})=\partial\boldsymbol{\mu}/\partial\boldsymbol{\beta}$, 则得分函数 (11.14) 变为

$$\boldsymbol{S}_i(\boldsymbol{\beta})=M_i(\boldsymbol{\beta})\Sigma_i^{-1}(\boldsymbol{\beta})(\boldsymbol{y}_i-\boldsymbol{\mu}_i(\boldsymbol{\beta})),$$

Fisher 信息阵变为

$$F_i(\boldsymbol{\beta})=M_i(\boldsymbol{\beta})\Sigma_i^{-1}(\boldsymbol{\beta})M_i^\tau(\boldsymbol{\beta}).$$

这些推导对于更广泛的非线性指数族模型仍然有效, 只要假设均值满足广义非线性函数

$$\boldsymbol{\mu}(\boldsymbol{\beta})=\boldsymbol{\mu}(\boldsymbol{x};\boldsymbol{\beta}).$$

11.4 参 数 推 断

为了简单起见, 在本节我们仅讨论线性预报 $\eta=\boldsymbol{z}^\tau\boldsymbol{\beta}$ 是一维的情况, 即这里的 $\boldsymbol{z}$ 是一 p 维向量, 而不是 $q\times p$ 维矩阵了. 假设 $a_i(\phi)$ 依赖于 i, 且 $a_i(\phi)=\phi/w_i$, 这里的 w_i 是已知的权, ϕ 是未知的讨厌参数, 对于不同的观察都是相同的. 则以上的极大似然估计可以简化. 其得分函数为

$$\boldsymbol{S}(\boldsymbol{\beta})=\sum_{i=1}^n\boldsymbol{S}_i(\boldsymbol{\beta}),$$

这里

$$\boldsymbol{S}_i(\boldsymbol{\beta})=\boldsymbol{z}_iD_i(\boldsymbol{\beta})\sigma_i^{-2}(\boldsymbol{\beta})[y_i-\mu_i(\boldsymbol{\beta})],$$

其中

$$\mu_i(\boldsymbol{\beta})=h(\boldsymbol{z}_i^\tau\boldsymbol{\beta}),\quad \sigma_i^2(\boldsymbol{\beta})=v(h(\boldsymbol{z}_i^\tau\boldsymbol{\beta}))\phi/w_i,$$

及

$$D_i(\boldsymbol{\beta}) = \left.\frac{\partial h(\eta)}{\partial \eta}\right|_{\eta=\boldsymbol{z}_i^{\tau}\boldsymbol{\beta}}.$$

该统计结构的期望信息阵为

$$F(\boldsymbol{\beta}) = \mathrm{Cov}(\boldsymbol{S}(\boldsymbol{\beta})) = \sum_{i=1}^{n} F_i(\boldsymbol{\beta}), \tag{11.23}$$

其中

$$F_i(\boldsymbol{\beta}) = \boldsymbol{z}_i\boldsymbol{z}_i^{\tau} w_i(\boldsymbol{\beta}),$$

上式中权函数为

$$w_i(\boldsymbol{\beta}) = D_i(\boldsymbol{\beta})\sigma_i^{-2}(\boldsymbol{\beta}).$$

观察信息阵是

$$\widehat{F}_{\mathrm{obs}}(\boldsymbol{\beta}) = -\frac{\partial^2 \ell(\boldsymbol{\beta})}{\partial\boldsymbol{\beta}\partial\boldsymbol{\beta}^{\tau}}.$$

对于自然连结函数, 得分函数和 Fisher 信息阵简化为

$$\boldsymbol{S}(\boldsymbol{\beta}) = \frac{1}{\phi}\sum_{i=1}^{n} w_i\boldsymbol{z}_i[y_i - \mu_i(\boldsymbol{\beta})], \quad F(\boldsymbol{\beta}) = \frac{1}{\phi}\sum_{i=1}^{n} w_i v(\mu_i(\boldsymbol{\beta}))\boldsymbol{z}_i\boldsymbol{z}_i^{\tau}.$$

综上所述, 设 $\widehat{\boldsymbol{\beta}}$ 是得分方程 $\boldsymbol{S}(\boldsymbol{\beta}) = 0$ 的唯一解, 则它就是 $\boldsymbol{\beta}$ 的极大似然估计.

定理 11.2 假设定理 11.1 的条件成立, 则

$$\sqrt{n}(\widehat{\boldsymbol{\beta}} - \boldsymbol{\beta}) \xrightarrow{\mathscr{D}} N(0, \varSigma^{-1}),$$

其中

$$\varSigma = \lim_{n\to\infty}\frac{1}{n}\sum_{i=1}^{n}\boldsymbol{z}_i\boldsymbol{z}_i^{\tau} w_i(\boldsymbol{\beta}).$$

定理 11.2 的证明完全类似于定理 11.1, 这里不给出, 留给读者自己证明.

从定理 11.2 可以推出, 极大似然估计的方差函数近似是

$$\mathrm{Cov}(\widehat{\boldsymbol{\beta}}) \cong F^{-1}(\widehat{\boldsymbol{\beta}}).$$

对于未知扩散参数 ϕ, 可以利用上面的结果进行估计. 不失一般性, 假定 $w_i = 1$, 则

$$\widehat{\phi} = \frac{1}{n-p}\sum_{i=1}^{n}\frac{(y_i - \widehat{\mu}_i)^2}{v(\widehat{\mu}_i)}, \tag{11.24}$$

其中 $\widehat{\mu}_i = h(\boldsymbol{z}_i^{\tau}\widehat{\boldsymbol{\beta}})$ 和 $v(\widehat{\mu}_i)$ 是对 y_i 均值和方差函数的估计.

利用得分函数和定理 11.2 我们就可以进行参数的一些统计推断了.

11.4.1　渐近方差估计

由极大似然估计的性质知, $\widehat{\boldsymbol{\beta}}$ 的渐近方差 Σ 可由式 (11.25) 估计.

$$\widehat{\Sigma}(\widehat{\boldsymbol{\beta}})=\left(-\frac{\partial^2\ell(\boldsymbol{\beta})}{\partial\boldsymbol{\beta}\partial\boldsymbol{\beta}^\tau}\right)^{-1}\Bigg|_{\beta=\widehat{\beta}}. \tag{11.25}$$

但是这个方差的估计并不是稳健估计, 因此通常应用三明治方差估计会更好. 如果我们考虑估计方程

$$\sum_{i=1}^n\boldsymbol{\psi}(Y_i,\boldsymbol{\beta})=0, \tag{11.26}$$

其中 $\boldsymbol{\psi}(Y_i,\boldsymbol{\beta})$ 是 p 维函数向量, 而 $\boldsymbol{\beta}$ 是 p 维参数向量. 通过解方程 (11.26) 便可得到 $\boldsymbol{\beta}$ 的估计 $\widehat{\boldsymbol{\beta}}$. 而由定理 1.1 知, 在一些条件下有

$$\sqrt{n}(\widehat{\boldsymbol{\beta}}-\boldsymbol{\beta})\xrightarrow{\mathcal{D}}N(0,\Sigma),$$

这里 $\Sigma=A^{-1}B(A^{-1})^\tau$, 其中

$$A=\lim_{n\to\infty}\frac{1}{n}\sum_{i=1}^n\frac{\partial\boldsymbol{\psi}(Y_i,\boldsymbol{\beta})}{\partial\boldsymbol{\beta}}\Bigg|_{\beta_0}=E\frac{\partial\boldsymbol{\psi}(Y_i,\boldsymbol{\beta}_0)}{\partial\boldsymbol{\beta}},\quad B=\mathrm{Var}(\boldsymbol{\psi}(Y_i,\boldsymbol{\beta}_0)).$$

于是, 就可以用如下的量对 A 进行估计了

$$\widehat{A}=\frac{1}{n}\sum_{i=1}^n\frac{\partial\boldsymbol{\psi}(Y_i,\boldsymbol{\beta})}{\partial\boldsymbol{\beta}}\Bigg|_{\widehat{\beta}}.$$

由于 $E\boldsymbol{\psi}(Y_i,\boldsymbol{\beta}_0)=0$, 这里 $\boldsymbol{\beta}_0$ 是真实值. 那么在独立的假设下, 可以通过每个求和的方法获得 B 的估计. 因为

$$\begin{aligned}B=&\frac{1}{n}\mathrm{Var}\left(\sum_{i=1}^n\psi(Y_i,\boldsymbol{\beta}_0)\right)\\=&\frac{1}{n}\sum_{i=1}^nE[\psi(Y_i,\boldsymbol{\beta}_0)^{\otimes2}]+\frac{1}{n}\sum_{i=1}^n\sum_{j\neq i,j=1}^nE[\psi(Y_i,\boldsymbol{\beta}_0)\psi(Y_j,\boldsymbol{\beta}_0)^\tau],\end{aligned}$$

这里 $\boldsymbol{a}^{\otimes2}=\boldsymbol{a}\boldsymbol{a}^\tau$. 因为观察值 Y_i 是独立的, 那么上面公式右边的第二项为 0. 故 B 的一个自然估计是

$$\widehat{B}=\frac{1}{n}\sum_{i=1}^n\boldsymbol{\psi}(Y_i,\widehat{\boldsymbol{\beta}})^{\otimes2}.$$

所以, 我们由估计方程得到的 $\widehat{\boldsymbol{\beta}}$ 的方差的估计为

$$\widehat{A}^{-1}\widehat{B}(\widehat{A}^{-1})^{\tau}.$$

即使是通常的极大似然估计, 我们也可以用三明治方差来估计极大似然估计的渐近方差. 在极大似然的情况下, $\boldsymbol{\psi}(Y_i,\boldsymbol{\beta})$ 就是第 i 个观察对得分函数的贡献. 在广义线性模型中, $\boldsymbol{\psi}(Y_i,\boldsymbol{\beta})=\boldsymbol{s}_i(\boldsymbol{\beta})$. 因此, 在广义线性模型中方差估计是

$$F_{\rm obs}^{-1}\widehat{B}_G(F_{\rm obs}^{-1})^{\tau},$$

其中

$$\widehat{B}_G=\frac{1}{n}\sum_{i=1}^{n}\boldsymbol{s}_i(\widehat{\boldsymbol{\beta}})^{\otimes 2}.$$

11.4.2 假设检验

一个最为普通和有用的检验问题是

$$H_0: C\boldsymbol{\beta}=\boldsymbol{a}\Longleftrightarrow H_1: C\boldsymbol{\beta}\neq\boldsymbol{a}, \tag{11.27}$$

其中矩阵 C 是行满秩的 $s\times p$ 矩阵, $s\leqslant p$.

假设未知的扩散参数 ϕ 已被它的相合估计 $\widehat{\phi}$ 所代替, 则对于检验问题 (11.27), 一个较为有用的检验统计量是*似然比检验统计量*

$$\mathcal{R}=-2\{\ell(\tilde{\boldsymbol{\beta}})-\ell(\widehat{\boldsymbol{\beta}})\},$$

其中 $\tilde{\boldsymbol{\beta}}$ 是在问题 (11.27) 的原假设 H_0 限制下获得的极大似然估计, $\widehat{\boldsymbol{\beta}}$ 是无限制的极大似然估计. 正如极大似然估计, 可类似给出另外两个重要的检验统计量, Wald 检验统计量和得分检验统计量. *Wald 检验统计量*为

$$\mathcal{W}=(C\widehat{\boldsymbol{\beta}}-\boldsymbol{a})^{\tau}[CF^{-1}(\widehat{\boldsymbol{\beta}})C^{\tau}]^{-1}(C\widehat{\boldsymbol{\beta}}-\boldsymbol{a}),$$

*得分检验统计量*为

$$\mathcal{S}=\boldsymbol{S}^{\tau}(\tilde{\boldsymbol{\beta}})F^{-1}(\tilde{\boldsymbol{\beta}})\boldsymbol{S}(\tilde{\boldsymbol{\beta}}).$$

在 H_0 成立的条件下, 三个检验统计量渐近等价, 渐近服从自由度为 s 的卡方分布.

11.4.3 拟合优度检验

所谓数据分析, 其实就是建立一个模型去拟合这些数据, 并对模型进行统计推断. 但是, 我们为什么要用这个模型呢, 怎样检验这个模型的好坏呢? 这就要求我们对模型的好坏做一个评价, 即*拟合优度问题*. 检验模型的合理性包括很多方面, 本

小节主要考虑用指数族建立模型是否合理, 如果合理, 那么该用哪类指数族? 如果不合理, 则可以考虑建立 11.5 节将要讨论的拟似然模型. 又如当考虑带有协变量时, 协变量之间是否有交叉项, 即协变量之间是否有相互影响? 更多的讨论和例子可参考 Fahrmeir 和 Tutz (2001) 或者 McCullagh 和 Nelder (1989).

在广义线性模型中, 对于评价模型的充分性, 有两个较为常用的检验, 它们分别是皮尔逊 (Pearson) 检验和偏离 (Deviance) 检验. **皮尔逊检验统计量是**

$$\chi^2 = \sum_{i=1}^{g} \frac{(y_i - \widehat{\mu}_i)^2}{v(\widehat{\mu}_i)},$$

偏离检验统计量是

$$D = -2\phi \sum_{i=1}^{g} \{\ell_i(\widehat{\mu}_i) - \ell_i(y_i)\},$$

其中 $\widehat{\mu}_i$ 和 $v(\widehat{\mu}_i)$ 是均值和方差函数的估计, $\ell_i(y_i)$ 是个体 i 对对数似然的贡献. 可以证明当观察个体足够多时, 两个统计量都收敛于卡方分布 $\phi\chi^2_{g-p}$, 其中 g 是观察数据分成的组数, p 是被估参数的个数. 对于未分组数据, g 等于被观察的个体总数 n, 但此时并不适合用这两个统计量进行拟合优度检验.

11.5 拟似然估计

为简单起见, 本节关于拟似然的讨论依然是针对线性预报是一维的情形. 广义线性模型的一个基本假设就是假定响应变量的真实密度函数服从指数分布族, 比如正态分布, 泊松分布和二项分布等. 除了正态分布, 对于其他几种分布, 如果选定了均值函数的结构 $\mu = h(\boldsymbol{z}^\tau\boldsymbol{\beta})$ 一般意味着对应的方差函数具有结构 $v(\mu) = v(h(\boldsymbol{z}^\tau\boldsymbol{\beta}))$, 比如, 对于线性泊松模型 $\mu = \boldsymbol{z}^\tau\boldsymbol{\beta}$, 意味着如下的方差函数结构 $v(\mu) = \mu = \boldsymbol{z}^\tau\boldsymbol{\beta}$. 当这个方差结构不能描述数据的扩散性变化时, 可以引入一个额外的扩散参数 ϕ, 比如, $\mathrm{Cov}(y) = \phi\mu = \phi\boldsymbol{z}^\tau\boldsymbol{\beta}$. 从而具有典型的得分函数 $\boldsymbol{z}(\phi\boldsymbol{z}^\tau\boldsymbol{\beta})^{-1}(y - \boldsymbol{z}^\tau\boldsymbol{\beta})$, 这个得分不再是泊松似然一阶导数的形式, 而是来自某个分布的“拟似然”函数. 拟似然模型总能假定响应变量不是来自指数族, 并可分开假设均值和方差函数的结构. 在拟似然函数的定义中, 不必要假设已知响应变量的分布, 只需确定其一、二阶矩就行了, 从而获得拟似然估计. 在一些条件下, 可以证明拟似然估计是相合的, 推断其渐近性质是可能的. 这里叙述内容类似第 8 章, 但限于广义线性模型具有独立的意义.

11.5.1 拟似然的基本模型

众所周知, 极大似然估计需要明确样本的分布函数, 但是在很多情况下, 这个假定未必成立. 因此, Wedderburn (1974) 提出了不需要明确分布函数的估计方法,只需要假定样本的一阶和二阶矩特征, 即可进行统计推断, 所获得的似然类似普通的极大似然. 因此, Wedderburn 称他提出的似然为拟似然.

我们可以先回顾一下普通线性回归模型,

$$Y = \boldsymbol{X\beta} + \varepsilon, \tag{11.28}$$

其中 $E(\varepsilon|\boldsymbol{X}) = 0$ 和 $E(\varepsilon^2|\boldsymbol{X}) = \sigma^2$. 当 ε 的分布已知时, 我们可以用极大似然方法得到 $\boldsymbol{\beta}$ 的估计, 并且当 ε 是标准正态分布时, 易知极大似然估计和最小二乘估计是相同的. 但在很多情形下 ε 的分布是不知道的, 我们只知道 $E(\varepsilon|\boldsymbol{X}) = 0$ 和 $E(\varepsilon^2|\boldsymbol{X}) = \sigma^2$. 所以不能使用极大似然, 但可用最小二乘方法. 故我们也可以类似地去理解拟似然方法.

先考虑简单情况, 假定 Y_i 是独立观测的, 均值为 μ_i, 方差函数为 $v(\mu_i)$, 其中 v 是一个已知的函数, 并且假定对每个观测而言 μ_i 是关于 p 维参数 $\boldsymbol{\beta}$ 的某个已知函数. 对每个观测定义拟似然函数 $Q(y_i, \mu_i)$ 为

$$\frac{\partial Q(y_i, \mu_i)}{\partial \mu_i} = \frac{y_i - \mu_i}{v(\mu_i)}.$$

因为 μ 是 $\boldsymbol{\beta}$ 的函数, 所以 Q 也可以看成 $\boldsymbol{\beta}$ 的函数, 其实 Q 拥有许多与对数似然函数相同的性质, 如

$$\begin{aligned}
&E\left(\frac{\partial Q}{\partial \mu}\right) = 0, \\
&E\left(\frac{\partial Q}{\partial \beta_j}\right) = 0, \quad j = 1, \cdots, p, \\
&E\left(\frac{\partial Q}{\partial \mu}\right)^2 = -E\left(\frac{\partial^2 Q}{\partial \mu^2}\right) = \frac{1}{v(\mu)}, \\
&E\left(\frac{\partial Q}{\partial \beta_i}\frac{\partial Q}{\partial \beta_j}\right) = -E\left(\frac{\partial^2 Q}{\partial \beta_i \partial \beta_j}\right) = \frac{1}{v(\mu)}\frac{\partial \mu}{\partial \beta_i}\frac{\partial \mu}{\partial \beta_j}, \quad i, j = 1, \cdots, p.
\end{aligned}$$

如果 Y 的分布给定, 则还有

$$-E\left(\frac{\partial^2 Q}{\partial \mu^2}\right) \leqslant -E\left(\frac{\partial^2 \ell}{\partial \mu^2}\right),$$

其中 ℓ 为 Y 的对数似然函数. 这是很直观的, 因为极大似然估计是能达到 C-R 下界的.

定理 11.3 (Wedderburn(1974)) y 为一个观测, 对数似然函数 ℓ 满足

$$\frac{\partial \ell}{\partial \mu} = \frac{y - \mu}{v(\mu)}, \tag{11.29}$$

其中 $\mu = EY$, $v(\mu) = \mathrm{Var}(Y)$, 当且仅当 Y 的关于某个测度的密度函数能够写成形式 $\exp\{y\theta - b(\theta)\}$, 其中 θ 是关于 μ 的函数.

证明 先证必要性. 如果 $\partial\ell/\partial\mu$ 具有式 (11.29) 的形式, 对此关于 μ 积分有 $\ell = y\theta - b(\theta)$, 其中

$$\theta = \int \frac{\mathrm{d}\mu}{v(\mu)}, \quad b(\theta) = \int \frac{\mu \mathrm{d}\mu}{v(\mu)}.$$

由此结论成立.

再证充分性. 假设 Y 关于某个实直线上的测度 m 的密度函数能够写成形式 $\exp\{y\theta - b(\theta)\}$, 则对 Y 的分布函数 $F(y)$ 有 $\mathrm{d}F(y) = \exp\{y\theta - b(\theta)\}\mathrm{d}m(y)$. 因此可得 $\int \exp(y\theta)\mathrm{d}m(y) = \exp\{b(\theta)\}$, 并且 Y 的矩母函数 $M(t)$ 为

$$M(t) = \int \exp(yt)\exp\{y\theta - b(\theta)\}\mathrm{d}m(y) = \exp\{b(\theta + t) - b(\theta)\}.$$

由矩母函数的性质可知, $b'(\theta) = \mu$ 和 $b''(\theta) = v(\mu)$, 并且 $\mathrm{d}\mu/\mathrm{d}\theta = b''(\theta) = v(\mu)$. 故

$$\frac{\partial \ell}{\partial \mu} = (y - b'(\theta))\frac{\mathrm{d}\theta}{\mathrm{d}\mu} = \frac{y - \mu}{v(\mu)}.$$ □

定理 11.3 实际上表明, Y 的对数似然函数等于拟似然函数当且仅当它的分布属于指数族. 此时有

$$-E\left(\frac{\partial^2 Q}{\partial \mu^2}\right) = -E\left(\frac{\partial^2 \ell}{\partial \mu^2}\right).$$

对普通的线性回归模型 (11.28), 当 e 的分布已知, 极大似然估计是一致最小方差无偏估计, 而最小二乘估计只能达到最优线性无偏估计. 但当 e 的分布为正态分布时, 极大似然估计与最小二乘估计是相同的. 用拟似然与对数似然得到的估计也有类似的结论.

现在考虑稍微复杂的情况, 我们假定

$$E(Y|\boldsymbol{X}) = \mu = h(\eta) = h(\boldsymbol{z}^{\tau}\boldsymbol{\beta}),$$

$$\mathrm{Var}(Y|X) = \sigma^2(\mu) = \phi v(\mu),$$

其中 $v(\mu)$ 为方差函数, ϕ 为扩散参数, 而 h 是已知的一一对应且充分光滑的响应函数, $\eta = \boldsymbol{z}^{\tau}\boldsymbol{\beta}$ 为线性预报. 假定均值 $\mu = h(\boldsymbol{z}^{\tau}\boldsymbol{\beta})$ 是被正确地给定, 而真实方差为

$$\mathrm{Var}(Y|\boldsymbol{X}) = \sigma_0^2(\boldsymbol{x}),$$

该真实方差可能不同于上面定义的 $\sigma^2(\mu) = \phi v(\mu)$, 为了区别, 我们称 $\sigma^2(\mu)$ 为*工作方差函数*.

给定数据 $(y_i, \boldsymbol{x}_i)$ 相互独立, $i = 1, 2, \cdots, n$, 拟似然估计是基于一个拟得分函数

$$\boldsymbol{S}(\boldsymbol{\beta}) = \sum_{i=1}^{n} \boldsymbol{z}_i D_i(\boldsymbol{\beta}) \sigma_i^{-2}(\boldsymbol{\beta})[y_i - \mu_i(\boldsymbol{\beta})],$$

其中 $\mu_i(\boldsymbol{\beta}) = h(\boldsymbol{z}_i^{\tau}\boldsymbol{\beta})$ 为给定的均值, $D_i(\boldsymbol{\beta})$ 是 $h(\eta)$ 在 $\eta_i = \boldsymbol{z}_i^{\tau}\boldsymbol{\beta}$ 处的一阶导数, $\sigma_i^2(\boldsymbol{\beta}) = \phi v(\mu_i(\boldsymbol{\beta}))$ 是工作方差. 这个拟得分函数与广义线性模型的得分函数相类似, 在估计 $\boldsymbol{\beta}$ 时起着相同的作用. 令拟得分函数 $\boldsymbol{S}(\boldsymbol{\beta}) = 0$, 我们得到一个估计方程, 解此方程得到估计 $\widehat{\boldsymbol{\beta}}$.

工作方差是我们建模时设定的, 它与真实方差往往有差别. 为了提高估计的有效性, 工作方差应尽量接近真实方差. 这意味着工作方差不能任意给定, 要依据数据特征及模型结构. 因此, $v(\mu)$ 的选定需要在简单与有效性之间做一平衡.

类似于广义线性模型的极大似然估计, 一个全局极大拟似然估计应使得拟似然函数 $Q(\mu(\boldsymbol{\beta}), y)$ 达到全局最大值, 但我们一般只考虑局部极大拟似然估计. $\boldsymbol{S}(\boldsymbol{\beta})$ 的一阶导数的负值 $-\dfrac{\partial \boldsymbol{S}(\boldsymbol{\beta})}{\partial \boldsymbol{\beta}}$ 的形式与 $-\dfrac{\partial^2 \ell(\boldsymbol{\beta})}{\partial \boldsymbol{\beta} \partial \boldsymbol{\beta}^{\tau}}$ 相类似, 且

$$F(\boldsymbol{\beta}) = E\left(-\frac{\partial \boldsymbol{S}(\boldsymbol{\beta})}{\partial \boldsymbol{\beta}}\right) = \sum_{i=1}^{n} \boldsymbol{z}_i \boldsymbol{z}_i^{\tau} w_i(\boldsymbol{\beta}),$$

其中权重 $w_i(\boldsymbol{\beta}) = D_i(\boldsymbol{\beta}) \sigma_i^{-2}(\boldsymbol{\beta})$, 这里 $\sigma_i^2(\boldsymbol{\beta})$ 为工作方差.

值得注意的是, $F(\boldsymbol{\beta})$ 与 $\mathrm{Cov}(\boldsymbol{S}(\boldsymbol{\beta}))$ 是有区别的, 这不同于广义线性模型. 事实上, 利用 $E\left(\boldsymbol{S}(\boldsymbol{\beta})\right) = 0$, $E\left((Y_i - \mu(\boldsymbol{\beta}))^2 | \boldsymbol{X}_i\right) = \mathrm{Var}(Y_i | \boldsymbol{X}_i)$ 以及独立观测的假设, 我们有

$$V(\boldsymbol{\beta}) = \mathrm{Cov}(\boldsymbol{S}(\boldsymbol{\beta})) = \sum_{i=1}^{n} \boldsymbol{z}_i \boldsymbol{z}_i^{\tau} D_i^2(\boldsymbol{\beta}) \frac{\sigma_{0i}^2}{\sigma_i^4(\boldsymbol{\beta})},$$

其中 $\sigma_{0i}^2 = \sigma_0^2(\boldsymbol{x}_i)$ 是真实的条件方差 $\mathrm{Var}(Y_i | \boldsymbol{X}_i)$. 很显然, 一般情况下 $F(\boldsymbol{\beta}) \neq V(\boldsymbol{\beta})$. 但如果方差结构被正确地给定, 即

$$\sigma_0^2(\boldsymbol{x}) = \phi v(\mu),$$

则有 $F(\boldsymbol{\beta}) = \mathrm{Cov}(\boldsymbol{S}(\boldsymbol{\beta})) = V(\boldsymbol{\beta})$.

在一些正则条件下, 可以得到类似于广义线性模型的渐近结果. 设 $\widehat{\boldsymbol{\beta}}$ 为 $\boldsymbol{S}(\boldsymbol{\beta}) = 0$ 的根 (在一些正则条件下, 这个根存在且唯一). 由于 $\mathrm{Cov}(\boldsymbol{S}(\boldsymbol{\beta})) = V(\boldsymbol{\beta})$, 而 $\boldsymbol{S}(\boldsymbol{\beta})$ 为 $\boldsymbol{S}_i(\boldsymbol{\beta})$ 的独立和, 可知

$$\frac{1}{\sqrt{n}} \boldsymbol{S}(\boldsymbol{\beta}) \xrightarrow{\mathscr{D}} N\left(0, \Sigma_S\right),$$

其中 $\Sigma_S = \lim\limits_{n \to \infty} \dfrac{1}{n} V(\beta)$. 再由 Taylor 展式有

$$\sqrt{n}(\widehat{\boldsymbol{\beta}} - \boldsymbol{\beta}) \cong \sqrt{n} F^{-1}(\boldsymbol{\beta}) \boldsymbol{S}(\boldsymbol{\beta}),$$

故

$$\sqrt{n}(\widehat{\boldsymbol{\beta}}-\boldsymbol{\beta}) \xrightarrow{\mathscr{D}} N(0, A(\boldsymbol{\beta})),$$

其中 $A(\boldsymbol{\beta})=\lim\limits_{n\to\infty} nF^{-1}(\boldsymbol{\beta})V(\boldsymbol{\beta})F^{-1}(\boldsymbol{\beta})$.

将 $\widehat{\boldsymbol{\beta}}$ 代入 $A(\boldsymbol{\beta})$, 可得到 $A(\boldsymbol{\beta})$ 的相合估计

$$\widehat{A}(\widehat{\boldsymbol{\beta}})=F^{-1}(\widehat{\boldsymbol{\beta}})V(\widehat{\boldsymbol{\beta}})F^{-1}(\widehat{\boldsymbol{\beta}}),$$

这里

$$V(\widehat{\boldsymbol{\beta}})=\sum_{i=1}^{n}\boldsymbol{z}_i\boldsymbol{z}_i^{\tau}D_i^2(\widehat{\boldsymbol{\beta}})\frac{\left[y_i-h(\boldsymbol{z}_i^{\tau}\widehat{\boldsymbol{\beta}})\right]^2}{\sigma_i^4(\widehat{\boldsymbol{\beta}})}.$$

同时我们还可以得到扩散参数 ϕ 的估计

$$\widehat{\phi}=\frac{1}{n-p}\sum_{i=1}^{n}\frac{(\widehat{y}_i-\widehat{\mu}_i)^2}{v(\widehat{\mu}_i)}, \tag{11.30}$$

其中 p 为参数 $\boldsymbol{\beta}$ 的维数.

对于如下线性假设检验,

$$H_0: C\boldsymbol{\beta}=\boldsymbol{\xi} \Longleftrightarrow H_1: C\boldsymbol{\beta}\neq\boldsymbol{\xi},$$

同样地, 我们也可构造 Wald 统计量

$$\mathcal{W}=(C\widehat{\boldsymbol{\beta}}-\boldsymbol{\xi})^{\tau}[C\widehat{A}(\widehat{\boldsymbol{\beta}})C^{\tau}]^{-1}(C\widehat{\boldsymbol{\beta}}-\boldsymbol{\xi}).$$

它的极限分布是自由度为 Rank(C) 的卡方分布.

此前我们总假设方差函数 $v(\mu)$ 已知, 现在放宽这个条件, 假设方差函数是关于未知参数 θ 的函数满足

$$\mathrm{Var}(Y|\boldsymbol{X})=\phi v(\mu,\theta).$$

例如, 看成 μ 的幂函数, 即 $v(\mu,\theta)=\mu^{\theta}$, $\theta=0,1,2,3$, 分别对应于 Normal, Poisson, Gamma 和 Inverse-Gaussion 分布的方差函数. 我们采用循环的方式估计 θ 和 $\boldsymbol{\beta}$. 第一步, 对固定的 θ, 用前面的拟似然方法估计 $\boldsymbol{\beta}$ 得到 $\widehat{\boldsymbol{\beta}}$, 用式 (11.30) 可得到扩散参数 ϕ 的估计 $\widehat{\phi}$; 第二步, 对固定的 $\boldsymbol{\beta}$ 和 ϕ, 用矩方法估计 θ 得到 $\widehat{\theta}$. 第一步和第二步交替执行, 直到 $(\widehat{\boldsymbol{\beta}},\widehat{\phi},\widehat{\theta})^{\tau}$ 收敛. 用 θ 的相合估计 $\widehat{\theta}$ 替代 θ, 得到 $\widehat{\boldsymbol{\beta}}$ 的渐近结果仍然成立.

下面给出广义线性模型应用的一个具体例子.

例 11.3(细胞差异) Piegorsch, Weinberg 和 Margolin (1988) 曾研究过两种化学物质 TNF (tumor necrosis factor) 和 IFN (interferon) 对免疫激活能力 (the immuno-activating ability) 的影响. 我们将两种物质的剂量看作影响因素, 在实验中, 分别加入不同剂量的两种物质, 记录下细胞差异的个数 Y 作为响应变量. 每次实验所得细胞差异的个数和对应加入这两个因素的剂量数据见表 11.1. 这是一个分组数据 (可参考 Fahrmeir 和 Tutz(2001)).

表 11.1 细胞差异数据

细胞差异数 Y	11	18	20	39	22	38	52	69	31	68	69	128	102	171	180	193
TNF 剂量 U/mL	0	0	0	0	1	1	1	1	10	10	10	10	100	100	100	100
IFN 剂量 U/mL	0	4	20	100	0	4	20	100	0	4	20	100	0	4	20	100

一个重要问题是, 这两种化学物质共同或独立作用是否导致细胞差异. 我们先用广义线性模型拟合, 那么很明显可以假定 Y 是服从 Poisson 分布的, 再假设响应函数是对数线性 Poisson 模型:

$$\mu = E(Y|\text{TNF}, \text{IFN}) = \exp(\beta_0 + \beta_1\text{TNF} + \beta_2\text{IFN} + \beta_3\text{TNF} * \text{IFN}),$$

其中 $E(Y|\text{TNF}, \text{IFN})$ 表示加入 TNF 和 IFN 后细胞差异数的期望. 两个因素的交叉项 TNF*IFN 表示 TNF 和 IFN 的综合影响. 用极大似然估计方法得到如下估计:

$$\widehat{\beta}_0 = 3.4336, \quad \widehat{\beta}_1 = 0.016, \quad \widehat{\beta}_2 = 0.009, \quad \widehat{\beta}_3 = -0.001.$$

表 11.2 中第 2 列给出了扩散参数为 1 时基于对数线性模型的 Poisson 极大似然估计, 括号里的数表示相应的 p 值. 由 p 值可知, 交叉项的影响非常显著. 当我们考虑模型的拟合优度时, 皮尔逊检验为 $\chi^2 = 140.8$, 偏离检验为 $D = 142.4$, 这两个检验非常接近, 有一定的可信度. 由于此例子中皮尔逊检验和偏离检验都收敛到 $\phi\chi^2_{12}$ 分布, 其中自由度 12 等于组数 16 减去参数的个数 4. 自由度为 12 水平为 0.95 的 $\chi^2_{12}(0.95) = 21.026$, 约是皮尔逊检验和偏离检验的 1/7, 也就是说 $\phi \cong 7$. 但 Poisson 分布的扩散参数 $\phi = 1$, 所以要拒绝 Poisson 分布的假设.

表 11.2 基于对数线性模型的细胞差异数据的 Poisson 的似然估计

	Poisson, $\phi = 1$	Poisson, $\widehat{\phi} = 11.734$
1	3.436 (0.0)	3.436 (0.0)
TNF	0.016 (0.0)	0.016 (0.0)
IFN	0.009 (0.0)	0.009 (0.0)
TNF*IFN	−0.001 (0.0)	−0.001 (0.22)

根据上面的估计, 我们可以给出扩散参数 ϕ 的估计为 $\widehat{\phi} = 11.734$. 很容易知道,

极大似然方法下的参数估计与 ϕ 无关, 所以表 11.2 的第 3 列的参数估计与第 2 列相同. 而渐近协方差 $\text{Cov}(\widehat{\boldsymbol{\beta}}) = F^{-1}(\widehat{\boldsymbol{\beta}})$ 是依赖于 ϕ 的, 因而 p- 值也与 ϕ 有关 (在括号中给出). 与第 2 列相比, 交叉项的影响不再显著.

既然拒绝 Poisson 分布假设, 那么可以用拟似然方法去拟合. 前面总假设模型具有方差结构 $\sigma^2(\mu) = \text{Var}(Y|\text{TNF}, \text{IFN}) = \phi\mu$, 但从 TNF 的剂量相同组的数据来看, 方差与均值并不成比例, 见表 11.3, 其中方差和均值都是用 TNF 剂量相同的组的数据结合矩估计方法得到的. 对 IFN 而言, 也可得到同样不成比例的结果. 从这些矩估计的信息, 我们可以假设方差结构为 $\sigma^2(\mu) = \phi\mu^2$ 或 $\sigma^2(\mu) = \mu + \theta\mu^2$, 其中 θ 是一个参数, 第二个方差结构对应于负二项分布的方差.

表 11.3　TNF 的剂量相同组内的方差与均值估计

	TNF 剂量			
	0	1	10	100
$\bar{X}$	22	45.25	74	161.5
s^2	107.5	300.7	1206.5	1241.25

设 $\boldsymbol{z} = (1, \text{TNF}, \text{IFN}, \text{TNF} * \text{IFN})^\tau$, $\boldsymbol{\beta} = (\beta_0, \beta_1, \beta_2, \beta_3)^\tau$, 我们可以得到拟得分函数为

$$\boldsymbol{S}(\boldsymbol{\beta}) = \sum_{i=1}^{g} z_i D_i(\boldsymbol{\beta})\sigma_i^{-2}(\boldsymbol{\beta}) n_i(y_i - \mu_i(\boldsymbol{\beta})),$$

其中 $\sigma_i^2(\boldsymbol{\beta}) = \phi\mu^2$ 或 $\mu + \theta\mu^2$, g 为组数, n_i 为第 i 组的观测个数,

$$D_i(\boldsymbol{\beta}) = \frac{\partial h(\boldsymbol{z}_i^\tau \boldsymbol{\beta})}{\partial \eta} = \exp(\beta_0 + \beta_1 TNF + \beta_2 INF + \beta_3 TN * INF),$$

而均值假设与前面相同仍然为对数线性 Poisson 模型, 即

$$\mu(\boldsymbol{\beta}) = h(\eta) = \exp(\beta_0 + \beta_1 TNF + \beta_2 INF + \beta_3 TN * INF).$$

我们得到拟似然估计见表 11.4.

表 11.4　基于拟似然的对数线性模型拟合细胞差异数据

	$\sigma^2(\mu) = \phi\mu$	$\sigma^2(\mu) = \phi\mu^2$	$\sigma^2(\mu) = \mu + \theta\mu^2$
1	3.436　(0.0)	3.394　(0.0)	3.395　(0.0)
TNF	0.016　(0.0)	0.016　(0.0)	0.016　(0.0)
IFN	0.009　(0.0)	0.009　(0.003)	0.009　(0.003)
TNF*IFN	−0.001　(0.22)	−0.001　(0.099)	−0.001　(0.099)
$\widehat{\phi}$	11.734	0.243	—
$\widehat{\theta}$	—	—	0.215

从表中可知, 参数的估计和对应的 p- 值在三种方差结构假设下相差不大. 不过针对未知扩散参数 ϕ, 当用 Poisson 分布估计时, 交叉项不显著, 而用方差结构为 $\sigma^2(\mu)=\phi\mu^2$ 或 $\mu+\theta\mu^2$ 的拟似然方法估计, 交叉项都显著, 从而说明 Poisson 分布假设拟合不好. 事实上, 我们从均值和方差的矩估计也可知道 Poisson 分布假设不合理. □

在此之前, 我们都假设线性预报 $\eta=\boldsymbol{z}^\tau\boldsymbol{\beta}$, 我们也可以推广到非线性预报, 此预报是 $\boldsymbol{z}$ 和 $\boldsymbol{\beta}$ 的任意一个函数, 即 $\eta(\boldsymbol{z},\boldsymbol{\beta})$, 这时均值为 $\mu(\boldsymbol{\beta})=h(\eta(\boldsymbol{z},\boldsymbol{\beta}))$. 其中有种特殊情况是非线性预报是关于 $\boldsymbol{z}^\tau\boldsymbol{\beta}$ 的函数, 即 $\eta=\eta(\boldsymbol{z}^\tau\boldsymbol{\beta})$. 更一般地, 假设均值为 $\mu(\boldsymbol{\beta})=h(\boldsymbol{z},\boldsymbol{\beta})$, 类似地可得到拟得分函数

$$\boldsymbol{S}(\boldsymbol{\beta})=\sum_{i=1}^{n}\boldsymbol{M}_i(\boldsymbol{\beta})\sigma_i^{-2}(\boldsymbol{\beta})[y_i-\mu_i(\boldsymbol{\beta})],$$

和 Fisher 信息阵

$$F(\boldsymbol{\beta})=\sum_{i=1}^{n}\boldsymbol{M}_i(\boldsymbol{\beta})\sigma_i^{-2}(\boldsymbol{\beta})\boldsymbol{M}_i^\tau(\boldsymbol{\beta}),$$

其中 $\mu_i(\boldsymbol{\beta})=h(\boldsymbol{z}_i,\boldsymbol{\beta})$, $\boldsymbol{M}_i(\boldsymbol{\beta})=\partial\mu_i(\boldsymbol{\beta})/\partial\boldsymbol{\beta}$.

11.6 拟似然与估计方程

其实, 在估计方程的框架下, Wedderburn 拟似然只是本节定义的拟似然的特殊情况. 假定如下回归模型

$$\boldsymbol{Y}=\boldsymbol{\mu}(\boldsymbol{\theta})+\boldsymbol{\varepsilon}, \tag{11.31}$$

其中 $\boldsymbol{Y}$ 为 n 维数据向量, $\boldsymbol{\varepsilon}$ 为随机误差向量, $E\boldsymbol{\varepsilon}=0$. 我们假定有一函数 Q 能被定义为

$$\frac{\partial Q}{\partial\boldsymbol{\theta}}=\boldsymbol{S}(\boldsymbol{\theta})=\nabla_\theta\boldsymbol{\mu}^\tau V^{-1}(\boldsymbol{y}-\boldsymbol{\mu}(\boldsymbol{\theta})),$$

其中 $V=E(\boldsymbol{\varepsilon}\boldsymbol{\varepsilon}^\tau)$, 则

$$\begin{aligned}
&E\boldsymbol{S}(\boldsymbol{\theta})=0,\\
&E\frac{\partial\boldsymbol{S}(\boldsymbol{\theta})}{\partial\boldsymbol{\theta}}=-\nabla_\theta\boldsymbol{\mu}^\tau V^{-1}\nabla_\theta\boldsymbol{\mu},\\
&\mathrm{Cov}(\boldsymbol{S}(\boldsymbol{\theta}))=\nabla_\theta\boldsymbol{\mu}^\tau V^{-1}\nabla_\theta\boldsymbol{\mu},
\end{aligned}$$

于是 $\boldsymbol{S}(\boldsymbol{\theta})$ 与普通的得分函数具有类似的性质. 因此 $\boldsymbol{S}(\boldsymbol{\theta})$ 可以称为*拟得分函数*, Q 称为*拟 (对数) 似然函数*. 另外一种方法可以将该拟似然函数看成一个*残差平方加*

权和

$$(\boldsymbol{y}-\boldsymbol{\mu}(\boldsymbol{\theta}))^\tau V^{-1}(\boldsymbol{y}-\boldsymbol{\mu}(\boldsymbol{\theta})),$$

假定 V 与 $\boldsymbol{\theta}$ 无关, 则对上式求导可得到拟得分函数. 因此, 我们可以把这种方法嵌入到估计方程的框架里. 在估计方程的框架下, 可以证明 $\boldsymbol{S}(\boldsymbol{\theta})$ 就是拟得分函数.

继续考虑模型 (11.31), 此时 $\boldsymbol{\mu}(\boldsymbol{\theta})$ 可以是随机的, 且 $E(\varepsilon\varepsilon^\tau|\nabla_\theta\boldsymbol{\mu})=V$, V 可以依赖于未知的 q 维参数 $\boldsymbol{\theta}$. 例如, 在广义线性模型中, $\boldsymbol{\mu}(\boldsymbol{\theta})=\boldsymbol{h}(Z\boldsymbol{\beta})$, Z 是一 $q\times p$ 维随机设计矩阵. 考虑如下的函数空间

$$\mathcal{H}=\{A(\boldsymbol{Y}-\boldsymbol{\mu}(\boldsymbol{\theta}))\},$$

其中 A 是任一 $p\times n$ 矩阵, 不依赖于 $\boldsymbol{\theta}$, 且是 $\nabla_\theta\boldsymbol{\mu}$ 可测的. 假定 $E(A\nabla_\theta\boldsymbol{\mu})$ 及 $E(A\varepsilon\varepsilon^\tau A^\tau)$ 是非奇异的, 则我们有如下定理.

定理 11.4　估计函数

$$\boldsymbol{G}^*=\nabla_\theta\boldsymbol{\mu}^\tau V^{-1}(\boldsymbol{y}-\boldsymbol{\mu}(\boldsymbol{\theta}))\tag{11.32}$$

是 $\mathcal{H}$ 内的拟得分函数.

这个结果立刻可由定理 9.8 获得. 因为假定

$$\boldsymbol{G}=A(\boldsymbol{y}-\boldsymbol{\mu}),$$

则

$$\begin{aligned}E(\boldsymbol{G}\boldsymbol{G}^{*\tau})&=E(A\varepsilon\varepsilon^\tau V^{-1}\nabla_\theta\boldsymbol{\mu})\\&=E\left(AE(\varepsilon\varepsilon^\tau|\nabla_\theta\boldsymbol{\mu})V^{-1}\nabla_\theta\boldsymbol{\mu}\right)\\&=E(A\nabla_\theta\boldsymbol{\mu})=-E\nabla_\theta\boldsymbol{G},\end{aligned}$$

即 $(E\nabla_\theta\boldsymbol{G})^{-1}E(\boldsymbol{G}\boldsymbol{G}^{*\tau})$ 是常数矩阵.

估计函数 (11.32) 在实际中有广泛的应用, 特别是在广义线性模型里 (见 McCullagh 和 Nelder(1989)), 以上的 V 可以由 ϕV 来代替, 其中 ϕ 为扩散参数.

11.7　局　限　性

如果我们扩大估计函数空间 $\mathcal{H}$, 一般地, Wedderburn 估计函数 (11.32) 不再是拟得分函数. 一个更优的估计函数可能被找到.

注意到, 当 $\boldsymbol{\mu}(\boldsymbol{\theta})$ 是非随机的, $\mathcal{H}$ 包括非随机的权矩阵 A. 如果允许随机权, 将可以提高估计的精确性.

考虑简单情况, 设 $\boldsymbol{y}=(y_1,\cdots,y_n)^\tau$, $\boldsymbol{\varepsilon}=(\varepsilon_1,\cdots,\varepsilon_n)^\tau$, 模型 (11.31) 有如下简化形式

$$y_i=\theta+\varepsilon_i,\quad i=1,2,\cdots,n,$$

且 $E(\varepsilon_i|\mathcal{F}_{i-1})=0$, $E(\varepsilon_i^2|\mathcal{F}_{i-1})=\sigma^2 y_{i-1}^2$, 其中 $\mathcal{F}_i=\sigma\{y_1,\cdots,y_i\}$. 设

$$\mathcal{H}=\left\{\sum_{i=1}^n a_i(y_i-\theta),\ a_i \text{ 是 } \mathcal{F}_{i-1} \text{ 可测的}\right\},$$

则由定理 11.4, 得

$$G_1^*=\sigma^{-2}\sum_{i=1}^n y_{i-1}^{-2}(y_i-\theta)$$

是 $\mathcal{H}$ 中的拟得分函数. 对照函数 (11.32), Werddderburn 估计函数为

$$G^*=\sigma^{-2}\sum_{i=1}^n (Ey_{i-1}^2)^{-1}(y_i-\theta),$$

其中 G^* 是 $\mathcal{H}^-=\left\{\sum_{i=1}^n a_i(y_i-\theta),\ a_i\text{为常数}\right\}$ 的拟得分函数. 如果 θ_1^* 及 θ^* 分别是 $G_1^*(\theta)=0$ 及 $G^*(\theta)=0$ 的解, 则

$$\begin{aligned}(E\nabla_\theta G_1^*)^2(E(G_1^*)^2)^{-1}&=\sigma^{-2}\sum_{i=1}^n E\frac{1}{y_{i-1}^2}\\&\geqslant\sigma^{-2}\sum_{i=1}^n\frac{1}{Ey_{i-1}^2}=(E\nabla_\theta G^*)^2(E(G^*)^2)^{-1},\end{aligned}$$

不等号成立因为 $EZEZ^{-1}\geqslant 1$(Cauchy-Schwarz 不等式). 于是 G_1^* 优于 G^*.

这是因为 $\mathcal{H}^-$ 中使用的线性性对于数据的非线性性是不足的. 所以我们有必要考虑 $\mathcal{H}^-$ 中的随机变量来自于指数分布族或其他分布, 此时便会得到不同的拟得分函数族.

设 $y_i=\theta+\varepsilon_i$, $i=1,2,\cdots,n$ 仍是我们关心的模型, 设 ε_i 是独立同分布的且有密度函数 $f(x)=2\alpha^{\frac{1}{4}}\mathrm{e}^{-\alpha x^4}/\Gamma(1/4)$, $-\infty<x<\infty$, 则可求得真实得分函数是

$$s(\theta)=4\alpha\sum_{i=1}^n(y_i-\theta)^3.$$

这是优于函数 (11.32) 的 Wedderburn 估计函数的, 后者为

$$G^*=\sigma^{-2}\sum_{i=1}^n(y_i-\theta),$$

其中 $\sigma^2 = \mathrm{Var}(y_1) = E\varepsilon_1^2$.

事实上,

$$\Delta_1 = (E\nabla_\theta s(\theta))^{-2} Es(\theta)^2 = \frac{E\varepsilon_1^6}{(9(E\varepsilon_1^2)^2)^n} = \frac{\alpha^{-\frac{1}{4}}\Gamma\left(\frac{1}{4}\right)}{12n\Gamma\left(\frac{3}{4}\right)},$$

$$\Delta_2 = (E\nabla_\theta G^*)^{-2} E(G^*)^2 = \frac{1}{n}E\varepsilon_1^2 = \frac{\alpha^{-\frac{1}{2}}\Gamma\left(\frac{3}{4}\right)}{n\,\Gamma\left(\frac{1}{4}\right)}.$$

因此, Δ_1 仅是 Δ_2 的 0.729477 倍, 即 $\Delta_1/\Delta_2 = 0.729477$.

这就是说, θ 的拟似然估计的渐近置信区间的长度是其真实极大似然估计的长度的 $\sqrt{1/0.729477} = 1.1708$ 倍. 其实, 真实得分函数可以看作如下估计函数族的一个元素.

$$\mathcal{H}_2 = \left\{\sum_{i=1}^{n}[a_i(y_i-\theta)+b_i(y_i-\theta)^3],\ a_i,\ b_i\ \text{为常数}\right\}.$$

11.8 相关研究及扩展

11.8.1 相关研究

Wedderburn (1974) 引入的拟似然的方法极大地拓宽了广义线性模型的使用范围, 由全分布假设弱化到前二阶矩假设. 对于服从指数族的广义线性模型, 似然比检验及得分检验等可检验关于协变量及连结函数的假设, 且这些检验方法在拟似然下依然适用. 然而, 这些方法却不适用于比较不同的方差函数, Nelder 和 Pregibon (1987) 提出了一种扩展的拟似然函数, 在该框架下我们可以比较广义线性模型所有元素的各种形式, 即协变量, 连结函数, 方差函数等.

在参数有限制的情况下, 对于通常的极大似然估计或最小二乘估计, 标准的解决方法是采用拉格朗日乘子法. Heyde 和 Morton (1993) 指出对于受限的拟似然估计, 即便没有通常意义下要极大化的目标函数, 相同的过程依然适用. 这就允许在极大似然不能使用的情况下仍然可以优化估计, 如半参模型.

已有很多文献研究过广义线性模型参数的极大似然估计的稳健性, 对此 Preisser 和 Qaqish (1999) 在广义估计方程的框架下考虑了一类稳健估计. 对于拓广的拟似然估计虽然是 M 估计, 但异常点对估计的影响依然很大, 即估计是非稳健的. Cantoni 和 Ronchetti (2001) 提出了基于稳健偏离的稳健推断方法, 其中稳健偏离为拟似然函数的一种推广, 也是广义估计方程框架下的一类稳健估计.

11.8.2 进一步的讨论

本章讨论的主要是在连结函数或响应函数已知时, 且为线性预报的情况下的广义线性模型. 在连结函数或响应函数未知的情况下, Yandell 和 Green (1986) 提出了用样条的方法来估计响应函数. Li 和 Duan (1989) 指出通过假设连结函数为满足条件的经典连结函数仍可得到未知参数的相合估计. Weisberg 和 Welsh (1994) 也提出了相关计算方法, 即通过核平滑及迭代的方法.

Severini 和 Staniswalis (1994) 研究了当预报函数既包含线性部分, 又包含未知函数部分, 即为半参时的情况. 他们用拟似然函数估计该半参模型的未知参数和函数, 同时给出了估计的渐近性. 进一步也考虑了响应变量为多元的情况. Lin 和 Carroll (2001) 针对聚类数据用估计方程来解决半参广义线性模型的估计问题, 其中无穷维的非参函数部分用核估计方程来估计, 然后以基于剖面的估计方程来估计有限维的参数部分. James (2002) 提出函数型广义线性模型, 即将服从指数族的响应变量直接对函数型预报建模, 其中预报函数用三次样条建模. Müller 和 Stadtmüller (2005) 考虑了预报为随机函数的情形. 他们也考虑了连结函数与方差函数未知的情况, 其中用半参拟似然方法将未知函数估出. 书中他们也讨论了所提出的广义回归模型的渐近推断.

第 12 章　纵向数据估计方程

12.1　引　　言

纵向数据是在生存分析、计量经济和保险金融等众多学科中经常碰到并需要处理的一类数据. 它与截面数据最大不同是, 响应变量在同一单元中的观察不是独立的. 如果不考虑数据之间的相依性, 直接使用通常的统计推断方法, 仍可以获得回归参数的相合估计, 但所得估计量缺少有效性.

很多纵向数据下的统计模型的统计推断可以归结为估计方程的统计推断问题. 在这些模型下, 统计推断的核心就是寻找一个无偏或是渐近无偏估计, 一个最一般的方法就是寻找一个无偏估计方程, 为此, 在这里我们考虑纵向数据下参数估计的广义估计方程方法. 基于广义估计方程的方法并不需要考虑具体的模型, 因此, 这里的统计推断方法具有一般性. 设第 $i(i=1,2,\cdots,k)$ 个观察单元 (可以是一个个体, 一个家庭等) 的响应变量 $\boldsymbol{Y}_i=(y_{i1}\cdots,y_{in_i})^\tau$ 是一个 $n_i\times 1$ 的向量, $X_i=(\boldsymbol{x}_{i1},\cdots,\boldsymbol{x}_{in_i})^\tau$ 是一个 $n_i\times r$ 的矩阵. 假设有估计函数 ψ 使得

$$E\{\psi(y_{ij},\boldsymbol{x}_{ij},\boldsymbol{\theta}_0)\}=0,\quad i=1,2,\cdots,k,\quad j=1,2,\cdots,n_i, \tag{12.1}$$

其中 $\psi(\cdot)$ 是一个 q 维函数向量, 而 $\boldsymbol{\theta}_0\in\Theta$ 是一个 p 维参数, Θ 是一个 p 维参数空间. 这里 $q\geqslant p$, r 可以不等于 p. 满足式 (12.1) 的函数 $\psi(\cdot,\cdot,\cdot)$ 通常称为无偏估计函数, 很多估计都可以写成如此的形式. 例如, 对于普通线性模型, 如果假定线性模型的误差项的均值为 0, 可以取 $\psi(Y,X,\boldsymbol{\beta})=X(Y-\boldsymbol{\beta}^\tau X)$. 对于参数模型, 可取 $\psi(X,\boldsymbol{\theta})=s(X,\boldsymbol{\theta})$, 其中 $s(X,\boldsymbol{\theta})$ 是单点观察的得分函数. 更一般地, 在响应变量分布没有参数模型假设, 而仅有前两阶矩的适当假设下, $\psi(X,\boldsymbol{\theta})$ 可以取为拟似然得分函数. 事实上, 只要关于参数的任何信息可以表示成形如 (12.1) 的方程, 即关于总体矩的无偏估计方程形式, 我们都可以加以利用, 来提高参数估计效率, 参见第 9 章或见 Qin 和 Lawless (1994) 和 Zhou, Wan 和 Yuan (2011), 这也是广义估计方程方法的基本思想.

12.2　纵向数据下 GMM 方法

GMM 方法是由 Hansen (1982) 首次提出, 在前面的章节中已进行详细的探讨过, GMM 方法已经成为一个相当重要的参数估计方法, 具有广泛的应用背景. 特别

是计量经济学中, GMM 方法可以和计量经济理论中的正交条件很好的结合在一起, 因为这些正交条件可以表示成矩的形式, 从而构成无偏估计函数. Hansen, Heaton 和 Yaron (1996) 研究了 GMM 估计的小样本性质, Newey 和 McFadden (1994) 详细讨论了 GMM 大样本性质, Brown 和 Newey (2002) 提出使用 bootsrap 方法可以有效提高 GMM 方法置信区间的覆盖率, 专著 Hall (2005) 系统地介绍了 GMM 方法在计量经济学上的应用, Zhou, Wan 和 Wang (2008) 考虑了缺失数据下的 GMM 估计及其大样本性质. 下面将给出广义估计方程框架下, 利用组内平均的思想, 构造纵向数据的 GMM 估计, 令

$$\Psi(\boldsymbol{Y}_i, X_i, \boldsymbol{\theta}) = \sum_{j=1}^{n_i} \psi(y_{ij}, \boldsymbol{x}_{ij}, \boldsymbol{\theta}), \tag{12.2}$$

则由式 (12.1) 知 $\Psi(\boldsymbol{Y}_i, X_i, \boldsymbol{\theta})$ 为无偏估计函数, 即

$$E\{\Psi(\boldsymbol{Y}_i, X_i, \boldsymbol{\theta}_0)\} = 0, \quad i = 1, \cdots, k. \tag{12.3}$$

根据式 (12.3) 可以获得关于 $\boldsymbol{\theta}$ 的 GMM 估计

$$\widehat{\boldsymbol{\theta}}_g^* = \arg\min_{\boldsymbol{\theta}} \left[\frac{1}{k}\sum_{i=1}^{k} \Psi(\boldsymbol{Y}_i, X_i, \boldsymbol{\theta})\right]^{\tau} W(\boldsymbol{\theta}) \left[\frac{1}{k}\sum_{i=1}^{k} \Psi(\boldsymbol{Y}_i, X_i, \boldsymbol{\theta})\right],$$

其中 $W(\boldsymbol{\theta})$ 是一个半正定的权矩阵. 由第 9 章的结论知, 最优权矩阵为 q 维估计方程协方差矩阵的逆, 即 $W^{\mathrm{opt}}(\boldsymbol{\theta}) = \Sigma^{-1}(\boldsymbol{\theta})$, 其中 $\Sigma(\boldsymbol{\theta})$ 由下面定理 12.1 给出. 注意到, 在求参数 $\boldsymbol{\theta}$ 的 GMM 估计 $\widehat{\boldsymbol{\theta}}_g$ 时, 权矩阵 $W(\boldsymbol{\theta})$ 是未知的, 所以实际中一般用 $W(\boldsymbol{\theta})$ 的相合估计 $\widehat{W}$ 代替 $W(\boldsymbol{\theta})$, 得到

$$\widehat{\boldsymbol{\theta}}_g = \arg\min_{\boldsymbol{\theta}} \left[\frac{1}{k}\sum_{i=1}^{k} \Psi(\boldsymbol{Y}_i, X_i, \boldsymbol{\theta})\right]^{\tau} \widehat{W} \left[\frac{1}{k}\sum_{i=1}^{k} \Psi(\boldsymbol{Y}_i, X_i, \boldsymbol{\theta})\right], \tag{12.4}$$

下面我们给出 $\widehat{\boldsymbol{\theta}}_g$ 的大样本性质.

定理 12.1 设后面 12.10 节假设 (1)~(4) 成立, 则 $\widehat{\boldsymbol{\theta}}_g$ 为 $\boldsymbol{\theta}_0$ 的相合估计, 且当 $k \to \infty$ 时,

$$\sqrt{k}(\widehat{\boldsymbol{\theta}}_g - \boldsymbol{\theta}_0) \xrightarrow{\mathscr{D}} N(0, \Sigma_1),$$

其中

$$\Sigma_1 = \{A^{\tau} W A\}^{-1} A^{\tau} W \Sigma W A \{A^{\tau} W A\}^{-1}.$$

这里 $A(\boldsymbol{\theta})$ 和 $\Sigma(\boldsymbol{\theta})$ 的定义分别为

$$A(\boldsymbol{\theta})=\lim_{k\to\infty}k^{-1}\sum_{i=1}^{k}\sum_{j=1}^{n_i}E\{\nabla_{\boldsymbol{\theta}}\psi(Y_{ij},X_{ij},\boldsymbol{\theta})\},$$

$$\Sigma(\boldsymbol{\theta})=\lim_{k\to\infty}k^{-1}\sum_{i=1}^{k}\sum_{j=1}^{n_i}\sum_{l=1}^{n_i}E\{\psi(Y_{ij},X_{ij},\boldsymbol{\theta})\psi^{\tau}(Y_{il},X_{il},\boldsymbol{\theta})\}.$$

当 $W(\boldsymbol{\theta})$ 取最优权时, $\Sigma_1=\{A^{\tau}\Sigma^{-1}A\}^{-1}$.

定理的证明放在后面的第 12.10 节, 下面首先来看一些例子.

例 12.1 纵向数据线性回归模型.

考虑连续响应变量纵向数据线性回归模型

$$y_{ij}=\boldsymbol{x}_{ij}^{\tau}\boldsymbol{\beta}+\varepsilon_{ij},\quad i=1,\cdots,n;\quad j=1,\cdots,n_i. \tag{12.5}$$

令 $\boldsymbol{Y}_i=(y_{i1}\cdots,y_{in_i})^{\tau}$, $X_i=(\boldsymbol{x}_{i1},\cdots,\boldsymbol{x}_{in_i})^{\tau}$ 是一个 $n_i\times p$ 矩阵, $\boldsymbol{\beta}$ 为 p 维未知参数, 这时我们可以取

$$\psi(y_{ij},\boldsymbol{x}_{ij},\boldsymbol{\beta})=\boldsymbol{x}_{ij}(y_{ij}-\boldsymbol{x}_{ij}^{\tau}\boldsymbol{\beta}),\quad \Psi(\boldsymbol{Y}_i,X_i,\boldsymbol{\beta})=\sum_{j=1}^{n_i}\psi(y_{ij},\boldsymbol{x}_{ij},\boldsymbol{\beta}),$$

实际上, 我们还可以在上面的估计方程中考虑组内相关性. 例如, 记 $V_i=\mathrm{Cov}(\boldsymbol{Y}_i|X_i), i=1,\cdots,n$, 并令 $\boldsymbol{Z}_i(\boldsymbol{\beta})=\{Z_{i1}(\boldsymbol{\beta}),\cdots,Z_{in_i}(\boldsymbol{\beta})\}=V_i^{-1}(Y_i-X_i^{\tau}\boldsymbol{\beta})$, 此时取估计函数

$$\psi(y_{ij},\boldsymbol{x}_{ij},\boldsymbol{\beta})=\boldsymbol{x}_{ij}Z_{ij}(\boldsymbol{\beta}),\quad \Psi(\boldsymbol{Y}_i,X_i,\boldsymbol{\beta})=\sum_{j=1}^{n_i}\psi(y_{ij},\boldsymbol{x}_{ij},\boldsymbol{\beta}).$$ □

注意到, 上例中估计方程维数 q 与参数 $\boldsymbol{\beta}$ 维数 p 相等, 则参数恰好识别. 但实际中我们可能会得到参数的额外辅助信息, 将这些附加信息考虑进来, 估计方程维数很可能就大于参数维数, GMM 方法可以很好地处理这种过度识别情况. 例如, Zhou 等 (2011) 考虑了结合分位数信息的回归模型. 他们的理论和模拟表明, 如果估计方程包含这些有用的辅助信息, 将在一定程度上提高参数估计效率.

例 12.2 纵向数据与广义线性模型.

假设响应变量 y_{ij} 满足如下边际概率密度函数

$$f(y_{ij})=\exp\{y_{ij}\boldsymbol{\theta}_{ij}-a(\boldsymbol{\theta}_{ij})+c(y_{ij})\}\phi,\quad j=1,2,\cdots,n_i, \tag{12.6}$$

其中 $\boldsymbol{\theta}_{ij}=h(\eta_{ij})$, $\eta_{ij}=\boldsymbol{x}_{ij}\boldsymbol{\beta}$. 由此公式知 y_{ij} 的前两阶矩满足

$$E(y_{ij})=a'(\boldsymbol{\theta}_{ij}),\quad \mathrm{Var}(y_{ij})=a''(\boldsymbol{\theta}_{ij})/\phi.$$

其中 $Y_i, X_i, \boldsymbol{\beta}$ 与上例中表示意义相同, 此时取

$$\psi(y_{ij}, \boldsymbol{x}_{ij}, \boldsymbol{\beta}) = \boldsymbol{x}_{ij}\frac{\mathrm{d}\theta_{ij}}{\mathrm{d}\eta_{ij}}(y_{ij} - a'(\boldsymbol{\theta}_{ij})), \quad \Psi(\boldsymbol{Y}_i, X_i, \boldsymbol{\beta}) = \sum_{j=1}^{n_i}\psi(y_{ij}, \boldsymbol{x}_{ij}, \boldsymbol{\beta}),$$

正如例 12.1, 这里也可以考虑个体组内相关性. 例如, 记 $\Delta_i = \mathrm{diag}(\mathrm{d}\boldsymbol{\theta}_{ij}/\mathrm{d}\eta_{ij})$ 为 $n_i \times n_i$ 对角矩阵, $S_i = \boldsymbol{Y}_i - \boldsymbol{a}_i'(\boldsymbol{\theta}_i)$ 为 $n_i \times 1$ 的向量, $A_i = \mathrm{diag}(\boldsymbol{a}''(\boldsymbol{\theta}_{ij}))$ 为 $n_i \times n_i$ 对角矩阵, $D_i = \mathrm{d}\{\boldsymbol{a}_i'(\boldsymbol{\theta})\}/\mathrm{d}\boldsymbol{\beta} = A_i\Delta_i X_i$, 组内协方差阵为 $V_i = \mathrm{Cov}(\boldsymbol{Y}_i|X_i), i = 1, \cdots, n$, 由模型知 $V_i = A^{\frac{1}{2}}R(\alpha)A^{\frac{1}{2}}$, 其中 $R(\alpha)$ 也称为工作相关系数矩阵. 此时取

$$\Psi(\boldsymbol{Y}_i, X_i, \boldsymbol{\beta}) = D_i^{\tau}V_i^{-1}S_i,$$

Liang 和 Zeger (1986) 首先考虑了例 12.2 中纵向数据广义线性模型, 对于这种恰好识别情形, 参数的估计及估计的大样本性质与 GMM 方法中取最优权情况相吻合, 但 GMM 方法可以处理过度识别情形. 对于纵向数据, 我们还可以给出另外一种 GMM 方法, 这种方法就是利用分块的思想. 为此引入记号

$$\Phi(\boldsymbol{Y}_i, X_i, \boldsymbol{\theta}) = (\psi^{\tau}(y_{i1}, \boldsymbol{x}_{i1}, \boldsymbol{\theta}), \cdots, \psi^{\tau}(y_{in_i}, \boldsymbol{x}_{in_i}, \boldsymbol{\theta}))^{\tau}.$$

由 (12.1) 知, $\Phi(\boldsymbol{Y}_i, X_i, \boldsymbol{\theta})$ 也为无偏估计函数, 当 $i = 1, 2, \cdots, k$, $n_i \equiv 1$ 时 (此时即是简单样本, 而不是纵向数据), 或当 n_i 全部相等时, 则关于 $\boldsymbol{\theta}$ 的 GMM 估计是

$$\tilde{\boldsymbol{\theta}}_g = \arg\min_{\boldsymbol{\theta}}\left[\frac{1}{k}\sum_{i=1}^{k}\Phi(\boldsymbol{Y}_i, X_i, \boldsymbol{\theta})\right]^{\tau} W(\boldsymbol{\theta})\left[\frac{1}{k}\sum_{i=1}^{k}\Phi(\boldsymbol{Y}_i, X_i, \boldsymbol{\theta})\right], \tag{12.7}$$

其中 $W(\boldsymbol{\theta})$ 是一个半正定的权矩阵. 但是, 很多时候, n_i,$i = 1, 2, \cdots, k$ 并不完全相等, 此时, 一个自然地想法就是通过填补零元素, 使得各 $\Phi(Y_i, X_i, \boldsymbol{\theta})$ 维数相同, 再使用式 (12.8), 得到参数 $\boldsymbol{\theta}$ 的 GMM 估计. 在一些特殊情况下, 我们还可以按下面方法构造新的目标函数. 记

$$\Phi(\mathscr{Y}, \mathscr{X}, \boldsymbol{\theta}) = (\Phi^{\tau}(\boldsymbol{Y}_1, X_1, \boldsymbol{\theta}), \cdots, \Phi^{\tau}(\boldsymbol{Y}_k, X_k, \boldsymbol{\theta}))^{\tau},$$

这是一个 $\{q \times n\} \times 1$ 列向量, 其中 $n = n_1 + n_2 + \cdots + n_k$, $\mathscr{X} = \{X_1, \cdots, X_k\}$ 和 $\mathscr{Y} = \{\boldsymbol{Y}_1, \cdots, \boldsymbol{Y}_k\}$. 注意到 $E\Phi(\mathscr{Y}, \mathscr{X}, \boldsymbol{\theta}) = 0$ 且 $\Phi(\boldsymbol{Y}_i, X_i, \boldsymbol{\theta})$, $i = 1, 2\cdots, k$ 是独立的, 因此, 估计函数向量 $\Phi(\mathscr{Y}, \mathscr{X}, \boldsymbol{\theta})$ 有一个块对角的协方差阵

$$V(\boldsymbol{\theta}) = \mathrm{diag}(V_1(\boldsymbol{\theta}), \cdots, V_k(\boldsymbol{\theta})).$$

因此, 构造广义估计方程时可以考虑这种独立性并适当简化目标函数. 设

$$W(\boldsymbol{\theta}) = \mathrm{diag}(W_1(\boldsymbol{\theta}), \cdots, W_k(\boldsymbol{\theta})) = V^{-1}(\boldsymbol{\theta}),$$

其中 $W_i(\boldsymbol{\theta})$ 是一个 $(qn_i)\times(qn_i)$ 矩阵, 则 GMM 估计的目标函数为

$$Q(\mathscr{Y},\mathscr{X},\boldsymbol{\theta})=\Phi^{\tau}(\mathscr{Y},\mathscr{X},\boldsymbol{\theta})W(\boldsymbol{\theta})\Phi(\mathscr{Y},\mathscr{X},\boldsymbol{\theta}),\tag{12.8}$$

简化后的目标函数为

$$Q(\mathscr{Y},\mathscr{X},\boldsymbol{\theta})=\sum_{i=1}^{k}\Phi^{\tau}(\boldsymbol{Y}_i,X_i,\boldsymbol{\theta})V_i^{-1}(\boldsymbol{\theta})\Phi(\boldsymbol{Y}_i,X_i,\boldsymbol{\theta}).\tag{12.9}$$

极小化这个目标函数便可获得纵向数据下参数 $\boldsymbol{\theta}$ 的 GMM 估计, 注意到目标函数 (12.9) 中 $W(\boldsymbol{\theta})=V^{-1}(\boldsymbol{\theta})$ 未知, 因此, 实际中我们需要在式 (12.9) 中用 W 的相合估计 $\widehat{W}$ 取代 W, 取代后的目标函数记为

$$\widehat{Q}(\mathscr{Y},\mathscr{X},\boldsymbol{\theta})=\sum_{i=1}^{k}\Phi^{\tau}(\boldsymbol{Y}_i,X_i,\boldsymbol{\theta})\widehat{W}_i\Phi(\boldsymbol{Y}_i,X_i,\boldsymbol{\theta}).\tag{12.10}$$

所以我们有关于 $\boldsymbol{\theta}$ 的 GMM 估计 $\tilde{\boldsymbol{\theta}}_g$ 定义为

$$\tilde{\boldsymbol{\theta}}_g=\arg\min_{\boldsymbol{\theta}}\widehat{Q}(\mathscr{Y},\mathscr{X},\boldsymbol{\theta}).\tag{12.11}$$

下面我们简单给出 $\tilde{\boldsymbol{\theta}}_g$ 的大样本性质.

定理 12.2　设 12.10 节假设条件 (1)~(4) 满足, 且 $\nabla_{\boldsymbol{\theta}}\Phi(\boldsymbol{Y}_i,X_i,\boldsymbol{\theta})$ 不含响应变量 Y_i, 则 $\tilde{\boldsymbol{\theta}}_g$ 为 $\boldsymbol{\theta}_0$ 的相合估计, 且当 $k\to\infty$ 时,

$$\sqrt{k}(\tilde{\boldsymbol{\theta}}_g-\boldsymbol{\theta}_0)\xrightarrow{\mathscr{D}}N(0,\Sigma_2),$$

其中

$$\Sigma_2=\lim_{k\to\infty}k\left\{\sum_{i=1}^{k}\nabla_{\boldsymbol{\theta}}H_i(\boldsymbol{\theta})\right\}^{-1}\left\{\sum_{i=1}^{k}\operatorname{cov}(H_i(\boldsymbol{\theta}))\right\}\left\{\sum_{i=1}^{k}\nabla_{\boldsymbol{\theta}}H_i(\boldsymbol{\theta})\right\}^{-\tau},$$

其中 $H_i(\boldsymbol{\theta})=\{\nabla_{\boldsymbol{\theta}}\Phi^{\tau}(\boldsymbol{Y}_i,X_i,\boldsymbol{\theta})\}^{\tau}W_i\Phi(\boldsymbol{Y}_i,X_i,\boldsymbol{\theta})$, 定理中要求 $\nabla_{\boldsymbol{\theta}}\Phi(\boldsymbol{Y}_i,X_i,\boldsymbol{\theta})$ 不含响应变量 Y_i, 这一条件在很多数情况下都是满足的, 比如, 上面例 12.1 中无偏估计方程都是参数 $\boldsymbol{\beta}$ 的一次函数, 且一次项系数不含响应变量 Y_i, 从而这一条件是满足的. 但注意到例 12.2 是不满足定理条件的.

12.3　经验似然方法

本节我们针对纵向数据下广义估计方程 (12.1) 给出两种经验似然方法, 得到极大经验似然估计量. 经验似然方法是 Owen (1988, 1990) 在完全样本下提出的一种非参数统计推断方法, 这一方法与经典的统计方法相比有很多突出的优点, 参见第 7 章.

12.3.1 工作独立经验似然

对于边际模型, 如果不考虑在无偏估计函数 $\Phi(\boldsymbol{Y}_i, X_i, \boldsymbol{\theta})$ 中数据的组内相关性, 那么可以获得工作独立的经验似然估计, 在这种情况下, 把观察数据 $(y_{ij}, \boldsymbol{x}_{ij}), i = 1, 2, \cdots, k, j = 1, 2, \cdots, n_i$ 看成独立的样本, 且分配到该样本上的概率为 $p_{ij} \geqslant 0$, 从而由估计方程 (12.1) 可获得其经验似然函数

$$\prod_{i=1}^{k}\prod_{j=1}^{n_i} p_{ij}, \tag{12.12}$$

其元满足如下限制: $p_{ij} \geqslant 0, \sum_{i=1}^{k}\sum_{j=1}^{n_i} p_{ij} = 1$, 且

$$\sum_{i=1}^{k}\sum_{j=1}^{n_i} p_{ij}\boldsymbol{\psi}(y_{ij}, \boldsymbol{x}_{ij}, \boldsymbol{\theta}) = 0, \tag{12.13}$$

那么这种不考虑组内相关性的经验似然称为工作独立经验似然, 此种方法称工作独立经验似然方法.

经过简单的计算知, 使函数 (12.12) 在限制条件 (12.13) 下达到最大的概率是

$$\widehat{p}_{ij} = \frac{1}{n}\frac{1}{1 + \boldsymbol{\lambda}^{\tau}\boldsymbol{\psi}(y_{ij}, \boldsymbol{x}_{ij}, \boldsymbol{\theta})},$$

且 $\boldsymbol{\lambda}$ 为如下方程的解

$$\frac{1}{n}\sum_{i=1}^{k}\sum_{j=1}^{n_i}\frac{\boldsymbol{\psi}(y_{ij}, \boldsymbol{x}_{ij}, \boldsymbol{\theta})}{1 + \lambda^{\tau}\boldsymbol{\psi}(y_{ij}, \boldsymbol{x}_{ij}, \boldsymbol{\theta})} = 0, \tag{12.14}$$

其中 $n = n_1 + \cdots + n_k$. 定义对数经验似然比函数为

$$\ell_E(\boldsymbol{\theta}) = \log \mathscr{R}(\boldsymbol{\theta}) \equiv -\sum_{i=1}^{k}\sum_{j=1}^{n_i}\log\left[1 + \boldsymbol{\lambda}^{\tau}\boldsymbol{\psi}(\boldsymbol{y}_{ij}, \boldsymbol{x}_{ij}, \boldsymbol{\theta})\right]. \tag{12.15}$$

极大化 $\ell_E(\boldsymbol{\theta})$ 来获得 $\boldsymbol{\theta}$ 的一个估计 $\widehat{\boldsymbol{\theta}}_e$, 即

$$\widehat{\boldsymbol{\theta}}_e = \arg\max_{\boldsymbol{\theta}}\{\ell_E(\boldsymbol{\theta})\} = \arg\max_{\boldsymbol{\theta}}\left\{-\sum_{i=1}^{k}\sum_{j=1}^{n_i}\log\left[1 + \boldsymbol{\lambda}^{\tau}\boldsymbol{\psi}(y_{ij}, \boldsymbol{x}_{ij}, \boldsymbol{\theta})\right]\right\}.$$

这个估计 $\widehat{\boldsymbol{\theta}}_e$ 称为 $\boldsymbol{\theta}$ 的极大经验似然估计 (MELE), 则对数经验似然比函数乘以 -2 即为

$$-2\log\mathscr{R}(\boldsymbol{\theta}) \equiv 2\sum_{i=1}^{k}\sum_{j=1}^{n_i}\log\{1 + \boldsymbol{\lambda}^{\tau}\boldsymbol{\psi}(y_{ij}, \boldsymbol{x}_{ij}, \boldsymbol{\theta})\},$$

通常可以通过 $-2\log\mathscr{R}(\boldsymbol{\theta})$ 对参数 $\boldsymbol{\theta}$ 进行统计推断, 下面给出极大经验似然估计 $\widehat{\boldsymbol{\theta}}_e$ 的大样本性质.

定理 12.3 在 12.10 节中假设 (1)~(4) 成立条件下有

$$\sqrt{k}(\widehat{\boldsymbol{\theta}}_e-\boldsymbol{\theta}_0)\xrightarrow{\mathscr{D}}N(0,\varGamma_1),$$

其中

$$\varGamma_1=\{A^\tau B^{-1}A\}^{-1}A^\tau B^{-1}\varSigma B^{-1}A\{A^\tau B^{-1}A\}^{-1}.$$

这里 $A,\varSigma$ 在定理 12.1 中已经给出, B 的定义为

$$B=\lim_{k\to\infty}k^{-1}\sum_{i=1}^{k}\sum_{j=1}^{n_i}E\{\boldsymbol{\psi}(Y_{ij},X_{ij},\boldsymbol{\theta})\boldsymbol{\psi}^\tau(Y_{ij},X_{ij},\boldsymbol{\theta})\}.$$

在一些较强的假设下, 可以简化极大经验似然估计的渐近方差. 例如, 在定理 12.3 中如果 A,B 的和式中每一项均值都分别相等, 即不依赖于其下标, 且 $\varSigma=cB$, 其中 c 为一个常数, 则其方差简化为

$$\varGamma_1=c\left[E\left(\nabla_{\boldsymbol{\theta}}\boldsymbol{\psi}\right)^\tau\left(E\boldsymbol{\psi}\boldsymbol{\psi}^\tau\right)^{-1}E\left(\nabla_{\boldsymbol{\theta}}\boldsymbol{\psi}\right)\right]^{-1}.$$

要能进行这样的方差简化的其中一个充分条件就是 (Y_{ij},X_{ij}) 和 (Y_{sl},X_{sl}) 的联合分布对于任何下标 $(i=1,2,\cdots,k,j=1,2,\cdots,n_i,l=1,2,\cdots,n_s)$ 都是相同的, 即同分布. 从这个定理的结论可以看出, 在纵向数据下, 经验似然估计并不是自动选择最优权, 在这里考虑的估计函数中, 最优权是 $\varSigma$. 但由于在这里 B 并不等于 $\varSigma$, 因此, 无法简化方差, 也就是无法选到最优权. 只有假定 (Y_{ij},X_{ij}) 和 (Y_{sl},X_{sl}) 独立同分布才可能选择到最优权 $\varSigma=B$.

定理 12.4 假定定理 12.3 的条件成立, 设 $\boldsymbol{\theta}_0=(\theta_{1,0},\cdots,\theta_{p,0})^\tau$ 为 θ 的真实值, 则

$$-2\log\mathscr{R}(\boldsymbol{\theta}_0)\xrightarrow{\mathscr{D}}\omega_1\chi_{1,1}^2+\cdots+\omega_q\chi_{1,q}^2,$$

其中 $\omega_j,1\leqslant j\leqslant q$, 为矩阵 $B^{-1}(\boldsymbol{\theta}_0)\varSigma(\boldsymbol{\theta}_0)$ 的特征值, $\chi_{1,j}^2,1\leqslant j\leqslant q$ 自由度为 1 的独立卡方分布.

12.3.2 块经验似然

如果考虑组内相关性, 那么在边际模型中, 我们把估计函数 $\varPhi(\boldsymbol{Y}_i,X_i,\boldsymbol{\theta})$ 看成一个整体, 并没有假设其内部的相关性. 因为没有明确假设相关性符合什么模型, 因此也就不存在模型误判的问题, 在这种意义下这种经验似然方法是稳健的. 那么在把 $\varPhi(\boldsymbol{Y}_i,X_i,\boldsymbol{\theta})$ 看成一个整体, 可以获得如下的经验似然

$$\prod_{i=1}^{k}p_i,\tag{12.16}$$

其元满足如下限制 $p_i \geqslant 0, \sum_{i=1}^{k} p_i = 1$, 且

$$\sum_{i=1}^{k} p_i \Phi(\boldsymbol{Y}_i, X_i, \boldsymbol{\theta}) = 0. \tag{12.17}$$

这种似然把组内的数据看成一个整体, 因此, 将这种似然方法称为块经验似然方法或边际经验似然方法.

注意到, 在 $\Phi(\boldsymbol{Y}_i, X_i, \boldsymbol{\theta})$ 的定义中, 对不同的 i, 函数向量 $\Phi(\boldsymbol{Y}_i, X_i, \boldsymbol{\theta})$ 的长度是不同的, 即各单元的观察数不同. 但是, 本质上, 不同长度的向量函数并不影响经验似然的估计和推断. 不妨设 J 是 $n_1, \cdots, n_k$ 中最大的一个. 为了处理简单, 我们假设每一个 $\Phi(\boldsymbol{Y}_i, X_i, \boldsymbol{\theta})$ 的长度都是 Jq, 如果长度不够, 通过填补元素 0, 使长度相同, 则经验对数似然比函数乘以 -2 即为

$$-2\log \mathscr{R}_p(\boldsymbol{\theta}) \equiv -2\sum_{i=1}^{k} \log(n\widehat{p}_i) = 2\sum_{i=1}^{k} \log\{1 + \boldsymbol{\lambda}^{\tau} \Phi(\boldsymbol{Y}_i, X_i, \boldsymbol{\theta})\},$$

其中

$$\widehat{p}_i = \frac{1}{k} \frac{1}{1 + \boldsymbol{\lambda}^{\tau} \Phi(\boldsymbol{Y}_i, X_i, \boldsymbol{\theta})}$$

且 $\boldsymbol{\lambda}$ 为如下方程的解

$$\frac{1}{k} \sum_{i=1}^{k} \frac{\Phi(\boldsymbol{Y}_i, X_i, \boldsymbol{\theta})}{1 + \boldsymbol{\lambda}^{\tau} \Phi(\boldsymbol{Y}_i, X_i, \boldsymbol{\theta})} = 0, \tag{12.18}$$

同理我们可以极大化对数似然比函数 $\log \mathscr{R}_p(\boldsymbol{\theta})$, 得到极大经验似然估计 $\tilde{\boldsymbol{\theta}}_e$.

定理 12.5 假定 12.10 节中假设 (1)~(4) 成立, 则

$$\sqrt{k}(\tilde{\boldsymbol{\theta}}_e - \boldsymbol{\theta}) \xrightarrow{\mathscr{D}} N(0, \Gamma_2),$$

其中

$$\Gamma_2 = \{\bar{A}^{\tau} \bar{B}^{-1} \bar{A}\}^{-1},$$

这里 $\bar{A}$ 和 $\bar{B}$ 的定义为

$$\bar{A} = \lim_{k\to\infty} k^{-1} \sum_{i=1}^{k} E[\nabla_{\boldsymbol{\theta}} \Phi(Y_i, X_i, \boldsymbol{\theta}_0)],$$

$$\bar{B} = \lim_{k\to\infty} k^{-1} \sum_{i=1}^{k} E[\Phi(Y_i, X_i, \boldsymbol{\theta}_0) \Phi^{\tau}(Y_i, X_i, \boldsymbol{\theta}_0)].$$

更进一步, 对经验似然比统计量, 在 $H_0:\boldsymbol{\theta}=\boldsymbol{\theta}_0$ 成立条件下, 我们有

$$-2\log\{\mathscr{R}(\boldsymbol{\theta}_0)/\mathscr{R}(\tilde{\boldsymbol{\theta}}_e)\}\xrightarrow{\mathscr{D}}\chi^2_{(p)},$$

且

$$-2\log\{\mathscr{R}(\tilde{\boldsymbol{\theta}}_e)\}\xrightarrow{\mathscr{D}}\chi^2_{(Jq-p)}.$$

从定理 12.5 的第一个结果可以看出, 如果把组内的数据看成一个整体, 此时不用假定任何组内观察的相关性的模型, 但能够充分考虑了组内的相关性, 这样处理就可以得到极大经验似然估计的渐近方差是一个简化的三明治方差. 另外, 如果向量函数 $\varPhi(Y_i,X_i,\boldsymbol{\theta}_0)$ 长度相同, 即 $n_1=\cdots=n_k$, 并假设 (Y_i,X_i) 是同分布的, 则上面定理的渐近方差变简化成

$$V=\left[E\left(\nabla_{\boldsymbol{\theta}}\varPhi\right)^{\tau}\left(E\varPhi\varPhi^{\tau}\right)^{-1}E(\nabla_{\boldsymbol{\theta}}\varPhi)\right]^{-1}.$$

第一种工作独立经验似然方法是第二种组内相关的特例, 因为独立可以看成是一种特殊的相关情形, 那么对于独立情况下, 在分块经验似然方法中矩阵 $\bar{B}$ 就是分块对角阵了, 非对角块元素为零, 而 $\bar{A}$ 矩阵不变. 按照第二种情形, 工作独立的每个组内个数相同都为 J, 令

$$B_1=\mathrm{diag}(V_{11},\cdots,V_{JJ}).$$

$$B_2=\begin{pmatrix}V_{11}&\cdots&V_{1J}\\ \vdots&&\vdots\\ V_{J1}&\cdots&V_{JJ}\end{pmatrix},\quad \text{其中存在 } V_{ij}\neq 0, i\neq j.$$

为讨论方便, 假设矩阵 $\bar{A}$ 为一个可逆方阵, 此时比较工作独立的方差 V_1 与组内相关的方差 V_2, 其中

$$V_1=\left\{\bar{A}^{\tau}B_1^{-1}\bar{A}\right\}^{-1},\quad V_2=\left\{\bar{A}^{\tau}B_2^{-1}\bar{A}\right\}^{-1},$$

在这一假设下有

$$V_1=\left\{\bar{A}^{-1}B_1(\bar{A}^{-1})^{\tau}\right\},\quad V_2=\left\{\bar{A}^{-1}B_2(\bar{A}^{-1})^{\tau}\right\}.$$

这样比较两个方差阵就转化为比较矩阵 B_1,B_2

$$V_2-V_1=\bar{A}^{-1}(B_2-B_1)(\bar{A}^{-1})^{\tau},$$

但是

$$(B_2 - B_1) = \begin{pmatrix} 0 & V_{12} & \cdots & V_{1J} \\ V_{21} & 0 & \cdots & \cdots \\ \vdots & \vdots & & \vdots \\ \cdots & \cdots & \cdots & V_{J,J-1} \\ V_{J1} & \cdots & V_{J-1,J} & 0 \end{pmatrix},$$

这个矩阵的特征根可以同时取正值和负值, 因此如果没有特殊的假设, 它既不是正半定, 也不是负半定, 因此二者的方差没有固定的大小关系.

12.4 纵向数据下的广义线性模型

在前面已经介绍过广义线性模型. 但是都是从非纵向数据 (即简单样本) 下拟似然的角度进行讨论的. 现在我们用纵向数据下估计方程的方法来研究纵向数据下的广义线性模型.

首先考虑一个基本模型, 就是通常意义下的线性模型

$$Y = \mu + \varepsilon, \tag{12.19}$$

其中 $E\varepsilon = 0$, $E\varepsilon\varepsilon^\tau = V$.

回忆以前的记号, 设 $Y_{ij}, j = 1, 2, \cdots, n_i, i = 1, 2, \cdots, k$. 一般地, i 表示个体,j 表示对每个个体的重复观察. 假定在不同的个体之间的观察是独立的, 但同一个个体之间的观察是相关的.

观察数据 $\boldsymbol{y} = (y_{11}, \cdots, y_{1n_1}, \cdots, y_{k1}, \cdots, y_{kn_k})^\tau$ 的协方差矩阵 V 是分块对角阵, 即

$$V = \mathrm{diag}(V_1, \cdots, V_k),$$

其中 V_i 是 $n_i \times n_i$ 的矩阵. 为方便, 我们假定 $V_i = V_i(\boldsymbol{\mu}_i, \lambda_i)$, $i = 1, 2, \cdots, k$. 其中 $\boldsymbol{\mu}_i = (\mu_{i1}, \cdots, \mu_{in_i})$ 是第 i 个个体的均值向量, λ_i 是包括方差及相关系数成分的参数. 假定 μ_{ij} 依赖于协变量 (未指明) 及 $p \times 1$ 回归参数 $\boldsymbol{\theta}$, 即

$$\mu_{ij} = \mu_{ij}(\boldsymbol{\theta}), \quad i = 1, 2, \cdots, k, \quad j = 1, 2, \cdots, n_i.$$

例如, 在两点分布响应变量情况, 且对每个 i, $n_i = n$ 时, 假定

$$p(y_{ij} = 1 | \boldsymbol{x}_{ij}, \boldsymbol{\theta}) = \mu_{ij}, \quad \log\left[\frac{\mu_{ij}}{1 - \mu_{ij}}\right] = \boldsymbol{x}_{ij}^\tau \boldsymbol{\theta},$$

其中 $\boldsymbol{x}_{ij}$ 表示协变量. 这就是logit 联结函数 (link function).

假定 $\lambda_i, i=1,2,\cdots,k$ 是已知的. 由前面第 11 章内容知, 函数族 $\mathcal{H}=\{A(\boldsymbol{y}-\boldsymbol{\mu})\}$ 的拟得分函数是

$$S(\boldsymbol{\theta})=(\nabla_{\boldsymbol{\theta}}\mu)^{\tau}V^{-1}(\boldsymbol{y}-\boldsymbol{\mu}),$$

其中 A 是 $\sum_{j=1}^{k}n_j\times\sum_{j=1}^{k}n_j$ 矩阵. 等价地, 使用对角阵结构, 有

$$S(\boldsymbol{\theta})=\sum_{j=1}^{k}(\nabla_{\boldsymbol{\theta}}\mu_j)^{\tau}V_j^{-1}(\boldsymbol{y}_j-\boldsymbol{\mu}_j),\tag{12.20}$$

其中

$$\nabla_{\boldsymbol{\theta}}\mu_j=\frac{\partial\mu_j}{\partial\boldsymbol{\theta}},\quad \boldsymbol{y}_j=(y_{j1},\cdots,y_{jn_j})^{\tau},\quad j=1,2,\cdots,k,$$

则拟得分方程是

$$S(\boldsymbol{\theta})=\sum_{j=1}^{k}(\nabla_{\boldsymbol{\theta}}\mu_j)^{\tau}V_j^{-1}(\boldsymbol{y}_j-\boldsymbol{\mu}_j)=0,\tag{12.21}$$

这是 GEE(广义估计方程) 估计的一个特殊情况. 在广义线性模型的框架里, 我们也可以构造类似的估计方程. 对于 GEE 估计的一个可行方法, 主要是使用一个可行的工作矩阵或是对未知的 V_j 进行估计. 但这样处理后, 所得估计方程不再是得分估计方程了.

事实上, 估计方程 (12.21) 可以由估计目标函数 (12.9) 推出. 下面给出详细推导.

现在选 $W=V^{-1},V=\mathrm{diag}(V_1,\cdots,V_k)$, 且记 $\boldsymbol{Y}_i=(Y_{11},\cdots,Y_{1,n_i})^{\tau}$, $X_i=(X_{i1},\cdots,X_{in})^{\tau}$, 则

$$\begin{aligned}\varPhi(\mathscr{Y},\mathscr{X},\boldsymbol{\theta})&=(Y_{11}-\mu_{11},\cdots,Y_{1n_1}-\mu_{1n_1},\cdots,Y_{k1}-\mu_{k1},\cdots,Y_{kn_k}-\mu_{kn_k})^{\tau}\\&=(\varPsi(\boldsymbol{Y}_1,X_1,\boldsymbol{\theta})^{\tau},\cdots,\varPsi(\boldsymbol{Y}_k,X_k,\boldsymbol{\theta})^{\tau})^{\tau},\end{aligned}$$

其中 $\varPsi(\boldsymbol{Y}_i,X_i,\boldsymbol{\theta})=y_i-\mu_i$. 因此, 由式 (12.8) 和式 (12.9) 可得

$$\begin{aligned}Q(\mathscr{Y},\mathscr{X},\boldsymbol{\theta})&=\varPhi(\mathscr{Y},\mathscr{X},\boldsymbol{\theta})^{\tau}W(\boldsymbol{\theta})\varPhi(\mathscr{Y},\mathscr{X},\boldsymbol{\theta})\\&=\sum_{i=1}^{k}\varPsi(\boldsymbol{Y}_i,X_i,\boldsymbol{\theta})^{\tau}V_i^{-1}\varPsi(\boldsymbol{Y}_i,X_i,\boldsymbol{\theta}),\end{aligned}\tag{12.22}$$

注意到

$$\nabla_{\boldsymbol{\theta}}\varPsi(\boldsymbol{Y}_i,X_i,\boldsymbol{\theta})=(\nabla_{\boldsymbol{\theta}}\mu_i)^{\tau},$$

所以对式 (12.22) 进行求导, 便得

$$\nabla_{\boldsymbol{\theta}} Q(\mathscr{Y}, \mathscr{X}, \boldsymbol{\theta}) = 2\sum_{i=1}^{k} \nabla_{\boldsymbol{\theta}} \Psi(\boldsymbol{Y}_i, X_i, \boldsymbol{\theta})^{\tau} V_i^{-1} \Psi(\boldsymbol{Y}_i, X_i, \boldsymbol{\theta})$$
$$= 2\sum_{i=1}^{k} (\nabla_{\boldsymbol{\theta}} \boldsymbol{\mu}_i)^{\tau} V_i^{-1} (\boldsymbol{y}_i - \boldsymbol{\mu}_i). \tag{12.23}$$

由极值一阶条件便得到得分方程 (12.21) 成立.

进一步, 回归方程 (12.19) 可以推广到非线性模型和广义线性模型的场合. 改写模型 (12.19) 为

$$\boldsymbol{Y} = \boldsymbol{\mu}(X, \boldsymbol{\theta}) + \boldsymbol{\varepsilon},$$

其中 X 可以是随机的协变量或是非随机的设计点, 误差项与模型 (12.19) 中的相同, 但条件可以放松, 假设为异方差依赖于参数 $\boldsymbol{\theta}$, 在这种情况下处理要复杂一些. 事实上, 在广义线性模型中误差项假设就是均值 (或条件均值, 当 x 是随机的协变量时) 的函数. 下面就纵向数据下广义线性模型展开讨论. 因为想要讨论纵向数据估计方程的一般方法, 范围太大, 如果此时要具体地给出估计的渐近性质, 则通常对于估计函数需要做较多假设, 为了把纵向数据的广义估计方程方法具体化, 我们在这里仅考虑纵向数据的广义线性模型.

这个模型在第 11 章已经介绍过. 但在纵向数据下稍有不同, 一般假设其边际模型. 这也是纵向数据 (或面板数据) 下通常假定的模型.

考虑单元内的相关性, 需要构造更一般的估计方程. 更多和更详细的内容参见 Liang 和 Zeger (1986), Prentice (1988) 及 Desmond (1996). 在这里我们将基于 Liang 和 Zeger (1986) 的思想, 对纵向数据下的广义线性模型进行讨论. 为简单, 这里我们假定协变量是非随机的, 对于协变量随机情况可类似获得相应结果.

假设响应变量 y_{ij} 满足如下边际概率密度函数

$$f(y_{ij}) = \exp\left\{(y_{ij}\theta_{ij} - b(\theta_{ij}))\phi - c(y_{ij}, \phi)\right\}, \quad j = 1, 2, \cdots, n_i, \tag{12.24}$$

其中 $\theta_{ij} = h(\eta_{ij})$, $\eta_{ij} = \boldsymbol{x}_{ij}\boldsymbol{\beta}$. 由此公式知 y_{ij} 的前两阶矩满足

$$E(y_{ij}) = b'(\theta_{ij}), \quad \mathrm{Var}(y_{ij}) = b''(\theta_{ij})/\phi. \tag{12.25}$$

这就是纵向数据下的广义线性模型. 由于需要考虑个体或单元内的观察数据相关性, 因此, 比通常数据下的统计推断要复杂一些.

12.5 工作独立估计方程

首先在构造估计方程时, 不考虑单元内的数据相关性, 这样能够简化统计推断. 这种方法在统计上称**工作独立方法**. 由函数 (12.24) 和式 (12.25) 得到如下的得分估计方程 (参见 Liang 和 Zeger (1986))

$$U_I(\boldsymbol{\beta}) = \sum_{i=1}^{k} X_i^{\tau} \Delta_i S_i = 0, \tag{12.26}$$

其中 $\Delta_i = \mathrm{diag}(\mathrm{d}\theta_{ij}/\mathrm{d}\eta_{ij})$ 是一个 $n \times n$ 的矩阵且 $S_i = Y_i - b'(\boldsymbol{\theta})$ 是一个 $n_i \times 1$ 的向量. 方程 (12.26) 的解 $\widehat{\boldsymbol{\beta}}_I$ 作为 $\boldsymbol{\beta}$ 的估计. 定义 $A_i = \mathrm{diag}(b''(\theta_{ij}))$ 是一个 $n \times n$ 的对角阵. 在一些正则条件下, 有如下定理成立.

定理 12.6 $\widehat{\boldsymbol{\beta}}_I$ 是 $\boldsymbol{\beta}$ 的相合估计, 同时, $k^{1/2}(\widehat{\boldsymbol{\beta}}_I - \boldsymbol{\beta})$ 渐近收敛于均值为 0 方差为 V_I 的正态分布, 其中

$$V_I = \lim_{k\to\infty} kH_1^{-1}H_2H_1^{-1}, \tag{12.27}$$

和

$$H_1 = \sum_{i=1}^{k} X_i^{\tau}\Delta_i A_i \Delta_i X_i, \quad H_2 = \sum_{i=1}^{k} X_i^{\tau}\Delta_i \mathrm{Cov}(Y_i)\Delta_i X_i.$$

定理 12.6 说明了工作独立估计是相合的, 同时具有渐近正态性. 尽管这个估计可能不是有效估计, 但至少可以用此结果对参数 $\boldsymbol{\beta}$ 进行统计推断.

方差 V_{I} 可以由下列公式来估计

$$\widehat{V}_{\mathrm{I}} = k\widehat{H}_1(\widehat{\boldsymbol{\beta}})^{-1}\widehat{H}_2(\widehat{\boldsymbol{\beta}})\widehat{H}_1(\widehat{\boldsymbol{\beta}})^{-1},$$

其中

$$\widehat{H}_1 = \sum_{i=1}^{k} X_i^{\tau}\Delta_i \widehat{A}_i \Delta_i X_i, \quad \widehat{H}_2 = \sum_{i=1}^{k} X_i^{\tau}\Delta_i \widehat{S}_i \widehat{S}_i^{\tau}\Delta_i X_i,$$

其中 $\widehat{A}_i$ 和 $\widehat{S}_i$ 分别是其中的参数 $\boldsymbol{\beta}$ 用其估计 $\widehat{\boldsymbol{\beta}}_I$ 代替所得.

工作独立估计具有较多很好的统计性质. 首先这个工作独立估计在回归模型假设正确的情况下, 可以保证其相合性, 其方差估计也是相合的. 这可以从第 11 章的结果看出. 注意到这个估计可以看作拟似然估计, 我们并不真正知道 (Y_i, X_i) 的分布, 甚至边际分布, 仅确认知道 $S_i = Y_i - b'(\boldsymbol{\theta})$ 是一个 $n_i \times 1$ 的无偏估计函数向量. 事实上, 我们在第 11 章中的定理 11.3 给出了在已知 $E(Y|X) = b'(\boldsymbol{\theta})$ 下, 工作独立 $\widehat{\boldsymbol{\beta}}_I$ 是相合估计的充分必要条件. 另外, 已有很多求解工作独立估计量 $\widehat{\boldsymbol{\beta}}_I$ 的统计软件, 因此应用工作独立估计是方便的. 最后, 对于各种复杂数据, 比如, 缺失数据, 删失数据等, 工作独立估计也是可以很容易构造.

12.6 协方差矩阵参数化

工作独立估计的最大不利就是没有考虑数据组内的相关性 (故称此估计为工作独立估计), 这可能会造成估计的效率的损失. 因此, 如何加入数据相关性来构造估计量, 是改进效率的重要方法. 所以下面进一步研究, 在构造估计中, 如何考虑数据组内的相关性.

前面 GEE 估计 (也可称 GMM 估计) 中讨论了在估计方程中加入方差矩阵作为权函数能提高估计的效率. 同时, 可以获得加入相关性因素的估计仍是相合的、渐近正态的. 在这里主要考虑的是相关系数矩阵, 只要被估计的相关系数矩阵在概率平均意义下收敛于一个固定的矩阵 (这个矩阵是真实的相关系数矩阵), 则就能保证所获得的估计是相合的且其渐近方差也是相合的. 但是, 由于实际中方差矩阵或相关系数矩阵过于一般, 可能包含参数太多, 例如, 如果方差矩阵是 kp 维, 那么它有 $kp(kp+1)/2$ 个未知参数, 这里 p 是未知参数的维数, 而 k 是数据的组数. 在实际中需要估计这么多参数并不容易, 特别估计函数个数太多时或参数维太高时, 经常导致方差矩阵不可逆, 因此直接应用这种方法并不方便甚至不可能. 因此, 如何对方差矩阵或相关系数矩阵降维, 是改进估计效率的重要问题.

设 $R(\boldsymbol{\alpha})$ 是 $n\times n$ 的对称矩阵, 表示一个协方差矩阵, 设 $\boldsymbol{\alpha}$ 是一个 $s\times 1$ 向量, 是对协方差矩阵的一种刻画. 定义

$$V_i = A_i^{1/2}R(\boldsymbol{\alpha})A_i^{1/2}/\phi, \tag{12.28}$$

类似方程 (12.21) 可以得到拟似然得分的估计方程如下

$$\sum_{i=1}^{k} D_i^{\tau}V_i^{-1}S_i = 0, \tag{12.29}$$

其中 $D_i = \mathrm{d}\{b_i'(\theta)\}/\mathrm{d}\boldsymbol{\beta} = A_i\Delta_i X_i$. 对于每个 i, $U_i(\boldsymbol{\beta},\boldsymbol{\alpha}) = D_i^{\tau}V_i^{-1}S_i$ 是一个无偏估计函数. 在这里, 我们仅是为了提高估计的效率而假设模型的协方差是参数结构. 事实上, 如果协相关系数阵是非参数而不做任何参数假设, 仍可以进行统计推断. 此时对于每个 i, $U_i = D_i^{\tau}V_i^{-1}S_i$ 是一个无偏估计函数. 因此, 此时的估计方程就是 Wedderburn (1974) 和 McCullagh (1983) 意义下的拟似然得分方程. 如果取 V_i 是单位矩阵, 方程 (12.29) 就是 12.5 节讨论的工作独立的估计方程.

如果 V_i 满足方程 (12.28), 因此, 估计方程 (12.29) 是关于参数 $\boldsymbol{\beta},\phi$ 和 $\boldsymbol{\alpha}$ 的方程. 获得参数估计可以直接解此方程. 这种方法称为一步法. 但这种方法在计算上容易导致 Hessen 矩阵退化, 因此并不容易实现. 另外一种方法是两步法, 即首先把 $\boldsymbol{\beta}$ 和 ϕ 当作已知, 给出 $\boldsymbol{\alpha}$ 估计, 然后代入 $R_i(\boldsymbol{\alpha})$ 中便可获得 V_i 的估计, 此时,

$\widehat{\boldsymbol{\alpha}}=\widehat{\boldsymbol{\alpha}}(Y,\boldsymbol{\beta},\phi)$, 同时, 在假定 $\boldsymbol{\beta}$ 已知情况下给出 ϕ 的估计 $\widehat{\phi}=\widehat{\phi}(Y,\boldsymbol{\beta})$ 见 (11.24). 当 $\boldsymbol{\beta}$ 是已知的时候, 这两个估计收敛速度都是 $O_p(k^{-1/2})$. 因此, 方程 (12.29) 转为

$$\sum_{i=1}^{k} U_i[\boldsymbol{\beta},\widehat{\boldsymbol{\alpha}}(\boldsymbol{\beta},\widehat{\phi}(\boldsymbol{\beta}))]=0. \tag{12.30}$$

记 $\widehat{\boldsymbol{\beta}}_G$ 为方程 (12.30) 的解, 则这个解 $\widehat{\boldsymbol{\beta}}_G$ 是参数 $\boldsymbol{\beta}$ 的相合估计且具有渐近正态性.

定理 12.7　在一些正则条件下, 且

(i) $\widehat{\boldsymbol{\alpha}}$ 在给定 $\boldsymbol{\beta}$ 和 ϕ 下是依概率 $k^{1/2}$ 相合的, 即 $\widehat{\boldsymbol{\alpha}}-\boldsymbol{\alpha}=O_p(k^{-1/2})$;

(ii) $\widehat{\phi}$ 在给定 $\boldsymbol{\beta}$ 下是依概率 $k^{1/2}$ 相合估计;

(iii) 存在一个依概率有界的函数 $H(Y,\boldsymbol{\beta})$(即存在一个正数 M, $Pr(H(Y,\boldsymbol{\beta})<M)=1$), 使得 $|\partial\widehat{\boldsymbol{\alpha}}(\boldsymbol{\beta},\phi)/\partial\phi|\leqslant H(Y,\boldsymbol{\beta})$,

则 $k^{1/2}(\widehat{\boldsymbol{\beta}}_G-\boldsymbol{\beta})$ 渐近收敛于均值为 0, 协方差阵为 Σ_G 的正态分布, 其中

$$\Sigma_G=\lim_{k\to\infty} kA^{-1}BA^{-1}, \tag{12.31}$$

其中 $A=\sum_{i=1}^{k} D_i^\tau V_i^{-1}D_i$ 和 $B=\sum_{i=1}^{k} D_i^\tau V_i^{-1}\mathrm{Cov}(Y_i)V_i^{-1}D_i$.

注意到 $\widehat{\boldsymbol{\beta}}_G$ 的渐近方差中 A 和 B 都依赖于未知参数 $\boldsymbol{\beta},\boldsymbol{\alpha}$ 和扩散参数 ϕ. 为了估计 $\widehat{\boldsymbol{\beta}}_G$ 的渐近方差就是需要首先给出这些参数的相合估计, 这就是说需要把 $\mathrm{Cov}(Y_i)$ 的估计 $S_iS_i^\tau$ 中的参数由其相合估计代替. 从而 $\widehat{\boldsymbol{\beta}}_G$ 的渐近方差可由 $\widehat{A}^{-1}\widehat{B}\widehat{A}^{-1}$ 进行估计, 其中

$$\widehat{A}=\sum_{i=1}^{k}\widehat{D}_i^\tau\widehat{V}_i^{-1}\widehat{D}_i, \tag{12.32}$$

$$\widehat{B}=\sum_{i=1}^{k}\widehat{D}_i^\tau\widehat{V}_i^{-1}\widehat{S}_i\widehat{S}_i^\tau\widehat{V}_i^{-1}\widehat{D}_i. \tag{12.33}$$

式中各个量都是把其中未知的参数 $\boldsymbol{\beta},\boldsymbol{\alpha}$ 和 ϕ 由对应的相合估计代替得到的. 注意到, 与工作独立估计一样, 这里的估计 $\widehat{\boldsymbol{\beta}}_G$ 及其渐近方差估计的相合性都依赖于均值是正确确定的条件, 与相关系数的是否正确确定没有关系. 在这里的渐近方差并不要求其未知参数 $\boldsymbol{\alpha}$ 和 ϕ 具有依概率 $n^{-1/2}$ 收敛速度, 事实上只要是相合估计就足够了.

12.7　冗余参数估计

在上面的讨论中, 我们需要估计多余参数 (讨厌参数)α 和 ϕ. 对于这两个参数估计可由皮尔逊残差来估计. 皮尔逊残差定义为

$$\widehat{r}_{ij} = \frac{y_{ij} - b'(\widehat{\theta}_{ij})}{\{b''(\widehat{\theta}_{ij})\}^{1/2}},$$

其中 $\widehat{\theta}_{ij}$ 依赖于 β 的当前值, 也就是当前 β 的估计 $\widehat{\beta}$. 因此, 可以由皮尔逊离差(也称皮尔逊统计量) 估计扩散参数 ϕ

$$\widehat{\phi}^{-1} = \sum_{i=1}^{k}\sum_{j=1}^{n_i} \frac{\widehat{r}_{ij}^2}{N-p},$$

其中 $N = \sum_{i=1}^{k} n_i$. 在 y_{ij} 存在四阶矩的条件下, 可以证明在给定 β 的情况下, 在数据为 k 组时, $\widehat{\phi}$ 是 $k^{1/2}$ 相合的. 为了估计参数 α, 需要协方差阵或相关系数阵仅依赖于未知参数 α, 因此, 估计 α 就只需要估计相关系数阵 $R(\alpha)$. 而对于 $R(\alpha)$ 中第 (u, v) 元由下式来估计,

$$\widehat{R}_{uv} = \sum_{i=1}^{k} \frac{\widehat{r}_{iu}\widehat{r}_{iv}}{N-p}.$$

由于相关系数矩阵可能有 $n(n+1)/2$ 个未知参数, $n = \max\{n_1, \cdots, n_k\}$. 通常情况下, 参数过多. 因此, 需要对相关系数矩阵进行简化假设.

12.7.1 可交换相关系数矩阵

如果假设相关性是对等的, 即不同元之间的相关系数是一样的, 在这种情况下, 工作相关系数矩阵变为

$$R_i(\alpha) = \begin{pmatrix} 1 & \alpha & \alpha & \cdots & \alpha \\ \alpha & 1 & \alpha & \cdots & \alpha \\ \vdots & \vdots & \vdots & & \vdots \\ \alpha & \alpha & \alpha & \cdots & 1 \end{pmatrix} \tag{12.34}$$

其中 α 是一刻度. 这种简单的相关系数矩阵是一种最简单的形式, 除了一个参数 α, 并没有更多的参数. 在这个相关矩阵的假设下, 事实上是假设了组内的个体相关性是相等的. 在这个假设下, 重复度量没有时间相依性, 重复度量任何排列都是相同的. 一个例子是, 在健康研究中, 如果可以进行多种治疗, 那么治疗方式可以看成重复测量, 而在每种治疗中的患者可以看作为单元.

对可交换相关系数矩阵, 在估计方程和估计方程的框架下, 可以应用皮尔逊剩余来估计目前的相关系数参数, 即

$$\widehat{\alpha}=\frac{1}{\phi}\sum_{i=1}^{n}\left\{\frac{\sum_{l=1}^{n_i}\sum_{k=1}^{n_i}\widehat{r}_{il}\widehat{r}_{ik}-\sum_{k=1}^{n_i}\widehat{r}_{ik}^2}{n_i(n_i-1)}\right\}.$$

12.7.2 时间序列相关系数矩阵

假设相关性具有指数递减速度, 即所谓 AR(1) 相关系数阵, 在这种情况下, 工作相关系数矩阵变为

$$R_i(\alpha)=\begin{pmatrix}1 & \alpha & \alpha^2 & \cdots & \alpha^k\\ \alpha^k & 1 & \alpha & \cdots & \alpha^{k-1}\\ \vdots & \vdots & \vdots & & \vdots\\ \alpha & \alpha^2 & \alpha^3 & \cdots & 1\end{pmatrix}. \tag{12.35}$$

其中 α 是一刻度. 在很多情况下, 假设单元内的重复观察有一个自然的顺序且假定其相关阵满足一阶自回归. 比如, 在健康治疗中, 假设对患者的治疗重复是有顺序时, 这样的假定就是较合理的. 记 $\boldsymbol{\alpha}$ 是上面矩阵的第一行, 那么我们也可以应用皮尔逊残差来估计, 即

$$\widehat{\boldsymbol{\alpha}}=\frac{1}{\widehat{\phi}}\sum_{i=1}^{n}\left(\frac{\sum_{t=1}^{n_i-0}\widehat{r}_{it}\widehat{r}_{it+0}}{n_i},\cdots,\frac{\sum_{t=1}^{n_i-k}\widehat{r}_{it}\widehat{r}_{it+k}}{n_i}\right). \tag{12.36}$$

事实上, 更一般的相关阵仍然可以用此方法对这些参数估计, 比如,

$$R_{ij}=\begin{cases}\alpha_{|i-j|}, & |i-j|\leqslant k,\\ 0, & \text{其他}.\end{cases}$$

对于此相关阵, 仍可用估计公式 (12.36) 对 $\alpha_1,\cdots,\alpha_k$ 进行估计.

12.8 固定影响和随机影响模型

在纵向数据中, 为了考虑单元内元素之间的不可观察的相关性或差异性, 我们对每一个单元加入一个影响, 这个影响可以是随机的, 也可以是固定的. 而对固定影响可以假设是无条件固定影响也可以是条件固定影响. 无条件固定影响估计简单地对待特定单元. 条件固定影响估计可以从不同的似然推导出来, 也可以从条件似然中推出, 这个似然函数通过给定感兴趣的充分统计量来消除固定影响.

固定影响和随机影响的选择有一些取舍. 当单元的特性是已知的, 这种选择是清楚的. 那么统计推断可以跟随模型的特性进行. 当在两种模型中没有哪个有竞争优势时, 如果有协变量在一个单元内是常数时, 更偏向于选择随机影响模型. 此时这些系数在固定影响模型中不能被估计, 因为协变量是有共线性的.

12.8.1 无条件固定影响模型

如果在总体中有有限个单元, 每一个单元在样本中都存在, 我们应当使用无条件固定影响模型. 如果有无限多个单元 (或是影响不可数), 则我们使用条件固定影响模型, 因为无条件固定影响模型将导致一个有偏估计. 对指数族无条件固定影响模型估计方程, 可以通过允许一个固定影响 ν_i 加到线性预报 $\eta_{it} = \boldsymbol{x}_{it}\beta + \nu_i$ 上, 其中 $\boldsymbol{x}_{it}$ 是矩阵 $\boldsymbol{X}$ 的第 i 行. 感兴趣的是估计 $p+n$ 维参数 $\theta = (\beta, \boldsymbol{\nu})$, 其中 $\boldsymbol{\nu} = (\nu_1, \cdots, \nu_n)^\tau$, 则广义线性模型是 $g(\mu_i) = \boldsymbol{x}_{it}\beta + \nu_i$, 或写成 $\mu_i = h(\boldsymbol{x}_{it}\beta + \nu_i)$, 因此, 广义线性模型的无条件固定影响的估计方程是

$$\frac{\partial \ell(\theta)}{\partial \theta} = \left(\begin{array}{c} \displaystyle\sum_{i=1}^{n}\sum_{t=1}^{n_i} \frac{y_{it} - \mu_{it}}{a(\phi)V(\mu_{it})} \left(\frac{\partial \mu}{\partial \eta}\right)_{it} x_{jit} \\ \displaystyle\sum_{i=1}^{n_k} \frac{y_{it} - \mu_{it}}{a(\phi)V(\mu_{it})} \left(\frac{\partial \mu}{\partial \eta}\right)_{kt} \end{array} \right) = 0, \tag{12.37}$$

其中 $j = 1, 2, \cdot, p$ 和 $k = 1, 2, \cdots, n$. 解此方程便可获得参数 β 的估计和 $\boldsymbol{\nu}$ 的估计. 这里讨厌参数 $\boldsymbol{\nu}$ 的维与样本容量一样多, 因此估计并不是很精确, 但是由于参数 $\boldsymbol{\nu}$ 不是我感兴趣的参数, 所以实际的影响并不大.

12.8.2 条件固定影响模型

条件固定影响模型通过取条件运算 (条件分布或条件均值) 等方法把固定影响消去. 通过对似然取其条件似然可以减少加在推断中限制的代价, 提高估计的效率, 像这样的模型可以在特殊的分布中推导出来, 并不能从一般指数族中推导. 假设响应变量 y_{it} 有分布密度 $f(y_{it})$, 那么来自于一特定单元的响应变量的联合分布是 $f_1(\boldsymbol{y}_i) = \prod_{t=1}^{n} f(y_{it})$, 对于固定影响 ν_i 有一个充分统计量 $\xi(\boldsymbol{y}_i)$. 我们可以获得充分统计量的分布为 $f_2(\xi(\boldsymbol{y}_i))$. 因此可以获得响应变量在给定充分统计量的条件分布是: $f_3(\boldsymbol{y}_i; \beta|\xi(\boldsymbol{y}_i)) = f_1(\boldsymbol{y}_i)/f_2(\xi(\boldsymbol{y}_i))$, 这个分布是与讨厌参数 ν_i 无关的. 因此, 这个单元的条件似然函数是

$$\ell(\beta) = \log \prod_{i=1}^{n} f_3(\boldsymbol{y}_i; \beta|\xi(\boldsymbol{y}_i)), \tag{12.38}$$

可获得参数 $\theta=\beta$ 的估计方程是

$$\varPhi(\theta)=\frac{\partial\ell(\beta)}{\partial\beta}=0, \tag{12.39}$$

通过解此估计方程我们可以获得参数 β 的估计, 使用这种方法最关键的是找到 ν_i 的充分统计量 $\xi(\boldsymbol{y}_i)$. 下面给出一个例子说明这种思想.

设 $Y_{it}, i=1,2,\cdots,n, t=1,2,\cdots,n_i$ 是来自于泊松分布的随机变量, 即服从

$$P(Y_{it}=y_{it})=\frac{\mu_{it}^{y_{it}}}{y_{it}!}\mathrm{e}^{-\mu_{it}}, \tag{12.40}$$

其中输出结果的均值是 μ_{it}. 假定均值与线性预报通过一个联结函数联系, 取为对数联结函数, 如有固定影响 ν_i, 则此广义线性模型是

$$\mu_{it}=\exp\{x_{it}\beta+\gamma_i\}=\exp\{\eta_{it}+\gamma_i\}, \tag{12.41}$$

其中 γ_i 是一个随机影响参数. 因此, 由上面两式 (12.40) 和式 (12.41) 有

$$P(Y_{it}=y_{it})=\frac{1}{y_{it}!}\{\exp(\eta_{it}+\gamma_i)\}^{y_{it}}\mathrm{e}^{-\mu_{it}}. \tag{12.42}$$

因为假定了纵向数据组内的数据是独立的, 那么对于第 i 单元, 其输出概率为

$$\begin{aligned}P(\boldsymbol{Y}_i=\boldsymbol{y}_i)=&\prod_{t=1}^{n_i}\frac{1}{y_{it}!}\{\exp(\eta_{it}+\gamma_i)\}^{y_{it}}\mathrm{e}^{-\mu_{it}}\\=&\mathrm{e}^{-\sum_t\exp(\eta_{it}+\gamma_i)}\exp(\gamma_i)^{\sum_t y_{it}}\prod_{t=1}^{n_i}\frac{\exp\{\eta_{it}y_{it}\}}{y_{it}!}.\end{aligned} \tag{12.43}$$

由因子分解定理知 γ_i 的一个充分统计量是 $\xi(\boldsymbol{y}_i)=\sum_{t=1}^{n_i}y_{it}$. 由泊松分布可加性知, 独立的泊松随机变量和仍然是泊松随机变量. 因此,

$$\begin{aligned}P\left(\sum_{t=1}^{n_i}Y_{it}=\sum_{t=1}^{n_i}y_{it}\right)&=\frac{\mathrm{e}^{-\sum_t\exp(\eta_{it}+\gamma_i)}(\exp\{\eta_{it}+\gamma_i\})^{\sum_t y_{it}}}{\left(\sum_{t=1}^{n_i}y_{it}\right)!}\\&=\frac{\mathrm{e}^{-\sum_t\exp(\eta_{it}+\gamma_i)}\exp\{\gamma_i\}^{\sum_t y_{it}}(\exp\{\eta_{it}\})^{\sum_t y_{it}}}{\left(\sum_{t=1}^{n_i}y_{it}\right)!}.\end{aligned} \tag{12.44}$$

由条件概率公式, 便可获得给定充分统计量下的条件分布,

$$P\left(Y_{it}=y_{it}|\sum_{t=1}^{n_i}y_{it}\right)=\frac{\sum_{t=1}^{n_i}y_{it}}{\left(\sum_t\exp\{\eta_{it}\}\right)^{\sum_{t=1}^{n_i}y_{it}}}\prod_{t=1}^{n_i}\frac{\exp\{\eta_{it}y_{it}\}}{y_{it}!}, \tag{12.45}$$

显然, 这个条件分布与固定影响 γ_i 无关, 而且是基于充分统计量下的条件分布, 因此没有造成对信息的损失. 由此条件分布便可利用的通常方法对参数 β 进行统计推断了. 那么条件极大似然函数是

$$L(\beta)=\prod_{i=1}^{n}\frac{\sum_{t=1}^{n_i}y_{it}}{\left(\sum_t\exp\{\eta_{it}\}\right)^{\sum_{t=1}^{n_i}y_{it}}}\prod_{t=1}^{n_i}\frac{\exp\{\eta_{it}y_{it}\}}{y_{it}!}.$$

其对应的对数似然函数是

$$\begin{aligned}\ell(\beta)=&\sum_{i=1}^{n}\log\Gamma\left(\sum_{t=1}^{n_i}y_{it}+1\right)-\sum_{t=1}^{n_i}y_{it}\log\left(\sum_{t=1}^{n_i}\exp\{\eta_{it}\}\right)\\&+\sum_{t=1}^{n_i}\{\eta_{it}y_{it}-\log\Gamma(y_{it}+1)\}.\end{aligned} \tag{12.46}$$

因此, 可以通过求得上式的极大值来获参数的估计.

此类方法具有更高的精确性和条件似然与讨厌参数无关, 但是, 并不是对其他一般分布都可以应用此方法, 由于要计算在充分统计量下的条件分布, 这其实并不是一件容易的事. 一般只有在一些特殊分布情况下才能很好地使用此方法.

12.8.3 随机影响模型

如果式 (12.41) 中的固定影响参数 γ_i 不是一固定常数, 而是一随机变量, 那么这样的模型就称为*随机影响模型*. 对于随机影响模型不能使用上面的方法进行参数估计. 假设 Y 具有分布的密度函数是 f_y, 而随机影响变量 ν_i 具有密度函数为 f, 那么随机影响模型中的对数似然函数是

$$\ell(\boldsymbol{\beta})=\log\prod_{i=1}^{n}\int_{-\infty}^{\infty}f(\nu_i)\left\{\prod_{t=1}^{n_i}f_y(\boldsymbol{x}_{it}\boldsymbol{\beta}+\nu_i)\right\}\mathrm{d}\nu_i. \tag{12.47}$$

如果假设随机影响具有参数分布, 那么通过对数似然函数 (12.47), 便可求得参数 $\boldsymbol{\beta}$ 的极大似然估计.

在广义线性模型中, 假定 Y 具有泊松分布, 其均值为 $\lambda_{it} = \exp\{\boldsymbol{x}_{it}\boldsymbol{\beta}\}$. 在纵向数据中, 我们假定每一个单元具有不同的均值, 其满足 $\exp\{\boldsymbol{x}_{it}\boldsymbol{\beta} + \nu_i\} = \lambda_{it}\nu_i$. 如此假定认为随机影响变量具有乘积的关系而不是可加关系. 因为随机影响 $\nu_i = \exp\{\gamma_i\}$ 是正的, 我们可选择随机影响服从均值为 1 的 Γ 分布, 这是随机影响模型中经常应用的假设. 这里的假设仅有一个额外的参数 θ 是未知的, 因此,

$$f(\nu_i) = \frac{\theta^\theta}{\Gamma(\theta)}\nu_i^{\theta-1}\exp\{\theta\nu_i\}. \tag{12.48}$$

观察结果的变量在给定随机影响的条件下服从泊松分布, 且随机影响变量服从 Γ 分布 $\Gamma(\theta,\theta)$, 因此, 在此假设下我们可以获得它们的联合密度是

$$f(\nu_i, \lambda_{i1}, \cdots, \lambda_{in_i}) = \frac{\theta^\theta}{\Gamma(\theta)}\nu_i^{\theta-1}\exp\{\theta\nu_i\}\prod_{t=1}^{n_i}\exp\{-\nu_i\lambda_{it}\}\frac{(\nu_i\lambda_{it})^{y_{it}}}{y_{it}!}. \tag{12.49}$$

从式 (12.49) 可以看出, 通过对服从 Γ 分布的随机影响变量进行积分便可获得有关参数 $\boldsymbol{\beta}$ 的对数似然函数. 通过简单的积分运算, 可得

$$\begin{aligned}\ell(\boldsymbol{\beta},\theta) = \sum_{i1}^{n}\Bigg\{&\log\Gamma\left(\theta + \sum_{t=1}^{n_i} y_{it}\right) - \log\Gamma(\theta) - \sum_{t=1}^{n_i}\log\Gamma(y_{it}+1) \\ &+\theta\log u_i + \sum_{i=1}^{n_i} y_{it}\left[\log(1-u_i) - \log\left(\sum_{t=1}^{n_i}\mu_{it}\right)\right] \\ &+\sum_{i=1}^{n_i} y_{it}\log(\mu_{it})\Bigg\},\end{aligned} \tag{12.50}$$

其中 $\mu_{it} = \exp\{\boldsymbol{x}_{it}\boldsymbol{\beta}\}$ 和

$$u_i = \frac{\theta}{\theta + \sum\limits_{i=1}^{n_i}\mu_{it}}.$$

由此, 我们得到关于参数 $\boldsymbol{\beta}$ 和 θ 的得分函数为

$$\begin{aligned}\frac{\partial\ell(\boldsymbol{\beta},\theta)}{\partial\boldsymbol{\beta}} &= \sum_{i=1}^{n}\sum_{t=1}^{n_i} x_{jit}\left[y_{it} + \mu_{it}\left([u_i-1]\frac{\sum\limits_{k=1}^{n_i} y_{ik}}{\sum\limits_{k=1}^{n_i} mu_{ik}} - u_i\right)\right]\left(\frac{\partial\mu}{\partial\eta}\right)_{it}, \\ \frac{\partial\ell(\boldsymbol{\beta},\theta)}{\partial\theta} &= \sum_{i=1}^{n}\left[\psi\left(\theta + \sum_{t=1}^{n_i} y_{it}\right) - \psi(\theta) + \log u_i + (1-u_i) - \frac{u_i}{\theta}\sum_{k=1}^{n_i} y_{ik}\right],\end{aligned}$$

其中 ψ 为 Γ 的导数. 为此, 便可获得参数 $\boldsymbol{\beta}$ 和 θ 的极大似然估计.

12.9 模拟结果

在本节, 我们通过数值模拟, 来考察本章中提出的几种纵向数据参数统计推断方法的有限样本性质. 模拟结果包含了一个线性模型例子和一个非线性模型例子.

12.9.1 线性模型场合

我们从下面纵向数据线性模型中产生数据,

$$y_{ij} = \boldsymbol{x}_{ij}^{\tau}\boldsymbol{\beta} + \varepsilon_{ij}, \quad i = 1, \cdots, n; \quad j = 1, \cdots, m_i,$$

其中 $\boldsymbol{x}_{ij} = (x_{ij}(1), x_{ij}(2))^{\tau}$, $\boldsymbol{\beta}_0 = (\beta_{10}, \beta_{20})^{\tau} = (3, -2)^{\tau}$ 为参数真值, $x_{ij}(1) \sim N(10, 4)$, $x_{ij}(2) \sim N(5, 4)$, 以及 $\varepsilon_{ij} = 0.5e_i + 0.5e_{ij}$, 其中 $e_i \sim N(0, 1)$, $e_{ij} \sim N(0, 0.25)$. m_i 表示第 i 个个体的重复测量次数, 样本量 $n = 50$, 模拟中考虑每个个体测量次数可能不相同, 但为了简单, 假设前 20 个个体观察了两次, 即 $m_1 = m_2 = \cdots = m_{20} = 2$, 后 30 个个体观察了三次, 即 $m_{21} = m_{22} = \cdots = m_{50} = 3$, 由上面模型可以看出, 个体组内具有相关性, 且组内相关系数为 $\rho = 0.8$, 模拟重复了 1000 次. 下面表 12.1 中给出了本章中提出的参数估计方法的有限样本性质.

表 12.1 线性模型模拟结果 ($\alpha = 0.05$)

	GMM1		GMM2		EL1		EL2	
	β_1	β_2	β_1	β_2	β_1	β_2	β_1	β_2
BIAS	0.0012	−0.0021	0.0004	−0.0026	0.0012	−0.0021	0.0001	−0.0008
SE	0.0349	0.0661	0.0230	0.0453	0.0349	0.0661	0.0216	0.0406
SD	0.0326	0.0628	0.0216	0.0428	0.0326	0.0628	0.0205	0.0378
Cov	0.9230	0.9290	0.9260	0.9340	0.9230	0.9290	0.9460	0.9240

表 12.1 中 GMM1, GMM2, EL1, EL2 分别对应上面中 $\widehat{\theta}_g, \tilde{\theta}_g, \widehat{\theta}_e, \tilde{\theta}_e$. 由表 12.1 可以看出, 对于线性模型, 书中提出的四种参数估计方法都具有很好的有限样本性质, 即使个体组内有很强的组内相关性, 工作独立的 GMM 方法和工作独立的经验似然方法依然有良好的表现. 事实上, 在这种恰好识别情况下, 工作独立 GMM 方法和工作独立经验似然方法是重合的.

12.9.2 非线性模型场合

在本小节, 我们考虑了一个非线性模型的例子, 产生数据的模型如下:

$$y_{ij} = 3\frac{\exp(\boldsymbol{x}_{ij}^{\tau}\boldsymbol{\beta})}{1 + \exp(\boldsymbol{x}_{ij}^{\tau}\boldsymbol{\beta})} + \varepsilon_{ij}, \quad i = 1, \cdots, n; \quad j = 1, \cdots, m_i,$$

其中 $\boldsymbol{x}_{ij}, \boldsymbol{\beta}, \varepsilon_{ij}, m_i$ 与线性模型场合相同, 但 $x_{ij}(1) \sim N(1,1)$, $x_{ij}(2) \sim N(0,1)$. 由于这里只考虑恰好识别情形, GMM1 方法中权矩阵选择了单位矩阵, 模拟重复了 500 次, 表 12.2 中给出了模拟结果.

表 12.2　非线性模型模拟结果 ($\alpha = 0.05$)

	GMM1		EL1		EL2	
	β_1	β_2	β_1	β_2	β_1	β_2
BIAS	0.0435	−0.0311	0.0858	−0.0648	0.0233	−0.0107
SE	0.4401	0.3030	0.5143	0.4133	0.2508	0.1741
SD	0.4236	0.2974	0.5162	0.3726	0.2279	0.1599
Cov	0.9300	0.9420	0.9680	0.9720	0.9300	0.9180

从表 12.2 中可以看出, 在非线性模型下, 书中提出的几种参数估计方法仍然有很好的表现, 与工作独立 GMM 方法和工作独立经验似然方法相比, 块经验似然方法并未对个体组内做独立性假设, 这种意义下, 块经验似然方法具有一定的稳健性. 在模拟中的非线性模型下, 块经验似然方法 BISA, SE, SD 明显小于其他两种工作独立方法.

12.10　定理的证明

定理证明需要如下的假设条件:

(1) $E\boldsymbol{\psi}(y,x,\boldsymbol{\theta}_0)\boldsymbol{\psi}^{\tau}(y,x,\boldsymbol{\theta}_0)$ 正定, $E[\nabla_{\boldsymbol{\theta}}\boldsymbol{\psi}(y,x,\boldsymbol{\theta})]$ 的秩是 p;

(2) 在 $\boldsymbol{\theta}_0$ 的某邻域里, $\nabla_{\boldsymbol{\theta}}\psi(y,x,\boldsymbol{\theta})$ 是连续函数, 且在该邻域内其一阶导数阵 $\|\nabla_{\boldsymbol{\theta}}\psi(y,x,\boldsymbol{\theta})\|$ 和 $\|\psi(y,x,\boldsymbol{\theta})\|^{2+\eta}$ 被某个可积函数 $G(x)$ 控制, 其中 η 为一正常数, $\|\cdot\|$ 为欧几里得范数;

(3) 当 $k \to \infty$ 时,0 以概率 1 落在 $\psi(y_{ij}, x_{ij}, \boldsymbol{\theta}), i = 1,2,\cdots,k, j = 1,2,\cdots,n_i$ 凸包内;

(4) $\boldsymbol{\theta}_0$ 是使 (12.1) 成立的唯一真值, 并假设 $q \geqslant p$ 且 $k/n \to \varrho$, 其中 ϱ 是一常数 $0 < \varrho \leqslant 1$;

(5) 将假设 1~3 中 $\psi(y,x,\boldsymbol{\theta})$ 换成 $\Phi(y,x,\boldsymbol{\theta})$ 仍然成立.

假设 (1)~(3) 是经验似然证明中常用假设, 与 Qin 和 Lawless (1994) 中假设类似, 参见第 7 章. 同时假设 (2) 可以保证这里可以使用李雅普诺夫中心极限定理. 假设 (4) 是自然的, 假设 (5) 是为了证明块经验似然法估计的大样本性质.

定理 12.1 的证明　记 $G_k(\boldsymbol{\theta}) = 1/k\sum_{i=1}^{k}\Psi(Y_i, X_i, \boldsymbol{\theta})$, 由式 (12.4) 知, $\widehat{\boldsymbol{\theta}}_g$ 满足等式

$$2[\nabla_{\boldsymbol{\theta}}G_k(\widehat{\boldsymbol{\theta}})]^{\tau}\widehat{W}G_k(\widehat{\boldsymbol{\theta}}) = 0,$$

将 $G_k(\widehat{\boldsymbol{\theta}})$ 在 $\boldsymbol{\theta}_0$ 处展开得到,

$$\sqrt{k}(\widehat{\boldsymbol{\theta}}_g-\boldsymbol{\theta}_0)=-\left\{[\nabla_{\boldsymbol{\theta}}G_k(\widehat{\boldsymbol{\theta}})]^\tau\widehat{W}[\nabla_{\boldsymbol{\theta}}G_k(\bar{\boldsymbol{\theta}})]\right\}^{-1}[\nabla_{\boldsymbol{\theta}}G_k(\widehat{\boldsymbol{\theta}})]^\tau\widehat{W}\sqrt{k}G_k(\boldsymbol{\theta}_0),$$

其中 $\bar{\boldsymbol{\theta}}$ 介于 $\boldsymbol{\theta}_0$ 和 $\widehat{\boldsymbol{\theta}}$ 之间, 由 $\widehat{\boldsymbol{\theta}},\widehat{W}$ 的相合性以及李雅普诺夫中心极限定理很容易得到定理 12.1. □

定理 12.2 的证明 记 $\widehat{H}_i(\boldsymbol{\theta})=\{\nabla_{\boldsymbol{\theta}}\Phi(\boldsymbol{Y}_i,X_i,\boldsymbol{\theta})\}^\tau\widehat{W}_i\Phi(\boldsymbol{Y}_i,X_i,\boldsymbol{\theta})$, 由式 (12.9) 知, $\tilde{\boldsymbol{\theta}}_g$ 满足等式 $2\sum_{i=1}^{k}\widehat{H}_i(\tilde{\boldsymbol{\theta}}_g)=0$, 将 $\widehat{H}_i(\tilde{\boldsymbol{\theta}}_g)$ 在 $\boldsymbol{\theta}_0$ 处展开得到

$$\sqrt{k}(\tilde{\boldsymbol{\theta}}_g-\boldsymbol{\theta}_0)=-\left\{\frac{1}{k}\sum_{i=1}^{k}\nabla_{\boldsymbol{\theta}}\widehat{H}_i(\bar{\boldsymbol{\theta}})\right\}^{-1}\frac{1}{\sqrt{k}}\sum_{i=1}^{k}\widehat{H}_i(\boldsymbol{\theta}_0),$$

其中 $\bar{\boldsymbol{\theta}}$ 介于 $\tilde{\boldsymbol{\theta}}_g$ 和 $\boldsymbol{\theta}_0$ 之间, 注意到定理的假设条件中要求 $\nabla_{\boldsymbol{\theta}}\Phi(\boldsymbol{Y}_i,X_i,\boldsymbol{\theta})$ 不含响应变量 Y_i, 这样 $\frac{1}{\sqrt{k}}\sum_{i=1}^{k}\widehat{H}_i(\boldsymbol{\theta}_0)$ 即为均值为零的独立和, 从而由李雅普诺夫中心极限定理得定理结论成立. □

下面给出定理 12.3 的证明, 首先应用与第 7 章相似方法, 我们容易获得极大经验似然估计相合性结果. 但考虑极大经验似然估计大样本性质时, 需应用独立但不同分布随机变量和的中心极限定理和大数律. 通过一些计算, 可以得到

$$\lambda=\left\{\sum_{i=1}^{k}\sum_{j=1}^{n_i}\boldsymbol{\psi}(y_{ij},x_{ij},\boldsymbol{\theta})^{\otimes 2}\right\}^{-1}\sum_{i=1}^{k}\sum_{j=1}^{n_i}\boldsymbol{\psi}(y_{ij},x_{ij},\boldsymbol{\theta})+o_p(k^{-1/2}),\tag{12.51}$$

其中对任何向量 $\boldsymbol{a}$, $\boldsymbol{a}^{\otimes 2}=\boldsymbol{a}\boldsymbol{a}^\tau$, 这个表达式在推导统计量 $-2\log\mathscr{R}(\boldsymbol{\theta})$ 的渐近分布时是重要的.

引理 12.1 设假设 (1)~(4) 成立, 则当 $k\to\infty$ 时, 以概率 1 有 $\ell_E(\boldsymbol{\theta})$ 在点 $\widehat{\boldsymbol{\theta}}_e$ 处达最大值, 其中 $\widehat{\boldsymbol{\theta}}_e$ 落在球邻域 $\|\boldsymbol{\theta}-\boldsymbol{\theta}_0\|\leqslant k^{-1/3}$ 内, 并且 $\widehat{\boldsymbol{\theta}}_e$ 及 $\boldsymbol{\lambda}(\widehat{\boldsymbol{\theta}}_e)$ 满足

$$Q_{1n}(\widehat{\boldsymbol{\theta}}_e,\tilde{\boldsymbol{\lambda}})=0,\quad Q_{2n}(\widehat{\boldsymbol{\theta}}_e,\tilde{\boldsymbol{\lambda}})=0,$$

其中

$$Q_{1n}(\boldsymbol{\theta},\boldsymbol{\lambda})=\frac{1}{n}\sum_{i=1}^{k}\sum_{j=1}^{n_i}\frac{\boldsymbol{\psi}(y_{ij},x_{ij},\boldsymbol{\theta})}{1+\boldsymbol{\lambda}^\tau\boldsymbol{\psi}(y_{ij},x_{ij},\boldsymbol{\theta})},$$

$$Q_{2n}(\boldsymbol{\theta},\boldsymbol{\lambda})=\frac{1}{n}\sum_{i=1}^{k}\sum_{j=1}^{n_i}\frac{1}{1+\boldsymbol{\lambda}^\tau\boldsymbol{\psi}(y_{ij},x_{ij},\boldsymbol{\theta})}\left(\frac{\partial\boldsymbol{\psi}(y_{ij},x_{ij},\boldsymbol{\theta})}{\partial\boldsymbol{\theta}}\right)^\tau\boldsymbol{\lambda}.$$

使用类似第 7 章引理 7.4, (也见 Qin 和 Lawless (1994) 的引理 1 方法可证明此引理). 引理 12.1 给出了存在 $\widehat{\boldsymbol{\theta}}_e$ 的充分条件, 且说明 $\widehat{\boldsymbol{\theta}}_e$ 的渐近收敛于其真值 $\boldsymbol{\theta}_0$ 的收敛速度为 $n^{-1/3}$ (a.s.).

定理 12.3 的证明 定理证明与第 7 章定理 7.5 完全相似, 故下面仅给出证明梗概. 对于 Q_{1n} 及 Q_{2n} 对 $\boldsymbol{\theta}$ 及 $\boldsymbol{\lambda}^\tau$ 分别求导得

$$\nabla_{\boldsymbol{\theta}} Q_{1n}(\boldsymbol{\theta},0)=\frac{1}{n}\sum_{i=1}^{k}\sum_{j=1}^{n_i}\nabla_{\boldsymbol{\theta}}\boldsymbol{\psi}(Y_{ij},X_{ij},\boldsymbol{\theta}),$$

$$\nabla_{\boldsymbol{\lambda}} Q_{1n}(\boldsymbol{\theta},0)=-\frac{1}{n}\sum_{i=1}^{k}\sum_{j=1}^{n_i}\boldsymbol{\psi}(Y_{ij},X_{ij}\boldsymbol{\theta})\boldsymbol{\psi}^\tau(Y_{ij},X_{ij}\boldsymbol{\theta}),$$

$$\nabla_{\boldsymbol{\theta}} Q_{2n}(\boldsymbol{\theta},0)=0,\quad \nabla_{\boldsymbol{\lambda}} Q_{2n}(\boldsymbol{\theta},0)=\frac{1}{n}\sum_{i=1}^{k}\sum_{j=1}^{n_i}\left(\nabla_{\boldsymbol{\theta}}\boldsymbol{\psi}^\tau(Y_{ij},X_{ij},\boldsymbol{\theta})\right),$$

由定理的假设及引理 12.1, 对 $Q_{1n}(\widehat{\boldsymbol{\theta}}_e,\tilde{\boldsymbol{\lambda}})$ 及 $Q_{2n}(\widehat{\boldsymbol{\theta}}_e,\tilde{\boldsymbol{\lambda}})$ 在 $(\boldsymbol{\theta}_0,0)$ 进行泰勒展开得

$$0=Q_{1n}(\widehat{\boldsymbol{\theta}}_e,\tilde{\boldsymbol{\lambda}})=Q_{1n}(\boldsymbol{\theta}_0,0)+\nabla_{\boldsymbol{\theta}}Q_{1n}(\boldsymbol{\theta}_0,0)(\widehat{\boldsymbol{\theta}}_e-\boldsymbol{\theta}_0)+\nabla_{\boldsymbol{\lambda}}Q_{1n}(\boldsymbol{\theta}_0,0)(\tilde{\boldsymbol{\lambda}}-0)+o_p(\delta_n),$$

$$0=Q_{2n}(\widehat{\boldsymbol{\theta}}_e,\tilde{\boldsymbol{\lambda}})=Q_{2n}(\boldsymbol{\theta}_0,0)+\nabla_{\boldsymbol{\theta}}Q_{2n}(\boldsymbol{\theta}_0,0)(\widehat{\boldsymbol{\theta}}_e-\boldsymbol{\theta}_0)+\nabla_{\boldsymbol{\lambda}}Q_{2n}(\boldsymbol{\theta}_0,0)(\tilde{\boldsymbol{\lambda}}-0)+o_p(\delta_n),$$

其中 $\delta_n=\|\widehat{\boldsymbol{\theta}}_e-\boldsymbol{\theta}_0\|+\|\tilde{\boldsymbol{\lambda}}\|$, 于是

$$\begin{pmatrix}\tilde{\boldsymbol{\lambda}}\\ \widehat{\boldsymbol{\theta}}_e-\boldsymbol{\theta}_0\end{pmatrix}=S_n^{-1}\begin{pmatrix}-Q_{1n}(\boldsymbol{\theta}_0,0)+o_p(\delta_n)\\ o_p(\delta_n)\end{pmatrix},\tag{12.52}$$

这里

$$S_n=\begin{pmatrix}\nabla_{\boldsymbol{\lambda}}Q_{1n} & \nabla_{\boldsymbol{\theta}}Q_{1n}\\ \nabla_{\boldsymbol{\lambda}}Q_{2n} & 0\end{pmatrix}_{(\boldsymbol{\theta}_0,0)}\to\begin{pmatrix}-\varrho B & \varrho A\\ \varrho A^\tau & 0\end{pmatrix}.$$

由此结果及 $Q_{1n}(\boldsymbol{\theta}_0,0)=\dfrac{1}{n}\displaystyle\sum_{i=1}^{k}\sum_{j=1}^{n_i}\boldsymbol{\psi}(Y_{ij},X_{ij},\boldsymbol{\theta}_0)=O_p(k^{-1/2})$, 可得 $\delta_n=O_p(k^{-1/2})$. 由李雅普诺夫中心极限定理有

$$\frac{1}{\sqrt{k}}\sum_{i=1}^{k}\sum_{j=1}^{n_i}\boldsymbol{\psi}(Y_{ij},X_{ij},\boldsymbol{\theta}_0)\xrightarrow{\mathscr{D}}N(0,\varSigma).\tag{12.53}$$

由式 (12.52) 及分块矩阵求逆公式得到

$$\sqrt{k}(\widehat{\boldsymbol{\theta}}_e-\boldsymbol{\theta}_0)=-S_{22.1}^{-1}A^\tau B^{-1}\sqrt{k}Q_{1n}(\boldsymbol{\theta}_0,0)+o_p(1)\to N(0,\varGamma_1),\tag{12.54}$$

其中 $S_{22.1}^{-1}=\varrho^{-1}\left\{A^{\tau}B^{-1}A\right\}^{-1}$, 且

$$\Gamma_1=\{A^{\tau}B^{-1}A\}^{-1}A^{\tau}B^{-1}\Sigma B^{-1}A\{A^{\tau}B^{-1}A\}^{-1}.$$

□

定理 12.4 的证明 由式 (12.51) 及等式

$$\sum_{i=1}^{k}\sum_{j=1}^{n_i}\boldsymbol{\lambda}^{\tau}\boldsymbol{\psi}(Y_{ij},X_{ij},\boldsymbol{\theta}_0)=\sum_{i=1}^{k}\sum_{j=1}^{n_i}\{\boldsymbol{\lambda}^{\tau}\boldsymbol{\psi}(Y_{ij},X_{ij},\boldsymbol{\theta}_0)\}^2+o_p(1).$$

我们有

$$\begin{aligned}&-2\log\{\mathscr{R}(\boldsymbol{\theta}_0)\}\\&=2\sum_{i=1}^{k}\sum_{j=1}^{n_i}\left[\boldsymbol{\lambda}^{\tau}\boldsymbol{\psi}(Y_{ij},X_{ij},\boldsymbol{\theta}_0)-\frac{1}{2}\{\boldsymbol{\lambda}^{\tau}\boldsymbol{\psi}(Y_{ij},X_{ij},\boldsymbol{\theta}_0)\}^2\right]+o_p(1)\\&=\left\{\sum_{i=1}^{k}\sum_{j=1}^{n_i}\boldsymbol{\psi}(Y_{ij},X_{ij},\boldsymbol{\theta}_0)\right\}^{\tau}\left\{\sum_{i=1}^{k}\sum_{j=1}^{n_i}\boldsymbol{\psi}(Y_{ij},X_{ij},\boldsymbol{\theta}_0)\boldsymbol{\psi}^{\tau}(Y_{ij},X_{ij},\boldsymbol{\theta}_0)\right\}^{-1}\\&\quad\times\left\{\sum_{i=1}^{k}\sum_{j=1}^{n_i}\boldsymbol{\psi}(Y_{ij},X_{ij},\boldsymbol{\theta}_0)\right\}+o_p(1).\end{aligned}\tag{12.55}$$

结合式 (12.53) 得到定理 12.4 的证明. □

下面给出块经验似然方法得到的极大经验似然估计量 $\tilde{\boldsymbol{\theta}}_e$ 的大样本性质. 类似 Qin 和 Lawless (1994) 中讨论可以得到

$$\boldsymbol{\lambda}=\left\{\sum_{i=1}^{k}\Phi(\boldsymbol{Y}_i,X_i,\boldsymbol{\theta})^{\otimes 2}\right\}^{-1}\sum_{i=1}^{k}\Phi(\boldsymbol{Y}_i,X_i,\boldsymbol{\theta})+o_p(n^{-1/2}).\tag{12.56}$$

引理 12.2 设假设 4, 假设 5 成立, 则当 $k\to\infty$ 时, 以概率 1 有, $\ell_E(\boldsymbol{\theta})$ 在点 $\tilde{\boldsymbol{\theta}}_e$ 处达最大值, 其中 $\tilde{\boldsymbol{\theta}}_e$ 落在球邻域 $\|\boldsymbol{\theta}-\boldsymbol{\theta}_0\|\leqslant k^{-1/3}$ 内, 并且 $\tilde{\boldsymbol{\theta}}_e$ 及 $\boldsymbol{\lambda}(\tilde{\boldsymbol{\theta}}_e)$ 满足

$$Q_{1k}(\tilde{\boldsymbol{\theta}}_e,\tilde{\boldsymbol{\lambda}})=0,\quad Q_{2k}(\tilde{\boldsymbol{\theta}}_e,\tilde{\boldsymbol{\lambda}})=0,$$

其中

$$Q_{1k}(\boldsymbol{\theta},\boldsymbol{\lambda})=\frac{1}{k}\sum_{i=1}^{k}\frac{\Phi(\boldsymbol{Y}_i,X_i,\boldsymbol{\theta})}{1+\boldsymbol{\lambda}^{\tau}\Phi(\boldsymbol{Y}_i,X_i,\boldsymbol{\theta})},$$

$$Q_{2k}(\boldsymbol{\theta},\boldsymbol{\lambda})=\frac{1}{k}\sum_{i=1}^{k}\frac{\boldsymbol{\lambda}^{\tau}\nabla_{\boldsymbol{\theta}}\Phi(\boldsymbol{Y}_i,X_i,\boldsymbol{\theta})}{1+\boldsymbol{\lambda}^{\tau}\Phi(\boldsymbol{Y}_i,X_i,\boldsymbol{\theta})}.$$

引理 12.2 的证明　类似于第 7 章引理 7.4 的证明可得. □

定理 12.5 的证明　对于 Q_{1k} 及 Q_{2k} 对 $\boldsymbol{\theta}$ 及 $\boldsymbol{\lambda}^\tau$ 分别求导得

$$\nabla_{\boldsymbol{\theta}} Q_{1k}(\boldsymbol{\theta},0) = \frac{1}{k}\sum_{i=1}^{k} \nabla_{\boldsymbol{\theta}} \Phi(Y_i, X_i, \boldsymbol{\theta}),$$

$$\nabla_{\boldsymbol{\lambda}} Q_{1k}(\boldsymbol{\theta},0) = -\frac{1}{k}\sum_{i=1}^{k} \Phi(Y_i, X_i, \boldsymbol{\theta})\Phi^\tau(Y_i, X_i, \boldsymbol{\theta}),$$

$$\nabla_{\boldsymbol{\theta}} Q_{2k}(\boldsymbol{\theta},0) = 0, \quad \nabla_{\boldsymbol{\lambda}} Q_{2k}(\boldsymbol{\theta},0) = \frac{1}{k}\sum_{i=1}^{k} \left(\nabla_{\boldsymbol{\theta}} \Phi(Y_i, X_i, \boldsymbol{\theta})\right)^\tau.$$

由定理的假设及引理 12.2, 对 $Q_{1k}(\tilde{\boldsymbol{\theta}}_e, \tilde{\boldsymbol{\lambda}})$ 及 $Q_{2k}(\tilde{\boldsymbol{\theta}}_e, \tilde{\boldsymbol{\lambda}})$ 在 $(\boldsymbol{\theta}_0, 0)$ 进行泰勒展开得

$$0 = Q_{1k}(\tilde{\boldsymbol{\theta}}_e, \tilde{\boldsymbol{\lambda}}) = Q_{1k}(\boldsymbol{\theta}_0,0) + \nabla_{\boldsymbol{\theta}} Q_{1k}(\boldsymbol{\theta}_0,0)(\tilde{\boldsymbol{\theta}}_e - \boldsymbol{\theta}_0) + \nabla_{\boldsymbol{\lambda}} Q_{1k}(\boldsymbol{\theta}_0,0)(\tilde{\boldsymbol{\lambda}} - 0) + o_p(\delta_k),$$
$$0 = Q_{2k}(\tilde{\boldsymbol{\theta}}_e, \tilde{\boldsymbol{\lambda}}) = Q_{2k}(\boldsymbol{\theta}_0,0) + \nabla_{\boldsymbol{\theta}} Q_{2k}(\boldsymbol{\theta}_0,0)(\tilde{\boldsymbol{\theta}}_e - \boldsymbol{\theta}_0) + \nabla_{\boldsymbol{\lambda}} Q_{2k}(\boldsymbol{\theta}_0,0)(\tilde{\boldsymbol{\lambda}} - 0) + o_p(\delta_k),$$

其中 $\delta_k = \|\tilde{\boldsymbol{\theta}}_e - \boldsymbol{\theta}_0\| + \|\tilde{\boldsymbol{\lambda}}\|$, 于是

$$\begin{pmatrix} \tilde{\boldsymbol{\lambda}} \\ \tilde{\boldsymbol{\theta}}_e - \boldsymbol{\theta}_0 \end{pmatrix} = S_k^{-1} \begin{pmatrix} -Q_{1k}(\boldsymbol{\theta}_0,0) + o_p(\delta_k) \\ o_p(\delta_k) \end{pmatrix}, \tag{12.57}$$

这里

$$S_k = \begin{pmatrix} \nabla_{\boldsymbol{\lambda}} Q_{1k} & \nabla_{\boldsymbol{\theta}} Q_{1k} \\ \nabla_{\boldsymbol{\lambda}} Q_{2k} & 0 \end{pmatrix}_{(\boldsymbol{\theta}_0,0)} \to \begin{pmatrix} \bar{B} & \bar{A} \\ \bar{A}^\tau & 0 \end{pmatrix},$$

由此结果及 $Q_{1k}(\boldsymbol{\theta}_0,0) = \frac{1}{k}\sum_{i=1}^{k} \Phi(Y_i, X_i, \boldsymbol{\theta}_0) = O_p(k^{-1/2})$, 可得 $\delta_n = O_p(k^{-1/2})$. 容易得

$$\sqrt{k}(\tilde{\boldsymbol{\theta}}_e - \boldsymbol{\theta}_0) = S_{22.1}^{-1} A^\tau B^{-1} \sqrt{k} Q_{1k}(\boldsymbol{\theta}_0,0) + o_p(1) \xrightarrow{\mathscr{D}} N(0, \Gamma_2), \tag{12.58}$$

其中

$$\Gamma_2 = S_{22.1}^{-1} = \left\{A^\tau B^{-1} A\right\}^{-1}.$$

□

12.11　相关研究及扩展

本章给出了纵向数据与广义线性模型以及估计方程的关系, 讨论了几种不同情形下的广义线性模型及其估计方程估计方法, 当然更多的方法是基于似然方法, 在纵向数据下对广义线性模型的扩展已有了很多研究和应用.

近二十多年来, 纵向数据一直是统计研究的一类热点数据类型之一, 已有很多学者研究了在纵向数据下各种统计模型的统计推断问题. Laird 和 Ware (1982) 对纵向数据考虑了一族广泛的参数模型, 并提出了用经验贝叶斯方法和极大似然方法估计模型参数, Zeger 和 Liang (1986) 和 Liang 和 Zeger (1986) 使用广义线性模型对纵向数据进行统计分析. 关于纵向数据的参数回归方法可以参见专著 Diggle 等 (1994). 为了避免模型误判问题, 纵向数据下的非参和半参模型近十几年来也受到广泛关注, Zeger 和 Diggle (1994) 提出了纵向数据部分线性回归模型, 针对此类模型, You, Chen 和 Zhou (2006) 首先提出了块经验似然方法估计回归参数, Xue 和 Zhu (2007a) 则提出了一种中心化的块经验似然方法构造回归参数置信区间. Hoover 等 (1998), Sun 和 Wu (2003), Wu 等 (1998) 等分别考虑了纵向数据的非参数方法. Martinussen 和 Scheike (1999, 2000, 2001) 和 Lin 和 Ying (2001) 更是成功使用计数过程方法研究生存分析中纵向数据 (时) 变系数模型. 赵目, 陈柏成和周勇 (2012) 在纵向数据下研究了一般估计方程的估计问题.

第 13 章　非参数估计方程

统计学中, 对于参数的估计是揭示统计规律的重要手段, 通过估计方程 (estimating equations) 来估计参数在很多应用学科中被广泛采纳, 例如, 计量经济学、生存分析和生物统计. 在前面我们已讨论了参数意义下的估计方程的问题. 其中重要的是寻找到一个无偏估计函数 (族)$\psi(Y, \boldsymbol{Z}, \boldsymbol{\theta})$, 由于其无偏性, 即 $E\{\boldsymbol{\psi}(Y, \boldsymbol{Z}, \boldsymbol{\theta})\} = 0$, 那么由样本类似即可获得估计方程:

$$\sum_{i=1}^{n} \boldsymbol{\psi}(Y_i, \boldsymbol{Z}_i, \boldsymbol{\theta}) = 0, \tag{13.1}$$

其中 $\boldsymbol{\theta} \in \boldsymbol{\Theta}$ 是一维或者多维参数, $\boldsymbol{\psi}(y, \boldsymbol{z}, \boldsymbol{\theta})$ 是一个函数向量, 假设 ψ 的维数与 $\boldsymbol{\theta}$ 维数一致. 如果此方程存在解, 则参数的估计可以通过求解估计方程 (13.1) 而获得. 如果数据是独立的观测量, 利用大数律和中心极限定理可获得这个估计的大样本性质.

最常见的例子是极大似然估计, 这时的估计方程式 (13.1) 中的 $\boldsymbol{\psi}(\cdot)$ 是对数似然函数的一阶导数. 已知 $\boldsymbol{\theta}$ 的形式, 即在参数情况下, 通过数据估计参数值及推导其性质的理论与方法, 是数理统计中的重要部分, 参数模型线性回归、多项式回归等等都以此为基础.

例如, 在简单线性模型中, $\boldsymbol{\theta}$ 是不依赖于自变量的未知参数, 其线性模型为 $Y = \boldsymbol{\theta}^{\tau}\boldsymbol{Z} + \varepsilon$. 根据最小二乘估计的思想, 选取 θ 的标准是最小化残差平方和, 即

$$\sum_{i=1}^{n}(Y_i - \boldsymbol{\theta}^{\tau}\boldsymbol{Z}_i)^2.$$

对 $\boldsymbol{\theta}$ 求导, 得到估计方程:

$$\sum_{i=1}^{n}(Y_i - \boldsymbol{\theta}^{\tau}\boldsymbol{Z}_i)\boldsymbol{Z}_i = 0,$$

这是线性回归模型的正规方程. 此时 $\boldsymbol{\psi}(Y, Z, \boldsymbol{\theta}) = (Y - \boldsymbol{\theta}^{\tau}\boldsymbol{Z})\boldsymbol{Z}$.

但是, 如果 $\boldsymbol{\theta}$ 对于自变量 $\boldsymbol{Z}$ 的依赖形式是未知的, 此时通常称为非参数情形, 通常的参数方法对此不再适用. 那么, 对参数 $\boldsymbol{\theta} = \boldsymbol{\theta}(\boldsymbol{Z})$ 的估计值得进一步研究. 例如, 普通的非参数模型的形式为

$$Y = \boldsymbol{\theta}(\boldsymbol{Z}) + \varepsilon.$$

实际中, 参数模型需要假定有一个具体的模型, 在很多实际应用中数据来自于什么模型并不确切知道. 如果真实模型并不是所假设的模型, 这样给出的参数推断通常具有很大偏差, 甚至得出无用的估计, 这就是所谓的*模型误判*. 为了尽量避免模型误判的问题, 可以采用非参数模型. 即假定 $\boldsymbol{\theta}=\boldsymbol{\theta}(\boldsymbol{Z})$ 是自变量 $\boldsymbol{Z}$ 的一个 q 维未知函数向量, 而 $\boldsymbol{Z}$ 是一维或多维向量. 在一些例子中, $\boldsymbol{\theta}(\boldsymbol{Z})$ 是给定 $\boldsymbol{Z}$ 下响应变量 Y 的条件矩. 当 $\boldsymbol{Z}$ 是高维向量时, 容易导致"维数祸根"的问题, 因此, 通常也对 $\boldsymbol{\theta}(\boldsymbol{Z})$ 的具体形式作一些假设, 以便对高维的 $\boldsymbol{Z}$ 进行降维.

这种降维模型蕴涵更多的信息, 既有参数模型的优点也有非参数模型的特点, 通常称为*半参数模型*. 在实际应用中, 结合问题本身, 还可以对模型作进一步的改进. 当模型中的 $\boldsymbol{\theta}$ 依赖某一自变量 Z(往往是时间变量 t) 变化时, 有*变系数模型*形如

$$Y=\boldsymbol{\theta}(Z)^{\tau}\boldsymbol{X}+\varepsilon.$$

如果模型对于部分自变量 $\boldsymbol{X}$ 的依赖是线性的, 而对于其余自变量 $\boldsymbol{Z}$ 的依赖形式不确定, 则模型为*部分线性模型*:

$$Y=\boldsymbol{\theta}_1^{\tau}\boldsymbol{X}+\theta_2(\boldsymbol{Z})+\varepsilon.$$

如果假设 $\boldsymbol{\theta}(\boldsymbol{Z})=\boldsymbol{\theta}_1(Z_1)+\cdots+\boldsymbol{\theta}_p(Z_p)$, 则得到一个加性估计模型. 更一般地, 可以将估计函数写为 $\psi(Y,\boldsymbol{X},\boldsymbol{\theta}(\boldsymbol{Z}))$, 它满足

$$E\{\psi(Y,\boldsymbol{X},\boldsymbol{\theta}(\boldsymbol{Z}))\}=0, \tag{13.2}$$

其中 $\boldsymbol{Z},\boldsymbol{X}$ 为自变量, 通常是向量, $\boldsymbol{\theta}(\cdot)$ 是未知的 q 维函数向量. 这个估计函数称为*非参数估计函数*.

13.1 非参数估计方程

在此, 为了简单起见假定自变量 Z 是一个标量. 非参数估计方程的思想, 就是采用加权局部多项式来估计 $\boldsymbol{\theta}=\boldsymbol{\theta}(Z)$. 根据 Carroll, Ruppert 和 Welsh (1998) 思想, 将 $\boldsymbol{\theta}(z)$ 展开成局部多项式. 记 $\boldsymbol{b}_j=\boldsymbol{\theta}^{(j)}(z_0)/j!, j=1,\cdots,p$, 上标 (j) 表示 $\boldsymbol{\theta}(z)$ 对 z 的 j 阶导数, 则在 z_0 的邻域内

$$\boldsymbol{\theta}(z)\approx\sum_{j=0}^{p}\boldsymbol{b}_j(z-z_0)^j,$$

对 z_0 邻域内的点 z, 局部权函数记为 $w(z,z_0)$. 类似于参数估计方程 (13.1), 我们定义 (13.2) 的*局部估计方程* (或称*非参数估计方程*, NEE) 如下:

$$\sum_{i=1}^{n} w(Z_i, z_0)\psi(Y_i, \sum_{j=0}^{p} \boldsymbol{b}_j(Z_i - z_0)^j)\boldsymbol{G}_p^{\tau}(Z_i - z_0) = 0, \tag{13.3}$$

其中 $\boldsymbol{G}_p^{\tau}(v) = (1, v, v^2, \cdots, v^p)$, 则 $\boldsymbol{\theta}(z_0)$ 的估计是 $\widehat{\boldsymbol{\theta}}(z_0) = \widehat{\boldsymbol{b}}_0$. 如果我们感兴趣的参数是 $\lambda(z) = \varrho(\boldsymbol{\theta}(z))$, 其中 ϱ 是一个已知的函数. 那么它的估计是 $\widehat{\lambda}(z_0) = \varrho(\widehat{\boldsymbol{b}}_0)$.

引入的多项式高阶部分弥补了线性模型结构过于简单的不足, 权函数部分保证了当参数依赖于自变量时, 不同的自变量数据点对模型的影响权重不同. 一些例子已经有比较成熟的算法和讨论了, 例如,

(1) 多元响应 Nadaraya-Watson 核回归中, 主要针对完全非参数模型 $Y = \theta(Z) + \varepsilon$. $p = 0$, $\psi(Y, v) = Y - v$, 并且选择一个核函数作为权 $w(z, z_0)$. 这个方法有较大的应用价值, 例如, 曾被用于研究股票收益率的波动性, 并在中国市场的实证研究中取得满意的结果.

(2) 若一个一元响应变量的均值和方差满足 $E(Y|Z) = \mu(\theta(Z))$, $\mathrm{Var}(Y|Z) = \sigma^2 V(\theta(Z))$, 且函数 $\mu(\cdot)$ 和 $V(\cdot)$ 已知, 选择适当的权函数, 则得到基于 $\psi(Y, z) = [Y - \mu(z)]\mu^{(1)}(z)/V(z)$ 的局部拟似然回归. 当 $p = 0$ 时, 方法参见 Weisberg 和 Welsh (1994a, 1994b); 当 $p \geqslant 1$ 时, 方法参见 Fan, Heckman 和 Wand (1995). 也可参见第 11 章.

(3) 局部线性回归中, $p = 1$, $\psi(Y, v) = Y - v$, $w(z - z_0)$ 可以选最近邻权等. 局部线性回归是局部多项式回归的重要特殊情况, 后面章节将详细讨论.

在实际中权函数 $w(\cdot, \cdot)$ 通常取为核函数, 此时为 $w(z, z_0) = K((z - z_0/h)/h$, 其中 $K(\cdot)$ 是一个核密度函数, h 是窗宽参数. 权函数也可以取为最近邻权.

13.2 局部多项式拟合

13.2.1 局部多项式拟合的一般方法

对局部估计方程 (13.3) 求其解即可获得 $\boldsymbol{\theta}(z_0)$ 的估计. 此估计不是无偏估计, 而是渐近无偏估计. 此估计的偏差和其方差的估计主要基于其渐近偏差和方差公式进行的. 事实上, 存在两个函数 $\mathscr{G}_b\{z, K, \theta(z), p\}$ 和 $\mathscr{G}_v\{z, K, \theta(z), p\}$, 在 Z 的支撑内满足如下性质:

$$\mathrm{Bias}(\widehat{\boldsymbol{\theta}}(z)) \sim \begin{cases} h^{p+1}\mathscr{G}_b\{z, K, \boldsymbol{\theta}(z), p\}, & \text{如果 } p \text{ 是奇数}, \\ h^{p+2}\mathscr{G}_b\{z, K, \boldsymbol{\theta}(z), p\}, & \text{如果 } p \text{ 是偶数}, \end{cases}$$

且

$$\mathrm{Cov}(\widehat{\boldsymbol{\theta}}(z)) \approx \{nhf_Z(z)\}^{-1}\mathscr{G}_v\{z, K, \boldsymbol{\theta}(z), p\}.$$

这里函数 $\mathscr{G}_v$ 不依赖于 Z 的密度. 当 p 是奇数, $\mathscr{G}_b$ 不依赖于 Z 的密度, 但当 p 是偶数时, 它是依赖的. 细节可参见 Carroll, Ruppert 和 Welsh (1998).

例如, 当 $p=1$, $\psi(\boldsymbol{y},\boldsymbol{v})=\boldsymbol{y}-\boldsymbol{v}$ ($\boldsymbol{y}$ 是多元响应变量). 此时, 式 (13.3) 就是多元响应的局部线性回归, 那么

$$\mathscr{G}_b\{z,K,\boldsymbol{\theta}(z),1\}=\frac{1}{2}\boldsymbol{\theta}^{(2)}(z)\int u^2K(u)\mathrm{d}u,$$

且

$$\mathscr{G}_v\{z,K,\boldsymbol{\theta}(z),1\}=\left\{\int K^2(u)\mathrm{d}u\right\}\{B(z)\}^{-1}C(z)\{B^{\tau}(z)\}^{-1},$$

其中

$$B(z)=E\{\partial\psi(\boldsymbol{Y},\boldsymbol{v})/\partial\boldsymbol{v}|Z=z\},$$
$$C(z)=E\{\psi(\boldsymbol{Y},\boldsymbol{v})\psi^{\tau}(\boldsymbol{Y},\boldsymbol{v})|Z=z\},$$

且 $B(z)$ 和 $C(z)$ 均为在 $v=\theta(z)$ 处的取值. 在此例中, $B(z)=-I$(I 为单位矩阵), $C(z)=\mathrm{Cov}(\boldsymbol{Y}|Z=z)$.

进一步, 参数 $\lambda(z)$ 的估计 $\widehat{\lambda}(z)=\varrho(\widehat{\theta}(z))$ 也有很好的渐近性质. 仅给出 $q=1$ 情形下的结果. $q>1$ 时也有类似结论, 只是需要用到更繁杂的符号与矩阵运算, 感兴趣的读者可参考 Carroll, Ruppert 和 Welsh (1998) 的附录. 在叙述下面的定理之前, 首先规定一些记号. 记

$$\mu_r=\int z^rK(z)\mathrm{d}z,\quad \nu_r=\int z^rk^2(z)\mathrm{d}z.$$
$$\dot{\lambda}(z)=\partial\lambda(z)/\partial\theta(z)=\partial\varrho\{\theta(z)\}/\partial\theta(z).$$
$$D_p(\mu)=(\mu_{i+j})_{0\leqslant i,j\leqslant p},\quad D_p(\nu)=(\nu_{i+j})_{0\leqslant i,j\leqslant p},$$
$$\boldsymbol{D}_{\mu}(L)=(\mu_L,\mu_{L+1},\cdots,\mu_{L+p})^{\tau},$$

则 $D_p(\mu)$ 和 $D_p(\nu)$ 是 $(p+1)\times(p+1)$ 矩阵, 其第 (i,j) 元分别是 μ_{i+j-2} 和 ν_{i+j-2}.

定理 13.1 设 p 是奇数, 且 $h\to 0$ 使得 $nh\to\infty$, 则

$$E\{\widehat{\lambda}(z)\}=\lambda(z)+\{h^{p+1}/(p+1)!\}a_1\dot{\lambda}^{\tau}(z)\theta^{(p+1)}(z)\{1+o(1)\},\tag{13.4}$$

$$\mathrm{Var}\{\widehat{\lambda}(z)\}=\{nhf_z(z)\}^{-1}a_2\dot{\lambda}^{\tau}(z)B^{-1}(z)C(z)(B^{-1}(z))^{\tau}\dot{\lambda}(z)\{1+o(1)\},\tag{13.5}$$

其中 a_1 为 $D_p^{-1}(\mu)\boldsymbol{D}_{\mu}(p+1)$ 的第一个元素, a_2 为 $D_p^{-1}(\mu)D_p(\nu)D_p^{-1}(\mu)$ 的第一对角元素.

定理 13.1 的证明将在 13.3 节给出.

13.2.2 核函数选择

非参数估计方程的局部化通常是通过核函数加权来进行的. 核函数起到光滑的作用, 即一定程度上消除扰动的随机因素, 使所得曲线反映变量之间的实际关系, 因此也是局部估计的核心问题之一. 常见的多元核密度函数包括: Epanechnikov 球核密度 $K(\boldsymbol{x}) = [p(p+1)\Gamma(p/2)/(4\pi^{p/2})](1-\|\boldsymbol{x}\|^2)_+$, p 元正态密度函数 $K(\boldsymbol{x}) = (2\pi)^{-p/2}\exp(-\|\boldsymbol{x}\|^2/2)$ 等. 由 Fan 和 Yao (1998) 可知, 前者为最优核.

令 h 为窗宽, 在 z_0 点附近局部赋予权 $w(z, z_0) = K_h(z - z_0)$, 其中 $K_h(\cdot)$ 满足

$$K_h(\cdot) = \frac{K(\cdot/h)}{h}.$$

引入窗宽是为了给相依结构提供独立变量形式, 为不同的独立变量给出不同的尺度. 对于一元情形 ($p = 1$), Epanechnikov 核的形式为 $K(z) = 0.75(1 - z^2)_+$. 在实际计算中, 只有那些落在区间 $[z - h, z + h]$ 中的观测值 Z_i, 权重才不为零.

13.2.3 窗宽选择

为了求解方程 (13.3), 对权函数 $w(z, z_0)$ 需要适当选择, 而如上所示, 权函数依赖于窗宽 h, 因此我们把权函数记作 $w(z, z_0, h)$. 根据 Carroll, Ruppert 和 Welsh (1998), 窗宽的选取通常有两种: 整体窗宽或者局部窗宽.

1. 选择准则

理论上, 选取合适的窗宽 h 的一般法则是使估计量的均方误差 (MSE) 达到最小. 实际中, 每一个选择规则都需要在构成均方误差的方差与偏差平方之间做出一种权衡. 如果窗宽 h 较小, 估计偏差的平方将会减少、方差则会增加; 但如果窗宽 h 较大, 估计方差虽会减少, 但偏差的平方却会增加. 直观上, 如果窗宽 h 过小, 随机性影响的增加会使估计曲线过多出现不规则波动; 而如果窗宽 h 太大, 则估计值将会受到过度平均的影响, 其较细微的变化特征不易显现, 估计曲线将过度光滑. 理论最优窗宽的详细表达请参见附录 B.

2. 交叉核实方法

这里简要介绍一下交叉核实方法的思想. 记 $\widehat{\theta}_h(\cdot)$ 为 $\theta_h(\cdot)$ 的估计依赖于窗宽参数 h. 对于每一个给定的 i, 利用数据集 $\{(Z_j, Y_j), j \neq i\}$ 得到估计 $\widehat{\theta}_{h,-i}(\cdot)$, 检查模型的预测误差 $Y_i - \widehat{\theta}_{h,-i}(Z_i)$. 找到 h, 使加权平均平方误差

$$n^{-1}\sum_{i=1}^{n}\{Y_i - \widehat{\theta}_{h,-i}(Z_i)\}^2\omega(Z_i)$$

最小化. 我们通过一个例子来具体说明交叉核实方法.

对于一组独立样本 $(Z_i, Y_i), i = 1, \cdots, n$, 欲拟合非参数模型 $Y = \theta(Z) + \varepsilon$, 可以通过最小化极值目标函数:

$$\sum_{i=1}^{n} \phi(Y_i, Z_i, h)$$

来得到估计. 其中 $\phi(\cdot)$ 为形式已知但是含有未知参数的函数.

交叉核实的步骤是:

(1) 给定 h.

(2) 从 n 个数据中选出 m 个作为核实组.

(3) 用剩下 $(n-m)$ 个数据得到 $\theta(\cdot)$ 的估计 $\widehat{\theta}(\cdot)$.

(4) 将核实组的 m 个数据 $\{Z^{(1)}, \cdots, Z^{(m)}\}$ 代入 $\widehat{\theta}(\cdot)$, 得到 $Y_*^{(1)}, \cdots, Y_*^{(m)}$.

(5) 计算 $e = \sum\limits_{i=1}^{m} (Y_*^{(i)} - Y^{(i)})^2 / m$.

(6) 重复 (2)~(5) 步 k 次 (k 足够大), 分别得到相应的 $e_1, \cdots, e_k$, 计算 $CV(h) = \sum\limits_{i=1}^{k} e_i / k$, 则使得 $CV(h)$ 最小的 h 即为最佳窗宽.

13.3 非参数估计收敛性

我们先看一个参数模型的简单情形.

给定一个函数 (组)$\boldsymbol{\psi}(Y, \boldsymbol{\theta})$, 满足 $E(\boldsymbol{\psi}(Y, \boldsymbol{\theta})) = 0$, 则构造的估计方程为

$$\frac{1}{n} \sum_{i=1}^{n} \boldsymbol{\psi}(Y_i, \theta) = 0. \tag{13.6}$$

由式 (13.6) 可解得 $\boldsymbol{\theta}$ 的估计值 $\widehat{\boldsymbol{\theta}}$, 则

$$\frac{1}{n} \sum_{i=1}^{n} \boldsymbol{\psi}(Y_i, \widehat{\boldsymbol{\theta}}) - \frac{1}{n} \sum_{i=1}^{n} \boldsymbol{\psi}(Y_i, \boldsymbol{\theta}) = \frac{1}{n} \sum_{i=1}^{n} \nabla_\theta \boldsymbol{\psi}(Y_i, \boldsymbol{\theta}^*)(\widehat{\boldsymbol{\theta}} - \boldsymbol{\theta}), \tag{13.7}$$

其中 $\boldsymbol{\theta}^*$ 为介于 $\boldsymbol{\theta}$ 和 $\widehat{\boldsymbol{\theta}}$ 之间的值. 由 $\widehat{\boldsymbol{\theta}}$ 的求解过程知, 式 (13.7) 左边第一项为 0, 即

$$\sqrt{n}(\widehat{\boldsymbol{\theta}} - \boldsymbol{\theta}) = -\left(\frac{1}{n} \sum_{i=1}^{n} \nabla_\theta \boldsymbol{\psi}(Y_i, \boldsymbol{\theta}^*) \right)^{-1} \frac{1}{\sqrt{n}} \sum_{i=1}^{n} \boldsymbol{\psi}(Y_i, \boldsymbol{\theta}) \equiv -A \frac{1}{\sqrt{n}} \sum_{i=1}^{n} \boldsymbol{\psi}(Y_i, \boldsymbol{\theta}).$$

根据前面第 1 章或第 6 章, 我们知道, 在一定的正则性假设下可以得到估计的渐近正态性

$$\sqrt{n}(\widehat{\boldsymbol{\theta}} - \boldsymbol{\theta}) \xrightarrow{\mathscr{D}} N(0, \Sigma).$$

当模型为非参数模型时, 估计方程形如方程 (13.3). 设 $\widehat{\boldsymbol{\beta}} = (\widehat{b_0}, \cdots, \widehat{b_p})^\tau$ 为方程 (13.3) 的解, 一个重要的问题就是要得到 $\boldsymbol{\beta}$ 的估计 $\widehat{\boldsymbol{\beta}}$ 的渐近偏差和渐近方差,

实际上, 估计方程 (13.3) 常常是 q 维的, 这里仅考虑 $q=1$. 为了简单, 下面我们将未知参数转化为 $\boldsymbol{\alpha}\equiv(a_0,\cdots,a_p)^\tau$, 其中 $a_j=h^j\theta^j(z_0)/j!$. 此时 $\theta(z_0)$ 的估计是 $\widehat{\theta}(z_0)=\widehat{a}_0$. 类似于参数情形, 记

$$\mathcal{L}_n(a_0,\cdots,a_p)=\frac{1}{n}\sum_{i=1}^n\psi(Y_i,\boldsymbol{Z}_i^\tau\boldsymbol{\alpha})\boldsymbol{Z}_iK_h(Z_i-z_0), \tag{13.8}$$

其中 $\boldsymbol{Z}_i=(1,(Z_i-z_0)/h,\cdots,(Z_i-z_0)^p/h^p)^\tau$. 并且仍记 $B(z)$, $C(z)$, $\boldsymbol{D}_\mu(L)$, $D_p(\mu)$, $D_p(\nu)$ 与 13.2 节中定义相同. 从而有

$$\begin{aligned}0=&\mathcal{L}_n(\widehat{a}_0,\cdots,\widehat{a}_p)\\ \approx&\mathcal{L}_n(a_0,\cdots,a_p)+\nabla_\alpha\mathcal{L}_n(a_0,\cdots,a_p)(\widehat{\boldsymbol{\alpha}}-\boldsymbol{\alpha}),\end{aligned}$$

因此

$$\widehat{\boldsymbol{\alpha}}-\boldsymbol{\alpha}\approx-(B_*(z_0))^{-1}\mathcal{L}_n(a_0,\cdots,a_p). \tag{13.9}$$

其中 $B_*(z_0)=\nabla_\alpha\mathcal{L}_n(a_0,\cdots,a_p)=\partial\mathcal{L}_n(a_0,\cdots,a_p)/\partial\boldsymbol{\alpha}$. 容易看出

$$B_*(z_0)\xrightarrow{P}f_Z(z_0)B(z_0)\times D_p(\mu), \tag{13.10}$$

并可计算得

$$\mathrm{Cov}\{\mathcal{L}_n(a_0,\cdots,a_p)\}\sim(nh)^{-1}f_Z(z_0)C(z_0)D_p(\nu) \tag{13.11}$$

及 p 为奇数时,

$$E\{\mathcal{L}_n(a_0,\cdots,a_p)\}\approx-\frac{h^{p+1}}{(p+1)!}f_Z(z_0)B(z_0)\boldsymbol{D}_\mu(p+1)\theta^{p+1}(z_0))\{1+o(1)\}. \tag{13.12}$$

由式 (13.9)~式 (13.12), 我们得到如下渐近结果: 当 p 为奇数时,

$$\mathrm{Bias}((\widehat{a}_0,\cdots,\widehat{a}_p)^\tau)=\frac{h^{p+1}}{(p+1)!}\{D_p(\mu)\}^{-1}D_\mu(p+1)\theta^{(p+1)}(z_0)\{1+o(1)\}, \tag{13.13}$$

$$\begin{aligned}\mathrm{Cov}((\widehat{a}_0,\cdots,\widehat{a}_p)^\tau)=&\{nhf_Z(z_0)\}^{-1}\{B(z_0)\}^{-1}C(z_0)\{B^\tau(z_0)\}^{-1}\\ &\times\{D_p(\mu)\}^{-1}D_p(\nu)\{D_p^\tau(\mu)\}^{-1}\{1+o(1)\}.\end{aligned} \tag{13.14}$$

有了上面结论后, 我们可以给出定理 13.1 的证明.

定理 13.1 的证明 将 $\widehat{\lambda}(z)=\varrho(\widehat{\theta}(z))$ 在 $\theta(z)$ 处泰勒展开:

$$\widehat{\lambda}(z)=\lambda(z)+\dot{\lambda}^\tau(z)[\widehat{\theta}(z)-\theta(z)]+o(\widehat{\theta}(z)-\theta(z)),$$

则

$$E\{\widehat{\lambda}(z)\} = \lambda(z) + E\{\dot{\lambda}^\tau(z)[\widehat{\theta}(z) - \theta(z)]\}\{1 + o(1)\}.$$

注意到 $\widehat{\theta}(z_0) = \widehat{a}_0$ 这一事实, 将式 (13.13) 右端的第一分量代入上式即可得式 (13.4),

对 $\widehat{\lambda}(z)$ 使用 Delta 方法, 有

$$\mathrm{Var}\{\widehat{\lambda}(z)\} = \mathrm{Var}\{\dot{\lambda}^\tau(z)[\widehat{\theta}(z) - \theta(z)]\}\{1 + o(1)\},$$

将式 (13.14) 右端的第一对角元素代入上式即得式 (13.5). □

13.4 局部估计方程的其他进展

前面几节中我们考虑了一般数据类型下的局部估计方程, 由于数据类型对统计模型和统计推断方法有很大影响, 本节主要简单介绍局部估计方程在缺失数据和时间序列中的应用以及其他方面的一些进展.

在实际统计问题中经常遇到的一种数据类型是缺失数据. Wang 等 (1998) 和 Chen 等 (2006) 分别讨论了在协变量和响应变量随机缺失 (MAR) 情形下的局部估计方程, 并得到了与完全数据情形类似的渐近正态性. 在这两篇文献中无偏估计函数 $\psi(Y, z)$ 都取为 $\{Y - \mu(z)\}\mu^{(1)}(z)/V(z)$. 这里我们简单介绍一下响应变量随机缺失时, 怎样利用局部估计方程得到感兴趣函数 $\mu(z)$ 的估计. 令 (Z_1, Y_1, δ_1), $(Z_2, Y_2, \delta_2), \cdots, (Z_n, Y_n, \delta_n)$ 为一组独立观察值, 对每一个 i, 如果 Y_i 被观测, 则 $\delta_i = 1$, 否则 $\delta_i = 0$; Z_i 为可观测的协变量, 具有分布密度 f; 定义 $P(\delta_i = 1|Y_i, Z_i) = P(\delta_i = 1|Z_i) \equiv \pi(Z_i) > 0$, 当其未知时可以用核方法估计. 有三种方法可以得到 $\mu(z)$ 的估计,

(1) 基于完全观察数据 $\{(Z_i, Y_i) : \delta_i = 1, i = 1, \cdots, n\}$ 的局部估计方程

$$\sum_{i=1}^{n} \delta_i w(Z_i, z_0)\psi\left\{Y_i, \sum_{j=0}^{p} b_j(Z_i - z_0)^j\right\} G_p^\tau(Z_i - z_0) = 0, \tag{13.15}$$

(2) 基于逆概率加权的局部估计方程

$$\sum_{i=1}^{n} \frac{\delta_i}{\pi(Z_i)} w(Z_i, z_0)\psi\left\{Y_i, \sum_{j=0}^{p} b_j(Z_i - z_0)^j\right\} G_p^\tau(Z_i - z_0) = 0, \tag{13.16}$$

(3) 基于插补缺失值的局部估计方程

$$\sum_{i=1}^{n} w(Z_i, z_0)\psi\left\{\widehat{Y}_i^*, \sum_{j=0}^{p} b_j(Z_i - z_0)^j\right\} G_p^\tau(Z_i - z_0) = 0, \tag{13.17}$$

其中 $\widehat{Y}_i^*$ 是基于完全数据的插补缺失值. 用 $\widehat{Y}_i^* = \delta_i Y_i + (1-\delta_i)\widehat{\mu}(z)$ 代替 Y_i 得到估计方程 (13.17).

记 $\boldsymbol{\beta} = (b_0, \cdots, b_p)^\tau$, 并分别用 $\widehat{\boldsymbol{\beta}}_C(z)$, $\widehat{\boldsymbol{\beta}}_W(z)$, $\widehat{\boldsymbol{\beta}}_I(z)$ 表示由估计方程 (13.15)、(13.16)、(13.17) 得到的估计. 可以证明, $\widehat{\boldsymbol{\beta}}_C(z)$ 与 $\widehat{\boldsymbol{\beta}}_W(z)$ 具有相同的渐近正态性, 即 $\widehat{\boldsymbol{\beta}}_W(z)$ 并没有改进 $\widehat{\boldsymbol{\beta}}_C(z)$, 但与数据没有缺失 (参见 Fan, Heckman 和 Wand (1995)) 相比, 二者都具有更大的渐近方差. 同时, 恰当选择窗宽, 可以使 $\widehat{\boldsymbol{\beta}}_I(z)$ 的偏差比 $\widehat{\boldsymbol{\beta}}_C(z)$ 的偏差小. 插补方法的另一个好处是使得可使用的局部数据增多, 从而更稳定. 具体结果可以参见 Chen 等 (2006).

另一类重要数据就是时间序列. Cai (2003) 针对非线性离散和连续时间序列数据提出了非参数估计方程的方法, 对给定时间序列样本 $\{(Y_i, \boldsymbol{Z}_i), i = 1, \cdots, n\}$, 解决了估计方程 (13.3) 的估计的弱收敛问题, 并导出了此估计在 α- 混合假设下的渐近性质. 可以证明, 在一定的正则条件下, 估计方程 (13.3) 的估计 $\widehat{\boldsymbol{\theta}}(z_0)$ 依概率收敛于 $\theta(z_0)$; 并且有渐近正态性

$$\sqrt{nh}\left[\widehat{\theta}(z_0) - \theta(z_0) - \frac{h^2}{2}\mathrm{tr}\{\theta^2(z_0)\mu_2\} + o_p(h^2)\right] \xrightarrow{\mathscr{D}} N(0, \sigma^2(z_0)),$$

其中 $\mu_2 = \displaystyle\int uu^\tau K(u)\mathrm{d}u$, $\nu_0 = \displaystyle\int K^2(u)\mathrm{d}u$, 及

$$\sigma^2(z_0) = \frac{\nu_0 E[\psi(Y, \theta(Z))|Z = z_0]}{f(z_0)(E[\psi'(Y, \theta(Z))|Z = z_0])^2}.$$

具体条件及定理证明参见 Cai (2003).

注意到, 前面几节的讨论都假定了协变量 Z 是标量. 但现实中影响因变量的因素可能并不止一个, 因此必须考虑多元情形. 从理论上讲, 一元的方法可以直接推广到多元情形. 但是, 由于维数的增加, 会导致“**维数祸根**”现象 (curse of dimensionality), 即维数的增加所导致的数据样本量的指数增长, 在统计学中, 即使样本量很大, 散落在高维空间中仍显得很稀疏, 而且函数的估计的收敛速度很慢. Claeskens 和 Aerts (2000) 讨论的**加性多参数模型** (additive multiparameter model) 就是为了克服这一现象所做出的努力. 假设协变量是 D 维向量, 为了简化说明, 这里仅考虑 $q = 2$, 且每个参数都是协变量的可加函数情况

$$\boldsymbol{\theta}_k(\boldsymbol{z}_k) = \theta_{k1}(z_{k1}) + \cdots + \theta_{kD_k}(z_{kD_k}),$$

其中 $\boldsymbol{z}_k = (z_{k1}, \cdots, z_{kD_k}), k = 1, 2$, 则对第 i 个观测而言的估计函数为

$$\psi_k\{\boldsymbol{Y}_i; \alpha_1 + \theta_{11}(Z_{11i}) + \cdots + \theta_{1D_1}(Z_{1D_1i}), \alpha_2 + \theta_{21}(Z_{21i}) + \cdots + \theta_{2D_2}(Z_{2D_2i})\},$$

从而局部估计方程为

$$\begin{aligned}\boldsymbol{\psi}_1(\boldsymbol{b}(\boldsymbol{Z}_{11})) = \cdots = \boldsymbol{\psi}_1(\boldsymbol{b}(\boldsymbol{Z}_{1n})) = 0,\\ \boldsymbol{\psi}_2(\boldsymbol{b}(\boldsymbol{Z}_{21})) = \cdots = \boldsymbol{\psi}_2(\boldsymbol{b}(\boldsymbol{Z}_{2n})) = 0.\end{aligned} \tag{13.18}$$

其中

$$\boldsymbol{\psi}_1(z_1)=\begin{cases}\displaystyle\sum_{i=1}^{n}\psi_1\Big\{\boldsymbol{Y}_i;\alpha_1+\sum_{j=0}^{p_{1D1}}b_{1D_1j}(z_{1D_1})(Z_{1D_1i}-z_{1D_1})^j+b_{110}(Z_{11i})\\ \quad +\cdots+b_{1,D_1-1,0}(Z_{1,D_1-1,0}),\alpha_2+b_{210}(Z_{21i})+\cdots+b_{2D_20}(Z_{2D_2i})\Big\}\\ \quad\times K_{h1}(Z_{11i}-z_{11})(1,\cdots,(Z_{11i}-z_{11})^{p_{11}})^{\tau},\\ \displaystyle\sum_{i=1}^{n}\psi_1\Big\{\boldsymbol{Y}_i;\alpha_1+\sum_{j=0}^{p11}b_{11j}(z_{11})(Z_{11i}-z_{11})^j+b_{120}(Z_{12i})\\ \quad +\cdots+b_{1D_10}(Z_{1D_1i}),\alpha_2+b_{210}(Z_{21i})+\cdots+b_{2D_20}(Z_{2D_2i})\Big\}\\ \quad\times K_{h1}(Z_{1D_1i}-z_{1D_1})(1,\cdots,(Z_{1D_1i}-z_{1D_1})^{p_{1D_1}})^{\tau},\end{cases}$$

对 $\boldsymbol{\psi}_2(z_2)$ 的定义类似.

为了简单, 仅给出 $q=1$ 及 $D=2$ 时估计的渐近性质, 对 $q>1$ 或 $D>2$ 的推广是一般而繁杂的, 故此处略去. 假设未知参数有加性表达 $\theta(\boldsymbol{z})=\theta_1(z_1)+\theta_2(z_2)$. 设 $f(z_1,z_2)$ 为联合密度, $f_1(z_1)$, $f_2(z_2)$ 分别为 Z_1, Z_2 的边际密度, $K(\cdot)$ 是核函数, 记 $\mu_j(z,h_k)=\int u^jK(u)\mathrm{d}u$, $\nu_0(z,h_k)=\int K^2(u)\mathrm{d}u$, 则 p_1, p_2 都是奇数时, 在一定的正则条件下, 有如下渐近性质:

$$\begin{aligned}\mathrm{Bias}(\widehat{\theta}_1)=&\frac{h_1^{p_1+1}}{(p_1+1)!}\mu_{p_1+1}(Z_{1i},h_1)\theta_1^{(p_2+2)}(Z_{1i})\\ &+\frac{h_1^{p_1+1}}{(p_1+1)!}\mu_{p_1+1}C_1-\frac{h_2^{p_2+1}}{(p_2+1)!}\mu_{p_2+1}C_2\\ &+O_p(\frac{1}{\sqrt{n}})+o_p(h_1^{p_1+1}+h_2^{p_2+1}),\\ \mathrm{Var}(\widehat{\theta}_1)=&\frac{1}{nh_1}\nu_0(K_{p_1},Z_{1i})f_1^{-1}(Z_{1i})C_3+o_p\left(\frac{1}{nh_1}\right).\end{aligned}$$

更详细的讨论参见 Claeskens 和 Aerts (2000).

除此之外, Kauermann 等 (1998) 还考虑了局部估计方程的偏差校正估计, 有兴趣的读者可以查阅参考文献.

13.5 变系数回归模型的估计方程

变系数模型和更一般的半参数变系数模型是统计应用中广泛使用的模型之一. 许多目前很有用的模型都可归纳为变系数或半参数变系数模型的特例.

考虑如下部分线性变系数模型

$$Y = \boldsymbol{\beta}^\tau \boldsymbol{X} + \boldsymbol{\alpha}^\tau(U)\boldsymbol{Z} + \varepsilon, \tag{13.19}$$

其中 $\boldsymbol{\beta} = (\beta_1, \cdots, \beta_p)^\tau$ 是 p 维未知参数, $\boldsymbol{\alpha}(\cdot) = (\alpha_1(\cdot), \cdots, \alpha_q(\cdot))^\tau$ 是 q 维未知向量函数. $\boldsymbol{X}$, U 和 $\boldsymbol{Z}$ 分别是 p 维, 1 维和 q 维协变量. 参数部分 $\boldsymbol{\beta}$ 和非参数部分 $\boldsymbol{\alpha}(\cdot)$ 可由剖面最小二乘方法进行估计. 首先, 来处理参数 $\boldsymbol{\beta}$ 的估计, 模型 (13.19) 能够重写成

$$Y_i - \boldsymbol{X}_i^\tau \boldsymbol{\beta} = \sum_{j=1}^{q} \alpha_j(U_i) Z_{ij} + \varepsilon_i, \quad i = 1, \cdots, n, \tag{13.20}$$

其中 $\boldsymbol{X}_i = (X_{i1}, \cdots, X_{ip})^\tau$, $\boldsymbol{Z}_i = (Z_{i1}, \cdots, Z_{iq})^\tau$. 于是模型 (13.19) 就转化成变系数模型 (13.20). 对模型 (13.20) 中的非参数函数系数 $\{\alpha_j(\cdot), j = 1, \cdots, q\}$ 应用局部线性回归, 即对于在 u_0 的一个小邻域中的 u, 利用局部线性函数对 $\alpha_j(u)$ 进行逼近.

$$\alpha_j(u) \approx \alpha_j(u_0) + \alpha_j'(u_0)(u - u_0) \equiv a_j + b_j(u - u_0), \quad j = 1, \cdots, q,$$

其中 $a_j \equiv \alpha_j(u_0)$, $b_j \equiv \alpha_j'(u) = \partial \alpha_j(u)/\partial u$. 这样就导出了一个加权的极值目标函数

$$Q(Y, X, \boldsymbol{\theta}) = \sum_{i=1}^{n} \left[Y_i - \boldsymbol{X}_i^\tau \boldsymbol{\beta} - \sum_{j=1}^{q} \{a_j + b_j(U_i - u_0)\} Z_{ij} \right]^2 K_h(U_i - u_0), \tag{13.21}$$

其中 $\boldsymbol{\theta} = (a_1, \cdots, a_q, b_1, \cdots, b_q)^\tau$, $K_h(\cdot) = K(\cdot/h)/h$, $K(\cdot)$ 是一个核函数, h 是窗宽. 那么对于固定 $\boldsymbol{\beta}$, 首先求 $\{(a_j, b_j), j = 1, \cdots, q\}$ 使得目标函数 (13.21) 达到极小, 即求 $\boldsymbol{\theta}$ 的极值目标函数估计, 或称为加权最小二乘估计. 与此极值目标函数对应的估计方程是

$$\begin{aligned} 0 &= \psi(Y, X, \boldsymbol{\theta}) \\ &= \sum_{i=1}^{n} \left[Y_i - \boldsymbol{X}_i^\tau \boldsymbol{\beta} - \sum_{j=1}^{q} \{a_j + b_j(U_i - u_0)\} Z_{ij} \right] D_i(u_0) K_h(U_i - u_0), \end{aligned} \tag{13.22}$$

其中

$$D_i(u) = \left(\boldsymbol{Z}_i^\tau, \quad \frac{U_i - u}{h} \boldsymbol{Z}_i^\tau \right)^\tau,$$

方程 (13.22) 的解为

$$[\widehat{a}_1(u), \cdots, \widehat{a}_q(u), h\widehat{b}_1(u), \cdots, h\widehat{b}_q(u)]^\tau = (D_u^\tau W_u D_u)^{-1} D_u^\tau W_u (Y - X\boldsymbol{\beta}), \quad (13.23)$$

其中

$$X = \begin{pmatrix} X_{11} & \cdots & X_{1p} \\ \vdots & & \vdots \\ X_{n1} & \cdots & X_{np} \end{pmatrix}, \quad Z = \begin{pmatrix} Z_{11} & \cdots & Z_{1q} \\ \vdots & & \vdots \\ Z_{n1} & \cdots & Z_{nq} \end{pmatrix}, \quad D_u = \begin{pmatrix} \boldsymbol{Z}_1^\tau & \dfrac{U_1 - u}{h} Z_1^\tau \\ \vdots & \vdots \\ \boldsymbol{Z}_n^\tau & \dfrac{U_n - u}{h} Z_n^\tau \end{pmatrix}$$

且 $\boldsymbol{\varepsilon} = (\varepsilon_1, \cdots, \varepsilon_n)^\tau$, $\boldsymbol{Y} = (Y_1, \cdots, Y_n)^\tau$, $W_u = \mathrm{diag}(K_h(U_1 - u), \cdots, K_h(U_n - u))$. 把 $(\widehat{a}_1(u), \cdots, \widehat{a}_q(u))^\tau$ 代入模型 (13.20) 就得到以下结果

$$(I - S)\boldsymbol{Y} = (I - S)X\boldsymbol{\beta} + \boldsymbol{\varepsilon}^*, \quad (13.24)$$

其中

$$S = \begin{pmatrix} (\boldsymbol{Z}_1^\tau \quad 0_q^\tau) & (D_{u_1}^\tau W_{u_1} D_{u_1})^{-1} D_{u_1}^\tau W_{u_1} \\ \vdots & \vdots \\ (\boldsymbol{Z}_n^\tau \quad 0_q^\tau) & (D_{u_n}^\tau W_{u_n} D_{u_n})^{-1} D_{u_n}^\tau W_{u_n} \end{pmatrix},$$

由模型 (13.24) 容易得到 $\boldsymbol{\beta}$ 的最小二乘估计

$$\widehat{\boldsymbol{\beta}} = \{X^\tau (I - S)^\tau (I - S) X\}^{-1} X^\tau (I - S)^\tau (I - S)\boldsymbol{Y}. \quad (13.25)$$

进而 $\boldsymbol{\alpha}^\tau(u)$ 的估计可通过将式 (13.25) 代入式 (13.23) 得到.

在半参数模型中, 参数部分的显著性通常是我们最感兴趣的内容, 考虑如下线性假设检验问题:

$$H_0: \quad A\boldsymbol{\beta} = 0, \quad (13.26)$$

其中 A 为给定的 $l \times p$ 维满秩矩阵. 下面介绍**剖面似然比**(profile likelihood ratio, PLR) 统计量. 为了导出 PLR 统计量, 需要假设 $\boldsymbol{\varepsilon} \sim N(0, \sigma^2)$. 此时由上面方法得到的估计就是剖面似然估计. 在模型 (13.19) 下, 似然函数为

$$\ell(\boldsymbol{\alpha}, \boldsymbol{\beta}, \sigma) = -n \log(\sqrt{2\pi}\sigma) - \frac{\mathrm{RSS}_1}{2\sigma^2}. \quad (13.27)$$

其中 $\mathrm{RSS}_1=\sum_{i=1}^{n}(Y_i-\boldsymbol{\alpha}(U_i)^{\tau}\boldsymbol{Z}_i-\boldsymbol{\beta}^{\tau}\boldsymbol{X}_i)^2$, 将剖面似然估计 $\widehat{\boldsymbol{\beta}}$ 及 $\widehat{\sigma}^2=n^{-1}\mathrm{RSS}_1$(此处 $\mathrm{RSS}_1=\sum_{i=1}^{n}(Y_i-\widehat{\boldsymbol{\alpha}}(U_i)^{\tau}\boldsymbol{Z}_i-\widehat{\boldsymbol{\beta}}^{\tau}\boldsymbol{X}_i)^2$, 为符号简洁仍用 RSS_1 记) 代入式 (13.27), 可得无限制的剖面似然

$$\ell(H_1)=-\frac{n}{2}\log(2\pi/n)-\frac{n}{2}\log(\mathrm{RSS}_1)-\frac{n}{2}.$$

类似可得在 H_0 条件限制下的剖面似然 $\ell(H_0)$, 于是导出 PLR 统计量

$$T_n=\ell(H_1)-\ell(H_0)=\frac{n}{2}\log\left(\frac{\mathrm{RSS}_0}{\mathrm{RSS}_1}\right)\approx\frac{n}{2}\frac{\mathrm{RSS}_0-\mathrm{RSS}_1}{\mathrm{RSS}_1},\tag{13.28}$$

其中 $\mathrm{RSS}_0=\sum_{i=1}^{n}(Y_i-\widehat{\boldsymbol{\alpha}}_0(U_i)^{\tau}\boldsymbol{Z}_i-\widehat{\boldsymbol{\beta}}_0^{\tau}\boldsymbol{X}_i)^2$, 下标 0 表示在 H_0 下的剖面似然估计.

可以证明在零假设 (13.26) 下, 并给定一些条件, PLR 统计量 $2T_n$ 近似服从 $\chi^2_{(l)}$ 分布. 具体条件及证明细节请参见 Fan 和 Huang (2005).

关于非参数部分 $\{\alpha_1(\cdot),\cdots,\alpha_q(\cdot)\}$, 我们通常关注其能否被一个参数模型替代, 即检验假设:

$$H_0:\ \boldsymbol{\alpha}(u)=\boldsymbol{\alpha}(u,\boldsymbol{\theta}),$$

比如, 考虑假设检验问题

$$H_0:\alpha_1(\cdot)=\alpha_1,\cdots,\alpha_q(\cdot)=\alpha_q,\tag{13.29}$$

则可导出广义似然比 (GLR) 统计量

$$T_0=\frac{n}{2}\log\left(\frac{\mathrm{RSS}_0}{\mathrm{RSS}_1}\right),$$

这里 $\mathrm{RSS}_0=\sum_{i=1}^{n}(Y_i-\tilde{\boldsymbol{\alpha}}^{\tau}\boldsymbol{Z}_i-\tilde{\boldsymbol{\beta}}^{\tau}\boldsymbol{X}_i)^2$, $\tilde{\boldsymbol{\alpha}}$, $\tilde{\boldsymbol{\beta}}$ 为在假设 (13.29) 下的估计.

可以证明在零假设 (13.29) 下, 并给定一些条件, GLR 统计量也服从一个卡方分布. 参见 Fan, Zhang 和 Zhang (2001) 及 Fan 和 Huang (2005).

13.6 一个例子: 变系数生产函数

应用经济计量学中的一个最基本的问题是生产函数的拟合, 它代表了产出与要素投入之间的技术关系. 在许多经验研究中, 生产函数把产出 Y 作为两种投入要素, 即劳动 L 和资本 K 的函数: $Y=f(L,K)$.

常用的 Cobb-Dauglas 生产函数 (C-D 生产函数) 是由美国数学家 Charles Cobb 和经济学家 Paul Dauglas 在 1928 年提出的, 他们认为生产函数具有如下形式

$$Y = AK^{\alpha}L^{\beta}, \tag{13.30}$$

其中 Y 表示产出, K 表示资本投入, L 表示劳动投入, A 为效率系数; α, β 分别表示资本与劳动的产出弹性, 且满足 $0 \leqslant \alpha \leqslant 1$ 和 $0 \leqslant \beta \leqslant 1$. $\alpha + \beta$ 大于 1, 等于 1, 小于 1 分别表示规模报酬递增, 不变和递减. 为了更好地刻画生产函数随时间变化的特点, 可以用如下具有时变系数的 C-D 模型:

$$Y = A(t)K^{\alpha(t)}L^{\beta(t)}, \tag{13.31}$$

上面模型的一个特例就是 $A(t)$ 为固定常数 1, 此时生产函数可以表示为

$$Y = K^{\alpha(t)}L^{\beta(t)}. \tag{13.32}$$

由于经济中处理的通常是时间序列变量, 因此, 本节重点研究此类含有时间参数的生产函数模型.

13.6.1 模型建立及求解

为了对数据进行尽量好的拟合, 对模型 (13.32) 作取对数处理:

$$\log Y = \alpha(t)\log K + \beta(t)\log L + u, \tag{13.33}$$

其中时变参数 $\alpha(t)$ 和 $\beta(t)$ 分别表示资本和劳动的产出弹性系数函数, u 为随机误差项. 由于弹性系数函数的形式是未知的, 因此, 考虑采用局部多项式方法进行估计. 在罗羡华, 杨振海和周勇 (2009) 中对此模型进行了研究.

局部多项式方法中, 最基本且最常用的是局部线性方法. 假设弹性系数函数 $\alpha(t)$ 和 $\beta(t)$ 分别二阶连续可导. 对于任意给定的 t_0 和 t_0 的一个邻域内的 t, 通过 Taylor 展开, 取一阶近似有

$$\begin{aligned} \alpha(t) &\approx \alpha(t_0) + \alpha'(t)(t - t_0) \equiv \alpha_0 + \alpha_1(t - t_0), \\ \beta(t) &\approx \beta(t_0) + \beta'(t)(t - t_0) \equiv \beta_0 + \beta_1(t - t_0), \end{aligned} \tag{13.34}$$

建立局部线性回归模型, 即选取合适的 α_0, α_1 和 β_0, β_1, 最小化下面极值目标函数

$$\sum_{i=1}^{n}\{\log Y_i - [\alpha_0 + \alpha_1(t_i - t_0)]\log K_i - [\beta_0 + \beta_1(t_i - t_0)\log L_i\}^2 W\left(\frac{t_i - t_0}{h}\right), \tag{13.35}$$

其中 $W(\cdot)$ 是非负权函数, h 是窗宽. $W(\cdot)$ 和 h 的数学意义在于体现了“局部”的思想. 这是因为, 非负权函数 $W(\cdot)$ 在变量绝对值比较大的时候接近或者等于 0, 即

距离 t_0 较远的时间的数据对 t_0 点的局部回归影响较小. 记

$$Y_i^*=\log Y_i,\quad K_i^*=\log K_i,\quad L_i^*=\log L_i,\quad \boldsymbol{Y}^*=(Y_1^*,\cdots,Y_n^*)^\tau,\quad \boldsymbol{\theta}=(\alpha_0,\beta_0,\alpha_1,\beta_1)^\tau,$$

$$Q=\mathrm{diag}\left(W\left(\frac{t_1-t_0}{h}\right),\cdots,W\left(\frac{t_n-t_0}{h}\right)\right),$$

$$Z=\begin{pmatrix} K_1^* & L_1^* & (t_1-t_0)K_1^* & (t_1-t_0)L_1^* \\ \vdots & \vdots & \vdots & \vdots \\ K_n^* & L_n^* & (t_n-t_0)K_n^* & (t_n-t_0)L_n^* \end{pmatrix}.$$

容易得到模型 (13.35) 的解

$$\widehat{\boldsymbol{\theta}}(t_0)=(Z^\tau QZ)^{-1}Z^\tau Q\boldsymbol{Y}^*. \tag{13.36}$$

因此, 基于局部多项式方法, 资本和劳动产出弹性系数函数 $\alpha(t_0)$ 和 $\beta(t_0)$ 的估计分别为

$$\widehat{\alpha}(t_0)=\widehat{\alpha}_0=\mathbf{e}_1^\tau\widehat{\boldsymbol{\theta}}(t_0),\quad \widehat{\beta}(t_0)=\widehat{\beta}_0=\mathbf{e}_2^\tau\widehat{\boldsymbol{\theta}}(t_0).$$

其中 $\mathbf{e}_j$ 表示仅第 j 个元素为 1, 其余元素为 0 的列向量.

13.6.2 弹性系数时变性的广义似然比检验

考虑模型 (13.32)(也即模型 (13.33)) 中弹性系数函数是否真正随时间变化的问题, 等价于检验假设

$$H_0:\alpha(t)=\alpha,\quad \beta(t)=\beta, \tag{13.37}$$

其中 α 和 β 是未知常数.由于模型 (13.33) 可视为 13.5 节中模型 (13.19) 的特例, 因此上面检验问题也是 (13.29) 的特例, 可用 13.5 节介绍的广义似然比 (GLR) 方法对其进行检验. GLR 统计量为

$$T_n=\frac{n}{2}\log\left(\frac{\mathrm{RSS}_0}{\mathrm{RSS}_1}\right).$$

Fan, Zhang 和 Zhang(2001) 证明了在一些正则条件下, r_WT_n 的分布近似于自由度为 μ_n 的卡方分布. 其中 $\mu_n=r_Wc_Wp|\Omega|/h$, $|\Omega|$ 是 t 的支撑的长度, p 是模型中变系数函数的个数, h 为窗宽.

$$r_W=\frac{W(0)-\displaystyle\int W^2(u)\mathrm{d}u/2}{\displaystyle\int (W(u)-W*W(u)/2)^2\mathrm{d}u},\quad c_W=W(0)-\int W^2(u)\mathrm{d}u/2,$$

由于对于有限样本, 渐近分布不一定能给出一个好的近似, 为此, 可用非参数条件自助法, 或者用扩大自由度的方法, 即用自由度为 μ_n+2p 的卡方分布代替自由度为 μ_n 的卡方分布的方法来处理.

13.6.3 实证研究: 中国时变弹性系数生产函数

本节的实证研究是罗羡华, 杨振海和周勇 (2009) 中的一个例子. 数据来源于中国统计年鉴, 数据范围为 1981 年到 2004 年. 选取国民生产总值作为产出 Y, 社会总投资水平作为资本 K, 社会劳动者人数作为劳动 L. 国民生产总值和社会总投资水平都是以 1978 年为基期的可比价表示, 单位为亿元. 社会劳动者人数为年底数, 单位为万人.

下面考虑用局部线性模型 (13.35) 来估计中国的时变弹性系数生产函数. 选取非负加权函数 $W(x)=0.75(1-x^2)_+$. 首先用交叉核实法选取窗宽 $h=0.58$, 交叉核实函数如图 13.1 所示.

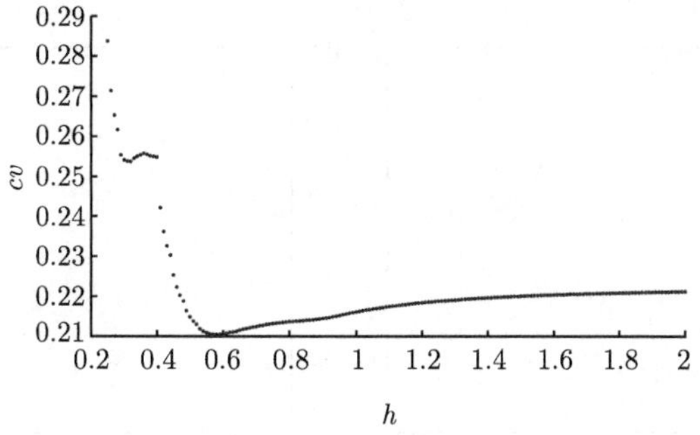

图 13.1 交错核实函数

在零假设 (13.37) 下估计模型 (13.33), 得到 $\mathrm{RSS}_0=0.741$. 而无限制下用局部线性估计方法进行估计, 得到 $\mathrm{RSS}_0=0.0594$. 局部线性估计的有关结果见表 13.1 和如图 13.2 所示. 由于使用时间序列数据, 所以还需对残差序列进行序列相关性检验. 经过检验, 模型 (13.33) 不具有序列相关性. 可算出 $\mu_n=3.1511$, $r_W=2.1153$, 广义似然比统计量 $T_n=30.2844$. 对于给定的显著性水平 0.05, 自由度为 8 的 $\chi^2_{(8)}$ 分布的临界值为 15.51. 由于 $r_wT_n=64.0606>15.51$, 因此拒绝零假设 (13.37), 可以认为变系数模型 (13.33) 是合适的. 局部线性估计结果表明, 在 1981 年到 2004 年时期内, 中国的资本产出弹性和劳动产出弹性以及规模报酬都不是常数, 而是随着时间的推移而发生变化的, 是时间的非线性函数. 资本产出弹性在 0.21 至 0.68 之间, 劳动产出弹性在 0.44 至 0.89 之间, 规模报酬在 0.89 至 1.14 之间.

表 13.1　产出弹性和规模报酬估计结果

年份	资本产出弹性	劳动产出弹性	规模报酬	年份	资本产出弹性	劳动产出弹性	规模报酬
1981	0.3033	0.5953	0.8986	1993	0.6747	0.4501	1.1248
1982	0.3236	0.5913	0.9148	1994	0.6620	0.4685	1.1305
1983	0.3368	0.5916	0.9284	1995	0.6366	0.4964	1.1330
1984	0.3479	0.5933	0.9412	1996	0.6015	0.5315	1.1330
1985	0.3684	0.5886	0.9571	1997	0.5540	0.5762	1.1301
1986	0.4071	0.5718	0.9789	1998	0.4996	0.6261	1.1257
1987	0.4588	0.5459	1.0047	1999	0.4502	0.6721	1.1223
1988	0.5163	0.5156	1.0319	2000	0.4031	0.7164	1.1195
1989	0.5748	0.4842	1.0589	2001	0.3477	0.7672	1.1149
1990	0.6269	0.4567	1.0836	2002	0.2869	0.8222	1.1091
1991	0.6615	0.4415	1.1029	2003	0.2431	0.8636	1.1067
1992	0.6747	0.4412	1.1159	2004	0.2191	0.8886	1.1077

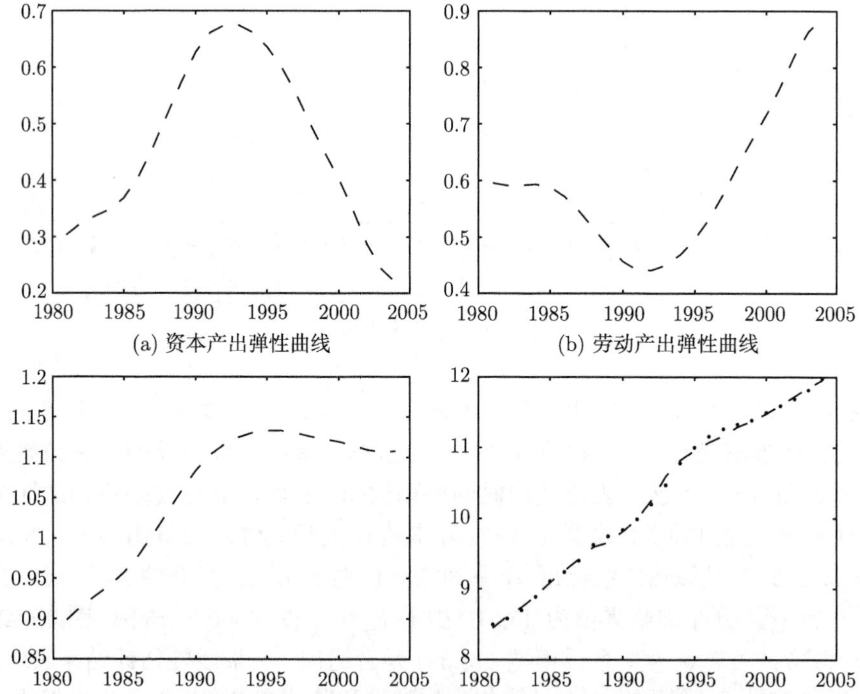

(a) 资本产出弹性曲线　(b) 劳动产出弹性曲线

(c) 规模报酬曲线　(d) 拟合曲线

图 13.2　用局部线性估计法, 窗宽 h=0.58

拟合曲线中点线是国民生产总值 (对数值), 虚线是拟合值 (对数值)

13.6.4 进一步的讨论

事实上, 我们可考虑半参数部分线性模型来考察不同的生产函数. 在 C-D 生产函数中, A 代表效率系数, 是广义技术进步水平的反映. 在应用中, 往往将它处理为常数. A 作为一个反应生产效率的参数, 不随时间变化的假设就显得过于理想化. 在上面的非参数模型中, 通过允许资本和劳动的产出弹性系数函数 $\alpha(t)$ 和 $\beta(t)$ 随时间变化, 来间接反映 A 的时变性质. 此外还可以直接考察 A 的时变性质. 黄爽 (2007) 按照 Solow(1957) 的思想将基本 C-D 模型 (13.30) 进行改进.

$$Y = A(t)L^{\alpha}K^{\beta},$$

则得到半参数部分线性模型

$$\ln Y = \ln A(t) + \alpha \ln L + \beta \ln K, \tag{13.38}$$

利用本章的局部估计方程方法可以给出非参数部分和参数部分系数的相合估计, 然后应用到农业的投入产出研究中, 更多的内容见黄爽 (2007) 的文章.

第 14 章 非参和半参局部拟似然估计

广义线性模型是正态线性模型的直接推广，它适用于连续型和离散型响应变量的建模，尤其是后一种情况，如属性数据、计数数据的建模，这使得它在生物、医学、经济和社会数据的实际应用上，具有重要意义. 第 11 章我们已经讨论了参数广义线性模型，本章我们将参考目前的一些文献，讨论非参和半参数广义线性模型. 实际中，不管响应变量是连续的还是离散的，都可以考虑一种分布族，即指数分布族，指数分布族包括了许多常用的分布，像高斯分布、泊松分布、二项分布和 Gamma 分布等. 有关广义线性模型详细内容可参见 McCullagh 和 Nelder (1989) 写的一本专著.

14.1 非参数局部拟似然估计

设 $(Y_1, \boldsymbol{X}_1), \cdots, (Y_n, \boldsymbol{X}_n)$ 是一组简单随机样本，其中 Y_i 是响应变量，$\boldsymbol{X}_i$ 是相应的协变量. 假设给定 $\boldsymbol{X} = \boldsymbol{x}$ 下 $\boldsymbol{Y}$ 的条件密度服从如下的**典则的** (Canonical) **指数族**

$$f(y|\boldsymbol{x}) = \exp\{\{\theta(\boldsymbol{x})y - b(\theta))\}/a(\phi) + c(y, \phi)\}, \tag{14.1}$$

其中函数 $a(\cdot)$ $b(\cdot)$ 和 $c(\cdot, \cdot)$ 是已知函数，ϕ 为发散参数，$\theta(\cdot)$ 称为**典则参数**. 注意到这里的 $\theta(\boldsymbol{x})$ 依赖于协变量. 如果把 $\theta(\boldsymbol{x})$ 看成协变量 $\boldsymbol{x}$ 的参数形式，那么这个模型就是通常意义下的广义线性模型. 而在这里，所讨论的 $\theta(\boldsymbol{x})$ 是一个半参数或者非参数形式，因此，对应的模型应当称为半参数或非参数指数族模型，也称为**半参数或非参数广义线性模型**. 那么根据指数分布族的特征可以得知

$$m(\boldsymbol{x}) = E(Y|\boldsymbol{X} = \boldsymbol{x}) = b'\{\theta(\boldsymbol{x})\}, \tag{14.2}$$

$$\mathrm{Var}(Y|\boldsymbol{X} = \boldsymbol{x}) = a(\phi)b''\{\theta(\boldsymbol{x})\}. \tag{14.3}$$

在参数广义线性模型中，我们假设存在一个已知的连结函数 $g(\cdot)$，使得

$$g\{m(\boldsymbol{x})\} = \eta(\boldsymbol{x}) = \boldsymbol{x}^{\tau}\beta, \tag{14.4}$$

如果 $g = (b')^{-1}$，则称 g 为**典则连结函数**，而此时 $g\{m(\boldsymbol{x})\}$ 就是典则参数. 但在半参数或非参数广义线性模型中，我们并不假设模型 $m(\boldsymbol{x}) = E(Y|\boldsymbol{X} = \boldsymbol{x})$ 服从式 (14.4) 的参数形式. 而直接考虑如下关系 $\eta(\boldsymbol{x}) = g\{m(\boldsymbol{x})\}$.

如果不能假设 $(Y_1, \boldsymbol{X}_1), \cdots, (Y_n, \boldsymbol{X}_n)$ 来自于指数分布族, 但我们能够确定其条件方差与条件均值有如下关系

$$\mathrm{Var}(\boldsymbol{Y}|\boldsymbol{X}=\boldsymbol{x}) = V\{m(\boldsymbol{x})\}, \tag{14.5}$$

其中 $V(\cdot)$ 是一个已知的函数, 则正如参数广义线性模型一样, 可以考虑如下的拟似然

$$\frac{\partial}{\partial \mu} Q(\mu, y) = \frac{y-\mu}{V(\mu)}. \tag{14.6}$$

如果取 μ 为给定 $\boldsymbol{X}$ 下 $\boldsymbol{Y}$ 的均值, 那么式 (14.6) 就是拟似然的得分. 我们已经知道, 在参数广义线性模型中, 如果 $(Y_1, \boldsymbol{X}_1), \cdots, (Y_n, \boldsymbol{X}_n)$ 真的来自于指数分布族, 那么上面的函数就是真实似然得分. 那么式 (14.6) 就是一个合适的估计函数.

虽然半参数广义线性模型或非参数广义线性模型与参数广义线性模型结构类似, 但是对非参数的估计需要非参数光滑技术. 首先考察非参数广义线性模型. 为了简单, 下面讨论协变量 $\boldsymbol{X}$ 仅是一维的情形.

设 $(Y_1, \boldsymbol{X}_1), \cdots, (Y_n, \boldsymbol{X}_n)$ 为独立同分布样本, 其均值函数为 $m(\cdot)$, 方差函数为 $V\{m(\cdot)\}$. 我们感兴趣的是估计 $\eta(x) = g\{m(x)\}$ 或它的 ν 阶导数 $\eta^{(\nu)}(\cdot)$. 这里, 使用局部化的思想对这个非参数函数进行估计, 这里直接使用附录 B 中非参局部回归方法, 也就是说, 在 x 的邻域内任意一点 z, 将 $\eta(z)$ 展开成多项式 $\eta(z) \approx \beta_0 + \cdots + \beta_p(z-x)^p$, 使用 x 周围的局部数据, 得到**局部拟似然函数**

$$\sum_{i=1}^{n} Q(g^{-1}(\beta_0 + \cdots + \beta_p(X_i - x)^p), Y_i) K_h(X_i - x), \tag{14.7}$$

其中 $K(\cdot)$ 是一核函数, $K_h(\cdot) = K(\cdot/h)/h$, h 是一窗宽参数, $\beta_0, \cdots, \beta_p$ 是待估参数. 且 $\eta^{(\nu)}(x) = \nu!\beta_\nu(x)$. 关于参数 $\beta_0, \cdots, \beta_p$ 极大化式 (14.7), 得到**极大局部拟似然估计**

$$\widehat{\eta}^{(\nu)}(x) = \nu!\widehat{\beta}_\nu(x), \tag{14.8}$$

其中 $\nu = 0, 1, \cdots, p$. 像附录 B 中局部非参数回归一样, 在估计这些参数中, 更偏向于取 $p-\nu$ 为奇数, 通常人们取 $p = \nu+1$ 或有时会取 $p = \nu+3$, 均值回归能通过连结函数的逆给出, 其估计为 $\widehat{m}(x) = g^{-1}(\widehat{\eta})$.

对于广义线性模型 (14.1), 假定其方差函数由式 (14.3) 给出, 即满足非参数指数族的假设. 那么在这种情况下, 局部拟似然函数就是局部似然函数. 那么此时的非参数估计中就可以应用典则连结函数. 在这里窗宽参数控制全局的非参数拟合, 因此窗宽的选择在这里也是很重要的.

一般局部拟似然 (14.7) 的极大值点不会有显式解, 即无法获得均值回归及其导数的估计的显式表达式, 除非 $p=0$. 那么直接计算局部拟似然估计是不可能的, 只能通过 Newton-Raphson 或 Fisher 得分等算法求解. 因为局部拟似然函数是凸的, 因此, 这些迭代算法很快就会收敛. 对于 $p=0$, 我们有

$$\widehat{\eta}_0(x)=\widehat{\eta}(x)=g\left\{\sum_{i=1}^{n}K_h(X_i-x)Y_i/\sum_{i=1}^{n}K_h(X_i-x)\right\},$$

这就是 Nadaraya-Watson 估计的推广.

下面给出局部拟似然估计量的渐近偏差和渐近方差, 设 $K(\cdot)$ 为有紧支撑集的对称非负函数, $K_\nu^*(\cdot)$ 为它的等价核函数, 等价核函数的定义和性质可以参见 Fan 和 Gijbels (1996), X 的边际密度为 $f(x)$.

定理 14.1 设 $p-\nu$ 为奇数, 本章末补充材料中假设条件 (1)~(4) 满足, 且当 $n\to\infty$ 时 $h=h_n\to 0$, $nh\to\infty$, 如果 x 是设计密度 $f(x)$ 的支撑集内点, 则

$$\sigma_\nu^{-1}(x)\{\widehat{\eta}_\nu(x)-\eta^{(\nu)}(x)-b_\nu(x)\}\{1+o(h^{p+1-\nu})\}\xrightarrow{\mathscr{D}}N(0,1),$$

其中

$$b_\nu(x)=\frac{\nu!\eta^{(p+1)}(x)}{(p+1)!}h^{p-\nu+1}\int z^{p+1}K_\nu^*(z)\mathrm{d}z,$$

和

$$\sigma_\nu^2(x)=\int K_\nu^{*2}(z)\mathrm{d}z\frac{\nu!^2[g'(m(x))]^2\mathrm{Var}(Y|X=x)}{f(x)nh^{2\nu+1}}.$$

实际上, 在设计密度 $f(x)$ 支撑集边界点附近关于估计 $\widehat{\eta}_\nu(x)$ 有类似的渐近性质, 换句话说, 局部拟似然方法自动适应设计密度的边界区域, 这一结果及定理 14.1 均可参见 Fan 等 (1995). 为了避免不必要的烦琐, 定理 14.1 的正则条件和具体证明我们放在本章末的补充材料中. 有了 $\widehat{\eta}_\nu(x)$ 渐近性质, 由关系 $\widehat{m}(x)=g^{-1}(\widehat{\eta})$, 自然就会得到所关心的估计量 $\widehat{m}(x)$ 的渐近性质.

定理 14.2 假设定理 14.1 的条件满足并且 $nh^3\to\infty$, 则偏差 $\widehat{m}(x)-m(x)$ 与定理 14.1 中 $\widehat{\eta}(x)-\eta(x)$(即 $\nu=0$) 有相同的渐近行为, 只需在渐近偏差中除以 $g'\{m(x)\}$, 渐近方差中除以 $[g'\{m(x)\}]^2$.

14.2 半参数局部拟似然估计

在参数广义线性模型中, 假设均值函数和方差函数是

$$E(Y|\boldsymbol{X})=\mu=h(\boldsymbol{X}^\tau\beta),\quad V(\mu)=\mathrm{Var}(Y|\boldsymbol{X})=\sigma^2(\mu)=\phi v(\mu),\tag{14.9}$$

其中 $v(\mu)$ 是方差函数, ϕ 是扩散参数, 则拟似然 $Q(\beta)$ 的得分函数 (称拟得分函数) 可以定义为

$$\frac{\partial Q(\beta)}{\partial\beta}=\sum_{i=1}^{n}\frac{(y_i-\mu_i(\beta))\mu_i'(\beta)}{V(\mu_i(\beta))}, \tag{14.10}$$

或拟似然$Q(\beta)$, $Q(\beta)$ 的定义为

$$Q(\beta)=\sum_{i=1}^{n}Q(\beta;Y_i)=\sum_{i=1}^{n}\int_{\mu_i}^{Y_i}\frac{s-Y_i}{V(s)}\mathrm{d}s. \tag{14.11}$$

在第 11 章已作介绍, 在一些正则条件下, $\sum\limits_{i=1}^{n}Q(\beta,Y_i)$ 的行为就像基于样本 $Y_1,\cdots,Y_n$ 对于参数 μ 的对数似然函数, $Q(\beta,Y)$ 的行为就像 Y 的对数密度函数. 例如, 应用分部积分公式, $Q(\beta,Y)$ 可以写成

$$(Y-\mu)\Lambda(\mu)+\int^{\mu}\Lambda(s)\mathrm{d}s,\quad \Lambda(\mu)=\int^{\mu}\frac{1}{V(s)}\mathrm{d}s.$$

设 $Q^*(\mu)=E_{\mu_0}(Q(\beta;Y))$, 其中 μ_0 表示真实参数, 容易证明 $Q^*(\mu(u))$ 在 $\mu=\mu_0$ 处有唯一的极大值. 因此, 在一些标准的正则条件下, 拟似然估计 $\widehat{\mu}$ 是 μ_0 的相合估计, 且 $\sqrt{n}(\widehat{\mu}-\mu_0)$ 是渐近正态的.

现考虑半参数广义线性模型. 设 $(Y_i,\boldsymbol{X}_i,T_i), i=1,\cdots,n$ 是独立且与 $(\boldsymbol{Y},\boldsymbol{X},T)$ 同分布, 其中 Y 是响应变量, $\boldsymbol{X}$ 是 $p\times 1$ 协变量, T 是 $q\times 1$ 的协变量. 设 $E(\boldsymbol{Y}|\boldsymbol{X},T)=\mu(\boldsymbol{X},T)$ 和 $\mathrm{Var}(Y|\boldsymbol{X},T)=\phi^2V(\mu(\boldsymbol{X},T))$, ϕ^2 是未知的扩散参数, μ 是未知的参数, V 是已知的函数. 如果还进一步假定模型是参数模型 $\mu(\boldsymbol{X},T)=h(T^\tau\boldsymbol{\alpha}+\boldsymbol{X}^\tau\boldsymbol{\beta})$, 其中 h 是已知的单调函数, 且 $\boldsymbol{\alpha}=(\alpha_1,\cdots,\alpha_q)^\tau$ 和 $\boldsymbol{\beta}=(\beta_1,\cdots,\beta_p)^\tau$ 是未知参数向量. 如果给定 $\boldsymbol{X},T$ 时, Y 的条件分布是指数族, 则 $\boldsymbol{\alpha}$ 和 $\boldsymbol{\beta}$ 的极大似然估计就是极大化下式

$$\sum_{i=1}^{n}Q(h(T_i^\tau\boldsymbol{\alpha}+\boldsymbol{X}_i^\tau\boldsymbol{\beta});Y_i)$$

的 $\boldsymbol{\alpha}$ 和 $\boldsymbol{\beta}$ 值. 此时所求的极大似然估计可以求解下面关于 $\boldsymbol{\alpha}$ 和 $\boldsymbol{\beta}$ 的估计方程

$$\frac{\partial}{\partial\alpha_k}\sum_{i=1}^{n}Q(h(T_i^\tau\boldsymbol{\alpha}+\boldsymbol{X}_i^\tau\boldsymbol{\beta});Y_i)=0,\quad k=1,2,\cdots,q, \tag{14.12}$$

$$\frac{\partial}{\partial\beta_k}\sum_{i=1}^{n}Q(h(T_i^\tau\boldsymbol{\alpha}+\boldsymbol{X}_i^\tau\boldsymbol{\beta});Y_i)=0,\quad k=1,2,\cdots,p. \tag{14.13}$$

但是当给定 $\boldsymbol{X},T$ 下, Y 的条件分布不是指数族时, 可以应用第 11 章的拟似然估计方法, 只需假定 Y 的条件均值和条件方差满足一定关系, 而不需要对 Y 的条件分

布做任何假设. 对于求解估计方程 (14.12) 和 (14.13) 时, 可以应用二步法. 特别是当参数的维数很高时, 二步法会有更稳定的解. 其思想是, 首先固定 $\boldsymbol{\beta}$, 通过求解估计方程 (14.12) 获得 $\boldsymbol{\alpha}$ 的估计 $\widehat{\boldsymbol{\alpha}}$, 当然, 此时的估计 $\widehat{\boldsymbol{\alpha}}$ 依赖于未知参数 $\boldsymbol{\beta}$ 的值, 然后极大化关于 $\boldsymbol{\beta}$ 拟似然函数

$$\sum_{i=1}^{n} Q(h(T_i^\tau \widehat{\boldsymbol{\alpha}} + \boldsymbol{X}_i^\tau \boldsymbol{\beta}); Y_i).$$

此时, 由于估计 $\widehat{\boldsymbol{\alpha}}$ 是依赖于 $\boldsymbol{\beta}$ 的, 一般地, 记为 $\widehat{\boldsymbol{\alpha}}_{\boldsymbol{\beta}}$. 因此, $\boldsymbol{\beta}$ 的极大似然估计不是直接求解估计方程 (14.13), 而是求解如下的“剖面” (Profile) 拟似然的得分方程

$$\frac{\partial}{\partial \beta_k} \sum_{i=1}^{n} Q(h(T_i^\tau \widehat{\boldsymbol{\alpha}}_\beta + \boldsymbol{X}_i^\tau \boldsymbol{\beta}); Y_i) = 0, \quad k = 1, 2, \cdots, p. \tag{14.14}$$

这种估计思想在半参数模型中具有重要作用, 可以直接应用到所有半参数广义线性模型中. 现考虑半参数广义线性模型

$$\begin{aligned} &E(Y|\boldsymbol{X}, T, W) = \mu(\boldsymbol{X}, T, W) = h\{\boldsymbol{\alpha}(W)^\tau T + \boldsymbol{X}^\tau \boldsymbol{\beta}\}, \\ &\mathrm{Var}(Y|\boldsymbol{X}, T, W) = \phi^2 V(\mu), \end{aligned}$$

其中 $\boldsymbol{X}, T$ 和 W 是不同维数的协变量, h 是已知的单调函数, 且 $\boldsymbol{\alpha} = (\alpha_1, \cdots, \alpha_q)^\tau$ 和 $\boldsymbol{\beta} = (\beta_1, \cdots, \beta_p)^\tau$ 是未知参数向量. 不妨设 W 是一维的协变量, 那么可以应用局部化方法对这些参数或非参数函数进行估计. 考虑对非参数函数 $\boldsymbol{\alpha}(W)$ 在 W 分布支撑内一点 w_0 进行一阶泰勒展开, 即

$$\boldsymbol{\alpha}(W) \approx \boldsymbol{\alpha}(w_0) + \boldsymbol{\alpha}'(w_0)(W - w_0),$$

因此, 得到如下局部拟然函数

$$\sum_{i=1}^{n} K\left(\frac{w_0 - W_i}{h}\right) Q\{h(\boldsymbol{\xi}_1^\tau T_i + \boldsymbol{\xi}_2^\tau T_i(W_i - w_0) + \boldsymbol{X}_i^\tau \boldsymbol{\beta}); Y_i)\}, \tag{14.15}$$

其中 $\boldsymbol{\xi}_1 = (\alpha_1(w_0), \cdots, \alpha_q(w_0))^\tau$ 和 $\boldsymbol{\xi}_2 = (\alpha_1'(w_0), \cdots, \alpha_q'(w_0))^\tau$. 如果关于参数 $\boldsymbol{\xi}_1, \boldsymbol{\xi}_2$ 和 $\boldsymbol{\beta}$ 直接极大化上面的拟似然函数 (14.15), 只能获得相应参数的局部估计. 因此获得的估计 $\widehat{\boldsymbol{\alpha}}$ 和 $\widehat{\boldsymbol{\beta}}$ 都只是以 $\sqrt{nh}$ 速度收敛于正态分布. 因此, 若要提高模型中参数估计的收敛速度, 则需要应用上面的两步方法对 $\boldsymbol{\beta}$ 进行估计. 假设先固定 $\boldsymbol{\beta}$, 关于参数 $\boldsymbol{\xi}_1$ 和 $\boldsymbol{\xi}_2$ 求解下面得分方程获得参数 $\boldsymbol{\xi}_1$ 和 $\boldsymbol{\xi}_2$ 的估计 $\widehat{\boldsymbol{\xi}}_1$ 和 $\widehat{\boldsymbol{\xi}}_2$

$$\sum_{i=1}^{n} K\left(\frac{w_0 - W_i}{h}\right) \frac{\partial Q}{\partial \boldsymbol{\xi}}\{h(\boldsymbol{\xi}_1^\tau T_i + \boldsymbol{\xi}_2^\tau T_i(W_i - w_0) + \boldsymbol{X}_i^\tau \boldsymbol{\beta}); Y_i)\} = 0, \tag{14.16}$$

其中 $\boldsymbol{\xi}=(\boldsymbol{\xi}_1^\tau,\boldsymbol{\xi}_2^\tau)^\tau$, 因此估计 $\widehat{\boldsymbol{\xi}}_1$ 和 $\widehat{\boldsymbol{\xi}}_2$ 依赖于参数 $\boldsymbol{\beta}$. 之后把这两个参数估计代入上面的拟似然得分中可得

$$\sum_{i=1}^n \frac{\partial Q}{\partial \beta}\{h(\boldsymbol{\xi}_1^\tau T_i+\boldsymbol{\xi}_2^\tau T_i(W_i-w_0)+\boldsymbol{X}_i^\tau\boldsymbol{\beta});Y_i)\}=0, \tag{14.17}$$

这样获得参数 $\boldsymbol{\beta}$ 的估计 $\widehat{\boldsymbol{\beta}}$ 便有参数估计的速度 $n^{-1/2}$. 下面就以一个半参数广义部分线性模型为例来展开讨论. 假设模型满足如下条件

$$E(Y|\boldsymbol{X},T)=\mu(\boldsymbol{X},T)=h(\gamma(T)+\boldsymbol{X}^\tau\boldsymbol{\beta}),\quad \mathrm{Var}(Y|\boldsymbol{X},T)=\phi^2V(\mu),$$

其中 $\gamma(\cdot)$ 是从 $\mathbf{R}^q$ 到 $\mathbf{R}$ 未知的光滑函数, $\boldsymbol{\beta}$ 是未知 $p\times 1$ 的参数向量, 假定 T 在 $\mathcal{T}$ 上取值, 其中 $\mathcal{T}$ 是 $\mathbf{R}^q$ 的闭矩形. $\boldsymbol{\beta}$ 是感兴趣的参数, 而 $\gamma(\cdot)$ 是无限维的讨厌参数. 为了方便仅讨论 T 是一维的变量.

为了估计 $\boldsymbol{\beta}$ 和 γ 考虑如下的估计方程, 首先假设给定 $\boldsymbol{\beta}$, 固定 t, 下面方程 η 的解为 γ 的估计 $\widehat{\gamma}_\beta(t)$,

$$\sum_{i=1}^n K\left(\frac{t-T_i}{h}\right)\frac{\partial Q}{\partial \beta}(h(\eta+\boldsymbol{X}_i^\tau\boldsymbol{\beta});Y_i)=0, \tag{14.18}$$

其中 $K(\cdot)$ 是一核函数, h 是一窗宽. 给定估计 $\widehat{\gamma}_\beta(t)$, 则 $\boldsymbol{\beta}$ 的一个估计是下面方程的解

$$\frac{\partial}{\partial \boldsymbol{\beta}_k}\sum_{i=1}^n Q(h(\widehat{\gamma}_\beta(T_i)+\boldsymbol{X}_i^\tau\boldsymbol{\beta});Y_i)=0,\quad k=1,2,\cdots,p. \tag{14.19}$$

由于非参数估计受到边界的影响, 因此, 直接求解 (14.19) 是不精确的. 在一维的情况下已有一些有关改进边界估计的方法, 详细见 Fan 等 (1992). 这里为简单采用截断的方法, 这种方法可能会损失一些信息, 但它简单, 容易操作且方便计算, 因此很多时候会采用这种方法. 设 $\mathcal{T}_0$ 是 $\mathcal{T}$ 的内部的一个紧集, 引进一个截断变量 I_i. 当 $T_i\in\mathcal{T}_0$ 时 $I_i=1$, 否则取 I_i 为 0. 为求 $\boldsymbol{\beta}$ 的拟极大似然估计, 代替式 (14.19), 进行求解如下估计方程

$$\frac{\partial}{\partial \boldsymbol{\beta}_k}\sum_{i=1}^n I_iQ(h(\widehat{\gamma}_\beta(T_i)+\boldsymbol{X}_i^\tau\boldsymbol{\beta});Y_i)=0,\quad k=1,2,\cdots,p. \tag{14.20}$$

得到 $\boldsymbol{\beta}$ 的估计 $\widehat{\boldsymbol{\beta}}$.

例 14.1 假设 $h(s)=s$ 和 $V(\mu)=1$, 则获得的拟似然函数是正态分布的对数似然函数. 此时的半参数广义部分线性模型就是通常意义下的半参数部分线性

模型. 其估计方程 (14.18) 可以容易求解, 从而获得参数 $\boldsymbol{\gamma}$ 和 $\boldsymbol{\beta}$ 的显式解.

$$\widehat{\gamma}_{\boldsymbol{\beta}}(t)=\frac{\sum_{i=1}^{n}K_h(t-T_i)(Y_i-\boldsymbol{X}_i^{\tau}\boldsymbol{\beta})}{\sum_{i=1}^{n}K_h(t-T_i)}$$

和

$$\widehat{\boldsymbol{\beta}}=[(\boldsymbol{X}-\widehat{\boldsymbol{X}})^{\tau}\boldsymbol{D}(\boldsymbol{X}-\widehat{\boldsymbol{X}})]^{-1}(\boldsymbol{X}-\widehat{\boldsymbol{X}})^{\tau}\boldsymbol{D}(\boldsymbol{Y}-\widehat{\boldsymbol{Y}}),$$

其中 $K_h(t)=K(t/h)$, $\boldsymbol{X}=(\boldsymbol{X}_1^{\tau},\cdots,\boldsymbol{X}_n^{\tau})^{\tau}$ 为一个 $n\times p$ 矩阵, $\widehat{\boldsymbol{X}}$ 也是一个 $n\times p$ 的矩阵, 其第 i 行向量为

$$\widehat{\boldsymbol{X}}_i=\frac{\sum_{j=1}^{n}K_h(T_i-T_j)\boldsymbol{X}_j}{\sum_{j=1}^{n}K_h(T_i-T_j)},$$

$\boldsymbol{Y}$ 表示一个列向量, 其第 i 元是 Y_i, $\widehat{\boldsymbol{Y}}$ 的定义与 $\widehat{\boldsymbol{X}}$ 的定义类似, 只是在 $\widehat{\boldsymbol{X}}$ 的定义中把 $\boldsymbol{X}_i$ 换成 Y_i 即可, $\boldsymbol{D}$ 是一 $n\times n$ 的对角矩阵, 其第 i 对角元为 I_i.

例 14.2 设 $h(s)=\exp\{s\}$, $V(\mu)=\mu^2,\mu>0$, 获得的拟似然函数是 Gamma 分布的对数似然函数, 因此, 求解 (14.18) 可得到 γ 估计的显式表达式,

$$\widehat{\gamma}_{\beta}=\log\left(\frac{\sum_{i=1}^{n}K_h(t-T_i)\exp\{\boldsymbol{X}_i^{\tau}\boldsymbol{\beta}\}Y_i}{\sum_{i=1}^{n}K_h(t-T_i)}\right).$$

在这种情形下, $\boldsymbol{\beta}$ 拟似然估计没有显式表达, 因此, 为了获得 $\boldsymbol{\beta}$ 的拟似然估计 $\widehat{\boldsymbol{\beta}}$ 需要迭代算法.

对于估计扩散参数可以应用标准的拟似然估计中的方法. 设 ϕ^2 为未知, 则 ϕ^2 的一个相合估计是

$$\widehat{\phi}^2=\frac{1}{n}\sum_{i=1}^{n}\frac{(Y_i-\widehat{h}_i)^2}{V(\widehat{h}_i)},\tag{14.21}$$

其中 $\widehat{h}_i=h(\boldsymbol{X}_i^{\tau}\widehat{\boldsymbol{\beta}}+\widehat{\gamma}_{\widehat{\beta}}(T_i))$.

14.3 半参拟似然估计的渐近性质

14.2 节我们讨论了半参数模型的拟似然估计问题, 得到了感兴趣参数 β 的估计 $\widehat{\beta}$, 及无限维冗余参数 ψ_β 的估计 $\widehat{\psi}_\beta$, 本节将给出 $\widehat{\beta}$, $\widehat{\psi}_\beta$ 的渐近性质, 这里也只给出结果, 定理条件和具体证明过程比较复杂, 感兴趣读者可以参见本章末的补充材料. 令 ψ_0, β_0, 及 ϕ_0 为使得

$$E_0(Y|X,T) = h(\psi_0(T) + \boldsymbol{X}^\tau \boldsymbol{\beta}_0), \quad \mathrm{Var}_0(Y|\boldsymbol{X},T) = \phi_0^2 V(h(\psi_0(T) + \boldsymbol{X}^\tau \boldsymbol{\beta}_0)$$

的真实参数, 其中 E_0 及 Var_0 表示真实模型下的期望和方差, 定义

$$\boldsymbol{M}(\eta;\beta,t) = E_0\left\{\frac{\partial}{\partial\eta}\boldsymbol{Q}(h(\eta+\boldsymbol{X}_1^\tau\beta);\boldsymbol{Y}_1)|T=t\right\},$$

再令 $\psi_\beta(t)$ 表示方程 $\boldsymbol{M}(\eta;\beta,t)=0$ 在 β 和 $T=t$ 固定时 η 的解, $\widehat{\psi}_\beta(t)$ 为 $\psi_\beta(t)$ 的一个估计, Σ_0 为 $p\times p$ 阶矩阵, 其逆的 (i,j) 元为

$$E_0\left\{I_1\frac{\partial^2}{\partial\beta_i\partial\beta_j}\boldsymbol{Q}(h(\widehat{\psi}_\beta(T_1)+\boldsymbol{X}_1^\tau\beta);\boldsymbol{Y}_1)|T=t\right\}.$$

Severini 和 Staniswalis (1994) 等获得如下结果.

定理 14.3 若补充材料中的正则条件 (1)~(7) 成立, 则当 $n\to\infty$ 时,

$$\sqrt{n}(\widehat{\beta}-\beta_0) \xrightarrow{\mathscr{D}} N(0,\sigma_0^2\Sigma_0).$$

定理 14.4 令 $\|g\| = \sup_{s\in\mathcal{T}}|g(s)|$, 若补充材料中条件 (1)~(7) 成立, 则有

$$\|\widehat{\psi}_{\widehat{\beta}} - \psi_0\| = o_p(n^{-1/4}),$$
$$\widehat{\phi}^2 = \phi_0^2 + o_p(1).$$

此定理的证明直接由条件 (7) 和事实 $\widehat{\beta} = \beta_0 + O_p(n^{-1/2})$ 得到.

14.4 补充材料

首先来看定理 14.1 的证明, 由于这里需使用到随机过程的一致收敛性定理, 而证明一致收敛性结果是很麻烦的, 也是很困难的. 不过这里可以使用定理 6.3(凸引理), 有了凸引理, 这个任务就变得容易多了, 正如第 3 章的结果, 只需要证明随机

过程的逐点收敛性结果而不需要直接证明随机过程的一致收敛. 在很多统计的应用中, 目标函数通常是平方和形式, 那么使用凸引理就很容易建立渐近正态性.

除了需要凸引理, 还需要下面一个有用的引理.

引理 14.1 设 $\{\lambda_n(\boldsymbol{\theta}), \boldsymbol{\theta} \in \Theta\}$ 是定义在 $\mathbf{R}^d$ 的一个凸开子集上 $\boldsymbol{\theta}$ 的随机序列. 设 D 和 G 是两个非随机的矩阵, 且 D 正定, 并设 $\boldsymbol{U}_n$ 是一列随机有界的随机向量. 又设 α_n 是一列趋于 0 的常数. 记

$$\lambda_n(\boldsymbol{\theta}) = \boldsymbol{U}_n^\tau \boldsymbol{\theta} - \frac{1}{2}\boldsymbol{\theta}^\tau (D + \alpha_n G)\boldsymbol{\theta} + R_n(\boldsymbol{\theta}).$$

如果对于任一个 $\boldsymbol{\theta} \in \boldsymbol{\Theta}$, $R_n(\boldsymbol{\theta}) = o_p(1)$, 则

$$\widehat{\boldsymbol{\theta}} = D^{-1}\boldsymbol{U}_n + o_p(1),$$

其中 $\widehat{\boldsymbol{\theta}}$ 是使 $\lambda_n(\boldsymbol{\theta})$ 达最大的点 (假定存在). 此外, 如果还有 $R_n'(\boldsymbol{\theta}) = o_p(\alpha_n)$ 和 $R_n''(\boldsymbol{\theta}) = o_p(\alpha_n)$ 在 $\widehat{\boldsymbol{\theta}}$ 的一个邻域内一致成立. 则

$$\widehat{\boldsymbol{\theta}} = D^{-1}\boldsymbol{U}_n - \alpha_n D^{-1} G D^{-1}\boldsymbol{U}_n + o_p(\alpha_n).$$

引理 14.1 的证明参见 Fan, Heckman 和 Wand (1995).

使用上面引理的结果, 需要首先证明目标函数 $\lambda_n(\boldsymbol{\theta})$ 有如下的渐近展开,

$$\lambda_n(\boldsymbol{\theta}) = \boldsymbol{U}_n^\tau \boldsymbol{\theta} - \frac{1}{2}\boldsymbol{\theta}^\tau D\boldsymbol{\theta} + o_p(1),$$

那么 $\widehat{\boldsymbol{\theta}}$ 渐近正态性直接由式子

$$\widehat{\boldsymbol{\theta}} = D^{-1}\boldsymbol{U}_n + o_p(1)$$

和 $\boldsymbol{U}_n$ 的渐近正态性推得.

下面给出一些假设条件, 这在定理证明中是需要的.

设 $q_l(x, y) = (\partial^l/\partial x^l)Q\{g^{-1}(x), y\}$. 注意到对于固定的 x, q_l 关于 y 是线性的, 且

$$q_1\{\eta(x), \mu(x)\} = 0, \quad q_2\{\eta(x), \mu(x)\} = -\rho(x), \tag{14.22}$$

其中 $\rho(x) = \{g'(\mu(x))^2 V(\mu(x))\}^{-1}$.

假设 (A.1) 对于 $x \in \mathbf{R}$ 和 y 在其取值范围中, 函数 $q_2(x, y) < 0$;

假设 (A.2) 函数 $f(\cdot)$, $\eta^{(p+1)}(\cdot)$, $\mathrm{Var}(Y|X = \cdot)$, $V'(\cdot)$ 和 $g'''(\cdot)$ 都是连续的;

假设 (A.3) 对给定的点 $x \in \mathbf{R}$, 函数 $\rho(x) \neq 0$, $\mathrm{Var}(Y|X = x) \neq 0$, 并且 $g'(\mu(x)) \neq 0$;

假设 (A.4) $E(Y^4|X=x)$ 在 x 的某个邻域内是有界的.

定理 14.1 的证明 注意到 $\widehat{\boldsymbol{\beta}}=(\widehat{\beta}_0,\cdots,\widehat{\beta}_p)^\tau$ 使式 (14.7) 达到最大. 考虑如下正则化估计

$$\widehat{\boldsymbol{\beta}}^*=a_n^{-1}[\widehat{\beta}_0-\eta(x),\cdots,h^p\{\widehat{\beta}_p-\eta^{(p)}(x)/p!\}]^\tau,$$

其中 $a_n=(nh)^{-1/2}$. 所以上面每一个元都有非退化的方差. 于是容易看出 $\widehat{\boldsymbol{\beta}}^*$ 极大化如下的 $\boldsymbol{\beta}^*$ 函数

$$\sum_{i=1}^n Q[g^{-1}\{\bar{\eta}(x,X_i)+a_n\boldsymbol{\beta}^{*\tau}\boldsymbol{Z}_i\},Y_i]K\{(X_i-x)/h\},$$

其中

$$\bar{\eta}(x,X_i)=\eta(x)+\eta'(x)(X_i-x)+\cdots+\eta^{(p)}(x)(X_i-x)^p/p!,$$

和

$$\boldsymbol{Z}_i=\left\{1,\frac{X_i-x}{h},\cdots,\frac{(X_i-x)^p}{h^p}\right\}^\tau.$$

等价地, $\widehat{\boldsymbol{\beta}}^*$ 极大化

$$\begin{aligned}\ell_n(\boldsymbol{\beta}^*)=&\sum_{i=1}^n\big(Q[g^{-1}(\bar{\eta}(x,X_i)+a_n\boldsymbol{\beta}^{*\tau}\boldsymbol{Z}_i\},Y_i]\\&-Q[g^{-1}(\bar{\eta}(x,X_i)\},Y_i]\big)\,K\{(X_i-x)/h\}.\end{aligned}\tag{14.23}$$

注意到条件 (A.1) 意味着 $\ell_n(\boldsymbol{\beta}^*)$ 关于 $\boldsymbol{\beta}^*$ 是凹的. 对 $Q\{g^{-1}(\cdot),Y_i\}$ 进行泰勒展开有

$$\begin{aligned}\ell_n(\boldsymbol{\beta}^*)=&W_n^\tau\boldsymbol{\beta}^{*\tau}+\frac{1}{2}\boldsymbol{\beta}^{*\tau}A_n\boldsymbol{\beta}^*\\&+\frac{a_n^3}{6}\sum_{i=1}^n q_3(\eta_i,Y_i)(\boldsymbol{\beta}^{*\tau}\boldsymbol{Z}_i)^3K\{(X_i-x)/h\},\end{aligned}\tag{14.24}$$

其中 η_i 是落在 $\bar{\eta}(x,X_i)$ 和 $\bar{\eta}(x,X_i)+a_n\boldsymbol{\beta}^{*\tau}\boldsymbol{Z}_i$ 之间. 记

$$W_n=a_n\sum_{i=1}^n q_1\{\bar{\eta}(x,X_i),Y_i\}\boldsymbol{Z}_iK\{(X_i-x)/h\}$$

和

$$A_n=a_n^2\sum_{i=1}^n q_2\{\bar{\eta}(x,X_i),Y_i\}K\{(X_i-x)/h\}\boldsymbol{Z}_i\boldsymbol{Z}_i^\tau.$$

由类似附录 B 中定理 B.4 中计算可得

$$A_n=-\rho(x)f(x)(\mu_{i+j-2})_{1\leqslant i,j\leqslant p+1}+o_p(1)=A+o_p(1).\tag{14.25}$$

这也能够由下面的一个结果来证明, 由中心极限定理有

$$(A_n)_{ij} = (EA_n)_{ij} + O_p(\{\mathrm{Var}(A_n)_{ij}\}^{1/2})$$

而 A_n 的均值为

$$EA_n = h^{-1}E[q_2\{\bar{\eta}(x, X_1), \mu(x_1)\}K\{(X_1 - x)/h\}Z_1Z_1^\tau].$$

上式右边趋向于 A, 而方差项的阶数为 a_n. 这就意味着式 (14.25) 成立.

注意到在式 (14.24) 中的 Z_i 是有界随机变量因为 $K(\cdot)$ 有紧支撑. 那么式 (14.24) 中的最后一项的期望值可由下面量控制住

$$O\left(na_n^3E|q_3(\eta_1, Y_1)K\{(X_1 - x)/h)\}|\right) = O(a_n),$$

因为 q_3 关于 Y_1 是线性的且 $E\{(|Y_1|)|X_1\} < \infty$, 而其他项都是有界的随机变量. 于是式 (14.24) 中最后一项的阶为 $O_p(a_n)$.

结合式 (14.24) 和式 (14.25), 便可得

$$\ell_n(\boldsymbol{\beta}^*) = \boldsymbol{W}_n^\tau\boldsymbol{\beta}^{*\tau} + \frac{1}{2}\boldsymbol{\beta}^{*\tau}A\boldsymbol{\beta}^* + o_p(1).$$

由引理 14.1 得

$$\widehat{\boldsymbol{\beta}}^* = A^{-1}\boldsymbol{W}_n + o_p(1). \tag{14.26}$$

如果 $\boldsymbol{W}_n$ 是有界的随机向量序列, 那么 $\widehat{\boldsymbol{\beta}}^*$ 的正态性可由 $\boldsymbol{W}_n$ 的正态性来得到.

因为 $\boldsymbol{W}_n$ 是一列独立同分布的随机向量和, 那么可由 Lyapounov 中心极限定理 (见定理 3.9) 来获得. 首先来计算 $\boldsymbol{W}_n$ 的两阶矩, 由泰勒展开得

$$q_1\{\bar{\eta}(x, x+hu), \mu(x+hu)\} = \frac{\rho(x+hu)(hu)^{p+1}\eta^{(p+1)}(x)}{(p+1)!} + o(h^{p+1}).$$

由此得

$$\begin{aligned}
E\boldsymbol{W}_n &= na_nEq_1\{\bar{\eta}(x, X_1), \mu(X_1)\}Z_1K\{(X_1 - x)/h\} \\
&= nha_n\int q_1\{\bar{\eta}(x, x+hu), \mu(x+hu)\}f(x+hu)\boldsymbol{U}K(u)\mathrm{d}u + o(h^{p+1}) \\
&= a_n^{-1}\rho(x)h^{p+1}\frac{\eta^{(p+1)}(x)}{(p+1)!}\int u^{p+1}\boldsymbol{U}K(u)\mathrm{d}u\{1+o(1)\},
\end{aligned} \tag{14.27}$$

其中 $\boldsymbol{U} = (1, u, \cdots, u^p)^\tau$. 类似地,

$$\begin{aligned}
\mathrm{Var}(\boldsymbol{W}_n) &= na_n^2\mathrm{Var}[q_1\{\bar{\eta}(x, X_1), Y_1\}Z_1K\{(X_1 - x)/h\}] \\
&= h^{-1}[Eq_1^2\{\bar{\eta}(x, X_1), Y_1\}Z_1Z_1^\tau K^2\{(X_1 - x)/h\} + O(h^{2p+4}),
\end{aligned}$$

其中式 (14.27) 用来计算上式中的均值. 由 q_1 的定义, 有

$$\begin{aligned}\mathrm{Var}(\boldsymbol{W}_n) &= \frac{f(x)\mathrm{Var}(Y|X=x)}{V\{\mu(x)\}g'\{\mu(x)\}}\int \boldsymbol{U}\boldsymbol{U}^{\tau}K^2(u)\mathrm{d}u + o(1)\\ &= B + o_p(1).\end{aligned} \tag{14.28}$$

为了证明

$$\{\mathrm{Var}(\boldsymbol{W}_n)\}^{-1/2}(\boldsymbol{W}_n - E\boldsymbol{W}_n) \xrightarrow{\mathscr{D}} N(0, I_{p+1}). \tag{14.29}$$

由 Cramér-Wald 技巧, 仅需证, 对于任意向量 $\boldsymbol{a}$,

$$(\boldsymbol{a}^{\tau}\mathrm{Var}(\boldsymbol{W}_n)\boldsymbol{a})^{-1/2}(\boldsymbol{a}^{\tau}\boldsymbol{W}_n - \boldsymbol{a}^{\tau}E\boldsymbol{W}_n) \xrightarrow{\mathscr{D}} N(0,1).$$

由于上面的表达式是一个数, 因此很容易验证 Lyapounov 条件. 通过定理的假设和一些随机向量的有界性, 并由式 (14.26)~式 (14.29), 便可获得定理 14.1 的结论. □

下面给出定理 14.3 的证明, 在证明之前, 首先给出定理成立所必须的一些假设条件.

为了获得非参和参数估计量的渐近性质, 需要如下的假设

(1) $\boldsymbol{T}$ 在一个紧集 $\mathscr{T} \subseteq \mathbf{R}^q$ 上取值, $\boldsymbol{X}$ 在紧集 $\mathscr{X} \subset \mathbf{R}^p$ 上取值, 且 σ 在紧集 $(0,\infty)$ 上取值.

(2) 参数 β 在紧集 $\mathscr{B} \subset \mathbf{R}^p$ 上取值, 参数 ψ 在集合 $\Gamma = \{g \in C^2(\mathscr{T}) : ||g|| \leqslant C\}$, 其中 C 是足够大的常数.

(3) 设 $\mathscr{M}$ 是 $\mathbf{R}$ 上的一个紧子集使得对所有 $\boldsymbol{T} \in \mathscr{T}$ 和 $\boldsymbol{X} \in \mathscr{X}$ 有 $\psi(\boldsymbol{t}) + \boldsymbol{X}^{\tau}\beta \in \mathscr{M}$. 又设 $\mathscr{H} = h(\mathscr{M})$, 则 $\sup_{\mu\in\mathscr{H}} V(\mu) < \infty$, $\inf_{\mu\in\mathscr{M}} V(\mu) > 0$, $\sup_{\mu\in\mathscr{H}} \Lambda(\mu) < \infty$ 且 $\sup_{\mu\in\mathscr{H}} \int_{s<\mu} \Lambda(s)s < \infty$.

(4) 对于 $r = 1,2,3$, 对所有 $\mu \in \mathscr{H}$, 导数 $\partial^r V(\mu)/\partial\mu^r$ 存在, 且有界. 同样对 $m \in \mathscr{M}$, 导数 $\partial^r h(m)/\partial m^r$ 存在且有界.

(5) 矩阵 Σ_0 和 Σ_1 都是非奇异的.

(6) 核函数 $K(\cdot)$ 是一乘积核, 每一个乘积的因子函数具有有限支撑的概率密度函数.

(7) 对于 $\boldsymbol{t} \in \mathscr{T}_0$ 和 $\boldsymbol{\beta} \in \mathscr{B}$, $\widehat{\psi}_{\boldsymbol{\beta}}(\boldsymbol{t})$ 依概率收敛于一个常数 $\tilde{\psi}_{\boldsymbol{\beta}}(\boldsymbol{t})$.

(a) 对于每个 $\boldsymbol{\beta}$, $\tilde{\psi}_{\boldsymbol{\beta}}(\boldsymbol{t}) \in \Gamma$, 更进一步设对所有 $i,j = 0,1,2$, 且 $i+j \leqslant 2$, $\partial^{i+j}\tilde{\psi}_{\beta}(\boldsymbol{t})/\partial\boldsymbol{t}^i\partial\beta^j$ 和 $\partial^{i+j}\widehat{\psi}_{\beta}(\boldsymbol{t})/\partial\boldsymbol{t}^i\partial\beta^j$ 存在.

(b) 设 $\tilde{\psi}_{k\beta}(\boldsymbol{t}) = \partial\tilde{\psi}_{\boldsymbol{\beta}}(\boldsymbol{t})/\partial\beta_k$. 对某些 $\alpha_1 \geqslant \alpha_2 > 0$, $\alpha_1 + \alpha_2 \geqslant 1/2$, 有

$$||\widehat{\psi}_{\boldsymbol{\beta}} - \tilde{\psi}_{\boldsymbol{\beta}}|| = o_p(n^{-\alpha_1}), \quad ||\widehat{\psi}'_{k\beta} - \tilde{\psi}'_{k\beta}|| = o_p(n^{-\alpha_2}),$$

其中当 $n \to \infty$ 时, $\boldsymbol{\beta} = \boldsymbol{\beta}_0$.

(c) $\sup_{\boldsymbol{\beta}\in\mathscr{B}} ||\widehat{\psi}_{\boldsymbol{\beta}} - \tilde{\psi}_{\boldsymbol{\beta}}||$, $\sup_{\boldsymbol{\beta}\in\mathscr{B}} \max_k ||\widehat{\psi}'_{k\beta} - \tilde{\psi}'_{k\beta}||$ 和 $\sup_{\beta\in\mathscr{B}} \max_{i,j} \left\|\dfrac{\partial^2(\widehat{\psi}_\beta - \tilde{\psi}_\beta)}{\partial\beta_i\partial\beta_j}\right\|$ 都是无穷小量 $o_p(1)$.

(d) 对某个 $\delta > 0$, 且在 $\boldsymbol{\beta} = \boldsymbol{\beta}_0$ 有

$$\max_j \left\|\frac{\partial}{\partial t_j}(\widehat{\psi}_{\boldsymbol{\beta}} - \tilde{\psi}_{\boldsymbol{\beta}})\right\| = o_p(n^{-\delta}),$$

和

$$\max_{j,k} \left\|\frac{\partial}{\partial t_j}(\widehat{\psi}'_{k\beta} - \tilde{\psi}'_{k\beta})\right\| = o_p(n^{-\delta}).$$

(e) 当 $\boldsymbol{\beta} = \boldsymbol{\beta}_0$ 时, 函数 $\tilde{\psi}_{\boldsymbol{\beta}}(\boldsymbol{t})$ 满足 $\tilde{\psi}_{\boldsymbol{\beta}} = \psi_0$ 和 $\tilde{\psi}'_{k\beta} = \psi'_{k0}(T)$, 其中 $\psi_{k0} = \left.\dfrac{\partial\psi_{\boldsymbol{\beta}}(\boldsymbol{t})}{\partial\beta_k}\right|_{\boldsymbol{\beta}=\boldsymbol{\beta}_0}$ 和 $\widehat{\psi}_\beta$ 的定义如前.

条件 (1)~(6) 是非参数统计中经常需要的条件. 在这里需要估计非参数 ψ, 因此需要这些条件. 而条件 (7) 主要是讨论非参数估计收敛其实值时应当有一定的收敛速度. 这个条件在很多特殊的情况下都是成立的.

定理 14.3 的证明　这里仅考虑 $p = 1$, $q = 1$ 情形, 令

$$\begin{aligned} L_n(\beta, \psi_\beta) &= \sum_{j=1}^n I_j Q(\psi_\beta(T_j) + \boldsymbol{X}_j^\tau \beta; Y_j), \\ l_j(\beta, \psi) &= l(Y_j; \beta, \eta_j) = I_j Q(\eta_j + \boldsymbol{X}_j^\tau \beta; Y_j), \quad \eta_j = \psi(T_j). \end{aligned}$$

假设拟似然具有类似对数似然性质, 且满足:

$$\sup_{\beta,\eta}\left|\frac{\partial l_j(\beta,\eta)}{\partial\beta}\right| \quad 和 \quad \sup_{\beta,\eta}\left|\frac{\partial l_j(\beta,\eta)}{\partial\eta}\right|$$

都依概率有界, 由条件 (3) 知存在一个函数 $\rho(\cdot)$, 使得对任一 β, 当 $n \to \infty$ 时,

$$\frac{1}{n}L_n(\beta, \psi_\beta) \xrightarrow{p} \rho(\beta).$$

令 Y 表示均值为 μ_0 的随机变量, $Q^*(\mu) = E\{Q(\mu; Y)\}$, 则 Q^* 在 $\mu = \mu_0$ 有唯一的最大值点, 从而 $\rho(\beta)$ 在 $\beta = \beta_0$ 有唯一的最大值点, 此外, 对任意 $\beta_1, \beta_2 \in \mathscr{B}$,

$$\begin{aligned}
&n^{-1}|L_n(\beta_1,\psi_{\beta_1})-L_n(\beta_2,\psi_{\beta_2})|\\
&\leqslant n^{-1}\sum_{j=1}^{n}|l_j(\beta_1,\psi_{\beta_1})-l_j(\beta_2,\psi_{\beta_2})|\\
&\leqslant n^{-1}\sum_{j=1}^{n}\left\{\sup_{\beta,\eta}\left|\frac{\partial l_j(\beta,\eta)}{\partial\beta}\right||\beta_1-\beta_2|+\sup_{\beta,\eta}\left|\frac{\partial l_j(\beta,\eta)}{\partial\eta}\right|\|\psi_{\beta_1}-\psi_{\beta_2}\|\right\}\\
&\leqslant n^{-1}\sum_{j=1}^{n}\left\{\sup_{\beta,\eta}\left|\frac{\partial l_j(\beta,\eta)}{\partial\beta}\right||\beta_1-\beta_2|+\sup_{\beta,\eta}\left|\frac{\partial l_j(\beta,\eta)}{\partial\eta}\right|\sup_{\beta}\|\psi'_{\beta}\||\beta_1-\beta_2|\right\}\\
&\equiv A_n|\beta_1-\beta_2|.
\end{aligned}$$

由定理的假设条件知, A_n 依概率有界, 注意到, $\mathscr{B}$ 为紧集, $\rho(\beta)$ 连续, 从而

$$\sup_{\beta\in\mathscr{B}} n^{-1}|L_n(\beta,\psi_\beta)-\rho(\beta)| \xrightarrow{p} 0.$$

另外, 对每一 β,

$$\begin{aligned}
\frac{1}{n}|L_n(\beta,\widehat{\psi}_\beta)-L_n(\beta,\psi_\beta)| &\leqslant \frac{1}{n}\sum_{j=1}^{n}|l_j(\beta,\widehat{\psi}_\beta(\boldsymbol{X}_j))-l_j(\beta,\psi_\beta(\boldsymbol{X}_j))|\\
&\leqslant \frac{1}{n}\sum_{j=1}^{n}\sup_{\beta}\sup_{\eta}\left|\frac{\partial l_j(\beta,\eta)}{\partial\eta}\right|\sup_{\beta}\|\widehat{\psi}_\beta-\psi_\beta\|.
\end{aligned}$$

因此, 当 $n\to\infty$ 时,

$$\frac{1}{n}|L_n(\beta,\widehat{\psi}_\beta)-L_n(\beta,\psi_\beta)| \xrightarrow{p} 0.$$

从而, 当 $n\to\infty$ 时,

$$\frac{1}{n}|L_n(\beta,\widehat{\psi}_\beta)-\rho(\beta)| \xrightarrow{p} 0.$$

于是得到

$$\sup_{\beta}\frac{1}{n}L_n(\beta,\widehat{\psi}_\beta) \xrightarrow{p} \sup_{\beta}\rho(\beta)=\rho(\beta_0),$$

也即当 $n\to\infty$ 时,

$$\rho(\widehat{\beta}) \xrightarrow{p} \rho(\beta_0).$$

故对给定的 $\beta\in\mathscr{B}$, 存在 $\varepsilon>0$ 和 β 的一个邻域 N_β, 使得

$$\inf_{\beta_1\in N_\beta}|\rho(\beta_1)-\rho(\beta_0)|>\varepsilon.$$

因此, 当 $n\to\infty$ 时,

$$P_0(\widehat{\beta}\in N_\beta)\leqslant P_0(|\rho(\widehat{\beta})-\rho(\beta_0)|>\varepsilon)\xrightarrow{p}0.$$

令 N_0 为 β_0 的任意开邻域, 考虑紧集 $\mathscr{B}_0=\mathscr{B}-N_0$, 再令 $\{N_\beta:\beta\in\mathscr{B},\beta\neq\beta_0\}$ 为 $\mathscr{B}_0$ 的开覆盖, 其中 N_β 的构造上面已给出, 由 $\mathscr{B}_0$ 的紧性知, 存在 $\mathscr{B}_0$ 的有限子覆盖 $\{N_{\beta_1},\cdots,N_{\beta_k}\}$, 则

$$P_0(\widehat{\beta}\in N_0^c)=P_0(\widehat{\beta}\in\mathscr{B}_0)\leqslant\sum_{j=1}^{k}P_0(\widehat{\beta}\in N_{\beta_j})\xrightarrow{p}0.$$

从而, 当 $n\to\infty$ 时,

$$\widehat{\beta}\xrightarrow{p}\beta_0.$$

这就证明了 $\widehat{\beta}$ 的相合性, 下面证明 $\widehat{\beta}$ 渐近正态性.

根据广义“剖”似然理论, 此时只要证明 $\psi_\beta(t)$ 为“最佳偏差曲线”, 为此令 $H(s)=(h'(s))^2/V(h(s))$, $G(s)=(h'(s))/V(h(s))$, 则“最佳偏差方向”为

$$v^*(t)=-\frac{E_0\{H(\psi_0(T)+\boldsymbol{X}^\tau\beta)\boldsymbol{X}|T=t\}}{E_0\{H(\psi_0(T)+\boldsymbol{X}^\tau\beta)|T=t\}}.$$

因此, 假若对任意 t, 条件

$$\frac{\mathrm{d}}{\mathrm{d}\beta}\psi_\beta(t)|_{\beta=\beta_0}=v^*(t)\tag{14.30}$$

成立, 则 $\psi_\beta(t)$ 为“最佳偏差曲线”, 注意到

$$E_0\{G(\psi_\beta(T)+\boldsymbol{X}^\tau\beta)(h(\psi_0(T)+\boldsymbol{X}^\tau\beta_0)-h(\psi_\beta(T)+\boldsymbol{X}^\tau\beta))|T=t\}=0,$$

等式两边关于 β 求导得

$$E_0\{G(\psi_\beta(T)+\boldsymbol{X}^\tau\beta)h'(\psi_\beta(T)+\boldsymbol{X}^\tau\beta_0)(\psi'_\beta(T)+\boldsymbol{X})|T=t\}=0,$$

解出 $\psi'_\beta(t)$, 并利用关系 $H(s)=G(s)h'(s)$ 得到式 (14.30), 从而定理 14.3 成立. 定理证明中用到半参理论中的广义“剖”似然、“最佳偏差曲线”以及“最佳偏差方向”, 相关内容可以参见文献 Severini 和 Wong (1992). □

第 15 章　非参数时间序列估计方程方法

时间序列的参数模型, 如 AR 模型, ARMA 模型等在很多领域都有广泛的应用. 当参数模型假设准确时, 参数时间序列模型是分析时间序列数据的有效工具. 但是任何参数模型都至多只是产生给定数据集的随机动态过程的一个近似, 因此, 用参数模型进行分析总是会存在模型偏差的问题. 一个传统的方法是将参数模型扩展到一个更大的族, 例如, 非线性时间序列模型. 在实际的应用中, 许多数据表现出非线性的特征, 这时就要用非线性模型来描述产生数据的机制. 然而, 这样做就会有无限多个线性模型及非线性模型可供选择, 从中选择一个合适的模型就需要进行无数次的尝试. 因此, 很自然的, 人们就想到了用非参数方法来分析时间序列数据.

为了充分说明估计方程方法应用的广泛性, 这里我们介绍几类非参数时间序列模型, 并应用估计方程方法来对感兴趣的模型参数进行统计推断.

15.1　随机系数估计方程

在第 9 章我们讨论了在一族无偏估计方程中寻找最优估计方程的方法. 在正则估计方程中, 我们可以应用定义 9.4 给出最优估计方程. 在本章, 我们考虑广义最优估计方程的一个特例, 这个特例在时间序列模型中特别有用.

设 $\{Y_t, t\in I\}$ 为概率空间 $(\Omega,\mathcal{B},F)$ 上的随机过程, 指标集 I 是正整数集. 考虑离散有限样本的情况, 即 $\{Y_t, t=1,2,\cdots,n\}$. 设 $\{Y_t, t=1,2,\cdots,n\}\sim F_n(\theta)$, 其中 θ 为未知参数, 且 $\theta\in\Theta$, Θ 为 $\mathbf{R}$ 上的一个紧集, $F_n\in\mathcal{C}$, $\mathcal{C}$ 为 $\mathbf{R}^n$ 上的概率分布族. 令 g 为观测值 $y_1,\cdots,y_n$ 以及参数 θ 的实值函数, 且满足:

$$E_{F_n}[g(y_1,\cdots,y_n;\theta)]=0,\quad F_n\in\mathcal{C}. \tag{15.1}$$

由估计方程理论 (Godambe, 1960; Godambe 和 Thompson, 1984), 任一实值函数 $g(y_1,\cdots,y_n;\theta)$, 若满足条件 (15.1), 且是正则化估计函数, 则称 g 为正则无偏估计函数. 考虑一维参数的简单情形, 由定义 9.4 知, 在所有正则无偏估计函数 g 中, 若 g^* 满足

$$g^*=\arg\min_g\left\{E_{F_n}[g^2(y_1,\cdots,y_n;\theta)]\Bigg/\left\{E_{F_n}\left[\frac{\partial g(y_1,\cdots,y_n;\theta)}{\partial\theta}\right]_{\theta=\theta(F_n)}\right\}^2\right\}, \tag{15.2}$$

$F_n\in\mathcal{C}$, 则称 g^* 为最优的.

如果能够给出一族正则的估计函数族, 那么就能基于观测值 $y_1, \cdots, y_n$, 通过解最优估计方程 $g^*(y_1, \cdots, y_n; \theta) = 0$ 来获得参数 θ 的一个最优估计. 在时间序列分析中, 多数时间序列模型中的参数都可以通过构造一个线性无偏估计函数族来寻找其最优的估计. 因此, 考虑如下的一个线性函数族. 令

$$\mathcal{L} = \left\{ g : g = \sum_{t=1}^{n} h_t a_{t-1} \right\},$$

其中 a_{t-1} 为随机变量 $y_1, \cdots, y_{t-1}$ 及 θ 的函数, 函数 h_t, $t = 1, \cdots, n$ 为随机变量 $y_1, \cdots, y_t$ 及 θ 的实值函数, 且满足估计函数的无偏性

$$E_{t-1,F_n}\{h_t(y_1, \cdots, y_t; \theta)\} = 0, \quad t = 1, \cdots, n, \quad F_n \in \mathcal{C}, \tag{15.3}$$

其中 $E_{t-1,F_n}(.)$ 表示给定前 $t-1$ 个值 $y_1, \cdots, y_{t-1}$ 下的条件期望. $h_t = y_t - E_{t-1}(y_t)$ 为 h_t 的一个特例, 特别地, 对 AR(1) 模型, $h_t = y_t - \theta y_{t-1}$. 显然, 这个无偏估计函数族的系数都是时间序列的函数, 且系数都是随机元.

令 $\mathcal{F}_t^y$ 为由观察数据 $y_1, \cdots, y_t$ 生成的 σ- 域, 则 $E_{t-1,F_n}(.)$ 可表示为 $E(.|\mathcal{F}_{t-1}^y)$. 且由式 (15.3) 知, 对所有的 $F_n \in \mathcal{C}$, 都有 $E(h_i h_j) = 0, (i \neq j)$, 则函数族 $\mathcal{L}$ 对应着 Gauss-Markov 线性模型中的线性函数族. 注意到, 由式 (15.3) 知, 对于所有的 $F_n \in \mathcal{C}$, 函数族 $\mathcal{L}$ 中的估计函数都满足

$$E_{F_n}(g) = 0, \quad g \in \mathcal{L}.$$

由第 9 章的定理, 可以推得如下定理, 由于这个定理涉及的函数族都是随机系数. 因此, 在这里给出此定理的一个简单证明.

定理 15.1 (Godambe, 1985) 族 $\mathcal{L}$ 中的所有估计函数 g 中, g^* 为满足式 (15.2) 的最优估计函数, 则 g^* 由下式给出

$$g^* = \sum_{t=1}^{n} h_t a_{t-1}^*,$$

其中 $a_{t-1}^* = E\left[\left.\frac{\partial h_t}{\partial \theta}\right| \mathcal{F}_{t-1}^y\right] / E[h_t^2|\mathcal{F}_{t-1}^y]$.

下面给出不同于第 9 章的证明, 此证明更直观.

定理 15.1 的证明 由 $g = \sum_{t=1}^{n} h_t a_{t-1}$ 及 $E(h_i h_j) = 0 (i \neq j)$, 有

$$E(g^2) = E\left\{ \sum_{t=1}^{n} a_{t-1}^2 E(h_t^2|\mathcal{F}_{t-1}^y) \right\},$$

不难证明

$$\begin{aligned}\{E(\partial g/\partial\theta)\}^2&=\left[E\sum_{t=1}^{n}\left\{a_{t-1}E\left(\frac{\partial h_t}{\partial\theta}\middle|\mathcal{F}_{t-1}^y\right)+\frac{\partial a_{t-1}}{\partial\theta}E\left(h_t|\mathcal{F}_{t-1}^y\right)\right\}\right]^2\\&=\left[E\sum_{t=1}^{n}\left\{a_{t-1}E\left(\frac{\partial h_t}{\partial\theta}\middle|\mathcal{F}_{t-1}^y\right)\right\}\right]^2.\end{aligned}$$

令 $B=\sum_t a_{t-1}E\left(\frac{\partial h_t}{\partial\theta}\middle|\mathcal{F}_{t-1}^y\right)$ 和 $A^2=\sum_t a_{t-1}^2E(h_t^2|\mathcal{F}_{t-1}^y)$, 则由 Schwarz's 不等式可得

$$\{E(\partial g/\partial\theta)\}^2/E(g^2)=\{EB\}^2/E(A^2)\leqslant E(B^2/A^2).$$

注意到, 对于 $a_{t-1}=a_{t-1}^*$, 要使 (i)B^2/A^2 为最大, 且 (ii) $E(B^2/A^2)=\{EB\}^2/E(A^2)$, 所以 g^* 满足式 (15.2). 不难看出, 当 a_{t-1} 为

$$a_{t-1}^*=E\left[\frac{\partial h_t}{\partial\theta}|\mathcal{F}_{t-1}^y\right]/E[h_t^2|\mathcal{F}_{t-1}^y]$$

时上述的条件 (i) 和 (ii) 都满足, 且是唯一的, 详见文献 (Godambe, 1976).

下证要 g^* 为最优的, 必须证明其是正则化估计函数, 即满足伪得分的性质. 也就是说, 由定理 9.8, 需要证明

$$(E(\partial g/\partial\theta))^{-1}E\{gg^*\}$$

是常数. 或由式 (15.2) 最优性的定义知, 若族 $\mathcal{L}$ 中的估计函数 g^* 为最优的, 则 g^* 满足伪得分的性质,

$$E\left\{\frac{g}{E(\partial g/\partial\theta)}-\frac{g^*}{E(\partial g^*/\partial\theta)}\right\}g^*=0,\quad g\in\mathcal{C}. \tag{15.4}$$

由定理 15.1 中 g^* 定义以及 $E(h_ih_j)=0(i\neq j)$ 可得

$$E(gg^*)/E(\partial g/\partial\theta)=E\left\{\sum_{t=1}^{n}a_{t-1}a_{t-1}^*E(h_t^2|\mathcal{F}_{t-1}^y)\right\}\Bigg/E\left\{\sum_{t=1}^{n}a_{t-1}E\left(\frac{\partial h_t}{\partial\theta}\middle|\mathcal{F}_{t-1}^y\right)\right\}=1,$$

同理有

$$E(g^{*2})/E(\partial g^*/\partial\theta)=1,$$

所以, 等式 (15.4) 对任何 $g\in\mathcal{C}$ 成立. □

15.2 时间序列基本模型

我们考虑一个带有变系数的广义线性时间序列模型, 这个模型包括几个重要的变系数时间序列模型. 假设 $\alpha(t)$ 所满足的基本模型结构如下

$$E[y_t|\mathcal{F}_{t-1}^y]=\alpha(t)\varphi(\mathcal{F}_{t-1}^y),$$
$$\mathrm{Var}(y_t|\mathcal{F}_{t-1}^y)=\sigma^2(\mathcal{F}_{t-1}^y),$$

其中 $\mathcal{F}_t^y$ 为由观察数据 $y_1,\cdots,y_t$ 生成的 σ- 域, $\alpha(t)$ 是一时间变系数函数, $\varphi(\mathcal{F}_{t-1}^y)$ 和 $\sigma^2(\mathcal{F}_{t-1}^y)$ 是依赖于样本 $y_1,\cdots,y_{t-1}$ 的已知函数. 不难看出 $\varphi(\mathcal{F}_{t-1}^y)$ 和 $\sigma^2(\mathcal{F}_{t-1}^y)$ 是 $\mathcal{F}_{t-1}^y$ 可料过程. 对于此模型, 我们对时间变系数 $\alpha(t)$ 感兴趣, 并需要对 $\alpha(t)$ 进行估计.

为简单起见, 设 $\varepsilon_t=y_t-E[y_t|\mathcal{F}_{t-1}^y]$ 表示误差, 由附录 B 中的光滑思想, 则 $\theta_0=\alpha(t_0)(t_0$ 为指定的一点) 的光滑最小二乘法估计方程为

$$S_n^{\mathrm{LS}}(t_0)=\sum_{t=2}^{n}K\left(\frac{t_0-t}{b}\right)\varphi(\mathcal{F}_{t-1}^y)[y_t-\theta_0\varphi(\mathcal{F}_{t-1}^y)]=0,$$

解上述方程可得 θ_0 的最小二乘估计 $\widehat{\theta}_0^{\mathrm{LS}}$. 当然这是变系数 $\alpha(t)$ 的局部最小二乘估计.

我们也可以应用广义估计方程方法来对 θ_0 进行估计. 由 φ_t 的定义可知, 模型中的 ε_t, 即为函数族 $\mathcal{L}$ 中的 $h_t=h_t(\mathcal{F}_t^y,\alpha(t))=y_t-\alpha(t)\varphi(\mathcal{F}_{t-1}^y)$, 由此, 可以定义出一族估计函数,

$$\mathcal{G}_1=\left\{g:g(\mathcal{F}_t^y,\alpha(t))=\sum_{t=1}^{n}h_ta_{t-1}\right\}.$$

其中变系数 $\alpha(t)$ 是一非参数函数. 因此, 此函数族是一个非参数估计函数族. 由第 13 章非参数估计函数, 我们可以考虑一个局部的参数函数族

$$\mathcal{G}=\left\{g:g(\mathcal{F}_t^y,\theta_0)=\sum_{t=1}^{n}h_t(\mathcal{F}_t^y,\theta_0)K\left(\frac{t_0-t}{b}\right)a_{t-1}\right\},$$

其中 $\theta_0=\alpha(t_0)$. 对于固定的点 t_0, $\alpha(t_0)$ 可以看成是一个参数. 由定理 15.1 知其对应的最优的光滑估计函数为

$$g^*=S_n^{\mathrm{opt}}(t_0)=\sum_{t=2}^{n}K\left(\frac{t_0-t}{b}\right)a_{t-1}^*h_t(\mathcal{F}_t^y,\theta_0),$$

其中 $K(\cdot)$ 为核函数, b 为一窗宽,

$$a_{t-1}^* = E\left\{K\left(\frac{t_0-t}{b}\right)\frac{\partial h_t(\mathcal{F}_t^y,\theta_0)}{\partial\theta_0}\middle|\mathcal{F}_{t-1}^y\right\}\Big/ E\left\{\left[K\left(\frac{t_0-t}{b}\right)h_t(\theta_0)\middle|\mathcal{F}_{t-1}^y\right]^2\right\},$$

其中 $h_t = h_t(\theta_0) = y_t - \theta_0\varphi(\mathcal{F}_{t-1}^y)$, 但是, 基于局部估计函数来构造的最优估计函数并不是一种理想的方法. 主要因为估计函数族 $\mathcal{G}$ 中最优估计函数的权依赖于核函数, 这在实际构造中有一定困难. 然而, 如果并不首先把估计方程局部化, 而是先在非参数估计函数族寻找到最优的估计函数, 然后再局部化这个最优估计函数来构造的估计方程, 这样似乎要容易处理一些.

对于估计函数族 $\mathcal{G}_1$, 应用定理 15.1 获得最优估计函数的权为

$$a_{t-1}^* = E\frac{\partial h_t(\mathcal{F}_t^y,\theta_0)}{\partial\theta_0}\Big/\sigma^2(\mathcal{F}_{t-1}^y).$$

其对应的最优光滑估计函数为

$$g^* = S_n^{\text{opt}}(t_0) = \sum_{t=2}^n K\left(\frac{t_0-t}{b}\right)a_{t-1}^* h_t(\mathcal{F}_t^y,\theta_0),$$

其中 $K(\cdot)$ 为核函数, b 为一窗宽, 解上述最优权的估计方程 $g^*=0$, 可得 θ_0 的最优估计 $\widehat{\theta}_0^{\text{opt}}$. 以上所获得的两个最优估计并不是原来意义下的最优估计, 因为对最优估计函数都进行局部化了.

对以上基本模型的几点说明:

(1) 当 ε_i 是独立的, 且有密度函数 $f(\cdot)$ 时, 对于模型

(a) $y_i = \theta_0 + \varepsilon_i$, Godambe (1960) 给出的最优估计方程为

$$\sum_{i=1}^n \frac{\partial}{\partial\theta}\log f(y_i-\theta) = 0,$$

(b) $y_i = g(x_i) + \varepsilon_i$, 记 $\theta = g(x_0)$, 则其对应的光滑最优估计方程为

$$\sum_{i=1}^n K\left(\frac{x_0-x_i}{b}\right)\frac{\partial}{\partial\theta}\log f(y_i-\theta) = 0.$$

此估计方程与 Staniswalis (1989) 所提出的光滑似然估计方程相同.

(2) 当 $\varphi_t(\cdot) = 1$, 即 $E[y_t|\mathcal{F}_{t-1}^y] = \alpha(t)$ 时, 上述基本模型就是变系数时间序列模型.

(3) 进一步, 若 ε_i 独立, $\varphi_t(\cdot) = 1$ 且 $\sigma^2(\cdot) =$ 常数, 则上述模型即为 Staniswalis (1989) 讨论的回归模型.

15.3 GEE 方法在非参数时间序列模型中的几个应用

为了使大家进一步熟悉如何使用 GEE 方法来对非参数时间序列模型进行估计, 本节介绍几种常用的非参数时间序列模型, 并针对某一具体模型介绍如何应用 GEE 方法对感兴趣的参数进行估计.

15.3.1 随机系数自回归模型 (RCAR)

所谓随机系数自回归模型(RCAR) 是指 AR 模型中的系数带有加性的随机扰动. 设 RCAR 模型有如下形式

$$y_t-(\alpha(t)+b(t))y_{t-1}=e_t, \tag{15.5}$$

其中 $\theta_t=\alpha(t)$ 是感兴趣的参数, $\{e_t\}$ 和 $\{b(t)\}$ 是两个随机扰动, 其均值均为 0, 方差分别为 σ_e^2 及 σ_b^2. 假定 $b(t)$ 独立于 $\{e_t\}$, 观测值为 $\{y_t,t=1,2,\cdots,n\}$. 在此模型中, $b(t)$ 可看成环境因素对模型的干扰, 比如, 天气条件的扰动, 此时可假定 $b(t)$ 是 Binomial 随机变量. 令

$$\varepsilon_t=y_t-E[y_t|\mathcal{F}_{t-1}^y]=y_t-\theta_t y_{t-1},$$

则 ε_t 满足式 (15.3), 可以看作 θ_t 的估计函数中的 h_t, 即 $h_t=\varepsilon_t$. 由定理 15.1, 可获得 θ_t 的光滑最优估计函数是

$$S_n^{\rm opt}(t_0)=\sum_{t=2}^n K\left(\frac{t_0-t}{b}\right)a_{t-1}^0\varepsilon_t, \tag{15.6}$$

其中 $a_{t-1}^0=E\left[\left.\dfrac{\partial\varepsilon_t}{\partial\theta}\right|\mathcal{F}_{t-1}^y\right]/E[\varepsilon_t^2|\mathcal{F}_{t-1}^y]$. 在这个例子里,

$$a_{t-1}^0=-\frac{y_{t-1}}{\sigma_e^2+y_{t-1}^2\sigma_b^2}. \tag{15.7}$$

将式 (15.7) 代入最优估计函数 (15.6), 求解 $S_n^{\rm opt}(t_0)=0$, 即可获得最优光滑估计为

$$\widehat{\theta}_n^{\rm opt}=\frac{\displaystyle\sum_{t=2}^n K\left(\frac{t_0-t}{b}\right)a_{t-1}^0 y_t}{\displaystyle\sum_{t=2}^n K\left(\frac{t_0-t}{b}\right)a_{t-1}^0 y_{t-1}}. \tag{15.8}$$

Nicholls 和 Quinn (1981) 获得的最小二乘估计 $\widehat{\theta}_n^{\mathrm{LS}}$ 与此最优光滑估计稍有不同. 简化式 (15.8) 得

$$\widehat{\theta}_n^{\mathrm{opt}} = \sum_{t=2}^{n} K\left(\frac{t_0-t}{b}\right)\frac{y_{t-1}y_t}{\sigma_e^2+\sigma_b^2 y_{t-1}} \Bigg/ \sum_{t=2}^{n} K\left(\frac{t_0-t}{b}\right)\frac{y_{t-1}^2}{\sigma_e^2+\sigma_b^2 y_{t-1}}, \tag{15.9}$$

而 Nicholls 和 Quinn (1981) 及 Tjustheim (1986) 给出的光滑最小二乘估计是

$$\widehat{\theta}_n^{\mathrm{LS}} = \sum_{t=2}^{n} K\left(\frac{t_0-t}{b}\right) y_{t-1}y_t \Big/ \sum_{t=2}^{n} K\left(\frac{t_0-t}{b}\right) y_{t-1}^2. \tag{15.10}$$

同时 Nicholls 和 Quinn(1981) 指出, 虽然 $\widehat{\theta}_n^{\mathrm{LS}}$ 是强相合及渐进正态的估计, 但它并不是有效估计. 而估计 (15.9) 依赖于随机扰动 $b(t)$ 的方差. 显然最优估计 $\widehat{\theta}_n^{\mathrm{opt}}$ 利用了更多的信息. 但是由于实际中, σ_e^2 及 σ_b^2 都是未知的, 因此, 要想获得最优估计 $\widehat{\theta}_n^{\mathrm{opt}}$ 就必须首先估计 σ_e^2 及 σ_b^2. 为此, 我们可以首先应用 Nicholls 和 Quinn (1981) 的估计 (15.10), 来求得 σ_e^2 及 σ_b^2 的估计. 然后代入估计 (15.9) 就可获得最优估计 $\widehat{\theta}_n^{\mathrm{opt}}$.

15.3.2 双重随机时间序列模型

随机系数自回归模型可以推广到双重时间随机序列模型. 双重时间随机序列模型由 Tjustheim(1986) 提出, 用 $\theta_t f(t, \mathcal{F}_{t-1}^y)$ 代替模型 (15.5) 中的 $\{\alpha(t)+b(t)\}y_{t-1}$, 即可得到双重随机时间序列模型, 其中 θ_t 是随机函数. 模型形式如下

$$y_t - \theta_t f(t, \mathcal{F}_{t-1}^y) = e_t.$$

上述模型为双重随机时间序列一般模型, 若模型中的 $\{\theta_t\}$ 是如下的滑动平均序列

$$\theta_t = \alpha(t) + \varepsilon_t + \varepsilon_{t-1},$$

其中 $\{\theta_t\}$ 及 $\{e_t\}$ 是平方可积的独立序列, $\{\varepsilon_t\}$ 是均值为 0 的平方可积序列且与 $\{e_t\}$ 独立. 在这种情况下, 令后验均值 $E[\varepsilon_t|\mathcal{F}_t^y] = m_t$, 后验方差 $E[(\varepsilon_t - m_t)^2|\mathcal{F}_t^y] = v_t$. 为了方便计算 m_t 及 v_t 的值, 假定 $\{e_t\}$ 及 $\{\varepsilon_t\}$ 服从高斯分布, 方差分别为 σ_e^2 和 σ_e^2, 且 $y_0 = 0$. 由 Shiryayev (1984, P464) 知, m_t 及 v_t 服从如下的 Kalman 类型的递归算法

$$m_t = \frac{\sigma_\varepsilon^2 f(t, \mathcal{F}_{t-1}^y)[y_t - (\alpha(t)+m_{t-1})f(t, \mathcal{F}_{t-1}^y)]}{\sigma_e^2 + f^2(t, \mathcal{F}_{t-1}^y)(\sigma_\varepsilon^2 + v_{t-1})},$$

及

$$v_t = \sigma_\varepsilon^2 - \frac{f^2(t, \mathcal{F}_{t-1}^y)\sigma_\varepsilon^4}{\sigma_e^2 + f^2(t, \mathcal{F}_{t-1}^y)(\sigma_\varepsilon^2 + v_{t-1})},$$

其中 $v_0 = \sigma_\varepsilon^2$, $m_0 = 0$. 由此, 由递推算法可以求得

$$E[y_t|\mathcal{F}_{t-1}^y] = (\alpha(t) + m_{t-1})f(t, \mathcal{F}_{t-1}^y)$$

及

$$\begin{aligned} E[h_t^2|\mathcal{F}_{t-1}^y] &= E\{[y_t - E(y_t|\mathcal{F}_{t-1}^y)]^2|\mathcal{F}_{t-1}^y\} \\ &= \sigma_e^2 + f^2(t, \mathcal{F}_{t-1}^y)(\sigma_\varepsilon^2 + v_{t-1}). \end{aligned}$$

于是由定理 15.1 可知, $\theta = \alpha(t_0)$ 的最优光滑估计函数是

$$g_n^* = \sum_{t=2}^{n} K\left(\frac{t_0 - t}{b}\right) h_t a_{t-1}^*,$$

其中 $a_{t-1}^* = E\left[\left.\frac{\partial h_t}{\partial \theta}\right| \mathcal{F}_{t-1}^y\right] / E[h_t^2|\mathcal{F}_{t-1}^y]$. 求解最优估计函数可得 θ 的最优估计为

$$\widehat{\theta}_n^{\text{opt}} = \frac{\displaystyle\sum_{t=2}^{n} K\left(\frac{t_0 - t}{b}\right) a_{t-1}^*[y_t - m_{t-1} f(t, \mathcal{F}_{t-1}^y)]}{\displaystyle\sum_{t=2}^{n} K\left(\frac{t_0 - t}{b}\right) a_{t-1}^* f(t, \mathcal{F}_{t-1}^y)},$$

其中 $a_{t-1}^* = -f(t, \mathcal{F}_{t-1}^y)\left(1 + \frac{\partial m_{t-1}}{\partial \theta}\right) / \{\sigma_e^2 + f^2(t, \mathcal{F}_{t-1}^y)(\sigma_\varepsilon^2 + v_{t-1})\}$. 由于 v_t 与 $\theta = \alpha(t_0)$ 无关, 于是由递归算法同样可以求得

$$\frac{\partial m_t}{\partial \theta} = -\frac{\sigma_\varepsilon^2 f^2(t, \mathcal{F}_{t-1}^y)\left(1 + \dfrac{\partial m_t}{\partial \theta}\right)}{\sigma_e^2 + f^2(t, \mathcal{F}_{t-1}^y)(\sigma_\varepsilon^2 + v_{t-1})}.$$

而 Tjustheim (1986) 使用条件最小二乘估计方法得到的估计是

$$\widetilde{\theta} = \sum_{t=2}^{n} K\left(\frac{t_0 - t}{b}\right) f(t, \mathcal{F}_{t-1}^y) y_t \Bigg/ \sum_{t=2}^{n} K\left(\frac{t_0 - t}{b}\right) f(t, \mathcal{F}_{t-1}^y).$$

显然 $\widetilde{\theta}$ 不依赖于 σ_ε^2 和 σ_e^2, 而使用 GEE 方法得到的最优估计却依赖于 σ_ε^2 和 σ_e^2, 因此, 使用 GEE 方法得到的最优估计利用了更多的数据信息, 从而使得估计量 $\widehat{\theta}_n^{\text{opt}}$ 的方差要小于 $\widetilde{\theta}$ 的方差. 跟前面一样, 也可以由 $\widetilde{\theta}$ 先给出 σ_ε^2 和 σ_e^2 的估计, 再代入 $\widehat{\theta}_n^{\text{opt}}$ 中获得最优估计.

15.3.3 门限自回归模型

Tjustheim (1986) 提出了如下的门限自回归模型:

$$y_t - \sum_{j=1}^{p} \alpha_j(t) y_{t-1} H_j(y_{t-1}) = e_t,$$

其中 $H_j(y_{t-1}) = I(y_{t-1} \in D_j)$, $I(\cdot)$ 表示示性函数, $D_1, \cdots, D_m$ 是 $\mathbf{R}$ 中互不相交的区间, 且 $\bigcup_{i=1}^{n} D_i = \mathbf{R}$. 则应用 GEE 方法到此模型中, 可取

$$h_t = y_t - E[y_t|\mathcal{F}_{t-1}^y] = y_t - \sum_{j=1}^{p} \alpha_j(t) y_{t-1} H_j(y_{t-1})$$

来构造线性估计函数族, 且可求得 $E[h_t^2|\mathcal{F}_{t-1}^y] = E(e_t^2) = \sigma_e^2$. 因此, 应用定理 15.1 可得 $\alpha_j(t)$ 的最优光滑估计为

$$\widehat{\theta}_{n,j}^{\text{opt}} = \frac{\displaystyle\sum_{t=2}^{n} K\left(\frac{t_0 - t}{b}\right) y_t y_{t-1} H_j(y_{t-1})}{\displaystyle\sum_{t=2}^{n} K\left(\frac{t_0 - t}{b}\right) y_{t-1}^2 H_j(y_{t-1})}.$$

这个结果与 Tjustheim (1986) 所获得的最小二乘估计 $(K(\cdot) = 1)$ 相同. 此模型的特征是 $E[h_t^2|\mathcal{F}_{t-1}^y]$ 就等于 σ_e^2. 在得到的最优估计中不再出现 σ_e^2, 就不再需要对 σ_e^2 进行估计, 这样就使得在应用 GEE 方法进行估计时变得更加简单.

15.3.4 特殊情况

最后讨论一下上面所获得估计的最优性. 以上给出了几个非参数时间序列模型的光滑最优估计函数. 然而, 原则上这些最优估计并不是第 9 章定义的最优估计方程的估计了, 因为在这章里的估计函数都进行了局部化. 那么一个自然的问题就是这些“最优估计”是否仍具有最优性质呢? 也即这个估计是否有最小的方差呢? 对这个问题, 我们这里打算通过对一个简单模型的分析来回答. 考虑模型

$$y_t = \alpha(t) x_t + \varepsilon_t,$$

其中 $E(\varepsilon_t) = 0$, $\text{Var}(\varepsilon_t) = \sigma^2 x_t^2$. 可见上述模型为前面我们介绍过的三种模型的特殊情况, 如当随机系数自回归模型中的 $b_t = 0$, $y_{t-1} = x_t$ 时, 模型 (15.5) 即转化为此模型. 同样地, 取 $h_t = \varepsilon_t = y_t - E(y_t|x_t)$, 应用定理 15.1 可得到最优光滑估计函数是

$$S_n^{\text{opt}}(t_0) = \sum_{t=2}^{n} K\left(\frac{t_0 - t}{b}\right) a_{t-1}^* \varepsilon_t.$$

而光滑最小二乘估计函数是

$$S_n^{\mathrm{LS}}(t_0)=\sum_{t=2}^{n}K\left(\frac{t_0-t}{b}\right)x_t\varepsilon_t.$$

求解上述两个估计函数可得最优估计及最小二乘估计分别为

$$\widehat{\theta}_n^{\mathrm{opt}}=\sum_{t=2}^{n}K\left(\frac{t_0-t}{b}\right)\frac{y_t}{x_t}\Bigg/\sum_{t=2}^{n}K\left(\frac{t_0-t}{b}\right),$$

和

$$\widehat{\theta}_n^{\mathrm{LS}}=\sum_{t=2}^{n}K\left(\frac{t_0-t}{b}\right)x_ty_t\Bigg/\sum_{t=2}^{n}K\left(\frac{t_0-t}{b}\right)x_t^2.$$

由上可得

$$\mathrm{Var}(\widehat{\theta}_n^{\mathrm{opt}})=\sigma^2\sum_{t=1}^{n}\frac{K^2\left(\dfrac{t_0-t}{b}\right)}{\left[\displaystyle\sum_{t=1}^{n}K\left(\frac{t_0-t}{b}\right)\right]^2},$$

$$\mathrm{Var}(\widehat{\theta}_n^{\mathrm{LS}})=\sigma^2\sum_{t=1}^{n}\frac{K^2\left(\dfrac{t_0-t}{b}\right)x_t^4}{\left[\displaystyle\sum_{t=1}^{n}K\left(\frac{t_0-t}{b}\right)x_t^2\right]^2},$$

由事实 $n\sum\limits_{t=1}^{n}x_t^4\geqslant\left(\sum\limits_{t=1}^{n}x_t^2\right)^2$ 可知

$$\mathrm{Var}(\widehat{\theta}_n^{\mathrm{opt}})\leqslant\mathrm{Var}(\theta_n^{\mathrm{LS}}),$$

由此证得了估计 $\widehat{\theta}_n^{\mathrm{opt}}$ 的最优性. 对于更一般的模型, 在这里并没有进一步的研究, 我们相信对于更一般的时间序列模型中的光滑最优估计仍具有方差最小的性质.

15.4 一些扩展

以上我们介绍了一般估计方程方法在时间序列模型中的具体应用, 下面我们简单介绍一下 GEE 方法在其他模型中的应用, 我们会发现 GEE 方法与最小二乘方法、极大似然方法之间的联系, 并通过 GEE 方法在分枝过程 (branching process) 中的应用来进一步说明 GEE 方法应用的广泛性.

15.4.1 广义最小二乘法

对于线性模型

$$y_i = f(x_i^{\mathrm{T}}\boldsymbol{\theta}) + \varepsilon_i, \quad i = 1, 2, \cdots, n,$$

其中 $y_1, y_2, \cdots, y_n$ 是独立的, 我们有 $h_i = y_i - E(y_i)$, $E(y_i) = f(x_i\boldsymbol{\theta})$, $\boldsymbol{\theta}$ 为未知参数. 由最小二乘理论, 通过关于 θ 最小化 $\sum\limits_i\{y_i - E(y_i)\}^2$, 可得估计方程 $\tilde{g} = 0$. 不难看出, 由此得出的函数 $\tilde{g}$ 与我们在式 (15.2) 中定义的最优估计函数 g^* 是一样的. 其中 g^* 是在所有形如 $g = \sum\limits_i\{y_i - E(y_i)\}a_i$ 的估计函数中的最优估计函数, a_i 为不依赖于 $y_1, y_2, \cdots, y_n$ 的常数.

15.4.2 条件最小二乘法

现在令 $h_i = y_i - E_{i-1}(y_i)$, 其中 $E_{i-1}(y_i)$ 是未知参数 θ 的函数. 此时隐含的分布函数族 $\mathcal{F}$ 是包含所有使得 $E_{i-1}(h_i) = 0$ 的 F, 条件方差 $E_{i-1,F}(h_i^2) = \sigma^2(F), i = 1, 2, \cdots, n$. 一般的自回归模型都满足上述条件. 在这种情况下, 由定理 15.1 所给出的最优估计方程为

$$g^* = \sum_{i=1}^{n}\{y_i - E_{i-1}(y_i)\}\partial E_{i-1}(y_i)/\partial\boldsymbol{\theta} = 0. \tag{15.11}$$

也可以通过关于 $\boldsymbol{\theta}$ 极小化 $\sum\limits_i\{y_i - E_{i-1}(y_i)\}^2$ 来得到. 方程 (15.11) 通常称作条件最小二乘方程 (Klimko and Nelson, 1978). 显然, 对于正态密度函数 $f_{\boldsymbol{\theta}} \propto \exp\left(-\dfrac{\sum\limits_i h_i^2}{2\sigma^2}\right)$, 其中 σ^2 与 $\boldsymbol{\theta}$ 无关, 其极大似然方程也是由方程 (15.11) 给出的.

15.4.3 分枝过程

令 $y_0 = 1, y_1, \cdots, y_n$ 为一 Bienaymé-Galton-Watson 分枝过程. 假设 $1 < Ey_1 = \theta$, 且 $0 < \mathrm{Var}(y_1) = \sigma^2 < \infty$. 这里 y_{k+1} 可以写成如下的形式

$$y_{k+1} = y_{1,k}^{(1)} + \cdots + y_{1,k}^{(y_k)},$$

其中 $y_{1,k}^{(i)}$ 是给定 y_k 条件下 i.i.d. 的, 且每个 $y_{1,k}^{(i)}|y_k$ 具有和 y_1 相同的分布. 于是有 $E_{i-1}(y_i) = \theta y_{i-1}$ 和 $E((y_{i+1} - \theta y_i)^2|y_i) = \sigma^2 y_i$. 若我们令 $h_i = y_i - \theta y_{i-1}$, 则有

$$E_{i-1}(h_i) = 0, \quad E_{i-1}(h_i^2) = \sigma_i^2 = y_{i-1}\sigma^2. \tag{15.12}$$

在这种情况下, 由定理 15.1 可以给出最优估计方程为

$$g^* = \sum_{i=1}^{n}(y_i - \theta y_{i-1}) = 0. \tag{15.13}$$

Hall 和 Heyde (1980)[195] 给出了 θ 的两个估计, 其相应的估计方程为

$$g_1 = \sum_{i=1}^{n}(y_i/y_{i-1}) - \theta = 0, \quad g_2 = (y_n/y_{n-1}) - \theta = 0.$$

函数 g_1 和 g_2 均具有形式 $\sum_i h_i a_{i-1}$, 对于 g_1, $a_{i-1} = 1/y_{i-1}, i = 1, 2, \cdots, n$, 对于 g_2, $a_{i-1} = 0, i = 1, 2, \cdots, n-1$, 而 $a_{n-1} = 1/y_{n-1}$. 因此, 由定理 15.1 可知估计函数 g_1 和 g_2 均要次于 g^*. 这里我们可以看出 $g_1 = 0$ 是由矩方法而来, 因此 GEE 方法的优越性在这里得到了充分的体现.

此外, 本章所介绍的理论是在参数为一维的情况进行讨论的, 不难推广到参数为多维的情况, 但在这里我们不再做这种推广了.

第 16 章　删失数据下估计方程

在第 1 章我们已经提到删失数据下的估计方程问题, 并指出通常简单样本下的无偏估计函数在删失数据下不再是无偏的. 因此, 需要提出新的无偏估计函数. 令 T 为生存时间, M 为关于 T 的一个费用函数. 然而观察到的生存时间往往会发生随机删失的情况. 例如, 当观察对象离开了研究或是无法再跟踪到, 或者在观察或试验结束时个体还存活着等情况下, 就会发生删失. 下面给出随机右删失数据的统计描述. 令 (T, C) 为一对随机变量, 其生存分布分别为 $S(u) = \Pr(T > u)$ 和 $K(u) = \Pr(C > u)$, 在存在删失的机制下, 生存时间 T 被删失变量 C 删失. 也就是对某一特定的个体, 在时刻 C 时已无法观察到其生存时间 T, 只知道它在时刻 C 时仍然存活, 于是生存时间 T 在删失情况下一定是大于或等于删失时间, 而对没有删失的个体可以观察到其生存时间 T, 并知道其小于或等于删失时间 C. 因此, 这种实际观察数据是右删失生存数据, 它是由独立同分布的 $(X_i, \Delta_i), i = 1, \cdots, n$ 组成的, 其中 $X_i = \min(T_i, C_i)$, $\Delta_i = I(T_i \leqslant C_i)$, 且 $I(\cdot)$ 表示示性函数. 如果对应数据全部乘以 -1, 那么右删失数据便成为左删失数据了. 处理两种删失数据的方法是一样的, 因此, 这里仅对右删失数据进行研究. 周勇和田军 (2013) 给出了一个医疗费用估计方程方法的研究, 考虑了工作独立的情形.

16.1　无偏估计函数

考虑如下一个无偏估计函数

$$E\psi(Y, \theta) = 0, \tag{16.1}$$

其中 Y 是一个多元的随机变量, 而 θ 是未知的估计参数. 这里为简单, 假定 $\psi(.)$ 是一维的函数.

在例 2.1 中需要考虑医疗费用的问题. 这里考虑平均医疗费用, 相当于上面的估计方程 (16.1) 取 $\psi(Y, \theta) = Y - \theta$, 其中 θ 就是感兴趣的均值. 在删失数据下, 不可能直接通过估计函数 (16.1) 的样本类似来获得参数 θ 的无偏估计方程. 但在第 1 章中, 通过采用逆概率加权方法, 我们可以考虑如下修改的估计函数

$$\phi(X, \theta) = \frac{\Delta}{K(X)}\psi(X, \theta), \tag{16.2}$$

其中 $1-K(\cdot)$ 是删失时间 C 的分布函数. 这个公式的直观解释是未被删失的数据对均值的贡献与未被删失的概率成反比. 事实上, 上面的逆概率加权公式我们还可以这样来理解, 即当生存时间真实值为 T 时, $C>T$ 的可能性是 $K(T)$, 也就是说我们有 $K(T)$ 概率观察到 T, 例如, 当 $K(T)=0.25$ 时, 等价于我们有 25% 的机会观察到 T. 利用迭期望公式, 容易证明

$$\begin{aligned}E\phi(X,\theta)&=E\left\{\frac{\Delta}{K(X)}\psi(X,\theta)\right\}\\&=E\left\{E(\Delta|T)\frac{1}{K(T)}\psi(T,\theta)\right\}\\&=E\{\psi(T,\theta)\}=0.\end{aligned}\tag{16.3}$$

因此, $\phi(X,\theta)$ 是 θ 的一个无偏估计函数. 由此便可构造出 θ 的无偏估计方程 (假设 $K(\cdot)$ 已知, 当 $K(\cdot)$ 未知时, 需要另外考虑). 当然, 在删失数据下构造出式 (16.1) 的无偏估计方程几种方法, 例如, BJ 估计方法来构造等.

在无偏估计函数 $\phi(X,\theta)$ 中, 可以注意到该函数依赖于随机变量 T 和 Δ, 及删失变量的生存函数 $K(\cdot)$. 如果假定删失变量的生存分布 $K(\cdot)$ 是已知的, 那么可以基于函数 (16.2) 无偏估计函数 ϕ 构造出估计方程或利用经验似然方法来对 θ 进行统计推断. 因此, 可以应用式 (16.3) 来获得一个估计方程,

$$\sum_{i=1}^{n}\frac{\Delta_i}{K(X_i)}\psi(X_i,\theta)=0,\tag{16.4}$$

方程 (16.4) 也是式 (16.3) 在删失样本下的一个样本类似. 如果无偏估计方程 (16.4) 中的删失变量的生存函数 $K(\cdot)$ 是未知, 则我们可以用 Kaplan-Meier 估计$\widehat{K}(\cdot)$ (Kaplan and Meier, 1958) (见附录 A) 代替 $K(\cdot)$. 删失时间 C 的生存分布的 Kaplan-Meier 估计是

$$\widehat{K}(t)=\prod_{u\leqslant t}\left[1-\frac{\mathrm{d}N^c(u)}{Y(u)}\right],$$

其中 $N^c(u)=\sum_{i=1}^{n}I(X_i\leqslant u,\Delta_i=0)$, $Y(u)=\sum_{i=1}^{n}I(X_i\geqslant u)$. 因此, 可以获得如下的估计方程

$$\frac{1}{n}\sum_{i=1}^{n}\frac{\Delta_i}{\widehat{K}(X_i)}\psi(X_i,\theta)=0.\tag{16.5}$$

假设满足式 (16.3) 的参数真值唯一, 记 $\widehat{\theta}$ 为方程 (16.5) 的唯一解. 于是不难证明如下结果.

定理 16.1 假定本章补充材料中的条件 (i)~(iii) 成立, 若 θ_0 为 θ 的真实值, 则有

$$\sqrt{n}(\widehat{\theta}-\theta_0)\xrightarrow{\mathscr{D}}N(0,a^2\sigma^2), \tag{16.6}$$

其中 $a^{-1}=E[\nabla_\theta\psi(T,\theta_0)]$, $\sigma^2\equiv\sigma^2(\theta_0)$,

$$\sigma^2(\theta)=\mathrm{Var}[\psi(T,\theta)]+E\left[\int_0^L[\psi(T,\theta)-G(\theta,u)]^2I(T\geqslant u)\frac{\lambda^c(u)}{K(u)}\,\mathrm{d}u\right], \tag{16.7}$$

这里

$$G(\theta,u)=\frac{1}{S(u)}E[\psi(T,\theta)I(T\geqslant u)],$$

$\lambda^c(u)$ 为删失分布的风险率函数.

定理 16.1 的证明 对这个定理的证明需要用到生存分析中计数过程和鞅理论 (参见 Fleming 和 Harrington(1991) 的第 5 章或附录 A). 记 $W_{ni}=\Delta_i\psi(X_i,\theta)/\widehat{K}(X_i)$. 由本章末补充材料的引理 16.1, 可获得 $n^{-1/2}\sum_{i=1}^{n}W_{ni}$ 在 θ_0 处收敛到均值为 0 方差为 $\sigma^2(\theta_0)$ 的正态分布. 因此, 很容易证明此定理成立. 事实上, 如果 $\nabla_\theta\psi(X,\theta)$ 关于 θ 是连续的, 则我们可以获得

$$\sqrt{n}(\widehat{\theta}-\theta_0)=\left\{\frac{1}{n}\sum_{i=1}^{n}\frac{\Delta_i}{K(X_i)}\nabla_\theta\psi(T_i,\theta^*)\right\}^{-1}n^{-1/2}\sum_{i=1}^{n}W_{ni}+o_p(1),$$

其中 θ^* 落在 $\widehat{\theta}$ 和 θ_0 之间. 因此, 由 $\nabla_\theta\psi(X,\theta)$ 的连续性和 $n^{-1/2}\sum_{i=1}^{n}W_{ni}$ 收敛性, 立知定理的结论成立. □

也可以直接应用计数过程和鞅理论来证明定理 16.1, 这种方法很直观也很容易推广. 令域流 $\mathcal{F}_u$ 为具有如下形式的集合构成的 σ- 域

$$\mathcal{F}_u=\{I(C_i\leqslant t,\Delta_i=0),I(T_i\leqslant t,\Delta_i=1):t\leqslant u,0\leqslant u<+\infty,1\leqslant i\leqslant n\}.$$

显然, 这里的域流 $\mathcal{F}_{(u)}$ 是右连续的, 与附录 A 中的一样, 因此可以应用附录 A 中的有关结果. 考虑在一段时间内删失个体数的计数过程, 则与该计数过程对应的鞅定义如下

$$\mu_i^c(u)=N_i^c(u)-\int_0^u\lambda^c(t)Y_i(t)\,\mathrm{d}t,$$

其中 $N_i^c(u)=I(X_i\leqslant u,\Delta_i=0)$, $Y_i(u)=I(X_i\geqslant u)$.

令 $\mu^c(u)=\sum_{i=1}^n \mu_i^c(u)$, 通过一些基础的讨论和计算, 我们可以得到下面这个非常重要的表达式

$$\begin{aligned}\frac{1}{\sqrt{n}}\sum_{i=1}^n W_{ni}&=\frac{1}{\sqrt{n}}\sum_{i=1}^n\frac{\Delta_i\psi(X_i,\theta)}{K(T_i)}+\frac{1}{\sqrt{n}}\sum_{i=1}^n\frac{\Delta_i\psi(X_i,\theta)}{\widehat{K}(T_i)}\left\{\frac{K(T_i)-\widehat{K}(T_i)}{K(T_i)}\right\}\\&=\frac{1}{\sqrt{n}}\sum_{i=1}^n\psi(T_i,\theta)-\frac{1}{\sqrt{n}}\sum_{i=1}^n\int_0^L\frac{\mathrm{d}\mu_i^c(u)}{K(u)}\Big\{\psi(T_i,\theta)-G(\theta,u)\Big\}+o_p(1).\end{aligned}\tag{16.8}$$

注意, 由于 $X_i>u$ 为 $\mathcal{F}_u$ 可测的, 因此式 (16.8) 右边的前两项不相关, 由鞅中心极限定理以及式 (16.8), $\sum_{i=1}^n W_{ni}/\sqrt{n}$ 具有均值为 0, 方差为 σ^2 的渐近正态分布.

正如前面所讨论的一样, 对于估计方程 (16.5) 也可以利用经验似然方法讨论参数 θ 的估计问题. 为此, 令 $p=(p_1,\cdots,p_n)$, 对所有的 $1\leqslant i\leqslant n$, $p_i\geqslant 0$ 并且 $\sum_{i=1}^n p_i=1$. 定义 F_p 为一分布函数, 其在点 $\Delta_i\psi(X_i,\theta)/K(X_i)$ 处具有概率 p_i, 剖面似然函数定义为

$$L(\theta)=\prod_{i=1}^n p_i,\tag{16.9}$$

其中 $p_i, i=1,\cdots,n$, 满足

$$\sum_{i=1}^n\frac{\Delta_i}{K(X_i)}\psi(X_i,\theta)p_i=0.\tag{16.10}$$

由于式 (16.10) 中的 $K(\cdot)$ 未知, 可以用 Kaplan-Meier 估计 $\widehat{K}$(见式 (16.5)) 代替未知的生存分布 K. 此时, 剖面似然函数为

$$L(\theta)=\prod_{i=1}^n p_i,$$

具有如下限制

$$\sum_{i=1}^n p_i=1,\quad \sum_{i=1}^n p_i\frac{\Delta_i}{\widehat{K}(X_i)}\psi(X_i,\theta)=0.$$

通常称此经验似然函数为 **估计经验似然**.

为方便起见, 记 $\Delta_i/\widehat{K}(X_i)=V_{ni}$, 利用拉格朗日乘子法可得

$$p_i=\frac{1}{n}\frac{1}{1+\lambda V_{ni}\psi(X_i,\theta)},$$

其中 λ 为如下方程的解

$$\frac{1}{n}\sum_{i=1}^{n}\frac{V_{ni}\psi(X_i,\theta)}{1+\lambda V_{ni}\psi(X_i,\theta)}=0\,. \tag{16.11}$$

注意 $\prod_{i=1}^{n}p_i$ 在限制 $\sum_{i=1}^{n}p_i=1$ 和 $p_i\geqslant 0,\ 1\leqslant i\leqslant n$ 下, 在 $p_i=n^{-1}$ 时达到其最大值 n^{-n}. 因此, 我们定义剖面经验似然比函数

$$R(\theta)=\prod_{i=1}^{n}(np_i)=\prod_{i=1}^{n}\frac{1}{1+\lambda V_{ni}\psi(X_i,\theta)}\,.$$

剖面经验似然比函数取对数并乘以 -2 记为

$$\mathcal{R}(\theta)=-2\log R(\theta)=2\sum_{i=1}^{n}\log\{1+\lambda V_{ni}\psi(X_i,\theta)\}. \tag{16.12}$$

当不存在歧义时, 本书后面将省略掉"剖面"二字.

在某些较弱的正则条件下, 可以通过泰勒展开, 并与本章补充材料中对定理 16.3 证明相似的讨论可得

$$\mathcal{R}(\theta)=\frac{\left(n^{-1/2}\sum_{i=1}^{n}W_{ni}\right)^2}{n^{-1}\sum_{i=1}^{n}W_{ni}^2}+o_p(1). \tag{16.13}$$

利用到式 (16.13), 我们有下面的定理.

定理 16.2 假定补充材料中的条件 (i)~(iii) 成立, 若 θ_0 为 θ 的真实值, 则有

$$r(\theta_0)\mathcal{R}(\theta_0)\xrightarrow{\mathscr{D}}\chi_1^2, \tag{16.14}$$

其中 χ_1^2 为自由度为 1 的卡方分布, $r(\theta)=\sigma_0^2(\theta)/\sigma^2(\theta)$, 且

$$\sigma_0^2(\theta)=\lim_{n\to\infty}n^{-1}\sum_{i=1}^{n}W_{ni}^2=E\left\{\frac{\psi^2(T,\theta)}{K(T)}\right\},$$

$\sigma^2(\theta)$ 由式 (16.7) 给出.

若无偏估计函数 $\boldsymbol{\psi}$ 是 q 元的估计函数向量, $\boldsymbol{\theta}$ 是 p 元未知参数, 当 $q\geqslant p$ 时, 我们仍可以应用广义估计方程方法和经验似然方法获得参数 $\boldsymbol{\theta}$ 的估计. 也就是说, 如果有如下的估计函数

$$\sum_{i=1}^{n}\frac{\Delta_i}{\widehat{K}(X_i)}\boldsymbol{\psi}(X_i,\boldsymbol{\theta})=0, \tag{16.15}$$

其中 $\boldsymbol{\psi}$ 是多元向量函数. 我们可以构造如下的广义估计方程估计,

$$\widehat{\boldsymbol{\theta}}_g = \arg\min \left[\frac{1}{n}\sum_{i=1}^{n}\frac{\Delta_i}{\widehat{K}(X_i)}\boldsymbol{\psi}(X_i,\boldsymbol{\theta})\right]^{\tau} W \left[\frac{1}{n}\sum_{i=1}^{n}\frac{\Delta_i}{\widehat{K}(X_i)}\boldsymbol{\psi}(X_i,\boldsymbol{\theta})\right], \qquad (16.16)$$

其中 W 是一权矩阵. 在一些正则条件下, 可以证明此估计是相合估计, 并且渐近分布服从一个均值为 0 的正态分布.

相似地, 在多元的情况下, 经验似然函数定义为

$$L(\boldsymbol{\theta}) = \prod_{i=1}^{n} p_i,$$

其中 $p_i, i = 1, \cdots, n$, 满足

$$\sum_{i=1}^{n}\frac{\Delta_i}{\widehat{K}(X_i)}\boldsymbol{\psi}(X_i,\boldsymbol{\theta})p_i = 0.$$

因此可以获得经验似然比函数为

$$\mathcal{R}(\boldsymbol{\theta}) = -2\log R(\boldsymbol{\theta}) = 2\sum_{i=1}^{n}\log\{1+\lambda^{\tau}V_{ni}\boldsymbol{\psi}(X_i,\boldsymbol{\theta})\}, \qquad (16.17)$$

可以证明此经验似然比统计量收敛于一个加权的卡方分布.

基于经验似然函数

$$L(\boldsymbol{\theta}) = \prod_{i=1}^{n}(p_i) = \prod_{i=1}^{n}\frac{1}{n[1+\lambda^{\tau}V_{ni}\psi(X_i,\boldsymbol{\theta})]},$$

可获得参数 $\boldsymbol{\theta}$ 的极大经验似然估计. 同样可以证明此极大经验似然估计是相合的并且是渐近正态的. 下面我们结合医疗费用的具体应用来展示上述方法的思想.

16.2　医疗费用的估计方法简述

16.1 节提到删失数据下的估计方程, 只给出了一些初步的结果, 并没有具体的展开, 在这节我们将基于医疗费用, 建立各种删失数据的估计方程. 令 T 为生存时间, M 为关于 T 的一个费用函数, 且 T 是被删失变量 C 删失的, 令 (T, C) 为一对随机变量, 其中生存分布分别为 $S(u) = \Pr(T > u)$ 和 $K(u) = \Pr(C > u)$. 右删失生存数据是由独立同分布的 (X_i, Δ_i) 组成的, 且与 M_i, $i = 1, 2, \cdots, n$ 相关, 其中 $X_i = \min(T_i, C_i)$, $\Delta_i = I(T_i \leqslant C_i)$, $I(\cdot)$ 表示示性函数.

如上形式的数据应用广泛, 例如, M 可以是一个人为了治疗某种特定疾病而在一生中的总花费等. 在最近几十年间, 医疗保健费用的不断增加已经成为一种趋势,

而这种迅速上涨的花费也为当今世界带来了严峻挑战, 对于某种疾病, 为了寻找一个经济有效的疗法, 对患有该病的患者治疗的总花费进行统计推断是非常有用的. 关于 M 的其他例子还包括了汽车的修理费用, 或是一生中的生活费用, 又或是在一生中用于房屋维护上的花费, 也可以是企业行政费用, 失业者重新获得工作的培训费, 等等.

值得注意的是, 观察到的这些费用数据常常与生存时间相关, 而这些生存数据又常会发生删失, 且无法获得删失时间之后的费用数据. 为方便起见, 我们假定有一个时间上界 L, 其满足 $T \leqslant L$ 且 $\Pr(C_i \geqslant L) > 0$.

对于医疗费用, 我们考虑估计方程 $E\psi(M,\theta) = 0$, 其中 $\psi(\cdot,\cdot)$ 为一特定的函数, θ 为一待估参数. 易见对于不同的函数 $\psi(\cdot,\cdot)$, θ 的意义不同, 包括费用均值有 $\psi(M,\theta) = M - \theta$, 以及费用中位数 $\psi(M,\theta) = I(M \leqslant \theta) - 0.5$. 在这里仅考虑费用均值的估计问题.

为了表达方便引入一些符号, 对于常数 l 和 k, 设 $l \vee k = \max(l,k)$, $l \wedge k = \min(l,k)$.

16.3 经验似然估计及置信区间

在推导待估参数的渐近置信区间问题中, 对数经验似然比函数起着关键的作用, 利用与这些经验似然比函数相关的极限分布, 可以很容易地计算出置信区间的渐近覆盖率. 本节中, 我们将基于对数经验似然比函数构造 θ 的置信区间.

16.3.1 剖面经验似然比函数

应该注意到医疗费用 M 是生存时间 T 的函数. 从而估计方程 $E\psi(M,\theta) = 0$ 依赖于随机变量 T. 注意到式 (16.5) 构造方法, 可获得如下渐近无偏估计函数

$$E\left[\frac{\Delta}{\widehat{K}(T)}\psi(M,\theta)\right] = 0.$$

我们将基于此无偏估计函数建立一个估计经验似然, 来对 θ 进行统计推断. 由 16.1 节, 我们可以类似地获得经验似然函数

$$L(\theta) = \prod_{i=1}^{n} \frac{1}{n\{1+\lambda V_{ni}\psi(M_i,\theta)\}}, \tag{16.18}$$

其中, λ 为如下方程的解

$$\frac{1}{n}\sum_{i=1}^{n} \frac{V_{ni}\psi(M_i,\theta)}{1+\lambda V_{ni}\psi(M_i,\theta)} = 0\,. \tag{16.19}$$

对数经验似然比是

$$D(\theta) = -2\log R(\theta) = 2\sum_{i=1}^{n}\log\{1+\lambda V_{ni}\psi(M_i,\theta)\}, \tag{16.20}$$

其中 $V_{ni} = \Delta_i/\widehat{K}(X_i)$. 与前面类似, 令域流 $\mathcal{F}_u$ 为具有如下形式的集合构成的 σ 域

$$\mathcal{F}_u = \sigma\{I(C_i \leqslant t, \Delta_i = 0), I(T_i \leqslant t, \Delta_i = 1), M_i(t) : t \leqslant u, 0 \leqslant u < +\infty, 1 \leqslant i \leqslant n\}.$$

可以证明 M_i 为 $\mathcal{F}(0)$ 可测的. 正如定理 16.2 的证明一样, 通过简单直观的讨论, 可以得到 $n^{-1/2}\sum_{i=1}^{n} V_{ni}\psi(M_i,\theta)$ 具有渐近正态分布, 于是我们有以下定理.

定理 16.3　假定本章补充材料中的条件 (i)~(iii) 成立, 若 θ_0 为 θ 的真实值, 则有

$$D(\theta_0)r(\theta_0) \xrightarrow{\mathscr{D}} \chi_1^2, \tag{16.21}$$

其中 χ_1^2 为自由度为 1 的卡方分布, $r(\theta) = \sigma_0^2(\theta)/\sigma^2(\theta)$, 且

$$\sigma_0^2(\theta) = \lim_{n\to\infty} n^{-1}\sum_{i=1}^{n} W_{ni}^2 = E\left\{\frac{\psi^2(M,\theta)}{K(T)}\right\},$$

并且

$$\sigma^2(\theta) = \mathrm{Var}[\psi(M,\theta)] + E\left[\int_0^L [\psi(M,\theta) - G(\theta,u)]^2 I(T \geqslant u)\frac{\lambda^c(u)}{K(u)}\,\mathrm{d}u\right], \tag{16.22}$$

这里

$$G(\theta,u) = \frac{1}{S(u)}E[\psi(M,\theta)I(T \geqslant u)],$$

$\lambda^c(u)$ 为删失分布的风险率函数.

16.3.2　置信区间构造

虽然在没有删失数据的简单样本中, 构造参数 θ 的置信区间时, 不需要估计渐近方差, 但在删失数据下这是不行的, 因为在删失数据下 σ_0^2 和 σ^2 并不相等, 需要分别对 σ_0^2 和 σ^2 进行估计. 利用定理 16.3, 我们用两种算法来构造 θ 的置信区间.

1. *算法* A(*两步法*)

我们将定理 16.3 中的 $r(\theta_0)$ 用它的估计代替, 为此, 我们需要 θ 的一个初始相合估计, 在 θ 的众多初始相合估计中, 本小节中的注 16.1 给出了一个很好的简单估

计. 现在, 假定 $\widehat{\theta}$ 为 θ 的相合估计. 我们还需要估计 $\sigma_0^2(\theta)$ 和 $\sigma^2(\theta)$. 由式 (16.22) 以及鞅的性质, 我们可以得到 $\sigma^2(\theta)$ 的一个简单估计

$$\widehat{\sigma}^2(\widehat{\theta})=\frac{1}{n}\sum_{i=1}^{n}\frac{\Delta_i\psi^2(M_i,\widehat{\theta})}{\widehat{K}(T_i)}+\frac{1}{n}\int_0^L\frac{\mathrm{d}N^c(u)}{\widehat{K}^2(u)}\{\widehat{G}_1(\widehat{\theta},u)-\widehat{G}_2(\widehat{\theta},u)\},$$

其中

$$\widehat{G}_1(\widehat{\theta},u)=\frac{1}{n\widehat{S}(u)}\sum_{i=1}^{n}\frac{\Delta_i\psi^2(M_i,\widehat{\theta})I(T_i\geqslant u)}{\widehat{K}(T_i)},$$

$$\widehat{G}_2(\widehat{\theta},u)=\left(\frac{1}{n\widehat{S}(u)}\sum_{i=1}^{n}\frac{\Delta_i\psi(M_i,\widehat{\theta})I(T_i\geqslant u)}{\widehat{K}(T_i)}\right)^2,$$

这里 $\widehat{\theta}$ 为 θ 的初始相合估计, $\widehat{S}(u)$ 为生存函数 $S(u)=P(T>u)$ 的 Kaplan-Meier 估计. 通过补充材料中对定理 16.3 的证明可知, $\sigma_0^2(\theta)$ 的相合估计可以由下式给出,

$$\widehat{\sigma}_0^2(\widehat{\theta})=\frac{1}{n}\sum_{i=1}^{n}\widehat{W}_{ni}^2,$$

其中 $\widehat{W}_{ni}=\Delta_i\psi(M_i,\widehat{\theta})/\widehat{K}(T_i)$. 因此, 我们可以得到 $r(\theta)$ 的一个相合估计 $\widehat{r}(\widehat{\theta})=\widehat{\sigma}_0^2(\widehat{\theta})/\widehat{\sigma}^2(\widehat{\theta})$.

令 $\widehat{D}(\theta)=\widehat{r}(\widehat{\theta})D(\theta)$ 为一个两阶段调整对数经验似然比函数. 如何通过 $\widehat{D}(\theta)$ 来构造 θ 的 $100(1-\alpha)\%$ 经验似然置信区间可由下面的定理给出.

定理 16.4 在定理 16.3 的条件下, 有

$$\lim_{n\to\infty}P(\theta\in I_\alpha)=1-\alpha,$$

其中 $I_\alpha=\{\theta:\widehat{D}(\theta)\leqslant c_\alpha\}$, $P(\chi_1^2\leqslant c_\alpha)=1-\alpha$.

注 16.1 θ 的一个简单估计可以通过解方程 $n^{-1}\sum_{i=1}^{n}\Delta_i\psi(M_i,\theta)/\widehat{K}(T_i)=0$ 得到, 由鞅的性质可以直接得到其相合性; 另外一种估计可以通过极小化 $D(\theta)/2=\sum_{i=1}^{n}\log(1+\lambda V_{ni}\psi(M_i,\theta))$ 得到, 其中 λ 为方程 (16.19) 的解.

注 16.2 令 $\psi(M,\theta)=M-\theta$, 方程 $E\psi(M,\theta)=0$ 意味着 θ 为 M 的均值, 即 $\theta=E(M)$, 此时, 渐近方差 $\widehat{\sigma}^2$ 的估计可以简化为

$$\frac{1}{n}\sum_{i=1}^{n}\frac{\Delta_i(M_i-\widehat{\theta})^2}{\widehat{K}(T_i)}+\frac{1}{n}\int_0^L\frac{\mathrm{d}N^c(u)}{\widehat{K}^2(u)}\{\widehat{G}(M^2,u)-\widehat{G}^2(M,u)\},$$

其中

$$\widehat{G}(M,u)=\frac{1}{n\widehat{S}(u)}\sum_{i=1}^{n}\frac{\Delta_iM_iI(T_i\geqslant u)}{\widehat{K}(T_i)}.$$

该形式与 Bang 和 Tsiatis (2000) 中的一致. $\widehat{\sigma}_0^2$ 也可简化为

$$\widehat{\sigma}_0^2 = n^{-1}\sum_{i=1}^{n}(d_{ni} - \bar{d}_n)^2,$$

其中 $d_{ni} = \Delta_i M_i/\widehat{K}(T_i)$, 且 $\bar{d}_n = \sum_{i=1}^{n} d_{ni}/n$.

在研究 $\widehat{\theta}$ 的极限行为时, 我们还需要 $\psi(\cdot,\cdot)$ 满足其他一些平滑条件, 假定 $\psi'(\cdot,\theta)$ 在点 $\theta=\theta_0$ 处连续, $\psi'(M,\theta)$ 有限且非零, 则估计方程 $\sum_{i=1}^{n}\frac{\Delta_i}{\widehat{K}(T_i)}\psi(X_i,\theta)=0$ 的存在相合解 $\widehat{\theta}_n$, 使得

$$\sqrt{n}(\widehat{\theta}_n - \theta_0) \xrightarrow{\mathscr{D}} N(0, \sigma_2^2(\theta_0)),$$

其中 $\sigma_2(\theta_0) = \sigma(\theta_0)/E[\psi'(M,\theta_0)]$, 分子 $\sigma(\theta_0)$ 由式 (16.22) 给出.

为了避免使用到初始估计 $\widehat{\theta}$, 我们还给出了如下的另外一种算法.

2. **算法 B(一步法)**

在一步法中, 和 GEE 估计中的一步法相同, 不要求事先估计调整因子 $\widehat{r}(\theta)$ 的参数 θ, 而是与经验似然比函数中的参数 θ 看成一个整体, 然后进行构造其置信区间.

令 $\widehat{r}(\theta) = \widehat{\sigma}_0^2(\theta)/\widehat{\sigma}^2(\theta)$, 其中

$$\widehat{\sigma}^2(\theta) = \frac{1}{n}\sum_{i=1}^{n}\frac{\Delta_i\psi^2(M_i,\theta)}{\widehat{K}(T_i)} + \frac{1}{n}\int_0^L \frac{\mathrm{d}N^c(u)}{\widehat{K}^2(u)}\{\widehat{G}_1(\theta,u) - \widehat{G}_2(\theta,u)\},$$

且

$$\widehat{\sigma}_0^2(\theta) = \frac{1}{n}\sum_{i=1}^{n}\left(\frac{\Delta_i}{\widehat{K}(T_i)}\psi(M_i,\theta)\right)^2.$$

定义 $\overline{D}(\theta) = D(\theta)\widehat{r}(\theta)$ 为一阶段调整对数经验似然比函数, 可以得到如下定理.

定理 16.5 在定理 16.3 的条件下, 若 θ_0 为 θ 的真实值, 则有

$$D(\theta_0)\widehat{r}(\theta_0) \xrightarrow{\mathscr{D}} \chi_1^2.$$

由定理 16.5, 类似于算法 A 同样可以构造出 θ 的置信区间.

注 16.3 正如 GEE 估计一样, 从实际的角度出发, 两步法的算法 A 较一步法的算法 B 更为方便, 计算也更加容易一些.

16.4 工作独立经验似然方法

假设对于第 i 个个体, 费用历史记录是可以获得的, 即对于 $0 \leqslant t \leqslant T_i \wedge C_i$, $M_i(t)$ 是可以得到的. 为了使得对 $M_i(t)$ 的均值的统计推断更加准确, 我们应该将有关费用历史的数据也利用起来, 类似于 Lin 等 (1997), 我们把考察的整个时间段 $[0,L]$ 分成 J 个小区间, 有 $t_0 = 0 < t_1 < \cdots < t_J = L$. 令 $M^{(j)} = M(t_j \wedge C) - M(t_{j-1} \wedge C)$, 且对于 $1 \leqslant j \leqslant J$, 令 $T^{(j)} = \min(T, t_j)$. θ_j 为待估参数, 即为 $M^{(j)}$ 的均值, 对于第 i 个个体, $T_i^{(j)} = \min(T_i, t_j)$, $\Delta_i^{(j)} = I(T_i^{(j)} \leqslant C_i)$, 且对于 $1 \leqslant j \leqslant J$, $M_i^{(j)} = M_i(t_j \wedge C_i) - M_i(t_{j-1} \wedge C_i)$, 令 $\widehat{K}_j(T_i^{(j)})$ 为基于数据 $\{X_i^{(j)}, \Delta_i^{(j)}, 1 \leqslant i \leqslant n\}$ 的 Kaplan-Meier 估计, 其中 $X_i^{(j)} = \min(T_i^{(j)}, C_i)$. 对于每一个小区间 $(t_{j-1}, t_j]$, 令 θ_j 为待估参数, 即为 M 在这个小区间上的均值. 记 $\boldsymbol{\theta} = (\theta_1, \theta_2, \cdots, \theta_J)^{\mathrm{T}}$. 注意, 一般来说, 当 $i \neq j$ 时, $\theta_i \neq \theta_j$. 令 $\boldsymbol{Z}_i^{(j)} = (T_i^{(j)}, C_i, M_i^{(j)}, \Delta_i^{(j)})^{\mathrm{T}}$. 假定分布函数 F_j 在点 $\boldsymbol{Z}_i^{(j)}$, $i = 1, 2, \cdots, n$, $1 \leqslant j \leqslant J$ 上有概率质量 $p_i^{(j)}$. 对于花费在不同小区间上的费用, 可以有不同的经验分布函数, 构造如下形式的伪经验似然函数

$$L_m(\boldsymbol{\theta}) = \prod_{j=1}^{J} \prod_{i=1}^{n} p_i^{(j)},$$

具有限制

$$\sum_{i=1}^{n} \frac{p_i^{(j)} \Delta_i^{(j)}}{\widehat{K}_j(T_i^{(j)})} \psi(M_i^{(j)}, \theta_j) = 0, \quad 1 \leqslant j \leqslant J, \tag{16.23}$$

其中 $p_i^{(j)} \geqslant 0$, $1 \leqslant i \leqslant n$, $\sum_{i=1}^{n} p_i^{(j)} = 1$, $1 \leqslant j \leqslant J$, 则经验对数似然比函数为

$$D_P(\boldsymbol{\theta}) \equiv -2 \sum_{j=1}^{J} \sum_{i=1}^{n} \log(n\widehat{p_i^{(j)}}) = 2 \sum_{i=1}^{n} \sum_{j=1}^{J} \log\{1 + \lambda_j V_{ni}^{(j)} \psi(M_i^{(j)}, \theta_j)\},$$

其中

$$\widehat{p_i^{(j)}} = \frac{1}{n} \frac{1}{1 + \lambda_j V_{ni}^{(j)} \psi(M_i^{(j)}, \theta_j)}, \quad 1 \leqslant j \leqslant J,$$

且 λ_j 为如下方程的解

$$\frac{1}{n} \sum_{i=1}^{n} \frac{V_{ni}^{(j)} \psi(M_i^{(j)}, \theta_j)}{1 + \lambda_j V_{ni}^{(j)} \psi(M_i^{(j)}, \theta_j)} = 0, \quad 1 \leqslant j \leqslant J. \tag{16.24}$$

如补充材料中所示, 我们可以得到

$$\lambda_j = \frac{\sum_{i=1}^{n} W_{ni}^{(j)}}{\sum_{i=1}^{n} (W_{ni}^{(j)})^2} + o_p(n^{-1/2}), \tag{16.25}$$

其中 $W_{ni}^{(j)} \equiv W_{ni}^{(j)}(\boldsymbol{\theta}) = V_{ni}^{(j)} \psi(M_i^{(j)}, \theta_j)$ 且 $V_{ni}^{(j)} \equiv \Delta_i^{(j)} / \widehat{K}_j(T_i^{(j)})$.

由泰勒展开, 以及 λ_j 的渐近表达式可得

$$D_P(\boldsymbol{\theta}) = \sum_{j=1}^{J} \frac{\left(n^{-1/2} \sum_{i=1}^{n} W_{ni}^{(j)}\right)^2}{n^{-1} \sum_{i=1}^{n} (W_{ni}^{(j)})^2} + o_p(1), \tag{16.26}$$

式 (16.26) 在推导 $D_P(\boldsymbol{\theta})$ 的极限性质时具有关键作用. 注意, 式 (16.25) 中的 λ_j 常常用作解方程 (16.24) 的初始值.

类似于式 (16.8) 的推导, 可以证明式 (16.26) 分子的渐近表达式为

$$\begin{aligned} \frac{1}{\sqrt{n}} \sum_{i=1}^{n} W_{ni}^{(j)} = & \frac{1}{\sqrt{n}} \sum_{i=1}^{n} \psi(M_i^{(j)}, \theta_j) \\ & - \frac{1}{\sqrt{n}} \sum_{i=1}^{n} \int_0^L \frac{I(u < t_j) \mathrm{d}\mu_i^c(u)}{K(u)} \left\{ \psi(M_i^{(j)}, \theta_j) - G_j(\theta_j, u) \right\} \\ & + o_p(1), \end{aligned} \tag{16.27}$$

其中

$$G_j(\theta_j, u) = \frac{1}{S_j(u)} E[\psi(M_i^{(j)}, \theta_j) I(T_i^{(j)} \geqslant u)], \quad S_j(u) = P(T_i^{(j)} \geqslant u).$$

可以证明 $\boldsymbol{W}_n(\boldsymbol{\theta}) \equiv (W_n^{(1)}, \cdots, W_n^{(J)})^{\tau} \xrightarrow{\mathscr{D}} N(\mathbf{0}, \Sigma(\boldsymbol{\theta}))$, 其中 $W_n^{(j)} = n^{-\frac{1}{2}} \sum_{i=1}^{n} W_{ni}^{(j)}$, $j = 1, \cdots, J$, $\Sigma(\boldsymbol{\theta}) = (\sigma_{lk})_{l,k=1,\cdots,J}$ 为协方差矩阵,

$$\begin{aligned} \sigma_{lk} \equiv & \lim_{n \to \infty} E \left(\frac{1}{\sqrt{n}} \sum_{i=1}^{n} W_{ni}^{(l)} \frac{1}{\sqrt{n}} \sum_{i=1}^{n} W_{ni}^{(k)} \right) \\ = & E[\psi(M_1^{(l)}, \theta_l) \psi(M_1^{(k)}, \theta_k)] \\ & + E \int_0^L [\psi(M_1^{(l)}, \theta_l) - G_l(\theta_l, u)][\psi(M_1^{(k)}, \theta_k) - G_k(\theta_k, u)] \\ & \times I(u < t_l \wedge t_k) \frac{\lambda^c(u) I(T_i^{l \wedge k} \geqslant u)}{K(u)} \mathrm{d}u . \end{aligned}$$

令

$$D(\boldsymbol{\theta})=\operatorname{diag}\left(E\left[\frac{\psi^2(M_i^{(1)},\theta_1)}{K(T)}\right],\cdots,E\left[\frac{\psi^2(M_i^{(J)},\theta_J)}{K(T)}\right]\right),$$

及

$$\widehat{D}_n(\boldsymbol{\theta})=\operatorname{diag}\left(\frac{1}{n}\sum_{i=1}^{n}(W_{ni}^{(1)})^2,\cdots,\frac{1}{n}\sum_{i=1}^{n}(W_{ni}^{(J)})^2\right).$$

可以证明 $\widehat{D}_n(\boldsymbol{\theta})$ 依概率收敛到 $D(\boldsymbol{\theta})$, 从而可以得到类似于式 (16.26) 的 $D_P(\boldsymbol{\theta})$ 的渐近表达式, 即

$$D_P(\boldsymbol{\theta})=\boldsymbol{W}_n(\boldsymbol{\theta})^\tau[\widehat{D}_n(\boldsymbol{\theta})]^{-1}\boldsymbol{W}_n(\boldsymbol{\theta})+o_p(1). \tag{16.28}$$

这就意味着 $D_P(\boldsymbol{\theta})$ 与 Wald 统计量是渐近等价的.

定理 16.6 假定本章补充材料中的条件 (i)~(iv) 成立. 若 $\boldsymbol{\theta}_0=(\theta_{1,0},\cdots,\theta_{J,0})^\tau$ 为 $\boldsymbol{\theta}$ 的真实值, 则

$$D_P(\boldsymbol{\theta}_0)\xrightarrow{\mathscr{D}}\omega_1\chi_{1,1}^2+\cdots+\omega_J\chi_{1,J}^2,$$

其中权函数 $\omega_j, 1\leqslant j\leqslant J$ 为 $V(\boldsymbol{\theta}_0)=[D(\boldsymbol{\theta}_0)]^{-1}\varSigma(\boldsymbol{\theta}_0)$ 的特征根, $\chi_{1,j}^2, 1\leqslant j\leqslant J$ 为独立的自由度为 1 的卡方变量.

在实际应用中, 若要利用该定理获得 $\boldsymbol{\theta}$ 的置信域, 我们需要分别估计出 $D(\boldsymbol{\theta}_0)$ 和 $\varSigma(\boldsymbol{\theta}_0)$. 由本章补充材料中引理 16.2 的证明知, $\varSigma(\boldsymbol{\theta})$ 具有相合估计 $\widehat{\varSigma}_n(\boldsymbol{\theta})=(\widehat{\sigma}_{lk}(\boldsymbol{\theta}))_{l,k=1,\cdots,J}$, $l=k=j$, 其中

$$\widehat{\sigma}_l(\boldsymbol{\theta})=\widehat{\sigma}_{lk}(\boldsymbol{\theta})=\frac{1}{n}\sum_{i=1}^{n}\frac{\psi^2(M_i^{(j)},\theta_j)\Delta_i^{(j)}}{\widehat{K}(T_i^{(j)})}+\frac{1}{n}\int_0^L\frac{\mathrm{d}N^c(u)}{\widehat{K}^2(u)}\{\widehat{G}_1(\theta_j,u)-\widehat{G}_2(\theta_j,u)\},$$

其中 $\{\widehat{G}_1(\theta_j,u),\widehat{G}_2(\theta_j,u)\}$ 的定义与 16.3.2 小节算法 A 中类似, 且对于 $l\neq k$, 有

$$\begin{aligned}\widehat{\sigma}_{lk}(\boldsymbol{\theta})=&\frac{1}{n}\sum_{i=1}^{n}\frac{\Delta_i^{(l\vee k)}\psi(M_i^{(l)},\theta_l)\psi(M_i^{(k)},\theta_k)}{\widehat{K}(T_i^{(l\vee k)})}\\&+\int_0^L\widehat{S}_{l\wedge k}(u)\left[\widehat{H}_{l\wedge k}(u)-\widehat{G}_{l\wedge k}(\theta_l,u)\widehat{G}_{l\wedge k}(\theta_k,u)\right]\frac{\mathrm{d}N^c(u)}{Y(u)\widehat{K}(u)},\end{aligned}$$

这里 $\widehat{S}_j(u)$ 为 $S_j(u)=P(T_i^{(j)}\geqslant u)$ 的 Kaplan-Meier 估计, 且

$$\begin{aligned}\widehat{H}_{l\wedge k}(u)=&\frac{1}{n\widehat{S}_{l\wedge k}(u)}\sum_{i=1}^{n}\frac{\Delta_i^{(l\vee k)}\psi(M_i^{(l)},\theta_l)\psi(M_i^{(k)},\theta_k)I(T_i^{(l\wedge k)}\geqslant u)}{\widehat{K}_{l\vee k}(T_i^{(l\vee k)})},\\ \widehat{G}_{l\wedge k}(\theta_l,u)=&\frac{1}{n\widehat{S}_{l\wedge k}(u)}\sum_{i=1}^{n}\frac{\Delta_i^{(l\vee k)}\psi(M_i^{(l)},\theta_l)I(T_i^{(l\wedge k)}\geqslant u)}{\widehat{K}_{l\vee k}(T_i^{(l\vee k)})}.\end{aligned}$$

接下来需要找到 $\boldsymbol{\theta}_0$ 的一个相合估计, 从而可以在 $\widehat{D}_n(\boldsymbol{\theta}_0)$ 和 $\widehat{\Sigma}_n(\boldsymbol{\theta}_0)$ 中取代 $\boldsymbol{\theta}_0$. 这样的估计可以类似于注 16.1 得到, 在给出 $D(\boldsymbol{\theta}_0)$ 和 $\Sigma(\boldsymbol{\theta}_0)$ 的相合估计后, 类似于 16.3.2 小节可以得到 $\boldsymbol{\theta}$ 的渐近置信域.

反之, 也可以不估计 $\boldsymbol{\theta}_0$ 而直接构造出 $\boldsymbol{\theta}$ 的渐近置信域, 方法如下：我们首先将 $D_P(\boldsymbol{\theta})$ 进行修正, 使得修正后的统计量具有自由度为 J 的渐近卡方分布, 则 θ 的置信域可类似地得到, 记

$$R_{n1}(\boldsymbol{\theta}) = \boldsymbol{W}_n^{\tau}(\theta)[\widehat{\boldsymbol{\Sigma}}_n(\boldsymbol{\theta})]^{-1}\boldsymbol{W}_n(\boldsymbol{\theta}), \quad R_{n2}(\boldsymbol{\theta}) = \boldsymbol{W}_n^{\tau}(\boldsymbol{\theta})[\widehat{D}_n(\boldsymbol{\theta})]^{-1}\boldsymbol{W}_n(\boldsymbol{\theta}),$$

$D_P(\boldsymbol{\theta})$ 的修正为

$$\widehat{D}_{P1}(\boldsymbol{\theta}) = \widehat{\xi}_1(\boldsymbol{\theta})D_P(\boldsymbol{\theta}),$$

其中 $\widehat{\xi}_1(\boldsymbol{\theta}) = R_{n1}(\boldsymbol{\theta})/R_{n2}(\boldsymbol{\theta})$. 可以证明 $\widehat{D}_{P1}(\boldsymbol{\theta}_0)$ 具有渐近分布 χ_J^2, 即自由度为 J 的卡方分布.

其次, 根据 Rao 和 Scott (1981) 的思想, 我们可以证明 $\xi_2(\boldsymbol{\theta}_0)\sum_{i=1}^{J}\omega_i\chi_i^2$ 逼近分布 χ_J^2, 即自由度为 J 的卡方分布, 其中 $\xi_2(\boldsymbol{\theta}) = J/\mathrm{tr}(V(\boldsymbol{\theta}))$. 因此可得 $D_P(\boldsymbol{\theta})$ 的另一种修正,

$$\widehat{D}_{P2}(\boldsymbol{\theta}) = \widehat{\xi}_2(\boldsymbol{\theta})D_P(\boldsymbol{\theta}),$$

其中 $\widehat{\xi}_2(\boldsymbol{\theta}) = J/\mathrm{tr}(\widehat{V}(\boldsymbol{\theta}))$, $\widehat{V}(\boldsymbol{\theta}) = [\widehat{D}_n(\boldsymbol{\theta})]^{-1}\widehat{\boldsymbol{\Sigma}}_n(\boldsymbol{\theta})$.

反过来, 我们还可以用

$$\widehat{\boldsymbol{\Psi}}_n(\boldsymbol{\theta}) = \left(\frac{1}{n}\sum_{i=1}^{n}\boldsymbol{W}_{ni}\right)\left(\frac{1}{n}\sum_{i=1}^{n}\boldsymbol{W}_{ni}\right)^{\tau},$$

取代 $\widehat{\xi}_2(\boldsymbol{\theta})$ 中的 $\widehat{\boldsymbol{\Sigma}}_n(\boldsymbol{\theta})$, 其中 $\boldsymbol{W}_{ni} = (W_{ni}^1, \cdots, W_{ni}^{(J)})^{\tau}$, 并可得到 $D_P(\boldsymbol{\theta})$ 的第三种修正：$\widehat{D}_{P3}(\boldsymbol{\theta}) \equiv \widehat{\xi}_3(\boldsymbol{\theta})D_P(\boldsymbol{\theta})$, 其中

$$\widehat{\xi}_3(\theta) = J/\mathrm{tr}\left([\widehat{D}_n(\boldsymbol{\theta})]^{-1}\widehat{\boldsymbol{\Psi}}_n(\boldsymbol{\theta})\right).$$

事实上, $\widehat{\xi}_3(\boldsymbol{\theta})$ 可由 $\widehat{\xi}_1(\boldsymbol{\theta})$ 直接得到, 且这两个似然比等价.

尽管 $\widehat{D}_{Pi}(\boldsymbol{\theta})$, $i = 1,2,3$ 具有同 Wald 检验统计量 (c.f.$R_{n1}(\boldsymbol{\theta})$) 一样的渐近分布, 但在模拟研究中, 我们发现 Wald 检验统计量与 $\widehat{D}_{P2}(\boldsymbol{\theta})$ 更容易依赖于删失度, 无论是大样本还是小样本, $\widehat{D}_{P1}(\boldsymbol{\theta})$ 与 $\widehat{D}_{P3}(\boldsymbol{\theta})$ 的表现相似. $\widehat{D}_{Pi}(\boldsymbol{\theta})$, $i = 1,2,3$ 的极限性质总结在下面的推论中.

推论 16.1　假定定理 16.6 的条件成立, 若 $\boldsymbol{\theta}_0 = (\theta_{1,0}, \cdots, \theta_{J,0})^{\tau}$ 为参数 θ 的真实值, 则 $\widehat{D}_{Pi}(\boldsymbol{\theta}_0)(i = 1,2,3)$ 有近似卡方分布 χ_J^2, 其中 J 为自由度.

16.5 边际似然方法

在本节中, 我们仍然将 $[0, L]$ 分成 J 个小区间, 记号同 16.4 节. 本节的方法为边际经验似然方法, 分割后的小区间内的费用是相关. 本节方法不同于 16.5 节中的方法.

16.5.1 恰好识别情形

在这一部分, 我们利用费用历史数据, 并将这 J 个子区间上的随机变量之间的相依性考虑在内, 构造如下的经验似然函数:

$$L_{\mathfrak{J}}(\theta) = \prod_{i=1}^{n} p_i,$$

具有限制条件

$$\sum_{i=1}^{n} \frac{p_i \Delta_i^{(j)}}{\widehat{K}_j(T_i^{(j)})} \psi(M_i^{(j)}, \theta_j) = 0, \quad 1 \leqslant j \leqslant J, \tag{16.29}$$

其中 $p_i \geqslant 0, 1 \leqslant i \leqslant n$, 且 $\sum\limits_{i=1}^{n} p_i = 1$.

令 $\boldsymbol{Z}_i = (\boldsymbol{X}_i^{\tau}, \boldsymbol{M}_i^{\tau})^{\tau}$, 其中 $\boldsymbol{X}_i = ((X_i^{(1)}, T_i^{(1)}, \Delta_i^{(1)}), \cdots, (X_i^{(J)}, T_i^{(J)}, \Delta_i^{(J)}))^{\tau}$ 且 $\boldsymbol{M}_i = (M_i^{(1)}, \cdots, M_i^{(J)})^{\tau}$. 记

$$\boldsymbol{\phi}(\boldsymbol{Z}_i, \boldsymbol{\theta}) = \left(\frac{\Delta_i^{(1)}}{\widehat{K}_1(T_i^{(1)})} \psi(M_i^{(1)}, \theta_1), \cdots, \frac{\Delta_i^{(J)}}{\widehat{K}_J(T_i^{(J)})} \psi(M_i^{(J)}, \theta_J) \right)^{\tau},$$

其中 $\boldsymbol{\theta} = (\theta_1, \cdots, \theta_J)^{\tau}$. 可以证明经验对数似然比函数乘以 -2 具有如下形式

$$D_{\mathfrak{J}}(\boldsymbol{\theta}) = -2 \sum_{i=1}^{n} \log(n\widehat{p}_i) = 2 \sum_{i=1}^{n} \log\{1 + \boldsymbol{\lambda}^{\tau} \boldsymbol{\phi}(\boldsymbol{Z}_i, \boldsymbol{\theta})\},$$

其中

$$\widehat{p}_i = \frac{1}{n} \frac{1}{1 + \lambda^{\tau} \boldsymbol{\phi}(\boldsymbol{Z}_i, \boldsymbol{\theta})},$$

且 $\boldsymbol{\lambda} = (\lambda_1, \cdots, \lambda_J)^{\tau}$ 为以下方程的解

$$\frac{1}{n} \sum_{i=1}^{n} \frac{\boldsymbol{\phi}(\boldsymbol{Z}_i, \boldsymbol{\theta})}{1 + \boldsymbol{\lambda}^{\tau} \boldsymbol{\phi}(\boldsymbol{Z}_i, \boldsymbol{\theta})} = \boldsymbol{0}. \tag{16.30}$$

由本章后面的证明, 我们可以得到

$$\boldsymbol{\lambda} = \left\{ \sum_{i=1}^{n} \boldsymbol{\phi}(\boldsymbol{Z}_i, \boldsymbol{\theta}) [\boldsymbol{\phi}(\boldsymbol{Z}_i, \boldsymbol{\theta})]^{\tau} \right\}^{-1} \sum_{i=1}^{n} \boldsymbol{\phi}(\boldsymbol{Z}_i, \boldsymbol{\theta}) + \boldsymbol{o}_p(n^{-1/2}),$$

其中 $W_{ni}^{(j)}=W_{ni}^{(j)}(\theta_j)=V_{ni}^{(j)}\psi(M_i^{(j)},\theta_j)$, $V_{ni}^{(j)}=\Delta_i^{(j)}/\widehat{K}_j(T_i^{(j)})$, 由泰勒展开, 可以证明

$$D_{\mathfrak{J}}(\boldsymbol{\theta})=\Big[\sum_{i=1}^{n}\boldsymbol{\phi}(\boldsymbol{Z}_i,\boldsymbol{\theta})\Big]^{\tau}\Big[\sum_{i=1}^{n}\boldsymbol{\phi}(\boldsymbol{Z}_i,\boldsymbol{\theta})\boldsymbol{\phi}^{\tau}(\boldsymbol{Z}_i,\boldsymbol{\theta})\Big]^{-1}\Big[\sum_{i=1}^{n}\boldsymbol{\phi}(\boldsymbol{Z}_i,\boldsymbol{\theta})\Big]+o_p(1).\quad(16.31)$$

$D_{\mathfrak{J}}(\boldsymbol{\theta})$ 的渐近分布在下面的定理中给出.

定理 16.7　假定补充材料中的条件 (i)~(iii) 及 (v) 成立. 若 $\boldsymbol{\theta}_0=(\theta_{1,0},\cdots,\theta_{J,0})^{\tau}$ 为参数 θ 的真实值, 则

$$D_{\mathfrak{J}}(\boldsymbol{\theta}_0)\xrightarrow{\mathscr{D}}\sum_{j=1}^{J}\omega_j\chi_{1,j}^2,$$

其中权函数 $\omega_j 1\leqslant j\leqslant J$ 为矩阵 $V(\boldsymbol{\theta}_0)=[H(\boldsymbol{\theta}_0)]^{-1}\Sigma(\boldsymbol{\theta}_0)$ 的特征根, 且 $\chi_{1,j}^2$, $1\leqslant j\leqslant J$ 为独立的自由度为 1 的卡方变量, 并有 $H(\boldsymbol{\theta})=\lim\limits_{n\to\infty}n^{-1}\sum\limits_{i=1}^{n}\{\boldsymbol{\phi}(\boldsymbol{Z}_i,\boldsymbol{\theta})[\boldsymbol{\phi}(\boldsymbol{Z}_i,\boldsymbol{\theta})]^{\tau}\}$.

基于定理 16.7 构造 $\boldsymbol{\theta}$ 的置信域, 我们可以采用与 16.4 节中类似的方法来构造, 这里仅给出一种, 记

$$R_{\mathfrak{J}1}(\boldsymbol{\theta})=\left[\sum_{i=1}^{n}\boldsymbol{\phi}(\boldsymbol{Z}_i,\boldsymbol{\theta})\right]^{\tau}[\boldsymbol{\Sigma}(\boldsymbol{\theta})]^{-1}\left[\sum_{i=1}^{n}\boldsymbol{\phi}(\boldsymbol{Z}_i,\boldsymbol{\theta})\right],$$

$$R_{\mathfrak{J}2}(\boldsymbol{\theta})=\left[\sum_{i=1}^{n}\boldsymbol{\phi}(\boldsymbol{Z}_i,\boldsymbol{\theta})\right]^{\tau}\left[\sum_{i=1}^{n}[\boldsymbol{\phi}(\boldsymbol{Z}_i,\boldsymbol{\theta})]^{\tau}\boldsymbol{\phi}(\boldsymbol{Z}_i,\boldsymbol{\theta})\right]^{-1}\left[\sum_{i=1}^{n}\boldsymbol{\phi}(\boldsymbol{Z}_i,\boldsymbol{\theta})\right],$$

则有下面的推论.

推论 16.2　假定定理 16.7 中的条件成立. 若 $\boldsymbol{\theta}_0=(\theta_{1,0},\cdots,\theta_{J,0})^{\tau}$ 为参数 $\boldsymbol{\theta}$ 的真实值, 则 $\rho_{\mathfrak{J}}(\boldsymbol{\theta}_0)D_{\mathfrak{J}}$ 有近似卡方分布 χ_J^2, 其中 J 为自由度, $\rho_{\mathfrak{J}}(\boldsymbol{\theta}_0)=R_{\mathfrak{J}1}(\boldsymbol{\theta}_0)/R_{\mathfrak{J}2}(\boldsymbol{\theta}_0)$. 则 $\boldsymbol{\theta}$ 的 $100(1-\alpha)\%$ 的 EL 置信域为 $I_{\alpha}=\{\boldsymbol{\theta}:\rho_{\mathfrak{J}}(\boldsymbol{\theta})D_{\mathfrak{J}}(\boldsymbol{\theta})\leqslant c_{\alpha}\}$, 其中 $\Pr(\chi_J^2\leqslant c_{\alpha})=1-\alpha$.

16.5.2　过度识别情形

除条件 (16.29) 给出的限制条件之外, 对于整个观察区间 $[0,L]$, 同样有一个类似的方程, 因此

$$\sum_{i=1}^{n}\frac{\Delta_i}{K_i(T_i)}\psi(M_i,\theta_{J+1})=0,$$

其中 $\theta_{\tau+1}=\bar{\theta}=\theta_1+\cdots+\theta_J$. 此时有 $J+1$ 个估计方程, 而只有 J 个参数 $\theta_1,\cdots,\theta_J$. 这是过度识别的情况, 在此情况下寻找有效估计, EL 是很有用的方法, EL 就是极

大化下面的目标函数

$$L_{\mathfrak{D}}(\boldsymbol{\theta}) = \prod_{i=1}^{n} p_i,$$

且具有限制条件

$$\sum_{i=1}^{n} \frac{p_i \Delta_i^{(j)}}{\widehat{K}_j(T_i^{(j)})} \psi(M_i^{(j)}, \theta_j) = 0, \quad j = 1, 2, \cdots, J, \quad \sum_{i=1}^{n} \frac{p_i \Delta_i}{\widehat{K}(T_i)} \psi(M_i, \theta_{J+1}) = 0,$$

其中 $p_i \geqslant 0$, 且 $\sum_{i=1}^{n} p_i = 1$, 记 $\boldsymbol{\theta} = (\theta_1, \cdots, \theta_{J+1})^\tau$. 使用向量及矩阵的符号, 表达式更为简便, 则上面的极大化问题转变为极大化目标函数

$$L_{\mathfrak{D}}(\boldsymbol{\theta}) = \prod_{i=1}^{n} p_i,$$

具有限制条件

$$\sum_{i=1}^{n} p_i \eta(\boldsymbol{Z}_i, \boldsymbol{\theta}) = \mathbf{0}.$$

记 $\boldsymbol{M}_i = (M_i^{(1)}, \cdots, M_i^{(J+1)})^\tau$, $\boldsymbol{X}_i = ((X_i^{(1)}, T_i^{(1)}, \Delta_i^{(1)}), \cdots, (X_i^{(J+1)}, T_i^{(J+1)}, \Delta_i^{(J+1)}))^\tau$, $\boldsymbol{Z}_i = (\boldsymbol{X}_i^\tau, \boldsymbol{M}_i^\tau)^\tau$, 方便起见, 记 $\Delta_i^{(J+1)} = \Delta_i$, $\widehat{K}_{J+1}(\cdot) = \widehat{K}(\cdot)$, $M_i^{(J+1)} = M_i$, 以及

$$\eta(\boldsymbol{Z}_i, \boldsymbol{\theta}) = \left(\frac{\Delta_i^{(1)}}{\widehat{K}_1(T_i^{(1)})} \psi(M_i^{(1)}, \theta_1), \cdots, \frac{\Delta_i^{(J+1)}}{\widehat{K}_{J+1}(T_i^{(J+1)})} \psi(M_i^{(J+1)}, \theta_{J+1}) \right)^\tau,$$

则经验对数似然比函数乘以 -2 即为

$$D_{\mathfrak{D}}(\boldsymbol{\theta}) = -2 \sum_{i=1}^{n} \log(n\widehat{p}_i) = 2 \sum_{i=1}^{n} \log\{1 + \boldsymbol{\lambda}^\tau \eta(\boldsymbol{Z}_i, \boldsymbol{\theta})\},$$

其中 $\boldsymbol{\lambda} = (\lambda_1, \cdots, \lambda_{J+1})^\tau$ 为方程

$$\frac{1}{n} \sum_{i=1}^{n} \frac{\eta(\boldsymbol{Z}_i, \boldsymbol{\theta})}{1 + \boldsymbol{\lambda}^\tau \eta(\boldsymbol{Z}_i, \boldsymbol{\theta})} = \mathbf{0} \tag{16.32}$$

的解, 由泰勒展开, 并类似于式 (16.31) 的讨论, 有

$$D_{\mathfrak{D}}(\boldsymbol{\theta}) = \left[\sum_{i=1}^{n} \eta(\boldsymbol{Z}_i, \boldsymbol{\theta}) \right]^\tau \left[\sum_{i=1}^{n} \eta(\boldsymbol{Z}_i, \boldsymbol{\theta}) [\eta(\boldsymbol{Z}_i, \boldsymbol{\theta})]^\tau \right]^{-1} \left[\sum_{i=1}^{n} \eta(\boldsymbol{Z}_i, \boldsymbol{\theta}) \right] + o_p(1), \tag{16.33}$$

从而意味着仍然可以得到定理 16.7 中的结论, 见如下定理.

定理 16.8 假定本章补充材料中的条件 (i)~(iii) 成立. 若 $\boldsymbol{\theta}_0=(\theta_{1,0},\cdots,\theta_{J,0},\theta_{J+1,0})^\tau$ 为参数 θ 的真实值, 则

$$D_{\mathfrak{D}}(\boldsymbol{\theta}_0)\xrightarrow{\mathscr{D}}\sum_{i=1}^{J+1}\omega_j\chi^2_{1,j},$$

其中权函数 ω_j, $1\leqslant j\leqslant J+1$ 为矩阵 $V(\boldsymbol{\theta}_0)=[H(\boldsymbol{\theta}_0)]^{-1}\Sigma(\boldsymbol{\theta}_0)$ 的特征根, 而 $\chi^2_{1,j}$, $1\leqslant j\leqslant J+1$ 为独立分布的自由度为 1 的卡方变量, 且有

$$H(\boldsymbol{\theta})=\lim_{n\to\infty}n^{-1}\sum_{i=1}^{n}\{\eta(\boldsymbol{Z}_i,\boldsymbol{\theta})[\eta(\boldsymbol{Z}_i,\boldsymbol{\theta})]^\tau\}$$

.

基于定理 16.8 构造 $\boldsymbol{\theta}$ 的置信域, 也可以采用类似于 16.4 中的方法, 这里也仅给出一种. 记

$$R_{\mathfrak{D}1}(\boldsymbol{\theta})=\left[\sum_{i=1}^{n}\eta(\boldsymbol{Z}_i,\boldsymbol{\theta})\right]^\tau[\boldsymbol{\Sigma}(\boldsymbol{\theta})]^{-1}\left[\sum_{i=1}^{n}\eta(\boldsymbol{Z}_i,\boldsymbol{\theta})\right],$$

$$R_{\mathfrak{D}2}(\boldsymbol{\theta})=\left[\sum_{i=1}^{n}\eta(\boldsymbol{Z}_i,\boldsymbol{\theta})\right]^\tau\left[\sum_{i=1}^{n}[\eta(\boldsymbol{Z}_i,\boldsymbol{\theta})]^\tau\eta(\boldsymbol{Z}_i,\boldsymbol{\theta})\right]^{-1}\left[\sum_{i=1}^{n}\eta(\boldsymbol{Z}_i,\boldsymbol{\theta})\right],$$

则可得到下面的推论.

推论 16.3 假定定理 16.8 中的条件成立, 则

$$\widehat{D}_{\mathfrak{D}}(\boldsymbol{\theta}_0)\equiv\rho_{\mathfrak{D}}(\boldsymbol{\theta}_0)D_{\mathfrak{D}}(\boldsymbol{\theta}_0)\xrightarrow{\mathscr{D}}\chi^2_{J+1},$$

其中 $\rho_{\mathfrak{D}}(\boldsymbol{\theta})=R_{\mathfrak{D}1}(\boldsymbol{\theta})/R_{\mathfrak{D}2}(\boldsymbol{\theta})$, 且 χ^2_{J+1} 为自由度为 $J+1$ 的卡方变量.

因此同样可以构造出 θ 的置信域. 根据经验似然方法, 基于过度识别情况的推断比恰好识别情况的推断更有效, 因为前者提供了更多的信息.

需要注意的是, 在这一部分与之对应的对数经验似然函数为

$$\ell_{\mathfrak{D}}(\boldsymbol{\theta})=-\sum_{i=1}^{n}\log(1+\boldsymbol{\lambda}^\tau\eta(\boldsymbol{Z}_i,\boldsymbol{\theta})),$$

其中 $\boldsymbol{\lambda}$ 为方程 (16.32) 的解. 我们可以极大化 $\ell_{\mathfrak{D}}(\boldsymbol{\theta})$ 来得到参数向量 $\boldsymbol{\theta}$ 的估计 $\overline{\boldsymbol{\theta}}_{\mathfrak{D}}$, 称为极大 EL 估计 (MELE). 在某些较弱的条件下, 我们可以得到

$$\sqrt{n}(\overline{\boldsymbol{\theta}}_{\mathfrak{D}}-\boldsymbol{\theta}_0)\xrightarrow{\mathscr{D}}N(\boldsymbol{0},\boldsymbol{V}_{\mathfrak{D}}(\boldsymbol{\theta}_0)).$$

其中 $\boldsymbol{V}_{\mathfrak{D}}(\boldsymbol{\theta})=\{[\boldsymbol{U}(\boldsymbol{\theta})]^\tau[\boldsymbol{H}(\boldsymbol{\theta})]^{-1}\boldsymbol{U}(\boldsymbol{\theta})\}^{-1}$, $\boldsymbol{U}(\boldsymbol{\theta})=\lim\limits_{n\to\infty}n^{-1}\sum\limits_{i=1}^{n}\dot\eta(\boldsymbol{Z}_i,\boldsymbol{\theta})$, 有 $\dot\eta(\boldsymbol{Z},\boldsymbol{\theta})=\dfrac{\partial}{\partial\boldsymbol{\theta}}\eta(\boldsymbol{Z},\boldsymbol{\theta})$. 可以证明 $\boldsymbol{V}_{\mathfrak{D}}\leqslant\boldsymbol{V}_{\mathfrak{J}}$, 其中 $V_{\mathfrak{J}}$ 为 $\overline{\boldsymbol{\theta}}_{\mathfrak{J}}$, 即基于经验似然函数 $L_{\mathfrak{J}}(\boldsymbol{\theta})$ 的

MELE 的渐近方差, 注意到在那里估计方程的个数与参数向量 $\boldsymbol{\theta}$ 的维数是一致的. 因此可以证明 $\overline{\boldsymbol{\theta}}_{\mathfrak{I}}$ 为估计方程 $\sum_{i=1}^{n}\phi(\boldsymbol{Z}_i,\boldsymbol{\theta})=\boldsymbol{0}$ 的解. 这就意味着 MELE $\overline{\boldsymbol{\theta}}_{\mathfrak{D}}$ 是本节所给出估计中最好的一个.

16.6 真实数据应用

在本节用本章所构造的方法来研究一个医疗费用的真实例子. 该例子是从 Duke 大学医学中心进行的一个心脏病试验中所收集的医疗费用的数据. 尽管试验中有其他国家的患者, 但该研究主要是基于美国的 2547 名患者的治疗情况. 从 1995 年 11 月到 1997 年 1 月, 患者随机地进入试验, 并随后被跟踪调查六个月. 在该试验研究中, 患者消耗的医疗资源与费用被记录下来. 在医疗费用报告中, 将医院的收费用特定的因子转换为医疗费用, 医生的收费也做同样的转换. 在观察阶段, 有 271 名患者死亡. 由于所有的实验对象在六个月内不是死亡就是被全程跟踪, 因此数据集是被完全观测的. 本章中的数据集以此为基础, 但与 Bang 和 Tsiatis (2000) 中产生的数据集稍有不同. 如果我们想要估计出从处理的初始时间开始直到死亡或六个月内的医疗费用的均值, 都可以用样本均值很容易地估计出来. 也就是说, 平均医疗费用为 32595.62 美元而不是 Bang 和 Tsiatis (2000) 中给出的 28692 美元.

如同 Bang 和 Tsiatis (2000) 中所给出的, 尽管我们得到了完全的费用数据集, 但若较早时刻的数据得到了及时分析, 这将对治疗跟进具有积极意义. 在较早的跟踪研究中, 需要以带有删失的情形来处理数据. 由于我们知道患者何时进入试验, 知道数据集中何时产生不同的费用数据, 因此我们可以重新构建在不同的时间段内本应出现的费用数据. 因此, 我们可以将整个时间段 $[0,L]$ 按比例划分, 其中 L 可以选作 500, 550, 650 和 670 天, 分别对应于数据集中 67%, 48%, 11% 和 7% 的医疗费用数据发生了删失. 对于如此构造得到的每一个数据集, 我们利用方法 SMPL, BT, LFEW, SEL, H1EL, 和 H2EL 分别计算了它们的医疗费用均值的估计, 标准差和置信区间. 所有的这些估计都与完全数据下的样本均值进行了比较. 结果总结在表 16.1 中, 其中的每一项都给出了医疗费用均值的估计和 95% 置信区间的长度. 基于简单加权估计 (SMPL), Bang 和 Tsiatis (2000) 构造的估计 (BT), Lin 等 (1997) 构造的连续删失下的估计 LFEW), 本章 16.3.2 小节、16.4 节及 16.5 节中的 EL 算法给出的估计分别记为 (SEL), (H1EL) 和 (H2EL).

从表 16.1 中可以看出, 基于方法 H2EL 的置信区间的长度比其他所有方法的都短.

表 16.1　心脏病治疗费用的经验似然分析

方法	删失程度							
	67.36%		47.59%		31.51%		10.56%	
	EST	CI	EST	CI	EST	CI	EST	CI
BT	29532	34991	31317	51525	31330	47080	32014	200480
LFEL	29525	50683	28808	37383	33275	31581	31378	198670
SEL	29491	35183	30176	39764	31959	42461	31521	215250
H2EL	29547	19394	30163	26523	32218	21999	32144	18276

16.7　进一步讨论

在本章中, 我们构造了不同的方法来估计费用均值并建立它们的置信区间. 这些方法是在广义估计方程的框架下构造的, 并可应用于右删失数据中. 一旦费用历史数据可以观测得到, 这些方法在估计费用均值并构建其置信区间时就显得非常有吸引力. 经验似然算法可以有效地利用这些辅助信息来改进估计, 例如, 在分段情形中, 经验似然可以将 $J+1$ 个方程有效地结合起来, 来估计费用均值, 其中前 J 个方程包含费用的历史信息. 一个更为有趣的例子是, 当我们知道每一年的准确费用均值, 并可以观测到所有患者 10 年的信息时, 经验似然是利用辅助信息的最有效的方法, 并且得到的极大经验似然估计比通常的估计都有效.

16.8　补 充 材 料

令 $\overline{F}(\cdot)$ 为 $X=\min\{T,C\}$ 的分布函数, 定义 $\tau_S=\inf\{t:S(t)=0\},\tau_h=\inf\{t:\overline{F}(t)=1\}$. 下面给出定理 16.3～ 定理 16.8 中所需条件.

(i) 函数 $\psi(\cdot,\cdot)$ 连续,

(ii) $\displaystyle\int_0^{\tau_h}\frac{\psi^2(M(x),\theta)}{K(x)}\mathrm{d}F(x)<\infty$, 其中 $F(x)=1-S(x)$.

(iii) $\tau_S=\tau_h$, 且 $S(\tau_S)=S(\tau_S-)$,

(iv) $\psi(\cdot,\cdot)$ 连续可微, 且矩阵 $D(\theta)$ 是正定的,

(v) $\psi(\cdot,\cdot)$ 连续可微, 且矩阵 $H(\theta)$ 是正定的.

引理 16.1　在条件 (i)～(iii) 下, 有

$$\frac{1}{\sqrt{n}}\sum_{i=1}^{n}V_{ni}\psi(M_i,\theta_0)\xrightarrow{\mathcal{L}}N(0,\sigma^2(\theta_0)),\tag{16.34}$$

其中

$$\sigma^2(\theta_0)=\mathrm{Var}[\psi(M,\theta_0)]+E\int_0^L[\psi(M,\theta_0)-G(\theta_0,u)]^2I(T\geqslant u)\frac{\lambda^c(u)}{K(u)}\mathrm{d}u,\tag{16.35}$$

这里 $\lambda^c(u)$ 为 U 删失分布的风险率函数, 且有

$$G(\theta,u)=\frac{1}{S(u)}E[\psi(M,\theta)I(T\geqslant u)].$$

证明 由 Stute (1995) 中的定理 1 可得该结论. □

引理 16.2 假定条件 (i)~(iii) 成立, 则

$$\frac{1}{n}\sum_{i=1}^{n}\left[\frac{\psi(M_i,\theta)\Delta_i}{\widehat{K}(X_i)}\right]^2=\sigma_0^2(\theta)+o_p(1),$$

其中 $\sigma_0^2(\theta)=E\left[\psi^2(M,\theta)/K(T)\right]$.

证明 首先, 可以证明

$$\frac{1}{n}\sum_{i=1}^{n}\left[\frac{\psi(M_i,\theta)\Delta_i}{\widehat{K}(X_i)}\right]^2=O_p(1). \tag{16.36}$$

注意到

$$\begin{aligned}\frac{1}{n}\sum_{i=1}^{n}\left[\frac{\psi(M_i,\theta)\Delta_i}{\widehat{K}(X_i)}\right]^2&\leqslant\frac{2}{n}\sum_{i=1}^{n}\left[\frac{\psi(M_i,\theta)\Delta_i}{K(X_i)}\right]^2\\&\quad+\frac{2}{n}\sum_{i=1}^{n}\left[\frac{K(X_i)-\widehat{K}(X_i)}{\widehat{K}(X_i)K(X_i)}\right]^2[\psi(M_i,\theta)\Delta_i]^2\\&\equiv J_1+J_2,\end{aligned} \tag{16.37}$$

则由大数定律可得

$$J_1\longrightarrow 2\sigma_0^2(\theta)<\infty, \tag{16.38}$$

依概率成立. 可以证明

$$J_2\leqslant 2\sup_{0\leqslant x\leqslant X_{(n)}}\left|\frac{K(x)-\widehat{K}(x)}{K(x)}\right|^2\frac{1}{n}\sum_{i=1}^{n}\left[\frac{\psi(M_i,\theta)\Delta_i}{\widehat{K}(X_i)}\right]^2,$$

其中 $X_{(n)}$ 为最大的那个顺序统计量, 则由下面的等式 (Gill, 1980)[37]

$$\sup_{0\leqslant x\leqslant X_{(n)}}\left|\frac{K(x)-\widehat{K}(x)}{K(x)}\right|=o_p(1), \tag{16.39}$$

可以得到

$$J_2\leqslant o_p(1)\frac{1}{n}\sum_{i=1}^{n}\left[\frac{\psi(M_i,\theta)\Delta_i}{\widehat{K}(X_i)}\right]^2. \tag{16.40}$$

根据式 (16.37), 式 (16.38) 以及式 (16.40), 我们有

$$\frac{1}{n}\sum_{i=1}^{n}\left[\frac{\psi(M_i,\theta)\Delta_i}{\widehat{K}(X_i)}\right]^2 \leqslant \frac{J_1}{1-o_p(1)} < \infty.$$

从而意味着 $J_2 = o_p(1)$.

记

$$\begin{aligned}\frac{1}{n}\sum_{i=1}^{n}\left[\frac{\psi(M_i,\theta)\Delta_i}{\widehat{K}(X_i)}\right]^2 =& \frac{1}{n}\sum_{i=1}^{n}\left[\frac{\psi(M_i,\theta)\Delta_i}{K(X_i)}\right]^2 \\ &+\frac{1}{n}\sum_{i=1}^{n}\left[\frac{K(X_i)-\widehat{K}(X_i)}{\widehat{K}(X_i)K(X_i)}\right]^2[\psi(M_i,\theta)\Delta_i]^2 \\ &+\frac{2}{n}\sum_{i=1}^{n}\frac{K(X_i)-\widehat{K}(X_i)}{K^2(X_i)\widehat{K}(X_i)}[\psi(M_i,\theta)\Delta_i]^2 \\ \equiv& I_1+I_2+I_3,\end{aligned} \tag{16.41}$$

则有

$$I_1 = J_1/2 = \sigma_0^2(\theta)+o_p(1), \quad I_2 = J_2/2 = o_p(1). \tag{16.42}$$

注意

$$I_3 \leqslant \sup_{0\leqslant x\leqslant X_{(n)}}\left|\frac{K(x)-\widehat{K}(x)}{K(x)}\right|\frac{2}{n}\sum_{i=1}^{n}\frac{[\psi(M_i,\theta)\Delta_i]^2}{\widehat{K}(X_i)K(X_i)},$$

并且有

$$\begin{aligned}\frac{1}{n}\sum_{i=1}^{n}\frac{[\psi(M_i,\theta)\Delta_i]^2}{\widehat{K}(X_i)K(X_i)} =& \frac{1}{n}\sum_{i=1}^{n}\left[\frac{\psi(M_i,\theta)\Delta_i}{K(X_i)}\right]^2 \\ &+\frac{1}{n}\sum_{i=1}^{n}\frac{[K(X_i)-\widehat{K}(X_i)][\psi(M_i,\theta)\Delta_i]^2}{\widehat{K}(X_i)K^2(X_i)} \\ \leqslant& \sigma_0^2(\theta)+\sup_{0\leqslant x\leqslant X_{(n)}}\left|\frac{K(x)-\widehat{K}(x)}{\widehat{K}(x)}\right|\frac{1}{n}\sum_{i=1}^{n}\left[\frac{\psi(M_i,\theta)\Delta_i}{K(X_i)}\right]^2.\end{aligned}$$

由 Zhou (1992), 我们有

$$\sup_{0\leqslant x\leqslant X_{(n)}}\left|\frac{K(x)-\widehat{K}(x)}{\widehat{K}(x)}\right| = O_p(1), \tag{16.43}$$

从而结合式 (16.38) 和式 (16.39) 可以得到

$$I_3 = o_p(1). \tag{16.44}$$

再结合式 (16.42), 即可完成对引理 16.2 的证明. □

定理 16.3 的证明 根据 Owen (1990), 式 (16.43), 引理 16.1 及引理 16.2, 可以直接得到

$$\lambda = O_p(n^{-1/2}). \tag{16.45}$$

接下来我们将证明

$$\max_{1\leqslant i\leqslant n} |\lambda W_{ni}| = o_p(1). \tag{16.46}$$

由条件 (ii) 及 Owen(1990) 中对引理 3 的证明可知,

$$\max_{1\leqslant i\leqslant n} |V_{ni}^{(0)}\psi(M_i,\theta)| = o_p(n^{1/2}),$$

其中 $V_{ni}^0 = \Delta_i/K(T_i)$. 因此, 有

$$\begin{aligned}\max_{1\leqslant i\leqslant n} |W_{ni}| &\leqslant \max_{1\leqslant i\leqslant n} |V_{ni}^{(0)}\psi(M_i,\theta)| + \max_{1\leqslant i\leqslant n}\left|\frac{\Delta_i(\widehat{K}(T_i)-K(T_i))\psi(M_i,\theta)}{\widehat{K}(T_i)K(T_i)}\right| \\ &\leqslant o_p(n^{1/2}) + \sup_{0\leqslant x\leqslant X_{(n)}}\left|\frac{\widehat{K}(x)-K(x)}{\widehat{K}(x)}\right| \max_{1\leqslant i\leqslant n}|V_{ni}^{(0)}\psi(M_i,\theta)|,\end{aligned}$$

并且结合式 (16.43), 可得

$$\max_{1\leqslant i\leqslant n} |W_{ni}| = o_p(n^{1/2}).$$

因此, 由式 (16.45), 我们有 $\max\limits_{1\leqslant i\leqslant n} |\lambda W_{ni}| = o_p(1)$.

注意式 (16.19) 可以表示成

$$0=\frac{1}{n}\sum_{i=1}^{n}\frac{V_{ni}\psi(M_i,\theta)}{1+\lambda V_{ni}\psi(M_i,\theta)} = \frac{1}{n}\sum_{i=1}^{n} W_{ni} - \frac{\lambda}{n}\sum_{i=1}^{n} W_{ni}^2 + \frac{\lambda^2}{n}\sum_{i=1}^{n}\frac{W_{ni}^3}{1+\lambda W_{ni}}.$$

根据

$$\frac{1}{n}\sum_{i=1}^{n}\frac{W_{ni}^3}{1+\lambda W_{ni}} \leqslant \frac{2}{n}\max_{1\leqslant i\leqslant n}|W_{ni}|\sum_{i=1}^{n} W_{ni}^2 = o_p(n^{1/2}),$$

可以得到

$$\lambda = \frac{\sum\limits_{i=1}^{n} W_{ni}}{\sum\limits_{i=1}^{n} W_{ni}^2} + o_p(n^{-1/2}) \tag{16.47}$$

并且

$$\sum_{i=1}^{n}(\lambda W_{ni}) = \sum_{i=1}^{n}(\lambda W_{ni})^2 + o_p(1). \tag{16.48}$$

因此, 根据泰勒展开以及式 (16.46), 经验对数似然比可以简化为

$$\begin{aligned} D(\theta) &= 2\sum_{i=1}^{n}\log(1+\lambda W_{ni}) \\ &= 2\sum_{i=1}^{n}\left[\lambda W_{ni} - \frac{1}{2}(\lambda W_{ni})^2\right] + \gamma_n, \end{aligned}$$

其中

$$|\gamma_n| \leqslant \left|\lambda^3\sum_{i=1}^{n}W_{ni}^3\right| \leqslant |\lambda|^3 \max_{1\leqslant i\leqslant n}|W_{ni}|\sum_{i=1}^{n}W_{ni}^2 = o_p(1), \tag{16.49}$$

则由式 (16.47) 及式 (16.48) 有

$$D(\theta) = \frac{\left(n^{-1/2}\sum_{i=1}^{n}W_{ni}\right)^2}{n^{-1}\sum_{i=1}^{n}W_{ni}^2} + o_p(1). \tag{16.50}$$

由引理 16.1, 我们可以得到

$$\frac{1}{\sqrt{n}}\sum_{i=1}^{n}V_{ni}\psi(M_i,\theta_0) \xrightarrow{\mathcal{L}} N(0,\sigma^2(\theta_0)), \tag{16.51}$$

因此, 根据式 (16.50), 可以得到

$$D(\theta_0)r(\theta_0) \longrightarrow \chi_1^2. \tag{16.52}$$

定理 16.4 和定理 16.5 的证明类似于定理 16.3. □

定理 16.6 的证明　类似于对式 (16.14) 的推导, 我们可以得到

$$\lambda_j = \frac{\sum_{i=1}^{n}W_{ni}^{(j)}}{\sum_{i=1}^{n}(W_{ni}^{(j)})^2} + o_p(n^{-1/2}).$$

对 $D(\theta)$ 进行泰勒展开有

$$D_P(\theta)=\sum_{j=1}^{J}\frac{\left(n^{-1/2}\sum_{i=1}^{n}W_{ni}^{(j)}\right)^2}{n^{-1}\sum_{i=1}^{n}(W_{ni}^{(j)})^2}+o_p(1).$$

从而得到定理 16.6. □

定理 16.7 和定理 16.8 的证明 这里我们仅是给出定理 16.8 的证明梗概. 类似于式 (16.14), 可以证明

$$\lambda=\left(\sum_{i=1}^{n}\eta(\boldsymbol{Z}_i,\theta_0)\eta^{\tau}(\boldsymbol{Z}_i,\theta_0)\right)^{-1}\sum_{i=1}^{n}\eta(\boldsymbol{Z}_i,\theta_0)+o_p(n^{-1/2}).$$

因此, 由泰勒展开可得

$$D_{\mathfrak{D}}(\theta_0)=\sum_{i=1}^{n}[\eta(\boldsymbol{Z}_i,\theta_0)]^{\tau}\left\{\sum_{i=1}^{n}\eta(\boldsymbol{Z}_i,\theta)[\eta(\boldsymbol{Z}_i,\theta_0)]^{\tau}\right\}^{-1}\sum_{i=1}^{n}\eta(\boldsymbol{Z}_i,\theta_0)+o_p(1),$$

从而有定理 16.8 成立. □

16.9 医疗费用研究相关文献及扩展

当 M 是指一生中总的医疗费用时, 已有许多学者对其进行了研究. 参见 Lin 等 (1997), Huang 和 Louis (1998), Lin (2000a, 2000b), Bang 和 Tsiatis (2000, 2002), Huang (2002) 等. 需要指出的是, 刻画 M 分布的传统形式下的参数估计常会忽略掉那些被删失的个体, 从而使得估计具有很大的偏差. 为了极小化对于总费用均值估计的偏差, Lin 等 (1997) 及 Bang 和 Tsiatis (2000) 将所研究的整个时间段划分为数个小区间, 计算每个小区间上费用均值的估计并将它们相加. Lin 等 (1997) 所构造的方法是基于离散删失时间假设的, 该假设可以作为一个合理的近似来用, 但一般来说并不总是成立的. Bang 和 Tsiatis (2000) 用逆概率权的方法尝试改进了总医疗费用均值的估计 (Robins and Rotnitzky, 1992), 然而, 这些估计的功效并没有显著的提高, 估计的结构也不简洁, 从而很难应用于实际当中.

在构造置信域或是置信区间时, 由 Owen (1988, 1990) 引入的经验似然 (EL) 是公认的一个非常有用的方法. 该方法与其他方法相比, 包括基于渐近正态理论的方法以及 bootstrapping 方法等, 有许多显著优点 (Hall and La Scala, 1990). 特别地, 它既不会把先前的限制强加在置信域的形状上, 也不需要建立一个枢轴量. 这样建立的置信域区域具有自适应性 (range-preserving and transformation-respecting). 在文献中, 有许多统计问题都已通过 EL 方法进行了处理参见文献 (Qin, 1994; Chen,

1993, 1994) 等. 在本章中, 我们通过 EL 算法来改进对医疗费用的估计, 特别地, 我们还通过仿真模拟构造了置信区间并给出了相应的覆盖率. 由模拟结果可以看到, 新的方法更加简便有效.

此外, 当还有其他附加的估计方程存在时, 我们的方法还可以充分利用这些附加信息. 例如, 当整个时间段被分成 J 个小的时间段时, 就有 J 个未知参数, 从而包括基于总时间段的估计方程在内, 我们是可以构造 $J+1$ 个估计方程的. 这样, 费用的历史数据可以得到更加有效的利用.

本章通过应用经验似然方法, 充分利用医疗费用历史数据信息, 使估计的效率大大提高. 实际上, 医疗费用的历史信息可以看成是纵向数据, 因此, 可以在纵向数据的框架下进行研究. 此章的部分内容选自 Zhou 等 (2012) 的内容.

第 17 章　两样本估计方程

17.1　两样本估计方程的治疗影响

在流行病研究与临床试验中, 评价两个治疗方案之间的差异是常见的重要研究问题. 令随机变量 X 和 Y 分别表示两种治疗方案的特征, 其中 X 表示采取新的治疗方案, Y 表示控制治疗方案, 特别是考虑 X 和 Y 分别为治疗组和控制组的生存时间. 在通常情况下, 我们希望 (i) 比较两组的平均治疗效果, 即 $E(X) - E(Y)$; (ii) 考虑其中一种治疗方案优于另一种的概率, 等价于考虑生存竞争概率, 即 $\Delta = \Pr(X < Y)$, 或 $\Delta = \Pr(X > Y)$; (iii) 在生存分析中比较两种方案下生存到预先给定的时间 t_0 之前的概率, 即考虑 $\Delta = \Pr(X < t_0) - \Pr(Y < t_0)$. 但在实际中, 观察数据可能是右删失的. 因此, 本章利用删失数据下的估计方程方法来研究治疗影响评价问题. 在不存在删失数据的情况下, Qin (1994) 首先考虑了这些参数的经验似然估计.

本章的主要内容来源于 Zhou 和 Liang (2005) 文章. 其主要内容是在删失数据的半参数框架下, 提出了一个统一的方法研究治疗影响参数 Δ 的统计推断问题. 事实上, 这里提出的半参数模型框架已经得到了越来越多的关注. 例如, 在例 2.3 中, 在圣裘德儿童研究医院 (St. Jude Children's Research Hospital) 进行了一项抗癌研究, 在老鼠体内植入人的癌细胞产生一种移植模型 (xenograft model) 来评估抗癌性, 目的是通过比较不同治疗方案下肿瘤的生存时间来检验治疗效果. 肿瘤生存时间定义为从开始治疗到体积变成四倍的时间 (按周计算), 如果某只老鼠在 12 周前死亡, 且死亡时肿瘤体积还没有变成四倍, 此时肿瘤的失效时间是右删失的. 根据之前的一些相关研究, 我们假设控制组的生存分布为指数分布, 然而我们没有足够的证据假设治疗组的生存分布是参数的. 因此如果仍假设其分布为参数分布则容易造成模型误判. 为此, 我们在本章提出半参数模型, 通过建立估计方程的方法, 进行有效地估计和推断治疗组和控制组之间的差异.

在本章中并没有研究 ROC 曲线的估计问题, 主要原因是 ROC 曲线所获得的无偏估计方程关于讨厌参数 θ 并不可导, 因此, 本章的方法不能直接应用于 ROC 曲线分析, 但我们将在 18 章考虑 ROC 曲线的估计问题.

17.2 两样本删失数据

假设随机变量列 $\{X_1^0, X_2^0, \cdots, X_n^0\}$ 和 $\{Y_1^0, Y_2^0 \cdots, Y_m^0\}$ 是随机删失的, 删失变量分别为 $\{U_1, U_2, \cdots, U_n\}$ 和 $\{V_1, V_2, \cdots, V_m\}$. 每个随机序列 $\{X_i^0\}, \{Y_i^0\}, \{U_i\}$ 和 $\{V_i\}$ 是独立同分布的, 生存函数分别为 $S(x)$, $D(y)$, $K(u)$ 和 $Q(v)$. $S(x)$ 和 $K(u)$ 是两个未知的函数. 分布函数 $G(y) = 1 - D(y)$ 的形式是已知的, 且依赖 d 维参数 $\boldsymbol{\theta}$, 即 $G(y) = G_{\boldsymbol{\theta}}(y)$, 并假设 $G_{\boldsymbol{\theta}}(y)$ 有密度函数 $g_{\boldsymbol{\theta}}(y)$. 观测样本为序列对 $\{(X_i, \delta_i), i = 1, 2, \cdots, n\}$ 和 $\{(Y_j, \eta_j), j = 1, 2, \cdots, m\}$, 其中 $X_i = \min(X_i^0, U_i)$, $\delta_i = I(X_i^0 \leqslant U_i)$, $i = 1, 2, \cdots, n$, $Y_j = \min(Y_j^0, V_j)$, $\eta_j = I(Y_j^0 \leqslant V_j)$, $j = 1, 2, \cdots, m$, $I(\cdot)$ 表示示性函数. 我们假设这两组样本是独立的.

通常可以从治疗组或目前已知的最好的治疗方案 (控制治疗组) 中获得一些额外的信息. 例如, 我们的目的是对新的治疗方法和控制治疗方法进行比较, 由于控制治疗方法通常是成熟的方法, 因此, 通常会对控制治疗方法已经掌握了一些辅助信息. 例如, 对某种致命疾病的常规治疗后可经验地知道平均剩余生存时间是一年, 这就是很有用的辅助信息. 因此假设 G 的分布为参数形式 $G_{\boldsymbol{\theta}}$ 是合理的. 然而, 我们通常缺少关于治疗组的信息, 因而通常假设 F 的分布是未知的. 这样就得到了一个半参数的两样本模型.

实际中, 我们最感兴趣的是度量两个样本之间的差异 Δ, 它是函数 $S(x), D(y)$, $K(u)$ 和 $Q(v)$ 的泛函. 被视为讨厌参数的未知函数 $S(x)$, $K(u)$ 和参数 $\boldsymbol{\theta}$ 的估计是我们次要关心的问题. 根据通常的研究总结, 假设关于 $\boldsymbol{\theta}$, Δ 和 $F(x) = 1 - S(x)$ 的信息有如下形式的估计方程:

$$E_F \psi(X^0, \boldsymbol{\theta}_0, \Delta) = 0, \tag{17.1}$$

其中 $\boldsymbol{\theta}_0$ 是参数 $\boldsymbol{\theta}$ 的真值, Δ 是我们感兴趣的量. 为简单起见, 假设 ψ 是实值函数, 它可以是一个函数向量. 在两样本问题中, 我们常关心问题都可以转化为方程 (17.1) 的无偏估计方程的形式, 例如,

(i) 两个删失样本均值的差异, 即 $\Delta = E(X^0) - \boldsymbol{\theta}_0$, $\psi(X^0, \boldsymbol{\theta}_0, \Delta) = X^0 - \boldsymbol{\theta}_0 - \Delta$, 其中 $\boldsymbol{\theta}_0 = EY^0$;

(ii) 给定常数 t_0, 事件 $\{X^0 < t_0\}$ 和事件 $\{Y^0 < t_0\}$ 发生的概率的差异, 此时 $\Delta = F(t_0) - G_{\boldsymbol{\theta}_0}(t_0)$, $\psi(X^0, \boldsymbol{\theta}_0, \Delta) = I(X^0 < t_0) - G_{\boldsymbol{\theta}_0}(t_0) - \Delta$;

(iii) 事件 $\{X^0 < Y^0\}$ 发生的概率, 此时 $\Delta = E\{1 - G_{\boldsymbol{\theta}_0}(X^0)\}$, $\psi(X^0, \boldsymbol{\theta}_0, \Delta) = 1 - G_{\boldsymbol{\theta}_0}(X^0) - \Delta$;

(iv) 两样本问题的 ROC 曲线, 此时 $\Delta = 1 - F\{G_{\boldsymbol{\theta}_0}^{-1}(1-p)\}$, $\psi(X^0, \boldsymbol{\theta}_0, \Delta) = 1 - I\{X^0 \leqslant G_{\boldsymbol{\theta}_0}^{-1}(1-p)\} - \Delta$, 其中 $p \in (0, 1)$.

以上几种情况的估计函数 $\psi(\cdot,\cdot,\cdot)$ 都满足方程 (17.1), 在这里主要考虑在删失样本情况下 Δ 的统计推断问题. 对于完全数据已有一些研究成果, 例如, Qin (1994) 使用经验似然比统计量检验两样本总体的均值相同的假设, 并在半参数模型下给出两个总体均值差异的置信区间. Li, Tiwari 和 Wells (1996) 考虑了两样本分位数比较的检验问题, 这些都可以看作上述估计方程方法的特例.

17.2.1 正态方法

估计 Δ 的直接方法 (naive method) 是用 F 和 $\boldsymbol{\theta}$ 的估计 (例如, 极大似然估计) 替代方程 (17.1) 中的 F 和 $\boldsymbol{\theta}$, 然后由样本类似给出其估计方程, 但样本类似中应考虑删失机制的影响. 具体方法如下:

注意到基于样本 $\{(X_i,\delta_i), i=1,2,\cdots,n\}$ 和 $\{(Y_j,\eta_j), j=1,2,\cdots,m\}$ 的似然函数为

$$\begin{aligned}L(F,\boldsymbol{\theta})=&\prod_{i=1}^{n}\{F(X_i)-F(X_i-)\}^{\delta_i}\{1-F(X_i)\}^{1-\delta_i}\\&\times\prod_{j=1}^{m}\{G_{\boldsymbol{\theta}}(Y_j)-G_{\boldsymbol{\theta}}(Y_j-)\}^{\eta_j}\{1-G_{\boldsymbol{\theta}}(Y_j)\}^{1-\eta_j},\end{aligned}\tag{17.2}$$

只要 $F(v)$ 不依赖参数 $\boldsymbol{\theta}$, 则 $L(F,\boldsymbol{\theta})$ 是基于右删失的两样本的半参数似然函数. F 是空间 $\boldsymbol{\theta}_F$ 的一个参数, $\boldsymbol{\theta}_F$ 表示 $[0,\infty)$ 上的所有分布函数 (这里仅考虑生存时间, 故非负), $\boldsymbol{\theta}\in\Theta$ 为 d 维的欧氏空间. 假设 $G_{\boldsymbol{\theta}}(y)$ 有密度函数 $g_{\boldsymbol{\theta}}(y)$, 则半参数的似然函数 $L(F,\boldsymbol{\theta})$ 可以改写为

$$\prod_{i=1}^{n}\{F(X_i)-F(X_i-)\}^{\delta_i}\{1-F(X_i)\}^{1-\delta_i}\prod_{j=1}^{m}g_{\boldsymbol{\theta}}^{\eta_j}(Y_j)\{1-G_{\boldsymbol{\theta}}(Y_j)\}^{1-\eta_j}.$$

可以证明 $L(F,\boldsymbol{\theta})$ 在点 $(\widehat{F},\widehat{\boldsymbol{\theta}}_{\mathrm{MLE}})$ 处取得极大值, 其中 $\widehat{\boldsymbol{\theta}}_{\mathrm{MLE}}$ 是基于样本 (Y_j,η_j) 的极大似然估计, $\widehat{F}$ 为 Kaplan-Meier 估计:

$$\widehat{F}(t)=1-\prod_{u\leqslant t}\left\{1-\frac{\mathrm{d}N(u)}{Y(u)}\right\},$$

其中 $N(u)=\sum I(X_i\leqslant u,\delta_i=1)$, $Y(u)=\sum I(X_i\geqslant u)$. 注意到 $\widehat{\boldsymbol{\theta}}_{\mathrm{MLE}}$ 其实就是使式 (17.2) 中乘号第二部分达到最大的解, 把 Δ 的估计记为 $\widehat{\Delta}$, 则 $\widehat{\Delta}$ 为估计方程 $\int_0^{\tau_1}\psi(x,\widehat{\boldsymbol{\theta}}_{\mathrm{MLE}},\Delta)\mathrm{d}\widehat{F}(x)=0$ 的解, 这里 τ_1 为有限值避免出现端点麻烦的情况. 等价于

$$\sum_{i=1}^{n}\frac{\delta_i}{\widehat{K}(X_i)}\psi(X_i,\widehat{\boldsymbol{\theta}}_{\mathrm{MLE}},\Delta)=0,\tag{17.3}$$

其中 $\widehat{K}$ 是 K 的 Kaplan-Meier 估计, 即

$$\widehat{K}(t)=\prod_{u\leqslant t}\left\{1-\frac{\mathrm{d}N^c(u)}{Y(u)}\right\},$$

其中 $N^c(u)=\sum I(X_i\leqslant u,\delta_i=0)$, $\tau_1=\sup\{t:S(t)K(t)>0\}$.

假设当 $n,m\to\infty$ 时, 有 $m/n\to\zeta>0$. 且有如下条件:

(1) $\tau_S\leqslant\tau_K$, 其中 $\tau_S=\sup\{x:S(x)>0\}$, $\tau_K=\sup\{x:K(x)>0\}$, 且

$$\int_0^{\tau_1}\frac{\psi^2(u,\boldsymbol{\theta},\varDelta)}{K(u)}\mathrm{d}F(u)<\infty.$$

(2) $\psi(x,\boldsymbol{\theta},\Delta)$ 和 $\psi_{\boldsymbol{\theta}}(x,\boldsymbol{\theta},\varDelta)$ 连续的, 且在真值 $\boldsymbol{\theta}_0$ 的某个邻域被某个函数 $M(x)$ 界定, 使得 $\displaystyle\int_0^{\tau_1}\frac{M(u)}{K^2(u)}\mathrm{d}F(u)<\infty$, 且 $E_F\psi_{\boldsymbol{\theta}}(X,\boldsymbol{\theta},\varDelta)\neq 0$.

(3) 密度函数 $g_{\boldsymbol{\theta}}(y)$ 在区域 $A=\{y:g_{\boldsymbol{\theta}}(y)>0\}$, 假设其独立于 $\boldsymbol{\theta}$, 是关于 $\boldsymbol{\theta}$ 三次可微的. 存在函数 $M_1(y)$, 使得对任意的 $y\in A$ 和 $\boldsymbol{\theta}_0$ 邻域的 $\boldsymbol{\theta}$, 有 $E_{\boldsymbol{\theta}}|M_1(Y)|<\infty$.

(4) 信息阵 $I(\boldsymbol{\theta})$ 是连续正定的, 其元素为

$$\begin{aligned}I_{ij}=&-\int_0^{\tau_2}\frac{\partial^2\log g_{\boldsymbol{\theta}}(y)}{\partial\theta_i\partial\theta_j}Q(y)g_{\boldsymbol{\theta}}(y)\mathrm{d}y\\&-\int_0^{\tau_2}\frac{\partial^2\log\{1-G_{\boldsymbol{\theta}}(y)\}}{\partial\theta_i\partial\theta_j}\{1-G_{\boldsymbol{\theta}}(y)\}\mathrm{d}Q(y),\end{aligned}$$

$i,j=1,\cdots,d,\ \ \tau_2=\sup\{t:D(t)Q(t)>0\}$.

(5) $\psi(x,\boldsymbol{\theta},\Delta)$ 是关于 $\varDelta$ 连续可微的, 且 $E\{\psi_{\Delta}(X,\boldsymbol{\theta},\varDelta)\}\neq 0$.

下面的定理给出了 $\widehat{\varDelta}$ 的渐近正态性.

定理 17.1 假设上述条件 (1)~(4) 成立, 则有

$$\frac{1}{\sqrt{n}}\sum_{i=1}^n W_{ni}\psi(X_i,\widehat{\boldsymbol{\theta}}_{\mathrm{MLE}},\varDelta)\xrightarrow{\mathscr{D}}N(0,\sigma_\psi^2),$$

其中 $W_{ni}=\delta_i/\widehat{K}(X_i)$, $\sigma_\psi^2=\sigma_1^2(\boldsymbol{\theta},\varDelta)+\beta_0^\tau(\boldsymbol{\theta},\varDelta)\varSigma^{-1}\beta_0(\boldsymbol{\theta},\varDelta)$, $\varSigma=\zeta I(\boldsymbol{\theta})$, $I(\boldsymbol{\theta})$ 在假设 (4) 给出, $\sigma_1^2(\boldsymbol{\theta},\varDelta)=\mathrm{Var}\{\psi(X^0,\boldsymbol{\theta},\varDelta)\}+E\displaystyle\int_0^{\tau_1}\{\psi(X^0,\boldsymbol{\theta},\varDelta)-G(\boldsymbol{\theta},u)\}^2I(X\geqslant u)\lambda^c(u)/K^2(u)\mathrm{d}u$, $G(\boldsymbol{\theta},u)=S^{-1}(u)E\{\psi(X^0,\boldsymbol{\theta},\varDelta)I(X^0\geqslant u)\}$,

$$\beta_0(\boldsymbol{\theta},\varDelta)=\int_0^{\tau_1}\psi_{\boldsymbol{\theta}}(u,\boldsymbol{\theta},\varDelta)\mathrm{d}F(u),\psi_{\boldsymbol{\theta}}(x,\boldsymbol{\theta},\varDelta)=\partial\psi(x,\boldsymbol{\theta},\varDelta)/\partial\boldsymbol{\theta},$$

$\lambda^c(t)$ 是 U 的风险率函数. 进一步, 若假设 (5) 成立, 则有

$$\sqrt{n}(\widehat{\varDelta}-\varDelta)\xrightarrow{\mathscr{D}}N(0,\sigma_\Delta^2),$$

其中 $\sigma_\Delta^2=\sigma_\psi^2\gamma^{-2}$, $\gamma(\boldsymbol{\theta},\varDelta)=E\{\psi_\Delta(X,\boldsymbol{\theta},\varDelta)\}$, $\psi_\Delta(x,\boldsymbol{\theta},\varDelta)=\partial\psi(x,\boldsymbol{\theta},\varDelta)/\partial\varDelta$.

定理 17.1 的一个重要应用是构造 Δ 的置信区间, 为此需要估计 σ_Δ^2, 我们可以使用插入 (plug- in) 的方法, 令

$$\widehat{\sigma}_1^2(\widehat{\boldsymbol{\theta}}_{\mathrm{MLE}},\widehat{\Delta})=\frac{1}{n}\sum_{i=1}^{n}\frac{\delta_i\psi^2(X_i,\widehat{\boldsymbol{\theta}}_{\mathrm{MLE}},\widehat{\Delta})}{\widehat{K}(X_i)}+\frac{1}{n}\int_0^L\frac{\mathrm{d}N^c(u)}{\widehat{K}^2(u)}\{\widehat{G}_1(\widehat{\boldsymbol{\theta}}_{\mathrm{MLE}},u)-\widehat{G}_2(\widehat{\boldsymbol{\theta}}_{\mathrm{MLE}},u)\},$$

其中 L 是未删失观测的极大值,

$$\widehat{G}_1(\boldsymbol{\theta},u)=\frac{1}{n\widehat{S}(u)}\sum_{i=1}^{n}\frac{\delta_i\psi^2(X_i,\boldsymbol{\theta},\widehat{\Delta})I(X_i\geqslant u)}{\widehat{K}(X_i)},\tag{17.4}$$

$$\widehat{G}_2(\boldsymbol{\theta},u)=\left\{\frac{1}{n\widehat{S}(u)}\sum_{i=1}^{n}\frac{\delta_i\psi(X_i,\boldsymbol{\theta},\widehat{\Delta})I(X_i\geqslant u)}{\widehat{K}(X_i)}\right\}^2,\tag{17.5}$$

$$\widehat{\beta}_0(\widehat{\boldsymbol{\theta}}_{\mathrm{MLE}},\widehat{\Delta})=\frac{1}{n}\sum_{i=1}^{n}W_{ni}\psi_{\boldsymbol{\theta}}(X_i,\widehat{\boldsymbol{\theta}}_{\mathrm{MLE}},\widehat{\Delta}),\tag{17.6}$$

$$\widehat{\gamma}(\widehat{\boldsymbol{\theta}}_{\mathrm{MLE}},\widehat{\Delta})=\frac{1}{n}\sum_{i=1}^{n}W_{ni}\psi_{\Delta}(X_i,\widehat{\boldsymbol{\theta}}_{\mathrm{MLE}},\widehat{\Delta}).\tag{17.7}$$

用估计 $\widehat{\sigma}_1^2(\widehat{\boldsymbol{\theta}}_{\mathrm{MLE}},\widehat{\Delta})$, $\widehat{\beta}_0(\widehat{\boldsymbol{\theta}}_{\mathrm{MLE}},\widehat{\Delta})$, $\widehat{\gamma}(\widehat{\boldsymbol{\theta}}_{\mathrm{MLE}},\widehat{\Delta})$ 和 $\widehat{\Sigma}=-\dfrac{1}{n\zeta}\partial^2\ell_g(\widehat{\boldsymbol{\theta}}_{\mathrm{MLE}})/\partial\boldsymbol{\theta}^2$, 分别取代 σ_Δ^2 中 $\sigma_1^2(\boldsymbol{\theta},\Delta)$, $\beta_0(\boldsymbol{\theta},\Delta)$, $\gamma(\boldsymbol{\theta},\Delta)$ 和 Σ, 我们得到 σ_Δ^2 的估计 $\widehat{\sigma}_\Delta^2$. 容易证明该估计是相合估计. 因此, Δ 的置信区间可表示为 $(\widehat{\Delta}-z_{1-\alpha/2}\sqrt{\widehat{\sigma}_\Delta^2},\widehat{\Delta}+z_{1-\alpha/2}\sqrt{\widehat{\sigma}_\Delta^2})$, 其中 $z_{1-\alpha/2}$ 为标准正态分布的 $1-\alpha/2$ 分位数.

17.2.2 经验似然方法

前面章节已讨论过用经验似然方法构造置信区间有很多优点, 本节应用经验似然方法构造 Δ 的置信区间. 这里的方法不同于完全观测数据下构造 Δ 置信区间的方法. 通过适当调整删失机制的影响, 使用调整的经验似然函数并证明经验似然比函数在一些条件下仍然是渐近卡方分布的.

假设参数 $\boldsymbol{\theta}$ 的真值为 $\boldsymbol{\theta}_0$, 辅助信息仅依赖于未知分布 F, 参数 $\boldsymbol{\theta}_0$ 和 K, 且辅助信息按如下方式构造删失数据下无偏估计函数, 显然 $E\{\delta\psi(X,\boldsymbol{\theta}_0,\Delta)/K(X-)\}=0$. 若函数 $K(\cdot)$ 是已知的, 则可以基于"样本"$\{\delta_i/K(X_i-),i=1,2,\cdots,n\}$ 和观测样本 $\{(Y_j,\eta_j),j=1,2,\cdots,m\}$ 进行统计推断. 令 F_p 表示分布函数, 其中分配到点 $\delta_i/K(X_i-)$ 的概率为 p_i. 因此调整的经验似然函数为 $L_{\mathrm{adj}}(\boldsymbol{\theta},\Delta)=\prod_{i=1}^{n}p_i\prod_{j=1}^{m}g_{\boldsymbol{\theta}}^{\eta_j}(Y_j)$

$\{1-G_{\boldsymbol{\theta}}(Y_j)\}^{1-\eta_j}$, 其中 $\sum_{i=1}^{n}p_i=1$, 且对每一个 i, 有 $p_i\geqslant 0$, 则辅助信息 (17.1) 的样本类似可表示为

$$\sum_{i=1}^{n}\frac{\delta_i}{K(X_i-)}\psi(X_i,\boldsymbol{\theta},\varDelta)=0. \tag{17.8}$$

仍用 Kaplan-Meier 估计 $\widehat{K}(\cdot)$ 取代 $K(\cdot)$, 记有关 $\varDelta$ 和 $\boldsymbol{\theta}$ 的经验似然函数为 $L_{\rm adj}(\boldsymbol{\theta},\varDelta)$, 且满足下面的约束条件

$$\sum_{i=1}^{n}p_i=1,\quad p_i\geqslant 0,\quad i=1,2,\cdots,n, \tag{17.9}$$

$$\sum_{i=1}^{n}\frac{p_i\delta_i}{\widehat{K}(X_i-)}\psi(X_i,\boldsymbol{\theta},\varDelta)=0. \tag{17.10}$$

无约束 (17.9) 和 (17.10) 下的调整经验似然函数的极大值为 $n^{-n}\prod_{j=1}^{m}g_{\widehat{\boldsymbol{\theta}}_{\rm MLE}}^{\eta_j}(Y_j)\{1-G_{\widehat{\boldsymbol{\theta}}_{\rm MLE}}(Y_j)\}^{1-\eta_j}$, 其中 $\widehat{\boldsymbol{\theta}}_{\rm MLE}$ 是如 2.1 节基于样本 $\{(Y_j,\eta_j),j=1,2,\cdots,m\}$ 的极大似然估计. 因此关于 $\varDelta$ 和 $\boldsymbol{\theta}$ 的半参数的经验似然比为

$$\begin{aligned}R(\varDelta)=&\sup_{\mathcal{P},\boldsymbol{\theta}}\prod_{i=1}^{n}(np_i)\prod_{j=1}^{m}g_{\boldsymbol{\theta}}^{\eta_j}(Y_j)\{1-G_{\boldsymbol{\theta}}(Y_j)\}^{1-\eta_j}\\&\times\left[\prod_{j=1}^{m}g_{\widehat{\boldsymbol{\theta}}_{\rm MLE}}^{\eta_j}(Y_j)\{1-G_{\widehat{\boldsymbol{\theta}}_{\rm MLE}}(Y_j)\}^{1-\eta_j}\right]^{-1},\end{aligned}$$

其中 $\mathcal{P}$ 记为在约束 (17.9) 和 (17.10) 下 p_i 的值域. 首先考虑在给定 $\boldsymbol{\theta}$ 下的似然比 $R(\varDelta)$, 记为 $R(\boldsymbol{\theta},\varDelta)$. $R(\boldsymbol{\theta},\varDelta)$ 的对数变换称为**对数经验似然比**, 记为

$$\mathcal{R}(\boldsymbol{\theta},\varDelta)=\sup_{\mathcal{P}}\sum_{i=1}^{n}\log(np_i)+\ell_g(\boldsymbol{\theta})-\ell_g(\widehat{\boldsymbol{\theta}}_{\rm MLE}),$$

其中 $\ell_g(\boldsymbol{\theta})=\sum_{j=1}^{m}\log\left[g_{\boldsymbol{\theta}}^{\eta_j}(Y_j)\{1-G_{\boldsymbol{\theta}}(Y_j)\}^{1-\eta_j}\right]$. 只要 $\sum_{i=1}^{n}\psi^2(X_i,\boldsymbol{\theta},\varDelta)W_{ni}^2>0$, 原点落在 $\psi(X_i,\boldsymbol{\theta},\varDelta)W_{ni}$, $i=1,2,\cdots,n$ 的凸包内, 其中 $W_{ni}=\delta_i/\widehat{K}(X_i-)$, 则 $\mathcal{R}(\boldsymbol{\theta},\varDelta)$ 或 $R(\boldsymbol{\theta},\varDelta)$ 存在唯一的极大似然值点 (Qin and Lawless, 1994). 用拉格朗日乘子法可以得到 $\mathcal{R}(\boldsymbol{\theta},\varDelta)$ 在 $\widehat{p}_i=n^{-1}\{1+\lambda(\boldsymbol{\theta})W_{ni}\psi(X_i,\boldsymbol{\theta},\varDelta)\}^{-1}(i=1,2,\cdots,n)$ 取得极大值. 此时相应的对数似然比估计为

$$\mathcal{R}(\boldsymbol{\theta},\varDelta)=-\sum_{i=1}^{n}\log\{1+\lambda(\boldsymbol{\theta})W_{ni}\psi(X_i,\boldsymbol{\theta},\varDelta)\}+\ell_g(\boldsymbol{\theta})-\ell_g(\widehat{\boldsymbol{\theta}}_{\rm MLE}), \tag{17.11}$$

故对应的对数经验似然比函数为

$$\ell_{EL}(\boldsymbol{\theta},\Delta)=\sum_{i=1}^{n}\log\{1+\lambda(\boldsymbol{\theta})W_{ni}\psi(X_i,\boldsymbol{\theta},\Delta)\}+\ell_g(\boldsymbol{\theta}), \tag{17.12}$$

其中 $\lambda(\boldsymbol{\theta})$ 由如下方程确定:

$$\frac{1}{n}\sum_{i=1}^{n}\frac{\psi(X_i,\boldsymbol{\theta},\Delta)W_{ni}}{1+\lambda(\boldsymbol{\theta})W_{ni}\psi(X_i,\boldsymbol{\theta},\Delta)}=0. \tag{17.13}$$

下面用 $||\cdot||$ 表示欧氏范数. 下面的定理 17.2 的第一部分给出调整的经验似然函数 (17.12) 在 $\boldsymbol{\theta}_0$ 的一个邻域内存在极大似然解, 且它是真值 $\boldsymbol{\theta}_0$ 的相合估计; 定理的第二部分证明对数经验似然比具有渐近卡方分布.

定理 17.2 假设条件 (1)~(4) 成立, 则

(i) $\ell_{\mathrm{EL}}(\boldsymbol{\theta},\Delta)$ 在球 $||\boldsymbol{\theta}-\boldsymbol{\theta}_0||<n^{-\varrho}$ $(1/3<\varrho<1/2)$ 内部的某点 $\widehat{\boldsymbol{\theta}}_{\mathrm{EL}}$ 处取得极大值, 使得 $\widehat{\boldsymbol{\theta}}_{\mathrm{EL}}$ 和 $\widehat{\lambda}=\lambda(\widehat{\boldsymbol{\theta}}_{\mathrm{EL}})$ 满足 $\partial\ell_{\mathrm{EL}}(\widehat{\boldsymbol{\theta}}_{\mathrm{EL}},\Delta)/\partial\boldsymbol{\theta}=0$ 和方程 (17.13);

(ii) $\ell_{\mathrm{EL}}(\boldsymbol{\theta},\Delta)$ 的极大似然估计 $\widehat{\boldsymbol{\theta}}_{\mathrm{EL}}$ 是强相合的, 且 $-2\rho(\boldsymbol{\theta},\Delta)\mathcal{R}(\widehat{\boldsymbol{\theta}}_{\mathrm{EL}},\Delta)\xrightarrow{\mathscr{D}}\chi^2_{(1)}$, 其中 $\chi^2_{(1)}$ 是自由度为 1 的标准卡方分布.

$$\rho(\boldsymbol{\theta},\Delta)=\frac{\sigma_0^2(\boldsymbol{\theta},\Delta)+\beta_0^{\tau}(\boldsymbol{\theta},\Delta)\Sigma^{-1}\beta_0(\boldsymbol{\theta},\Delta)}{\sigma_1^2(\boldsymbol{\theta},\Delta)+\beta_0^{\tau}(\boldsymbol{\theta},\Delta)\Sigma^{-1}\beta_0(\boldsymbol{\theta},\Delta)},$$

$\Sigma=\zeta I(\boldsymbol{\theta})$, 其中 $I(\boldsymbol{\theta})$ 在定理 17.1 中给出, $\sigma_0^2(\boldsymbol{\theta},\Delta)=\int_0^{\tau_1}\psi^2(u,\boldsymbol{\theta},\Delta)/K(u)\mathrm{d}F(u)$.

本章开始已经指出, 经验似然的主要优势在于可以更有效地构造置信区间. 若没有 $\rho(\boldsymbol{\theta},\Delta)$ 项, 置信区间很容易构造出来, 而无需传统的方差估计见(Owen, 2001)[23]. 由于删失的存在, 情况变得复杂, 为了应用定理 17.2 的经验似然比统计量需要估计 $\rho(\boldsymbol{\theta},\Delta)$. 如前面的方法, 可以用形如 (17.4)~(17.7) 的估计量 $\widehat{\sigma}_1^2(\widehat{\boldsymbol{\theta}}_{\mathrm{EL}},\widehat{\Delta})$,$\widehat{\beta}_0(\widehat{\boldsymbol{\theta}}_{\mathrm{EL}},\widehat{\Delta})$ 和 $\widehat{\Sigma}=-\dfrac{1}{n\zeta}\partial^2\ell_g(\widehat{\boldsymbol{\theta}}_{\mathrm{EL}})/\partial\boldsymbol{\theta}^2$, 分别代替 $\rho(\boldsymbol{\theta},\Delta)$ 中的 $\sigma_1^2(\boldsymbol{\theta},\Delta)$, $\beta_0(\boldsymbol{\theta},\Delta)$ 和 Σ. 注意到 $\sigma_0^2(\boldsymbol{\theta},\Delta)$ 是由 $\widehat{\sigma}_0^2(\widehat{\boldsymbol{\theta}}_{\mathrm{EL}},\widehat{\Delta})=\dfrac{1}{n}\sum_{i=1}^{n}\{W_{ni}\psi(X_i,\widehat{\boldsymbol{\theta}}_{\mathrm{EL}},\widehat{\Delta})\}^2$ 估计的, 其中 $\widehat{\Delta}$ 是 Δ 的相合估计, 则推导出的估计量 $\widehat{\rho}(\widehat{\boldsymbol{\theta}}_{\mathrm{EL}},\widehat{\Delta})$ 也是 $\rho(\boldsymbol{\theta},\Delta)$ 的相合估计. 于是基于经验似然的 $R(\widehat{\boldsymbol{\theta}}_{\mathrm{EL}},\Delta)$ 可以给出 Δ 的置信区间. 另一种方法是估计调整因子 $\rho(\boldsymbol{\theta},\Delta)$ 中的 Δ. 因此, 可以基于 $-2\rho(\widehat{\boldsymbol{\theta}}_{\mathrm{EL}},\Delta)\mathcal{R}(\widehat{\boldsymbol{\theta}},\Delta)$ 构造置信区间.

推论 17.1 假设定理 17.2 的条件成立. 则

$$\lim_{n\to\infty}P(\Delta\in I_\alpha)=1-\alpha,$$

其中 $I_\alpha=\{\Delta:-2\rho(\widehat{\boldsymbol{\theta}}_{EL},\Delta)\mathcal{R}(\widehat{\boldsymbol{\theta}},\Delta)\leqslant c_\alpha\}$, $P(\chi^2_{(1)}\leqslant c_\alpha)=1-\alpha$.

定理 17.2 表明极值点是非常接近真值的, 且调整的经验似然函数在极值点的极值是满足渐近卡方分布的. 一个自然的问题是如何得到极值点, 一种方法是考虑

$\partial \ell_{\mathrm{EL}}(\boldsymbol{\theta}, \Delta)/\partial \boldsymbol{\theta} = 0$, 得到半参数经验似然的得分方程, 即

$$\frac{1}{n}\lambda(\boldsymbol{\theta})\sum_{i=1}^{n}\frac{\dot{\psi}_{\boldsymbol{\theta}}(X_i,\boldsymbol{\theta},\Delta)W_{ni}}{1+\lambda(\boldsymbol{\theta})\psi(X_i,\boldsymbol{\theta},\Delta)W_{ni}} = \frac{1}{n}\sum_{j=1}^{m}\frac{\partial \log[g_{\boldsymbol{\theta}}^{\eta_j}(Y_j)\{1-G_{\boldsymbol{\theta}}(Y_j)\}^{\eta_j}]}{\partial \boldsymbol{\theta}}. \tag{17.14}$$

一般来说, 极值点 $\widehat{\boldsymbol{\theta}}_{\mathrm{EL}}$ 满足方程 (17.14), 但是满足方程 (17.14) 的解未必是极值点. 然而, 如果方程 (17.14) 的解是存在且唯一的, 则该解即为 $\widehat{\boldsymbol{\theta}}_{EL}$.

在似然比函数 $\mathcal{R}(\widehat{\boldsymbol{\theta}}_{\mathrm{EL}}, \Delta)$ 中使用 (17.2) 中的 $\widehat{\boldsymbol{\theta}}_{\mathrm{MLE}}$ 代替 (17.11) 中的 $\boldsymbol{\theta}$ 则获得一个显然的结果, 下面的定理给出一个说明.

定理 17.3 假设条件 (1)~(4) 成立, 则

$$-2r(\boldsymbol{\theta}, \Delta)\mathcal{R}(\widehat{\boldsymbol{\theta}}_{\mathrm{MLE}}, \Delta) \xrightarrow{\mathscr{D}} \chi^2_{(1)},$$

其中 $r(\boldsymbol{\theta}, \Delta) = \sigma_0^2(\boldsymbol{\theta}, \Delta)/\sigma_\psi^2(\boldsymbol{\theta}, \Delta)$.

定理 17.3 表明, 基于估计 $\widehat{\boldsymbol{\theta}}_{\mathrm{MLE}}$ 的经验似然函数仍然是渐近卡方分布的, 但是方差较基于全局似然 $\widehat{\boldsymbol{\theta}}_{\mathrm{EL}}$ 的方差要大 (见附录 2 的引理 17.6), 因此相比效率较低. 同样地, 我们也可以利用定理 17.3 构造置信区间.

17.3 真实数据应用

Mantel 等 (1977) 报道了一项关于致癌药物的窝配对研究. 试验中, 从 50 窝老鼠中随机抽样注射药物. 每窝中选出 2 只老鼠进入控制组, 被注射安慰剂 (实验研究的细节见 Manel 等 (1977)). 我们关心的问题是比较处理组和控制组的平均生存时间. 我们首先通过计算 Y 的生存分布的 KM 估计, 检验 Y 服从指数分布的假设. QQ 图法表明假设 Y 服从指数分布是合适的. 因此有控制组的平均生存时间是 476, 生存时间的平均差异的估计为 ($\Delta = E(X) - E(Y)$) 为 -240. 基于正态近似和前面介绍的经验似然方法得到 Δ 的 95% 的 CI 分别为 $(-676.463, 195.442)$ 和 $(-258.803, -68.686)$. 由这两种方法得到的结论是令人困惑的. 因为第一种方法得到的结论是不存在显著差异, 而第二种方法表明存在显著的差异. 但经过综合考虑更愿意接受基于经验似然方法的结论. 我们可以对该数据集进行对数秩检验, 得到 p- 值小于 10^{-3}, 进一步确认了我们基于经验似然方法得到的结论. 而且 99% 的置信区间 CI(EL) 是 $(-304.744, -47.429)$, 也表明存在显著的差异.

17.4 相关研究及扩展

在治疗影响的模型假设中, 若 X 和 Y 都是来自参数族的样本, 则我们可以使用标准的统计方法, 如极大似然方法进行统计推断 (Brownie, Habicht and Cogill, 1986;

Campbell and Ratnarkhi, 1993; Goddard and Hinberg, 2006; Hsieh and Turnbull, 1996). 而为了避免模型误判, 人们提出了一些非参数的推断方法. 在独立样本的情形下, 存在很多的非参数方法用于比较两个未知的连续分布函数 F 和 G, 其中 F 和 G 分别为随机变量 X 和 Y 的分布函数. 例如, Gastwirth 和 Wang (1988), Hollander 和 Korwar (1980), 和 Li, Tiwari 和 Wells (1996).

本章对治疗影响问题, 提出了半参数模型的经验似然统计推断. 半参数模型的统计推断近来得到了很大的关注. Li, Tiwani 和 Wells (1999) 提出了分位数比较的半参数方法, 并应用该方法分析了分位数比较 (quantile comparison) 问题. 更准确地说, 他们使用分位比较函数 $G\{F^{-1}(p)\}$ 来研究两样本问题的统计推断, 模型中 G 的分布是已知的参数分布, 而 F 的分布是未知的. Hsieh 和 Turbull (1996) 研究了在假设 G 的分布为正态情形下的统计推断.

本章给出了治疗影响参数 Δ 的一个估计方程, 然后相应地构造了治疗影响的置信区间 (CI), 这里主要应用了第 7 章的经验似然比方法对 Δ 进行半参数的统计推断. 经验似然方法最早是由 Owen (1988, 1990) 提出的, Qin (1994)[99] 与 Qin 和 Lawless (1994) 做了进一步的研究. 经验似然比具有极限卡方分布, 可以得到一类问题的检验和置信区间, 其中包括线性模型, 广义线性模型以及估计方程. 经验似然方法与基于正态近似的方法和 bootstrap 方法 (Hall and La Scala, 1990) 比较有很多突出的优点. Thomas 和 Grunkemeier (1975) 首次使用经验似然的方法得到了置信区间. Owen (2001) 对经验似然方法及相关问题进行了系统的研究. 经验似然方法最吸引人之处包括改进了之置信域, 由于使用辅助信息增加了覆盖率, 且方法容易实施. 由于这三个特点, 经验似然在参数, 非参数和半参数模型中得到了越来越多的关注. 本章推导了治疗影响参数 Δ 的经验似然函数的渐近分布, 并阐述如何构造置信区间以及数值方法的优势.

本章中, 得到了一个一般化的半参数经验似然方法, 并可以在删失数据下进行两样本比较. 该方法很容易理解, 且易于实施. 推断的有限样本性优于通常的估计方程正态方法. 基于正态近似方法得到的估计来构造置信区间, 需要假设 $\psi(x,\theta_0,\Delta)$ 是关于 Δ 连续可微的. 然而, 基于经验似然的方法构造置信区间时, 这个假设是不需要的. 另外, 在无删失情况下, 调整因子 $\rho(\theta,\Delta)$ 和 $r(\theta,\Delta)$ 的值等于 1. 因此, 基于经验似然方法得到的 CI 是独立于方差的, 也就是说, 此时并不需要估计任何的方差和协方差阵. 因此调整因子 $\rho(\theta,\Delta)$ 和 $r(\theta,\Delta)$ 可以看成是删失的成本.

如果目标函数 $\psi(x,\theta_0,\Delta)$ 在 θ_0 点是可微的, 则无论是正态近似还是经验似然方法在无删失时也都是可应用的. 没有连续性将导致方程不再是一个相合的估计方程. 因此, 基于该估计方程的所有方法将不再可用. 如果目标函数 $\psi(x,\theta_0,\Delta)$ 包括 $I(X^0 < G_{\theta_0}(p))$ 项, 则将会破坏连续性. 因此, 目前的方法排除两样本的分位数比较和 ROC 曲线的推断. 这是因为相应的 $\psi(x,\theta,\Delta)$ 函数关于 θ 不可微, 则此处

方法的假设条件不成立. 原则上, 本章所提出的方法可以推广到上述不可微的情况. 主要困难是需要修正 θ 和 Δ 的估计方程, 例如, 可以使用预先平滑的方法进行处理. 这类预平滑的方法可以用于研究不相合的估计方程, 则推导出的经验似然是平滑的经验似然. 这些问题的深入研究是很有意思的, 将在进一步的研究中讨论这些问题.

17.5 补充材料

在定理的证明中, 需要一些有用的引理. 本章定理的证明与第 16 章的证明相似.

引理 17.1 在假设条件 (1) 和 (2) 下, 我们有

$$\frac{1}{\sqrt{n}}\sum_{i=1}^{n} W_{ni}\psi(X_i,\boldsymbol{\theta}_0,\Delta) \xrightarrow{\mathscr{D}} N\{0,\sigma_1^2(\boldsymbol{\theta}_0,\Delta)\},$$

其中 $\sigma_1^2(\boldsymbol{\theta}_0,\Delta)$ 在定理 17.1 中定义.

证明 证明遵从 Stute (1995) 推论 1.2. □

引理 17.2 假设条件 (1), (2) 和 (5) 成立. 则

$$\frac{1}{n}\sum_{i=1}^{n}\left\{\frac{\psi(X_i,\boldsymbol{\theta},\Delta)\delta_i}{\widehat{K}(X_i-)}\right\}^2 = \sigma_0^2(\boldsymbol{\theta},\Delta)+o_P(1),$$

$$\frac{1}{n}\sum_{i=1}^{n}\frac{\psi_{\boldsymbol{\theta}}(X_i,\boldsymbol{\theta},\Delta)\delta_i}{\widehat{K}(X_i-)} = \beta_0(\boldsymbol{\theta},\Delta)+o_P(1),$$

$$\frac{1}{n}\sum_{i=1}^{n}\frac{\delta_i\psi_{\Delta}(X_i,\boldsymbol{\theta},\Delta)}{\widehat{K}(X_i-)} = \gamma(\boldsymbol{\theta},\Delta)+o_P(1).$$

引理 17.2 的证明 我们仅证明第一部分, 类似的方法可用于推导其他的公式. 首先证明

$$\frac{1}{n}\sum_{i=1}^{n}\left\{\frac{\psi(X_i,\boldsymbol{\theta},\Delta)\delta_i}{\widehat{K}(X_i-)}\right\}^2 = O_P(1). \tag{17.15}$$

注意左式小于

$$\frac{2}{n}\sum_{i=1}^{n}\left\{\frac{\psi(X_i,\boldsymbol{\theta},\Delta)\delta_i}{K(X_i-)}\right\}^2+\frac{2}{n}\sum_{i=1}^{n}\left\{\frac{K(X_i-)-\widehat{K}(X_i-)}{\widehat{K}(X_i-)K(X_i-)}\right\}^2\psi^2(X_i,\boldsymbol{\theta},\Delta)\delta_i^2$$
$$= J_1+J_2. \tag{17.16}$$

由大数定律有

$$J_1 \longrightarrow 2\sigma_0^2(\boldsymbol{\theta},\Delta)<\infty, \tag{17.17}$$

依概率成立. 此外

$$J_2 \leqslant \sup_{0\leqslant x\leqslant X_{(n)}}\left|\frac{K(x)-\widehat{K}(x)}{K(x)}\right|^2\frac{1}{n}\sum_{i=1}^{n}\left\{\frac{\psi(X_i,\boldsymbol{\theta},\Delta)\delta_i}{\widehat{K}(X_i-)}\right\}^2.$$

第一项是 $o_P(1)$ (见 Gill (1980)[37]). 基于这些事实和基本的计算有 $J_2 \leqslant o_P(1)$. 应用类似式 (17.16) 的论证, 我们可以表示式 (17.15) 的左式为

$$\begin{aligned}&\frac{1}{n}\sum_{i=1}^{n}\left\{\frac{\psi(X_i,\boldsymbol{\theta},\Delta)\delta_i}{K(X_i-)}\right\}^2+\frac{1}{n}\sum_{i=1}^{n}\left\{\frac{K(X_i-)-\widehat{K}(X_i-)}{\widehat{K}(X_i-)K(X_i-)}\right\}^2\psi^2(X_i,\boldsymbol{\theta},\Delta)\delta_i^2\\&+\frac{2}{n}\sum_{i=1}^{n}\frac{K(X_i-)-\widehat{K}(X_i-)}{K^2(X_i-)\widehat{K}(X_i-)}\psi^2(X_i,\boldsymbol{\theta},\Delta)\delta_i^2=I_1+I_2+I_3.\end{aligned}$$

应用 Zhou (1992) 的命题,

$$\sup_{0\leqslant x\leqslant X_{(n)}}\left|\frac{K(x)-\widehat{K}(x)}{\widehat{K}(x)}\right|=O_P(1), \tag{17.18}$$

类似 (17.17) 和 J_2 的证明, 以及式 (17.15), 我们有

$$I_1=\sigma_0^2(\boldsymbol{\theta},\Delta)+o_P(1),\quad I_2=o_P(1),\quad I_3=o_P(1).$$

□

引理 17.3 若假设条件按 (1)~(4) 成立, 则有 $\lambda(\boldsymbol{\theta})=O_P(n^{-\varrho})$ 在 $\{\boldsymbol{\theta}:||\boldsymbol{\theta}-\boldsymbol{\theta}_0||\leqslant cn^{-\varrho}\}$ 上一致成立, 其中 $1/3<\varrho<1/2$, c 是一个常数, 且

$$\lambda(\boldsymbol{\theta})=\frac{\sum_{i=1}^{n}\psi(X_i,\boldsymbol{\theta},\Delta)W_{ni}}{\sum_{i=1}^{n}\{\psi(X_i,\boldsymbol{\theta},\Delta)W_{ni}\}^2}+o_P(n^{-\varrho})$$

在 $\{\boldsymbol{\theta}:||\boldsymbol{\theta}-\boldsymbol{\theta}_0||\leqslant cn^{-\varrho}\}$ 上一致成立, 且 $\lambda(\boldsymbol{\theta})$ 满足式 (17.13).

引理 17.3 的证明 由式 (17.13) 和泰勒展式有

$$\lambda(\boldsymbol{\theta})=\left\{\sum_{i=1}^{n}\psi(X_i,\boldsymbol{\theta},\Delta)W_{ni}\right\}\left\{\sum_{i=1}^{n}\psi^2(X_i,\boldsymbol{\theta},\Delta)W_{ni}^2\right\}^{-1}+R_n,$$

其中

$$R_n=\lambda^2(\boldsymbol{\theta})\left\{\sum_{i=1}^{n}\frac{\psi^3(X_i,\boldsymbol{\theta},\Delta)W_{ni}^3}{1+\lambda(\boldsymbol{\theta})\psi(X_i,\boldsymbol{\theta},\Delta)W_{ni}}\right\}\left\{\sum_{i=1}^{n}\psi^2(X_i,\boldsymbol{\theta},\Delta)W_{ni}^2\right\}^{-1}.$$

我们分别处理 $\lambda(\boldsymbol{\theta})$ 第一项的分子和分母. 下面无特别说明我们总假设 $\boldsymbol{\theta} \in \{\|\boldsymbol{\theta}-\boldsymbol{\theta}_0\| \leqslant n^{-\varrho}\}$. 由假设 (3) 和 Owen (1990) 引理 3 类似的证明, 我们有

$$\max_{1\leqslant i\leqslant n}\left|\frac{\psi(X_i,\boldsymbol{\theta},\varDelta)\delta_i}{K(X_i-)}\right| = o_P(n^{1/3}). \tag{17.19}$$

由式 (17.18) 和式 (17.19) 有

$$\begin{aligned}\max_{1\leqslant i\leqslant n}|\psi(X_i,\boldsymbol{\theta},\varDelta)W_{ni}| &\leqslant \max_{1\leqslant i\leqslant n}\left|\frac{\psi(X_i,\boldsymbol{\theta},\varDelta)\delta_i}{K(X_i-)}\right| \\ &+ \sup_{0\leqslant x\leqslant X_{(n)}}\left|\frac{K(x)-\widehat{K}(x)}{\widehat{K}(x)}\right|\max_{1\leqslant i\leqslant n}\left|\frac{\psi(X_i,\boldsymbol{\theta},\varDelta)\delta_i}{K(X_i-)}\right| = o_P(n^{1/3}).\end{aligned} \tag{17.20}$$

由式 (17.13) 和 Owen (1990) 引理 3 类似的证明, 可得

$$\lambda(\boldsymbol{\theta}) = O_P(n^{-\varrho}). \tag{17.21}$$

结合引理 17.2, 式 (17.20) 和式 (17.21) 有

$$R_n \leqslant O_P(n^{-2\rho})\max_{1\leqslant i\leqslant n}|\psi(X_i,\boldsymbol{\theta},\varDelta)W_{ni}| = o_P(n^{-\varrho}), \tag{17.22}$$

在 $\boldsymbol{\theta} \in \{\boldsymbol{\theta}: ||\boldsymbol{\theta}-\boldsymbol{\theta}_0|| < cn^{-\varrho}\}$ 上一致成立. □

引理 17.4　假设定理 17.2 的条件成立, ϱ 为引理 17.3 中所定义, 则 $R(\theta,\varDelta)$ 在 $\widehat{\boldsymbol{\theta}}_{\mathrm{EL}}$ 处取得局部极大值, 使得 $||\widehat{\boldsymbol{\theta}}_{\mathrm{EL}}-\boldsymbol{\theta}_0|| = O(n^{-\varrho})$ a.s. 且 $\widehat{\boldsymbol{\theta}}_{\mathrm{EL}}$ 是式 (17.14) 的解.

证明　记 $\ell_1(\boldsymbol{\theta},\varDelta) = -\sum_{i=1}^{n}\log\{1+\lambda W_{ni}W(X_i,\boldsymbol{\theta},\varDelta)\}$ 且 $\xi_{\boldsymbol{\theta}} = g_{\boldsymbol{\theta}}^{\eta_j}(Y_j)\{1-G_{\boldsymbol{\theta}}(Y_j)\}^{1-\eta_j}$. 由 Qin 和 Lawless (1994) 引理 1 类似的证明, 我们有, 在 $||\boldsymbol{\theta}-\boldsymbol{\theta}_0|| \leqslant cn^{-\varrho}, -\ell_1(\boldsymbol{\theta},\varDelta) > -\ell_1(\boldsymbol{\theta}_0,\varDelta)$. 由泰勒展开和下面的事实:

$$E_{\boldsymbol{\theta}}\frac{\partial\log\xi_{\boldsymbol{\theta}}(y)}{\partial\boldsymbol{\theta}} = 0 \quad 和 \quad E_{\boldsymbol{\theta}}\frac{\partial^2\log\xi_{\boldsymbol{\theta}}(y)}{\partial\boldsymbol{\theta}^2} = -I(\boldsymbol{\theta}),$$

可得 $\ell_g(\boldsymbol{\theta}) \leqslant \ell_g(\boldsymbol{\theta}_0)$, 且 $\ell(\boldsymbol{\theta},\varDelta) \leqslant \ell(\boldsymbol{\theta}_0,\varDelta)$. 这表明 $\ell(\boldsymbol{\theta},\varDelta)$ 在 $\widehat{\boldsymbol{\theta}}_{\mathrm{EL}}$ 处取得局部极大值, 且 $||\widehat{\boldsymbol{\theta}}_{\mathrm{EL}}-\boldsymbol{\theta}_0|| = O_P(n^{-\varrho})$. □

引理 17.5　若假设条件 (3) 和 (4) 成立. 则

$$\frac{1}{n}\frac{\partial^2\ell_g(\widehat{\boldsymbol{\theta}}_{\mathrm{EL}})}{\partial\boldsymbol{\theta}\partial\boldsymbol{\theta}^\tau} \longrightarrow -\zeta I(\boldsymbol{\theta}), \quad \frac{1}{n}\frac{\partial^2\ell_g(\widehat{\boldsymbol{\theta}}_{\mathrm{MLE}})}{\partial\boldsymbol{\theta}\partial\boldsymbol{\theta}^\tau} \longrightarrow -\zeta I(\boldsymbol{\theta}),$$

其中 $\widehat{\boldsymbol{\theta}}_{\mathrm{EL}}$ 是基于式 (17.14) 的极大似然估计.

此引理的证明略.

引理 17.6 若假设条件 (1)~(4) 成立. 则

$$\sqrt{n}\begin{pmatrix}\widehat{\boldsymbol{\theta}}_{\mathrm{EL}}-\boldsymbol{\theta}_0\\ \widehat{\lambda}\end{pmatrix}\xrightarrow{\mathscr{D}} N(0,\Sigma_1),$$

其中

$$\Sigma_1=\begin{Bmatrix} C_{\boldsymbol{\theta}}^2\sigma^2\Sigma^{-1}\beta_0\beta_0^\tau\Sigma^{-1}+(\Sigma+\beta_0\sigma_0^{-2}\beta_0^\tau)^{-1}\Sigma(\Sigma+\beta_0\sigma_0^{-2}\beta_0^\tau)^{-1} & \mathrm{sym}\\ C_{\boldsymbol{\theta}}\beta_0^\tau(\Sigma+\beta_0\sigma_0^{-2}\beta_0^\tau)^{-1}-C_{\boldsymbol{\theta}}^2\sigma^2\beta_0^\tau\Sigma^{-1} & C_{\boldsymbol{\theta}}^2\sigma_1^2+C_{\boldsymbol{\theta}}^2\beta_0^\tau\Sigma^{-1}\beta_0\end{Bmatrix},$$

$C_{\boldsymbol{\theta}}=(\sigma_0^2+\beta_0^\tau\Sigma^{-1}\beta_0)^{-1}$, $\sigma_0^2=\sigma_0^2(\boldsymbol{\theta},\Delta)$ 和 $\beta_0^2=\beta_0^2(\boldsymbol{\theta},\Delta)$ 在定理中给出.

证明 注意到经验似然估计的定义, 我们考虑下面的方程:

$$Q_{n1}(\boldsymbol{\theta},\lambda)=\frac{1}{n}\sum_{i=1}^n\frac{\psi(X_i,\boldsymbol{\theta},\Delta)W_{ni}}{1+\lambda\psi(X_i,\boldsymbol{\theta},\Delta)W_{ni}},$$

$$Q_{n2}(\boldsymbol{\theta},\lambda)=\frac{\lambda}{n}\sum_{i=1}^n\frac{\psi_{\boldsymbol{\theta}}(X_i,\boldsymbol{\theta},\Delta)W_{ni}}{1+\lambda\psi(X_i,\boldsymbol{\theta},\Delta)W_{ni}}-\frac{1}{n}\sum_{j=1}^m\frac{\partial\log\phi_j(\boldsymbol{\theta})}{\partial\boldsymbol{\theta}},$$

其中 $\phi_j=g_{\boldsymbol{\theta}}^{\eta_j}(Y_j)\{1-G_{\boldsymbol{\theta}}(Y_j)\}^{1-\eta_j}$. 因为 $\widehat{\boldsymbol{\theta}}_{\mathrm{EL}}$ 是 $\ell(\boldsymbol{\theta},\Delta)$ 取得极大值的点, 因此, $Q_{ni}(\widehat{\boldsymbol{\theta}}_{\mathrm{EL}},\widehat{\lambda})=0, i=1,2$. 由引理 17.4 和泰勒展开, 对 $i=1,2$,

$$0=Q_{ni}(\widehat{\boldsymbol{\theta}}_{\mathrm{EL}},\widehat{\lambda})=Q_{ni}(\boldsymbol{\theta}_0,0)+\left\{\frac{\partial Q_{ni}(\boldsymbol{\theta}_0,0)}{\partial\boldsymbol{\theta}}\right\}^\tau(\widehat{\boldsymbol{\theta}}_{\mathrm{EL}}-\boldsymbol{\theta}_0)$$
$$+\frac{\partial Q_{ni}(\boldsymbol{\theta}_0,0)}{\partial\lambda}\widehat{\lambda}+O_P(n^{-2\varrho}). \tag{17.23}$$

由式 (17.23) 得

$$\sqrt{n}\begin{Bmatrix}Q_{n1}(\boldsymbol{\theta}_0,0)\\ Q_{n2}(\boldsymbol{\theta}_0,0)\end{Bmatrix}=-\sqrt{n}\begin{Bmatrix}\dfrac{\partial Q_{n1}^\tau(\boldsymbol{\theta}_0,0)}{\partial\boldsymbol{\theta}} & \dfrac{\partial Q_{n1}(\boldsymbol{\theta}_0,0)}{\partial\lambda}\\ \dfrac{\partial Q_{n2}^\tau(\boldsymbol{\theta}_0,0)}{\partial\boldsymbol{\theta}} & \dfrac{\partial Q_{n2}(\boldsymbol{\theta}_0,0)}{\partial\lambda}\end{Bmatrix}\begin{pmatrix}\widehat{\boldsymbol{\theta}}_{\mathrm{EL}}-\boldsymbol{\theta}_0\\ \widehat{\lambda}\end{pmatrix}+O_P(n^{-2\varrho}).$$

由引理 17.1, 我们有

$$\sqrt{n}\begin{Bmatrix}Q_{n1}(\boldsymbol{\theta}_0,0)\\ Q_{n2}(\boldsymbol{\theta}_0,0)\end{Bmatrix}\xrightarrow{\mathscr{D}} N\left\{0,\begin{pmatrix}\sigma^2 & 0\\ 0 & \Sigma\end{pmatrix}\right\}. \tag{17.24}$$

应用引理 17.2 类似的证明, 我们以概率 1 有

$$\begin{Bmatrix}\dfrac{\partial Q_{n1}^\tau(\boldsymbol{\theta}_0,0)}{\partial\boldsymbol{\theta}} & \dfrac{\partial Q_{n1}(\boldsymbol{\theta}_0,0)}{\partial\lambda}\\ \dfrac{\partial Q_{n2}^\tau(\boldsymbol{\theta}_0,0)}{\partial\boldsymbol{\theta}} & \dfrac{\partial Q_{n2}(\boldsymbol{\theta}_0,0)}{\partial\lambda}\end{Bmatrix}\to\begin{pmatrix}\beta_0^\tau & \sigma_0^2\\ \Sigma & \beta_0\end{pmatrix}. \tag{17.25}$$

结合式 (17.24) 和式 (17.25), 可得

$$\sqrt{n}\begin{pmatrix} \widehat{\boldsymbol{\theta}}_{\mathrm{EL}}-\boldsymbol{\theta}_0 \\ \widehat{\lambda} \end{pmatrix} = -\sqrt{n}\begin{Bmatrix} \dfrac{\partial Q_{n1}^{\tau}(\boldsymbol{\theta}_0,0)}{\partial\boldsymbol{\theta}} & \dfrac{\partial Q_{n1}(\boldsymbol{\theta}_0,0)}{\partial\lambda} \\ \dfrac{\partial Q_{n2}^{\tau}(\boldsymbol{\theta}_0,0)}{\partial\boldsymbol{\theta}} & \dfrac{\partial Q_{n2}(\boldsymbol{\theta}_0,0)}{\partial\lambda} \end{Bmatrix}^{-1}\begin{Bmatrix} Q_{n1}(\boldsymbol{\theta}_0,0) \\ Q_{n2}(\boldsymbol{\theta}_0,0) \end{Bmatrix}$$
$$+o_P(1) \xrightarrow{\mathcal{D}} N(0,\Sigma_1).$$

□

定理 17.1 的证明　由假设 (5), 我们有

$$\begin{aligned}
&\frac{1}{\sqrt{n}}\sum_{i=1}^{n}W_{ni}\psi(X_i,\widehat{\boldsymbol{\theta}}_{\mathrm{MLE}},\Delta)\\
=&\frac{1}{\sqrt{n}}\sum_{i=1}^{n}W_{ni}\psi(X_i,\boldsymbol{\theta},\Delta)+\frac{1}{\sqrt{n}}\sum_{i=1}^{n}W_{ni}\frac{\partial\psi(X_i,\boldsymbol{\theta},\Delta)}{\partial\boldsymbol{\theta}}(\widehat{\boldsymbol{\theta}}_{\mathrm{MLE}}-\boldsymbol{\theta})+o_P(1)\\
=&\frac{1}{\sqrt{n}}\sum_{i=1}^{n}W_{ni}\psi(X_i,\boldsymbol{\theta},\Delta)+\beta_0(\boldsymbol{\theta},\Delta)\sqrt{n}(\widehat{\boldsymbol{\theta}}_{\mathrm{MLE}}-\boldsymbol{\theta})+o_P(1).
\end{aligned}$$

由引理 17.1 和引理 17.2, 我们完成定理 17.1 的证明.

定理 17.2 的证明　由引理 17.3 直接得 (i). 我们现在证明 (ii). 由引理 17.4 和泰勒展开, 我们有

$$\begin{aligned}
-2\mathcal{R}(\widehat{\boldsymbol{\theta}}_{\mathrm{EL}},\Delta)=&2\sum_{i=1}^{n}\log\{1+\widehat{\lambda}\psi(X_i,\widehat{\boldsymbol{\theta}}_{\mathrm{EL}},\Delta)W_{ni}\}-2\{\ell_g(\widehat{\boldsymbol{\theta}}_{\mathrm{EL}})-\ell(\widehat{\boldsymbol{\theta}}_{\mathrm{MLE}})\}\\
=&2\widehat{\lambda}\sum_{i=1}^{n}\psi(X_i,\widehat{\boldsymbol{\theta}}_{\mathrm{EL}},\Delta)W_{ni}-\widehat{\lambda}^2\sum_{i=1}^{n}\{\psi(X_i,\widehat{\boldsymbol{\theta}}_{\mathrm{EL}},\Delta)W_{ni}\}^2\\
&-\Big\{2\frac{\partial\ell_g^{\tau}(\widehat{\boldsymbol{\theta}}_{\mathrm{MLE}})}{\partial\boldsymbol{\theta}}(\widehat{\boldsymbol{\theta}}_{\mathrm{EL}}-\widehat{\boldsymbol{\theta}}_{\mathrm{MLE}})\\
&+(\widehat{\boldsymbol{\theta}}_{\mathrm{EL}}-\widehat{\boldsymbol{\theta}}_{\mathrm{MLE}})^{\tau}\frac{\partial^2\ell_g(\widehat{\boldsymbol{\theta}}_{\mathrm{MLE}})}{\partial\boldsymbol{\theta}\partial\boldsymbol{\theta}^{\tau}}(\widehat{\boldsymbol{\theta}}_{\mathrm{EL}}-\widehat{\boldsymbol{\theta}}_{\mathrm{MLE}})\Big\}+o_P(1). \qquad (17.26)
\end{aligned}$$

由引理 17.3, 注意到式 (17.13) 表明

$$\frac{1}{n}\sum_{i=1}^{n}\psi(X_i,\widehat{\boldsymbol{\theta}}_{\mathrm{EL}},\Delta)W_{ni}=\frac{\widehat{\lambda}}{n}\sum_{i=1}^{n}\{\psi(X_i,\widehat{\boldsymbol{\theta}}_{\mathrm{EL}},\Delta)W_{ni}\}^2+o_P(n^{-\varrho}). \qquad (17.27)$$

回顾 $\widehat{\boldsymbol{\theta}}_{\mathrm{MLE}}$ 是 $\boldsymbol{\theta}$ 基于似然函数 $\ell_g(\boldsymbol{\theta})$ 的极大似然估计, 且 $\partial\ell_g(\widehat{\boldsymbol{\theta}}_{\mathrm{MLE}})/\partial\boldsymbol{\theta}=0$. 这表明

$$\frac{1}{n}\frac{\partial\ell_g(\widehat{\boldsymbol{\theta}}_{\mathrm{EL}})}{\partial\boldsymbol{\theta}}=\frac{1}{n}\frac{\partial^2\ell_g(\widehat{\boldsymbol{\theta}}_{\mathrm{MLE}})}{\partial\boldsymbol{\theta}\partial\boldsymbol{\theta}^{\tau}}(\widehat{\boldsymbol{\theta}}_{\mathrm{EL}}-\widehat{\boldsymbol{\theta}}_{\mathrm{MLE}})+o_P(n^{-\varrho}).$$

此外, 由式 (17.14) 和引理 17.2 得

$$\frac{1}{n}\frac{\partial \ell_g(\widehat{\boldsymbol{\theta}}_{\mathrm{LE}})}{\partial \boldsymbol{\theta}}=\frac{\widehat{\lambda}}{n}\sum_{i=1}^{n}\frac{\dot{\psi}_{\boldsymbol{\theta}}(X_i,\widehat{\boldsymbol{\theta}}_{\mathrm{LE}},\Delta)W_{ni}}{1+\widehat{\lambda}\psi(X_i,\widehat{\boldsymbol{\theta}}_{\mathrm{LE}},\Delta)W_{ni}}=\widehat{\lambda}\boldsymbol{\beta}_0+o_P(1).$$

因此,

$$\widehat{\boldsymbol{\theta}}_{\mathrm{EL}}-\widehat{\boldsymbol{\theta}}_{\mathrm{MLE}}=\widehat{\lambda}\left\{\frac{1}{n}\frac{\partial^2 \ell_g(\widehat{\boldsymbol{\theta}}_{\mathrm{MLE}})}{\partial \boldsymbol{\theta}\partial \boldsymbol{\theta}^{\tau}}\right\}^{-1}\boldsymbol{\beta}_0+o_P(1). \tag{17.28}$$

由引理 17.5 和式 (17.25)~ 式 (17.28), 我们得

$$\begin{aligned}-2\mathcal{R}(\widehat{\boldsymbol{\theta}}_{\mathrm{EL}},\Delta)=&\frac{(\sqrt{n}\widehat{\lambda})^2}{n}\sum_{i=1}^{n}\{\psi(X_i,\widehat{\boldsymbol{\theta}}_{\mathrm{EL}},\Delta)W_{ni}\}^2\\&-(\sqrt{n}\widehat{\lambda})^2\boldsymbol{\beta}_0^{\tau}\left\{\frac{1}{n}\frac{\partial^2 \ell_g(\widehat{\boldsymbol{\theta}}_{\mathrm{MLE}})}{\partial \boldsymbol{\theta}\partial \boldsymbol{\theta}^{\tau}}\right\}^{-1}\frac{1}{n}\frac{\partial^2 \ell_g(\widehat{\boldsymbol{\theta}}_{\mathrm{MLE}})}{\partial \boldsymbol{\theta}\partial \boldsymbol{\theta}^{\tau}}\left\{\frac{1}{n}\frac{\partial^2 \ell_g(\widehat{\boldsymbol{\theta}}_{\mathrm{MLE}})}{\partial \boldsymbol{\theta}\partial \boldsymbol{\theta}^{\tau}}\right\}^{-1}\boldsymbol{\beta}_0+o_P(1)\\=&(\sqrt{n}\widehat{\lambda})^2\left[\frac{1}{n}\sum_{i=1}^{n}\{\psi(X_i,\widehat{\boldsymbol{\theta}}_{\mathrm{EL}},\Delta)W_{ni}\}^2+\boldsymbol{\beta}_0^{\tau}\Sigma^{-1}\boldsymbol{\beta}_0\right]+o_P(1).\end{aligned}$$

引理 17.2 和引理 17.6 表明

$$2\mathcal{L}(\widehat{\boldsymbol{\theta}}_{\mathrm{EL}},\Delta)\xrightarrow{\mathscr{D}}\frac{\sigma_1^2(\boldsymbol{\theta},\Delta)+\boldsymbol{\beta}_0^{\tau}\Sigma^{-1}\boldsymbol{\beta}_0}{\sigma_0^2(\boldsymbol{\theta},\Delta)+\boldsymbol{\beta}_0^{\tau}\Sigma^{-1}\boldsymbol{\beta}_0}\chi^2_{(1)}.$$

□

定理 17.3 的证明 由引理 17.3 和泰勒展开, 我们有

$$\begin{aligned}-2\mathcal{R}(\widehat{\boldsymbol{\theta}}_{\mathrm{MLE}},\Delta)=&2\sum_{i=1}^{n}\log\{1+\widehat{\lambda}\psi(X_i,\widehat{\boldsymbol{\theta}}_{\mathrm{MLE}},\Delta)W_{ni}\}\\=&2\widehat{\lambda}\sum_{i=1}^{n}\psi(X_i,\widehat{\boldsymbol{\theta}}_{\mathrm{MLE}},\Delta)W_{ni}-\widehat{\lambda}^2\sum_{i=1}^{n}\{\psi(X_i,\widehat{\boldsymbol{\theta}}_{\mathrm{MLE}},\Delta)W_{ni}\}^2+o_P(1)\\=&\lambda\sum_{i=1}^{n}\psi(X_i,\widehat{\boldsymbol{\theta}}_{\mathrm{MLE}},\Delta)W_{ni}+o_P(1)\\=&\frac{\left\{\sum_{i=1}^{n}\psi(X_i,\widehat{\boldsymbol{\theta}}_{\mathrm{MLE}},\Delta)W_{ni}\right\}^2}{\sum_{i=1}^{n}\left\{\psi(X_i,\widehat{\boldsymbol{\theta}}_{\mathrm{MLE}},\Delta)W_{ni}\right\}^2}+o_P(1).\end{aligned}$$

由定理 17.1, 有

$$-2\mathcal{R}(\widehat{\boldsymbol{\theta}}_{\mathrm{MLE}},\Delta)\xrightarrow{\mathscr{L}}\frac{\sigma_\psi^2(\boldsymbol{\theta},\Delta)}{\sigma_0^2(\boldsymbol{\theta},\Delta)}\chi^2_{(1)}.$$

□

第 18 章 光滑经验似然

18.1 引 言

在第 10 章中讨论过 ROC 曲线估计可以描述为估计方程估计的问题. 在医学诊断中, 为了评估一个检验的准确性, 受试者操作特征曲线 (即 ROC 曲线)是一个最普通的评价标准, 在过去的几十年里, 如何估计 ROC 曲线在很多文献里已经得到充分的研究, 同时也提出了很多参数和非参方法, 甚至半参数方法. 由于医学诊断中置信区间比点估计往往更有用, 从而 ROC 曲线的置信区间估计受到广泛关注, 在很多生物医学杂志中有许多研究.

无论是参数结构还是非参结构, 研究 ROC 曲线大多数方法都局限于完全数据, 在本章将考虑观察数据有删失的情形. 对两样本问题通常有两个统计模型, 在本章中假设一个是参数模型, 另一个是非参模型. 在这个特殊框架下, 将推导 ROC 曲线的置信区间. 在第 17 章中研究了一个更一般但完全不同的情形. 在那里主要针对参数提出了一个半参数推断, 该推断同样反映两个删失数据样本之间的差异, 还建立了可获统计量的渐近分布, 并且在很宽松的假设下得到感兴趣参数的一个依赖于经验似然的置信区间. 在第 17 章中, 一个关键的假设是目标函数关于冗余参数是连续的, 但这一假设把 ROC 曲线估计排除在外了. 为了弥补 ROC 曲线不连续的缺陷, 将在本章提出一种光滑形式的 ROC 曲线. 事实上, 光滑技巧已经在各种文献中得到广泛运用.

设 X 和 Y 为两样本的响应变量, 例如, 表示对患者 (治疗组) 和非患者 (控制组) 的观察, 再令 $F(\cdot)$ 和 $G(\cdot)$ 分别表示 X 和 Y 的分布函数, 其中 ROC曲线, 即 $1-F(t)$ 与 $1-G(t)$ 在 $t\in\mathbf{R}^1$ 上的一种关系图, 可以写成

$$\varDelta_p = 1 - F\{G^{-1}(1-p)\}, \quad 0<p<1, \tag{18.1}$$

其中, 在本章假定 F 是非参结构, G 是参数结构. 而 X 和 Y 被删失的时候, 我们对 ROC 曲线的置信区间, 即 $\varDelta_p$ 的置信区间感兴趣. 第 10 章中已讨论过半参数 ROC 曲线的估计可以描述成无偏估计方程的情形, 尽管无偏估计函数关于参数是非光滑的. 事实上, 这个 ROC 估计也可应用估计方程理论来获得, 比如, 由式 (18.1) 容易看出, 一个简单的估计函数是

$$\psi(X,\varDelta_p,\boldsymbol{\theta}) = \varDelta_p - [1 - I(X\leqslant G_{\boldsymbol{\theta}}^{-1}(1-p)], \tag{18.2}$$

不难证明, 对于任意给定 $\boldsymbol{\theta}$, 有 $E\psi(X, \Delta_p, \boldsymbol{\theta}) = 0$. 假定 $\boldsymbol{\theta}$ 已知, 由样本类似便可得

$$\widehat{\Delta}_p = 1 - \frac{1}{n}\sum_{i=1}^{n} I(X_i \leqslant G_{\boldsymbol{\theta}}^{-1}(1-p)).$$

但是事实上, $\boldsymbol{\theta}$ 是未知参数, 然而由于两样本是独立的, 可以由总体 $G_{\boldsymbol{\theta}}(\cdot)$ 的观察样本给出 $\boldsymbol{\theta}$ 的估计, 一个有效的估计就是 $\boldsymbol{\theta}$ 的 MLE. 此时, 把 $\boldsymbol{\theta}$ 的极大似然估计 $\widehat{\boldsymbol{\theta}}$ 代入上式便可得到 ROC 曲线的估计. 事实上, 尽管存在删失数据, 但通过总体 Y 的观察值可以获得 $\boldsymbol{\theta}$ 的极大似然估计, 此极大似然估计 $\widehat{\boldsymbol{\theta}}_{\mathrm{MLE}}$ 已经在第 17 章进行了讨论, 这时 ROC 曲线的估计方程估计是

$$\widehat{\Delta}_p = 1 - \frac{1}{n}\sum_{i=1}^{n} I(X_i \leqslant G_{\widehat{\boldsymbol{\theta}}}^{-1}(1-p)).$$

由于估计函数 (18.2) 关于讨厌参数 $\boldsymbol{\theta}$ 是不可导的, 相应的估计方程也是不相合的, 因此提出核光滑技巧和第 17 章中提出的方法, 获得一个合适的估计方程, 来解决这个问题.

18.2 基于正态方法

假设随机变量列 $\{X_1^0, X_2^0, \cdots, X_n^0\}$ 和 $\{Y_1^0, Y_2^0, \cdots, Y_m^0\}$ 是来自 X 和 Y 的两个样本, 分别被两个随机变量序列 $\{U_i, i=1,\cdots,n\}$ 和 $\{V_j, j=1,\cdots,m\}$ 随机删失, 每个随机变量序列中的元素 $\{X_i^0\}, \{Y_i^0\}, \{U_i\}$ 及 $\{V_i\}$ 是独立同分布的, 它们对应的生存函数分别是 $S(x), D(y)$, $K(u)$, 和 $Q(v)$, 其中 $S(x)$ 和 $K(u)$ 是两个未知函数, 分布函数 $G(y) = 1 - D(y)$ 是参数结构, 具体形式依赖于 d 维参数 $\boldsymbol{\theta}$, 例如, $G(y) = G_{\boldsymbol{\theta}}(y)$, 假设 $G_{\boldsymbol{\theta}}(y)$ 有密度函数 $g_{\boldsymbol{\theta}}(y)$. 仅能观察到 $\{(X_i, \delta_i),\ i = 1, 2, \cdots\}$ 及 $\{(Y_j, \eta_j),\ \ j = 1, \cdots, m\}$, 其中 $X_i = \min(X_i^0, U_i)$, $\delta_i = I(X_i^0 \leqslant U_i)$, $i = 1, 2, \cdots, n$, $Y_j = \min(Y_j^0, V_j)$, $\eta_j = I(Y_j^0 \leqslant V_j)$, $j = 1, 2, \cdots, m$, $I(\cdot)$ 表示示性函数, 假设两观察样本是独立的. 不失一般性, 仅考虑 θ 是一维参数的情形.

由式 (18.2) 知, ROC 曲线估计的一个无偏估计函数是 $\psi(X, \theta, \Delta_p) = 1 - I\{X \leqslant G_\theta^{-1}(1-p)\} - \Delta_p$, 令 W 为一个与 X 独立的随机变量且具有已知光滑分布 $L(w)$, 定义 $\phi(x, \theta_0, \Delta_p) = E_L\psi(x, \theta - hW, \Delta_p) = \int \psi(x, \theta - hw, \Delta_p)\mathrm{d}L(w)$, 其中 $h = h_n$ 是一列正常数且满足当 $n \to \infty$ 时, $h_n \to 0$, $nh_n \to \infty$, 注意到

$$\begin{aligned}
E_F\phi(X, \theta_0, \Delta_p) &= E_F\{E_L\psi(X, \theta_0 - hW, \Delta_p)\} \\
&= \int\int \psi(x, \theta_0 - hw, \Delta_p)\mathrm{d}F(x)\mathrm{d}L(w)
\end{aligned}$$

$$= \int\int \psi(x, u, \Delta_p)\mathrm{d}F(x)\mathrm{d}L\left(\frac{\theta_0 - u}{h}\right)$$
$$\longrightarrow E_F\psi(X, \theta_0, \Delta_p) = 0.$$

假若 $D(\theta) = E_F\psi(X, \theta, \Delta_p)$ 在 θ_0 某邻域内是连续的, 这就意味着 $E_F\phi(X, \theta_0, \Delta_p)$ 渐近无偏于 $E_F\psi(X, \theta_0, \Delta_p)$, 注意到 $\phi(x, \theta, \Delta_p)$ 是 θ 的连续函数, 因此第 17 章中的结果可以应用于这里的光滑形式的 ROC 曲线. 设 $\widehat{\theta}_{\mathrm{MLE}}$ 是基于样本 $(Y_j, \eta_j), j = 1, \cdots, m$ 的极大似然估计, $\widehat{K}$ 为 K 的 Kaplan-Meier 估计, 即

$$\widehat{K}(t) = \prod_{u \leqslant t}\left\{1 - \frac{\mathrm{d}N^c(u)}{Y(u)}\right\},$$

其中 $N^c(u) = \sum_{i=1}^n I(X_i \leqslant u, \delta_i = 0)$, $\tau_1 = \sup\{t : S(t)K(t) > 0\}$.

因此, 这里 Δ_p 的估计定义为下面估计方程的根,

$$\sum_{i=1}^n \frac{\delta_i}{\widehat{K}(X_i)}\phi(X_i, \widehat{\theta}_{\mathrm{MLE}}, \Delta_p) = 0, \tag{18.3}$$

记式 (18.3) 的根为 $\widehat{\Delta}_p$, 在一些条件下可以证明 $\widehat{\Delta}_p$ 是 Δ_p 的相合估计且具有渐近正态分布.

假定当 $n, m \to \infty$ 时 $m/n \to \zeta > 0$, 下面定理给出了 $\widehat{\Delta}_p$ 的渐近正态性.

定理 18.1 若本章补充材料中假设 (1)~(5) 成立, 则

$$\frac{1}{\sqrt{n}}\sum_{i=1}^n W_{ni}\phi(X_i, \widehat{\theta}_{\mathrm{MLE}}, \Delta_p) \xrightarrow{\mathscr{D}} N(0, \sigma_\psi^2),$$

其中 $W_{ni} = \delta_i/\widehat{K}(X_i)$, $\sigma_\psi^2 = \sigma^2(\theta, \Delta_p) + \beta_0^\tau(\theta, \Delta_p)\Sigma^{-1}\beta_0(\theta, \Delta_p)$, $\Sigma = \zeta^{-1}I(\theta)$, $I(\theta)$ 由假设 (4) 给出, $\sigma^2(\theta, \Delta_p) = \Delta_p(1 - \Delta_p) + \Delta_p\int_0^{\tau_1}\left\{1 - \frac{\Delta_p}{S(u)}\right\}\lambda^c(u)/K(u)\mathrm{d}u$, $\beta_0(\theta, \Delta_p) = L'(0)(1 - \Delta_p) - F\{G^{-1}(1 - p) \wedge \tau_1\}$, $\lambda^c(t)$ 是 U 的风险函数, 更进一步可以得到 ROC 曲线的大样本性质:

$$\sqrt{n}(\widehat{\Delta}_p - \Delta_p) \xrightarrow{\mathscr{D}} N(0, \sigma_\psi^2).$$

用类似于第 17 章的方法, 通过替换 $\widehat{\Delta}_p$, $\widehat{\theta}_{\mathrm{MLE}}$,$\widehat{\sigma}_\psi^2$ 中的 $\widehat{K}$ 以及相关元素, 我们可以构造 Δ_p 的基于渐近正态的置信区间, 区间形式为 $(\widehat{\Delta}_p - z_{1-\alpha/2}\sqrt{\widehat{\sigma}_\psi^2}, \widehat{\Delta}_p + z_{1-\alpha/2}\sqrt{\widehat{\sigma}_\psi^2})$, 其中 $z_{1-\alpha/2}$ 表示标准正态分布的 $1 - \alpha/2$ 分位数.

18.3 光滑经验似然法

在大样本场合下 18.2 节建立了 ROC 曲线估计的渐近正态定理, 而此估计也是估计方程 (18.3) 的根. 值得注意的是, 在有限样本场合, 其中的推断可能不适用, 因为估计的协方差可能很难得到或其估计运算过于复杂, 还有, 即使能计算, 其估计的数值表现也不会好, 为了避免这些缺点, 提出基于经验似然方法对 $\varDelta_p$ 进行推断, 在本节, 我们通过结合光滑技巧和第 17 章中方法, 构造了基于经验似然的 $\varDelta_p$ 的置信区间.

考虑基于样本 $\{(X_i,\delta_i), i=1,\cdots,n\}$ 和 $\{(Y_j,\eta_j), j=1,\cdots,m\}$ 的似然函数, 记为 $L(F,\theta)$, 它可以写成

$$\prod_{i=1}^{n}\{F(X_i)-F(X_i-)\}^{\delta_i}\{1-F(X_i)\}^{1-\delta_i}\prod_{j=1}^{m}g_{\theta}^{\eta_j}(Y_j)\{1-G_{\theta}(Y_j)\}^{1-\eta_j}.$$

为了处理方便, 定义对数似然函数如下

$$\begin{aligned}\ell(\theta,\varDelta_p)=&-\sum_{i=1}^{n}\log\{1+\lambda(\theta)W_{ni}\phi(X_i,\theta,\varDelta_p)\}\\&+\sum_{j=1}^{m}\log\left\{g_{\theta}^{\eta_i}(Y_j)\{1-G_{\theta}(Y_j)\}^{1-\eta_j}\right\},\end{aligned}$$

其中上式中 W_{ni} 由定理 18.1 给出, $\lambda(\theta)$ 满足下面条件

$$\frac{1}{n}\sum_{i=1}^{n}\frac{\phi(X_i,\theta,\varDelta_p)W_{ni}}{1+\lambda(\theta)W_{ni}\phi(X_i,\theta,\varDelta_p)}=0. \tag{18.4}$$

给定 $\varDelta_p$, 记使经验似然函数 $\ell(\theta,\varDelta_p)$ 达最大的参数值为极大经验似然估计. 类似于第 17 章, 可获得关于 θ 和 $\varDelta_p$ 的经验似然比函数

$$\mathcal{R}(\theta,\varDelta)=-\sum_{i=1}^{n}\log\{1+\lambda(\theta)W_{ni}\phi(X_i,\theta,\varDelta)\}+\ell_p(\theta)-\ell_p(\widehat{\theta}_{\mathrm{MLE}}).$$

下面的定理表明, 式 (18.4) 的根为真实值的相合估计, 而且估计的对数似然比是渐近加权的卡方分布. 此结果与定理 17.2 非常相似.

定理 18.2 设补充材料中假设 (1)~(5) 成立, 则 $\ell(\theta,\varDelta_p)$ 的极大估计量 $\widehat{\theta}_{\mathrm{EL}}$ 是相合的, 并有

$$-2\rho(\theta,\varDelta_p)\mathcal{R}(\widehat{\theta}_{\mathrm{EL}},\varDelta_p)\xrightarrow{\mathscr{D}}\chi^2_{(1)},$$

其中 $\chi^2_{(1)}$ 是自由度为 1 的标准卡方分布, 而

$$\rho(\theta, \Delta_p) = \frac{\sigma^2(\theta, \Delta_p) + \beta_0^\tau(\theta, \Delta_p)\Sigma^{-1}\beta_0(\theta, \Delta_p)}{\sigma_0^2(\theta, \Delta_p) + \beta_0^\tau(\theta, \Delta_p)\Sigma^{-1}\beta_0(\theta, \Delta)},$$

上式中 $\Sigma = \zeta^{-1}I(\theta)$,$I(\theta)$ 由定理 18.1 给出, $\sigma_0^2(\theta, \Delta_p) = \int_0^{\tau_1} \psi^2(u, \theta, \Delta_p)/K(u)\mathrm{d}F(u)$.

用 θ 与 Δ_p 的估计量替代它们估计 $\rho(\theta, \Delta_p)$ 后, 我们可以以 $\rho(\widehat{\theta}_{\mathrm{EL}}, \widehat{\Delta}_p)\ell(\widehat{\theta}_{\mathrm{EL}}, \Delta_p)$ 为基础建立基于经验似然的置信区间.

18.4 相关研究及扩展

在诊断医学中, 为了评估一个检验的准确性, 受试者操作特征曲线 (即 ROC 曲线) 是一个最普通的评价标准. 在过去的几十年里, 如何估计 ROC 曲线在很多文献里已经得到充分的研究, 同时也提出了很多参数和非参方法, 一种最新的估计 ROC 曲线的方法综述可以参见 Zhou 等 (2002) 一文献. 近来, 由于在做医学诊断时置信区间比点估计更有用, 从而 ROC 曲线的置信区间得到广泛关注, Linnet (1987) 提出了一些参数和非参方法, Platt 等 (2000) 指出了 Linnet 方法的几个缺陷并建议使用 Efron 的纠偏校正加速 (BCa) 自助区间, Zhou 和 Qin (2005) 则进一步指出 BCa 自助区间在很多情形下覆盖准确性很差, 同时提出了两种新的求 ROC 曲线区间方法.

Zhou 和 Liang (2005) 中研究了一个更一般的情形, 在文章中作者对参数提出了一个半参数推断, 并且在很宽松的假设下得到感兴趣参数的一个依赖于经验似然的置信区间. 但在 Zhou 和 Liang (2005) 中, 一个关键的假设是目标函数关于冗余参数是连续的, 但这一假设把 ROC 曲线排除在外, 为了弥补 ROC 曲线不连续的缺陷我们提出了一种光滑形式的 ROC 曲线. 事实上, 光滑技巧已经在各种文献中被广泛运用, 例如, Chen 和 Hall (1993) 介绍了光滑经验似然方法, 用于建立一个总体下分位数的置信区间, Zou, Hall 和 Shapiro (1998), Lloyd 和 Zhou (1999) 以及 Ren, Zhou 和 Liang (2004) 提出多种 ROC 曲线光滑估计量, Zhou 和 Jing (2003) 提出了分位数差异的光滑经验似然置信区间, Claeskens 等 (2003) 提出一种 ROC 曲线置信区间的光滑经验似然方法, 这里的光滑经验似然方法本质上与 Claeskens 等 (2003) 的相似.

由于原有的估计函数是不可导的, 相应的估计方程也是不相合的, 故采用结合核光滑技巧和经验似然方法, 去获得一个合适的估计方程经验似然估计. 因此本章的研究是第 17 章的推广, 然而, 这种推广绝不是简单或是毫无意义的, 因为 (i) 半参结构下 ROC 曲线统计推断理论的研究有独立的兴趣, 但目标的无偏函数是非光

滑的, 通常的方法在此情形下不工作. (ii) 与第 17 章所讨论情形相比, 大部分理论结果的证明本质上与第 17 章的方法不相同, 并不能用已有方法直接推得.

18.5 补充材料

这里提供了定理 18.1 和定理 18.2 的证明细节, 这些细节不同于 Zhou 和 Liang (2005) 中主要结果的证明, 具有独立的意义.

设 $\rho(\theta_0,\varDelta)=E_F\{\psi(X,\theta_0,\varDelta)\}$, $\rho_1(\theta_0,\varDelta)=E_F\{\psi(X,\theta_0,\varDelta)/K(X)\}$, $\zeta(\theta_1,\theta_2)=E_F\{\psi(X,\theta_1,\varDelta)\psi(X,\theta_2,\varDelta)/K(X)\}$, 假设这些期望都是有限的. 另外, 给出以下证明所需的条件.

(1) $\tau_S\leqslant\tau_K$, 其中 $\tau_S=\sup\{x:S(x)>0\}$, $\tau_K=\sup\{x:K(x)>0\}$, 及

$$\int_0^{\tau_1}\frac{\psi^3(u,\theta,\Delta)}{K^2(u)}\mathrm{d}F(u)<\infty,$$

其中 τ_1 在前面已经定义;

(2) 分布 $F(x)$ 是 x 的 r 阶连续可导函数;

(3) 密度函数 $g_\theta(y)$ 在 $A=\{y:g_\theta(y)>0\}$ 上是 θ 的 $r-1$ 阶可导函数, 假设 $A=\{y:g_\theta(y)>0\}$ 与 θ 独立;

(4) 信息矩阵 $I(\theta)$ 其元素为

$$\begin{aligned}I_{ij}=&-\int_0^{\tau_2}\frac{\partial^2\log g_\theta(y)}{\partial\theta_i\partial\theta_j}\{1-Q(y)\}g_\theta(y)\mathrm{d}y\\&-\int_0^{\tau_2}\frac{\partial^2\log\{1-G_\theta(y)\}}{\partial\theta_i\partial\theta_j}\{1-G_\theta(y)\}\mathrm{d}Q(y)(i,j=1,\cdots,d)\end{aligned}$$

是连续的, $I(\theta)$ 是正定的;

(5) 当 $n\to\infty$ 时, 存在某个 r 使 $nh\to\infty$, $nh^r\to0$, $L(\cdot)$ 连续可微, $L'(x)$ 有界.

引理 18.1 若假设 (1)~(3) 及 (5) 成立, 则当 $nh^{2r}\to0(n\to\infty)$ 时,

$$\frac{1}{\sqrt{n}}\sum_{i=1}^n W_{ni}\phi(X_i,\theta_0,\varDelta)\xrightarrow{\mathscr{D}}N\{0,\sigma^2(\theta_0,\varDelta)\},$$

其中 $\sigma^2(\theta_0,\varDelta)$ 由定理 18.1 定义.

证明 由 Stute (1995) 推论 1.2 知

$$\frac{1}{\sqrt{n}}\sum_{i=1}^n W_{ni}[\phi(X_i,\theta_0,\varDelta)-E\{\phi(X_i,\theta_0,\varDelta)\}]\xrightarrow{\mathscr{D}}N\{0,\sigma^2(\theta_0,\varDelta)\}.\tag{18.5}$$

令 σ 域流 $\mathcal{F}(u)$ 为

$$\sigma\{I(U_i \leqslant t), t \leqslant u; I(X_i^0 \leqslant x), 0 \leqslant x < \infty, i = 1, 2, \cdots, n\},$$

产生的 σ 代数, 实际上这个 σ 代数是由生存时间及观察到时间 u 为止的删失时间所获得的逐渐增加的信息, 考虑删失个体数的计数过程比考虑死亡数计数过程来的方便, 设 $N_i^c(u) = I(X_i \leqslant u, \varDelta_i = 0)$ 为 $\mathcal{F}(u)$ 计数过程, 相应的鞅为 $\mu_i^c(u)$, 由鞅分解实现有

$$\mu_i^c(u) = N_i^c(u) - \int_0^u \lambda^c(t) Y_i(t)\,\mathrm{d}t,$$

其中 $Y_i(u) = I(X_i \geqslant u)$, 注意到 $0 < u < \infty$ 时, $E\mu_i^c(u) = 0$, 令 $\mu^c(u) = \sum \mu_i^c(u)$, 由 Robins 和 Rotnitzky (1992)[313] 的结果有

$$\frac{\varDelta_i}{K(T_i)} = 1 - \int_0^\infty \frac{\mathrm{d}\mu_i^c(u)}{K(u)},$$

因此, 由鞅收敛性质可得

$$n^{-1}\sum_{i=1}^n W_{ni} = 1 - \frac{1}{n}\int_0^\infty \frac{\mathrm{d}\mu^c(u)}{K(u)} + o_p(1) = 1 + o_p(1).$$

注意到关于 $L(\cdot)$ 的假设, 经过简单运算有

$$\begin{aligned}
E\{\phi(X, \theta_0, \varDelta)\} &= \int\int \psi(x, \theta_0 - bw, \varDelta)\mathrm{d}F(x)\mathrm{d}L(w) \\
&= \int_{-\infty}^{+\infty} \rho(\theta_0 - bw, \varDelta)\mathrm{d}L(u) \\
&= \rho(\theta_0, \varDelta) + \rho^{(r)}(\theta_0, \varDelta)\int_{-\infty}^{+\infty} u^r l(u)\mathrm{d}u\{1 + o(1)\} \\
&= h^r \rho^{(r)}(\theta_0, \varDelta)\int_{-\infty}^{+\infty} u^r l(u)\mathrm{d}u\{1 + o(1)\}. \qquad (18.6)
\end{aligned}$$

因此

$$\frac{1}{\sqrt{n}}\sum_{i=1}^n W_{ni} E\{\phi(X_i, \theta_0, \varDelta)\} = n^{\frac{1}{2}} h^r \rho^{(r)}(\theta_0, \varDelta)\int_{-\infty}^{+\infty} u^r l(u)\mathrm{d}u\{1 + o(1)\}. \qquad (18.7)$$

联立式 (18.5) 与式 (18.7). □

引理 18.2 设假设 (1)~(3) 及 (5) 成立, 则

$$E\left\{\frac{1}{K(X-)}\phi^2(X, \theta, \varDelta)\right\} = E\{\psi^2(X, \theta, \varDelta)/K(X)\} + o(h^r).$$

证明 注意到

$$E\left\{\frac{1}{K(X-)}\phi^2(X,\theta,\Delta)\right\}=E\left\{\frac{1}{K(X-)}\left\{\int_{-\infty}^{+\infty}\psi(X,\theta-bw,\Delta)\mathrm{d}L(w)\right\}^2\right\}$$
$$=\int_{-\infty}^{+\infty}\int_{-\infty}^{+\infty}\zeta(\theta-bu,\theta-bv,\Delta)\mathrm{d}L(u)\mathrm{d}L(v),$$

由 $\zeta(\theta_1,\theta_2,\Delta)$ 的定义和 Fubini 定理,

$$\begin{aligned}&\int\int\zeta(\theta-bu,\theta-bv,\Delta)\mathrm{d}L(u)\mathrm{d}L(v)\\&=\int\int\left\{\int\frac{1}{K(x)}I\{x>G_{\theta-bu}^{-1}(1-p)\}I\{x>G_{\theta-bv}^{-1}(1-p)\}\mathrm{d}F(x)\right\}\mathrm{d}L(u)\mathrm{d}L(v)\\&\quad-2\int\int\left\{\int\frac{\Delta}{K(x)}I\{x>G_{\theta-bu}^{-1}(1-p)\}\mathrm{d}F(x)\right\}\mathrm{d}L(u)\mathrm{d}L(v)\\&\quad-\int\int\left\{\int\frac{\Delta}{K(x)}\mathrm{d}F(x)\right\}\mathrm{d}L(u)\mathrm{d}L(v)\\&=I_1-2I_2+I_3.\end{aligned}\tag{18.8}$$

令

$$\xi(\theta)=E\left\{\frac{1}{K(X)}I[X>G_\theta^{-1}(1-p)]\right\}=\int_{G_\theta^{-1}(1-p)}^{\tau_F}\frac{1}{K(x)}\mathrm{d}F(x),$$

注意到 $\xi(\theta)$ 关于 θ r 阶可导. 由假设 (1)~(3), 这意味着

$$I_2=\int\int\xi(\theta-bu)\mathrm{d}L(u)\mathrm{d}L(v)\Delta=\xi(\theta)\Delta+O(h^r).\tag{18.9}$$

现在考虑 I_1,

$$\begin{aligned}I_1&=\int\int\xi(\theta-bu)\bigvee\xi(\theta-bv)\mathrm{d}L(u)\mathrm{d}L(v)\\&=\int\xi(\theta-bu)\mathrm{d}L(u)\bigvee\int\xi(\theta-bv)\mathrm{d}L(v)\\&=\ \xi(\theta)+O(h^r),\end{aligned}\tag{18.10}$$

其中 $a\vee b=\max(a,b)$, 联立式 (18.8)~ 式 (18.10), 便可推得

$$\begin{aligned}E\left\{\frac{1}{K(X-)}\phi^2(X_i,\theta,\Delta)\right\}&=\xi(\theta)+\int\frac{\Delta^2}{K(x)}\mathrm{d}F(x)-2\Delta\xi(\theta)+O(h^r)\\&=E\{\psi^2(X,\theta,\Delta)/K(X)\}+O(h^r).\end{aligned}$$

□

引理 18.3　设假设 (1), (2) 及 (3) 满足, 则

$$\frac{1}{n}\sum_{i=1}^{n}\left\{\frac{\phi(X_i,\theta,\Delta)\delta_i}{\widehat{K}(X_i-)}\right\}^2=\sigma_0^2(\theta,\Delta)+o_P(1),$$
$$\frac{1}{n}\sum_{i=1}^{n}\frac{\dot{\phi}_\theta(X_i,\theta,\Delta)\delta_i}{\widehat{K}(X_i-)}=\beta_0(\theta,\Delta)+o_P(1),$$
$$\frac{1}{n}\sum_{i=1}^{n}\frac{\delta_i\dot{\phi}_\Delta(X_i,\theta,\Delta)}{\widehat{K}(X_i-)}=\gamma(\theta,\Delta)+o_P(1). \tag{18.11}$$

证明　仅证第一式和第二式, 第三式可用类似方法得到, 首先证明:

$$\frac{1}{n}\sum_{i=1}^{n}\left\{\frac{\phi(X_i,\theta,\Delta)\delta_i}{\widehat{K}(X_i-)}\right\}^2=O_P(1). \tag{18.12}$$

注意到

$$\begin{aligned}\frac{1}{n}\sum_{i=1}^{n}\left\{\frac{\phi(X_i,\theta,\Delta)\delta_i}{\widehat{K}(X_i-)}\right\}^2\leqslant&\frac{2}{n}\sum_{i=1}^{n}\left\{\frac{[\phi(X_i,\theta,\Delta)-E\phi(X_i,\theta,\Delta)]\delta_i}{K(X_i-)}\right\}^2\\&+\frac{4}{n}\sum_{i=1}^{n}\frac{[\phi(X_i,\theta,\Delta)-E\phi(X_i,\theta,\Delta)]E[\phi(X_i,\theta,\Delta)]\delta_i}{K(X_i-)}\\&+\frac{2}{n}\sum_{i=1}^{n}\left\{\frac{E[\phi(X_i,\theta,\Delta)]\delta_i}{K(X_i-)}\right\}^2\\&+\frac{2}{n}\sum_{i=1}^{n}\left\{\frac{K(X_i-)-\widehat{K}(X_i-)}{\widehat{K}(X_i-)K(X_i-)}\right\}^2\phi^2(X_i,\theta,\Delta)\delta_i^2\\=&J_1+J_2+J_3+J_4.\end{aligned} \tag{18.13}$$

由大数定律, 可得

$$\begin{aligned}J_1=&E\left\{\frac{[\phi(X_i,\theta,\Delta)-E\phi(X_i,\theta,\Delta)]^2}{K(X-)}\right\}+o_p(1)\\=&E\left\{\frac{\phi^2(X_i,\theta,\Delta)-2\phi(X_i,\theta,\Delta)E\phi(X_i,\theta,\Delta)+E^2[\phi(X_i,\theta,\Delta)]}{K(X-)}\right\}\\&+o_p(1).\end{aligned} \tag{18.14}$$

由引理 18.2, 有

$$E\left\{\frac{1}{K(X-)}\phi^2(X_i,\theta,\Delta)\right\}=E\{\psi^2(X,\theta,\Delta)/K(X)\}+o(1). \tag{18.15}$$

由式 (18.6) 及假设, 可知

$$E\left\{\frac{E^2\phi(X,\theta,\Delta)-2\phi(X,\theta,\Delta)E\phi(X,\theta,\Delta)}{K(X-)}\right\}=O((nh^{2r})^{1/2}).$$

从式 (18.13)~ 式 (18.15) 得

$$J_1 \longrightarrow 2\sigma_0^2(\theta,\Delta)<\infty. \tag{18.16}$$

再次应用大数定律可获得

$$\begin{aligned}J_2 &= 4E\{(\phi(X,\theta,\Delta)-E[\phi(X,\theta,\Delta)])E[\phi(X,\theta,\Delta)]\}+o_p(1)\\ &= o_p(1), \qquad (18.17)\\ J_3 &= \{E[\phi(X,\theta,\Delta)]\}^2\frac{2}{n}\sum_{i=1}^{n}\left(\frac{\delta_i}{K(X_i)}\right)^2+o_p(1)\\ &= E\left(\frac{1}{K(X)}\right)\{E\psi(X,\theta,\Delta)\}^2+o_p(1)+O(nh^r)\\ &= o_p(1)+O(nh^r). \qquad (18.18)\end{aligned}$$

此外

$$J_4 \leqslant \sup_{0\leqslant x\leqslant X_{(n)}}\left|\frac{K(x)-\widehat{K}(x)}{K(x)}\right|^2\frac{2}{n}\sum_{i=1}^{n}\left\{\frac{\phi(X_i,\theta,\Delta)\delta_i}{\widehat{K}(X_i-)}\right\}^2.$$

由 Gill (1980)[37] 知第一项为 $o_P(1)$, 类似于式 (18.16) 的讨论以及直接的计算得到 $J_4=o_P(1)$.

由类似于式 (18.13) 的讨论, 得到

$$\begin{aligned}\frac{1}{n}\sum_{i=1}^{n}\left\{\frac{\phi(X_i,\theta,\Delta)\delta_i}{\widehat{K}(X_i-)}\right\}^2 &= \frac{1}{n}\sum_{i=1}^{n}\left\{\frac{\phi(X_i,\theta,\Delta)\delta_i}{K(X_i-)}\right\}^2\\ &\quad+\frac{1}{n}\sum_{i=1}^{n}\left\{\frac{K(X_i-)-\widehat{K}(X_i-)}{\widehat{K}(X_i-)K(X_i-)}\right\}^2\phi^2(X_i,\theta,\Delta)\delta_i^2\\ &\quad+\frac{2}{n}\sum_{i=1}^{n}\frac{K(X_i-)-\widehat{K}(X_i-)}{K^2(X_i-)\widehat{K}(X_i-)}\phi^2(X_i,\theta,\Delta)\delta_i^2\\ &= I_1+I_2+I_3. \qquad (18.19)\end{aligned}$$

与式 (18.16) 的讨论类似有

$$I_1=\sigma_0^2(\theta,\Delta)+o_P(1), \tag{18.20}$$

由类似于 J_2 的证明, 可证

$$I_2 = o_p(1), \tag{18.21}$$

应用 Zhou (1992) 中的事实有

$$\sup_{0\leqslant x\leqslant X_{(n)}}\left|\frac{K(x)-\widehat{K}(x)}{\widehat{K}(x)}\right| = O_P(1). \tag{18.22}$$

现在来考虑第三项, 注意到

$$I_3 \leqslant \sup_{0\leqslant x\leqslant X_{(n)}}\left|\frac{K(x)-\widehat{K}(x)}{K(x)}\right|\frac{2}{n}\sum_{i=1}^{n}\frac{\{\phi(X_i,\theta,\varDelta)\delta_i\}^2}{\widehat{K}(X_i-)K(X_i-)}$$

及

$$\begin{aligned}&\frac{2}{n}\sum_{i=1}^{n}\frac{\{\phi(X_i,\theta,\varDelta)\delta_i\}^2}{\widehat{K}(X_i-)K(X_i-)}\\ =&\frac{2}{n}\sum_{i=1}^{n}\left\{\frac{\phi(X_i,\theta,\varDelta)\delta_i}{K(X_i-)}\right\}^2+\frac{2}{n}\sum_{i=1}^{n}\frac{\{K(X_i-)-\widehat{K}(X_i-)\}\phi^2(X_i,\theta,\varDelta)\delta_i^2}{\widehat{K}(X_i-)K^2(X_i-)}\\ \leqslant&\sigma_0^2(\theta,\varDelta)+\sup_{0\leqslant x\leqslant X_{(n)}}\left|\frac{K(x)-\widehat{K}(x)}{\widehat{K}(x)}\right|\frac{2}{n}\sum_{i=1}^{n}\left\{\frac{\phi(X_i,\theta,\varDelta)\delta_i}{K(X_i-)}\right\}^2.\end{aligned}$$

由此式及 Zhou (1992) 中的事实知,

$$\sup_{0\leqslant x\leqslant X_{(n)}}\left|\frac{K(x)-\widehat{K}(x)}{\widehat{K}(x)}\right| = O_P(1). \tag{18.23}$$

类似于 J_4 的证明得知

$$I_3 = o_P(1). \tag{18.24}$$

联立式 (18.20) 和式 (18.21), 我们完成了引理 18.3 的第一个结果的证明.

现在我们开始证明引理 18.3 的第二个结果, 注意到

$$\begin{aligned}\frac{1}{n}\sum_{i=1}^{n}\left\{\frac{\dot{\phi}_\theta(X_i,\theta,\varDelta)\delta_i}{\widehat{K}(X_i-)}\right\}=&\frac{1}{n}\sum_{i=1}^{n}\left\{\frac{\dot{\phi}_\theta(X_i,\theta,\varDelta)\delta_i}{K(X_i-)}\right\}\\ &+\frac{1}{n}\sum_{i=1}^{n}\left\{\frac{K(X_i-)-\widehat{K}(X_i-)}{\widehat{K}(X_i-)K(X_i-)}\right\}\dot{\phi}_\theta(X_i,\theta,\varDelta)\delta_i\\ =&K_1+K_2.\end{aligned} \tag{18.25}$$

由删失数据的机制, 可推得

$$\begin{aligned}E\left\{\frac{\dot{\phi}_\theta(X_i,\theta,\Delta)\delta_i}{K(X_i-)}\right\}&=E[\dot{\phi}_\theta(X,\theta,\Delta)]\\&=\frac{\partial}{\partial\theta}\int_{-\infty}^{+\infty}\rho(\theta-bw,\Delta)\mathrm{d}L(w)\\&=\dot{\rho}(\theta_0,\Delta)+o(1).\end{aligned}$$

因此, 由大数定律知

$$K_1=\dot{\rho}(\theta_0,\Delta)+o(1), \tag{18.26}$$

由 Gill(1980)[37] 中结果得

$$|K_2|\leqslant\sup_{0\leqslant x\leqslant X_{(n)}}\left|\frac{K(x)-\widehat{K}(x)}{K(x)}\right|\frac{1}{n}\sum_{i=1}^{n}\left|\frac{\dot{\phi}_\theta(X_i,\theta,\Delta)\delta_i}{\widehat{K}(X_i-)}\right|=o_P(1). \tag{18.27}$$

结合式 (18.26)、式 (18.27), 得到引理 18.3 第二个结果. 引理 18.3 的第三个结果可以类似地证明. □

引理 18.4 若假设 (1)~(5) 成立, 则有

$$\frac{1}{n}\sum_{i=1}^{n}W_{ni}\phi(X_i,\theta,\Delta)=\frac{1}{n}\sum_{i=1}^{n}W_{ni}\phi(X_i,\theta_0,\Delta)+O_p(n^{-\rho}),$$

对任意 $\theta\in\{\theta:||\theta-\theta_0||\leqslant cn^{-\rho}\}$.

证明 考虑下式

$$\begin{aligned}J&=\frac{1}{n}\sum_{i=1}^{n}[W_{ni}\phi(X_i,\theta,\Delta)-W_{ni}\phi(X_i,\theta_0,\Delta)]\\&=\frac{1}{n}\sum_{i=1}^{n}\frac{\delta_i}{K(X_i)}\{\phi(X_i,\theta,\Delta)-\phi(X_i,\theta_0,\Delta)\}\\&\quad+\frac{1}{n}\sum_{i=1}^{n}\left\{\frac{\delta_i}{\widehat{K}(X_i)}-\frac{\delta_i}{K(X_i)}\right\}\{\phi(X_i,\theta,\Delta)-\phi(X_i,\theta_0,\Delta)\}\\&=J_1+J_2.\end{aligned}$$

由式 (18.23) 知 $J_2=J\times o_p(1)$, 记

$$J_1=\frac{1}{n}\sum_{i=1}^{n}Z_i,$$

经简单运算可得

$$
\begin{aligned}
EZ_i &= \int [E_F\psi(X,\theta-bw,\Delta)-E_F\psi(X,\theta_0-bw,\Delta)]\mathrm{d}L(w)\\
&= \int [\rho(\theta-bw,\Delta)-\rho(\theta_0-bw,\Delta)]\mathrm{d}L(w)\\
&= O(|\theta-\theta_0|)=O(n^{-\rho}). \qquad (18.28)
\end{aligned}
$$

使用引理 18.2 类似推理, 可以得到

$$
\begin{aligned}
EZ_i^2 &= E\frac{1}{K(X)}\left\{\int [\psi(X,\theta-bw,\Delta)-\psi(X,\theta_0-bw,\Delta)]\mathrm{d}L(w)\right\}^2\\
&\leqslant E\left\{\frac{1}{K(X)}\int \{\psi(X,\theta-bw,\Delta)-\psi(X,\theta_0-bw,\Delta)\}^2\,\mathrm{d}L(w)\right\}\\
&= E\{\psi^2(X,\theta,\Delta)/K(X)\}+E\{\psi^2(X,\theta_0,\Delta)/K(X)\}\\
&\quad -2E\{\psi(X,\theta,\Delta)\psi(X,\theta_0,\Delta)/K(X)\}+O(h^r). \qquad (18.29)
\end{aligned}
$$

注意到

$$
\begin{aligned}
&E\{\psi(X,\theta,\Delta)[\psi(X,\theta,\Delta)-\psi(X,\theta_0,\Delta)]/K(X)\\
&= E\left\{\frac{\psi(X,\theta,\Delta)}{K(X)}I[G_\theta^{-1}(1-p)\leqslant X\leqslant G_{\theta_0}^{-1}(1-p)]\right\}\\
&= E\left\{\frac{I[X\geqslant G_\theta^{-1}(1-p)]}{K(X)}I[G_\theta^{-1}(1-p)\leqslant X\leqslant G_{\theta_0}^{-1}(1-p)]\right\}\\
&\quad -\Delta E\left\{\frac{1}{K(X)}I[G_\theta^{-1}(1-p)\leqslant X\leqslant G_{\theta_0}^{-1}(1-p)]\right\}\\
&= (1-\Delta)\int_{G_\theta^{-1}(1-p)}^{G_{\theta_0}^{-1}(1-p)}\frac{1}{K(x)}\mathrm{d}F(x)\\
&= O(|G_\theta^{-1}(1-p)-G_{\theta_0}^{-1}(1-p)|)=O(n^{-\rho}). \qquad (18.30)
\end{aligned}
$$

因此, 由式 (18.28) 和式 (18.30) 得

$$
\mathrm{Var}(Z_i)=O(n^{-\rho}+h^r).
$$

注意到

$$
\frac{1}{\sqrt{n}}\sum_{i=1}^n (Z_i-EZ_i)=O_p((\mathrm{Var}(Z_i))^{1/2}).
$$

因此,

$$
J_1=\frac{1}{n}\sum_{i=1}^n Z_i=O_p(n^{-\rho}+n^{-1/2}(n^{-\rho/2}+h^{r/2}))=O_P(n^{-\rho}+(n^{-1}h^r)^{1/2})=O_p(n^{-\rho}).
$$

□

引理 18.5 若假设 (1)~(4) 成立, 则在 $\{\theta : ||\theta-\theta_0|| \leqslant cn^{-\varrho}\}$ 上一致地有

$$\lambda(\theta) = O_P(n^{-\varrho}+h^r),$$

其中 $1/3 < \varrho < 1/2$, c 是某常数, 在 $\{\theta : ||\theta-\theta_0|| \leqslant cn^{-\varrho}\}$ 上

$$\lambda(\theta) = \frac{\sum_{i=1}^{n}\phi(X_i,\theta,\varDelta)W_{ni}}{\sum_{i=1}^{n}\{\phi(X_i,\theta,\varDelta)W_{ni}\}^2} + o_P(n^{-\varrho}+h^r),$$

且 $\lambda(\theta)$ 满足式 (18.4).

证明 由式 (18.4) 及泰勒展开

$$\begin{aligned}
0 &= \frac{1}{n}\sum_{i=1}^{n}\frac{\phi(X_i,\theta,\varDelta)W_{ni}}{1+\lambda(\theta)\phi(X_i,\theta,\varDelta)W_{ni}}\\
&= \frac{1}{n}\sum_{i=1}^{n}\left[\Big\{1-\lambda(\theta)\phi(X_i,\theta,\varDelta)W_{ni}\Big\}\phi(X_i,\theta,\varDelta)W_{ni} + \frac{\lambda^2(\theta)\phi^3(X_i,\theta,\varDelta)W_{ni}^3}{1+\lambda(\theta)\phi(X_i,\theta,\varDelta)W_{ni}}\right].
\end{aligned}$$

这意味着

$$\lambda(\theta) = \frac{\sum_{i=1}^{n}\phi(X_i,\theta,\varDelta)W_{ni}}{\sum_{i=1}^{n}\phi^2(X_i,\theta,\varDelta)W_{ni}^2} + R_n,$$

其中

$$R_n = \lambda^2(\theta)\left\{\sum_{i=1}^{n}\frac{\phi^3(X_i,\theta,\varDelta)W_{ni}^3}{1+\lambda(\theta)\phi(X_i,\theta,\varDelta)W_{ni}}\right\}\left\{\sum_{i=1}^{n}\phi^2(X_i,\theta,\varDelta)W_{ni}^2\right\}^{-1}.$$

分别考虑 $\lambda(\theta)$ 第一项的分子和分母, 若没有特殊说明, 下面都假设 $\theta \in \{\|\theta-\theta_0\| \leqslant n^{-\varrho}\}$, 注意到

$$\begin{aligned}
&\frac{1}{n}\sum_{i=1}^{n}\frac{\phi(X_i,\theta,\varDelta)W_{ni}}{1+\lambda(\theta)\phi(X_i,\theta,\varDelta)W_{ni}}\\
=&\frac{1}{n}\sum_{i=1}^{n}\left\{1-\frac{\lambda(\theta)\phi(X_i,\theta,\varDelta)W_{ni}}{1+\lambda(\theta)\phi(X_i,\theta,\varDelta)W_{ni}}\right\}\phi(X_i,\theta,\varDelta)W_{ni} = 0.
\end{aligned}$$

由引理 18.4 得

$$\frac{1}{n}\sum_{i=1}^{n}\phi(X_i,\theta_0,\varDelta)W_{ni} + O_P(n^{-\varrho}) = \frac{\lambda(\theta)}{n}\sum_{i=1}^{n}\frac{\phi^2(X_i,\theta,\varDelta)W_{ni}^2}{1+\lambda(\theta)\phi(X_i,\theta,\varDelta)W_{ni}}. \tag{18.31}$$

由假设 (1) 及类似于 Owen(1990) 中引理 3 的证明, 得到

$$\max_{1\leqslant i\leqslant n}\left|\frac{\phi(X_i,\theta,\Delta)\delta_i}{K(X_i-)}\right|=o_P(n^{1/3}). \tag{18.32}$$

此外, 式 (18.22) 可以推出

$$\max_{1\leqslant i\leqslant n}|\phi(X_i,\theta,\Delta)W_{ni}|\leqslant\max_{1\leqslant i\leqslant n}\left|\frac{\phi(X_i,\theta,\Delta)\delta_i}{K(X_i-)}\right|+\sup_{0\leqslant x\leqslant X_{(n)}}\left|\frac{K(x)-\widehat{K}(x)}{\widehat{K}(x)}\right|\max_{1\leqslant i\leqslant n}\left|\frac{\phi(X_i,\theta,\Delta)\delta_i}{K(X_i-)}\right|=o_P(n^{1/3}). \tag{18.33}$$

因此, 由式 (18.31) 及式 (18.33) 两式得

$$\frac{1}{n}\sum_{i=1}^n\phi(X_i,\theta_0,\Delta)W_{ni}+O_P(n^{-\varrho})\geqslant\frac{\lambda(\theta)}{1+|\lambda(\theta)|Z_{(n)}}\frac{1}{n}\sum_{i=1}^n\phi^2(X_i,\theta,\Delta)W_{ni}^2, \tag{18.34}$$

其中 $Z_{(n)}=\max_{1\leqslant i\leqslant n}|\phi(X_i,\theta,\Delta)W_{ni}|$, 用类似于引理 18.3 中的讨论, 可证明

$$\frac{1}{n}\sum_{i=1}^n\phi^2(X_i,\theta_0,\Delta)W_{ni}^2=O_P(1),\quad 及\ \frac{1}{n}\sum_{i=1}^n\phi(X_i,\theta_0,\Delta)W_{ni}=O_P(n^{-1/2}+h^r);$$

从而

$$\lambda(\theta)=O_P(n^{-\varrho}+h^r), \tag{18.35}$$

联立引理 18.3, 与式 (18.32) 及式 (18.35) 两式得到

$$R_n\leqslant O_P(\{n^{-\rho}+h^r\}^2)\max_{1\leqslant i\leqslant n}|\phi(X_i,\theta,\Delta)W_{ni}|=o_P(n^{-\varrho}+h^r), \tag{18.36}$$

在 $\theta\in\{\theta:||\theta-\theta_0||<cn^{-\varrho}$ 上一致成立, 这就完成了 18.5 的证明. □

引理 18.6 (定理 17.2) 假设定理 18.2 条件成立, ϱ 如同 18.5 节中定义, 则 $R(\theta,\Delta)$ 在 $\widehat{\theta}_{\mathrm{EL}}$ 取到最大值使得 $||\widehat{\theta}_{\mathrm{EL}}-\theta_0||=O(n^{-\varrho})$, a.s. 且 $\widehat{\theta}_{\mathrm{EL}}$ 是 Zhou 和 Liang (2005) 中方程 (2.12) 的根.

引理 18.7 (引理 17.6) 设假设 (1)~(4) 成立, 则

$$\sqrt{n}\begin{pmatrix}\widehat{\theta}_{\mathrm{EL}}-\theta_0\\ \widehat{\lambda}\end{pmatrix}\longrightarrow N(0,\Sigma_1),$$

其中

$$\Sigma_1=\left\{\begin{array}{cc}C_\theta^2\sigma^2\Sigma^{-1}\beta_0\beta_0^\tau\Sigma^{-1}+(\Sigma+\beta_0\sigma_0^{-2}\beta_0^\tau)^{-1}\Sigma(\Sigma+\beta_0\sigma_0^{-2}\beta_0^\tau)^{-1} & \mathrm{sym.}\\ C_\theta\beta_0^\tau(\Sigma+\beta_0\sigma_0^{-2}\beta_0^\tau)^{-1}-C_\theta^2\sigma^2\beta_0^\tau\Sigma^{-1} & C_\theta^2\sigma^2+C_\theta^2\beta_0^\tau\sigma_0^2\beta_0\end{array}\right\},$$

$C_\theta=(\sigma_0^2+\beta_0^\tau\Sigma^{-1}\beta_0)^{-1}$, $\sigma_0^2=\sigma_0^2(\theta,\Delta)$ 和 $\beta_0^2=\beta_0^2(\theta,\Delta)$ 如前.

定理 18.1 的证明 由假设 (5), 我们有

$$\begin{aligned}
&\frac{1}{\sqrt{n}}\sum_{i=1}^{n} W_{ni}\phi(X_i,\widehat{\theta}_{\mathrm{MLE}},\Delta)\\
=&\frac{1}{\sqrt{n}}\sum_{i=1}^{n} W_{ni}\phi(X_i,\theta,\Delta)+\frac{1}{\sqrt{n}}\sum_{i=1}^{n} W_{ni}\frac{\partial\phi(X_i,\theta,\Delta)}{\partial\theta}(\widehat{\theta}_{\mathrm{MLE}}-\theta)+o_P(1)\\
=&\frac{1}{\sqrt{n}}\sum_{i=1}^{n} W_{ni}\phi(X_i,\theta,\Delta)+\beta_0(\theta,\Delta)\sqrt{n}(\widehat{\theta}_{\mathrm{MLE}}-\theta)+o_P(1).
\end{aligned}$$

由引理 18.1 及引理 18.3, 立即获得定理 18.1 的证明. □

定理 18.2 的证明 证明过程与定理 17.2 证明类似, 故这里略去. □

第 19 章　缺失数据估计方程

缺失数据是统计应用中经常碰到的数据类型之一. 传统的统计推断方法通常不能有效地对参数进行估计和统计推断. 简单删除不完全观察数据的方法, 也称完全数据方法 (complete case 方法, CC 方法), 在样本量小, 或是不可忽略缺失情况下, 得到的参数估计是有偏的, 甚至是不相合的, 同时, 并不能简单增大样本量来纠正估计的偏差. 除此之外, 处理缺失数据的统计方法主要有期望值最大化算法 (expectation maximization 算法, 即 EM 算法), 热板插补法 (hot deck imputation), 多重插补法 (multiple imputation), 回归插补法 (regression imputation), 逆概率加权法 (IPW), K 最近邻法 (K-means) 等. 本章将研究另一种插补法, 即**整体核补法**.

19.1　缺失数据估计方程

前面已讨论过估计方程方法应用的广泛性和有效性, 估计方程在统计方法中起着非常重要的作用, 并且被应用于许多统计研究领域. 因此, 本章将在缺失数据下研究估计方程. 设一个 q 维的估计方程向量为

$$\boldsymbol{\psi}(y, \boldsymbol{z}, \boldsymbol{\theta}) = (\psi_1(y, \boldsymbol{z}, \boldsymbol{\theta}), \cdots, \psi_q(y, \boldsymbol{z}, \boldsymbol{\theta}))^\tau,$$

并且满足

$$E\boldsymbol{\psi}(Y, \boldsymbol{Z}, \boldsymbol{\theta}) = 0, \tag{19.1}$$

其中 Y 是独立同分布的服从分布 F 的响应变量, $\boldsymbol{Z}$ 是协变量, $\boldsymbol{\theta}$ 是一个 p 维的未知参数, 并且 $q \geqslant p$. 在统计的应用中存在许多无偏估计函数, 例如, 无偏估计方程的一个重要特例是得分函数和伪得分函数 (参见第 5 章、第 8 章).

下面给出的是响应变量 Y 有缺失的数据, 如果协变量存在缺失, 本章的方法也适用. 令 $\boldsymbol{Z}$ 为 d 维随机向量, $\boldsymbol{Z}$ 为与 Y 有关的响应变量. 缺失数据有如下表示:

$$(\boldsymbol{Z}_i, Y_i, \delta_i), \quad i = 1, 2, \cdots, n,$$

如果响应变量 Y_i 与 $\boldsymbol{Z}_i$ 同时观测到, 则令其关联指标 $\delta_i = 1 (i = 1, 2, \cdots, n)$, 否则, 只有 $\boldsymbol{Z}_i$ 可以观察到, Y_i 没有观察. 由于观察数据 $(\boldsymbol{Z}_i, Y_i, \delta_i)$ 不完全, 因此, 估计方程 (19.1) 中的无偏估计函数可能不再是无偏的.

估计方程理论的一个基本性质是满足方程 (19.1), 即无偏性. 这个性质作为评价所得参数估计的优劣为统计界普遍接受. 尽管填入法 (插补法) 在缺失数据处理中有着很广泛的应用, 但当它应用于估计方程时, 缺失数据的直接填入会导致估计方程是有偏的. 为了简单起见, 假定响应变量是不完全观察的, 而协变量均完全观察. 令 $\widehat{Y}$ 是缺失了的 Y 的填入值, 易知, 除非 $\boldsymbol{\psi}(Y,\boldsymbol{Z},\boldsymbol{\theta})$ 是线性的或者 $(\widehat{Y},\boldsymbol{Z})$ 和 $(Y,\boldsymbol{Z})$ 有相同的分布, 否则 $E\boldsymbol{\psi}(\widehat{Y},\boldsymbol{Z},\boldsymbol{\theta})\neq E\boldsymbol{\psi}(Y,\boldsymbol{Z},\boldsymbol{\theta})$, 因此估计方程的无偏性假设遭到了破坏.

本章针对这些问题给出一种方法, 使得处理缺失数据和估计方程融为一体. 值得注意的是这里的方法不是直接填入缺失数据, 而是用观测数据函数作为一个整体填入估计方程中. 为了方便, 令 $\boldsymbol{X}_i$ 为 $\boldsymbol{Z}_i$ 或 $\boldsymbol{Z}_i$ 的一个子集. 如果 Y_i 被观测, 则 $\delta_i=1$; 否则 $\delta_i=0$. 记 $\boldsymbol{m}_\psi(\boldsymbol{x},\boldsymbol{\theta})=E\{\boldsymbol{\psi}(Y,\boldsymbol{Z},\boldsymbol{\theta})|\boldsymbol{X}=\boldsymbol{x}\}$. 我们的方法是基于以下方程

$$\widetilde{\boldsymbol{\psi}}(Y_i,\boldsymbol{Z}_i,\boldsymbol{\theta})=\delta_i\boldsymbol{\psi}(Y_i,\boldsymbol{Z}_i,\boldsymbol{\theta})+(1-\delta_i)\boldsymbol{m}_\psi(\boldsymbol{X}_i,\boldsymbol{\theta}). \tag{19.2}$$

如果 $\boldsymbol{m}_\psi(\boldsymbol{X}_i,\boldsymbol{\theta})$ 已知, 估计函数 (19.2) 是无偏的. 主要是基于如下事实: 当缺失机制是随机缺失 (MAR), 即缺失性仅仅依赖于被观测的数据而不依赖于缺失数据, 此时有 $E\tilde{\boldsymbol{\psi}}(Y,\boldsymbol{Z},\boldsymbol{\theta})=E\boldsymbol{\psi}(Y,\boldsymbol{Z},\boldsymbol{\theta})=0$. 估计函数 (19.2) 是无偏的, 这也是整体核补法基本思想所在. 注意到 $\boldsymbol{m}_\psi(\boldsymbol{X}_i,\boldsymbol{\theta})$ 是未知的, 需要基于被观测的数据估计 (或"填入") $\boldsymbol{m}_\psi(\boldsymbol{X}_i,\boldsymbol{\theta})$. 很明显, 这种方法成功与否主要依赖于填入 $\boldsymbol{m}_\psi(\boldsymbol{X}_i,\boldsymbol{\theta})$ 的方法, 填入法使我们能充分利用缺失的信息而进行数据分析. 需要特别指出, 缺失数据是随机缺失 (MAR) 的假设是一个基本要求. MAR 比不可忽略 (non-ignorable) 缺失的限制稍强, 因此处理更方便, 而对于不可忽略缺失机制的情形则有待进一步的研究.

值得强调的是, 这里的框架也可用于处理协变量 $\boldsymbol{Z}$ 或它的子集是缺失的情况. 更具体地说, 记 $\boldsymbol{Z}=(\tilde{\boldsymbol{Z}}^\tau,\boldsymbol{V}^\tau)^\tau$ 和 $\boldsymbol{X}=(Y,\tilde{\boldsymbol{Z}}^\tau)^\tau$, 假定 $\boldsymbol{X}$ 是完全观测的, 并令 $\boldsymbol{V}$ 是缺失的, 此时就是协变量的子集缺失的情况. 更一般地, 这里的方法也能处理响应变量和协变量部分缺失的情况. 记 $\boldsymbol{X}=\tilde{\boldsymbol{Z}}$, 此时 $(Y,\boldsymbol{V}^\tau)^\tau$ 缺失, 这样就可以处理响应变量和协变量都缺失的情形. 事实上, 能够同时处理响应变量和协变量都有缺失的数据是这个方法的一个很重要的性质. 实质上, 现有的方法均大多数只能处理响应变量或协变量有缺失的数据, 而不能处理两者同时都有缺失的数据.

本章的方法可分为两步. 首先, 寻找 $\boldsymbol{m}_\psi(\boldsymbol{x},\boldsymbol{\theta})$ 的一个估计; 其次, 用 $\boldsymbol{m}_\psi(\boldsymbol{x},\boldsymbol{\theta})$ 的估计获得估计 $\boldsymbol{\theta}$ 的方法. 估计 $\boldsymbol{m}_\psi(\boldsymbol{x},\boldsymbol{\theta})$ 的方法有很多, 在这里考虑用核回归估计. 核回归方法的优越性在于它的实现不需要重抽样或预先假定分布, 从而可以避免模型误判问题, 且基于核估计的渐近性也很容易推导. 当 $\boldsymbol{\psi}(\cdot)$ 为线性形式时, 通常的插补法即单个缺失数据填入的方法是这个方法的一个特例. 本章的核估计方

法称为“**核光滑估计方程填入法**”('kernel-assisted EE imputation scheme'), 直接填入 $\boldsymbol{m}_\psi(\boldsymbol{x},\boldsymbol{\theta})$, 而不是填入缺失的观测值. 因此, 虽然这里方法也可以说是半参数方法, 但它与现有的半参填入法不同, 参见 19.6 节的相关研究与扩展. 再考虑第二步, 如果 $p=q$, 用矩方法 (MM) 就可以估 $\boldsymbol{\theta}$. 但如果 $q>p$(即过度识别), 前面章节已经介绍过多种不同的处理方法, 本章只考虑应用广义估计方程方法 (GEE) 和经验似然方法 (EL) 来处理, 事实上这两种方法在处理过度识别系统时是非常有效的.

19.2 核光滑填入法

下面我们考虑用核光滑方法填入回归函数 $\boldsymbol{m}_\psi(\boldsymbol{x},\boldsymbol{\theta})=E\{\boldsymbol{\psi}(Y,\boldsymbol{Z},\boldsymbol{\theta})|\boldsymbol{X}=\boldsymbol{x}\}$. 令 K 是一个 d 元核函数. 为了简单, 我们假定 K 是一个多元概率密度函数, 使得 $\int K(\boldsymbol{u})\mathrm{d}\boldsymbol{u}=1$. 另外, 假设 K 有紧支撑, 并且是阶数为 $m+1$ 的核, 即

$$\int u_1^{\alpha_1}\cdots u_d^{\alpha_d}K(\boldsymbol{u})\mathrm{d}\boldsymbol{u}=0,\quad 0<\alpha_1+\cdots+\alpha_d\leqslant m, \tag{19.3}$$

其中 $m\geqslant d$. 令 H 是一个对称正定的窗宽矩阵, 则有

$$K_h(\boldsymbol{\mu})=|H|^{-1}K(H^{-1}\boldsymbol{\mu}).$$

在实际中, 我们可以简单地令 H 是一个非奇异的 $d\times d$ 对角矩阵 $\mathrm{diag}(h,\cdots,h)$, 则 $\boldsymbol{m}_\psi(\boldsymbol{x},\boldsymbol{\theta})$ 的核估计可写成

$$\widehat{\boldsymbol{m}}_\psi(\boldsymbol{x},\boldsymbol{\theta})=\mathcal{G}_n(\boldsymbol{x})^{-1}\sum_{i=1}^n\mathcal{K}_{n,h}(\boldsymbol{x}-\boldsymbol{X}_i)\boldsymbol{\psi}(Y_i,\boldsymbol{Z}_i,\boldsymbol{\theta})\delta_i, \tag{19.4}$$

其中 $\mathcal{G}_n(\boldsymbol{x})=\sum\limits_{i=1}^n\mathcal{K}_{n,h}(\boldsymbol{x}-\boldsymbol{X}_i)\delta_i$, $\mathcal{K}_{n,h}(\cdot)=\mathrm{diag}(K^{(1)}(\cdot/h_{(1)})/h_{(1)}^d,\cdots,K^{(q)}(\cdot/h_{(q)})/h_{(q)}^d)$, $K^{(k)}(\cdot)$ 是一个多元核函数, 并且对每个 $k,k=1,2,\cdots,q$, $h_{(k)}$ 是窗宽参数.

为了容易处理, 对估计 (19.4) 中的所有方程我们可以考虑选择相同的核函数和窗宽参数. 当各方程的光滑度不同时, 则应考虑选择不同的核函数和窗宽参数. 另外, 可以用 Fan (1993) 提出的局部线性光滑去估计 $\boldsymbol{m}_\psi(\boldsymbol{X}_i,\boldsymbol{\theta})$. 为表述简单仅考虑核估计.

在实际中, 我们假定 $K(\cdot)=\prod\limits_{i=1}^d K^{(i)}(\cdot)$, 其中 $K^{(i)}$ 是一个对称的核函数. 令 $\{h_n^{(i)},n=1,2,\cdots\}$ 是一列窗宽, 满足对所有的 i 有 $h_n^{(i)}\to 0$ 并且 $nh_n^{(i)}\to\infty$. 在方程 (19.2) 中, 用 $\widehat{\boldsymbol{m}}_\psi(\boldsymbol{x},\boldsymbol{\theta})$ 代替 $\boldsymbol{m}_\psi(\boldsymbol{x},\boldsymbol{\theta})$ 得

$$\widehat{\boldsymbol{\psi}}(Y_i,\boldsymbol{Z}_i,\boldsymbol{\theta})=\delta_i\boldsymbol{\psi}(Y_i,\boldsymbol{Z}_i,\boldsymbol{\theta})+(1-\delta_i)\widehat{\boldsymbol{m}}_\psi(\boldsymbol{X}_i,\boldsymbol{\theta}). \tag{19.5}$$

可以证明, 关于 $\boldsymbol{\theta}$ 的函数 $n^{-1}\sum_{i=1}^{n}\widehat{\boldsymbol{\psi}}(Y_i,\boldsymbol{Z}_i,\boldsymbol{\theta})$ 是渐近无偏的. 19.3 节将给出怎样用估计函数 (19.5) 结合广义估计方程和经验似然方法去估计 $\boldsymbol{\theta}$ 并进行推断. 现在, 为了避免出现 $\mathcal{G}_n(\boldsymbol{x})$ 很小的可能性, 引进估计 (19.4) 和方程 (19.5) 的修正形式, 即把方程 (19.5) 中的 $\widehat{\boldsymbol{m}}_{\psi}(\boldsymbol{X}_i,\boldsymbol{\theta})$ 用下式代替

$$\{\widehat{I}_i\mathcal{G}_n(\boldsymbol{X}_i)+[\mathbf{1}_q-\widehat{I}_i]\omega_n\}^{-1}\mathcal{G}_n(\boldsymbol{X}_i)\widehat{\boldsymbol{m}}_{\psi}(\boldsymbol{X}_i,\boldsymbol{\theta}), \tag{19.6}$$

其中 $\widehat{I}_i=I(\mathcal{G}_n(\boldsymbol{X}_i)>\omega_n)$ 是一个对角矩阵, $\mathbf{1}_q$ 是 q 阶单位矩阵, 并且 ω_n 是一列递减的正常数, 满足当 $n\to\infty$ 时 $\omega_n\to 0$. ω_n 的选择是使估计 (19.4) 中分母不出现极小甚至是 0 值, 其最优选择仍然有待研究.

19.3 参数统计推断

19.3.1 GEE 估计与经验似然估计

下面开始讨论用满足方程 (19.1) 的修正估计方程 (19.5) 来估计未知参数 $\boldsymbol{\theta}$. 当无偏估计方程数恰好等于未知参数个数时, 就用普通的矩估计. 但在过度识别的情况 (即 $q>p$), 则引入广义估计方程方法. 在此, 广义估计方程估计就是选择参数值 $\boldsymbol{\theta}$, 使得 $Q_w(\boldsymbol{\theta})$ 达到最小, 其中

$$Q_w(\boldsymbol{\theta})=\left[\frac{1}{n}\sum_{i=1}^{n}\widehat{\boldsymbol{\psi}}(Y_i,\boldsymbol{Z}_i,\boldsymbol{\theta})\right]^{\tau}W^{-1}\left[\frac{1}{n}\sum_{i=1}^{n}\widehat{\boldsymbol{\psi}}(Y_i,\boldsymbol{Z}_i,\boldsymbol{\theta})\right],$$

并且 W 是某个正定对称权重矩阵. 记 $\widehat{\boldsymbol{\theta}}_g$ 为*广义估计方程估计*. 很容易证明, 在一些合适的正则条件下, $\widehat{\boldsymbol{\theta}}_g$ 是 $\boldsymbol{\theta}$ 的真值 $\boldsymbol{\theta}_0$ 的一个相合估计. 应用广义估计方程估计的一个难点是 W 的选择, 它会对估计的相对有效性产生影响. 19.7 节中的引理 19.5 证明了, 在广义估计方程估计类中导出渐近最有效估计的权矩阵 W 就是估计函数的渐近协方差阵

$$D_1(\boldsymbol{\theta})=E\{P^{-1}(\boldsymbol{X})\varSigma_{\psi}(\boldsymbol{X})\}+E\{\boldsymbol{m}_{\psi}(\boldsymbol{X},\boldsymbol{\theta})\boldsymbol{m}_{\psi}^{\tau}(\boldsymbol{X},\boldsymbol{\theta})\}, \tag{19.7}$$

其中 $\varSigma_{\psi}(\boldsymbol{x})=\varSigma_{\psi}(\boldsymbol{x},\boldsymbol{\theta}_0)=\mathrm{Cov}\{\boldsymbol{\psi}(Y,\boldsymbol{Z},\boldsymbol{\theta}_0)|\boldsymbol{X}=\boldsymbol{x}\}$, $P(\boldsymbol{x})=P(\delta=1|\boldsymbol{X}=\boldsymbol{x})$. 假定 $\boldsymbol{\theta}$ 的相合估计存在, 则最优权重矩阵 W 的估计如下

$$\widehat{D}_1(\boldsymbol{\theta})=\frac{1}{n}\sum_{i=1}^{n}\left\{\frac{\widehat{\varSigma}_{\psi}(\boldsymbol{X}_i)}{\widehat{P}(\boldsymbol{X}_i)}+\widehat{\boldsymbol{m}}_{\psi}(\boldsymbol{X}_i,\boldsymbol{\theta})\widehat{\boldsymbol{m}}_{\psi}^{\tau}(\boldsymbol{X}_i,\boldsymbol{\theta})\right\}. \tag{19.8}$$

先选取 W 是一个 q 维单位矩阵, $\boldsymbol{\theta}$ 的一个初始相合估计 $\tilde{\boldsymbol{\theta}}$ 可以通过最小化 $Q_w(\boldsymbol{\theta})$ 而得到. 因此, 可以通过最小化 $Q_{\widehat{w}}(\boldsymbol{\theta})$ 获得一个两步广义估计方程估计 $\widehat{\boldsymbol{\theta}}_g$, 即 $\widehat{\boldsymbol{\theta}}_g=\arg\min_{\boldsymbol{\theta}}Q_{\widehat{w}}(\boldsymbol{\theta})$, 其中 $\widehat{W}$ 是 W 的一个估计.

处理估计方程个数多于参数维数的另外一个有用的方法就是经验似然法, 下面用经验似然方法估计 $\boldsymbol{\theta}$.

经验似然是另外一个能在过度识别系统下估计 $\boldsymbol{\theta}$ 的方法, 并且有许多优点. 经验似然与分布无关并融合了似然函数法. 它近似地等价于广义估计方程估计类中的有效估计. 假定 $\boldsymbol{m}_\psi(x,\boldsymbol{\theta})$ 是关于 $\boldsymbol{\theta}$ 的已知函数. 令 F_p 是在 $\widetilde{\boldsymbol{\psi}}(Y_i,\boldsymbol{Z}_i,\boldsymbol{\theta})$ 处的概率为 p_i 的分布函数, 其中 $\boldsymbol{p}=(p_1,p_2,\cdots,p_n)$ 是使得 $\sum\limits_{i=1}^n p_i=1$ 和 $p_i\geqslant 0, i=1,2,\cdots,n$ 的概率向量. 由经验似然得到的 $\boldsymbol{\theta}$ 的估计是基于以下无偏估计方程

$$\sum_{i=1}^n p_i\widetilde{\boldsymbol{\psi}}(Y_i,\boldsymbol{Z}_i,\boldsymbol{\theta})=0 \tag{19.9}$$

进行的, 因此在值 $\boldsymbol{\theta}_0$ 处的经验似然就是 $\tilde{L}(\boldsymbol{\theta}_0)=\max\prod\limits_{i=1}^n p_i$, 并受限于限制条件 (19.8) 和 $\sum\limits_{i=1}^n p_i=1, p_i\geqslant 0$.

实际上, $\boldsymbol{m}_\psi(x,\boldsymbol{\theta})$ 是未知的, 可以用估计 (19.4) 所定义的相合估计 $\widehat{\boldsymbol{m}}_\psi(\boldsymbol{x},\boldsymbol{\theta})$ 来代替. 于是在真值 $\boldsymbol{\theta}_0$ 处经验似然的估计为 $\widehat{L}_n(\boldsymbol{\theta}_0)=\max\prod\limits_{i=1}^n p_i$, 并受限于 $\sum\limits_{i=1}^n p_i=1$ 和 $\sum\limits_{i=1}^n p_i\widehat{\boldsymbol{\psi}}(Y_i,\boldsymbol{Z}_i,\boldsymbol{\theta}_0)=0$. 对任意给定的 $\boldsymbol{\theta}$, 假设集合 $\Omega_\theta=\{\boldsymbol{\lambda}:1+\boldsymbol{\lambda}^\tau\widehat{\boldsymbol{\psi}}(Y_i,\boldsymbol{Z}_i,\boldsymbol{\theta})\geqslant 1/n\}$ 是闭凸集, 并且如果 $\widehat{\boldsymbol{\psi}}(Y_i,\boldsymbol{Z}_i,\boldsymbol{\theta}), i=1,2,\cdots,n$ 的凸包包含 0, 则它是有界的. 由拉格朗日乘子法能够证明 $\widehat{L}_n(\boldsymbol{\theta})$ 在 $\widehat{p}_i$ 处达到最大, 其中

$$\widehat{p}_i=\frac{1}{n}\frac{1}{1+\boldsymbol{\lambda}_n^\tau\widehat{\boldsymbol{\psi}}(Y_i,\boldsymbol{Z}_i,\boldsymbol{\theta}_0)}, \tag{19.10}$$

并且 $\boldsymbol{\lambda}_n$ 是如下方程的 (唯一) 解

$$\frac{1}{n}\sum_{i=1}^n\frac{\widehat{\boldsymbol{\psi}}(Y_i,\boldsymbol{Z}_i,\boldsymbol{\theta}_0)}{1+\boldsymbol{\lambda}_n^\tau\widehat{\boldsymbol{\psi}}(Y_i,\boldsymbol{Z}_i,\boldsymbol{\theta}_0)}=0. \tag{19.11}$$

因此, $\boldsymbol{\theta}_0$ 处的经验似然比 (ELR)的估计为

$$\widehat{R}(\boldsymbol{\theta}_0)=\prod_{i=1}^n(n\widehat{p}_i)=\prod_{i=1}^n\{1+\boldsymbol{\lambda}_n^\tau\widehat{\boldsymbol{\psi}}(Y_i,\boldsymbol{Z}_i,\boldsymbol{\theta}_0)\}^{-1},$$

并且对应的对数经验似然比(ELLR) 为

$$\widehat{\ell}(\boldsymbol{\theta}_0)=-2\log\left\{\prod_{i=1}^n(n\widehat{p}_i)\right\}=2\sum_{i=1}^n\log\{1+\boldsymbol{\lambda}_n^\tau\widehat{\boldsymbol{\psi}}(Y_i,\boldsymbol{Z}_i,\boldsymbol{\theta}_0)\}. \tag{19.12}$$

现在的问题在于是否存在一个 $\boldsymbol{\theta}$ 使得 (19.12) 中的 $\widehat{\ell}(\boldsymbol{\theta})$ 达到最大. 我们称由此产生的估计 $\widehat{\boldsymbol{\theta}}_e$ 为极大经验似然估计. 事实上, 通过 Newton-Raphson 算法, 能够证明, $\widehat{\boldsymbol{\theta}}_e$ 是真实参数 $\boldsymbol{\theta}_0$ 的一个相合估计的充分条件为 $\boldsymbol{\psi}(y,\boldsymbol{z},\boldsymbol{\theta})$ 是关于 $\boldsymbol{\theta}$ 连续可微的, 因为这保证了 (19.12) 的解的存在性 (参阅 19.7 节里的命题 19.1). 很明显, 对非光滑估计函数而言, 这个条件不满足, 例如, $\boldsymbol{\psi}(x,\boldsymbol{\theta}) = I(x \leqslant \boldsymbol{\theta}) - \dfrac{1}{2}$. 第 18 章采用一种光滑技术处理非光滑函数, 这里不予讨论.

19.3.2 估计的渐近性质

广义估计方程估计的渐近性质可总结为下面的定理:

定理 19.1 假定方程 (19.1) 成立并且存在唯一的值 $\boldsymbol{\theta}_0$, 使得 $E\{\boldsymbol{\psi}(Y,\boldsymbol{Z},\boldsymbol{\theta}_0)\} = 0$. 则在 19.7 节中条件 (A.1)~(A.7) 的假设下有

$$\sqrt{n}(\widehat{\boldsymbol{\theta}}_g - \boldsymbol{\theta}_0) \xrightarrow{\mathscr{D}} N(0, \Sigma_g),$$

其中 $\Sigma_g = \Sigma_1 \Gamma^\tau W^{-1} D_1 W^{-1} \Gamma \Sigma_1$, $\Sigma_1 = (\Gamma^\tau W^{-1} \Gamma)^{-1}$, $D_1 = D_1(\boldsymbol{\theta}_0)$ 并且 $\Gamma = \Gamma(\boldsymbol{\theta}_0) = E[\nabla_\theta \boldsymbol{\psi}(Y,\boldsymbol{Z},\boldsymbol{\theta}_0)]$.

当 $W = D_1$ 时, 估计函数的渐近协方差阵 Σ_g 退化成 $(\Gamma^\tau D_1^{-1} \Gamma)^{-1}$. 标准化的目标函数 $Q_{\widehat{w}}(\widehat{\boldsymbol{\theta}}_g)$ 依分布收敛于自由度为 1 的 χ^2 分布的加权和.

极大经验似然估计的渐近性质由如下定理给出.

定理 19.2 假设 19.7 节中的条件 (A.1)~(A.7) 满足. 令 $\boldsymbol{\theta}_0$ 是 $E\boldsymbol{\psi}(Y,\boldsymbol{Z},\boldsymbol{\theta}) = 0$ 的唯一解, 则

$$\sqrt{n}(\widehat{\boldsymbol{\theta}}_e - \boldsymbol{\theta}_0) \xrightarrow{\mathscr{D}} N(0, \Sigma_e),$$

其中 Σ_e 是在 Σ_g 中用 $D_2 = D_2(\boldsymbol{\theta}_0) = E\{P(\boldsymbol{X})\Sigma_\psi(\boldsymbol{X})\} + E\{\boldsymbol{m}_\psi(\boldsymbol{X},\boldsymbol{\theta}_0)\boldsymbol{m}_\psi^\tau(\boldsymbol{X},\boldsymbol{\theta}_0)\}$. 替代 W 而得的矩阵.

假设 (19.1) 是得分函数并且没有数据是缺失的, 从定理 19.2 可知, $\widehat{\boldsymbol{\theta}}_e$ 的渐近方差与 $\boldsymbol{\theta}$ 的极大似然估计相同. 同样地, 假定 $\boldsymbol{\psi}(Y,\boldsymbol{Z},\boldsymbol{\theta})$ 关于 $\boldsymbol{\theta}$ 是可微的, 并且 $W = D_2$, 定理 19.2 也表明经验似然估计和广义估计方程估计有相同的渐近性质.

现在考虑方程 (19.11) 中所描述的对数经验似然比函数, 经过一些运算能够证明它有如下的渐近表达式:

$$\widehat{\ell}(\boldsymbol{\theta}_0) = \sum_{i=1}^n \widehat{\boldsymbol{\psi}}^\tau(Y_i,\boldsymbol{Z}_i,\boldsymbol{\theta}_0)\left\{\sum_{i=1}^n [\widehat{\boldsymbol{\psi}}(Y_i,\boldsymbol{Z}_i,\boldsymbol{\theta}_0)]^{\otimes 2}\right\}^{-1} \sum_{i=1}^n \widehat{\boldsymbol{\psi}}(Y_i,\boldsymbol{Z}_i,\boldsymbol{\theta}_0) + O_p(1), \quad (19.13)$$

其中对向量 $\boldsymbol{a}$, $\boldsymbol{a}^{\otimes 2} = \boldsymbol{a}\boldsymbol{a}^\tau$, 并且可用对数经验似然比函数来构造 $\boldsymbol{\theta}$ 的检验和置信区间. 应用 19.7 节中的引理 19.5, 能证明 $n^{-1/2}\sum_{i=1}^n \widehat{\boldsymbol{\psi}}(Y_i,\boldsymbol{Z}_i,\boldsymbol{\theta}_0)$ 服从均值为 0, 协

方差为 $D_1(\boldsymbol{\theta}_0)$ 的渐近正态分布, 另外, 由引理 19.6 有

$$\frac{1}{n}\sum_{i=1}^{n}\widehat{\boldsymbol{\psi}}(Y_i,\boldsymbol{Z}_i,\boldsymbol{\theta}_0)\widehat{\boldsymbol{\psi}}^{\tau}(Y_i,\boldsymbol{Z}_i,\boldsymbol{\theta}_0)\xrightarrow{P}D_2(\boldsymbol{\theta}_0),\tag{19.14}$$

从式 (19.13) 可以看出, 对数经验似然比函数渐近于 χ^2 分布的函数.

一般情况下, $D_1(\boldsymbol{\theta}_0)\neq D_2(\boldsymbol{\theta}_0)$, 并结合式 (19.13) 和式 (19.14), 很容易证明对数经验似然比函数依分布收敛于 χ^2 分布的加权和, 可表述成如下定理.

定理 19.3 假定 19.7 节的条件 (A.1)~(A.6) 满足, 经验对数似然比的估计 $\widehat{\ell}(\boldsymbol{\theta})$ 在真实参数 $\boldsymbol{\theta}_0$ 处的值依分布收敛于 χ^2 分布的加权和. 也就是说,

$$\widehat{\ell}(\boldsymbol{\theta}_0)\xrightarrow{\mathscr{D}}\varrho_1\omega_1^2+\cdots+\varrho_q\omega_q^2,$$

其中 $\omega_i^2, i=1,2,\cdots,q$ 是自由度为 1 的 χ^2 随机变量, 并且权重 $\varrho_i, i=1,2,\cdots,q$ 是矩阵 $D_2^{-1}(\boldsymbol{\theta}_0)D_1(\boldsymbol{\theta}_0)$ 的特征值.

令 $r(\boldsymbol{\theta}_0)=q/\mathrm{tr}\{D_2^{-1}(\boldsymbol{\theta}_0)D_1(\boldsymbol{\theta}_0)\}$ 是一个调整因子. 与 Rao 和 Scott (1981) 的证明一样, 可以直接证明 $r(\boldsymbol{\theta}_0)\sum\limits_{i=1}^{q}\varrho_i\omega_i^2$ 渐近服从 $\chi^2_{(q)}$ 分布.

推论 19.1 在定理 19.3 的条件下, 则有 $\widehat{\ell}(\boldsymbol{\theta}_0)r(\boldsymbol{\theta}_0)$ 有近似分布 $\chi^2_{(q)}$.

一般地, $r(\boldsymbol{\theta})$ 是 $\boldsymbol{\theta}$ 的一个函数, 并且 $r(\boldsymbol{\theta}_0)=q/\mathrm{tr}\{D_2^{-1}(\boldsymbol{\theta}_0)D_1(\boldsymbol{\theta}_0)\}$ 是度量由于缺失引起的信息损失程度的量. 当 $P(x)=1$ 时会出现一个例外, 即没有数据缺失, 且 $r(\boldsymbol{\theta})=1$, 此时的结果与 Qin 和 Lawless (1994) 的结果相同.

19.3.3 辅助信息及有效性改进

可以将前面的分析扩展到有辅助信息的情形. 包含正确的辅助信息有望使结果更为有效. 为了叙述简单, 这里将估计函数向量表示为 $\boldsymbol{\psi}(y,\boldsymbol{z},\boldsymbol{\theta})=(\psi_1(y,\boldsymbol{z},\boldsymbol{\theta}),\cdots,\psi_q(y,\boldsymbol{z},\boldsymbol{\theta}),\ \psi_{q+1}(\boldsymbol{z}),\cdots,\psi_s(\boldsymbol{z}))^{\tau}$, 也就是说, 存在辅助信息 $\boldsymbol{\phi}(\boldsymbol{z})=(\psi_{q+1}(\boldsymbol{z}),\cdots,\psi_s(\boldsymbol{z}))^{\tau}$ 使得 $E\boldsymbol{\phi}(\boldsymbol{Z})=0$. 广义估计方程或经验似然方法为处理含有辅助信息的情形提供了一种方便灵活的方式. 由定理 19.1 可知,

$$\widehat{\boldsymbol{\psi}}(y,\boldsymbol{z},\boldsymbol{\theta})=(\widehat{\psi}_1(y,\boldsymbol{z},\boldsymbol{\theta}),\cdots,\widehat{\psi}_q(y,\boldsymbol{z},\boldsymbol{\theta}),\psi_{q+1}(\boldsymbol{z}),\cdots,\psi_s(\boldsymbol{z}))^{\tau}$$

的渐近协方差阵可以写成

$$\Xi(\boldsymbol{\theta})=\begin{pmatrix}D & B^{\tau}\\ B & C\end{pmatrix},$$

其中 D 是 $(\widehat{\psi}_1(y,\boldsymbol{z},\boldsymbol{\theta}),\cdots,\widehat{\psi}_q(y,\boldsymbol{z},\boldsymbol{\theta}))^{\tau}$ 的渐近协方差阵, B 是 $(\widehat{\psi}_1(y,\boldsymbol{z},\boldsymbol{\theta}),\cdots,\widehat{\psi}_q(y,\boldsymbol{z},\boldsymbol{\theta}))^{\tau}$ 和 $\boldsymbol{\phi}(\boldsymbol{z})$ 的渐近协方差阵, 并 C 是 $(\psi_{q+1}(\boldsymbol{z}),\cdots,\psi_s(\boldsymbol{z}))^{\tau}$ 的渐近协方差

阵. 注意到 $E\nabla_\theta\widehat{\boldsymbol{\psi}}(y,\boldsymbol{z},\boldsymbol{\theta})=(M^\tau,\boldsymbol{0}^\tau)^\tau$ 和 $M=(E\nabla_\theta\widehat{\psi}_1(y,\boldsymbol{z},\boldsymbol{\theta}),\cdots,E\nabla_\theta\widehat{\psi}_q(y,\boldsymbol{z},\boldsymbol{\theta}))^\tau$. 因此, 当 $W=\Xi(\boldsymbol{\theta})$ 时, 由定理 19.1 可知

$$\begin{aligned}\Sigma_g&=\{(E\nabla_\theta\boldsymbol{\psi}(y,\mathbf{z},\boldsymbol{\theta}))^\tau\Xi^{-1}E\nabla_\theta\boldsymbol{\psi}(y,\boldsymbol{z},\boldsymbol{\theta})\}^{-1}\\&=\{M^\tau D^{-1}M+M^\tau D^{-1}B^\tau(C-BD^{-1}B^\tau)^{-1}BD^{-1}M\}^{-1}\\&=(M^\tau D^{-1}M)^{-1}\{M^\tau D^{-1}M-\Delta\}(M^\tau D^{-1}M)^{-1},\end{aligned}$$

其中 $\Delta=M^\tau D^{-1}B^\tau[C+BD^{-1}M(M^\tau D^{-1}M)^{-1}M^\tau D^{-1}B^\tau]^{-1}BD^{-1}M$. 很明显, $\Sigma_g\leqslant(M^\tau D^{-1}M)^{-1}$, 即基于 $\boldsymbol{\psi}(y,\boldsymbol{z},\boldsymbol{\theta})$ 的估计 $\widehat{\boldsymbol{\theta}}_g$ 比只基于前 q 个 $\boldsymbol{\psi}(y,\boldsymbol{z},\boldsymbol{\theta})$ 函数的估计更有效.

19.3.4 渐近方差估计

虽然如 19.2 节所强调, $\boldsymbol{m}_\psi(\boldsymbol{x},\boldsymbol{\theta})$ 的核光滑填入法对 $P(\boldsymbol{x})$(选择概率) 的估计没有要求, 但广义估计方程估计和经验似然估计的渐近协方差阵还是可通过估计 $P(\boldsymbol{x})$ 而实现的. 估计 $P(\boldsymbol{x})$ 的一个常见的问题是潜在的数据缺失机制是未知的. Robins 等 (1994) 建议根据 δ 和 $(Y_i,\boldsymbol{Z}_i)$ 建立某种参数模型来估计 $P(\boldsymbol{x})$, 例如, Logistic 回归模型和 Probit 模型等. 这些方法都是参数方法, 都有潜在的模型误判问题. 目前文献比较倾向于用非参方法估计选择概率. 基于 Wang 等 (1997), $P(\boldsymbol{x})$ 的核光滑估计可写成

$$\widehat{P}(\boldsymbol{x})=\frac{\sum_{i=1}^n L_{n,b}(\boldsymbol{x}-\boldsymbol{X}_i)\delta_i}{\sum_{i=1}^n L_{n,b}(\boldsymbol{x}-\boldsymbol{X}_i)+n^{-2}},$$

其中 $L_{n,b}(\boldsymbol{x})$ 的定义与 $K_{n,h}(\boldsymbol{x})$ 相同, 只是核函数 $L(\cdot)$ 可能不同于 $K(\cdot)$, 同样地 $b=b_n$ 是一列窗宽. 因子 n^{-2} 主要防止分母靠近 0 值. 易见 $\widehat{P}(\boldsymbol{x})$ 是 $P(\boldsymbol{x})$ 的相合估计见 (Wang et al., 1997). 因此我们可以用 $\widehat{P}(\boldsymbol{x})$ 来构建渐近协方差阵.

此外, $\Sigma_\psi(x)$ 也是需要估计的渐近协方差阵. 为了给出 $\Sigma_\psi(\boldsymbol{x})$ 的估计, 可以用 $\Sigma_\psi(\boldsymbol{x})$ 的非参核光滑估计 (Fan and Yao, 1998), 即

$$\widehat{\Sigma}_\psi(\boldsymbol{x})=(\mathcal{G}_n(\boldsymbol{x})+n^{-2})^{-1}\sum_{i=1}^n K_{n,b'}(\boldsymbol{x}-\boldsymbol{X}_i)\{\widehat{\boldsymbol{\psi}}(Y_i,\boldsymbol{Z}_i,\boldsymbol{\theta})-\widehat{m}(\boldsymbol{X}_i,\boldsymbol{\theta})\}^{\otimes 2},$$

其中 $K_{n,b'}(\boldsymbol{x})$ 是窗宽为 b' 的核函数, 并且 $\boldsymbol{a}^{\otimes 2}=\boldsymbol{a}\boldsymbol{a}^\tau$. 令 $\widehat{\Gamma}=n^{-1}\sum_{i=1}^n\nabla_\theta\widehat{\boldsymbol{\psi}}(Y_i,\boldsymbol{Z}_i,\boldsymbol{\theta})$. 关于参数 $\boldsymbol{\theta}$ 的 D_2 能用 $\widehat{D}_2(\boldsymbol{\theta})=n^{-1}\sum_{i=1}^n\widehat{\boldsymbol{\psi}}(Y_i,\boldsymbol{Z}_i,\boldsymbol{\theta})\widehat{\boldsymbol{\psi}}^\tau(Y_i,\boldsymbol{Z}_i,\boldsymbol{\theta})$ 去估计. 而 $D_1(\boldsymbol{\theta})$

能由矩阵 (19.7) 中所定义的 $\widehat{D}_1(\boldsymbol{\theta})$ 相合估计给出, 因为 $\widehat{\Sigma}_\psi(\boldsymbol{x})$ 和 $\widehat{P}(\boldsymbol{x})$ 分别是 $\Sigma_\psi(\boldsymbol{x})$ 和 $P(\boldsymbol{x})$ 的相合估计. 因此经验似然估计的渐近协方差阵 Σ_e 可由 $\widehat{\Sigma}_e = \widehat{\Sigma}_0\widehat{\Gamma}^\tau\widehat{D}_2^{-1}\ \widehat{D}_1\widehat{D}_2^{-1}\widehat{\Gamma}\widehat{\Sigma}_0$ 相合地估计, 其中 $\widehat{\Sigma}_0 = (\widehat{\Gamma}^\tau\widehat{D}_2^{-1}\widehat{\Gamma})^{-1}$, 并且 $\widehat{\Sigma}_e$ 中的每个 $\boldsymbol{\theta}$ 都由它的一个相合估计 $\widehat{\boldsymbol{\theta}}_e$ 所替代. 同样地, 广义估计方程估计 $\widehat{\boldsymbol{\theta}}_g$ 的渐近协方差阵 Σ_g 可用 $\widehat{\Sigma}_g = \widehat{\Sigma}_1\widehat{\Gamma}^\tau W^{-1}\widehat{D}_1 W^{-1}\widehat{\Gamma}\widehat{\Sigma}_1$ 相合地估计, 其中 $\widehat{\Sigma}_1 = (\widehat{\Gamma}^\tau W^{-1}\widehat{\Gamma})^{-1}$.

19.3.5　调整经验似然估计

可以调整经验似然函数来避免计算定理 19.3 中矩阵 $V(\boldsymbol{\theta}_0) = D_1^{-1}(\boldsymbol{\theta}_0)D_2(\boldsymbol{\theta})$ 的特征值. 对数经验似然比统计量 $\widehat{\ell}(\boldsymbol{\theta})$ 经调整后, 使得调整后的统计量的分布渐近地服从自由度为 q 的 χ^2 分布.

调整后的对数经验似然比函数为

$$\widehat{\ell}_a(\boldsymbol{\theta}_0) = \widehat{r}(\boldsymbol{\theta}_0)\widehat{\ell}(\boldsymbol{\theta}_0), \tag{19.15}$$

其中 $\widehat{\boldsymbol{r}}(\boldsymbol{\theta}_0) = [\boldsymbol{R}_{n1}^\tau(\boldsymbol{\theta}_0)\widehat{D}_2^{-1}(\boldsymbol{\theta}_0)\boldsymbol{R}_{n1}(\boldsymbol{\theta}_0)]^{-1}[\boldsymbol{R}_{n1}^\tau(\boldsymbol{\theta}_0)\widehat{D}_1^{-1}(\boldsymbol{\theta}_0)\boldsymbol{R}_{n1}(\boldsymbol{\theta}_0)]$, 并且 $\boldsymbol{R}_{n1}(\boldsymbol{\theta}_0) = \dfrac{1}{\sqrt{n}}\sum_{i=1}^n \widehat{\boldsymbol{\psi}}(Y_i, \boldsymbol{Z}_i, \boldsymbol{\theta}_0)$.

推论 19.2　在定理 19.3 的条件下, 我们有 $\widehat{\ell}_a(\boldsymbol{\theta}_0) \xrightarrow{\mathscr{D}} \chi^2_{(q)}$, 其中 $\widehat{\ell}_a(\boldsymbol{\theta}_0) = \widehat{\ell}(\boldsymbol{\theta}_0)\widehat{r}(\boldsymbol{\theta}_0)$.

由推论 19.2 可知, 易构造 $\boldsymbol{\theta}$ 的水平为 α 的置信区间, $I_\alpha = \{\boldsymbol{\theta} : \widehat{\ell}_a(\boldsymbol{\theta}_0) \leqslant c_\alpha\}$ 满足 $P(\chi_p^2 \leqslant c_\alpha) \leqslant 1-\alpha$. 并且 I_α 的渐近覆盖概率为 $1-\alpha$, 即 $P(\boldsymbol{\theta}_0 \in I_\alpha) = 1-\alpha+O_p(1)$.

19.4　数据维数减少原则

$\boldsymbol{m}_\psi(\boldsymbol{x}, \boldsymbol{\theta})$ 的估计要用高维的核估计. $\boldsymbol{X}$ 是多元时, 因为维数祸根问题用核光滑方法是很难获得 $\boldsymbol{m}_\psi(\boldsymbol{x}, \boldsymbol{\theta})$ 的精确估计的. 一个方法是在观测样本中寻找低维变量 $\boldsymbol{U}$ 使之满足 $E[\boldsymbol{\psi}(Y, \boldsymbol{Z}, \boldsymbol{\theta})|\boldsymbol{U}] = E[\boldsymbol{\psi}(Y, \boldsymbol{Z}, \boldsymbol{\theta})|\boldsymbol{X}]$. 注意到

$$\begin{aligned}
&E[\delta_i\boldsymbol{\psi}(Y_i, \boldsymbol{Z}_i, \boldsymbol{\theta}) + (1-\delta_i)\boldsymbol{m}_\psi(\boldsymbol{U}_i, \boldsymbol{\theta})] \\
=&E\{P(\boldsymbol{X})E[\boldsymbol{\psi}(Y_i, \boldsymbol{Z}_i, \boldsymbol{\theta})|\boldsymbol{X}]\} + E\{(1-P(\boldsymbol{X}))\boldsymbol{m}_\psi(\boldsymbol{U}, \boldsymbol{\theta})\} \\
=&E[\boldsymbol{\psi}(Y, \boldsymbol{Z}, \boldsymbol{\theta})] = 0,
\end{aligned}$$

其中 $\boldsymbol{m}_\psi(\boldsymbol{U}, \boldsymbol{\theta}) = E[\boldsymbol{\psi}(Y, \boldsymbol{Z}, \boldsymbol{\theta})|\boldsymbol{U}]$. 因此, 估计方程可修正为

$$\widehat{\boldsymbol{\psi}}(Y_i, \boldsymbol{Z}_i, \boldsymbol{\theta}) = \delta_i\boldsymbol{\psi}(Y_i, \boldsymbol{Z}_i, \boldsymbol{\theta}) + (1-\delta_i)\widehat{\boldsymbol{m}}_\psi(\boldsymbol{U}_i, \boldsymbol{\theta}), \tag{19.16}$$

其中 $\widehat{\boldsymbol{m}}_\psi(\boldsymbol{U},\boldsymbol{\theta})$ 在结构上等于估计 (19.4) 中的 $\widehat{\boldsymbol{m}}_\psi(\boldsymbol{X},\boldsymbol{\theta})$, 只是其中用 $\boldsymbol{U}$ 替代了 $\boldsymbol{X}$. $\boldsymbol{U}$ 通常是标量变量. 这样我们就能在一定程度上克服维数祸根问题了.

这种方法对大多数统计情况都是有效的. 例如, 考虑部分线性模型

$$Y=\boldsymbol{\beta}^\tau\boldsymbol{X}+g(\boldsymbol{\alpha},U)+\varepsilon,$$

其中 $g(\cdot)$ 是一个已知函数, 而 $\boldsymbol{\beta}$ 和 $\boldsymbol{\alpha}$ 是未知参数. 在这个模型中, 我们通常假设 $E[\varepsilon|\boldsymbol{X},U]=0$ 和 $E[\varepsilon^2|\boldsymbol{X},U]<\infty$. 令 $\boldsymbol{\theta}=(\boldsymbol{\beta}^\tau,\boldsymbol{\alpha}^\tau)^\tau$, 和 $\boldsymbol{\psi}(Y,\boldsymbol{X},U,\boldsymbol{\theta})=\{Y-\boldsymbol{\beta}^\tau\boldsymbol{X}-g(\boldsymbol{\alpha},U)\}(\boldsymbol{X}^\tau,\nabla_\alpha g(\boldsymbol{\alpha},U)^\tau)^\tau$, 很容易证明 $E\{\boldsymbol{\psi}(Y,\boldsymbol{X},U,\boldsymbol{\theta})|\boldsymbol{X},U\}=E\{\boldsymbol{\psi}(Y,\boldsymbol{X},U,\boldsymbol{\theta})|U\}=0$. 另外一个例子, 考虑模型

$$\xi(Y-\boldsymbol{\beta}^\tau\boldsymbol{X})=\boldsymbol{\alpha}^\tau\boldsymbol{U}+\varepsilon,$$

其中 $\xi(\cdot)$ 是一个已知非线性函数, 并且 $E[\varepsilon|\boldsymbol{X},\boldsymbol{U}]=0$, $E[\varepsilon^2|\boldsymbol{X},\boldsymbol{U}]<\infty$. 容易证明 $E\{\boldsymbol{\psi}(Y,\boldsymbol{X},\boldsymbol{U},\boldsymbol{\theta})|\boldsymbol{X},\boldsymbol{U}\}=E\{\boldsymbol{\psi}(Y,\boldsymbol{X},\boldsymbol{U},\boldsymbol{\theta})|\boldsymbol{U}\}=0$, 其中 $\boldsymbol{\psi}(Y,\boldsymbol{X},\boldsymbol{U},\boldsymbol{\theta})=\{\xi(Y-\boldsymbol{\beta}^\tau\boldsymbol{X})-\boldsymbol{\alpha}^\tau\boldsymbol{U}\}(\nabla_x\xi(Y-\boldsymbol{\beta}^\tau\boldsymbol{X})\boldsymbol{X}^\tau,\boldsymbol{U}^\tau)^\tau$. 以估计方程 (19.16) 为基础可以推导出 $\boldsymbol{\theta}$ 的一个估计. 事实上, 大多数半参和变系数模型都能用上述方法降低维数.

19.5 真实数据例子

19.5.1 杜兴肌营养不良症 (duchenne muscular dystrophy) 数据

这个例子的数据来自于 Andrews 和 Herberg (1985)[38] 对一个女性是否为杜兴肌营养不良症 (duchenne muscular dystrophy, DMD) 携带者的似然估计的研究. Liang 和 Zhou (2008) 的研究也同样用到了这个数据, 参见例 2.5. 如果乳酸脱氢酶 (LD) 和年龄因素在确定患者的 (DMD) 状况时很显著, 我们的研究采用 Logistic 回归模型: $\text{logit}(P(Y=1|\text{age},\text{LD}))=\beta_0+\beta_1\text{age}+\beta_2\text{LD}$, 这里如果患者是 DMD 携带者, $Y=1$, 否则为 0. 来自于 Logistic 回归模型的得分函数的估计函数向量为

$$\boldsymbol{\psi}(Y,\text{age},\text{LD},\boldsymbol{\beta})=(1,\text{age},\text{LD})^\tau\left[Y-\frac{\exp(\beta_0+\beta_1\text{age}+\beta_2\text{LD})}{1+\exp(\beta_0+\beta_1\text{age}+\beta_2\text{LD})}\right].$$

随机缺失的假设在这里是合理的, 因为缺失数据是由研究设计所引起, 并且缺失概率与年龄和携带状况有关. 除了最初的情形 (在表 19.1 中标记为情形 1), 我们还考虑了两种假设的情形, 这里 (LD) 数据是从完全观测中随机剔除 32% (情形 2) 和 50% (情形 3) 而得到的. 引入后两种情形的目的是想强调当样本数据有大比例的缺失时我们的方法的优越性. 为此, 我们把注意力集中在与 19.4 节中试验 2 相同的四个估计, 即用核光滑估计方程填入法得到的经验似然和广义估计方程估计, 基于 Lipsitz 等 (1998) 的半参多元填入法的估计, 和 Wang 等 (1997) 带权重的半参估计.

选择窗宽时我们采用 Sepanski 等 (1994) 的方法, 估计 $\psi(\boldsymbol{x},\boldsymbol{\beta})$ 时窗宽 $h=0.169$ 而估计 $P(x)$ 时窗宽 $h=0.364$, 后面的量仅仅在估计广义估计方程和经验似然估计的渐近协方差时用到.

表 19.1 给出了估计结果. 由经验似然和广义估计方程估计方法得到系数 β_0, β_1 和 β_2 的估计的绝对值都至少比相应的标准误差大两倍. 因此, 基于经验似然和广义估计方程估计的结果, 我们得出 (LD) 和年龄是携带状态的很重要的决定因素. 对 Wang 等 (1997) 的带权重的半参估计, 除了情形 3 中的年龄外所有的情形下的系数都是显著的. 如果用 Lipsitz 等 (1998) 的半参多元填入法, 则在三种情形下 (LD) 变量都不显著. 这些似乎是由他们的方法产生的较大的标准误差所引起的. 事实上, 表 19.1 也表明基于我们方法的估计所产生的标准误差比用 Lipsitz 等 (1998) 和 Wang 等 (1997) 所得估计的标准误差要小. 当样本缺失比例增大时, 我们方法的比其他两种方法的优越性会再次变得更加明显.

表 19.1 DMD 例中的参数估计和标准误差

	1		2		3	
	est	SD	est	SD	est	SD
$\widehat{\beta}_{e0}$	−0.579	0.129	−0.666	0.157	−0.598	0.185
$\widehat{\beta}_{e1}$	0.397	0.128	0.433	0.116	0.396	0.193
$\widehat{\beta}_{e2}$	0.292	0.090	0.287	0.096	0.329	0.111
$\widehat{\beta}_{g0}$	−0.579	0.129	−0.666	0.157	−0.598	0.185
$\widehat{\beta}_{g1}$	0.397	0.128	0.433	0.116	0.396	0.193
$\widehat{\beta}_{g2}$	0.292	0.090	0.287	0.096	0.329	0.111
$\widehat{\beta}_{w0}$	−0.556	0.130	−0.651	0.158	−0.473	0.182
$\widehat{\beta}_{w1}$	0.390	0.126	0.451	0.126	0.366	0.197
$\widehat{\beta}_{w2}$	0.279	0.094	0.275	0.113	0.323	0.122
$\widehat{\beta}_{im0}$	−0.525	0.164	−0.544	0.200	−0.458	0.196
$\widehat{\beta}_{im1}$	0.380	0.159	0.416	0.176	0.398	0.187
$\widehat{\beta}_{im2}$	0.274	0.155	0.300	0.194	0.347	0.192

19.5.2 虫蛀水果数据

这个例子是由 Snedecor 和 Cochran (1980) 给出的. 令 X_i 是农作物的数量 (以 100 个为单位) 并且 Y_i 是虫蛀水果在所有农作物中的百分比. 对于 Y_i 的数据, 18 个观测中最后 6 个是缺失的. Lipsitz 等 (1998) 用这个数据解释他们的半参多元填入法.

我们的目标是用核光滑估计方程填入法估计这个样本中虫蛀水果平均百分比和方差. 令估计方程向量为

$$\psi(Y,\boldsymbol{\theta})=\begin{pmatrix} Y-\theta_1 \\ (Y-\theta_1)^2-\theta_2^2 \end{pmatrix},$$

这里 θ_1 和 θ_2^2 分别是 Y_i 的均值和方差. 很明显有 $E\psi(Y,\boldsymbol{\theta})=0$. 令 $\sigma=n^{-1/2}\theta_2$. 我们考虑三种情形. 情形 1, 估计 θ_1 和 θ_2: 情形 2, 估计 θ_1 时视 θ_2 为讨厌参数: 而情形 3 在估计 θ_2 时视 θ_1 为讨厌参数. 所有的情形都用 Sepanski 等 (1994) 所提出的方法选择窗宽 $h=0.120$.

用 100 次填入, Lipsitz 等 (1998) 的半参多元填入方法得到一个均值为 49.2 的估计. 表 19.2 表明, 在情形 1 和 2 下, 用核光滑估计方程填入法得到广义估计方程和经验似然估计, 并由此得到 Y 的均值的估计的标准误差要小于用 Lipsitz 等 (1998) 的方法之所得. 进而, 不同于 Lipsitz 等 (1998) 的方法, 我们的方法允许同时估计 Y 的均值和方差. 情形 1 的结果暗示 $\widehat{\sigma}$ 实际非常靠近 $\widehat{\theta}_1$ 的标准方差的估计. Lipsitz 等 (1998) 除了讨论均值外, 还讨论了中位数, 基于我们的方法, 也能用非光滑估计函数然后应用光滑技术去估计中位数. 表 19.2 表明对三种情形下本章的方法作得很好.

表 19.2 虫蛀水果例中的 GEE 和 EL 估计

	1		2		3	
	EL	GEE	EL	GEE	EL	GEE
$\widehat{\theta}_1$	48.912	48.912	48.910	48.912	—	—
sd	2.465	2.465	2.460	2.460	—	—
length	—	—	9.376	9.644	—	—
$\widehat{\theta}_2$	10.432	10.432	—	—	10.432	10.432
sd	1.661	1.661	—	—	1.658	1.658
length	—	—	—	—	4.801	6.498
$\widehat{\sigma}$	2.459	2.459	—	—	2.459	2.459

19.6 相关研究与扩展

19.6.1 相关研究

估计方程在生物统计学上有广泛的应用, 如调查抽样和随机过程. 已经有大量有关基于估计方程推断的文献, 如 Godambe (1991), Liang 和 Zeger (1995), Hardin 和 Hilbe (2003). 估计方程在测量误差方面的应用可参考 Carroll 等 (2006).

关于无偏性在估计方程的讨论可参阅 Godambe (1991) 或 Liang 和 Zeger (1995). 数据缺失的问题几乎在所有统计研究中都存在. 当观察数据有缺失时, 一个被广泛接受的方法是用 EM 算法 (Dempster etal., 1977) 获得我们感兴趣参数的极大似然. 然而众所周知, EM 算法的缺点是要依赖于完全数据的分布. Robins 等 (1994) 给出了一个基于带逆概率权的估计方程的半参方法, 但它必须要求缺失的概率是已知或是参数形式. Wang 等 (1997, 1998) 提出了另外的在回归情况下处理缺失协变量数据的半参方法, 而 Scharstein 等 (1999) 则用半参方法解决 drop-out 模型 $O = (Q, \varDelta, \Delta Y, \bar{V}(Q))$, 其中 Q 为 drop-out 时间, Y 为在固定非随机时间 T 处的感兴趣测量结果, $\varDelta = I(Q \geqslant T)$ 为 drop-out 示性函数, $\bar{V}(t) = \{V(u) : 0 \leqslant t \leqslant u\}$ 为没有 drop-out 情况下其他变量到时间 t 的历史. FitzGerald (2002) 用广义估计方程分析缺失数据时介绍了带权重的估计方法, 但他的方法依赖于不响应变量的具体模型. 最近一个值得关注的解决缺失数据和其他不完全数据问题的方法由 Wang 等 (2008) 提出. 另外一个处理缺失数据的普遍使用的方法是填入法, 即用推断值代替缺失数据. 填入法是较容易建立的技巧并且有了大量的文献讨论各种填入法的理论和应用. 常见的填入法包括多元填入法 (Rubin, 1987; Lipsitz et al., 1998; Aerts et al., 2002), 随机填入法 (Chen et al., 2000), 和最近邻域的填入法 (Chen and Shao 2000; Wasito and Mirkin 2006). Cheng (1994) 用缺失数据的核回归单个插入的方法导出了均值函数的估计. 然而此方法仅仅应用于线性情况下的均值估计, 并且会低估变量. Aerts 等 (2002) 在非参和半参情况下提出了基于局部重抽样的多元填入法. 他们的方法适用于非线性模型下的均值估计, 但不包括在估计方程框架内.

虽然在不完全数据的统计问题上估计方程理论和填入法的结合已经有了许多应用, 但有关广义估计方程和缺失数据方面的文献并不多, 可参见 Paik (1997) 和 Spiess (2006).

这里需要特别指出的是, 开始提到的数据是随机缺失 (MAR) 的假设是以下分析的基本要求. 诚然, MAR 比不可忽略 (non-ignorable) 缺失有更多的限制. 在不可忽略缺失的情况下, 缺失数据还可依赖于未观测数据. 但在许多实际中 MAR 也是合理的 (Little and Rubin (2002), Chapter 1), 并且有大量的文献采用 MAR 作为分析的基本要求. 最近的研究包括 Aerts 等 (2002), Chen 等 (2004), Qi 等 (2005), Lu 和 Copas (2004). Zhou & Liang(2009) 在 MAR 下研究一大类半参数变系数模型.

19.6.2 本章方法的进一步讨论

估计方程之所以有效主要是源于无偏性这个基本性质, 对估计方程估计无偏性的研究是应用估计方程理论的重要保证. 当含有缺失数据时, 传统的用填入值替代缺失值的方法对估计方程而言是无效. 因为通常处理缺失数据方法后需要重新构造估计方程, 否则很难保证其无偏性. 本章提出了一个简单的方法, 据此可以通过估计方程的修正形式解决缺失数据问题, 即核光滑技术整体填入估计方程的方法. 基于重新构造的估计方程给出了两种推断方法, 即广义估计方程方法和经验似然法, 且详细的分析了由此得到的估计的渐近性质. 这里的模拟研究表明, 本章所给出的核光滑估计方程填入法明显优于最近几个其他的方法. 当样本数据缺失比重很大时, 这种优越性更明显. 我们的理论分析完全集中在响应变量缺失, 而协变量有不完全数据或者协变量和响应变量都有不完全数据时 (后者所具有的代数形式可写成类似于 19.2 节中的仅仅只有响应变量有缺失的形式), 这些有趣的结果同样成立. 最后, 我们的研究都基于随机缺失 (MAR) 的假设, 要推广到不可忽略的缺失数据情形下任何理论结果都决不是很显然的. 这也正是将来的需要研究方向. 另外, 本章所使用的广义估计方程的方法和经验似然方法中, 都要用到无偏估计函数关于参数是光滑的, 那么在非光滑, 甚至是不连续时, 仍然未有结果, 需要进一步的研究.

19.7 定理的证明

为了证明相应结果, 需要下面的几个引理和假设. 为方便起见, 令 $K^{(k)}(\cdot)=K(\cdot), k=1,2,\cdots,q$, 即 q 个估计方程的所有核函数都相同, 并且当 $n\to\infty$ 时, 窗宽 $h^{(k)}$ 和 h 以相同的阶收敛到 0. $||A||$ 表示矩阵的欧几里得范数, $c_n=\left(\dfrac{\log h^{-1}}{nh}\right)^{1/2}+h^2$, 对任意向量 $\boldsymbol{a}=(a_1,\cdots,a_q)^\tau$, $|\boldsymbol{a}|=\max_{1\leqslant i\leqslant q}|a_i|$. 如果所有分量 a_i 满足 $a_i=O(b_n)$ 则记 $\boldsymbol{a}=O(b_n)$, 这里 $\{b_n\}$ 一个收敛到 0 的序列, 并记 $\boldsymbol{a}^{\otimes 2}=\boldsymbol{a}\boldsymbol{a}^\tau$. 注意这里的 $K(\cdot)$ 是对称的有有限支撑的概率密度函数. 记 $\mu_l=\displaystyle\int x^lK(x)\mathrm{d}x$ 和 $\nu_l=\displaystyle\int x^lK^2(x)\mathrm{d}x$. 为了简单起见, 令 $\mu_0=1$ 和 $\mu_2=1$.

令 $\boldsymbol{X}$ 的概率密度函数为 $f(\cdot)$, 在 $\boldsymbol{X}$ 的支撑有界. 定义 $P(\boldsymbol{x})=P(\delta=1|\boldsymbol{X}=\boldsymbol{x})$ 和 $\boldsymbol{m}_\psi(\boldsymbol{x},\boldsymbol{\theta})=E\{\boldsymbol{\psi}(Y,\boldsymbol{Z},\boldsymbol{\theta})|\boldsymbol{X}=\boldsymbol{x}\}$. 令 $g(\boldsymbol{x})=[f(\boldsymbol{x})P(\boldsymbol{x})]^2$. 为了简单, 假定 $\boldsymbol{X}$ 是个标量, 可以很直接地推广到多元的情况. 在定理的证明中需要如下的一些技术假设:

(A.1) $f(x)$ 的二阶导数连续且有界.

(A.2) (i) $P(x)$ 的二阶导数连续有界;

(ii) 对 $x\in\mathcal{X}$, $P(x)>c_0$, 这里 $\mathcal{X}$ 是 X 的支撑并且 c_0 一个正常数.

(A.3) $\boldsymbol{\psi}(\cdot,\boldsymbol{\theta})$ 在 $\boldsymbol{\theta}_0$ 的邻域是二次连续可微的, 并且 $\boldsymbol{m}_\psi(x,\boldsymbol{\theta})$ 在 x 的邻域是二次连续可微的.

(A.4) (i)$0<E|\boldsymbol{\psi}(Y,\boldsymbol{Z},\boldsymbol{\theta}_0)|^2<\infty$;

(ii) 对任意的常数向量 $\boldsymbol{\alpha}$ 有 $0 < E|\boldsymbol{\alpha}^\tau \nabla_\theta \boldsymbol{\psi}(Y, \boldsymbol{Z}, \boldsymbol{\theta}_0)|^2 < \infty$.

(A.5)　$\nabla_\theta \boldsymbol{\psi}(\cdot, \boldsymbol{\theta})$ 和 $\boldsymbol{\psi}^3(\cdot, \boldsymbol{\theta})$ 在它的邻域能被一个可积函数 $G(x)$ 所控制.

(A.6)　(i) 当 $n \to \infty$ 时, $h \to 0$, $nh^4 \to 0$ 并且 $nh^2 \to \infty$;

(ii) 存在一个递减的常数序列 $\{\omega_n, n = 1, 2, \cdots\}$ 使得当 $n \to \infty$ 时, $P(g(x) \leqslant \omega_n) \to 0$, $\omega_n \to 0$, $\omega_n^2 \sqrt{n} h / \log n \to \infty$, 并且 $\omega_n^{-2} n h^4 \to 0$.

(A.7)　对任意的常数向量 $\boldsymbol{\alpha}$, $E\left\{\dfrac{\Sigma_\psi(X)}{P^2(X)}\right\} < \infty$, $E|\boldsymbol{\alpha}^\tau \nabla_\theta \boldsymbol{m}_\psi(X, \boldsymbol{\theta})/g(X)|^2 < \infty$.

一般在有关非参和缺失数据的文献里几乎都有这些假设. 假设 (A.1) 和 (A.2)(i) 是非参数统计推导中常用的条件, 例如, 证明 Aerts 等 (2002)[385] 的结果. 假设 (A.2)(ii) 成立是因为被观测的样本概率大于 0((Wang et al., 1997) 的定理 1) 这是符合直观性和合理的. 假设 (A.3)~(A.5) 类似于 Qin 和 Lawless (1994, 引理 1) 所用的条件. 假设 (A.6) 经常用在非参估计里, 特别在半参数统计推断中对参数估计卷入非参数部分的估计, 为了消除参数估计的偏差, 通常需要光滑不足的窗宽参数 h. 假设条件 (A.6)(ii) 主要避免密度函数下端支撑引起的麻烦, 也是非参数统计领域常用的条件. 注意到, 假设 $\inf_{x\in\mathcal{X}} f(x) > 0$, 并结合 (A.2)(ii), 则蕴涵着 (A.6)(ii). 边界假设经常在非参数和半参数统计模型讨论中应用到, 如 Hall(1986), Hall 和 Morton(1993). 假设 (A.6)(ii) 不常见, 因为大多数模型都假设支撑无界. 但是总能通过设置任意大的区间来截断支撑并且重新设置密度函数的尺度系数使得 (A.6)(ii) 满足. 如果 X 有有限支撑为 $\mathcal{X}$ 的密度函数, $\inf_{x\in\mathcal{X}} f(x) > 0$ 通常会满足. 最后, 假设 (A.7) 保证了渐近方差的存在性.

命题 19.1　若假设 (A.1)~(A.6) 满足, 则当 $n \to \infty$ 时, 经验似然比函数 $\widehat{\ell}(\boldsymbol{\theta})$ 在 $\widehat{\boldsymbol{\theta}}_e$ 处达到最大值并使得 $||\widehat{\boldsymbol{\theta}}_e - \boldsymbol{\theta}_0|| = O(n^{-\eta})$, a.s., $1/3 < \eta < 1/2$ 并且以概率 1 有

$$\sum_{i=1}^{n} \frac{\nabla_\theta \widehat{\boldsymbol{\psi}}(Y_i, \boldsymbol{Z}_i, \widehat{\boldsymbol{\theta}}_e)}{1 + \widehat{\boldsymbol{\lambda}}^\tau \widehat{\boldsymbol{\psi}}(Y_i, \boldsymbol{Z}_i, \widehat{\boldsymbol{\theta}}_e)} = 0,$$

这里 $||\boldsymbol{\theta}||$ 是 $\boldsymbol{\theta}$ 的欧几里得范数, $\widehat{\boldsymbol{\lambda}} = \boldsymbol{\lambda}(\widehat{\boldsymbol{\theta}}_e)$.

命题 19.1 的证明　当 (A.1)~(A.6) 满足时, 命题 19.1 可用第 7 章的引理 7.4 或 Qin 和 Lawless (1994, 引理 1) 的技巧和方法证明, 详细略. □

命题 19.1 表明极大经验似然估计 $\widehat{\boldsymbol{\theta}}_e$ 是强相合的, 其收敛速度为 $O(n^{-\eta})$. 更确切地, 能够进一步证明 $\widehat{\boldsymbol{\theta}}_e$ 是 $\boldsymbol{\theta}$ 的 $\sqrt{n}$ 一强相合估计.

引理 19.1　假设 (A.1) 满足. 令 $g(\cdot, u)$ 在 u 处连续且二次可微, $E|g(X, U)|^2 <$

∞. 则当 $n\to\infty$, 我们有

$$
\begin{aligned}
&\frac{1}{n}\sum_{i=1}^{n}K_h(U_i-u)\left(\frac{U_i-u}{h}\right)^k g(X_i,U_i)\\
&=f(u)E(g(X,u)|U=u)\mu_k+h\nabla_u[f(u)E(g(X,u)|U=u)]\mu_{k+1}+O(c_n),\ \text{a.s.},
\end{aligned}
$$

在 $u\in\mathcal{U}$ 是一致收敛的, 其中 $\mathcal{U}$ 是 U 的支撑 (* 注: 原文章的引理中写掉了一项).

证明 可依据 Xia 和 Li (1999), 引理 A.2 来证明此结果. □

下面将使用 U 统计量的理论与方法来给出一些相关的结果.

令 $\boldsymbol{B}_\psi(X_j,X_i)=[\boldsymbol{m}_\psi(X_j,\boldsymbol{\theta}_0)-\boldsymbol{m}_\psi(X_i,\boldsymbol{\theta}_0)]\delta_j$, $\boldsymbol{W}_j=\{\boldsymbol{\psi}(Y_j,\boldsymbol{Z}_j,\boldsymbol{\theta}_0)-\boldsymbol{m}_\psi(X_j,\boldsymbol{\theta}_0)\}\delta_j$, $\boldsymbol{\varphi}_n(X_i)=\dfrac{1}{(nh)^2}\displaystyle\sum_{j=1}^{n}\mathcal{K}_{n,h}(X_i-X_j)\boldsymbol{W}_j$ 并且 $\boldsymbol{B}_n(X_i)=\dfrac{1}{(nh)^2}\displaystyle\sum_{j=1}^{n}\mathcal{K}_{n,h}(X_i-X_j)\boldsymbol{B}_\psi(X_j,X_i)$. 同样令 $S_j=(X_j,Y_j,\delta_j)$. 定义 U- 统计量的核函数如下: 对所有对 (i,j),

$$
\boldsymbol{H}(S_i,S_j)=\frac{1}{2nh^2}\mathcal{K}_{n,h}(X_i-X_j)\left\{\frac{(1-\delta_j)\boldsymbol{W}_i}{g(X_j)}+\frac{(1-\delta_i)\boldsymbol{W}_j}{g(X_i)}\right\},
$$

根据随机缺失的假设可知, 它是对称的. 对任意给定的 $\boldsymbol{\theta}_0\in\Theta^p$, 可以证明 $E\{\boldsymbol{H}(S_i,S_j)\}=0$, 并且对每个 j 它的条件期望为 $\boldsymbol{H}_1(S_j)=E\{\boldsymbol{H}(S_i,S_j)|S_j\}=[1-P(X_j)]\boldsymbol{W}_j/g(X_j)\{1+O(h^2)\}$. 根据给定 S_j 下 $\boldsymbol{H}(S_i,S_j)$ 的条件期望 $\boldsymbol{H}_1(S_j)$ 可获得下面的引理.

引理 19.2 假设 (A.1)~(A.4) 和 (A.6) 满足, 则依概率有

$$
\begin{aligned}
&\frac{1}{\sqrt{n}}\sum_{i=1}^{n}(1-\delta_i)\frac{\boldsymbol{\varphi}_n(X_i)}{g(X_i)}=\frac{1}{\sqrt{n}}\sum_{i=1}^{n}\frac{\boldsymbol{W}_j[1-P(X_j)]}{P(X_j)}\{1+O(h^2)\},\\
&\frac{1}{\sqrt{n}}\sum_{i=1}^{n}(1-\delta_i)\frac{\boldsymbol{B}_n(X_i)}{g(X_i)}=O(h^2).
\end{aligned}
$$

证明 这里只证明第一个结果, 第二个结果可类似证明. 第一个等式的左边部分可以构造一个 U 统计量, 即

$$
\begin{aligned}
\frac{1}{n}\sum_{i=1}^{n}(1-\delta_i)\frac{\boldsymbol{\varphi}_n(X_i)}{g(X_i)}&=\frac{1}{n^2}\sum_{i=1}^{n}\sum_{j=1}^{n}\frac{1}{nh^2}\mathcal{K}_{n,h}(X_i-X_j)\frac{(1-\delta_i)\boldsymbol{W}_j}{g(X_i)}\\
&=\frac{1}{n^2}\sum_{i=1}^{n}\boldsymbol{H}(S_i,S_i)+\boldsymbol{U}_n,
\end{aligned}
$$

这里

$$
\boldsymbol{U}_n=\frac{2}{n^2}\sum_{i=1}^{n}\sum_{i<j}\boldsymbol{H}(S_i,S_j).
$$

事实上, 由于随机缺失的假设, $E\boldsymbol{H}(S_i, S_i) = 0$. 根据大数律, 上面式子的第一项依概率渐近 $o(n^{-1})$. 因此只需考虑 U- 统计量 $\boldsymbol{U}_n$. 经过一些烦琐的计算可得,

$$E(\boldsymbol{U}_n - \widehat{\boldsymbol{U}}_n)^{\otimes 2} = \frac{2\zeta_2(\boldsymbol{\theta}_0)}{n(n-1)} + O(n^{-2}),$$

其中

$$\zeta_2(\boldsymbol{\theta}_0) = \mathrm{Var}[H(S_i, S_j)] = \frac{1}{2h}E\left\{\frac{[1-P(X)]\Sigma_\psi(X)}{g(X)}\right\}\int K^2(x)\mathrm{d}x + O(1).$$

由此可证明

$$\begin{aligned}\boldsymbol{U}_n &= \widehat{\boldsymbol{U}}_n + \left[\frac{2\zeta_2(\boldsymbol{\theta}_0)}{n(n-1)} + O(n^{-2})\right]^{-1/2}\\ &= \frac{1}{n}\sum_{i=1}^n \frac{\boldsymbol{W}_j[1-P(X_j)]}{P(X_j)}\{1+O(h^2)\} + O((n^2h)^{-1/2}).\end{aligned}$$

这就完成了引理 19.2 的证明. □

推论 19.3　假设 (A.1)~(A.6) 满足. 则

$$E\left\{\frac{1}{n}\sum_{i=1}^n(1-\delta_i)\frac{\boldsymbol{\varphi}_n(X_i)}{g(X_i)}\right\}^{\otimes 2} = \frac{1}{n}E\left\{\frac{[1-P(X)]^2\Sigma_\psi(X)}{P^2(X)}\right\}\{1+O(h^2)\},$$

$$E\left\{\frac{1}{n}\sum_{i=1}^n(1-\delta_i)\frac{\boldsymbol{B}_n(X_i)}{g(X_i)}\right\}^{\otimes 2} = O(h^4).$$

证明　结果可由 U 统计量的性质及引理 19.2 直接得出. □

注意到 $\widehat{\Delta}(X_i) = I(\widehat{g}_n(X_i) \leqslant \omega_n)$ 和 $\widehat{I}_i = I(\widehat{g}_n(X_i) > \omega_n)$. 记 $\Delta(X_i) = I(g(X_i) \leqslant \omega_n)$ 和 $I_i = I(g(X_i) > \omega_n)$. 很明显, $\widehat{\Delta}(X_i)$ 和 $\widehat{I}_i$ 是与 $\mathcal{G}_n(X_i)$ 有相同维数的矩阵. 令

$$\boldsymbol{A}_1 = \frac{1}{\sqrt{n}}\sum_{i=1}^n(1-\delta_i)[\mathcal{G}_n^{-1}(X_i)g(X_i)\widehat{I}_i - I_i]\frac{\boldsymbol{\varphi}_n(X_i)}{g(X_i)},$$

$$\boldsymbol{A}_2 = \frac{1}{\sqrt{n}}\sum_{i=1}^n(1-\delta_i)\frac{\boldsymbol{\varphi}_n(X_i)}{g(X_i)}[1-I_i].$$

□

引理 19.3　假设 (A.1)~(A.4), (A.6) 和 (A.7) 满足, 则 $\boldsymbol{A}_1 \xrightarrow{P} 0$ 及 $\boldsymbol{A}_2 \xrightarrow{P} 0$. 进一步有 $E|\boldsymbol{A}_1^{\otimes 2}| \to 0$ 和 $E|\boldsymbol{A}_2^{\otimes 2}| \to 0$.

引理 19.3 的证明　由引理 19.2 中的 U 统计量的构造可知, 类似于引理 19.2 的讨论, 我们能够证明 $\boldsymbol{A}_2 \xrightarrow{P} 0$. 同样地, 以引理 19.1 为基础, 可以证明 $\boldsymbol{A}_1 \xrightarrow{P} 0$. 更进一步很容易证明: 当随着 $n \to \infty$, $nh \to \infty$ 时, 有

$$\sup_{n>1} E|\boldsymbol{A}_2^{\otimes 2}| \leqslant 4|\zeta_{\Delta 1}| + \sup_{n>1}\frac{1}{(n-1)h}E\left|\frac{(1-P(X))\Sigma_\psi(X)}{g(X)}\right|\nu_0 < \infty.$$

这意味着 $\boldsymbol{A}_2$ 是一致可积的. 同样当 $\boldsymbol{A}_2 \xrightarrow{P} 0$ 时, 我们有 $E|\boldsymbol{A}_2^{\otimes 2}| \to 0$. 用类似的方法, 能证明 $E|\boldsymbol{A}_1^{\otimes 2}| \to 0$. □

引理 19.4 假设 (A.1)~(A.4) 和 (A.6) 满足, 则 $\boldsymbol{C}_1 \xrightarrow{P} 0$ 及 $\boldsymbol{C}_2 \xrightarrow{P} 0$. 进一步, $E|\boldsymbol{C}_1^{\otimes 2}| \to 0$ 以及 $E|\boldsymbol{C}_2^{\otimes 2}| \to 0$, 其中

$$\boldsymbol{C}_1 = \frac{1}{\sqrt{n}} \sum_{i=1}^{n} (1-\delta_i)[\mathcal{G}_n^{-1}(X_i) g(X_i) \widehat{I}_i - I_i] \frac{\boldsymbol{B}_n(X_i)}{g(X_i)},$$

并且

$$\boldsymbol{C}_2 = \frac{1}{\sqrt{n}} \sum_{i=1}^{n} (1-\delta_i) \frac{\boldsymbol{B}_n(X_i)}{g(X_i)} [1 - I_i].$$

证明 此引理的证明类似于引理 19.3 的证明. □

引理 19.5 假设 (A.1)~(A.7) 满足, 则

$$\frac{1}{\sqrt{n}} \sum_{i=1}^{n} \widehat{\boldsymbol{\psi}}(Y_i, \boldsymbol{Z}_i, \boldsymbol{\theta}_0) \xrightarrow{\mathscr{D}} N(0, D_1(\boldsymbol{\theta}_0)),$$

其中 $D_1(\boldsymbol{\theta}_0)$ 在式 (19.7) 有定义.

证明 由 $\widehat{\boldsymbol{\psi}}(Y_i, \boldsymbol{Z}_i, \boldsymbol{\theta}_0)$ 的定义, 对 $\frac{1}{\sqrt{n}} \sum_{i=1}^{n} \widehat{\boldsymbol{\psi}}(Y_i, \boldsymbol{Z}_i, \boldsymbol{\theta}_0)$ 有如下的分解:

$$\begin{aligned} & \frac{1}{\sqrt{n}} \sum_{i=1}^{n} \delta_i \{\boldsymbol{\psi}(Y_i, \boldsymbol{Z}_i, \boldsymbol{\theta}_0) - \boldsymbol{m}_\psi(X_i, \boldsymbol{\theta}_0)\} + \frac{1}{\sqrt{n}} \sum_{i=1}^{n} \mathbf{m}_\psi(X_i, \boldsymbol{\theta}_0) \\ & + \frac{1}{\sqrt{n}} \sum_{i=1}^{n} (1-\delta_i) \{\widehat{\boldsymbol{m}}_\psi(X_i, \boldsymbol{\theta}_0) - \boldsymbol{m}_\psi(X_i, \boldsymbol{\theta}_0)\}. \\ := & I_1 + I_2 + I_3. \end{aligned}$$

由引理 19.2~ 引理 19.4, 可以获得

$$I_3 = \frac{1}{\sqrt{n}} \sum_{i=1}^{n} \frac{[1 - P(X_i)]}{P(X_i)} [\boldsymbol{\psi}(Y_i, \boldsymbol{Z}_i, \boldsymbol{\theta}_0) - \boldsymbol{m}_\psi(X_i, \boldsymbol{\theta}_0)] \delta_i + o_p(\sqrt{n} h^2) + O_p(1).$$

因此

$$\begin{aligned} \frac{1}{\sqrt{n}} \sum_{i=1}^{n} \widehat{\boldsymbol{\psi}}(Y_i, \boldsymbol{Z}_i, \boldsymbol{\theta}_0) = & \frac{1}{\sqrt{n}} \sum_{i=1}^{n} \frac{1}{P(X_i)} [\boldsymbol{\psi}(Y_i, \boldsymbol{Z}_i, \boldsymbol{\theta}_0) - \boldsymbol{m}_\psi(X_i, \boldsymbol{\theta}_0)] \delta_i \\ & + \frac{1}{\sqrt{n}} \sum_{i=1}^{n} \boldsymbol{m}_\psi(X_i, \boldsymbol{\theta}_0) + O_p(\sqrt{n} h^2) + o_p(1). \end{aligned}$$

很明显, 右边的前两项是不相关的, 因为 $E\{\boldsymbol{\psi}(Y,\boldsymbol{Z},\boldsymbol{\theta}_0)-\boldsymbol{m}_\psi(X,\boldsymbol{\theta}_0)|X\}=0$. 经直接计算, 这两个独立同分布的随机变量的和依分布收敛到 0 均值的正态分布, 其方差为

$$\begin{aligned}&\mathrm{Var}\left(\frac{\delta_i}{P(X_i)}\{\boldsymbol{\psi}(Y_i,\boldsymbol{Z}_i,\boldsymbol{\theta}_0)-\boldsymbol{m}_\psi(X_i,\boldsymbol{\theta}_0)\}\right)+E\{\boldsymbol{m}_\psi(X_i,\boldsymbol{\theta}_0)\boldsymbol{m}_\psi^\tau(X,\boldsymbol{\theta}_0)\}\\&=E\left(\frac{\Sigma_\psi(X)}{P(X)}\right)+E\{\boldsymbol{m}_\psi(X,\boldsymbol{\theta}_0)\boldsymbol{m}_\psi^\tau(X,\boldsymbol{\theta}_0)\}.\end{aligned}$$ □

引理 19.6 假设 (A.1)~(A.7) 满足, 则

$$\widehat{D}_2(\boldsymbol{\theta}_0)\xrightarrow{P}D_2(\boldsymbol{\theta}_0),\tag{19.17}$$

$$\widehat{D}_1(\boldsymbol{\theta}_0)\xrightarrow{P}D_1(\boldsymbol{\theta}_0),\tag{19.18}$$

$$\frac{1}{n}\sum_{i=1}^n\nabla_\theta\widehat{\boldsymbol{\psi}}(Y_i,\boldsymbol{Z}_i,\boldsymbol{\theta}_0)\xrightarrow{P}E\nabla_\theta\boldsymbol{\psi}(Y,\boldsymbol{Z},\boldsymbol{\theta}_0).\tag{19.19}$$

引理 19.6 的证明 式 (19.17) 和式 (19.18) 可由引理 19.1 的证明直接得到, 而式 (19.19) 的证明可基于引理 19.3 来构造. □

定理 19.1 的证明 应用引理 19.5 和引理 19.6 以及广义估计方程估计的基本理论 (参见定理 9.3), 定理 9.3 的假设条件均满足, 由假设 (A.5), (A.4) 满足定理 9.3 中条件 (3) 和 (4), 因此可获得定理 19.1 的证明. □

定理 19.2 的证明 令

$$Q_{n1}(\boldsymbol{\theta},\boldsymbol{\lambda})=\frac{1}{n}\sum_{i=1}^n\frac{\widehat{\boldsymbol{\psi}}(Y_i,\boldsymbol{Z}_i,\boldsymbol{\theta})}{1+\boldsymbol{\lambda}^\tau\widehat{\boldsymbol{\psi}}(Y_i,\boldsymbol{Z}_i,\boldsymbol{\theta})},$$

$$Q_{n2}(\boldsymbol{\theta},\boldsymbol{\lambda})=\frac{1}{n}\sum_{i=1}^n\frac{[\boldsymbol{\lambda}^\tau\nabla_\theta\widehat{\boldsymbol{\psi}}(Y_i,\boldsymbol{Z}_i,\boldsymbol{\theta})]}{1+\boldsymbol{\lambda}^\tau\widehat{\boldsymbol{\psi}}(Y_i,\boldsymbol{Z}_i,\boldsymbol{\theta})}.$$

由命题 19.1 可知,$\widehat{\boldsymbol{\theta}}_e$ 和 $\widehat{\boldsymbol{\lambda}}=\boldsymbol{\lambda}(\widehat{\boldsymbol{\theta}}_e)$ 分别满足 $Q_{n1}(\widehat{\boldsymbol{\theta}}_e,\widehat{\boldsymbol{\lambda}})=0$ 和 $Q_{n2}(\widehat{\boldsymbol{\theta}}_e,\widehat{\boldsymbol{\lambda}})=0$. 从而, 类似于第 7 章定理 7.5 的证明, 应用引理 19.5 和引理 19.6, 定理 19.2 容易被证明. □

定理 19.3 的证明 由引理 19.6 可知,

$$\widehat{D}_2(\boldsymbol{\theta})=\frac{1}{n}\sum_{i=1}^n\widehat{\boldsymbol{\psi}}(Y_i,\boldsymbol{Z}_i,\boldsymbol{\theta}_0)\widehat{\boldsymbol{\psi}}^\tau(Y_i,\boldsymbol{Z}_i,\boldsymbol{\theta}_0)=O_p(1).\tag{19.20}$$

由引理 19.5, 有 $n^{-1}\sum_{i=1}^n\widehat{\boldsymbol{\psi}}(Y_i,\boldsymbol{Z}_i,\boldsymbol{\theta}_0)=O_p(n^{-1/2})$. 类似于 Owen (1990), 可以证明

$$\boldsymbol{\lambda}_n=O_p(n^{-1/2}).\tag{19.21}$$

注意到 $\int\int \boldsymbol{\psi}^2(y,z,\boldsymbol{\theta}_0)\mathrm{d}F(y,z)<\infty$. 类似于 Owen (1990, 引理 3) 的讨论, 我们有 $\max_{1\leqslant i\leqslant n}||\boldsymbol{\psi}(Y_i,\boldsymbol{Z}_i,\boldsymbol{\theta}_0)||=o_p(n^{1/2})$. 因此,

$$\begin{aligned}\max_{1\leqslant i\leqslant n}||\widehat{\boldsymbol{\psi}}(Y_i,\boldsymbol{Z}_i,\boldsymbol{\theta}_0)||\leqslant&\max_{1\leqslant i\leqslant n}||\delta_i\boldsymbol{\psi}(Y_i,\boldsymbol{Z}_i,\boldsymbol{\theta}_0)||+\max_{1\leqslant i\leqslant n}||(1-\delta_i)\widehat{\boldsymbol{m}}_{\psi}(X_i,\boldsymbol{\theta}_0)||\\=&o_p(n^{1/2}).\end{aligned}$$

再结合式 (19.21) 有

$$\max_{1\leqslant i\leqslant n}|\boldsymbol{\lambda}_n^{\tau}\widehat{\boldsymbol{\psi}}(Y_i,\boldsymbol{Z}_i,\boldsymbol{\theta}_0)|=o_p(1). \tag{19.22}$$

而由式 (19.11), 我们有 $\boldsymbol{\lambda}_n=n^{-1}\widehat{D}_2^{-1}(\boldsymbol{\theta})\sum_{i=1}^n\widehat{\boldsymbol{\psi}}(Y_i,\boldsymbol{Z}_i,\boldsymbol{\theta}_0)+R_n$, 这里

$$R_n=n^{-1}\widehat{D}_2^{-1}(\boldsymbol{\theta})\sum_{i=1}^n\frac{\{\boldsymbol{\lambda}_n^{\tau}\widehat{\boldsymbol{\psi}}(Y_i,\boldsymbol{Z}_i,\boldsymbol{\theta}_0)\}^2\widehat{\boldsymbol{\psi}}(Y_i,\boldsymbol{Z}_i,\boldsymbol{\theta}_0)}{[1+\boldsymbol{\lambda}_n^{\tau}\widehat{\boldsymbol{\psi}}(Y_i,\boldsymbol{Z}_i,\boldsymbol{\theta}_0)]}.$$

联合式 (19.21) 和式 (19.22), 我们能证明

$$|R_n|\leqslant O_p(n^{-1}||\max_{1\leqslant i\leqslant n}\widehat{\boldsymbol{\psi}}(Y_i,\boldsymbol{Z}_i,\boldsymbol{\theta}_0)||)=o_p(n^{-1/2}). \tag{19.23}$$

应用式 (19.11) 和式 (19.20)~ 式 (19.23), 有

$$\begin{aligned}0=&\boldsymbol{\lambda}_n^{\tau}\sum_{i=1}^n\frac{\widehat{\boldsymbol{\psi}}(Y_i,\boldsymbol{Z}_i,\boldsymbol{\theta}_0)}{1+\boldsymbol{\lambda}_n^{\tau}\widehat{\boldsymbol{\psi}}(Y_i,\boldsymbol{Z}_i,\boldsymbol{\theta}_0)}=\sum_{i=1}^n\frac{\boldsymbol{\lambda}_n^{\tau}\widehat{\boldsymbol{\psi}}(Y_i,\boldsymbol{Z}_i,\boldsymbol{\theta}_0)}{1+\boldsymbol{\lambda}_n^{\tau}\widehat{\boldsymbol{\psi}}(Y_i,\boldsymbol{Z}_i,\boldsymbol{\theta}_0)}\\=&\sum_{i=1}^n\{\boldsymbol{\lambda}_n^{\tau}\widehat{\boldsymbol{\psi}}(Y_i,\boldsymbol{Z}_i,\boldsymbol{\theta}_0)\}-\sum_{i=1}^n\{\boldsymbol{\lambda}_n^{\tau}\widehat{\boldsymbol{\psi}}(Y_i,\boldsymbol{Z}_i,\boldsymbol{\theta}_0)\}^2+o_p(1).\end{aligned}$$

这就有 $\sum_{i=1}^n\{\boldsymbol{\lambda}_n^{\tau}\widehat{\boldsymbol{\psi}}(Y_i,\boldsymbol{Z}_i,\boldsymbol{\theta}_0)\}=\sum_{i=1}^n\{\boldsymbol{\lambda}_n^{\tau}\widehat{\boldsymbol{\psi}}(Y_i,\boldsymbol{Z}_i,\boldsymbol{\theta}_0)\}^2+o_p(1)$. 因此,

$$\widehat{\ell}(\boldsymbol{\theta}_0)=2\sum_{i=1}^n\log\{1+\boldsymbol{\lambda}_n^{\tau}\widehat{\boldsymbol{\psi}}(Y_i,\boldsymbol{Z}_i,\boldsymbol{\theta}_0)\}=\boldsymbol{\lambda}_n^{\tau}\sum_{i=1}^n\widehat{\boldsymbol{\psi}}(Y_i,\boldsymbol{Z}_i,\boldsymbol{\theta}_0)+o_p(1). \tag{19.24}$$

所以由式 (19.22), 式 (19.23) 及式 (19.24) 得

$$\begin{aligned}\widehat{\ell}(\boldsymbol{\theta}_0)=&n^{-1/2}\sum_{i=1}^n\widehat{\boldsymbol{\psi}}^{\tau}(Y_i,\boldsymbol{Z}_i,\boldsymbol{\theta}_0)\{n^{-1}\sum_{i=1}^n\{\widehat{\boldsymbol{\psi}}(Y_i,\boldsymbol{Z}_i,\boldsymbol{\theta}_0)\}^{\otimes 2}\}^{-1}n^{-1/2}\sum_{i=1}^n\widehat{\boldsymbol{\psi}}(Y_i,\boldsymbol{Z}_i,\boldsymbol{\theta}_0)\\&+o_p(1).\end{aligned}$$

再由引理 19.5 和 19.6, 我们就完成了定理 19.3 的证明. □

推论 19.2 的证明 可由式 (19.13) 和引理 19.5 及引理 19.6 直接得到. □

第 20 章　缺失数据下分位数回归

在第 19 章讨论了缺失数据下广义估计方程方法, 所涉及的无偏估计函数关于参数都是光滑的函数, 而在第 18 章讨论了删失数据下非光滑估计方程的估计方法, 非光滑估计函数的处理方法比光滑估计函数要困难, 本章将要讨论的分位回归函数就是非光滑估计函数. 本章将把第 19 章的方法扩展到非光滑估计方程方法, 并应用了多重插补方法. 虽然核光滑技术是研究非光滑目标函数的一种重要和有用的手段, 但本章所获得的结果都不需要对非光滑的估计函数进行核光滑.

20.1　基于估计方程的缺失数据下的样本分位数回归

分位回归函数的统计推断可以由估计方程方法进行研究. 首先应用第 19 章的"核光滑估计方程填入法"来处理缺失数据下分位数回归目标函数, 然后由其获得参数的估计. 回忆一般的 q 维估计方程向量可定义为

$$E\psi(Y,\boldsymbol{Z},\boldsymbol{\theta})=0, \tag{20.1}$$

其中 Y 是独立同分布响应变量, 其分布函数为 F 且未知, Z 是协变量, $\boldsymbol{\theta}$ 为 p 维未知参数, 且 $q\geqslant p$. 在广义线性模型中, 伪似然函数的伪得分函数有相似的等式. 因此, 广义矩估计方法可以直接应用到参数 θ 的统计推断中. 方程 (20.1) 的样本类似是

$$\frac{1}{n}\sum_{i=1}^{n}\psi(Y_i,\boldsymbol{X}_i,\boldsymbol{\theta})=0, \tag{20.2}$$

其中 $(Y_i,\boldsymbol{X}_i), i=1,2,\cdots,n$ 是观察样本. 解此方程便可以获得 θ 的相合估计, 并可证明此估计是渐近正态的. 但是在很多情况下, 观察样本 $(Y_i,\boldsymbol{X}_i), i=1,2,\cdots,n$ 并不能完全被观察到, 只能获得部分或不完全观察数据, 例如, 缺失数据、删失数据. 由于在估计方程 (20.1) 中对 Y 和 $\boldsymbol{X}$ 的限制是对等的, 本章的统计推断方法对于协变量 $\boldsymbol{X}$ 是不完全观察数据也是成立的. 令 $\boldsymbol{X}$ 为 d 维随机向量, Y 为与 $\boldsymbol{X}$ 有关的响应变量. 缺失数据有如下表示:

$$(\boldsymbol{X}_i,Y_i,\delta_i),\quad i=1,2,\cdots,n,$$

其含义与第 19 章相同.

类似于第 19 章的方法, 需要如下条件期望估计函数

$$\psi^*(Y,\boldsymbol{X},\boldsymbol{\theta})=\frac{1}{n}\sum_{i=1}^{n}\Big\{\delta_i\psi(Y_i,\boldsymbol{X}_i,\boldsymbol{\theta})+(1-\delta_i)E[\psi(Y_i,\boldsymbol{X}_i,\boldsymbol{\theta})|\boldsymbol{X}_i]\Big\},\tag{20.3}$$

不难证明式 (20.3) 右边在 MAR 假设下仍为无偏估计函数. 因此, 只要对右边的条件期望进行估计便可获得感兴趣参数 $\boldsymbol{\theta}$ 的估计方程.

理论上可以给出式 (20.3) 中条件期望函数的估计, 比如非参数方法就是一种可能的方法. 但是这个条件期望估计通常是高维回归, 因此, 首先就一种最简单的非线性估计方程, 即分位数估计进行研究. 此时, 协变量 $\boldsymbol{X}$ 不是感兴趣的变量, 在此只是作为辅助变量出现.

通常, 第 τ 个分位数 θ 的估计可被定义为下面目标函数的最优解, 即

$$\widehat{\theta}=\arg\min_{\theta}\frac{1}{n}\sum_{i=1}^{n}\rho_\tau(Y_i-\theta),\tag{20.4}$$

其中 $\rho_\tau(u)=u(\tau-I(u<0))$.

当没有缺失数据时, 我们很容易通过最优化算法得到 θ 的估计. 下面考虑数据缺失下如何估计分位数.

在 MAR 假设下, 式 (20.4) 应修正为

$$\widehat{\theta}_j=\arg\min_{\theta_j}\frac{1}{n}\sum_{i=1}^{n}\Big\{\delta_i\rho_{\tau_j}(Y_i-\theta_j)+(1-\delta_i)E[\rho_{\tau_j}(Y_i-\theta_j)|\boldsymbol{X}_i]\Big\},\tag{20.5}$$

其中 θ_j 是第 τ_j 个分位数, $j=1,2,\cdots,p$. 我们定义 $\boldsymbol{\tau}=(\tau_1,\tau_2,\cdots,\tau_p)^\tau$ 以及 $\boldsymbol{\theta}=(\theta_1,\theta_2,\cdots,\theta_p)^\tau$.

为了得到分位数的估计, 我们记 $\rho_{\tau_j}(u)$ 的方向导数为 $\psi_{\tau_j}(u)=\tau_j-I(u<0)$, 那么分位数是下面关于 θ 的方程的解.

$$\frac{1}{n}\sum_{i=1}^{n}\Big\{\delta_i\psi_{\boldsymbol{\tau}}(Y_i-\boldsymbol{\theta})+(1-\delta_i)E[\psi_{\boldsymbol{\tau}}(Y_i-\boldsymbol{\theta})|\boldsymbol{X}_i]\Big\}=0,\tag{20.6}$$

其中

$$E[\psi_{\boldsymbol{\tau}}(Y_i-\boldsymbol{\theta})|\boldsymbol{X}_i]=\Big(E[\psi_{\tau_1}(Y_i-\boldsymbol{\theta})|\boldsymbol{X}_i],\cdots,E[\psi_{\tau_p}(Y_i-\boldsymbol{\theta})|\boldsymbol{X}_i]\Big)^\tau,$$

以及 $\psi_{\boldsymbol{\tau}}(Y_i-\boldsymbol{\theta})$ 是 p 维随机向量. 为简单起见, 记 $\psi(Y,\boldsymbol{\theta})=\psi_{\boldsymbol{\tau}}(Y-\boldsymbol{\theta})$.

处理缺失数据一般常用的技术为插补法 (imputation), 即将插补值替代缺失数据. 插补法不能直接应用于缺失的 Y_i, 因为 $\psi(Y,\boldsymbol{\theta})$ 是非线性函数. 如何对缺失数据进行插补以保证估计方程的无偏性或者渐近无偏性是问题的关键. 下面将介绍两种解决这个问题的有效方法.

20.2　缺失数据下的非参核插补法

记 $m_\psi(x,\boldsymbol{\theta}) = E\{\psi(Y,\boldsymbol{\theta})|X=x\}$. 假设 $m_\psi(x,\boldsymbol{\theta})$ 是关于 $\boldsymbol{\theta}$ 的函数, 我们很容易通过如下等式构造 $E\psi(Y,\boldsymbol{\theta})$ 无偏估计量.

$$\overline{\psi}(Y_i,\boldsymbol{\theta}) = \delta_i\psi(Y_i,\boldsymbol{\theta}) + (1-\delta_i)m_\psi(X_i,\boldsymbol{\theta}). \tag{20.7}$$

显然, $E\overline{\psi}(Y_i,X_i,\boldsymbol{\theta}) = E\psi(Y,\boldsymbol{\theta})$. 这也就表明 $\sum_{i=1}^n \overline{\psi}(Y_i,X_i,\boldsymbol{\theta}) = 0$ 是无偏估计方程. 但在实际应用中, 回归函数 $m_\psi(x,\boldsymbol{\theta})$ 是未知的, 估计条件期望的常用方法是利用非参技术, 本节采用核回归插补方法. 这里所使用的非参方法与现有的处理缺失数据的方法不同, 而是采用第 19 章中的方法. 但这里所研究的分位数估计方程并不是第 19 章的特殊情况 (参见 Zhou, Wan and Wang, 2008), 那里需要目标函数是光滑的, 而分位数估计的目标函数是不可微的.

为了叙述简单, 我们假定辅助变量 X 是一维的, 对于高维的 X 可类似地获得. 注意到

$$m_\psi(x,\boldsymbol{\theta}) = E\{\psi(Y,\boldsymbol{\theta})|X=x\} = \int \psi(Y,\boldsymbol{\theta})\mathrm{d}F(y|X=x). \tag{20.8}$$

因此我们仅需要估计 $F(y|x)$. 而 $F(y|x)$ 的核估计可以写成如下形式

$$\widehat{F}_n(y|x) = \frac{\displaystyle\sum_{i=1}^n K_h(x-X_i)I(Y_i \leqslant y)\delta_i}{\displaystyle\sum_{i=1}^n K_h(x-X_i)\delta_i}, \tag{20.9}$$

这里 $K_h(u) = K(u/h)/h$ 是核函数, h 是窗宽并当 $n\to\infty$ 时趋近于 0. 在许多应用中, 人们总假设 $K(\cdot)$ 是具有有限支撑 $[-c,c]$ 的函数, 这里 c 是某一正常数.

现在用 $\widehat{F}_n(y|\boldsymbol{X}=\boldsymbol{x})$ 替换式 (20.8) 中的 $F(y|X=x)$, 则很容易获得 $m_\psi(\boldsymbol{x},\boldsymbol{\theta})$ 的估计,

$$\widehat{m}_\psi(\boldsymbol{x},\boldsymbol{\theta}) = \frac{\displaystyle\sum_{i=1}^n K_h(x-X_i)\psi(Y_i,\boldsymbol{\theta})\delta_i}{\displaystyle\sum_{i=1}^n K_h(x-X_i)\delta_i}. \tag{20.10}$$

这种插补方法称为*非参核插补方法*, 它类似于 Zhou, Wan 和 Wang (2008) 所提出的方法. 为了避免由于 $\widehat{m}_\psi(\boldsymbol{x},\boldsymbol{\theta})$ 的分母值过小带来技术上的困难, 我们定义一个修改的核估计

$$\widehat{m}_\psi(\boldsymbol{x},\boldsymbol{\theta})=\frac{\sum_{i=1}^n K_h(x-X_i)\psi(Y_i,\boldsymbol{\theta})\delta_i}{\sum_{i=1}^n K_h(x-X_i)\delta_i+n^{-2}}. \tag{20.11}$$

Fan (1993) 证明了 $\widehat{m}_\psi(x,\boldsymbol{\theta})$ 的渐近性质不会因为在它分母加一个很小的量 n^{-2} 而受到影响. 然而, 对有限的 n, 很小的量 n^{-2} 会使得 $\widehat{m}_\psi(x,\boldsymbol{\theta})$ 的分母变大. 从这点来看, 它将显著的影响 $\widehat{m}_\psi(\boldsymbol{x})$. Cheng 和 Chu (1996), Wang 和 Rao (2002) 采用了不同的截断技术来避免核回归估计中分母过小的问题. 事实上, 对某个正常数 c_0, 辅助变量 $\boldsymbol{X}$ 的密度函数满足 $f_x(x)>c_0>0$(仅为了数学上处理更方便), 在考虑核回归估计的渐近性质时, 在分母中加一个很小的量 n^{-2} 比用截断技术更方便.

因此, $\boldsymbol{\theta}$ 的一个估计函数为

$$\widehat{\psi}(Y_i,X_i,\boldsymbol{\theta})=\delta_i\psi(Y_i,\boldsymbol{\theta})+(1-\delta_i)\widehat{m}_\psi(X_i,\boldsymbol{\theta}). \tag{20.12}$$

根据核估计的渐近性质, 我们很容易证明 $n^{-1}\sum_{i=1}^n\widehat{\psi}(Y_i,\boldsymbol{\theta})$ 是 $\boldsymbol{\theta}$ 的一个渐近无偏估计函数.

20.2.1 非参核插补法下分位数估计的渐近性质

我们知道 $E_F\psi(Y,\boldsymbol{\theta})=\tau-F(\boldsymbol{\theta})$. 令 Y 的概率密度函数 $f(\cdot)$, 并且在 Y 的支撑中总有 $f(\cdot)>0$. 同时假定对所有 $\boldsymbol{x}$, $P(\boldsymbol{x})=P(\delta=1|X=\boldsymbol{x})>0$, 在缺失数据情形下, 估计函数可以定义为

$$Q_n(\boldsymbol{\theta})=\frac{1}{n}\sum_{i=1}^n\widehat{\psi}(Y_i,\boldsymbol{\theta}). \tag{20.13}$$

定理 20.1 令 $\boldsymbol{\theta}_0=(\boldsymbol{\theta}_1^0,\cdots,\boldsymbol{\theta}_p^0)^\tau$ 是 $E\psi(Y,\boldsymbol{\theta})=0$ 的唯一根. 假定 20.6 节中的条件 (1)~(4) 满足. 另外, 假设 $F(\boldsymbol{\theta})$ 关于 $\boldsymbol{\theta}$ 是连续的. 如果 $\widehat{\boldsymbol{\theta}}_n$ 是估计方程 $Q_n(\boldsymbol{\theta})=0$ 的解, 则

$$\widehat{\boldsymbol{\theta}}_n\stackrel{P}{\longrightarrow}\boldsymbol{\theta}_0.$$

为了建立基于模型 (20.6) 的 M 估计的渐近性质, 我们需要一些记号. 记

$$D(\boldsymbol{\theta}_0)=E\left\{\frac{\Sigma_\psi(X)}{P(X)}\right\}+E\{m_\psi(X)m_\psi^\tau(X)\}, \tag{20.14}$$

这里 $\Sigma_\psi(X)=\Sigma_\psi(X,\boldsymbol{\theta}_0)=\mathrm{Cov}\{\psi(Y,\boldsymbol{\theta}_0)|X\}$, 并且 $P(X)=P(\delta=1|X)$.

定理 20.2 假定 20.6 节中的条件 (1)~(4) 满足. 令 $\boldsymbol{\theta}_0$ 是 $Q(\boldsymbol{\theta})=0$ 的唯一解. 如果 $\widehat{\boldsymbol{\theta}}_n$ 是估计方程 $Q_n(\boldsymbol{\theta})=0$ 的任何一个解序列, 则有

$$\sqrt{n}(\widehat{\boldsymbol{\theta}}_n-\boldsymbol{\theta}_0)\stackrel{\mathscr{D}}{\longrightarrow}N(0,\Sigma),$$

这里 $\Sigma = \{Q'(\boldsymbol{\theta}_0)^\tau D^{-1}(\boldsymbol{\theta}_0)Q'(\boldsymbol{\theta}_0)\}^{-1}$, $Q'(\boldsymbol{\theta}) = \partial Q(\boldsymbol{\theta})/\partial \boldsymbol{\theta}^\tau$ 并且 $Q(\boldsymbol{\theta}) = E\psi(Y, \boldsymbol{\theta})$.

注意到 $Q(\boldsymbol{\theta}) = E_F\psi(Y, \boldsymbol{\theta}) = \tau - F(\boldsymbol{\theta})$, 则通过简单的计算可知 $\Sigma_\psi(X)$ 的第 (i,j) 个元素为 $\omega_{i,j} = F(\theta_i|X)(1 - F(\theta_j|X))$ 如果 $\tau_i \leqslant \tau_j$, 并且 $m_\psi(X)m_\psi^\tau(X)$ 的第 (i,j) 个元素为 $[\tau_i - F(\theta_i|X)][\tau_j - F(\theta_j|X)]$. 如果 Y 的密度函数存在, 记为 $f(x)$, 则 $Q'(\boldsymbol{\theta}) = \mathrm{diag}(-f(\theta_1), \cdots, -f(\theta_p))$. 因此, 定理 20.2 中的渐近方差是一对称矩阵, 且矩阵的第 (i,j) 个元素是

$$\frac{1}{f(\theta_i)f(\theta_j)}\left\{E\left[\frac{F(\theta_i|X)[1 - F(\theta_j|X)]}{P(X)}\right] + E[(\tau_i - F(\theta_i|X))(\tau_j - F(\theta_j|X))]\right\}.$$

再进一步, 当只考虑单个分位数估计时, 即 $p = 1$, 我们有

$$\sqrt{n}(\widehat{\theta}_1 - \theta_1) \xrightarrow{\mathscr{D}} N(0, \sigma_1(\theta_1)),$$

其中

$$\sigma_1(\theta_1) = \frac{1}{f^2(\theta_1)}\left\{E\left[\frac{F(\theta_1|X)[1 - F(\theta_1|X)]}{P(X)}\right] + E[(\tau_1 - F(\theta_1|X)]^2\right\}.$$

当没有缺失数据时, 即 $P(X) = 1$, 则有 $\sigma_1(\theta_1) = \tau_1(1 - \tau_1)/f^2(\theta_1)$, 这跟普通意义下的分位数估计的渐近方差一致.

20.2.2 非参核插补法下分位数估计的渐近方差估计

为了应用定理 20.2, 我们需要估计 Σ. D 的估计稍微复杂点, 我们采用 "Plug-in" 方法可以得到它的相合估计为

$$\widehat{D}(\boldsymbol{\theta}) = \frac{1}{n}\sum_{i=1}^{n}\left\{\frac{\widehat{\Sigma}_\psi(X_i)}{\widehat{P}(X_i)} + \widehat{m}_\psi(X_i)\widehat{m}_\psi^\tau(X_i)\right\}, \tag{20.15}$$

这里 $\widehat{\Sigma}_\psi(X_i)$ 和 $\widehat{P}(X_i)$ 分别是 $\Sigma_\psi(x)$ 和 $P(x)$ 的相合估计. $\Sigma_\psi(x)$ 和 $P(x)$ 的常用的非参估计分别定义为

$$\widehat{\Sigma}_\psi(x) = \widehat{\omega}_{i,j}) = \widehat{F}_n(\theta_i|x)(1 - \widehat{F}_n(\theta_j|x)),$$

$$\widehat{P}(\boldsymbol{x}) = \frac{\displaystyle\sum_{i=1}^{n}\mathcal{L}_{n,h_n}(x - X_i)\delta_i}{\displaystyle\sum_{i=1}^{n}\mathcal{L}_{n,h_n}(x - X_i) + n^{-2}},$$

这里 $\mathcal{L}_{n,h_n} = \{T_2 - (x - X_i)T_1\}L_h(x - X_i)$, $T_k = \sum\limits_{i=1}^{n}(x - X_i)^k L_h(x - X_i)$, 并且 $L(\cdot)$ 为另外一个核函数但有可能与 $K(\cdot)$ 相同.

渐近协方差 Σ 的一个很自然的相合估计为

$$\widehat{\Sigma}=\left[\widehat{Q}'(\boldsymbol{\theta})^{\tau}\widehat{D}^{-1}(\boldsymbol{\theta})\widehat{Q}'(\boldsymbol{\theta})\right]^{-1},$$

其中 $\widehat{Q}'(\boldsymbol{\theta})$ 是 $Q'(\boldsymbol{\theta})$ 的一个相合估计. $f(\boldsymbol{\theta})$ 的一个相合估计为 $\widehat{f}(\boldsymbol{\theta})=\int K_b(\boldsymbol{\theta}-t)\mathrm{d}t$, 这里 b 是窗宽并且 K 是一个核函数, 可能会与前面提到的核函数相同. 因此 $Q'(\boldsymbol{\theta})$ 的一个相合估计为 $\widehat{Q}'(\boldsymbol{\theta})=\mathrm{diag}(-\widehat{f}(\theta_1),\cdots,-\widehat{f}(\theta_p))$.

20.3 缺失数据下的局部多重插补法

另外也可以使用局部多重插补技术进行插补, 这个思想来自于 Monte Carlo 计算的思想. 多重插补技术分为两步.

步骤一: 对任意观测 $i=1,\cdots,n$, 如果 $\delta_i=1$, 则利用条件分布估计 $\widehat{F}_n(\psi|x)$ 来抽取样本 ψ_i^*;

步骤二: 利用步骤一获得的数据, 我们可通过如下方法获得缺失数据的插补值. 在给定重抽样数据 $(X_i,\psi^*(Y_i,\boldsymbol{\theta}),\delta_i),i=1,\cdots,n$ 的条件下, 构造条件分布 $\widehat{F}_n(\psi^*|x)$. 当 $\delta_i=0$ 时, 我们利用分布 $\widehat{F}_n(\psi^*|x)$ 抽取样本 $\psi^+(Y_i,\boldsymbol{\theta})$ 作为缺失数据的插入值. 此时获得类似于 (20.7) 的无偏估计方程

$$\bar{\psi}(Y_i,\boldsymbol{\theta})=\delta_i\psi(Y_i,\boldsymbol{\theta})+(1-\delta_i)\psi^+(Y_i,\boldsymbol{\theta}). \tag{20.16}$$

仅抽一个样本会导致参数估计的不稳定, 其中原因是这个估计方程很强地依赖于抽样样本 $\psi^+(Y_i,\boldsymbol{\theta})$ 的好坏. 因此, 可以考虑重复步骤一和步骤二 m 次进行多重抽样, 可得到

$$R_n(\boldsymbol{\theta})=\frac{1}{m}\sum_{l=1}^{m}\frac{1}{n}\sum_{i=1}^{n}(\delta_i\psi(Y_i,\boldsymbol{\theta})+(1-\delta_i)\psi_l^+(Y_i,\boldsymbol{\theta})), \tag{20.17}$$

其中 $R_n(\boldsymbol{\theta})$ 就是相应的估计函数. 对于上面提到的条件分布, 我们可以用带权重的累积分布函数替代, 即

$$\widehat{F}_n(\psi|x)=\sum_{j=1}^{n}w_j(x)I(\psi\leqslant u), \tag{20.18}$$

其中 $w_j(x)$ 为权函数.

权函数 $w_j(x)$ 可以有很多选择, 比如, 经典的 Nadaraya-Watson 权函数, Hall 和 Presnell (1999) 中使用的权等. 我们这里将权函数给定为

$$w_j(\boldsymbol{x})=\frac{\delta_jK_h(x-X_j)}{\displaystyle\sum_{k=1}^{n}\delta_kK_h(x-X_j)}, \tag{20.19}$$

其中 $K_h(u)=K(u/h)/h, h$ 是非参核函数的窗宽. 对于步骤二中的重抽样, 同样可以用类似的办法. 但核函数的窗宽可以与前面不一致, 令 $K_g(u)=K(u/g)/g, g$ 是非参核函数的窗宽. 事实上, 选择什么样的核函数对该方法的估计影响很小, 具体可参考 Aerts 等 (2002). 在 20.4 节我们将证明这个估计函数仍是渐近无偏的, 并且基于此估计函数构造的分位数估计仍是相合的, 同时也是渐近正态的.

20.3.1 局部多重插补法下分位数估计的渐近性质

类似前面所提到的条件, 局部多重插补下估计函数可以定义为

$$R_n(\boldsymbol{\theta})=\frac{1}{m}\sum_{l=1}^{m}\frac{1}{n}\sum_{i=1}^{n}(\delta_i\psi(Y_i,\boldsymbol{\theta})+(1-\delta_i)\psi_l^{+}(Y_i,\boldsymbol{\theta})). \tag{20.20}$$

定理 20.3 令 $\boldsymbol{\theta}_0=(\theta_1^0,\cdots,\theta_p^0)^\tau$ 是 $Q(\boldsymbol{\theta})=0$ 的唯一根. 假定 20.6 节中的条件 (1)~(4) 满足. 另外, 假设 $F(\boldsymbol{\theta})$ 关于 $\boldsymbol{\theta}$ 是连续的. 如果 $\bar{\boldsymbol{\theta}}_n$ 是估计方程 $R_n(\boldsymbol{\theta})=0$ 的解, 则

$$\bar{\boldsymbol{\theta}}_n\xrightarrow{P}\boldsymbol{\theta}_0.$$

为简单起见, 记

$$D_1(\boldsymbol{\theta}_0)=E\left\{\frac{\Sigma_\psi(X)}{P(X)}+m_\psi(X)m_\psi^\tau(X)\right\}+\frac{1}{m}E\left\{\frac{(1-P(X))^2\Sigma_\psi(X)}{P(X)}\right\} \tag{20.21}$$

其中 $\Sigma_\psi(X)=\Sigma_\psi(X,\boldsymbol{\theta}_0)=\mathrm{Cov}\{\psi(Y,\boldsymbol{\theta}_0)|X\}$. 容易证明

$$\sqrt{n}[R_n(\boldsymbol{\theta})-E\psi(Y,\boldsymbol{\theta})]\xrightarrow{\mathscr{D}}N(0,D_1), \tag{20.22}$$

详细证明请参见 20.6 节.

定理 20.4 假定 20.6 节中的条件 (1)~(4) 满足. 令 $\boldsymbol{\theta}_0$ 是 $E_F\psi(Y,\boldsymbol{\theta})=0$ 的唯一解. 如果 $\bar{\boldsymbol{\theta}}_n$ 是估计方程 $R_n(\boldsymbol{\theta})=0$ 的任何一个解序列, 则有

$$\sqrt{n}(\bar{\boldsymbol{\theta}}_n-\boldsymbol{\theta}_0)\xrightarrow{\mathscr{D}}N(0,\Omega),$$

这里 $\Omega=\{R'(\boldsymbol{\theta}_0)^\tau D_1^{-1}(\boldsymbol{\theta}_0)R'(\boldsymbol{\theta}_0)\}^{-1}$, $R'(\boldsymbol{\theta})=\partial R(\boldsymbol{\theta})/\partial\boldsymbol{\theta}^\tau$ 并且 $R(\boldsymbol{\theta})=E\psi(Y,\boldsymbol{\theta})$.

20.3.2 局部多重插补法下分位数估计的渐近方差的估计和窗宽选择

该方法渐近方差的估计类似于前面提到的方法. 窗宽选择是非参数方法中一个重要的问题. 可以证明

$$\begin{aligned}\mathrm{MSE}(R_n(\boldsymbol{\theta}))=&c_0n-1+(c_1h^2+c_2g^2)^2+(c_3h^{-1}+c_4g^{-1})n^{-2}\\&+(c_5h^2+c_6g^2)n^{-1}+o\{(h^2+g^2)n^{-1}\},\end{aligned} \tag{20.23}$$

其中 $c_0 = D_1$. 对式 (20.23) 求偏导并且忽略一些高阶无穷小项, 我们发现 $h, g = O(n^{-2/5})$. 由于 $n^{-2/5}$ 前面的系数计算起来十分复杂, 我们建议使用基于数据的窗宽选择方法, 比如, 刀切法 (jackknife methods), 详细方法可参见 Rao 和 Shao (1992). 事实上, 现在并没有一个很好选择窗宽的方法, 与其他大多数文献一样, 在实际应用中, 我们总是通过经验选出合适的窗宽.

20.4 缺失数据下的分位数回归

线性分位数回归是最为常见的分位数回归, 它与样本分位数回归有很大的区别. 在这里我们直接对 $\rho_\tau(u)$ 进行插补, 插补方法仍然使用上面所述两种. 对于分位数回归有如下定义

$$\widehat{\boldsymbol{\beta}} = \arg\min_{\boldsymbol{\beta}} \frac{1}{n}\sum_{i=1}^{n} \rho_\tau(Y_i - \boldsymbol{X}_i^\tau \boldsymbol{\beta}). \tag{20.24}$$

20.4.1 核插补法

MAR 的情况下, 式 (20.24) 应修改为

$$\widehat{\boldsymbol{\beta}}_j = \arg\min_{\boldsymbol{\beta}_j} \frac{1}{n}\sum_{i=1}^{n}\{\delta_i \rho_{\tau_j}(Y_i - \boldsymbol{X}_i^\tau \boldsymbol{\beta}_j) + (1-\delta_i)E[\rho_{\tau_j}(Y_i - \boldsymbol{X}_i^\tau \boldsymbol{\beta}_j)|\boldsymbol{X}_i)]\}, \tag{20.25}$$

其中 $\boldsymbol{\beta}_j$ 是第 τ_j 个分位数的回归系数, $j = 1, 2, \cdots, p$. 我们定义 $\boldsymbol{\tau} = (\tau_1, \tau_2, \cdots, \tau_p)^\tau$, 以及 $\boldsymbol{\beta} = (\boldsymbol{\beta}_1, \boldsymbol{\beta}_2, \cdots, \boldsymbol{\beta}_p)^\tau$. 记 $m_\rho(x, \boldsymbol{\beta}) = E\{\rho(Y - \boldsymbol{X}_i^\tau \boldsymbol{\beta})|\boldsymbol{X} = \boldsymbol{x}\}$. 与前面提到的类似, 通常我们无法知道 $m_\rho(\boldsymbol{x}, \boldsymbol{\beta})$ 具体形式. 令

$$\overline{\rho}(Y_i - \boldsymbol{X}_i^\tau \boldsymbol{\beta}) = \delta_i \rho(Y_i - \boldsymbol{X}_i^\tau \boldsymbol{\beta}) + (1-\delta_i) m_\rho(X_i, \boldsymbol{\beta}). \tag{20.26}$$

显然, $E\overline{\rho}(Y_i - \boldsymbol{X}_i^\tau \boldsymbol{\beta}) = E\rho(Y_i - \boldsymbol{X}_i^\tau \boldsymbol{\beta})$.

$m_\rho(\boldsymbol{x}, \boldsymbol{\beta})$ 的一个核估计为

$$\widehat{m}_\rho(\boldsymbol{x}, \boldsymbol{\beta}) = \frac{\sum_{i=1}^{n} K_h(\boldsymbol{x} - \boldsymbol{X}_i)\rho(Y_i - \boldsymbol{X}_i^\tau \boldsymbol{\beta})\delta_i}{\sum_{i=1}^{n} K_h(\boldsymbol{x} - \boldsymbol{X}_i)\delta_i}. \tag{20.27}$$

据此我们可到 $\boldsymbol{\beta}$ 的估计为

$$\widehat{\boldsymbol{\beta}} = \arg\min_{\boldsymbol{\beta}} n^{-1} \sum_{i=1} \widehat{\rho}(Y_i, \boldsymbol{\beta}), \tag{20.28}$$

其中 $\widehat{\rho}(Y_i,\boldsymbol{\beta})=\delta_i\rho(Y_i-\boldsymbol{X}_i^\tau\boldsymbol{\beta})+(1-\delta_i)\widehat{m}_\rho(X_i,\boldsymbol{\beta})$. 根据核估计的渐近性质, 我们很容易证明 $\widehat{\boldsymbol{\beta}}$ 是 $\boldsymbol{\beta}$ 的渐近无偏估计. 为了证明方便, 需要以下条件.

假设 (1) 分布函数 F_i 绝对连续, 且其连续密度函数 $f_i(\xi)$ 在点 $\xi_i(\tau)$ 一致有界, $i=1,2,\cdots$.

(2) $\lim\limits_{n\to\infty}n^{-1}\sum\boldsymbol{X}_i\boldsymbol{X}_i^\tau=E(\boldsymbol{X}\boldsymbol{X}^\tau)$ 存在, 且 $E(\boldsymbol{X}\boldsymbol{X}^\tau)<\infty$; $\max\limits_{i=1,\cdots,n}\|\boldsymbol{X}_i\|/\sqrt{n}\to 0$, $\lim\limits_{n\to\infty}n^{-1}\sum f_i(\xi_i(\tau))\boldsymbol{X}_i\boldsymbol{X}_i^\tau=E(f(\xi(\tau))\boldsymbol{X}\boldsymbol{X}^\tau)$ 存在, 且 $E(f(\xi(\tau))\boldsymbol{X}\boldsymbol{X}^\tau)<\infty$.

为简单起见, 记

$$D(\boldsymbol{\beta}_0)=E\left\{\frac{\Sigma_\rho(\boldsymbol{X})}{P(\boldsymbol{X})}\right\}+E\{m_\rho(\boldsymbol{X})m_\rho^\tau(\boldsymbol{X})\},$$

其中 $\Sigma_\rho(\boldsymbol{X})=\Sigma_\rho(\boldsymbol{X},\boldsymbol{\beta}_0)=\mathrm{Cov}\{\rho(Y-\boldsymbol{X}^\tau\boldsymbol{\beta}_0)|\boldsymbol{X}\}$.

定理 20.5 假定 20.6 节中的条件 (1)~(4) 和上面假设条件满足, 则有

$$\sqrt{n}(\widehat{\boldsymbol{\beta}}-\boldsymbol{\beta}_0)\xrightarrow{\mathscr{D}}N(0,\Sigma_l),$$

其中 $\Sigma_l=[E(f(\xi(\tau))\boldsymbol{X}\boldsymbol{X}^\tau)]^{-1}D(\boldsymbol{\beta}_0)[E(\boldsymbol{X}\boldsymbol{X}^\tau)]E[f(\xi(\tau))\boldsymbol{X}\boldsymbol{X}^\tau)]^{-1}$.

可见, 利用核插补法直接对函数 $\rho(u)$ 进行插补, 所得到的估计也具有渐近正态性. 至于该方差的估计和窗宽选择与 20.3 节相类似, 这里就不再赘述.

20.4.2 局部多重插补法

同样地, 我们也可以应用局部多重插补法来解决线性分位数回归的问题.

首先, 对任意观测 $i=1,\cdots,n$, 如果 $\delta_i=1$, 则利用条件分布估计 $\widehat{F}_n(\rho|x)$ 来抽取样本 ρ_i^*.

其次, 利用步骤一获得的数据, 我们可通过下面的方法获得缺失数据的插补值. 在给定重抽样数据 $(\boldsymbol{X}_i,\rho^*(Y_i,\boldsymbol{\theta}),\delta_i),i=1,\cdots,n$ 的条件下, 构造条件分布 $\widehat{F}_n(\rho^*|\boldsymbol{x})$. 当 $\delta_i=0$ 时, 我们利用分布 $\widehat{F}_n(\rho^*|\boldsymbol{x})$ 抽取样本 $\rho^+(Y_i,\boldsymbol{\theta})$ 作为缺失数据的插入值.

为解决参数估计的不稳定的缺陷, 我们重复步骤一和步骤二 m 次. 条件分布仍然使用累加分布函数, 即

$$\widehat{F}_n(\rho|\boldsymbol{x})=\sum_{j=1}^n w_j(\boldsymbol{x})I(\rho\leqslant u),\tag{20.29}$$

其中 $w_j(\boldsymbol{x})$ 为权函数. 此时, 我们得到 $\boldsymbol{\beta}$ 估计为

$$\widehat{\boldsymbol{\beta}}=\arg\min_{\boldsymbol{\beta}}\frac{1}{n}\sum_{i=1}^n\{\delta_i\rho_\tau(Y_i-\boldsymbol{X}_i^\tau\boldsymbol{\beta})+(1-\delta_i)\rho_\tau^+(Y_i-\boldsymbol{X}_i^\tau\boldsymbol{\beta}).\tag{20.30}$$

记

$$D_1(\boldsymbol{\beta}_0) = E\left\{\frac{\Sigma_\rho(\boldsymbol{X})}{P(\boldsymbol{X})}\right\} + E\{m_\rho(\boldsymbol{X})m_\rho^\tau(\boldsymbol{X})\}.$$

定理 20.6 假定定理 20.5 的条件满足, 则有

$$\sqrt{n}(\widehat{\boldsymbol{\beta}} - \boldsymbol{\beta}_0) \xrightarrow{\mathscr{D}} N(0, \Sigma_l),$$

其中 $\Sigma_l = [E(f(\xi(\tau))\boldsymbol{X}\boldsymbol{X}^\tau)]^{-1}D_1(\boldsymbol{\beta}_0)[E(\boldsymbol{X}\boldsymbol{X}^\tau)]E[f(\xi(\tau))\boldsymbol{X}\boldsymbol{X}^\tau)]^{-1}$.

20.5 相关研究及扩展

在缺失数据的情况下, Dempster 等 (1977) 提出的 EM 算法是得到相关参数极大似然估计的常用的方法. 但是 EM 算法缺陷在于它对数据的分布很敏感. Robins 等 (1994) 介绍了一种基于逆概率权的估计方程的半参方法. 但是该方法要求缺失概率已知或者其可建立参数模型, 后来一些文献进行了改进, 可以假设缺失概率为非参数模型, 并能提高估计的效率, 参见文献 Wang 等 (1997, 1998, 2008). 然而这些方法都需要估计缺失概率, 如果存在缺失概率模型误判, 将导致不相合估计. FitzGerald (2002) 发展了一种在推广的估计方程下处理数据缺失的加权估计方法, 但这种方法对模型的选择非常敏感.

本章所使用的非参方法与 Cheng (1994), Cheng 和 Chu (1996) 和 Wang 和 Rao (2002) 不同, 但却使渐近理论使用起来更为方便, 本章主要借助第 19 章中的方法参见 (Zhou, Wan and Wang, 2008), 不是对单个观察 Y 进行插补, 而是对整个目标函数进行插补, 从而可以保证估计方程的渐近无偏性. 对于一般估计方程, Zhou, Wan 和 Wang (2008) 给出了一种处理缺失数据的方法. 但是, 他们的方法不能很好地处理不可微的估计方程. 而分位数估计方程关于分位数恰好是不可微的. 因此, Zhou, Wan 和 Wang (2008) 的方法不能直接应用. 本章所介绍的方法在某种程度上可以克服以上这些缺点. 首先, 本章提出的缺失修正方法不需要对缺失概率的模型做任何假设. 其次, 所提出的方法可以对于有关参数不可微的估计目标函数进行研究. 最后, 这种方法很容易地推广到一般 M 估计的情况, 并可以对多个分位数同时进行估计.

样本分位数回归和线性分位数回归具有非常广泛的应用. Buchinsky (1994) 使用分位数回归研究了美国工资结构的变动. 另外, Buchinsky 在其《实证经济学》(*Empirical Economics*) 一书中提供了很好的分位数回归的实证案例. Zhou & Liang (2000, 2003) 研究了相依样本下的中位数回归的相合性及正态性, 可应用于时间序列数据. 正是由于分位数回归有着广泛的应用, 所以本章研究有很强的现实意义.

另外, 样本分位数回归具有一些特殊的性质, 比如, $\psi(Y-\boldsymbol{\theta})$ 相对于感兴趣参数 $\boldsymbol{\theta}$ 具有单调性, 这使得估计方程很容易得到应用. 然而对于线性分位数回归来说不具有这个性质, 并且由于函数 $\psi(u)$ 的不可导性, 使估计方程不容易求解. 因此, 我们直接对 $\rho(Y-X^\tau\beta)$ 进行插补, 再利用数值方法进行求解. 尽管分位数回归中, 函数 $\rho(u)$ 的不可导性给估计带来了一定的难度. 但 Zhou, Wan 和 Wang (2008) 提出的整体插补方法简单, 所得的估计也具有优良的统计性质, 所以将其引入分位数回归模型中与多重插补法进行对比. 单从理论上看, 与局部多重插补法相比, 非参核插补法只使用了一次核, 并且所得估计的渐近方差要小于局部多重插补法. 这些与原文中提到的优点相吻合.

从直观上来看, 局部多重插补法采用重抽样的方法只使用了总样本中一部分的信息量, 导致其方差多了一个不好的余项. 而 Zhou, Wan 和 Wang (2008) 提出的非参核插补法对缺失数据进行整体插补, 使用了全部已知数据的信息量. 所以相比较而言, 后者估计具有更为优良的统计性质.

20.6 定理的证明

20.6.1 缺失数据下样本分位数定理证明

我们结果的证明需要下面的假设. 为了简单, 假设 θ 是一维的. 记

$$m_\psi^{(k)}(Y,\theta)=\left(\frac{\partial^k}{\partial\theta^k}m_1(Y,\theta),\cdots,\frac{\partial^k}{\partial\theta^k}m_q(Y,\theta)\right)^\tau,\quad c_n=\frac{\log h^{-1}}{nh}+h^2.$$

定义 $m_\psi(\boldsymbol{x},\theta)=E\{\psi(Y,\theta)|\boldsymbol{X}=\boldsymbol{x}\}=\tau-F(\theta|\boldsymbol{X}=\boldsymbol{x})$. 另外, 向量 $\boldsymbol{X}$ 大于 (或等于) 向量 Y 意味着 $\boldsymbol{X}$ 的每一个分量 x_i 大于 (或等于)Y 的对应的分量.

假设 (1) $P(\boldsymbol{x})$ 有有界的 2 阶导数. 核函数 $K(\cdot)$ 是对称的, 具有有限支撑;

(2) 存在一个常数 $\alpha>0$, $\boldsymbol{X}$ 的密度函数 $f_{\boldsymbol{x}}(\boldsymbol{x})$ 在其支撑 $\mathcal{X}$ 上是有界的, 且使得 $f(\cdot)\geqslant\alpha$, 并且有有界的 2 阶导数;

(3) $F(\boldsymbol{\theta}|\boldsymbol{X}=\boldsymbol{x})$ 关于 x 有有界的 2 阶连续偏导数;

(4) $h\to0$, 并且当 $n\to\infty$ 时 $nh^4\to0$.

引理 20.1 假定条件 (1)~(4) 满足. 设 $\boldsymbol{Z}_i$, X_i 是独立同分布的随机向量. 令 $E[g(\boldsymbol{Z},u)|\ X=x]$ 对 x 两次连续可微并且 $E|g^2(\boldsymbol{Z},X)|<\infty$ 和 $E\varepsilon^2<\infty$, 则当 $n\to\infty$ 时, 我们有

$$\sup_{x\in\mathcal{X}}\left|\frac{1}{n}\sum_{i=1}^n K_h(X_i-x)\left(\frac{X_i-x}{h}\right)^k g(\boldsymbol{Z}_i,U_i)-f_x(x)E(g(\boldsymbol{Z},x)|X=x)\mu_k\right.$$
$$\left.-h\{f_x(x)E(g(\boldsymbol{Z},x)|X=x)\}'\mu_{k+1}\right|=O(c_n),\quad \text{a.s.}$$

并且

$$\sup_{x\in\mathcal{X}}\left|\frac{1}{n}\sum_{i=1}^{n}K_h(X_i-x)g(\boldsymbol{Z}_i,X_i)\varepsilon_i\right|=O(c_n),\quad \text{a.s..}$$

证明 证明可以根据 Xia 和 Li (1999, Lemma A.2) 类似地得到.

□

引理 20.2 假定条件 (1)~(4) 满足, 则

$$\frac{1}{n}\sum_{i=1}^{n}\left\{\frac{\widehat{\Sigma}_\psi(X_i)}{\widehat{P}(X_i)}+\widehat{m}_\psi(X_i,\theta_0)\widehat{m}_\psi^\tau(X_i,\theta_0)\right\}\quad\longrightarrow\quad D(\theta_0).$$

证明 证明可以直接从引理 20.1 得到. □

引理 20.3 假定条件 (1)~(4) 满足, 则

$$\frac{1}{\sqrt{n}}\sum_{i=1}^{n}(1-\delta_i)\left\{\widehat{m}_\psi(X_i,y_n)-m_\psi(X_i,y_n)\right\}$$

$$=\frac{1}{\sqrt{n}}\sum_{i=1}^{n}\frac{1-P(X_i)}{P(X_i)}\left\{\psi(Y_i,y_n)-m_\psi(X_i,y_n)\right\}\delta_i+O_p(\sqrt{n}h^2)+o_p(1).$$

证明 证明类似于 Zhou 等 (2008), 应用 U 统计量, 证明比较烦琐, 这里省略.

□

定理 20.1 的证明 对任意给定的 $\varepsilon>0$, 令 $\theta^{\pm}=\theta_0\pm\varepsilon$. 由引理 20.1, 对所有的 θ, 我们有

$$\sup_x|\widehat{m}_\psi(x,\theta)-m_\psi(x,\theta)|=O(c_n).$$

由独立同分布随机变量的大数定律可知

$$Q_n(\theta^{\pm})\xrightarrow{P}E\psi(Y,\theta^{\pm}).\tag{20.31}$$

因为 $\psi(\cdot,\theta)$ 关于 θ 是非增的, 则 $E\psi(Y,\theta)$ 也是关于 θ 的非增函数. 注意到 θ_0 是方程 $Q(\theta)=0$ 的唯一解, 因此对充分小的 ε, $Q(\theta^-)\geqslant Q(\theta)\geqslant Q(\theta^+)$. 因此, 式 (20.31) 意味着

$$\lim_{n\to\infty}P\{Q_n(\theta^-)\geqslant 0\geqslant Q_n(\theta^+)\}=1.$$

如果估计方程 $Q_n(\theta)=0$ 的解 $\widehat{\theta}$ 存在, 则有

$$\lim_{n\to\infty}P\{\theta^-\leqslant\widehat{\theta}\leqslant\theta^+\}=1.$$

如果 $Q_n(\theta)=0$ 无解, 则我们令 $\widehat{\theta}=\inf\{t:|Q_n(t)|\geqslant 0\}$ 是 θ_0 的估计. 对这种情况, 由 Shorack 和 Weller (2009) 的讨论我们类似地有 $\widehat{\theta}$ 依概率收敛到 θ_0 . □

定理 20.2 的证明　不失一般性, 假定 $\psi(\cdot,\theta)$ 关于 θ 是非增的函数. 记 $y_n=\theta_0+\Sigma Q'(\theta_0)^\tau D^{-1/2}(\theta_0)y/\sqrt{n}$, 对 $\sqrt{n}Q_n(y_n)$ 有如下分解

$$\begin{aligned}\sqrt{n}Q_n(y_n)=&\frac{1}{\sqrt{n}}\sum_{i=1}^{n}\widehat{\psi}(Y_i,y_n)\\ =&\frac{1}{\sqrt{n}}\sum_{i=1}^{n}\delta_i[\psi(Y_i,y_n)-m_\psi(X_i,y_n)]+\frac{1}{\sqrt{n}}\sum_{i=1}^{n}m_\psi(X_i,y_n)\\ &+\frac{1}{\sqrt{n}}\sum_{i=1}^{n}(1-\delta_i)[\widehat{m}_\psi(X_i,y_n)-m_\psi(X_i,y_n)].\end{aligned}$$

由引理 20.3 可知

$$\begin{aligned}\sqrt{n}Q_n(y_n)=&\frac{1}{\sqrt{n}}\sum_{j=1}^{n}\left\{E[\psi(Y,y_n)|X_j]+\frac{\delta_j}{P(X_j)}\{\psi(Y_j,y_n)-E[\psi(Y,y_n)|X_j]\}\right\}\\ &+o_p(1).\end{aligned}\tag{20.32}$$

类似地有

$$\sqrt{n}Q_n(\theta_0)=\frac{1}{\sqrt{n}}\sum_{j=1}^{n}\left\{E[\psi(Y,\theta_0)|X_j]+\frac{\delta_j}{P(X_j)}\{\psi(Y_j,\theta_0)-E[\psi(Y,\theta_0)|X_j]\}\right\}+o_p(1).$$

记

$$W_{nj}(y_n)=E[\psi(Y,y_n)|X_j]+\frac{\delta_j}{P(X_j)}\{\psi(Y_j,y_n)-E[\psi(Y,y_n)|X_j]\},$$

注意到 $EW_{nj}(\theta_0)=0$, 很容易得到

$$\begin{aligned}\mathrm{Var}(W_{nj}(y_n))=&E\left\{\frac{\Sigma_\psi(X,y_n)}{P(X)}+m(X,y_n)m^{\mathrm{T}}(X,y_n)\right\}+o_p(1)\\ =&D(\theta_0)+o_p(1).\end{aligned}$$

因此由独立和的中心极限定理, 我们能够证明 $\sqrt{n}(Q_n(y_n)-E\psi(Y,y_n))$ 收敛到一个均值为 0 协方差为 $D(\theta_0)$ 的多元正态分布.

因为 $\psi(\cdot,\theta)$ 关于 θ 是非增的, 则对每个 n 存在一个解 $\widehat{\theta}_n$, 使得 $Q_n(\widehat{\theta}_n)=0$. 又 $Q_n(\theta)$ 关于 θ 非增, 因此对任何 y 有

$$P\{Q_n(y_n)<0\}\leqslant P\{\widehat{\theta}_n\leqslant y_n\},$$

并且

$$P\{Q_n(y_n)\leqslant 0\}\geqslant P\{\widehat{\theta}_n\leqslant y_n\}.$$

类似地, 因为 $Q(\theta) = E\psi(Y,\theta)$ 关于 θ 是连续的, 则有 $\lim_{n\to\infty} \text{Var}(W_{ni}(y_n)) = D(\theta_0)$. 中心极限定理意味着式 (20.32) 右边的主要部分有渐近正态分布, 它的均值为 $n^{-1/2}\Sigma Q'(\theta_0)^\tau D^{-1/2}(\theta_0)y$ 方差为 $D(\theta_0)$. 因此, 很容易证明

$$
\begin{aligned}
& P\{\sqrt{n}Q_n(y_n) \leqslant 0\} \\
= \ & P\left\{\frac{1}{\sqrt{n}}\sum_{i=1}^n W_{ni}(y_n) \leqslant 0\right\} \\
= \ & P\left\{\frac{1}{\sqrt{n}}\sum_{i=1}^n D^{-1/2}(\theta_0)(W_{ni}(y_n) - EW_{ni}(y_n)) \leqslant -\sqrt{n}D^{-1/2}(\theta_0)EW_{ni}(y_n)\right\} \\
= \ & P\left\{\frac{1}{\sqrt{n}}\sum_{i=1}^n D^{-1/2}(\theta_0)(W_{ni}(y_n) - EW_{ni}(y_n)) \leqslant \Delta(\theta_0)y\right\} \\
\longrightarrow \ & \varPhi(y),
\end{aligned}
$$

这里 $\Delta(\theta_0) = -D^{-1/2}(\theta_0)Q'(\theta_0)\Sigma(\theta_0)Q'(\theta_0)^\tau D^{-1/2}(\theta_0)$, 并且 $\varPhi(y)$ 是一个标准的多元正态分布的分布函数, 如果

$$
\Delta(\theta_0) = -D^{-1/2}(\theta_0)Q'(\theta_0)\Sigma(\theta_0)Q'(\theta_0)^\tau D^{-1/2}(\theta_0) = I_p,
$$

其中 I_p 是一个 p 元单位矩阵. 事实上, 不难证明上式是正确的. 这暗示着

$$
P\{Q_n(y_n) \leqslant 0\} \longrightarrow \varPhi(y). \tag{20.33}
$$

类似地, 我们也能证明

$$
P\{Q_n(y_n) < 0\} \longrightarrow \varPhi(y). \tag{20.34}
$$

结合式 (20.33) 和式 (20.34), 我们有

$$
\begin{aligned}
\lim_{n\to\infty} P\left\{\sqrt{n}\Sigma^{-1/2}(\widehat{\theta}_n - \theta_0) < y\right\} &= \lim_{n\to\infty} P\{Q_n(y_n) < 0\} \\
&= \lim_{n\to\infty} P\{Q_n(y_n) \leqslant 0\} = \varPhi(y).
\end{aligned}
$$

这就完成了定理 20.2 的证明. □

定理 20.4 的证明 为了简单起见, 我们记

$$
\begin{aligned}
O &= ((X_1, \psi(Y_1,\theta), \delta_1), \cdots, (X_n, \psi(Y_n,\theta), \delta_n)), \\
R &= ((X_1, \psi^*(Y_1,\theta), \delta_1), \cdots, (X_n, \psi^*(Y_n,\theta), \delta_n)).
\end{aligned}
$$

对于 $R_n(\theta)$, 我们有

$$
\begin{aligned}
E(R_n(\theta)) &= E\left[\frac{1}{m}\sum_{l=1}^{m}\frac{1}{n}\sum_{i=1}^{n}(\delta_i\psi(Y_i,\theta)+(1-\delta_i)\psi_l^{+}(Y_i,\theta))\right]\\
&= \frac{1}{m}\sum_{l=1}^{m}\frac{1}{n}\sum_{i=1}^{n}E(\delta_i\psi(Y_i,\theta))+\frac{1}{m}\sum_{l=1}^{m}\frac{1}{n}\sum_{i=1}^{n}E[(1-\delta_i)\psi_l^{+}(Y_i,\theta)]\\
&= E\{E(\delta_i\psi(Y_i,\theta)|X_i)\}+\frac{1}{m}\sum_{l=1}^{m}\frac{1}{n}\sum_{i=1}^{n}E[(1-\delta_i)E\{\psi_l^{+}(Y_i,\theta)|O,R\}],
\end{aligned}
$$

上式右边的第二项

$$
\begin{aligned}
&= \frac{1}{m}\sum_{l=1}^{m}\frac{1}{n}\sum_{i=1}^{n}E\left\{(1-\delta_i)\sum_{k=1}^{n}w_k(X_i;g)\psi_l^{*}(Y_k,\theta)\right\}\\
&= \frac{1}{m}\sum_{l=1}^{m}\frac{1}{n}\sum_{i=1}^{n}E\left\{(1-\delta_i)\sum_{k=1}^{n}w_k(X_i;g)\sum_{j=1}^{n}w_j(X_k;h)\psi_l(Y_j,\theta)\right\}\\
&= \frac{1}{m}\sum_{l=1}^{m}\frac{1}{n}\sum_{i=1}^{n}E\left\{(1-\delta_i)\psi_l(Y_i,\theta)\right\}+o_p(1)\\
&= E\{(1-P(X))m_{\psi}(X)\}+o_p(1),
\end{aligned}
$$

结合以上两式可得

$$
E(R_n(\theta)) = E\{\psi(Y,\theta)\}+o_p(1).
$$

为计算估计函数的方差, 我们引进如下分解

$$
\begin{aligned}
\mathrm{Var}(R_n(\theta)) &= E\{\mathrm{Var}(R_n(\theta)|O,R)\}+\mathrm{Var}\{E(R_n(\theta)|O,R)\}\\
&\equiv A_1+A_2.
\end{aligned}
\tag{20.35}
$$

有

$$
\begin{aligned}
A_1 &= E\{\mathrm{Var}(R_n(\theta)|O,R)\}\\
&= \frac{1}{mn}E[(1-\delta_1)\mathrm{Var}\{\psi_1^{+}(Y_1,\theta)|O,R\}]\\
&= \frac{1}{mn}E\left[(1-\delta_1)E\left\{\sum_{k=1}^{n}\left[\psi_1^{*}(Y_k,\theta)-\sum_{l=1}^{n}w_l(X_1;g)\psi_1^{*}(Y_l,\theta)\right]^2 w_k(X_1;g)\middle|O\right\}\right].
\end{aligned}
$$

记

$$
\widehat{m}_{\psi(1)}^{*} = \sum_{l=1}^{n}w_l(X_1;g)\psi_1^{*}(Y_l,\theta),
$$

则

$$\begin{aligned}&E\{\mathrm{Var}(R_n(\theta)|O,R)\}\\&=\frac{1}{mn}E\left[(1-\delta_1)\sum_{k=1}^{n}w_k(X_1;g)E\left\{\psi_1^*(Y_k,\theta)^2-2\psi_1^*(Y_k,\theta)\widehat{m}_{\psi_1}^*+\{\widehat{m}_{\psi_1}^*\}^2|O\right\}\right].\end{aligned}$$

利用条件期望的性质以及引理 20.1, 我们很容易得到

$$A_1=\frac{1}{mn}E[\{1-P(X)\}\varSigma^2(X)]+o_p(1).$$

对于式 (20.35) 的第二部分, 我们有

$$\begin{aligned}E(R_n(\theta)|O,R)&=E\left\{\frac{1}{m}\sum_{l=1}^{m}\frac{1}{n}\sum_{i=1}^{n}(\delta_i\psi(Y_i,\theta)+(1-\delta_i)\psi_l^+(Y_i,\theta))\Big|O,R\right\}\\&=\frac{1}{n}\sum_{i=1}^{n}\left\{\delta_i\psi(Y_i,\theta)+(1-\delta_i)E\left(\frac{1}{m}\sum_{l=1}^{m}\psi_l^+(Y_i,\theta)\Big|O,R\right)\right\}\\&=\frac{1}{n}\sum_{i=1}^{n}(\delta_i\psi(Y_i,\theta)+(1-\delta_i)E[\widehat{\mu}_1^*(X_i;g)|O])\\&\quad+\frac{1}{n}\sum_{i=1}^{n}(1-\delta_i)\left\{\frac{1}{m}\sum_{l=1}^{m}\widehat{\mu}_l^*(X_i;g)-E[\widehat{\mu}_i^*(X_i;g)|O]\right\},\end{aligned}$$

其中 $\widehat{\mu}_l^*(X_i;g)=\sum_{j=1}^{n}w_j(X_i;g)\psi_l^*(Y_i,\theta)$.

记

$$\begin{aligned}B_1&=\frac{1}{n}\sum_{i=1}^{n}(\delta_i\psi(Y_i,\theta)+(1-\delta_i)E[\widehat{\mu}_1^*(X_i;g)|O]),\\B_2&=\frac{1}{n}\sum_{i=1}^{n}(1-\delta_i)\left\{\frac{1}{m}\sum_{l=1}^{m}\widehat{\mu}_l^*(X_i;g)-E[\widehat{\mu}_1^*(X_i;g)|O]\right\}.\end{aligned}$$

与前面证明类似, 应用 U 统计量的方法, 我们可以得到

$$\begin{aligned}\mathrm{Var}(B_1)&=\frac{1}{n}\left[E\left\{\frac{\varSigma^2(X)}{P(X)}\right\}+E\{m_\psi(X)m_\psi^\tau(X)\}\right]+o_P(1),\\\mathrm{Var}(B_2)&=\frac{1}{mn}E\left[\{1-P(X)\}^2\frac{\varSigma^2(X)}{P(X)}\right]+o_P(1).\end{aligned}$$

所以

$$A_2=\frac{1}{n}\left[E\left\{\frac{\varSigma^2(X)}{P(X)}\right\}+E\{m_\psi(X)m_\psi^\tau(X)\}\right]+\frac{1}{mn}E\left[\{1-P(X)\}^2\frac{\varSigma^2(X)}{P(X)}\right]+o_p(1).$$

记

$$D_1(\theta) = \frac{1}{mn}E\left[\Sigma^2(X)\frac{1-P(X)}{P(X)}\right] + \frac{1}{n}\left[E\left\{\frac{\Sigma^2(X)}{P(X)}\right\} + E\{m_\psi(X)m_\psi^\tau(X)\}\right],$$

则

$$\mathrm{Var}(R_n(\theta)) = D_1(\theta) + o_p(1).$$

令

$$V_{1n} = \frac{1}{n}\sum_{i=1}^n\left[(1-\delta_i)\sum_{j=1}^n w_j(X_i;g)\psi_1^*(Y_j,\theta)\right] - E\{m_\psi(X)\} + \frac{1}{n}\sum_{i=1}^n\delta_i\psi(Y_i,\theta),$$
$$V_{2n} = E\{V_{1n}|O\}.$$

那么

$$V_{2n} = \frac{1}{n}\sum_{i=1}^n\left[(1-\delta_i)\sum_{j=1}^n w_j(X_i;g)\sum_{k=1}^n w_k(X_j;h)\psi_1(Y_k,\theta)\right] - E\{m_\psi(X)\} + \frac{1}{n}\sum_{i=1}^n\delta_i\psi(Y_i,\theta),$$

则有

$$V_{1n} - V_{2n} = \frac{1}{n}\sum_{i=1}^n\left[(1-\delta_i)\sum_{j=1}^n w_j(X_i;g)\left(\psi_1^*(Y_j,\theta) - \sum_{k=1}^n w_k(X_j;h)\psi_1(Y_k,\theta)\right)\right],$$

$$R_n(\theta)-E(\psi(Y,\theta))-V_{1n}=\frac{1}{n}\sum_{i=1}^n\left[(1-\delta_i)\frac{1}{m}\sum_{j=1}^m\left(\psi_j^+(Y_i,\theta)-\sum_{k=1}^n w_k(X_i;g)\psi_1^*(Y_i,\theta)\right)\right].$$

我们容易发现, $\sqrt{n}V_{2n} \xrightarrow{\mathscr{D}} N_1$; 在给定 $X_i, \psi^*(Y_i,\theta), \delta_i, i=1,\cdots,n$ 下, $\sqrt{n}\times(R_n(\theta)-E(\psi(Y,\theta))-V_{1n}) \xrightarrow{\mathscr{D}} N_2$; 在给定 $X_i, \psi(Y_i,\theta), \delta_i, i=1,\cdots,n$ 下, $\sqrt{n}(V_{1n}-V_{2n}) \xrightarrow{\mathscr{D}} N_3$; 利用 bootstrap 重抽样的相关知识, 我们可以进行如下变换:

$$\sqrt{n}(V_{1n}-V_{2n})=\frac{1}{\sqrt{n}}\sum_{i=1}^n\left[(1-\delta_i)\sum_{j=1}^n w_j(X_i;g)\sum_{l=1}^n\left(\psi(Y_l,\theta)-\sum_{k=1}^n w_k(X_j;h)\psi_1(Y_k,\theta)\right)\right.$$
$$\left.\times I\{W_{(l-1)}(X_i;h) < U_{1i} \leqslant W_{(l)}(X_i;h)\}\right],$$

$$
\begin{aligned}
&\sqrt{n}(R_n(\theta)-E(\psi(Y,\theta))-V_{1n})\\
&=\frac{1}{\sqrt{n}}\sum_{i=1}^{n}\left[(1-\delta_i)\frac{1}{m}\sum_{j=1}^{m}\sum_{l=1}^{n}\left(\psi^*(Y_l,\theta)-\sum_{k=1}^{n}w_k(X_i;g)\psi^*(Y_k,\theta)\right)\right.\\
&\quad\left.\times I\{W_{(l-1)}(X_i;g)<U_{2i}\leqslant W_{(l)}(X_i;g)\}\right],
\end{aligned}
$$

其中 $W_{(l)}(X_i;h)=\sum_{j=1}^{l}w_j(X_i;h), W_{(l)}(X_i;g)=\sum_{j=1}^{l}w_j(X_i;g), W_{(0)}=0$, U_{1j}, U_{2j} 服从 $(0,1)$ 上的均匀分布, 并且与 $X_i,\psi(Y_i,\theta),\psi^*(Y_i,\theta),\delta_i,i=1,\cdots,n$ 独立. 由 Schenker 和 Welsh (1988) 引理 1(类卷积公式), 很容易得到

$$
\begin{aligned}
\sqrt{n}(R_n(\theta)-E(\psi(Y,\theta)))&=\sqrt{n}\{R_n(\theta)-E(\psi(Y,\theta)-V_{1n})+(V_{1n}-V_{2n})+V_{2n}\}\\
&\xrightarrow{\mathscr{D}}N(0,D_1(\theta_0)).
\end{aligned}
$$

与前面类似, 记 $y_n=\theta_0+\Sigma R'(\theta_0)^{\tau}D_1^{-1/2}(\theta_0)y/\sqrt{n}$. 因为 $\psi(\cdot,\theta)$ 关于 θ 是非增的, 则对每个 n 存在一个解 $\bar{\theta}_n$, 使得 $R_n(\bar{\theta}_n)=0$. 又 $R_n(\theta)$ 关于 θ 非增, 因此对任何 y 有

$$
P\{R_n(y_n)<0\}\leqslant P\{\bar{\theta}_n\leqslant y_n\},
$$

并且

$$
P\{R_n(y_n)\leqslant 0\}\geqslant P\{\bar{\theta}_n\leqslant y_n\},
$$

则

$$
\begin{aligned}
\lim_{n\to\infty}P\left\{\sqrt{n}\Sigma^{-1/2}(\bar{\theta}_n-\theta_0)<y\right\}&=\lim_{n\to\infty}P\{R_n(y_n)<0\}\\
&=\lim_{n\to\infty}P\{R_n(y_n)\leqslant 0\}=\Phi(y).
\end{aligned}
$$

□

20.6.2 缺失数据下线性分位数回归定理证明

定理 20.5 的证明 令

$$
\begin{aligned}
Z_n(\boldsymbol{a})=\sum_{i=1}^{n}\Bigg\{&\delta_i\left[\rho_\tau(Y_i-\boldsymbol{X}_i^{\tau}\boldsymbol{\beta}-\boldsymbol{a}^{\tau}\boldsymbol{X}_i/\sqrt{n})-\rho_\tau(Y_i-\boldsymbol{X}_i^{\tau}\boldsymbol{\beta})\right]\\
&+(1-\delta_i)\frac{\sum_{j=1}^{n}K_h(\mathbf{x}_i-X_j)\left[\rho_\tau(Y_j-\boldsymbol{X}_j^{\tau}\boldsymbol{\beta}-\boldsymbol{a}^{\tau}\boldsymbol{X}_j/\sqrt{n})-\rho_\tau(Y_j-\boldsymbol{X}_j^{\tau}\boldsymbol{\beta})\right]\delta_j}{\sum_{j=1}^{n}K_h(\boldsymbol{x}_i-\boldsymbol{X}_j)\delta_j}\Bigg\}.
\end{aligned}
$$

函数 $Z_n(\boldsymbol{a})$ 显然是凸的, 在点 $\widehat{\boldsymbol{a}}=\sqrt{n}(\widehat{\boldsymbol{\beta}}-\boldsymbol{\beta})$ 取得其最小值. 利用 Knight(1998) 中的变换 $\rho_\tau(u-v)-\rho_\tau(u)=-v\psi_\tau(u)+\int_0^v(I(u<s)-I(u\leqslant 0))\mathrm{d}s$, 其中 $\psi_\tau(u)=\tau-I(u<0)$.

我们可记 $Z_n(\boldsymbol{a})=Z_{1n}(\boldsymbol{a})+Z_{2n}(\boldsymbol{a})$, 其中

$$Z_{1n}(\boldsymbol{a})=-\frac{1}{\sqrt{n}}\sum_{i=1}^n\boldsymbol{a}^\tau\boldsymbol{X}_i\left\{\delta_i\psi_\tau(Y_i-\boldsymbol{X}_i^\tau\boldsymbol{\beta})+(1-\delta_i)\widehat{m}_\psi(\boldsymbol{X}_i,\boldsymbol{\beta})\right\},$$

$$\begin{aligned}Z_{2n}(\boldsymbol{a})=&\sum_{i=1}^n\left\{\delta_i\left[\int_0^{\boldsymbol{a}^\tau\boldsymbol{X}_i/\sqrt{n}}[I(Y_i-\boldsymbol{X}_i^\tau\boldsymbol{\beta}<s)-I(Y_i-\boldsymbol{X}_i^\tau\boldsymbol{\beta}\leqslant 0)]\mathrm{d}s\right]\right.\\&+(1-\delta_i)\frac{\sum_{j=1}^nK_h(\boldsymbol{X}_i-\boldsymbol{X}_j)}{\sum_{i=j}^nK_h(\boldsymbol{X}_i-\boldsymbol{X}_j)\delta_j}\\&\left.\times\left[\int_0^{\boldsymbol{a}^\tau\boldsymbol{X}_i/\sqrt{n}}[I(Y_j-\boldsymbol{X}_j^\tau\boldsymbol{\beta}<s)-I(Y_j-\boldsymbol{X}_j^\tau\boldsymbol{\beta}\leqslant 0)]\mathrm{d}s\right]\delta_j\right\}\\\equiv&\sum_{i=1}^nZ_{2ni}(\boldsymbol{a}),\end{aligned}$$

则

$$\begin{aligned}Z_{1n}(\boldsymbol{a})=&-\frac{\boldsymbol{a}^\tau}{\sqrt{n}}\sum_{i=1}^nX_i\left\{\delta_i\psi_\tau(Y_i-\boldsymbol{X}_i^\tau\boldsymbol{\beta})+(1-\delta_i)\widehat{m}_\psi(\boldsymbol{X}_i,\boldsymbol{\beta})\right\}\\=&-\frac{\boldsymbol{a}^\tau}{\sqrt{n}}\sum_{i=1}^n\boldsymbol{X}_i\left\{\delta_i\psi(Y_i,y_n)+(1-\delta_i)\frac{\sum_{j=1}^nK_h(X_i-X_j)\psi(Y_j,y_n)\delta_j}{\sum_{j=1}^nK_h(X_i-X_j)\delta_j}\right\}\\=&-\frac{\boldsymbol{a}^\tau}{\sqrt{n}}\sum_{i=1}^n\boldsymbol{X}_i\left\{\sum_{j=1}^n\left[\frac{\delta_i\psi(Y_i,y_n)\delta_j+(1-\delta_i)\psi(Y_j,y_n)\delta_j}{\sum_{j=1}^nK_h(\boldsymbol{X}_i-\boldsymbol{X}_j)\delta_j}\right]K_h(\boldsymbol{X}_i-\boldsymbol{X}_j)\right\}\\=&-\frac{\boldsymbol{a}^\tau}{\sqrt{n}}\frac{\sum_{i=1}^n\sum_{j=1}^n\boldsymbol{X}_iK_h(\boldsymbol{X}_i-\boldsymbol{X}_j)\delta_j\left[\delta_i\psi(Y_i,y_n)+(1-\delta_i)\psi(Y_j,y_n)\right]}{\sum_{j=1}^nK_h(\boldsymbol{X}_i-\boldsymbol{X}_j)\delta_j}.\end{aligned}$$

根据定理 20.2 的证明, 我们很容易得到

$$Z_{1n}(\boldsymbol{a})=-\frac{\boldsymbol{a}^\tau}{\sqrt{n}}\sum_{j=1}^{n}\boldsymbol{X}_j\left\{E[\psi(Y_j,\boldsymbol{\beta})|\boldsymbol{X}_j]+\frac{\delta_j}{P(\boldsymbol{X}_j)}[\psi(Y_j,\boldsymbol{\beta})-E(\psi(Y_j,\boldsymbol{\beta})|\boldsymbol{X}_j)]\right\}$$
$$\times(1+o_p(1)).$$

记

$$W_{nj}(\boldsymbol{\beta})=E[\psi(Y_j,\boldsymbol{\beta})|\boldsymbol{X}_j]+\frac{\delta_j}{P(X_j)}[\psi(Y_j,\boldsymbol{\beta})-E(\psi(Y_j,\boldsymbol{\beta})|\boldsymbol{X}_j)],$$

注意到 $EW_{nj}(\boldsymbol{\beta})=0$, 很容易得到

$$\begin{aligned}\mathrm{Var}(W_{nj})&=E\left\{\frac{\Sigma_\psi(\boldsymbol{X},\boldsymbol{\beta})}{P(\boldsymbol{X})}+m(\boldsymbol{X},\boldsymbol{\beta})m^\tau(\boldsymbol{X},\boldsymbol{\beta})\right\}+o_p(1)\\&=D(\boldsymbol{\beta})+o_p(1).\end{aligned}$$

因此由 U 统计量的中心极限定理, 我们能够证明 $Z_{1n}(\boldsymbol{a})\to\boldsymbol{a}^\tau W$, 其中 W 服从 $N(0,\,D(\boldsymbol{\beta})E(\boldsymbol{X}\boldsymbol{X}^\tau))$.

我们可将 $Z_{2n}(\boldsymbol{a})$ 改写成

$$Z_{2n}(\boldsymbol{a})=\sum_{i=1}^{n}EZ_{2ni}(\boldsymbol{a})+\sum_{i=1}^{n}(Z_{2ni}(\boldsymbol{a})-EZ_{2ni}(\boldsymbol{a})).$$

令

$$\varphi(Y,\boldsymbol{\beta})=\int_0^{\boldsymbol{a}^\tau\boldsymbol{X}/\sqrt{n}}[I(Y-\boldsymbol{X}^\tau\beta<s)-I(Y-\boldsymbol{X}^\tau\boldsymbol{\beta}\leqslant 0)]\mathrm{d}s,$$

$$\begin{aligned}\sum_{i=1}^{n}EZ_{2ni}(\boldsymbol{a})&=\sum_{i=1}^{n}E\left[\delta_i\varphi(Y_i,\boldsymbol{\beta})+(1-\delta_i)\frac{\sum_{j=1}^{n}K_h(\boldsymbol{X}_i-\boldsymbol{X}_j)\varphi(Y_j,\boldsymbol{\beta})\delta_j}{\sum_{j=1}^{n}K_h(\boldsymbol{X}_i-\boldsymbol{X}_j)\delta_j}\right]\\&=\sum_{i=1}^{n}E\{E(\delta_i\varphi(Y_i,\boldsymbol{\beta})|\boldsymbol{X}_i)+E((1-\delta_i)E(\varphi(Y_i,\boldsymbol{\beta})|\boldsymbol{X}_i)|\boldsymbol{X}_i)\}+o_p(1)\\&=\sum_{i=1}^{n}E\{P(\boldsymbol{X}_i)E(\varphi(Y_i,\boldsymbol{\beta})|\boldsymbol{X}_i)+(1-P(\boldsymbol{X}_i))E(\varphi(Y_i,\boldsymbol{\beta})|\boldsymbol{X}_i)\}+o_p(1)\\&=\sum_{i=1}^{n}E\{\varphi(Y_i,\boldsymbol{\beta})\}+o_p(1).\end{aligned}$$

由 $\varphi(Y_i,\boldsymbol{\beta})$ 的定义知,

$$\begin{aligned}\sum_{i=1}^n EZ_{2ni}(\boldsymbol{a}) &= \sum_{i=1}^n E\left\{\int_0^{\boldsymbol{a}^\tau \boldsymbol{X}_i/\sqrt{n}}[I(Y_i-\boldsymbol{X}_i^\tau\boldsymbol{\beta}<s)-I(Y_i-\boldsymbol{X}_i^\tau\boldsymbol{\beta}\leqslant 0)]\mathrm{d}s\right\}+o_p(1)\\ &= \sum_{i=1}^n \int_0^{\boldsymbol{a}^\tau \boldsymbol{X}_i/\sqrt{n}}[F(\boldsymbol{X}_i^\tau\boldsymbol{\beta}+s)-F(\boldsymbol{X}_i^\tau\boldsymbol{\beta})]\mathrm{d}s+o_p(1)\\ &= \frac{1}{\sqrt{n}}\sum_{i=1}^n \int_0^{\boldsymbol{a}^\tau \boldsymbol{X}_i}[F(\boldsymbol{X}_i^\tau\boldsymbol{\beta}+t/\sqrt{n})-F(\boldsymbol{X}_i^\tau\boldsymbol{\beta})]\mathrm{d}t+o_p(1)\\ &= n^{-1}\sum_{i=1}^n \left\{\int_0^{\boldsymbol{a}^\tau \boldsymbol{X}_i} f(\boldsymbol{X}_i^\tau\boldsymbol{\beta})t\mathrm{d}t+o(1)\right\}+o_p(1)\\ &= (2n)^{-1}\sum_{i=1}^n \left\{f(\boldsymbol{X}_i^\tau\boldsymbol{\beta})(\boldsymbol{a}^\tau\boldsymbol{X}_i)^\tau(\boldsymbol{a}^\tau\boldsymbol{X}_i)+o(1)\right\}+o_p(1)\\ &\to \frac{1}{2}\boldsymbol{a}^\tau E[f(\xi(\tau))\boldsymbol{X}\boldsymbol{X}^\tau]\boldsymbol{a}.\end{aligned}$$

而

$$\mathrm{Var}(Z_{2n}(\boldsymbol{a}))\leqslant E[(Z_{2n}(\boldsymbol{a}))^2\leqslant \frac{1}{\sqrt{n}}\max|\boldsymbol{a}^\tau\boldsymbol{X}_i|\sum_{i=1}^n EZ_{2ni}(\boldsymbol{a})\to 0.$$

由给定的条件可知

$$Z_n(\boldsymbol{a})\to Z_0(\boldsymbol{a})=\boldsymbol{a}^\tau W+\frac{1}{2}\boldsymbol{a}^\tau E[f(\xi(\tau))\boldsymbol{X}\boldsymbol{X}^\tau]\boldsymbol{a},$$

所以

$$\sqrt{n}(\widehat{\boldsymbol{\beta}}-\boldsymbol{\beta})=\widehat{\boldsymbol{a}}=\arg\min Z_n(\boldsymbol{a})\to\widehat{\boldsymbol{a}}_0=\arg\min Z_0(\boldsymbol{a}),$$

其中 $\widehat{\boldsymbol{a}}_0=E[f(\xi(\tau))\boldsymbol{X}\boldsymbol{X}^\tau]^{-1}W$. □

定理 20.6 的证明　令

$$\begin{aligned}Z_n(\boldsymbol{a})=\frac{1}{m}\sum_{l=1}^m\sum_{i=1}^n\Big\{&\delta_i\left[\rho(Y_i-\boldsymbol{X}_i^\tau\boldsymbol{\beta}-\boldsymbol{a}^\tau\boldsymbol{X}_i/\sqrt{n})-\rho(Y_i-\boldsymbol{X}_i^\tau\boldsymbol{\beta})\right]\\ &+(1-\delta_i)\left[\rho_l^+(Y_i-\boldsymbol{X}_i^\tau\boldsymbol{\beta}-\boldsymbol{a}^\tau\boldsymbol{X}_i/\sqrt{n})-\rho_l^+(Y_i-\boldsymbol{X}_i^\tau\boldsymbol{\beta})\right]\Big\}.\end{aligned}$$

函数 $Z_n(\boldsymbol{a})$ 显然是凸的, 在点 $\widehat{\boldsymbol{a}}=\sqrt{n}(\widehat{\boldsymbol{\beta}}-\boldsymbol{\beta})$ 取得其最小值. 利用 Knight (1998) 中的变换 $\rho_\tau(u-v)-\rho_\tau(u)=-v\psi_\tau(u)+\int_0^v(I(u<s)-I(u\leqslant 0))\mathrm{d}s$, 其中 $\psi_\tau(u)=\tau-I(u<0)$. 可记 $Z_n(\boldsymbol{a})=Z_{1n}(\boldsymbol{a})+Z_{2n}(\boldsymbol{a})$, 其中

$$Z_{1n}(\boldsymbol{a})=\frac{1}{m}\sum_{l=1}^m\left(-\frac{1}{\sqrt{n}}\right)\sum_{i=1}^n\boldsymbol{a}^\tau\boldsymbol{X}_i\left\{\delta_i\psi_\tau(Y_i-\boldsymbol{X}_i^\tau\boldsymbol{\beta})+(1-\delta_i)\psi_l^+(Y_i-\boldsymbol{X}_i^\tau\boldsymbol{\beta})\right\},$$

$$Z_{2n}(\boldsymbol{a})=\frac{1}{m}\sum_{l=1}^{m}\sum_{i=1}^{n}\left[\int_0^{\boldsymbol{a}^\tau\boldsymbol{X}_i/\sqrt{n}}[I(Y_i-\boldsymbol{X}_i^\tau\boldsymbol{\beta}<s)-I(Y_i-\boldsymbol{X}_i^\tau\boldsymbol{\beta}\leqslant 0)]\mathrm{d}s\right]$$
$$\equiv\sum_{i=1}^{n}Z_{2ni}(\boldsymbol{a}).$$

由定理 20.4 的证明, 我们很容易得出

$$\frac{1}{m}\sum_{l=1}^{m}\left(-\frac{1}{\sqrt{n}}\right)\sum_{i=1}^{n}\{\delta_i\psi_\tau(Y_i-\boldsymbol{X}_i^\tau\boldsymbol{\beta})+(1-\delta_i)\psi_l^+(Y_i-\boldsymbol{X}_i^\tau\boldsymbol{\beta})\}\xrightarrow{\mathscr{D}}N(0,D_1(\boldsymbol{\beta})),$$

可见, $Z_{1n}(\boldsymbol{a})\to-\boldsymbol{a}^\tau W,\ W\sim N(0,D_1(\boldsymbol{\beta})E(\boldsymbol{X}\boldsymbol{X}^\tau))$.

我们记

$$Z_{2n}(\boldsymbol{a})=\sum EZ_{2ni}(\boldsymbol{a})+\sum(Z_{2ni}(\boldsymbol{a})-EZ_{2ni}(\boldsymbol{a})),$$

则有

$$\begin{aligned}\sum EZ_{2ni}(\boldsymbol{a})&=\sum\int_0^{\boldsymbol{a}^\tau\boldsymbol{X}_i/\sqrt{n}}[F_i(\boldsymbol{X}_i^\tau\boldsymbol{\beta}+s)-F_i(\boldsymbol{X}_i^\tau\boldsymbol{\beta})]\mathrm{d}s\\&=\frac{1}{\sqrt{n}}\sum\int_0^{\boldsymbol{a}^\tau\boldsymbol{X}_i}[F_i(\boldsymbol{X}_i^\tau\boldsymbol{\beta}+t/\sqrt{n})-F_i(\boldsymbol{X}_i^\tau\boldsymbol{\beta})]\mathrm{d}t\\&=\frac{1}{n}\sum\int_0^{\boldsymbol{a}^\tau\boldsymbol{X}_i}f_i(\boldsymbol{X}_i^\tau\boldsymbol{\beta})t\mathrm{d}t+o(1)\\&=\frac{1}{2n}\sum f_i(\boldsymbol{X}_i^\tau\boldsymbol{\beta})\boldsymbol{a}^\tau\boldsymbol{X}_i\boldsymbol{X}_i^\tau\boldsymbol{a}+o(1)\\&\to\frac{1}{2}\boldsymbol{a}^\tau E[f(\xi(\tau))\boldsymbol{X}\boldsymbol{X}^\tau]\boldsymbol{a}.\end{aligned}$$

另外, 容易得出

$$\mathrm{Var}(Z_{2n}(\boldsymbol{a}))\leqslant\frac{1}{\sqrt{n}}\max|\boldsymbol{a}^\tau\boldsymbol{X}_i|\sum EZ_{2ni}(\boldsymbol{a})\to 0.$$

可得

$$Z_{2n}(\boldsymbol{a})\to Z_0(\boldsymbol{a})=-\boldsymbol{a}^\tau W+\frac{1}{2}\boldsymbol{a}^\tau E[f(\xi(\tau))\boldsymbol{X}\boldsymbol{X}^\tau]\boldsymbol{a}.$$

$Z_0(\boldsymbol{a})$ 函数的凸性保证了其极小值的唯一性. 所以, 我们有

$$\sqrt{n}(\widehat{\boldsymbol{\beta}}_n-\boldsymbol{\beta}_0)=\widehat{\boldsymbol{a}}_n=\arg\min Z_n(\boldsymbol{a})\to\arg\min Z_0(\boldsymbol{a})=\widehat{\boldsymbol{a}}_0=E[f(\xi(\tau))\boldsymbol{X}\boldsymbol{X}^\tau]^{-1}W.\qquad\square$$

附录A　计数过程及其鞅理论

A.1 计 数 过 程

计数过程可以很好地处理删失数据, 是因为其与鞅理论之间的联系紧密. 假定域流 $\mathcal{F}_t$ 是到 t 时刻的所有历史信息, 并记

$$\lambda(t)=\frac{1}{\mathrm{d}t}E(N(t)-N(t-\mathrm{d}t)|\mathcal{F}_{t-})=\frac{1}{\mathrm{d}t}E(\mathrm{d}N(t)|\mathcal{F}_{t-}),$$
$$M(t)=N(t)-\int_0^t\lambda(u)\mathrm{d}u,$$

则计数过程 $N(t)$ 满足 $E(\mathrm{d}M(t)|\mathcal{F}_t)=0$(即 $M(t)$ 为 $\mathcal{F}_t$ 鞅), 其中 $\lambda(t)$ 通常称为补偿子. 这是著名的 Doob-Meyer 分解定理的结果. 下面就简单介绍此定理.

严格地说, 考虑概率空间 $(\Omega,\mathcal{F},P)$ 及其中的一簇单调上升的子 σ- 域 $\mathcal{F}_t$, 合记为 $(\Omega,\mathcal{F},\mathcal{F}_t,P)$, $\mathcal{F}_t$ 称为 σ- 域流. 我们定义 $\mathcal{F}_{t+}\equiv\bigcap_{\varepsilon>0}\mathcal{F}_{t+\varepsilon},\mathcal{F}_{t-}\equiv\sigma\left(\bigcup_{s<t}\mathcal{F}_s\right)$, 如果对一切 $t\geqslant 0$ 有, $\mathcal{F}_{t+}=\mathcal{F}_t$, 则称 σ 域流是右连续的, 此时称 $(\Omega,\mathcal{F},\mathcal{F}_t,P)$ 为随机基. 若随机过程 $\{X(t),t\geqslant 0\}$ 满足对任意的 $t,X(t)\in\mathcal{F}_t$(即关于 $\mathcal{F}_t$ 可测的), 则称 $\{X(t),t\geqslant 0\}$ 是 $\mathcal{F}_t-$ 适应的. 若随机过程 $\{X(t),t\geqslant 0\}$ 满足对任意的 $\omega\in\Omega$, 有 $X(t,\omega)$ 关于 t 是右（左）连续的, 则称 $\{X(t),t\geqslant 0\}$ 是右（左）连续随机过程.

定义 A.1　设 $\{X(t),t\geqslant 0\}$ 是 $\mathcal{F}_t$ 适应的右连续过程, 如果对一切 $t\geqslant 0$, $E|X(t)|<\infty$, 且对一切 $0\leqslant s<t$ 有

$$E[X(t)|\mathcal{F}_s]=X(s),\quad \text{a.s.},$$

则称 $X(t)$ 关于域流 $\mathcal{F}_t$ 是鞅(Martingale), 其中 a.s. 表示等式以概率 1 成立.

如果上面的等式改为

$$E[X(t)|\mathcal{F}_s]\geqslant(\leqslant)X(s),\quad \text{a.s.}$$

称 $X(t)$ 关于域流 $\mathcal{F}_t$ 是下 (上) 鞅.

定义 A.2　设 $\{N(t),t\geqslant 0\}$ 是 $(\Omega,\mathcal{F},\mathcal{F}_t,P)$ 上适应的随机过程, 且 $N(0)=0$ 几乎处处成立. 其样本路径在一个零测集以外, 为非降的、右连续的分段函数, 且在跳跃点上的跃值都是 1, 这样的随机过程称为一维计数过程.

特别地, 若对所有 $t\geqslant 0$, 有 $P(N(t)<\infty)=1$, 则称此计数过程是平稳的.

注意到, 若计数过程 $N(t)$ 关于域流 $\mathcal{F}_t$ 是适应的, 且对一切的 $t \geqslant 0, E(N(t)) < \infty$, 则 N 关于 $\mathcal{F}_t$ 是一下鞅. 若 $\{X(t), t \geqslant 0\}$ 是关于 $\mathcal{F}_t$ 的鞅, 则 $\{|X(t)|, t \geqslant 0\}$ 是关于 $\mathcal{F}_t$ 的下鞅, 如果对一切 $t \geqslant 0$, 还满足 $EX^2(t) < \infty$, 则 $X^2(t)$ 是关于 $\mathcal{F}_t$ 的下鞅. 这些结果只需要简单应用 Jensen 不等式即可得到.

例如, 设 $T_1, \cdots, T_n$ 为 n 个个体的连续型生存时间, 且 $i \neq j$ 时, $T_i \neq T_j$, 则 $N(t) = \sum_{i=1}^{n} I(T_i \leqslant t)$ 表示在 t 以前 (包括 t) 死亡的个体总数, 它显然是一个计数过程. 如果 $E(\mathrm{d}N(t)|\mathcal{F}_{t-}) = \lambda(t)\mathrm{d}t$, 则 $\lambda(t)$ 称作计数过程 $N(t)$ 的**强度过程**(intensity process)或**强度函数**. 事实上强度过程也是一个随机过程. **累积强度过程**定义为 $\Lambda(t) = \int_0^t \lambda(u)\mathrm{d}u\ (t \geqslant 0)$.

设在 $(\Omega, \mathcal{F}, P)$ 上给定了 σ 域流 $\mathcal{F}_t$, 在乘积空间 $[0, \infty) \times \Omega$ 上考虑集合族

$$\mathscr{E} = \{(s, t] \times A, 0 \leqslant s < t, A \in \mathcal{F}_s\} \bigcup \{0 \times A : A \in \mathcal{F}_0\}.$$

定义 A.3 在 $[0, \infty) \times \Omega$ 上包含 $\mathscr{E}$ 的最小 σ 域称为**可料 σ 域**, 简记为 $\mathscr{P}$.

定义 A.4 在 $(\Omega, \mathcal{F}, \mathcal{F}_t, P)$ 上给定实值随机过程 $\{X(t), t \geqslant 0\}$, 若把 $X(t)$ 看成 $[0, \infty) \times \Omega$ 上的二元函数 $X(t, \omega)$, 且 $x(t)$ 关于可料 σ 域 $\mathscr{P}$ 可测, 则称随机过程 $\{X(t), t \geqslant 0\}$ 是**可料的**.

可料是一个很重要的概念, 非常有用. 那么什么样的过程是可料的呢? 下面是一个很重要的定理.

定理 A.1 设 $\{X(t), t \geqslant 0\}$ 关于 σ 域流 $\mathcal{F}_t$ 是适应的, 且左连续, 则 $\{X(t), t \geqslant 0\}$ 是可料的.

证明 记 I_A 表示区间 $A \subset \mathbf{R}^+$ 上的示性函数. 显然可料过程的极限仍然是可料过程, 故若能证明左连续适应过程 $X(t)$ 可表示为可料过程的极限, 则 $X(t)$ 为可料过程. 令

$$X^n(t, \omega) = X(0, \omega) I_{\{0\}}(t) + \sum_{k=0}^{\infty} X(k/n, \omega) I_{(k/n, (k+1)/n]}(t),$$

上式无穷和中的每一项都是可料的, 故过程 X^n 是可料的. 又由于 $X(t)$ 是 a.s. 左连续的, 所以

$$X(t) = \lim_{n \to \infty} X^n(t), \quad \text{a.s.}. \qquad \square$$

A.2 鞅 理 论

下面来介绍最重要的下鞅分解定理.

定理 A.2 (Doob-Meyer 分解定理)　设 $\{X(t), t \geqslant 0\}$ 是随机基上的右连续非负下鞅, 则存在关于 σ 域流 $\mathcal{F}_t$ 的鞅 $\{M(t), t \geqslant 0\}$ 和右连续增的可料过程 $\{A(t), t \geqslant 0\}$, 且 $EA(t) < \infty$, 使得对于一切 $t \geqslant 0$ 有

$$X(t) = M(t) + A(t), \quad \text{a.s.}, \tag{A.1}$$

其中 $A(0) = 0$, 且以上的分解在 a.s. 意义下是唯一的. 即若对一切 $t \geqslant 0, X(t) = M_1(t) + A_1(t)$, 而且 $M_1(t)$ 关于 σ 域流 $\mathcal{F}_t$ 是鞅, $A_1(t)$ 关于 σ 域流 $\mathcal{F}_t$ 是可料右连续增过程, $A_1(0) = 0$, 则对于一切 $t \geqslant 0$,

$$M_1(t) = M(t), \quad A_1(t) = A(t), \quad \text{a.s.}$$

证明见 Meyer (1996,p102,105 和 122) 或 Lipster 和 Shiryayev (1977, 定理 3.8). 分解式 (A.1) 中的 $A(t)$ 称作下鞅 $X(t)$ 的**补偿子**.

下面考虑一个有用的随机积分结果.

定理 A.3　设 $\{X(t), t \geqslant 0\}$ 是关于 $\mathcal{F}_t$ 适应的右连续增过程, $X(0) = 0$, 且对一切 $t \geqslant 0, E|X(t)| < \infty$. 设 $\{A(t), t \geqslant 0\}$ 是其补偿子,

$$M(t) = X(t) - A(t) \quad (t \geqslant 0).$$

如果 $H(t)$ 是关于 $\mathcal{F}_t$ 的可料过程, 且对于一切 $t \geqslant 0$, $E\left(|\int_0^t H(u)\mathrm{d}A(u)|\right) < \infty$, 则

$$L(t) = \int_0^t H(u)\mathrm{d}M(u)$$

关于 σ 域流 $\mathcal{F}_t$ 是鞅.

证明见 Bremaud (1981,Chapter1, 定理 T6).

设 $M(t)$ 关于 $\mathcal{F}_t$ 是鞅, 且对于一切 $t \geqslant 0$ 有 $E(M^2(t)) < \infty$, 则 $M^2(t)$ 关于 $\mathcal{F}_t$ 是非负下鞅. 根据定理 A.2, 下鞅 $M^2(t)$ 有补偿子, 记为 $\langle M, M\rangle(t)$ 或 $\langle M\rangle(t)$, $t \geqslant 0$. 这个补偿子 $\langle M(t), M(t)\rangle$ 称为鞅 $M(t)$ 的**可料二次变差过程**.

定理 A.4　设 $\langle M, M\rangle(t), t \geqslant 0$ 是鞅 $M(t)$ 的可料二次变差过程, 且 $M(0) = 0$, 则对于一切 $t \geqslant 0$,

$$E(M^2(t)) = E(\langle M, M\rangle(t)).$$

定理 A.4 在计算鞅 $M(t)$ 的方差时非常有用. 如果我们能获得鞅的可料二次变差过程, 那么就可以很容易地获得鞅 $M(t)$ 的方差了.

利用计数过程及鞅理论易知 $M(t) = N(t) - \Lambda(t)$ 为一个关于 $\mathcal{F}_t$ 的鞅, 其可料二次变差过程为 $\Lambda(t)$, 即 $M^2(t) - \Lambda(t)$ 仍然为 $\mathcal{F}_t$ 的一个鞅.

当失效时间与删失时间独立或条件独立 (即所谓的独立删失) 的时候, 可以容易地将其用计数过程的符号表示, 并使用鞅中心极限理论推导统计性质. 事实上, 在绝大部分的实际应用中, 失效时间与删失时间满足条件独立, 因此总是假设该条件成立.

对于失效时间 T、删失时间 C 以及示性变量 $\delta = I(T \leqslant C)$ 和 $X = \min(T, C)$, 可以推导出计数过程 $N(t) = I(X \leqslant t, \delta = 1)$ 对应的补偿子在独立删失的条件下为

$$Y(t)\lambda(t) = Y(t)\frac{1}{\mathrm{d}t}P[t < T \leqslant t + \mathrm{d}t | T > t, \mathcal{F}_t], \tag{A.2}$$

其中 $Y(t) = I(X \geqslant t)$ 表示个体是否处于风险中的示性变量. 可以看出 $\lambda(t)$ 表示个体在 t 之前没有失效而在 t 时刻失效的风险率, 因此称为**风险率函数**, 而称 $\Lambda(t) = \int_0^t \lambda(s)\mathrm{d}s$ 为**累积风险函数**.

根据式 (A.2) 还可以推导出 T 的生存函数 $S(t) = \Pr\{T > t\}$ 与 $\Lambda(t)$ 之间满足关系 (Fleming and Harrington, 1991)

$$S(t) = \exp\{-\Lambda(t)\}.$$

A.3 风险率函数与生存分布

在生存分析中, 人们最为关心的有几个量主要包括: 生存分布、风险率函数、平均寿命和剩余寿命等. 感兴趣的是能观测到的随机变量 X.

考虑没有删失和截断的情形, 风险率 (强度) 函数的定义如下

$$\lambda(t) = \lim_{\Delta t \to 0} \frac{1}{\Delta t} P(X \leqslant t + \Delta t | X \geqslant t).$$

于是, $\lambda(t)\Delta t$ 可以近似地看作死亡概率, 即在给定存活到时间 t 的条件下, 在未来的很短时间内死亡的条件概率.

首先, 我们考虑随机变量 X 是绝对连续的, 其有连续的分布函数 $F(x)$ 及密度函数 $f(x)$, 分布函数 $F(x)$ 和生存函数 $S(x) = 1 - F(x)$. 有如下的关系

$$P(X \leqslant x) = F(x) = 1 - S(x) = \int_0^x f(t)\mathrm{d}t.$$

此时, 风险率 (强度) 函数 $\lambda(t)$ 为

$$\begin{aligned}\lambda(t) &= \frac{1}{\mathrm{d}t}P[t \leqslant X < t + \mathrm{d}t | T \geqslant t] \\ &= \frac{f(t)}{1 - F(t)} = \frac{f(t)}{S(t)} = -\left[\frac{\mathrm{d}}{\mathrm{d}t}S(t)\right] / S(t) = -\frac{\mathrm{d}\log S(t)}{\mathrm{d}t},\end{aligned}$$

于是

$$S(t)=\exp\left(-\int_0^t \lambda(u)\mathrm{d}u\right)=\exp\{-\Lambda(t)\}.$$

其次, 考虑随机变量 X 是离散的, 取值点集为 $\{t_j; j\in\mathbf{N}\}$, 其概率密度函数为 $f(t_j)=F(\{t_j\})=P(X=t_j)>0$, 则风险率函数是

$$\lambda_j=P(X=t_j|X\geqslant t_j)=\frac{F(\{t_j\})}{S(t_j-)}.$$

于是我们得到

$$S(t)=\prod_{t_j\leqslant t}(1-\lambda_j),\quad F(\{t_j\})=\lambda_j\prod_{t_i\leqslant t_j}(1-\lambda_i).$$

在一般情况下, 累积风险率函数定义为

$$\Lambda(t)=\int_0^t \frac{\mathrm{d}F(u)}{1-F(u-)},$$

这意味着当 F 是连续的和离散的时, 其分别为

$$\int_0^t \lambda(u)\mathrm{d}u,\quad \sum_{j:t_j\leqslant t}\lambda_j.$$

如果 X 的分布既有连续部分也有离散部分, 那么其累积风险率函数就是连续和离散的累积风险率函数的和.

在不同的数据类型下, 生存分布 S 的估计是不同的, 在删失数据和截断数据下其非参数极大似然估计有显式表达式, 而在大多数其他复杂数据下是没有显式解的. 但是计数过程和鞅理论可以帮助我们推导估计或检验统计量的统计性质, 从而进行统计推断.

附录B　非参数回归

B.1　非参数回归估计

非参数回归对于数据处理提供了一个非常有用的分析工具，同时非参数回归模型也是统计中最重要的模型. 考虑如下回归模型

$$Y = m(X) + \varepsilon, \tag{B.1}$$

其中 $E(\varepsilon|X) = 0$, $E(\varepsilon^2|X = x) = \sigma^2(x)$. 注意到此时

$$E(Y|X = x) = m(x),$$

其中 $m(x)$ 为一个未知的函数, 并没有给出它的任何形式. 因此称 (B.1) 为**非参数回归模型**. 对这个模型的研究已有大量的文献. 为简单首先假设 X 是一维的刻度变量. 那么对于这个模型的推断让人最先想到的方法应当是最小二乘. 但是, 在非参数回归模型中, 由于 $m(x)$ 没有具体的形式, 所以对于 $x \in \mathbf{R}$, $m(x)$ 是个无穷维参数. 因此, 此时的最小二乘方法是对一个无穷维的参数进行估计, 通常是无解的. 为了能够应用最小二乘方法, 我们假定在某个具体的 x_0 处估计 $m(x_0)$ 的值. 此时, 固定了 x_0, 因而 $m(x_0)$ 也是一个固定值. 因此可以把它看成一个未知的参数了. 但是, 问题是, 由于曲线 $m(x)$ 在 x_0 处可能没有数据或很少数据, 其值如何估计呢? 此时, 可以充分使用其他点观察值包含的 x_0 信息, 但注意到并不一定所有观察值对于 $m(x_0)$ 都具有信息, 因此, 应当适当地考虑落在 x_0 的一个小区间内的观察才对 $m(x_0)$ 的估计提供更有效的信息, 这就是局部估计的思想.

B.2　局部线性估计

我们应用局部线性对 $m(x)$ 展开如下, 假设 $m(x)$ 在 x_0 是足够光滑的, 那么由泰勒展开有

$$m(x) \approx m(x_0) + m'(x_0)(x - x_0) \equiv a + b(x - x_0).$$

因此, 此时最小二乘的目标函数应当是一个加权和, 即

$$\sum_{i=1}^{n} [Y_i - a - b(X_i - x_0)]^2 I_i, \tag{B.2}$$

其中 $I_i=1$ 就是表示 X_i 落在 x_0 的小区间内, 否则 $I_i=0$. 把这种思想推广到核估计, 那么目标函数 (B.2) 变为

$$\sum_{i=1}^{n}[Y_i-a-b(X_i-x_0)]^2K\left(\frac{x_0-X_i}{h}\right), \tag{B.3}$$

其中 $K(\cdot)$ 是一个核函数, $h=h_n$ 是窗宽. 那么 a 和 b 的最小二乘估计就是使目标函数 (B.3) 达最小的解, 记为 $\widehat{a}$ 和 $\widehat{b}$, 称 $\widehat{a}$ 为 $m(x_0)$ 的**局部线性估计**. 另外, $\widehat{b}$ 是 $m'(x_0)$ 的估计. $\widehat{a}$ 有如下显式表达式

$$\widehat{m}(x_0)=\widehat{a}=\frac{\sum\limits_{i=1}^{n}W_h(x_0-X_i)Y_i}{\sum\limits_{i=1}^{n}W_h(x_0-X_i)}, \tag{B.4}$$

其中

$$W_h(x_0-X_i)=K\left(\frac{x_0-X_i}{h}\right)\left\{S_{n,2}-\left(\frac{x_0-X_i}{h}\right)S_{n,1}\right\},$$
$$S_{n,l}=\sum_{i=1}^{n}K\left(\frac{x_0-X_i}{h}\right)\left(\frac{x_0-X_i}{h}\right)^l, \quad l=0,1,2.$$

事实上, 如果上面的泰勒展开中, 仅展开一项, 获得的加权最小二乘估计就是使下式达到最小的 $\widehat{a}$

$$\sum_{i=1}^{n}[Y_i-a]^2K\left(\frac{x_0-X_i}{h}\right), \tag{B.5}$$

这个估计就是通常意义下的**核回归估计或称核估计**, 它有如下形式

$$\widehat{m}(x_0)=\widehat{a}=\frac{\sum\limits_{i=1}^{n}W_h(x_0-X_i)Y_i}{\sum\limits_{i=1}^{n}W_h(x_0-X_i)}, \tag{B.6}$$

其中 $W_h(x_0-X_i)=K\{(x_0-X_i)/h\}$. 此估计也称为 Nadaraya-Watson**估计**, 或简称 N-W 估计.

更一般地, 当 $m(x)$ 在 x_0 有 $p+1$ 阶导数时, 可以近似地展开成 p 阶多项式.

$$m(x)\approx m(x_0)+m'(x_0)(x-x_0)+\cdots+\frac{1}{p!}m^{(p)}(x_0)(x-x_0)$$
$$\equiv\beta_0+\beta_1(x-x_0)+\cdots+\beta_p(x-x_0)^p.$$

此时加权最小二乘是

$$\sum_{i=1}^{n}[Y_i-\beta_0-\beta_1(X_i-x_0)-\cdots-\beta_p(X_i-x_0)^p]^2K\left(\frac{x_0-X_i}{h}\right). \tag{B.7}$$

求式 (B.7) 最小值便可得到估计 $\widehat{\beta}_j$, 而 $j!\widehat{\beta}_j$ 就是 $m^{(j)}(x_0)$ 的估计, $j=0,1,2,\cdots,p$. 这就是著名的*局部多项式估计*. 为了对局部估计的性质更多的了解, 我们下面重点研究局部线性估计, 对于局部多项式估计只给出类似的结果. 首先给出一些假设条件.

(1) 回归函数 $m(x)$ 有二阶有界的导数.

(2) 协变量 X 的密度函数 $f(\cdot)$ 对于某个 $0<\alpha<1$ 满足 $|f(x)-f(y)|\leqslant c|x-y|^\alpha$ 且 $f(x_0)>0$, 其中 c 是一常数.

(3) 条件方差 $\sigma(x)$ 是有界连续的.

(4) 当 $n\to\infty$ 时, 窗宽满足 $h\to 0$ 和 $nh\to\infty$. 核函数 $K(\cdot)$ 是有界连续的密度函数, 且满足

$$\int_{-\infty}^{\infty}K(x)\mathrm{d}x=1,\quad \int_{-\infty}^{\infty}xK(x)\mathrm{d}x=0,\quad \int_{-\infty}^{\infty}x^2K(x)\mathrm{d}x\neq 0.$$

同时, 对于 $r=1,2,\cdots$,

$$\int_{-\infty}^{\infty}x^{2r}K(x)\mathrm{d}x<\infty.$$

通常取核函数为对称且有有限支撑的概率密度函数. 以上有关核函数的假设是要求它们具有一定的光滑性.

定理 B.1 在假设 (1)~(4) 满足的情况下, 则局部线性估计的均方误差 MSE 有

$$\begin{aligned}E\{\widehat{m}(x_0)-m(x_0)\}^2=&\frac{1}{4}\left\{m''(x_0)\mu_2\right\}^2h^4\\&+\frac{1}{nh}\frac{\sigma^2(x_0)}{f(x_0)}\nu_0+o\left(h^4+\frac{1}{nh}\right),\end{aligned} \tag{B.8}$$

其中

$$\mu_r=\int_{-\infty}^{\infty}x^rK(x)\mathrm{d}x,\quad \nu_r=\int_{-\infty}^{\infty}x^rK^2(x)\mathrm{d}x.$$

设 w 是一个有界权函数, 且有紧支撑 $[a,b]$, 则局部线性估计的*均方积分误差*MISE 可由下面定理获得.

定理 B.2　在假设 (1)~(4) 满足的情况下, 则局部线性估计的均方积分误差 MISE 有

$$
\begin{aligned}
&E\int_{-\infty}^{\infty}\{\widehat{m}(x)-m(x)\}^2w(x)\mathrm{d}x\\
&=\frac{\mu_2^2h^4}{4}\int_{-\infty}^{\infty}\{m''(x)\}^2w(x)\mathrm{d}x\\
&\quad+\frac{\nu_0}{nh}\int_{-\infty}^{\infty}\frac{\sigma^2(x)}{f(x)}w(x)\mathrm{d}x+o\left(h^4+\frac{1}{nh}\right).
\end{aligned}
\tag{B.9}
$$

通过极小化 MSE 和 MISE 可以分别获得局部最优窗宽和全局最优窗宽. 局部最优窗宽是

$$
h_{\mathrm{opt1}}=\left(\frac{\sigma^2(x_0)\nu_0}{\{\mu_2m''(x_0)\}^2f(x_0)}\right)^{1/5}n^{-1/5},
\tag{B.10}
$$

这个窗宽依赖于估计点 x_0, 因此称为局部最优窗宽. 而全局最优窗宽是

$$
h_{\mathrm{opt2}}=\left(\frac{\nu_0\displaystyle\int_{-\infty}^{\infty}f^{-1}(x)\sigma^2(x)w(x)\mathrm{d}x}{\mu_2^2\Big\{\displaystyle\int_{-\infty}^{\infty}\{m''(x)\}^2w(x)\mathrm{d}x}\right)^{1/5}n^{-1/5},
\tag{B.11}
$$

下面给出局部常数估计 (即 N-W 估计) 和局部线性估计的渐近表示结果, 这些结果在半参数模型中特别有用. 为了方便, 记 $\delta_{ln}=h^l+\{n^{-1}h^{-1}\log n\}^{1/2}, l=1,2$; $\delta_{0n}=\{n^{-1}h^{-1}\log n\}^{1/2}$. 为简单起见, 不妨设 $\mu_0=\mu_2=1,\mu_1=\mu_3=0$.

定理 B.3　假设定理 B.1 的条件成立, 并设 $S(f)$ 为 X 的分布的支撑, 且对所有 $x\in S(f)$, 有 $f(x)>c>0$, c 是一个非负常数. 则局部常数估计 $\widehat{m}_{NW}(x)$, 式 (B.12) 对 $x\in S(f)$ 一致成立.

$$
\begin{aligned}
\widehat{m}_{NW}(x)=&\,m(x)+\left\{\frac{m'(x)f'(x)}{f(x)}+\frac{1}{2}m''(x)\right\}h^2\\
&+\frac{1}{nhf(x)}\sum_{i=1}^{n}K\left(\frac{X_i-x}{h}\right)\varepsilon_i+O(\delta_{0n}\delta_{1n}+h^2\delta_{2n});
\end{aligned}
\tag{B.12}
$$

而对于局部线性估计 $\widehat{m}(x)$, 式 (B.13) 对 $x\in S(f)$ 一致成立.

$$
\begin{aligned}
\widehat{m}(x)=&\,m(x)+\frac{1}{2}m''(x)h^2+\frac{1}{nhf(x)}\sum_{i=1}^{n}K\left(\frac{X_i-x}{h}\right)\varepsilon_i\\
&+O(\delta_{0n}\delta_{1n}+h^2\delta_{2n}).
\end{aligned}
\tag{B.13}
$$

定理 B.3 的结果若改为非一致成立 (例如, 逐点成立), 则可以去掉条件“$f(x) > c > 0$, 其中 c 是一个非负常数”.

在证明此定理前, 首先给出一个引理, 这个引理在非参数中具有广泛的应用.

引理 B.1 假设定理 B.1 的条件成立, 则式 (B.14) 几乎处处对 $x \in S(f)$ 一致成立

$$\sum_{i=1}^{n} K\left(\frac{X_i - x}{h}\right)(X_i - x)^r = nh^{r+1}\mu_r f(x) + nh^{r+2}\mu_{r+1}f'(x) + O(nh^{r+1}\delta_{2n}), \qquad \text{(B.14)}$$

其中 $r = 0, 1, 2, \cdots$, 且 $h \in [c_1 n^{-a}, c_2 n^{-b}]$, $c_1, c_2 > 0$, $0 < b < a < 1$. 此外, 若 ε_i 独立同分布, $E\varepsilon_i = 0$,$E\varepsilon_i^2 = \sigma^2$ 且 ε_i 各阶矩有限, ε_i 与 X 独立, 则

$$\sum_{i=1}^{n} K\left(\frac{x - X_i}{h}\right)\varepsilon_i = O(nh\delta_{0n}),$$

$$\sum_{i=1}^{n} K\left(\frac{x - X_i}{h}\right)\left(\frac{x - X_i}{h}\right)\varepsilon_i = O(nh\delta_{0n}),$$

对 $x \in S(f)$ 和 $h \in [c_1 n^{-a}, c_2 n^{-b}]$ 一致成立.

引理 B.1 的证明 由一致对数定律 (见 Hall (1981) 和 Stute (1982)), 可知

$$\left|\frac{1}{nh}\sum_{i=1}^{n} K\left(\frac{X_i - x}{h}\right)\left(\frac{X_i - x}{h}\right)^r - \frac{1}{h}E\left\{K\left(\frac{X_i - x}{h}\right)\left(\frac{X_i - x}{h}\right)^r\right\}\right| = O\left(\left(\frac{\log n}{nh}\right)^{1/2}\right). \qquad \text{(B.15)}$$

几乎处处对 $x \in S(f)$ 一致成立. 注意到积分变换, 上面的均值有

$$\begin{aligned} E\left(K\left(\frac{X_i - x}{h}\right)\left(\frac{X_i - x}{h}\right)^r\right) &= h^{-r}\int K\left(\frac{t - x}{h}\right)(t - x)^r f(t)\mathrm{d}t \\ &= h\int u^r K(u) f(x + hu)\mathbf{d}u \\ &= h\{\mu_r f(x) + h\mu_{r+1}f'(x) + O(h^2)\}. \qquad \text{(B.16)} \end{aligned}$$

□

定理 B.1 是后面定理 B.4 的特例, 而由定理 B.1 可以推出定理 B.2. 所以下面仅证明定理 B.3.

定理 B.3 的证明 使用引理 B.1 并经过简单计算有

$$\sum_{i=1}^{n} W_h(x-X_i) = n^2h^2f^2(x) + O(n^2h^2\delta_{2n}),$$

$$\frac{1}{nh}\sum_{i=1}^{n} K\left(\frac{X_i-x}{h}\right) = f(x) + O(\delta_{2n}).$$

利用这些结果得

$$\frac{\sum\limits_{i=1}^{n} W_h(x-X_i)m(X_i)}{\sum\limits_{i=1}^{n} K_h(x-X_i)} - m(x) = \frac{m''(x)}{2}h^2 + O(h^2\delta_{2n}),$$

从而

$$\begin{aligned}\widehat{m}(x) = & m(x) + \frac{1}{2}m''(x)h^2 + \frac{1}{nhf(x)}\sum_{i=1}^{n} K\left(\frac{X_i-x}{h}\right)\varepsilon_i \\ & + O(\delta_{0n}\delta_{1n} + h^2\delta_{2n}),\end{aligned}$$

类似地,

$$\begin{aligned}\widehat{m}_{NW}(x) = & m(x) + \left\{\frac{m'(x)f'(x)}{f(x)} + \frac{1}{2}m''(x)\right\}h^2 \\ & + \frac{1}{nhf(x)}\sum_{i=1}^{n} K\left(\frac{X_i-x}{h}\right)\varepsilon_i + O(\delta_{0n}\delta_{1n} + h^2\delta_{2n}).\end{aligned}$$

□

B.3 局部多项式回归

B.3.1 提出估计

下面根据 Fan 和 Gijbels (1996) 中的一些结果, 我们简单地给出局部多项式估计的一些性质, 这里应用矩阵表述. 这在非参数, 半参数中使用局部多项式估计时非常有用. 有关局部多项式的更多内容参见 Ruppert 和 Wand (1994), Fan 和 Gijbels (1992), Fan 和 Gijbels (1996) 等文章.

这里局部多项式估计的目标函数 (B.7) 可以简洁地用矩阵来表达, 记

$$\boldsymbol{X} = \begin{pmatrix} 1 & (X_1-x_0) & \cdots & (X_1-x_0)^p \\ \vdots & \vdots & & \vdots \\ 1 & (X_n-x_0) & \cdots & (X_n-x_0)^p \end{pmatrix},$$

和

$$\boldsymbol{Y}=\begin{pmatrix}Y_1\\ \vdots\\ Y_n\end{pmatrix},\quad \widehat{\beta}=\begin{pmatrix}\widehat{\beta}_0\\ \vdots\\ \widehat{\beta}_p\end{pmatrix}.$$

更进一步, 记 W 为核函数的对角阵, 即

$$W=\operatorname{diag}(K_h(X_i-x_0)),$$

其中 $K_h(\cdot)=K(\cdot/h)/h$, 则式 (B.7) 可以转为

$$\min_{\beta}(\boldsymbol{Y}-\boldsymbol{X}\beta)^{\tau}W(\boldsymbol{Y}-\boldsymbol{X}\beta), \tag{B.17}$$

其中 $\beta=(\beta_0,\cdots,\beta_p)^{\tau}$. 这个极小值解可由加权最小二乘理论给出, 即

$$\widehat{\beta}=(\boldsymbol{X}^{\tau}W\boldsymbol{X})^{-1}\boldsymbol{X}^{\tau}W\boldsymbol{Y}. \tag{B.18}$$

B.3.2 局部多项式估计的偏差及方差

注意到加权最小二乘估计的性质, 那么局部多项式估计的条件偏差和条件方差有如下的表达式,

$$\begin{aligned}E(\widehat{\beta}|\mathscr{X})&=(\boldsymbol{X}^{\tau}W\boldsymbol{X})^{-1}W\boldsymbol{g}\\&=\beta+(\boldsymbol{X}^{\tau}W\boldsymbol{X})^{-1}W\boldsymbol{r},\end{aligned} \tag{B.19}$$

$$\operatorname{Var}(\widehat{\beta}|\mathscr{X})=(\boldsymbol{X}^{\tau}W\boldsymbol{X})^{-1}(\boldsymbol{X}^{\tau}\Sigma\boldsymbol{X})(\boldsymbol{X}^{\tau}W\boldsymbol{X})^{-1} \tag{B.20}$$

其中 $\boldsymbol{g}=(m(X_1),\cdots,m(X_n))^{\tau}$ 和 $\boldsymbol{r}=\boldsymbol{g}-\boldsymbol{X}\beta$, 表示多项式逼近的剩余, 且 $\Sigma=\operatorname{diag}(K_h^2(X_i-x_0)\sigma^2(X_i))$, $\mathscr{X}=\{X_1,\cdots,X_n\}$. 记 $H=\operatorname{diag}(1,h,\cdots,h^p)$,

$$\begin{aligned}&S=(\mu_{j+l})_{0\leqslant j,l\leqslant p},\quad c_p=(\mu_{p+1},\cdots,\mu_{2p+1})^{\tau},\\&S^{+}=(\mu_{j+l+1})_{0\leqslant j,l\leqslant p},\quad c_p^{+}=(\mu_{p+2},\cdots,\mu_{2p+2})^{\tau},\\&S^{*}=(\nu_{j+l})_{0\leqslant j,l\leqslant p}.\end{aligned}$$

同时记 $e_{\nu+1}=(0,\cdots,0,1,0,\cdots,0)^{\tau}$ 表示一个 $p+1$ 维向量, 且其第 $(\nu+1)$ 个元为 1, 其余全为 0, 则有如下定理.

定理 B.4 假设 $f(x_0)>0$, 且 $f(x)$,$\sigma^2(x)$ 和 $m^{(p+1)}(x)$ 在 x_0 的邻域内是连续的. 又假设上面的条件 (4) 成立. 如果 $p-\nu$ 是奇数, 则渐近偏差是

$$\operatorname{Bias}(\widehat{m}_{\nu}|\mathscr{X})=e_{\nu+1}^{\tau}S^{-1}c_p\frac{\nu!}{(p+1)!}m^{(p+1)}(x_0)h^{p+1-\nu}+o_p(h^{p+1-\nu}), \tag{B.21}$$

如果 $p-\nu$ 是偶数, 且 $f'(x)$ 和 $m^{(p+2)}$ 在 x_0 的邻域内都是连续的, 则渐近偏差是

$$\begin{aligned}\mathrm{Bias}(\widehat{m}_\nu|\mathscr{X}) = e_{\nu+1}^{\tau}S^{-1}c_p^{+}\frac{\nu!}{(p+2)!}\Big\{&m^{(p+2)}(x_0)\\&+(p+2)m^{(p+1)}(x_0)\frac{f'(x_0)}{f(x_0)}\Big\}h^{p+2-\nu}+o_p(h^{p+2-\nu}).\end{aligned} \tag{B.22}$$

但是渐近方差都是

$$\mathrm{Var}(\widehat{m}_\nu|\mathscr{X}) = e_{\nu+1}^{\tau}S^{-1}S^{*}S^{-1}e_{\nu+1}\frac{\nu!^2\sigma^2(x_0)}{f(x_0)nh^{2\nu+1}}+o_p\left(\frac{1}{nh^{2\nu+1}}\right). \tag{B.23}$$

定理证明较为繁琐, 读者可参考本章补充部分 (B.3.5 小节).

B.3.3 窗宽选择

对于局部最优窗宽可以通过极小化局部多项式估计的均方误差 MSE 获得. 那么由定理 B.4 便可获得局部最优窗宽

$$h_{\mathrm{opt}} = C_{\nu,p}\left[\frac{\sigma^2(x_0)}{\{m^{(p+1)}(x_0)\}^2 f(x_0)}\right]^{1/(2p+3)} n^{-1/(2p+3)}, \tag{B.24}$$

其中

$$C_{\nu,p} = \left[\frac{(p+1)!^2(2\nu+1)\displaystyle\int K_\nu^{*2}(t)\mathrm{d}t}{2(p+1-\nu)\Big\{\displaystyle\int t^{p+1}K_\nu^{*}(t)\mathrm{d}t\Big\}^2}\right]^{1/(2p+1)},$$

这里 $K_\nu^{*}(t) = e_{\nu+1}^{\tau}S^{-1}(1,2,\cdots,t^p)^{\tau}K(t)$. 而对加权的 MISE 求最小便可获得全局的最优窗宽

$$h_{\mathrm{opt}} = C_{\nu,p}\left[\frac{\displaystyle\int \sigma^2(x)w(x)/f(x)\mathrm{d}x}{\displaystyle\int\{m^{(p+1)}(x)\}^2 w(x)\mathrm{d}x}\right]^{1/(2p+3)} n^{-1/(2p+3)}, \tag{B.25}$$

其中 $w(x)$ 是一个权重函数.

B.3.4 核函数

常用的核函数有均匀核、高斯核、Epanechnikov 核等. 均匀核为

$$K(x) = \frac{1}{2}I(x\in[-1,1]),$$

高斯核为

$$K(x) = \frac{1}{\sqrt{2\pi}}\exp\left\{\frac{-x^2}{2}\right\},$$

对称 Beta 族核为

$$K(x)=\frac{1}{\mathrm{Beta}(1/2,\gamma+1)}(1-x^2)_+^{\gamma},\quad \gamma=0,1,\cdots,$$

其中 + 表示数的正部.

当 $\gamma=0,1,2,3$ 可以分别导出均匀核、Epanechnikov 核、二权核 (biweight) 和三权核 (triweight). 当 $\gamma\to\infty$ 时, 则可导出高斯核.

当使用最优权窗宽 (B.24) 和 (B.25) 时, 它们的 MSE 和 MISE 的渐近表达式都通过下面这个常数依赖于核函数,

$$T_{\nu,p}=\left|\int t^{p+1}K_\nu^*(t)\mathrm{d}t\right|^{2\nu+1}\left\{\int K_\nu^{*2}(t)\mathrm{d}t\right\}^{p+1-\nu},\tag{B.26}$$

注意到当 $p-\nu$ 是偶数时, 若核函数是对称的, 则 $T_{\nu,p}=0$, 所以我们仅考虑当 $p-\nu$ 是奇数的情况. Fan 和 Gijbels (1996) 给出了几种不同核函数下窗宽系数 $C_{\nu,p}$ 的数值, 见表 B.1.

表 B.1 窗宽系数 $C_{\nu,p}$ 对应不同核的值

ν	p	高斯核	均匀核	Epanechnikov 核	二权核	三权核
0	1	0.776	1.351	1.719	2.036	2.312
0	3	1.161	2.813	3.243	3.633	3.987
1	2	0.884	1.963	2.275	2.586	2.869
2	3	1.006	2.604	2.893	3.208	3.503

B.3.5 补充

定理 B.4 的证明 首先证明定理中的条件渐近方差. 记 $(p+1)\times(p+1)$ 矩阵 $S_n=\boldsymbol{X}^\tau W\boldsymbol{X}$, $S_n^*=\boldsymbol{X}^\tau\Sigma\boldsymbol{X}$, 其元素表示为 $(S_{n,j+l}^*)_{0\leqslant i,l\leqslant p}$, 其中 $S_{nj}^*=\sum_{i=1}^n(X_i-x_0)^jK_h^2(X_i-x_0)\sigma^2(X_i)$. 那么, 条件方差 (B.23) 能够表示为

$$S_n^{-1}S_n^*S_n^{-1},\tag{B.27}$$

下面来计算两个矩阵 S_n 和 S_n^* 的近似值. 注意到 S_n 的定义, 且当 $n\to\infty$, $h\to 0$ 和 $nh\to\infty$ 时,

$$\begin{aligned}S_{nj}=&ES_{nj}+O_p(\{\mathrm{Var}(S_{nj})\}^{1/2})\\=&nh^j\int u^jK(u)f(x_0+hu)\mathrm{d}u\\&+O_p\left(\{nE\{(X_1-x_0)^{2j}K_h^2(X_1-x_0)\}\}^{1/2}\right)\\=&nh^j\{f(x_0)\mu_j+o(1)+O_p\{(nh)^{-1/2}\}\\=&nh^jf(x_0)\mu_j1+o_p(1)\}\},\end{aligned}\tag{B.28}$$

由此, 立即有

$$S_n = nf(x_0)HSH\{1+o_p(1)\}. \tag{B.29}$$

利用相似的论证, 可得

$$S^*_{nj} = nh^{j-1}f(x_0)\sigma^2(x_0)\nu_j\{1+o_p(1)\}, \tag{B.30}$$

所以

$$S^*_n = nh^{-1}f(x_0)\sigma^2(x_0)HS^*H\{1+o_p(1)\}. \tag{B.31}$$

因此, 由式 (B.27), 式 (B.29) 和式 (B.31) 可以获得

$$\mathrm{Var}(\widehat{\beta}|\mathscr{X}) = \frac{\sigma^2(x_0)}{nhf(x_0)}H^{-1}S^{-1}S^*S^{-1}H^{-1}\{1+o_p(1)\}, \tag{B.32}$$

由于 $\widehat{m}_\nu(x_0) = \nu! e^\tau_{\nu+1}\widehat{\beta}$, 故由式 (B.32) 便可直接获得条件方差公式.

下面对 $p-\nu$ 是奇数和偶数分别来证明偏差公式. 当 $p-\nu$ 是奇数, 问题要简单一些. 由泰勒展开, $\widehat{\beta}$ 的条件偏差 $S_n^{-1}X^\tau W\boldsymbol{r}$ 可以写成

$$\begin{aligned} &S_n^{-1}X^\tau W[\beta_{p+1}(X_i-x_0)^{p+1} + o_p\{(X_i-x_0)^{p+1}\}]_{1\leqslant i\leqslant n} \\ =&S_n^{-1}\{\beta_{p+1}d_n + o_p(nh^{p+1})\}, \end{aligned} \tag{B.33}$$

其中 $d_n = (S_{n,p+1},\cdots,S_{n,2p+1})^\tau$ 和 $\beta_{p+1} = m^{(p+1)}(x_0)/(p+1)!$. 应用式 (B.28) 和式 (B.29), 从式 (B.33) 可以得到

$$\mathrm{Bias}(\widehat{\beta}|\mathscr{X}) = H^{-1}S^{-1}c_p\beta_{p+1}h^{p+1}\{1+o_p(1)\}, \tag{B.34}$$

其中 $c_p = (\mu_{p+1}\cdots,\mu_{2p+1})^\tau$.

经简单运算, 可以证明定理 B.4 中的式 (B.21).

只要 $p-\nu$ 是奇数, 上面的证明都成立. 但是当 $p-\nu$ 是偶数时, 则 $S^{-1}c_p$ 的第 $(\nu+1)$ 个元是 0. 只要把 S 和 c_p 代数式运算写出来, 且由核函数的对称性, 核函数的奇数阶矩是 0. 从而式 (B.34) 中的主项是 0, 因此应当进行更高一阶的展开. 我们可以应用相似的展开, 但是需要 $f(\cdot)$ 和 $m^{(p+2)}(\cdot)$ 满足更强的条件. 容易看出式 (B.28) 能展开为

$$S_{nj} = nh^j\{f(x_0)\mu_j + hf'(x_0)\mu_{j+1} + O_p(a_n)\}, \tag{B.35}$$

其中 $a_n = h^2 + 1/\sqrt{nh}$. 因此,

$$S_n = nH\{f(x_0)S + hf'(x_0)S^+ + O_p(a_n)\}H, \tag{B.36}$$

那么再使用类似于式 (B.33) 的泰勒展开, 则有

$$\begin{aligned}&S_n^{-1}X^\tau W[\beta_{p+1}(X_i-x_0)^{p+1}+\beta_{p+2}(X_i-x_0)^{p+2}+o_p\{(X_i-x_0)^{p+2}\}]_{1\leqslant i\leqslant n}\\&=S_n^{-1}\{\beta_{p+1}d_n+\beta_{p+1}\overline{d}_n+o_p(nh^{p+2})\},\end{aligned}\tag{B.37}$$

其中 $\overline{d}_n=(S_{n,p+2},\cdots,S_{n,2p+2})^\tau$. 把式 (B.35) 和式 (B.36) 代入式 (B.37), 我们有

$$\begin{aligned}\mathrm{Bias}(\widehat{\beta}|\mathscr{X})=&H^{-1}\{f(x_0)S+hf'(x_0)S^{+}+O_P(a_n)\}^{-1}\\&\times h^{p+1}[\beta_{p+1}f(x_0)c_p+h\{f'(x_0)\beta_{p+1}\\&+\beta_{p+2}f(x_0)\}\overline{c}_p+O_p(a_n),\end{aligned}\tag{B.38}$$

其中 $\overline{c}_p=(\mu_{p+2},\cdots,\mu_{2p+2})^\tau$. 注意如下等式成立:

$$(A+hB)^{-1}=A^{-1}-hA^{-1}BA^{-1}+O(h^2),\tag{B.39}$$

于是经简单运算, 我们可以得到偏差项的渐近展开

$$\mathrm{Bias}(\widehat{\beta}|\mathscr{X})=h^{p+1}H^{-1}\{\beta_{p+1}S^{-1}c_p+hb^*(x_0)+O_p(c_n)\},\tag{B.40}$$

其中

$$b^*(x_0)=\frac{f'(x_0)\beta_{p+1}+\beta_{p+2}f(x_0)}{f(x_0)}S^{-1}\overline{c}_p-\frac{f'(x_0)}{f(x_0)}\beta_{p+1}S^{-1}\overline{S}S^{-1}c_p.$$

注意偏差向量中的第 $(\nu+1)$ 元素, 并且 $S^{-1}c_p$ 和 $S^{-1}S^{+}S^{-1}c_p$ 中的第 $(\nu+1)$ 个元素是 0, 则可获得定理 B.4 中的式 (B.22). □

参考文献

Aerts M, Claeskens G, Hens N, Molenberghs G. 2002. Local multiple imputation. Biometrika, 89(2): 375–388.

Allan G. 2005. Probability: A Graduate Course. New York: Springer Verlag.

Amemiya T. 1973. Regression analysis when the dependent variable is truncated normal. Econometrica: Journal of the Econometric Society, 41(6): 997–1016.

Amemiya T. 1985. Advanced Econometrics. Harvard Univ Pr.

Andersen P, Gill R. 1982. Cox's regression model for counting processes: a large sample study. The Annals of Statistics, 10(4): 1100–1120.

Anderson D, Watson R. 1980. On the spread of a disease with gamma distributed latent and infectious periods. Biometrika, 67(1): 191–198.

Andrews D. 1987. Consistency in nonlinear econometric models: A generic uniform law of large numbers. Econometrica: Journal of the Econometric Society, 55(6): 1465–1471.

Andrews D, Herzberg A. 1985. Data: A Collection of Problems From Many Fields for the Student and Research Worker. New York: Springer Verlag.

Bai F F, Zhou Y. 2011. Semiparametric inference of mean residual life model with right censored and length-biased data. Manuscription.

Bai F F. Chen X R, Zhou Y. 2011. Semiparametric inference on quantile residual life model under length-biased right censored data. Manuscription,

Bailey N. 1975. The Mathematical Theory of Infectious Diseases and Its Applications. London: Griffin.

Bang H, Tsiatis A. 2000. Estimating medical costs with censored data. Biometrika, 87(2): 329–343.

Bang H, Tsiatis A. 2002. Median regression with censored cost data. Biometrics, 58(3): 643–649.

Becker N. 1976.Estimation for an epidemic model. Biometrics, 32(4): 769–777.

Bera A, Bilias Y. 2002. The MM, ME, ML, EL, EF and GMM approaches to estimation: a synthesis. Journal of Econometrics, 107:(1-2): 51–86.

Berliner L. 1991. Likelihood and Bayesian prediction of chaotic systems. Journal of the American Statistical Association, 86(416): 938–952.

Bickel P J, Klaassen C A J, Ritov Y, Wellner J A. 1993. Efficient and Adaptive Estimation for Semi-Parametric Models. Johns Hopkins University. Press.

Billingsley P. 1968. Convergence of Probability Measures. New York: Wiley.

Breiman L. 2005. Probability. SIAM.

Brémaud P. 1981. Point Processes and Queues: Martingale Dynamics. New York: Springer.

Breslow N. 1972. Comment on DR Cox paper. Journal of the Royal Statistical Society, Series B, 34: 216–217.

Brown B. 1971. Martingale central limit theorems. The Annals of Mathematical Statistics, 42(1): 59–66.

Brown B W, Newey W K. 2002. Generalized method of moments, efficient bootstrapping, and improved inference. Journal of Business and Economic Statistics, 20: 507–517.

Brownie C, Habicht J, Cogill B. 1986. Comparing indicators of health or nutritional status. American Journal of Epidemiology, 124(6): 1031–1044.

Buchinsky M. 1994. Changes in the US wage structure 1963~1987: Application of quantile regression. Econometrica: Journal of the Econometric Society, 62: 405–458.

Bunke H, Bunke O. 1986. Statistical Inference in Linear Models. New York: J Wiley & Sons-Akademie-Verlag.

Cai J, Fan J, Jiang J, Zhou H. 2007. Partially linear hazard regression for multivariate survival data. Journal of the American Statistical Association, 102(478): 538–551.

Cai J, Fan J, Jiang J, Zhou H. 2008. Partially linear hazard regression with varying coefficients for multivariate survival data. Journal of the Royal Statistical Society: Series B(Statistical Methodology), 70(1): 141–158.

Cai J, Fan J, Zhou H, Zhou Y. 2007. Hazard models with varying coefficients for multivariate failure time data. The Annals of Statistics, 35(1): 324–354.

Cai J, Prentice R. 1997. Regression estimation using multivariate failure time data and a common baseline hazard function model. Lifetime Data Analysis, 3(3): 197–213.

Cai Z. 2003. Nonparametric estimation equations for time series data. Statistics and Probability Letters, 62(4): 379–390.

Campbell G, Ratnaparkhi M. 1993. An application of Lomax distributions in receiver operating characteristic (ROC) curve analysis. Communications in Statistics-Theory and Methods, 22(6): 1681–1687.

Cantoni E, Ronchetti E. 2001. Robust inference for generalized linear models. Journal of the American Statistical Association, 96(455): 1022–1030.

Carroll R, Ruppert D, Stefanski L, Crainiceanu C. 2006. Measurement error in nonlinear models: a modern perspective. Chapman & Hall/CRC.

Carroll R, Ruppert D, Welsh A. 1998. Local Estimating Equations. Journal of the American Statistical Association, 93(441): 214–227.

Chao,M. T. and S. H. Lo S. H. 1988. Some representations of the nonparametric maximum likelihood estimators with truncated data, Annals of Statistics, 16: 661–668.

Chen J, Fan J, Li K, Zhou H. 2006. Local quasi-likelihood estimation with data missing at random. Statistica Sinica, 16(4): 1071–1100.

Chen J, Rao J, Sitter R. 2000. Efficient random imputation for missing data in complex surveys. Statistica Sinica, 10(4): 1153–1169.

Chen J, Shao J. 2000. Nearest neighbor imputation for survey data. Journal of Official Statistics, 16(2): 113–131.

Chen M, Ibrahim J, Shao Q. 2004. Propriety of the posterior distribution and existence of the maximum likelihood estimator for regression models with covariates missing at random. Journal of the American Statistical Association, 99: 421–438.

Chen S. 1993. On the accuracy of empirical likelihood confidence regions for linear regression model. Annals of the Institute of Statistical Mathematics, 45(4): 621–637.

Chen S. 1994. Empirical likelihood confidence intervals for linear regression coefficients. Journal of Multivariate Analysis, 49(1): 24–40.

Chen S, Hall P. 1993. Smoothed empirical likelihood confidence intervals for quantiles. The Annals of Statistics, 21(3): 1166–1181.

Chen S, Wang D. 2009. Empirical Likelihood for Estimating Equation with Missing Values. The Annals of Statistics, 37: 490–517.

Chen Y Q, Cheng S. 2005. Semiparametric regression analysis of mean residual life with censored survival data. Biometrika, 92: 19-29.

Chen Y Q, Cheng S. 2006. Linear life expectancy regression with censored data. Biometrika, 93: 303-313.

Cheng P. 1994. Nonparametric estimation of mean functionals with data missing at random. Journal of the American Statistical Association, 89(425): 81–87.

Cheng P, Chu C. 1996. Kernel estimation of distribution functions and quantiles with missing data. Statistica Sinica, 6: 63–78.

Claeskens G, Aerts M. 2000. On local estimating equations in additive multiparameter models. Statistics & Probability Letters, 49(2): 139–148.

Claeskens G, Jing B, Peng L, Zhou W. 2003. Empirical likelihood confidence regions for comparison distributions and ROC curves. The Canadian Journal of Statistics/La Revue Canadienne de Statistique, 31(2): 173–190.

Copelan E A, Biggs J C, Thompson J M, Crilley P, Szer J, Klein J P, Kapoor N, Avalos B R, Cunningham I, Atkinson K, Downs K, Harmon G S, Daly M B, Brodsky I, Bulova S I, Tutschka P J. 1991. Treatment for acute myelocytlic leukemia with allogeneic bone marrow transplantation following preparation with Bu/Cy. Blood, 78: 838–843.

Daniels H. 1961. The asymptotic efficiency of a maximum likelihood estimator. Proc. Fourth Berkeley Symp Math Statist Probab, 1: 151–163.

Dempster A, Laird N, Rubin D. 1977. Maximum likelihood from incomplete data via the EM algorithm. Journal of the Royal Statistical Society. Series B (Methodological), 39(1): 1–38.

Desmond A F. 1996. Optimal estimating functions quasi-likelihood and statistical modelling. J Statistical Planning Inf, in press.

DiCiccio T, Hall P, Joseph Romano. 1991. Empirical Likelihood is Bartlett-Correctable. Ann Statist, 19: 1053-1061.

Diggle P J. Liang K Y, Zeger S L. 1994. Analysis of Longitudinal Data. Oxford: Clarendon Press.

Durbin J. 1960.Estimation of parameters in time-series regression models. Journal of the Royal Statistical Society. Series B (Methodological), 22(1): 139–153.

Fahrmeir L, Tutz G. 2001. Multivariate Statistical Modelling Based on Generalized Linear Models. New York: Springer Verlag.

Fan J. 1993. Local linear regression smoothers and their minimax efficiencies. The Annals of Statistics, 21(1): 196–216.

Fan J, Gijbels I. 1992. Variable bandwidth and local linear regression smoothers. The Annals of Statistics, 20(4): 2008–2036.

Fan J, Heckman N, Wand M. 1995. Local polynomial kernel regression for generalized linear model and quasi-likelihood functions. Journal of the American Statistical Association, 90: 141-150.

Fan J, Gijbels I. 1996. Local Polynomial Modelling and its Applications. Chapman & Hall/CRC.

Fan J, Zhang C, Zhang J. 2001. Generalized likelihood ratio statistics and Wilks phenomenon. The Annals of Statistics, 29: 153-193.

Fan J, Huang T. 2005. Profile likelihood inferences on semiparametric varying-coefficient partially linear models. Bernoulli, 11(6): 1031–1057.

Fan J, Lin H, Zhou Y. 2006. Local partial-likelihood estimation for lifetime data. The Annals of Statistics, 34: 290–325.

Fan J, Yao Q. 1998. Efficient estimation of conditional variance functions in stochastic regression. Biometrika, 85(3): 645–660.

Feigin P. 1977. A note on maximum likelihood estimation for simple branching processes. Austral J Statist, 19: 152–154.

Fitzgerald P. 2002. Extended generalized estimating equations for binary familial data with incomplete families. Biometrics, 58: 718–726.

Fleming T, Harrington D. 1991. Counting Processes and Survival Analysis. New York: Wiley.

Gastwirth J, Wang J. 1988. Control percentile test procedures for censored data. Journal of Statistical Planning and Inference, 18(3): 267–276.

Gill R D. 1980. Censoring and Stochastic Integrals. Math Centre Tracts 124. Amsterdam: Mathematical Centre.

Gill R. 1983. Large sample behaviour of the product-limit estimator on the whole line. Annals of Statistics, 11: 49-58.

Gijbels, I and Veraverbeke N. 1991. Almost sure asymptotic representation for a class of functionals of the Kaplan-Meier estimator, Annals of Statistics, 19: 1457-147.

Gijbels I. and Wang T J. 1993. Strong representations of the survival function estimator for truncated and censored data with applications, Journal of Multivariate Analysis, 47: 210-229.

Godambe V. 1960. An optimum property of regular maximum likelihood estimation. The Annals of Mathematical Statistics, 31(4): 1208–1211.

Godambe V. 1991. Estimating Functions. Oxford: Oxford University Press.

Godambe V. 1976. Conditional likelihood and unconditional optimum estimating equations. Biometrika, 63: 277–284.

Godambe V, Heyde C. 1987. Quasi-likelihood and optimal estimation. International Statistical Review/Revue Internationale de Statistique, 55(3): 231–244.

Godambe V, Thompson M. 1984. Robust estimation through estimating equations. Biometrika, 71(1): 115–125.

Godambe V. 1985. The foundation of finite sample estimation in stochastic processes. Biometrika, 72: 419–428.

Godambe V, Thompson M. 1989. An extension of quasi-likelihood estimation. Journal of Statistical Planning and Inference, 22(2): 137–152.

Goddard M, Hinberg I. 2006. Receiver operator characteristic (ROC) curves and non-normal data: an empirical study. Statistics in Medicine, 9(3): 325–337.

Gouriéroux C, Monfort A, Trognon A. 1984a. Pseudo maximum likelihood methods: Theory. Econometrica: Journal of the Econometric Society, 52(3): 681–700.

Gouriéroux C, Monfort A, Trognon A. 1984b. Pseudo maximum likelihood methods: applications to Poisson models. Econometrica: Journal of the Econometric Society, 52(3): 701–720.

Gouriéroux C, Monfort A. 1995. Statistics and Econometric Models. Cambridge: Cambridge University Press.

Greene W. 2003. Econometric analysis. prentice Hall Upper Saddle River, NJ.

Hájek J. 1970. A characterization of limiting distributions of regular estimates. Probability Theory and Related Fields, 14(4): 323–330.

Hall A. 2005. Generalized Method of Moments. Oxford: Oxford University Press.

Hall P. 1981. Laws of the iterated logarithm for nonparametric density estimators. Probability Theory and Related Fields, 56(1): 47–61.

Hall P, Heyde C. 1980. Martingale Limit Theory and Its application. New York: Academic press.

Hall P, La Scala B. 1990. Methodology and algorithms of empirical likelihood. International Statistical Review/Revue Internationale de Statistique, 58(2): 109–127.

Hall P, Morton S. 1993. On the estimation of entropy. Annals of the Institute of Statistical Mathematics, 45(1): 69–88.

Hall P, Presnell B. 1999. Intentionally biased bootstrap methods. Journal of the Royal Statistical Society. Series B, Statistical Methodology, 61(1): 143–158.

Hansen L. 1982. Large sample properties of generalized method of moments estimators. Econometrica: Journal of the Econometric Society, 50(4): 1029–1054.

Hansen L P, Heaton J, Yaron A. 1996. Finite-sample properties of some alternative GMM estimators. Journal of Business and Economic Statistics, 14: 262–280.

Hardin J, Hilbe J. 2003. Generalized Estimating Equations. Boca Raton: The Chemical Rubber Company Press.

Helland I. 1982. Central limit theorems for martingales with discrete or continuous time. Scandinavian Journal of Statistics, 9: 79–94.

Heyde C. 1988. Fixed sample and asymptotic optimality for classes of estimating functions. Contemporary Mathematics, 80: 241–248.

Heyde C. 1994a. A quasi-likelihood approach to estimating parameters in diffusion-type processes. Journal of Applied Probability, 31: 283–290.

Heyde C. 1994b. A quasi-likelihood approach to the REML estimating equations. Statistics & Probability Letters, 21(5): 381–384.

Heyde C. 1997. Quasi-Likelihood and Its Application: A General Approach to Optimal Parameter Estimation. New York: Springer Verlag.

Heyde C, Morton R. 1993. On constrained quasi-likelihood estimation. Biometrika, 80(4): 755–761.

Hollander M, Korwar R. 1980. Nonparametric Bayesian Estimation of the Horizontal Distance between two Populations. Florida State Univ Tallahassee Dept of Statistics Manuscript./working paper: 409–416.

Hoover D R, Rice J A, Wu C O Yang L P. 1998. Nonparametric smoothing estimates of time-varying coefficient models with longitudinal data. Biometrika, 85: 809–822.

Hotelling H. 1936. Relations between two sets of variates. Biometrika, 28(3-4): 321–377.

Hsieh F, Turnbull B. 1996. Nonparametric and semiparametric estimation of the receiver operating characteristic curve. The Annals of Statistics, 24(1): 25–40.

Huang Y, Louis T. 1998. Nonparametric estimation of the joint distribution of survival time and mark variables. Biometrika, 85(4): 785–798.

Huber P. 1967. The behavior of maximum likelihood estimates under nonstandard conditions. Proceedings of the fifth Berkeley symposium on mathematical statistics and probability, 1: 221–33.

James G. 2002. Generalized linear models with functional predictors. Journal of the Royal Statistical Society. Series B, Statistical Methodology, 64(3): 411–432.

Jennrich R. 1969. Asymptotic properties of non-linear least squares estimators. The Annals of Mathematical Statistics, 40(2): 633–643.

Kaplan E, Meier P. 1958. Nonparametric estimation from incomplete observations. Journal of the American statistical association, 53(282): 457–481.

Kaplan E L and Meier P. 1958. Nonparametric estimation from incomplete observations. Journal of the American Statistical Association, 53: 457-481.

Kauermann G, Müller M, Carroll R. 1998. The efficiency of bias-corrected estimators for nonparametric kernel estimation based on local estimating equations.Statistics & Probability Letters, 37(1): 41–47.

Klimko L, Nelson P. 1978. On conditional least squares estimation for stochastic processes. The Annals of Statistics, 6(3): 629–642.

Knight K. 1998. Limiting distributions for L 1 regression estimators under general conditions. The Annals of Statistics, 26(2): 755–770.

Kolaczyk E D. 1994. Empirical Likelihood and Generalized Linear Models. Statistica Sinica, 4: 199-218.

Kullback S. 1959. Information Theory and Statistics. New York: Wiley.

Kullback S, Leibler R. 1951. On information and sufficiency. The Annals of Mathematical Statistics, 22: 79–86.

Laird N M, Ware J H. 1982. Random-Effects Models for Longitudinal Data. Biometrics, 38: 963–974.

Lawless J F Nadeau C. 1995. Some simple robust methods for the analysis of recurrent events. Technometrics, 37: 158-168.

Le Cam L. 1956. On the asymptotic theory of estimation and testing hypotheses. Proceedings of the Third Berkeley Symposium on Mathematical Statistics and Probability, 1: 129–156.

Lele S. 1994. Estimating functions in chaotic systems. Journal of the American Statistical Association, 89(426): 512–516.

Li G. 1995. Nonparametric Likelihood Ratio Estimation of Probabilities for Truncated Data. Journal of the American Statistical Association, 90(431): 997–1003.

Li G, Qin J, Tiwari R. 1997. Semiparametric likelihood ratio-based inferences for truncated data. Journal of the American Statistical Association, 92(437): 236– 245.

Li G, Tiwari R, Wells M. 1996. Quantile comparison functions in two-sample problems, with application to comparisons of diagnostic markers. Journal of the American Statistical Association, 91(434): 689–698.

Li G, Tiwari R, Wells M. 1999. Semiparametric inference for a quantile comparison function with applications to receiver operating characteristic curves. Biometrika, 86(3): 487–502.

Li H, Yin G, Zhou Y. 2007. Local likelihood with time-varying additive hazards model. Canadian Journal of Statistics, 35(2): 321–337.

Li K, Duan N. 1989. Regression analysis under link violation. The Annals of Statistics, 17(3): 1009–1052.

Liang K, Zeger S L. 1986. Longitudinal data analysis using generalized linear models. Biometrika, 73(1): 13–22.

Liang H, Zhou Y. 2008. Semiparametric Inference for ROC Curves with Censoring. Scandinavian Journal of Statistics, 35(2): 212–227.

Liang K, Self S, Chang Y. 1993. Modelling marginal hazards in multivariate failure time data. Journal of the Royal Statistical Society, Series B (Methodological), 55(2): 441–453.

Liang K, Zeger S. 1995. Inference based on estimating functions in the presence of nuisance parameters. Statistical Science, 10(2): 158–173.

Lin D. 2000. Linear regression analysis of censored medical costs. Biostatistics, 1(1): 35–47.

Lin D. 2000. Proportional means regression for censored medical costs. Biometrics, 56(3): 775–778.

Lin D, Feuer E, Etzioni R, Wax Y. 1997. Estimating medical costs from incomplete follow-up data. Biometrics, 53(2): 419–434.

Lin D Y, Wei L J, Yang I, Ying Z. 2000. Semiparametric regression for the mean and rate functions of recurrent events. J R Statist Soc B, 62: 711-730.

Lin D Y, Ying Z. Semiparametric and nonparametric regression analysis of longitudinal data. J Amer Statist Soc, 96: 1045-1056.

Lin X, Carroll R. 2001. Semiparametric regression for clustered data using generalized estimating equations. Journal of the American Statistical Association, 96(455): 1045–1056.

Linnet K. 1987. Comparison of quantitative diagnostic tests: type I error, power and sample size. Statistical in Medicine, 6: 147–158.

Lipsitz S, Zhao L, Molenberghs G. 1998. A semiparametric method of multiple imputation. Journal of the Royal Statistical Society, Series B, Statistical Methodology, 60(1): 127–144.

Lipster R S, Shiryayev A N. 1977. Statistics of Random Processes: General Theory. New York: Springer Verlag.

Little R, Rubin D. 2002. Statistical Analysis with Missing Data. New York: Wiley-Interscience.

Liu X. Liu P X, Zhou Y. 2011. Distribution Estimation with Auxiliary Information for Missing Data. Journal of Planning and Statistical Inference, 141: 711–724.

Lloyd C, Yong Z. 1999. Kernel estimators of the ROC curve are better than empirical. Statistics & Probability Letters, 44(3): 221–228.

Lo S. H and Singh K. 1986. The product-limit estimator and the bootstrap: Some asymptotic representations. Probability Theory and their Related Fields, 71: 455-465.

Lu G, Copas J. 2004. Missing at random, likelihood ignorability and model completeness. The Annals of Statistics, 32(2): 754–765.

Ma Y, Wan A, Zhou Y. 2009. On estimation and inference in a partially linear hazard model with varying coefficients. Manuscription,

Ma Y, Zhou Y, Liang. 2009. New inference procedures for semiparametric varying-coefficient partially linear cox models. Manscription,

Malinvaud E. 1970. The consistency of nonlinear regressions. The Annals of Mathematical Statistics, 41(3): 956–969.

Mantel N, Bohidar N, Ciminera J. 1977. Mantel-Haenszel analyses of litter-matched time-to-response data, with modifications for recovery of interlitter information. Cancer Research, 37(11): 3863.

Martinussen T, Scheike T H. 1999. A semi-parametric additive regression model for longitudinal data. Biometrika, 86: 691–702.

Martinussen T, Scheike T H. 2000. A non-parametric dynamic additive regression model for longitudinal data. Ann Statist, 28: 1000–1025.

Martinussen T. Scheike T H. 2001. Sampling adjusted analysis of dynamic additive regression models for longitudinal data. Scand J Statist, 28: 303–323.

McCullagh P. 1983. Quasi-likelihood functions. The Annals of Statistics, 11(1): 59–67.

McCullagh P, Nelder J. 1989. Generalized Linear Models. Chapman & Hall/CRC.

Mcleish D. 1975. A maximal inequality and dependent strong laws. The Annals of Probability, 3(5): 829–839.

Meyer P. 1966. Probability and Potentials. New York: Blaisdell.

Mittelhammer R, Judge G, Miller D. 2000. Econometric Foundations. Cambridge: Cambridge University Press.

Müller H, Stadtmüller U. 2005. Generalized functional linear models. The Annals of Statistics, 33(2): 74–805.

Newey W, Mcfadden D. 1994. Large sample estimation and hypothesis testing. Handbook of econometrics: 2111–2245.

Newey W, Powell J. 1987. Asymmetric least squares estimation and testing. Econometrica: Journal of the Econometric Society, 55(4): 819–847.

Newey W, West K. 1987. Hypothesis testing with efficient method of moments estimation. International Economic Review, 28(3): 777–787.

Nicholls D F, Quinn B G. 1981. The estimation of multivariate random coefficient autoregressive models. Journal of Multivariate Analysis, 11: 544–555.

Oakes D, Dasu T. 1990. A note on residual life. Biometrika, 77: 409-410.

Oakes D, Dasu T. 2003. Inference for the proportional mean residual life model. Lecture Notes-Monograph Series, Crossing Boundaries: Statistical Essays in Honor of Jack Hall: 105-116.

Owen A. 1988. Empirical likelihood ratio confidence intervals for a single functional. Biometrika, 75(2): 237–249.

Owen A. 1990. Empirical likelihood ratio confidence regions. The Annals of Statistics, 18(1): 90–120.

Owen A. 1991. Empirical likelihood for linear models. The Annals of Statistics, 19(4): 1725–1747.

Owen A. 2001. Empirical Likelihood. Boca Raton: The Chemical Rubber Company Press.

Paik M. 19977. The generalized estimating equation approach when data are not missing completely at random. Journal of the American Statistical Association, 92(440): 1320–1329.

Pakes A, Pollard D. 1989. Simulation and the asymptotics of optimization estimators. Econometrica: Journal of the Econometric Society, 57: 1027–1057.

Pepe M S, Cai J W. 1993. Some graphical displays and marginal regression analyses for recurrent failure times and time dependent covariates. Journal of the American Statistical Association, 88: 811-820.

Piegorsch W, Weinberg C, Margolin B. 1988. Exploring simple independent action in multifactor tables of proportions. Biometrics: 44(2): 595–603.

Platt R W, Hanley J A, Yang H. 2000. Bootstrap confidence intervals for the sensitivity of a quantitative diagnostic test. Statist Med, 19: 313–322.

Pollard D. 1986. Rates of uniform almost-sure convergence for empirical processes indexed by unbounded classes of functions. Manuscript.

Pollard D. 1990. Empirical processes: theory and applications.

Preisser J, Qaqish B. 1999. Robust regression for clustered data with applications to binary regression. Biometrics, 55: 574–579.

Prentice R. 1988. Correlated binary regression with covariates specific to each binary observation. Biometrics, 44(4): 1033–1048.

Prentice R, Hsu L. 1997. Regression on hazard ratios and cross ratios in multivariate failure time analysis. Biometrika, 84(2): 349–363.

Pukelsheim F. 2006. Optimal design of experiments. Society for Industrial Mathematics,

Qi L, Wang C, Prentice R. 2005. Weighted estimators for proportional hazards regression with missing covariates. Journal of the American Statistical Association: 100(472): 1250–1263.

Qin G, Jing B. 2001. Empirical likelihood for censored linear regression. Scandinavian Journal of Statistics, 28: 661–673.

Qin J. 1993. Empirical likelihood in biased sample problems. The Annals of Statistics, 21(3): 1182–1196.

Qin J. 1994. Semi-empirical likelihood ratio confidence intervals for the difference of two sample means. Annals of the Institute of Statistical Mathematics, 46(1): 117–126.

Qin J. 1999. Empirical likelihood ratio based confidence intervals for mixture proportions. The Annals of Statistics, 27(4): 1368–1384.

Qin J, Lawless J. 1994. Empirical likelihood and general estimating equations. The Annals of Statistics, 22(1): 300–325.

Rao C. 1973. Linear Statistical Inference and its Applications. New York: Wiley.

Rao J, Scott A. 1981. The analysis of categorical data from complex sample surveys: chi-squared tests for goodness of fit and independence in two-way tables. Journal of the American Statistical Association, 76(374): 221–230.

Rao J, Shao J. 1992. Jackknife variance estimation with survey data under hot deck imputation. Biometrika, 79(4): 811–822.

Ren H, Zhou X, Liang H. 2004. A flexible method for estimating the ROC curve. Journal of Applied Statistics, 31(7): 773–784.

Robins J M, Rotnitzky A. 1992. Recovery of information and adjustment for dependent censoring using surrogate markers. AIDS Epidemiology-Methodological Issues. Jewell N, Dietz K, Farewell B. eds Boston: Birkhauser: 297-331.

Robins J, Rotnitzky A, Zhao L. 1994. Estimation of Regression Coefficients When Some Regressors Are Not Always Observed. Journal of the American Statistical Association, 89(427): 846–866.

Rogers L, Williams D. 2000. Diffusions, Markov Processes and Martingales. Cambridge: Cambridge university press.

Rubin D. 1978. Bayesian inference for causal effects: The role of randomization. The Annals of Statistics, 6(1): 34–58.

Rubin D. 1987. Multiple Imputation for Nonresponse in Surveys. John Wiley & Sons Inc.

Rubin D, Little R. 1987. Statistical Analysis with Missing Data. New York: John Wiley and Sons.

Ruppert D, Wand M. 1994. Multivariate locally weighted least squares regression. The Annals of Statistics, 22: 1346–1370.

Scharestein D, Rotnitzky A, Robins J. 1999. Adjusting for Nonignorable Drop-Out Using Semiparametric Nonresponse Models. Journal of the American Statistical Association, 94(448): 1096–1146.

Schenker N, Welsh A. 1988. Asymptotic results for multiple imputation. The Annals of Statistics, 16: 1550–1566.

Sepanski J, Knickerbocker R, Carroll R. 1994. A Semiparametric Correction for Attenuation. Journal of the American Statistical Association, 89(428): 1366–1373.

Severini T, Staniswalis J. 1994. Quasi-Likelihood Estimation in Semiparametric Models. Journal of the American Statistical Association, 89(426): 501–511.

Severini T, Wong W. 1992. Profile likelihood and conditionally parametric models. The Annals of Statistics, 20(4): 1768–1802.

Shen X, Shi J, Wong W. 1999. Random Sieve Likelihood and General Regression Models. Journal of the American Statistical Association, 94(447): 835–836.

Shiryayev A. 1984. Probability. New York: Springer-Verlag.

Shorack G, Wellner J. 2009. Empirical processes with applications to statistics. Society for Industrial Mathematics.

Snedecor G, Cochran W. 1980. Statistical methods. Iowa: Iowa State University Press.

Solow R. 1957. Technical change and the aggregate production function. The Review of Economics and Statistics, 39(3): 312–320.

Spiekerman C, Lin D. 1998. Marginal regression models for multivariate failure time data. Journal of the American Statistical Association, 93(443): 1164–1175.

Spiess M. 2006. Estimation of a two-equation panel model with mixed continuous and ordered categorical outcomes and missing data. Journal of the Royal Statistical Society: Series C (Applied Statistics), 55(4): 525–538.

Staniswalis J. 1989. The kernel estimate of a regression function in likelihood-based models. Journal of the American Statistical Association, 84(405): 276–283.

Stubbendick A, Ibrahim J. 2003. Maximum likelihood methods for nonignorable missing responses and covariates in random effects models. Biometrics, 59: 1140-1150.

Stute W. 1982. A law of the logarithm for kernel density estimators. The Annals of Probability, 10(2): 414–422.

Stute W. 1995. The central limit theorem under random censorship. The Annals of Statistics, 23(2): 422–439.

Sun J, Sun L, Liu D. 2007. Regression analysis of longitudinal data in the presence of informative observation and censoring times. Journal of the American Statistical Association, 102(480): 1397–1406.

Sun Y, Wu H. 2003. AUC-based tests for nonparametric functions with longitudinal data. Statist. Sinica, 13: 593–612.

Sun Y, Wu H. 2005. Semiparametric time-varying coefficients regression model for longitudinal data. Scand J Statist, 32: 21–47.

Sun L, Zhang Z. 2009. A Class of Transformed Mean Residual Life Models With Censored Survival Data. Journal of the American Statistical Association, 104(486): 803–815.

Tauchen G. 1985. Diagnostic testing and evaluation of maximum likelihood model. Journal of Econometrics, 30: 415-443.

Thomas D, Grunkemeier G. 1975. Confidence interval estimation of survival probabilities for censored data. Journal of the American Statistical Association, 70(352): 865–871.

Tjustheim D. 1986. Estimation in nonlinear time series models. Stochastic Processes and Their Applications, 21(2): 251–273.

Tsai W Y, Jewell N P. and Wang M C. 1987. A note on the product-limit estimator under right censoring and left truncation, Biometrika 74, 883–886.

Van der Vaart A. 2000. Asymptotic Statistics. Cambridge: Cambridge University Press.

Vardi Y. 1985. Empirical distributions in selection bias models. The Annals of Statistics, 13(1): 178–203.

Wald A. 1949. Note on the consistency of the maximum likelihood estimate. The Annals of Mathematical Statistics, 20(4): 595–601.

Wang C, Huang Y, Chao E, Jeffcoat M. 2008. Expected Estimating Equations for Missing Data, Measurement Error, and Misclassification, with Application to Longitudinal Nonignorable Missing Data. Biometrics, 64(1): 85–95.

Wang C, Wang S, Gutierrez R, Carroll R. 1998. Local linear regression for generalized linear models with missing data. The Annals of Statistics, 26(3): 1028–1050.

Wang C, Wang S, Zhao L, Ou S. 1997. Weighted semiparametric estimation in regression analysis with missing covariate data. Journal of the American Statistical Association, 92: 512–525.

Wang Q H, Jing B Y. 2001. Empirical likelihood for a class of functionals of survival distribution with censored data. Ann Institute Statist Math, 53: 517–527.

Wang Q, Rao J. 2002. Empirical likelihood-based inference under imputation for missing response data. The Annals of Statistics, 30: 896–924.

Wang S J, Qian L F, Carroll R J. 2010. Generalized empirical likelihood for analyzing longitudinal data. Biometrika, 97: 79–93.

Wasito I, Mirkin B. 2006. Nearest neighbours in least-squares data imputation algorithms with different missing patterns. Computational Statistics & Data Analysis, 50(4): 926–949.

Wedderburn R. 1974. Quasi-likelihood functions, generalized linear models, and the Gauss–Newton method. Biometrika, 61(3): 439–447.

Wei L, Lin D, Weissfeld L. 1989. Regression analysis of multivariate incomplete failure time data by modeling marginal distributions. Journal of the American Statistical Association, 84: 1065–1073.

Weisberg S, Welsh A. 1994a. Adapting for the missing link. The Annals of Statistics, 22(4): 1674–1700.

Weisberg S, Welsh A. 1994b. Estimating the missing link function. The Annals of Statistics, 22: 1674–1700.

White H. 1980. A heteroskedasticity-consistent covariance matrix estimator and a direct test for heteroskedasticity. Econometrica: Journal of the Econometric Society, 48(4): 817–838.

White H. 1982. Maximum likelihood estimation of misspecified models. Econometrica: Journal of the Econometric Society, 50(1): 1–25.

White H. 1984. Asymptotic Theory for Econometricians. New York: Academic Press.

Wilks S. 1938. The large-sample distribution of the likelihood ratio for testing composite hypotheses. The Annals of Mathematical Statistics, 9(1): 60–62.

Wu C O, Chiang C T, Hoover D R. 1998. Asymptotic Confidence Regions for Kernel Smoothing of a Time-Varying Coefficient Model With Longitudinal Data. Journal of the American Statistical Association, 88: 1388–1402.

Xia Y, Li W. 1999. On Single-Index Coefficient Regression Models. Journal of the American Statistical Association, 94(448): 1275–1285.

Xue L G, Zhu L X. 2007a. Empirical likelihood semiparametric regression analysis for longitudinal data. Biometrika, 94: 921–937.

Xue L G, Zhu L X. 2007b. Empirical Likelihood for a varying coefficient model with longitudinal data. J Amer Statist Assoc, 102: 642–654.

Yandell B, Green P. 1986. Semi-parametric generalized linear model diagnostics. In ASA Proceedings of Statistical Computing Section', American Statistical Association: 48–53.

Yang H, Li T. 2010. Empirical likelihood for semiparametric varying coefficient partially linear models with longitudinal data. Statistics & Probability Letters, 80: 111–121.

Ye H, Pan J. 2006. Modelling of covariance structures in generalised estimating equations for longitudinal data. Biometrika, 93: 927–941.

Yin G, Li H, Zeng D L, Zhou Y. 2008. Partially linear additive hazards regression with varying coefficients. Journal of the American Statistical Association, 103: 1200-1213. With corrections in Journal of the American Statistical Association, 103: 1729-1729.

Yip P. 1989. Estimating the initial relative infection rate for a stochastic epidemic model. Theoretical Population Biology, 36(2): 202–213.

Yip P, Chen Q. 1998. Statistical inference for a multitype epidemic model. Journal of Statistical Planning and Inference, 71(1-2): 229–244.

Yip P, Watson R. 1991. An inference procedure for conflict models. Stochastic Process and their Apllications, 37(1): 161–171.

You J, Chen G, Zhou Y. 2006. Block empirical likelihood for longitudinal partially linear regression models. The Canadian Journal of Statistics/La Revue Canadienne de Statistique, 34: 79–96.

Yuichi K. 1997. Empirical likelihood methods with weakly dependent processes. Ann Statist, 25: 2084–2102.

Zeger S, Liang K. 1986. Longitudinal data analysis for discrete and continuous outcomes. Biometrics, 42(1): 121–130.

Zeger S L, Diggle P J. 1994. Semiparametric models for longitudinal data with application to CD4 cell numbers in HIV seroconverters. Biometrics, 8: 81–89.

Zhang J, Gijbels I. 2003. Sieve empirical likelihood and extensions of the generalized least squares. Scandinavian Journal of Statistics, 30: 1–24.

Zhou M. 1992. Asymptotic Normality of the Synthetic Data'Regression Estimator for Censored Survival Data. The Annals of Statistics, 20(2): 1002–1021.

Zhou W, Jing B Y. 2003. Smoothed empirical likelihood confidence intervals for the difference of quantiles. Statist. Sinica 13: 83–95.

Zhou X H, Harezlak J. 2002. Comparison of bandwidth selection methods for kernel smoothing of ROC curves. Statistics in Medicine, 21: 2045–2055.

Zhou X H, Qin G S. 2005. Improved confidence intervals for the sensitivity at a fixed level of specificity of a continuous-scale diagnostic test. Statistics in Medicine, 24: 465–477.

Zhou Y, Liang H. 2005. Empirical-likelihood-based semiparametric inference for the treatment effect in the two-sample problem with censoring. Biometrika, 92(2): 271–282.

Zhou Y, Wan A, Wang X. 2008. Estimating equations inference with missing data. Journal of the American Statistical Association, 103(483): 1187–1199.

Zhou Y, Wan T, Yuan Y. 2011. Combining least-squares and quantile regressions. Journal of Statistical Planning and Inference, 141: 3814–3828

Zhou Y. 1996. Smooth PL-estimator of distribution function under random truncation data. Systems Sci Math Sci, 9(3): 205-215.

Zhou Y. 1996. A note on the TJW product-limit estimator for truncated and censored data. Statistics and Probability. Letters, 26: 381–352.

Zhou Y. 1997. Oscillation modules for product-limit processes under random truncation. *Adv. in Math.*, 26(3), 245–253.

Zhou Y. 1999. Asymptotic representations for kernel density and hazard functions estimators with left truncation. Statistica Sinica, 9(2), 521–533.

Zhou Y. 2003. A note on oscillation modulus of PL-process and its applications under random censorship. *Acta Math. Sci.*, 23(2), 155–164.

Zhou Y. and Li, H. 2003. Law of the iterated logarithm of quantile density estimator for left truncated and right censored data. *Chinese J. Appl. Probab. Statist.* 19, 7–13.

Zhou Y. and Liang, H. 2000. Asymptotic normality for L_1 norm kernel estimator of conditional median under alpha-mixing dependence. Journal of Multivariate Anaysis*l*. 73(1), 136–154.

Zhou Y. and Liang, H. 2003. Asymptotic properties for L_1 norm kernel estimator of conditional median under dependence. Journal of Nonparametric Statistics, 15(2), 205–219.

Zhou Y. and Yip, Paul 1999. A strong representation of the product-limit estimator for left truncated and right censored data. Journal of Multivariate. Analysis 69(2), 261–280.

Zhou Y. and Yip, P. 1999. Nonparametric estimation of quantile density functions for truncated and censored data. Journal of Nonparametric Statistics., 12(1), 17-39.

Zhou Y. and Wu, C. F. 1999. Nonparametric estimation of quantile density functions for truncated and censored data. Acta Appl. Math. Sinica, 22(4), 614–620.

Zhou Y, Wu Y Cai J. Tian, J. 2012. Analysis of medical costs with censored data. Submitted to Bernoulli Journal.

Zhou Y, Xie S Y and Yuan Y. 2008. Statistical inference of default probability in credit risk models, Journal of Systems Engineering-Theory & Practice, 28(8): 206–214

Zou K, Hall W, Shapiro D. 1998. Smooth non-parametric receiver operating characteristic (ROC) curves for continuous diagnostic tests. Statistics in Medicine, 16(19): 2143–2156.

陈家鼎. 2005. 生存分析与可靠性. 北京: 北京大学出版社.

陈希孺. 1997. 数理统计引论. 北京: 科学出版社.

陈希孺, 倪国熙. 2009. 数理统计学教程. 合肥: 中国科学技术大学出版社.

黄爽. 2007. 局部估计方程及实证研究. 清华大学本科论文.

林正炎, 陆传荣. 1997. 混合相依变量的极限理论. 北京：科学出版社.

罗羡华, 杨振海, 周勇. 2009. 时变弹性系数生产函数的非参数估计. 系统工程理论与实践, 29(4): 144–149.

茆诗松, 王静龙, 濮晓龙. 1998. 高等数理统计. 北京: 高等教育出版社.

韦博成. 2006. 参数统计教程. 北京: 高等教育出版社.

赵目, 陈柏成, 周勇. 2012. 纵向数据下估计方程估计. 数学学报, 55(1): 1–15.

周勇, 田军. 2013. 删失数据下医疗费用的经验似然估计. 数学学报, 即将出现.

周勇, 谢尚宇. 2009. 次贷危机中的传染机制研究和策略分析. Management Review, 21(2): 121–128.

索　引

《现代数学基础丛书》已出版书目

1　数理逻辑基础(上册)　1981.1　胡世华　陆钟万　著
2　数理逻辑基础(下册)　1982.8　胡世华　陆钟万　著
3　紧黎曼曲面引论　1981.3　伍鸿熙　吕以辇　陈志华　著
4　组合论(上册)　1981.10　柯　召　魏万迪　著
5　组合论(下册)　1987.12　魏万迪　著
6　数理统计引论　1981.11　陈希孺　著
7　多元统计分析引论　1982.6　张尧庭　方开泰　著
8　有限群构造(上册)　1982.11　张远达　著
9　有限群构造(下册)　1982.12　张远达　著
10　测度论基础　1983.9　朱成熹　著
11　分析概率论　1984.4　胡迪鹤　著
12　微分方程定性理论　1985.5　张芷芬　丁同仁　黄文灶　董镇喜　著
13　傅里叶积分算子理论及其应用　1985.9　仇庆久　陈恕行　是嘉鸿　刘景麟　蒋鲁敏　编
14　辛几何引论　1986.3　J.柯歇尔　邹异明　著
15　概率论基础和随机过程　1986.6　王寿仁　编著
16　算子代数　1986.6　李炳仁　著
17　线性偏微分算子引论(上册)　1986.8　齐民友　编著
18　线性偏微分算子引论(下册)　1992.1　齐民友　徐超江　编著
19　实用微分几何引论　1986.11　苏步青　华宣积　忻元龙　著
20　微分动力系统原理　1987.2　张筑生　著
21　线性代数群表示导论(上册)　1987.2　曹锡华　王建磐　著
22　模型论基础　1987.8　王世强　著
23　递归论　1987.11　莫绍揆　著
24　拟共形映射及其在黎曼曲面论中的应用　1988.1　李　忠　著
25　代数体函数与常微分方程　1988.2　何育赞　萧修治　著
26　同调代数　1988.2　周伯壎　著
27　近代调和分析方法及其应用　1988.6　韩永生　著
28　带有时滞的动力系统的稳定性　1989.10　秦元勋　刘永清　王　联　郑祖庥　著
29　代数拓扑与示性类　1989.11　[丹麦] I.马德森　著
30　非线性发展方程　1989.12　李大潜　陈韵梅　著

31　仿微分算子引论　1990.2　陈恕行　仇庆久　李成章　编
32　公理集合论导引　1991.1　张锦文　著
33　解析数论基础　1991.2　潘承洞　潘承彪　著
34　二阶椭圆型方程与椭圆型方程组　1991.4　陈亚浙　吴兰成　著
35　黎曼曲面　1991.4　吕以辇　张学莲　著
36　复变函数逼近论　1992.3　沈燮昌　著
37　Banach 代数　1992.11　李炳仁　著
38　随机点过程及其应用　1992.12　邓永录　梁之舜　著
39　丢番图逼近引论　1993.4　朱尧辰　王连祥　著
40　线性整数规划的数学基础　1995.2　马仲蕃　著
41　单复变函数论中的几个论题　1995.8　庄圻泰　杨重骏　何育赞　闻国椿　著
42　复解析动力系统　1995.10　吕以辇　著
43　组合矩阵论(第二版)　2005.1　柳柏濂　著
44　Banach 空间中的非线性逼近理论　1997.5　徐士英　李　冲　杨文善　著
45　实分析导论　1998.2　丁传松　李秉彝　布　伦　著
46　对称性分岔理论基础　1998.3　唐　云　著
47　Gel'fond-Baker 方法在丢番图方程中的应用　1998.10　乐茂华　著
48　随机模型的密度演化方法　1999.6　史定华　著
49　非线性偏微分复方程　1999.6　闻国椿　著
50　复合算子理论　1999.8　徐宪民　著
51　离散鞅及其应用　1999.9　史及民　编著
52　惯性流形与近似惯性流形　2000.1　戴正德　郭柏灵　著
53　数学规划导论　2000.6　徐增堃　著
54　拓扑空间中的反例　2000.6　汪　林　杨富春　编著
55　序半群引论　2001.1　谢祥云　著
56　动力系统的定性与分支理论　2001.2　罗定军　张　祥　董梅芳　著
57　随机分析学基础(第二版)　2001.3　黄志远　著
58　非线性动力系统分析引论　2001.9　盛昭瀚　马军海　著
59　高斯过程的样本轨道性质　2001.11　林正炎　陆传荣　张立新　著
60　光滑映射的奇点理论　2002.1　李养成　著
61　动力系统的周期解与分支理论　2002.4　韩茂安　著
62　神经动力学模型方法和应用　2002.4　阮　炯　顾凡及　蔡志杰　编著
63　同调论——代数拓扑之一　2002.7　沈信耀　著
64　金兹堡-朗道方程　2002.8　郭柏灵　黄海洋　蒋慕容　著

65 排队论基础 2002.10 孙荣恒 李建平 著
66 算子代数上线性映射引论 2002.12 侯晋川 崔建莲 著
67 微分方法中的变分方法 2003.2 陆文端 著
68 周期小波及其应用 2003.3 彭思龙 李登峰 谌秋辉 著
69 集值分析 2003.8 李 雷 吴从炘 著
70 强偏差定理与分析方法 2003.8 刘 文 著
71 椭圆与抛物型方程引论 2003.9 伍卓群 尹景学 王春朋 著
72 有限典型群子空间轨道生成的格(第二版) 2003.10 万哲先 霍元极 著
73 调和分析及其在偏微分方程中的应用(第二版) 2004.3 苗长兴 著
74 稳定性和单纯性理论 2004.6 史念东 著
75 发展方程数值计算方法 2004.6 黄明游 编著
76 传染病动力学的数学建模与研究 2004.8 马知恩 周义仓 王稳地 靳 祯 著
77 模李超代数 2004.9 张永正 刘文德 著
78 巴拿赫空间中算子广义逆理论及其应用 2005.1 王玉文 著
79 巴拿赫空间结构和算子理想 2005.3 钟怀杰 著
80 脉冲微分系统引论 2005.3 傅希林 闫宝强 刘衍胜 著
81 代数学中的 Frobenius 结构 2005.7 汪明义 著
82 生存数据统计分析 2005.12 王启华 著
83 数理逻辑引论与归结原理(第二版) 2006.3 王国俊 著
84 数据包络分析 2006.3 魏权龄 著
85 代数群引论 2006.9 黎景辉 陈志杰 赵春来 著
86 矩阵结合方案 2006.9 王仰贤 霍元极 麻常利 著
87 椭圆曲线公钥密码导引 2006.10 祝跃飞 张亚娟 著
88 椭圆与超椭圆曲线公钥密码的理论与实现 2006.12 王学理 裴定一 著
89 散乱数据拟合的模型、方法和理论 2007.1 吴宗敏 著
90 非线性演化方程的稳定性与分歧 2007.4 马 天 汪宁宏 著
91 正规族理论及其应用 2007.4 顾永兴 庞学诚 方明亮 著
92 组合网络理论 2007.5 徐俊明 著
93 矩阵的半张量积:理论与应用 2007.5 程代展 齐洪胜 著
94 鞅与 Banach 空间几何学 2007.5 刘培德 著
95 非线性常微分方程边值问题 2007.6 葛渭高 著
96 戴维-斯特瓦尔松方程 2007.5 戴正德 蒋慕蓉 李栋龙 著
97 广义哈密顿系统理论及其应用 2007.7 李继彬 赵晓华 刘正荣 著
98 Adams 谱序列和球面稳定同伦群 2007.7 林金坤 著

99 矩阵理论及其应用 2007.8 陈公宁 编著
100 集值随机过程引论 2007.8 张文修 李寿梅 汪振鹏 高 勇 著
101 偏微分方程的调和分析方法 2008.1 苗长兴 张 波 著
102 拓扑动力系统概论 2008.1 叶向东 黄 文 邵 松 著
103 线性微分方程的非线性扰动(第二版) 2008.3 徐登洲 马如云 著
104 数组合地图论(第二版) 2008.3 刘彦佩 著
105 半群的 S-系理论(第二版) 2008.3 刘仲奎 乔虎生 著
106 巴拿赫空间引论(第二版) 2008.4 定光桂 著
107 拓扑空间论(第二版) 2008.4 高国士 著
108 非经典数理逻辑与近似推理(第二版) 2008.5 王国俊 著
109 非参数蒙特卡罗检验及其应用 2008.8 朱力行 许王莉 著
110 Camassa-Holm 方程 2008.8 郭柏灵 田立新 杨灵娥 殷朝阳 著
111 环与代数(第二版) 2009.1 刘绍学 郭晋云 朱 彬 韩 阳 著
112 泛函微分方程的相空间理论及应用 2009.4 王 克 范 猛 著
113 概率论基础(第二版) 2009.8 严士健 王隽骧 刘秀芳 著
114 自相似集的结构 2010.1 周作领 瞿成勤 朱智伟 著
115 现代统计研究基础 2010.3 王启华 史宁中 耿 直 主编
116 图的可嵌入性理论(第二版) 2010.3 刘彦佩 著
117 非线性波动方程的现代方法(第二版) 2010.4 苗长兴 著
118 算子代数与非交换 L_p 空间引论 2010.5 许全华 吐尔德别克 陈泽乾 著
119 非线性椭圆型方程 2010.7 王明新 著
120 流形拓扑学 2010.8 马 天 著
121 局部域上的调和分析与分形分析及其应用 2011.4 苏维宜 著
122 Zakharov 方程及其孤立波解 2011.6 郭柏灵 甘在会 张景军 著
123 反应扩散方程引论(第二版) 2011.9 叶其孝 李正元 王明新 吴雅萍 著
124 代数模型论引论 2011.10 史念东 著
125 拓扑动力系统——从拓扑方法到遍历理论方法 2011.12 周作领 尹建东 许绍元 著
126 Littlewood-Paley 理论及其在流体动力学方程中的应用 2012.3 苗长兴 吴家宏 章志飞 著
127 有约束条件的统计推断及其应用 2012.3 王金德 著
128 混沌、Mel'nikov 方法及新发展 2012.6 李继彬 陈凤娟 著
129 现代统计模型 2012.6 薛留根 著
130 金融数学引论 2012.7 严加安 著
131 零过多数据的统计分析及其应用 2013.1 解锋昌 韦博成 林金官 著

132　分形分析引论　2013.6　胡家信　著
133　索伯列夫空间导论　2013.8　陈国旺　编著
134　广义估计方程估计方程　2013.8　周　勇　著
135　统计质量控制图理论与方法　2013.8　王兆军　邹长亮　李忠华　著
136　有限群初步　2014.1　徐明曜　著
137　拓扑群引论(第二版)　2014.3　黎景辉　冯绪宁　著
138　现代非参数统计　2015.1　薛留根　著